大学数学学习辅导丛书

线性代数典型题解答指南

（第2版）

主　编　李汉龙　缪淑贤　王金宝
副主编　艾　瑛　孙丽华　闫红梅
参　编　赵恩良　隋　英　顾艳丽　孙　平
　　　　李征宇　刘　丹　王　娜

国防工業出版社
·北京·

内 容 简 介

  本书是作者结合多年的教学实践编写的.全书共分7章和2个附录.前6章内容包括行列式、矩阵、矩阵的初等变换与线性方程组、向量组的线性相关性、相似矩阵及二次型、线性空间与线性变换,其中配备了较多的典型例题和同步习题,并对典型例题给出了详细的分析、解答和评注.第7章是自测试题及解答.附录1为同济大学《线性代数》(第六版)课后习题全解,附录2为同济大学《线性代数》(第六版)课外习题详解.

  本书可作为理工科院校本科各专业学生的线性代数课程学习指导书或考研参考书,也可以作为相关课程教学人员的教学参考资料.

图书在版编目(CIP)数据

线性代数典型题解答指南/李汉龙,缪淑贤,王金宝主
编.—2版.—北京:国防工业出版社,2016.5
 ISBN 978-7-118-10882-8

 Ⅰ.①线… Ⅱ.①李… ②缪… ③王… Ⅲ.①线性
代数 – 高等学校 – 题解 Ⅳ.①O151.2 –44

 中国版本图书馆 CIP 数据核字(2016)第 103478 号

※

*国防工业出版社*出版发行
(北京市海淀区紫竹院南路23号 邮政编码100048)
天利华印刷装订有限公司印刷
新华书店经售
*
开本 787×1092 1/16 印张 25½ 字数 620 千字
2016 年 5 月第 2 版第 1 次印刷 印数 1—4000 册 定价 49.00 元

(本书如有印装错误,我社负责调换)

国防书店:(010)88540777   发行邮购:(010)88540776
发行传真:(010)88540755   发行业务:(010)88540717

前　言

“线性代数”是理工科高等院校的一门最重要的基础课，它对学生综合素质的培养及后续课程的学习起着极其重要的作用. 因此，学好线性代数至关重要，而线性代数题海茫茫，变化万千. 许多学生上课能听懂，解题却不知道从何下手；或自己想不到，别人一点就明白. 究其原因，主要是线性代数内容多、学时少、速度快、班级大. 许多学生在学习过程中囫囵吞枣，课堂上没有理解，课后又缺少归纳总结，结果事倍功半. 我们编写这本参考书，旨在帮助线性代数的读者较好地解决学习中的困难，其特点是针对不同的问题，对分析、解决问题的思路、方法和技巧加以指导. 编者一方面汇总了国内同类教材的主要优点，另一方面融合了我校众多教师长期讲授该门课程的经验体会，力求思路清晰、推证简洁且可读性强，从而满足广大师生的教学及学习需求.

本书是高等院校理工科类各专业学生学习线性代数课程必备的辅导书，是有志考研学生的精品之选，是授课教师极为有益的教学参考书，是无师自通的自学指导书，与国内通用的各类优秀的《线性代数》教材相匹配，可同步使用，同时也可以作为考研辅导教材.

本书以“线性代数”课程教材的内容为准，按题型归类，进行分析、解答与评注，归纳总结具有共性题目的解题方法，解题简捷、新颖，具有技巧性而又道理显然，可使读者思路畅达，对所学知识融会贯通、灵活运用，达到事半功倍之效. 本书将会成为学生学习“线性代数”的良师益友.

本书前6章每章内容分为四部分：

（1）内容概要　可以使读者了解课程内容.

（2）典型例题分析、解答与评注　通过对例题的详细剖析、细致解答，指导读者掌握解题思路和解题方法.

（3）本章小结　可帮助读者更清楚明了地把握学习要点，更深刻地理解该章的主要学习内容.

（4）同步习题及解答　对本章重点习题进行梳理，帮助读者检验掌握程度.

第7章给出自测试题及解答，供读者自测之用.

本书第1章由赵恩良编写；第2章由孙丽华编写；第3章由缪淑贤编写；第4章由艾瑛编写；第5章由闫红梅编写；第6章由王金宝编写；第7章由李汉龙编写；附录1由顾艳丽、孙平和李征宇编写（其中顾艳丽编写习题一、习题二和习题三，孙平编写习题四；李征宇编写习题五和习题六)；附录 2 由隋英编写；前言和参考文献由刘丹编写和整理．全书由李汉龙统稿，李汉龙(主编)、缪淑贤(主编)、王金宝(主编)、艾瑛(副主编)审稿．另外，本书的编写和出版得到了国防工业出版社的大力支持，在此表示衷心的感谢！

本书参考了国内出版的一些教材，见本书所附参考文献，在此，对文献作者一并表示感谢．由于水平所限，书中不足之处在所难免，恳请读者、同行和专家批评指正．

本书是“线性代数”课程学习指导书，可作为理工科院校本科或专科学生复习和考研的参考书或辅导书，也可以作为相关课程教学人员的教学参考书．

编　者

目　录

第1章 行列式

1.1 内容概要

1.1.1 基本概念

1. 全排列

把 n 个不同的元素排成一列称为这 n 个元素的全排列(简称排列). 全排列共有 $n!$ 种.

2. 逆序数

在 n 个元素的任一排列中,当某两个元素的先后次序与标准次序不同时,则称这两个元素形成一个逆序,一个排列中所有逆序的总数称为这个排列的逆序数.

3. 对换

在排列中,将任意两个元素对调,其余元素不动,这一过程称为对换. 将相邻两个元素对换,叫做相邻对换.

4. n 阶行列式

2 阶行列式定义为

$$\begin{vmatrix} a_{11} & a_{12} \\ a_{21} & a_{22} \end{vmatrix} = a_{11}a_{22} - a_{12}a_{21}$$

3 阶行列式定义为

$$\begin{vmatrix} a_{11} & a_{12} & a_{13} \\ a_{21} & a_{22} & a_{23} \\ a_{31} & a_{32} & a_{33} \end{vmatrix} = a_{11}a_{22}a_{33} + a_{12}a_{23}a_{31} + a_{13}a_{21}a_{32} - a_{13}a_{22}a_{31} - a_{12}a_{21}a_{33} - a_{11}a_{23}a_{32}$$

一般地, n 阶行列式定义为

$$D = \begin{vmatrix} a_{11} & a_{12} & \cdots & a_{1n} \\ a_{21} & a_{22} & \cdots & a_{2n} \\ \vdots & \vdots & \ddots & \vdots \\ a_{n1} & a_{n2} & \cdots & a_{nn} \end{vmatrix} = \sum (-1)^{t_1} a_{1q_1} a_{2q_2} \cdots a_{nq_n}$$

$$= \sum (-1)^{t_2} a_{p_1 1} a_{p_2 2} \cdots a_{p_n n} = \sum (-1)^{t_3} a_{p_1 q_1} a_{p_2 q_2} \cdots a_{p_n q_n}$$

式中:行标 $p_1p_2\cdots p_n$、列标 $q_1q_2\cdots q_n$ 为自然数 $1,2,\cdots,n$ 的某一个排列;t_1 为行标排列的逆序数;t_2 为列标排列的逆序数;t_3 为行标排列的逆序数与列标排列的逆序数之和. 该式简记为 $\det(a_{ij})$.

【注意】

(1) n 阶行列式是 $n!$ 项的代数和,每项都是取自不同行、不同列的 n 个元素乘积并被冠以正负号.

(2) 行列式的每一项的正负号由下标排列的逆序数决定.

(3) $n=2,3$ 时,行列式计算遵循对角线法则,但 4 阶及 4 阶以上的行列式不遵循对角线法则.

5. 几种特殊行列式的值

1) 对角行列式

对角线以外的元素全为零的行列式称为对角行列式. 其值为

$$\begin{vmatrix} a_{11} & & & \\ & a_{22} & & \\ & & \ddots & \\ & & & a_{nn} \end{vmatrix} = a_{11}a_{22}\cdots a_{nn}, \quad \begin{vmatrix} & & & a_{1n} \\ & & a_{2,n-1} & \\ & \iddots & & \\ a_{n1} & & & \end{vmatrix} = (-1)^{\frac{n(n-1)}{2}} a_{1n}a_{2n-1}\cdots a_{n1}$$

2) 三角形行列式

对角线以下(上)的元素全为零的行列式称为上(下)三角行列式. 其值为

$$\begin{vmatrix} a_{11} & a_{12} & \cdots & a_{1n} \\ & a_{22} & \cdots & a_{2n} \\ & & \ddots & \vdots \\ 0 & & & a_{nn} \end{vmatrix} = \begin{vmatrix} a_{11} & & & 0 \\ a_{21} & a_{22} & & \\ \vdots & & \ddots & \\ a_{n1} & a_{n2} & & a_{nn} \end{vmatrix} = a_{11}a_{22}\cdots a_{nn}$$

3) 转置行列式

把行列式 D 的行列互换所得的行列式称为 D 的转置行列式,记为 D^{T},即

$$D^{\mathrm{T}} = \begin{vmatrix} a_{11} & a_{21} & \cdots & a_{n1} \\ a_{12} & a_{22} & \cdots & a_{n2} \\ \vdots & \vdots & \ddots & \vdots \\ a_{1n} & a_{2n} & \cdots & a_{nn} \end{vmatrix} = \begin{vmatrix} a_{11} & a_{12} & \cdots & a_{1n} \\ a_{21} & a_{22} & \cdots & a_{2n} \\ \vdots & \vdots & \ddots & \vdots \\ a_{n1} & a_{n2} & \cdots & a_{nn} \end{vmatrix} = D$$

【注意】 有的书上也把转置行列式记为 D'.

4) 范德蒙行列式

$$D_n = \begin{vmatrix} 1 & 1 & \cdots & 1 \\ x_1 & x_2 & \cdots & x_n \\ x_1^2 & x_2^2 & \cdots & x_n^2 \\ \vdots & \vdots & \ddots & \vdots \\ x_1^{n-1} & x_2^{n-2} & \cdots & x_n^{n-1} \end{vmatrix} = \prod_{n\geqslant i>j\geqslant 1}(x_i - x_j)$$

式中:$\prod$ 表示同类因子的乘积.

6. 余子式与代数余子式

在 n 阶行列式中,把(i,j)元 a_{ij}所在的第 i 行和第 j 列划去后,剩下的$(n-1)$阶行列式称为(i,j)元 a_{ij}的余子式,记为 M_{ij};记 $A_{ij}=(-1)^{i+j}M_{ij}$,A_{ij}称为(i,j)元 a_{ij}的代数余子式.

7. 非齐次与齐次线性方程组

n 元线性方程组

$$\begin{cases} a_{11}x_1 + a_{12}x_2 + \cdots + a_{1n}x_n = b_1 \\ a_{21}x_1 + a_{22}x_2 + \cdots + a_{2n}x_n = b_2 \\ \qquad\qquad \vdots \\ a_{n1}x_1 + a_{n2}x_2 + \cdots + a_{nn}x_n = b_n \end{cases} \tag{1.1}$$

当右端的常数项 $b_1, b_2, \cdots, b_n$ 不全为零时，式(1.1)称为非齐次线性方程组；当 $b_1, b_2, \cdots, b_n$ 全为零时，式(1.1)称为齐次线性方程组.

1.1.2 基本理论

1. 行列式的性质

性质 1 行列式与它的转置行列式相等.

性质 2 互换行列式的两行(列)，行列式变号.

推论 如果行列式有两行(列)完全相同，则此行列式等于零.

性质 3 行列式的某一行(列)中所有的元素都乘以同一数 k，等于用数 k 乘此行列式.

推论 行列式中某一行(列)的所有元素的公因子可以提到行列式记号的外面.

性质 4 行列式中如果有两行(列)元素成比例，则此行列式等于零.

性质 5 若行列式的某一列(行)的元素都是两数之和，例如第 i 列的元素都是两数之和，即

$$D = \begin{vmatrix} a_{11} & a_{12} & \cdots & (a_{1i} + a'_{1i}) & \cdots & a_{1n} \\ a_{21} & a_{22} & \cdots & (a_{2i} + a'_{2i}) & \cdots & a_{2n} \\ \vdots & \vdots & \ddots & \vdots & \ddots & \vdots \\ a_{n1} & a_{n2} & \cdots & (a_{ni} + a'_{ni}) & \cdots & a_{nn} \end{vmatrix}$$

则 D 等于下列两个行列式之和：

$$D = \begin{vmatrix} a_{11} & a_{12} & \cdots & a_{1i} & \cdots & a_{1n} \\ a_{21} & a_{22} & \cdots & a_{2i} & \cdots & a_{2n} \\ \vdots & \vdots & \ddots & \vdots & \ddots & \vdots \\ a_{n1} & a_{n2} & \cdots & a_{ni} & \cdots & a_{nn} \end{vmatrix} + \begin{vmatrix} a_{11} & a_{12} & \cdots & a'_{1i} & \cdots & a_{1n} \\ a_{21} & a_{22} & \cdots & a'_{2i} & \cdots & a_{2n} \\ \vdots & \vdots & \ddots & \vdots & \ddots & \vdots \\ a_{n1} & a_{n2} & \cdots & a'_{ni} & \cdots & a_{nn} \end{vmatrix}$$

性质 6 把行列式的某一列(行)的各元素乘以同一数然后加到另一列(行)对应的元素上去，行列式不变.

2. 行列式按行(列)展开法则

行列式等于它的任一行(列)的各元素与其对应的代数余子式乘积之和，行列式任意行(列)的各元素与另一行(列)的对应元素的代数余子式的乘积之和为零，即

$$\sum_{k=1}^{n} a_{ki}A_{kj} = D\delta_{ij} = \begin{cases} D, i = j \\ 0, i \neq j \end{cases} \quad 或 \quad \sum_{k=1}^{n} a_{ik}A_{jk} = D\delta_{ij} = \begin{cases} D, i = j \\ 0, i \neq j \end{cases}$$

其中

$$\delta_{ij} = \begin{cases} 1, \ i = j \\ 0, \ i \neq j \end{cases}$$

3. 克拉默法则

如果 n 元线性方程组(1.1)系数行列式不等于零,即 $D\neq0$,则方程组有唯一解 $x_j=\dfrac{D_j}{D}$ ($j=1,2,\cdots,n$). 其中

$$D_j=\begin{vmatrix} a_{11} & \cdots & a_{1j-1} & b_1 & a_{1j+1} & \cdots & a_{1n} \\ a_{21} & \cdots & a_{2j-1} & b_2 & a_{2j+1} & \cdots & a_{2n} \\ \vdots & \ddots & \vdots & \vdots & \vdots & \ddots & \vdots \\ a_{n1} & \cdots & a_{nj-1} & b_n & a_{nj+1} & \cdots & a_{nn} \end{vmatrix}$$

【注意】

(1) 如果线性方程组无解或有两个不同的解,则它的系数行列式必为零.

(2) 如果齐次线性方程组的系数行列式 $D\neq0$,则齐次线性方程组只有零解.

(3) 如果齐次线性方程组有非零解,则它的系数行列式必为零.

1.1.3 基本方法

(1) 求排列的逆序数.

(2) 行列式的计算.

① 利用行列式的定义;

② 利用行列式的性质;

③ 将行列式化为上(下)三角形行列式;

④ 行列式按行按列展开(降阶法);

⑤ 利用加边法(升阶法);

⑥ 利用递推法;

⑦ 利用数学归纳法;

⑧ 利用范德蒙行列式结论;

⑨ 利用拉普拉斯定理计算行列式.

(3) 用克拉默法则求解线性方程组.

1.2 典型例题分析、解答与评注

1.2.1 求排列的逆序数

例 1.1 求排列 $135\cdots(2n-1)(2n)(2n-2)\cdots42$ 的逆序数,并确定它的奇偶性.

分析 求一个排列的逆序数,只需顺序地计算出这个排列的每个数与它前面的数有多少个逆序,然后把它们加起来就是这个排列的逆序数.

解答 在这个排列中,前 $n+1$ 个数 $1,3,5,\cdots,2n-1,2n$ 中的每一个数与它前面的数都没有逆序. 第 $n+2$ 个元素 $2n-2$ 逆序数为 2,第 $n+3$ 个元素 $2n-4$ 逆序数为 4,最后一个元素 2 逆序数为 $2n-2$,所以

$$
\begin{aligned}
t[135\cdots(2n-1)(2n)(2n-2)\cdots 42] &= 0+\cdots+0+2+4+\cdots+(2n-2)\\
&= 2[1+2+\cdots+(n-2)+(n-1)]\\
&= n(n-1)
\end{aligned}
$$

由于 $n(n-1)$ 为偶数,所以这个排列为偶排列.

评注 排列中元素较多,可总结出元素间逆序的规律,即可求出排列的逆序数.

1.2.2 行列式的计算与证明

行列式的计算与证明方法较多,技巧性比较强,方法也较灵活,现归类总结如下.

1. 用 n 阶行列式定义计算行列式

例 1.2 计算行列式 $D=\begin{vmatrix} 0 & 0 & \cdots & 0 & a_1 & 0\\ 0 & 0 & \cdots & a_2 & 0 & 0\\ \vdots & \vdots & \ddots & \vdots & \vdots & \vdots\\ 0 & a_{n-2} & \cdots & 0 & 0 & 0\\ a_{n-1} & 0 & \cdots & 0 & 0 & 0\\ 0 & 0 & \cdots & 0 & 0 & a_n \end{vmatrix}$.

分析 该行列式每行(列)只有一个非零元素,考虑使用行列式定义计算.

解答 因为 D 中不为零的元素只有 $a_1,a_2,\cdots,a_n$,所以 D 中 $n!$ 项只有 $a_1a_2\cdots a_{n-2}a_{n-1}a_n$ 不为零,其行标排列为标准排列,其列标排列为 $(n-1)(n-2)\cdots 21n$,逆序数为 $\dfrac{(n-1)(n-2)}{2}$,所以 $D=(-1)^{\frac{(n-1)(n-2)}{2}}a_1,a_2,\cdots,a_n$.

评注 用行列式的定义计算行列式不是计算行列式的一般方法,只用当行列式的元素中含有零元素较多时,才考虑用行列式定义计算.

例 1.3 利用行列式的定义,证明 $D_5=\begin{vmatrix} a_1 & a_2 & a_3 & a_4 & a_5\\ b_1 & b_2 & b_3 & b_4 & b_5\\ c_1 & c_2 & 0 & 0 & 0\\ d_1 & d_2 & 0 & 0 & 0\\ e_1 & e_2 & 0 & 0 & 0 \end{vmatrix}=0$.

分析 该行列式含有零元素较多,利用行列式的定义证明行列式为零,一般只要证明行列式的每一项均为零即可.

证明 由于行列式只有两行与两列元素非零,其他元素全为零. 5 阶行列式的每一项是 5 个元素的乘积且取自于不同行与不同列,故 5 个元素中至少有一个为零. 从而每项均为零,故行列式等于零,即 $D_5=0$.

评注 利用行列式的定义证明(或计算)行列式的问题,要注意行列式的项数、每一项的构成及符号.

例 1.4 根据行列式定义计算 $f(x)=\begin{vmatrix} 5x & 1 & 2 & 3\\ x & x & 1 & 2\\ 1 & 2 & x & 3\\ x & 1 & 2 & 2x \end{vmatrix}$ 中 x^4 与 x^3 的系数及常数项.

分析 注意4阶行列式的每一项都是取自不同行不同列的4个元素相乘并被冠以正负号,含有 x^4 的只有一项,含有 x^3 的有两项,不要漏掉.

解答 根据行列式定义,只有对角线上元素相乘才出现 x^4,且该项为正,即 $10x^4$. 故 $f(x)$ 中 x^4 的系数为10. 含 x^3 的项有两项,即 $(-1)^{t(2134)}a_{12}a_{21}a_{33}a_{44}=-2x^3$,$(-1)^{t(4231)}a_{14}a_{22}a_{33}a_{41}=-3x^3$,故 x^3 的系数为 -5. 将行列式中的元素 x 用0代替,计算该4阶行列式即得常数项为3.

评注 求含有未知量的行列式的某项系数,一般是利用行列式的定义.

2. 利用行列式的性质计算或证明行列式

行列式的性质,均可用于计算或证明行列式,应用时要注意观察行列式各行、各列元素的特点,充分运用行列式性质.

例1.5 如果 $\begin{vmatrix} a_{11} & a_{12} & a_{13} \\ a_{21} & a_{22} & a_{23} \\ a_{31} & a_{32} & a_{33} \end{vmatrix}=2$,求 $\begin{vmatrix} a_{12} & 3a_{11} & a_{13}-a_{11} \\ a_{22} & 3a_{21} & a_{23}-a_{21} \\ a_{32} & 3a_{31} & a_{33}-a_{31} \end{vmatrix}$.

分析 将所求行列式第2列提出公因子3,交换第1列与第2列,再将第1列加到第3列,即可利用已知条件计算行列式.

解答
$$\begin{vmatrix} a_{12} & 3a_{11} & a_{13}-a_{11} \\ a_{22} & 3a_{21} & a_{23}-a_{21} \\ a_{32} & 3a_{31} & a_{33}-a_{31} \end{vmatrix} \xlongequal{c_2\div 3} 3\begin{vmatrix} a_{12} & a_{11} & a_{13}-a_{11} \\ a_{22} & a_{21} & a_{23}-a_{21} \\ a_{32} & a_{31} & a_{33}-a_{31} \end{vmatrix}$$

$$\xlongequal[c_1\leftrightarrow c_2]{c_3+c_2} -3\begin{vmatrix} a_{11} & a_{12} & a_{13} \\ a_{21} & a_{22} & a_{23} \\ a_{31} & a_{32} & a_{33} \end{vmatrix} = -6.$$

评注 观察所求行列式与已知行列式的区别,充分利用行列式的性质,即可计算出行列式的值.

例1.6 利用行列式的性质证明 $D_4=\begin{vmatrix} 1 & 9 & 9 & 8 \\ 2 & 1 & 9 & 6 \\ 2 & 3 & 9 & 4 \\ 1 & 8 & 0 & 0 \end{vmatrix}$ 能被18整除.

分析 利用行列式性质将行列式的某一行或某一列化为含有公因子18即可.

证明 因为 $D_4 \xlongequal{c_4+10^3c_3+10^2c_2+10c_3} \begin{vmatrix} 1 & 9 & 9 & 1998 \\ 2 & 1 & 9 & 2196 \\ 2 & 3 & 9 & 2394 \\ 1 & 8 & 0 & 1800 \end{vmatrix} = 18\begin{vmatrix} 1 & 9 & 9 & 111 \\ 2 & 1 & 9 & 122 \\ 2 & 3 & 9 & 133 \\ 1 & 8 & 0 & 100 \end{vmatrix}$,所以行列式能被18整除.

评注 要证明行列式有公因子 k,常用的一种方法是证明行列式某行(列)各元素有公因子 k,为此,通常利用行列式的性质6对行列式进行变换.

例1.7 计算 n 阶行列式 $D_n=\begin{vmatrix} a_1+1 & a_1+2 & \cdots & a_1+n \\ a_2+1 & a_2+2 & \cdots & a_2+n \\ \vdots & \vdots & \ddots & \vdots \\ a_n+1 & a_n+2 & \cdots & a_n+n \end{vmatrix}$.

分析 由于行列式的每一行元素都是 $a_i(i=1,2,\cdots,n)$ 与一个常数的和的形式，因此可用后 $n-1$ 列都减去第 1 列，从而简化行列式的计算.

解答 当 $n=2$ 时，$D_2=\begin{vmatrix} a_1+1 & a_1+2 \\ a_2+1 & a_2+2 \end{vmatrix}=a_1-a_2$.

当 $n>2$ 时，从第 2 列开始，每一列减去第 1 列，即

$$D_n=\begin{vmatrix} a_1+1 & 1 & 2 & \cdots & n-1 \\ a_2+1 & 1 & 2 & \cdots & n-1 \\ \vdots & \vdots & \vdots & \ddots & \vdots \\ a_n+1 & 1 & 2 & \cdots & n-1 \end{vmatrix}=0$$

评注 若行列式的每一行或每一列元素都是同一个未知元素与一个常数的和的形式，可利用行列式的性质将某些行（列）的未知元素消去，再进行行列式的计算.

例 1.8 计算行列式 $D_{n+1}=\begin{vmatrix} x & a_1 & a_2 & a_3 & \cdots & a_n \\ a_1 & x & a_2 & a_3 & \cdots & a_n \\ a_1 & a_2 & x & a_3 & \cdots & a_n \\ \vdots & \vdots & \vdots & \vdots & \ddots & \vdots \\ a_1 & a_2 & a_3 & a_4 & \cdots & x \end{vmatrix}$.

分析 行列式各行元素之和相等，因此先把行列式后 $(n-1)$ 列都加到第 1 列，提出公因子，再利用行列式性质化为上（下）三角行列式.

解答
$$D_{n+1}=\begin{vmatrix} x+\sum\limits_{i=1}^{n}a_i & a_1 & a_2 & \cdots & a_n \\ x+\sum\limits_{i=1}^{n}a_i & x & a_2 & \cdots & a_n \\ x+\sum\limits_{i=1}^{n}a_i & a_2 & x & \cdots & a_n \\ \vdots & \vdots & \vdots & \ddots & \vdots \\ x+\sum\limits_{i=1}^{n}a_i & a_2 & a_3 & \cdots & x \end{vmatrix}=\left(x+\sum_{i=1}^{n}a_i\right)\begin{vmatrix} 1 & a_1 & a_2 & \cdots & a_n \\ 1 & x & a_2 & \cdots & a_n \\ 1 & a_2 & x & \cdots & a_n \\ \vdots & \vdots & \vdots & \ddots & \vdots \\ 1 & a_2 & a_3 & \cdots & x \end{vmatrix}$$

$$=\left(x+\sum_{i=1}^{n}a_i\right)\begin{vmatrix} 1 & 0 & 0 & \cdots & 0 \\ 1 & x-a_1 & 0 & \cdots & 0 \\ 1 & a_2-a_1 & x-a_2 & \cdots & 0 \\ \vdots & \vdots & \vdots & \ddots & \vdots \\ 1 & a_2-a_1 & a_3-a_2 & \cdots & x-a_n \end{vmatrix}=\left(x+\sum_{i=1}^{n}a_i\right)\prod_{i=1}^{n}(x-a_i)$$

评注 由于所求行列式各行元素之和相等，各列元素除一个外也相同，因此先把某一行（列）全部化为 1，再利用该行（列）把行列式化为三角形行列式，从而求出行列式的值.

3. 将行列式化为上（下）三角形行列式进行计算

将行列式化为上（下）三角形行列式进行计算是一种常用的方法. 这种方法常适用于高阶

行列式或者元素为字母的行列式.

例 1.9 计算行列式 $D=\begin{vmatrix}1+x & 1 & 1 & 1\\ 1 & 1-x & 1 & 1\\ 1 & 1 & 1+y & 1\\ 1 & 1 & 1 & 1-y\end{vmatrix}$.

分析 由于行列式主对角线元素不同,其他元素都相同,可将第 1 行(列)减去第 2 行(列),第 3 行(列)减去第 4 行(列),把该行列式化为零元素比较多,从而简化运算.

解答
$$D\xlongequal[r_3-r_4]{r_1-r_2}\begin{vmatrix}x & x & 0 & 0\\ 1 & 1-x & 1 & 1\\ 0 & 0 & y & y\\ 1 & 1 & 1 & 1-y\end{vmatrix}=xy\begin{vmatrix}1 & 1 & 0 & 0\\ 1 & 1-x & 1 & 1\\ 0 & 0 & 1 & 1\\ 1 & 1 & 1 & 1-y\end{vmatrix}$$
$$\xlongequal[r_4-r_1]{r_2-r_1}xy\begin{vmatrix}1 & 1 & 0 & 0\\ 0 & -x & 1 & 1\\ 0 & 0 & 1 & 1\\ 0 & 0 & 1 & 1-y\end{vmatrix}\xlongequal{r_4-r_3}xy\begin{vmatrix}1 & 1 & 0 & 0\\ 0 & -x & 1 & 1\\ 0 & 0 & 1 & 1\\ 0 & 0 & 0 & -y\end{vmatrix}=x^2y^2$$

评注 所求行列式主对角线元素不同,其他元素都相同,可利用行列式性质把该行列式化为零元素比较多,有公因子的提出公因子,从而简化运算.

例 1.10 计算行列式 $D_n=\begin{vmatrix}1 & 2 & 2 & \cdots & 2\\ 2 & 2 & 2 & \cdots & 2\\ 2 & 2 & 3 & \cdots & 2\\ \vdots & \vdots & \vdots & \ddots & \vdots\\ 2 & 2 & 2 & \cdots & n\end{vmatrix}$.

分析 由行列式的结构可见,除主对角元素为 $1,2,\cdots,n$ 外,其他元素都为 2,故可用各行减去第 2 行(也可用各行减去第 1 行),使行列式得到简化.

解答 将各行都减去第 2 行,得
$$D_n=\begin{vmatrix}-1 & 0 & 0 & \cdots & 0\\ 2 & 2 & 2 & \cdots & 2\\ 0 & 0 & 1 & \cdots & 0\\ \vdots & \vdots & \vdots & \ddots & \vdots\\ 0 & 0 & 0 & \cdots & n-2\end{vmatrix}=\begin{vmatrix}-1 & 0 & 0 & \cdots & 0\\ 2 & 2 & 2 & \cdots & 2\\ 0 & 0 & 1 & \cdots & 0\\ \vdots & \vdots & \vdots & \ddots & \vdots\\ 0 & 0 & 0 & \cdots & n-2\end{vmatrix}=-2(n-2)!$$

评注 行列式除主对角线元素外其他元素都相同时,可将其中的 $(n-1)$ 行(列)都减去某一行(列),达到简化行列式的目的.

例 1.11 计算 20 阶行列式 $D_{20}=\begin{vmatrix}1 & 2 & 3 & \cdots & 18 & 19 & 20\\ 2 & 1 & 2 & \cdots & 17 & 18 & 19\\ 3 & 2 & 1 & \cdots & 16 & 17 & 18\\ \vdots & \vdots & \vdots & \ddots & \vdots & \vdots & \vdots\\ 19 & 18 & 17 & \cdots & 2 & 1 & 2\\ 20 & 19 & 18 & \cdots & 3 & 2 & 1\end{vmatrix}$.

分析 注意到此行列式的相邻两列(行)的对应元素仅差1,从第20列起,后列减去前列,即可化简.

解答

$$D_{20}\xlongequal{\text{从第20列起,后列减前列}}\begin{vmatrix}1&1&1&\cdots&1&1&1\\2&-1&1&\cdots&1&1&1\\3&-1&-1&\cdots&1&1&1\\\vdots&\vdots&\vdots&\ddots&\vdots&\vdots&\vdots\\19&-1&-1&\cdots&-1&-1&1\\20&-1&-1&\cdots&-1&-1&-1\end{vmatrix}$$

$$\xlongequal[i=2,3,\cdots,20]{r_i+r_1}\begin{vmatrix}1&1&1&\cdots&1&1&1\\3&0&2&\cdots&2&2&2\\4&0&0&\cdots&2&2&2\\\vdots&\vdots&\vdots&\ddots&\vdots&\vdots&\vdots\\20&0&0&\cdots&0&0&2\\21&0&0&\cdots&0&0&0\end{vmatrix}$$

$$\xlongequal{\text{按第20行展开}}(-1)^{20+1}\cdot 21\begin{vmatrix}1&1&1&\cdots&1&1&1\\0&2&2&\cdots&2&2&2\\0&0&2&\cdots&2&2&2\\\vdots&\vdots&\vdots&\ddots&\vdots&\vdots&\vdots\\0&0&0&\cdots&0&0&2\end{vmatrix}=-21\times 2^{18}.$$

评注 计算行列式应先注意观察一下行列式元素的特点,选取恰当的方法化简可使运算简便.

4. 行列式按行按列展开

例1.12 计算行列式 $D_4=\begin{vmatrix}2&1&-5&1\\1&-3&0&-6\\0&2&-1&2\\1&4&-7&6\end{vmatrix}$.

分析 该行列式第1列元素较简单,可将第2行乘以 -2 加到第1行,将第2行乘以 -1 加到第4行,再按第1列展开.

解答

$$D_4\xlongequal[r_4-r_2]{r_1-2r_2}\begin{vmatrix}0&7&-5&13\\1&-3&0&-6\\0&2&-1&2\\0&7&-7&12\end{vmatrix}\xlongequal{\text{按第1列展开}}(-1)^{2+1}\begin{vmatrix}7&-5&13\\2&-1&2\\7&-7&12\end{vmatrix}$$

$$\xlongequal[c_3+2c_2]{c_1+2c_2}-\begin{vmatrix}-3&-5&3\\0&-1&0\\-7&-7&-2\end{vmatrix}\xlongequal{\text{按第2行展开}}\begin{vmatrix}-3&3\\-7&-2\end{vmatrix}=27$$

评注 利用行列式按行(列)展开法则计算行列式,应先看一下哪一行(列)的元素较简单,然后利用行列式的性质将这一行(列)化为有较多的零元素,再按该行(列)展开.

例 1.13 已知 $D=\begin{vmatrix}1&-5&1&3\\1&1&3&4\\1&2&2&3\\2&2&3&4\end{vmatrix}$,计算:

(1) $A_{13}+A_{23}+A_{33}+3A_{43}$.

(2) $A_{21}+2A_{22}+2A_{23}+3A_{24}$. 其中 $A_{ij}(i=1,2,3,4)$ 为行列式中元素 $a_{ij}(i=1,2,3,4)$ 的代数余子式.

分析 将行列式的第3列元素分别用1,1,1,3代替后计算该行列式的值,即为 $A_{13}+A_{23}+A_{33}+3A_{43}$ 的值,同理,将行列式的第2行元素分别用1,2,2,3代替后计算该行列式的值,即为 $A_{21}+2A_{22}+2A_{23}+3A_{24}$ 的值.

解答 (1) 由行列式按行(列)展开定理,有

$$A_{13}+A_{23}+A_{33}+3A_{43}=\begin{vmatrix}1&-5&1&3\\1&1&1&4\\1&2&1&3\\2&2&3&4\end{vmatrix}=\begin{vmatrix}1&-5&0&3\\1&1&0&4\\1&2&0&3\\2&2&1&4\end{vmatrix}$$

$$=1\times(-1)^{4+3}\begin{vmatrix}1&-5&3\\1&1&4\\1&2&3\end{vmatrix}=-\begin{vmatrix}1&-5&3\\0&6&1\\0&7&0\end{vmatrix}=7$$

(2) 所求表达式恰好为 D 的第 3 行元素与第 2 行对应元素的代数余子式乘积之和. 因此有

$$A_{21}+2A_{22}+2A_{23}+3A_{24}=0$$

评注 掌握好余子式与代数余子式定义,灵活运用行列式按行按列展开定理,从而简化运算.

例 1.14 解方程 $\begin{vmatrix}2&2&-1&3\\4&x^2-5&-2&6\\-3&2&-1&x^2+1\\3&-2&1&-2\end{vmatrix}=0.$

分析 方程的左端是一个四阶行列式,先利用行列式的性质将其化为关于 x 的多项式,再求解方程.

解答 $\begin{vmatrix}2&2&-1&3\\4&x^2-5&-2&6\\-3&2&-1&x^2+1\\3&-2&1&-2\end{vmatrix}\xlongequal[r_2-2r_1]{r_3+r_4}\begin{vmatrix}2&2&-1&3\\0&x^2-9&0&0\\0&0&0&x^2-1\\3&-2&1&-2\end{vmatrix}$

$$\xlongequal{\text{按第 2 行展开}}(x^2-9)(-1)^{2+2}\begin{vmatrix}2&-1&3\\0&0&x^2-1\\3&1&-2\end{vmatrix}$$

$$\xlongequal{\text{按第 2 行展开}}(x^2-9)(-1)^{2+3}(x^2-1)\begin{vmatrix}2&-1\\3&1\end{vmatrix}$$

$$= -5(x^2-9)(x^2-1)$$

所以原方程为

$$5(x^2-9)(x^2-1)=0$$

求解得 $x=\pm 1$ 或 $x=\pm 3$.

评注 方程中含有行列式,一般先计算行列式,再求解方程.

例 1.15 计算 n 阶行列式 $D_n=\begin{vmatrix} 1 & 2 & 3 & 4 & \cdots & n \\ x & 1 & 2 & 3 & \cdots & n-1 \\ x & x & 1 & 2 & \cdots & n-2 \\ x & x & x & 1 & \cdots & n-3 \\ \vdots & \vdots & \vdots & \vdots & \ddots & \vdots \\ x & x & x & x & \cdots & 1 \end{vmatrix}$.

分析 该行列式主对角线以下各元素相同,利用行列式性质可将其化为零元素较多,再按第 1 列展开,变为两个三角行列式,可计算出行列式的值.

解答 从第 2 行开始,每一行乘(-1)后加到上一行,得

$$D_n=\begin{vmatrix} 1-x & 1 & 1 & 1 & \cdots & 1 & 1 \\ 0 & 1-x & 1 & 1 & \cdots & 1 & 1 \\ 0 & 0 & 1-x & 1 & \cdots & 1 & 1 \\ \vdots & \vdots & \vdots & \vdots & \ddots & \vdots & \vdots \\ 0 & 0 & 0 & 0 & \cdots & 1-x & 1 \\ x & x & x & x & \cdots & x & 1 \end{vmatrix}$$

从第 n 列开始,依次用前一列乘(-1)后加到后一列,得

$$D_n=\begin{vmatrix} 1-x & x & 0 & 0 & \cdots & 0 & 0 \\ 0 & 1-x & x & 0 & \cdots & 0 & 0 \\ 0 & 0 & 1-x & x & \cdots & 0 & 0 \\ \vdots & \vdots & \vdots & \vdots & \ddots & \vdots & \vdots \\ 0 & 0 & 0 & 0 & \cdots & 1-x & x \\ x & 0 & 0 & 0 & \cdots & 0 & 1-x \end{vmatrix}$$

按第 1 列展开,得

$$D_n=(1-x)\begin{vmatrix} 1-x & x & 0 & \cdots & 0 & 0 \\ 0 & 1-x & x & \cdots & 0 & 0 \\ 0 & 0 & 1-x & \cdots & 0 & 0 \\ \vdots & \vdots & \vdots & \ddots & \vdots & \vdots \\ 0 & 0 & 0 & \cdots & 0 & 1-x \end{vmatrix}$$

$$+x\cdot(-1)^{n+1}\begin{vmatrix} x & 0 & 0 & \cdots & 0 & 0 \\ 1-x & x & 0 & \cdots & 0 & 0 \\ 0 & 1-x & x & \cdots & 0 & 0 \\ \vdots & \vdots & \vdots & \ddots & \vdots & \vdots \\ 0 & 0 & 0 & \cdots & 1-x & x \end{vmatrix}$$

$$= (1-x)^n + (-1)^{n+1}x^n$$
$$= (-1)^n[(x-1)^n - x^n]$$

评注 观察行列式各元素之间的特点,利用行列式的性质和按行按列展开定理计算行列式.

5. 利用加边法计算行列式

加边法,就是在行列式中添加一行一列,将原来的 n 阶行列式加边成 $(n+1)$ 阶行列式再进行计算.

例 1.16 计算行列式 $D_n = \begin{vmatrix} 1+x_1 & 1 & \cdots & 1 \\ 1 & 1+x_2 & \cdots & 1 \\ \vdots & \vdots & \ddots & \vdots \\ 1 & 1 & \cdots & 1+x_n \end{vmatrix}$,其中 $x_1, x_2, \cdots, x_n \neq 0$.

分析 该行列式含有元素 1 比较多,可将行列式多加一行(元素全为 1)和一列,变为 $(n+1)$ 阶行列式,再利用行列式的性质简化该行列式.

解答 $$D_n = D_{n+1} = \begin{vmatrix} 1 & 1 & 1 & \cdots & 1 \\ 0 & 1+x_1 & 1 & \cdots & 1 \\ 0 & 1 & 1+x_2 & \cdots & 1 \\ \vdots & \vdots & \vdots & \ddots & \vdots \\ 0 & 1 & 1 & \cdots & 1+x_n \end{vmatrix}$$

$$\xlongequal[i=1,2,\cdots,n+1]{r_i - r_1} \begin{vmatrix} 1 & 1 & 1 & \cdots & 1 \\ -1 & x_1 & 0 & \cdots & 0 \\ -1 & 0 & x_2 & \cdots & 0 \\ \vdots & \vdots & \vdots & \ddots & \vdots \\ -1 & 0 & 0 & \cdots & x_n \end{vmatrix}$$

$$\xlongequal[i=2,\cdots,n+1]{c_1 + \frac{c_i}{x_{i-1}}} \begin{vmatrix} 1+\sum\limits_{i=1}^{n}\frac{1}{x_i} & 1 & 1 & \cdots & 1 \\ 0 & x_1 & 0 & \cdots & 0 \\ 0 & 0 & x_2 & \cdots & 0 \\ \vdots & \vdots & \vdots & \ddots & \vdots \\ 0 & 0 & 0 & \cdots & x_n \end{vmatrix}$$

$$= \left(1 + \sum_{i=1}^{n}\frac{1}{x_i}\right)x_1x_2\cdots x_n$$

评注 加边法所得新行列式与原行列式在数值上应相等,即通过对行列式按新加的行(列)展开,要使加边后的新行列式能够还原为原来的行列式.

6. 用递推法计算行列式

应用行列式的性质,把一个 n 阶行列式表示为具有相同结构的较低阶行列式的线性关系式,这种关系式称为递推关系式. 根据递推关系式及某个低阶初始行列式(如二阶或一阶行列式)的值,便可递推求得所给 n 阶行列式的值,这种计算行列式的方法称为递推法.

例 1.17 计算$(n+1)$阶行列式 $D_{n+1}=\begin{vmatrix} a & -1 & 0 & \cdots & 0 \\ ax & a & -1 & \cdots & 0 \\ ax^2 & ax & a & \cdots & 0 \\ \vdots & \vdots & \vdots & \ddots & \vdots \\ ax^n & ax^{n-1} & ax^{n-2} & \cdots & a \end{vmatrix}$.

分析 该行列式第 1 行零元素较多,可按第 1 行展开,再计算行列式.

解答 将所给行列式按第 1 行展开,得

$$
\begin{aligned}
D_{n+1}&=a\begin{vmatrix} a & -1 & \cdots & 0 \\ ax & a & \cdots & 0 \\ \vdots & \vdots & \ddots & \vdots \\ ax^{n-1} & ax^{n-2} & \cdots & a \end{vmatrix}+(-1)^{1+2}(-1)\begin{vmatrix} ax & -1 & \cdots & 0 \\ ax^2 & a & \cdots & 0 \\ \vdots & \vdots & \ddots & \vdots \\ ax^n & ax^{n-2} & \cdots & a \end{vmatrix}\\
&=aD_n+xD_n\\
&=(a+x)D_n\\
&=(a+x)(a+x)D_{n-1}\\
&\ \ \vdots\\
&=(a+x)^{n-1}D_2\\
&=(a+x)^{n-1}\begin{vmatrix} a & -1 \\ ax & a \end{vmatrix}\\
&=a(a+x)^n
\end{aligned}
$$

评注 利用递推法计算的行列式,这种行列式一般都具有一定的特殊结构.

例 1.18 计算 n 阶行列式 $D_n=\begin{vmatrix} 3 & -2 & 0 & 0 & \cdots & 0 & 0 & 0 \\ -1 & 3 & -2 & 0 & \cdots & 0 & 0 & 0 \\ 0 & -1 & 3 & -2 & \cdots & 0 & 0 & 0 \\ \vdots & \vdots & \vdots & \vdots & \ddots & \vdots & \vdots & \vdots \\ 0 & 0 & 0 & 0 & \cdots & -1 & 3 & -2 \\ 0 & 0 & 0 & 0 & \cdots & 0 & -1 & 3 \end{vmatrix}$.

分析 该行列式第 1 行或第 1 列零元素较多,可按第 1 行或第 1 列展开,然后找出递推关系式,按照递推关系式计算行列式.

解答 按第 1 行展开,得

$$
D_n=3\begin{vmatrix} 3 & -2 & 0 & \cdots & 0 & 0 & 0 \\ -1 & 3 & -2 & \cdots & 0 & 0 & 0 \\ \vdots & \vdots & \vdots & \ddots & \vdots & \vdots & \vdots \\ 0 & 0 & 0 & \cdots & -1 & 3 & -2 \\ 0 & 0 & 0 & \cdots & 0 & -1 & 3 \end{vmatrix}+(-1)^{1+2}\cdot(-2)\begin{vmatrix} -1 & -2 & 0 & \cdots & 0 & 0 & 0 \\ 0 & 3 & -2 & \cdots & 0 & 0 & 0 \\ \vdots & \vdots & \vdots & \ddots & \vdots & \vdots & \vdots \\ 0 & 0 & 0 & \cdots & -1 & 3 & -2 \\ 0 & 0 & 0 & \cdots & 0 & -1 & 3 \end{vmatrix}
$$

$$
=3D_{n-1}-2\begin{vmatrix} 3 & -2 & 0 & \cdots & 0 & 0 & 0 \\ -1 & 3 & -2 & \cdots & 0 & 0 & 0 \\ \vdots & \vdots & \vdots & \ddots & \vdots & \vdots & \vdots \\ 0 & 0 & 0 & \cdots & -1 & 3 & -2 \\ 0 & 0 & 0 & \cdots & 0 & -1 & 3 \end{vmatrix}=3D_{n-1}-2D_{n-2}
$$

即

$$\begin{aligned}D_n &=3D_{n-1}-2D_{n-2}\\&=7D_{n-2}-6D_{n-3}=15D_{n-3}-14D_{n-4}=\cdots=(2^{n-1}-1)D_2-(2^{n-1}-2)D_1=2^{n+1}-1\end{aligned}$$

评注 注意到元素 a_{11} 的代数余子式为 D_{n-1}，故可按第 1 行(或列)展开，找出 D_n 与 D_{n-1} 或 D_{n-1} 与 D_{n-2} 之间的一种关系，建立递推公式，再利用递推公式求出 D_n.

7. 利用数学归纳法证明行列式

一般是利用不完全归纳法寻找出行列式的猜想值，再用数学归纳法给出猜想的证明. 因此，数学归纳法一般是用来证明行列式等式. 因为给定一个行列式，要猜想其值是比较难的，所以先给定其值，然后再去证明.

例 1.19 证明 n 阶行列式

$$D_n=\begin{vmatrix}a+b & ab & 0 & \cdots & 0 & 0\\ 1 & a+b & ab & \cdots & 0 & 0\\ 0 & 1 & a+b & \cdots & 0 & 0\\ \vdots & \vdots & \vdots & \ddots & \vdots & \vdots\\ 0 & 0 & 0 & \cdots & 1 & a+b\end{vmatrix}=\frac{a^{n+1}-b^{n+1}}{a-b}(a\neq b)$$

分析 证明行列式成立的问题，一般采用数学归纳法.

证明 当 $n=1$ 时，$D_1=a+b=\dfrac{a^2-b^2}{a-b}$，结论成立.

假设小于等于 $(n-1)$ 时结论成立，下证 n 的情形.

将 D_n 按第 1 列展开，得

$$D_n=(a+b)\begin{vmatrix}a+b & ab & \cdots & 0 & 0\\ 1 & a+b & \cdots & 0 & 0\\ \vdots & \vdots & \ddots & \vdots & \vdots\\ 0 & 0 & \cdots & 1 & a+b\end{vmatrix}-\begin{vmatrix}ab & 0 & 0 & \cdots & 0 & 0\\ 1 & a+b & ab & \cdots & 0 & 0\\ \vdots & \vdots & \vdots & \ddots & \vdots & \vdots\\ 0 & 0 & 0 & \cdots & 1 & a+b\end{vmatrix}$$

上式右端第 1 个行列式为 D_{n-1}，将第 2 个行列式按第 1 行展开，使用归纳假设得

$$\begin{aligned}D_n&=(a+b)D_{n-1}-abD_{n-2}=(a+b)\frac{a^n-b^n}{a-b}-ab\frac{a^{n-1}-b^{n-1}}{a-b}\\&=\frac{a^{n+1}-ab^n+ba^n-b^{n+1}}{a-b}-\frac{a^nb-ab^n}{a-b}=\frac{a^{n+1}-b^{n+1}}{a-b}\end{aligned}$$

故当对 n 时，等式也成立，得证.

评注 数学归纳法一般是用来证明行列式等式问题.

例 1.20 计算 n 阶行列式 $D_n=\begin{vmatrix}2a & a^2 & 0 & \cdots & 0 & 0\\ 1 & 2a & a^2 & \cdots & 0 & 0\\ 0 & 1 & 2a & \cdots & 0 & 0\\ \vdots & \vdots & \vdots & \ddots & \vdots & \vdots\\ 0 & 0 & 0 & \cdots & 2a & a^2\\ 0 & 0 & 0 & \cdots & 1 & 2a\end{vmatrix}$.

分析　由于不知道 D_n 的值,我们先计算 D_1、D_2、D_3,然后对 D_n 的值进行推测,最后利用数学归纳法证明结论的正确性.

解答　因为

$$D_1 = 2a$$

$$D_2 = \begin{vmatrix} 2a & a^2 \\ 1 & 2a \end{vmatrix} = 3a^2$$

$$D_3 = \begin{vmatrix} 2a & a^2 & 0 \\ 1 & 2a & a^2 \\ 0 & 1 & 2a \end{vmatrix} = 4a^3$$

由此推测

$$D_n = (n+1)a^n$$

下面用数学归纳法进行证明.

当 $n=2$ 时,$D_2=3a^2$,结论成立.

假设结论对于小于等于 $(n-1)$ 的自然数都成立,下证结论对 n 的情形也成立. 将 D_n 按第 1 列展开,得

$$D_n = 2a\begin{vmatrix} 2a & a^2 & 0 & \cdots & 0 & 0 \\ 1 & 2a & a^2 & \cdots & 0 & 0 \\ 0 & 1 & 2a & \cdots & 0 & 0 \\ \vdots & \vdots & \vdots & \ddots & \vdots & \vdots \\ 0 & 0 & 0 & \cdots & 2a & a^2 \\ 0 & 0 & 0 & \cdots & 1 & 2a \end{vmatrix} - \begin{vmatrix} a^2 & 0 & 0 & \cdots & 0 & 0 \\ 1 & 2a & a^2 & \cdots & 0 & 0 \\ 0 & 1 & 2a & \cdots & 0 & 0 \\ \vdots & \vdots & \vdots & \ddots & \vdots & \vdots \\ 0 & 0 & 0 & \cdots & 2a & a^2 \\ 0 & 0 & 0 & \cdots & 1 & 2a \end{vmatrix}$$

上式右端第 1 个行列式为 D_{n-1},将第 2 个行列式按第 1 行展开得 a^2D_{n-2},使用归纳假设,得

$$D_n = 2aD_{n-1} - a^2D_{n-2} = 2a(na^{n-1}) - a^2[(n-1)a^{n-2}] = (n+1)a^n$$

由归纳法知,结论正确.

评注　数学归纳法只能用于已有结论时的归纳证明,若对于行列式的计算,应先推测出结论,再进行归纳证明.

8. 利用范德蒙行列式结论计算行列式

利用范德蒙行列式结果计算行列式,要注意掌握范德蒙行列式的以下特点:

(1) 从列看,每列元素具备从上至下依次恰好为某个数值的 0 次幂,1 次幂,…,$(n-1)$次幂.

(2) 从行看,第一行元素均为 1,第二行为 $x_1,x_2,\cdots,x_n$,从第三行开始,每个元素都比上一行对应元素高一次幂.

(3) 范德蒙行列式的结果为一同类因子乘积形式,展开后的形式为

$$\prod_{n\geqslant i>j\geqslant 1}(x_i - x_j) = (x_2-x_1)(x_3-x_1)\cdots(x_n-x_1)(x_3-x_2)(x_4-x_2)\cdots(x_n-x_2)\cdots(x_n-x_{n-1})$$

例 1.21　计算行列式 $D_4 = \begin{vmatrix} a & b & c & d \\ a^2 & b^2 & c^2 & d^2 \\ a^3 & b^3 & c^3 & d^3 \\ b+c+d & a+c+d & a+b+d & a+b+c \end{vmatrix}$.

分析 观察行列式的各行,前三行与范德蒙行列式的特征相吻合,如果第四行元素能化为1,则可利用范德蒙行列式的结果.

解答 $$D_4 \xlongequal[r_4 \div (a+b+c+d)]{r_4 + r_1} (a+b+c+d)\begin{vmatrix} a & b & c & d \\ a^2 & b^2 & c^2 & d^2 \\ a^3 & b^3 & c^3 & d^3 \\ 1 & 1 & 1 & 1 \end{vmatrix}$$

$$\xlongequal[r_2 \leftrightarrow r_1]{r_4 \leftrightarrow r_3,\, r_3 \leftrightarrow r_2} -(a+b+c+d)\begin{vmatrix} 1 & 1 & 1 & 1 \\ a & b & c & d \\ a^2 & b^2 & c^2 & d^2 \\ a^3 & b^3 & c^3 & d^3 \end{vmatrix}$$

$$= -(a+b+c+d)(b-a)(c-a)(d-a)(c-b)(d-b)(d-c)$$

评注 利用行列式性质,可将行列式化成范德蒙行列式形式,从而利用范德蒙行列式的结果计算行列式.

例 1.22 计算 n 阶行列式(其中 $a_i \neq 0, i=1,2,\cdots,n$)

$$D_n = \begin{vmatrix} a_1^{n-1} & a_2^{n-1} & a_3^{n-1} & \cdots & a_n^{n-1} \\ a_1^{n-2}b_1 & a_2^{n-2}b_2 & a_3^{n-2}b_3 & \cdots & a_n^{n-2}b_n \\ \vdots & \vdots & \vdots & \ddots & \vdots \\ a_1 b_1^{n-2} & a_2 b_2^{n-2} & a_3 b_3^{n-2} & \cdots & a_n b_n^{n-2} \\ b_1^{n-1} & b_2^{n-1} & b_3^{n-1} & \cdots & b_n^{n-1} \end{vmatrix}$$

分析 把 D_n 的第 j 列提取因子 $a_j^{n-1}(j=1,2,\cdots,n)$,即可化成范德蒙行列式.

解答 如果 $a_1 = a_2 = \cdots = a_n = 1$,则 D_n 为一个 n 阶范德蒙行列式. 一般情况下,D_n 并不是范德蒙行列式,为了把 D_n 化成范德蒙行列式,可从 D_n 的第 j 列提取因子 $a_j^{n-1}(j=1,2,\cdots,n)$,得

$$D_n = (a_1 a_2 \cdots a_n)^{n-1}\begin{vmatrix} 1 & 1 & 1 & \cdots & 1 \\ \frac{b_1}{a_1} & \frac{b_2}{a_2} & \frac{b_3}{a_3} & \cdots & \frac{b_n}{a_n} \\ \vdots & \vdots & \vdots & \ddots & \vdots \\ \left(\frac{b_1}{a_1}\right)^{n-2} & \left(\frac{b_2}{a_2}\right)^{n-2} & \left(\frac{b_3}{a_3}\right)^{n-2} & \cdots & \left(\frac{b_n}{a_n}\right)^{n-2} \\ \left(\frac{b_1}{a_1}\right)^{n-1} & \left(\frac{b_2}{a_2}\right)^{n-1} & \left(\frac{b_3}{a_3}\right)^{n-1} & \cdots & \left(\frac{b_n}{a_n}\right)^{n-1} \end{vmatrix}$$

利用范德蒙行列式的结果,得

$$D_n = (a_1 a_2 \cdots a_n)^{n-1} \prod_{1 \leqslant j < i \leqslant n} \left(\frac{b_i}{a_i} - \frac{b_j}{a_j}\right)$$

评注 如果行列式具有范德蒙行列式的某些特征而不是范德蒙行列式时,利用行列式的性质将其化成范德蒙行列式,从而利用范德蒙行列式的结果计算行列式.

9. 利用拉普拉斯定理计算行列式

拉普拉斯定理的四种特殊情形：

(1) $\begin{vmatrix} A_{nn} & 0 \\ C_{mn} & B_{mm} \end{vmatrix} = |A_{nn}| \cdot |B_{mm}|.$

(2) $\begin{vmatrix} A_{nn} & C_{nm} \\ 0 & B_{mm} \end{vmatrix} = |A_{nn}| \cdot |B_{mm}|.$

(3) $\begin{vmatrix} 0 & A_{nn} \\ B_{mm} & C_{mn} \end{vmatrix} = (-1)^{mn} |A_{nn}| \cdot |B_{mm}|.$

(4) $\begin{vmatrix} C_{nm} & A_{nn} \\ B_{mm} & 0 \end{vmatrix} = (-1)^{mn} |A_{nn}| \cdot |B_{mm}|.$

例 1.23 计算 n 阶行列式 $D_n = \begin{vmatrix} \lambda & \alpha & \alpha & \alpha & \cdots & \alpha \\ b & \alpha & \beta & \beta & \cdots & \beta \\ b & \beta & \alpha & \beta & \cdots & \beta \\ \vdots & \vdots & \vdots & \vdots & \ddots & \vdots \\ b & \beta & \beta & \beta & \cdots & \alpha \end{vmatrix}.$

分析 根据行列式特点，先利用行列式性质将行列式化为零元素较多，再考虑应用拉普拉斯定理计算行列式.

解答 $D_n \xlongequal[(i=2,\cdots,n-1)]{r_{i+1}-r_2} \begin{vmatrix} \lambda & \alpha & \alpha & \alpha & \cdots & \alpha \\ b & \alpha & \beta & \beta & \cdots & \beta \\ 0 & \beta-\alpha & \alpha-\beta & 0 & \cdots & 0 \\ \vdots & \vdots & \vdots & \vdots & \ddots & \vdots \\ 0 & \beta-\alpha & 0 & 0 & \cdots & \alpha-\beta \end{vmatrix}$

$$\xlongequal{c_2+\sum_{i=3}^{n} c_i} \begin{vmatrix} \lambda & (n-1)\alpha & \alpha & \alpha & \cdots & \alpha \\ b & \alpha+(n-2)\beta & \beta & \beta & \cdots & \beta \\ 0 & 0 & \alpha-\beta & 0 & \cdots & 0 \\ 0 & 0 & 0 & \alpha-\beta & \cdots & 0 \\ \vdots & \vdots & \vdots & \vdots & \ddots & \vdots \\ 0 & 0 & 0 & 0 & \cdots & \alpha-\beta \end{vmatrix}$$

$$\xlongequal{\text{利用拉普拉斯定理}} \begin{vmatrix} \lambda & (n-1)a \\ b & \alpha+(n-2)\beta \end{vmatrix}_{2\times 2} \cdot \begin{vmatrix} \alpha-\beta & 0 & \cdots & 0 \\ 0 & \alpha-\beta & \cdots & 0 \\ \vdots & \vdots & \ddots & \vdots \\ 0 & 0 & \cdots & \alpha-\beta \end{vmatrix}_{(n-2)\times(n-2)}$$

$$= [\lambda\alpha + \lambda(n-2)\beta - ab(n-1)] \cdot (\alpha-\beta)^{n-2}$$

评注 如果行列式的零元素较多，一般可考虑应用拉普拉斯定理计算行列式.

1.2.3 用克拉默法则求解线性方程组

克拉默法则的意义在于它给出了解与系数的明显关系，但是用克拉默法则解方程组的计算量很大，而且它只能解决有唯一解的情况，对于无解和有无穷多解的情况则不能使用克拉默法则. 但克拉默法则仍是求解线性方程组的一种方法,也需认真掌握,而由克拉默法则得到的一些结论,却有一定的理论价值和应用价值,在以后的学习中经常用到.

例 1.24 解方程组 $\begin{cases}3x_1+2x_2 &=1\\ x_1+3x_2+2x_3 &=0\\ x_2+3x_3+2x_4 &=0\\ x_3+3x_4 &=0\end{cases}$.

分析 由于方程组中方程的个数与未知量的个数相同,先判断方程组的系数行列式是否为零,在不为零的情况下,利用克莱姆法则求方程组的解.

解答 方程组的系数行列式为

$$D=\begin{vmatrix}3&2&0&0\\1&3&2&0\\0&1&3&2\\0&0&1&3\end{vmatrix}\xlongequal{\text{按第 1 列展开}}3\begin{vmatrix}3&2&0\\1&3&2\\0&1&3\end{vmatrix}-\begin{vmatrix}2&0&0\\1&3&2\\0&1&3\end{vmatrix}$$

而

$$\begin{vmatrix}3&2&0\\1&3&2\\0&1&3\end{vmatrix}=3\begin{vmatrix}3&2\\1&3\end{vmatrix}-\begin{vmatrix}2&0\\1&3\end{vmatrix}=15,\begin{vmatrix}2&0&0\\1&3&2\\0&1&3\end{vmatrix}=2\begin{vmatrix}3&2\\1&3\end{vmatrix}=14.$$

所以 $D=31\neq0$.

$$D_1=\begin{vmatrix}1&2&0&0\\0&3&2&0\\0&1&3&2\\0&0&1&3\end{vmatrix}=15,D_2=\begin{vmatrix}3&1&0&0\\1&0&2&0\\0&0&3&2\\0&0&1&3\end{vmatrix}=-7$$

$$D_3=\begin{vmatrix}3&2&1&0\\1&3&0&0\\0&1&0&2\\0&0&0&3\end{vmatrix}=3,D_4=\begin{vmatrix}3&2&0&1\\1&3&2&0\\0&1&3&0\\0&0&1&0\end{vmatrix}=-1$$

所以原方程组有唯一解:

$$x_1=\frac{D_1}{D}=\frac{15}{31},x_2=\frac{D_2}{D}=\frac{-7}{31},x_3=\frac{D_3}{D}=\frac{3}{31},x_4=\frac{D_4}{D}=-\frac{1}{31}$$

评注 当方程组中方程的个数与未知量的个数相同时,可利用克莱姆法则求方程组的解.

例 1.25 设方程组 $\begin{cases}x+y+z=a+b+c\\ ax+by+cz=a^2+b^2+c^2\\ bcx+acy+abz=3abc\end{cases}$,试问 a、b、c 满足什么条件时,方程组有唯一解,并求出唯一解.

分析 通过方程组系数行列式不为零,得出 a、b、c 之间的关系.

解答 由克莱姆法则知,当系数行列式

$$D = \begin{vmatrix} 1 & 1 & 1 \\ a & b & c \\ bc & ac & ab \end{vmatrix} = (a-b)(b-c)(c-a) \neq 0$$

即 a、b、c 各不相等时,方程组有唯一解.

$$D_1 = \begin{vmatrix} a+b+c & 1 & 1 \\ a^2+b^2+c^2 & b & c \\ 3abc & ac & ab \end{vmatrix} = a(a-b)(b-c)(c-a)$$

$$D_2 = \begin{vmatrix} 1 & a+b+c & 1 \\ a & a^2+b^2+c^2 & c \\ bc & 3abc & ab \end{vmatrix} = b(a-b)(b-c)(c-a)$$

$$D_3 = \begin{vmatrix} 1 & 1 & a+b+c \\ a & b & a^2+b^2+c^2 \\ bc & ac & 3abc \end{vmatrix} = c(a-b)(b-c)(c-a)$$

所以 $x_1 = a, x_2 = b, x_3 = c$.

评注 利用克莱姆法则,可得出 a、b、c 之间的关系,并求出唯一解.

例 1.26 设 a、b、c、d 是不全为零的实数,证明:线性方程组

$$\begin{cases} ax_1 + bx_2 + cx_3 + dx_4 = 0 \\ bx_1 - ax_2 + dx_3 - cx_4 = 0 \\ cx_1 - dx_2 - ax_3 + bx_4 = 0 \\ dx_1 + cx_2 - bx_3 - ax_4 = 0 \end{cases}$$

只有零解.

分析 只需计算其系数行列式 $D \neq 0$.

证明 因为

$$D \cdot D^{\mathrm{T}} = \begin{vmatrix} a & b & c & d \\ b & -a & d & -c \\ c & -d & -a & b \\ d & c & -b & -a \end{vmatrix} \begin{vmatrix} a & b & c & d \\ b & -a & -d & c \\ c & d & -a & -b \\ d & -c & b & -a \end{vmatrix}$$

$$= \begin{vmatrix} a^2+b^2+c^2+d^2 & 0 & 0 & 0 \\ 0 & a^2+b^2+c^2+d^2 & 0 & 0 \\ 0 & 0 & a^2+b^2+c^2+d^2 & 0 \\ 0 & 0 & 0 & a^2+b^2+c^2+d^2 \end{vmatrix}$$

$$= (a^2+b^2+c^2+d^2)^4$$

即 $D^2 = (a^2+b^2+c^2+d^2)^4 > 0$,故 $D \neq 0$,从而所给方程组只有零解.

评注 本题给出了验证行列式不为零的一种方法:即通过行列式与其转置行列式乘积等

于行列式的平方不为零,从而得到行列式不为零.

1.3 本章小结

行列式是线性代数中十分重要的工具,在数学及其他学科分支中有着广泛的应用.本章主要介绍了行列式的定义、性质及其计算方法,然后介绍了用 n 阶行列式求解 n 元线性方程组的克拉默法则.

行列式的计算是本章的重点,也是难点.行列式的计算与证明,针对同一个问题来说,方法的选择是多种多样的,方法的选择与掌握,取决于读者对行列式的定义、性质及定理的理解程度,以及读者观察能力、思维方式、计算技巧等的综合运用水平.因为不论采用什么方法计算或证明行列式,其实质都是以行列式的定义、性质及展开定理等为依据,对行列式实施简化、变形,从而使计算变得容易.

学习本章时,还要掌握范德蒙行列式的结构特点及结论,会运用克拉默法则求解简单的线性方程组.

1.4 同步习题及解答

1.4.1 同步习题

1. 填空题

(1) 当 $i=$________,$k=$________时,9 元排列 $1274i56k9$ 为偶排列.

(2) 如果 $D=\begin{vmatrix} a_{11} & a_{12} & a_{13} \\ a_{21} & a_{22} & a_{23} \\ a_{31} & a_{32} & a_{33} \end{vmatrix}=2$,则 $D_1=\begin{vmatrix} a_{12} & 2a_{11} & -a_{13}-a_{11} \\ a_{22} & 2a_{21} & -a_{23}-a_{21} \\ a_{32} & 2a_{31} & -a_{33}-a_{31} \end{vmatrix}=$________.

(3) 设行列式 $\begin{vmatrix} 3 & 0 & 4 & 0 \\ 2 & 2 & 2 & 2 \\ 0 & -7 & 0 & 0 \\ 5 & 3 & -2 & 2 \end{vmatrix}$,则第四行各元素余子式之和的值为________.

(4) 设 $D=\begin{vmatrix} a_{11} & a_{12} & \cdots & a_{1n} \\ a_{21} & a_{22} & \cdots & a_{2n} \\ \vdots & \vdots & \ddots & \vdots \\ a_{n1} & a_{n2} & \cdots & a_{nn} \end{vmatrix}$,$D_1=\begin{vmatrix} a_{21} & a_{22} & \cdots & a_{2n} \\ a_{31} & a_{32} & \cdots & a_{3n} \\ \vdots & \vdots & \ddots & \vdots \\ a_{n1} & a_{n2} & \cdots & a_{nn} \\ a_{11} & a_{12} & \cdots & a_{1n} \end{vmatrix}$,则 $D_1=$________D.

(5) 已知 $D=\begin{vmatrix} 1 & 1 & 3 & -1 \\ 3 & 1 & 8 & 0 \\ -2 & 1 & 4 & 3 \\ 4 & 1 & 2 & 5 \end{vmatrix}$,则 $A_{14}+A_{24}+A_{34}+A_{44}=$________,$M_{13}+M_{23}+M_{33}+M_{43}=$________.

(6) n 阶行列式 $\begin{vmatrix} a & b & 0 & \cdots & 0 & 0 \\ 0 & a & b & \cdots & 0 & 0 \\ 0 & 0 & a & \cdots & 0 & 0 \\ 0 & 0 & 0 & \cdots & b & 0 \\ 0 & 0 & 0 & \cdots & a & b \\ b & 0 & 0 & \cdots & 0 & a \end{vmatrix} =$ ________.

2. 选择题

(1) 设 $A_{i1},\cdots,A_{in}$ 为 n 阶行列式 D 中第 i 行元素 $a_{i1},\cdots,a_{in}$ 的代数余子式,它们之间的关系是(　　).

A. $a_{i1}A_{i1}+\cdots+a_{in}A_{in}=0$

B. $a_{i1}A_{i1}+\cdots+a_{in}A_{in}=D$

C. $a_{i1}A_{i1}-a_{i2}A_{i2}+\cdots+(-1)^{n-1}a_{in}A_{in}=0$

D. $a_{i1}A_{i1}-a_{i2}A_{i2}+\cdots+(-1)^{n-1}a_{in}A_{in}=D$

(2) 行列式 $\begin{vmatrix} a_{11} & a_{12} & \cdots & a_{1n} \\ a_{21} & a_{22} & \cdots & a_{2n} \\ \vdots & \vdots & \ddots & \vdots \\ a_{n1} & a_{n2} & \cdots & a_{nn} \end{vmatrix} =$ (　　).

A. $\dfrac{1}{k}\begin{vmatrix} ka_{11} & ka_{12} & \cdots & ka_{1n} \\ ka_{21} & ka_{22} & \cdots & ka_{2n} \\ \vdots & \vdots & \ddots & \vdots \\ ka_{n1} & ka_{n2} & \cdots & ka_{nn} \end{vmatrix}$

B. $\dfrac{1}{k^2}\begin{vmatrix} a_{11} & a_{12} & \cdots & ka_{1j} & \cdots & a_{1n} \\ a_{21} & a_{22} & \cdots & ka_{2j} & \cdots & a_{2n} \\ \vdots & \vdots & \ddots & \vdots & \ddots & \vdots \\ ka_{i1} & ka_{i2} & \cdots & ka_{ij} & \cdots & ka_{in} \\ \vdots & \vdots & \ddots & \vdots & \ddots & \vdots \\ a_{n1} & a_{n2} & \cdots & ka_{nj} & \cdots & ka_{nn} \end{vmatrix}$

C. $\dfrac{1}{k^2}\begin{vmatrix} a_{11} & a_{12} & \cdots & ka_{1j} & \cdots & a_{1n} \\ a_{21} & a_{22} & \cdots & ka_{2j} & \cdots & a_{2n} \\ \vdots & \vdots & \ddots & \vdots & \ddots & \vdots \\ ka_{i1} & ka_{i2} & \cdots & k^2a_{ij} & \cdots & ka_{in} \\ \vdots & \vdots & \ddots & \vdots & \ddots & \vdots \\ a_{n1} & a_{n2} & \cdots & ka_{nj} & \cdots & ka_{nn} \end{vmatrix}$

D. $\dfrac{1}{k}\begin{vmatrix} ka_{11} & a_{12} & \cdots & a_{1n} \\ a_{21} & ka_{22} & \cdots & a_{2n} \\ \vdots & \vdots & \ddots & \vdots \\ a_{n1} & a_{n2} & \cdots & ka_{nn} \end{vmatrix}$

(3) 行列式$\begin{vmatrix} 0 & 0 & \cdots & 0 & -a_1 \\ 0 & 0 & \cdots & -a_2 & 0 \\ \vdots & \vdots & \ddots & \vdots & \vdots \\ 0 & -a_{n-1} & \cdots & 0 & 0 \\ -a_n & 0 & \cdots & 0 & 0 \end{vmatrix}=(\quad)$.

A. $-a_1a_2\cdots a_n$　　　　B. $(-1)^n a_1a_2\cdots a_n$

C. $a_1a_2\cdots a_n$　　　　D. $(-1)^{\frac{n(n+1)}{2}} a_1a_2\cdots a_n$

(4) 记$f(x)=\begin{vmatrix} x-2 & x-1 & x-2 & x-3 \\ 2x-2 & 2x-1 & 2x-2 & x-3 \\ 3x-3 & 3x-2 & 4x-5 & 3x-5 \\ 4x & 4x-3 & 5x-7 & 4x-3 \end{vmatrix}$,则方程$f(x)=0$的根的个数为(　　).

A. 1　　　B. 2　　　C. 3　　　D. 4

(5) 齐次线性方程组$\begin{cases} 2x_1+\lambda x_2+x_3=0 \\ (\lambda-1)x_1-x_2+2x_3=0 \\ 4x_1+x_2+4x_3=0 \end{cases}$有非零解,则$\lambda$必须满足(　　).

A. $\lambda\neq 1$且$\lambda\neq\frac{9}{4}$　　　　B. $\lambda=1$

C. $\lambda=\frac{9}{4}$　　　　D. $\lambda=1$或$\lambda=\frac{9}{4}$

3. 试求方程$\begin{vmatrix} x-3 & -2 & 1 \\ 2 & x+2 & -2 \\ -3 & -6 & x+1 \end{vmatrix}=0$的根.

4. 计算行列式$D_4=\begin{vmatrix} 1823 & 823 & 23 & 3 \\ 1549 & 549 & 49 & 9 \\ 1667 & 667 & 67 & 7 \\ 1986 & 986 & 86 & 6 \end{vmatrix}$.

5. 计算行列式$D_4=\begin{vmatrix} a_1-b & a_1 & a_1 & a_1 \\ a_2 & a_2-b & a_2 & a_2 \\ a_3 & a_3 & a_3-b & a_3 \\ a_4 & a_4 & a_4 & a_4-b \end{vmatrix}$.

6. 已知 5 阶行列式$D_5=\begin{vmatrix} 1 & 2 & 3 & 4 & 5 \\ 2 & 2 & 2 & 1 & 1 \\ 3 & 1 & 2 & 4 & 5 \\ 1 & 1 & 1 & 2 & 2 \\ 4 & 3 & 1 & 5 & 0 \end{vmatrix}=27$,求$A_{41}+A_{42}+A_{43}$和$A_{44}+A_{45}$,其中

$A_{4j}(j=1,2,3,4,5)$为D_5的第四行第j个元素的代数余子式.

7. 计算5阶行列式 $D_5=\begin{vmatrix}1-\alpha & \alpha & 0 & 0 & 0\\ -1 & 1-\alpha & \alpha & 0 & 0\\ 0 & -1 & 1-\alpha & \alpha & 0\\ 0 & 0 & -1 & 1-\alpha & \alpha\\ 0 & 0 & 0 & -1 & 1-\alpha\end{vmatrix}$.

8. 计算$n(n\geqslant 2)$阶行列式 $D_n=\begin{vmatrix}1 & 3 & 3 & 3 & \cdots & 3\\ 3 & 2 & 3 & 3 & \cdots & 3\\ 3 & 3 & 3 & 3 & \cdots & 3\\ 3 & 3 & 3 & 4 & \cdots & 3\\ \vdots & \vdots & \vdots & \vdots & \ddots & \vdots\\ 3 & 3 & 3 & 3 & \cdots & n\end{vmatrix}$.

9. 证明：

$$D=\begin{vmatrix}a & b & c & d\\ b & a & d & c\\ c & d & a & b\\ d & c & b & a\end{vmatrix}=(a+b+c+d)(a+b-c-d)(a-b+c-d)(a-b-c+d)$$

10. 计算$(n+1)$阶行列式 $D_{n+1}=\begin{vmatrix}x_0 & 1 & 1 & \cdots & 1\\ 1 & x_1 & 0 & \cdots & 0\\ 1 & 0 & x_2 & \cdots & 0\\ \vdots & \vdots & \vdots & \ddots & \vdots\\ 1 & 0 & 0 & \cdots & x_n\end{vmatrix}$,其中$x_i\neq 0(i=1,2,\cdots,n)$.

11. 计算行列式值 $D_n=\begin{vmatrix}1 & 2 & 3 & \cdots & n-1 & n\\ 1 & -1 & 0 & \cdots & 0 & 0\\ 0 & 2 & -2 & \cdots & 0 & 0\\ \vdots & \vdots & \vdots & \ddots & \vdots & \vdots\\ 0 & 0 & 0 & \cdots & n-1 & 1-n\end{vmatrix}$.

12. 计算n阶行列式 $D_n=\begin{vmatrix}1 & 1 & 1 & 1 & \cdots & 1\\ x_1 & x_2 & x_3 & x_4 & \cdots & x_n\\ x_1^2 & x_2^2 & x_3^2 & x_4^2 & \cdots & x_n^2\\ \vdots & \vdots & \vdots & \vdots & \ddots & \vdots\\ x_1^{n-2} & x_2^{n-2} & x_3^{n-2} & x_4^{n-2} & \cdots & x_n^{n-2}\\ x_1^n & x_2^n & x_3^n & x_4^n & \cdots & x_n^n\end{vmatrix}$.

13. 当 λ 为何值时,线性方程组 $\begin{cases}\lambda x_1+x_2+x_3=1\\x_1+\lambda x_2+x_3=\lambda\\x_1+x_2+\lambda x_3=\lambda^2\end{cases}$,有唯一解,并求其解.

1.4.2 同步习题解答

1. (1) 8,3. (2) 4. (3) 0. (4) $(-1)^{n-1}$. (5) 0, 38. (6) $a^n+(-1)^{n+1}b^n$.

2. (1) B. (2) C. (3) D. (4) B.

$$f(x)\xlongequal[i=2,3,4]{c_i-c_1}\begin{vmatrix}x-2&1&0&-1\\2x-2&1&0&-1\\3x-3&1&x-2&-2\\4x&-3&x-7&-3\end{vmatrix}\xlongequal{c_4+c_2}\begin{vmatrix}x-2&1&0&0\\2x-2&1&0&0\\3x-3&1&x-2&-1\\4x&-3&x-7&-6\end{vmatrix}$$

$$\xlongequal[r_3-r_4]{r_1-r_2}\begin{vmatrix}-x&0&0&0\\2x-2&1&0&0\\-x-3&4&5&5\\4x&-3&x-7&-6\end{vmatrix}\xlongequal{c_4-c_3}\begin{vmatrix}-x&0&0&0\\2x-2&1&0&0\\-x-3&4&5&0\\4x&-3&x-7&1-x\end{vmatrix}=5x(x-1),$$

所以方程 $f(x)=0$ 的根的个数为 2.

(5) D.

3. $$\begin{vmatrix}x-3&-2&1\\2&x+2&-2\\-3&-6&x+1\end{vmatrix}\xlongequal{c_1+c_3}\begin{vmatrix}x-2&-2&1\\0&x+2&-2\\x-2&-6&x+1\end{vmatrix}=(x-2)\begin{vmatrix}1&-2&1\\0&x+2&-2\\1&-6&x+1\end{vmatrix}$$

$$\xlongequal{r_3-r_1}(x-2)\begin{vmatrix}1&-2&1\\0&x+2&-2\\0&-4&x\end{vmatrix}=(x-2)\begin{vmatrix}x+2&-2\\-4&x\end{vmatrix}$$

$$=(x-2)(x^2+2x-8)=(x-2)^2(x+4)=0$$

所以所求根为 $x=2$ 或 $x=-4$.

4. 所求行列式每行元素具有相等的规律,利用行列式的性质将元素化小,即

$$D_4\xlongequal[c_3-c_4]{c_1-c_2,c_2-c_3}\begin{vmatrix}1000&800&20&3\\1000&500&40&9\\1000&600&60&7\\1000&900&80&6\end{vmatrix}=10^6\begin{vmatrix}1&8&2&3\\1&5&4&9\\1&6&6&7\\1&9&8&6\end{vmatrix}$$

$$\xlongequal[r_4-r_1]{r_2-r_1,r_3-r_1}10^6\begin{vmatrix}1&8&2&3\\0&-3&2&6\\0&-2&4&4\\0&1&6&3\end{vmatrix}$$

$$\xlongequal{r_2\leftrightarrow r_4}-10^6\begin{vmatrix}1&8&2&3\\0&1&6&3\\0&-2&4&4\\0&-3&2&6\end{vmatrix}\xlongequal[r_4+3r_2]{r_3+2r_2}-10^6\begin{vmatrix}1&8&2&3\\0&1&6&3\\0&0&16&10\\0&0&20&15\end{vmatrix}$$

$$\xlongequal{r_4-\frac{5}{4}r_3} -10^6\begin{vmatrix}1&8&2&3\\0&1&6&3\\0&0&16&10\\0&0&0&\frac{5}{2}\end{vmatrix} = -4\times10^7$$

5. 把第 2 行 ~ 第 4 行都加到第 1 行，得

$$D_4=\begin{vmatrix}\sum_{i=1}^4 a_i-b & \sum_{i=1}^4 a_i-b & \sum_{i=1}^4 a_i-b & \sum_{i=1}^4 a_i-b\\ a_2 & a_2-b & a_2 & a_2\\ a_3 & a_3 & a_3-b & a_3\\ a_4 & a_4 & a_4 & a_4-b\end{vmatrix}$$

$$=\left(\sum_{i=1}^4 a_i-b\right)\begin{vmatrix}1&1&1&1\\ a_2 & a_2-b & a_2 & a_2\\ a_3 & a_3 & a_3-b & a_3\\ a_4 & a_4 & a_4 & a_4-b\end{vmatrix}$$

$$\xlongequal[i=2,3,4]{r_i-a_ir_1}\left(\sum_{i=1}^4 a_i-b\right)\begin{vmatrix}1&1&1&1\\0&-b&0&0\\0&0&-b&0\\0&0&0&-b\end{vmatrix}=-\left(\sum_{i=1}^4 a_i-b\right)b^3$$

6. −9,18.

提示：利用代数余子式的性质，解方程组

$$\begin{cases}A_{41}+A_{42}+A_{43}+2(A_{44}+A_{45})=27\\2(A_{41}+A_{42}+A_{43})+A_{44}+A_{45}=0\end{cases}$$

7. 把第 2 行 ~ 第 5 行都加到第 1 行，得

$$D_5=\begin{vmatrix}-\alpha&0&0&0&1\\-1&1-\alpha&\alpha&0&0\\0&-1&1-\alpha&\alpha&0\\0&0&-1&1-\alpha&\alpha\\0&0&0&-1&1-\alpha\end{vmatrix}$$

再按第 1 行展开，得递推关系式 $D_5=1-\alpha D_4$，故

$$D_5=1-\alpha D_4=1-\alpha(1-\alpha D_3)=1-\alpha+\alpha^2D_3=1-\alpha+\alpha^2(1-\alpha D_2)$$

$$=1-\alpha+\alpha^2-\alpha^3D_2=1-\alpha+\alpha^2-\alpha^3\begin{vmatrix}1-\alpha&\alpha\\-1&1-\alpha\end{vmatrix}$$

$$=1-\alpha+\alpha^2-\alpha^3(1-\alpha+\alpha^2)=1-\alpha+\alpha^2-\alpha^3+\alpha^4-\alpha^5$$

8. 当 $n=2$ 时，$D_2=\begin{vmatrix}1&3\\3&2\end{vmatrix}=-7$.

当 $n\geqslant3$ 时，将第 3 行乘以 −1 加到其余 $n-1$ 行，得

$$D_n = \begin{vmatrix} -2 & 0 & 0 & 0 & 0 & \cdots & 0 \\ 0 & -1 & 0 & 0 & 0 & \cdots & 0 \\ 3 & 3 & 3 & 3 & 3 & \cdots & 3 \\ 0 & 0 & 0 & 1 & 0 & \cdots & 0 \\ 0 & 0 & 0 & 0 & 2 & \cdots & 0 \\ \vdots & \vdots & \vdots & \vdots & \vdots & \ddots & \vdots \\ 0 & 0 & 0 & 0 & 0 & \cdots & n-3 \end{vmatrix} \xlongequal[r_3+3r_2]{r_3+\frac{3}{2}r_1} \begin{vmatrix} -2 & 0 & 0 & 0 & 0 & \cdots & 0 \\ 0 & -1 & 0 & 0 & 0 & \cdots & 0 \\ 0 & 0 & 3 & 3 & 3 & \cdots & 3 \\ 0 & 0 & 0 & 1 & 0 & \cdots & 0 \\ 0 & 0 & 0 & 0 & 2 & \cdots & 0 \\ \vdots & \vdots & \vdots & \vdots & \vdots & \ddots & \vdots \\ 0 & 0 & 0 & 0 & 0 & \cdots & n-3 \end{vmatrix}$$

$$= (-2)(-1)\cdot 3\cdot(n-3)! = 6\cdot(n-3)!$$

9. $$D \xlongequal[\substack{r_1+r_3 \\ r_1+r_4}]{r_1+r_2} \begin{vmatrix} a+b+c+d & a+b+c+d & a+b+c+d & a+b+c+d \\ b & a & d & c \\ c & d & a & b \\ d & c & b & a \end{vmatrix}$$

$$\xlongequal[c_2-c_1,c_3-c_1,c_4-c_1]{r_1\div(a+b+c+d)} (a+b+c+d)\begin{vmatrix} 1 & 0 & 0 & 0 \\ b & a-b & d-b & c-b \\ c & d-c & a-c & b-c \\ d & c-d & b-d & a-d \end{vmatrix}$$

$$\xlongequal{\text{按第 1 行展开}} (a+b+c+d)\begin{vmatrix} a-b & d-b & c-b \\ d-c & a-c & b-c \\ c-d & b-d & a-d \end{vmatrix}$$

$$\xlongequal[r_1\div(a-b-c+d)]{r_1+r_2} (a+b+c+d)(a-b-c+d)\begin{vmatrix} 1 & 1 & 0 \\ d-c & a-c & b-c \\ c-d & b-d & a-d \end{vmatrix}$$

$$\xlongequal[\text{按第 1 行展开}]{c_2-c_1} (a+b+c+d)(a-b-c+d)\begin{vmatrix} a-d & b-c \\ b-c & a-d \end{vmatrix}$$

$$= (a+b+c+d)(a-b-c+d)(a+b-c-d)\begin{vmatrix} 1 & 1 \\ b-c & a-d \end{vmatrix}$$

$$= (a+b+c+d)(a-b-c+d)(a+b-c-d)(a-b+c-d)$$

10. 利用行列式性质,将 D_{n+1} 化为一个上三角形行列式.

$$D_{n+1} \xlongequal[j=2,3,\cdots,n+1]{c_1-\frac{c_j}{x_{j-1}}} \begin{vmatrix} x_0-\sum_{i=1}^{n}\frac{1}{x_i} & 1 & 1 & \cdots & 1 \\ 0 & x_1 & 0 & \cdots & 0 \\ 0 & 0 & x_2 & \cdots & 0 \\ \vdots & \vdots & \vdots & \ddots & \vdots \\ 0 & 0 & 0 & \cdots & x_n \end{vmatrix} = \prod_{k=1}^{n} x_k \cdot \left(x_0 - \sum_{i=1}^{n}\frac{1}{x_i}\right)$$

11. $$D_n \xlongequal[\substack{\cdots \\ c_2+c_3 \\ c_1+c_2}]{\substack{c_{n-1}+c_n \\ c_{n-2}+c_{n-1}}} \begin{vmatrix} \frac{n(n+1)}{2} & \frac{(n-1)(n+2)}{2} & \cdots & n \\ 0 & -1 & \cdots & 0 \\ \vdots & \vdots & \ddots & \vdots \\ 0 & 0 & \cdots & -(n-1) \end{vmatrix}$$

$$=(-1)^{n-1}(n-1)!\ \frac{n(n+1)}{2}$$

12. 由于此行列式与范德蒙行列式相似,仅缺少 x_i^{n-1} 行,故可作$(n+1)$阶行列式,即

$$f(y)=\begin{vmatrix}1 & 1 & 1 & \cdots & 1 & 1\\ x_1 & x_2 & x_3 & \cdots & x_n & y\\ \vdots & \vdots & \vdots & \ddots & \vdots & \vdots\\ x_1^{n-2} & x_2^{n-2} & x_3^{n-2} & \cdots & x_n^{n-2} & y^{n-2}\\ x_1^{n-1} & x_2^{n-1} & x_3^{n-1} & \cdots & x_n^{n-1} & y^{n-1}\\ x_1^{n} & x_2^{n} & x_3^{n} & \cdots & x_n^{n} & y^{n}\end{vmatrix}$$

根据范德蒙行列式的结果,有

$$f(y)=\prod_{i=1}^{n}(y-x_i)\prod_{1\leqslant i<j\leqslant n}(x_j-x_i)$$

$$=[y^n-(x_1+x_2+\cdots+x_n)y^{n-1}+\cdots+(-1)^n x_1x_2\cdots x_n]\prod_{1\leqslant i<j\leqslant n}(x_j-x_i)$$

如果将此$(n+1)$阶行列式按最后一列展开,则其 y^{n-1}的系数应为

$$(-1)^{n+n+1}M_{n,n+1}=-D_n$$

所以得

$$D_n=\sum_{i=1}^{n}x_i\prod_{1\leqslant i<j\leqslant n}(x_j-x_i)$$

13. 方程组的系数行列式为

$$D=\begin{vmatrix}\lambda & 1 & 1\\ 1 & \lambda & 1\\ 1 & 1 & \lambda\end{vmatrix}=(\lambda-1)^2(\lambda+2)$$

由克拉默法则,当 $D\neq0$ 即$(\lambda-1)^2(\lambda+2)\neq0$ 时,方程组有唯一解.

所以,当 $\lambda\neq1,\lambda\neq-2$ 时,原方程组有唯一解:

$$D_1=\begin{vmatrix}1 & 1 & 1\\ \lambda & \lambda & 1\\ \lambda^2 & 1 & \lambda\end{vmatrix}=-(\lambda-1)^2(\lambda+1),\ D_2=\begin{vmatrix}\lambda & 1 & 1\\ 1 & \lambda & 1\\ 1 & \lambda^2 & \lambda\end{vmatrix}=(\lambda-1)^2$$

$$D_3=\begin{vmatrix}\lambda & 1 & 1\\ 1 & \lambda & \lambda\\ 1 & 1 & \lambda^2\end{vmatrix}=(\lambda-1)^2(\lambda+1)^2$$

所以方程组的解为

$$x_1=\frac{D_1}{D}=-\frac{\lambda+1}{\lambda+2},\ x_2=\frac{D_2}{D}=\frac{1}{\lambda+2},x_3=\frac{D_3}{D}=\frac{(\lambda+1)^2}{\lambda+2}$$

第2章 矩阵

2.1 内容概要

2.1.1 基本概念

1. 矩阵

由 $m\times n$ 个数 $a_{ij}(i=1,2,\cdots,m;j=1,2,\cdots,n)$ 排成的 m 行 n 列的数表

$$\begin{matrix} a_{11} & a_{12} & \cdots & a_{1n} \\ a_{21} & a_{22} & \cdots & a_{2n} \\ \vdots & \vdots & \ddots & \vdots \\ a_{m1} & a_{m2} & \cdots & a_{mn} \end{matrix}$$

称为 m 行 n 列的矩阵,简称 $m\times n$ 矩阵. 记为

$$\boldsymbol{A}=\begin{pmatrix} a_{11} & a_{12} & \cdots & a_{1n} \\ a_{21} & a_{22} & \cdots & a_{2n} \\ \vdots & \vdots & \ddots & \vdots \\ a_{m1} & a_{m2} & \cdots & a_{mn} \end{pmatrix}$$

这 $m\times n$ 个数称为矩阵 $\boldsymbol{A}$ 的元素,简称为元,数 a_{ij} 位于矩阵 $\boldsymbol{A}$ 的第 i 行第 j 列,称为矩阵 $\boldsymbol{A}$ 的 (i,j) 元,以数 a_{ij} 为 (i,j) 元的矩阵可简记为 (a_{ij}) 或 $(a_{ij})_{m\times n}$, $m\times n$ 矩阵也记为 $\boldsymbol{A}_{m\times n}$.

2. 特殊矩阵

(1) 方阵:行数与列数都等于 n 的矩阵称为 n 阶矩阵或 n 阶方阵,记为 $\boldsymbol{A}_n$.

(2) 行矩阵、列矩阵:只有一行的矩阵 $\boldsymbol{A}=(a_1,a_2,\cdots,a_n)$ 称为行矩阵,又称行向量. 只有一列的矩阵 $\boldsymbol{B}=\begin{pmatrix} b_1 \\ b_2 \\ \vdots \\ b_n \end{pmatrix}$ 称为列矩阵,又称列向量.

(3) 同型矩阵、相等矩阵:两个矩阵行数相等,列数也相等时,就称它们是同型矩阵. 如果 $\boldsymbol{A}=(a_{ij})$ 与 $\boldsymbol{B}=(b_{ij})$ 是同型矩阵,并且它们的对应元素相等,即 $a_{ij}=b_{ij}(i=1,2,\cdots,m;j=1,2,\cdots,n)$,那么称矩阵 $\boldsymbol{A}$ 与 $\boldsymbol{B}$ 相等,记为 $\boldsymbol{A}=\boldsymbol{B}$.

(4) 零矩阵:元素都是零的矩阵称为零矩阵,记为 $\boldsymbol{O}$.

【注意】 不同型的零矩阵是不同的.

(5) 单位矩阵:主对角线(从左上角到右下角的直线)上的元素都是1,其他元素都是零的

方阵,称为单位矩阵,记为 $\boldsymbol{E}$,即

$$\boldsymbol{E}=\begin{pmatrix}1&0&\cdots&0\\0&1&\cdots&0\\\vdots&\vdots&\ddots&\vdots\\0&0&\cdots&1\end{pmatrix}$$

(6) 对角矩阵:主对角线以外的元素全为零的方阵称为对角矩阵,记为 $\boldsymbol{\Lambda}$,即

$$\boldsymbol{\Lambda}=\operatorname{diag}(\lambda_1,\lambda_2,\cdots,\lambda_n)=\begin{pmatrix}\lambda_1&0&\cdots&0\\0&\lambda_2&\cdots&0\\\vdots&\vdots&\ddots&\vdots\\0&0&\cdots&\lambda_n\end{pmatrix}$$

2.1.2 基本理论

1. 矩阵的加法

1) 定义

设有两个矩阵 $\boldsymbol{A}=(a_{ij})_{m\times n}$ 和 $\boldsymbol{B}=(b_{ij})_{m\times n}$,那么矩阵 $\boldsymbol{A}$ 与 $\boldsymbol{B}$ 的和记为 $\boldsymbol{A}+\boldsymbol{B}$,规定为

$$\boldsymbol{A}+\boldsymbol{B}=\begin{pmatrix}a_{11}+b_{11}&a_{12}+b_{12}&\cdots&a_{1n}+b_{1n}\\a_{21}+b_{21}&a_{22}+b_{22}&\cdots&a_{2n}+b_{2n}\\\vdots&\vdots&\ddots&\vdots\\a_{m1}+b_{m1}&a_{m2}+b_{m2}&\cdots&a_{mn}+b_{mn}\end{pmatrix}$$

设矩阵 $\boldsymbol{A}=(a_{ij})$,记 $-\boldsymbol{A}=(-a_{ij})$, $-\boldsymbol{A}$ 称为 $\boldsymbol{A}$ 的负矩阵,规定矩阵的减法为 $\boldsymbol{A}-\boldsymbol{B}=\boldsymbol{A}+(-\boldsymbol{B})$.

【注意】 只有当两个矩阵是同型矩阵时,这两个矩阵才能进行加法运算.

2) 矩阵加法的运算规律(设 $\boldsymbol{A}$、$\boldsymbol{B}$、$\boldsymbol{C}$ 是同型矩阵).

(1) $\boldsymbol{A}+\boldsymbol{B}=\boldsymbol{B}+\boldsymbol{A}$.

(2) $(\boldsymbol{A}+\boldsymbol{B})+\boldsymbol{C}=\boldsymbol{A}+(\boldsymbol{B}+\boldsymbol{C})$.

2. 数与矩阵相乘

1) 定义

数 λ 与矩阵 $\boldsymbol{A}$ 的乘积记为 $\lambda\boldsymbol{A}$ 或 $\boldsymbol{A}\lambda$,规定

$$\lambda\boldsymbol{A}=\boldsymbol{A}\lambda=\begin{pmatrix}\lambda a_{11}&\lambda a_{12}&\cdots&\lambda a_{1n}\\\lambda a_{21}&\lambda a_{22}&\cdots&\lambda a_{2n}\\\vdots&\vdots&\ddots&\vdots\\\lambda a_{m1}&\lambda a_{m2}&\cdots&\lambda a_{mn}\end{pmatrix}$$

2) 数与矩阵相乘的运算规律(设 $\boldsymbol{A}$、$\boldsymbol{B}$ 为同型矩阵,λ、μ 为数)

(1) $(\lambda\mu)\boldsymbol{A}=\lambda(\mu\boldsymbol{A})$.

(2) $(\lambda+\mu)\boldsymbol{A}=\lambda\boldsymbol{A}+\mu\boldsymbol{A}$.

(3) $\lambda(\boldsymbol{A}+\boldsymbol{B})=\lambda\boldsymbol{A}+\lambda\boldsymbol{B}$.

矩阵相加与数乘矩阵合起来,统称为矩阵的线性运算.

3. 矩阵的乘法

1) 定义

设$\boldsymbol{A}=(a_{ij})$是一个$m\times s$矩阵,$\boldsymbol{B}=(b_{ij})$是一个$s\times n$矩阵,那么规定矩阵$\boldsymbol{A}$与矩阵$\boldsymbol{B}$的乘积是一个$m\times n$矩阵$\boldsymbol{C}=(c_{ij})$,其中$(c_{ij})=a_{i1}b_{1j}+a_{i2}b_{2j}+\cdots+a_{is}b_{sj}=\sum_{k=1}^{s}a_{ik}b_{kj}(i=1,2,\cdots,m;j=1,2,\cdots,n)$,并把此乘积记为$\boldsymbol{C}=\boldsymbol{AB}$.

2）矩阵乘法的运算规律(假设运算都是可行的)

(1) $(\boldsymbol{AB})\boldsymbol{C}=\boldsymbol{A}(\boldsymbol{BC})$.

(2) $\lambda(\boldsymbol{AB})=(\lambda\boldsymbol{A})\boldsymbol{B}=\boldsymbol{A}(\lambda\boldsymbol{B})$.

(3) $\boldsymbol{A}(\boldsymbol{B}+\boldsymbol{C})=\boldsymbol{AB}+\boldsymbol{AC}$(左分配律),$(\boldsymbol{B}+\boldsymbol{C})\boldsymbol{A}=\boldsymbol{BA}+\boldsymbol{CA}$(右分配律).

【注意】

(1) 只有当第一个矩阵(左矩阵)的列数等于第二个矩阵(右矩阵)的行数时,两个矩阵才能相乘,因此对矩阵的乘法要特别注意运算次序.

(2) 矩阵的乘法不满足交换律,有两层含义:①$\boldsymbol{A}$、$\boldsymbol{B}$是不同型矩阵,$\boldsymbol{A}$、$\boldsymbol{B}$相乘有意义,而$\boldsymbol{B}$、$\boldsymbol{A}$相乘没意义,此时$\boldsymbol{AB}\neq\boldsymbol{BA}$;②$\boldsymbol{A}$、$\boldsymbol{B}$是同型矩阵,$\boldsymbol{A}$、$\boldsymbol{B}$与$\boldsymbol{B}$、$\boldsymbol{A}$相乘都有意义,但$\boldsymbol{AB}$与$\boldsymbol{BA}$仍然可以不相等.

(3) 矩阵的乘法不满足消去律,即若$\boldsymbol{AB}=\boldsymbol{AC}$且$\boldsymbol{A}\neq\boldsymbol{O}$,不能得出$\boldsymbol{B}=\boldsymbol{C}$.特别地,若有两个矩阵$\boldsymbol{A}$、$\boldsymbol{B}$满足$\boldsymbol{AB}=\boldsymbol{O}$,不能得出$\boldsymbol{A}=\boldsymbol{O}$或$\boldsymbol{B}=\boldsymbol{O}$.

(4) 若$\boldsymbol{A}$为n阶方阵,$\boldsymbol{E}$为单位矩阵,则有$\boldsymbol{EA}=\boldsymbol{AE}=\boldsymbol{A}$.

4. 矩阵的转置

1）定义

把矩阵的行换成同序数的列得到一个新矩阵,称为$\boldsymbol{A}$的转置矩阵,记为$\boldsymbol{A}^{\mathrm{T}}$.

若方阵$\boldsymbol{A}$满足$\boldsymbol{A}^{\mathrm{T}}=\boldsymbol{A}$,则$\boldsymbol{A}$称为对称矩阵;若方阵$\boldsymbol{A}$满足$\boldsymbol{A}^{\mathrm{T}}=-\boldsymbol{A}$,则$\boldsymbol{A}$称为反对称矩阵.

2）矩阵转置的运算规律(假设运算都是可行的)

(1) $(\boldsymbol{A}^{\mathrm{T}})^{\mathrm{T}}=\boldsymbol{A}$.

(2) $(\boldsymbol{A}+\boldsymbol{B})^{\mathrm{T}}=\boldsymbol{A}^{\mathrm{T}}+\boldsymbol{B}^{\mathrm{T}}$.

(3) $(\lambda\boldsymbol{A})^{\mathrm{T}}=\lambda\boldsymbol{A}^{\mathrm{T}}$.

(4) $(\boldsymbol{AB})^{\mathrm{T}}=\boldsymbol{B}^{\mathrm{T}}\boldsymbol{A}^{\mathrm{T}}$.

5. 方阵的行列式

1）定义

由n阶方阵$\boldsymbol{A}$的元素所构成的行列式(各元素的位置不变)称为$\boldsymbol{A}$的行列式,记为$|\boldsymbol{A}|$或$\det\boldsymbol{A}$.

2）方阵的行列式的运算性质:

(1) $|\boldsymbol{A}^{\mathrm{T}}|=|\boldsymbol{A}|$.

(2) $|\lambda\boldsymbol{A}|=\lambda^{n}|\boldsymbol{A}|$.

(3) $|\boldsymbol{AB}|=|\boldsymbol{A}||\boldsymbol{B}|$.

【注意】

(1) 由于方阵与行列式是两个不同的概念,因此要注意数乘矩阵与数乘行列式的区别,数乘矩阵是用数乘矩阵的每一个元素,数乘行列式是用数乘行列式的某一行或某一列.

（2）对于 n 阶方阵 $\boldsymbol{A}$、$\boldsymbol{B}$，一般来说 $\boldsymbol{AB}\neq\boldsymbol{BA}$，但总有 $|\boldsymbol{AB}|=|\boldsymbol{BA}|$.

（3）有些书上转置矩阵也记为 $\boldsymbol{A}'$.

6. 伴随矩阵

1）定义

n 阶方阵 $\boldsymbol{A}$ 的行列式 $|\boldsymbol{A}|$ 的各个元素的代数余子式 A_{ij} 所构成的矩阵

$$\boldsymbol{A}^*=\begin{pmatrix} A_{11} & A_{21} & \cdots & A_{n1} \\ A_{12} & A_{22} & \cdots & A_{n2} \\ \vdots & \vdots & \ddots & \vdots \\ A_{1n} & A_{2n} & \cdots & A_{nn} \end{pmatrix}$$

称为矩阵 $\boldsymbol{A}$ 的伴随矩阵.

2）伴随矩阵的性质

（1）$\boldsymbol{AA}^*=\boldsymbol{A}^*\boldsymbol{A}=|\boldsymbol{A}|\boldsymbol{E}$.

（2）$(\boldsymbol{AB})^*=\boldsymbol{B}^*\boldsymbol{A}^*$.

（3）$(\boldsymbol{A}^*)^*=|\boldsymbol{A}|^{n-2}\boldsymbol{A}$.

（4）$|\boldsymbol{A}^*|=|\boldsymbol{A}|^{n-1}(n\geqslant 2)$.

（5）$(k\boldsymbol{A})^*=k^{n-1}\boldsymbol{A}^*$.

（6）$(\boldsymbol{A}^*)^{\mathrm{T}}=(\boldsymbol{A}^{\mathrm{T}})^*$.

（7）若 $\boldsymbol{A}$ 可逆，$(\boldsymbol{A}^*)^{-1}=\dfrac{1}{|\boldsymbol{A}|}\boldsymbol{A}$，$(\boldsymbol{A}^*)^{-1}=(\boldsymbol{A}^{-1})^*$.

【注意】

（1）$\boldsymbol{A}^*$ 的第 j 列元素是 $\boldsymbol{A}$ 中第 j 行对应元素的代数余子式，这一规律要牢记，避免将 $\boldsymbol{A}^*$ 写错.

（2）对于 2 阶矩阵 $\boldsymbol{A}=\begin{pmatrix} a & b \\ c & d \end{pmatrix}$，有 $\boldsymbol{A}^*=\begin{pmatrix} d & -b \\ -c & a \end{pmatrix}$，其规律是主对角线两个元素换位置，副对角线两个元素前加负号.

7. 逆矩阵

1）定义

对于 n 阶矩阵 $\boldsymbol{A}$，如果有一个 n 阶矩阵 $\boldsymbol{B}$，使 $\boldsymbol{AB}=\boldsymbol{BA}=\boldsymbol{E}$，则说矩阵 $\boldsymbol{A}$ 是可逆的，并把矩阵 $\boldsymbol{B}$ 称为 $\boldsymbol{A}$ 的逆矩阵，记为 $\boldsymbol{A}^{-1}$，即 $\boldsymbol{A}^{-1}=\boldsymbol{B}$.

2）逆矩阵的运算规律

（1）若矩阵 $\boldsymbol{A}$ 可逆，则 $\boldsymbol{A}^{-1}$ 唯一，且 $|\boldsymbol{A}^{-1}|=|\boldsymbol{A}|^{-1}$.

（2）若 $\boldsymbol{A}$ 可逆，则 $\boldsymbol{A}^{-1}$ 亦可逆，且 $(\boldsymbol{A}^{-1})^{-1}=\boldsymbol{A}$.

（3）若 $\boldsymbol{A}$ 可逆，数 $\lambda\neq 0$，则 $\lambda\boldsymbol{A}$ 可逆，且 $(\lambda\boldsymbol{A})^{-1}=\dfrac{1}{\lambda}\boldsymbol{A}^{-1}$.

（4）若 $\boldsymbol{A}$、$\boldsymbol{B}$ 为同阶矩阵且均可逆，则 $\boldsymbol{AB}$ 亦可逆，且 $(\boldsymbol{AB})^{-1}=\boldsymbol{B}^{-1}\boldsymbol{A}^{-1}$.

（5）若 $\boldsymbol{A}$ 可逆，则 $\boldsymbol{A}^*$ 亦可逆，且 $(\boldsymbol{A}^*)^{-1}=(\boldsymbol{A}^{-1})^*$.

3）矩阵可逆的充分必要条件

当$|\boldsymbol{A}|=0$时,$\boldsymbol{A}$称为奇异矩阵,否则称非奇异矩阵.

因此矩阵$\boldsymbol{A}$可逆的充分必要条件是$\boldsymbol{A}$为非奇异矩阵,且$\boldsymbol{A}^{-1}=\frac{1}{|\boldsymbol{A}|}\boldsymbol{A}^*$.

4）逆矩阵的重要结论

若$\boldsymbol{A}$为对角矩阵$\boldsymbol{A}=\begin{pmatrix}\lambda_1 & & & \\ & \lambda_2 & & \\ & & \ddots & \\ & & & \lambda_n\end{pmatrix}$(其中$\lambda_i$不等于0),则

$$\boldsymbol{A}^{-1}=\begin{pmatrix}\lambda_1^{-1} & & & \\ & \lambda_2^{-1} & & \\ & & \ddots & \\ & & & \lambda_n^{-1}\end{pmatrix}$$

8. 分块矩阵

1）定义

将矩阵$\boldsymbol{A}$用若干条纵线和横线分成许多个小矩阵,每个小矩阵称为$\boldsymbol{A}$的子块,以子块为元素的形式上的矩阵称为分块矩阵.

2）分块矩阵的特性

设$\boldsymbol{A}$为n阶矩阵,若$\boldsymbol{A}$的分块矩阵只有在对角线上有非零子块,其余子块都为零矩阵,且在对角线上的子块都是方阵,即

$$\boldsymbol{A}=\begin{pmatrix}\boldsymbol{A}_1 & & & \boldsymbol{O} \\ & \boldsymbol{A}_2 & & \\ & & \ddots & \\ \boldsymbol{O} & & & \boldsymbol{A}_s\end{pmatrix}$$

其中$\boldsymbol{A}_i(i=1,2,\cdots,s)$都是方阵,那么称$\boldsymbol{A}$为分块对角矩阵. 分块对角矩阵的行列式具有下述性质:

(1) $|\boldsymbol{A}|=|\boldsymbol{A}_1||\boldsymbol{A}_2|\cdots|\boldsymbol{A}_s|$.

(2) 若$|\boldsymbol{A}_i|\neq 0(i=1,2,\cdots,s)$,则$|\boldsymbol{A}|\neq 0$,并有

$$\boldsymbol{A}^{-1}=\begin{pmatrix}\boldsymbol{A}_1^{-1} & & & \boldsymbol{O} \\ & \boldsymbol{A}_2^{-1} & & \\ & & \ddots & \\ \boldsymbol{O} & & & \boldsymbol{A}_s^{-1}\end{pmatrix}$$

3）分块矩阵求逆矩阵公式

(1) $\begin{pmatrix}\boldsymbol{O} & \boldsymbol{A} \\ \boldsymbol{B} & \boldsymbol{O}\end{pmatrix}^{-1}=\begin{pmatrix}\boldsymbol{O} & \boldsymbol{B}^{-1} \\ \boldsymbol{A}^{-1} & \boldsymbol{O}\end{pmatrix}$.

(2) $\begin{pmatrix}\boldsymbol{A} & \boldsymbol{O} \\ \boldsymbol{O} & \boldsymbol{B}\end{pmatrix}^{-1}=\begin{pmatrix}\boldsymbol{A}^{-1} & \boldsymbol{O} \\ \boldsymbol{O} & \boldsymbol{B}^{-1}\end{pmatrix}$.

(3) $\begin{pmatrix} A & O \\ C & B \end{pmatrix}^{-1} = \begin{pmatrix} A^{-1} & O \\ -B^{-1}CA^{-1} & B^{-1} \end{pmatrix}$.

(4) $\begin{pmatrix} O & A \\ B & C \end{pmatrix}^{-1} = \begin{pmatrix} -B^{-1}CA^{-1} & B^{-1} \\ A^{-1} & O \end{pmatrix}$.

2.1.3 基本方法

(1) 利用矩阵运算规律进行矩阵计算方法.
(2) 求方阵的幂的方法.
(3) 用公式求逆矩阵.
(4) 用定义求逆矩阵.
(5) 利用逆矩阵的性质求逆矩阵.
(6) 求解矩阵方程的方法.
(7) 利用分块矩阵进行矩阵运算的方法.

2.2 典型例题分析、解答与评注

2.2.1 矩阵运算及其运算规律

矩阵的基本运算包括矩阵的加减法、数乘、转置、乘法以及矩阵求逆等. 只有同型矩阵才能进行矩阵的加减运算. 矩阵的乘法要求前一个矩阵的列数和后一个矩阵的行数相等,矩阵的乘法适合结合律而不适合交换律,矩阵的乘法对加法适合左、右分配律,矩阵乘法出现了零因子,消去律不成立,只有方阵才有矩阵幂的运算.

例 2.1 设矩阵 $A = \begin{pmatrix} 1 & 0 & 3 \\ 2 & -1 & 0 \end{pmatrix}$, $B = \begin{pmatrix} 1 & -1 \\ 2 & 3 \\ 4 & 0 \end{pmatrix}$, 求: (1) AB; (2) BA.

分析 对于矩阵 $A = (a_{ij})_{m\times s}$ 和矩阵 $B = (b_{ij})_{s\times n}$, 由定义可计算矩阵 A 与矩阵 B 的乘积矩阵 $C = AB = (c_{ij})_{m\times n}$, 其中

$$(c_{ij}) = a_{i1}b_{1j} + a_{i2}b_{2j} + \cdots + a_{is}b_{sj} = \sum_{k=1}^{s} a_{ik}b_{kj} \quad (i = 1,2,\cdots,m; j = 1,2,\cdots,n)$$

解答 (1) $AB = \begin{pmatrix} 1 & 0 & 3 \\ 2 & -1 & 0 \end{pmatrix}\begin{pmatrix} 1 & -1 \\ 2 & 3 \\ 4 & 0 \end{pmatrix} = \begin{pmatrix} 13 & -1 \\ 0 & -5 \end{pmatrix}$;

(2) $BA = \begin{pmatrix} 1 & -1 \\ 2 & 3 \\ 4 & 0 \end{pmatrix}\begin{pmatrix} 1 & 0 & 3 \\ 2 & -1 & 0 \end{pmatrix} = \begin{pmatrix} -1 & 1 & 3 \\ 8 & -3 & 6 \\ 4 & 0 & 12 \end{pmatrix}$.

评注 由题(1)与(2)知, $AB \neq BA$, 即矩阵的乘法不满足交换律,这一点与数的乘法不同. 所以在数中的平方差公式、完全平方公式和立方差公式不能用在矩阵的乘法中.

例 2.2 设矩阵 $A = \begin{pmatrix} 2 & 1 \\ -4 & -2 \end{pmatrix}$, $B = \begin{pmatrix} 3 & -1 \\ -6 & 2 \end{pmatrix}$, 求: (1) AB; (2) BA; (3) A^2.

分析 注意矩阵乘法的运算律.

解答 （1）$\boldsymbol{AB}=\begin{pmatrix}2 & 1\\-4 & -2\end{pmatrix}\begin{pmatrix}3 & -1\\-6 & 2\end{pmatrix}=\begin{pmatrix}0 & 0\\0 & 0\end{pmatrix}$;

（2）$\boldsymbol{BA}=\begin{pmatrix}3 & -1\\-6 & 2\end{pmatrix}\begin{pmatrix}2 & 1\\-4 & -2\end{pmatrix}=\begin{pmatrix}10 & 5\\-20 & -10\end{pmatrix}$;

（3）$\boldsymbol{A}^2=\begin{pmatrix}2 & 1\\-4 & -2\end{pmatrix}\begin{pmatrix}2 & 1\\-4 & -2\end{pmatrix}=\begin{pmatrix}0 & 0\\0 & 0\end{pmatrix}$.

评注 ①从题中可见 $\boldsymbol{AB}\neq\boldsymbol{BA}$，所以矩阵的乘法不满足交换律；②从本题中可见两个非零矩阵的乘积可能是零矩阵，而且一个非零方阵的平方也可能是零矩阵，这是与数的乘法不同的特点；③同时，本例中 $\boldsymbol{AB}=\boldsymbol{A}^2$，但 $\boldsymbol{A}\neq\boldsymbol{B}$，所以，矩阵乘法不满足消去律.

例 2.3 设矩阵 $\boldsymbol{A}=\begin{pmatrix}-1 & 3 & 0\\0 & 4 & 2\end{pmatrix}$，$\boldsymbol{B}=\begin{pmatrix}4 & 1\\2 & 5\\3 & 4\end{pmatrix}$，$\boldsymbol{C}=\begin{pmatrix}2 & -1\\4 & 2\end{pmatrix}$，求 $(\boldsymbol{ABC})^{\mathrm{T}}$.

分析 该题是求转置矩阵，利用定义即可求.

解答

<方法一> 直接计算，得

$$(\boldsymbol{ABC})^{\mathrm{T}}=\begin{pmatrix}60 & 140\\26 & 42\end{pmatrix}$$

<方法二> 利用性质 $(\boldsymbol{ABC})^{\mathrm{T}}=\boldsymbol{C}^{\mathrm{T}}\boldsymbol{B}^{\mathrm{T}}\boldsymbol{A}^{\mathrm{T}}$，计算，得

$$\boldsymbol{C}^{\mathrm{T}}\boldsymbol{B}^{\mathrm{T}}\boldsymbol{A}^{\mathrm{T}}=\begin{pmatrix}2 & 4\\-1 & 2\end{pmatrix}\begin{pmatrix}4 & 2 & 3\\1 & 5 & 4\end{pmatrix}\begin{pmatrix}-1 & 0\\3 & 4\\0 & 2\end{pmatrix}=\begin{pmatrix}60 & 140\\26 & 42\end{pmatrix}$$

评注 注意 $(\boldsymbol{ABC})^{\mathrm{T}}\neq\boldsymbol{A}^{\mathrm{T}}\boldsymbol{B}^{\mathrm{T}}\boldsymbol{C}^{\mathrm{T}}$.

例 2.4 设矩阵 $\boldsymbol{A}=\begin{pmatrix}1 & -3 & 2\\-2 & 1 & -1\\1 & 2 & -1\end{pmatrix}$，$\boldsymbol{B}=\begin{pmatrix}2 & 5 & 4\\4 & -2 & 2\\1 & 4 & 1\end{pmatrix}$，求 $4\boldsymbol{A}^2-\boldsymbol{B}^2-2\boldsymbol{BA}+2\boldsymbol{AB}$.

分析 本题若直接计算，则要作 4 次乘法，比较繁琐. 先考虑运用矩阵的运算规律进行化简，再进行计算.

解答
$$\begin{aligned}4\boldsymbol{A}^2-\boldsymbol{B}^2-2\boldsymbol{BA}+2\boldsymbol{AB}&=(4\boldsymbol{A}^2-2\boldsymbol{BA})+(2\boldsymbol{AB}-\boldsymbol{B}^2)\\&=(2\boldsymbol{A}-\boldsymbol{B})2\boldsymbol{A}+(2\boldsymbol{A}-\boldsymbol{B})\boldsymbol{B}=(2\boldsymbol{A}-\boldsymbol{B})(2\boldsymbol{A}+\boldsymbol{B})\\&=\begin{pmatrix}0 & -11 & 0\\-8 & 4 & -4\\1 & 0 & -3\end{pmatrix}\begin{pmatrix}4 & -1 & 8\\0 & 0 & 0\\3 & 8 & -1\end{pmatrix}=\begin{pmatrix}0 & 0 & 0\\-44 & -24 & -60\\-5 & -25 & 11\end{pmatrix}\end{aligned}$$

评注 利用运算规律（加法交换律、加法结合律、乘法对加法的分配率）化简后，则只需作两次乘法，运算量减少了一半，可见作矩阵运算时先进行必要的化简是重要的. 这里要注意，化简过程是恒等变形，因此，提取公因子时不能颠倒相乘矩阵的左右次序.

2.2.2 求方阵的幂

方阵的幂 $\boldsymbol{A}^m$ 表示 m 个矩阵 $\boldsymbol{A}$ 相乘，即

$$A^m = \underbrace{AA\cdots A}_{m\text{个}A}$$

它满足:$A^mA^l = A^{m+l}$, $(A^m)^l = A^{ml}$, $|A^m| = |A|^m$, $|kA| = k^n|A|$(其中 m、n、l 均为正整数).

例 2.5 设 $\alpha = (1,2,3)$,$\beta = \left(1,\frac{1}{2},\frac{1}{3}\right)$,$A = \alpha^{\mathrm{T}}\beta$,其中 α^{T} 为 α 的转置,求 $A^n(n=2,3,\cdots)$.

分析 这是求方阵高次幂的题,对于次数较低的,可按矩阵的乘法去求解,观察出规律,可猜测出高次表达式,再用数学归纳法证明.

解答

<方法一> $A = \alpha^{\mathrm{T}}\beta = \begin{pmatrix}1\\2\\3\end{pmatrix}\begin{pmatrix}1 & \frac{1}{2} & \frac{1}{3}\end{pmatrix} = \begin{pmatrix}1 & \frac{1}{2} & \frac{1}{3}\\ 2 & 1 & \frac{2}{3}\\ 3 & \frac{3}{2} & 1\end{pmatrix}$

$$A^2 = \begin{pmatrix}1 & \frac{1}{2} & \frac{1}{3}\\ 2 & 1 & \frac{2}{3}\\ 3 & \frac{3}{2} & 1\end{pmatrix}\begin{pmatrix}1 & \frac{1}{2} & \frac{1}{3}\\ 2 & 1 & \frac{2}{3}\\ 3 & \frac{3}{2} & 1\end{pmatrix} = \begin{pmatrix}3 & \frac{3}{2} & 1\\ 6 & 3 & 2\\ 9 & \frac{9}{2} & 3\end{pmatrix} = 3\begin{pmatrix}1 & \frac{1}{2} & \frac{1}{3}\\ 2 & 1 & \frac{2}{3}\\ 3 & \frac{3}{2} & 1\end{pmatrix} = 3A$$

设
$$A^k = 3^{k-1}A$$
则
$$A^{k+1} = AA^k = A(3^{k-1}A) = 3^{k-1}A^2 = 3^{k-1}(3A) = 3^kA$$
故由数学归纳法知,对任何正整数 n,成立

$$A^n = 3^{n-1}A = 3^{n-1}\begin{pmatrix}1 & \frac{1}{2} & \frac{1}{3}\\ 2 & 1 & \frac{2}{3}\\ 3 & \frac{3}{2} & 1\end{pmatrix}$$

<方法二> 利用矩阵乘法的结合律,得

$$A^n = (\alpha^{\mathrm{T}}\beta)^n = \underbrace{(\alpha^{\mathrm{T}}\beta)\cdot(\alpha^{\mathrm{T}}\beta)\cdots(\alpha^{\mathrm{T}}\beta)}_{\text{共}n\text{项}} = \alpha^{\mathrm{T}}\cdot\underbrace{(\beta\alpha^{\mathrm{T}})\cdots(\beta\alpha^{\mathrm{T}})}_{\text{共}n-1\text{项}}\cdot\beta$$

因为 $\beta\alpha^{\mathrm{T}} = \left(1,\frac{1}{2},\frac{1}{3}\right)\begin{pmatrix}1\\2\\3\end{pmatrix} = 3$

所以 $A^n = \alpha^{\mathrm{T}}(3^{n-1})\beta = 3^{n-1}(\alpha^{\mathrm{T}}\beta) = 3^{n-1}\begin{pmatrix}1\\2\\3\end{pmatrix}\left(1,\frac{1}{2},\frac{1}{3}\right) = 3^{n-1}\begin{pmatrix}1 & \frac{1}{2} & \frac{1}{3}\\ 2 & 1 & \frac{2}{3}\\ 3 & \frac{3}{2} & 1\end{pmatrix}$

评注 本题利用矩阵乘法的结合律较简单. 注意,矩阵乘法的结合律在矩阵运算中常常用到.

例 2.6 设矩阵 $\boldsymbol{A}=\begin{pmatrix}1&1&0\\0&1&1\\0&0&1\end{pmatrix}$,求 $\boldsymbol{A}^n(n=2,3,\cdots)$.

分析 求方阵的正整数幂的一般方法是数学归纳法.

解答

<方法一> (归纳法)

由
$$\boldsymbol{A}^2=\boldsymbol{A}\cdot\boldsymbol{A}=\begin{pmatrix}1&1&0\\0&1&1\\0&0&1\end{pmatrix}\begin{pmatrix}1&1&0\\0&1&1\\0&0&1\end{pmatrix}=\begin{pmatrix}1&2&1\\0&1&2\\0&0&1\end{pmatrix}$$

$$\boldsymbol{A}^3=\boldsymbol{A}^2\cdot\boldsymbol{A}=\begin{pmatrix}1&2&1\\0&1&2\\0&0&1\end{pmatrix}\begin{pmatrix}1&1&0\\0&1&1\\0&0&1\end{pmatrix}=\begin{pmatrix}1&3&\frac{3(3-1)}{2}\\0&1&3\\0&0&1\end{pmatrix}$$

……

因此猜想
$$\boldsymbol{A}^n=\begin{pmatrix}1&n&\frac{n(n-1)}{2}\\0&1&n\\0&0&1\end{pmatrix}$$

现在利用数学归纳法证明猜想成立.

当 $n=2$ 时,猜想显然成立. 假设当 $n=k$ 时猜想成立,即
$$\boldsymbol{A}^k=\begin{pmatrix}1&k&\frac{k(k-1)}{2}\\0&1&k\\0&0&1\end{pmatrix}$$

则当 $n=k+1$ 时,有
$$\boldsymbol{A}^{k+1}=\boldsymbol{A}^k\cdot\boldsymbol{A}=\begin{pmatrix}1&k&\frac{k(k-1)}{2}\\0&1&k\\0&0&1\end{pmatrix}\begin{pmatrix}1&1&0\\0&1&1\\0&0&1\end{pmatrix}=\begin{pmatrix}1&k+1&\frac{k(k+1)}{2}\\0&1&k+1\\0&0&1\end{pmatrix}$$

所以当 $n=k+1$ 时,猜想也成立,即 $\boldsymbol{A}^n=\begin{pmatrix}1&n&\frac{n(n-1)}{2}\\0&1&n\\0&0&1\end{pmatrix}$.

<方法二> (分解法)

记矩阵 $\boldsymbol{B}=\begin{pmatrix}0&1&0\\0&0&1\\0&0&0\end{pmatrix}$,则 $\boldsymbol{A}=\boldsymbol{E}+\boldsymbol{B}$,其中 $\boldsymbol{E}$ 为3阶单位矩阵,因为单位矩阵 $\boldsymbol{E}$ 与任何同阶方阵可交换,所以有

$$\boldsymbol{A}^n=(\boldsymbol{E}+\boldsymbol{B})^n=\boldsymbol{E}^n+n\boldsymbol{E}^{n-1}\boldsymbol{B}+\frac{1}{2!}n(n-1)\boldsymbol{E}^{n-2}\boldsymbol{B}^2+\cdots+n\boldsymbol{E}\boldsymbol{B}^{n-1}+\boldsymbol{B}^n$$

$$=\boldsymbol{E}+n\boldsymbol{B}+\frac{1}{2!}n(n-1)\boldsymbol{B}^2+\cdots+\boldsymbol{B}^n$$

而

$$\boldsymbol{B}^2=\begin{pmatrix}0&1&0\\0&0&1\\0&0&0\end{pmatrix}\begin{pmatrix}0&1&0\\0&0&1\\0&0&0\end{pmatrix}=\begin{pmatrix}0&0&1\\0&0&0\\0&0&0\end{pmatrix}$$

$$\boldsymbol{B}^3=\boldsymbol{B}^2\cdot\boldsymbol{B}=\begin{pmatrix}0&0&1\\0&0&0\\0&0&0\end{pmatrix}\begin{pmatrix}0&1&0\\0&0&1\\0&0&0\end{pmatrix}=\begin{pmatrix}0&0&0\\0&0&0\\0&0&0\end{pmatrix}$$

所以

$$\boldsymbol{B}^k=\begin{pmatrix}0&0&0\\0&0&0\\0&0&0\end{pmatrix}(k=3,4,\cdots)$$

代入 $\boldsymbol{A}^n=\boldsymbol{E}+n\boldsymbol{B}+\frac{1}{2!}n(n-1)\boldsymbol{B}^2+\cdots+\boldsymbol{B}^n$ 中,得

$$\boldsymbol{A}^n=\boldsymbol{E}+n\boldsymbol{B}+\frac{1}{2!}n(n-1)\boldsymbol{B}^2$$

$$=\begin{pmatrix}1&0&0\\0&1&0\\0&0&1\end{pmatrix}+\begin{pmatrix}0&n&0\\0&0&n\\0&0&0\end{pmatrix}+\begin{pmatrix}0&0&\frac{n(n-1)}{2}\\0&0&0\\0&0&0\end{pmatrix}=\begin{pmatrix}1&n&\frac{n(n-1)}{2}\\0&1&n\\0&0&1\end{pmatrix}$$

评注 若方阵 $\boldsymbol{A}$ 与 $\boldsymbol{B}$ 可交换,即 $\boldsymbol{AB}=\boldsymbol{BA}$,则 $(\boldsymbol{A}+\boldsymbol{B})^n=\boldsymbol{A}^n+n\boldsymbol{A}^{n-1}\boldsymbol{B}+\frac{n(n-1)}{2!}\boldsymbol{A}^{n-2}\boldsymbol{B}^2+\cdots+n\boldsymbol{A}\boldsymbol{B}^{n-1}+\boldsymbol{B}^n$ 成立,如果 $\boldsymbol{AB}\neq\boldsymbol{BA}$,上式一般不成立.

例 2.7 已知 $\boldsymbol{P}=\begin{pmatrix}2&0&0\\0&1&2\\0&0&1\end{pmatrix}$,$\boldsymbol{A}=\begin{pmatrix}1&0&0\\0&2&0\\0&0&2\end{pmatrix}$,求 $(\boldsymbol{P}^{-1}\boldsymbol{AP})^{100}$.

分析 若用定义先计算 $\boldsymbol{P}^{-1}\boldsymbol{AP}$,再计算 $(\boldsymbol{P}^{-1}\boldsymbol{AP})^{100}$,显然比较麻烦,故考虑利用矩阵的运算律化简后再求解.

解答 $(\boldsymbol{P}^{-1}\boldsymbol{AP})^{100}=\underbrace{\boldsymbol{P}^{-1}\boldsymbol{AP}\cdot\boldsymbol{P}^{-1}\boldsymbol{AP}\cdot\cdots\cdot\boldsymbol{P}^{-1}\boldsymbol{AP}}_{\text{共100项}}=\boldsymbol{P}^{-1}\boldsymbol{A}^{100}\boldsymbol{P}$

$$=\begin{pmatrix}2&0&0\\0&1&2\\0&0&1\end{pmatrix}^{-1}\begin{pmatrix}1&0&0\\0&2&0\\0&0&2\end{pmatrix}^{100}\begin{pmatrix}2&0&0\\0&1&2\\0&0&1\end{pmatrix}$$

$$=\begin{pmatrix}\frac{1}{2}&0&0\\0&1&-2\\0&0&1\end{pmatrix}\begin{pmatrix}1&0&0\\0&2^{100}&0\\0&0&2^{100}\end{pmatrix}\begin{pmatrix}2&0&0\\0&1&2\\0&0&1\end{pmatrix}=\begin{pmatrix}1&0&0\\0&2^{100}&0\\0&0&2^{100}\end{pmatrix}$$

评注 进行矩阵运算,应先观察矩阵的特点,寻找合理的方法,使得计算简单.

例 2.8 设 $\boldsymbol{A}$ 与 $\boldsymbol{B}$ 均为 n 阶方阵,且满足

$$\boldsymbol{A}^2=\boldsymbol{A},\boldsymbol{B}^2=\boldsymbol{B},(\boldsymbol{A}+\boldsymbol{B})^2=\boldsymbol{A}+\boldsymbol{B}$$

证明 $\boldsymbol{AB}=\boldsymbol{O}$.

分析 设法证明 $\boldsymbol{A}$ 与 $\boldsymbol{B}$ 可交换,即 $\boldsymbol{AB}=\boldsymbol{BA}$.

解答 由已知得

$$(\boldsymbol{A}+\boldsymbol{B})^2=(\boldsymbol{A}+\boldsymbol{B})(\boldsymbol{A}+\boldsymbol{B})=\boldsymbol{A}^2+\boldsymbol{AB}+\boldsymbol{BA}+\boldsymbol{B}^2=\boldsymbol{A}+\boldsymbol{AB}+\boldsymbol{BA}+\boldsymbol{B}=\boldsymbol{A}+\boldsymbol{B}$$

于是,有

$$\boldsymbol{AB}+\boldsymbol{BA}=\boldsymbol{O}$$

上式依次左乘 $\boldsymbol{A}$ 和右乘 $\boldsymbol{A}$,得

$$\boldsymbol{A}^2\boldsymbol{B}+\boldsymbol{ABA}=\boldsymbol{AB}+\boldsymbol{ABA}=\boldsymbol{O}$$

$$\boldsymbol{ABA}+\boldsymbol{BA}^2=\boldsymbol{ABA}+\boldsymbol{BA}=\boldsymbol{O}$$

此二式相减,得

$$\boldsymbol{AB}=\boldsymbol{BA}$$

将此式代入 $\boldsymbol{AB}+\boldsymbol{BA}=\boldsymbol{O}$,即得 $\boldsymbol{AB}=\boldsymbol{O}$.

评注 ①因矩阵乘法不具有交换律,故由 $(\boldsymbol{A}+\boldsymbol{B})^2=\boldsymbol{A}^2+2\boldsymbol{AB}+\boldsymbol{B}^2=\boldsymbol{A}+2\boldsymbol{AB}+\boldsymbol{B}=\boldsymbol{A}+\boldsymbol{B}$ 直接得证 $\boldsymbol{AB}=\boldsymbol{O}$ 是错误的;②在矩阵等式两边同时乘一个矩阵时,必须指明并严格区分是左乘还是右乘;③若方阵 $\boldsymbol{A}$ 满足 $\boldsymbol{A}^2=\boldsymbol{A}$,则称 $\boldsymbol{A}$ 为幂等矩阵. 本题是说:当 $\boldsymbol{A}$、$\boldsymbol{B}$ 及 $\boldsymbol{A}+\boldsymbol{B}$ 都是幂等矩阵时,有 $\boldsymbol{AB}=\boldsymbol{O}$. 但是,题中条件 $(\boldsymbol{A}+\boldsymbol{B})^2=\boldsymbol{A}+\boldsymbol{B}$ 换成 $(\boldsymbol{A}-\boldsymbol{B})^2=\boldsymbol{A}+\boldsymbol{B}$ 时,结论仍成立.

2.2.3 求逆矩阵和伴随矩阵

逆矩阵和伴随矩阵既是本章的重点,又是本章的难点,它们联系紧密,内容丰富. 本章主要利用公式 $\boldsymbol{A}^{-1}=\dfrac{\boldsymbol{A}^*}{|\boldsymbol{A}|}$ 求逆矩阵,同时利用逆矩阵和伴随矩阵的性质,掌握论证矩阵问题的方法.

1. 用公式求逆矩阵

例 2.9 求下列矩阵的逆矩阵.

(1) $\boldsymbol{A}=\begin{pmatrix}1&2\\3&4\end{pmatrix}$;(2) $\boldsymbol{B}=\begin{pmatrix}0&2&-1\\1&1&2\\-1&-1&-1\end{pmatrix}$.

分析 利用公式 $\boldsymbol{A}^{-1}=\dfrac{\boldsymbol{A}^*}{|\boldsymbol{A}|}$,先求 $|\boldsymbol{A}|\neq0$,再求伴随阵 $\boldsymbol{A}^*$,求 $\boldsymbol{A}^*$ 时要注意代数余子式的符号.

解答 (1) $|\boldsymbol{A}| = \begin{vmatrix} 1 & 2 \\ 3 & 4 \end{vmatrix} = -2 \neq 0$,$\boldsymbol{A}$ 可逆,且

$$\boldsymbol{A}^{-1} = \frac{\boldsymbol{A}^*}{|\boldsymbol{A}|} = \frac{1}{|\boldsymbol{A}|}\begin{pmatrix} A_{11} & A_{21} \\ A_{12} & A_{22} \end{pmatrix} = \frac{1}{-2}\begin{pmatrix} 4 & -2 \\ -3 & 1 \end{pmatrix} = \begin{pmatrix} -2 & 1 \\ \frac{3}{2} & -\frac{1}{2} \end{pmatrix}$$

(2) $|\boldsymbol{B}| = \begin{vmatrix} 0 & 2 & -1 \\ 1 & 1 & 2 \\ -1 & -1 & -1 \end{vmatrix} = -2 \neq 0$,所以 $\boldsymbol{B}^{-1}$存在,先求 $\boldsymbol{B}$ 的代数余子式.

因为

$$B_{11} = \begin{vmatrix} 1 & 2 \\ -1 & -1 \end{vmatrix} = 1, B_{21} = -\begin{vmatrix} 2 & -1 \\ -1 & -1 \end{vmatrix} = 3, B_{31} = \begin{vmatrix} 2 & -1 \\ 1 & 2 \end{vmatrix} = 5$$

$$B_{12} = -\begin{vmatrix} 1 & 2 \\ -1 & -1 \end{vmatrix} = -1, B_{22} = \begin{vmatrix} 0 & -1 \\ -1 & -1 \end{vmatrix} = -1, B_{32} = -\begin{vmatrix} 0 & -1 \\ 1 & 2 \end{vmatrix} = -1$$

$$B_{13} = \begin{vmatrix} 1 & 1 \\ -1 & -1 \end{vmatrix} = 0, B_{23} = -\begin{vmatrix} 0 & 2 \\ -1 & -1 \end{vmatrix} = -2, B_{33} = \begin{vmatrix} 0 & 2 \\ 1 & 1 \end{vmatrix} = -2$$

所以

$$\boldsymbol{B}^* = \begin{pmatrix} 1 & 3 & 5 \\ -1 & -1 & -1 \\ 0 & -2 & -2 \end{pmatrix}$$

故

$$\boldsymbol{B}^{-1} = \frac{\boldsymbol{B}^*}{|\boldsymbol{B}|} = -\frac{1}{2}\begin{pmatrix} 1 & 3 & 5 \\ -1 & -1 & -1 \\ 0 & -2 & -2 \end{pmatrix}$$

评注 公式法主要用于逆矩阵或伴随阵的理论推导上,但对于阶数较低(一般不超过 3)或元素的代数余子式易于计算的矩阵可用此法求其逆矩阵.

2. 用定义求逆矩阵

例 2.10 设 $\boldsymbol{A}$ 是 $m \times n$ 矩阵,$\boldsymbol{B}$ 是 $n \times m$ 矩阵,设 $\boldsymbol{P}$ 是 n 阶可逆方阵. 求证:如果 $\boldsymbol{E}+\boldsymbol{APB}$ 是可逆矩阵,则 $\boldsymbol{P}^{-1}+\boldsymbol{BA}$ 可逆且

$$(\boldsymbol{P}^{-1} + \boldsymbol{BA})^{-1} = \boldsymbol{P} - \boldsymbol{PB}(\boldsymbol{E} + \boldsymbol{APB})^{-1}\boldsymbol{AP}$$

分析 所给矩阵都是抽象的矩阵,不能用公式法求解,故考虑利用定义求逆矩阵.

解答 设$(\boldsymbol{E}+\boldsymbol{APB})^{-1}=\boldsymbol{C}$,即$(\boldsymbol{E}+\boldsymbol{APB})\boldsymbol{C}=\boldsymbol{E}$,也就是

$$\boldsymbol{APBC} = \boldsymbol{E} - \boldsymbol{C}$$

那么

$$\begin{aligned}(\boldsymbol{P}^{-1} + \boldsymbol{BA})(\boldsymbol{P} - \boldsymbol{PBCAP}) &= \boldsymbol{E} + \boldsymbol{BAP} - \boldsymbol{BCAP} - \boldsymbol{BAPBCAP} \\ &= \boldsymbol{E} + \boldsymbol{BAP} - \boldsymbol{BCAP} - \boldsymbol{B}(\boldsymbol{E} - \boldsymbol{C})\boldsymbol{AP} \\ &= \boldsymbol{E} + \boldsymbol{BAP} - \boldsymbol{BCAP} + \boldsymbol{BCAP} - \boldsymbol{BAP} \\ &= \boldsymbol{E}\end{aligned}$$

所以 $\boldsymbol{P}^{-1}+\boldsymbol{BA}$ 是可逆矩阵,它的逆是

$$(\boldsymbol{P}^{-1} + \boldsymbol{BA})^{-1} = \boldsymbol{P} - \boldsymbol{PBCAP} = \boldsymbol{P} - \boldsymbol{PB}(\boldsymbol{E} + \boldsymbol{APB})^{-1}\boldsymbol{AP}$$

评注　这种证明方法可以进行推广:凡是证明一个抽象矩阵 A 的逆矩阵为矩阵 B 时,利用定义只需证明 $AB = E$ 即可.

例2.11　设 n 阶方阵 A 满足 $5A^3 - 2A^2 + 3A - 2E = O$,求证:$A$ 是可逆矩阵,且写出 A^{-1}.

分析　因没有给出组成矩阵 A 的数,故即使能导出 $|A| \neq 0$,从而证得 A 是可逆矩阵,也无法利用 $A^{-1} = \dfrac{A^*}{|A|}$ 来求出 A^{-1}.这表明解决此类题要另找途径.

解答　由题设 $5A^3 - 2A^2 + 3A - 2E = O$,移项,得

$$5A^3 - 2A^2 + 3A = 2E$$

从而

$$A(5A^2 - 2A + 3E) = 2E$$

$$A\left(\frac{5}{2}A^2 - A + \frac{3}{2}E\right) = E$$

所以 A 是可逆矩阵,且 $A^{-1} = \dfrac{5}{2}A^2 - A + \dfrac{3}{2}E$.

评注

（1）设 n 阶方阵 A,记 $\varphi(A) = a_k A^k + a_{k-1} A^{k-1} + \cdots + a_1 A + a_0 E$,$\varphi(A)$ 称为矩阵 A 的 k 次多项式.

（2）若 n 阶方阵 A 满足 $a_k A^k + a_{k-1} A^{k-1} + \cdots + a_1 A + a_0 E = O$,其中 $a_0 \neq 0$.证明:A 是可逆矩阵,并写出 A^{-1}.

如同本例一样推理可得 $A\left(-\dfrac{a_k}{a_0}A^{k-1} - \dfrac{a_{k-1}}{a_0}A^{k-2} - \cdots - \dfrac{a_2}{a_0}A - \dfrac{a_1}{a_0}E\right) = E$.

所以 A 是可逆矩阵,且 $A^{-1} = -\dfrac{a_k}{a_0}A^{k-1} - \dfrac{a_{k-1}}{a_0}A^{k-2} - \cdots - \dfrac{a_2}{a_0}A - \dfrac{a_1}{a_0}E$.

例2.12　已知 n 阶方阵 A 满足 $A^2 + A - 4E = O$,证明 $A - E$ 是可逆矩阵,且写出 $(A-E)^{-1}$.

分析　为解决本例,需要寻找 n 阶方阵 B 使得 $(A-E)B = E$.为此可将题设等式进行恒等变形使得其右边为 E,左边含有因子 $A - E$.

解答　将题设等式 $A^2 + A - 4E = O$ 按分析中提示的原则作恒等变形.

$$A^2 + A = 4E$$

$$A(A + E) = 4E$$

$$A(A - E + 2E) = 4E$$

$$A(A - E) + 2A - 2E = 2E$$

$$A(A - E) + 2(A - E) = 2E$$

$$(A - E)(A + 2E) = 2E$$

$$\frac{1}{2}(A - E)(A + 2E) = E$$

从而

$$|A + 2E| \cdot |A - E| = |2E| \neq 0$$

所以 $A - E$ 是可逆矩阵,且 $(A - E)^{-1} = \dfrac{1}{2}(A + 2E)$.

评注　利用逆矩阵的定义证明 $A + 2E$ 可逆,关键是寻找同阶方阵 B,使得 $(A + 2E)B = E$,

如何寻找矩阵 $\boldsymbol{B}$ 呢？由于矩阵多项式可以像数 x 的多项式一样相乘或分解因式，因此由 $x^2+x-4=(x-1)(x+2)-2=0$，得 $(x-1)(x+2)=2$，于是猜想有 $(\boldsymbol{A}+2\boldsymbol{E})(\boldsymbol{A}-\boldsymbol{E})=2\boldsymbol{E}$，再来验证它.

3. 利用逆矩阵的性质求逆矩阵

例 2.13 已知 3 阶矩阵 $\boldsymbol{A}$ 的逆矩阵为 $\boldsymbol{A}^{-1}=\begin{pmatrix}1&1&1\\1&2&1\\1&1&3\end{pmatrix}$，求 $\boldsymbol{A}$ 的伴随矩阵 $\boldsymbol{A}^*$ 的逆矩阵 $(\boldsymbol{A}^*)^{-1}$.

分析 利用公式 $\boldsymbol{A}^{-1}=\dfrac{\boldsymbol{A}^*}{|\boldsymbol{A}|}$ 可得 $\boldsymbol{A}^*\cdot\dfrac{1}{|\boldsymbol{A}|}\boldsymbol{A}=\boldsymbol{E}$，再由逆矩阵的定义，得 $(\boldsymbol{A}^*)^{-1}=\dfrac{1}{|\boldsymbol{A}|}\boldsymbol{A}$.

解答 由 $\boldsymbol{A}$ 可逆知 $\boldsymbol{A}^*$ 可逆，且 $(\boldsymbol{A}^*)^{-1}=\dfrac{1}{|\boldsymbol{A}|}\boldsymbol{A}$，而

$$\boldsymbol{A}=(\boldsymbol{A}^{-1})^{-1}=\begin{pmatrix}1&1&1\\1&2&1\\1&1&3\end{pmatrix}^{-1}=\frac{1}{2}\begin{pmatrix}5&-2&-1\\-2&2&0\\-1&0&1\end{pmatrix},\quad \frac{1}{|\boldsymbol{A}|}=|\boldsymbol{A}^{-1}|=2$$

故
$$(\boldsymbol{A}^*)^{-1}=\frac{1}{|\boldsymbol{A}|}\boldsymbol{A}=2\times\frac{1}{2}\times\begin{pmatrix}5&-2&-1\\-2&2&0\\-1&0&1\end{pmatrix}=\begin{pmatrix}5&-2&-1\\-2&2&0\\-1&0&1\end{pmatrix}$$

评注 利用性质求逆矩阵或证明逆矩阵也是讨论逆矩阵的一种方法，需要认真掌握.

例 2.14 已知矩阵 $\boldsymbol{A}=\begin{pmatrix}1&0&0\\2&-\frac{1}{3}&0\\0&-2&1\end{pmatrix}$，$\boldsymbol{B}=(\boldsymbol{A}+\boldsymbol{E})^{-1}(\boldsymbol{A}-\boldsymbol{E})$，求矩阵 $(\boldsymbol{E}+\boldsymbol{B})^{-1}$.

分析 若先计算 $\boldsymbol{B}$，再计算 $(\boldsymbol{E}+\boldsymbol{B})^{-1}$，显然计算比较繁琐，故考虑先把 $\boldsymbol{B}$ 代入 $(\boldsymbol{E}+\boldsymbol{B})^{-1}$ 后再求解.

解答 因为

$$\begin{aligned}(\boldsymbol{E}+\boldsymbol{B})^{-1}&=(\boldsymbol{E}+(\boldsymbol{A}+\boldsymbol{E})^{-1}(\boldsymbol{A}-\boldsymbol{E}))^{-1}\\&=((\boldsymbol{A}+\boldsymbol{E})^{-1}(\boldsymbol{A}+\boldsymbol{E})+(\boldsymbol{A}+\boldsymbol{E})^{-1}(\boldsymbol{A}-\boldsymbol{E}))^{-1}\\&=((\boldsymbol{A}+\boldsymbol{E})^{-1}(\boldsymbol{A}+\boldsymbol{E}+\boldsymbol{A}-\boldsymbol{E}))^{-1}\\&=((\boldsymbol{A}+\boldsymbol{E})^{-1}2\boldsymbol{A})^{-1}=\frac{1}{2}\boldsymbol{A}^{-1}(\boldsymbol{A}+\boldsymbol{E})=\frac{1}{2}(\boldsymbol{E}+\boldsymbol{A}^{-1})\end{aligned}$$

又因为 $\boldsymbol{A}^{-1}=\begin{pmatrix}1&0&0\\6&-3&0\\12&-6&1\end{pmatrix}$，所以 $(\boldsymbol{E}+\boldsymbol{B})^{-1}=\dfrac{1}{2}\begin{pmatrix}2&0&0\\6&-2&0\\12&-6&2\end{pmatrix}=\begin{pmatrix}1&0&0\\3&-1&0\\6&-3&1\end{pmatrix}$.

评注 求逆矩阵运算，同样应先考虑运用矩阵运算规律进行化简，再求逆矩阵.

例 2.15 证明下列各题：

(1) 若 $\boldsymbol{A}$、$\boldsymbol{B}$ 都是同阶可逆矩阵，则 $(\boldsymbol{AB})^*=\boldsymbol{B}^*\boldsymbol{A}^*$；

(2) 若 $\boldsymbol{A}$ 可逆，则 $\boldsymbol{A}^*$ 也可逆，且 $(\boldsymbol{A}^*)^{-1}=(\boldsymbol{A}^{-1})^*$；

(3) 若 $\boldsymbol{AA}^{\mathrm{T}}=\boldsymbol{E}$，则 $(\boldsymbol{A}^*)^{\mathrm{T}}=(\boldsymbol{A}^*)^{-1}$；

(4) 若 $\boldsymbol{A}$ 为可逆矩阵,$n\geqslant 2$,则 $(\boldsymbol{A}^*)^* = |\boldsymbol{A}|^{n-2}\cdot\boldsymbol{A}$;

(5) 若 $\boldsymbol{A}$ 为可逆矩阵,则 $(\boldsymbol{A}^*)^{\mathrm{T}} = (\boldsymbol{A}^{\mathrm{T}})^*$.

分析 此题涉及逆矩阵和伴随矩阵的一些结论,因此考虑利用它们的性质去证明.

解答 (1) 因为 $\boldsymbol{A}$、$\boldsymbol{B}$ 都可逆,所以 $\boldsymbol{AB}$ 也可逆,于是

$$(\boldsymbol{AB})^* = |\boldsymbol{AB}|(\boldsymbol{AB})^{-1} = |\boldsymbol{A}|\cdot|\boldsymbol{B}|\cdot\boldsymbol{B}^{-1}\boldsymbol{A}^{-1} = (|\boldsymbol{B}|\cdot\boldsymbol{B}^{-1})(|\boldsymbol{A}|\cdot\boldsymbol{A}^{-1}) = \boldsymbol{B}^*\boldsymbol{A}^*$$

(2) 因为 $\boldsymbol{A}$ 可逆,所以 $\boldsymbol{A}^{-1}\boldsymbol{A}=\boldsymbol{E}$,由(1)得 $\boldsymbol{A}^*(\boldsymbol{A}^{-1})^*=\boldsymbol{E}^*$,即 $\boldsymbol{A}^*(\boldsymbol{A}^{-1})^*=\boldsymbol{E}$,所以 $\boldsymbol{A}^*$ 也可逆,且 $(\boldsymbol{A}^*)^{-1}=(\boldsymbol{A}^{-1})^*$.

(3) 因为 $\boldsymbol{AA}^{\mathrm{T}}=\boldsymbol{E}$,所以 $\boldsymbol{A}^{-1}=\boldsymbol{A}^{\mathrm{T}}$,由(2)得

$$(\boldsymbol{A}^*)^{-1} = (\boldsymbol{A}^{-1})^* = (\boldsymbol{A}^{\mathrm{T}})^* = |\boldsymbol{A}^{\mathrm{T}}|\cdot(\boldsymbol{A}^{\mathrm{T}})^{-1} = |\boldsymbol{A}^{\mathrm{T}}|(\boldsymbol{A}^{-1})^{\mathrm{T}} = |\boldsymbol{A}|\cdot\left(\frac{\boldsymbol{A}^*}{|\boldsymbol{A}|}\right)^{\mathrm{T}} = (\boldsymbol{A}^*)^{\mathrm{T}}$$

(4) 因为 $\boldsymbol{A}^*(\boldsymbol{A}^*)^* = |\boldsymbol{A}^*|\boldsymbol{E}$, $\boldsymbol{A}^* = |\boldsymbol{A}|\boldsymbol{A}^{-1}$, $|\boldsymbol{A}^*| = |\boldsymbol{A}|^{n-1}$,所以 $|\boldsymbol{A}|\boldsymbol{A}^{-1}(\boldsymbol{A}^*)^* = |\boldsymbol{A}|^{n-1}\boldsymbol{E}$, 即 $(\boldsymbol{A}^*)^* = |\boldsymbol{A}|^{n-2}\cdot\boldsymbol{A}$.

(5) 因为 $\boldsymbol{A}^* = |\boldsymbol{A}|\boldsymbol{A}^{-1}$,所以 $(\boldsymbol{A}^*)^{\mathrm{T}} = (|\boldsymbol{A}|\boldsymbol{A}^{-1})^{\mathrm{T}} = |\boldsymbol{A}|(\boldsymbol{A}^{-1})^{\mathrm{T}} = |\boldsymbol{A}^{\mathrm{T}}|(\boldsymbol{A}^{\mathrm{T}})^{-1} = (\boldsymbol{A}^{\mathrm{T}})^*$.

评注 此题为逆矩阵和伴随矩阵的一些重要结论,在做题时经常要用到,应当熟记.

例 2.16 设 3 阶方阵 $\boldsymbol{A}$ 的行列式 $|\boldsymbol{A}|=\frac{1}{2}$,求行列式 $D=|(3\boldsymbol{A})^{-1}-2\boldsymbol{A}^*|$ 的值.

分析 由于一般地 $|\boldsymbol{A}+\boldsymbol{B}|\neq|\boldsymbol{A}|+|\boldsymbol{B}|$,所以本题关键是要将两个方阵化为同一方阵,这就要弄清 $\boldsymbol{A}^{-1}$ 与 $\boldsymbol{A}^*$ 的关系.

解答

<方法一> 由于 $\boldsymbol{A}^* = |\boldsymbol{A}|\boldsymbol{A}^{-1} = \frac{1}{2}\boldsymbol{A}^{-1}$,所以

$$D = \left|\frac{1}{3}\boldsymbol{A}^{-1} - \boldsymbol{A}^{-1}\right| = \left|-\frac{2}{3}\boldsymbol{A}^{-1}\right| = \left(-\frac{2}{3}\right)^3|\boldsymbol{A}^{-1}| = \left(-\frac{2}{3}\right)^3\frac{1}{|\boldsymbol{A}|} = -\frac{16}{27}$$

<方法二> 由于 $\boldsymbol{A}^{-1} = \frac{\boldsymbol{A}^*}{|\boldsymbol{A}|} = 2\boldsymbol{A}^*$,所以

$$D = \left|\frac{1}{3}\cdot 2\boldsymbol{A}^* - 2\boldsymbol{A}^*\right| = \left|-\frac{4}{3}\boldsymbol{A}^*\right| = \left(-\frac{4}{3}\right)^3|\boldsymbol{A}^*| = \left(-\frac{4}{3}\right)^3|\boldsymbol{A}|^2 = -\frac{16}{27}$$

评注 由于方阵与行列式是两个不同的概念,因此方阵的行列式计算与行列式计算不同,尤其注意运算性质 $|\lambda\boldsymbol{A}|=\lambda^n|\boldsymbol{A}|$,这里的 n 是方阵 $\boldsymbol{A}$ 的阶数.

2.2.4 解矩阵方程

一般矩阵方程通过化简,可变成下面三种简单形式之一:

(1) $\boldsymbol{AX}=\boldsymbol{B}$.

(2) $\boldsymbol{XA}=\boldsymbol{B}$.

(3) $\boldsymbol{AXB}=\boldsymbol{C}$.

1) 如果矩阵可逆,利用逆矩阵,求 $\boldsymbol{X}$

(1) $\boldsymbol{AX}=\boldsymbol{B}$,若 $\boldsymbol{A}$ 可逆,则 $\boldsymbol{X}=\boldsymbol{A}^{-1}\boldsymbol{B}$.

(2) $\boldsymbol{XA}=\boldsymbol{B}$,若 $\boldsymbol{A}$ 可逆,则 $\boldsymbol{X}=\boldsymbol{BA}^{-1}$.

(3) $\boldsymbol{AXB}=\boldsymbol{C}$,若 $\boldsymbol{A}$、$\boldsymbol{B}$ 均可逆,则 $\boldsymbol{X}=\boldsymbol{A}^{-1}\boldsymbol{CB}^{-1}$.

例 2.17 设矩阵 $\boldsymbol{A}=\begin{pmatrix}0&1&0\\-1&1&1\\-1&0&-1\end{pmatrix}$,$\boldsymbol{B}=\begin{pmatrix}1&-1\\2&0\\5&-3\end{pmatrix}$,矩阵 $\boldsymbol{X}$ 满足 $\boldsymbol{X}=\boldsymbol{AX}+\boldsymbol{B}$,求矩阵 $\boldsymbol{X}$.

分析 由于矩阵多项式可以像数 x 的多项式一样相乘或因式分解,因此在解矩阵方程时,一般是通过对原方程进行化简变形,把含有未知矩阵的项移到等号的一侧,把其他已知矩阵等项移到等号另一侧,再进一步得到未知矩阵的表达式,最后再代入已知数据.

解答 因为 $\boldsymbol{X}=\boldsymbol{AX}+\boldsymbol{B}$,所以 $(\boldsymbol{E}-\boldsymbol{A})\boldsymbol{X}=\boldsymbol{B}$.

由于 $|\boldsymbol{E}-\boldsymbol{A}|=\begin{vmatrix}1&-1&0\\1&0&-1\\1&0&2\end{vmatrix}=3\neq0$,所以 $\boldsymbol{E}-\boldsymbol{A}$ 可逆,因此

$$\boldsymbol{X}=(\boldsymbol{E}-\boldsymbol{A})^{-1}\boldsymbol{B}=\frac{1}{3}\begin{pmatrix}0&2&1\\-3&2&1\\0&-1&1\end{pmatrix}\begin{pmatrix}1&-1\\2&0\\5&-3\end{pmatrix}=\begin{pmatrix}3&-1\\2&0\\1&-1\end{pmatrix}$$

评注 求解矩阵方程 $(\boldsymbol{E}-\boldsymbol{A})\boldsymbol{X}=\boldsymbol{B}$ 时,首先考察 $\boldsymbol{E}-\boldsymbol{A}$ 是否可逆,只有 $\boldsymbol{E}-\boldsymbol{A}$ 是可逆时,才可解这个矩阵方程. 另外,求解矩阵方程的过程是一个同解变形过程,相乘矩阵的左右次序不可随意颠倒. 例如,对于本题,要从 $(\boldsymbol{E}-\boldsymbol{A})\boldsymbol{X}=\boldsymbol{B}$ 来解 $\boldsymbol{X}$,就只能用 $(\boldsymbol{E}-\boldsymbol{A})^{-1}$ 左乘该式两端,而不能用 $(\boldsymbol{E}-\boldsymbol{A})^{-1}$ 右乘两端.

例 2.18 设矩阵 $\boldsymbol{A}=\begin{pmatrix}1&-1&1\\1&1&0\\2&1&1\end{pmatrix}$,矩阵 $\boldsymbol{B}$ 满足 $\boldsymbol{AB}+4\boldsymbol{E}=\boldsymbol{A}^2-2\boldsymbol{B}$,求矩阵 $\boldsymbol{B}$.

分析 矩阵方程经过化简可以变成 $\boldsymbol{AX}=\boldsymbol{B}$ 的形式.

解答 因为 $\boldsymbol{AB}+4\boldsymbol{E}=\boldsymbol{A}^2-2\boldsymbol{B}$,所以 $\boldsymbol{AB}+2\boldsymbol{B}=\boldsymbol{A}^2-4\boldsymbol{E}$,即

$$(\boldsymbol{A}+2\boldsymbol{E})\boldsymbol{B}=\boldsymbol{A}^2-4\boldsymbol{E}$$

由于 $|\boldsymbol{A}+2\boldsymbol{E}|=\begin{vmatrix}3&-1&1\\1&3&0\\2&1&3\end{vmatrix}=25\neq0$,所以 $\boldsymbol{A}+2\boldsymbol{E}$ 可逆,因此

$$\begin{aligned}\boldsymbol{B}&=(\boldsymbol{A}+2\boldsymbol{E})^{-1}(\boldsymbol{A}^2-4\boldsymbol{E})=(\boldsymbol{A}+2\boldsymbol{E})^{-1}(\boldsymbol{A}+2\boldsymbol{E})(\boldsymbol{A}-2\boldsymbol{E})\\&=\boldsymbol{A}-2\boldsymbol{E}=\begin{pmatrix}-1&-1&1\\1&-1&0\\2&1&-1\end{pmatrix}\end{aligned}$$

评注 (1) 本题若按 $\boldsymbol{B}=(\boldsymbol{A}+2\boldsymbol{E})^{-1}(\boldsymbol{A}^2-4\boldsymbol{E})$ 计算,先求 $(\boldsymbol{A}+2\boldsymbol{E})^{-1}$,再求 $\boldsymbol{A}^2-4\boldsymbol{E}$,最后将这两结果相乘,这样计算量要大得多,且易出错,因此先要尽量化简矩阵方程然后再计算;

(2) 本题中 $\boldsymbol{A}^2-4\boldsymbol{E}=(\boldsymbol{A}+2\boldsymbol{E})(\boldsymbol{A}-2\boldsymbol{E})$ 也可写成 $\boldsymbol{A}^2-4\boldsymbol{E}=(\boldsymbol{A}-2\boldsymbol{E})(\boldsymbol{A}+2\boldsymbol{E})$,但注意到等式 $(\boldsymbol{A}+2\boldsymbol{E})\boldsymbol{B}=\boldsymbol{A}^2-4\boldsymbol{E}$ 的左边为 $(\boldsymbol{A}+2\boldsymbol{E})$,所以代入等式中求解简单;

(3) 这里不能理解从等式 $(\boldsymbol{A}+2\boldsymbol{E})\boldsymbol{B}=(\boldsymbol{A}+2\boldsymbol{E})(\boldsymbol{A}-2\boldsymbol{E})$ 中消去 $\boldsymbol{A}-2\boldsymbol{E}$. 因为矩阵的乘法不满足消去律. 只有 $\boldsymbol{A}$ 可逆时,才能由 $\boldsymbol{AB}=\boldsymbol{AC}$ 推出 $\boldsymbol{B}=\boldsymbol{C}$.

例 2.19 已知矩阵 $\boldsymbol{A}=\begin{pmatrix}1 & 2 & -1\\3 & 4 & -2\\5 & -4 & 1\end{pmatrix}$,且 $\boldsymbol{A}^2-\boldsymbol{AB}=\boldsymbol{E}$,求矩阵 $\boldsymbol{B}$.

分析 矩阵方程经过移项可以化成 $\boldsymbol{AX}=\boldsymbol{B}$ 的形式.

解答

<方法一> 将方程化成标准形式:$\boldsymbol{AB}=\boldsymbol{A}^2-\boldsymbol{E}$.

$$|\boldsymbol{A}|=\begin{vmatrix}1 & 2 & -1\\3 & 4 & -2\\5 & -4 & 1\end{vmatrix}=2\neq 0$$

故 $\boldsymbol{A}^{-1}$ 存在,且

$$\boldsymbol{A}^{-1}=\begin{pmatrix}-2 & 1 & 0\\-\frac{13}{2} & 3 & -\frac{1}{2}\\-16 & 7 & -1\end{pmatrix}$$

两边左乘 $\boldsymbol{A}^{-1}$,得

$$\boldsymbol{B}=\boldsymbol{A}^{-1}(\boldsymbol{A}^2-\boldsymbol{E})=\boldsymbol{A}^{-1}\boldsymbol{AA}-\boldsymbol{A}^{-1}\boldsymbol{E}=\boldsymbol{EA}-\boldsymbol{A}^{-1}\boldsymbol{E}=\boldsymbol{A}-\boldsymbol{A}^{-1}$$

于是

$$\boldsymbol{B}=\begin{pmatrix}1 & 2 & -1\\3 & 4 & -2\\5 & -4 & 1\end{pmatrix}-\begin{pmatrix}-2 & 1 & 0\\-\frac{13}{2} & 3 & -\frac{1}{2}\\-16 & 7 & -1\end{pmatrix}=\begin{pmatrix}3 & 1 & -1\\\frac{19}{2} & 1 & -\frac{3}{2}\\21 & -11 & 2\end{pmatrix}$$

<方法二> 由 $\boldsymbol{A}^2-\boldsymbol{AB}=\boldsymbol{A}(\boldsymbol{A}-\boldsymbol{B})=\boldsymbol{E}$ 得 $\boldsymbol{A}-\boldsymbol{B}=\boldsymbol{A}^{-1}$ 即 $\boldsymbol{B}=\boldsymbol{A}-\boldsymbol{A}^{-1}$,于是

$$\boldsymbol{B}=\begin{pmatrix}1 & 2 & -1\\3 & 4 & -2\\5 & -4 & 1\end{pmatrix}-\begin{pmatrix}-2 & 1 & 0\\-\frac{13}{2} & 3 & -\frac{1}{2}\\-16 & 7 & -1\end{pmatrix}=\begin{pmatrix}3 & 1 & -1\\\frac{19}{2} & 1 & -\frac{3}{2}\\21 & -11 & 2\end{pmatrix}$$

评注 求解矩阵方程在矩阵的计算中占有相当重要的地位,要根据题的具体特点选择相应的方法.

例 2.20 已知矩阵 $\boldsymbol{A}=\begin{pmatrix}1 & 0 & 1\\0 & 1 & 4\\2 & 0 & 5\end{pmatrix}$,$\boldsymbol{B}=\begin{pmatrix}2 & 1\\1 & 2\end{pmatrix}$,$\boldsymbol{C}=\begin{pmatrix}1 & 0\\3 & 1\\0 & 2\end{pmatrix}$,且 $\boldsymbol{AXB}=\boldsymbol{C}$,求矩阵 $\boldsymbol{X}$.

分析 本题属于 $\boldsymbol{AXB}=\boldsymbol{C}$ 形式.

解答 因为 $|\boldsymbol{A}|=\begin{vmatrix}1 & 0 & 1\\0 & 1 & 4\\2 & 0 & 5\end{vmatrix}=3\neq 0$,$|\boldsymbol{B}|=\begin{vmatrix}2 & 1\\1 & 2\end{vmatrix}=3\neq 0$,所以 $\boldsymbol{A}$ 与 $\boldsymbol{B}$ 均可逆.

由 $\boldsymbol{AXB}=\boldsymbol{C}$,得

$$\boldsymbol{X}=\boldsymbol{A}^{-1}\boldsymbol{CB}^{-1}=\frac{1}{3}\begin{pmatrix}5 & 0 & -1\\8 & 3 & -4\\-2 & 0 & 1\end{pmatrix}\begin{pmatrix}1 & 0\\3 & 1\\0 & 2\end{pmatrix}\frac{1}{3}\begin{pmatrix}2 & -1\\-1 & 2\end{pmatrix}=\frac{1}{3}\begin{pmatrix}4 & -3\\13 & -9\\-2 & 2\end{pmatrix}$$

评注 求解矩阵方程时,尤其要注意可逆矩阵的左乘和右乘.

2) 若矩阵不可逆,利用待定元素法解矩阵方程

例 2.21 求解下列矩阵方程:

(1) $\begin{pmatrix}1 & -2\\ -2 & 4\end{pmatrix}\boldsymbol{X}=\begin{pmatrix}2 & 3\\ -4 & -6\end{pmatrix}$; (2) $\begin{pmatrix}1 & -1 & 0\\ 2 & 0 & 1\end{pmatrix}\boldsymbol{X}=\begin{pmatrix}2 & 5\\ 1 & 4\end{pmatrix}$.

分析 由于$\begin{pmatrix}1 & -2\\ -2 & 4\end{pmatrix}$不可逆,$\begin{pmatrix}1 & -1 & 0\\ 2 & 0 & 1\end{pmatrix}$不是方阵,所以不能用前面的方法求解,但是可将 $\boldsymbol{X}$ 的每个元素假设为所求未知数,根据矩阵乘法及矩阵相等的条件,列出方程组,解线性方程组,求出 $\boldsymbol{X}$ 的每个元素,即可求得 $\boldsymbol{X}$.

解答 (1) 设 $\boldsymbol{X}=\begin{pmatrix}x_1 & x_2\\ x_3 & x_4\end{pmatrix}$,则由$\begin{pmatrix}1 & -2\\ -2 & 4\end{pmatrix}\begin{pmatrix}x_1 & x_2\\ x_3 & x_4\end{pmatrix}=\begin{pmatrix}2 & 3\\ -4 & -6\end{pmatrix}$,有

$$\begin{cases}x_1-2x_3=2\\ x_2-2x_4=3\\ -2x_1+4x_3=-4\\ -2x_2+4x_4=-6\end{cases}$$

即

$$\begin{cases}x_1=2x_3+2\\ x_2=2x_4+3\end{cases}$$

所以 $\boldsymbol{X}=\begin{pmatrix}2x_3+2 & 2x_4+3\\ x_3 & x_4\end{pmatrix}$,其中 x_3、x_4 为任意实数.

(2) 设 $\boldsymbol{X}=\begin{pmatrix}x_1 & x_2\\ x_3 & x_4\\ x_5 & x_6\end{pmatrix}$,则由$\begin{pmatrix}1 & -1 & 0\\ 2 & 0 & 1\end{pmatrix}\begin{pmatrix}x_1 & x_2\\ x_3 & x_4\\ x_5 & x_6\end{pmatrix}=\begin{pmatrix}2 & 5\\ 1 & 4\end{pmatrix}$,有

$$\begin{cases}x_1-x_3=2\\ x_2-x_4=5\\ 2x_1+x_5=1\\ 2x_2+x_6=4\end{cases}$$

即

$$\begin{cases}x_3=x_1-2\\ x_4=x_2-5\\ x_5=1-2x_1\\ x_6=4-2x_2\end{cases}$$

所以 $\boldsymbol{X}=\begin{pmatrix}x_1 & x_2\\ x_1-2 & x_2-5\\ 1-2x_1 & 4-2x_2\end{pmatrix}$,其中 x_1、x_2 为任意实数.

评注 用待定元素法求解矩阵方程比较麻烦,但如果矩阵方程的未知矩阵的系数矩阵不是方阵,或虽是方阵但不可逆,这时只能用此法.

例 2.22 设 3 阶方阵 $\boldsymbol{A}$ 与 $\boldsymbol{B}$ 满足 $\boldsymbol{A}^*\boldsymbol{BA}=6\boldsymbol{A}+\boldsymbol{BA}$. 其中

$$A=\begin{pmatrix}-1&0&1\\0&-1&0\\1&0&1\end{pmatrix}$$

A^* 是 A 的伴随矩阵,试求矩阵 B.

分析 先作矩阵的运算,并利用 $AA^*=|A|E$,化简已知关系式,解出 B,再计算.

解答 由 $|A|=2\neq0$,在所给方程的两边左乘 A,右乘 A^{-1},得

$$AA^*BAA^{-1}=6AAA^{-1}+ABAA^{-1}$$

利用 $AA^*=|A|E=2E$,得

$$2B=6A+AB,(2E-A)B=6A$$

由于 $|2E-A|=\begin{vmatrix}3&0&-1\\0&3&0\\-1&0&1\end{vmatrix}=6\neq0$,所以 $2E-A$ 可逆.

在上式两边左乘 $(2E-A)^{-1}$,得

$$B=6(2E-A)^{-1}A=6\begin{pmatrix}3&0&-1\\0&3&0\\-1&0&1\end{pmatrix}^{-1}\begin{pmatrix}-1&0&1\\0&-1&0\\1&0&1\end{pmatrix}$$

$$=6\begin{pmatrix}\frac{1}{2}&0&\frac{1}{2}\\0&\frac{1}{3}&0\\\frac{1}{2}&0&\frac{3}{2}\end{pmatrix}\begin{pmatrix}-1&0&1\\0&-1&0\\1&0&1\end{pmatrix}=\begin{pmatrix}0&0&6\\0&-2&0\\6&0&12\end{pmatrix}$$

评注 此类题型都可改为在同样题设条件下,求 $|B|$. 即使题目改为求行列式,但实际上还是要通过求出 B,才能算出 $|B|$. 不过在具体计算时可以简化一些,如本例要求 $|B|$,在得出 $B=6(2E-A)^{-1}A$ 后,就不必去求 $(2E-A)^{-1}$,因

$$|B|=|6(2E-A)^{-1}A|=6^3|(2E-A)|^{-1}|A|=6^3\times(6)^{-1}\times2=72$$

2.2.5 分块矩阵

对矩阵采用分块法,就可以使大矩阵的运算化为小矩阵的运算.

对于分块矩阵的运算,要特别注意不同的运算对矩阵分块的方式有不同的要求:

(1) 用分块矩阵作加(减)运算 $A\pm B$ 时,必须对同型矩阵 A、B 作同样的分划.

(2) 用分块矩阵作乘法运算 AB 时,对 A 的列的分法必须与对 B 的行的分法相一致.

分块对角矩阵的加(减)法、数 乘、乘法及幂的运算类似于对角矩阵的相应运算.

例 2.23 设矩阵 $A=\begin{pmatrix}1&0&0&0\\0&1&0&0\\1&0&2&1\\0&1&3&2\end{pmatrix}$,$B=\begin{pmatrix}1&0&1&2\\2&1&0&0\\0&0&1&0\\1&1&1&1\end{pmatrix}$,求 AB.

分析 根据矩阵的特点,先将矩阵分块后再相乘,比较简单.

解答 将矩阵 $\boldsymbol{A}$ 分块为 $\boldsymbol{A}=\begin{pmatrix}\boldsymbol{E}_2 & \boldsymbol{O}\\ \boldsymbol{E}_2 & \boldsymbol{A}_{22}\end{pmatrix}$，其中 $\boldsymbol{A}_{22}=\begin{pmatrix}2 & 1\\ 3 & 2\end{pmatrix}$.

矩阵 $\boldsymbol{B}$ 分块为 $\boldsymbol{B}=\begin{pmatrix}\boldsymbol{B}_{11} & \boldsymbol{B}_{12}\\ \boldsymbol{B}_{21} & \boldsymbol{B}_{22}\end{pmatrix}$，其中 $\boldsymbol{B}_{11}=\begin{pmatrix}1 & 0\\ 2 & 1\end{pmatrix}$，$\boldsymbol{B}_{12}=\begin{pmatrix}1 & 2\\ 0 & 0\end{pmatrix}$，$\boldsymbol{B}_{21}=\begin{pmatrix}0 & 0\\ 1 & 1\end{pmatrix}$，$\boldsymbol{B}_{22}=\begin{pmatrix}1 & 0\\ 1 & 1\end{pmatrix}$，则

$$\boldsymbol{AB}=\begin{pmatrix}\boldsymbol{E}_2 & \boldsymbol{O}\\ \boldsymbol{E}_2 & \boldsymbol{A}_{22}\end{pmatrix}\begin{pmatrix}\boldsymbol{B}_{11} & \boldsymbol{B}_{12}\\ \boldsymbol{B}_{21} & \boldsymbol{B}_{22}\end{pmatrix}=\begin{pmatrix}\boldsymbol{B}_{11} & \boldsymbol{B}_{12}\\ \boldsymbol{B}_{11}+\boldsymbol{A}_{22}\boldsymbol{B}_{21} & \boldsymbol{B}_{12}+\boldsymbol{A}_{22}\boldsymbol{B}_{22}\end{pmatrix}=\begin{pmatrix}1 & 0 & 1 & 2\\ 2 & 1 & 0 & 0\\ 2 & 1 & 4 & 3\\ 4 & 3 & 5 & 2\end{pmatrix}$$

评注 矩阵 $\boldsymbol{A}$ 分块后，矩阵 $\boldsymbol{B}$ 的分块方法就不能任意了. 根据可相乘的条件，$\boldsymbol{B}$ 的行的分法必须与 $\boldsymbol{A}$ 的列的分法一致. 另外，在小块矩阵相乘时 $\boldsymbol{A}$ 的小块矩阵要写在左边，$\boldsymbol{B}$ 的小块矩阵要写在右边.

例 2.24 设矩阵 $\boldsymbol{A}=\begin{pmatrix}5 & 3 & 0 & 0\\ 3 & -5 & 0 & 0\\ 0 & 0 & 2 & 0\\ 0 & 0 & 1 & 2\end{pmatrix}$，求 $|\boldsymbol{A}^6|$ 及 $\boldsymbol{A}^4$.

分析 根据矩阵 $\boldsymbol{A}$ 的特点，用分块对角阵的性质计算比较简单.

解答 将矩阵 $\boldsymbol{A}$ 分块为 $\boldsymbol{A}=\begin{pmatrix}\boldsymbol{A}_1 & \boldsymbol{O}\\ \boldsymbol{O} & \boldsymbol{A}_2\end{pmatrix}$，其中 $\boldsymbol{A}_1=\begin{pmatrix}5 & 3\\ 3 & -5\end{pmatrix}$，$\boldsymbol{A}_2=\begin{pmatrix}2 & 0\\ 1 & 2\end{pmatrix}$，则

$$\boldsymbol{A}^6=\begin{pmatrix}\boldsymbol{A}_1 & \boldsymbol{O}\\ \boldsymbol{O} & \boldsymbol{A}_2\end{pmatrix}^6=\begin{pmatrix}\boldsymbol{A}_1^6 & \boldsymbol{O}\\ \boldsymbol{O} & \boldsymbol{A}_2^6\end{pmatrix}$$

$$|\boldsymbol{A}^6|=|\boldsymbol{A}_1^6||\boldsymbol{A}_2^6|=|\boldsymbol{A}_1|^6|\boldsymbol{A}_2|^6=136^6$$

$$\boldsymbol{A}^4=\begin{pmatrix}\boldsymbol{A}_1^4 & \boldsymbol{O}\\ \boldsymbol{O} & \boldsymbol{A}_2^4\end{pmatrix}=\begin{pmatrix}34^2 & 0 & 0 & 0\\ 0 & 34^2 & 0 & 0\\ 0 & 0 & 2^4 & 0\\ 0 & 0 & 2^5 & 2^4\end{pmatrix}$$

评注 对矩阵分块时，尽量分出一些单位阵和零矩阵作为子块，以便于相乘.

例 2.25 已知 $\boldsymbol{A}=\begin{pmatrix}3 & -2 & 0 & 0\\ 5 & -3 & 0 & 0\\ 0 & 0 & 3 & 4\\ 0 & 0 & 1 & 1\end{pmatrix}$，求 $\boldsymbol{A}^{-1}$.

分析 考虑到已给矩阵的形状，可用分块对角矩阵求逆公式求解.

解答 将矩阵 $\boldsymbol{A}$ 分块为 $\boldsymbol{A}=\begin{pmatrix}\boldsymbol{A}_1 & \boldsymbol{O}\\ \boldsymbol{O} & \boldsymbol{A}_2\end{pmatrix}$，其中 $\boldsymbol{A}_1=\begin{pmatrix}3 & -2\\ 5 & -3\end{pmatrix}$，$\boldsymbol{A}_2=\begin{pmatrix}3 & 4\\ 1 & 1\end{pmatrix}$.

由于 $$\boldsymbol{A}_1^{-1}=\frac{1}{|\boldsymbol{A}_1|}\boldsymbol{A}_1^*=\begin{pmatrix}-3 & 2\\ -5 & 3\end{pmatrix},\boldsymbol{A}_2^{-1}=\frac{1}{|\boldsymbol{A}_2|}\boldsymbol{A}_2^*=\begin{pmatrix}-1 & 4\\ 1 & -3\end{pmatrix}$$

所以
$$A^{-1}=\begin{pmatrix}A_1 & O\\ O & A_2\end{pmatrix}^{-1}=\begin{pmatrix}A_1^{-1} & O\\ O & A_2^{-1}\end{pmatrix}=\begin{pmatrix}-3 & 2 & 0 & 0\\ -5 & 3 & 0 & 0\\ 0 & 0 & -1 & 4\\ 0 & 0 & 1 & -3\end{pmatrix}$$

评注

(1) 对高阶矩阵运算时,要根据矩阵本身的特点,合理进行分块,当然要保证矩阵运算有意义.

(2) 分块对角矩阵具有很多好的性质,要注意认真掌握,同时要注意准确理解好分块对角矩阵定义,有时可使矩阵运算简单.

2.3 本章小结

矩阵是线性代数最基本的概念,也是线性代数的重要工具. 利用矩阵,可以简单明了地表示线性方程组、线性变换、二次型等,本章重点介绍了矩阵及其运算,掌握好本章内容是学习后续各章内容的重要保证.

要理解好矩阵的概念,矩阵是一个数表,与行列式有本质区别,行列式是一个数值.

矩阵的运算是本章的一个重点,矩阵的运算是矩阵应用的基础,对于矩阵运算,除了要理解各种运算的定义外,还必须熟悉各种运算的运算规律. 特别值得注意的是矩阵进行各种运算必须满足一定的条件,如两个矩阵相乘必须满足第 1 个矩阵的列数等于第 2 个矩阵的行数、矩阵的乘法适合结合律而不适合交换律、矩阵的乘法消去律不成立等. 要知道矩阵多项式定义,矩阵多项式可像数 x 的多项式一样相乘或分解因式.

逆矩阵运算也是本章的重点,要理解矩阵可逆的充分必要条件和掌握求逆矩阵的方法(定义法,公式法,初等变换法(见第 3 章)). 逆矩阵是解矩阵方程的有力工具. 和逆矩阵密切相关的一个概念是伴随矩阵,要理解伴随矩阵的概念,掌握其基本公式:$AA^* = A^*A = |A|E$.

对于行数和列数较高的矩阵,通常采用分块法,从而使大矩阵的运算化成简单的小矩阵的运算,对于阶数高的矩阵如何进行分块,要视具体问题而定.

2.4 同步习题及解答

2.4.1 同步习题

1. 填空题

(1) 设 A、B、C 均为 n 阶可逆矩阵,且 $AB=BC=CA=E$,E 为 n 阶单位阵,则 $A^2+B^2+C^2=$ __________.

(2) 设 $A=\dfrac{1}{2}\begin{pmatrix}1 & -\sqrt{3}\\ \sqrt{3} & 1\end{pmatrix}$,且 $A^6=E$,则 $A^{11}=$ __________.

(3) 设矩阵 $A=\begin{pmatrix}1 & 0 & 0\\ -1 & 2 & 0\\ 1 & 4 & 3\end{pmatrix}$,则 $|(4E-A)^{\mathrm{T}}(4E-A)|=$ __________.

(4) 设方阵 A、B 满足 $A^*BA=2BA-8E$，其中 $A=\begin{pmatrix}1&0&0\\0&-2&0\\0&0&1\end{pmatrix}$，则矩阵 $B=$__________.

(5) 设 $A=\begin{pmatrix}1&0&0&0\\-2&3&0&0\\0&-4&5&0\\0&0&-6&7\end{pmatrix}$，$E$ 为 4 阶单位矩阵，且 $B=(E+A)^{-1}(E-A)$，则 $(E+B)^{-1}=$__________.

(6) 设三阶方阵 $A=\begin{pmatrix}\boldsymbol{\alpha}\\\boldsymbol{\eta}\\\boldsymbol{\beta}\end{pmatrix}$，$B=\begin{pmatrix}\boldsymbol{\alpha}\\\boldsymbol{\zeta}\\\boldsymbol{\beta}\end{pmatrix}$，其中 $\boldsymbol{\alpha}$、$\boldsymbol{\beta}$、$\boldsymbol{\eta}$、$\boldsymbol{\zeta}$ 均为三维行向量，且 $|A|=5$，$|B|=-2$，则 $|A+B|=$__________.

2. 单项选择题

(1) 设 A 为 n 阶方阵，若 $AA^{\mathrm{T}}A^{-1}=2E$，则 $|A|=$(　　).

A. $\sqrt{2}$　　B. 2

C. 2^n　　D. $2^{\frac{n}{2}}$

(2) 设 n 维行向量 $\boldsymbol{\alpha}=\left(\frac{1}{2},\ 0,\ \cdots\ 0,\ \frac{1}{2}\right)$，矩阵 $A=E-\boldsymbol{\alpha}^{\mathrm{T}}\boldsymbol{\alpha}$，$B=E+2\boldsymbol{\alpha}^{\mathrm{T}}\boldsymbol{\alpha}$，则 $AB=$(　　).

A. 0　　B. E

C. $-E$　　D. $E+\boldsymbol{\alpha}^{\mathrm{T}}\boldsymbol{\alpha}$

(3) 设 A、B 为 n 阶方阵，下述论断中不正确的是(　　).

A. 若 A 可逆，且 $AB=O$，则 $B=O$

B. 若 A、B 中有一个不可逆，则 AB 不可逆

C. 若 A、B 可逆，则存在非零矩阵 C，使得 $ABC=O$

D. 若 A、B 可逆，则 $A^{\mathrm{T}}B$ 可逆

(4) 设 A 为 n 阶对称矩阵，B 为 n 阶反对称矩阵，则下列矩阵中为反对称矩阵的是(　　).

A. $AB-BA$　　B. $AB+BA$

C. $(AB)^2$　　D. BAB

(5) 设 n 阶方阵 A 非奇异($n\geqslant 2$)，A^* 是 A 的伴随矩阵，则(　　).

A. $(A^*)^*=|A|^{n-1}A$　　B. $(A^*)^*=|A|^{n+1}A$

C. $(A^*)^*=|A|^{n-2}A$　　D. $(A^*)^*=|A|^{n+2}A$

(6) 设 A、B 为 n 阶方阵，A^*、B^* 分别为 A、B 对应的伴随矩阵，分块矩 $C=\begin{pmatrix}A&O\\O&B\end{pmatrix}$，则 C 的伴随矩阵 C^* 为(　　).

A. $\begin{pmatrix}|A|A^*&O\\O&|B|B^*\end{pmatrix}$　　B. $\begin{pmatrix}|B|B^*&O\\O&|A|A^*\end{pmatrix}$

C. $\begin{pmatrix} |A|B^* & O \\ O & |B|A^* \end{pmatrix}$　　D. $\begin{pmatrix} |B|A^* & O \\ O & |A|B^* \end{pmatrix}$

3. 试解下列各题

（1）利用逆矩阵法求解方程组$\begin{cases} x_2+x_3+x_4=0 \\ x_1+x_3+x_4=1 \\ x_1+x_2+x_4=2 \\ x_1+x_2+x_3=3 \end{cases}$.

（2）设矩阵$A=\begin{pmatrix} 2 & 2 \\ 3 & -1 \end{pmatrix}$,$f(x)=x^2-x-8$,$g(x)=x^3-3x^2-2x+4$,试求$f(A)$,$g(A)$.

（3）设矩阵$A=\begin{pmatrix} 1 & 1 & -1 \\ -1 & 1 & 1 \\ 1 & -1 & 1 \end{pmatrix}$,矩阵$X$满足$A^*X=A^{-1}+2X$,其中$A^*$是$A$的伴随矩阵,求矩阵$X$.

（4）设$A=\begin{pmatrix} 1 & 2 & -2 \\ 4 & t & 3 \\ 3 & -1 & 1 \end{pmatrix}$,$B$为3阶非零矩阵,且$AB=O$,求$t$的值.

4. 已知A为3阶可逆矩阵,B为3阶矩阵,且满足$2A^{-1}B=B-4E$.

（1）证明:$A-2E$为可逆矩阵,且写出$(A-2E)^{-1}$.

（2）若$B=\begin{pmatrix} 1 & -2 & 0 \\ 1 & 2 & 0 \\ 0 & 0 & 2 \end{pmatrix}$,求矩阵$A$.

5. 设A、B均为n阶方阵,且$A=\frac{1}{2}(B+E)$,证明$A^2=A$当且仅当$B^2=E$.

6. 已知矩阵$A=\begin{pmatrix} 1 & 1 & 1 & 1 \\ 1 & 1 & -1 & -1 \\ 1 & -1 & 1 & -1 \\ 1 & -1 & -1 & 1 \end{pmatrix}$.

（1）求$A^n(n=2,3,\cdots)$.

（2）若方阵B满足$A^3+A^2+AB-3A-2E=O$,求B.

7. 已知$A=\begin{pmatrix} a_1 & & & \\ & a_2 & & \\ & & \ddots & \\ & & & a_n \end{pmatrix}$,其中$a_1,a_2,\cdots,a_n$两两不等.证明与$A$可交换的矩阵只能是对角矩阵.

8. 设A、B、C、D都是n阶方阵,A是可逆矩阵,且$X=\begin{pmatrix} E & O \\ -CA^{-1} & E \end{pmatrix}$,$Y=\begin{pmatrix} A & B \\ C & D \end{pmatrix}$,$Z=\begin{pmatrix} E & -A^{-1}B \\ O & E \end{pmatrix}$.

(1) 求 XYZ.

(2) 证明: $\begin{vmatrix} A & B \\ C & D \end{vmatrix} = |A||D - CA^{-1}B|$.

(3) 若 $AC = CA$, 试证: $\begin{vmatrix} A & B \\ C & D \end{vmatrix} = |AD - CB|$.

2.4.2 同步习题解答

1. (1) $3E$. (2) $A^{11} = A^{12} \cdot A^{-1} = A^{-1} = \frac{1}{2}\begin{pmatrix} 1 & \sqrt{3} \\ -\sqrt{3} & 1 \end{pmatrix}$.

(3) 36. (4) $\begin{pmatrix} 2 & 0 & 0 \\ 0 & -4 & 0 \\ 0 & 0 & 2 \end{pmatrix}$.

(5) $\begin{pmatrix} 1 & 0 & 0 & 0 \\ -1 & 2 & 0 & 0 \\ 0 & -2 & 3 & 0 \\ 0 & 0 & -3 & 4 \end{pmatrix}$.

由 $B = (E + A)^{-1}(E - A)$, 得

$$(E + A)B = (E - A), B + AB + A = E, B + E + A(B + E) = 2E$$

$$(B + E)[(A + E)/2] = E, \text{故} (B + E)[(A + E)/2] = E$$

所以
$$(E + B)^{-1} = (E + A)/2$$

(6) $|A + B| = \begin{vmatrix} 2\alpha \\ \eta + \zeta \\ 2\beta \end{vmatrix} = 4\begin{vmatrix} \alpha \\ \eta + \zeta \\ \beta \end{vmatrix} = 4\left(\begin{vmatrix} \alpha \\ \eta \\ \beta \end{vmatrix} + \begin{vmatrix} \alpha \\ \zeta \\ \beta \end{vmatrix}\right) = 12$

2. (1) C. (2) B. (3) C. (4) B.

(5) C. 因为 A 可逆, 即 $|A| \neq 0$, 而 $A^{-1} = \frac{1}{|A|}A^*$, 故 $|A^*| = |A|^{n-1} \neq 0$, 因而 A^* 可逆, 由 $A^* = |A|A^{-1}$ 知: $(A^*)^* = |A^*|(A^*)^{-1} = |A^*|(|A|A^{-1})^{-1} = |A|^{n-1}\frac{A}{|A|} = |A|^{n-2}A$.

(6) D. 因对任何矩阵 C 的伴随矩阵 C^* 都满足 $CC^* = C^*C = |C|E$, 可用此式判别选项.

$$CC^* = \begin{pmatrix} A & O \\ O & B \end{pmatrix}\begin{pmatrix} |B|A^* & O \\ O & |A|B^* \end{pmatrix} = \begin{pmatrix} |B|AA^* & O \\ O & |A|BB^* \end{pmatrix}$$

$$= \begin{pmatrix} |B||A|E_n & O \\ O & |A||B|E_n \end{pmatrix}$$

$$= |B||A|\begin{pmatrix} E_n & O \\ O & E_n \end{pmatrix} = |C|E$$

3. (1) 方程组可表示为 $\begin{pmatrix} 0 & 1 & 1 & 1 \\ 1 & 0 & 1 & 1 \\ 1 & 1 & 0 & 1 \\ 1 & 1 & 1 & 0 \end{pmatrix}\begin{pmatrix} x_1 \\ x_2 \\ x_3 \\ x_4 \end{pmatrix} = \begin{pmatrix} 0 \\ 1 \\ 2 \\ 3 \end{pmatrix}$, 因为 $\begin{vmatrix} 0 & 1 & 1 & 1 \\ 1 & 0 & 1 & 1 \\ 1 & 1 & 0 & 1 \\ 1 & 1 & 1 & 0 \end{vmatrix} = -3 \neq 0$, 所以

矩阵$\begin{pmatrix}0&1&1&1\\1&0&1&1\\1&1&0&1\\1&1&1&0\end{pmatrix}$可逆,故$\begin{pmatrix}x_1\\x_2\\x_3\\x_4\end{pmatrix}=\begin{pmatrix}0&1&1&1\\1&0&1&1\\1&1&0&1\\1&1&1&0\end{pmatrix}^{-1}\begin{pmatrix}0\\1\\2\\3\end{pmatrix}=\begin{pmatrix}2\\1\\0\\-1\end{pmatrix}$.

(2) $f(\boldsymbol{A})=\boldsymbol{A}^2-\boldsymbol{A}-8\boldsymbol{E}=\begin{pmatrix}2&2\\3&-1\end{pmatrix}\begin{pmatrix}2&2\\3&-1\end{pmatrix}-\begin{pmatrix}2&2\\3&-1\end{pmatrix}-8\begin{pmatrix}1&0\\0&1\end{pmatrix}=\begin{pmatrix}0&0\\0&0\end{pmatrix}$,因为$g(x)=(x-1)(x^2-x-8-x+4)=(x-1)(f(x)-x+4)$,所以

$$g(\boldsymbol{A})=(\boldsymbol{A}-\boldsymbol{E})(f(\boldsymbol{A})-\boldsymbol{A}+4\boldsymbol{E})=(\boldsymbol{A}-\boldsymbol{E})(-\boldsymbol{A}+4\boldsymbol{E})=\begin{pmatrix}-4&8\\12&-16\end{pmatrix}$$

(3) 由于$\boldsymbol{A}^*=|\boldsymbol{A}|\boldsymbol{A}^{-1}$,于是原方程可化为$(|\boldsymbol{A}|\boldsymbol{A}^{-1}-2\boldsymbol{E})\boldsymbol{X}=\boldsymbol{A}^{-1}$,用$\boldsymbol{A}$左乘上式两端,有$(|\boldsymbol{A}|\boldsymbol{E}-2\boldsymbol{A})\boldsymbol{X}=\boldsymbol{E}$,所以$\boldsymbol{X}=(|\boldsymbol{A}|\boldsymbol{E}-2\boldsymbol{A})^{-1}=\frac{1}{4}\begin{pmatrix}1&1&0\\0&1&1\\1&0&1\end{pmatrix}$.

(4) 由题意,$\boldsymbol{A}$不可逆,于是$\begin{vmatrix}1&2&-2\\4&t&3\\3&-1&1\end{vmatrix}=7(t+3)=0$,所以$t=-3$(若$\boldsymbol{A}$可逆,则由$\boldsymbol{AB}=\boldsymbol{O}$,可推出$\boldsymbol{B}=\boldsymbol{O}$,与$\boldsymbol{B}$为非零矩阵矛盾,所以$\boldsymbol{A}$不可逆).

4. (1) 用$\boldsymbol{A}$左乘$2\boldsymbol{A}^{-1}\boldsymbol{B}=\boldsymbol{B}-4\boldsymbol{E}$两边,得$2\boldsymbol{B}=\boldsymbol{AB}-4\boldsymbol{A}$,该等式恒等变形为$(\boldsymbol{A}-2\boldsymbol{E})\frac{1}{8}(\boldsymbol{B}-4\boldsymbol{E})=\boldsymbol{E}$,所以$\boldsymbol{A}-2\boldsymbol{E}$为可逆矩阵,$(\boldsymbol{A}-2\boldsymbol{E})^{-1}=\frac{1}{8}(\boldsymbol{B}-4\boldsymbol{E})$.

(2) 由(1)知,$(\boldsymbol{A}-2\boldsymbol{E})^{-1}=\frac{1}{8}(\boldsymbol{B}-4\boldsymbol{E})$,所以$\boldsymbol{A}-2\boldsymbol{E}=8(\boldsymbol{B}-4\boldsymbol{E})^{-1}$,从而

$$\boldsymbol{A}=2\boldsymbol{E}+8(\boldsymbol{B}-4\boldsymbol{E})^{-1}=2\begin{pmatrix}1&0&0\\0&1&0\\0&0&1\end{pmatrix}+8\begin{pmatrix}-3&-2&0\\1&-2&0\\0&0&-2\end{pmatrix}^{-1}=\begin{pmatrix}0&2&0\\-1&-1&0\\0&0&-2\end{pmatrix}$$

5. **证明**

充分性　由$\boldsymbol{A}=\frac{1}{2}(\boldsymbol{B}+\boldsymbol{E})$,有

$$\boldsymbol{A}^2=\frac{1}{2}(\boldsymbol{B}+\boldsymbol{E})\frac{1}{2}(\boldsymbol{B}+\boldsymbol{E})=\frac{1}{4}(\boldsymbol{B}^2+2\boldsymbol{B}+\boldsymbol{E})$$

如果$\boldsymbol{A}^2=\boldsymbol{A}$,则有

$$\frac{1}{4}(\boldsymbol{B}^2+2\boldsymbol{B}+\boldsymbol{E})=\frac{1}{2}(\boldsymbol{B}+\boldsymbol{E})$$

于是有$\boldsymbol{B}^2=\boldsymbol{E}$.

必要性　如果$\boldsymbol{B}^2=\boldsymbol{E}$,由$\boldsymbol{A}^2=\frac{1}{2}(\boldsymbol{B}+\boldsymbol{E})\frac{1}{2}(\boldsymbol{B}+\boldsymbol{E})=\frac{1}{4}(\boldsymbol{B}^2+2\boldsymbol{B}+\boldsymbol{E})$,可得$\boldsymbol{A}^2=\frac{1}{4}(\boldsymbol{E}+2\boldsymbol{B}+\boldsymbol{E})=\frac{1}{2}(\boldsymbol{B}+\boldsymbol{E})=\boldsymbol{A}$.

6.（1）由计算，得

$$A^2=\begin{pmatrix}1&1&1&1\\1&1&-1&-1\\1&-1&1&-1\\1&-1&-1&1\end{pmatrix}\begin{pmatrix}1&1&1&1\\1&1&-1&-1\\1&-1&1&-1\\1&-1&-1&1\end{pmatrix}=\begin{pmatrix}4&0&0&0\\0&4&0&0\\0&0&4&0\\0&0&0&4\end{pmatrix}=4E$$

所以 $A^{2k}=(A^2)^k=(4E)^k=4^kE, A^{2k+1}=(A^{2k})A=4^kEA=4^kA(k=1,2,\cdots)$.

（2）由(1)得 $A^2=4E$ 知，A 是可逆矩阵，且 $A^{-1}=\frac{1}{4}A$，将 $A^2=4E, A^3=4A$ 代入题设等式 $A^3+A^2+AB-3A-2E=O$，得 $AB+A+2E=O$，两边同时左乘 A^{-1}，得 $B+E+2A^{-1}=O$，移项，并将 $A^{-1}=\frac{1}{4}A$ 代入并整理，得

$$B=-2A^{-1}-E=-\frac{1}{2}A-E=-\frac{1}{2}(A+2E)=-\frac{1}{2}\begin{pmatrix}3&1&1&1\\1&3&-1&-1\\1&-1&3&-1\\1&-1&-1&3\end{pmatrix}$$

7. **证明** 设 A 与 Λ 可交换，并对 A 按列(行)分块

$$A=\begin{pmatrix}a_{11}&a_{12}&\cdots&a_{1n}\\a_{21}&a_{22}&\cdots&a_{2n}\\\vdots&\vdots&\ddots&\vdots\\a_{n1}&a_{n2}&\cdots&a_{nn}\end{pmatrix}=(\boldsymbol{\alpha}_1\quad\boldsymbol{\alpha}_2\quad\cdots\quad\boldsymbol{\alpha}_n)=\begin{pmatrix}\boldsymbol{\beta}_1\\\boldsymbol{\beta}_2\\\vdots\\\boldsymbol{\beta}_n\end{pmatrix}$$

则

$$A\Lambda=(\boldsymbol{\alpha}_1\quad\boldsymbol{\alpha}_2\quad\cdots\quad\boldsymbol{\alpha}_n)\begin{pmatrix}a_1&&&\\&a_2&&\\&&\ddots&\\&&&a_n\end{pmatrix}=(a_1\boldsymbol{\alpha}_1\quad a_2\boldsymbol{\alpha}_2\quad\cdots\quad a_n\boldsymbol{\alpha}_n)$$

$$\Lambda A=\begin{pmatrix}a_1&&&\\&a_2&&\\&&\ddots&\\&&&a_n\end{pmatrix}\begin{pmatrix}\boldsymbol{\beta}_1\\\boldsymbol{\beta}_2\\\vdots\\\boldsymbol{\beta}_n\end{pmatrix}=\begin{pmatrix}a_1\boldsymbol{\beta}_1\\a_2\boldsymbol{\beta}_2\\\vdots\\a_n\boldsymbol{\beta}_n\end{pmatrix}$$

由于 $A\Lambda=\Lambda A$，即

$$\begin{pmatrix}a_1a_{11}&a_2a_{12}&\cdots&a_na_{1n}\\a_1a_{21}&a_2a_{22}&\cdots&a_na_{2n}\\\vdots&\vdots&\ddots&\vdots\\a_1a_{n1}&a_2a_{n2}&\cdots&a_na_{nn}\end{pmatrix}=\begin{pmatrix}a_1a_{11}&a_1a_{12}&\cdots&a_1a_{1n}\\a_2a_{21}&a_2a_{22}&\cdots&a_2a_{2n}\\\vdots&\vdots&\ddots&\vdots\\a_na_{n1}&a_na_{n2}&\cdots&a_na_{nn}\end{pmatrix}$$

所以 $a_ja_{ij}=a_ia_{ij}$，又由于 $a_i\neq a_j$，可见 $a_{ij}\equiv 0(\forall i\neq j)$，即 A 是对角阵.

8.（1）由分块矩阵的乘法，得

$$XYZ=\begin{pmatrix}E&O\\-CA^{-1}&E\end{pmatrix}\begin{pmatrix}A&B\\C&D\end{pmatrix}\begin{pmatrix}E&-A^{-1}B\\O&E\end{pmatrix}=\begin{pmatrix}A&B\\O&D-CA^{-1}B\end{pmatrix}\begin{pmatrix}E&-A^{-1}B\\O&E\end{pmatrix}$$

$$=\begin{pmatrix} A & O \\ O & D-CA^{-1}B \end{pmatrix}$$

(2) 由分块矩阵的性质及(1)的结果,有 $|XYZ|=|X||Y||Z|=|A||D-CA^{-1}B|$,而 $|X|=1$, $|Y|=\begin{vmatrix} A & B \\ C & D \end{vmatrix}$, $|Z|=1$,所以 $\begin{vmatrix} A & B \\ C & D \end{vmatrix}=|A||D-CA^{-1}B|$.

(3) 由 $AC=CA$ 及(2)的结果,有

$$\begin{vmatrix} A & B \\ C & D \end{vmatrix}=|A||D-CA^{-1}B|=|AD-ACA^{-1}B|$$
$$=|AD-CAA^{-1}B|=|AD-CB|$$

第3章 矩阵的初等变换与线性方程组

3.1 内容概要

3.1.1 基本概念

1. 初等变换的定义

下列三种变换称为矩阵的初等行变换:

(1) 互换矩阵的某两行(对调 i、j 两行,记为 $r_i \leftrightarrow r_j$).

(2) 以数 $k \neq 0$ 乘矩阵的某一行中的所有元素(第 i 行乘 k,记为 $r_i \times k$).

(3) 将矩阵的某一行的 k 倍加到另一行上去(第 j 行的 k 倍加到第 i 行上记为 $r_i + kr_j$).

将定义中的"行"换成"列",即得矩阵的初等列变换的定义(所用记号是把"r"换"c").矩阵的初等行变换与初等列变换,统称为矩阵的初等变换.

2. 初等矩阵的定义

由单位矩阵 $\boldsymbol{E}$ 经过一次初等变换得到的矩阵称为初等矩阵.对应于三种初等变换,初等矩阵有:单位矩阵中 i 行、j 行对调($r_i \leftrightarrow r_j$),得初等矩阵 $\boldsymbol{E}(i,j)$;以数 $k \neq 0$ 乘单位矩阵的第 i 行($r_i \times k$)得初等矩阵 $\boldsymbol{E}(i(k))$;以数 k 乘单位矩阵的第 j 行再加到第 i 行上($r_i + kr_j$)得初等矩阵 $\boldsymbol{E}(ij(k))$.

三种初等方阵都可逆,且

$$\boldsymbol{E}(i,j)^{-1} = \boldsymbol{E}(i,j),\boldsymbol{E}(i(k))^{-1} = \boldsymbol{E}\left(i\left(\frac{1}{k}\right)\right),\boldsymbol{E}(ij(k))^{-1} = \boldsymbol{E}(ij(-k))$$

3. 行阶梯形矩阵

在矩阵中可画出一条阶梯线,线的下方全为零,每个台阶只有一行,台阶数即是非零行的行数,阶梯线的竖线(每段竖线的长度为一行)后面的第1个元素为非零元,也就是非零行的第一个非零元.

4. 行最简形矩阵

如果行阶梯形矩阵满足以下条件,则该矩阵为行最简形矩阵:①非零行的第1个非零元素为1;②这些非零元素所在的列的其他元素都为零.

5. 矩阵等价的定义

如果矩阵 $\boldsymbol{A}$ 经有限次初等行变换变成矩阵 $\boldsymbol{B}$,就称矩阵 $\boldsymbol{A}$ 与矩阵 $\boldsymbol{B}$ 行等价,记为 $\boldsymbol{A} \overset{r}{\sim} \boldsymbol{B}$.如果矩阵 $\boldsymbol{A}$ 经有限次初等列变换变成矩阵 $\boldsymbol{B}$,就称矩阵 $\boldsymbol{A}$ 与矩阵 $\boldsymbol{B}$ 列等价,记为 $\boldsymbol{A} \overset{c}{\sim} \boldsymbol{B}$.如果矩阵 $\boldsymbol{A}$ 经有限次初等变换变成矩阵 $\boldsymbol{B}$,就称矩阵 $\boldsymbol{A}$ 与矩阵 $\boldsymbol{B}$ 等价,记为 $\boldsymbol{A} \sim \boldsymbol{B}$.

矩阵之间的等价关系具有下列性质.

(1) 反身性:$\boldsymbol{A} \sim \boldsymbol{A}$.

(2) 对称性:若 $\boldsymbol{A} \sim \boldsymbol{B}$,则 $\boldsymbol{B} \sim \boldsymbol{A}$.

(3) 传递性:若 $\boldsymbol{A}\sim\boldsymbol{B},\boldsymbol{B}\sim\boldsymbol{C}$,则 $\boldsymbol{A}\sim\boldsymbol{C}$.

6. 子式的定义

在 $m\times n$ 矩阵 $\boldsymbol{A}$ 中,任取 k 行 k 列($k\leqslant m,k\leqslant n$),位于这些行列交叉处的 k^2 个元素,不改变它们在 $\boldsymbol{A}$ 中所处的位置次序而得的 k 阶行列式,称为矩阵 $\boldsymbol{A}$ 的 k 阶子式,$m\times n$ 矩阵 $\boldsymbol{A}$ 的 k 阶子式共有 $\mathrm{C}_m^k\cdot\mathrm{C}_n^k$ 个.

7. 矩阵的秩的定义

设在矩阵 $\boldsymbol{A}$ 中有一个不等于零的 r 阶子式 D,且所有 $r+1$ 阶子式(若存在的话)全等于零,那么 D 称为矩阵 $\boldsymbol{A}$ 的最高阶非零子式,数 r 称为矩阵 $\boldsymbol{A}$ 的秩,记为 $R(\boldsymbol{A})$,并规定零矩阵的秩等于零.

3.1.2 基本理论

1. 初等变换的一些重要结论

设矩阵 $\boldsymbol{A}$ 与 $\boldsymbol{B}$ 为 $m\times n$ 矩阵,那么:

(1) 矩阵 $\boldsymbol{A}$ 与矩阵 $\boldsymbol{B}$ 行等价的充分必要条件是存在 m 阶可逆矩阵 $\boldsymbol{P}$,使 $\boldsymbol{PA}=\boldsymbol{B}$.

(2) 矩阵 $\boldsymbol{A}$ 与矩阵 $\boldsymbol{B}$ 列等价的充分必要条件是存在 n 阶可逆矩阵 $\boldsymbol{Q}$,使 $\boldsymbol{AQ}=\boldsymbol{B}$.

(3) 矩阵 $\boldsymbol{A}$ 与矩阵 $\boldsymbol{B}$ 等价的充分必要条件是存在 m 阶可逆矩阵 $\boldsymbol{P}$ 及 n 阶可逆矩阵 $\boldsymbol{Q}$,使 $\boldsymbol{PAQ}=\boldsymbol{B}$.

(4) 对矩阵 $\boldsymbol{A}$ 施行一次初等行变换,相当于在 $\boldsymbol{A}$ 的左边乘以相应的 m 阶初等矩阵;对矩阵 $\boldsymbol{A}$ 施行一次初等列变换,相当于在 $\boldsymbol{A}$ 的右边乘以相应的 n 阶初等矩阵.

(5) 方阵 $\boldsymbol{A}$ 可逆的充分必要条件是存在有限个初等矩阵 $\boldsymbol{P}_1,\boldsymbol{P}_2,\cdots,\boldsymbol{P}_l$,使 $\boldsymbol{A}=\boldsymbol{P}_1\boldsymbol{P}_2\cdots\boldsymbol{P}_l$.

(6) 方阵 $\boldsymbol{A}$ 可逆的充分必要条件是 $\boldsymbol{A}$ 与 $\boldsymbol{E}$ 等价.

(7) 任何矩阵 $\boldsymbol{A}$ 总可以经过有限次初等行变换,把它化为行阶梯形矩阵和行最简形矩阵.

(8) 任何矩阵 $\boldsymbol{A}$,总可以经过有限次初等变换(行变换和列变换)把它化为标准形 $\boldsymbol{A}=\begin{pmatrix}\boldsymbol{E}_r & \boldsymbol{O}\\ \boldsymbol{O} & \boldsymbol{O}\end{pmatrix}$.

2. 矩阵秩的一些重要结论

(1) $\boldsymbol{A}$ 是 $m\times n$ 矩阵,则 $R(\boldsymbol{A})\leqslant m,R(\boldsymbol{A})\leqslant n$,即 $0\leqslant R(\boldsymbol{A})\leqslant\min\{m,n\}$.

(2) 若 $\boldsymbol{A}\sim\boldsymbol{B}$,则 $R(\boldsymbol{A})=R(\boldsymbol{B})$,即等价的矩阵具有相同的秩.

(3) 若可逆矩阵 $\boldsymbol{P}$、$\boldsymbol{Q}$ 使 $\boldsymbol{PA}=\boldsymbol{B},\boldsymbol{AQ}=\boldsymbol{C},\boldsymbol{PAQ}=\boldsymbol{D}$,则 $R(\boldsymbol{A})=R(\boldsymbol{B})=R(\boldsymbol{C})=R(\boldsymbol{D})$.

(4) $R(\boldsymbol{A}^{\mathrm{T}})=R(\boldsymbol{A})$.

(5) 行阶梯形矩阵的秩等于它的非零行数.

(6) n 阶方阵 $\boldsymbol{A}$ 可逆的充分必要条件是 $R(\boldsymbol{A})=n$.

(7) 设 $\boldsymbol{A}$、$\boldsymbol{B}$ 为同型矩阵,$R(\boldsymbol{A}+\boldsymbol{B})\leqslant R(\boldsymbol{A})+R(\boldsymbol{B})$.

(8) $R(\boldsymbol{AB})\leqslant R(\boldsymbol{A}),R(\boldsymbol{AB})\leqslant R(\boldsymbol{B}),R(\boldsymbol{AB})\leqslant\min\{R(\boldsymbol{A}),R(\boldsymbol{B})\}$.

(9) 若 $\boldsymbol{A}_{m\times n}\boldsymbol{B}_{n\times l}=\boldsymbol{O}$,则 $R(\boldsymbol{A})+R(\boldsymbol{B})\leqslant n$.

(10) $\boldsymbol{A}$ 为 n 阶方阵,则

$$R(\boldsymbol{A}^*)=\begin{cases}n, R(\boldsymbol{A})=n,\\ 1, R(\boldsymbol{A})=n-1,\\ 0, R(\boldsymbol{A})<n-1.\end{cases}$$

3.1.3 基本方法

1. 用初等变换求矩阵的逆矩阵

(1) 用初等行变换求矩阵 $\boldsymbol{A}$ 的逆矩阵,即

$$(\boldsymbol{A} \vdots \boldsymbol{E}) \overset{r}{\sim} (\boldsymbol{E} \vdots \boldsymbol{A}^{-1})$$

(2) 用初等列变换求矩阵 $\boldsymbol{A}$ 的逆矩阵可表示为

$$\begin{pmatrix} \boldsymbol{A} \\ \cdots \\ \boldsymbol{E} \end{pmatrix} \overset{c}{\sim} \begin{pmatrix} \boldsymbol{E} \\ \cdots \\ \boldsymbol{A}^{-1} \end{pmatrix}$$

2. 用初等变换解矩阵方程

(1) 形如 $\boldsymbol{AX}=\boldsymbol{B}$($\boldsymbol{X}$ 为未知矩阵)的矩阵方程,若 $\boldsymbol{A}$ 可逆,则 $\boldsymbol{X}=\boldsymbol{A}^{-1}\boldsymbol{B}$,用初等行变换求 $\boldsymbol{A}^{-1}\boldsymbol{B}$ 可表示为

$$(\boldsymbol{A} \vdots \boldsymbol{B}) \overset{r}{\sim} (\boldsymbol{E} \vdots \boldsymbol{A}^{-1}\boldsymbol{B}) = (\boldsymbol{E} \vdots \boldsymbol{X})$$

(2) 形如 $\boldsymbol{YA}=\boldsymbol{C}$($\boldsymbol{Y}$ 为未知矩阵)的矩阵方程,若 $\boldsymbol{A}$ 可逆,则 $\boldsymbol{Y}=\boldsymbol{CA}^{-1}$,用初等列变换求 $\boldsymbol{CA}^{-1}$可表示为

$$\begin{pmatrix} \boldsymbol{A} \\ \cdots \\ \boldsymbol{C} \end{pmatrix} \text{初等列变换} \Rightarrow \begin{pmatrix} \boldsymbol{E} \\ \cdots \\ \boldsymbol{CA}^{-1} \end{pmatrix} = \begin{pmatrix} \boldsymbol{E} \\ \cdots \\ \boldsymbol{Y} \end{pmatrix}$$

或

$$(\boldsymbol{A}^{\mathrm{T}} \vdots \boldsymbol{C}^{\mathrm{T}}) \text{ 初等行变换} \Rightarrow (\boldsymbol{E} \vdots (\boldsymbol{A}^{\mathrm{T}})^{-1}\boldsymbol{C}^{\mathrm{T}})$$

从而

$$\boldsymbol{Y}^{\mathrm{T}} = (\boldsymbol{A}^{\mathrm{T}})^{-1}\boldsymbol{C}^{\mathrm{T}} \Rightarrow \boldsymbol{Y} = (\boldsymbol{C}^{\mathrm{T}})^{\mathrm{T}}((\boldsymbol{A}^{\mathrm{T}})^{-1})^{\mathrm{T}} = \boldsymbol{CA}^{-1}$$

3. 求矩阵的秩的方法

利用初等变换把矩阵化为阶梯形,则所得的阶梯形矩阵的非零行的行数就是所给矩阵的秩.

4. 齐次线性方程组的解的判定

方程的一般形式

$$\boldsymbol{Ax} = \boldsymbol{0}$$

其中

$$\boldsymbol{A} = (a_{ij})_{m\times n},\ \boldsymbol{x} = (x_1, x_2, \cdots, x_n)^{\mathrm{T}}$$

(1) 当 $R(\boldsymbol{A})=n$ 时,齐次线性方程组有唯一零解.

(2) 当 $R(\boldsymbol{A})=r<n$ 时,齐次线性方程组有非零解,且非零解有无穷多个,此时有 $n-r$ 个自由未知量.

5. 非齐次线性方程组的解的判定

方程的一般形式 $\boldsymbol{Ax}=\boldsymbol{b}$

其中，系数矩阵 $\boldsymbol{A}=(a_{ij})_{m\times n}$，解向量 $\boldsymbol{x}=(x_1,x_2,\cdots,x_n)^{\mathrm{T}}$，$\boldsymbol{b}=(b_1,b_2,\cdots,b_n)^{\mathrm{T}}$，$\boldsymbol{B}=(\boldsymbol{A}\vdots\boldsymbol{b})$.

(1) 当 $R(\boldsymbol{A})\neq R(\boldsymbol{B})$ 时，方程组无解.

(2) 当 $R(\boldsymbol{A})=R(\boldsymbol{B})$ 时，方程组有解：若 $R(\boldsymbol{A})=R(\boldsymbol{B})=n$，方程组有唯一解.

(3) 当 $R(\boldsymbol{A})=R(\boldsymbol{B})=r<n$ 时，方程组有无穷多解，此时有 $n-r$ 个自由未知量.

(4) 方程组当 $m=n$ 时有解的等价条件：

非齐次线性方程组有唯一解 $\Leftrightarrow R(\boldsymbol{A})=n$；

非齐次线性方程组有无穷多解 $\Leftrightarrow R(\boldsymbol{A})=R(\boldsymbol{B})=r<n$.

用矩阵法求线性方程组的解的过程可以表述为：首先用增广矩阵 $\overline{\boldsymbol{A}}$ 表示线性方程组 $\boldsymbol{AX}=\boldsymbol{B}$，然后将 $\overline{\boldsymbol{A}}$ 用初等行变换化为行最简形矩阵，最后写出行最简形矩阵所对应的线性方程组，从中解出原方程组的解.

3.2 典型例题分析、解答与评注

3.2.1 初等方阵

例 3.1 设

$$\boldsymbol{A}=(a_{ij})_{4\times4},\boldsymbol{B}=\begin{pmatrix}a_{14}&a_{13}&a_{12}&a_{11}\\a_{24}&a_{23}&a_{22}&a_{21}\\a_{34}&a_{33}&a_{32}&a_{31}\\a_{44}&a_{43}&a_{42}&a_{41}\end{pmatrix}$$

$$\boldsymbol{P}_1=\begin{pmatrix}0&0&0&1\\0&1&0&0\\0&0&1&0\\1&0&0&0\end{pmatrix},\boldsymbol{P}_2=\begin{pmatrix}1&0&0&0\\0&0&1&0\\0&1&0&0\\0&0&0&1\end{pmatrix}$$

其中 $\boldsymbol{A}$ 可逆，则 $\boldsymbol{B}^{-1}=$ (　　).

A. $\boldsymbol{A}^{-1}\boldsymbol{P}_1\boldsymbol{P}_2$　　B. $\boldsymbol{P}_1\boldsymbol{P}_2\boldsymbol{A}^{-1}$　　C. $\boldsymbol{P}_1\boldsymbol{A}^{-1}\boldsymbol{P}_2$　　D. $\boldsymbol{P}_2\boldsymbol{A}^{-1}\boldsymbol{P}_1$

分析　对矩阵作一次初等变换相当于在矩阵左侧或右侧乘以对应的初等方阵，应首先确定矩阵 $\boldsymbol{A}$ 作哪些初等变换会得到矩阵 $\boldsymbol{B}$，从而得到 $\boldsymbol{A}$ 与 $\boldsymbol{B}$ 的关系式.

解答　选 B.

$$\boldsymbol{P}_1=\begin{pmatrix}0&0&0&1\\0&1&0&0\\0&0&1&0\\1&0&0&0\end{pmatrix}=\boldsymbol{E}(1,4)$$

$$\boldsymbol{P}_2=\begin{pmatrix}1&0&0&0\\0&0&1&0\\0&1&0&0\\0&0&0&1\end{pmatrix}=\boldsymbol{E}(2,3)$$

$$B = AE(2,3)E(1,4) = AP_2P_1$$

$$B^{-1} = E^{-1}(1,4)E^{-1}(2,3)A^{-1} = E(1,4)E(2,3)A^{-1} = P_1P_2A^{-1}$$

评注 注意初等矩阵左乘还是右乘,行变换左乘,列变换右乘.

例 3.2 将矩阵 $A = \begin{pmatrix} 1 & 0 & 0 \\ 2 & 0 & -1 \\ 0 & -1 & 0 \end{pmatrix}$ 表示成有限个初等矩阵的乘积.

分析 可逆矩阵可表示为有限个初等矩阵的乘积,且 $A \sim E$. 即 A 的标准形为 E,因此,只需把 A 化为 E,所利用的初等变换就是对应的初等矩阵之积.

解答

$$A = \begin{pmatrix} 1 & 0 & 0 \\ 2 & 0 & -1 \\ 0 & -1 & 0 \end{pmatrix} \xrightarrow{r_2 - 2r_1} \begin{pmatrix} 1 & 0 & 0 \\ 0 & 0 & -1 \\ 0 & -1 & 0 \end{pmatrix} \xrightarrow{r_2 \leftrightarrow r_3} \begin{pmatrix} 1 & 0 & 0 \\ 0 & -1 & 0 \\ 0 & 0 & -1 \end{pmatrix} \xrightarrow[r_2 \times (-1)]{r_3 \times (-1)} \begin{pmatrix} 1 & 0 & 0 \\ 0 & 1 & 0 \\ 0 & 0 & 1 \end{pmatrix} = E$$

即

$$E(3(-1))E(2(-1))E(2,3)E(2,1(-2))A = E$$

故

$$\begin{aligned} A &= E^{-1}(2,1(-2))E^{-1}(2,3)E^{-1}(2(-1))E^{-1}(3(-1)) \\ &= E(2,1(2))E(2,3)E(2(-1))E(3(-1)) \\ &= \begin{pmatrix} 1 & 0 & 0 \\ 2 & 1 & 0 \\ 0 & 0 & 1 \end{pmatrix}\begin{pmatrix} 1 & 0 & 0 \\ 0 & 0 & 1 \\ 0 & 1 & 0 \end{pmatrix}\begin{pmatrix} 1 & 0 & 0 \\ 0 & -1 & 0 \\ 0 & 0 & 1 \end{pmatrix}\begin{pmatrix} 1 & 0 & 0 \\ 0 & 1 & 0 \\ 0 & 0 & -1 \end{pmatrix} \end{aligned}$$

评注 此题答案不唯一,仅说明方法,所用的变换不同,结果就不同.

例 3.3 设 A 是 3 阶方阵,将 A 的第 1 列与第 2 列交换得 B,再把 B 的第 2 列加到第 3 列得 C,则满足 $AQ = C$ 的可逆矩阵 Q 为(　　).

A. $\begin{pmatrix} 0 & 1 & 0 \\ 1 & 0 & 0 \\ 1 & 0 & 1 \end{pmatrix}$　　B. $\begin{pmatrix} 0 & 1 & 0 \\ 1 & 0 & 1 \\ 0 & 0 & 1 \end{pmatrix}$　　C. $\begin{pmatrix} 0 & 1 & 0 \\ 1 & 0 & 0 \\ 0 & 1 & 1 \end{pmatrix}$　　D. $\begin{pmatrix} 0 & 1 & 1 \\ 1 & 0 & 0 \\ 0 & 0 & 1 \end{pmatrix}$

分析 本题考查初等矩阵的的概念与性质,对 A 作两次初等列变换,相当于右乘两个相应的初等矩阵,而 Q 即为此两个初等矩阵的乘积.

解答 由题设,有

$$A\begin{pmatrix} 0 & 1 & 0 \\ 1 & 0 & 0 \\ 0 & 0 & 1 \end{pmatrix} = B,\ B\begin{pmatrix} 1 & 0 & 0 \\ 0 & 1 & 1 \\ 0 & 0 & 1 \end{pmatrix} = C$$

于是,有

$$A\begin{pmatrix} 0 & 1 & 0 \\ 1 & 0 & 0 \\ 0 & 0 & 1 \end{pmatrix}\begin{pmatrix} 1 & 0 & 0 \\ 0 & 1 & 1 \\ 0 & 0 & 1 \end{pmatrix} = A\begin{pmatrix} 0 & 1 & 1 \\ 1 & 0 & 0 \\ 0 & 0 & 1 \end{pmatrix} = C$$

可见,应选 D.

评注 涉及初等变换的问题,应掌握初等矩阵的定义、初等矩阵的性质以及与初等变换的关系.

例 3.4 设 A 为 $n(n \geqslant 2)$ 阶可逆矩阵,交换 A 的第 1 行与第 2 行得矩阵 B, A^*、B^* 分别

为 $\boldsymbol{A}$、$\boldsymbol{B}$ 的伴随矩阵,则(　　).

A. 交换 $\boldsymbol{A}^*$ 的第 1 列与第 2 列得 $\boldsymbol{B}^*$　　B. 交换 $\boldsymbol{A}^*$ 的第 1 行与第 2 行得 $\boldsymbol{B}^*$

C. 交换 $\boldsymbol{A}^*$ 的第 1 列与第 2 列得 $-\boldsymbol{B}^*$　　D. 交换 $\boldsymbol{A}^*$ 的第 1 行与第 2 行得 $-\boldsymbol{B}^*$

分析　本题考查初等变换的概念与初等矩阵的性质,只需利用初等变换与初等矩阵的关系以及伴随矩阵的性质进行分析即可.

解答　由题设,存在初等矩阵 $\boldsymbol{E}(1,2)$(交换 n 阶单位矩阵的第 1 行与第 2 行所得),使得 $\boldsymbol{E}(1,2)\boldsymbol{A}=\boldsymbol{B}$,于是 $\boldsymbol{B}^*=(\boldsymbol{E}(1,2)\boldsymbol{A})^*=\boldsymbol{A}^*\boldsymbol{E}^*(1,2)=\boldsymbol{A}^*|\boldsymbol{E}(1,2)|\cdot\boldsymbol{E}^{-1}(1,2)=-\boldsymbol{A}^*\boldsymbol{E}(1,2)$,即 $\boldsymbol{A}^*\boldsymbol{E}(1,2)=-\boldsymbol{B}^*$,可见应选 C.

评注　注意伴随矩阵的运算性质:

$$\boldsymbol{A}\boldsymbol{A}^*=\boldsymbol{A}^*\boldsymbol{A}=|\boldsymbol{A}|\boldsymbol{E}$$

当 $\boldsymbol{A}$ 可逆时,有

$$\boldsymbol{A}^*=|\boldsymbol{A}|\boldsymbol{A}^{-1},(\boldsymbol{A}\boldsymbol{B})^*=\boldsymbol{B}^*\boldsymbol{A}^*$$

3.2.2　用初等变换求逆矩阵

例 3.5　设 $\boldsymbol{A}=\begin{pmatrix}1&-1&0\\0&1&-1\\-1&0&1\end{pmatrix}$,$\boldsymbol{AX}=2\boldsymbol{X}+\boldsymbol{A}$,求 $\boldsymbol{X}$.

分析　由 $\boldsymbol{AX}=2\boldsymbol{X}+\boldsymbol{A}$ 整理得到 $\boldsymbol{X}=(\boldsymbol{A}-2\boldsymbol{E})^{-1}\boldsymbol{A}$,利用矩阵的初等变换 $(\boldsymbol{A},\boldsymbol{B})\overset{r}{\sim}(\boldsymbol{E},\boldsymbol{A}^{-1}\boldsymbol{B})$.

解答　$\boldsymbol{AX}=2\boldsymbol{X}+\boldsymbol{A}\Rightarrow\boldsymbol{AX}-2\boldsymbol{X}=\boldsymbol{A}\Rightarrow(\boldsymbol{A}-2\boldsymbol{E})\boldsymbol{X}=\boldsymbol{A}\Rightarrow\boldsymbol{X}=(\boldsymbol{A}-2\boldsymbol{E})^{-1}\boldsymbol{A}$

利用 $(\boldsymbol{A}-2\boldsymbol{E},\boldsymbol{A})\sim(\boldsymbol{E},(\boldsymbol{A}-2\boldsymbol{E})^{-1}\boldsymbol{A})$,而

$$\boldsymbol{A}-2\boldsymbol{E}=\begin{pmatrix}1&-1&0\\0&1&-1\\-1&0&1\end{pmatrix}-\begin{pmatrix}2&0&0\\0&2&0\\0&0&2\end{pmatrix}=\begin{pmatrix}-1&-1&0\\0&-1&-1\\-1&0&-1\end{pmatrix}$$

$$(\boldsymbol{A}-2\boldsymbol{E},\boldsymbol{A})=\left(\begin{array}{ccc|ccc}-1&-1&0&1&-1&0\\0&-1&-1&0&1&-1\\-1&0&-1&-1&0&1\end{array}\right)\sim\left(\begin{array}{ccc|ccc}-1&-1&0&1&-1&0\\0&-1&-1&0&1&-1\\0&1&-1&-2&1&1\end{array}\right)$$

$$\sim\left(\begin{array}{ccc|ccc}-1&0&1&1&-2&1\\0&-1&-1&0&1&-1\\0&0&-2&-2&2&0\end{array}\right)\sim\left(\begin{array}{ccc|ccc}-1&0&0&0&-1&1\\0&-1&0&1&0&-1\\0&0&1&1&-1&0\end{array}\right)$$

$$\sim\left(\begin{array}{ccc|ccc}1&0&0&0&1&-1\\0&1&0&-1&0&1\\0&0&1&1&-1&0\end{array}\right)$$

$$\boldsymbol{X}=(\boldsymbol{A}-2\boldsymbol{E})^{-1}\boldsymbol{A}=\begin{pmatrix}0&1&-1\\-1&0&1\\1&-1&0\end{pmatrix}$$

评注 若$A=\begin{pmatrix}1&-1&0\\0&1&-1\\-1&0&1\end{pmatrix}$,解方程 $XA=2X+A$,则需计算 $X=A(A-2E)^{-1}$,应对$\begin{pmatrix}A-2E\\A\end{pmatrix}$施行初等列变换化为$\begin{pmatrix}E\\A(A-2E)^{-1}\end{pmatrix}$.

例 3.6 解矩阵方程 $AX=B$,其中

$$A=\begin{pmatrix}1&-1&0\\2&0&1\end{pmatrix},B=\begin{pmatrix}2&5\\1&4\end{pmatrix}$$

分析 因为矩阵 A 不是方阵,不可逆,所以不能通过 $X=A^{-1}B$ 求解.

解答 A 不存在逆矩阵,故设

$$X=\begin{pmatrix}a_1&b_1\\a_2&b_2\\a_3&b_3\end{pmatrix}$$

由 $AX=B$,得

$$\begin{cases}a_1-a_2=2\\b_1-b_2=5\\2a_1+a_3=1\\2b_1+b_3=4\end{cases}$$

由此得

$$\begin{cases}a_1-a_2=2\\2a_1+a_3=1\end{cases}\tag{3.1}$$

$$\begin{cases}b_1-b_2=5\\2b_1+b_3=4\end{cases}\tag{3.2}$$

解方程组(3.1),得

$$\begin{cases}a_1=C_1\\a_2=C_1-2\\a_3=1-2C_1\end{cases}\quad(C_1\text{ 为任意实数})$$

解方程组(3.2),得

$$\begin{cases}b_1=C_2\\b_2=C_2-5\\b_3=4-2C_2\end{cases}\quad(C_2\text{ 为任意实数})$$

故有

$$X=\begin{pmatrix}C_1&C_2\\C_1-2&C_2-5\\1-2C_1&4-2C_2\end{pmatrix}\quad(C_1、C_2\text{ 为任意实数})$$

评注 对于矩阵 $\boldsymbol{AX}=\boldsymbol{B}$，若 $\boldsymbol{A}$ 不存在逆矩阵，一般采用待定系数法求 $\boldsymbol{X}$.

例 3.7 设矩阵 $\boldsymbol{X}$ 满足 $\boldsymbol{AX}+\boldsymbol{E}=\boldsymbol{A}^2+\boldsymbol{X}$，其中矩阵 $\boldsymbol{A}=\begin{pmatrix}1&0&1\\0&2&0\\1&0&1\end{pmatrix}$，求矩阵 $\boldsymbol{X}$.

分析 首先利用 $(\boldsymbol{A}-\boldsymbol{E})\boldsymbol{X}=\boldsymbol{A}^2-\boldsymbol{E}$，从形式上解出矩阵 $\boldsymbol{X}$，再求 $(\boldsymbol{A}-\boldsymbol{E})$ 的逆矩阵.

解答 由 $\boldsymbol{AX}+\boldsymbol{E}=\boldsymbol{A}^2+\boldsymbol{X}$ 化简得 $(\boldsymbol{A}-\boldsymbol{E})\boldsymbol{X}=\boldsymbol{A}^2-\boldsymbol{E}$，而

$$\boldsymbol{A}-\boldsymbol{E}=\begin{pmatrix}1&0&1\\0&2&0\\1&0&1\end{pmatrix}-\begin{pmatrix}1&0&0\\0&1&0\\0&0&1\end{pmatrix}=\begin{pmatrix}0&0&1\\0&1&0\\1&0&0\end{pmatrix}$$

可逆，故

$$\begin{aligned}\boldsymbol{X}&=(\boldsymbol{A}-\boldsymbol{E})^{-1}(\boldsymbol{A}^2-\boldsymbol{E})=(\boldsymbol{A}-\boldsymbol{E})^{-1}(\boldsymbol{A}-\boldsymbol{E})(\boldsymbol{A}+\boldsymbol{E})=\boldsymbol{A}+\boldsymbol{E}\\&=\begin{pmatrix}1&0&1\\0&2&0\\1&0&1\end{pmatrix}+\begin{pmatrix}1&0&0\\0&1&0\\0&0&1\end{pmatrix}=\begin{pmatrix}2&0&1\\0&3&0\\1&0&2\end{pmatrix}.\end{aligned}$$

评注 本题为综合计算型的矩阵方程，先将矩阵方程化为 $\boldsymbol{AX}=\boldsymbol{B}$ 的形式，然后再求解.

3.2.3 计算或证明矩阵的秩

例 3.8 设 n 阶矩阵 $\boldsymbol{A}$ 与 $\boldsymbol{B}$ 等价，则必有（　　）.

A. 当 $|\boldsymbol{A}|=a(a\neq0)$ 时，$|\boldsymbol{B}|=a$　　B. 当 $|\boldsymbol{A}|=a(a\neq0)$ 时，$|\boldsymbol{B}|=-a$

C. 当 $|\boldsymbol{A}|\neq0$ 时，$|\boldsymbol{B}|=0$　　D. 当 $|\boldsymbol{A}|=0$ 时，$|\boldsymbol{B}|=0$

分析 利用矩阵 $\boldsymbol{A}$ 与 $\boldsymbol{B}$ 等价的充要条件 $R(\boldsymbol{A})=R(\boldsymbol{B})$ 立即可得.

解答 因为当 $|\boldsymbol{A}|=0$ 时，$R(\boldsymbol{A})<n$，又 $\boldsymbol{A}$ 与 $\boldsymbol{B}$ 等价，故 $R(\boldsymbol{B})<n$，即 $|\boldsymbol{B}|=0$，故选 D.

评注 本题是对矩阵等价、行列式的考查，属基本题型.

例 3.9 设矩阵 $\begin{pmatrix}a_1&b_1&c_1\\a_2&b_2&c_2\\a_3&b_3&c_3\end{pmatrix}$ 是满秩的，则直线 $l_1:\dfrac{x-a_3}{a_1-a_2}=\dfrac{y-b_3}{b_1-b_2}=\dfrac{z-c_3}{c_1-c_2}$ 与直线 $l_2:\dfrac{x-a_1}{a_2-a_3}=\dfrac{y-b_1}{b_2-b_3}=\dfrac{z-c_1}{c_2-c_3}$（　　）.

A. 相交于一点　　B. 重合　　C. 平行但不重合　　D. 异面

分析 直线 l_1 的方向向量 $\boldsymbol{s}_1=(a_1-a_2,b_1-b_2,c_1-c_2)$，直线 l_2 的方向向量 $\boldsymbol{s}_2=(a_2-a_3,b_2-b_3,c_2-c_3)$，两直线的位置关系要看两个方向向量的位置关系，而 $\boldsymbol{s}_1$ 与 $\boldsymbol{s}_2$ 的位置应首先看两向量是否成比例，这就要利用矩阵的初等变换来研究了.

解答 因为矩阵 $\begin{pmatrix}a_1&b_1&c_1\\a_2&b_2&c_2\\a_3&b_3&c_3\end{pmatrix}$ 是满秩的，初等变换不改变矩阵的秩，所以矩阵 $\begin{pmatrix}a_1-a_2&b_1-b_2&c_1-c_2\\a_2-a_3&b_2-b_3&c_2-c_3\\a_3&b_3&c_3\end{pmatrix}$ 也是满秩的，向量 $\boldsymbol{s}_1=(a_1-a_2,b_1-b_2,c_1-c_2)$ 与 $\boldsymbol{s}_2=(a_2-a_3,b_2-b_3,

c_2-c_3)线性无关,即 $\boldsymbol{s}_1$ 与 $\boldsymbol{s}_2$ 不平行,所以两直线不平行也不重合. 点 (a_1,b_1,c_1)、(a_3,b_3,c_3) 为两直线上的点,其连线向量 $\boldsymbol{s}=(a_1-a_3,b_1-b_3,c_1-c_3)$ 满足 $\boldsymbol{s}=\boldsymbol{s}_1+\boldsymbol{s}_2$,所以三向量 $\boldsymbol{s}$、$\boldsymbol{s}_1$、$\boldsymbol{s}_2$ 共面,因此 $\boldsymbol{s}_1$ 与 $\boldsymbol{s}_2$ 必相交,应选 A.

评注 矩阵 $\begin{pmatrix} a_1 & b_1 & c_1 \\ a_2 & b_2 & c_2 \\ a_3 & b_3 & c_3 \end{pmatrix}$ 的每一行(列)元素,可看作空间直线的方向向量(或平面的法向量,因此矩阵的秩就可与直线(或平面)的位置关系联系起来,从而线性代数的知识就可以与空间解析几何的知识联系起来.

3.2.4 线性方程组解的判定与求解

例 3.10 已知 $\boldsymbol{A}=\begin{pmatrix} 1 & -1 & -1 \\ -1 & 1 & 1 \\ 0 & -4 & -2 \end{pmatrix}$,$\boldsymbol{b}_1=\begin{pmatrix} -1 \\ 1 \\ -2 \end{pmatrix}$,求满足 $\boldsymbol{A}\boldsymbol{b}_2=\boldsymbol{b}_1$,$\boldsymbol{A}^2\boldsymbol{b}_3=\boldsymbol{b}_1$ 的所有向量 $\boldsymbol{b}_2$、$\boldsymbol{b}_3$.

分析 本题是非齐次线性方程组求解的题型,利用矩阵的初等变换将增广矩阵 $\boldsymbol{B}$ 化为阶梯型,再利用非齐次线性方程组有解⇔$R(\boldsymbol{A})=R(\boldsymbol{B})$ 进行判定求解.

解答

(1) $$\boldsymbol{B}=\begin{pmatrix} 1 & -1 & -1 & -1 \\ -1 & 1 & 1 & 1 \\ 0 & -4 & -2 & -2 \end{pmatrix}\sim\begin{pmatrix} 1 & -1 & -1 & -1 \\ 0 & -4 & -2 & -2 \\ 0 & 0 & 0 & 0 \end{pmatrix}$$

$$\sim\begin{pmatrix} 1 & 1 & 0 & 0 \\ 0 & 2 & 1 & 1 \\ 0 & 0 & 0 & 0 \end{pmatrix}\sim\begin{pmatrix} 1 & 0 & -\frac{1}{2} & -\frac{1}{2} \\ 0 & 1 & \frac{1}{2} & \frac{1}{2} \\ 0 & 0 & 0 & 0 \end{pmatrix}$$

$R(\boldsymbol{A})=R(\boldsymbol{B})=2<3$,有一个自由未知量取为 x_3,同解方程组为

$$\begin{cases} x_1 = \frac{1}{2}x_3-\frac{1}{2} \\ x_2 = -\frac{1}{2}x_3+\frac{1}{2} \\ x_3 = x_3 \end{cases}$$

所以

$$\boldsymbol{b}_2 = c\begin{pmatrix} \frac{1}{2} \\ -\frac{1}{2} \\ 1 \end{pmatrix}+\begin{pmatrix} -\frac{1}{2} \\ \frac{1}{2} \\ 0 \end{pmatrix} \quad (c\text{ 为任意常数})$$

(2) $$\boldsymbol{A}^2=\begin{pmatrix} 1 & -1 & -1 \\ -1 & 1 & 1 \\ 0 & -4 & -2 \end{pmatrix}\begin{pmatrix} 1 & -1 & -1 \\ -1 & 1 & 1 \\ 0 & -4 & -2 \end{pmatrix}=\begin{pmatrix} 2 & 2 & 0 \\ -2 & -2 & 0 \\ 4 & 4 & 0 \end{pmatrix}$$

增广矩阵

$$\overline{\boldsymbol{B}}=\begin{pmatrix}2&2&0&-1\\-2&-2&0&1\\4&4&0&-2\end{pmatrix}\sim\begin{pmatrix}1&1&0&-\frac{1}{2}\\0&0&0&0\\0&0&0&0\end{pmatrix}$$

于是 $R(\boldsymbol{A}^2)=R(\overline{\boldsymbol{B}})=1<3$,取 x_2、x_3 为自由未知量,则同解方程组为

$$\begin{cases}x_1=-x_2-\dfrac{1}{2}\\x_2=x_2\\x_3=x_3\end{cases}$$

$$\boldsymbol{b}_3=c_1\begin{pmatrix}-1\\1\\0\end{pmatrix}+c_2\begin{pmatrix}0\\0\\1\end{pmatrix}+\begin{pmatrix}-\frac{1}{2}\\0\\0\end{pmatrix}\quad(c_1、c_2\text{ 为任意常数}).$$

评注 本题属于线性方程组求解基本题.

例 3.11 a、b 取何值时,线性方程组 $\begin{cases}x_1+ax_2+x_3=3,\\x_1+2ax_2+x_3=4,\\x_1+x_2+bx_3=4.\end{cases}$

(1) 有唯一解;(2) 无解;(3) 有无穷多解.

分析 对于方程个数与未知量个数相等的含参数的线性方程组,判别其有唯一解,有无穷解或无解时最好用:方程组有唯一解⇔系数行列式 $|\boldsymbol{A}|\neq0$,此种方法简单又不容易出错.

解答 方程组有唯一解⇔系数行列式 $|\boldsymbol{A}|\neq0$

而 $|\boldsymbol{A}|=\begin{vmatrix}1&a&1\\1&2a&1\\1&1&b\end{vmatrix}=\begin{vmatrix}1&a&1\\0&a&0\\0&1-a&b-1\end{vmatrix}=\begin{vmatrix}a&0\\1-a&b-1\end{vmatrix}=a(b-1)\neq0$

(1) 当 $a\neq0$ 且 $b\neq1$ 时,方程组有唯一解.

(2) 当 $a=0$ 时,增广矩阵 $(\boldsymbol{A},\boldsymbol{b})=\begin{pmatrix}1&0&1&3\\1&0&1&4\\1&1&b&4\end{pmatrix}\sim\begin{pmatrix}1&0&1&3\\0&0&0&1\\0&1&b-1&1\end{pmatrix}\sim$ $\begin{pmatrix}1&0&1&3\\0&1&b-1&1\\0&0&0&1\end{pmatrix}$,则 $R(\boldsymbol{A})=2\neq R(\boldsymbol{A},\boldsymbol{b})=3$,此时方程组无解.

(3) 当 $b=1$ 时,$(\boldsymbol{A},\boldsymbol{b})=\begin{pmatrix}1&a&1&3\\1&2a&1&4\\1&1&1&4\end{pmatrix}\sim\begin{pmatrix}1&1&1&4\\1&2a&1&4\\1&a&1&3\end{pmatrix}\sim\begin{pmatrix}1&1&1&4\\0&2a-1&0&0\\0&a-1&0&-1\end{pmatrix}$.

当 $a=1/2$ 时,$(\boldsymbol{A},\boldsymbol{b})\sim\begin{pmatrix}1&1&1&4\\0&0&0&0\\0&-1/2&0&-1\end{pmatrix}\sim\begin{pmatrix}1&1&1&4\\0&-1/2&0&-1\\0&0&0&0\end{pmatrix}$,则 $R(\boldsymbol{A})=2=R(\boldsymbol{A},\boldsymbol{b})<3$,此

时方程组有无穷多解.

当 $a=1$ 时, $(\boldsymbol{A},\boldsymbol{b})\sim\begin{pmatrix}1&1&1&4\\0&1&0&0\\0&0&0&-1\end{pmatrix}$,则 $R(\boldsymbol{A})=2\neq R(\boldsymbol{A},\boldsymbol{b})=3$,此时方程组无解.

评注 该题也可通过对增广矩阵作初等行变换. 比较系数矩阵和增广矩阵的秩,利用非齐次线性方程组解的判定定理反求方程组中的参数.

例 3.12 设

$$\boldsymbol{A}=\begin{pmatrix}\lambda&1&1\\0&\lambda-1&0\\1&1&\lambda\end{pmatrix},b=\begin{pmatrix}a\\1\\1\end{pmatrix}$$

已知线性方程组 $\boldsymbol{Ax}=\boldsymbol{b}$ 有两个不同的解,

(1) 求 λ,a;(2) 求 $\boldsymbol{Ax}=\boldsymbol{b}$ 的通解.

分析 由"线性方程组 $\boldsymbol{Ax}=\boldsymbol{b}$ 有两个不同的解"知非齐次线性方程组 $\boldsymbol{Ax}=\boldsymbol{b}$ 有无数个解,从而得到 $R(\boldsymbol{A})=R(\boldsymbol{B})<3$ 即 $|\boldsymbol{A}|=0$.

解答 (1) 因为线性方程组 $\boldsymbol{Ax}=\boldsymbol{b}$ 有两个不同的解,所以

$$|\boldsymbol{A}|=\begin{vmatrix}\lambda&1&1\\0&\lambda-1&0\\1&1&\lambda\end{vmatrix}=(\lambda-1)^2(\lambda+1)=0$$

$$\lambda=1 \text{ 或 } \lambda=-1$$

当 $\lambda=1$ 时,有

$$\boldsymbol{B}=\begin{pmatrix}1&1&1&a\\0&0&0&1\\1&1&1&1\end{pmatrix}$$

则 $R(\boldsymbol{A})=1\neq R(\boldsymbol{B})=2$,所以 $\lambda=1$ 不成立.

当 $\lambda=-1$ 时,有

$$\boldsymbol{B}=\begin{pmatrix}-1&1&1&a\\0&-2&0&1\\1&1&-1&1\end{pmatrix}\sim\begin{pmatrix}-1&1&1&a\\0&-2&0&1\\0&0&0&a+2\end{pmatrix}$$

因为 $\boldsymbol{Ax}=\boldsymbol{b}$ 有两个不同的解,所以 $R(\boldsymbol{A})=R(\boldsymbol{B})<3$,所以 $a+2=0,a=-2$,所以 $\lambda=-1,a=-2$.

(2)
$$\boldsymbol{B}=\begin{pmatrix}-1&1&1&-2\\0&-2&0&1\\1&1&-1&1\end{pmatrix}\sim\begin{pmatrix}-1&1&1&-2\\0&-2&0&1\\0&0&0&0\end{pmatrix}$$

原方程组的同解方程组为

$$\begin{cases}-x_1+x_2+x_3=-2\\-2x_2=1\end{cases}$$

解得

$$\begin{pmatrix} x_1 \\ x_2 \\ x_3 \end{pmatrix} = c\begin{pmatrix} 1 \\ 0 \\ 1 \end{pmatrix} + \begin{pmatrix} \dfrac{3}{2} \\ -\dfrac{1}{2} \\ 0 \end{pmatrix} \quad (c\text{ 为任意常数})$$

评注 非齐次线性方程组若有两个解则必有无穷多解,本题已知非齐次线性方程组解的情况,反求方程组中的参数,应该利用非齐次线性方程组解的判定定理求解.

例 3.13 设有齐次线性方程组

$$\begin{cases} (1+a)x_1 + x_2 + \cdots + x_n = 0 \\ 2x_1 + (2+a)x_2 + \cdots + 2x_n = 0 \\ \qquad\qquad \vdots \\ nx_1 + nx_2 + \cdots + (n+a)x_n = 0 \end{cases} \quad (n \geqslant 2)$$

试问 a 取何值时,该方程组有非零解,并求出其通解.

分析 本题是方程的个数与未知量的个数相同的齐次线性方程组,可考虑对系数矩阵直接用初等行变换化为阶梯形,再讨论其秩是否小于 n,进而判断是否有非零解;或直接计算系数矩阵的行列式,根据题设行列式的值必为零,由此对参数 a 的可能取值进行讨论即可.

解答 <方法一> 对方程组的系数矩阵 $\boldsymbol{A}$ 作初等行变换,有

$$\boldsymbol{A} = \begin{pmatrix} 1+a & 1 & 1 & \cdots & 1 \\ 2 & 2+a & 2 & \cdots & 2 \\ \vdots & \vdots & \vdots & \ddots & \vdots \\ n & n & n & \cdots & n+a \end{pmatrix} \sim \begin{pmatrix} 1+a & 1 & 1 & \cdots & 1 \\ -2a & a & 0 & \cdots & 0 \\ \vdots & \vdots & \vdots & \ddots & \vdots \\ -na & 0 & 0 & \cdots & a \end{pmatrix} = \boldsymbol{B}$$

当 $a=0$ 时,$R(\boldsymbol{A})=1<n$,故方程组有非零解,其同解方程组为

$$x_1 + x_2 + \cdots + x_n = 0$$

由此得基础解系为

$$\boldsymbol{\eta}_1 = (-1,1,0,\cdots,0)^{\mathrm{T}}, \boldsymbol{\eta}_2 = (-1,0,1,\cdots,0)^{\mathrm{T}}, \cdots, \boldsymbol{\eta}_{n-1} = (-1,0,0,\cdots,1)^{\mathrm{T}}$$

于是方程组的通解为

$$\boldsymbol{x} = k_1\boldsymbol{\eta}_1 + \cdots + k_{n-1}\boldsymbol{\eta}_{n-1} \quad (k_1,\cdots,k_{n-1}\text{ 为任意常数})$$

当 $a \neq 0$ 时,对矩阵 $\boldsymbol{B}$ 作初等行变换,有

$$\boldsymbol{B} \sim \begin{pmatrix} 1+a & 1 & 1 & \cdots & 1 \\ -2 & 1 & 0 & \cdots & 0 \\ \vdots & \vdots & \vdots & \ddots & \vdots \\ -n & 0 & 0 & \cdots & 1 \end{pmatrix} \sim \begin{pmatrix} a+\dfrac{n(n+1)}{2} & 0 & 0 & \cdots & 0 \\ -2 & 1 & 0 & \cdots & 0 \\ \vdots & \vdots & \vdots & \ddots & \vdots \\ -n & 0 & 0 & \cdots & 1 \end{pmatrix}$$

可知 $a = -\dfrac{n(n+1)}{2}$ 时,$R(\boldsymbol{A}) = n-1 < n$,故方程组也有非零解,其同解方程组为

$$\begin{cases} -2x_1 + x_2 = 0, \\ -3x_1 + x_3 = 0, \\ \quad\vdots \\ -nx_1 + x_n = 0 \end{cases}$$

由此得基础解系为

$$\boldsymbol{\eta} = (1,2,\cdots,n)^{\mathrm{T}}$$

于是方程组的通解为

$$\boldsymbol{x} = k\boldsymbol{\eta} \qquad (k\text{ 为任意常数})$$

<方法二> 方程组的系数行列式为

$$|\boldsymbol{A}| = \begin{vmatrix} 1+a & 1 & 1 & \cdots & 1 \\ 2 & 2+a & 2 & \cdots & 2 \\ \vdots & \vdots & \vdots & \ddots & \vdots \\ n & n & n & \cdots & n+a \end{vmatrix} = \left(a + \frac{n(n+1)}{2}\right)a^{n-1}$$

当$|\boldsymbol{A}|=0$,即$a=0$或$a=-\dfrac{n(n+1)}{2}$时,方程组有非零解.

当$a=0$时,对系数矩阵$\boldsymbol{A}$作初等行变换,有

$$\boldsymbol{A} = \begin{pmatrix} 1 & 1 & 1 & \cdots & 1 \\ 2 & 2 & 2 & \cdots & 2 \\ \vdots & \vdots & \vdots & \ddots & \vdots \\ n & n & n & \cdots & n \end{pmatrix} \sim \begin{pmatrix} 1 & 1 & 1 & \cdots & 1 \\ 0 & 0 & 0 & \cdots & 0 \\ \vdots & \vdots & \vdots & \ddots & \vdots \\ 0 & 0 & 0 & \cdots & 0 \end{pmatrix}$$

故方程组的同解方程组为

$$x_1 + x_2 + \cdots + x_n = 0$$

由此得基础解系为

$$\boldsymbol{\eta}_1 = (-1,1,0,\cdots,0)^{\mathrm{T}}, \boldsymbol{\eta}_2 = (-1,0,1,\cdots,0)^{\mathrm{T}}, \cdots, \boldsymbol{\eta}_{n-1} = (-1,0,0,\cdots,1)^{\mathrm{T}}$$

于是方程组的通解为

$$\boldsymbol{x} = k_1\boldsymbol{\eta}_1 + \cdots + k_{n-1}\boldsymbol{\eta}_{n-1} \qquad (k_1,\cdots,k_{n-1}\text{ 为任意常数})$$

当$a=-\dfrac{n(n+1)}{2}$时,对系数矩阵$\boldsymbol{A}$作初等行变换,有

$$\boldsymbol{A} = \begin{pmatrix} 1+a & 1 & 1 & \cdots & 1 \\ 2 & 2+a & 2 & \cdots & 2 \\ \vdots & \vdots & \vdots & \ddots & \vdots \\ n & n & n & \cdots & n+a \end{pmatrix} \sim \begin{pmatrix} 1+a & 1 & 1 & \cdots & 1 \\ -2a & a & 0 & \cdots & 0 \\ \vdots & \vdots & \vdots & \ddots & \vdots \\ -na & 0 & 0 & \cdots & a \end{pmatrix}$$

$$\sim \begin{pmatrix} 1+a & 1 & 1 & \cdots & 1 \\ -2 & 1 & 0 & \cdots & 0 \\ \vdots & \vdots & \vdots & \ddots & \vdots \\ -n & 0 & 0 & \cdots & 1 \end{pmatrix} \sim \begin{pmatrix} 0 & 0 & 0 & \cdots & 0 \\ -2 & 1 & 0 & \cdots & 0 \\ \vdots & \vdots & \vdots & \ddots & \vdots \\ -n & 0 & 0 & \cdots & 1 \end{pmatrix}$$

故方程组的同解方程组为

$$\begin{cases}-2x_1+x_2=0\\-3x_1+x_3=0\\\quad\vdots\\-nx_1+x_n=0\end{cases}$$

由此得基础解系为

$$\boldsymbol{\eta}=(1,2,\cdots,n)^{\mathrm{T}}$$

于是方程组的通解为

$$\boldsymbol{x}=k\boldsymbol{\eta}\qquad(k\text{ 为任意常数})$$

评注 矩阵 $\boldsymbol{A}$ 的行列式 $|\boldsymbol{A}|$ 也可这样计算：

$$\boldsymbol{A}=\begin{pmatrix}1+a&1&1&\cdots&1\\2&2+a&2&\cdots&2\\\vdots&\vdots&\vdots&\ddots&\vdots\\n&n&n&\cdots&n+a\end{pmatrix}=a\boldsymbol{E}+\begin{pmatrix}1&1&1&\cdots&1\\2&2&2&\cdots&2\\\vdots&\vdots&\vdots&\ddots&\vdots\\n&n&n&\cdots&n\end{pmatrix},$$

矩阵

$$\begin{pmatrix}1&1&1&\cdots&1\\2&2&2&\cdots&2\\\vdots&\vdots&\vdots&\ddots&\vdots\\n&n&n&\cdots&n\end{pmatrix}$$

的特征值为 $0,\cdots,0,\dfrac{n(n+1)}{2}$，从而 $\boldsymbol{A}$ 的特征值为 $a,a,\cdots,a+\dfrac{n(n+1)}{2}$，故行列式 $|\boldsymbol{A}|=(a+\dfrac{n(n+1)}{2})a^{n-1}$.

例 3.14 设 n 阶矩阵 $\boldsymbol{A}$ 的伴随矩阵 $\boldsymbol{A}^*\neq\boldsymbol{0}$，若 $\boldsymbol{\xi}_1$、$\boldsymbol{\xi}_2$、$\boldsymbol{\xi}_3$、$\boldsymbol{\xi}_4$ 是非齐次线性方程组 $\boldsymbol{Ax}=\boldsymbol{b}$ 的互不相等的解，则对应的齐次线性方程组 $\boldsymbol{Ax}=\boldsymbol{0}$ 的基础解系(　　).

A. 不存在　　　　B. 仅含一个非零解向量

C. 含有两个线性无关的解向量　　　　D. 含有三个线性无关的解向量

分析 要确定基础解系含向量的个数，实际上只要确定未知数的个数和系数矩阵的秩.

解答 因为基础解系含向量的个数 $=n-R(\boldsymbol{A})$，而且

$$R(\boldsymbol{A}^*)=\begin{cases}n,&R(\boldsymbol{A})=n\\1,&R(\boldsymbol{A})=n-1\\0,&R(\boldsymbol{A})<n-1\end{cases}$$

根据已知条件 $\boldsymbol{A}^*\neq\boldsymbol{0}$，于是 $R(\boldsymbol{A})$ 等于 n 或 $n-1$. 又 $\boldsymbol{Ax}=\boldsymbol{b}$ 有互不相等的解，即解不唯一，故 $R(\boldsymbol{A})=n-1$. 从而基础解系仅含一个非零解向量，即选 B.

评注 本题是对矩阵 $\boldsymbol{A}$ 与其伴随矩阵 $\boldsymbol{A}^*$ 的秩之间的关系、线性方程组解的结构等多个知识点的综合考查.

例 3.15 设线性方程组

$$\begin{cases} x_1 + \lambda x_2 + \mu x_3 + x_4 = 0 \\ 2x_1 + x_2 + x_3 + 2x_4 = 0 \\ 3x_1 + (2+\lambda)x_2 + (4+\mu)x_3 + 4x_4 = 1 \end{cases}$$

已知$(1,-1,1,-1)^{\mathrm{T}}$是该方程组的一个解,试求:

(1) 方程组的全部解,并用对应的齐次线性方程组的基础解系表示全部解;

(2) 该方程组满足 $x_2 = x_3$ 的全部解.

分析 含未知参数的线性方程组的求解,当系数矩阵为非方阵时一般用初等行变换法化增广矩阵为阶梯形,然后对参数进行讨论. 由于本题已知方程组的一个解,于是可先由它来(部分)确定未知参数.

解答 将$(1,-1,1,-1)^{\mathrm{T}}$代入方程组,得 $\lambda = \mu$. 对方程组的增广矩阵 $\boldsymbol{B}$ 施以初等行变换,得

$$\boldsymbol{B} = \begin{pmatrix} 1 & \lambda & \lambda & 1 & 0 \\ 2 & 1 & 1 & 2 & 0 \\ 3 & 2+\lambda & 4+\lambda & 4 & 1 \end{pmatrix} \sim \begin{pmatrix} 1 & 0 & -2\lambda & 1-\lambda & -\lambda \\ 0 & 1 & 3 & 1 & 1 \\ 0 & 0 & 2(2\lambda-1) & 2\lambda-1 & 2\lambda-1 \end{pmatrix}$$

(1) 当 $\lambda \neq \dfrac{1}{2}$时,有

$$\boldsymbol{B} \sim \begin{pmatrix} 1 & 0 & 0 & 1 & 0 \\ 0 & 1 & 0 & -\dfrac{1}{2} & -\dfrac{1}{2} \\ 0 & 0 & 1 & \dfrac{1}{2} & \dfrac{1}{2} \end{pmatrix}$$

$R(\boldsymbol{A}) = R(\boldsymbol{B}) = 3 < 4$,故方程组有无穷多解,且 $\boldsymbol{\xi}_0 = \left(0, -\dfrac{1}{2}, \dfrac{1}{2}, 0\right)^{\mathrm{T}}$ 为其一个特解,对应的齐次线性方程组的基础解系为 $\boldsymbol{\eta} = (-2,1,-1,2)^{\mathrm{T}}$,故方程组的全部解为

$$\boldsymbol{\xi} = \boldsymbol{\xi}_0 + k\boldsymbol{\eta} = \left(0, -\frac{1}{2}, \frac{1}{2}, 0\right)^{\mathrm{T}} + k(-2,1,-1,2)^{\mathrm{T}} \qquad (k\text{ 为任意常数})$$

当 $\lambda = \dfrac{1}{2}$时,有

$$\boldsymbol{B} \sim \begin{pmatrix} 1 & 0 & -1 & \dfrac{1}{2} & -\dfrac{1}{2} \\ 0 & 1 & 3 & 1 & 1 \\ 0 & 0 & 0 & 0 & 0 \end{pmatrix}$$

$R(\boldsymbol{A}) = R(\boldsymbol{B}) = 2 < 4$,故方程组有无穷多解,且 $\boldsymbol{\xi}_0 = \left(-\dfrac{1}{2}, 1, 0, 0\right)^{\mathrm{T}}$ 为其一个特解,对应的齐次线性方程组的基础解系为 $\boldsymbol{\eta}_1 = (1,-3,1,0)^{\mathrm{T}}$,$\boldsymbol{\eta}_2 = (-1,-2,0,2)^{\mathrm{T}}$,故方程组的全部解为

$$\boldsymbol{\xi} = \boldsymbol{\xi}_0 + k_1\boldsymbol{\eta}_1 + k_2\boldsymbol{\eta}_2 = \left(-\frac{1}{2}, 1, 0, 0\right)^{\mathrm{T}} + k_1(1,-3,1,0)^{\mathrm{T}} + k_2(-1,-2,0,2)^{\mathrm{T}}$$

(k_1, k_2 为任意常数)

(2) 当 $\lambda \neq \frac{1}{2}$ 时,由于 $x_2 = x_3$,即

$$-\frac{1}{2} + k = \frac{1}{2} - k$$

解得 $k = \frac{1}{2}$,故方程组的解为

$$\boldsymbol{\xi} = \left(0, -\frac{1}{2}, \frac{1}{2}, 0\right)^{\mathrm{T}} + \frac{1}{2}(-2, 1, -1, 2)^{\mathrm{T}} = (-1, 0, 0, 1)^{\mathrm{T}}$$

当 $\lambda = \frac{1}{2}$ 时,由于 $x_2 = x_3$,即

$$1 - 3k_1 - 2k_2 = k_1$$

解得 $k_1 = \frac{1}{4} - \frac{1}{2}k_2$,故方程组的全部解为

$$\begin{aligned}\boldsymbol{\xi} &= \left(-\frac{1}{2}, 1, 0, 0\right)^{\mathrm{T}} + \left(\frac{1}{4} - \frac{1}{2}k_2\right)(1, -3, 1, 0)^{\mathrm{T}} + k_2(-1, -2, 0, 2)^{\mathrm{T}} \\ &= \left(-\frac{1}{4}, \frac{1}{4}, \frac{1}{4}, 0\right)^{\mathrm{T}} + k_2\left(-\frac{3}{2}, -\frac{1}{2}, -\frac{1}{2}, 2\right)^{\mathrm{T}} \quad (k_2\ \text{为任意常数})\end{aligned}$$

评注 (1) 含未知参数的线性方程组的求解是历年考试的重点,几乎年年考,务必熟练掌握.

(2) 对于题(2),实际上就是在原来方程组中增加一个方程,此时新的方程组当 $\lambda \neq \frac{1}{2}$ 时有唯一解,当 $\lambda = \frac{1}{2}$ 时有无穷多解.

(3) 在题(2)中,当 $\lambda = \frac{1}{2}$ 时,解得 $k_2 = \frac{1}{2} - 2k_1$,方程组的全部解也可以表示为

$$\boldsymbol{\xi} = (-1, 0, 0, 1)^{\mathrm{T}} + k_1(3, 1, 1, -4)^{\mathrm{T}} \quad (k_1\ \text{为任意常数})$$

例 3.16 已知 3 阶矩阵 $\boldsymbol{A}$ 的第 1 行是 $(a、b、c)$,$a、b、c$ 不全为零,矩阵 $\boldsymbol{B} = \begin{pmatrix} 1 & 2 & 3 \\ 2 & 4 & 6 \\ 3 & 6 & k \end{pmatrix}$ (k 为常数),且 $\boldsymbol{AB} = 0$,求线性方程组 $\boldsymbol{Ax} = 0$ 的通解.

分析 $\boldsymbol{AB} = 0$,相当于 $\boldsymbol{B}$ 的每一列均为 $\boldsymbol{Ax} = 0$ 的解,关键问题是 $\boldsymbol{Ax} = 0$ 的基础解系所含解向量的个数为多少,而这又转化为确定系数矩阵 $\boldsymbol{A}$ 的秩.

解答 由 $\boldsymbol{AB} = 0$ 知,$\boldsymbol{B}$ 的每一列均为 $\boldsymbol{Ax} = 0$ 的解,且 $R(\boldsymbol{A}) + R(\boldsymbol{B}) \leqslant 3$.

(1) 若 $k \neq 9$,则 $R(\boldsymbol{B}) = 2$,于是 $R(\boldsymbol{A}) \leqslant 1$,显然 $R(\boldsymbol{A}) \geqslant 1$,故 $R(\boldsymbol{A}) = 1$. 可见此时 $\boldsymbol{Ax} = 0$ 的基础解系所含解向量的个数为 $3 - R(\boldsymbol{A}) = 2$,矩阵 $\boldsymbol{B}$ 的第一列、第三列线性无关,可作为其基础解系,故 $\boldsymbol{Ax} = 0$ 的通解为:$\boldsymbol{x} = k_1\begin{pmatrix} 1 \\ 2 \\ 3 \end{pmatrix} + k_2\begin{pmatrix} 3 \\ 6 \\ k \end{pmatrix}$ (k_1, k_2 为任意常数).

(2) 若 $k = 9$,则 $R(\boldsymbol{B}) = 1$,从而 $1 \leqslant R(\boldsymbol{A}) \leqslant 2$.

① 若 $R(\boldsymbol{A}) = 2$,则 $\boldsymbol{Ax} = 0$ 的通解为

$$x = k_1\begin{pmatrix}1\\2\\3\end{pmatrix}(k_1 \text{ 为任意常数})$$

② 若 $R(A)=1$，则 $Ax=0$ 的同解方程组为 $ax_1+bx_2+cx_3=0$，不妨设 $a\neq 0$，则其通解为

$$x = k_1\begin{pmatrix}-\frac{b}{a}\\1\\0\end{pmatrix}+k_2\begin{pmatrix}-\frac{c}{a}\\0\\1\end{pmatrix}\quad (k_1,k_2 \text{ 为任意常数})$$

评注 $AB=0$ 这类已知条件是反复出现的，应该明确其引申含义：① B 的每一列均为 $Ax=0$ 的解；② $R(A)+R(B)\leqslant n$.

本题涉及对参数 k 及矩阵 A 的秩的讨论，这是考查综合思维能力的一种重要表现形式，今后类似问题将会越来越多.

例 3.17 已知齐次线性方程组

$$\begin{cases}x_1+2x_2+3x_3=0\\2x_1+3x_2+5x_3=0\\x_1+x_2+ax_3=0\end{cases}\tag{3.3}$$

和

$$\begin{cases}x_1+bx_2+cx_3=0\\2x_1+b^2x_2+(c+1)x_3=0\end{cases}\tag{3.4}$$

同解，求 a、b、c 的值.

分析 方程组(3.4)显然有无穷多解，于是方程组(3.3)也有无穷多解，从而可确定 a，这样先求出方程组(3.3)的通解，再代入方程组(3.4)确定 b、c 即可.

解答 方程组(3.4)的未知量个数大于方程个数，故方程组(3.4)有无穷多解. 因为方程组(3.3)与(3.4)同解，所以方程组(3.3)的系数矩阵的秩小于3.

对方程组(3.3)的系数矩阵施以初等行变换

$$\begin{pmatrix}1&2&3\\2&3&5\\1&1&a\end{pmatrix}\sim\begin{pmatrix}1&0&1\\0&1&1\\0&0&a-2\end{pmatrix}$$

从而 $a=2$. 此时，方程组(3.3)的系数矩阵可化为

$$\begin{pmatrix}1&2&3\\2&3&5\\1&1&2\end{pmatrix}\sim\begin{pmatrix}1&0&1\\0&1&1\\0&0&0\end{pmatrix}$$

故 $(-1,-1,1)^{\mathrm{T}}$ 是方程组(3.3)的一个基础解系.

将 $x_1=-1,x_2=-1,x_3=1$ 代入方程组(3.4)，得

$$b=1,c=2 \text{ 或 } b=0,c=1$$

当 $b=1,c=2$ 时，对方程组(3.4)的系数矩阵施以初等行变换，有

$$\begin{pmatrix}1&1&2\\2&1&3\end{pmatrix}\sim\begin{pmatrix}1&0&1\\0&1&1\end{pmatrix}$$

显然此时方程组(3.3)与(3.4)同解.

当 $b=0,c=1$ 时,对方程组(3.4)的系数矩阵施以初等行变换,有

$$\begin{pmatrix}1&0&1\\2&0&2\end{pmatrix}\sim\begin{pmatrix}1&0&1\\0&0&0\end{pmatrix}$$

显然此时方程组(3.3)与(3.4)的解不相同.

综上所述,当 $a=2,b=1,c=2$ 时,方程组(3.3)与(3.4)同解.

评注 本题求 a 也可利用行列式 $\begin{vmatrix}1&2&3\\2&3&5\\1&1&a\end{vmatrix}=-a+2=0$,得 $a=2$.

本题也可这样考虑:方程组

$$\begin{cases}x_1+2x_2+3x_3=0\\2x_1+3x_2+5x_3=0\\x_1+x_2+ax_3=0\\x_1+bx_2+cx_3=0\\2x_1+b^2x_2+(c+1)x_3=0\end{cases}$$

必存在无穷多解,化系数矩阵为阶梯形,可确定 $a=2,b=0,c=1$ 或 $a=2,b=1,c=2$ 再对两组数据进行讨论即可.

例 3.18 已知平面上三条不同的直线的方程分别为

$$l_1:ax+2by+3c=0$$
$$l_2:bx+2cy+3a=0$$
$$l_3:cx+2ay+3b=0$$

试证这三条直线交于一点的充分必要条件为 $a+b+c=0$.

分析 三条直线交于一点的充分必要条件为三个方程构成的方程组有唯一解.

解答 方程组

$$\begin{cases}ax+2by+3c=0\\bx+2cy+3a=0\\cx+2ay+3b=0\end{cases}$$

的增广矩阵为

$$\boldsymbol{B}=\begin{pmatrix}a&2b&-3c\\b&2c&-3a\\c&2a&-3b\end{pmatrix}\sim\begin{pmatrix}a&2b&-3c\\b&2c&-3a\\a+b+c&2(a+b+c)&-3(a+b+c)\end{pmatrix}$$

若 $a+b+c=0$, 则 $\boldsymbol{B}\sim\begin{pmatrix}a&2b&-3c\\b&2c&-3a\\0&0&0\end{pmatrix}$, 且因为 a、b 不全为零, 所以

$\begin{vmatrix} a & 2b \\ b & 2c \end{vmatrix} = -2[(a+\frac{1}{2}b)^2+\frac{3}{4}b^2]<0$,因此 $R(\boldsymbol{A})=R(\boldsymbol{B})=2$,方程组有唯一解,即三条直线交于一点.

设三条直线交于一点,即方程组有唯一解,$R(\boldsymbol{A})=R(\boldsymbol{B})=2 \Rightarrow |\boldsymbol{B}|=0$,而

$$|\boldsymbol{B}| = \begin{vmatrix} a & 2b & -3c \\ b & 2c & -3a \\ c & 2a & -3b \end{vmatrix} = (a+b+c)\begin{vmatrix} a & 2b & -3c \\ b & 2c & -3a \\ 1 & 2 & -3 \end{vmatrix}$$

$$= 3(a+b+c)[(a-b)^2+(b-c)^2+(c-a)^2] = 0$$

$a+b+c=0$ 或 $a=b=c$,若 $a=b=c$ 则三条直线重合,所以只有 $a+b+c=0$.

评注 本题使用了线性方程组解的判定定理及矩阵的秩的概念.

例 3.19 设 n 元线性方程组 $\boldsymbol{Ax}=\boldsymbol{b}$,其中

$$\boldsymbol{A} = \begin{pmatrix} 2a & 1 & \cdots & 0 & 0 \\ a^2 & 2a & \cdots & 0 & 0 \\ \vdots & \vdots & \ddots & \vdots & \vdots \\ 0 & 0 & \cdots & 2a & 1 \\ 0 & 0 & \cdots & a^2 & 2a \end{pmatrix}, \boldsymbol{x} = (x_1, x_2, \cdots, x_n)^{\mathrm{T}}, \boldsymbol{b} = (1, 0, \cdots, 0)^{\mathrm{T}}$$

(1) 证明 $|\boldsymbol{A}|=(n+1)a^n$;

(2) 当 n 为何值时,该方程组有唯一解,并求 x_1;

(3) 当 n 为何值时,该方程组有无穷多解,并求通解.

分析 (1) 为 n 阶行列式求解,可先求得递推公式,再求解.

(2) 利用克拉默法则及递推公式求解.

解答 (1) $D_n = |\boldsymbol{A}| = \begin{vmatrix} 2a & 1 & \cdots & 0 & 0 \\ a^2 & 2a & \cdots & 0 & 0 \\ \vdots & \vdots & \ddots & \vdots & \vdots \\ 0 & 0 & \cdots & 2a & 1 \\ 0 & 0 & \cdots & a^2 & 2a \end{vmatrix} = 2aD_{n-1} - a^2 D_{n-2}$

用数学归纳法证明上述递推公式.

$n=2$ 时,$D_2 = \begin{vmatrix} 2a & 1 \\ a^2 & 2a \end{vmatrix} = 3a^2 = (2+1)a^2$.

假设 $n \leqslant k$ 时,$D_k=(k+1)a^k$,$n=k+1$ 时,将 D_{k+1} 按第 1 列展开,得

$$D_{k+1} = 2aD_k - a^2D_{k-1} = 2a(k+1)a^k - a^2ka^{k-1} = (k+2)a^{k+1}$$

所以 $|\boldsymbol{A}|=(n+1)a^n$.

(2) 当 $|\boldsymbol{A}| \neq 0$ 即 $a \neq 0$ 时方程组有唯一解,将系数矩阵 $\boldsymbol{A}$ 的第一列用 $\boldsymbol{b}$ 替换后得 $\boldsymbol{A}_1$,即

$$|\boldsymbol{A}_1| = \begin{vmatrix} 1 & 1 & \cdots & 0 & 0 \\ 0 & 2a & \cdots & 0 & 0 \\ \vdots & \vdots & \ddots & \vdots & \vdots \\ 0 & 0 & \cdots & 2a & 1 \\ 0 & 0 & \cdots & a^2 & 2a \end{vmatrix} = D_{n-1} = na^{n-1}$$

由克拉默法则,得

$$x_1 = \frac{|A_1|}{|A|} = \frac{D_{n-1}}{(n+1)a^n} = \frac{na^{n-1}}{(n+1)a^n} = \frac{n}{(n+1)a}$$

(3) 当 $a=0$ 时 $|\boldsymbol{A}|=0$,由克拉默法则,方程组有无穷多解.

系数矩阵

$$\boldsymbol{A} = \begin{pmatrix} 0 & 1 & \cdots & 0 & 0 \\ 0 & 0 & \cdots & 0 & 0 \\ \vdots & \vdots & \ddots & \vdots & \vdots \\ 0 & 0 & \cdots & 0 & 1 \\ 0 & 0 & \cdots & 0 & 0 \end{pmatrix}$$

方程组 $\boldsymbol{Ax}=0$ 的同解方程组为

$$\begin{cases} x_2 = 0 \\ x_3 = 0 \\ \quad\vdots \\ x_n = 0 \end{cases}$$

$\boldsymbol{Ax}=0$ 的通解为 $\begin{pmatrix} x_1 \\ x_2 \\ \vdots \\ x_n \end{pmatrix} = k\begin{pmatrix} 1 \\ 0 \\ \vdots \\ 0 \end{pmatrix}$,其中 k 为任意常数.

因为

$$\boldsymbol{A}\begin{pmatrix} 0 \\ 1 \\ \vdots \\ 0 \end{pmatrix} = \begin{pmatrix} 0 & 1 & \cdots & 0 & 0 \\ 0 & 0 & \cdots & 0 & 0 \\ \vdots & \vdots & \ddots & \vdots & \vdots \\ 0 & 0 & \cdots & 0 & 1 \\ 0 & 0 & \cdots & 0 & 0 \end{pmatrix}\begin{pmatrix} 0 \\ 1 \\ \vdots \\ 0 \end{pmatrix} = \begin{pmatrix} 1 \\ 0 \\ \vdots \\ 0 \end{pmatrix} = \boldsymbol{b}$$

所以 $\begin{pmatrix} 0 \\ 1 \\ \vdots \\ 0 \end{pmatrix}$ 是 $\boldsymbol{Ax}=\boldsymbol{b}$ 的特解,所以 $\boldsymbol{Ax}=\boldsymbol{b}$ 的通解为 $\begin{pmatrix} x_1 \\ x_2 \\ \vdots \\ x_n \end{pmatrix} = k\begin{pmatrix} 1 \\ 0 \\ \vdots \\ 0 \end{pmatrix} + \begin{pmatrix} 0 \\ 1 \\ \vdots \\ 0 \end{pmatrix}$,其中 k 为任意常数.

评注 非齐次线性方程组的通解是由对应的齐次线性方程组的通解加上它的一个特解构成.

3.3 本章小结

矩阵的初等变换是求矩阵的逆和矩阵的秩的有利工具,也是解线性方程组的有利工具.本章应理解矩阵的初等变换的概念,了解初等矩阵的性质和矩阵等价的概念,理解矩阵的秩的概念,掌握用初等变换求矩阵的秩和逆矩阵的方法.

理解齐次线性方程组有非零解的充分必要条件及非齐次线性方程组有解的充分必要条件.

理解通解的概念,掌握齐次线性方程组通解的求法. 理解非齐次线性方程组的通解的概念. 掌握用初等行变换求解线性方程组的方法.

本章常见的题型及方法有:① 用初等变换求矩阵的逆矩阵;② 用初等变换解矩阵方程;③ 计算一个矩阵的秩的初等变换方法;④ 利用系数矩阵的秩判定齐次线性方程组的解;⑤ 非齐次线性方程组的解的判定;⑥ 用矩阵法求线性方程组的解.

3.4 同步习题及解答

3.4.1 同步习题

1. 填空

(1) $\begin{pmatrix}2&1&0\\1&1&1\\3&0&2\end{pmatrix}\boldsymbol{E}(1,2)=$__________.

(2) $\boldsymbol{E}(1,3(3))\begin{pmatrix}2&1&0\\1&1&1\\3&0&2\end{pmatrix}=$__________.

(3) $\begin{pmatrix}2&1&0\\1&1&1\\3&0&2\end{pmatrix}\boldsymbol{E}(1,3(3))=$__________.

(4) $\begin{pmatrix}1&0&0\\0&1&0\\0&0&1\end{pmatrix}\boldsymbol{E}(2,1(2))\boldsymbol{E}(2(3))=$__________.

2. 单项选择题

(1) 设 $\boldsymbol{A}=\begin{pmatrix}a_{11}&a_{12}&a_{13}\\a_{21}&a_{22}&a_{23}\\a_{31}&a_{32}&a_{33}\end{pmatrix}$, $\boldsymbol{B}=\begin{pmatrix}a_{21}&a_{22}&a_{23}\\a_{11}&a_{12}&a_{13}\\a_{31}+a_{11}&a_{32}+a_{12}&a_{33}+a_{13}\end{pmatrix}$,

$\boldsymbol{P}_1=\begin{pmatrix}0&1&0\\1&0&0\\0&0&1\end{pmatrix}$, $\boldsymbol{P}_2=\begin{pmatrix}1&0&0\\0&1&0\\1&0&1\end{pmatrix}$, 则必有(   ).

A. $\boldsymbol{AP}_1\boldsymbol{P}_2=\boldsymbol{B}$　　B. $\boldsymbol{AP}_2\boldsymbol{P}_1=\boldsymbol{B}$　　C. $\boldsymbol{P}_1\boldsymbol{P}_2\boldsymbol{A}=\boldsymbol{B}$　　D. $\boldsymbol{P}_2\boldsymbol{P}_1\boldsymbol{A}=\boldsymbol{B}$

(2) 设 $\boldsymbol{A}$、$\boldsymbol{B}$ 都是 n 阶非零矩阵,且 $\boldsymbol{AB}=0$,则 $\boldsymbol{A}$ 和 $\boldsymbol{B}$ 的秩(   ).

A. 必有一个等于零　　B. 都小于 n　　C. 一个小于 n,一个等于 n　　D. 都等于 n

(3) 设 $\boldsymbol{A}$ 是 $m\times n$ 矩阵,$\boldsymbol{B}$ 是 $n\times m$ 矩阵,则(   ).

A. 当 $m>n$ 时,必有行列式 $|\boldsymbol{AB}|=0$　　B. 当 $m>n$ 时,必有行列式 $|\boldsymbol{AB}|\neq 0$

C. 当 $n>m$ 时,必有行列式 $|\boldsymbol{AB}|=0$　　D. 当 $n>m$ 时,必有行列式 $|\boldsymbol{AB}|\neq 0$

(4) 设 $\boldsymbol{P}$ 为三阶非零矩阵,$\boldsymbol{Q}=\begin{pmatrix}1&2&3\\2&4&t\\3&6&9\end{pmatrix}$,且满足 $\boldsymbol{PQ}=0$,则 $R(\boldsymbol{P})=($ $)$.

A. $t=6$ 时,$\boldsymbol{P}$ 的秩必为 1　　B. $t=6$ 时,$\boldsymbol{P}$ 的秩必为 2

C. $t\neq 6$ 时,$\boldsymbol{P}$ 的秩必为 1　　D. $t\neq 6$ 时,$\boldsymbol{P}$ 的秩必为 2

(5) n 元齐次线性方程组 $\boldsymbol{A}_{m\times n}\boldsymbol{x}=0$ 有非零解,则(　　).

A. $m<n$　　B. $m=n$　　C. $m>n$　　D. $R(\boldsymbol{A})<n$

(6) 设 $\boldsymbol{A}$ 是 n 阶方阵,则 $\boldsymbol{A}$ 可逆的充要条件是(　　).

A. 齐次线性方程组 $\boldsymbol{Ax}=0$ 只有零解　　B. 齐次线性方程组 $\boldsymbol{Ax}=0$ 有非零解

C. $R(\boldsymbol{A})=n$　　D. $\boldsymbol{A}\sim\boldsymbol{E}$

(7) 非齐次线性方程组 $\boldsymbol{A}_{m\times n}\boldsymbol{x}=\boldsymbol{b}$ 有唯一解的充要条件为(　　).

A. $m=n$　　B. $R(\boldsymbol{A})=n$　　C. $R(\boldsymbol{A},\boldsymbol{b})=R(\boldsymbol{A})=n$　　D. $R(\boldsymbol{A},\boldsymbol{b})=n$

(8) 设 $\boldsymbol{A}$ 是 $m\times n$ 矩阵,$\boldsymbol{Ax}=0$ 是非齐次线性方程组 $\boldsymbol{Ax}=\boldsymbol{b}$ 所对应的齐次线性方程组,则下列结论正确的是(　　).

A. 若 $\boldsymbol{Ax}=0$ 仅有零解,则 $\boldsymbol{Ax}=\boldsymbol{b}$ 有唯一解

B. 若 $\boldsymbol{Ax}=0$ 有非零解,则 $\boldsymbol{Ax}=\boldsymbol{b}$ 有无穷多解

C. $\boldsymbol{Ax}=\boldsymbol{b}$ 有唯一解,则 $\boldsymbol{Ax}=0$ 只有零解

D. 若 $\boldsymbol{Ax}=\boldsymbol{b}$ 有无穷多解,则 $\boldsymbol{Ax}=0$ 有非零解

3. 解矩阵方程 $\begin{pmatrix}1&-2&0\\3&-5&2\\-2&5&1\end{pmatrix}\boldsymbol{X}=\begin{pmatrix}1&1\\4&3\\2&2\end{pmatrix}$.

4. 设 $\boldsymbol{A}$ 是 n 阶可逆矩阵,将 $\boldsymbol{A}$ 的第 i 行与第 j 行对换后得到的矩阵记为 $\boldsymbol{B}$.

(1) 证明:矩阵 $\boldsymbol{B}$ 可逆;(2) 求 $\boldsymbol{AB}^{-1}$.

5. 设 $\boldsymbol{A}=\begin{pmatrix}1&-1&0\\0&1&-1\\-1&0&1\end{pmatrix}$,$\boldsymbol{AX}=2\boldsymbol{X}+\boldsymbol{A}$,求 $\boldsymbol{X}$.

6. 将矩阵 $\boldsymbol{A}=\begin{pmatrix}1&0&0\\2&0&-1\\0&1&0\end{pmatrix}$表示成有限个初等矩阵的乘积.

7. 已知 $\boldsymbol{A}$、$\boldsymbol{B}$ 都是 n 阶矩阵,且 $\boldsymbol{A}^2-\boldsymbol{AB}=\boldsymbol{E}$,求 $R(\boldsymbol{AB}-\boldsymbol{BA}+\boldsymbol{A})$.

8. 解线性方程组

(1) $\begin{cases}x_1+2x_2+3x_3+3x_4+7x_5=0\\3x_1+2x_2+x_3+x_4-3x_5=0\\x_2+2x_3+2x_4+6x_5=0\\5x_1+4x_2+3x_3+3x_4-x_5=0\end{cases}$;　　(2) $\begin{cases}2x+3y+z=4\\x-2y+4z=-5\\3x+8y-2z=13\\4x-y+9z=-6\end{cases}$.

9. 设$\begin{cases}(2-\lambda)x_1+2x_2-2x_3=1\\2x_1+(5-\lambda)x_2-4x_3=2\\-2x_1-4x_2+(5-\lambda)x_3=-\lambda-1\end{cases}$,问 λ 为何值时,此方程组有唯一解,无解或有无穷多解?并在有无穷多解时求其解.

10. 确定 λ 的值,使矩阵$\begin{pmatrix}1&\lambda&-1&2\\2&-1&\lambda&5\\1&10&-6&1\end{pmatrix}$的秩最小.

3.4.2　同步习题解答

1. (1) $\begin{pmatrix}2&1&0\\1&1&1\\3&0&2\end{pmatrix}\boldsymbol{E}(2,3)$可看成由矩阵的第 2 列和第 3 列交换所得$\begin{pmatrix}2&0&1\\1&1&1\\3&2&0\end{pmatrix}$.

(2) $\boldsymbol{E}(1,3(3))\begin{pmatrix}2&1&0\\1&1&1\\3&0&2\end{pmatrix}$可看成由矩阵的第 3 行乘 3 加到第 1 行所得$\begin{pmatrix}11&1&6\\1&1&1\\3&0&2\end{pmatrix}$.

(3) $\begin{pmatrix}2&1&0\\1&1&1\\3&0&2\end{pmatrix}\boldsymbol{E}(1,3(3))$可看成由矩阵的第 1 列乘 3 加到第 3 列所得$\begin{pmatrix}2&1&6\\1&1&4\\3&0&11\end{pmatrix}$.

(4) $\begin{pmatrix}1&0&0\\0&1&0\\0&0&1\end{pmatrix}\boldsymbol{E}(2,1(2))\boldsymbol{E}(2(3))$可看成单位矩阵的第 2 列乘 2 加到第 1 列，然后第 2 列乘 3 所得$\begin{pmatrix}1&0&0\\2&3&0\\0&0&1\end{pmatrix}$.

2. (1) C.

解　$\boldsymbol{P}_1=\begin{pmatrix}0&1&0\\1&0&0\\0&0&1\end{pmatrix}=\boldsymbol{E}(1,2)$，$\boldsymbol{P}_2=\begin{pmatrix}1&0&0\\0&1&0\\1&0&1\end{pmatrix}=\boldsymbol{E}(3,1(1))$，而 $\boldsymbol{B}$ 可看成由 $\boldsymbol{A}$ 的第一行加到第三行，再进行第一行和第二行交换所得，即 $\boldsymbol{B}=\boldsymbol{E}(1,2)\boldsymbol{E}(3,1(1))\boldsymbol{A}=\boldsymbol{P}_1\boldsymbol{P}_2\boldsymbol{A}$.

(2) B.

解　由 $\boldsymbol{AB}=0$ 得 $R(\boldsymbol{A})+R(\boldsymbol{B})\leqslant n$，而 $\boldsymbol{A}$、$\boldsymbol{B}$ 均为非零矩阵，所以 $R(\boldsymbol{A})>0,R(\boldsymbol{B})>0$，因此 $R(\boldsymbol{A})<n,R(\boldsymbol{B})<n$.

(3) A.

解　$\boldsymbol{A}_{m\times n}\boldsymbol{B}_{n\times m}$是个 $m\times m$ 矩阵，而 $R(\boldsymbol{AB})\leqslant\min\{R(\boldsymbol{A}),R(\boldsymbol{B})\}\leqslant n<m$，即 $R(\boldsymbol{AB})<m$，因此$|\boldsymbol{AB}|=0$

(4) C.

解　$\boldsymbol{PQ}=0\Rightarrow R(\boldsymbol{P})+R(\boldsymbol{Q})\leqslant 3$，当 $t=6$ 时 $R(\boldsymbol{Q})=1$. 因此 $R(\boldsymbol{P})\leqslant 2$，当 $t\neq 6$ 时 $R(\boldsymbol{Q})=2$，所以 $R(\boldsymbol{P})\leqslant 1$，而 $\boldsymbol{P}$ 为三阶非零矩阵，即 $R(\boldsymbol{P})\neq 0$，因此 $R(\boldsymbol{P})=1$.

(5) D.

解　n 元齐次线性方程组 $\boldsymbol{A}_{m\times n}\boldsymbol{x}=\boldsymbol{0}$ 有非零解的充分必要条件是 $R(\boldsymbol{A})<n$.

(6) A,C,D.

解　$\boldsymbol{A}$ 可逆，$\boldsymbol{A}$ 一定是满秩矩阵.

(7) C.

解　非齐次线性方程组 $\boldsymbol{A}_{m\times n}\boldsymbol{x}=\boldsymbol{b}$ 有唯一解的充要条件为 $R(\boldsymbol{A},\boldsymbol{b})=R(\boldsymbol{A})=n$.

(8) A,C,D.

解　$\boldsymbol{Ax}=\boldsymbol{b}$ 有唯一解的充分必要条件是 $R(\boldsymbol{A},\boldsymbol{b})=R(\boldsymbol{A})=n$，而 $\boldsymbol{Ax}=\boldsymbol{0}$ 只有零解的充分

必要条件是 $R(\boldsymbol{A})=n$.

$\boldsymbol{Ax}=\boldsymbol{b}$ 有无穷多解的充分必要条件是 $R(\boldsymbol{A},\boldsymbol{b})=R(\boldsymbol{A})<n$，而 $\boldsymbol{Ax}=\boldsymbol{0}$ 有非零解的充分必要条件是 $R(\boldsymbol{A})<n$.

3. **解** $\boldsymbol{AX}=\boldsymbol{B}\Rightarrow \boldsymbol{X}=\boldsymbol{A}^{-1}\boldsymbol{B}$，$(\boldsymbol{A},\boldsymbol{B})\sim\begin{pmatrix}1&0&0&15&17\\0&1&0&7&8\\0&0&1&-3&-4\end{pmatrix}=(\boldsymbol{E},\boldsymbol{A}^{-1}\boldsymbol{B})$

$$\Rightarrow \boldsymbol{A}^{-1}\boldsymbol{B}=\begin{pmatrix}15&17\\7&8\\-3&-4\end{pmatrix}$$

4. **证明**

(1) $\boldsymbol{A}\xrightarrow{r_i\leftrightarrow r_j}\boldsymbol{B}$ 即 $\boldsymbol{B}=\boldsymbol{E}(i,j)\boldsymbol{A}$，而 $\boldsymbol{E}(i,j)$，$\boldsymbol{A}$ 均可逆，故 $\boldsymbol{B}$ 可逆（证明方法不唯一）.

(2) $\boldsymbol{B}=\boldsymbol{E}(i,j)\boldsymbol{A}\Rightarrow \boldsymbol{E}^{-1}(i,j)\boldsymbol{B}=\boldsymbol{A}\Rightarrow \boldsymbol{AB}^{-1}=\boldsymbol{E}^{-1}(i,j)=\boldsymbol{E}(i,j)$.

5. **解** $\boldsymbol{AX}=2\boldsymbol{X}+\boldsymbol{A}\Rightarrow \boldsymbol{AX}-2\boldsymbol{X}=\boldsymbol{A}\Rightarrow(\boldsymbol{A}-2\boldsymbol{E})\boldsymbol{X}=\boldsymbol{A}\Rightarrow \boldsymbol{X}=(\boldsymbol{A}-2\boldsymbol{E})^{-1}\boldsymbol{A}$.

利用 $(\boldsymbol{A}-2\boldsymbol{E},\boldsymbol{A})\sim(\boldsymbol{E},(\boldsymbol{A}-2\boldsymbol{E})^{-1}\boldsymbol{A})$，而

$$\boldsymbol{A}-2\boldsymbol{E}=\begin{pmatrix}1&-1&0\\0&1&-1\\-1&0&1\end{pmatrix}-\begin{pmatrix}2&0&0\\0&2&0\\0&0&2\end{pmatrix}=\begin{pmatrix}-1&-1&0\\0&-1&-1\\-1&0&-1\end{pmatrix}$$

$$(\boldsymbol{A}-2\boldsymbol{E},\boldsymbol{A})=\begin{pmatrix}-1&-1&0&1&-1&0\\0&-1&-1&0&1&-1\\-1&0&-1&-1&0&1\end{pmatrix}$$

$$\sim\begin{pmatrix}-1&-1&0&1&-1&0\\0&-1&-1&0&1&-1\\0&1&-1&-2&1&1\end{pmatrix}$$

$$\sim\begin{pmatrix}-1&0&1&1&-2&1\\0&-1&-1&0&1&-1\\0&0&-2&-2&2&0\end{pmatrix}$$

$$\sim\begin{pmatrix}-1&0&0&0&-1&1\\0&-1&0&1&0&-1\\0&0&1&1&-1&0\end{pmatrix}\sim\begin{pmatrix}1&0&0&0&1&-1\\0&1&0&-1&0&1\\0&0&1&1&-1&0\end{pmatrix}$$

$$\boldsymbol{X}=(\boldsymbol{A}-2\boldsymbol{E})^{-1}\boldsymbol{A}=\begin{pmatrix}0&1&-1\\-1&0&1\\1&-1&0\end{pmatrix}$$

6. **解** 因为可逆矩阵可表示为有限个初等矩阵的乘积，且 $\boldsymbol{A}\sim\boldsymbol{E}$. 即 $\boldsymbol{A}$ 的标准形为 $\boldsymbol{E}$，因此，只需把 $\boldsymbol{A}$ 化为 $\boldsymbol{E}$，所利用的初等变换就是对应的初等矩阵之积.

$$\boldsymbol{A}=\begin{pmatrix}1&0&0\\2&0&-1\\0&1&0\end{pmatrix}\sim\begin{pmatrix}1&0&0\\0&0&-1\\0&1&0\end{pmatrix}\sim\begin{pmatrix}1&0&0\\0&1&0\\0&0&-1\end{pmatrix}\sim\begin{pmatrix}1&0&0\\0&1&0\\0&0&1\end{pmatrix}=\boldsymbol{E}$$

即 $$\boldsymbol{E}(3(-1))\boldsymbol{E}(2,3)\boldsymbol{E}(2,1(-2))\boldsymbol{A}=\boldsymbol{E}$$

故

$$\begin{aligned}A &= E^{-1}(2,1(-2))E^{-1}(2,3)E^{-1}(3(-1))\\ &= E(2,1(2))E(2,3)E(3(-1))\\ &= \begin{pmatrix}1&0&0\\2&1&0\\0&0&1\end{pmatrix}\begin{pmatrix}1&0&0\\0&0&1\\0&1&0\end{pmatrix}\begin{pmatrix}1&0&0\\0&1&0\\0&0&-1\end{pmatrix}\end{aligned}$$

7. 解 $A^2-AB=E\Rightarrow A(A-B)=E\Rightarrow A$、$A-B$ 均可逆且 $A^{-1}=A-B\Rightarrow R(A)=R(A-B)=n$.

而

$$\begin{aligned}AB-BA+A &= A^2-E-BA+A\\ &= (A^2-BA)+(A-E)\\ &= (A-B)A+(A-E)=A^{-1}A+A-E\\ &= E+A-E=A\end{aligned}$$

因此

$$R(AB-BA+A)=R(A)=n.$$

8. 解

(1) $A=\begin{pmatrix}1&2&3&3&7\\3&2&1&1&-3\\0&1&2&2&6\\5&4&3&3&-1\end{pmatrix}\sim\begin{pmatrix}1&0&-1&-1&-5\\0&1&2&2&6\\0&0&0&0&0\\0&0&0&0&0\end{pmatrix}$

此时方程组为

$$\begin{cases}x_1-x_3-x_4-5x_5=0\\x_2+2x_3+2x_4+6x_5=0\end{cases}$$

即

$$x_1=x_3+x_4+5x_5,x_2=-2x_3-2x_4-6x_5$$

令

$$\begin{cases}x_3=c_1\\x_4=c_2\\x_5=c_3\end{cases}$$

则

$$\begin{cases}x_1=c_1+c_2+5c_3\\x_2=-2c_1-2c_2-6c_3\\x_3=c_1\\x_4=c_2\\x_5=c_3\end{cases}$$

即

$$\begin{pmatrix}x_1\\x_2\\x_3\\x_4\\x_5\end{pmatrix}=c_1\begin{pmatrix}1\\-2\\1\\0\\0\end{pmatrix}+c_2\begin{pmatrix}1\\-2\\0\\1\\0\end{pmatrix}+c_3\begin{pmatrix}5\\-6\\0\\0\\1\end{pmatrix}$$

(2) $A=\left(\begin{array}{ccc:c}2&3&1&4\\1&-2&4&-5\\3&8&-2&13\\4&-1&9&-6\end{array}\right)\sim\left(\begin{array}{ccc:c}1&0&2&-1\\0&1&-1&2\\0&0&0&0\\0&0&0&0\end{array}\right)\Rightarrow\begin{pmatrix}x\\y\\z\end{pmatrix}=c\begin{pmatrix}-2\\1\\1\end{pmatrix}+\begin{pmatrix}-1\\2\\0\end{pmatrix}$

9. **解**

$$\begin{pmatrix}2-\lambda & 2 & -2 & 1\\ 2 & 5-\lambda & -4 & 2\\ -2 & -4 & 5-\lambda & -\lambda-1\end{pmatrix}\sim\begin{pmatrix}2 & 5-\lambda & -4 & 2\\ 0 & \lambda-1 & \lambda-1 & \lambda-1\\ 0 & -\frac{1}{2}(\lambda-1)(\lambda-6) & -2(\lambda-1) & \lambda-1\end{pmatrix}$$

$$\sim\begin{pmatrix}2 & 5-\lambda & -4 & 2\\ 0 & \lambda-1 & \lambda-1 & \lambda-1\\ 0 & 0 & \frac{1}{2}(\lambda-1)(\lambda-10) & \frac{1}{2}(\lambda-1)(\lambda-4)\end{pmatrix}$$

所以当 $\lambda\neq1,\lambda\neq10$ 时，方程组有唯一解；当 $\lambda=10$ 时，方程组无解；当 $\lambda=1$ 时，方程组无穷多解.

此时，增广矩阵为

$$\begin{pmatrix}2 & 4 & -4 & 2\\ 0 & 0 & 0 & 0\\ 0 & 0 & 0 & 0\end{pmatrix}\sim\begin{pmatrix}1 & 2 & -2 & 1\\ 0 & 0 & 0 & 0\\ 0 & 0 & 0 & 0\end{pmatrix}$$

$$(x_1,x_2,x_3)^{\mathrm{T}}=(1,0,0)^{\mathrm{T}}+C_1(-2,1,0)^{\mathrm{T}}+C_2(2,0,1)^{\mathrm{T}}$$

10. **解**

$$\boldsymbol{A}=\begin{pmatrix}1 & \lambda & -1 & 2\\ 2 & -1 & \lambda & 5\\ 1 & 10 & -6 & 1\end{pmatrix}\sim\begin{pmatrix}1 & \lambda & -1 & 2\\ 0 & 9-3\lambda & \lambda-3 & 0\\ 0 & 10-\lambda & -5 & -1\end{pmatrix}$$

在矩阵中已经存在一个 2 阶子式 $\begin{vmatrix}2 & -1\\ 1 & 10\end{vmatrix}\neq0$，因此，$R(\boldsymbol{A})\geqslant2$. 则当 $\lambda=3$ 时，$R(\boldsymbol{A})=2$.

第4章　向量组的线性相关性

4.1 内容概要

4.1.1　基本概念

1. n 维向量

n 个有次序的数 $a_1,a_2,\cdots,a_n$ 所组成的数组为 n 维向量,称 $\boldsymbol{a}=(a_1,a_2,\cdots,a_n)^{\mathrm{T}}$ 为 n 维列向量,$\boldsymbol{a}^{\mathrm{T}}=(a_1,a_2,\cdots,a_n)$ 为 n 维行向量.

2. 向量组

若干个同维数的列向量(或同维数的行向量)所组成的集合称为向量组.

注:一个 $m\times n$ 矩阵的全体列向量是一个含 n 个 m 维列向量的向量组;全体行向量是一个含 m 个 n 维行向量的向量组.

反之,m 个 n 维列向量所组成的向量组 A: $\boldsymbol{a}_1,\boldsymbol{a}_2,\cdots,\boldsymbol{a}_m$ 可以构成一个 $n\times m$ 矩阵 $\boldsymbol{A}=(\boldsymbol{a}_1,\boldsymbol{a}_2,\cdots,\boldsymbol{a}_m)$;$m$ 个 n 维行向量所组成的向量组 B: $\boldsymbol{b}_1^{\mathrm{T}},\boldsymbol{b}_2^{\mathrm{T}},\cdots,\boldsymbol{b}_m^{\mathrm{T}}$ 可以构成一个 $m\times n$ 矩阵 $\boldsymbol{B}=\begin{pmatrix}\boldsymbol{b}_1^{\mathrm{T}}\\ \boldsymbol{b}_2^{\mathrm{T}}\\ \vdots\\ \boldsymbol{b}_m^{\mathrm{T}}\end{pmatrix}$.

因此,含有有限个向量的有序向量组可以和矩阵构成一一对应关系,这就使得很多关于向量组问题的讨论可以转化为矩阵问题来解决.

3. 线性组合

给定向量组 A:$\boldsymbol{a}_1,\boldsymbol{a}_2,\cdots,\boldsymbol{a}_m$,对于任何一组实数 $k_1,k_2,\cdots,k_m$,表达式

$$k_1\boldsymbol{a}_1+k_2\boldsymbol{a}_2+\cdots+k_m\boldsymbol{a}_m$$

称为向量组 A 的一个线性组合.

4. 线性表示

对于向量组 A 和向量 $\boldsymbol{b}$,若存在一组数 $\lambda_1,\lambda_2,\cdots,\lambda_m$,使得

$$\boldsymbol{b}=\lambda_1\boldsymbol{a}_1+\lambda_2\boldsymbol{a}_2+\cdots+\lambda_m\boldsymbol{a}_m$$

则向量 $\boldsymbol{b}$ 是向量组 A 的线性组合,称向量 $\boldsymbol{b}$ 能由向量组 A 线性表示.

5. 向量组等价

设有两个向量组 A:$\boldsymbol{a}_1,\boldsymbol{a}_2,\cdots,\boldsymbol{a}_m$ 及 B:$\boldsymbol{b}_1,\boldsymbol{b}_2,\cdots,\boldsymbol{b}_l$,若向量组 B 中的每个向量都能由向量组 A 线性表示,则称向量组 B 能由向量组 A 线性表示. 若向量组 A 和向量组 B 能互相线性表示,则称这两个向量组等价.

6. 线性相关性

给定向量组 A:$\boldsymbol{a}_1,\boldsymbol{a}_2,\cdots,\boldsymbol{a}_m$,如果存在不全为零的数 $k_1,k_2,\cdots,k_m$,使 $k_1\boldsymbol{a}_1+k_2\boldsymbol{a}_2+\cdots+k_m\boldsymbol{a}_m=\boldsymbol{0}$,

则称向量组 A 是线性相关的；否则称它线性无关，即当 $k_1\boldsymbol{a}_1+k_2\boldsymbol{a}_2+\cdots+k_m\boldsymbol{a}_m=\boldsymbol{0}$ 成立时，必有 $k_1=k_2=\cdots=k_m=0$，则称向量组 A 线性无关；或者，只有当 $k_1=k_2=\cdots=k_m=0$ 时，$k_1\boldsymbol{a}_1+k_2\boldsymbol{a}_2+\cdots+k_m\boldsymbol{a}_m=\boldsymbol{0}$ 才成立，则称向量组 A 线性无关.

7. 最大线性无关组

设有向量组 $A:\boldsymbol{a}_1,\boldsymbol{a}_2,\cdots,\boldsymbol{a}_m$，如果在向量组 A 中能选出 r 个向量 $\boldsymbol{a}_1,\boldsymbol{a}_2,\cdots,\boldsymbol{a}_r$，满足

（1）向量组 $A_0:\boldsymbol{a}_1,\boldsymbol{a}_2,\cdots,\boldsymbol{a}_r$ 线性无关.

（2）向量组 A 中任意 $r+1$ 个向量（如果 A 中有 $r+1$ 个向量）都线性相关，那么称向量组 A_0 是向量组 A 的一个最大线性无关向量组（简称最大无关组）. 最大无关组所含向量的个数 r 称为向量组 A 的秩，记为 R_A 或 $R(\boldsymbol{a}_1,\boldsymbol{a}_2,\cdots,\boldsymbol{a}_m)$.

最大线性无关组的等价定义

向量组 $A_0:\boldsymbol{a}_1,\boldsymbol{a}_2,\cdots,\boldsymbol{a}_r$ 是向量组 A 的一个部分组，且满足：

（1）向量组 A_0 线性无关.

（2）向量组 A 的任一向量都能由向量组 A_0 线性表示，那么向量组 A_0 是向量组 A 的一个最大线性无关向量组.

8. 基础解系

齐次线性方程组 $\boldsymbol{Ax}=\boldsymbol{0}$ 的有限个解 $\boldsymbol{\xi}_1,\boldsymbol{\xi}_2,\cdots,\boldsymbol{\xi}_t$ 若满足：

（1）$\boldsymbol{\xi}_1,\boldsymbol{\xi}_2,\cdots,\boldsymbol{\xi}_t$ 线性无关.

（2）齐次线性方程组 $\boldsymbol{Ax}=\boldsymbol{0}$ 的任意一个解均可由 $\boldsymbol{\xi}_1,\boldsymbol{\xi}_2,\cdots,\boldsymbol{\xi}_t$ 线性表示，则称 $\boldsymbol{\xi}_1,\boldsymbol{\xi}_2,\cdots,\boldsymbol{\xi}_t$ 是齐次线性方程组 $\boldsymbol{Ax}=\boldsymbol{0}$ 的一个基础解系.

9. 向量空间

设 V 为 n 维向量的集合，若集合 V 非空，且集合 V 对于 n 维向量的加法及乘数两种运算封闭，即若 $\boldsymbol{a}\in V,\boldsymbol{b}\in V$，则有 $\boldsymbol{a}+\boldsymbol{b}\in V$；若 $\boldsymbol{a}\in V,\lambda\in\mathbf{R}$，则有 $\lambda\boldsymbol{a}\in V$. 那么称集合 V 为实数集 $\mathbf{R}$ 上的向量空间.

10. 向量空间的基和维数

设 V 是向量空间，若有 r 个向量 $\boldsymbol{a}_1,\boldsymbol{a}_2,\cdots,\boldsymbol{a}_r\in V$，满足：

（1）$\boldsymbol{a}_1,\boldsymbol{a}_2,\cdots,\boldsymbol{a}_r$ 线性无关.

（2）V 中任一向量都可由 $\boldsymbol{a}_1,\boldsymbol{a}_2,\cdots,\boldsymbol{a}_r$ 线性表示，则称向量组 $\boldsymbol{a}_1,\boldsymbol{a}_2,\cdots,\boldsymbol{a}_r$ 为向量空间 V 的一个基，数 r 称为向量空间 V 的维数，记为 $\dim V=r$，并称 V 为 r 维向量空间.

11. 解空间

设齐次线性方程组 $\boldsymbol{Ax}=\boldsymbol{0}$ 的全体解向量所组成的集合为 S，则 S 对于向量的加法和乘数是封闭的，因此构成一个向量空间. 称此向量空间 S 为齐次线性方程组 $\boldsymbol{Ax}=\boldsymbol{0}$ 的解空间.

12. 向量组 $\boldsymbol{a}_1,\boldsymbol{a}_2,\cdots,\boldsymbol{a}_m$ 生成的向量空间

设 $\boldsymbol{a}_1,\boldsymbol{a}_2,\cdots,\boldsymbol{a}_m$ 为 n 维向量组，则 $V=\{\boldsymbol{x}=k_1\boldsymbol{a}_1+k_2\boldsymbol{a}_2+\cdots+k_m\boldsymbol{a}_m\mid k_1,k_2,\cdots,k_m\in\mathbf{R}\}$ 为由向量组 $\boldsymbol{a}_1,\boldsymbol{a}_2,\cdots,\boldsymbol{a}_m$ 所生成的向量空间，$\boldsymbol{a}_1,\boldsymbol{a}_2,\cdots,\boldsymbol{a}_m$ 称为生成元.

13. 向量的坐标

若在向量空间 V 中取定一个基 $\boldsymbol{a}_1,\boldsymbol{a}_2,\cdots,\boldsymbol{a}_r$，则 V 中任一向量 $\boldsymbol{x}$ 可唯一表示为 $\boldsymbol{x}=\lambda_1\boldsymbol{a}_1+\lambda_2\boldsymbol{a}_2+\cdots+\lambda_r\boldsymbol{a}_r$，称数组 $\lambda_1,\lambda_2,\cdots,\lambda_r$ 为向量 $\boldsymbol{x}$ 在基 $\boldsymbol{a}_1,\boldsymbol{a}_2,\cdots,\boldsymbol{a}_r$ 中的坐标.

14. 基变换与过渡矩阵

在 $\mathbf{R}^3$ 中取定两个基 $\boldsymbol{a}_1,\boldsymbol{a}_2,\boldsymbol{a}_3$ 和 $\boldsymbol{b}_1,\boldsymbol{b}_2,\boldsymbol{b}_3$，记 $\boldsymbol{A}=(\boldsymbol{a}_1,\boldsymbol{a}_2,\boldsymbol{a}_3)$，$\boldsymbol{B}=(\boldsymbol{b}_1,\boldsymbol{b}_2,\boldsymbol{b}_3)$，则称

$$(\boldsymbol{b}_1,\boldsymbol{b}_2,\boldsymbol{b}_3) = (\boldsymbol{a}_1,\boldsymbol{a}_2,\boldsymbol{a}_3)\boldsymbol{P}$$

为由 $\boldsymbol{a}_1,\boldsymbol{a}_2,\boldsymbol{a}_3$ 到 $\boldsymbol{b}_1,\boldsymbol{b}_2,\boldsymbol{b}_3$ 的基变换公式,称这个表示式的系数矩阵 $\boldsymbol{P}=\boldsymbol{A}^{-1}\boldsymbol{B}$ 为由基 $\boldsymbol{a}_1,\boldsymbol{a}_2,\boldsymbol{a}_3$ 到基 $\boldsymbol{b}_1,\boldsymbol{b}_2,\boldsymbol{b}_3$ 的过渡矩阵.

注:过渡矩阵是可逆矩阵.

15. 坐标变换

设向量 $\boldsymbol{x}$ 在基 $\boldsymbol{a}_1,\boldsymbol{a}_2,\boldsymbol{a}_3$ 和 $\boldsymbol{b}_1,\boldsymbol{b}_2,\boldsymbol{b}_3$ 中的坐标分别为 y_1,y_2,y_3 和 z_1,z_2,z_3,称

$$\begin{pmatrix} y_1 \\ y_2 \\ y_3 \end{pmatrix} = \boldsymbol{P}\begin{pmatrix} z_1 \\ z_2 \\ z_3 \end{pmatrix} \text{ 或 } \begin{pmatrix} z_1 \\ z_2 \\ z_3 \end{pmatrix} = \boldsymbol{P}^{-1}\begin{pmatrix} y_1 \\ y_2 \\ y_3 \end{pmatrix}$$

为坐标变换公式,其中 $\boldsymbol{P}$ 为从基 $\boldsymbol{a}_1,\boldsymbol{a}_2,\boldsymbol{a}_3$ 到基 $\boldsymbol{b}_1,\boldsymbol{b}_2,\boldsymbol{b}_3$ 的过渡矩阵.

4.1.2 基本理论

1. 线性组合的重要结论

(1) 零向量是任何一组向量的线性组合.

(2) 向量组 $\boldsymbol{a}_1,\boldsymbol{a}_2,\cdots,\boldsymbol{a}_m$ 中的任一向量 $\boldsymbol{a}_j(1\leqslant j\leqslant m)$ 都是此向量组的线性组合.

(3) 任何一个 n 维向量 $\boldsymbol{a}=(a_1,a_2,\cdots,a_n)^{\mathrm{T}}$ 都是 n 维单位坐标向量

$$\boldsymbol{e}_1 = (1,0,\cdots,0)^{\mathrm{T}},\boldsymbol{e}_2 = (0,1,0,\cdots,0)^{\mathrm{T}},\cdots,\boldsymbol{e}_n = (0,0,\cdots,0,1)^{\mathrm{T}}$$

的线性组合,并且 $\boldsymbol{a}=a_1\boldsymbol{e}_1+a_2\boldsymbol{e}_2+\cdots+a_n\boldsymbol{e}_n$.

2. 向量组的秩和矩阵秩的关系

矩阵 $\boldsymbol{A}$ 的秩等于它的列向量组的秩,也等于它的行向量组的秩.

3. 向量的线性表示和线性方程组的解及向量组秩的关系

设有向量组 A: $\boldsymbol{a}_1,\boldsymbol{a}_2,\cdots,\boldsymbol{a}_m$ 及 B: $\boldsymbol{b}_1,\boldsymbol{b}_2,\cdots,\boldsymbol{b}_l$,记 $R(\boldsymbol{a}_1,\boldsymbol{a}_2,\cdots,\boldsymbol{a}_m)$ 既表示向量组 A 的秩也表示向量组所构成的矩阵的秩,则向量(组)的线性表示,既可以根据方程组是否有解来判断,也可以由向量组的秩来判别.

(1) 向量 $\boldsymbol{b}$ 能由向量组 A 线性表示的充分必要条件是线性方程组 $\boldsymbol{a}_1x_1+\boldsymbol{a}_2x_2+\cdots+\boldsymbol{a}_mx_m=\boldsymbol{b}$ 有解.

(2) 向量 $\boldsymbol{b}$ 能由向量组 A 线性表示的充分必要条件是 $R(\boldsymbol{a}_1,\boldsymbol{a}_2,\cdots,\boldsymbol{a}_m)=R(\boldsymbol{a}_1,\boldsymbol{a}_2,\cdots,\boldsymbol{a}_m,\boldsymbol{b})$.

(3) 向量组 B 能由向量组 A 线性表示的充分必要条件是矩阵方程 $\boldsymbol{AX}=\boldsymbol{B}$ 有解.

(4) 向量组 B 能由向量组 A 线性表示的充分必要条件是

$$R(\boldsymbol{a}_1,\boldsymbol{a}_2,\cdots,\boldsymbol{a}_m) = R(\boldsymbol{a}_1,\boldsymbol{a}_2,\cdots,\boldsymbol{a}_m,\boldsymbol{b}_1,\boldsymbol{b}_2,\cdots,\boldsymbol{b}_l)$$

(5) 向量组 A 和 B 等价的充分必要条件是

$$R(\boldsymbol{a}_1,\boldsymbol{a}_2,\cdots,\boldsymbol{a}_m) = R(\boldsymbol{b}_1,\boldsymbol{b}_2,\cdots,\boldsymbol{b}_l) = R(\boldsymbol{a}_1,\boldsymbol{a}_2,\cdots,\boldsymbol{a}_m,\boldsymbol{b}_1,\boldsymbol{b}_2,\cdots,\boldsymbol{b}_l)$$

(6) 向量组 B 能由向量组 A 线性表示,则

$$R(\boldsymbol{b}_1,\boldsymbol{b}_2,\cdots,\boldsymbol{b}_l) \leqslant R(\boldsymbol{a}_1,\boldsymbol{a}_2,\cdots,\boldsymbol{a}_m)$$

4. 关于向量组等价的重要结论

(1) 等价的向量组有相同的秩.

(2) 若矩阵 $\boldsymbol{A}$ 与 $\boldsymbol{B}$ 行(列)等价,即矩阵 $\boldsymbol{A}$ 经初等行(列)变换化为 $\boldsymbol{B}$,则 $\boldsymbol{A}$ 的行(列)向量组与 $\boldsymbol{B}$ 的行(列)向量组等价.

5. 向量组的线性相关性的重要结论

(1) 向量组 $\boldsymbol{a}_1,\boldsymbol{a}_2,\cdots,\boldsymbol{a}_m$ 线性相关的充分必要条件是齐次方程组 $\boldsymbol{Ax}=\boldsymbol{0}$ 有非零解,其中 $\boldsymbol{A}=(\boldsymbol{a}_1,\boldsymbol{a}_2,\cdots,\boldsymbol{a}_m),\boldsymbol{x}=(x_1,x_2,\cdots,x_m)^{\mathrm{T}}$; 向量组 $\boldsymbol{a}_1,\boldsymbol{a}_2,\cdots,\boldsymbol{a}_m$ 线性无关的充分必要条件是齐次方程组 $\boldsymbol{Ax}=\boldsymbol{0}$ 有唯一零解.

(2) 向量组 $\boldsymbol{a}_1,\boldsymbol{a}_2,\cdots,\boldsymbol{a}_m$ 线性相关的充分必要条件是 $R(\boldsymbol{a}_1,\boldsymbol{a}_2,\cdots,\boldsymbol{a}_m)<m$;向量组 $\boldsymbol{a}_1,\boldsymbol{a}_2,\cdots,\boldsymbol{a}_m$ 线性无关的充分必要条件是 $R(\boldsymbol{a}_1,\boldsymbol{a}_2,\cdots,\boldsymbol{a}_m)=m$.

(3) n 个 n 维向量组 $\boldsymbol{a}_1,\boldsymbol{a}_2,\cdots,\boldsymbol{a}_n$ 线性相关的充分必要条件是它所构成的矩阵 $\boldsymbol{A}=(\boldsymbol{a}_1,\boldsymbol{a}_2,\cdots,\boldsymbol{a}_n)$的行列式等于零;$n$ 个 n 维向量组 $\boldsymbol{a}_1,\boldsymbol{a}_2,\cdots,\boldsymbol{a}_n$ 线性无关的充分必要条件是它所构成的矩阵 $\boldsymbol{A}=(\boldsymbol{a}_1,\boldsymbol{a}_2,\cdots,\boldsymbol{a}_n)$的行列式不等于零.

注:这条性质说明当向量组所构成的矩阵 $\boldsymbol{A}$ 为方阵时,线性相关性可以用行列式 $|\boldsymbol{A}|$ 讨论,这是也是判别向量组线性相关性的常用方法.

(4) 包含零向量的任何向量组线性相关.

(5) 只含一个零向量的向量组线性相关. 只含一个非零向量的向量组线性无关.

(6) 两个向量线性相关的充要条件对应分量成比例. 两个向量线性无关的充要条件对应分量不成比例.

(7) 两个等价的线性无关向量组所含向量的个数相同.

(8) 向量组 $\boldsymbol{a}_1,\boldsymbol{a}_2,\cdots,\boldsymbol{a}_m(m\geqslant 2)$线性相关的充分必要条件是向量组中至少有一个向量可由其余$(m-1)$个向量线性表示. 向量组 $\boldsymbol{a}_1,\boldsymbol{a}_2,\cdots,\boldsymbol{a}_m(m\geqslant 2)$线性无关的充分必要条件是向量组中任一个向量不能由其余$(m-1)$个向量线性表示.

(9) 向量组 $\boldsymbol{a}_1,\boldsymbol{a}_2,\cdots,\boldsymbol{a}_m$ 线性相关,则 $\boldsymbol{a}_1,\boldsymbol{a}_2,\cdots,\boldsymbol{a}_m,\boldsymbol{a}_{m+1}$ 也线性相关. 若 $\boldsymbol{a}_1,\boldsymbol{a}_2,\cdots,\boldsymbol{a}_m,\boldsymbol{a}_{m+1}$ 线性无关,则 $\boldsymbol{a}_1,\boldsymbol{a}_2,\cdots,\boldsymbol{a}_m$ 也线性无关.

(10) 当向量组中的向量个数大于向量的维数时,向量组一定线性相关. 特别地,$(n+1)$个 n 维向量一定线性相关.

(11) 若向量组 A: $\boldsymbol{a}_1,\boldsymbol{a}_2,\cdots,\boldsymbol{a}_m$ 线性无关,而向量组 B: $\boldsymbol{a}_1,\boldsymbol{a}_2,\cdots,\boldsymbol{a}_m,\boldsymbol{b}$ 线性相关,则向量 $\boldsymbol{b}$ 必能由向量组 A 线性表示,且表示式是唯一的.

6. 最大线性无关组的重要结论

(1) 只含零向量的向量组没有最大无关组,规定它的秩为 0.

(2) 若向量组线性无关,则它的最大无关组就是它本身.

(3) 向量组的最大无关组一般不唯一,而且每个最大无关组所含向量的个数相同.

(4) 任一向量组和它的最大无关组等价.

(5) 向量组的任意两个最大无关组等价.

7. 齐次线性方程组 $\boldsymbol{Ax}=\boldsymbol{0}$ 解的结构

设 $m\times n$ 矩阵 $\boldsymbol{A}$ 的秩 $R(\boldsymbol{A})=r$,则 n 元齐次线性方程组 $\boldsymbol{Ax}=\boldsymbol{0}$ 的解集 S 的秩 $R(\boldsymbol{S})=n-r$.

对于齐次线性方程组 $\boldsymbol{Ax}=\boldsymbol{0}$,若 $R(\boldsymbol{A})=r<n$,则它的基础解系含有$(n-r)$个向量,设为 $\boldsymbol{\xi}_1,\boldsymbol{\xi}_2,\cdots,\boldsymbol{\xi}_{n-r}$,则方程组的通解可表示为 $\boldsymbol{x}=c_1\boldsymbol{\xi}_1+c_2\boldsymbol{\xi}_2+\cdots+c_{n-r}\boldsymbol{\xi}_{n-r}$,其中 $c_1,c_2,\cdots,c_{n-r}$ 为任意实数.

8. 非齐次线性方程组 $\boldsymbol{Ax}=\boldsymbol{b}$ 解的结构

设 $\boldsymbol{\eta}^*$ 是非齐次线性方程组 $\boldsymbol{Ax}=\boldsymbol{b}$ 的一个解,而对应的齐次线性方程组 $\boldsymbol{Ax}=\boldsymbol{0}$ 的通解为 $\boldsymbol{x}=c_1\boldsymbol{\xi}_1+c_2\boldsymbol{\xi}_2+\cdots+c_{n-r}\boldsymbol{\xi}_{n-r}$,其中 $\boldsymbol{\xi}_1,\boldsymbol{\xi}_2,\cdots,\boldsymbol{\xi}_{n-r}$ 为其基础解系,则非齐次线性方程组 $\boldsymbol{Ax}=\boldsymbol{b}$ 的通解可以表示为 $\boldsymbol{x}=c_1\boldsymbol{\xi}_1+c_2\boldsymbol{\xi}_2+\cdots+c_{n-r}\boldsymbol{\xi}_{n-r}+\boldsymbol{\eta}^*$,其中 $c_1,c_2,\cdots,c_{n-r}$ 为任意实数.

9. 向量空间

(1) 若把向量空间 V 看作向量组,则 V 的基就是向量组的最大无关组,V 的维数就是向量组的秩. 但是要注意,向量组不一定能构成向量空间.

(2) 由向量 $\boldsymbol{a}_1,\boldsymbol{a}_2,\cdots,\boldsymbol{a}_m$ 所生成的向量空间

$$L=\{\boldsymbol{x}=\lambda_1\boldsymbol{a}_1+\lambda_2\boldsymbol{a}_2\cdots+\lambda_m\boldsymbol{a}_m\,|\,\lambda_1,\lambda_2,\cdots\lambda_m\,|\in\mathbf{R}\}$$

与向量组 $\boldsymbol{a}_1,\boldsymbol{a}_2,\cdots,\boldsymbol{a}_m$ 等价. 向量组 $\boldsymbol{a}_1,\boldsymbol{a}_2,\cdots,\boldsymbol{a}_m$ 的最大无关组就是 L 的一个基,向量组 $\boldsymbol{a}_1,\boldsymbol{a}_2,\cdots,\boldsymbol{a}_m$ 的秩就是 L 的维数.

(3) 齐次线性方程组 $\boldsymbol{Ax}=\boldsymbol{0}$ 的一个基础解系就是解空间 S 的一个基,当系数矩阵的秩 $R(\boldsymbol{A})=r<n$ 时,解空间 S 的维数为 $n-r$. 当 $R(\boldsymbol{A})=n$ 时,方程组 $\boldsymbol{Ax}=\boldsymbol{0}$ 只有零解,此时解空间 S 只含有一个零向量,解空间 S 的维数为0.

4.1.3 基本方法

(1) 判断向量 $\boldsymbol{b}$ 能由向量组 A: $\boldsymbol{a}_1,\boldsymbol{a}_2,\cdots,\boldsymbol{a}_m$ 线性表示的方法.

(2) 判断两个向量组是否等价的方法.

(3) 判断向量组的线性相关性的方法.

(4) 向量组秩和最大无关组的求法.

(5) 判断向量组 $\boldsymbol{\xi}_1,\boldsymbol{\xi}_2,\cdots,\boldsymbol{\xi}_t$ 是否为 n 元齐次线性方程组 $\boldsymbol{Ax}=\boldsymbol{0}$ 的一个基础解系.

(6) 已知齐次线性方程组 $\boldsymbol{A}_{m\times n}\boldsymbol{x}=\boldsymbol{0}$ 的基础解系为 $\boldsymbol{\xi}_1,\boldsymbol{\xi}_2,\cdots,\boldsymbol{\xi}_t$,求齐次线性方程组的系数矩阵 $\boldsymbol{A}$.

(7) 利用齐次线性方程组解的结构求通解

(8) 利用非齐次线性方程组解的结构求通解.

(9) 判断向量组 V 是否为向量空间的方法.

4.2 典型例题分析、解答与评注

4.2.1 向量的线性表示的判定

例 4.1 证明向量 $\boldsymbol{b}=(-1,1,5)^{\mathrm{T}}$ 能由向量组 $\boldsymbol{a}_1=(1,2,3)^{\mathrm{T}},\boldsymbol{a}_2=(0,1,4)^{\mathrm{T}},\boldsymbol{a}_3=(2,3,6)^{\mathrm{T}}$ 线性表示,并写出 $\boldsymbol{b}$ 用 $\boldsymbol{a}_1,\boldsymbol{a}_2,\boldsymbol{a}_3$ 线性表示的表示式.

分析 一个向量是否可由其他向量组线性表出的问题可以归结为矩阵秩的问题来判定,也可以归结为线性方程组是否有解的问题来判定.

解答

<方法一> 设 $\boldsymbol{A}=(\boldsymbol{a}_1,\boldsymbol{a}_2,\boldsymbol{a}_3)$,$(\boldsymbol{A},\boldsymbol{b})=(\boldsymbol{a}_1,\boldsymbol{a}_2,\boldsymbol{a}_3,\boldsymbol{b})$,由于

$$(\boldsymbol{A},\boldsymbol{b})=\begin{pmatrix}1&0&2&-1\\2&1&3&1\\3&4&6&5\end{pmatrix}\sim\begin{pmatrix}1&0&2&-1\\0&1&-1&3\\0&4&0&8\end{pmatrix}\sim\begin{pmatrix}1&0&2&-1\\0&1&-1&3\\0&0&4&-4\end{pmatrix}$$

$$\sim\begin{pmatrix}1&0&2&-1\\0&1&-1&3\\0&0&1&-1\end{pmatrix}\sim\begin{pmatrix}1&0&0&1\\0&1&0&2\\0&0&1&-1\end{pmatrix}$$

所以,$R(\boldsymbol{A})=R(\boldsymbol{A},\boldsymbol{b})$,故 $\boldsymbol{b}$ 可以由 $\boldsymbol{a}_1,\boldsymbol{a}_2,\boldsymbol{a}_3$ 线性表示. 由上述行最简形矩阵,可得非齐次线性方程组$(\boldsymbol{a}_1,\boldsymbol{a}_2,\boldsymbol{a}_3)\boldsymbol{x}=\boldsymbol{b}$ 的解为 $\boldsymbol{x}=\begin{pmatrix}1\\2\\-1\end{pmatrix}$,从而得表示式是 $\boldsymbol{b}=\boldsymbol{a}_1+2\boldsymbol{a}_2-\boldsymbol{a}_3$.

<方法二> 要证明向量 $\boldsymbol{b}$ 能由向量组 $\boldsymbol{a}_1,\boldsymbol{a}_2,\boldsymbol{a}_3$ 的线性表示,只要证明关于 k_1、k_2、k_3 的线性方程组 $\boldsymbol{b}=k_1\boldsymbol{a}_1+k_2\boldsymbol{a}_2+k_3\boldsymbol{a}_3$ 有解. 代入已知向量

$$\begin{aligned}(-1,1,5)^{\mathrm{T}}&=k_1(1,2,3)^{\mathrm{T}}+k_2(0,1,4)^{\mathrm{T}}+k_3(2,3,6)^{\mathrm{T}}\\&=(k_1+2k_3,2k_1+k_2+3k_3,3k_1+4k_2+6k_3)^{\mathrm{T}}\end{aligned}$$

可得方程组

$$\begin{cases}k_1+2k_3=-1\\2k_1+k_2+3k_3=1\\3k_1+4k_2+6k_3=5\end{cases}$$

解得方程组得其唯一解是 $\begin{cases}k_1=1\\k_2=2\\k_3=-1\end{cases}$ 于是向量 $\boldsymbol{b}$ 能由向量组 $\boldsymbol{a}_1,\boldsymbol{a}_2,\boldsymbol{a}_3$ 的线性表示,且表示式为 $\boldsymbol{b}=\boldsymbol{a}_1+2\boldsymbol{a}_2-\boldsymbol{a}_3$.

评注 这两种方法相比较,前者步骤较为简单.

例 4.2 设有三维列向量

$\boldsymbol{\alpha}_1=(1+\lambda,1,1)^{\mathrm{T}},\boldsymbol{\alpha}_2=(1,1+\lambda,1)^{\mathrm{T}},\boldsymbol{\alpha}_3=(1,1,1+\lambda)^{\mathrm{T}},\boldsymbol{\beta}=(0,\lambda,\lambda^2)^{\mathrm{T}}$. 问 λ 取何值时

(1) $\boldsymbol{\beta}$ 可由 $\boldsymbol{\alpha}_1,\boldsymbol{\alpha}_2,\boldsymbol{\alpha}_3$ 线性表示,且表达式唯一.

(2) $\boldsymbol{\beta}$ 可由 $\boldsymbol{\alpha}_1,\boldsymbol{\alpha}_2,\boldsymbol{\alpha}_3$ 线性表示,且表达式不唯一.

(3) $\boldsymbol{\beta}$ 不能由 $\boldsymbol{\alpha}_1,\boldsymbol{\alpha}_2,\boldsymbol{\alpha}_3$ 线性表示.

分析 设 $\boldsymbol{\beta}=k_1\boldsymbol{\alpha}_1+k_2\boldsymbol{\alpha}_2+k_3\boldsymbol{\alpha}_3$,把 $\boldsymbol{\alpha}_1,\boldsymbol{\alpha}_2,\boldsymbol{\alpha}_3,\boldsymbol{\beta}$ 坐标代入以后得到一个含参数 λ 的非齐次线性方程组(未知量为 k_1、k_2、k_3). 若方程组无解,$\boldsymbol{\beta}$ 不能由 $\boldsymbol{\alpha}_1,\boldsymbol{\alpha}_2,\boldsymbol{\alpha}_3$ 线性表示. 若方程组有唯一解,则 $\boldsymbol{\beta}$ 可由 $\boldsymbol{\alpha}_1,\boldsymbol{\alpha}_2,\boldsymbol{\alpha}_3$ 唯一地线性表示. 若方程组有无穷多解,则 $\boldsymbol{\beta}$ 可由 $\boldsymbol{\alpha}_1,\boldsymbol{\alpha}_2,\boldsymbol{\alpha}_3$ 线性表示,且表达式不唯一.

解答

<方法一> 设 $\boldsymbol{\beta}=k_1\boldsymbol{\alpha}_1+k_2\boldsymbol{\alpha}_2+k_3\boldsymbol{\alpha}_3$,把 $\boldsymbol{\alpha}_1,\boldsymbol{\alpha}_2,\boldsymbol{\alpha}_3,\boldsymbol{\beta}$ 的分量代入该式得到一个非齐次线性方程组

$$\begin{cases}(1+\lambda)k_1+k_2+k_3=0\\k_1+(1+\lambda)k_2+k_3=\lambda\\k_1+k_2+(1+\lambda)k_3=\lambda^2\end{cases}$$

方程组的系数行列式为

$$|\boldsymbol{A}|=\begin{vmatrix}1+\lambda & 1 & 1\\ 1 & 1+\lambda & 1\\ 1 & 1 & 1+\lambda\end{vmatrix}=\lambda^2(\lambda+3)$$

(1) 若 $\lambda\neq0$ 且 $\lambda\neq-3$,则 $|\boldsymbol{A}|\neq0$,方程组有唯一解 k_1,k_2,k_3. 故 $\boldsymbol{\beta}$ 可由 $\boldsymbol{\alpha}_1,\boldsymbol{\alpha}_2,\boldsymbol{\alpha}_3$ 线性表示,且表达式唯一.

(2) 若 $\lambda=0$,则 $|\boldsymbol{A}|=0$,这时方程组增广矩阵为

$$(\boldsymbol{A},\boldsymbol{\beta})=\begin{pmatrix}1+\lambda & 1 & 1 & 0\\ 1 & 1+\lambda & 1 & \lambda\\ 1 & 1 & 1+\lambda & \lambda^2\end{pmatrix}=\begin{pmatrix}1&1&1&0\\1&1&1&0\\1&1&1&0\end{pmatrix}\sim\begin{pmatrix}1&1&1&0\\0&0&0&0\\0&0&0&0\end{pmatrix}$$

即 $k_1+k_2+k_3=0,k_1=-k_2-k_3$,($k_2$、$k_3$ 为任意常数). 方程组有无穷多解,故 $\boldsymbol{\beta}$ 可由 $\boldsymbol{\alpha}_1,\boldsymbol{\alpha}_2,\boldsymbol{\alpha}_3$ 线性表示,且表达式不唯一.

(3) 若 $\lambda=-3$,则 $|\boldsymbol{A}|=0$,这时方程组增广矩阵为

$$(\boldsymbol{A},\boldsymbol{\beta})=\begin{pmatrix}1+\lambda & 1 & 1 & 0\\ 1 & 1+\lambda & 1 & \lambda\\ 1 & 1 & 1+\lambda & \lambda^2\end{pmatrix}=\begin{pmatrix}-2&1&1&0\\1&-2&1&-3\\1&1&-2&9\end{pmatrix}\sim\begin{pmatrix}1&1&-2&9\\0&-3&3&-12\\0&0&0&6\end{pmatrix}$$

所以 $R(\boldsymbol{A})=2,R(\boldsymbol{A},\boldsymbol{\beta})=3$. 故方程组无解,$\boldsymbol{\beta}$ 不能由 $\boldsymbol{\alpha}_1,\boldsymbol{\alpha}_2,\boldsymbol{\alpha}_3$ 线性表示.

<方法二> 设 $\boldsymbol{\beta}=k_1\boldsymbol{\alpha}_1+k_2\boldsymbol{\alpha}_2+k_3\boldsymbol{\alpha}_3$,把 $\boldsymbol{\alpha}_1,\boldsymbol{\alpha}_2,\boldsymbol{\alpha}_3,\boldsymbol{\beta}$ 的分量代入该式得到一个非齐次线性方程组

$$\begin{cases}(1+\lambda)k_1+k_2+k_3=0\\ k_1+(1+\lambda)k_2+k_3=\lambda\\ k_1+k_2+(1+\lambda)k_3=\lambda^2\end{cases}$$

对增广矩阵作初等行变换,得

$$(\boldsymbol{A},\boldsymbol{\beta})=\begin{pmatrix}1+\lambda & 1 & 1 & 0\\ 1 & 1+\lambda & 1 & \lambda\\ 1 & 1 & 1+\lambda & \lambda^2\end{pmatrix}\sim\begin{pmatrix}1&1&1+\lambda&\lambda^2\\0&\lambda&\lambda(\lambda+2)&\lambda^2(1+\lambda)\\0&0&\lambda(\lambda+3)&\lambda(\lambda^2+2\lambda-1)\end{pmatrix}$$

由此可见:

(1) 若 $\lambda\neq0$ 且 $\lambda\neq-3$,$R(\boldsymbol{A})=R(\boldsymbol{A},\boldsymbol{\beta})=3$. 方程组有唯一解,故 $\boldsymbol{\beta}$ 可由 $\boldsymbol{\alpha}_1,\boldsymbol{\alpha}_2,\boldsymbol{\alpha}_3$ 线性表示,且表达式唯一.

(2) 若 $\lambda=0$,$R(\boldsymbol{A})=R(\boldsymbol{A},\boldsymbol{\beta})=1<3$. 方程组有无穷多解,故 $\boldsymbol{\beta}$ 可由 $\boldsymbol{\alpha}_1,\boldsymbol{\alpha}_2,\boldsymbol{\alpha}_3$ 线性表示,且表达式不唯一.

(3) 若 $\lambda=-3$,$R(\boldsymbol{A})=2,R(\boldsymbol{A},\boldsymbol{\beta})=3$. 故方程组无解,$\boldsymbol{\beta}$ 不能由 $\boldsymbol{\alpha}_1,\boldsymbol{\alpha}_2,\boldsymbol{\alpha}_3$ 线性表示.

评注 本题用了两种方法,方法一只有系数矩阵是方阵的情况下才能使用. 方法二对系数矩阵无此限制.

例 4.3 确定常数 a,使向量组 $\boldsymbol{\alpha}_1=(1,1,a)^{\mathrm{T}},\boldsymbol{\alpha}_2=(1,a,1)^{\mathrm{T}},\boldsymbol{\alpha}_3=(a,1,1)^{\mathrm{T}}$ 可由向量组 $\boldsymbol{\beta}_1=(1,1,a)^{\mathrm{T}},\boldsymbol{\beta}_2=(-2,a,4)^{\mathrm{T}},\boldsymbol{\beta}_3=(-2,a,a)^{\mathrm{T}}$ 线性表示,但 $\boldsymbol{\beta}_1,\boldsymbol{\beta}_2,\boldsymbol{\beta}_3$ 不能由 $\boldsymbol{\alpha}_1,\boldsymbol{\alpha}_2,\boldsymbol{\alpha}_3$ 线性表示.

分析 由于$\boldsymbol{\beta}_1,\boldsymbol{\beta}_2,\boldsymbol{\beta}_3$不能由$\boldsymbol{\alpha}_1,\boldsymbol{\alpha}_2,\boldsymbol{\alpha}_3$线性表示,故$\boldsymbol{\alpha}_1,\boldsymbol{\alpha}_2,\boldsymbol{\alpha}_3$不是$\mathbf{R}^3$的一个基,所以$\boldsymbol{\alpha}_1,\boldsymbol{\alpha}_2,\boldsymbol{\alpha}_3$线性无关.

解答

<方法一> 记$\boldsymbol{A}=(\boldsymbol{\alpha}_1,\boldsymbol{\alpha}_2,\boldsymbol{\alpha}_3)$,$\boldsymbol{B}=(\boldsymbol{\beta}_1,\boldsymbol{\beta}_2,\boldsymbol{\beta}_3)$. 由于$\boldsymbol{\alpha}_1,\boldsymbol{\alpha}_2,\boldsymbol{\alpha}_3$线性无关,因此$R(\boldsymbol{A})<3$,从而$|\boldsymbol{A}|=-(a-1)^2(a+2)=0$,所以$a=1$或$a=-2$.

当$a=1$时,$\boldsymbol{\alpha}_1=\boldsymbol{\alpha}_2=\boldsymbol{\alpha}_3=\boldsymbol{\beta}_1=(1,1,1)^{\mathrm{T}}$,故$\boldsymbol{\alpha}_1,\boldsymbol{\alpha}_2,\boldsymbol{\alpha}_3$可由$\boldsymbol{\beta}_1,\boldsymbol{\beta}_2,\boldsymbol{\beta}_3$线性表示,但$\boldsymbol{\beta}_2=(-2,1,4)^{\mathrm{T}}$不能由$\boldsymbol{\alpha}_1,\boldsymbol{\alpha}_2,\boldsymbol{\alpha}_3$线性表示,所以$a=1$符合题意.

当$a=-2$时,由于

$$(\boldsymbol{B},\boldsymbol{A})=\begin{pmatrix}1&-2&-2&1&1&-2\\1&-2&-2&1&-2&1\\-2&4&-2&-2&1&1\end{pmatrix}\sim\begin{pmatrix}1&-2&-2&1&1&-2\\0&0&-6&0&3&-3\\0&0&0&0&-3&3\end{pmatrix}$$

对于线性方程组$\boldsymbol{Bx}=\boldsymbol{\alpha}_2$,因为$R(\boldsymbol{B})=2$,$R(\boldsymbol{B},\boldsymbol{\alpha}_2)=3$,故方程组$\boldsymbol{Bx}=\boldsymbol{\alpha}_2$无解,即$\boldsymbol{\alpha}_2$不能由$\boldsymbol{\beta}_1,\boldsymbol{\beta}_2,\boldsymbol{\beta}_3$线性表示,与题意矛盾. 因此$a=1$.

<方法二> $$(\boldsymbol{A},\boldsymbol{B})=\begin{pmatrix}1&1&a&1&-2&-2\\1&a&1&1&a&a\\a&1&1&a&4&a\end{pmatrix}$$

$$\sim\begin{pmatrix}1&1&a&1&-2&-2\\0&a-1&1-a&0&a+2&a+2\\0&1-a&1-a^2&0&4+2a&3a\end{pmatrix}$$

$$\sim\begin{pmatrix}1&1&a&1&-2&-2\\0&a-1&1-a&0&a+2&a+2\\0&0&-(a-1)(a+2)&0&3+6a&4a+2\end{pmatrix}$$

由于$\boldsymbol{\beta}_1,\boldsymbol{\beta}_2,\boldsymbol{\beta}_3$不能由$\boldsymbol{\alpha}_1,\boldsymbol{\alpha}_2,\boldsymbol{\alpha}_3$线性表示,故$R(\boldsymbol{A})<3$,因此$a=1$或$a=-2$.

当$a=1$时,有

$$(\boldsymbol{A},\boldsymbol{B})=\begin{pmatrix}1&1&1&1&-2&-2\\1&1&1&1&1&1\\1&1&1&1&4&1\end{pmatrix}\sim\begin{pmatrix}1&1&1&1&-2&-2\\0&0&0&0&3&3\\0&0&0&0&0&-3\end{pmatrix}$$

对于线性方程组$\boldsymbol{Ax}=\boldsymbol{\beta}_2$,由于$R(\boldsymbol{A})=1$,$R(\boldsymbol{A},\boldsymbol{\beta}_2)=2$,故方程组$\boldsymbol{Ax}=\boldsymbol{\beta}_2$无解,所以$\boldsymbol{\beta}_2$不能由$\boldsymbol{\alpha}_1,\boldsymbol{\alpha}_2,\boldsymbol{\alpha}_3$线性表示. 另一方面,由于$|\boldsymbol{B}|=-9\neq 0$,故$\boldsymbol{Bx}=\boldsymbol{\alpha}_i\,(i=1,2,3)$有唯一解,即$\boldsymbol{\alpha}_1,\boldsymbol{\alpha}_2,\boldsymbol{\alpha}_3$可由$\boldsymbol{\beta}_1,\boldsymbol{\beta}_2,\boldsymbol{\beta}_3$线性表示,所以$a=1$符合题意.

当$a=-2$时,由于

$$(\boldsymbol{A},\boldsymbol{B})=\begin{pmatrix}1&1&-2&1&-2&-2\\1&-2&1&1&-2&-2\\-2&1&1&-2&4&-2\end{pmatrix}\sim\begin{pmatrix}1&1&-2&1&-2&-2\\0&-3&3&0&0&0\\0&0&0&0&0&-6\end{pmatrix}$$

对于线性方程组$\boldsymbol{Bx}=\boldsymbol{\alpha}_2$

$$(\boldsymbol{B},\boldsymbol{\alpha}_2)=\begin{pmatrix}1&-2&-2&1\\1&-2&-2&-2\\-2&4&-2&1\end{pmatrix}\sim\begin{pmatrix}1&-2&-2&1\\0&0&0&-3\\0&0&-6&0\end{pmatrix}$$

由于 $R(\boldsymbol{B})=2, R(\boldsymbol{B},\boldsymbol{\alpha}_2)=3$，故方程组 $\boldsymbol{Bx}=\boldsymbol{\alpha}_2$ 无解，即 $\boldsymbol{\alpha}_2$ 不能由 $\boldsymbol{\beta}_1,\boldsymbol{\beta}_2,\boldsymbol{\beta}_3$ 线性表示，与题意矛盾. 因此 $a=1$.

评注 本题关键是将 $\boldsymbol{\alpha}_1,\boldsymbol{\alpha}_2,\boldsymbol{\alpha}_3$ 能否由 $\boldsymbol{\beta}_1,\boldsymbol{\beta}_2,\boldsymbol{\beta}_3$ 线性表示转化为非齐次线性方程组 $(\boldsymbol{\beta}_1,\boldsymbol{\beta}_2,\boldsymbol{\beta}_3)\boldsymbol{x}=\boldsymbol{\alpha}_i(i=1,2,3)$ 是否有解.

4.2.2 向量组等价的判定

例 4.4 下面向量组是否等价：

$$A:\boldsymbol{a}_1=(1,-1,1)^{\mathrm{T}},\boldsymbol{a}_2=(2,1,0)^{\mathrm{T}};$$
$$B:\boldsymbol{b}_1=(4,-1,2)^{\mathrm{T}},\boldsymbol{b}_2=(1,2,-1)^{\mathrm{T}},\boldsymbol{b}_3=(-2,5,-4)^{\mathrm{T}}.$$

分析 常用结论"向量组 $A:\boldsymbol{a}_1,\boldsymbol{a}_2,\cdots,\boldsymbol{a}_s$ 和 $B:\boldsymbol{b}_1,\boldsymbol{b}_2,\cdots,\boldsymbol{b}_t$ 等价的充分必要条件是 $R(\boldsymbol{a}_1,\boldsymbol{a}_2,\cdots,\boldsymbol{a}_s)=R(\boldsymbol{b}_1,\boldsymbol{b}_2,\cdots,\boldsymbol{b}_t)=R(\boldsymbol{a}_1,\boldsymbol{a}_2,\cdots,\boldsymbol{a}_s,\boldsymbol{b}_1,\boldsymbol{b}_2,\cdots,\boldsymbol{b}_t)$"来判断两个向量组是否等价.

解答 设矩阵 $\boldsymbol{A}=(\boldsymbol{a}_1,\boldsymbol{a}_2),\boldsymbol{B}=(\boldsymbol{b}_1,\boldsymbol{b}_2,\boldsymbol{b}_3)$，施行初等行变换，可求出矩阵的秩.

$$(\boldsymbol{A},\boldsymbol{B})=(\boldsymbol{a}_1,\boldsymbol{a}_2,\boldsymbol{b}_1,\boldsymbol{b}_2,\boldsymbol{b}_3)=\begin{pmatrix}1&2&4&1&-2\\-1&1&-1&2&5\\1&0&2&-1&-4\end{pmatrix}\sim\begin{pmatrix}1&0&2&-1&-4\\0&1&1&1&1\\0&0&0&0&0\end{pmatrix}$$

$$(\boldsymbol{B},\boldsymbol{A})=(\boldsymbol{b}_1,\boldsymbol{b}_2,\boldsymbol{b}_3,\boldsymbol{a}_1,\boldsymbol{a}_2)=\begin{pmatrix}4&1&-2&1&2\\-1&2&5&-1&1\\2&-1&-4&1&0\end{pmatrix}\sim\begin{pmatrix}1&0&-1&\frac{1}{3}&\frac{1}{3}\\0&1&2&-\frac{1}{3}&\frac{2}{3}\\0&0&0&0&0\end{pmatrix}$$

知 $R(\boldsymbol{a}_1,\boldsymbol{a}_2)=R(\boldsymbol{b}_1,\boldsymbol{b}_2,\boldsymbol{b}_3)=R(\boldsymbol{b}_1,\boldsymbol{b}_2,\boldsymbol{b}_3,\boldsymbol{a}_1,\boldsymbol{a}_2)=2$，因此向量组 $\boldsymbol{a}_1,\boldsymbol{a}_2$ 与 $\boldsymbol{b}_1,\boldsymbol{b}_2,\boldsymbol{b}_3$ 等价.

评注 本题也可以先对 $(\boldsymbol{A},\boldsymbol{B})$ 施行初等行变换，求出 $R(\boldsymbol{a}_1,\boldsymbol{a}_2),R(\boldsymbol{a}_1,\boldsymbol{a}_2,\boldsymbol{b}_1,\boldsymbol{b}_2,\boldsymbol{b}_3)$，再对 $\boldsymbol{B}$ 施行初等行变换，求出 $R(\boldsymbol{b}_1,\boldsymbol{b}_2,\boldsymbol{b}_3)$.

例 4.5 设有两个向量组

Ⅰ：$\boldsymbol{\alpha}_1=(1,0,2)^{\mathrm{T}},\boldsymbol{\alpha}_2=(1,1,3)^{\mathrm{T}},\boldsymbol{\alpha}_3=(1,-1,a+2)^{\mathrm{T}}$

Ⅱ：$\boldsymbol{\beta}_1=(1,2,a-3)^{\mathrm{T}},\boldsymbol{\beta}_2=(2,1,a+6)^{\mathrm{T}},\boldsymbol{\beta}_3=(2,1,a+4)^{\mathrm{T}}$

试问：当 a 为何值时，向量组Ⅰ与向量组Ⅱ等价 当 a 为何值时，向量组Ⅰ与向量组Ⅱ不等价.

分析 设 $\boldsymbol{A}=(\boldsymbol{\alpha}_1,\boldsymbol{\alpha}_2,\boldsymbol{\alpha}_3),\boldsymbol{B}=(\boldsymbol{\beta}_1,\boldsymbol{\beta}_2,\boldsymbol{\beta}_3)$，由于向量组Ⅰ与向量组Ⅱ都含有 3 个三维向量，因此可以用 $|\boldsymbol{A}|$ 和 $|\boldsymbol{B}|$ 来讨论向量组的秩.

解答
$$|\boldsymbol{A}|=\begin{vmatrix}1&1&1\\0&1&-1\\2&3&a+2\end{vmatrix}=\begin{vmatrix}1&1&1\\0&1&-1\\0&1&a\end{vmatrix}=\begin{vmatrix}1&1&1\\0&1&-1\\0&0&a+1\end{vmatrix}=a+1$$

$$|\boldsymbol{B}|=\begin{vmatrix}1&2&2\\2&1&1\\a-3&a+6&a+4\end{vmatrix}=\begin{vmatrix}1&2&2\\0&-3&-3\\0&12-a&10-a\end{vmatrix}=6\neq0$$

由 $|\boldsymbol{B}|\neq0$，知 $R(\text{Ⅱ})=3$. 于是向量组Ⅰ与向量组Ⅱ等价 $\Leftrightarrow R(\text{Ⅰ})=3\Leftrightarrow|\boldsymbol{A}|\neq0\Leftrightarrow a\neq-1$.
所以当 $a\neq-1$ 时，向量组Ⅰ与向量组Ⅱ等价，当 $a=-1$ 时，向量组Ⅰ与向量组Ⅱ不等价.

评注 向量组Ⅰ和向量组Ⅱ都含有3个三维向量,若均为线性无关,则向量组Ⅰ和向量组Ⅱ都是 $\mathbf{R}^3$ 的基,因此等价.

例4.6 设向量组 B 能由向量组 A 线性表示,且它们的秩相等,证明向量组 A 与向量组 B 等价.

分析 等价的向量组有相同的秩,但反之不真.若对秩相同的两个向量组,附加了其中有一个可由另一个线性表出的条件,便可推得两向量组等价.

解答

<方法一> 设 A 组和 B 组合并而成的向量组 $C=(A,B)$,因为 B 组能由 A 组线性表示,$R(A)=R(C)$,又已知 $R(A)=R(B)$,所以有 $R(A)=R(B)=R(C)$,所以,向量组 A 与向量组 B 等价.

<方法二> 只要证明向量组 A 能由向量组 B 线性表示. 设两个向量组的秩都为 s,并设 A 组和 B 组的最大无关组依次为 $\boldsymbol{a}_1,\cdots,\boldsymbol{a}_s$ 和 $\boldsymbol{b}_1,\cdots,\boldsymbol{b}_s$,因 B 组能由 A 组线性表示,故 B_0 组能由 A_0 组线性表示,即有 s 阶方阵 $\boldsymbol{K}_s$,使 $(\boldsymbol{b}_1,\cdots,\boldsymbol{b}_s)=(\boldsymbol{a}_1,\cdots,\boldsymbol{a}_s)\boldsymbol{K}_s$. 因 B_0 组线性无关,故 $R(\boldsymbol{b}_1,\cdots,\boldsymbol{b}_s)=s$,从而有 $R(\boldsymbol{K}_s)\geqslant R(\boldsymbol{b}_1,\cdots,\boldsymbol{b}_s)=s$. 而 $\boldsymbol{K}_s$ 是 s 阶方阵,所以 $R(\boldsymbol{K}_s)\leqslant s$,因此 $R(\boldsymbol{K}_s)=s$. 于是矩阵 $\boldsymbol{K}_s$ 可逆,并有 $(\boldsymbol{a}_1,\cdots,\boldsymbol{a}_s)=(\boldsymbol{b}_1,\cdots,\boldsymbol{b}_s)\boldsymbol{K}_s^{-1}$,即 A_0 组能由 B_0 组线性表示,从而 A 组能由 B 组线性表示. 故 A 组与 B 组等价.

<方法三> 设向量组 A 和 B 的秩都为 s. 因为 B 组能由 A 组线性表示,故 A 组和 B 组合并而成的向量组 (A,B) 能由 A 组线性表示. 而 A 组是 (A,B) 组的部分组,故 A 组总能由 (A,B) 组线性表示. 所以 (A,B) 组与 A 组等价,因此 (A,B) 组的秩也为 s.

又因 B 组的秩也为 s,故 B 组的最大无关组 B_0 含 s 个向量,因此 B_0 组也是 (A,B) 组的最大无关组,从而 (A,B) 组与 B_0 组等价. 而 A 组与 (A,B) 组等价,于是 A 组与 B_0 组等价,推知 A 组与 B 组等价.

评注 本题方法一利用矩阵的秩的结论讨论;方法二利用定义讨论;方法三实质上是证明 A_0 与 B_0 都是向量组 (A,B) 的最大无关组.

4.2.3 向量组的线性相关性的判定

例4.7 判断下面向量组线性相关性 $\boldsymbol{a}_1=(1,2,1)^{\mathrm{T}},\boldsymbol{a}_2=(1,2,2)^{\mathrm{T}},\boldsymbol{a}_3=(2,4,3)^{\mathrm{T}}$.

分析 向量 $\boldsymbol{a}_1,\boldsymbol{a}_2,\boldsymbol{a}_3$ 的分量都已具体给出,则利用向量组所构成的矩阵的秩来判断线性相关性是比较简便的方法.

解答

<方法一> 对矩阵 $\boldsymbol{A}=(\boldsymbol{a}_1,\boldsymbol{a}_2,\boldsymbol{a}_3)$ 施以初等行变换化为阶梯形矩阵:

$$\boldsymbol{A}=(\boldsymbol{a}_1,\boldsymbol{a}_2,\boldsymbol{a}_3)=\begin{pmatrix}1&1&2\\2&2&4\\1&2&3\end{pmatrix}\sim\begin{pmatrix}1&1&2\\0&1&1\\0&0&0\end{pmatrix}$$

知 $R(\boldsymbol{a}_1,\boldsymbol{a}_2,\boldsymbol{a}_3)=2<3$,所以向量组 $\boldsymbol{a}_1,\boldsymbol{a}_2,\boldsymbol{a}_3$ 线性相关.

<方法二> 由于 $|\boldsymbol{A}|=\begin{vmatrix}1&1&2\\2&2&4\\1&2&3\end{vmatrix}=0$,所以向量组 $\boldsymbol{a}_1,\boldsymbol{a}_2,\boldsymbol{a}_3$ 线性相关.

评注 对于 n 个 n 维向量的线性相关性,可由它所构成的方阵的行列式是否为零来判别.

例 4.8 设向量组 $\boldsymbol{a}_1,\boldsymbol{a}_2,\boldsymbol{a}_3$ 线性无关,证明

(1) $\boldsymbol{b}_1=\boldsymbol{a}_1+\boldsymbol{a}_2-2\boldsymbol{a}_3,\boldsymbol{b}_2=\boldsymbol{a}_1-\boldsymbol{a}_2-\boldsymbol{a}_3,\boldsymbol{b}_3=\boldsymbol{a}_1+\boldsymbol{a}_3$ 线性无关;

(2) $\boldsymbol{b}_1=2\boldsymbol{a}_1+\boldsymbol{a}_2+3\boldsymbol{a}_3,\boldsymbol{b}_2=\boldsymbol{a}_1+\boldsymbol{a}_3,\boldsymbol{b}_3=\boldsymbol{a}_2+\boldsymbol{a}_3$ 线性相关.

分析 下面分别利用线性相关性的概念、齐次线性方程组和向量组所构成的矩阵的秩来判断线性相关性.

解答

(1) <方法一> 设有一组数 k_1,k_2,k_3,使

$$k_1\boldsymbol{b}_1+k_2\boldsymbol{b}_2+k_3\boldsymbol{b}_3=k_1(\boldsymbol{a}_1+\boldsymbol{a}_2-2\boldsymbol{a}_3)+k_2(\boldsymbol{a}_1-\boldsymbol{a}_2-\boldsymbol{a}_3)+k_3(\boldsymbol{a}_1+\boldsymbol{a}_3)=\boldsymbol{0}$$

即 $$(k_1+k_2+k_3)\boldsymbol{a}_1+(k_1-k_2)\boldsymbol{a}_2+(-2k_1-k_2+k_3)\boldsymbol{a}_3=\boldsymbol{0}$$

因为向量组 $\boldsymbol{a}_1,\boldsymbol{a}_2,\boldsymbol{a}_3$ 线性无关,所以

$$\begin{cases} k_1+k_2+k_3=0 \\ k_1-k_2=0 \\ -2k_1-k_2+k_3=0 \end{cases}$$

而方程组的系数行列式 $\begin{vmatrix} 1 & 1 & 1 \\ 1 & -1 & 0 \\ -2 & -1 & 1 \end{vmatrix}=-5\neq0$,故方程组只有零解,即 $k_1=k_2=k_3=0$,于是向量组 $\boldsymbol{b}_1,\boldsymbol{b}_2,\boldsymbol{b}_3$ 线性无关.

<方法二> 把已知向量写成矩阵的形式

$$(\boldsymbol{b}_1,\boldsymbol{b}_2,\boldsymbol{b}_3)=(\boldsymbol{a}_1,\boldsymbol{a}_2,\boldsymbol{a}_3)\begin{pmatrix} 1 & 1 & 1 \\ 1 & -1 & 0 \\ -2 & -1 & 1 \end{pmatrix}$$

记为 $\boldsymbol{B}=\boldsymbol{AK}$. 设 $\boldsymbol{Bx}=\boldsymbol{0}$,以 $\boldsymbol{B}=\boldsymbol{AK}$ 代入得 $\boldsymbol{A}(\boldsymbol{Kx})=\boldsymbol{0}$,因为矩阵 $\boldsymbol{A}$ 的列向量组线性无关,由定义知 $\boldsymbol{Kx}=\boldsymbol{0}$,又因为 $|\boldsymbol{K}|=-5\neq0$,知方程组 $\boldsymbol{Kx}=\boldsymbol{0}$ 只有零解 $\boldsymbol{x}=\boldsymbol{0}$,于是矩阵 $\boldsymbol{B}$ 的列向量组 $\boldsymbol{b}_1,\boldsymbol{b}_2,\boldsymbol{b}_3$ 线性无关.

<方法三> 把已知向量写成矩阵的形式

$$(\boldsymbol{b}_1,\boldsymbol{b}_2,\boldsymbol{b}_3)=(\boldsymbol{a}_1,\boldsymbol{a}_2,\boldsymbol{a}_3)\begin{pmatrix} 1 & 1 & 1 \\ 1 & -1 & 0 \\ -2 & -1 & 1 \end{pmatrix}$$

记为 $\boldsymbol{B}=\boldsymbol{AK}$. 由于 $|\boldsymbol{K}|=-5\neq0$,所以 $\boldsymbol{K}$ 可逆,因此 $R(\boldsymbol{B})=R(\boldsymbol{A})$. 因为矩阵 $\boldsymbol{A}$ 的列向量组线性无关,所以 $R(\boldsymbol{A})=3$,从而 $R(\boldsymbol{B})=3$,故 $\boldsymbol{B}$ 的列向量组线性无关,即向量组 $\boldsymbol{b}_1,\boldsymbol{b}_2,\boldsymbol{b}_3$ 线性无关.

(2) <方法一> 设有一组数 k_1,k_2,k_3,使

$$k_1\boldsymbol{b}_1+k_2\boldsymbol{b}_2+k_3\boldsymbol{b}_3=k_1(2\boldsymbol{a}_1+\boldsymbol{a}_2+3\boldsymbol{a}_3)+k_2(\boldsymbol{a}_1+\boldsymbol{a}_3)+k_3(\boldsymbol{a}_2+\boldsymbol{a}_3)=\boldsymbol{0}$$

即 $$(2k_1+k_2)\boldsymbol{a}_1+(k_1+k_3)\boldsymbol{a}_2+(3k_1+k_2+k_3)\boldsymbol{a}_3=\boldsymbol{0}$$

因为向量组 $\boldsymbol{a}_1,\boldsymbol{a}_2,\boldsymbol{a}_3$ 线性无关,所以

$$\begin{cases} 2k_1 + k_2 = 0 \\ k_1 + k_3 = 0 \\ 3k_1 + k_2 + k_3 = 0 \end{cases}$$

而方程组的系数行列式 $\begin{vmatrix} 2 & 1 & 0 \\ 1 & 0 & 1 \\ 3 & 1 & 1 \end{vmatrix} = 0$，故方程组有非零解，于是向量组 $\boldsymbol{b}_1, \boldsymbol{b}_2, \boldsymbol{b}_3$ 线性相关.

<方法二>　把已知向量写成矩阵的形式：

$$(\boldsymbol{b}_1, \boldsymbol{b}_2, \boldsymbol{b}_3) = (\boldsymbol{a}_1, \boldsymbol{a}_2, \boldsymbol{a}_3)\begin{pmatrix} 2 & 1 & 0 \\ 1 & 0 & 1 \\ 3 & 1 & 1 \end{pmatrix}$$

记为 $\boldsymbol{B} = \boldsymbol{AK}$. 设 $\boldsymbol{Bx} = \boldsymbol{0}$，以 $\boldsymbol{B} = \boldsymbol{AK}$ 代入得 $\boldsymbol{A}(\boldsymbol{Kx}) = \boldsymbol{0}$，因为矩阵 $\boldsymbol{A}$ 的列向量组线性无关，由定义知 $\boldsymbol{Kx} = \boldsymbol{0}$，又因为 $|\boldsymbol{K}| = \boldsymbol{0}$，知方程组 $\boldsymbol{Kx} = 0$ 有非零解，于是矩阵 $\boldsymbol{B}$ 的列向量组 $\boldsymbol{b}_1, \boldsymbol{b}_2, \boldsymbol{b}_3$ 线性相关.

评注　证明向量组 $\boldsymbol{b}_1, \boldsymbol{b}_2, \boldsymbol{b}_3$ 线性无关时，方法二和方法三的关键是把已知条件表述成矩阵形式.

例 4.9　设向量组 $\boldsymbol{a}_1, \boldsymbol{a}_2, \cdots, \boldsymbol{a}_s$ 线性无关，向量 $\boldsymbol{b}$ 可以由 $\boldsymbol{a}_1, \boldsymbol{a}_2, \cdots, \boldsymbol{a}_s$ 线性表示，且表示系数全不为 0，证明向量组 $\boldsymbol{a}_1, \boldsymbol{a}_2, \cdots, \boldsymbol{a}_s, \boldsymbol{b}$ 中任意 s 个向量都线性无关.

分析　只需证明 $\boldsymbol{a}_1, \boldsymbol{a}_2, \cdots, \boldsymbol{a}_s, \boldsymbol{b}$ 中去掉任一向量 $\boldsymbol{a}_i (i = 1, 2, \cdots, s)$ 后的 s 个向量线性无关. 这类题用反证法证明比较方便. 另外也可以证明去掉任一向量 $\boldsymbol{a}_i (i = 1, 2, \cdots, s)$ 后的向量组的秩为 s.

解答

<方法一>　用反证法　设向量组 $\boldsymbol{a}_1, \boldsymbol{a}_2, \cdots, \boldsymbol{a}_{i-1}, \boldsymbol{a}_{i+1}, \cdots, \boldsymbol{a}_s, \boldsymbol{b}$ 线性相关，则存在 s 个不全为零的数 $k_1, k_2, \cdots, k_{i-1}, k_{i+1}, \cdots, k_s, k$ 使得

$$k_1\boldsymbol{a}_1 + k_2\boldsymbol{a}_2 + \cdots + k_{i-1}\boldsymbol{a}_{i-1} + k_{i+1}\boldsymbol{a}_{i+1} + \cdots + k_s\boldsymbol{a}_s + k\boldsymbol{b} = \boldsymbol{0}$$

其中 k 必不为 0（否则由于 $\boldsymbol{a}_1, \boldsymbol{a}_2, \cdots, \boldsymbol{a}_{i-1}, \boldsymbol{a}_{i+1}, \cdots, \boldsymbol{a}_s$ 线性无关，有 $k_1, k_2, \cdots, k_{i-1}, k_{i+1}, \cdots, k_s$ 全为 0，与假设矛盾）. 于是有

$$\boldsymbol{b} = -\frac{1}{k}(k_1\boldsymbol{a}_1 + k_2\boldsymbol{a}_2 + \cdots + k_{i-1}\boldsymbol{a}_{i-1} + k_{i+1}\boldsymbol{a}_{i+1} + \cdots + k_s\boldsymbol{a}_s)$$

所以，向量 $\boldsymbol{b}$ 可以由 $\boldsymbol{a}_1, \boldsymbol{a}_2, \cdots, \boldsymbol{a}_{i-1}, \boldsymbol{a}_{i+1}, \cdots, \boldsymbol{a}_s$ 线性表示，即 $\boldsymbol{b}$ 由 $\boldsymbol{a}_1, \boldsymbol{a}_2, \cdots, \boldsymbol{a}_s$ 线性表示时，$\boldsymbol{a}_i$ 的系数为 0，与题设矛盾. 故 $\boldsymbol{a}_1, \boldsymbol{a}_2, \cdots, \boldsymbol{a}_{i-1}, \boldsymbol{a}_{i+1}, \cdots, \boldsymbol{a}_s, \boldsymbol{b}$ 线性无关.

<方法二>　设有向量组

$$B_1: \boldsymbol{a}_1, \boldsymbol{a}_2, \cdots, \boldsymbol{a}_s, \boldsymbol{b}$$

$$B_2: \boldsymbol{a}_1, \boldsymbol{a}_2, \cdots, \boldsymbol{a}_{i-1}, \boldsymbol{a}_{i+1}, \cdots, \boldsymbol{a}_s, \boldsymbol{b} (1 \leqslant i \leqslant s)$$

则向量组 B_2 可由向量组 B_1 线性表示，向量组 B_1 中除 $\boldsymbol{a}_i$ 外均可由向量组 B_2 线性表示，而由已知条件有

$$\boldsymbol{b} = k_1\boldsymbol{a}_1 + k_2\boldsymbol{a}_2 + \cdots + k_i\boldsymbol{a}_i + \cdots + k_s\boldsymbol{a}_s$$

其中所有 $k_i \neq 0 (i = 1, 2, \cdots, s)$，故有

$$\boldsymbol{a}_i = -\frac{1}{k_i}(k_1\boldsymbol{a}_1 + k_2\boldsymbol{a}_2 + \cdots + k_{i-1}\boldsymbol{a}_{i-1} + k_{i+1}\boldsymbol{a}_{i+1} + \cdots + k_s\boldsymbol{a}_s - \boldsymbol{b})$$

即 $\boldsymbol{a}_i$ 也可由向量组 B_2 线性表示. 因此向量组 B_1 和向量组 B_2 等价,从而它们的秩相等且等于 s. 而向量组 B_2 只含有 s 个向量,所以向量组 B_2 线性无关.

评注 在讨论某些线性无关的问题时,利用反证法十分方便、有效.

例 4.10 设 $\boldsymbol{A}$ 为 $n\times m$ 阶矩阵,$\boldsymbol{B}$ 为 $m\times n$ 阶矩阵,$n<m$,如果 $\boldsymbol{AB}=\boldsymbol{E}$,证明 $\boldsymbol{B}$ 的列向量组线性无关.

分析 本题可用多种方法证明. 例如,利用向量组线性无关的定义来证明,也可以证明矩阵 $\boldsymbol{B}$ 的秩为 n.

解答

<方法一> 设 $\boldsymbol{B}=(\boldsymbol{b}_1,\boldsymbol{b}_2,\cdots,\boldsymbol{b}_n)$,有一组数 $k_1,k_2,\cdots,k_n$ 使

$$k_1\boldsymbol{b}_1 + k_2\boldsymbol{b}_2 + \cdots + k_n\boldsymbol{b}_n = (\boldsymbol{b}_1,\boldsymbol{b}_2,\cdots,\boldsymbol{b}_n)\begin{pmatrix}k_1\\k_2\\\vdots\\k_n\end{pmatrix} = \boldsymbol{0}$$

即记上式为 $\boldsymbol{Bk}=\boldsymbol{0}$,其中 $\boldsymbol{B}=(\boldsymbol{b}_1,\boldsymbol{b}_2,\cdots,\boldsymbol{b}_n)$,$\boldsymbol{k}=\begin{pmatrix}k_1\\k_2\\\vdots\\k_n\end{pmatrix}$. 在等式 $\boldsymbol{Bk}=\boldsymbol{0}$ 的两边左乘矩阵 $\boldsymbol{A}$ 得 $\boldsymbol{ABk}=\boldsymbol{A0}=\boldsymbol{0}$,而 $\boldsymbol{AB}=\boldsymbol{E}$,故得 $\boldsymbol{k}=\boldsymbol{0}$,即 $k_1=k_2=\cdots=k_n=0$,因此 $\boldsymbol{B}$ 的列向量组线性无关.

<方法二> 因为 $R(\boldsymbol{B})\leqslant\min\{n,m\}=n$;另一方面

$$n = R(\boldsymbol{E}) = R(\boldsymbol{AB}) \leqslant \min\{R(\boldsymbol{A}),R(\boldsymbol{B})\} \leqslant R(\boldsymbol{B})$$

所以有 $R(\boldsymbol{B})\geqslant n$,故 $R(\boldsymbol{B})=n$,即 $\boldsymbol{B}$ 的列向量组线性无关.

评注 方法二更为简便,但需对矩阵秩的性质掌握纯熟.

例 4.11 设有向量组

$$B:\ \boldsymbol{b}_1,\boldsymbol{b}_2,\cdots,\boldsymbol{b}_r$$
$$A:\ \boldsymbol{a}_1,\boldsymbol{a}_2,\cdots,\boldsymbol{a}_s$$

向量组 B 能由向量组 A 线性表示为

$$\begin{aligned}\boldsymbol{b}_1 &= k_{11}\boldsymbol{a}_1 + k_{21}\boldsymbol{a}_2 + \cdots + k_{s1}\boldsymbol{a}_s\\ \boldsymbol{b}_2 &= k_{12}\boldsymbol{a}_1 + k_{22}\boldsymbol{a}_2 + \cdots + k_{s2}\boldsymbol{a}_s\\ &\ \ \vdots\\ \boldsymbol{b}_r &= k_{1r}\boldsymbol{a}_1 + k_{2r}\boldsymbol{a}_2 + \cdots + k_{sr}\boldsymbol{a}_s\end{aligned}$$

其中 $\boldsymbol{K}=(k_{ij})$ 为 $s\times r$ 矩阵,且 A 组向量线性无关,证明 B 组向量线性无关的充分必要条件是 $R(\boldsymbol{K})=r$.

分析 利用矩阵的乘法可将已知的线性表达式写成 $(\boldsymbol{b}_1,\boldsymbol{b}_2,\cdots,\boldsymbol{b}_r)=(\boldsymbol{a}_1,\boldsymbol{a}_2,\cdots,\boldsymbol{a}_s)\boldsymbol{K}$,记 $\boldsymbol{B}=(\boldsymbol{b}_1,\boldsymbol{b}_2,\cdots,\boldsymbol{b}_r)$,$\boldsymbol{A}=(\boldsymbol{a}_1,\boldsymbol{a}_2,\cdots,\boldsymbol{a}_s)$,则 $\boldsymbol{B}=\boldsymbol{AK}$.

解答

<方法一>　必要性　B 组线性无关,欲证 $R(\boldsymbol{K})=r$.

由已知条件得 $\boldsymbol{B}=\boldsymbol{AK}$,因为 B 组向量线性无关,故 $R(\boldsymbol{B})=r$,于是 $r=R(\boldsymbol{B})=R(\boldsymbol{AK})\leqslant R(\boldsymbol{K})$.

由于向量组 B 能由向量组 A 线性表示,而向量组 B 线性无关,所以 $r\leqslant s$. 而 $\boldsymbol{K}$ 为 $s\times r$ 矩阵,则 $R(\boldsymbol{K})\leqslant r$. 总之有 $R(\boldsymbol{K})=r$.

充分性　$R(\boldsymbol{K})=r$,欲证 B 组向量线性无关.

假设 B 组线性相关,即 $\boldsymbol{B}=(\boldsymbol{b}_1,\boldsymbol{b}_2,\cdots,\boldsymbol{b}_r)$ 的列向量组线性相关,则存在 $\boldsymbol{x}\neq\boldsymbol{0}$ 使得 $\boldsymbol{Bx}=\boldsymbol{0}$,于是 $\boldsymbol{AKx}=\boldsymbol{A}(\boldsymbol{Kx})=\boldsymbol{0}$,由于 A 组向量线性无关,即 $\boldsymbol{A}=(\boldsymbol{a}_1,\boldsymbol{a}_2,\cdots,\boldsymbol{a}_s)$ 的列向量组线性无关,所以 $\boldsymbol{Kx}=\boldsymbol{0}$,而 $R(\boldsymbol{K})=r$,所以 $\boldsymbol{K}$ 的列向量组线性无关,因此 $\boldsymbol{x}=\boldsymbol{0}$,矛盾,所以 B 组线性无关.

<方法二>　由于向量组 B 线性无关的充分必要条件是 $R(\boldsymbol{B})=r$,因此想要证明结论,只需证明 $R(\boldsymbol{B})=R(\boldsymbol{K})$.

若列向量 $\boldsymbol{x}$ 使得 $\boldsymbol{Kx}=\boldsymbol{0}$,则有 $\boldsymbol{AKx}=\boldsymbol{0}$. 因 $\boldsymbol{B}=\boldsymbol{AK}$,得 $\boldsymbol{Bx}=\boldsymbol{0}$,故 r 元齐次线性方程组 $\boldsymbol{Kx}=\boldsymbol{0}$ 的解都是 r 元齐次线性方程组 $\boldsymbol{Bx}=\boldsymbol{0}$ 的解.

反之,若 $\boldsymbol{Bx}=\boldsymbol{0}$,则 $\boldsymbol{AKx}=\boldsymbol{A}(\boldsymbol{Kx})=\boldsymbol{0}$. 因为 $\boldsymbol{A}=(\boldsymbol{a}_1,\boldsymbol{a}_2,\cdots,\boldsymbol{a}_s)$ 的列向量组线性无关,故齐次线性方程组 $\boldsymbol{Ay}=\boldsymbol{0}$ 只有零解,所以 $\boldsymbol{Kx}=\boldsymbol{0}$. 这说明 $\boldsymbol{Bx}=\boldsymbol{0}$ 的解也是 $\boldsymbol{Kx}=\boldsymbol{0}$ 的解. 所以 r 元齐次线性方程组 $\boldsymbol{Bx}=\boldsymbol{0}$ 和 $\boldsymbol{Kx}=\boldsymbol{0}$ 同解,则它们解空间的维数相同,即 $r-R(\boldsymbol{B})=r-R(\boldsymbol{K})$,故 $R(\boldsymbol{B})=R(\boldsymbol{K})$. 特别地,$R(\boldsymbol{B})=r$ 等价于 $R(\boldsymbol{K})=r$,即 B 组向量线性无关的充分必要条件是 $R(\boldsymbol{K})=r$.

评注　本题说明若矩阵 $\boldsymbol{A}$ 的列向量组线性无关($\boldsymbol{A}$ 为列满秩矩阵),由 $\boldsymbol{AK}=\boldsymbol{B}$ 可推得 $R(\boldsymbol{B})=R(\boldsymbol{K})$,即用列满秩矩阵左乘矩阵,不改变矩阵的秩.

例 4.12　设向量组

$$\boldsymbol{\alpha}_1=(1,2,1)^{\mathrm{T}},\boldsymbol{\alpha}_2=(1,1,2)^{\mathrm{T}},\boldsymbol{\alpha}_3=(2,3,t)^{\mathrm{T}}$$

(1) t 取何值时,向量组 $\boldsymbol{\alpha}_1,\boldsymbol{\alpha}_2,\boldsymbol{\alpha}_3$ 线性无关.

(2) t 取何值时,向量组 $\boldsymbol{\alpha}_1,\boldsymbol{\alpha}_2,\boldsymbol{\alpha}_3$ 线性相关,并在此时将 $\boldsymbol{\alpha}_3$ 表示为 $\boldsymbol{\alpha}_1,\boldsymbol{\alpha}_2$ 的线性组合.

分析　这是 3 个三维向量构成的向量组,可用它所构成的方阵的行列式是否为零来判别线性相关性,也可以利用矩阵的秩来判别.

解答

<方法一>　向量组所构成的行列式

$$D=\begin{vmatrix}1&1&2\\2&1&3\\1&2&t\end{vmatrix}=3-t$$

所以,当 $t\neq3$ 时,$D\neq0$,此时向量组 $\boldsymbol{\alpha}_1,\boldsymbol{\alpha}_2,\boldsymbol{\alpha}_3$ 线性无关;当 $t=3$ 时,$D=0$,此时向量组 $\boldsymbol{\alpha}_1,\boldsymbol{\alpha}_2,\boldsymbol{\alpha}_3$ 线性相关.

当 $t=3$ 时,对矩阵 $\boldsymbol{A}=(\boldsymbol{\alpha}_1,\boldsymbol{\alpha}_2,\boldsymbol{\alpha}_3)$ 作初等行变换,化为行最简,即

$$\boldsymbol{A}=\begin{pmatrix}1&1&2\\2&1&3\\1&2&3\end{pmatrix}\sim\begin{pmatrix}1&1&2\\0&-1&-1\\0&1&1\end{pmatrix}\sim\begin{pmatrix}1&0&1\\0&1&1\\0&0&0\end{pmatrix}$$

由此得 $\boldsymbol{\alpha}_3=\boldsymbol{\alpha}_1+\boldsymbol{\alpha}_2$.

<方法二> 对矩阵 $\boldsymbol{A}=(\boldsymbol{\alpha}_1,\boldsymbol{\alpha}_2,\boldsymbol{\alpha}_3)$ 作初等行变换

$$\boldsymbol{A}=\begin{pmatrix}1&1&2\\2&1&3\\1&2&t\end{pmatrix}\sim\begin{pmatrix}1&1&2\\0&-1&-1\\0&1&t-2\end{pmatrix}\sim\begin{pmatrix}1&1&2\\0&1&1\\0&0&t-3\end{pmatrix}$$

由此可知,当 $t\neq3$ 时,$R(\boldsymbol{A})=3$,此时向量组 $\boldsymbol{\alpha}_1,\boldsymbol{\alpha}_2,\boldsymbol{\alpha}_3$ 线性无关;当 $t=3$ 时,$R(\boldsymbol{A})=2<3$,此时向量组 $\boldsymbol{\alpha}_1,\boldsymbol{\alpha}_2,\boldsymbol{\alpha}_3$ 线性相关,将矩阵 $\boldsymbol{A}$ 进一步化成行最简,即

$$\boldsymbol{A}\sim\begin{pmatrix}1&0&1\\0&1&1\\0&0&0\end{pmatrix}$$

于是 $\boldsymbol{\alpha}_3=\boldsymbol{\alpha}_1+\boldsymbol{\alpha}_2$.

评注 $t=3$ 时,向量组 $\boldsymbol{\alpha}_1,\boldsymbol{\alpha}_2,\boldsymbol{\alpha}_3$ 线性相关,又显然有 $\boldsymbol{\alpha}_1,\boldsymbol{\alpha}_2$ 线性无关,故 $\boldsymbol{\alpha}_3$ 必可由 $\boldsymbol{\alpha}_1$,$\boldsymbol{\alpha}_2$ 唯一地线性表出,即存在数 x_1,x_2,使得 $x_1\boldsymbol{\alpha}_1+x_2\boldsymbol{\alpha}_2=\boldsymbol{\alpha}_3$,此非齐次线性方程组的增广矩阵为 $\boldsymbol{A}=(\boldsymbol{\alpha}_1,\boldsymbol{\alpha}_2,\boldsymbol{\alpha}_3)$,对 $\boldsymbol{A}$ 作初等行变换可求解此方程组.

例 4.13 证明 n 维列向量组 $\boldsymbol{\alpha}_1,\boldsymbol{\alpha}_2,\cdots,\boldsymbol{\alpha}_n$ 线性无关的充分必要条件是行列式

$$D=\begin{vmatrix}\boldsymbol{\alpha}_1^{\mathrm T}\boldsymbol{\alpha}_1&\boldsymbol{\alpha}_1^{\mathrm T}\boldsymbol{\alpha}_2&\cdots&\boldsymbol{\alpha}_1^{\mathrm T}\boldsymbol{\alpha}_n\\\boldsymbol{\alpha}_2^{\mathrm T}\boldsymbol{\alpha}_1&\boldsymbol{\alpha}_2^{\mathrm T}\boldsymbol{\alpha}_2&\cdots&\boldsymbol{\alpha}_2^{\mathrm T}\boldsymbol{\alpha}_n\\\vdots&\vdots&\ddots&\vdots\\\boldsymbol{\alpha}_n^{\mathrm T}\boldsymbol{\alpha}_1&\boldsymbol{\alpha}_n^{\mathrm T}\boldsymbol{\alpha}_2&\cdots&\boldsymbol{\alpha}_n^{\mathrm T}\boldsymbol{\alpha}_n\end{vmatrix}\neq0$$

分析 由于 n 个 n 维向量线性无关的充分必要条件是由这 n 个向量所组成的方阵的行列式不等于零,所以向量组 $\boldsymbol{\alpha}_1,\boldsymbol{\alpha}_2,\cdots,\boldsymbol{\alpha}_n$ 线性无关的充分必要条件方阵 $\boldsymbol{A}=(\boldsymbol{a}_1,\boldsymbol{a}_2,\cdots,\boldsymbol{a}_n)$ 的行列式不等于零.

解答 令矩阵 $\boldsymbol{A}=(\boldsymbol{a}_1,\boldsymbol{a}_2,\cdots,\boldsymbol{a}_n)$,则向量组 $\boldsymbol{\alpha}_1,\boldsymbol{\alpha}_2,\cdots,\boldsymbol{\alpha}_n$ 线性无关$\Leftrightarrow|\boldsymbol{A}|\neq0$. 由于

$$\boldsymbol{A}^{\mathrm T}\boldsymbol{A}=\begin{pmatrix}\boldsymbol{\alpha}_1^{\mathrm T}\\\boldsymbol{\alpha}_2^{\mathrm T}\\\vdots\\\boldsymbol{\alpha}_n^{\mathrm T}\end{pmatrix}(\boldsymbol{\alpha}_1,\boldsymbol{\alpha}_2,\cdots,\boldsymbol{\alpha}_n)=\begin{pmatrix}\boldsymbol{\alpha}_1^{\mathrm T}\boldsymbol{\alpha}_1&\boldsymbol{\alpha}_1^{\mathrm T}\boldsymbol{\alpha}_2&\cdots&\boldsymbol{\alpha}_1^{\mathrm T}\boldsymbol{\alpha}_n\\\boldsymbol{\alpha}_2^{\mathrm T}\boldsymbol{\alpha}_1&\boldsymbol{\alpha}_2^{\mathrm T}\boldsymbol{\alpha}_2&\cdots&\boldsymbol{\alpha}_2^{\mathrm T}\boldsymbol{\alpha}_n\\\vdots&\vdots&\ddots&\vdots\\\boldsymbol{\alpha}_n^{\mathrm T}\boldsymbol{\alpha}_1&\boldsymbol{\alpha}_n^{\mathrm T}\boldsymbol{\alpha}_2&\cdots&\boldsymbol{\alpha}_n^{\mathrm T}\boldsymbol{\alpha}_n\end{pmatrix}.$$

在上式两端取行列式,得

$$|\boldsymbol{A}|^2=|\boldsymbol{A}^{\mathrm T}||\boldsymbol{A}|=D$$

故 $|\boldsymbol{A}|\neq0\Leftrightarrow D\neq0$,所以向量组 $\boldsymbol{\alpha}_1,\boldsymbol{\alpha}_2,\cdots,\boldsymbol{\alpha}_n$ 线性无关$\Leftrightarrow D\neq0$.

评注 本题的关键是建立 $|\boldsymbol{A}|$ 与行列式 D 的联系,D 的 (i,j) 元 $\boldsymbol{\alpha}_i^{\mathrm T}\boldsymbol{\alpha}_j$ 正是 $\boldsymbol{A}^{\mathrm T}\boldsymbol{A}$ 的 (i,j) 元,因而有 $|\boldsymbol{A}^{\mathrm T}\boldsymbol{A}|=D$.

4.2.4 向量组秩和最大无关组的求法

例 4.14 求向量组

$\boldsymbol{a}_1=(1,2,-1,1)^{\mathrm T},\boldsymbol{a}_2=(2,0,t,0)^{\mathrm T},\boldsymbol{a}_3=(0,-4,5,-2)^{\mathrm T},\boldsymbol{a}_4=(3,-2,t+4,-1)^{\mathrm T}$

的秩和一个最大无关组,并指出向量组的线性相关性.

分析 矩阵的秩等于它的行向量组的秩,也等于它的列向量组的秩,因此可由向量组组成矩阵,并由矩阵的秩来求向量组的秩.

解答 对由向量 $\boldsymbol{a}_1,\boldsymbol{a}_2,\boldsymbol{a}_3,\boldsymbol{a}_4$ 为列做成的矩阵作初等行变换:

$$(\boldsymbol{a}_1\boldsymbol{a}_2\boldsymbol{a}_3\boldsymbol{a}_4)=\begin{pmatrix}1&2&0&3\\2&0&-4&-2\\-1&t&5&t+4\\1&0&-2&-1\end{pmatrix}\sim\begin{pmatrix}1&2&0&3\\0&-4&-4&-8\\0&t+2&5&t+7\\0&-2&-2&-4\end{pmatrix}\sim\begin{pmatrix}1&2&0&3\\0&1&1&2\\0&0&3-t&3-t\\0&0&0&0\end{pmatrix}$$

(1) $t=3$ 时,则 $R(\boldsymbol{a}_1,\boldsymbol{a}_2,\boldsymbol{a}_3,\boldsymbol{a}_4)=2$,且 $\boldsymbol{a}_1,\boldsymbol{a}_2$ 是一个最大无关组,向量组线性相关.

(2) $t\neq 3$ 时,则 $R(\boldsymbol{a}_1,\boldsymbol{a}_2,\boldsymbol{a}_3,\boldsymbol{a}_4)=3$,且 $\boldsymbol{a}_1,\boldsymbol{a}_2,\boldsymbol{a}_3$ 是一个最大无关组,向量组线性相关.

评注 类似地,可以把此向量组作为行向量构成矩阵 $\boldsymbol{A}$,对其作初等列变换,求出行向量组的最大无关组、秩和线性表出.

例 4.15 设向量组

$$\boldsymbol{a}_1=(1\quad 3\quad 2\quad 0)^{\mathrm{T}},\boldsymbol{a}_1=(7\quad 0\quad 14\quad 3)^{\mathrm{T}}$$
$$\boldsymbol{a}_3=(2\quad -1\quad 0\quad 1)^{\mathrm{T}},\boldsymbol{a}_4=(5\quad 1\quad 6\quad 2)^{\mathrm{T}}$$
$$\boldsymbol{a}_5=(2\quad -1\quad 4\quad 1)^{\mathrm{T}}$$

求该列向量组的秩和一个最大无关组,并把不属于最大无关组的列向量用最大无关组线性表示.

分析 当向量组的秩为 1 时,该向量组中任意一个非零向量就是它的最大无关组;当向量组的秩为 2 时,该向量组中任意 2 个对应分量不成比例的向量就是它的最大无关组. 当向量组的秩大于 2 时,将向量组作为列向量构成矩阵 $\boldsymbol{A}$,对 $\boldsymbol{A}$ 作初等行变换化为行阶梯矩阵,则 $\boldsymbol{A}$ 中与行阶梯矩阵非零行的第一个非零元所在列相对应的列向量组为 $\boldsymbol{A}$ 的列向量组的最大无关组.

解答 记 $\boldsymbol{A}=(\boldsymbol{a}_1,\boldsymbol{a}_2,\boldsymbol{a}_3,\boldsymbol{a}_4,\boldsymbol{a}_5)$,对 $\boldsymbol{A}$ 施初等行变换化为行阶梯形:

$$\boldsymbol{A}=\begin{pmatrix}1&7&2&5&2\\3&0&-1&1&-1\\2&14&0&6&4\\0&3&1&2&1\end{pmatrix}\sim\begin{pmatrix}1&7&2&5&2\\0&3&1&2&1\\0&0&1&1&0\\0&0&0&0&0\end{pmatrix}=\boldsymbol{A}_1$$

知 $R(\boldsymbol{A})=3$,故列向量组的最大无关组含 3 个向量. 而三个非零首元在第 1,2,3 列上,故 $\boldsymbol{a}_1,\boldsymbol{a}_2,\boldsymbol{a}_3$ 为列向量组的一个最大无关组. 进一步对 $\boldsymbol{A}_1$ 作初等行变换,有

$$\boldsymbol{A}_1=\begin{pmatrix}1&7&2&5&2\\0&3&1&2&1\\0&0&1&1&0\\0&0&0&0&0\end{pmatrix}\sim\begin{pmatrix}1&0&0&\frac{2}{3}&-\frac{1}{3}\\0&1&0&\frac{1}{3}&\frac{1}{3}\\0&0&1&1&0\\0&0&0&0&0\end{pmatrix}=\boldsymbol{B}$$

由 $\boldsymbol{A}$ 的行最简形矩阵知

$$\begin{cases} \boldsymbol{a}_4 = \dfrac{2}{3}\boldsymbol{a}_1 + \dfrac{1}{3}\boldsymbol{a}_2 + \boldsymbol{a}_3 \\ \boldsymbol{a}_5 = -\dfrac{1}{3}\boldsymbol{a}_1 + \dfrac{1}{3}\boldsymbol{a}_2 \end{cases}$$

评注 由于矩阵的初等行变换不改变矩阵列向量之间的线性关系，因此，矩阵 $\boldsymbol{A}$ 与矩阵 $\boldsymbol{B}$ 的列向量组有相同的线性关系.

另外，向量组的最大无关组不唯一. 例如 $\boldsymbol{a}_1,\boldsymbol{a}_4,\boldsymbol{a}_5$ 和 $\boldsymbol{a}_3,\boldsymbol{a}_4,\boldsymbol{a}_5$ 都是向量组的最大无关组.

例 4.16 设有向量组

$$\text{Ⅰ}: \boldsymbol{a}_1,\boldsymbol{a}_2,\boldsymbol{a}_3$$

$$\text{Ⅱ}: \boldsymbol{a}_1,\boldsymbol{a}_2,\boldsymbol{a}_3,\boldsymbol{a}_4$$

$$\text{Ⅲ}: \boldsymbol{a}_1,\boldsymbol{a}_2,\boldsymbol{a}_3,\boldsymbol{a}_5$$

如果各向量组的秩分别为 $R(\text{Ⅰ})=R(\text{Ⅱ})=3, R(\text{Ⅲ})=4$. 证明向量组

$$\text{Ⅳ}: \boldsymbol{a}_1,\boldsymbol{a}_2,\boldsymbol{a}_3,\boldsymbol{a}_5-\boldsymbol{a}_4$$

的秩为 4.

分析 根据 $R(\text{Ⅰ})=R(\text{Ⅱ})=3$，知 $\boldsymbol{a}_4$ 可由 $\boldsymbol{a}_1,\boldsymbol{a}_2,\boldsymbol{a}_3$ 线性表示. 根据 $R(\text{Ⅲ})=4$，知 $\boldsymbol{a}_1,\boldsymbol{a}_2,\boldsymbol{a}_3,\boldsymbol{a}_5$线性无关，然后可证 $\boldsymbol{a}_1,\boldsymbol{a}_2,\boldsymbol{a}_3,\boldsymbol{a}_5-\boldsymbol{a}_4$ 线性无关.

解答

<方法一> $R(\text{Ⅰ})=3$，知 $\boldsymbol{a}_1,\boldsymbol{a}_2,\boldsymbol{a}_3$ 线性无关，又由 $R(\text{Ⅱ})=3$，知 $\boldsymbol{a}_4$ 可由 $\boldsymbol{a}_1,\boldsymbol{a}_2,\boldsymbol{a}_3$ 线性表示. 令 $\boldsymbol{a}_4=\lambda_1\boldsymbol{a}_1+\lambda_2\boldsymbol{a}_2+\lambda_3\boldsymbol{a}_3$，现证 $\boldsymbol{a}_1,\boldsymbol{a}_2,\boldsymbol{a}_3,\boldsymbol{a}_5-\boldsymbol{a}_4$ 线性无关.

设 $x_1\boldsymbol{a}_1+x_2\boldsymbol{a}_2+x_3\boldsymbol{a}_3+x_4(\boldsymbol{a}_5-\boldsymbol{a}_4)=\boldsymbol{0}$，将 $\boldsymbol{a}_4$ 的表达式代入上式且整理，得

$$(x_1-\lambda_1x_4)\boldsymbol{a}_1+(x_2-\lambda_2x_4)\boldsymbol{a}_2+(x_3-\lambda_3x_4)\boldsymbol{a}_3+x_4\boldsymbol{a}_5=\boldsymbol{0}$$

因为 $R(\text{Ⅲ})=4$，所以 $\boldsymbol{a}_1,\boldsymbol{a}_2,\boldsymbol{a}_3,\boldsymbol{a}_5$ 线性无关，故

$$\begin{cases} x_1-\lambda_1x_4=0 \\ x_2-\lambda_2x_4=0 \\ x_3-\lambda_3x_4=0 \\ x_4=0 \end{cases}$$

上面的齐次线性方程组只有零解 $x_1=x_2=x_3=x_4=0$，故向量组Ⅳ线性无关，秩为 4.

<方法二> 同方法一可知 $\boldsymbol{a}_4$ 可由 $\boldsymbol{a}_1,\boldsymbol{a}_2,\boldsymbol{a}_3$ 线性表示. 令 $\boldsymbol{a}_4=\lambda_1\boldsymbol{a}_1+\lambda_2\boldsymbol{a}_2+\lambda_3\boldsymbol{a}_3$，因此有

$$\boldsymbol{a}_5=\boldsymbol{a}_4+(\boldsymbol{a}_5-\boldsymbol{a}_4)=\lambda_1\boldsymbol{a}_1+\lambda_2\boldsymbol{a}_2+\lambda_3\boldsymbol{a}_3+(\boldsymbol{a}_5-\boldsymbol{a}_4)$$

即 $\boldsymbol{a}_5$ 可由向量组Ⅳ线性表示，显然 $\boldsymbol{a}_1,\boldsymbol{a}_2,\boldsymbol{a}_3$ 都可以由向量组Ⅳ线性表示，因此，向量组Ⅲ可由向量组Ⅳ线性表示，故有 $4=R(\text{Ⅲ})\leqslant R(\text{Ⅳ})$，又 $R(\text{Ⅳ})\leqslant 4$，所以 $R(\text{Ⅳ})=4$.

评注 要证明由 4 个向量组成的向量组的秩为 4，即证明该向量组线性无关，这就是方法一. 也可以用方法二证得两向量组Ⅲ与Ⅳ等价，从而有 $R(\text{Ⅲ})=R(\text{Ⅳ})=4$.

例 4.17 设 $\boldsymbol{A}$ 为 $n\times m$ 矩阵. 证明 $R(\boldsymbol{A})=1$ 的充分必要条件是 $\boldsymbol{A}$ 可以表示为一个 m 维非零列向量 $\boldsymbol{\alpha}$ 与一个 n 维非零行向量 $\boldsymbol{\beta}$ 的乘积，即 $\boldsymbol{A}=\boldsymbol{\alpha\beta}$.

分析 由于矩阵的秩等于它的行向量组的秩，也等于它的列向量组的秩，从而矩阵秩的问

题可以转化为向量组的秩的问题.

解答 充分性 设有非零向量

$$\boldsymbol{\alpha}=\begin{pmatrix}a_1\\a_2\\\vdots\\a_m\end{pmatrix},\boldsymbol{\beta}=(b_1,b_2,\cdots,b_n)$$

使得
$$\boldsymbol{A}=\boldsymbol{\alpha\beta}=\begin{pmatrix}a_1b_1&a_1b_2&\cdots&a_1b_n\\a_2b_1&a_2b_2&\cdots&a_2b_n\\\vdots&\vdots&\ddots&\vdots\\a_mb_1&a_mb_2&\cdots&a_mb_n\end{pmatrix}$$

由于$\boldsymbol{\alpha}$和$\boldsymbol{\beta}$均为非零向量,故$\boldsymbol{\alpha}$和$\boldsymbol{\beta}$的分量不全为零,不妨设$a_1\neq0,b_1\neq0$,则容易看出$\boldsymbol{A}$的第一行为$\boldsymbol{A}$的行向量组的最大无关组(第1行非零,且其他行都可由第1行线性表示),最大无关组含一个向量,因而$\boldsymbol{A}$的行向量组的秩为1,即$\boldsymbol{A}$的秩为1.

必要性 设$R(\boldsymbol{A})=1$,则$\boldsymbol{A}$的行向量组的秩为1,即$\boldsymbol{A}$的行向量组的最大无关组只含一个向量,不妨设$\boldsymbol{A}$的第1行$\boldsymbol{\alpha}_1=(a_1,a_2,\cdots,a_n)$为$\boldsymbol{A}$的行向量组的最大无关组,则$\boldsymbol{\alpha}_1\neq\boldsymbol{0}$,且$\boldsymbol{A}$的第$i$行$\boldsymbol{\alpha}_i$可由$\boldsymbol{\alpha}_1$线性表示,设$\boldsymbol{\alpha}_i=k_i\boldsymbol{\alpha}_1(i=2,3,\cdots,m)$,则有

$$\boldsymbol{A}=\begin{pmatrix}\boldsymbol{\alpha}_1\\\boldsymbol{\alpha}_2\\\vdots\\\boldsymbol{\alpha}_m\end{pmatrix}=\begin{pmatrix}\boldsymbol{\alpha}_1\\k_2\boldsymbol{\alpha}_1\\\vdots\\k_m\boldsymbol{\alpha}_1\end{pmatrix}=\begin{pmatrix}a_1&a_2&\cdots&a_n\\k_2a_1&k_2a_2&\cdots&k_2a_n\\\vdots&\vdots&\ddots&\vdots\\k_ma_1&k_ma_2&\cdots&k_ma_n\end{pmatrix}=\begin{pmatrix}1\\k_2\\\vdots\\k_m\end{pmatrix}(a_1,a_2,\cdots,a_n)$$

所以,$\boldsymbol{A}$可以表示为一个m维非零列向量$\begin{pmatrix}1\\k_2\\\vdots\\k_m\end{pmatrix}$与一个$n$维非零行向量$(a_1,a_2,\cdots,a_n)$的乘积.

评注 本题是将$R(\boldsymbol{A})$看作$\boldsymbol{A}$的行向量组的秩来证明的,当然也可将$R(\boldsymbol{A})$看作$\boldsymbol{A}$的列向量组的秩来证明.

4.2.5 齐次线性方程组解的结构

例4.18 设矩阵$\boldsymbol{A}=\begin{pmatrix}1&2&1&2\\0&1&a&a\\1&a&0&1\end{pmatrix}$,已知齐次线性方程组$\boldsymbol{Ax}=\boldsymbol{0}$的解空间的维数为2,

(1) 求a的值;

(2) 求出方程组$\boldsymbol{Ax}=\boldsymbol{0}$的用基础解系表示的通解.

分析 由4元齐次线性方程组$\boldsymbol{Ax}=\boldsymbol{0}$的解空间的维数为$4-R(\boldsymbol{A})=2$,得$R(\boldsymbol{A})=2$.

解答 (1) 对$\boldsymbol{A}$作初等行变换,化为行阶梯矩阵

$$\boldsymbol{A}\sim\begin{pmatrix}1&2&1&2\\0&1&a&a\\0&a-2&-1&-1\end{pmatrix}\sim\begin{pmatrix}1&2&1&2\\0&1&a&a\\0&0&(a-1)^2&(a-1)^2\end{pmatrix}$$

因此,当且仅当 $a=1$ 时 $R(\boldsymbol{A})=2$,故 $a=1$.

(2) 当 $a=1$ 时,将 $\boldsymbol{A}$ 进一步化为行最简形矩阵,即

$$\boldsymbol{A}\sim\begin{pmatrix}1&2&1&2\\0&1&1&1\\0&0&0&0\end{pmatrix}\sim\begin{pmatrix}1&0&-1&0\\0&1&1&1\\0&0&0&0\end{pmatrix}$$

故

$$\begin{cases}x_1=x_3\\x_2=-x_3-x_4\end{cases}$$

<方法一> 令自由未知量 $\begin{pmatrix}x_3\\x_4\end{pmatrix}=\begin{pmatrix}1\\0\end{pmatrix},\begin{pmatrix}0\\1\end{pmatrix}$,可得所求方程组的基础解系为 $\boldsymbol{\xi}_1=(1,-1,1,0)^{\mathrm{T}}$, $\boldsymbol{\xi}_2=(0,-1,0,1)^{\mathrm{T}}$,于是得 $\boldsymbol{Ax}=\boldsymbol{0}$ 的用基础解系表示的通解为 $\boldsymbol{x}=c_1\boldsymbol{\xi}_1+c_2\boldsymbol{\xi}_2\ (c_1,c_2\in\mathbf{R})$.

<方法二> $\begin{cases}x_1=x_3\\x_2=-x_3-x_4\\x_3=x_3\\x_4=x_4\end{cases}$,于是齐次线性方程组 $\boldsymbol{Ax}=\boldsymbol{0}$ 的通解为

$$\boldsymbol{x}=c_1\begin{pmatrix}1\\-1\\1\\0\end{pmatrix}+c_2\begin{pmatrix}0\\-1\\0\\1\end{pmatrix},(c_1,c_2\in\mathbf{R})$$

其中,$\boldsymbol{\xi}_1=(1,-1,1,0)^{\mathrm{T}}$,$\boldsymbol{\xi}_2=(0,-1,0,1)^{\mathrm{T}}$ 就是 $\boldsymbol{Ax}=\boldsymbol{0}$ 的基础解系.

评注 上面两种方法解线性方程组其实没有多少区别. 方法一是先取基础解系再写出通解,方法二是先写出通解再从通解的表达式中找出基础解系.

例 4.19 求一个齐次线性方程组,使它的基础解系为

$$\boldsymbol{\xi}_1=(1,2,3,4)^{\mathrm{T}},\boldsymbol{\xi}_2=(4,3,2,1)^{\mathrm{T}}$$

分析 设所求齐次线性方程组为 $\boldsymbol{Ax}=\boldsymbol{0}$. 由于 $\boldsymbol{\xi}_1,\boldsymbol{\xi}_2$ 是它的基础解系,所以 $\boldsymbol{A\xi}=\boldsymbol{0},\boldsymbol{A\xi}_2=\boldsymbol{0}$. 矩阵 $\boldsymbol{A}$ 的行向量形如 $\boldsymbol{\alpha}^{\mathrm{T}}=(a_1,a_2,a_3,a_4)$,根据题意,有

$$\boldsymbol{\alpha}^{\mathrm{T}}\boldsymbol{\xi}_1=\boldsymbol{0},\boldsymbol{\alpha}^{\mathrm{T}}\boldsymbol{\xi}_2=\boldsymbol{0}$$

解答 设矩阵 $\boldsymbol{A}$ 的行向量形如 $\boldsymbol{\alpha}^{\mathrm{T}}=(a_1,a_2,a_3,a_4)$,则有

$$\begin{cases}a_1+2a_2+3a_3+4a_4=0\\4a_1+3a_2+2a_3+a_4=0\end{cases}$$

设这个以 a_1,a_2,a_3,a_4 为未知量的齐次线性方程组的系数矩阵为 $\boldsymbol{B}$,对 $\boldsymbol{B}$ 进行初等行变换,即

$$\boldsymbol{B}=\begin{pmatrix}1&2&3&4\\4&3&2&1\end{pmatrix}\sim\begin{pmatrix}1&0&-1&-2\\0&1&2&3\end{pmatrix}$$

得其基础解系为

$$\boldsymbol{\eta}_1=(1,-2,1,0)^{\mathrm{T}},\boldsymbol{\eta}_2=(2,-3,0,1)^{\mathrm{T}}$$

故可取矩阵 $\boldsymbol{A}$ 的行向量为 $\boldsymbol{\alpha}_1^{\mathrm{T}}=(1,-2,1,0)$,$\boldsymbol{\alpha}_2^{\mathrm{T}}=(2,-3,0,1)$,故所求齐次线性方程组的系

数矩阵 $A=\begin{pmatrix}1 & -2 & 1 & 0\\ 2 & -3 & 0 & 1\end{pmatrix}$,方程组为 $\begin{cases}x_1-2x_2+x_3=0\\ 2x_1-3x_2+x_4=0\end{cases}$.

评注 用上述方法求得的矩阵 $\boldsymbol{A}$ 不唯一. 一方面,由于以 a_1,a_2,a_3,a_4 为未知量的齐次线性方程组的基础解系不唯一. 另一方面,增加基础解系 $\boldsymbol{\eta}_1,\boldsymbol{\eta}_2$ 的线性组合作行向量构成的矩阵仍为所求矩阵 $\boldsymbol{A}$.

例 4.20 已知 $\boldsymbol{\alpha}_1,\boldsymbol{\alpha}_2,\boldsymbol{\alpha}_3,\boldsymbol{\alpha}_4$ 是线性方程组 $\boldsymbol{Ax}=\boldsymbol{0}$ 的一个基础解系,若

$$\boldsymbol{\beta}_1=\boldsymbol{\alpha}_1+t\boldsymbol{\alpha}_2,\boldsymbol{\beta}_2=\boldsymbol{\alpha}_2+t\boldsymbol{\alpha}_3,\boldsymbol{\beta}_3=\boldsymbol{\alpha}_3+t\boldsymbol{\alpha}_4,\boldsymbol{\beta}_4=\boldsymbol{\alpha}_4+t\boldsymbol{\alpha}_1$$

讨论实数 t 满足什么关系时,$\boldsymbol{\beta}_1,\boldsymbol{\beta}_2,\boldsymbol{\beta}_3,\boldsymbol{\beta}_4$ 也是线性方程组 $\boldsymbol{Ax}=\boldsymbol{0}$ 的一个基础解系.

分析 欲使 $\boldsymbol{\beta}_1,\boldsymbol{\beta}_2,\boldsymbol{\beta}_3,\boldsymbol{\beta}_4$ 也是线性方程组 $\boldsymbol{Ax}=\boldsymbol{0}$ 的一个基础解系,必须 $\boldsymbol{\beta}_1,\boldsymbol{\beta}_2,\boldsymbol{\beta}_3,\boldsymbol{\beta}_4$ 是 $\boldsymbol{Ax}=\boldsymbol{0}$ 的一组解,且 $\boldsymbol{\beta}_1,\boldsymbol{\beta}_2,\boldsymbol{\beta}_3,\boldsymbol{\beta}_4$ 线性无关.

解答

<方法一> 根据齐次线性方程组 $\boldsymbol{Ax}=\boldsymbol{0}$ 解的任何线性组合仍是方程组的解,所以 $\boldsymbol{\beta}_1,\boldsymbol{\beta}_2,\boldsymbol{\beta}_3,\boldsymbol{\beta}_4$ 是 $\boldsymbol{Ax}=\boldsymbol{0}$ 的一组解. 现讨论 t 满足什么关系时 $\boldsymbol{\beta}_1,\boldsymbol{\beta}_2,\boldsymbol{\beta}_3,\boldsymbol{\beta}_4$ 线性无关.

设 $$k_1\boldsymbol{\beta}_1+k_2\boldsymbol{\beta}_2+k_3\boldsymbol{\beta}_3+k_4\boldsymbol{\beta}_4=\boldsymbol{0}$$

即 $$k_1(\boldsymbol{\alpha}_1+t\boldsymbol{\alpha}_2)+k_2(\boldsymbol{\alpha}_2+t\boldsymbol{\alpha}_3)+k_3(\boldsymbol{\alpha}_3+t\boldsymbol{\alpha}_4)+k_4(\boldsymbol{\alpha}_4+t\boldsymbol{\alpha}_1)=\boldsymbol{0}$$

整理,得 $$(k_1+tk_4)\boldsymbol{\alpha}_1+(k_2+tk_1)\boldsymbol{\alpha}_2+(k_3+tk_2)\boldsymbol{\alpha}_3+(k_4+tk_3)\boldsymbol{\alpha}_4=\boldsymbol{0}$$

由于 $\boldsymbol{\alpha}_1,\boldsymbol{\alpha}_2,\boldsymbol{\alpha}_3,\boldsymbol{\alpha}_4$ 线性无关,故

$$\begin{cases}k_1+tk_4=0\\ k_2+tk_1=0\\ k_3+tk_2=0\\ k_4+tk_3=0\end{cases}$$

要使 $\boldsymbol{\beta}_1,\boldsymbol{\beta}_2,\boldsymbol{\beta}_3,\boldsymbol{\beta}_4$ 线性无关,对于未知数 k_1,k_2,k_3,k_4 的方程组必须只有零解. 而该方程组只有零解的充分必要条件是系数行列式不为零,即

$$D=\begin{vmatrix}1 & 0 & 0 & t\\ t & 1 & 0 & 0\\ 0 & t & 1 & 0\\ 0 & 0 & t & 1\end{vmatrix}\neq 0$$

得 $t\neq\pm1$. 因此,当 $t\neq\pm1$ 时,$\boldsymbol{\beta}_1,\boldsymbol{\beta}_2,\boldsymbol{\beta}_3,\boldsymbol{\beta}_4$ 也是线性方程组 $\boldsymbol{Ax}=\boldsymbol{0}$ 的一个基础解系.

<方法二> 显然 $\boldsymbol{\beta}_1,\boldsymbol{\beta}_2,\boldsymbol{\beta}_3,\boldsymbol{\beta}_4$ 是 $\boldsymbol{Ax}=\boldsymbol{0}$ 的一组解. 把已知向量写成矩阵的形式:

$$(\boldsymbol{\beta}_1,\boldsymbol{\beta}_2,\boldsymbol{\beta}_3,\boldsymbol{\beta}_4)=(\boldsymbol{\alpha}_1,\boldsymbol{\alpha}_2,\boldsymbol{\alpha}_3,\boldsymbol{\alpha}_4)\begin{pmatrix}1 & 0 & 0 & t\\ t & 1 & 0 & 0\\ 0 & t & 1 & 0\\ 0 & 0 & t & 1\end{pmatrix}$$

记 $\boldsymbol{B}=\boldsymbol{AK}$. 因为 $\boldsymbol{\alpha}_1,\boldsymbol{\alpha}_2,\boldsymbol{\alpha}_3,\boldsymbol{\alpha}_4$ 线性无关,故当 $R(\boldsymbol{K})=4$ 时,$\boldsymbol{\beta}_1,\boldsymbol{\beta}_2,\boldsymbol{\beta}_3,\boldsymbol{\beta}_4$ 线性无关.

$$\boldsymbol{K}=\begin{pmatrix}1 & 0 & 0 & t\\ t & 1 & 0 & 0\\ 0 & t & 1 & 0\\ 0 & 0 & t & 1\end{pmatrix}\sim\begin{pmatrix}1 & 0 & 0 & t\\ 0 & 1 & 0 & -t^2\\ 0 & t & 1 & 0\\ 0 & 0 & t & 1\end{pmatrix}\sim\begin{pmatrix}1 & 0 & 0 & t\\ 0 & 1 & 0 & -t^2\\ 0 & 0 & 1 & t^3\\ 0 & 0 & t & 1\end{pmatrix}$$

$$\sim\begin{pmatrix}1&0&0&t\\0&1&0&-t^2\\0&0&1&t^3\\0&0&0&1-t^4\end{pmatrix}$$

要使 $R(\boldsymbol{K})=4$,必须 $t\neq\pm1$. 因此,当 $t\neq\pm1$ 时,$\boldsymbol{\beta}_1,\boldsymbol{\beta}_2,\boldsymbol{\beta}_3,\boldsymbol{\beta}_4$ 也是线性方程组 $\boldsymbol{Ax}=\boldsymbol{0}$ 的一个基础解系.

评注 本题的关键是由向量组 $\boldsymbol{\alpha}_1,\boldsymbol{\alpha}_2,\boldsymbol{\alpha}_3,\boldsymbol{\alpha}_4$ 线性无关,推证向量组 $\boldsymbol{\beta}_1,\boldsymbol{\beta}_2,\boldsymbol{\beta}_3,\boldsymbol{\beta}_4$ 线性无关,其中 $\boldsymbol{\beta}_1,\boldsymbol{\beta}_2,\boldsymbol{\beta}_3,\boldsymbol{\beta}_4$ 可由 $\boldsymbol{\alpha}_1,\boldsymbol{\alpha}_2,\boldsymbol{\alpha}_3,\boldsymbol{\alpha}_4$ 线性表示. 方法一是将 $\boldsymbol{\beta}_1,\boldsymbol{\beta}_2,\boldsymbol{\beta}_3,\boldsymbol{\beta}_4$ 是否线性无关归结为系数行列式是否不为零. 方法二直接利用例 4.11 的结论,$\boldsymbol{\beta}_1,\boldsymbol{\beta}_2,\boldsymbol{\beta}_3,\boldsymbol{\beta}_4$ 线性无关的充要条件为 $R(\boldsymbol{K})=4$.

例 4.21 设 $\boldsymbol{A}$、$\boldsymbol{B}$ 均是 $m\times n$ 阶矩阵,且 $R(\boldsymbol{A})+R(\boldsymbol{B})=n$. 若 $\boldsymbol{BB}^{\mathrm{T}}=\boldsymbol{E}$,且 $\boldsymbol{B}$ 的行向量是齐次线性方程组 $\boldsymbol{Ax}=\boldsymbol{0}$ 的解,且 $\boldsymbol{P}$ 是 m 阶可逆矩阵,证明矩阵 $\boldsymbol{PB}$ 的行向量是 $\boldsymbol{Ax}=\boldsymbol{0}$ 的基础解系.

分析 证明一个向量组是 n 元齐次线性方程组 $\boldsymbol{Ax}=\boldsymbol{0}$ 的基础解系,只需证明这个向量组线性无关、是 $\boldsymbol{Ax}=\boldsymbol{0}$ 的解并且所含向量个数为 $n-R(\boldsymbol{A})$.

解答 由 $R(\boldsymbol{B})\geqslant R(\boldsymbol{BB}^{\mathrm{T}})=R(\boldsymbol{E})=m$,得到 $R(\boldsymbol{B})=m$. 于是 $\boldsymbol{B}$ 的行向量线性无关,且 $n-R(\boldsymbol{A})=m$.

由题设知 $\boldsymbol{B}$ 的行向量是 $\boldsymbol{Ax}=\boldsymbol{0}$ 的解,所以 $\boldsymbol{AB}^{\mathrm{T}}=\boldsymbol{O}$. 于是,有

$$\boldsymbol{A}(\boldsymbol{PB})^{\mathrm{T}}=\boldsymbol{AB}^{\mathrm{T}}\boldsymbol{P}^{\mathrm{T}}=\boldsymbol{OP}^{\mathrm{T}}=\boldsymbol{O}$$

因此,$\boldsymbol{PB}$ 的 m 个行向量是 $\boldsymbol{Ax}=\boldsymbol{0}$ 的解,又矩阵 $\boldsymbol{P}$ 可逆,于是 $R(\boldsymbol{PB})=R(\boldsymbol{B})=m$,从而 $\boldsymbol{PB}$ 的行向量线性无关,所以 $\boldsymbol{PB}$ 的行向量是 $\boldsymbol{Ax}=\boldsymbol{0}$ 的基础解系.

评注 注意到,若 $\boldsymbol{AB}=\boldsymbol{O}$,则矩阵 $\boldsymbol{B}$ 的列向量是线性方程组 $\boldsymbol{Ax}=\boldsymbol{0}$ 的解,若 $\boldsymbol{AB}^{\mathrm{T}}=\boldsymbol{O}$,则矩阵 $\boldsymbol{B}$ 的行向量是线性方程组 $\boldsymbol{Ax}=\boldsymbol{0}$ 的解.

例 4.22 已知齐次线性方程组

$$\begin{cases}a_{11}x_1+a_{12}x_2+\cdots+a_{1\,2n}x_{2n}=0\\a_{21}x_1+a_{22}x_2+\cdots+a_{2\,2n}x_{2n}=0\\\qquad\vdots\\a_{n1}x_1+a_{n2}x_2+\cdots+a_{n\,2n}x_{2n}=0\end{cases}\tag{4.1}$$

的一个基础解系为 $(b_{11},b_{12},\cdots,b_{1\,2n})^{\mathrm{T}},(b_{21},b_{22},\cdots,b_{2\,2n})^{\mathrm{T}},\cdots,(b_{n1},b_{n2},\cdots,b_{n\,2n})^{\mathrm{T}}$.
试写出齐次线性方程组

$$\begin{cases}b_{11}y_1+b_{12}y_2+\cdots+b_{1\,2n}y_{2n}=0\\b_{21}y_1+b_{22}y_2+\cdots+b_{2\,2n}y_{2n}=0\\\qquad\vdots\\b_{n1}y_1+b_{n2}y_2+\cdots+b_{n\,2n}y_{2n}=0\end{cases}\tag{4.2}$$

的通解,并说明理由.

分析 把方程组写成矩阵形式,把已知条件用矩阵形式表示,然后运用矩阵运算性质

证明.

解答 记 $\boldsymbol{A}=\begin{pmatrix} a_{11} & a_{12} & \cdots & a_{1\,2n} \\ a_{21} & a_{22} & \cdots & a_{2\,2n} \\ \vdots & \vdots & \ddots & \vdots \\ a_{n1} & a_{n2} & \cdots & a_{n\,2n} \end{pmatrix},\boldsymbol{X}=\begin{pmatrix} x_1 \\ x_2 \\ \vdots \\ x_{2n} \end{pmatrix}$

$$\boldsymbol{B}=\begin{pmatrix} b_{11} & b_{21} & \cdots & b_{n1} \\ b_{12} & b_{22} & \cdots & b_{n2} \\ \vdots & \vdots & \ddots & \vdots \\ b_{1\,2n} & b_{2\,2n} & \cdots & b_{n\,2n} \end{pmatrix},\boldsymbol{Y}=\begin{pmatrix} y_1 \\ y_2 \\ \vdots \\ y_{2n} \end{pmatrix}$$

方程组(4.1)的矩阵形式为 $\boldsymbol{AX}=\boldsymbol{O}$,方程组(4.2)的矩阵形式为 $\boldsymbol{B}^{\mathrm{T}}\boldsymbol{Y}=\boldsymbol{O}$.

由于方程组(4.1) $\boldsymbol{AX}=\boldsymbol{O}$ 的基础解系是矩阵 $\boldsymbol{B}$ 的 n 个列向量,所以 $\boldsymbol{B}$ 的 n 个列向量线性无关,$R(\boldsymbol{B})=n$,且有 $\boldsymbol{AB}=\boldsymbol{O}$.

根据方程组(4.1) $\boldsymbol{AX}=\boldsymbol{O}$ 中,$\boldsymbol{A}$ 的秩与基础解系中向量个数的关系得 $R(\boldsymbol{A})=2n-n=n$. 因此,$\boldsymbol{A}$ 的 n 个行向量线性无关,即 $\boldsymbol{A}^{\mathrm{T}}$ 的 n 个列向量线性无关.

又由 $\boldsymbol{AB}=\boldsymbol{O}$ 可得 $\boldsymbol{B}^{\mathrm{T}}\boldsymbol{A}^{\mathrm{T}}=\boldsymbol{O}$,说明 $\boldsymbol{A}^{\mathrm{T}}$ 的 n 个列向量是方程组(4.2) $\boldsymbol{B}^{\mathrm{T}}\boldsymbol{Y}=\boldsymbol{O}$ 的解向量,方程组(4.2)的基础解系中向量个数为 $2n-R(\boldsymbol{B}^{\mathrm{T}})=2n-R(\boldsymbol{B})=n$. 于是 $\boldsymbol{A}^{\mathrm{T}}$ 的 n 个线性无关的列向量是方程组(4.2) $\boldsymbol{B}^{\mathrm{T}}\boldsymbol{Y}=\boldsymbol{O}$ 的基础解系. 因此,方程组(4.2)的通解为

$$\boldsymbol{x}=c_1(a_{11},a_{12},\cdots,a_{1\,2n})^{\mathrm{T}}+c_2(a_{21},a_{22},\cdots,a_{2\,2n})^{\mathrm{T}}+\cdots+c_n(a_{n1},a_{n2},\cdots,a_{n\,2n})^{\mathrm{T}}$$
$$(c_1,c_2,\cdots,c_n\in\mathbf{R})$$

评注 注意方程组(4.2)是 n 个方程,$2n$ 个未知数的齐次线性方程组,所以它必然存在基础解系,找到了基础解系,也就有了通解.

例 4.23 设 n 阶矩阵 $\boldsymbol{A}$ 满足 $\boldsymbol{A}^2=\boldsymbol{A}$,$\boldsymbol{E}$ 为 n 阶单位矩阵,证明 $R(\boldsymbol{A})+R(\boldsymbol{A}-\boldsymbol{E})=n$.

分析 可利用矩阵秩的性质:若 $\boldsymbol{A}_{m\times n}\boldsymbol{B}_{n\times l}=\boldsymbol{0}$,则 $R(\boldsymbol{A})+R(\boldsymbol{B})\leqslant n$ 及 $R(\boldsymbol{A}+\boldsymbol{B})\leqslant R(\boldsymbol{A})+R(\boldsymbol{B})$.

解答 由 $\boldsymbol{A}^2=\boldsymbol{A}$ 得 $\boldsymbol{A}^2-\boldsymbol{A}=\boldsymbol{0}$,即 $\boldsymbol{A}(\boldsymbol{A}-\boldsymbol{E})=\boldsymbol{0}$,知 $R(\boldsymbol{A})+R(\boldsymbol{A}-\boldsymbol{E})\leqslant n$.

另一方面,$n=R(\boldsymbol{E})=R(\boldsymbol{A}+(\boldsymbol{E}-\boldsymbol{A}))\leqslant R(\boldsymbol{A})+R(\boldsymbol{E}-\boldsymbol{A})=R(\boldsymbol{A})+R(\boldsymbol{A}-\boldsymbol{E})$. 所以 $R(\boldsymbol{A})+R(\boldsymbol{A}-\boldsymbol{E})=n$.

评注 若 n 阶矩阵 $\boldsymbol{A}$ 满足 $\boldsymbol{A}^2=\boldsymbol{A}$,则称 $\boldsymbol{A}$ 为幂等方阵. 不难证明对于幂等方阵有下面的结论.

设 $\boldsymbol{A}$ 为 n 阶幂等方阵,且 $\boldsymbol{0}<R(\boldsymbol{A})<n$,设 $\boldsymbol{\xi}_1,\boldsymbol{\xi}_2,\cdots,\boldsymbol{\xi}_r$ 为齐次线性方程组 $\boldsymbol{Ax}=\boldsymbol{0}$ 的基础解系,$\boldsymbol{\eta}_1,\boldsymbol{\eta}_2,\cdots,\boldsymbol{\eta}_s$ 为齐次线性方程组 $(\boldsymbol{E}-\boldsymbol{A})\boldsymbol{x}=0$ 的基础解系,则:① $r+s=n$;② 向量组 $\boldsymbol{\xi}_1,\boldsymbol{\xi}_2,\cdots,\boldsymbol{\xi}_r,\boldsymbol{\eta}_1,\boldsymbol{\eta}_2,\cdots,\boldsymbol{\eta}_s$ 线性无关.

例 4.24 已知三阶矩阵 $\boldsymbol{A}$ 的第一行是 (a,b,c),a,b,c 不全为零,矩阵 $\boldsymbol{B}=\begin{pmatrix} 1 & 2 & 3 \\ 2 & 4 & 6 \\ 3 & 6 & k \end{pmatrix}$ (k 为常数),且 $\boldsymbol{AB}=\boldsymbol{O}$,求线性方程组 $\boldsymbol{Ax}=\boldsymbol{0}$ 的通解.

分析 由于 $\boldsymbol{AB}=\boldsymbol{O}$,故 $R(\boldsymbol{A})+R(\boldsymbol{B})\leqslant 3$,又由 a,b,c 不全为零,可知 $R(\boldsymbol{A})\geqslant 1$.

解答 当 $k\neq 9$ 时, $R(\boldsymbol{B})=2$, 于是 $R(\boldsymbol{A})=1$.

当 $k=9$ 时, $R(\boldsymbol{B})=1$, 于是 $R(\boldsymbol{A})=1$ 或 $R(\boldsymbol{A})=2$.

对于 $k\neq 9$, 由 $\boldsymbol{AB}=\boldsymbol{O}$ 可得 $\boldsymbol{A}\begin{pmatrix}1\\2\\3\end{pmatrix}=\boldsymbol{0}$, $\boldsymbol{A}\begin{pmatrix}3\\6\\k\end{pmatrix}=\boldsymbol{0}$, 由于 $\boldsymbol{\eta}_1=(1,2,3)^{\mathrm{T}}$, $\boldsymbol{\eta}_2=(3,6,k)^{\mathrm{T}}$ 线性无关, 故 $\boldsymbol{\eta}_1,\boldsymbol{\eta}_2$ 为 $\boldsymbol{Ax}=\boldsymbol{0}$ 的一个基础解系. 于是 $\boldsymbol{Ax}=\boldsymbol{0}$ 的通解为 $\boldsymbol{x}=c_1\boldsymbol{\eta}_1+c_2\boldsymbol{\eta}_2(c_1,c_2\in\mathbf{R})$.

对于 $k=9$, 当 $R(\boldsymbol{A})=2$ 时, 则 $\boldsymbol{Ax}=\boldsymbol{0}$ 的基础解系由一个向量构成. 又因为 $\boldsymbol{A}\begin{pmatrix}1\\2\\3\end{pmatrix}=\boldsymbol{0}$, 所以 $\boldsymbol{Ax}=\boldsymbol{0}$ 的通解为 $\boldsymbol{x}=c_1(1,2,3)^{\mathrm{T}}(c_1\in\mathbf{R})$.

当 $R(\boldsymbol{A})=1$ 时, 则 $\boldsymbol{Ax}=\boldsymbol{0}$ 的基础解系由两个向量构成. 又因为 $\boldsymbol{A}$ 的第一行是 (a,b,c), a,b,c 不全为零, 所以 $\boldsymbol{Ax}=\boldsymbol{0}$ 等价于 $ax_1+bx_2+cx_3=0$. 不妨设 $a\neq 0$, 则 $\boldsymbol{\eta}_1=(-b,a,0)^{\mathrm{T}}$, $\boldsymbol{\eta}_2=(-c,0,a)^{\mathrm{T}}$ 是 $\boldsymbol{Ax}=\boldsymbol{0}$ 的两个线性无关解, 故 $\boldsymbol{Ax}=\boldsymbol{0}$ 的通解为 $x=c_1\boldsymbol{\eta}_1+c_2\boldsymbol{\eta}_2(c_1,c_2\in\mathbf{R})$.

评注 对于系数矩阵没有具体给出的齐次线性方程组, 常利用解的结构理论来求通解.

4.2.6 非齐次线性方程组解的结构

例 4.25 设四元非齐次线性方程组 $\boldsymbol{Ax}=\boldsymbol{b}$ 的系数矩阵 $\boldsymbol{A}$ 的秩为 3, 已知它的 3 个解向量为 $\boldsymbol{\eta}_1,\boldsymbol{\eta}_2,\boldsymbol{\eta}_3$, 其中

$$\boldsymbol{\eta}_1=\begin{pmatrix}3\\-4\\1\\2\end{pmatrix},\boldsymbol{\eta}_2+\boldsymbol{\eta}_3=\begin{pmatrix}4\\6\\8\\0\end{pmatrix}$$

求该方程组的通解.

分析 与方程组 $\boldsymbol{Ax}=\boldsymbol{b}$ 对应的齐次线性方程组 $\boldsymbol{Ax}=\boldsymbol{0}$ 的基础解系所含向量的个数为 $4-R(\boldsymbol{A})=1$, 于是它的任何一个非零解都可作为其基础解系.

解答 因为 $\boldsymbol{\eta}_1$ 和 $\frac{1}{2}(\boldsymbol{\eta}_2+\boldsymbol{\eta}_3)$ 是 $\boldsymbol{Ax}=\boldsymbol{b}$ 的解, 所以 $\boldsymbol{\eta}_1-\frac{1}{2}(\boldsymbol{\eta}_2+\boldsymbol{\eta}_3)=\begin{pmatrix}1\\-7\\-3\\2\end{pmatrix}$ 是 $\boldsymbol{Ax}=\boldsymbol{0}$ 的非零解, 可作为其基础解系. 故方程组 $\boldsymbol{Ax}=\boldsymbol{b}$ 的通解为

$$\boldsymbol{x}=\boldsymbol{\eta}_1+c\left[\boldsymbol{\eta}_1-\frac{1}{2}(\boldsymbol{\eta}_2+\boldsymbol{\eta}_3)\right]=\begin{pmatrix}3\\-4\\1\\2\end{pmatrix}+c\begin{pmatrix}1\\-7\\-3\\2\end{pmatrix}(c\in\mathbf{R})$$

评注 欲求 $\boldsymbol{Ax}=\boldsymbol{0}$ 的非零解, 可利用 $\boldsymbol{Ax}=\boldsymbol{b}$ 的两个不同解的差, 即是 $\boldsymbol{Ax}=\boldsymbol{0}$ 的一个非零解. 但应注意 $(\boldsymbol{\eta}_2+\boldsymbol{\eta}_3)$ 不是 $\boldsymbol{Ax}=\boldsymbol{b}$ 的解, 而 $\frac{1}{2}(\boldsymbol{\eta}_2+\boldsymbol{\eta}_3)$ 是 $\boldsymbol{Ax}=\boldsymbol{b}$ 的解.

例 4.26 设 $\boldsymbol{\eta}^*$ 是非齐次线性方程组 $\boldsymbol{Ax}=\boldsymbol{b}$ 的一个解, 而 $\boldsymbol{\xi}_1,\boldsymbol{\xi}_2,\cdots,\boldsymbol{\xi}_{n-r}$ 是对应齐次线性方程组 $\boldsymbol{Ax}=\boldsymbol{0}$ 的一个基础解系, 证明:

(1) $\boldsymbol{\eta}^*,\boldsymbol{\xi}_1,\boldsymbol{\xi}_2,\cdots,\boldsymbol{\xi}_{n-r}$线性无关;

(2) $\boldsymbol{\eta}^*,\boldsymbol{\xi}_1+\boldsymbol{\eta}^*,\boldsymbol{\xi}_2+\boldsymbol{\eta}^*,\cdots,\boldsymbol{\xi}_{n-r}+\boldsymbol{\eta}^*$线性无关.

分析 可利用线性无关的定义证明.

解答 (1) 设有一组数 $k,k_1,k_2,\cdots,k_{n-r}$ 使 $k\boldsymbol{\eta}^*+k_1\boldsymbol{\xi}_1+k_2\boldsymbol{\xi}_2+\cdots+k_{n-r}\boldsymbol{\xi}_{n-r}=\mathbf{0}$,则

$$\boldsymbol{A}(k\boldsymbol{\eta}^*+k_1\boldsymbol{\xi}_1+k_2\boldsymbol{\xi}_2+\cdots+k_{n-r}\boldsymbol{\xi}_{n-r})=\mathbf{0}$$

由于 $\boldsymbol{\eta}^*$ 是非齐次线性方程组 $\boldsymbol{Ax}=\boldsymbol{b}$ 的一个解,而 $\boldsymbol{\xi}_1,\boldsymbol{\xi}_2,\cdots,\boldsymbol{\xi}_{n-r}$ 是对应齐次线性方程组 $\boldsymbol{Ax}=\mathbf{0}$ 的一个基础解系,故有

$$\boldsymbol{A}(k\boldsymbol{\eta}^*+k_1\boldsymbol{\xi}_1+k_2\boldsymbol{\xi}_2+\cdots+k_{n-r}\boldsymbol{\xi}_{n-r})=k\boldsymbol{A\eta}^*+k_1\boldsymbol{A\xi}_1+k_2\boldsymbol{A}\xi_2+\cdots+k_{n-r}\boldsymbol{A\xi}_{n-r}=k\boldsymbol{b}=\mathbf{0}$$

由于 $\boldsymbol{b}\neq\mathbf{0}$,所以 $k=0$. 于是 $k_1\boldsymbol{\xi}_1+k_2\boldsymbol{\xi}_2+\cdots+k_{n-r}\boldsymbol{\xi}_{n-r}=\mathbf{0}$,由于 $\boldsymbol{\xi}_1,\boldsymbol{\xi}_2,\cdots,\boldsymbol{\xi}_{n-r}$ 线性无关,所以 $k_1=k_2=\cdots=k_{n-r}=0$,因此 $\boldsymbol{\eta}^*,\boldsymbol{\xi}_1,\boldsymbol{\xi}_2,\cdots,\boldsymbol{\xi}_{n-r}$ 线性无关.

(2) 设有一组数 $k,k_1,k_2,\cdots,k_{n-r}$ 使

$$k\boldsymbol{\eta}^*+k_1(\boldsymbol{\xi}_1+\boldsymbol{\eta}^*)+k_2(\boldsymbol{\xi}_2+\boldsymbol{\eta}^*)+\cdots+k_{n-r}(\boldsymbol{\xi}_{n-r}+\boldsymbol{\eta}^*)=\mathbf{0}$$

即 $(k+k_1+k_2+\cdots+k_{n-r})\boldsymbol{\eta}^*+k_1\boldsymbol{\xi}_1+k_2\boldsymbol{\xi}_2+\cdots+k_{n-r}\boldsymbol{\xi}_{n-r}=\mathbf{0}$,由本题(1)的结论知 $\boldsymbol{\eta}^*,\boldsymbol{\xi}_1,\boldsymbol{\xi}_2,\cdots,\boldsymbol{\xi}_{n-r}$ 线性无关. 故 $k+k_1+k_2+\cdots+k_{n-r}=k_1=k_2=\cdots=k_{n-r}=0$,即 $k=k_1=k_2=\cdots=k_{n-r}=0$,所以 $\boldsymbol{\eta}^*,\boldsymbol{\xi}_1+\boldsymbol{\eta}^*,\boldsymbol{\xi}_2+\boldsymbol{\eta}^*,\cdots,\boldsymbol{\xi}_{n-r}+\boldsymbol{\eta}^*$ 线性无关.

评注 由于 $\boldsymbol{\eta}^*,\boldsymbol{\xi}_1+\boldsymbol{\eta}^*,\boldsymbol{\xi}_2+\boldsymbol{\eta}^*,\cdots,\boldsymbol{\xi}_{n-r}+\boldsymbol{\eta}^*$ 是 $\boldsymbol{Ax}=\boldsymbol{b}$ 的解,因此,本题说明非齐次线性方程组 $\boldsymbol{Ax}=\boldsymbol{b}$ 一定存在 $(n-r+1)$ 个线性无关的解向量,其中 $r=R(\boldsymbol{A})$.

例 4.27 设非齐次线性方程组 $\boldsymbol{Ax}=\boldsymbol{b}$ 的系数矩阵的秩为 r,$\boldsymbol{\eta}_1,\boldsymbol{\eta}_2,\cdots,\boldsymbol{\eta}_{n-r+1}$ 是它的 $(n-r+1)$ 个线性无关的解,试证它的任一解可表示为

$$\boldsymbol{x}=k_1\boldsymbol{\eta}_1+k_2\boldsymbol{\eta}_2+\cdots+k_{n-r+1}\boldsymbol{\eta}_{n-r+1}$$

其中,$k_1+k_2+\cdots+k_{n-r+1}=1$.

分析 本题可利用非齐次线性方程组解的结构定理,以及上一题的结论来证明.

解答 设 $\boldsymbol{\eta}^*$ 是非齐次线性方程组 $\boldsymbol{Ax}=\boldsymbol{b}$ 的一个解,而 $\boldsymbol{\xi}_1,\boldsymbol{\xi}_2,\cdots,\boldsymbol{\xi}_{n-r}$ 是对应齐次线性方程组 $\boldsymbol{Ax}=\mathbf{0}$ 的一个基础解系,则 $\boldsymbol{Ax}=\boldsymbol{b}$ 的任意解可表示为

$$\boldsymbol{x}=\boldsymbol{\eta}^*+l_1\boldsymbol{\xi}_1+l_2\boldsymbol{\xi}_2+\cdots+l_{n-r}\boldsymbol{\xi}_{n-r}$$

将其恒等变形得

$$\begin{aligned}\boldsymbol{x}&=\boldsymbol{\eta}^*+l_1\boldsymbol{\xi}_1+l_2\boldsymbol{\xi}_2+\cdots+l_{n-r}\boldsymbol{\xi}_{n-r}\\&=(1-l_1-l_2-\cdots-l_{n-r})\boldsymbol{\eta}^*+l_1(\boldsymbol{\xi}_1+\boldsymbol{\eta}^*)+l_2(\boldsymbol{\xi}_2+\boldsymbol{\eta}^*)+\cdots+l_{n-r}(\boldsymbol{\xi}_{n-r}+\boldsymbol{\eta}^*)\end{aligned}$$

令 $\boldsymbol{\eta}_1=\boldsymbol{\eta}^*,\boldsymbol{\eta}_2=\boldsymbol{\xi}_1+\boldsymbol{\eta}^*,\boldsymbol{\eta}_3=\boldsymbol{\xi}_2+\boldsymbol{\eta}^*,\cdots,\boldsymbol{\eta}_{n-r+1}=\boldsymbol{\xi}_{n-r}+\boldsymbol{\eta}^*$

$k_1=1-l_1-l_2-\cdots-l_{n-r},k_2=l_1,k_3=l_2,\cdots,k_{n-r+1}=l_{n-r}$

则 $k_1+k_2+\cdots+k_{n-r+1}=1$,且 $\boldsymbol{\eta}_1,\boldsymbol{\eta}_2,\cdots,\boldsymbol{\eta}_{n-r+1}$ 线性无关.

评注 虽然非齐次线性方程组 $\boldsymbol{Ax}=\boldsymbol{b}$ 存在 $(n-r+1)$ 个线性无关的解向量,并且这 $(n-r+1)$ 个向量可以线性表出 $\boldsymbol{Ax}=\boldsymbol{b}$ 的任一解,但非齐次线性方程组 $\boldsymbol{Ax}=\boldsymbol{b}$ 的解集并不构成向量空间.

例 4.28 设 $\boldsymbol{A}=\begin{pmatrix}\lambda&1&1\\0&\lambda-1&0\\1&1&\lambda\end{pmatrix}$,$\boldsymbol{b}=\begin{pmatrix}a\\1\\1\end{pmatrix}$,已知线性方程组 $\boldsymbol{Ax}=\boldsymbol{b}$ 存在两个不同的解.

(1) 求 λ 及 a; (2) 求方程组 $\boldsymbol{Ax}=\boldsymbol{b}$ 的通解.

分析 由方程组有两个不同的解知方程组有无穷多解,对增广矩阵作初等行变换,由 $R(\boldsymbol{A})=R(\boldsymbol{A},\boldsymbol{b})<3$,求出 λ 及 a. 也可先由齐次线性方程组 $\boldsymbol{Ax}=\boldsymbol{0}$ 有非零解,得 $R(\boldsymbol{A})<3$,求出 λ,再由 $R(\boldsymbol{A})=R(\boldsymbol{A},\boldsymbol{b})$,求 a,再求通解.

解答

(1) <方法一> 设 $\boldsymbol{\eta}_1$、$\boldsymbol{\eta}_2$ 为 $\boldsymbol{Ax}=\boldsymbol{b}$ 的两个不同解,则 $\boldsymbol{\eta}_1-\boldsymbol{\eta}_2$ 是齐次线性方程组 $\boldsymbol{Ax}=\boldsymbol{0}$ 的一个非零解,故 $|\boldsymbol{A}|=(\lambda-1)^2(\lambda+1)=0$,于是 $\lambda=1$ 或 $\lambda=-1$.

当 $\lambda=1$ 时,因 $R(\boldsymbol{A})\neq R(\boldsymbol{A},\boldsymbol{b})$,所以 $\boldsymbol{Ax}=\boldsymbol{b}$ 无解,舍去.

当 $\lambda=-1$ 时,对 $\boldsymbol{Ax}=\boldsymbol{b}$ 的增广矩阵作初等行变换,即

$$(\boldsymbol{A},\boldsymbol{b})=\begin{pmatrix}-1&1&1&a\\0&-2&0&1\\1&1&-1&1\end{pmatrix}\sim\begin{pmatrix}1&0&-1&\frac{3}{2}\\0&1&0&-\frac{1}{2}\\0&0&0&a+2\end{pmatrix}$$

因 $\boldsymbol{Ax}=\boldsymbol{b}$ 有解,所以 $a=-2$.

$$<方法二>\quad(\boldsymbol{A},\boldsymbol{b})=\begin{pmatrix}\lambda&1&1&a\\0&\lambda-1&0&1\\1&1&\lambda&1\end{pmatrix}\sim\begin{pmatrix}1&1&\lambda&1\\0&\lambda-1&0&1\\0&1-\lambda&1-\lambda^2&a-\lambda\end{pmatrix}$$

$$\sim\begin{pmatrix}1&1&\lambda&1\\0&\lambda-1&0&1\\0&0&1-\lambda^2&a-\lambda+1\end{pmatrix}$$

因 $\boldsymbol{Ax}=\boldsymbol{b}$ 存在两个不同的解,所以 $R(\boldsymbol{A})=R(\boldsymbol{A},\boldsymbol{b})<3$,故 $\lambda=-1,a=-2$.

(2) 当 $\lambda=-1,a=-2$ 时,有

$$(\boldsymbol{A},\boldsymbol{b})\sim\begin{pmatrix}1&0&-1&\frac{3}{2}\\0&1&0&-\frac{1}{2}\\0&0&0&0\end{pmatrix}$$

所以 $\boldsymbol{Ax}=\boldsymbol{b}$ 的通解为 $\boldsymbol{x}=c(1,0,1)^{\mathrm{T}}+\frac{1}{2}(3,-1,0)^{\mathrm{T}}(c\in\mathbf{R})$.

评注 求解含待定常数的线性方程组问题,常使用线性方程组解的结构理论,此类题目较难.

例 4.29 已知 4 阶方阵 $\boldsymbol{A}=(\boldsymbol{\alpha}_1,\boldsymbol{\alpha}_2,\boldsymbol{\alpha}_3,\boldsymbol{\alpha}_4)$,$\boldsymbol{\alpha}_1,\boldsymbol{\alpha}_2,\boldsymbol{\alpha}_3,\boldsymbol{\alpha}_4$ 均为 4 维列向量,其中 $\boldsymbol{\alpha}_2,\boldsymbol{\alpha}_3,\boldsymbol{\alpha}_4$ 线性无关,$\boldsymbol{\alpha}_1=2\boldsymbol{\alpha}_2-\boldsymbol{\alpha}_3$,如果 $\boldsymbol{\beta}=\boldsymbol{\alpha}_1+\boldsymbol{\alpha}_2+\boldsymbol{\alpha}_3+\boldsymbol{\alpha}_4$,求线性方程组 $\boldsymbol{Ax}=\boldsymbol{\beta}$ 的通解.

分析 利用非齐次线性方程组 $\boldsymbol{Ax}=\boldsymbol{\beta}$ 的向量形式 $x_1\boldsymbol{\alpha}_1+x_2\boldsymbol{\alpha}_2+x_3\boldsymbol{\alpha}_3+x_4\boldsymbol{\alpha}_4=\boldsymbol{\beta}$ 求解.

解答

<方法一> 设 $\boldsymbol{x}=(x_1,x_2,x_3,x_4)^{\mathrm{T}}$,则 $\boldsymbol{Ax}=\boldsymbol{\beta}$ 可以写出向量形式:

$$x_1\boldsymbol{\alpha}_1+x_2\boldsymbol{\alpha}_2+x_3\boldsymbol{\alpha}_3+x_4\boldsymbol{\alpha}_4=\boldsymbol{\beta}$$

根据已知条件

$$x_1(2\boldsymbol{\alpha}_2-\boldsymbol{\alpha}_3)+x_2\boldsymbol{\alpha}_2+x_3\boldsymbol{\alpha}_3+x_4\boldsymbol{\alpha}_4=\boldsymbol{\alpha}_1+\boldsymbol{\alpha}_2+\boldsymbol{\alpha}_3+\boldsymbol{\alpha}_4=3\boldsymbol{\alpha}_2+\boldsymbol{\alpha}_4$$

整理,得

$$(2x_1+x_3-3)\boldsymbol{\alpha}_2+(-x_1+x_3)\boldsymbol{\alpha}_3+(x_4-1)\boldsymbol{\alpha}_4=\mathbf{0}$$

由 $\boldsymbol{\alpha}_2,\boldsymbol{\alpha}_3,\boldsymbol{\alpha}_4$ 线性无关,得非齐次线性方程组

$$\begin{cases}2x_1+x_3-3=0\\-x_1+x_3=0\\x_4-1=0\end{cases}$$

将该非齐次线性方程组的增广矩阵作初等行变换,得

$$\begin{pmatrix}2&1&0&0&3\\-1&0&1&0&0\\0&0&0&1&1\end{pmatrix}\sim\begin{pmatrix}1&0&-1&0&0\\0&1&2&0&3\\0&0&0&1&1\end{pmatrix}$$

该方程组的通解为 $c(1,-2,1,0)^{\mathrm{T}}+(0,3,0,1)^{\mathrm{T}}(c\in\mathbf{R})$,即为 $\boldsymbol{Ax}=\boldsymbol{\beta}$ 的通解.

<方法二> 由 $\boldsymbol{\alpha}_2,\boldsymbol{\alpha}_3,\boldsymbol{\alpha}_4$ 线性无关与 $\boldsymbol{\alpha}_1=2\boldsymbol{\alpha}_2-\boldsymbol{\alpha}_3$,得 $R(A)=3$,因此齐次线性方程组 $\boldsymbol{Ax}=\mathbf{0}$ 的基础解系只含一个向量. 由 $\boldsymbol{\alpha}_1=2\boldsymbol{\alpha}_2-\boldsymbol{\alpha}_3$ 知,$\boldsymbol{\alpha}_1-2\boldsymbol{\alpha}_2+\boldsymbol{\alpha}_3+0\cdot\boldsymbol{\alpha}_4=0$,因此 $(1,-2,1,0)^{\mathrm{T}}$ 是 $\boldsymbol{Ax}=\mathbf{0}$ 的一个解,所以 $\boldsymbol{Ax}=\mathbf{0}$ 的通解为 $c(1,-2,1,0)^{\mathrm{T}}(c\in\mathbf{R})$. 另外 $\boldsymbol{\beta}=\boldsymbol{\alpha}_1+\boldsymbol{\alpha}_2+\boldsymbol{\alpha}_3+\boldsymbol{\alpha}_4$,所以 $(1,1,1,1)^{\mathrm{T}}$ 是 $\boldsymbol{Ax}=\boldsymbol{\beta}$ 的一个特解. 于是 $\boldsymbol{Ax}=\boldsymbol{\beta}$ 的通解为 $c(1,-2,1,0)^{\mathrm{T}}+(1,1,1,1)^{\mathrm{T}}$ $(c\in\mathbf{R})$.

评注 方法二利用了非齐次线性方程组解的结构,较为简便.

4.2.7 向量空间

例 4.30 下列集合是否构成向量空间?为什么?如果是向量空间,求出它的基及维数.

(1) $V_1=\{\boldsymbol{x}=(x_1,2x_2,-3x_1)^{\mathrm{T}}\mid x_1,x_2\in\mathbf{R}\}$;

(2) $V_2=\{\boldsymbol{x}=(x_1,x_2,\cdots,x_n)^{\mathrm{T}}\mid x_1+x_2+\cdots+x_n=0,x_1,x_2,\cdots,x_n\in\mathbf{R}\}$;

(3) $V_3=\{\boldsymbol{x}=(x_1,x_2,\cdots,x_n)^{\mathrm{T}}\mid x_1+x_2+\cdots+x_n=1,x_1,x_2,\cdots,x_n\in\mathbf{R}\}$.

分析 验证向量组 V 是否为向量空间,可用以下 3 种方法:① 利用向量空间的定义;②利用由向量组生成的向量空间的概念;③若 V 为某齐次线性方程组的解集,则 V 为向量空间,若 V 为某非齐次线性方程组的解集,则 V 不为向量空间.

解答 (1) V_1 中任一向量都可写成

$$\begin{aligned}\boldsymbol{x}&=(x_1,2x_2,-3x_1)^{\mathrm{T}}\\&=(x_1,0,-3x_1)^{\mathrm{T}}+(0,2x_2,0)^{\mathrm{T}}\\&=x_1(1,0,-3)^{\mathrm{T}}+x_2(0,2,0)^{\mathrm{T}}(x_1,x_2\in\mathbf{R})\end{aligned}$$

即 $\boldsymbol{x}$ 可以写成两个已知向量 $\boldsymbol{a}_1=(1,0,-3)^{\mathrm{T}},\boldsymbol{a}_2=(0,2,0)^{\mathrm{T}}$ 的线性组合,故 V_1 是由向量组 $\boldsymbol{a}_1,\boldsymbol{a}_2$ 生成的向量空间. 由于 $\boldsymbol{a}_1,\boldsymbol{a}_2$ 线性无关,且 V_1 中任一向量均可由 $\boldsymbol{a}_1,\boldsymbol{a}_2$ 线性表出,故 $\boldsymbol{a}_1,\boldsymbol{a}_2$ 是 V_1 的一个基,且 V_1 的维数为 2.

(2) 显然 V_2 是由齐次线性方程组 $x_1+x_2+\cdots+x_n=0$ 的全体解向量构成的向量组,即为齐次线性方程组的解集. 由于齐次线性方程组的解集是向量空间,故 V_2 是向量空间,即方程组 $x_1+x_2+\cdots+x_n=0$ 的解空间.

取齐次线性方程组的基础解系

$$\boldsymbol{\xi}_1=(-1,1,0,\cdots,0)^{\mathrm{T}},\boldsymbol{\xi}_2=(-1,0,1,\cdots,0)^{\mathrm{T}},\cdots,\boldsymbol{\xi}_{n-1}=(-1,0,0,\cdots,1)^{\mathrm{T}}$$

则 $\boldsymbol{\xi}_1,\boldsymbol{\xi}_2,\cdots,\boldsymbol{\xi}_{n-1}$ 为 V_2 的基，且 V_2 的维数为 $(n-1)$.

(3) 显然 V_3 是由非齐次线性方程组 $x_1+x_2+\cdots+x_n=1$ 的解集，故 V_3 不是向量空间.

评注 本题也可以利用向量空间的定义来验证.

例 4.31 设 $\boldsymbol{A}=(\boldsymbol{a}_1,\boldsymbol{a}_2,\boldsymbol{a}_3)=\begin{pmatrix}2&2&-1\\2&-1&2\\-1&2&2\end{pmatrix}$，$\boldsymbol{B}=(\boldsymbol{b}_1,\boldsymbol{b}_2)=\begin{pmatrix}1&4\\0&3\\-4&2\end{pmatrix}$. 验证 $\boldsymbol{a}_1,\boldsymbol{a}_2,\boldsymbol{a}_3$ 是 $\mathbf{R}^3$ 的一个基，并求 $\boldsymbol{b}_1,\boldsymbol{b}_2$ 在这个基中的坐标.

分析 要证 $\boldsymbol{a}_1,\boldsymbol{a}_2,\boldsymbol{a}_3$ 是 $\mathbf{R}^3$ 的一个基，只要证明其线性无关，即 $\boldsymbol{A}\sim\boldsymbol{E}$.

设 $\boldsymbol{b}_1=x_{11}\boldsymbol{a}_1+x_{21}\boldsymbol{a}_2+x_{31}\boldsymbol{a}_3$，$\boldsymbol{b}_2=x_{12}\boldsymbol{a}_1+x_{22}\boldsymbol{a}_2+x_{32}\boldsymbol{a}_3$，即 $\boldsymbol{B}=(\boldsymbol{b}_1,\boldsymbol{b}_2)=(\boldsymbol{a}_1,\boldsymbol{a}_2,\boldsymbol{a}_3)\begin{pmatrix}x_{11}&x_{12}\\x_{21}&x_{22}\\x_{31}&x_{32}\end{pmatrix}=\boldsymbol{AX}$. 对矩阵 $(\boldsymbol{A},\boldsymbol{B})$ 施行初等行变换，若 $\boldsymbol{A}\sim\boldsymbol{E}$，则 $\boldsymbol{a}_1,\boldsymbol{a}_2,\boldsymbol{a}_3$ 是 $\mathbf{R}^3$ 的一个基，且当 $\boldsymbol{A}$ 变为 $\boldsymbol{E}$ 同时 $\boldsymbol{B}$ 变为 $\boldsymbol{X}=\boldsymbol{A}^{-1}\boldsymbol{B}$.

解答 对矩阵 $(\boldsymbol{A},\boldsymbol{B})$ 施行初等行变换：

$$(\boldsymbol{A},\boldsymbol{B})=\begin{pmatrix}2&2&-1&1&4\\2&-1&2&0&3\\-1&2&2&-4&2\end{pmatrix}\sim\begin{pmatrix}1&-2&-2&4&-2\\0&3&6&-8&7\\0&6&3&-7&8\end{pmatrix}$$

$$\sim\begin{pmatrix}3&0&6&-4&8\\0&3&6&-8&7\\0&0&3&-3&2\end{pmatrix}\sim\begin{pmatrix}3&0&0&2&4\\0&3&0&-2&3\\0&0&3&-3&2\end{pmatrix}$$

$$\sim\begin{pmatrix}1&0&0&\frac{2}{3}&\frac{4}{3}\\0&1&0&-\frac{2}{3}&1\\0&0&1&-1&\frac{2}{3}\end{pmatrix}$$

故有 $\boldsymbol{A}\sim\boldsymbol{E}$，故 $\boldsymbol{a}_1,\boldsymbol{a}_2,\boldsymbol{a}_3$ 为 $\mathbf{R}^3$ 的一个基，且

$$\boldsymbol{B}=(\boldsymbol{b}_1,\boldsymbol{b}_2)=(\boldsymbol{a}_1,\boldsymbol{a}_2,\boldsymbol{a}_3)\begin{pmatrix}\frac{2}{3}&\frac{4}{3}\\-\frac{2}{3}&1\\-1&\frac{2}{3}\end{pmatrix}$$

于是，$\boldsymbol{b}_1,\boldsymbol{b}_2$ 在基 $\boldsymbol{a}_1,\boldsymbol{a}_2,\boldsymbol{a}_3$ 中的坐标依次为：$\frac{2}{3},-\frac{2}{3},-1$ 和 $\frac{4}{3},1,\frac{2}{3}$.

评注 求向量组 $\boldsymbol{b}_1,\boldsymbol{b}_2$ 在基 $\boldsymbol{a}_1,\boldsymbol{a}_2,\boldsymbol{a}_3$ 中的坐标，就是求解矩阵方程 $\boldsymbol{B}=\boldsymbol{AX}$.

例 4.32 设 $\boldsymbol{a}_1=(1,1,0,0)^{\mathrm{T}}$，$\boldsymbol{a}_2=(1,0,1,1)^{\mathrm{T}}$ 所生成的向量空间为 L_1，

$\boldsymbol{b}_1=(2,-1,3,3)^{\mathrm{T}},\boldsymbol{b}_2=(0,1,-1,-1)^{\mathrm{T}}$ 所生成的向量空间为 L_2,证明 $L_1=L_2$.

分析 欲证 $L_1=L_2$,只需证明生成元向量组 $\boldsymbol{a}_1,\boldsymbol{a}_2$ 与 $\boldsymbol{b}_1,\boldsymbol{b}_2$ 等价即可.

解答 对矩阵 $\boldsymbol{A}=(\boldsymbol{a}_1,\boldsymbol{a}_2,\boldsymbol{b}_1,\boldsymbol{b}_2)$ 施行初等行变换:

$$\boldsymbol{A}=(\boldsymbol{a}_1,\boldsymbol{a}_2,\boldsymbol{b}_1,\boldsymbol{b}_2)=\begin{pmatrix}1&1&2&0\\1&0&-1&1\\0&1&3&-1\\0&1&3&-1\end{pmatrix}\sim\begin{pmatrix}1&1&2&0\\0&1&3&-1\\0&0&0&0\\0&0&0&0\end{pmatrix}$$

知 $R(\boldsymbol{a}_1,\boldsymbol{a}_2)=R(\boldsymbol{b}_1,\boldsymbol{b}_2)=R(\boldsymbol{b}_1,\boldsymbol{b}_2,\boldsymbol{a}_1,\boldsymbol{a}_2)=2$,因此向量组 $\boldsymbol{a}_1,\boldsymbol{a}_2$ 与 $\boldsymbol{b}_1,\boldsymbol{b}_2$ 等价,而两个等价向量组生成的向量空间相同,所以 $L_1=L_2$.

评注 证明向量组 A 和 B 等价,可利用向量组等价的充分必要条件 $R(A)=R(B)=R(A,B)$.

例 4.33 设 $\mathbf{R}^3$ 中的两个基分别为

$$\boldsymbol{a}_1=(1,1,0)^{\mathrm{T}},\boldsymbol{a}_2=(0,-1,1)^{\mathrm{T}},\boldsymbol{a}_3=(1,0,2)^{\mathrm{T}};$$
$$\boldsymbol{b}_1=(3,1,0)^{\mathrm{T}},\boldsymbol{b}_2=(0,1,1)^{\mathrm{T}},\boldsymbol{b}_3=(1,0,4)^{\mathrm{T}}$$

(1) 求从基 $\boldsymbol{a}_1,\boldsymbol{a}_2,\boldsymbol{a}_3$ 到基 $\boldsymbol{b}_1,\boldsymbol{b}_2,\boldsymbol{b}_3$ 过渡矩阵;

(2) 求坐标变换公式;

(3) 设 $\boldsymbol{\alpha}=(2,1,2)^{\mathrm{T}}$,求 $\boldsymbol{\alpha}$ 在这两组基中的坐标.

分析 向量空间 $\mathbf{R}^3$ 中的从基 $\boldsymbol{a}_1,\boldsymbol{a}_2,\boldsymbol{a}_3$ 到基 $\boldsymbol{b}_1,\boldsymbol{b}_2,\boldsymbol{b}_3$ 的基变换的过渡矩阵是 $\boldsymbol{P}=\boldsymbol{A}^{-1}\boldsymbol{B}$,其中 $\boldsymbol{A}=(\boldsymbol{a}_1,\boldsymbol{a}_2,\boldsymbol{a}_3),\boldsymbol{B}=(\boldsymbol{b}_1,\boldsymbol{b}_2,\boldsymbol{b}_3)$.

解答 (1) 设 $(\boldsymbol{b}_1,\boldsymbol{b}_2,\boldsymbol{b}_3)=(\boldsymbol{a}_1,\boldsymbol{a}_2,\boldsymbol{a}_3)\boldsymbol{P}$,记

$$\boldsymbol{A}=(\boldsymbol{a}_1,\boldsymbol{a}_2,\boldsymbol{a}_3)=\begin{pmatrix}1&0&1\\1&-1&0\\0&1&2\end{pmatrix},\boldsymbol{B}=(\boldsymbol{b}_1,\boldsymbol{b}_2,\boldsymbol{b}_3)=\begin{pmatrix}3&0&1\\1&1&0\\0&1&4\end{pmatrix}$$

则 $\boldsymbol{P}=\boldsymbol{A}^{-1}\boldsymbol{B}$. 下面用初等行变换求 $\boldsymbol{A}^{-1}\boldsymbol{B}$.

$$(\boldsymbol{A},\boldsymbol{B})=\begin{pmatrix}1&0&1&3&0&1\\1&-1&0&1&1&0\\0&1&2&0&1&4\end{pmatrix}\sim\begin{pmatrix}1&0&0&5&-2&-2\\0&1&0&4&-3&-2\\0&0&1&-2&2&3\end{pmatrix}$$

故所求的过渡矩阵为 $\boldsymbol{P}=\boldsymbol{A}^{-1}\boldsymbol{B}=\begin{pmatrix}5&-2&-2\\4&-3&-2\\-2&2&3\end{pmatrix}$.

(2) 设 $\boldsymbol{\alpha}$ 在 $\boldsymbol{a}_1,\boldsymbol{a}_2,\boldsymbol{a}_3$ 中的坐标 x_1,x_2,x_3,$\boldsymbol{\alpha}$ 在 $\boldsymbol{b}_1,\boldsymbol{b}_2,\boldsymbol{b}_3$ 中的坐标 x'_1,x'_2,x'_3. 坐标变换公式为

$$\begin{pmatrix}x_1\\x_2\\x_3\end{pmatrix}=\begin{pmatrix}5&-2&-2\\4&-3&-2\\-2&2&3\end{pmatrix}\begin{pmatrix}x'_1\\x'_2\\x'_3\end{pmatrix}$$

(3) 先求 $\boldsymbol{\alpha}$ 在 $\boldsymbol{b}_1,\boldsymbol{b}_2,\boldsymbol{b}_3$ 下的坐标.

设 $\boldsymbol{\alpha}=x'_1\boldsymbol{b}_1+x'_2\boldsymbol{b}_2+x'_3\boldsymbol{b}_3=(\boldsymbol{b}_1,\boldsymbol{b}_2,\boldsymbol{b}_3)\begin{pmatrix}x'_1\\x'_2\\x'_3\end{pmatrix}=\boldsymbol{B}\begin{pmatrix}x'_1\\x'_2\\x'_3\end{pmatrix}$, 则 $\begin{pmatrix}x'_1\\x'_2\\x'_3\end{pmatrix}=\boldsymbol{B}^{-1}\boldsymbol{\alpha}$. 下面用初等行

变换求 $\boldsymbol{B}^{-1}\boldsymbol{\alpha}$.

$$(\boldsymbol{B},\boldsymbol{\alpha})=\begin{pmatrix}3&0&1&2\\1&1&0&1\\0&1&4&2\end{pmatrix}\sim\begin{pmatrix}1&0&0&7/13\\0&1&0&6/13\\0&0&1&5/13\end{pmatrix}$$

则 $\boldsymbol{\alpha}$ 在 $\boldsymbol{b}_1,\boldsymbol{b}_2,\boldsymbol{b}_3$ 下的坐标为 $\begin{pmatrix}x'_1\\x'_2\\x'_3\end{pmatrix}=\begin{pmatrix}7/13\\6/13\\5/13\end{pmatrix}$. 由坐标变换公式,$\boldsymbol{\alpha}$ 在基 $\boldsymbol{a}_1,\boldsymbol{a}_2,\boldsymbol{a}_3$ 下的坐标为

$$\begin{pmatrix}x_1\\x_2\\x_3\end{pmatrix}=\begin{pmatrix}5&-2&-2\\4&-3&-2\\-2&2&3\end{pmatrix}\begin{pmatrix}x'_1\\x'_2\\x'_3\end{pmatrix}=\begin{pmatrix}5&-2&-2\\4&-3&-2\\-2&2&3\end{pmatrix}\begin{pmatrix}7/13\\6/13\\5/13\end{pmatrix}$$

$$=\frac{1}{13}\begin{pmatrix}5&-2&-2\\4&-3&-2\\-2&2&3\end{pmatrix}\begin{pmatrix}7\\6\\5\end{pmatrix}=\frac{1}{13}\begin{pmatrix}13\\0\\13\end{pmatrix}=\begin{pmatrix}1\\0\\1\end{pmatrix}$$

评注 求 $\boldsymbol{\alpha}$ 在基 $\boldsymbol{b}_1,\boldsymbol{b}_2,\boldsymbol{b}_3$ 下的坐标,就是求解一个线性方程组 $x_1\boldsymbol{b}_1+x_2\boldsymbol{b}_2+x_3\boldsymbol{b}_3=\boldsymbol{\alpha}$.

4.3 本章小结

1. 判断向量 $\boldsymbol{b}$ 能由向量组

$$A:\ \boldsymbol{a}_1,\boldsymbol{a}_2,\cdots,\boldsymbol{a}_m$$

线性表示的方法

(1) 若以 $x_1,x_2,\cdots,x_m$ 为未知量的非齐次线性方程组 $\boldsymbol{a}_1x_1+\boldsymbol{a}_2x_2+\cdots+\boldsymbol{a}_mx_m=\boldsymbol{b}$ 无解,则向量 $\boldsymbol{b}$ 不能由向量组 $\boldsymbol{A}$ 线性表示;若此方程组有解,则向量 $\boldsymbol{b}$ 能由向量组 $\boldsymbol{A}$ 线性表示,且当解唯一时,其表达式唯一.

(2) 若 $R(\boldsymbol{a}_1,\boldsymbol{a}_2,\cdots,\boldsymbol{a}_m)=R(\boldsymbol{a}_1,\boldsymbol{a}_2,\cdots,\boldsymbol{a}_m,\boldsymbol{b})$,则向量 $\boldsymbol{b}$ 能由向量组 A 线性表示;若 $R(\boldsymbol{a}_1,\boldsymbol{a}_2,\cdots,\boldsymbol{a}_m)\neq R(\boldsymbol{a}_1,\boldsymbol{a}_2,\cdots,\boldsymbol{a}_m,\boldsymbol{b})$,则向量 $\boldsymbol{b}$ 不能由向量组 A 线性表示.

(3) 若向量组 A:$\boldsymbol{a}_1,\boldsymbol{a}_2,\cdots,\boldsymbol{a}_m$ 线性无关,而向量组 $\boldsymbol{a}_1,\boldsymbol{a}_2,\cdots,\boldsymbol{a}_m,\boldsymbol{b}$ 线性相关,则向量 $\boldsymbol{b}$ 必能由向量组 A 线性表示,且表示式是唯一的.

2. 判断两个向量组是否等价的方法

(1) 利用定义,即证明两个向量组可以互相线性表示.

(2) 利用结论"向量组

$$A:\boldsymbol{a}_1,\boldsymbol{a}_2,\cdots,\boldsymbol{a}_s$$
$$B:\boldsymbol{b}_1,\boldsymbol{b}_2,\cdots,\boldsymbol{b}_t$$

等价的充分必要条件是 $R(\boldsymbol{a}_1,\boldsymbol{a}_2,\cdots,\boldsymbol{a}_s)=R(\boldsymbol{b}_1,\boldsymbol{b}_2,\cdots,\boldsymbol{b}_t)=R(\boldsymbol{a}_1,\boldsymbol{a}_2,\cdots,\boldsymbol{a}_s,\boldsymbol{b}_1,\boldsymbol{b}_2,\cdots,\boldsymbol{b}_t)$".

(3) 若两个向量组都是某一向量空间的基,则两向量组等价.

(4) 利用矩阵的初等变换. 若对矩阵 $\boldsymbol{A}$ 作初等行变换,得到矩阵 $\boldsymbol{B}$,则 $\boldsymbol{A}$ 的行向量组与 $\boldsymbol{B}$ 的行向量组等价;若对矩阵 $\boldsymbol{A}$ 作初等列变换,得到矩阵 $\boldsymbol{B}$,则 $\boldsymbol{A}$ 的列向量组与 $\boldsymbol{B}$ 的列向量组等价.

3. 判断向量组的线性相关性的方法

1）利用线性相关性的定义

设 $k_1\boldsymbol{a}_1+k_2\boldsymbol{a}_2+\cdots+k_m\boldsymbol{a}_m=0$，若 $k_1,k_2,\cdots,k_m$ 不全为零，则向量组 $\boldsymbol{a}_1,\boldsymbol{a}_2,\cdots,\boldsymbol{a}_m$ 线性相关；若 $k_1=k_2=\cdots=k_m=0$，则向量组 $\boldsymbol{a}_1,\boldsymbol{a}_2,\cdots,\boldsymbol{a}_m$ 线性无关.

2）利用向量组的秩或向量组所构成的矩阵的秩来判断向量组的线性相关性

若 $R(\boldsymbol{a}_1,\boldsymbol{a}_2,\cdots,\boldsymbol{a}_m)<m$，则向量组 $\boldsymbol{a}_1,\boldsymbol{a}_2,\cdots,\boldsymbol{a}_m$ 线性相关；若 $R(\boldsymbol{a}_1,\boldsymbol{a}_2,\cdots,\boldsymbol{a}_m)=m$，则向量组 $\boldsymbol{a}_1,\boldsymbol{a}_2,\cdots,\boldsymbol{a}_m$ 线性无关.

3）利用齐次线性方程组讨论向量组的线性相关性

若齐次线性方程组 $\boldsymbol{Ax}=\boldsymbol{0}$（其中 $\boldsymbol{A}=(\boldsymbol{a}_1,\boldsymbol{a}_2,\cdots,\boldsymbol{a}_m)$，$\boldsymbol{x}=(x_1,x_2,\cdots,x_m)^{\mathrm{T}}$）有非零解，则向量组 $\boldsymbol{a}_1,\boldsymbol{a}_2,\cdots,\boldsymbol{a}_m$ 线性相关；若齐次线性方程组 $\boldsymbol{Ax}=\boldsymbol{0}$ 只有零解，则向量组 $\boldsymbol{a}_1,\boldsymbol{a}_2,\cdots,\boldsymbol{a}_m$ 线性无关.

4）利用方阵的行列式是否为零，来判断 n 个 n 维向量的线性相关性

若 n 个 n 维向量构成的矩阵 $\boldsymbol{A}=(\boldsymbol{a}_1,\boldsymbol{a}_2,\cdots,\boldsymbol{a}_n)$ 的行列式等于零，则向量组 $\boldsymbol{a}_1,\boldsymbol{a}_2,\cdots,\boldsymbol{a}_m$ 线性相关；若 $\boldsymbol{A}$ 的行列式不为零，则向量组 $\boldsymbol{a}_1,\boldsymbol{a}_2,\cdots,\boldsymbol{a}_m$ 线性无关.

5）利用线性相关性的有关结论来判断向量组的线性相关性

（1）若向量组包含零向量，则向量组线性相关.

（2）若向量组只含一个零向量，则向量组线性相关. 若向量组只含一个非零向量，则向量组线性无关.

（3）若两个向量对应分量成比例，则这两个向量线性相关. 若两个向量对应分量不成比例，则这两个向量线性无关.

（4）若向量组中至少有一个向量可由其余向量线性表示，则向量组线性相关. 若向量组中任一个向量不能由其余向量线性表示，则向量组线性无关.

（5）若向量组 $\boldsymbol{a}_1,\boldsymbol{a}_2,\cdots,\boldsymbol{a}_m$ 线性相关，则向量组 $\boldsymbol{a}_1,\boldsymbol{a}_2,\cdots,\boldsymbol{a}_m,\boldsymbol{a}_{m+1}$ 也线性相关. 若 $\boldsymbol{a}_1,\boldsymbol{a}_2,\cdots,\boldsymbol{a}_m,\boldsymbol{a}_{m+1}$ 线性无关，则 $\boldsymbol{a}_1,\boldsymbol{a}_2,\cdots,\boldsymbol{a}_m$ 也线性无关.

（6）若向量组中的向量个数大于向量的维数时，向量组一定线性相关. 特别地，$n+1$ 个 n 维向量一定线性相关.

4. 向量组秩和最大无关组的求法

求向量组 $\boldsymbol{a}_1,\boldsymbol{a}_2,\cdots,\boldsymbol{a}_s$ 的秩和最大无关组，并把其余向量用最大无关组线性表示，步骤如下：

（1）将向量组 $\boldsymbol{a}_1,\boldsymbol{a}_2,\cdots,\boldsymbol{a}_s$ 作为列向量构成矩阵 $\boldsymbol{A}$.

（2）对 $\boldsymbol{A}$ 作初等行变换，将 $\boldsymbol{A}$ 化为行阶梯形矩阵 $\boldsymbol{B}$，求出 $R(\boldsymbol{A})$，即向量组的秩.

（3）若行阶梯形矩阵 $\boldsymbol{B}$ 中非零行的第一个非零元所在的列分别为 $j_1,j_2,\cdots,j_r$ 列，则 $\boldsymbol{A}$ 中的列向量 $\boldsymbol{a}_{j_1},\boldsymbol{a}_{j_2},\cdots,\boldsymbol{a}_{j_r}$ 是向量组 $\boldsymbol{a}_1,\boldsymbol{a}_2,\cdots,\boldsymbol{a}_s$ 的一个最大无关组.

（4）进一步将 $\boldsymbol{A}$ 化成行最简形矩阵 $\boldsymbol{C}$，则容易看出 $\boldsymbol{C}$ 的列向量之间的线性关系，从而可以得到 $\boldsymbol{A}$ 的列向量组相应各向量之间的线性关系，故可将其余向量用最大无关组线性表示.

5. 判断向量组 $\boldsymbol{\xi}_1,\boldsymbol{\xi}_2,\cdots,\boldsymbol{\xi}_t$ 是否为 n 元齐次线性方程组 $\boldsymbol{Ax}=\boldsymbol{0}$ 的一个基础解系.

若满足下面三个条件，则 $\boldsymbol{\xi}_1,\boldsymbol{\xi}_2,\cdots,\boldsymbol{\xi}_t$ 是 $\boldsymbol{Ax}=\boldsymbol{0}$ 的一个基础解系：

（1）$\boldsymbol{\xi}_1,\boldsymbol{\xi}_2,\cdots,\boldsymbol{\xi}_t$ 线性无关.

（2）$\boldsymbol{\xi}_1,\boldsymbol{\xi}_2,\cdots,\boldsymbol{\xi}_t$ 均是齐次线性方程组 $\boldsymbol{Ax}=\boldsymbol{0}$ 的解向量.

（3）向量组 $\boldsymbol{\xi}_1,\boldsymbol{\xi}_2,\cdots,\boldsymbol{\xi}_t$ 所含向量的个数为 $n-R(\boldsymbol{A})$.

若上述三个条件至少有一个不满足，则 $\boldsymbol{\xi}_1,\boldsymbol{\xi}_2,\cdots,\boldsymbol{\xi}_t$ 不是齐次线性方程组 $\boldsymbol{Ax}=\boldsymbol{0}$ 的基础解系.

6. 已知齐次线性方程组 $\boldsymbol{A}_{m\times n}\boldsymbol{x}=\boldsymbol{0}$ 的基础解系为 $\boldsymbol{\xi}_1,\boldsymbol{\xi}_2,\cdots,\boldsymbol{\xi}_t$，求齐次线性方程组的系数矩阵 $\boldsymbol{A}$.

设矩阵 $\boldsymbol{A}$ 的行向量形如 $\boldsymbol{\alpha}^{\mathrm{T}}=(\boldsymbol{a}_1,\boldsymbol{a}_2,\cdots,\boldsymbol{a}_n)$，则

$$\begin{cases}\boldsymbol{\alpha}^{\mathrm{T}}\boldsymbol{\xi}_1=0\\ \boldsymbol{\alpha}^{\mathrm{T}}\boldsymbol{\xi}_2=0\\ \quad\vdots\\ \boldsymbol{\alpha}^{\mathrm{T}}\boldsymbol{\xi}_t=0\end{cases}$$

这是以 $a_1,a_2,\cdots,a_n$ 为未知量的齐次线性方程组，求出该齐次线性方程组的基础解系，则以这个基础解系中向量为行向量的矩阵为 $\boldsymbol{A}$.

7. 利用齐次线性方程组解的结构求通解

先求出齐次线性方程组 $\boldsymbol{Ax}=\boldsymbol{0}$ 的基础解系 $\boldsymbol{\xi}_1,\boldsymbol{\xi}_2,\cdots,\boldsymbol{\xi}_{n-r}$，则齐次线性方程组 $\boldsymbol{Ax}=\boldsymbol{0}$ 的通解可表示为 $\boldsymbol{x}=c_1\boldsymbol{\xi}_1+c_2\boldsymbol{\xi}_2+\cdots+c_{n-r}\boldsymbol{\xi}_{n-r}$，其中 $c_1,c_2,\cdots,c_{n-r}$ 为任意实数.

8. 利用非齐次线性方程组解的结构求通解

先求出非齐次线性方程组 $\boldsymbol{Ax}=\boldsymbol{b}$ 所对应的齐次线性方程组 $\boldsymbol{Ax}=\boldsymbol{0}$ 的通解为 $\boldsymbol{x}=c_1\boldsymbol{\xi}_1+c_2\boldsymbol{\xi}_2+\cdots+c_{n-r}\boldsymbol{\xi}_{n-r}$，其中 $\boldsymbol{\xi}_1,\boldsymbol{\xi}_2,\cdots,\boldsymbol{\xi}_{n-r}$ 为其基础解系. 再求出非齐次线性方程组 $\boldsymbol{Ax}=\boldsymbol{b}$ 的一个特解 $\boldsymbol{\eta}^*$. 则非齐次线性方程组 $\boldsymbol{Ax}=\boldsymbol{b}$ 的通解可以表示为 $\boldsymbol{x}=c_1\boldsymbol{\xi}_1+c_2\boldsymbol{\xi}_2+\cdots+c_{n-r}\boldsymbol{\xi}_{n-r}+\boldsymbol{\eta}^*$，其中 $c_1,c_2,\cdots,c_{n-r}$ 为任意实数.

9. 判断向量组 V 是否为向量空间的方法

（1）利用向量空间的定义. 若集合 V 非空，且集合 V 对于 n 维向量的加法及乘数两种运算封闭，即若 $\boldsymbol{a}\in V,\boldsymbol{b}\in V$，则有 $\boldsymbol{a}+\boldsymbol{b}\in V$；若 $\boldsymbol{a}\in V,\lambda\in\mathbf{R}$，则有 $\lambda\boldsymbol{a}\in V$. 那么称集合 V 为实数集 $\mathbf{R}$ 上的向量空间.

（2）利用由向量组生成的向量空间的概念. 若存在 n 维向量组 $\boldsymbol{a}_1,\boldsymbol{a}_2,\cdots,\boldsymbol{a}_m$，使 $V=\{\boldsymbol{x}=k_1\boldsymbol{a}_1+k_2\boldsymbol{a}_2+\cdots+k_m\boldsymbol{a}_m\mid k_1,k_2,\cdots,k_m\in\mathbf{R}\}$，则 V 为由向量组 $\boldsymbol{a}_1,\boldsymbol{a}_2,\cdots,\boldsymbol{a}_m$ 所生成的向量空间.

（3）若 V 为某齐次线性方程组的解集，则 V 为向量空间. 若 V 为某非齐次线性方程组的解集，则 V 不为向量空间.

4.4 同步习题及解答

4.4.1 同步习题

1. 填空题

（1）向量 $\boldsymbol{\beta}=(1,0,k,2)^{\mathrm{T}}$ 能由 $\boldsymbol{\alpha}_1=(4,1,3,0,5)^{\mathrm{T}},\boldsymbol{\alpha}_2=(1,2,1,4)^{\mathrm{T}},\boldsymbol{\alpha}_3=(1,1,2,3)^{\mathrm{T}}$，$\boldsymbol{\alpha}_4=(1,-3,6,-1)^{\mathrm{T}}$ 线性表示，则 $k=$________；

（2）设 $\boldsymbol{\alpha}_1,\boldsymbol{\alpha}_2,\boldsymbol{\alpha}_3$ 是 3 维列向量，记 $\boldsymbol{A}=(-\boldsymbol{\alpha}_1,2\boldsymbol{\alpha}_2,\boldsymbol{\alpha}_3)$，$\boldsymbol{B}=(\boldsymbol{\alpha}_1+\boldsymbol{\alpha}_2,\boldsymbol{\alpha}_1-4\boldsymbol{\alpha}_3,\boldsymbol{\alpha}_2+2\boldsymbol{\alpha}_3)$，

如果行列式$|A|=-2$,则$|B|=$__________;

(3) 已知$\mathbf{R}^3$的一个基为$\boldsymbol{a}_1=(1,1,0)^{\mathrm{T}},\boldsymbol{a}_2=(1,0,1)^{\mathrm{T}},\boldsymbol{a}_3=(0,1,1)^{\mathrm{T}}$,则向量$\boldsymbol{u}=(2,0,0)^{\mathrm{T}}$在该基中的坐标是__________;

(4) 如果$\boldsymbol{A}$为5阶方阵,且$R(\boldsymbol{A})=4$,则齐次线性方程组$\boldsymbol{A}^*\boldsymbol{x}=\boldsymbol{0}$($\boldsymbol{A}^*$为$\boldsymbol{A}$的伴随矩阵)的基础解系含有__________个解向量;

(5) 设n阶矩阵$\boldsymbol{A}$的各行元素之和均为零,且$R(\boldsymbol{A})=n-1$,则线性方程组$\boldsymbol{Ax}=\boldsymbol{0}$的通解为__________.

2. 单项选择题

(1) n维向量组$\boldsymbol{a}_1,\boldsymbol{a}_2,\cdots,\boldsymbol{a}_s(3\leqslant s\leqslant n)$线性无关的充分必要条件是(　　).

A. 存在一组全为零的数$k_1,k_2,\cdots,k_s$,使得$k_1\boldsymbol{a}_1+k_2\boldsymbol{a}_2+\cdots+k_s\boldsymbol{a}_s=0$

B. $\boldsymbol{a}_1,\boldsymbol{a}_2,\cdots,\boldsymbol{a}_s$中任意两个向量都线性无关

C. $\boldsymbol{a}_1,\boldsymbol{a}_2,\cdots,\boldsymbol{a}_s$中存在一个向量,它不能由其余向量线性表示

D. $\boldsymbol{a}_1,\boldsymbol{a}_2,\cdots,\boldsymbol{a}_s$中任意一个向量都不能由其余向量线性表示

(2) 已知向量组$\boldsymbol{a}_1=(1,k_1,0,0)^{\mathrm{T}},\boldsymbol{a}_2=(1,k_2,2,0)^{\mathrm{T}},\boldsymbol{a}_3=(1,k_3,2,3)^{\mathrm{T}},\boldsymbol{a}_4=(1,k_4,0,3)^{\mathrm{T}}$,则对任意数$k_i(i=1,2,3,4)$,必有(　　).

A. $\boldsymbol{a}_1,\boldsymbol{a}_2,\boldsymbol{a}_3$线性相关　　B. $\boldsymbol{a}_1,\boldsymbol{a}_2,\boldsymbol{a}_3$线性无关

C. $\boldsymbol{a}_1,\boldsymbol{a}_2,\boldsymbol{a}_3,\boldsymbol{a}_4$线性相关　　D. $\boldsymbol{a}_1,\boldsymbol{a}_2,\boldsymbol{a}_3,\boldsymbol{a}_4$线性无关

(3) 设$\boldsymbol{A}$、$\boldsymbol{B}$为满足$\boldsymbol{AB}=0$的任意两个非零矩阵,则必有(　　)

A. $\boldsymbol{A}$的列向量组线性相关,$\boldsymbol{B}$的行向量组线性相关

B. $\boldsymbol{A}$的列向量组线性相关,$\boldsymbol{B}$的列向量组线性相关

C. $\boldsymbol{A}$的行向量组线性相关,$\boldsymbol{B}$的列向量组线性相关

D. $\boldsymbol{A}$的行向量组线性相关,$\boldsymbol{B}$的行向量组线性相关

(4) 设$\boldsymbol{A}$为n阶奇异方阵,$\boldsymbol{A}$中有一元素a_{ij}的代数余子式$A_{ij}\neq 0$,则齐次线性方程组$\boldsymbol{Ax}=\boldsymbol{0}$的基础解系所含向量的个数为(　　).

A. i个　　B. j个　　C. 1个　　D. n个

(5) 设$\boldsymbol{\eta}_1$、$\boldsymbol{\eta}_2$是非齐次线性方程组$\boldsymbol{Ax}=\boldsymbol{b}$的两个不同解,而$\boldsymbol{\xi}_1$、$\boldsymbol{\xi}_2$是其对应的齐次线性方程组$\boldsymbol{Ax}=\boldsymbol{0}$的基础解系,$c_1$、$c_2$是任意常数,则$\boldsymbol{Ax}=\boldsymbol{b}$的通解是(　　).

A. $c_1\boldsymbol{\xi}_1+c_2(\boldsymbol{\xi}_1+\boldsymbol{\xi}_2)+\frac{1}{2}(\boldsymbol{\eta}_1-\boldsymbol{\eta}_2)$　　B. $c_1\boldsymbol{\xi}_1+c_2(\boldsymbol{\xi}_1-\boldsymbol{\xi}_2)+\frac{1}{2}(\boldsymbol{\eta}_1+\boldsymbol{\eta}_2)$

C. $c_1\boldsymbol{\xi}_1+c_2(\boldsymbol{\eta}_1-\boldsymbol{\eta}_2)+\frac{1}{2}(\boldsymbol{\eta}_1-\boldsymbol{\eta}_2)$　　D. $c_1\boldsymbol{\xi}_1+c_2(\boldsymbol{\eta}_1-\boldsymbol{\eta}_2)+\frac{1}{2}(\boldsymbol{\eta}_1+\boldsymbol{\eta}_2)$

3. 已知两个向量组$\boldsymbol{a}_1=(1,2,3)^{\mathrm{T}},\boldsymbol{a}_2=(1,0,1)^{\mathrm{T}};\boldsymbol{b}_1=(-1,2,t)^{\mathrm{T}},\boldsymbol{b}_2=(4,1,5)^{\mathrm{T}}$,问$t$为何值时,两个向量组等价,写出线性表示式.

4. 判断下面向量组线性相关性:

$$\boldsymbol{a}_1=(1,2,-1,5)^{\mathrm{T}},\quad \boldsymbol{a}_2=(2,-1,1,1)^{\mathrm{T}},\quad \boldsymbol{a}_3=(4,3,-1,11)^{\mathrm{T}}$$

5. 设$\boldsymbol{a}_1,\boldsymbol{a}_2,\cdots,\boldsymbol{a}_s$是齐次线性方程组$\boldsymbol{Ax}=\boldsymbol{0}$的一个基础解系,$\boldsymbol{b}$不是$\boldsymbol{Ax}=\boldsymbol{0}$的解,即$\boldsymbol{Ab}\neq\boldsymbol{0}$,证明$\boldsymbol{b},\boldsymbol{a}_1+\boldsymbol{b},\boldsymbol{a}_2+\boldsymbol{b},\cdots,\boldsymbol{a}_s+\boldsymbol{b}$线性无关.

6. 设向量组$\boldsymbol{a}_1,\boldsymbol{a}_2,\cdots,\boldsymbol{a}_n(n\geqslant 2)$线性无关,并且$\boldsymbol{b}_i=\boldsymbol{a}_i+l_i\boldsymbol{a}_n(i=1,2,\cdots,n-1)$,证明向量组$\boldsymbol{b}_1,\boldsymbol{b}_2,\cdots,\boldsymbol{b}_{n-1}$线性无关.

7. 设 $\boldsymbol{a}_1,\cdots,\boldsymbol{a}_n$ 是一组 n 维向量,已知 n 维单位坐标向量 $\boldsymbol{e}_1,\boldsymbol{e}_2,\cdots,\boldsymbol{e}_n$ 能由 $\boldsymbol{a}_1,\cdots,\boldsymbol{a}_n$ 线性表示,证明向量组 $\boldsymbol{a}_1,\cdots,\boldsymbol{a}_n$ 线性无关.

8. 设 $\boldsymbol{A}$ 是 n 阶方阵,$\boldsymbol{\alpha}$ 是 n 维列向量,若 $\boldsymbol{A}^{n-1}\boldsymbol{\alpha}\neq 0$,而 $\boldsymbol{A}^n\boldsymbol{\alpha}=\boldsymbol{0}$,证明 $\boldsymbol{\alpha},\boldsymbol{A\alpha},\cdots,\boldsymbol{A}^{n-1}\boldsymbol{\alpha}$ 线性无关.

9. 设 $\boldsymbol{a}=\begin{pmatrix}a_1\\a_2\\a_3\end{pmatrix},\boldsymbol{b}=\begin{pmatrix}b_1\\b_2\\b_3\end{pmatrix},\boldsymbol{c}=\begin{pmatrix}c_1\\c_2\\c_3\end{pmatrix}$,证明三直线

$$\begin{cases}l_1:a_1x+b_1y+c_1=0\\l_2:a_2x+b_2y+c_2=0\\l_3:a_3x+b_3y+c_3=0\end{cases}\quad(a_i^2+b_i^2\neq 0,i=1,2,3)$$

相交于一点的充分必要条件是:向量组 $\boldsymbol{a},\boldsymbol{b}$ 线性无关,且向量组 $\boldsymbol{a},\boldsymbol{b},\boldsymbol{c}$ 线性相关.

10. 求向量组

$$\boldsymbol{a}_1=(2,1,2,3)^{\mathrm{T}},\boldsymbol{a}_2=(1,1,3,3)^{\mathrm{T}},\boldsymbol{a}_3=(0,1,4,3)^{\mathrm{T}}$$
$$\boldsymbol{a}_4=(1,0,-2,-1)^{\mathrm{T}},\boldsymbol{a}_5=(1,2,9,8)^{\mathrm{T}}$$

的秩和一个最大无关组,并把其余向量用最大无关组线性表示.

11. 给定向量

$$\boldsymbol{a}_1=(1,-1,0)^{\mathrm{T}},\boldsymbol{a}_2=(2,1,3)^{\mathrm{T}},\boldsymbol{a}_3=(3,1,2)^{\mathrm{T}},\boldsymbol{b}=(5,0,7)^{\mathrm{T}}$$

证明向量组 $\boldsymbol{a}_1,\boldsymbol{a}_2,\boldsymbol{a}_3$ 是向量空间 $\mathbf{R}^3$ 的一个基,并将向量 $\boldsymbol{b}$ 用这个基线性表示.

12. 设 $\boldsymbol{\alpha}_1,\boldsymbol{\alpha}_2,\boldsymbol{\alpha}_3$ 为向量空间 $\mathbf{R}^3$ 的一个基,$\boldsymbol{\beta}_1,\boldsymbol{\beta}_2,\boldsymbol{\beta}_3$ 与 $\boldsymbol{\gamma}_1,\boldsymbol{\gamma}_2,\boldsymbol{\gamma}_3$ 为 $\mathbf{R}^3$ 中两个向量组,且

$$\begin{cases}\boldsymbol{\beta}_1=\boldsymbol{\alpha}_1+\boldsymbol{\alpha}_2+\boldsymbol{\alpha}_3\\\boldsymbol{\beta}_2=\boldsymbol{\alpha}_1-\boldsymbol{\alpha}_3\\\boldsymbol{\beta}_3=\boldsymbol{\alpha}_1+\boldsymbol{\alpha}_3\end{cases},\quad\begin{cases}\boldsymbol{\gamma}_1=\boldsymbol{\alpha}_1+2\boldsymbol{\alpha}_2+\boldsymbol{\alpha}_3\\\boldsymbol{\gamma}_2=2\boldsymbol{\alpha}_1+3\boldsymbol{\alpha}_2+4\boldsymbol{\alpha}_3\\\boldsymbol{\gamma}_3=3\boldsymbol{\alpha}_1+4\boldsymbol{\alpha}_2+3\boldsymbol{\alpha}_3\end{cases}$$

(1) 验证 $\boldsymbol{\beta}_1,\boldsymbol{\beta}_2,\boldsymbol{\beta}_3$ 及 $\boldsymbol{\gamma}_1,\boldsymbol{\gamma}_2,\boldsymbol{\gamma}_3$ 都是 $\mathbf{R}^3$ 的基.

(2) 求由 $\boldsymbol{\beta}_1,\boldsymbol{\beta}_2,\boldsymbol{\beta}_3$ 到 $\boldsymbol{\gamma}_1,\boldsymbol{\gamma}_2,\boldsymbol{\gamma}_3$ 的过渡矩阵.

(3) 求由 $\boldsymbol{\beta}_1,\boldsymbol{\beta}_2,\boldsymbol{\beta}_3$ 中坐标到 $\boldsymbol{\gamma}_1,\boldsymbol{\gamma}_2,\boldsymbol{\gamma}_3$ 中坐标的变换公式.

13. 设 $\boldsymbol{B}$ 是 3 阶非零矩阵,它的每个列向量都是方程组

$$\begin{cases}x_1+2x_2-2x_3=0\\2x_1-x_2+kx_3=0\\3x_1+x_2-x_3=0\end{cases}$$

的解. (1) 求 k; (2) 证明 $|\boldsymbol{B}|=0$.

14. 设 $R(\boldsymbol{A}_{3\times 3})=2$, $\boldsymbol{Ax}=\boldsymbol{b}(\boldsymbol{b}\neq\boldsymbol{0})$ 的三个解 $\boldsymbol{\eta}_1$、$\boldsymbol{\eta}_2$、$\boldsymbol{\eta}_3$ 满足:$\boldsymbol{\eta}_1+\boldsymbol{\eta}_2=\begin{pmatrix}2\\0\\-2\end{pmatrix}$, $\boldsymbol{\eta}_1+\boldsymbol{\eta}_3=\begin{pmatrix}3\\1\\-1\end{pmatrix}$. 求 $\boldsymbol{Ax}=\boldsymbol{b}$ 的通解.

15. 设 $\boldsymbol{A}$ 为 $n(n\geqslant2)$ 阶矩阵,$\boldsymbol{A}^*$ 为 $\boldsymbol{A}$ 的伴随矩阵,证明

$$R(\boldsymbol{A}^*)=\begin{cases}n, & R(\boldsymbol{A})=n\\1, & R(\boldsymbol{A})=n-1\\0, & R(\boldsymbol{A})\leqslant n-2\end{cases}$$

16. 矩阵 $\boldsymbol{A}$ 的列向量线性无关的充分必要条件是由 $\boldsymbol{Ax}=\boldsymbol{0}$ 必有 $\boldsymbol{x}=\boldsymbol{0}$.

4.4.2 同步习题解答

1. (1) 3.

提示:一个向量是否可由其他向量组线性表出的问题可以归结为矩阵秩的问题来判定. 由 $R(\boldsymbol{\alpha}_1,\boldsymbol{\alpha}_2,\boldsymbol{\alpha}_3,\boldsymbol{\alpha}_4)=R(\boldsymbol{\alpha}_1,\boldsymbol{\alpha}_2,\boldsymbol{\alpha}_3,\boldsymbol{\alpha}_4,\boldsymbol{\beta})$ 可求出 $k=3$.

(2) 2.

提示:$\boldsymbol{B}=(\boldsymbol{\alpha}_1+\boldsymbol{\alpha}_2,\boldsymbol{\alpha}_1-4\boldsymbol{\alpha}_3,\boldsymbol{\alpha}_2+2\boldsymbol{\alpha}_3)=(\boldsymbol{\alpha}_1,\boldsymbol{\alpha}_2,\boldsymbol{\alpha}_3)\begin{pmatrix}1&1&0\\1&0&1\\0&-4&2\end{pmatrix}$,又 $|\boldsymbol{A}|=|(-\boldsymbol{\alpha}_1,2\boldsymbol{\alpha}_2,\boldsymbol{\alpha}_3))|=-2$ $|(\boldsymbol{\alpha}_1,\boldsymbol{\alpha}_2,\boldsymbol{\alpha}_3)|$,所以 $|(\boldsymbol{\alpha}_1,\boldsymbol{\alpha}_2,\boldsymbol{\alpha}_3)|=-\dfrac{1}{2}|\boldsymbol{A}|=1$,故 $|\boldsymbol{B}|=|(\boldsymbol{\alpha}_1,\boldsymbol{\alpha}_2,\boldsymbol{\alpha}_3)|\begin{vmatrix}1&1&0\\1&0&1\\0&-4&2\end{vmatrix}=1\times2=2$.

(3) $(1,1,-1)^{\mathrm{T}}$.

提示:用矩阵初等行变换把矩阵$(\boldsymbol{a}_1,\boldsymbol{a}_2,\boldsymbol{a}_3,\boldsymbol{u})$的前三列化为单位阵,第四列即为 $\boldsymbol{u}$ 的坐标.

(4) 4.

提示:事实上,由 $R(\boldsymbol{A})=4$,有 $R(\boldsymbol{A}^*)=1$,所以 $\boldsymbol{A}^*\boldsymbol{x}=\boldsymbol{0}$ 的基础解系应含有 $5-1=4$ 个向量.

(5) $c(1,1,\cdots,1)^{\mathrm{T}}(c\in\mathbf{R})$.

提示:事实上,因为 $R(\boldsymbol{A})=n-1$,所以 $\boldsymbol{Ax}=\boldsymbol{0}$ 的基础解系含 1 个解向量,只要找出方程组的一个非零解,就可以写出通解. 由于矩阵 $\boldsymbol{A}$ 各行的元素之和均为零,所以$(1,1,\cdots,1)^{\mathrm{T}}$ 就是方程组的一个非零解,故通解为 $c(1,1,\cdots,1)^{\mathrm{T}}(c\in\mathbf{R})$.

2. (1) D.

提示:因为 A、B 和 C 都是必要条件,但不是充分条件,D 是充分必要条件;

(2) B.

提示:以 $\boldsymbol{a}_1,\boldsymbol{a}_2,\boldsymbol{a}_3$ 为列构成的矩阵中有 3 阶子式 $\begin{vmatrix}1&1&1\\0&2&2\\0&0&3\end{vmatrix}\neq0$,故不论 $k_i(i=1,2,3)$ 取什么值,它们必线性无关,故 A 不成立,B 成立;而 $\boldsymbol{a}_1,\boldsymbol{a}_2,\boldsymbol{a}_3,\boldsymbol{a}_4$ 的线性相关性与 $k_i(i=1,2,3,4)$ 的取值有关,例如,取 $k_1=k_2=k_3=k_4=0$,则 $\boldsymbol{a}_1,\boldsymbol{a}_2,\boldsymbol{a}_3,\boldsymbol{a}_4$ 线性相关,取 $k_1=k_2=k_3=0,k_4=1$,则 $\boldsymbol{a}_1,\boldsymbol{a}_2,\boldsymbol{a}_3,\boldsymbol{a}_4$ 线性无关,故 C 和 D 不成立.

(3) A.

提示:由 $\boldsymbol{AB}=0$ 且 $\boldsymbol{B}$ 为非零矩阵,知齐次线性方程组 $\boldsymbol{Ax}=0$ 有非零解,因此 $\boldsymbol{A}$ 的列向量组线性相关. 又由 $\boldsymbol{B}^{\mathrm{T}}\boldsymbol{A}^{\mathrm{T}}=0$,知 $\boldsymbol{B}$ 的行向量组线性相关.

(4) C.

提示：因为 A_{ij} 为 $\boldsymbol{A}$ 的 $n-1$ 阶子式，而 $A_{ij}\neq 0$，$|\boldsymbol{A}|=0$，所以 $R(\boldsymbol{A})=n-1$. 故基础解系含 $n-(n-1)=1$ 个向量.

(5) B.

提示：事实上，A 和 C 中没有 $\boldsymbol{Ax}=\boldsymbol{b}$ 的特解. D 中 $\boldsymbol{\xi}_1$ 和 $\boldsymbol{\eta}_1-\boldsymbol{\eta}_2$ 不一定线性无关，所以不一定是 $\boldsymbol{Ax}=\boldsymbol{0}$ 的基础解系；B 中的 $\boldsymbol{\xi}_1$ 和 $\boldsymbol{\xi}_1-\boldsymbol{\xi}_2$ 线性无关，是 $\boldsymbol{Ax}=\boldsymbol{0}$ 的基础解系，$\frac{1}{2}(\boldsymbol{\eta}_1+\boldsymbol{\eta}_2)$ 是 $\boldsymbol{Ax}=\boldsymbol{b}$ 的特解，所以选 B.

3. 对矩阵 $\boldsymbol{A}=(\boldsymbol{a}_1,\boldsymbol{a}_2,\boldsymbol{b}_1,\boldsymbol{b}_2)$ 施行初等行变换：

$$\boldsymbol{A}=(\boldsymbol{a}_1,\boldsymbol{a}_2,\boldsymbol{b}_1,\boldsymbol{b}_2)=\begin{pmatrix}1&1&-1&4\\2&0&2&1\\3&1&t&5\end{pmatrix}\sim\begin{pmatrix}1&1&-1&4\\0&-2&4&-7\\0&-2&t+3&-7\end{pmatrix}$$

知 $t=1$ 时向量组 $\boldsymbol{b}_1,\boldsymbol{b}_2$ 可由 $\boldsymbol{a}_1,\boldsymbol{a}_2$ 线性表示，对上式继续作初等行变换

$$\boldsymbol{A}=(\boldsymbol{a}_1,\boldsymbol{a}_2,\boldsymbol{b}_1,\boldsymbol{b}_2)\sim\begin{pmatrix}1&1&-1&4\\0&-2&4&-7\\0&0&0&0\end{pmatrix}\sim\begin{pmatrix}1&0&1&\frac{1}{2}\\0&1&-2&\frac{7}{2}\\0&0&0&0\end{pmatrix}$$

则有 $\boldsymbol{b}_1=\boldsymbol{a}_1-2\boldsymbol{a}_2,\boldsymbol{b}_2=\frac{1}{2}\boldsymbol{a}_1+\frac{7}{2}\boldsymbol{a}_2$. 再对矩阵 $\boldsymbol{B}=(\boldsymbol{b}_1,\boldsymbol{b}_2,\boldsymbol{a}_1,\boldsymbol{a}_2)$ 施行初等行变换：

$$\boldsymbol{B}=(\boldsymbol{b}_1,\boldsymbol{b}_2,\boldsymbol{a}_1,\boldsymbol{a}_2)=\begin{pmatrix}-1&4&1&1\\2&1&2&0\\1&5&3&1\end{pmatrix}\sim\begin{pmatrix}-1&4&1&1\\0&9&4&2\\0&9&4&2\end{pmatrix}\sim\begin{pmatrix}1&0&\frac{7}{9}&\frac{-1}{9}\\0&1&\frac{4}{9}&\frac{2}{9}\\0&0&0&0\end{pmatrix}$$

向量组 $\boldsymbol{a}_1,\boldsymbol{a}_2$ 可由 $\boldsymbol{b}_1,\boldsymbol{b}_2$ 线性表示，且 $\boldsymbol{a}_1=\frac{7}{9}\boldsymbol{b}_1+\frac{4}{9}\boldsymbol{b}_2,\boldsymbol{a}_2=-\frac{1}{9}\boldsymbol{b}_1+\frac{2}{9}\boldsymbol{b}_2$.

4. 对矩阵 $(\boldsymbol{a}_1,\boldsymbol{a}_2,\boldsymbol{a}_3)$ 施以初等行变换化为阶梯形矩阵：

$$\begin{pmatrix}1&2&4\\2&-1&3\\-1&1&-1\\5&1&11\end{pmatrix}\sim\begin{pmatrix}1&2&4\\0&-5&-5\\0&3&3\\0&-9&-9\end{pmatrix}\sim\begin{pmatrix}1&2&4\\0&1&1\\0&0&0\\0&0&0\end{pmatrix}$$

$R(\boldsymbol{a}_1,\boldsymbol{a}_2,\boldsymbol{a}_3)=2<3$，所以向量组 $\boldsymbol{a}_1,\boldsymbol{a}_2,\boldsymbol{a}_3$ 线性相关.

5. 设有一组数 $k,k_1,k_2,\cdots,k_s$ 使

$$k\boldsymbol{b}+k_1(\boldsymbol{a}_1+\boldsymbol{b})+k_2(\boldsymbol{a}_2+\boldsymbol{b})+\cdots+k_s(\boldsymbol{a}_s+\boldsymbol{b})=\boldsymbol{0}$$

即
$$k_1\boldsymbol{a}_1+k_2\boldsymbol{a}_2+\cdots+k_s\boldsymbol{a}_s+(k+k_1+k_2+\cdots+k_s)\boldsymbol{b}=\boldsymbol{0}$$

在上式两边左乘矩阵 $\boldsymbol{A}$，得 $(k+k_1+k_2+\cdots+k_s)\boldsymbol{Ab}=\boldsymbol{0}$，由于 $\boldsymbol{Ab}\neq\boldsymbol{0}$，所以 $k+k_1+k_2+\cdots+k_s=\boldsymbol{0}$，所以有 $k_1\boldsymbol{a}_1+k_2\boldsymbol{a}_2+\cdots+k_s\boldsymbol{a}_s=\boldsymbol{0}$ 而 $\boldsymbol{a}_1,\boldsymbol{a}_2,\cdots,\boldsymbol{a}_s$ 线性无关，所以 $k_1=k_2=\cdots=k_s=0$，进而有 $k=$

0,故 $\boldsymbol{b},\boldsymbol{a}_1+\boldsymbol{b},\boldsymbol{a}_2+\boldsymbol{b},\cdots,\boldsymbol{a}_s+\boldsymbol{b}$ 线性无关.

6. 反证法 设向量组 $\boldsymbol{b}_1,\boldsymbol{b}_2,\cdots,\boldsymbol{b}_{n-1}$ 线性相关,则存在 $(n-1)$ 个不全为零的数 $k_1,k_2,\cdots,k_{n-1}$ 使得 $k_1\boldsymbol{b}_1+\boldsymbol{b}_2k_2+\cdots+k_{n-1}\boldsymbol{b}_{n-1}=\boldsymbol{0}$,即

$$\begin{aligned}&k_1\boldsymbol{b}_1+k_2\boldsymbol{b}_2+\cdots+k_{n-1}\boldsymbol{b}_{n-1}\\&=k_1(\boldsymbol{a}_1+l_1\boldsymbol{a}_n)+k_2(\boldsymbol{a}_2+l_2\boldsymbol{a}_n)+\cdots+k_{n-1}(\boldsymbol{a}_{n-1}+l_{n-1}\boldsymbol{a}_n)\\&=k_1\boldsymbol{a}_1+k_2\boldsymbol{a}_2+\cdots+k_{n-1}\boldsymbol{a}_{n-1}+(k_1l_1+k_2l_2+\cdots+k_{n-1}l_{n-1})\boldsymbol{a}_n=\boldsymbol{0}\end{aligned}$$

因为 $\boldsymbol{a}_1,\boldsymbol{a}_2,\cdots,\boldsymbol{a}_n$ 线性无关,故 $k_1=k_2=\cdots=k_{n-1}=\boldsymbol{0}$,和假设矛盾,所以向量组 $\boldsymbol{b}_1,\boldsymbol{b}_2,\cdots,\boldsymbol{b}_{n-1}$ 线性无关.

7. 因为 n 维单位坐标向量 $\boldsymbol{e}_1,\boldsymbol{e}_2,\cdots,\boldsymbol{e}_n$ 能由 $\boldsymbol{a}_1,\cdots,\boldsymbol{a}_n$ 线性表示,而 $\boldsymbol{a}_1,\cdots,\boldsymbol{a}_n$ 也可以由 $\boldsymbol{e}_1,\boldsymbol{e}_2,\cdots,\boldsymbol{e}_n$ 线性表示,故 $\boldsymbol{a}_1,\cdots,\boldsymbol{a}_n$ 和 $\boldsymbol{e}_1,\boldsymbol{e}_2,\cdots,\boldsymbol{e}_n$ 是等价的向量组. 所以 $R(\boldsymbol{a}_1,\cdots,\boldsymbol{a}_n)=R(\boldsymbol{e}_1,\boldsymbol{e}_2,\cdots,\boldsymbol{e}_n)=n$,故 $\boldsymbol{a}_1,\cdots,\boldsymbol{a}_n$ 线性无关.

8. 设有一组数 $k_1,k_2,\cdots,k_n$ 使 $k_1\boldsymbol{\alpha}+k_2\boldsymbol{A\alpha}+\cdots+k_n\boldsymbol{A}^{n-1}\boldsymbol{\alpha}=\boldsymbol{0}$,在这个等式两边左乘 $\boldsymbol{A}^{n-1}$ 得 $k_1\boldsymbol{A}^{n-1}\boldsymbol{\alpha}=\boldsymbol{0}$,由 $A^{n-1}\boldsymbol{\alpha}\neq\boldsymbol{0}$,可得 $k_1=0$. 再分别在等式 $k_1\boldsymbol{\alpha}+k_2\boldsymbol{A\alpha}+\cdots+k_n\boldsymbol{A}^{n-1}\boldsymbol{\alpha}=\boldsymbol{0}$ 两边左乘 $\boldsymbol{A}^{n-2},\boldsymbol{A}^{n-3},\cdots,\boldsymbol{A}$ 可得 $k_2=k_3=\cdots=k_{n-1}=0$,因此又可得 $k_n\boldsymbol{A}^{n-1}\boldsymbol{\alpha}=\boldsymbol{0}$,而 $\boldsymbol{A}^{n-1}\boldsymbol{\alpha}\neq 0$,知 $k_n=0$,于是 $\boldsymbol{\alpha},\boldsymbol{A\alpha},\cdots,\boldsymbol{A}^{n-1}\boldsymbol{\alpha}$ 线性无关.

9. 三直线 $\begin{cases}l_1:a_1x+b_1y+c_1=0\\l_2:a_2x+b_2y+c_2=0\\l_3:a_3x+b_3y+c_3=0\end{cases}$ 相交于一点的相当于线性方程组

$$\begin{cases}l_1:a_1x+b_1y=-c_1\\l_2:a_2x+b_2y=-c_2\\l_3:a_3x+b_3y=-c_3\end{cases}$$

有唯一解,又相当于于 $R(\boldsymbol{a},\boldsymbol{b})=R(\boldsymbol{a},\boldsymbol{b},-\boldsymbol{c})=2$,故三直线相交于一点的充分必要条件是向量组 $\boldsymbol{a},\boldsymbol{b}$ 线性无关,且向量组 $\boldsymbol{a},\boldsymbol{b},\boldsymbol{c}$ 线性相关.

10. 设 $\boldsymbol{A}=(\boldsymbol{a}_1,\boldsymbol{a}_2,\boldsymbol{a}_3,\boldsymbol{a}_4,\boldsymbol{a}_5)$,对矩阵 $\boldsymbol{A}$ 施初等行变换化为行最简形矩阵:

$$\boldsymbol{A}=\begin{pmatrix}2&1&0&1&1\\1&1&1&0&2\\2&3&4&-2&9\\3&3&3&-1&8\end{pmatrix}\sim\begin{pmatrix}1&0&-1&0&1\\0&1&2&0&1\\0&0&0&1&-2\\0&0&0&0&0\end{pmatrix}$$

知 $R(\boldsymbol{A})=3$, 故列向量组的最大无关组含三个向量. $\boldsymbol{a}_1,\boldsymbol{a}_2,\boldsymbol{a}_4$ 为列向量组的一个最大无关组,并且 $\begin{cases}\boldsymbol{a}_3=-\boldsymbol{a}_1+2\boldsymbol{a}_2\\\boldsymbol{a}_5=\boldsymbol{a}_1+\boldsymbol{a}_2-2\boldsymbol{a}_4\end{cases}$.

11. 令矩阵 $\boldsymbol{A}=(\boldsymbol{a}_1,\boldsymbol{a}_2,\boldsymbol{a}_3)$,要证明 $\boldsymbol{a}_1,\boldsymbol{a}_2,\boldsymbol{a}_3$ 是 $\mathbf{R}^3$ 的一个基,只需证明 $\boldsymbol{A}\sim\boldsymbol{E}$;又设 $\boldsymbol{b}=x_1\boldsymbol{a}_1+x_2\boldsymbol{a}_2+x_3\boldsymbol{a}_3$,或记为 $\boldsymbol{Ax}=\boldsymbol{b}$,则对 $(\boldsymbol{A},\boldsymbol{b})$ 进行初等行变换,当将 $\boldsymbol{A}$ 化为单位矩阵 $\boldsymbol{E}$ 时,向量 $\boldsymbol{b}$ 化成了 $\boldsymbol{x}=\boldsymbol{A}^{-1}\boldsymbol{b}$,其中

$$(\boldsymbol{A},\boldsymbol{b})=\begin{pmatrix}1&2&3&5\\-1&1&1&0\\0&3&2&7\end{pmatrix}\sim\begin{pmatrix}1&0&0&2\\0&1&0&3\\0&0&1&-1\end{pmatrix}$$

可见 $\boldsymbol{A} \sim \boldsymbol{E}$,故 $\boldsymbol{a}_1,\boldsymbol{a}_2,\boldsymbol{a}_3$ 是 $\mathbf{R}^3$ 的一个基,且 $\boldsymbol{b}=2\boldsymbol{a}_1+3\boldsymbol{a}_2-\boldsymbol{a}_3$.

12. (1) 由题设知

$$(\boldsymbol{\beta}_1,\boldsymbol{\beta}_2,\boldsymbol{\beta}_3)=(\boldsymbol{\alpha}_1,\boldsymbol{\alpha}_2,\boldsymbol{\alpha}_3)\begin{pmatrix}1&1&1\\1&0&0\\1&-1&1\end{pmatrix}=(\boldsymbol{\alpha}_1,\boldsymbol{\alpha}_2,\boldsymbol{\alpha}_3)\boldsymbol{B}$$

$$(\boldsymbol{\gamma}_1,\boldsymbol{\gamma}_2,\boldsymbol{\gamma}_3)=(\boldsymbol{\alpha}_1,\boldsymbol{\alpha}_2,\boldsymbol{\alpha}_3)\begin{pmatrix}1&2&3\\2&3&4\\1&4&3\end{pmatrix}=(\boldsymbol{\alpha}_1,\boldsymbol{\alpha}_2,\boldsymbol{\alpha}_3)\boldsymbol{C}$$

由于 $|\boldsymbol{B}|\neq\boldsymbol{0}$, 故 $\boldsymbol{B}$ 可逆. 所以 $R(\boldsymbol{\beta}_1,\boldsymbol{\beta}_2,\boldsymbol{\beta}_3)=R(\boldsymbol{\alpha}_1,\boldsymbol{\alpha}_2,\boldsymbol{\alpha}_3)$,而 $\boldsymbol{\alpha}_1,\boldsymbol{\alpha}_2,\boldsymbol{\alpha}_3$ 为 $\mathbf{R}^3$ 的基,故 $R(\boldsymbol{\beta}_1,\boldsymbol{\beta}_2,\boldsymbol{\beta}_3)=R(\boldsymbol{\alpha}_1,\boldsymbol{\alpha}_2,\boldsymbol{\alpha}_3)=3$, 因此 $\boldsymbol{\beta}_1,\boldsymbol{\beta}_2,\boldsymbol{\beta}_3$ 线性无关. 故 $\boldsymbol{\beta}_1,\boldsymbol{\beta}_2,\boldsymbol{\beta}_3$ 为向量空间 $\mathbf{R}^3$ 的一个基. 同理由 $|\boldsymbol{C}|\neq\boldsymbol{0}$ 知 $\boldsymbol{\gamma}_1,\boldsymbol{\gamma}_2,\boldsymbol{\gamma}_3$ 是 $\mathbf{R}^3$ 的基.

(2) 由(1)知,$(\boldsymbol{\beta}_1,\boldsymbol{\beta}_2,\boldsymbol{\beta}_3)=(\boldsymbol{\alpha}_1,\boldsymbol{\alpha}_2,\boldsymbol{\alpha}_3)\boldsymbol{B}$,从而

$$(\boldsymbol{\alpha}_1,\boldsymbol{\alpha}_2,\boldsymbol{\alpha}_3)=(\boldsymbol{\beta}_1,\boldsymbol{\beta}_2,\boldsymbol{\beta}_3)\boldsymbol{B}^{-1},\ (\boldsymbol{\gamma}_1,\boldsymbol{\gamma}_2,\boldsymbol{\gamma}_3)=(\boldsymbol{\alpha}_1,\boldsymbol{\alpha}_2,\boldsymbol{\alpha}_3)\boldsymbol{C}=(\boldsymbol{\beta}_1,\boldsymbol{\beta}_2,\boldsymbol{\beta}_3)\boldsymbol{B}^{-1}\boldsymbol{C}$$

所以,从基 $\boldsymbol{\beta}_1,\boldsymbol{\beta}_2,\boldsymbol{\beta}_3$ 到基 $\boldsymbol{\gamma}_1,\boldsymbol{\gamma}_2,\boldsymbol{\gamma}_3$ 的过渡矩阵为

$$\boldsymbol{B}^{-1}\boldsymbol{C}=\begin{pmatrix}1&1&1\\1&0&0\\1&-1&1\end{pmatrix}^{-1}\begin{pmatrix}1&2&3\\2&3&4\\1&4&3\end{pmatrix}=\begin{pmatrix}2&3&4\\0&-1&0\\-1&0&-1\end{pmatrix}$$

(3) 设向量 $\boldsymbol{\alpha}$ 在基 $\boldsymbol{\beta}_1,\boldsymbol{\beta}_2,\boldsymbol{\beta}_3$ 下的坐标为 $\begin{pmatrix}x_1\\x_2\\x_3\end{pmatrix}$,在基 $\boldsymbol{\gamma}_1,\boldsymbol{\gamma}_2,\boldsymbol{\gamma}_3$ 下的坐标为 $\begin{pmatrix}x'_1\\x'_2\\x'_3\end{pmatrix}$,则坐标变换公式为 $\begin{pmatrix}x_1\\x_2\\x_3\end{pmatrix}=\begin{pmatrix}2&3&4\\0&-1&0\\-1&0&-1\end{pmatrix}\begin{pmatrix}x'_1\\x'_2\\x'_3\end{pmatrix}$.

13. 由于 $\boldsymbol{B}$ 为非零矩阵,知齐次线性方程组 $\boldsymbol{Ax}=\boldsymbol{0}$ 有非零解,由克拉默法则知, $|\boldsymbol{A}|=\boldsymbol{0}$. 因此 $\begin{vmatrix}1&2&-2\\2&-1&k\\3&1&-1\end{vmatrix}=5k-5=0$,所以 $k=1$.

由 $\boldsymbol{A}=\begin{pmatrix}1&2&-2\\2&-1&1\\3&1&-1\end{pmatrix}\sim\begin{pmatrix}1&2&-2\\0&1&-1\\0&0&0\end{pmatrix}$,得 $R(\boldsymbol{A})=2$,故 $\boldsymbol{B}$ 的三个列向量一定线性相关,所以 $|\boldsymbol{B}|=\boldsymbol{0}$.

14. $R(\boldsymbol{A})=2\Rightarrow\boldsymbol{Ax}=\boldsymbol{0}$ 的基础解系中含有 $3-2=1$ 个解向量,因为 $\boldsymbol{A}[(\boldsymbol{\eta}_1+\boldsymbol{\eta}_2)-(\boldsymbol{\eta}_1+\boldsymbol{\eta}_3)]=0$,所以 $\boldsymbol{\xi}=(\boldsymbol{\eta}_1+\boldsymbol{\eta}_2)-(\boldsymbol{\eta}_1+\boldsymbol{\eta}_3)=(-1,-1,-1)^{\mathrm{T}}$ 是 $\boldsymbol{Ax}=\boldsymbol{0}$ 的基础解系;又 $\boldsymbol{A}[\frac{1}{2}(\boldsymbol{\eta}_1+\boldsymbol{\eta}_2)]=\boldsymbol{b}\Rightarrow\boldsymbol{\eta}^*=\frac{1}{2}(\boldsymbol{\eta}_1+\boldsymbol{\eta}_2)=(1,0,-1)^{\mathrm{T}}$ 是 $\boldsymbol{Ax}=\boldsymbol{b}$ 的特解,故 $\boldsymbol{Ax}=\boldsymbol{b}$ 的通解为 $x=\boldsymbol{\eta}^*+k\boldsymbol{\xi}(k\in\mathbf{R})$.

15. 当 $R(\boldsymbol{A})=n$ 时, $|\boldsymbol{A}|\neq\boldsymbol{0}$,从而 $|\boldsymbol{A}^*|=|\boldsymbol{A}|^{n-1}\neq\boldsymbol{0}$,所以 $R(\boldsymbol{A}^*)=n$.

当 $R(\boldsymbol{A})=n-1$ 时,$\boldsymbol{A}$ 至少有一个 $n-1$ 阶子式不为零,从而 $\boldsymbol{A}^*\neq\boldsymbol{O}$,所以 $R(\boldsymbol{A}^*)\geqslant1$;另外,由于 $R(\boldsymbol{A})=n-1$,则 $|\boldsymbol{A}|=0$,从而 $\boldsymbol{A}\boldsymbol{A}^*=\boldsymbol{O}$,所以 $R(\boldsymbol{A})+R(\boldsymbol{A}^*)\leqslant n$,即 $R(\boldsymbol{A}^*)\leqslant1$ 故 $R(\boldsymbol{A}^*)=1$.

当 $R(\boldsymbol{A})\leqslant n-2$ 时,$\boldsymbol{A}$ 的所有 $(n-1)$ 阶子式为零,从而 $\boldsymbol{A}^*=\boldsymbol{O}$,故 $R(\boldsymbol{A}^*)=0$.

16. 设 $\boldsymbol{A}=(\boldsymbol{a}_1,\boldsymbol{a}_2,\cdots,\boldsymbol{a}_n)$,$\boldsymbol{x}=\begin{pmatrix}x_1\\x_2\\\vdots\\x_n\end{pmatrix}$,则 $\boldsymbol{A}\boldsymbol{x}=\boldsymbol{0}$ 相当于

$$(\boldsymbol{a}_1,\boldsymbol{a}_2,\cdots,\boldsymbol{a}_n)\begin{pmatrix}x_1\\x_2\\\vdots\\x_n\end{pmatrix}=x_1\boldsymbol{a}_1+x_2\boldsymbol{a}_2+\cdots+x_n\boldsymbol{a}_n=\boldsymbol{0}$$

因为 $\boldsymbol{a}_1,\boldsymbol{a}_2,\cdots,\boldsymbol{a}_n$ 线性无关,所以方程组 $x_1\boldsymbol{a}_1+x_2\boldsymbol{a}_2+\cdots+x_n\boldsymbol{a}_n=\boldsymbol{0}$ 只有零解 $x_1=x_2=\cdots=x_n=0$,即由 $\boldsymbol{A}\boldsymbol{x}=\boldsymbol{0}$ 必有 $\boldsymbol{x}=\boldsymbol{0}$. 反之,由 $\boldsymbol{A}\boldsymbol{x}=\boldsymbol{0}$ 必有 $\boldsymbol{x}=\boldsymbol{0}$,也就是 $x_1\boldsymbol{a}_1+x_2\boldsymbol{a}_2+\cdots+x_n\boldsymbol{a}_n=\boldsymbol{0}$,必有 $x_1=x_2=\cdots=x_n=0$,知 $\boldsymbol{a}_1,\boldsymbol{a}_2,\cdots,\boldsymbol{a}_n$ 线性无关,即矩阵 $\boldsymbol{A}$ 的列向量线性无关.

第5章　相似矩阵及二次型

5.1　内 容 概 要

5.1.1　基本概念

(1) 向量的内积与长度：设有 n 维向量 $\boldsymbol{x}=(x_1,x_2,\cdots,x_n)^{\mathrm{T}}$，$\boldsymbol{y}=(y_1,y_2,\cdots,y_n)^{\mathrm{T}}$，令

$$[\boldsymbol{x},\boldsymbol{y}] = x_1y_1 + x_2y_2 + \cdots + x_ny_n = \boldsymbol{x}^{\mathrm{T}}\boldsymbol{y}$$

$[\boldsymbol{x},\boldsymbol{y}]$称为向量 $\boldsymbol{x}$ 与 $\boldsymbol{y}$ 的内积. 称 $\sqrt{[\boldsymbol{x},\boldsymbol{x}]}$ 为向量 $\boldsymbol{x}$ 的长度(也称范数)，记为$\|\boldsymbol{x}\|$.

(2) 向量的正交与正交向量组：当$[\boldsymbol{x},\boldsymbol{y}]=0$ 时，称向量 $\boldsymbol{x}$ 与 $\boldsymbol{y}$ 正交. 由两两正交的非零向量构成的向量组称为正交向量组.

(3) 正交矩阵与正交变换：如果 n 阶矩阵 $\boldsymbol{A}$ 满足 $\boldsymbol{A}^{\mathrm{T}}\boldsymbol{A}=\boldsymbol{E}$(即 $\boldsymbol{A}^{-1}=\boldsymbol{A}^{\mathrm{T}}$)，那么称 $\boldsymbol{A}$ 为正交矩阵，简称正交阵. 若 $\boldsymbol{P}$ 为正交矩阵，则线性变换 $\boldsymbol{x}=\boldsymbol{P}\boldsymbol{y}$ 称为正交变换.

(4) 特征值与特征向量：设 $\boldsymbol{A}$ 是 n 阶方阵，如果数 λ 和 n 维非零列向量 $\boldsymbol{x}$ 使关系式 $\boldsymbol{A}\boldsymbol{x}=\lambda\boldsymbol{x}$ 成立，那么数 λ 称为矩阵 $\boldsymbol{A}$ 的特征值，非零向量 $\boldsymbol{x}$ 称为 $\boldsymbol{A}$ 对应于特征值 λ 的特征向量.

(5) 特征多项式与特征方程：行列式 $f(\lambda)=|\boldsymbol{A}-\lambda\boldsymbol{E}|$ 称为矩阵 $\boldsymbol{A}$ 的特征多项式，方程 $|\boldsymbol{A}-\lambda\boldsymbol{E}|=0$ 称为矩阵 $\boldsymbol{A}$ 的特征方程.

(6) 相似矩阵与相似变换：设 $\boldsymbol{A}$、$\boldsymbol{B}$ 都是 n 阶矩阵，若有可逆矩阵 $\boldsymbol{P}$，使 $\boldsymbol{P}^{-1}\boldsymbol{A}\boldsymbol{P}=\boldsymbol{B}$，则称 $\boldsymbol{B}$ 是 $\boldsymbol{A}$ 的相似矩阵，或说矩阵 $\boldsymbol{A}$ 与矩阵 $\boldsymbol{B}$ 相似. 运算 $\boldsymbol{P}^{-1}\boldsymbol{A}\boldsymbol{P}$ 称为对 $\boldsymbol{A}$ 进行相似变换，$\boldsymbol{P}$ 称为把 $\boldsymbol{A}$ 变为相似变换矩阵 $\boldsymbol{B}$ 的相似变换矩阵.

(7) 矩阵 $\boldsymbol{A}$ 对角化：对于 n 阶矩阵 $\boldsymbol{A}$，寻求相似变换矩阵 $\boldsymbol{P}$，使得 $\boldsymbol{P}^{-1}\boldsymbol{A}\boldsymbol{P}=\boldsymbol{\Lambda}$ 为对角阵，这就称为把矩阵 $\boldsymbol{A}$ 对角化.

(8) 二次型：含有 n 个变量 $x_1,x_2,\cdots,x_n$ 的二次齐次函数

$$f(x_1,x_2,\cdots,x_n) = a_{11}x_1^2 + a_{22}x_2^2 + \cdots + a_{nn}x_n^2 + 2a_{12}x_1x_2 + 2a_{13}x_1x_3 + \cdots + 2a_{n-1,n}x_{n-1}x_n$$

称为二次型，简记为 $f(x_1,x_2,\cdots,x_n) = \sum\limits_{i,j=1}^{n} a_{ij}x_ix_j\ (a_{ij}=a_{ji})$.

(9) 二次型的矩阵及二次型的秩：令 $\boldsymbol{x}=(x_1,x_2,\cdots,x_n)^{\mathrm{T}}$，$\boldsymbol{A}=(a_{ij})$，则二次型可用矩阵乘法表示为 $f(\boldsymbol{x})=\boldsymbol{x}^{\mathrm{T}}\boldsymbol{A}\boldsymbol{x}$，其中 $\boldsymbol{A}$ 是对称矩阵，即 $\boldsymbol{A}^{\mathrm{T}}=\boldsymbol{A}$，称 $\boldsymbol{A}$ 为二次型 f 的矩阵，f 称为对称矩阵 $\boldsymbol{A}$ 的二次型，$\boldsymbol{A}$ 的秩称为二次型 f 的秩.

(10) 二次型的标准形与规范形及正(负)惯性指数：如果二次型中只含有平方项，即 $f=k_1x_1^2+k_2x_2^2+\cdots+k_nx_n^2$，则称这样的二次型为二次型的标准形(或法式).

如果标准形中的系数 $k_1,k_2,\cdots,k_n$ 只在 1、-1、0 三个数中取值，即 $f=x_1^2+x_2^2+\cdots+x_p^2-x_{p+1}^2-\cdots-x_r^2$，则称这样的二次型为二次型的规范形. 这时，在标准形中，正系数的个数 p 称为

二次型的正惯性指数,负系数的个数 $q=r-p$ 称为负惯性指数,其中 r 为二次型的秩.

(11) 合同矩阵:设 $\boldsymbol{A}$ 和 $\boldsymbol{B}$ 是 n 阶矩阵,若存在可逆矩阵 $\boldsymbol{C}$,使 $\boldsymbol{B}=\boldsymbol{C}^{\mathrm{T}}\boldsymbol{A}\boldsymbol{C}$,则称矩阵 $\boldsymbol{A}$ 与 $\boldsymbol{B}$ 为合同矩阵(或称 $\boldsymbol{A}$ 合同于 $\boldsymbol{B}$,或称 $\boldsymbol{B}$ 合同于 $\boldsymbol{A}$),将 $\boldsymbol{A}$ 变为合同矩阵 $\boldsymbol{B}$ 的变换 $\boldsymbol{B}=\boldsymbol{C}^{\mathrm{T}}\boldsymbol{A}\boldsymbol{C}$ 称为合同变换,矩阵 $\boldsymbol{C}$ 称为合同变换矩阵.

(12) 正(负)定二次型和正(负)定矩阵:设有二次型 $f(\boldsymbol{x})=\boldsymbol{x}^{\mathrm{T}}\boldsymbol{A}\boldsymbol{x}$,如果对任何 $\boldsymbol{x}\neq\boldsymbol{0}$,都有 $f(\boldsymbol{x})>0$(显然 $f(\boldsymbol{0})=0$),则称 f 为正定二次型,并称对称阵 $\boldsymbol{A}$ 是正定的;如果对任何 $\boldsymbol{x}\neq\boldsymbol{0}$,都有 $f(\boldsymbol{x})<0$,则称 f 为负定二次型,并称对称阵 $\boldsymbol{A}$ 是负定的.

5.1.2 基本理论

1. 关于向量和正交向量组

(1) $\|\boldsymbol{x}\|=0\Leftrightarrow\boldsymbol{x}=\boldsymbol{0}$. 长度为 1 的向量称为单位向量. 任何非零向量 $\boldsymbol{a}$,都可以单位化成为单位向量 $\frac{1}{\|\boldsymbol{a}\|}\boldsymbol{a}$.

(2)正交向量组必定线性无关,反之未必. 但由任何线性无关组 $\boldsymbol{\alpha}_1,\boldsymbol{\alpha}_2,\cdots,\boldsymbol{\alpha}_k$,都可以构造出与之等价的正交向量组,这一过程称为正交化,可以借助于施密特正交化程序来完成,即令

$$\boldsymbol{\beta}_1=\boldsymbol{\alpha}_1,\boldsymbol{\beta}_2=\boldsymbol{\alpha}_2-\frac{[\boldsymbol{\alpha}_2,\boldsymbol{\beta}_1]}{[\boldsymbol{\beta}_1,\boldsymbol{\beta}_1]}\boldsymbol{\beta}_1,\cdots$$

$$\boldsymbol{\beta}_k=\boldsymbol{\alpha}_k-\frac{[\boldsymbol{\alpha}_k,\boldsymbol{\beta}_1]}{[\boldsymbol{\beta}_1,\boldsymbol{\beta}_1]}\boldsymbol{\beta}_1-\frac{[\boldsymbol{\alpha}_k,\boldsymbol{\beta}_2]}{[\boldsymbol{\beta}_2,\boldsymbol{\beta}_2]}\boldsymbol{\beta}_2-\cdots-\frac{[\boldsymbol{\alpha}_k,\boldsymbol{\beta}_{k-1}]}{[\boldsymbol{\beta}_{k-1},\boldsymbol{\beta}_{k-1}]}\boldsymbol{\beta}_{k-1}$$

则向量组 $\boldsymbol{\beta}_1,\boldsymbol{\beta}_2,\cdots,\boldsymbol{\beta}_k$ 为正交向量组,与 $\boldsymbol{\alpha}_1,\boldsymbol{\alpha}_2,\cdots,\boldsymbol{\alpha}_k$ 等价. 若再单位化,即令 $\boldsymbol{e}_i=\frac{1}{\|\boldsymbol{\beta}_i\|}\boldsymbol{\beta}_i$ $(i=1,2,\cdots,n)$,则向量组 $\boldsymbol{e}_1,\boldsymbol{e}_2,\cdots,\boldsymbol{e}_k$ 是与 $\boldsymbol{\alpha}_1,\boldsymbol{\alpha}_2,\cdots,\boldsymbol{\alpha}_k$ 等价的规范正交组.

2. 关于正交矩阵

(1)方阵 $\boldsymbol{A}$ 为正交矩阵的充分必要条件是 $\boldsymbol{A}$ 的行(列)向量都是单位向量,且两两正交.

(2) 若 $\boldsymbol{A}$ 为正交矩阵,则 $\boldsymbol{A}^{-1}$、$\boldsymbol{A}^{\mathrm{T}}$、$\boldsymbol{A}^{*}$ 也是正交矩阵.

(3) 若 $\boldsymbol{A}$ 和 $\boldsymbol{B}$ 都是同阶正交矩阵,则 $\boldsymbol{AB}$、$\boldsymbol{BA}$ 都是正交矩阵.

(4) 若 $\boldsymbol{A}$ 为正交矩阵,则 $|\boldsymbol{A}|=1$ 或 -1.

3. 关于特征值与特征向量

(1) 设 n 阶方阵 $\boldsymbol{A}=(a_{ij})$ 的 n 个(k 重算作 k 个)特征值为 $\lambda_1,\lambda_2,\cdots,\lambda_n$,则有

① $\lambda_1+\lambda_2+\cdots+\lambda_n=a_{11}+a_{22}+\cdots+a_{nn}$ $\left(称 \sum_{i=1}^{n}a_{ii} 为 \boldsymbol{A} 的迹\right)$;

② $\lambda_1\lambda_2\cdots\lambda_n=|\boldsymbol{A}|$.

(2) 如果 $\boldsymbol{x}_1$、$\boldsymbol{x}_2$ 都是方阵 $\boldsymbol{A}$ 对应于特征值 λ_i 的特征向量,则 $\boldsymbol{x}_1$、$\boldsymbol{x}_2$ 的线性组合仍是属于特征值 λ_i 的特征向量,即属于同一个特征值的特征向量不是唯一的,但是反过来,一个特征向量只能属于一个特征值.

(3) 方阵 $\boldsymbol{A}$ 的不同特征值所对应的特征向量是线性无关的.

(4) 实对称矩阵 $\boldsymbol{A}$ 属于不同特征值的特征向量必正交. 实对称矩阵 $\boldsymbol{A}$ 的 k 重特征根 λ 恰有 k 个线性无关的特征向量.

(5) 若 $\boldsymbol{A}$ 为可逆阵,则 $\boldsymbol{A}$ 的特征值全不为零.

(6) 如果 λ 是方阵 $\boldsymbol{A}$ 的特征值,则 $\varphi(\lambda)$ 是 $\varphi(\boldsymbol{A})$ 的特征值(其中 $\varphi(\lambda)=a_0+a_1\lambda+\cdots+a_m\lambda^m$,

$\varphi(\boldsymbol{A}) = a_0\boldsymbol{E} + a_1\boldsymbol{A} + \cdots + a_m\boldsymbol{A}^m$).

4. 关于相似矩阵

(1) 若 $\boldsymbol{A}$ 与 $\boldsymbol{B}$ 相似,则 $\boldsymbol{A}$ 与 $\boldsymbol{B}$ 的特征多项式相同,从而有相同的特征值,有相同的迹,行列式相同,秩也相同.

(2) 若 $\boldsymbol{A}$ 与 $\boldsymbol{B}$ 相似,则 $\varphi(\boldsymbol{A})$ 与 $\varphi(\boldsymbol{B})$ 相似,其中 $\varphi(x) = a_0 + a_1x + \cdots + a_mx^m$.

(3) 若 $\boldsymbol{A}$ 与对角阵 $\boldsymbol{\Lambda} = \begin{pmatrix} \lambda_1 & & & \\ & \lambda_2 & & \\ & & \ddots & \\ & & & \lambda_n \end{pmatrix}$ 相似,则 $\lambda_1,\lambda_2,\cdots,\lambda_n$ 为 $\boldsymbol{A}$ 的 n 个特征值.

(4) 若 $\boldsymbol{A}$ 与 $\boldsymbol{B}$ 相似,则 $\boldsymbol{A}^{\mathrm{T}}$ 与 $\boldsymbol{B}^{\mathrm{T}}$ 也相似.

(5) 若 $\boldsymbol{A}$ 与 $\boldsymbol{B}$ 相似,且 $\boldsymbol{A}$、$\boldsymbol{B}$ 均可逆,则 $\boldsymbol{A}^{-1}$ 与 $\boldsymbol{B}^{-1}$ 也相似.

(6) 若有可逆矩阵 $\boldsymbol{P}$,使 $\boldsymbol{P}^{-1}\boldsymbol{AP} = \boldsymbol{B}$,则 $\boldsymbol{A} = \boldsymbol{PBP}^{-1}$,$\boldsymbol{A}^k = \boldsymbol{PB}^k\boldsymbol{P}^{-1}$. $\boldsymbol{A}$ 的多项式 $\varphi(\boldsymbol{A}) = \boldsymbol{P}\varphi(\boldsymbol{B})\boldsymbol{P}^{-1}$. 特别地,若有可逆矩阵 $\boldsymbol{P}$,使 $\boldsymbol{P}^{-1}\boldsymbol{AP} = \boldsymbol{\Lambda}$ 为对角阵,则 $\boldsymbol{A}^k = \boldsymbol{P\Lambda}^k\boldsymbol{P}^{-1}$,$\varphi(\boldsymbol{A}) = \boldsymbol{P}\varphi(\boldsymbol{\Lambda})\boldsymbol{P}^{-1}$.

5. 关于矩阵的对角化

(1) n 阶矩阵 $\boldsymbol{A}$ 可对角化的充要条件是 $\boldsymbol{A}$ 有 n 个线性无关的特征向量.

(2) n 阶矩阵 $\boldsymbol{A}$ 可对角化的充分条件是 $\boldsymbol{A}$ 有 n 个互不相等的特征值.

(3) 实对称矩阵 $\boldsymbol{A}$ 一定可对角化,且必有正交矩阵 $\boldsymbol{P}$,使 $\boldsymbol{P}^{-1}\boldsymbol{AP} = \boldsymbol{P}^{\mathrm{T}}\boldsymbol{AP} = \boldsymbol{\Lambda}$,其中 $\boldsymbol{\Lambda}$ 是以 $\boldsymbol{A}$ 的 n 个特征值为对角元素的对角矩阵.

(4) n 阶矩阵 $\boldsymbol{A}$ 可对角化的充要条件是:对于 $\boldsymbol{A}$ 的任意 k_i 重特征值 λ_i,恒有 $n - R(\boldsymbol{A} - \lambda_iE) = k_i$,而单根一定只有一个线性无关的特征向量。

6. 关于二次型

(1) 任给二次型 $f = \sum_{i,j=1}^{n} a_{ij}x_ix_j\,(a_{ij} = a_{ji})$,总有正交变换 $\boldsymbol{x} = \boldsymbol{Py}$,使 f 化为标准形 $f = \lambda_1y_1^2 + \lambda_2y_2^2 + \cdots + \lambda_ny_n^2$,其中 $\lambda_1,\lambda_2,\cdots,\lambda_n$ 是 f 的矩阵 $\boldsymbol{A} = (a_{ij})$ 的特征值.

(2) 任给二次型 $f(\boldsymbol{x}) = \boldsymbol{x}^{\mathrm{T}}\boldsymbol{Ax}\,(\boldsymbol{A}^{\mathrm{T}} = \boldsymbol{A})$,总有可逆变换 $\boldsymbol{x} = \boldsymbol{Cz}$,使 $f(\boldsymbol{Cz})$ 为规范形.

(3) (惯性定理)设有二次型 $f(\boldsymbol{x}) = \boldsymbol{x}^{\mathrm{T}}\boldsymbol{Ax}$,它的秩为 $\boldsymbol{r}$,有两个可逆变换 $\boldsymbol{x} = \boldsymbol{Cy}$ 及 $\boldsymbol{x} = \boldsymbol{Pz}$,使二次型 f 的标准形分别为

$$f = k_1y_1^2 + k_2y_2^2 + \cdots + k_ry_r^2\,(k_i \neq 0),\quad f = \lambda_1z_1^2 + \lambda_2z_2^2 + \cdots + \lambda_rz_r^2\,(\lambda_i \neq 0)$$

则 $k_1,k_2,\cdots,k_r$ 中正数的个数与 $\lambda_1,\lambda_2,\cdots,\lambda_r$ 中正数的个数相等.

7. 有关合同矩阵与合同变换

(1) 若 $\boldsymbol{A}$ 与 $\boldsymbol{B}$ 合同,则 $\boldsymbol{A}$ 与 $\boldsymbol{B}$ 等价,但反之不真.

(2) 若 $\boldsymbol{A}$ 与 $\boldsymbol{B}$ 合同,且 $\boldsymbol{A}$ 为对称矩阵,则 $\boldsymbol{B} = \boldsymbol{C}^{\mathrm{T}}\boldsymbol{AC}$ 也为对称矩阵.

8. 有关正(负)定二次型及正(负)定矩阵

1) 正定二次型(或正定矩阵 $\boldsymbol{A}$)

(1) 二次型 $f(x_1,x_2,\cdots,x_n) = \boldsymbol{x}^{\mathrm{T}}\boldsymbol{Ax}$ 为正定二次型(即对称矩阵 $\boldsymbol{A}$ 为正定矩阵).

$\Leftrightarrow f(\boldsymbol{x}) = \boldsymbol{x}^{\mathrm{T}}\boldsymbol{Ax}$ 的标准形的 n 个系数全为正,即它的规范形的 n 个系数全为 1,亦即它的正惯性指数等于 n.

$\Leftrightarrow \boldsymbol{A}$ 的特征值全大于 0.

$\Leftrightarrow \boldsymbol{A}$ 的各阶主子式都为正,即 $a_{11}>0$, $\begin{vmatrix} a_{11} & a_{12} \\ a_{21} & a_{22} \end{vmatrix}>0,\cdots,\begin{vmatrix} a_{11} & \cdots & a_{1n} \\ \vdots & \ddots & \vdots \\ a_{n1} & \cdots & a_{nn} \end{vmatrix}>0$.

$\Leftrightarrow \boldsymbol{A}$ 与单位矩阵 $\boldsymbol{E}$ 合同.

$\Leftrightarrow$存在可逆矩阵 $\boldsymbol{U}$,使 $\boldsymbol{A}=\boldsymbol{U}^{\mathrm{T}}$.

(2) 设 $\boldsymbol{A}$ 为正定矩阵,则 $\boldsymbol{A}$ 可逆,且 $\boldsymbol{A}^{\mathrm{T}}$、$\boldsymbol{A}^{-1}$、$\boldsymbol{A}^{*}$ 均为正定矩阵.

(3) 设 $\boldsymbol{A}$、$\boldsymbol{B}$ 均为 n 阶正定矩阵,则 $\boldsymbol{A}+\boldsymbol{B}$ 也为正定矩阵.

2) 负定二次型(对称矩阵 $\boldsymbol{A}$ 负定)的判定

(1) $-f(\boldsymbol{x})=\boldsymbol{x}^{\mathrm{T}}(-\boldsymbol{A})\boldsymbol{x}$ 是正定的.

(2) $\boldsymbol{A}$ 的奇数阶主子式为负,而偶数阶主子式为正,即

$$(-1)^{r}\begin{vmatrix} a_{11} & \cdots & a_{1r} \\ \vdots & \ddots & \vdots \\ a_{r1} & \cdots & a_{rr} \end{vmatrix}>0\ (r=1,2,\cdots,n)$$

5.1.3 基本方法

(1) 利用向量的正交判断正交向量组.

(2) 利用施密特正交化求解规范正交基.

(3) 利用定义求特征值.

(4) 利用基础解系求特征向量.

(5) 利用特征值特征向量反求矩阵.

(6) 借助于特征值求方阵的行列式.

(7) 利用特征值与特征向量求相似矩阵.

(8) 利用相似变换将矩阵对角化.

(9) 利用相似矩阵求矩阵的幂.

(10) 利用正交变换化二次型为标准形.

(11) 利用配方法化二次型为标准形.

(12) 判断二次型的正定性.

(13) 判断合同矩阵.

5.2 典型例题分析解答与评注

5.2.1 求正交向量组与正交矩阵

例 5.1 已知 $\boldsymbol{\alpha}_1=\begin{pmatrix}1\\2\\-1\end{pmatrix}$, $\boldsymbol{\alpha}_2=\begin{pmatrix}-1\\3\\1\end{pmatrix}$, $\boldsymbol{\alpha}_3=\begin{pmatrix}4\\-1\\0\end{pmatrix}$,试求向量空间 $\mathbf{R}^3$ 的一个正交基.

分析 作为向量空间 $\mathbf{R}^3$ 的一个正交基,首先要保证由三个向量组成的向量组是线性无关的,之后可以根据施密特正交化找出正交基.

解答　经验证知 $\boldsymbol{\alpha}_1,\boldsymbol{\alpha}_2,\boldsymbol{\alpha}_3$ 线性无关,所以可选取 $\boldsymbol{\alpha}_1,\boldsymbol{\alpha}_2,\boldsymbol{\alpha}_3$ 作为 $\mathbf{R}^3$ 的一个基,对 $\boldsymbol{\alpha}_1,\boldsymbol{\alpha}_2,\boldsymbol{\alpha}_3$ 实施施密特正交化过程,取

$$\boldsymbol{\beta}_1=\boldsymbol{\alpha}_1=\begin{pmatrix}1\\2\\-1\end{pmatrix},\boldsymbol{\beta}_2=\boldsymbol{\alpha}_2-\frac{[\boldsymbol{\alpha}_2,\boldsymbol{\beta}_1]}{[\boldsymbol{\beta}_1,\boldsymbol{\beta}_1]}\boldsymbol{\beta}_1=\begin{pmatrix}-1\\3\\1\end{pmatrix}-\frac{2}{3}\begin{pmatrix}1\\2\\-1\end{pmatrix}=\frac{5}{3}\begin{pmatrix}-1\\1\\1\end{pmatrix}$$

$$\boldsymbol{\beta}_3=\boldsymbol{\alpha}_3-\frac{[\boldsymbol{\alpha}_3,\boldsymbol{\beta}_1]}{[\boldsymbol{\beta}_1,\boldsymbol{\beta}_1]}\boldsymbol{\beta}_1-\frac{[\boldsymbol{\alpha}_3,\boldsymbol{\beta}_2]}{[\boldsymbol{\beta}_2,\boldsymbol{\beta}_2]}\boldsymbol{\beta}_2=\begin{pmatrix}4\\-1\\0\end{pmatrix}-\frac{1}{3}\begin{pmatrix}1\\2\\-1\end{pmatrix}+\frac{5}{3}\begin{pmatrix}-1\\1\\1\end{pmatrix}=2\begin{pmatrix}1\\0\\1\end{pmatrix}$$

则 $\boldsymbol{\beta}_1,\boldsymbol{\beta}_2,\boldsymbol{\beta}_3$ 构成了 $\mathbf{R}^3$ 的一个正交基.

评注　施密特正交化是把一组线性无关的向量组构造成正交向量组的简单易行的方法,掌握它对于求解正交变换起到重要作用.

例 5.2　已知矩阵 $\boldsymbol{A}=\begin{pmatrix}a & -\frac{3}{7} & \frac{2}{7}\\ b & \frac{6}{7} & c\\ -\frac{3}{7} & \frac{2}{7} & d\end{pmatrix}$ 为正交矩阵,求 a、b、c、d 的值.

分析　依照正交矩阵的性质:其行(列)向量两两正交且为单位矩阵,可以求出待定数.

解答　因 $\boldsymbol{A}$ 为正交矩阵,则行(列)向量两两正交且为单位矩阵. 由第 1 行、第 3 行分别有

$$a^2+\left(-\frac{3}{7}\right)^2+\left(\frac{2}{7}\right)^2=1,\left(-\frac{3}{7}\right)^2+\left(\frac{2}{7}\right)^2+d^2=1$$

解之得 $a=\pm\frac{6}{7},d=\pm\frac{6}{7}$,又由第 1 行、第 3 行向量正交有 $-\frac{3}{7}a-\frac{6}{49}+\frac{2}{7}d=0$.

因此,只能 $a=-\frac{6}{7},d=-\frac{6}{7}$,再由列向量组正交性得 $b=-\frac{2}{7},d=\frac{3}{7}$.

评注　若利用正交矩阵的定义 $\boldsymbol{A}^{\mathrm{T}}\boldsymbol{A}=\boldsymbol{E}$,可以列出关于 a、b、c、d 的几个等式,但求解这个方程组的过程相对复杂,故采用上面的做法相对较好.

5.2.2　求方阵的特征值与特征向量

1. 求数值矩阵的特征值与特征向量

例 5.3　求下列矩阵的特征值与特征向量

(1) $\boldsymbol{A}=\begin{pmatrix}3&2&4\\2&0&2\\4&2&3\end{pmatrix}$; (2) $\boldsymbol{A}=\begin{pmatrix}3&1&0\\-4&-1&0\\4&8&-2\end{pmatrix}$; (3) $\boldsymbol{A}=\begin{pmatrix}1&0&-1\\0&4&0\\-1&0&1\end{pmatrix}$.

分析　通过特征方程 $|\boldsymbol{A}-\lambda\boldsymbol{E}|=0$ 可以求出矩阵的特征值 λ,之后通过求解齐次线性方程组 $(\boldsymbol{A}-\lambda\boldsymbol{E})\boldsymbol{x}=\boldsymbol{0}$,找寻其非零解即可求得特征向量.

解答　(1) 由特征方程 $|\boldsymbol{A}-\lambda\boldsymbol{E}|=\begin{vmatrix}3-\lambda&2&4\\2&-\lambda&2\\4&2&3-\lambda\end{vmatrix}=(8-\lambda)(\lambda+1)^2=0$ 得 $\boldsymbol{A}$ 的特

征值为 $\lambda_1=\lambda_2=-1,\lambda_3=8$.

对于 $\lambda_1=\lambda_2=-1$ 时,解方程组 $(\boldsymbol{A}+\boldsymbol{E})\boldsymbol{x}=\boldsymbol{0}$,由系数矩阵

$$\boldsymbol{A}+\boldsymbol{E}=\begin{bmatrix}4&2&4\\2&1&2\\4&2&4\end{bmatrix}\overset{r}{\sim}\begin{pmatrix}1&\frac{1}{2}&1\\0&0&0\\0&0&0\end{pmatrix}$$

得基础解系 $\boldsymbol{p}_1=(1,0,-1)^{\mathrm{T}},\boldsymbol{p}_2=(1,-2,0)^{\mathrm{T}}$,所以 $\boldsymbol{A}$ 属于 $\lambda_1=\lambda_2=-1$ 的全部特征向量为 $k_1\boldsymbol{p}_1+k_2\boldsymbol{p}_2$($k_1,k_2$ 不全为零).

当 $\lambda_3=8$ 时,解方程组 $(\boldsymbol{A}-8\boldsymbol{E})\boldsymbol{x}=\boldsymbol{0}$,由系数矩阵 $\boldsymbol{A}-8\boldsymbol{E}=\begin{pmatrix}-5&2&4\\2&-8&2\\4&2&-5\end{pmatrix}\overset{r}{\sim}$

$\begin{pmatrix}1&0&-1\\0&1&-\frac{1}{2}\\0&0&0\end{pmatrix}$,得基础解系 $\boldsymbol{p}_3=(2,1,2)^{\mathrm{T}}$,所以 $\boldsymbol{A}$ 的属于 $\lambda_3=8$ 的全部特征向量为 $k_3\boldsymbol{p}_3(k_3\neq0)$.

(2)由 $\boldsymbol{A}$ 的特征方程为 $|\boldsymbol{A}-\lambda\boldsymbol{E}|=\begin{vmatrix}3-\lambda&1&0\\-4&-1-\lambda&0\\4&8&-2-\lambda\end{vmatrix}=-(\lambda+2)(\lambda-1)^2=0$,

得 $\boldsymbol{A}$ 的特征值为 $\lambda_1=-2,\lambda_2=\lambda_3=1$.

当 $\lambda_1=-2$ 时,解方程组 $(\boldsymbol{A}+2\boldsymbol{E})\boldsymbol{x}=\boldsymbol{0}$,由系数矩阵 $\boldsymbol{A}+2\boldsymbol{E}=\begin{pmatrix}5&1&0\\-4&1&0\\4&8&0\end{pmatrix}\overset{r}{\sim}\begin{pmatrix}1&0&0\\0&1&0\\0&0&0\end{pmatrix}$,

得基础解系 $\boldsymbol{p}_1=(0,0,1)^{\mathrm{T}}$,所以 $k_1\boldsymbol{p}_1(k_1\neq0)$ 是对应于 $\lambda_1=-2$ 的全部特征向量.

当 $\lambda_2=\lambda_3=1$ 时,解方程组 $(\boldsymbol{A}-\boldsymbol{E})\boldsymbol{x}=\boldsymbol{0}$,由 $\boldsymbol{A}-\boldsymbol{E}=\begin{pmatrix}2&1&0\\-4&-2&0\\4&8&-3\end{pmatrix}\overset{r}{\sim}\begin{pmatrix}1&0&\frac{1}{4}\\0&1&-\frac{1}{2}\\0&0&0\end{pmatrix}$,

得基础解系 $\boldsymbol{p}_2=\left(-\frac{1}{4},\frac{1}{2},1\right)^{\mathrm{T}}$,所以 $k_2\boldsymbol{p}_2(k_2\neq0)$ 是对应于 $\lambda_2=\lambda_3=1$ 的全部特征向量.

(3)$\boldsymbol{A}$ 的特征方程为 $|\boldsymbol{A}-\lambda\boldsymbol{E}|=\begin{vmatrix}1-\lambda&0&-1\\0&4-\lambda&0\\-1&0&1-\lambda\end{vmatrix}=(4-\lambda)(2-\lambda)(-\lambda)=0$,所以

$\boldsymbol{A}$ 的特征值为 $\lambda_1=4,\lambda_2=2,\lambda_3=0$.

当 $\lambda_1=4$ 时,解方程组 $(\boldsymbol{A}-4\boldsymbol{E})\boldsymbol{x}=\boldsymbol{0}$,由

$$\boldsymbol{A}-4\boldsymbol{E}=\begin{pmatrix}-3&0&-1\\0&0&0\\-1&0&-3\end{pmatrix}\overset{r}{\sim}\begin{pmatrix}1&0&0\\0&0&1\\0&0&0\end{pmatrix}$$

得基础解系 $p_1=(0,1,0)^T$，所以 $k_1p_1(k_1\neq 0)$ 是对应于 $\lambda_1=4$ 的全部特征向量.

当 $\lambda_2=2$ 时，解方程组 $(A-2E)x=0$，由

$$A-2E=\begin{pmatrix}-1&0&-1\\0&2&0\\-1&0&-1\end{pmatrix}\overset{r}{\sim}\begin{pmatrix}1&0&1\\0&1&0\\0&0&0\end{pmatrix}$$

得基础解系 $p_2=(-1,0,1)^T$，所以 $k_2p_2(k_2\neq 0)$ 是对应于 $\lambda_1=2$ 的全部特征向量.

当 $\lambda_3=0$ 时，解方程组 $Ax=0$，由

$$A-0E=\begin{pmatrix}1&0&-1\\0&4&0\\-1&0&1\end{pmatrix}\overset{r}{\sim}\begin{pmatrix}1&0&-1\\0&1&0\\0&0&0\end{pmatrix}$$

得基础解系 $p_3=(1,0,1)^T$，所以 $k_3p_3(k_3\neq 0)$ 是对应于 $\lambda_3=0$ 的全部特征向量.

评注 本例中(1)、(2)特征方程均有重根的情况，但特征向量呈现不同状态，要引起重视. 一般地，实对称矩阵的 r 重特征值对应存在 r 个线性无关的特征向量，而一般方阵的 r 重特征值对应的线性无关的特征向量不一定为 r 个，如本例(2)中，对于二重特征值 $\lambda_2=\lambda_3=1$，求出与之对应的线性无关的特征向量就只有 1 个 p_2.

例 5.4 设 n 阶矩阵 $A=(a_{ij})$，其中 $a_{ij}=\begin{cases}a,i=j\\b,i\neq j\end{cases}$，求 A 的特征值和特征向量.

分析 由于 a、b 的值的特殊性会使矩阵呈现特殊形式，故要讨论 a、b 的值后再进行求解.

解答 (1) 当 $a=b=0$ 时，$A=O$，故 A 的特征值全为 0，此时任意非零向量都是 A 的特征向量.

(2) 当 $a=b\neq 0$ 时，A 的特征多项式

$$|A-\lambda E|=\begin{vmatrix}a-\lambda&a&\cdots&a\\a&a-\lambda&\cdots&a\\\vdots&\vdots&\ddots&\vdots\\a&a&\cdots&a-\lambda\end{vmatrix}\overline{\overline{c_1+c_2+\cdots+c_n}}$$

$$=(na-\lambda)\begin{vmatrix}1&a&\cdots&a\\1&a-\lambda&\cdots&a\\\vdots&\vdots&\ddots&\vdots\\1&a&\cdots&a-\lambda\end{vmatrix}\underset{(na-\lambda)}{\overline{\overline{r_i-r_1(i=2,3,\cdots,n)}}}\begin{vmatrix}1&a&\cdots&a\\0&-\lambda&\cdots&0\\\vdots&\vdots&\ddots&\vdots\\0&0&\cdots&-\lambda\end{vmatrix}$$

$$=(-1)^{n-1}\lambda^{n-1}(na-\lambda)$$

所以 A 的特征值为 $\lambda_1=\lambda_2=\cdots=\lambda_{n-1}=0,\lambda_n=na$.

当 $\lambda_1=\lambda_2=\cdots=\lambda_{n-1}=0$ 时，解方程 $Ax=0$，由

$$A=\begin{pmatrix}a&a&\cdots&a\\a&a&\cdots&a\\\vdots&\vdots&\ddots&\vdots\\a&a&\cdots&a\end{pmatrix}\overset{r}{\sim}\begin{pmatrix}1&1&\cdots&1\\0&0&\cdots&0\\\vdots&\vdots&\ddots&\vdots\\0&0&\cdots&0\end{pmatrix}$$

得基础解系

$$\boldsymbol{p}_1=(1,-1,\cdots,0,0)^{\mathrm{T}},\boldsymbol{p}_2=(1,0,-1,\cdots,0)^{\mathrm{T}},\cdots,\boldsymbol{p}_{n-1}=(1,0,0,\cdots,-1)^{\mathrm{T}}$$

所以对应于 $\lambda_1=\lambda_2=\cdots=\lambda_{n-1}=0$ 的全部特征向量为

$$k_1\boldsymbol{p}_1+k_2\boldsymbol{p}_2+\cdots+k_{n-1}\boldsymbol{p}_{n-1}\qquad(k_1,k_2,\cdots,k_{n-1}\text{ 不同时为 }0)$$

当 $\lambda_n=na$ 时,解方程 $(\boldsymbol{A}-na\boldsymbol{E})\boldsymbol{x}=\boldsymbol{0}$,由

$$\boldsymbol{A}-na\boldsymbol{E}=\begin{pmatrix}-(n-1)a & a & \cdots & a\\ a & -(n-1)a & \cdots & a\\ \vdots & \vdots & \ddots & \vdots\\ a & a & \cdots & -(n-1)a\end{pmatrix}\sim\begin{pmatrix}1 & -1 & 0 & \cdots & 0 & 0\\ 0 & 1 & -1 & \cdots & 0 & 0\\ \vdots & \vdots & \vdots & \ddots & \vdots & \vdots\\ 0 & 0 & 0 & \cdots & 1 & -1\\ 0 & 0 & 0 & \cdots & 0 & 0\end{pmatrix}$$

得基础解系 $\boldsymbol{p}_n=(1,1,\cdots,1)^{\mathrm{T}}$,所以对应于 $\lambda_n=na$ 的全部特征向量为 $k_n\boldsymbol{p}_n(k_n\neq0)$.

(3) 当 $a\neq b$ 时,$\boldsymbol{A}$ 的特征多项式

$$|\boldsymbol{A}-\lambda\boldsymbol{E}|=\begin{vmatrix}a-\lambda & b & b & \cdots & b\\ b & a-\lambda & b & \cdots & b\\ b & b & a-\lambda & \cdots & b\\ \vdots & \vdots & \vdots & \ddots & \vdots\\ b & b & b & \cdots & a-\lambda\end{vmatrix}=[a+(n-1)b-\lambda](a-b-\lambda)^{n-1}$$

此时 $\boldsymbol{A}$ 的特征值为 $\lambda_1=\lambda_2=\cdots=\lambda_{n-1}=a-b,\lambda_n=a+(n-1)b$

当 $\lambda_1=\lambda_2=\cdots=\lambda_{n-1}=a-b$ 时,解方程组 $\{\boldsymbol{A}-(a-b)\boldsymbol{E}\}\boldsymbol{x}=\boldsymbol{0}$,由

$$\boldsymbol{A}-(a-b)\boldsymbol{E}=\begin{pmatrix}b & b & b & \cdots & b\\ b & b & b & \cdots & b\\ b & b & b & \cdots & b\\ \vdots & \vdots & \vdots & \ddots & \vdots\\ b & b & b & \cdots & b\end{pmatrix}\sim\begin{pmatrix}1 & 1 & 1 & \cdots & 1\\ 0 & 0 & 0 & \cdots & 0\\ 0 & 0 & 0 & \cdots & 0\\ \vdots & \vdots & \vdots & \ddots & \vdots\\ 0 & 0 & 0 & \cdots & 0\end{pmatrix}$$

得基础解系

$$\boldsymbol{p}_1=(1,-1,\cdots,0,0)^{\mathrm{T}},\boldsymbol{p}_2=(1,0,-1,\cdots,0)^{\mathrm{T}},\cdots,\boldsymbol{p}_{n-1}=(1,0,0,\cdots,-1)^{\mathrm{T}}$$

故对应于 $\lambda_1=\lambda_2=\cdots=\lambda_{n-1}=a-b$ 的全部特征向量为

$$k_1\boldsymbol{p}_1+k_2\boldsymbol{p}_2+\cdots+k_{n-1}\boldsymbol{p}_{n-1}(k_1,k_2,\cdots,k_{n-1}\text{ 不同时为 }0)$$

当 $\lambda_n=a+(n-1)b$ 时,解方程组 $\{\boldsymbol{A}-[a+(n-1)b]E\}\boldsymbol{x}=\boldsymbol{0}$,由

$$\boldsymbol{A}-[a+(n-1)b]E=\begin{pmatrix}-(n-1)b & b & b & \cdots & b\\ b & -(n-1)b & b & \cdots & b\\ b & b & -(n-1)b & \cdots & b\\ \vdots & \vdots & \vdots & \ddots & \vdots\\ b & b & b & \cdots & -(n-1)b\end{pmatrix}$$

由(2)得知,对应于 $\lambda_n=a+(n-1)b$ 的全部特征向量为 $k_n(1,1,\cdots,1)^{\mathrm{T}}(k_n\neq0)$.

评注 特征值的计算借助于行列式的计算,其计算的正确性影响到特征向量的正确求解.特征向量是借助于齐次线性方程组的非零解的求解,故应正确求出基础解系.

例 5.5 设矩阵 $A=\begin{pmatrix}2&1&1\\1&2&1\\1&1&2\end{pmatrix}$,若 $\boldsymbol{\alpha}=\begin{pmatrix}1\\k\\1\end{pmatrix}$ 是 A^{-1} 的特征向量,求常数 k 以及 $\boldsymbol{\alpha}$ 所对应的特征值.

分析 若设 λ 是 A^{-1} 的特征值,则由特征值和特征向量的定义有 $A^{-1}\boldsymbol{\alpha}=\lambda\boldsymbol{\alpha}$,从而有 $A\boldsymbol{\alpha}=\frac{1}{\lambda}\boldsymbol{\alpha}$,将 A、$\boldsymbol{\alpha}$ 的具体值代入,列出等式可以得到 k 和 λ 的值.

解答 设 $\boldsymbol{\alpha}$ 对应于特征值 λ,由于 A^{-1} 是可逆的,故 $\lambda\neq0$,于是

$$A^{-1}\boldsymbol{\alpha}=\lambda\boldsymbol{\alpha}\Rightarrow A\boldsymbol{\alpha}=\frac{1}{\lambda}\boldsymbol{\alpha}$$

记 $\frac{1}{\lambda}=\mu$,得

$$\begin{pmatrix}2&1&1\\1&2&1\\1&1&2\end{pmatrix}\begin{pmatrix}1\\k\\1\end{pmatrix}=\mu\begin{pmatrix}1\\k\\1\end{pmatrix}$$

即

$$\begin{cases}2+k+1=\mu\\1+2k+1=\mu k\\1+k+2=\mu\end{cases}$$

由此得

$$\begin{cases}k(k+3)=2(k+1)\\\mu=k+3\end{cases}$$

前一式即 $k^2+k-2=0$,所以 $k=1$ 或 $k=-2$.

$k=1$ 时,$\mu=4$,A^{-1} 对应于 $\boldsymbol{\alpha}$ 的特征值 $\lambda=\frac{1}{\mu}=\frac{1}{4}$;

$k=-2$ 时,$\mu=1$,A^{-1} 对应于 $\boldsymbol{\alpha}$ 的特征值 $\lambda=\frac{1}{\mu}=1$.

评注 通过矩阵 A 可以求得 A^{-1},从而求得 A^{-1} 的全部特征值和特征向量,较麻烦,况且题中只求一个即可,故巧妙地运用 A 与 A^{-1} 的特征值的关系是关键.

2. 求抽象矩阵的特征值和特征向量

对于没有具体给出数值的抽象矩阵,一般要根据题设条件,尝试以下做法:

(1) 利用定义,即满足 $A\boldsymbol{x}=\lambda\boldsymbol{x},\boldsymbol{x}\neq\boldsymbol{0}$ 的数 λ 和 $\boldsymbol{x}$ 为 A 的特征值和对应的特征向量.

(2) 利用特征方程,即满足 $|A-\lambda E|=0$ 的 λ 即为 A 的特征值.

(3) 利用特征值的有关性质和结论推导出特征值的取值.

例 5.6 设 A 为 2 阶矩阵,$\boldsymbol{\alpha}_1$、$\boldsymbol{\alpha}_2$ 为线性无关的二维列向量,$A\boldsymbol{\alpha}_1=\boldsymbol{0}$,$A\boldsymbol{\alpha}_2=2\boldsymbol{\alpha}_1+\boldsymbol{\alpha}_2$,求 A 的非零特征值.

分析 结合特征值和特征向量的定义 $A\boldsymbol{\alpha}=\lambda\boldsymbol{\alpha}$($\boldsymbol{\alpha}$ 为非零向量),从给定的式子出发,寻找

满足条件的 λ.

解答 因为 $\boldsymbol{\alpha}_1,\boldsymbol{\alpha}_2$ 线性无关,所以 $\boldsymbol{A}\boldsymbol{\alpha}_2=2\boldsymbol{\alpha}_1+\boldsymbol{\alpha}_2\neq\mathbf{0}$,在上式两端同时左乘矩阵 $\boldsymbol{A}$,得 $\boldsymbol{A}(\boldsymbol{A}\boldsymbol{\alpha}_2)=2\boldsymbol{A}\boldsymbol{\alpha}_1+\boldsymbol{A}\boldsymbol{\alpha}_2=\boldsymbol{A}\boldsymbol{\alpha}_2$,故非零的特征值为1(对应的特征向量为 $\boldsymbol{A}\boldsymbol{\alpha}_2$).

评注 本题也可以通过寻找相似矩阵,由两矩阵相似有相同的特征值的理论,可以求出 $\boldsymbol{A}$ 的非零特征值. 方法如下:

$$\boldsymbol{A}(\boldsymbol{\alpha}_1,\boldsymbol{\alpha}_2)=(\boldsymbol{A}\boldsymbol{\alpha}_1,\boldsymbol{A}\boldsymbol{\alpha}_2)=(0,2\boldsymbol{\alpha}_1+\boldsymbol{\alpha}_2)=(\boldsymbol{\alpha}_1,\boldsymbol{\alpha}_2)\begin{pmatrix}0&2\\0&1\end{pmatrix}$$

记 $\boldsymbol{P}=(\boldsymbol{\alpha}_1,\boldsymbol{\alpha}_2)$,$\boldsymbol{P}$ 可逆,故 $\boldsymbol{P}^{-1}\boldsymbol{A}\boldsymbol{P}=\begin{pmatrix}0&2\\0&1\end{pmatrix}=\boldsymbol{B}$

$\boldsymbol{A}$ 与 $\boldsymbol{B}$ 有相同的特征值 $|\boldsymbol{B}-\lambda\boldsymbol{E}|=\begin{vmatrix}-\lambda&2\\0&1-\lambda\end{vmatrix}=\lambda(\lambda-1)$,$\lambda_{1,2}=0,1$,故非零的特征值为1.

例5.7 设 $\boldsymbol{A}$ 是 n 阶实对称矩阵,$\boldsymbol{P}$ 是 n 阶可逆矩阵,已知 n 维列向量 $\boldsymbol{\alpha}$ 是 $\boldsymbol{A}$ 的属于特征值 λ 的特征向量,则矩阵 $(\boldsymbol{P}^{-1}\boldsymbol{A}\boldsymbol{P})^{\mathrm{T}}$ 属于特征值 λ 的特征向量是(　　).

A. $\boldsymbol{P}^{-1}\boldsymbol{\alpha}$　　B. $\boldsymbol{P}^{\mathrm{T}}\boldsymbol{\alpha}$.　　C. $\boldsymbol{P}\boldsymbol{\alpha}$　　D. $(\boldsymbol{P}^{-1})^{\mathrm{T}}\boldsymbol{\alpha}$

分析 以 $\boldsymbol{A}\boldsymbol{\alpha}=\lambda\boldsymbol{\alpha}$ 等式出发,寻找到满足 $(\boldsymbol{P}^{-1}\boldsymbol{A}\boldsymbol{P})^{\mathrm{T}}\boldsymbol{x}=\lambda\boldsymbol{x}$ 的非零向量 $\boldsymbol{x}$.

解答 由 $\boldsymbol{\alpha}$ 是 $\boldsymbol{A}$ 的属于特征值 λ 的特征向量,得 $\boldsymbol{A}\boldsymbol{\alpha}=\lambda\boldsymbol{\alpha}$,又由于 $\boldsymbol{A}$ 是实对称矩阵

$$(\boldsymbol{P}^{-1}\boldsymbol{A}\boldsymbol{P})^{\mathrm{T}}=\boldsymbol{P}^{\mathrm{T}}\boldsymbol{A}^{\mathrm{T}}(\boldsymbol{P}^{-1})^{\mathrm{T}}=\boldsymbol{P}^{\mathrm{T}}\boldsymbol{A}(\boldsymbol{P}^{\mathrm{T}})^{-1}$$

于是

$$\boldsymbol{A}\boldsymbol{\alpha}=\lambda\boldsymbol{\alpha}\Rightarrow\boldsymbol{A}\boldsymbol{E}\boldsymbol{\alpha}=\lambda\boldsymbol{\alpha}\Rightarrow\boldsymbol{A}(\boldsymbol{P}^{\mathrm{T}})^{-1}\boldsymbol{P}^{\mathrm{T}}\boldsymbol{\alpha}=\lambda\alpha$$

在上式两边同时左乘矩阵 $\boldsymbol{P}^{\mathrm{T}}$,有 $\boldsymbol{P}^{\mathrm{T}}\boldsymbol{A}(\boldsymbol{P}^{\mathrm{T}})^{-1}\boldsymbol{P}^{\mathrm{T}}\boldsymbol{\alpha}=\lambda\boldsymbol{P}^{\mathrm{T}}\boldsymbol{\alpha}$,最后的等式表示 $\boldsymbol{P}^{\mathrm{T}}\boldsymbol{\alpha}$ 是 $\boldsymbol{P}^{\mathrm{T}}\boldsymbol{A}(\boldsymbol{P}^{\mathrm{T}})^{-1}$,也就是 $(\boldsymbol{P}^{-1}\boldsymbol{A}\boldsymbol{P})^{\mathrm{T}}$ 属于 λ 的特征向量,即选 B.

评注 解答中单位向量起到关键的作用.

例5.8 设四阶方阵 $\boldsymbol{A}$ 满足 $|3\boldsymbol{E}+\boldsymbol{A}|=0$,$\boldsymbol{A}\boldsymbol{A}^{\mathrm{T}}=2\boldsymbol{E}$,$|\boldsymbol{A}|<0$,求方阵 $\boldsymbol{A}$ 的伴随矩阵 $\boldsymbol{A}^*$ 的一个特征值.

分析 因为若 n 阶可逆矩阵 $\boldsymbol{A}$ 有特征值 λ,则 $\dfrac{1}{\lambda}|\boldsymbol{A}|$ 是 $\boldsymbol{A}$ 的伴随矩阵 $\boldsymbol{A}^*$ 的特征值,所以只要知道可逆矩阵 $\boldsymbol{A}$ 的一个特征值及矩阵 $\boldsymbol{A}$ 的行列式,即可确定 $\boldsymbol{A}^*$ 的一个特征值.

解答 由 $|3\boldsymbol{E}+\boldsymbol{A}|=|\boldsymbol{A}-(-3)\boldsymbol{E}|=0$ 知 $\boldsymbol{A}$ 有一特征值为 $\lambda=-3$. 又由 $\boldsymbol{A}\boldsymbol{A}^{\mathrm{T}}=2\boldsymbol{E}$ 得 $|\boldsymbol{A}\boldsymbol{A}^{\mathrm{T}}|=|2\boldsymbol{E}|$,即 $|\boldsymbol{A}||\boldsymbol{A}^{\mathrm{T}}|=|\boldsymbol{A}|^2=2^4|\boldsymbol{E}|=16$,从而 $|\boldsymbol{A}|=\pm4$. 因为 $|\boldsymbol{A}|<0$,所以 $|\boldsymbol{A}|=-4$,故 $\boldsymbol{A}^*$ 有一个特征值为 $\dfrac{1}{\lambda}|\boldsymbol{A}|=\dfrac{-4}{-3}=\dfrac{4}{3}$.

评注 对于方阵 $\boldsymbol{A}$,满足 $|\boldsymbol{A}-\lambda\boldsymbol{E}|=0$ 的 λ 即为 $\boldsymbol{A}$ 的一个特征值.

例5.9 设 n 阶矩阵 $\boldsymbol{A}=(a_{ij})$ 的特征值为 $\lambda_1,\lambda_2,\cdots,\lambda_n$,试证:

(1) $\lambda_1+\lambda_2+\cdots+\lambda_n=a_{11}+a_{22}+\cdots+a_{nn}$;

(2) $\lambda_1\cdot\lambda_2\cdot\cdots\cdot\lambda_n=|\boldsymbol{A}|$.

分析 利用行列式的性质,将特征多项式 $|\boldsymbol{A}-\lambda\boldsymbol{E}|$ 拆分成 n 个的和,比较 λ^{n-1} 的系数和常数项得出结论.

解答 设 $\boldsymbol{A}$ 的特征多项式

$$f(\lambda)=|\boldsymbol{A}-\lambda\boldsymbol{E}|=\begin{vmatrix}a_{11}-\lambda & a_{12}-0 & \cdots & a_{1n}-0\\ a_{21}-0 & a_{22}-\lambda & \cdots & a_{2n}-0\\ \vdots & \vdots & \ddots & \vdots\\ a_{n1}-0 & a_{n2}-0 & \cdots & a_{nn}-\lambda\end{vmatrix}$$

$$=(-1)^n\lambda^n+a_1\lambda^{n-1}+\cdots+a_{n-1}\lambda+a_n \tag{5.1}$$

则 $|A-\lambda E|$ 可拆成 2^n 个行列式之和,其中含 λ^{n-1} 的行列式共有 n 个,它们是

$$\begin{vmatrix}a_{11} & 0 & 0 & \cdots & 0\\ a_{21} & -\lambda & 0 & \cdots & 0\\ a_{31} & 0 & -\lambda & \cdots & 0\\ \vdots & \vdots & \vdots & \ddots & \vdots\\ a_{n1} & 0 & 0 & \cdots & -\lambda\end{vmatrix},\begin{vmatrix}-\lambda & a_{12} & 0 & \cdots & 0\\ 0 & a_{22} & 0 & \cdots & 0\\ 0 & a_{32} & -\lambda & \cdots & 0\\ \vdots & \vdots & \vdots & \ddots & \vdots\\ 0 & a_{n2} & 0 & \cdots & -\lambda\end{vmatrix},\cdots,\begin{vmatrix}-\lambda & 0 & 0 & \cdots & a_{1n}\\ 0 & -\lambda & 0 & \cdots & a_{2n}\\ 0 & 0 & -\lambda & \cdots & a_{3n}\\ \vdots & \vdots & \vdots & \ddots & \vdots\\ 0 & 0 & 0 & \cdots & a_{nn}\end{vmatrix}$$

这 n 个行列式之和为 $(-1)^{n-1}(a_{11}+a_{22}+\cdots+a_{nn})\lambda^{n-1}$

即式(5.1)中的 $a_1=(-1)^{n-1}(a_{11}+a_{22}+\cdots+a_{nn})$

又在式(5.1)中令 $\lambda=0$,即得特征多项式的常数项

$$a_n=|\boldsymbol{A}-0\cdot\boldsymbol{E}|=|\boldsymbol{A}|$$

由题设 $\boldsymbol{A}$ 的 n 个特征值为 $\lambda_1,\lambda_2,\cdots,\lambda_n$,即 $f(\lambda)=0$ 的 n 个根为 $\lambda_1,\lambda_2,\cdots,\lambda_n$,故

$$f(\lambda)=(\lambda_1-\lambda)(\lambda_2-\lambda)\cdots(\lambda_n-\lambda)$$
$$=(-1)^n\lambda^n+(-1)^{n-1}(\lambda_1+\lambda_2+\cdots+\lambda_n)\lambda^{n-1}+\cdots+\lambda_1\lambda_2\cdots\lambda_n$$

将上式与式(5.1)比较 λ^{n-1} 的系数和常数项,得

$$(-1)^{n-1}(a_{11}+a_{22}+\cdots+a_{nn})=a_1=(-1)^{n-1}(\lambda_1+\lambda_2+\cdots+\lambda_n)$$
$$|\boldsymbol{A}|=a_n=\lambda_1\lambda_2\cdots\lambda_n$$

于是　　有 $\lambda_1+\lambda_2+\cdots+\lambda_n=a_{11}+a_{22}+\cdots+a_{nn}$

$$\lambda_1\lambda_2\cdots\lambda_n=|\boldsymbol{A}|$$

评注　所证明的两式是特征值的两条重要性质,注意灵活使用.

例 5.10　设三阶矩阵 $\boldsymbol{A}$ 满足方程 $\boldsymbol{A}^2-5\boldsymbol{A}+6\boldsymbol{E}=\boldsymbol{O}$,其中 $\boldsymbol{E}$ 为单位矩阵,且行列式 $|\boldsymbol{A}|=12$,试求 $\boldsymbol{A}$ 的特征值.

分析　由 $\boldsymbol{A}$ 的特征值 λ 能够满足 $\lambda^2-5\lambda+6=0$ 可得两个特征值,再依据 $|\boldsymbol{A}|=12$ 推断其余特征值.

解答　设 λ 是 $\boldsymbol{A}$ 的特征值,对应特征向量设为 $\boldsymbol{x}\neq\boldsymbol{0}$,则 $\boldsymbol{Ax}=\lambda\boldsymbol{x}$. 由已知 $\boldsymbol{A}^2-5\boldsymbol{A}+6\boldsymbol{E}=\boldsymbol{O}$ 得

$$(\boldsymbol{A}^2-5\boldsymbol{A}+6\boldsymbol{E})\boldsymbol{x}=\boldsymbol{A}^2\boldsymbol{x}-5\boldsymbol{Ax}+6\boldsymbol{x}=\lambda^2\boldsymbol{x}-5\lambda\boldsymbol{x}+6\boldsymbol{x}=(\lambda^2-5\lambda+6)\boldsymbol{x}=\boldsymbol{0}$$

因为 $\boldsymbol{x}\neq\boldsymbol{0}$,故 $\lambda^2-5\lambda+6=(\lambda-2)(\lambda-3)=0$,即有 $\lambda=2$ 或 $\lambda=3$.

又 $|\boldsymbol{A}|=\lambda_1\cdot\lambda_2\cdot\lambda_3=12$,$\lambda_i=2$ 或 $\lambda_i=3$,$i=1,2,3$. 故有 $\lambda_1=\lambda_2=2$,$\lambda_3=3$.

评注　题中运用 $|\boldsymbol{A}|=\lambda_1\cdot\lambda_2\cdot\lambda_3$ 来推断特征值.

3. 利用特征值求给定矩阵的行列式

例 5.11 设 -2、1、3 为 3 阶矩阵 $\boldsymbol{A}$ 的特征值，求 $\left|\boldsymbol{E}+\left(\frac{1}{2}\boldsymbol{A}^3\right)^{-1}\right|$.

分析 $|\varphi(\boldsymbol{A})|$等于 $\varphi(\boldsymbol{A})$ 的特征值的乘积. 所以设法求出 $\varphi(\boldsymbol{A})$ 的特征值 $\varphi(\lambda)$ 是解题关键.

解答 所求矩阵的特征值为 $\varphi(\lambda)=1+\left(\frac{1}{2}\lambda^3\right)^{-1}=1+\frac{2}{\lambda^3}$，故 $\boldsymbol{E}+\left(\frac{1}{2}\boldsymbol{A}^3\right)^{-1}$ 的特征值为 $\varphi(-2)$、$\varphi(1)$、$\varphi(3)$，即 $\frac{3}{4}$、3、$\frac{29}{27}$. 于是有 $\left|\boldsymbol{E}+\left(\frac{1}{2}\boldsymbol{A}^3\right)^{-1}\right|=\frac{3}{4}\times 3\times\frac{29}{27}=\frac{29}{12}$.

评注 利用特征值求 n 阶方阵矩阵的行列式就是依据 $|\boldsymbol{A}|=\lambda_1\cdot\lambda_2\cdot\cdots\cdot\lambda_n$.

4. 由特征值或特征向量确定矩阵中的参数

例 5.12 设矩阵 $\boldsymbol{A}=\begin{pmatrix} a & -1 & c \\ 5 & b & 3 \\ 1-c & 0 & -a \end{pmatrix}$，其行列式 $|\boldsymbol{A}|=-1$，又 $\boldsymbol{A}$ 的伴随矩阵 $\boldsymbol{A}^*$ 有一个特征值为 λ_0，属于 λ_0 的一个特征向量 $\boldsymbol{\alpha}=(-1,\ -1,1)^{\mathrm{T}}$，求 a,b,c 和 λ_0 的值.

分析 从题中所给条件列出关于 a、b、c 和 λ_0 的一个方程组.

解答 由题设条件有 $\boldsymbol{A}^*\boldsymbol{\alpha}=\lambda_0\boldsymbol{\alpha}$，于是 $\boldsymbol{A}\boldsymbol{A}^*\boldsymbol{\alpha}=\boldsymbol{A}\lambda_0\boldsymbol{\alpha}=\lambda_0\boldsymbol{A}\boldsymbol{\alpha}$，

又 $\boldsymbol{A}\boldsymbol{A}^*=|\boldsymbol{A}|\boldsymbol{E}=-\boldsymbol{E}$，所以有 $-\boldsymbol{\alpha}=\lambda_0\boldsymbol{A}\boldsymbol{\alpha}$，即

$$\lambda_0\begin{pmatrix} a & -1 & c \\ 5 & b & 3 \\ 1-c & 0 & -a \end{pmatrix}\begin{pmatrix} -1 \\ -1 \\ 1 \end{pmatrix}=-\begin{pmatrix} -1 \\ -1 \\ 1 \end{pmatrix}$$

由此可得 $\begin{cases} \lambda_0(-a+1+c)=1, \\ \lambda_0(-5-b+3)=1, \\ \lambda_0(-1+c-a)=-1, \end{cases}$ 用第 1 式减第 3 式，得 $\lambda_0=1$，代入第 2 式和第 1 式，得 $b=-3$，$a=c$.

又由 $|\boldsymbol{A}|=-1$ 和 $a=c$，有

$$-1=|\boldsymbol{A}|=\begin{vmatrix} a & -1 & a \\ 5 & -3 & 3 \\ 1-a & 0 & -a \end{vmatrix}=a-3$$

故 $a=c=2$，因此 $a=2$，$b=-3$，$c=2$，$\lambda_0=1$.

评注 本题不需求出 $\boldsymbol{A}^*$，而是利用关系式 $\boldsymbol{A}^*\boldsymbol{A}=\boldsymbol{A}\boldsymbol{A}^*=|\boldsymbol{A}|\boldsymbol{E}$.

5. 由特征值和特征向量反求矩阵

利用矩阵 $\boldsymbol{A}$ 的部分（或全部）特征值与特征向量来确定矩阵 $\boldsymbol{A}$ 的问题，即为反求矩阵的问题.

例 5.13 已知 3 阶方阵 $\boldsymbol{A}$ 的特征值为 -1、0、1，对应的特征向量分别为 $\boldsymbol{\alpha}_1=\begin{pmatrix} a \\ a+3 \\ a+2 \end{pmatrix}$，$\boldsymbol{\alpha}_2=\begin{pmatrix} a-2 \\ -1 \\ a+1 \end{pmatrix}$，$\boldsymbol{\alpha}_3=\begin{pmatrix} 1 \\ 2a \\ -1 \end{pmatrix}$，且有 $\begin{vmatrix} a & -5 & 8 \\ 0 & a+1 & 8 \\ 0 & 3a+3 & 25 \end{vmatrix}=0$，试确定参数 a 的值，并求矩阵 $\boldsymbol{A}$.

分析 由给定的行列式可以计算出已知条件 a 的值. A 有 3 个不同的特征值,其对应的特征向量一定线性无关,由特征向量可以构成矩阵,通过其逆矩阵再利用特征值与特征向量的定义可求出 $\boldsymbol{A}$.

解答 由 $\begin{vmatrix} a & -5 & 8 \\ 0 & a+1 & 8 \\ 0 & 3a+3 & 25 \end{vmatrix} = \begin{vmatrix} a & -5 & 8 \\ 0 & a+1 & 8 \\ 0 & 0 & 1 \end{vmatrix} = a(a+1)=0$,得 $a=-1, a=0$.

当 $a=-1$ 时,$\boldsymbol{\alpha}_1=(-1,2,1)^{\mathrm{T}}, \boldsymbol{\alpha}_2=(-3,-1,0)^{\mathrm{T}}, \boldsymbol{\alpha}_3=(1,-2,-1)^{\mathrm{T}}$.

易知 $\boldsymbol{\alpha}_1$、$\boldsymbol{\alpha}_2$、$\boldsymbol{\alpha}_3$ 线性相关($\boldsymbol{\alpha}_1+\boldsymbol{\alpha}_3=\mathbf{0}$),而 $\boldsymbol{A}$ 有 3 个不同的特征值,故 $\boldsymbol{\alpha}_1$、$\boldsymbol{\alpha}_2$、$\boldsymbol{\alpha}_3$ 应线性无关,因此 $a\neq -1$.

当 $a=0$ 时,$\boldsymbol{\alpha}_1=(0,3,2)^{\mathrm{T}}, \boldsymbol{\alpha}_2=(-2,-1,1)^{\mathrm{T}}, \boldsymbol{\alpha}_3=(1,0,-1)^{\mathrm{T}}$,因 $|\boldsymbol{\alpha}_1,\boldsymbol{\alpha}_2,\boldsymbol{\alpha}_3|=-1\neq 0$,故 $\boldsymbol{\alpha}_1$、$\boldsymbol{\alpha}_2$、$\boldsymbol{\alpha}_3$ 应线性无关,因此 $a=0$ 为所求.

由特征值和特征向量定义知,$\boldsymbol{A\alpha}_1=-1\cdot\boldsymbol{\alpha}_1=-\boldsymbol{\alpha}_1, \boldsymbol{A\alpha}_2=0\cdot\boldsymbol{\alpha}_2=\mathbf{0}, \boldsymbol{A\alpha}_3=1\cdot\boldsymbol{\alpha}_3=\boldsymbol{\alpha}_3$,所以 $\boldsymbol{A}(\boldsymbol{\alpha}_1,\boldsymbol{\alpha}_2,\boldsymbol{\alpha}_3)=(-\boldsymbol{\alpha}_1,\mathbf{0},\boldsymbol{\alpha}_3)$ 从而

$$\boldsymbol{A}=(-\boldsymbol{\alpha}_1,\mathbf{0},\boldsymbol{\alpha}_3)(\boldsymbol{\alpha}_1,\boldsymbol{\alpha}_2,\boldsymbol{\alpha}_3)^{-1}=\begin{pmatrix} 0 & 0 & 1 \\ -3 & 0 & 0 \\ -2 & 0 & -1 \end{pmatrix}\begin{pmatrix} 0 & -2 & 1 \\ 3 & -1 & 0 \\ 2 & 1 & -1 \end{pmatrix}^{-1}$$

$$=\begin{pmatrix} 0 & 0 & 1 \\ -3 & 0 & 0 \\ -2 & 0 & -1 \end{pmatrix}\begin{pmatrix} -1 & 1 & -1 \\ -3 & 2 & -3 \\ -5 & 4 & -6 \end{pmatrix}=\begin{pmatrix} -5 & 4 & -6 \\ 3 & -3 & 3 \\ 7 & -6 & 8 \end{pmatrix}$$

评注 题中求得 a 的两个值,应判断是否均符合要求. 显见当 $a=-1$ 时,$\boldsymbol{\alpha}_1=-\boldsymbol{\alpha}_3$,说明 $\boldsymbol{\alpha}_1,\boldsymbol{\alpha}_2,\boldsymbol{\alpha}_3$ 线性相关,这与不同的特征值对应的特征向量必线性无关矛盾,所以 $a=0$.

例 5.14 设 3 阶实对称矩阵 $\boldsymbol{A}$ 的全部特征值为 $\lambda_1=1, \lambda_2=\lambda_3=-1$,又知属于 λ_1 的特征向量 $\boldsymbol{\xi}_1=(1,2,-2)^{\mathrm{T}}$,求矩阵 $\boldsymbol{A}$.

分析 这是已知全部特征值和部分特征向量来反求矩阵的问题. 由于实对称矩阵一定可以对角化,而且属于不同特征值的特征向量必正交,由此可以求出另一特征值对应的两个线性无关的特征向量,从而求出 $\boldsymbol{A}$.

解

<方法一> 设特征值 $\lambda_2=\lambda_3=-1$ 对应的特征向量为 $(x_1,x_2,x_3)^{\mathrm{T}}$,它与 $\boldsymbol{\xi}_1$ 正交,即有 $x_1+2x_2-2x_3=0$,得基础解系 $\boldsymbol{\xi}_2=(-2,1,0)^{\mathrm{T}}, \boldsymbol{\xi}_3=(2,0,1)^{\mathrm{T}}$,则 $\boldsymbol{\xi}_1$、$\boldsymbol{\xi}_2$、$\boldsymbol{\xi}_3$ 是矩阵 $\boldsymbol{A}$ 的 3 个线性无关的特征向量.

令 $\boldsymbol{P}=(\boldsymbol{\xi}_1,\boldsymbol{\xi}_2,\boldsymbol{\xi}_3)=\begin{pmatrix} 1 & -2 & 2 \\ 2 & 1 & 0 \\ -2 & 0 & 1 \end{pmatrix}$,设对角矩阵 $\boldsymbol{\Lambda}=\begin{pmatrix} \lambda_1 & & \\ & \lambda_2 & \\ & & \lambda_3 \end{pmatrix}=\begin{pmatrix} 1 & & \\ & -1 & \\ & & -1 \end{pmatrix}$,由 $\boldsymbol{P}^{-1}\boldsymbol{AP}=\boldsymbol{\Lambda}$,得 $\boldsymbol{A}=\boldsymbol{P\Lambda P}^{-1}$,经计算 $\boldsymbol{P}^{-1}=\frac{1}{9}\begin{pmatrix} 1 & 2 & -2 \\ -2 & 5 & 4 \\ 2 & 4 & 5 \end{pmatrix}$,故所求矩阵为

$$\boldsymbol{A}=\boldsymbol{P\Lambda P}^{-1}=\begin{pmatrix} 1 & -2 & 2 \\ 2 & 1 & 0 \\ -2 & 0 & 1 \end{pmatrix}\begin{pmatrix} 1 & & \\ & -1 & \\ & & -1 \end{pmatrix}\frac{1}{9}\begin{pmatrix} 1 & 2 & -2 \\ -2 & 5 & 4 \\ 2 & 4 & 5 \end{pmatrix}=\frac{1}{9}\begin{pmatrix} -7 & 4 & -4 \\ 4 & -1 & -8 \\ -4 & -8 & -1 \end{pmatrix}$$

评注 一般地,若 n 阶方阵 $\boldsymbol{A}$ 有 n 个线性无关的特征向量,它们分别属于 $\boldsymbol{A}$ 的 n 个特征值,则 $\boldsymbol{A}$ 可由其特征值与特征向量唯一确定.

<方法二> 寻求正交相似矩阵 $\boldsymbol{P}$,使 $\boldsymbol{P}^{-1}\boldsymbol{A}\boldsymbol{P}=\boldsymbol{\Lambda}$,或 $\boldsymbol{A}=\boldsymbol{P}\boldsymbol{\Lambda}\boldsymbol{P}^{-1}$,由于 $\boldsymbol{P}^{-1}=\boldsymbol{P}^{\mathrm{T}}$,所以$\boldsymbol{A}=\boldsymbol{P}\boldsymbol{\Lambda}\boldsymbol{P}^{-1}$,免去求逆运算,但求正交矩阵又加大了工作量,两种方法各有利弊.

将 $\boldsymbol{\xi}_1=(1,2,-2)^{\mathrm{T}},\boldsymbol{\xi}_2=(-2,1,0)^{\mathrm{T}},\boldsymbol{\xi}_3=(2,0,1)^{\mathrm{T}}$,规范正交化,得

$$\boldsymbol{p}_1=\left(\frac{1}{3},\frac{2}{3},-\frac{2}{3}\right)^{\mathrm{T}},\boldsymbol{p}_2=\left(-\frac{2}{\sqrt{5}},\frac{1}{\sqrt{5}},0\right)^{\mathrm{T}},\boldsymbol{p}_3=\left(\frac{2}{3\sqrt{5}},\frac{4}{3\sqrt{5}},\frac{5}{3\sqrt{5}}\right)^{\mathrm{T}}$$

令正交相似变换矩阵 $\boldsymbol{P}=(\boldsymbol{p}_1,\boldsymbol{p}_2,\boldsymbol{p}_3)=\begin{pmatrix}\frac{1}{3}&-\frac{2}{\sqrt{5}}&\frac{2}{3\sqrt{5}}\\\frac{2}{3}&\frac{1}{\sqrt{5}}&\frac{4}{3\sqrt{5}}\\-\frac{2}{3}&0&\frac{5}{3\sqrt{5}}\end{pmatrix}$,故

$$\boldsymbol{A}=\boldsymbol{P}\boldsymbol{\Lambda}\boldsymbol{P}^{-1}=\begin{pmatrix}\frac{1}{3}&-\frac{2}{\sqrt{5}}&\frac{2}{3\sqrt{5}}\\\frac{2}{3}&\frac{1}{\sqrt{5}}&\frac{4}{3\sqrt{5}}\\-\frac{2}{3}&0&\frac{5}{3\sqrt{5}}\end{pmatrix}\begin{pmatrix}1&&\\&-1&\\&&-1\end{pmatrix}\begin{pmatrix}\frac{1}{3}&\frac{2}{3}&-\frac{2}{3}\\-\frac{2}{\sqrt{5}}&\frac{1}{\sqrt{5}}&0\\\frac{2}{3\sqrt{5}}&\frac{4}{3\sqrt{5}}&\frac{5}{3\sqrt{5}}\end{pmatrix}=\frac{1}{9}\cdot\begin{pmatrix}-7&4&-4\\4&-1&-8\\-4&-8&-1\end{pmatrix}$$

5.2.3 矩阵的相似对角化

矩阵对角化的步骤:

(1) 求出矩阵 $\boldsymbol{A}$ 的全部特征值及其对应的 n 个线性无关的特征向量 $\boldsymbol{p}_1,\boldsymbol{p}_2,\cdots,\boldsymbol{p}_n$;

(2) 令 $\boldsymbol{P}=(\boldsymbol{p}_1,\boldsymbol{p}_2,\cdots,\boldsymbol{p}_n)$,则有 $\boldsymbol{P}^{-1}\boldsymbol{A}\boldsymbol{P}=\boldsymbol{\Lambda}$. 其主对角线上元素为 $\lambda_1,\lambda_2,\cdots,\lambda_n$.

这里要特别注意 $\boldsymbol{p}_i$ 与 λ_i 位置的对应. 例如取 $\boldsymbol{P}=(\boldsymbol{p}_2,\boldsymbol{p}_1,\cdots,\boldsymbol{p}_n)$,则

$$\boldsymbol{P}^{-1}\boldsymbol{A}\boldsymbol{P}=\boldsymbol{\Lambda}=\begin{pmatrix}\lambda_2&&&\\&\lambda_1&&\\&&\ddots&\\&&&\lambda_n\end{pmatrix}$$

可见使矩阵对角化的矩阵 $\boldsymbol{P}$ 不唯一.

1. 一般矩阵的相似对角化

例 5.15 判断下列矩阵 $\boldsymbol{A}$ 能否对角化?若 $\boldsymbol{A}$ 能对角化,则求出使 $\boldsymbol{A}$ 相似于对角矩阵的相似变换矩阵 $\boldsymbol{P}$,并写出这个对角矩阵.

(1) $\boldsymbol{A}=\begin{pmatrix}2&-1&2\\5&-3&3\\-1&0&-2\end{pmatrix}$;(2) $\boldsymbol{A}=\begin{pmatrix}0&1&0\\0&0&1\\-6&-11&-6\end{pmatrix}$.

分析 n 阶矩阵 $\boldsymbol{A}$ 能对角化的充分必要条件是 $\boldsymbol{A}$ 有 n 个线性无关的特征向量,因此,如果

能找出 $\boldsymbol{A}$ 的 n 个线性无关的特征向量,则 $\boldsymbol{A}$ 能对角化,否则,不能把 $\boldsymbol{A}$ 对角化.

解答 (1) 先求出 $\boldsymbol{A}$ 的特征值. 由 $|\boldsymbol{A}-\lambda\boldsymbol{E}| = \begin{vmatrix} 2-\lambda & -1 & 2 \\ 5 & -3-\lambda & 3 \\ -1 & 0 & -2-\lambda \end{vmatrix} = -(1+\lambda)^3$,知特征值为 $\lambda_1=\lambda_2=\lambda_3=-1$.

再求出 $\boldsymbol{A}$ 的特征向量. 解方程 $(\boldsymbol{A}+\boldsymbol{E})\boldsymbol{x}=\boldsymbol{0}$,由 $\boldsymbol{A}+\boldsymbol{E}=\begin{pmatrix} 3 & -1 & 2 \\ 5 & -2 & 3 \\ -1 & 0 & -1 \end{pmatrix} \sim \begin{pmatrix} 1 & 0 & 1 \\ 0 & 1 & 1 \\ 0 & 0 & 0 \end{pmatrix}$,得基础解系 $\xi=(1,1,-1)^{\mathrm{T}}$,即矩阵 $\boldsymbol{A}$ 只有一个线性无关的特征向量,故 $\boldsymbol{A}$ 不能对角化.

(2) 由 $\boldsymbol{A}$ 的特征多项式为 $|\boldsymbol{A}-\lambda\boldsymbol{E}| = \begin{vmatrix} -\lambda & 1 & 0 \\ 0 & -\lambda & 1 \\ -6 & -11 & -6-\lambda \end{vmatrix} = -(1+\lambda)(2+\lambda)(3+\lambda)$,知特征值为 $\lambda_1=-1,\lambda_2=-2,\lambda_3=-3$.

因为 $\boldsymbol{A}$ 有 3 个不同的特征值,故 $\boldsymbol{A}$ 一定有 3 个线性无关的特征向量,所以 $\boldsymbol{A}$ 可以对角化.

当 $\lambda_1=-1$ 时,解方程组 $(\boldsymbol{A}+\boldsymbol{E})\boldsymbol{x}=\boldsymbol{0}$,由系数矩阵

$$\boldsymbol{A}+\boldsymbol{E}=\begin{pmatrix} 1 & 1 & 0 \\ 0 & 1 & 1 \\ -6 & -11 & -5 \end{pmatrix} \overset{r}{\sim} \begin{pmatrix} 1 & 1 & 0 \\ 0 & 1 & 1 \\ 0 & 0 & 0 \end{pmatrix}$$

得特征向量 $\boldsymbol{\xi}_1=(1,-1,1)^{\mathrm{T}}$.

当 $\lambda_2=-2$ 时,解方程组 $(\boldsymbol{A}+2\boldsymbol{E})\boldsymbol{x}=\boldsymbol{0}$,由系数矩阵

$$\boldsymbol{A}+2\boldsymbol{E}=\begin{pmatrix} 2 & 1 & 0 \\ 0 & 2 & 1 \\ -6 & -11 & -4 \end{pmatrix} \overset{r}{\sim} \begin{pmatrix} 2 & 1 & 0 \\ 0 & 2 & 1 \\ 0 & 0 & 0 \end{pmatrix}$$

得特征向量 $\boldsymbol{\xi}_2=(1,-2,4)^{\mathrm{T}}$.

当 $\lambda_3=-3$ 时,解方程组 $(\boldsymbol{A}+3\boldsymbol{E})\boldsymbol{x}=\boldsymbol{0}$,由系数矩阵

$$\boldsymbol{A}+3\boldsymbol{E}=\begin{pmatrix} 3 & 1 & 0 \\ 0 & 3 & 1 \\ -6 & -11 & -3 \end{pmatrix} \overset{r}{\sim} \begin{pmatrix} 3 & 1 & 0 \\ 0 & 3 & 1 \\ 0 & 0 & 0 \end{pmatrix}$$

得特征向量 $\boldsymbol{\xi}_3=(1,-3,9)^{\mathrm{T}}$.

令 $\boldsymbol{P}=(\boldsymbol{\xi}_1,\boldsymbol{\xi}_2,\boldsymbol{\xi}_3)=\begin{pmatrix} 1 & 1 & 1 \\ -1 & -2 & -3 \\ 1 & 4 & 9 \end{pmatrix}$

则 $\boldsymbol{P}$ 即为所求的相似变换矩阵,且有

$$\boldsymbol{P}^{-1}\boldsymbol{A}\boldsymbol{P}=\begin{pmatrix} -1 & & \\ & -2 & \\ & & -3 \end{pmatrix}$$

为所求对角矩阵.

评注 ① 由于 $\boldsymbol{A}$ 的对应于特征值的特征向量不是唯一的,所以把 $\boldsymbol{A}$ 对角化的相似变换

矩阵 $\boldsymbol{P}$ 也不是唯一的；②一般矩阵 $\boldsymbol{A}$ 的 k 重特征根 λ 不一定有 k 个线性无关的特征向量，故一般矩阵不一定能对角化.

例 5.16 设矩阵 $\boldsymbol{A}=\begin{pmatrix}1&-1&1\\x&4&y\\-3&-3&5\end{pmatrix}$，已知 $\boldsymbol{A}$ 有 3 个线性无关的特征向量，$\lambda=2$ 是 $\boldsymbol{A}$ 的二重特征值. 试求可逆矩阵 $\boldsymbol{P}$，使得 $\boldsymbol{P}^{-1}\boldsymbol{AP}$ 为对角矩阵.

分析 $\lambda=2$ 是 $\boldsymbol{A}$ 的二重特征值，而 $\boldsymbol{A}$ 有 3 个线性无关的特征向量，说明 $R(\boldsymbol{A}-2\boldsymbol{E})=1$，利用这一点可以求出 x、y 的值. 而 $\boldsymbol{A}$ 的线性无关的特征向量组成的矩阵就是可逆矩阵 $\boldsymbol{P}$.

解答 因为 $\boldsymbol{A}$ 有 3 个线性无关的特征向量，$\lambda=2$ 是 $\boldsymbol{A}$ 的二重特征值，所以 $\boldsymbol{A}$ 的对应于 $\lambda=2$ 的线性无关的特征向量有两个，故 $R(\boldsymbol{A}-2\boldsymbol{E})=1$.

经过初等行变换，有

$$\boldsymbol{A}-2\boldsymbol{E}=\begin{pmatrix}-1&-1&1\\x&2&y\\-3&-3&3\end{pmatrix}\rightarrow\begin{pmatrix}-1&-1&1\\x-2&0&y+2\\0&0&0\end{pmatrix}$$

解得 $x=2,y=-2$.

矩阵 $\boldsymbol{A}=\begin{pmatrix}1&-1&1\\2&4&-2\\-3&-3&5\end{pmatrix}$ 的特征多项式 $|\boldsymbol{A}-\lambda\boldsymbol{E}|=\begin{vmatrix}1-\lambda&-1&1\\2&4-\lambda&-2\\-3&-3&5-\lambda\end{vmatrix}=$ $-(\lambda-2)^2(\lambda-6)$ 由此得特征值 $\lambda_1=\lambda_2=2,\lambda_3=6$.

对于特征值 $\lambda_1=\lambda_2=2$，解线性方程组 $(\boldsymbol{A}-2\boldsymbol{E})\boldsymbol{x}=\boldsymbol{0}$，得线性无关的特征向量为

$$\boldsymbol{\xi}_1=(1,-1,0)^{\mathrm{T}},\boldsymbol{\xi}_2=(1,0,1)^{\mathrm{T}}$$

对于特征值 $\lambda_3=6$，解线性方程组 $(\boldsymbol{A}-6\boldsymbol{E})\boldsymbol{x}=0$，得对应的特征向量为 $\boldsymbol{\xi}_3=(1,-2,3)^{\mathrm{T}}$.

令 $\boldsymbol{P}=(\boldsymbol{\xi}_1,\boldsymbol{\xi}_2,\boldsymbol{\xi}_3)=\begin{pmatrix}1&1&1\\-1&0&-2\\0&1&3\end{pmatrix}$，则

$$\boldsymbol{P}^{-1}\boldsymbol{AP}=\begin{pmatrix}2&0&0\\0&2&0\\0&0&6\end{pmatrix}$$

评注 对于重根的情形一定要找到重数个特征向量，矩阵方可对角化.

例 5.17 设 $\boldsymbol{A}$ 是 n 阶非零矩阵，若存在正整数 k，使 $\boldsymbol{A}^k=\boldsymbol{O}$（此时，称 $\boldsymbol{A}$ 为幂零矩阵），证明矩阵 $\boldsymbol{A}$ 不能对角化.

分析 由等式 $\boldsymbol{A}^k=\boldsymbol{O}$ 知 $\boldsymbol{A}$ 有 n 重特征根，矩阵 $\boldsymbol{A}$ 能否对角化要看能否找到 n 个线性无关的特征向量.

解答 由 $\boldsymbol{A}^k=\boldsymbol{O}$ 知 $\boldsymbol{A}$ 的特征值只能是 $\lambda^k=0$ 的根，但 $\lambda^k=0$ 只有唯一的根 $\lambda=0$，所以 0 一定是 $\boldsymbol{A}$ 的特征值，而且重数为 n. 又由 $\boldsymbol{A}\neq\boldsymbol{O}$，得 $\boldsymbol{A}-0\boldsymbol{E}\neq\boldsymbol{O}$，方程组 $(\boldsymbol{A}-0\boldsymbol{E})\boldsymbol{x}=\boldsymbol{0}$ 的系数矩阵的秩 $R(\boldsymbol{A}-0\boldsymbol{E})\geqslant1$，从而基础解系解向量的个数 $\boldsymbol{n}-R(\boldsymbol{A}-0\boldsymbol{E})\leqslant\boldsymbol{n}-1<\boldsymbol{n}$，即线性无关的特征向量的个数小于特征值 0 的重数 n，因此 $\boldsymbol{A}$ 不能对角化. .

评注 方程组 $(\boldsymbol{A}-0\boldsymbol{E})\boldsymbol{x}=\boldsymbol{0}$ 的非零解即为 $\boldsymbol{A}$ 的属于 0 的特征向量，其个数由 $\boldsymbol{n}-R(\boldsymbol{A}-0\boldsymbol{E})$

决定.

例 5.18 设 $A=\begin{pmatrix}1&0&0\\-2&5&-2\\-2&4&-1\end{pmatrix}$,求 A^n.

分析 一般矩阵的幂次不易计算,尤其是矩阵本身不具备特殊性,若我们寻求到 A 矩阵的对角化矩阵,即寻找可逆矩阵 P,使 $P^{-1}AP=\Lambda$,进而 $A^n=P\Lambda^nP^{-1}$.

解答 A 的特征多项式为

$$|A-\lambda E|=\begin{vmatrix}1-\lambda&0&0\\-2&5-\lambda&-2\\-2&4&-1-\lambda\end{vmatrix}=(\lambda-1)^2(3-\lambda)$$

所以 A 的特征值为 $\lambda_1=\lambda_2=1,\lambda_3=3$.

当 $\lambda_1=\lambda_2=1$ 时,由 $A-E=\begin{pmatrix}0&0&0\\-2&4&-2\\-2&4&-2\end{pmatrix}\sim\begin{pmatrix}1&-2&1\\0&0&0\\0&0&0\end{pmatrix}$,得特征向量 $p_1=(2,1,0)^{\mathrm{T}}$,$p_2=(-1,0,1)^{\mathrm{T}}$.

当 $\lambda_3=3$ 时,由 $A-3E=\begin{pmatrix}-2&0&0\\-2&2&-2\\-2&4&-4\end{pmatrix}\sim\begin{pmatrix}1&0&0\\0&1&-1\\0&0&0\end{pmatrix}$,得特征向量 $p_3=(0,1,1)^{\mathrm{T}}$.

令 $P=\begin{pmatrix}2&-1&0\\1&0&1\\0&1&1\end{pmatrix}$,则 $P^{-1}=\begin{pmatrix}1&-1&1\\1&-2&2\\-1&2&-1\end{pmatrix}$,从而 $P^{-1}AP=\Lambda=\begin{pmatrix}1&0&0\\0&1&0\\0&0&3\end{pmatrix}$,因此 $A=P\Lambda P^{-1}$,则

$$A^n=P\Lambda^nP^{-1}=\begin{pmatrix}2&-1&0\\1&0&1\\0&1&1\end{pmatrix}\begin{pmatrix}1&0&0\\0&1&0\\0&0&3^n\end{pmatrix}\begin{pmatrix}1&-1&1\\1&-2&2\\-1&2&-1\end{pmatrix}$$

$$=\begin{pmatrix}1&0&0\\1-3^n&-1+2\cdot3^n&1-3^n\\1-3^n&-2+2\cdot3^n&2-3^n\end{pmatrix}$$

评注 若有可逆矩阵 P,使 $P^{-1}AP=\Lambda$ 为对角阵,则 $A^k=P\Lambda^kP^{-1}$,$\varphi(A)=P\varphi(\Lambda)P^{-1}$,注意掌握本题的用法.

2. 实对称矩阵的对角化

实对称矩阵一定可以对角化. 一方面可以通过正交变换将实对称矩阵 A 相似于对角矩阵,其计算步骤:

(1) 求 A 的特征值和对应的线性无关的特征向量.

(2) 将 n 个线性无关的特征向量规范化.

(3) 用 n 个线性无关的特征向量构造正交矩阵 P.

则 $P^{-1}AP=P^{\mathrm{T}}AP=\Lambda$.

在不要求求正交矩阵 P,而只需寻求一个可逆矩阵 Q 将 A 对角化,则不必将所求得的 n

个线性无关的特征向量规范化，而直接以它们为列构成矩阵 Q 即可，就有 $Q^{-1}AQ=\Lambda$，此时，因为 Q 不是正交矩阵，所以矩阵 A 与 Λ 只是相似的，不一定是合同的. 当存在正交矩阵 P，使 $P^{-1}AP=P^{\mathrm{T}}AP=\Lambda$ 时，矩阵 A 与 Λ 既相似又合同.

另一方面，也可以通过合同变换将实对称矩阵 A 相似于对角矩阵，合同变换本质上是利用配方法化对称矩阵对应的二次型为标准形的问题.

例 5.19 设 $A=\begin{pmatrix}0&1&-1\\1&0&1\\-1&1&0\end{pmatrix}$，求一个正交矩阵 P，使 $P^{-1}AP$ 为对角阵.

分析 通过寻找 A 的规范正交化的特征向量求得 P.

解答 由 $|A-\lambda E|=\begin{vmatrix}-\lambda&1&-1\\1&-\lambda&1\\-1&1&-\lambda\end{vmatrix}=-(\lambda-1)^2(\lambda+2)$，得 A 的特征值为 $\lambda_1=\lambda_2=1$，$\lambda_3=-2$.

当 $\lambda_1=\lambda_2=1$ 时，可求得对应的特征向量为 $\xi_1=(1,1,0)^{\mathrm{T}}$，$\xi_2=(1,0,-1)^{\mathrm{T}}$，将 ξ_1、ξ_2 正交化有 $\eta_1=(1,1,0)^{\mathrm{T}}$，$\eta_2=\xi_2-\dfrac{[\xi_2,\eta_1]}{[\eta_1,\eta_1]}\eta_1=\dfrac{1}{2}(1,-1,-2)^{\mathrm{T}}$，再单位化有 $p_1=\dfrac{1}{\sqrt{2}}(1,1,0)^{\mathrm{T}}$，$p_2=\dfrac{1}{\sqrt{6}}(1,-1,-2)^{\mathrm{T}}$.

当 $\lambda_3=-2$ 时，可求得对应的特征向量为 $\xi_3=(1,-1,1)^{\mathrm{T}}$，单位化，得 $p_3=\dfrac{1}{\sqrt{3}}(1,-1,1)^{\mathrm{T}}$.

令

$$P=(p_1,p_2,p_3)=\begin{pmatrix}\frac{1}{\sqrt{2}}&\frac{1}{\sqrt{6}}&\frac{1}{\sqrt{3}}\\\frac{1}{\sqrt{2}}&-\frac{1}{\sqrt{6}}&-\frac{1}{\sqrt{3}}\\0&-\frac{2}{\sqrt{6}}&\frac{1}{\sqrt{3}}\end{pmatrix}$$

则 P 为正交矩阵，且

$$P^{\mathrm{T}}AP=P^{-1}AP=\begin{pmatrix}1&&\\&1&\\&&-2\end{pmatrix}$$

评注 本题应用施密特正交化将得到的线性无关的解成为正交的解.

例 5.20 已知实对称矩阵 $A=\begin{pmatrix}2&-2&0\\-2&1&-2\\0&-2&0\end{pmatrix}$，求可逆矩阵 P，使 $P^{\mathrm{T}}AP$ 为对角矩阵.

分析 利用正交变换法求得的矩阵 P 是正交矩阵，它使得 $P^{-1}AP=P^{\mathrm{T}}AP$ 为对角阵，但本题只要求一个可逆矩阵 P，使 $P^{\mathrm{T}}AP$ 为对角矩阵，所以也可以用化二次型为标准形的配方法来解决.

解答

<方法一>　用配方法. $\boldsymbol{A}$ 所对应的二次型为

$$f=2x_1^2-4x_1x_2+x_2^2-4x_2x_3=2(x_1^2-2x_1x_2+x_2^2)-x_2^2-4x_2x_3-4x_3^2+4x_3^2$$
$$=2(x_1-x_2)^2-(x_2+2x_3)^2+4x_3^2$$

令$\begin{cases}y_1=x_1-x_2\\y_2=x_2+2x_3\\y_3=x_3\end{cases}$，即$\begin{cases}x_1=y_1+y_2-2y_3\\x_2=y_2-2y_3\\x_3=y_3\end{cases}$，得标准形 $f=2y_1^2-y_2^2+4y_3^2$，所用的可逆线性变换为

$\begin{pmatrix}x_1\\x_2\\x_3\end{pmatrix}=\begin{pmatrix}1&1&-2\\0&1&-2\\0&0&1\end{pmatrix}\begin{pmatrix}y_1\\y_2\\y_3\end{pmatrix}$，故可取逆矩阵为 $\boldsymbol{P}=\begin{pmatrix}1&1&-2\\0&1&-2\\0&0&1\end{pmatrix}$，使得 $\boldsymbol{P}^{\mathrm{T}}\boldsymbol{AP}=\begin{pmatrix}2&&\\&-1&\\&&4\end{pmatrix}$.

<方法二>　正交变换法. 可求得 $|\boldsymbol{A}-\lambda\boldsymbol{E}|=-(\lambda+2)(\lambda-1)(\lambda-4)$，所以 $\boldsymbol{A}$ 的特征值为 -2、1、4，又对应各特征值的特征向量分别为 $\boldsymbol{p}_1=(1,2,2)^{\mathrm{T}}$，$\boldsymbol{p}_2=(-2,-1,2)^{\mathrm{T}}$，$\boldsymbol{p}_3=(2,-2,1)^{\mathrm{T}}$，单位化得 $\boldsymbol{q}_1=\frac{1}{3}(1,2,2)^{\mathrm{T}}$，$\boldsymbol{q}_2=\frac{1}{3}(-2,-1,2)^{\mathrm{T}}$，$\boldsymbol{q}_3=\frac{1}{3}(2,-2,1)^{\mathrm{T}}$，故可逆矩阵（实际是正交矩阵）为

$$\boldsymbol{P}=(\boldsymbol{q}_1,\boldsymbol{q}_2,\boldsymbol{q}_3)=\frac{1}{3}\begin{pmatrix}1&-2&2\\2&-1&-2\\2&2&1\end{pmatrix}$$

使得 $\boldsymbol{P}^{\mathrm{T}}\boldsymbol{AP}=\boldsymbol{P}^{-1}\boldsymbol{AP}=\begin{pmatrix}-2&&\\&1&\\&&4\end{pmatrix}$.

评注　若采用配方法，得到的对角阵对角线上的元素不一定是该实对称矩阵的特征值，且对角阵不唯一；若采用正交变换法，则对角阵对角线上的元素是该实对称矩阵的特征值，并且实对称矩阵与该对角矩阵相似.

例 5.21　设 $\boldsymbol{A}$ 为四阶对称矩阵，且 $\boldsymbol{A}^2+\boldsymbol{A}=\boldsymbol{O}$，若 $\boldsymbol{A}$ 的秩为 3，则 $\boldsymbol{A}$ 相似于（　　）.

A. $\begin{pmatrix}1&&&\\&1&&\\&&1&\\&&&0\end{pmatrix}$　　B. $\begin{pmatrix}1&&&\\&1&&\\&&-1&\\&&&0\end{pmatrix}$

C. $\begin{pmatrix}1&&&\\&-1&&\\&&-1&\\&&&0\end{pmatrix}$　　D. $\begin{pmatrix}-1&&&\\&-1&&\\&&-1&\\&&&0\end{pmatrix}$

分析　由于 $\boldsymbol{A}$ 为实对称矩阵，所以 $\boldsymbol{A}$ 一定可以与对角矩阵相似，有相同的特征值.

解答　设 λ 为 $\boldsymbol{A}$ 的特征值，由于 $\boldsymbol{A}^2+\boldsymbol{A}=\boldsymbol{O}$，所以 $\lambda^2+\lambda=0$，即 $(\lambda+1)\lambda=0$，这样 $\boldsymbol{A}$ 的特征值为 -1 或 0. 由于 $\boldsymbol{A}$ 为实对称矩阵，故 $\boldsymbol{A}$ 可相似对角化，即 $\boldsymbol{A}\sim\boldsymbol{\Lambda}$，$R(\boldsymbol{A})=R(\boldsymbol{\Lambda})=3$，因此

$$
A \sim \Lambda = \begin{pmatrix} -1 & & & \\ & -1 & & \\ & & -1 & \\ & & & 0 \end{pmatrix}.
$$

评注 A 与 B 的特征值不同,A 与 B 一定不相似.

5.2.4 关于二次型的讨论

1. 二次型的矩阵及其秩

例 5.22 二次型 $f(x_1,x_2,x_3)=(x_1+x_2)^2+(x_2-x_3)^2+(x_3+x_1)^2$ 的秩等于________.

分析 二次型 f 所对应的矩阵的秩就是二次型 f 的秩,因此只要求出二次型 f 的矩阵的秩即可.

解答 二次型 $f(x_1,x_2,x_3)=(x_1+x_2)^2+(x_2-x_3)^2+(x_3+x_1)^2$ 可写为

$$
f(x_1,x_2,x_3) = 2x_1^2+2x_2^2+2x_3^2+2x_1x_2-2x_2x_3+2x_3x_1
$$

其对应的矩阵为

$$
A = \begin{pmatrix} 2 & 1 & 1 \\ 1 & 2 & -1 \\ 1 & -1 & 2 \end{pmatrix}
$$

因 $|A|=0$,且 A 存在不等于 0 的二阶子式,所以 $R(A)=2$,故 $f(x_1,x_2,x_3)$ 的秩为 2.

评注 矩阵 A 的秩也可以通过对 A 进行初等行变换得到,即 $A \sim \begin{pmatrix} 1 & -1 & 2 \\ 0 & 1 & -1 \\ 0 & 0 & 0 \end{pmatrix}$,故 $R(A)=2$. 也可以通过配方法将 $f(x_1,x_2,x_3)=2x_1^2+2x_2^2+2x_3^2+2x_1x_2-2x_2x_3+2x_3x_1$ 化为标准形以确定其秩(如 $f(x_1,x_2,x_3)=2\left(x_1+\frac{x_2}{2}+\frac{x_3}{2}\right)^2+\frac{2}{3}(x_2-x_3)^2=2y_1^2+\frac{2}{3}y_2^2$,可以确定其秩为 2).但不要认为 $f(x_1,x_2,x_3)$ 的标准形是 $y_1^2+y_2^2+y_3^2$,因此不能认为 $f(x_1,x_2,x_3)$ 的秩为 3,因为线性变换

$$
\begin{cases} y_1 = x_1 + x_2 \\ y_2 = x_2 + x_3 \\ y_3 = x_1 + x_3 \end{cases}
$$

不是可逆的.

例 5.23 二次型 $f(x_1,x_2,x_3)=(a_1x_1+a_2x_2+a_3x_3)^2$ 对应的矩阵为________.

分析 将右端三项式展开,再写二次型的矩阵较繁,如果先将三项式 $a_1x_1+a_2x_2+a_3x_3$ 写成两矩阵相乘的形式,计算较简单.

解答 $f(x_1,x_2,x_3)=(a_1x_1+a_2x_2+a_3x_3)(a_1x_1+a_2x_2+a_3x_3)$

$$
=(x_1,x_2,x_3)\begin{pmatrix} a_1 \\ a_2 \\ a_3 \end{pmatrix}(a_1,a_2,a_3)\begin{pmatrix} x_1 \\ x_2 \\ x_3 \end{pmatrix}=(x_1,x_2,x_3)\begin{pmatrix} a_1^2 & a_1a_2 & a_1a_3 \\ a_1a_2 & a_2^2 & a_2a_3 \\ a_1a_3 & a_2a_3 & a_3^2 \end{pmatrix}\begin{pmatrix} x_1 \\ x_2 \\ x_3 \end{pmatrix}
$$

故 f 的矩阵为 $\boldsymbol{A}=\begin{pmatrix} a_1^2 & a_1a_2 & a_1a_3 \\ a_1a_2 & a_2^2 & a_2a_3 \\ a_1a_3 & a_2a_3 & a_3^2 \end{pmatrix}$.

评注 研究二次型的问题,常转化二次型对应的矩阵的问题,因此正确写出二次型的矩阵十分关键.

2. 利用正交变换化二次型为标准形

利用正交变换化二次型为标准形,就是要寻找正交变换矩阵 $\boldsymbol{P}$,使 $\boldsymbol{P}^{-1}\boldsymbol{AP}=\boldsymbol{\Lambda}$,具体做法是:

(1) 写出二次型 f 的矩阵 $\boldsymbol{A}$.

(2) 求出把矩阵 $\boldsymbol{A}$ 对角化的正交矩阵 $\boldsymbol{P}$,则得正交变换 $\boldsymbol{x}=\boldsymbol{Py}$.

(3) 得标准形 $f=\lambda_1y_1^2+\lambda_2y_2^2+\cdots+\lambda_ny_n^2$,其中 $\lambda_1,\lambda_2,\cdots,\lambda_n$ 为 $\boldsymbol{A}$ 的 n 个特征值.

例 5.24 求一个正交变换化二次型 $f(x_1,x_2,x_3)=x_1^2+4x_2^2+4x_3^2-4x_1x_2+4x_1x_3-8x_2x_3$ 成标准形.

分析 用正交变换化 f 为标准形的过程实质上就是将二次型的矩阵 $\boldsymbol{A}$ 正交相似于对角阵 $\boldsymbol{\Lambda}$ 的过程. 标准形就是对角阵 $\boldsymbol{\Lambda}$ 对应的二次型.

解答 二次型的矩阵为

$$\boldsymbol{A}=\begin{pmatrix} 1 & -2 & 2 \\ -2 & 4 & -4 \\ 2 & -4 & 4 \end{pmatrix}$$

它的特征多项式为

$$|\boldsymbol{A}-\lambda\boldsymbol{E}|=\begin{vmatrix} 1-\lambda & -2 & 2 \\ -2 & 4-\lambda & -4 \\ 2 & -4 & 4-\lambda \end{vmatrix}=-\lambda^2(\lambda-9)$$

故得特征值 $\lambda_1=\lambda_2=0,\lambda_3=9$.

当 $\lambda_1=\lambda_2=0$ 时,解方程 $\boldsymbol{Ax}=\boldsymbol{0}$,由

$$\boldsymbol{A}=\begin{pmatrix} 1 & -2 & 2 \\ -2 & 4 & -4 \\ 2 & -4 & 4 \end{pmatrix}\sim\begin{pmatrix} 1 & -2 & 2 \\ 0 & 0 & 0 \\ 0 & 0 & 0 \end{pmatrix}$$

可得正交的基础解系

$$\xi_1=(0,1,1)^{\mathrm{T}},\xi_2=(4,1,-1)^{\mathrm{T}}$$

单位化得

$$\boldsymbol{p}_1=\left(0,\frac{1}{\sqrt{2}},\frac{1}{\sqrt{2}}\right)^{\mathrm{T}},\boldsymbol{p}_2=\left(\frac{4}{3\sqrt{2}},\frac{1}{3\sqrt{2}},\frac{-1}{3\sqrt{2}}\right)^{\mathrm{T}}$$

当 $\lambda_3=9$ 时,解方程 $(\boldsymbol{A}-9\boldsymbol{E})\boldsymbol{x}=\boldsymbol{0}$,由

$$\boldsymbol{A}-9\boldsymbol{E}=\begin{pmatrix} -8 & -2 & 2 \\ -2 & -5 & -4 \\ 2 & -4 & -5 \end{pmatrix}\sim\begin{pmatrix} 2 & 0 & -1 \\ 0 & 1 & 1 \\ 0 & 0 & 0 \end{pmatrix}$$

得基础解系 $\boldsymbol{\xi}_3=(1,-2,2)^{\mathrm{T}}$，单位化得

$$\boldsymbol{p}_3=\left(\frac{1}{3},-\frac{2}{3},\frac{2}{3}\right)^{\mathrm{T}}$$

于是正交变换为

$$\begin{pmatrix}x_1\\x_2\\x_3\end{pmatrix}=\begin{pmatrix}0 & \frac{4}{3\sqrt{2}} & \frac{1}{3}\\ \frac{1}{\sqrt{2}} & \frac{1}{3\sqrt{2}} & -\frac{2}{3}\\ \frac{1}{\sqrt{2}} & -\frac{1}{3\sqrt{2}} & \frac{2}{3}\end{pmatrix}\begin{pmatrix}y_1\\y_2\\y_3\end{pmatrix}$$

且有 $f(y_1,y_2,y_3)=9y_3^2$.

评注 对于 $\boldsymbol{A}$ 的二重特征值 $\lambda_1=\lambda_2=0$，若由方程 $\boldsymbol{Ax}=\boldsymbol{0}$，求解得到的基础解系为

$$\xi_1=(2,1,0)^{\mathrm{T}},\xi_2=(-2,0,1)^{\mathrm{T}}$$

则需将它们规范正交化，计算较繁琐.

例 5.25 设二次型 $f(x_1,x_2,x_3)=ax_1^2+ax_2^2+(a-1)x_3^2+2x_1x_3-2x_2x_3$.

(1) 求二次型 f 的矩阵的所有特征值；

(2) 若二次型 f 的规范形为 $y_1^2+y_2^2$，求 a 的值.

分析 二次型的规范形决定特征值的正负及特征值是否为零，从而可以确定待定常数 a.

解答 (1) 二次型 f 的矩阵 $\boldsymbol{A}=\begin{pmatrix}a & 0 & 1\\0 & a & -1\\1 & -1 & a-1\end{pmatrix}$，其特征多项式为

$$|\boldsymbol{A}-\lambda\boldsymbol{E}|=\begin{vmatrix}a-\lambda & 0 & 1\\0 & a-\lambda & -1\\1 & -1 & a-1-\lambda\end{vmatrix}\xlongequal{\text{按第1行展开}}$$

$$=(a-\lambda)\begin{vmatrix}a-\lambda & -1\\-1 & a-1-\lambda\end{vmatrix}+1\cdot\begin{vmatrix}0 & a-\lambda\\1 & -1\end{vmatrix}$$

$$=(a-\lambda)[(a-\lambda)(a-1-\lambda)-2]$$

$$=(a-\lambda)[\lambda^2+(1-2a)\lambda+a^2-a-2]$$

$$=(a-\lambda)(\lambda-a+2)(\lambda-a-1)$$

所以 $\lambda_1=a,\lambda_2=a-2,\lambda_3=a+1$.

(2) 规范形为 $y_1^2+y_2^2$，说明有两个特征值为正，一个为零. 由三个值的大小关系 $a-2<a<a+1$，知 $a-2=0$，所以 $a=2$.

评注 规范形中平方项的系数不再是矩阵对应的特征值，故不能将 $a=2$ 代入(1)中的 $\lambda_1=a,\lambda_2=a-2,\lambda_3=a+1$ 里，而认为特征值为 2、0、3，做题中要注意.

例 5.26 若二次曲面的方程 $x^2+3y^2+z^2+2axy+2xz+2yz=4$，经正交变换化为 $y_1^2+4z_1^2=4$，求参数 a 的值.

分析 二次曲面方程的左端可视为一个二次型，经正交变换化成标准形，从而知道二次型

的特征值,可借此求 a 的值.

解答 设 $A=\begin{pmatrix}1&a&1\\a&3&1\\1&1&1\end{pmatrix}$,$X=\begin{pmatrix}x\\y\\z\end{pmatrix}$,则二次曲面方程的左端可表示为二次型 $f=X^{\mathrm{T}}AX$,二次曲面的方程 $x^2+3y^2+z^2+2axy+2xz+2yz=4$,经正交变换化为 $y_1^2+4z_1^2=4$,即二次型 $f=X^{\mathrm{T}}AX$ 经过正交变换化为 $f=y_1^2+4z_1^2$,所以 A 的特征值为 $\lambda_1=0,\lambda_2=1,\lambda_3=4$,再由 $|A|=-(a-1)^2=\lambda_1\lambda_2\lambda_3=0$,得 $a=1$.

评注 经正交变换线段长度保持不变,因此对于曲面方程左端为二次齐次多项式的方程可以通过正交变换后的方程判断方程表示何种曲面.

例 5.27 已知二次型 $f(x_1,x_2,x_3)=\boldsymbol{x}^{\mathrm{T}}A\boldsymbol{x}$,经正交变换 $\boldsymbol{x}=Q\boldsymbol{y}$ 下的标准形为 $y_1^2+y_2^2$,且 Q 的第三列为 $\left(\frac{\sqrt{2}}{2},0,\frac{\sqrt{2}}{2}\right)^{\mathrm{T}}$.

(1) 求矩阵 A;

(2) 证明 $A+E$ 为正定矩阵,其中 E 为 3 阶单位矩阵.

分析 由正交变换得到标准形可知特征值为 1、1、0,且第 3 列向量恰为特征值 0 的特征向量,从而求得矩阵 A.

解答 (1) 由于二次型在正交变换 $\boldsymbol{x}=Q\boldsymbol{y}$ 下的标准形为 $y_1^2+y_2^2$,所以 A 的特征值为 $\lambda_1=\lambda_2=1,\lambda_3=0$.

由于 Q 的第 3 列为 $\left(\frac{\sqrt{2}}{2},0,\frac{\sqrt{2}}{2}\right)^{\mathrm{T}}$,所以 A 对应于 $\lambda_3=0$ 的特征向量为 $\boldsymbol{\alpha}_3=\left(\frac{\sqrt{2}}{2},0,\frac{\sqrt{2}}{2}\right)^{\mathrm{T}}$. 由于 A 是实对称矩阵,所以对应于不同特征值的特征向量是相互正交的,设属于 $\lambda_1=\lambda_2=1$ 的特征向量为 $\boldsymbol{\alpha}=(x_1,x_2,x_3)^{\mathrm{T}}$,则 $\boldsymbol{\alpha}^{\mathrm{T}}\boldsymbol{\alpha}_3=0$,即 $\frac{\sqrt{2}}{2}x_1+\frac{\sqrt{2}}{2}x_3=0$. 取

$$\boldsymbol{\alpha}_1=(0,1,0)^{\mathrm{T}},\boldsymbol{\alpha}_2=(-1,0,1)^{\mathrm{T}}$$

则 $\boldsymbol{\alpha}_1$、$\boldsymbol{\alpha}_2$ 与 $\boldsymbol{\alpha}_3$ 是正交的,且为对应于 $\lambda_1=\lambda_2=1$ 的特征向量. 由于 $\boldsymbol{\alpha}_1$、$\boldsymbol{\alpha}_2$ 是相互正交的,所以只需单位化;$\boldsymbol{\beta}_1=\frac{\boldsymbol{\alpha}_1}{\|\boldsymbol{\alpha}_1\|}=(0,1,0)^{\mathrm{T}}$,$\boldsymbol{\beta}_2=\frac{\boldsymbol{\alpha}_2}{\|\boldsymbol{\alpha}_2\|}=\frac{1}{\sqrt{2}}(-1,0,1)^{\mathrm{T}}$.

取 $Q=(\boldsymbol{\beta}_1,\boldsymbol{\beta}_2,\boldsymbol{\alpha}_3)=\begin{pmatrix}0&-\frac{1}{\sqrt{2}}&\frac{1}{\sqrt{2}}\\1&0&0\\0&\frac{1}{\sqrt{2}}&\frac{1}{\sqrt{2}}\end{pmatrix}$,则

$$Q^{-1}AQ=\Lambda=\begin{pmatrix}1&&\\&1&\\&&0\end{pmatrix},A=Q\Lambda Q^{-1}=Q\Lambda Q^{\mathrm{T}}=\begin{pmatrix}\frac{1}{2}&0&-\frac{1}{2}\\0&1&0\\\frac{1}{2}&0&\frac{1}{2}\end{pmatrix}$$

(2) 由于 A 的特征值为 1、1、0,所以 $A+E$ 的特征值为 2、2、1,由于 $A+E$ 的特征值全大于零,故 $A+E$ 为正定矩阵.

评注 判断正定矩阵也可以利用 A 的各阶主子式大于零判断其为正定矩阵.

3. 配方法化二次型为标准形

拉格朗日配方法的步骤:

(1) 若二次型中含有变量 x_i 的平方项,则先把含有 x_i 的乘积项集中,然后配方,化成完全平方,每次只对一个变量配平方,余下的项中不应再出现这个变量. 再对其余的变量进行同样过程,直到各项全部化为平方项为止. 令新变量代替各个平方项中的变量,即可做出可逆的线性变换,同时立即写出它的逆变换(用新变量表示旧变量的变换),这样就求出了可逆的线性变换.

(2) 若二次型中不含有平方项,只有交叉项. 先利用平方差公式构造一个可逆线性变换,化二次型为含平方项的二次型,如当 $x_ix_j(i\neq j)$ 的系数 $a_{ij}\neq 0$ 时,进行可逆线性变换

$$\begin{cases} x_i = y_i - y_j \\ x_j = y_i + y_j \quad (k\neq i,j) \\ x_k = y_k \end{cases}$$

代入二次型后形成含有平方项 $a_{ij}y_i^2 - a_{ij}y_j^2$ 的二次型,然后再按(1)中的方法配方.

【注意】 配方法是一种可逆线性变换,但平方项的系数与二次型对应的矩阵 A 的特征值无关.

例 5.28 化二次型 $f(x_1,x_2,x_3)=x_1^2-3x_2^2+4x_3^2-2x_1x_2+2x_1x_3-6x_2x_3$ 为标准形,并求所用的变换矩阵、二次型的秩及正惯性指数.

分析 使用配方法化二次型为标准形.

解答

$$\begin{aligned} f(x_1,x_2,x_3) &= (x_1-x_2+x_3)^2-4x_2^2+3x_3^2-4x_2x_3 \\ &= (x_1-x_2+x_3)^2-(4x_2^2+4x_2x_3+x_3^2)+4x_3^2 \\ &= (x_1-x_2+x_3)^2-(2x_2+x_3)^2+4x_3^2 \end{aligned}$$

作变换

$$\begin{cases} y_1 = x_1-x_2+x_3 \\ y_2 = 2x_2+x_3 \\ y_3 = x_3 \end{cases}$$

即作线性变换

$$\begin{cases} x_1 = y_1+\dfrac{1}{2}y_2-\dfrac{3}{2}y_3 \\ x_2 = \dfrac{1}{2}y_2-\dfrac{1}{2}y_3 \\ x_3 = y_3 \end{cases}$$

可将二次型化为标准形 $f=y_1^2-y_2^2+4y_3^2$,所用变换矩阵为

$$\boldsymbol{C}=\begin{pmatrix} 1 & \dfrac{1}{2} & -\dfrac{3}{2} \\ 0 & \dfrac{1}{2} & -\dfrac{1}{2} \\ 0 & 0 & 1 \end{pmatrix}\left(|\boldsymbol{C}|=\frac{1}{2}\neq 0\right)$$

二次型的秩为3,正惯性指数为2.

评注 也可以使用正交变换化二次型为标准形,但计算过程相对繁琐.

4. 将二次型f化为规范形

(1) 合同变换法. 若f有标准形$f=\lambda_1 y_1^2+\cdots+\lambda_k y_k^2-\lambda_{k+1}y_{k+1}^2-\cdots-\lambda_r y_r^2$,这里的一切$\lambda_i>0$,作可逆线性变换$y_1=\dfrac{1}{\sqrt{\lambda_1}}z_1,\cdots,y_r=\dfrac{1}{\sqrt{\lambda_r}}z_r,\cdots,y_{r+1}=z_{r+1},\cdots,y_n=z_n$,则$f$的规范形为$f=z_1^2+\cdots+z_k^2-z_{k+1}^2-\cdots-z_r^2$.

(2) 由于二次型f的规范形完全由f的秩(平方项的个数)及其正惯性指数(正平方项的个数)来确定,故只需求出f的秩及其正惯性指数即可.

例 5.29 化二次型$f(x_1,x_2,x_3)=-4x_1x_2+2x_1x_3+2x_2x_3$为规范形,并求所用的变换矩阵.

分析 先使用配方法化二次型为标准形,再化为规范形.

解答 在f中不含平方项,由于含有x_1x_2乘积项,故先作变换$\begin{cases}x_1=y_1+y_2\\x_2=y_1-y_2\\x_3=y_3\end{cases}$代入$f$,得

$$f=-4(y_1+y_2)(y_1-y_2)+2(y_1+y_2)y_3+2(y_1-y_2)y_3=-4y_1^2+4y_1y_3+4y_2^2$$

再配方,得

$$f=-4\left(y_1-\frac{1}{2}y_3\right)^2+4y_2^2+y_3^2$$

再令

$$\begin{cases}z_1=2\left(y_1-\dfrac{1}{2}y_3\right)\\z_2=2y_2\\z_3=y_3\end{cases}$$

即

$$\begin{cases}y_1=\dfrac{1}{2}z_1+\dfrac{1}{2}z_3\\y_2=\dfrac{1}{2}z_2\\y_3=z_3\end{cases}$$

代入f,得f的规范形为

$$f=-z_1^2+z_2^2+z_3^2$$

所用的变换矩阵为

$$\boldsymbol{C}=\begin{pmatrix}1&1&0\\1&-1&0\\0&0&1\end{pmatrix}\begin{pmatrix}\dfrac{1}{2}&0&\dfrac{1}{2}\\0&\dfrac{1}{2}&0\\0&0&1\end{pmatrix}=\begin{pmatrix}\dfrac{1}{2}&\dfrac{1}{2}&\dfrac{1}{2}\\\dfrac{1}{2}&-\dfrac{1}{2}&\dfrac{1}{2}\\0&0&1\end{pmatrix}(|\boldsymbol{C}|=-1\neq0)$$

评注 借助矩阵的乘法可得两次变换后的变换矩阵$\boldsymbol{C}$.

例 5.30 若实对称矩阵 $\boldsymbol{A}$ 与矩阵 $\boldsymbol{B}=\begin{pmatrix}1&0&0\\0&0&2\\0&2&0\end{pmatrix}$ 合同，则二次型 $\boldsymbol{x}^{\mathrm{T}}\boldsymbol{A}\boldsymbol{x}$ 的规范形为__________.

分析 $\boldsymbol{A}$ 与 $\boldsymbol{B}$ 合同，则 $\boldsymbol{A}$ 与 $\boldsymbol{B}$ 有相同的秩和正惯性指数，借助具体矩阵 $\boldsymbol{B}$ 的秩和正惯性指数求出规范形

解答 因为 $\boldsymbol{A}$ 与 $\boldsymbol{B}$ 合同，所以 $\boldsymbol{A}$ 与 $\boldsymbol{B}$ 的秩和正惯性指数相同. 可求得矩阵 $\boldsymbol{B}$ 的特征值为 $\lambda_1=1,\lambda_2=2,\lambda_3=-2$，从而 $\boldsymbol{B}$ 的秩为 3 且正惯性指数为 2（也可对二次型 $\boldsymbol{x}^{\mathrm{T}}\boldsymbol{A}\boldsymbol{x}$ 用配方法求得 $\boldsymbol{B}$ 的秩及正惯性指数），$\boldsymbol{A}$ 的秩也为 3 且正惯性指数为 2，故 $\boldsymbol{x}^{\mathrm{T}}\boldsymbol{A}\boldsymbol{x}$ 的规范形是 $y_1^2+y_2^2-y_3^2$.

评注 无论实对称矩阵 $\boldsymbol{A}$ 和 $\boldsymbol{B}$ 的特征值是否相同，只有 $\boldsymbol{A}$ 与 $\boldsymbol{B}$ 有相同的秩和正惯性指数，就有相同的规范形.

5. 二次型的正定性与正定矩阵的判定与证明

例 5.31 （1）考虑二次型 $f=x_1^2+4x_2^2+4x_3^2+2\lambda x_1x_2-2x_1x_3+4x_2x_3$，问 λ 为何值时，f 为正定二次型.

（2）判定二次型 $f(x_1,x_2,x_3)=-5x_1^2-6x_2^2-4x_3^2+4x_1x_2+4x_1x_3$ 的正定性.

分析 二次型的正定性可以通过其对应的矩阵的正定性的判断，在含有未知参数的情况下，使用顺序主子式方法可以确定参数的取值范围.

解答 （1）二次型的矩阵为 $\boldsymbol{A}=\begin{pmatrix}1&\lambda&-1\\\lambda&4&2\\-1&2&4\end{pmatrix}$，其正定的充要条件是各阶顺序主子式均大于零，即 $a_{11}=1>0$，$\begin{vmatrix}a_{11}&a_{12}\\a_{21}&a_{22}\end{vmatrix}=\begin{vmatrix}1&\lambda\\\lambda&4\end{vmatrix}=4-\lambda^2>0$，$|\boldsymbol{A}|=8-4\lambda-4\lambda^2>0$，解得 $-2<\lambda<1$，即 λ 取开区间 $(-2,1)$ 内所有值时，f 为正定的.

（2）二次型 f 对应的矩阵为 $\boldsymbol{A}=\begin{pmatrix}-5&2&2\\2&-6&0\\2&0&-4\end{pmatrix}$，因为一阶主子式 $|-5|=-5<0$，二阶主子式 $\begin{vmatrix}-5&2\\2&-6\end{vmatrix}=26>0$，三阶主子式 $\begin{vmatrix}-5&2&2\\2&-6&0\\2&0&-4\end{vmatrix}=-80<0$，所以 f 为负定的.

评注 也可以通过求二次型对应的矩阵的特征值来判断. 矩阵 $\boldsymbol{A}=\begin{pmatrix}-5&2&2\\2&-6&0\\2&0&-4\end{pmatrix}$ 的特征值为 -2、-5、-8，均为负，所以矩阵 $\boldsymbol{A}$ 为负定矩阵，故 f 为负定的.

例 5.32 设 $\boldsymbol{A}$ 为 $m\times n$ 实矩阵，$\boldsymbol{E}$ 为 n 阶单位矩阵，已知矩阵 $\boldsymbol{B}=\lambda\boldsymbol{E}+\boldsymbol{A}^{\mathrm{T}}\boldsymbol{A}$，试证：当 $\lambda>0$ 时，矩阵 $\boldsymbol{B}$ 为正定矩阵.

分析 对于判断抽象的矩阵正定性，主要依据正定矩阵的定义来判断.

解答 因为 $\boldsymbol{B}^{\mathrm{T}}=(\lambda\boldsymbol{E}+\boldsymbol{A}^{\mathrm{T}}\boldsymbol{A})^{\mathrm{T}}=\lambda\boldsymbol{E}+\boldsymbol{A}^{\mathrm{T}}\boldsymbol{A}=\boldsymbol{B}$，所以 $\boldsymbol{B}$ 为 n 阶对称矩阵，对于任意的实 n 维向量 $\boldsymbol{x}$，有

$$x^{T}Bx = x^{T}(\lambda E + A^{T}A)x = \lambda x^{T}x + x^{T}A^{T}Ax = \lambda x^{T}x + (Ax)^{T}Ax$$

当 $x \neq 0$ 时,有 $x^{T}x > 0$,$(Ax)^{T}Ax \geqslant 0$,因为,当 $\lambda > 0$时,对任意的 $x \neq 0$,有

$$x^{T}Bx = \lambda x^{T}x + (Ax)^{T}Ax > 0$$

即 B 为正定矩阵.

评注 正定矩阵必须是对称矩阵,因此在论证之前应注意 B 是否为对称矩阵,若不是对称矩阵,根本谈不上正定性.

例 5.33 设 $A = \begin{pmatrix} 1 & 1 & \cdots & 1 \\ x_1 & x_2 & \cdots & x_s \\ x_1^2 & x_2^2 & \cdots & x_s^2 \\ \vdots & \vdots & \ddots & \vdots \\ x_1^{n-1} & x_2^{n-1} & \cdots & x_s^{n-1} \end{pmatrix}$,$x_i \neq x_j$,$i = 1,2,\cdots,s$,$j = 1,2,\cdots,s$,讨论 $B = A^{T}A$ 的正定性.

分析 A 是 $n \times s$ 矩阵,当 $s > n$、$s = n$、$s < n$ 时,A 的 s 个列向量的线性相关性是不同的,故应分别讨论之.

解答 (1) $s > n$ 时,A 的列向量个数 s 大于列向量的维数,故 s 个列向量是线性相关,即存在 $x \neq 0$,使得 $Ax = 0$,从而有 $(Ax)^{T}Ax = x^{T}A^{T}Ax = 0$. 其中 $x \neq 0$,故 $B = A^{T}A$ 不是正定矩阵.

(2) $s = n$ 时,A 是 n 阶范德蒙行列式的对应矩阵,因 $|A| \neq 0$,故 A 是可逆矩阵.

$B = A^{T}A$,其中 A 可逆,对 $\forall x \neq 0$,有 $Ax \neq 0$,从而 $x^{T}A^{T}Ax = (Ax)^{T}Ax > 0$,故 $B = A^{T}A$ 是正定矩阵.

(3) $s < n$ 时

$$A = \begin{pmatrix} 1 & 1 & \cdots & 1 \\ x_1 & x_2 & \cdots & x_s \\ x_1^2 & x_2^2 & \cdots & x_s^2 \\ \vdots & \vdots & \ddots & \vdots \\ x_1^{n-1} & x_2^{n-1} & \cdots & x_s^{n-1} \end{pmatrix} = \begin{pmatrix} 1 & 1 & \cdots & 1 \\ x_1 & x_2 & \cdots & x_s \\ x_1^2 & x_2^2 & \cdots & x_s^2 \\ \vdots & \vdots & \ddots & \vdots \\ x_1^{s-1} & x_2^{s-1} & \cdots & x_s^{s-1} \\ \vdots & \vdots & \ddots & \vdots \\ x_1^{n-1} & x_2^{n-1} & \cdots & x_s^{n-1} \end{pmatrix}$$

由 A 的前 s 行组成的 s 阶范德蒙行列式不为零,知 A 中前 s 行组成的 s 维的 s 个列向量线性无关,增加分量后仍线性无关,故 A 的 s 个(n 维)列向量线性无关,故对任意的 $x_{s\times 1} \neq 0$,均有 $Ax \neq 0$,从而有 $x^{T}A^{T}Ax = (Ax)^{T}Ax > 0$,故 $A^{T}A$ 是正定矩阵.

评注 抽象矩阵的正定性多数情况下是用定义进行判断.

6. 矩阵合同的判定与证明

矩阵的合同是一类特殊的矩阵关系,所有合同的矩阵所对应的二次型的规范形是相同的(即二次型的秩与正惯性指数相同;或者二次型的正、负惯性指数分别相同;或者两个矩阵的正、负特征值的个数分别相同),可以据此来判断两个矩阵的合同.

例 5.34 下列矩阵中与 $A=\begin{pmatrix}1&0&0\\0&1&3\\0&3&1\end{pmatrix}$ 合同的矩阵是(　　).

A. $\begin{pmatrix}1&0&0\\0&2&0\\0&0&3\end{pmatrix}$　B. $\begin{pmatrix}-1&0&0\\0&-2&0\\0&0&-3\end{pmatrix}$　C. $\begin{pmatrix}1&0&0\\0&-2&0\\0&0&3\end{pmatrix}$　D. $\begin{pmatrix}-1&0&0\\0&-2&0\\0&0&3\end{pmatrix}$

分析 A 是实对称矩阵,只要求出 A 的正负惯性指数,即可正确选择.

解答

<方法一>　计算 A 的特征值,由

$$|A-\lambda E|=\begin{vmatrix}1-\lambda&0&0\\0&1-\lambda&3\\0&3&1-\lambda\end{vmatrix}=(1-\lambda)((1-\lambda)^2-9)$$

$$=-(\lambda-1)(\lambda-4)(\lambda+2)=0$$

得 A 的特征值为1、4、−2,可见 A 的正惯性指数为2,负惯性指数为1. 只有选项C中的矩阵如此,即只有C中的矩阵与 A 合同. 故选C.

<方法二>　由 A 写出二次型 x^TAx,用配方法将其化为标准形,由

$$x^TAx=x_1^2+x_2^2+x_3^2-6x_2x_3=x_1^2+(x_2-3x_3)^2-8x_3^2=y_1^2+y_2^2-8y_3^2$$

得二次型 x^TAx 的正惯性指数为2,负惯性指数为1,也即 A 的正负惯性指数,于是选C.

评注 由于 A 是实对称矩阵,且二次型 x^TAx 用正交变换化为标准形后,其平方项的系数即为 A 的特征值,故求出 A 的特征值即可确定 A 的正负惯性指数.

例 5.35 设矩阵 $A=\begin{pmatrix}2&-1&-1\\-1&2&-1\\-1&-1&2\end{pmatrix}$,$B=\begin{pmatrix}1&0&0\\0&1&0\\0&0&0\end{pmatrix}$,则 A 与 B(　　).

A. 合同,且相似　　B. 合同,但不相似

C. 不合同,但相似　　D. 既不合同,也不相似

分析 B 是一个对角矩阵,A 是对称矩阵,A 转化为对角矩阵.

解答 设矩阵 A 的特征值为 λ,则有 $|A-\lambda E|=0$,即

$$|A-\lambda E|=\begin{vmatrix}2-\lambda&-1&-1\\-1&2-\lambda&-1\\-1&-1&2-\lambda\end{vmatrix}=0\Rightarrow\lambda^3-6\lambda^2+9\lambda=0$$

$$\lambda(\lambda^2-6\lambda+9)=\lambda(\lambda-3)^2=0$$

知其特征值为 $\lambda_1=\lambda_2=3,\lambda_3=0$.

$A\sim\begin{pmatrix}3&0&0\\0&3&0\\0&0&0\end{pmatrix}$,而 $B=\begin{pmatrix}1&0&0\\0&1&0\\0&0&0\end{pmatrix}$,$A$ 与 B 的特征值不同,但却有相同的正惯性系数.

所以,A 与 B 合同,但不相似,选B.

评注 A 与 B 合同和 A 与 B 相似的概念不同,只有当使用正交变换 $x=Cy$ 时,A 与 B 合

同且相似,因为有 $\boldsymbol{C}^{\mathrm{T}}\boldsymbol{AC}=\boldsymbol{B}=\boldsymbol{C}^{-1}\boldsymbol{AC}$.

5.3 本 章 小 结

本章主要讨论了方阵的特征值与特征向量、方阵的相似对角化和二次型及其标准形等问题,三者之间有着密切的联系,因为与之相关的概念较多,且计算或证明中需要综合前面各章中的很多知识点,题型较多,综合性较强,因此要格外重视本章的内容,加强练习方能熟练掌握.

本章首先介绍了向量的内积、长度及正交性的概念与性质,介绍了将线性无关的向量组规范正交化的方法,接着讨论了方阵的特征值与特征向量,特征值与特征向量有着广泛的应用,是本章的重点之一,深刻理解特征值与特征向量的概念,是建立特征值与特征向量的一般理论,并且是应用其解决有关问题的基础. 求方阵 $\boldsymbol{A}$ 的特征值可通过特征方程 $|\boldsymbol{A}-\lambda\boldsymbol{E}|=0$ 或 $\boldsymbol{Ax}=\lambda\boldsymbol{x},\boldsymbol{x}\neq\boldsymbol{0}$ 进行计算,求 $\boldsymbol{A}$ 的属于特征值 λ 的特征向量,关键是求齐次线性方程组 $(\boldsymbol{A}-\lambda\boldsymbol{E})\boldsymbol{x}=\boldsymbol{0}$ 的基础解系,而研究属于特征值 λ 的线性无关的特征向量个数(这是研究矩阵 $\boldsymbol{A}$ 可否相似对角化的关键)就是研究齐次线性方程组 $(\boldsymbol{A}-\lambda\boldsymbol{E})\boldsymbol{x}=\boldsymbol{0}$ 的基础解系所含的向量的个数. 可以证明,若 λ 为 $\boldsymbol{A}$ 的 k 重根,则属于特征值 λ 的线性无关的特征向量个数不超过 k,即齐次线性方程组 $(\boldsymbol{A}-\lambda\boldsymbol{E})\boldsymbol{x}=\boldsymbol{0}$ 的基础解系所含向量的个数 $\leqslant k$.

方阵的对角化(与对角矩阵相似)是本章的难点,要认真掌握 n 阶方阵对角化的条件:方阵有 n 个线性无关的特征向量(充要条件);或方阵有 n 个互不相同的特征值(充分条件). 由于 n 阶方阵所有特征值的重数加起来(重根重复计算)等于 n,而每个特征值对应线性无关特征向量的个数小于等于其重数,因此,n 阶矩阵不一定能与对角矩阵相似,只有当特征值的重数与其线性无关的特征向量的个数相同时,才能保证有 n 个线性无关的特征向量,从而才能保证 n 阶方阵是可对角化的;特殊地,n 阶实对称矩阵 $\boldsymbol{A}$ 一定能与对角矩阵相似,这是由于 $\boldsymbol{A}$ 的特征值是实数,且有 n 个线性无关的特征向量,而属于不同特征值的特征向量必正交,并有正交相似变换矩阵 $\boldsymbol{P}$,使得 $\boldsymbol{A}$ 与对角矩阵相似,要特别注意 $\boldsymbol{P}$ 中列向量的次序与对角矩阵 $\boldsymbol{\Lambda}$ 对角线上的特征值的次序相对应. 次序不同,正交相似变换矩阵 $\boldsymbol{P}$ 不同,即将实对称矩阵对角化的正交变换矩阵不唯一.

本章最后介绍了二次型及其标准形,它也是本章的一个重点内容之一. 由于二次型与实对称矩阵之间存在一一对应关系,所以二次型的许多基本问题本质上可转化为实对称矩阵的问题,特别是有关正、负惯性指数的问题可转化为是对称矩阵大于零、小于零的特征值的个数问题. 将二次型的问题与实对称矩阵的性质联系起来进行分析往往更直观、更方便.

利用正交变换法化二次型为标准形问题实质上与对称矩阵正交相似(亦合同)于对角矩阵是一个问题的两种提法,认清这一点将有助于本章内容的融会贯通. 配方法也是把二次型化为标准形的一种方法,这两种方法都需要认真掌握. 同时注意到标准形中平方项的个数是唯一确定的,它等于二次型的秩;且正平方项的个数与负正平方项的个数也都是唯一确定的,其和为二次型的秩.

正定二次型也是本章的一个重要内容. 要了解二次型的正定性及判别方法. 对于具体的实二次型或实对称矩阵,常根据各阶主子式的符号(赫尔维茨定理)来判定其正定性;而对于抽象的实二次型或实对称矩阵的正定性,通常采用定义来判别.

5.4 同步习题及解答

5.4.1 同步习题

1. 填空题

（1）设矩阵 $A=\begin{pmatrix} a & 1 & c \\ 0 & b & 0 \\ -4 & c & 1-a \end{pmatrix}$ 有一个特征值 $\lambda_1=2$，相应的特征向量为 $\boldsymbol{\alpha}=(1,2,2)^{\mathrm{T}}$，则 $a=$________，$b=$________，$c=$________.

（2）已知 $\boldsymbol{\alpha}=(1,-2,3)^{\mathrm{T}}$，$\boldsymbol{\beta}=(2,-1,0)^{\mathrm{T}}$，当实数 $\lambda=$________时，$\boldsymbol{\alpha}+\lambda\boldsymbol{\beta}$ 与 $\boldsymbol{\beta}$ 正交.

（3）设 $A=\begin{pmatrix} -1 & 1 & 0 \\ -4 & 3 & 0 \\ 1 & 0 & 2 \end{pmatrix}$，$B=\begin{pmatrix} -1 & -4 & 1 \\ 1 & 3 & 0 \\ 0 & 0 & 2 \end{pmatrix}$，且 A 的特征值为 2 和 1（二重），那么 B 的特征值为________.

（4）已知 n 阶方阵 A 满足 $A^k=O$，k 为某正整数，则 $|A-3E|=$________.

（5）已知实二次型 $f(x_1,x_2,x_3)=a(x_1^2+x_2^2+x_3^2)+4x_1x_2+4x_1x_3+4x_2x_3$ 经正交变换 $x=Py$ 可化为标准形 $f=6y_1^2$，则 $a=$________.

（6）设 $A=\begin{pmatrix} 1 & 2 & 3 \\ 0 & 0 & 4 \\ 0 & 0 & 0 \end{pmatrix}$，$B=\begin{pmatrix} 1 & 2 & 3 \\ 0 & 0 & 0 \\ 0 & 0 & 0 \end{pmatrix}$，$C=\begin{pmatrix} 1 & -1 & 0 \\ 0 & 0 & 0 \\ 0 & 0 & 0 \end{pmatrix}$，则矩阵________与________相似.

（7）当 t 满足________时，实对称矩阵 $A=\begin{pmatrix} 3 & 3t & 0 \\ 3t & 4 & 1 \\ 0 & 1 & 2 \end{pmatrix}$ 正定.

（8）方阵 $\begin{pmatrix} 1 & 1 & 2 \\ 1 & 2 & 3 \\ 2 & 3 & 3 \end{pmatrix}$ 对应的二次型为________.

2. 单项选择题

（1）若 n 阶方阵 A 只有一个特征值为零，且 A 是奇异矩阵，则 $R(A)=$（　　）.

A. n　　B. $n-1$　　C. 1　　D. 0

（2）设 $x_i(i=1,2,\cdots,n)$ 是矩阵 A 对应于 λ_0 的特征向量，当线性组合 $\sum\limits_{i=1}^{n}k_ix_i$ 满足条件（　　）时，$\sum\limits_{i=1}^{n}k_ix_i$ 也是 A 对应于 λ_0 的特征向量.

A. 其中 k_i 不全为零　　B. 其中 k_i 全不为零　　C. 是非零向量　　D. 是任一向量

（3）若 A 与 B 相似，则（　　）.

A. 它们的特征值相同　　B. 它们的特征矩阵相同

C. 存在可逆矩阵 $\boldsymbol{C}$,使得 $\boldsymbol{C}^{\mathrm{T}}\boldsymbol{AC}=\boldsymbol{B}$　　D. 它们的特征矩阵相似

(4) 设矩阵 $\boldsymbol{B}=\begin{pmatrix}0&0&1\\0&1&0\\1&0&0\end{pmatrix}$,已知矩阵 $\boldsymbol{A}$ 相似于 $\boldsymbol{B}$,则 $R(\boldsymbol{A}-2\boldsymbol{E})$ 与 $R(\boldsymbol{A}-\boldsymbol{E})$ 之和等于(　　).

A. 2　　B. 3　　C. 4　　D. 5

(5) $\boldsymbol{A}$ 为 3 阶矩阵,有特征值 1、-2、4,则下列矩阵中满秩的是(　　)(其中 $\boldsymbol{E}$ 为 3 阶单位矩阵).

A. $\boldsymbol{E}-\boldsymbol{A}$　　B. $\boldsymbol{A}+2\boldsymbol{E}$　　C. $2\boldsymbol{E}-\boldsymbol{A}$　　D. $\boldsymbol{A}-4\boldsymbol{E}$

(6) 设 $\boldsymbol{A}$ 为正定矩阵,则下列矩阵不一定是正定的是(　　).

A. $\boldsymbol{A}^{\mathrm{T}}$　　B. $\boldsymbol{A}^{-1}$　　C. $\boldsymbol{A}+\boldsymbol{E}$　　D. $\boldsymbol{A}-\boldsymbol{E}$

(7) 设二次型 $f(x_1,x_2,x_3)=4x_2^2-3x_3^2+4x_1x_2-4x_1x_3+8x_2x_3$,下列二次型中(　　)是 $f(x_1,x_2,x_3)$ 的标准形.

A. $-4y_1^2+9y_2^2-9y_3^2$　　B. $4y_1^2-y_2^2+9y_3^2$

C. $4y_1^2+y_2^2+9y_3^2$　　D. $-4y_1^2-9y_2^2-9y_3^2$

(8) 设 $\lambda=2$ 是非奇异矩阵 $\boldsymbol{A}$ 的一个特征值,则矩阵 $\left(\frac{1}{3}\boldsymbol{A}^2\right)^{-1}$ 有一特征值为(　　)

A. $\frac{4}{3}$　　B. $\frac{3}{4}$　　C. $\frac{1}{2}$　　D. $\frac{1}{4}$.

3. 设 3 阶实对称矩阵 $\boldsymbol{A}$ 的特征值 $\lambda_1=1,\lambda_2=2,\lambda_3=-2,\boldsymbol{\alpha}_1=(1,-1,1)^{\mathrm{T}}$ 是 $\boldsymbol{A}$ 的属于 λ_1 的一个特征向量,记 $\boldsymbol{B}=\boldsymbol{A}^5-4\boldsymbol{A}^3+\boldsymbol{E}$,其中 $\boldsymbol{E}$ 为 3 阶单位矩阵. 验证 $\boldsymbol{\alpha}_1$ 是矩阵 $\boldsymbol{B}$ 的特征向量,并求 $\boldsymbol{B}$ 的全部特征值和特征向量.

4. 设 $\boldsymbol{A}$ 为 3 阶实对称矩阵,$\boldsymbol{A}$ 的秩为 2,即 $R(\boldsymbol{A})=2$,且 $\boldsymbol{A}\begin{pmatrix}1&1\\0&0\\-1&1\end{pmatrix}=\begin{pmatrix}-1&1\\0&0\\1&1\end{pmatrix}$. 求:(1) $\boldsymbol{A}$ 的特征值与特征向量;(2) 矩阵 $\boldsymbol{A}$.

5. 设矩阵 $\boldsymbol{A}=\begin{pmatrix}2&0&1\\3&1&x\\4&0&5\end{pmatrix}$ 可相似对角化,求 x.

6. 设 $\boldsymbol{A}$ 为四阶矩阵,$\boldsymbol{A}^*$ 的特征值为 1、-2、2、2,求行列式 $|2\boldsymbol{A}^3-5\boldsymbol{A}+\boldsymbol{E}|$.

7. 设二次型 $f(x_1,x_2,x_3)=\boldsymbol{x}^{\mathrm{T}}\boldsymbol{Ax}=ax_1^2+2x_2^2-2x_3^2+2bx_1x_3\ (b>0)$,其中二次型的矩阵 $\boldsymbol{A}$ 的特征值之和为 1,特征值之积为 -12. (1) 求 a,b 的值;(2) 利用正交变换将二次型 f 化为标准形,并写出所用的正交变换和对应的正交矩阵.

8. 设 $\boldsymbol{A}$ 为 3 阶实对称矩阵,且满足 $\boldsymbol{A}^2+2\boldsymbol{A}=\boldsymbol{O}$. 已知 $\boldsymbol{A}$ 的秩 $R(\boldsymbol{A})=2$. (1) 求 $\boldsymbol{A}$ 的全部特征值;(2) 当 k 为何值时,$\boldsymbol{A}+k\boldsymbol{E}$ 为正定矩阵?

9. 已知矩阵 $\boldsymbol{A}=\begin{pmatrix}1&1&1\\1&3&a\\1&a&a\end{pmatrix}$ 的秩为 2,当 $\boldsymbol{A}$ 的特征值之和最小时,求正交矩阵 $\boldsymbol{P}$,使 $\boldsymbol{P}^{\mathrm{T}}\boldsymbol{AP}$

为对角矩阵.

10. 写出二次型 $f(x_1,x_2,x_3,x_4)=x_1^2+3x_2^2-x_3^2+x_1x_2-2x_1x_3+3x_2x_3$ 的矩阵.

11. 利用配方法化二次型 $f(x_1,x_2,x_3)=x_1^2+5x_2^2-x_3^2+4x_1x_2+2x_1x_3$ 为标准形,并求出二次型的秩与正惯性指数及所用的线性变换.

12. t 取何值时,二次型 $f(x_1,x_2,x_3)=2x_1^2+x_2^2+x_3^2+2x_1x_2+tx_2x_3$ 是正定的.

13. 设 $\boldsymbol{A}$ 为 $m\times n$ 实矩阵,且 $n<m$,证明:$\boldsymbol{A}^{\mathrm{T}}\boldsymbol{A}$ 为正定矩阵的充要条件是 $\boldsymbol{A}$ 的秩为 n.

5.4.2 同步习题解答

1. (1) $-2,2,1$.

因为根据题意有 $\boldsymbol{A\alpha}=\lambda\boldsymbol{\alpha}$,即 $\begin{pmatrix}a&1&c\\0&b&0\\-4&c&1-a\end{pmatrix}\begin{pmatrix}1\\2\\2\end{pmatrix}=2\cdot\begin{pmatrix}1\\2\\2\end{pmatrix}$,也就是 $\begin{cases}a+2+2c=2\\2b=4\\-4+2c+2-2a=4\end{cases}$,

解得 $a=-2,b=2,c=1$.

(2) $\lambda=-\dfrac{4}{5}$.

因 $\boldsymbol{\alpha}+\lambda\boldsymbol{\beta}=(1+2\lambda,-2-\lambda,3)^{\mathrm{T}}$,若 $\boldsymbol{\alpha}+\lambda\boldsymbol{\beta}$ 与 $\boldsymbol{\beta}$ 正交,则 $[\boldsymbol{\alpha}+\lambda\boldsymbol{\beta},\boldsymbol{\beta}]=0$,即 $2(1+2\lambda)-(-2-\lambda)=0$,解得.

(3) 2 和 1(二重).

因为 $\boldsymbol{A}^{\mathrm{T}}$ 与 $\boldsymbol{A}$ 的特征值相同.

(4) $(-3)^n$.

因 $\boldsymbol{A}$ 的特征值 λ 必须满足 $\lambda^k=0$,由此可知 $\boldsymbol{A}$ 的特征值只能全是0,于是 $\boldsymbol{A}-3\boldsymbol{E}$ 的特征值全是 -3,因而 $|\boldsymbol{A}-3\boldsymbol{E}|=(-3)^n$.

(5) 2.

由于 f 的标准形由正交变换得到故 $\boldsymbol{A}$ 的特征值为 6、0、0,f 的矩阵为 $\boldsymbol{A}=\begin{pmatrix}a&2&2\\2&a&2\\2&2&a\end{pmatrix}$,由于 $\lambda_1+\lambda_2+\lambda_3=\mathrm{tr}(\boldsymbol{A})=a+a+a$,即 $3a=6$,解得 $a=2$.

(6) $\boldsymbol{B},\boldsymbol{C}$.

因相似矩阵的秩必须相同,由于 $R(\boldsymbol{A})=2,R(\boldsymbol{B})=R(\boldsymbol{C})=1$,可见 $\boldsymbol{A}$ 不与 $\boldsymbol{B}$ 相似,也不与 $\boldsymbol{C}$ 相似. 由于 $\boldsymbol{B}$、$\boldsymbol{C}$ 的特征值都是 1、0、0. 对于二重特征值 0,有

$$n-R(B-0E)=3-R(B)=2=\text{特征值 0 的重数}$$
$$n-R(C-0E)=3-R(C)=2=\text{特征值 0 的重数}$$

可见 $\boldsymbol{B}$、$\boldsymbol{C}$ 都可对角化. 综上可知,$\boldsymbol{B}$ 与 $\boldsymbol{C}$ 是相似的.

(7) $-\sqrt{\dfrac{7}{6}}<t<\sqrt{\dfrac{7}{6}}$.

(8) $f(x_1,x_2,x_3)=x_1^2+2x_2^2+3x_3^2+2x_1x_2+4x_1x_3+6x_2x_3$.

2. (1) B.

因为 $\boldsymbol{A}$ 的行列式等于零,从而秩为 $n-1$

(2) C. (3) A. (4) C.

这是因为 $\boldsymbol{A}$ 与 $\boldsymbol{B}$ 相似，即存在可逆矩阵 $\boldsymbol{P}$，使 $\boldsymbol{A}=\boldsymbol{PBP}^{-1}$，那么 $\boldsymbol{A}-\boldsymbol{E}=\boldsymbol{PBP}^{-1}-\boldsymbol{E}=\boldsymbol{P}(\boldsymbol{B}-\boldsymbol{E})\boldsymbol{P}^{-1}$，所以 $R(\boldsymbol{A}-\boldsymbol{E})=R(\boldsymbol{B}-\boldsymbol{E})$，同理有 $R(\boldsymbol{A}-2\boldsymbol{E})=R(\boldsymbol{B}-2\boldsymbol{E})$.

$$\boldsymbol{B}-\boldsymbol{E}=\begin{pmatrix}0&0&1\\0&1&0\\1&0&0\end{pmatrix}-\begin{pmatrix}1&0&0\\0&1&0\\0&0&1\end{pmatrix}=\begin{pmatrix}-1&0&1\\0&0&0\\1&0&-1\end{pmatrix}\overset{r}{\sim}\begin{pmatrix}-1&0&1\\0&0&0\\0&0&0\end{pmatrix}$$，故 $R(\boldsymbol{B}-\boldsymbol{E})=1$；

$$\boldsymbol{B}-2\boldsymbol{E}=\begin{pmatrix}-2&0&1\\0&-1&0\\1&0&-2\end{pmatrix}\overset{r}{\sim}\begin{pmatrix}0&0&-3\\0&-1&0\\1&0&-2\end{pmatrix}$$，故 $R(\boldsymbol{B}-2\boldsymbol{E})=3$

于是 $R(\boldsymbol{A}-2\boldsymbol{E})+R(\boldsymbol{A}-\boldsymbol{E})=4$.

(5) C.

提示：只有 $2\boldsymbol{E}-\boldsymbol{A}$ 的特征值均非零.

(6) D.　(7) B(二次型对应的矩阵的特征值为1,6,−6，所以其正惯性指数为2，故选B).

(8) B.

提示：矩阵 $\left(\left(\frac{1}{3}\boldsymbol{A}^2\right)^{-1}$ 的特征值为 $\left(\frac{1}{3}\lambda^2\right)^{-1}$.

3. 由 $\lambda_1=1$，$\boldsymbol{A\alpha}_1=\boldsymbol{\alpha}_1$，得 $\boldsymbol{A}^2\boldsymbol{\alpha}_1=\boldsymbol{A\alpha}_1=\boldsymbol{\alpha}_1$. 进一步有 $\boldsymbol{A}^3\boldsymbol{\alpha}_1=\boldsymbol{\alpha}_1$，$\boldsymbol{A}^5\boldsymbol{\alpha}_1=\boldsymbol{\alpha}_1$，故 $\boldsymbol{B\alpha}_1=(\boldsymbol{A}^5-4\boldsymbol{A}^3+\boldsymbol{E})\boldsymbol{\alpha}_1=\boldsymbol{A}^5\boldsymbol{\alpha}_1-4\boldsymbol{A}^3\boldsymbol{\alpha}_1+\boldsymbol{\alpha}_1=(\lambda_1^5-4\lambda_1^3+1)\boldsymbol{\alpha}_1=-2\boldsymbol{\alpha}_1$.

从而 $\boldsymbol{\alpha}_1$ 是矩阵 $\boldsymbol{B}$ 的属于特征值 −2 的特征向量.

因 $\boldsymbol{B}=\boldsymbol{A}^5-4\boldsymbol{A}^3+\boldsymbol{E}$，及 $\boldsymbol{A}$ 的 3 个特征值 $\lambda_1=1,\lambda_2=2,\lambda_3=-2$，得 $\boldsymbol{B}$ 的 3 个特征值为 $\mu_1=-2,\mu_2=1,\mu_3=1$.

设 $\boldsymbol{\alpha}_2$、$\boldsymbol{\alpha}_3$ 为 $\boldsymbol{B}$ 的属于 $\mu_2=\mu_3=1$ 的两个线性无关的特征向量，又 $\boldsymbol{A}$ 为对称矩阵，得 $\boldsymbol{B}$ 也是对称矩阵，因此 $\boldsymbol{\alpha}_1$ 与 $\boldsymbol{\alpha}_2$、$\boldsymbol{\alpha}_3$ 正交，即 $\boldsymbol{\alpha}_1^{\mathrm{T}}\boldsymbol{\alpha}_2=0,\boldsymbol{\alpha}_1^{\mathrm{T}}\boldsymbol{\alpha}_3=0$. 所以 $\boldsymbol{\alpha}_2$、$\boldsymbol{\alpha}_3$ 可取为下列齐次线性方程组两个线性无关的解：$(1,-1,1)\begin{pmatrix}x_1\\x_2\\x_3\end{pmatrix}=0$. 即 $\boldsymbol{B}$ 的全部特征值的特征向量为 $k_1\begin{pmatrix}1\\-1\\1\end{pmatrix}$，$k_2\begin{pmatrix}1\\1\\0\end{pmatrix}+k_3\begin{pmatrix}-1\\0\\1\end{pmatrix}$，其中 k_1 是不为零的任意常数，k_2、k_3 是不同时为零的任意常数.

4. (1) 令 $\boldsymbol{\alpha}_1=(1,0,-1)^{\mathrm{T}},\boldsymbol{\alpha}_2=(1,0,1)^{\mathrm{T}}$，则有 $A\boldsymbol{\alpha}_1=-\boldsymbol{\alpha}_1,\boldsymbol{A\alpha}_2=\boldsymbol{\alpha}_2$，于是 $\boldsymbol{A}$ 的特征值为 $\lambda_1=-1,\lambda_2=1$，对应的线性无关的特征向量为 $\boldsymbol{\alpha}_1=(1,0,-1)^{\mathrm{T}},\boldsymbol{\alpha}_2=(1,0,1)^{\mathrm{T}}$. 因为 $\mathrm{R}(A)=2<3$，所以 $|\boldsymbol{A}|=0$，故 $\lambda_3=0$.

令 $\boldsymbol{\alpha}_3=(x_1,x_2,x_3)^{\mathrm{T}}$ 为矩阵 $\boldsymbol{A}$ 的相应于 $\lambda_3=0$ 的特征向量，因为 $\boldsymbol{A}$ 为实对称矩阵，其属于不同的特征值的特征向量必正交. 所以有 $\begin{cases}\boldsymbol{\alpha}_1^{\mathrm{T}}\boldsymbol{\alpha}_3=0\\\boldsymbol{\alpha}_2^{\mathrm{T}}\boldsymbol{\alpha}_3=0\end{cases}$，即 $\begin{cases}x_1-x_3=0\\x_1+x_3=0\end{cases}$.

综上，$\boldsymbol{A}$ 的特征值为 −1、1、0，对应特征向量分别为 $(1,0,-1)^{\mathrm{T}}$、$(1,0,1)^{\mathrm{T}}$、$(0,1,0)^{\mathrm{T}}$.

(2) 将 $\boldsymbol{\alpha}_1$、$\boldsymbol{\alpha}_2$、$\boldsymbol{\alpha}_3$ 单位化，得 $\gamma_1=\frac{1}{\sqrt{2}}\begin{pmatrix}1\\0\\-1\end{pmatrix},\boldsymbol{\gamma}_2=\frac{1}{\sqrt{2}}\begin{pmatrix}1\\0\\1\end{pmatrix},\boldsymbol{\gamma}_3=\begin{pmatrix}0\\1\\0\end{pmatrix}$.

令 $\boldsymbol{Q}=(\boldsymbol{\gamma}_1,\boldsymbol{\gamma}_2,\boldsymbol{\gamma}_3)=\begin{pmatrix}\frac{1}{\sqrt{2}} & \frac{1}{\sqrt{2}} & 0\\ 0 & 0 & 1\\ -\frac{1}{\sqrt{2}} & \frac{1}{\sqrt{2}} & 0\end{pmatrix}$,则 $\boldsymbol{Q}^{\mathrm{T}}\boldsymbol{A}\boldsymbol{Q}=\begin{pmatrix}-1 & 0 & 0\\ 0 & 1 & 0\\ 0 & 0 & 0\end{pmatrix}$,于是

$$\boldsymbol{A}=\boldsymbol{Q}\begin{pmatrix}-1 & 0 & 0\\ 0 & 1 & 0\\ 0 & 0 & 0\end{pmatrix}\boldsymbol{Q}^{\mathrm{T}}=\begin{pmatrix}0 & 0 & 1\\ 0 & 0 & 0\\ 1 & 0 & 0\end{pmatrix}$$

矩阵 $\boldsymbol{A}$ 的第 2 种求法:由 $\boldsymbol{A}(\boldsymbol{\alpha}_1,\boldsymbol{\alpha}_2,\boldsymbol{\alpha}_3)=(-\boldsymbol{\alpha}_1,\boldsymbol{\alpha}_2,\boldsymbol{0})$,得

$$\begin{aligned}\boldsymbol{A}&=(-\boldsymbol{\alpha}_1,\boldsymbol{\alpha}_2,\boldsymbol{0})(\boldsymbol{\alpha}_1,\boldsymbol{\alpha}_2,\boldsymbol{\alpha}_3)^{-1}\\&=\begin{pmatrix}-1 & 1 & 0\\ 0 & 0 & 0\\ 1 & 1 & 0\end{pmatrix}\begin{pmatrix}\frac{1}{2} & 0 & -\frac{1}{2}\\ \frac{1}{2} & 0 & \frac{1}{2}\\ 0 & 1 & 0\end{pmatrix}=\begin{pmatrix}0 & 0 & 1\\ 0 & 0 & 0\\ 1 & 0 & 0\end{pmatrix}\end{aligned}$$

此方法需要求逆矩阵.

5. **解答** $|\boldsymbol{A}-\lambda\boldsymbol{E}|=\begin{vmatrix}2-\lambda & 0 & 1\\ 3 & 1-\lambda & x\\ 4 & 0 & 5-\lambda\end{vmatrix}=-(\lambda-6)(\lambda-1)^2$,得 $\lambda_1=6,\lambda_2=\lambda_3=1$.

对应单根 $\lambda_1=6$,可求得线性无关的特征向量恰有一个,故矩阵 $\boldsymbol{A}$ 可相似对角化的充分必要条件是对应重根 $\lambda_2=\lambda_3=1$,有 2 个线性无关的特征向量,即方程组 $(\boldsymbol{A}-\boldsymbol{E})\boldsymbol{x}=\boldsymbol{0}$ 有 2 个线性无关的解,亦即系数矩阵 $\boldsymbol{A}-\boldsymbol{E}$ 的秩 $R(\boldsymbol{A}-\boldsymbol{E})=1$,由 $\boldsymbol{A}-\boldsymbol{E}=\begin{pmatrix}1 & 0 & 1\\ 3 & 0 & x\\ 4 & 0 & 4\end{pmatrix}\overset{r}{\sim}\begin{pmatrix}1 & 0 & 1\\ 0 & 0 & x-3\\ 0 & 0 & 0\end{pmatrix}$,要 $R(\boldsymbol{A}-\boldsymbol{E})=1$,得 $x-3=0$,即 $x=3$.

因此,当 $x=3$ 时,矩阵 $\boldsymbol{A}$ 能对角化.

6. 由 $|\boldsymbol{A}^*|=1\cdot(-2)\cdot2\cdot2=-8$ 及 $|\boldsymbol{A}^*|=|\boldsymbol{A}|^{4-1}=|\boldsymbol{A}|^3$,得 $|\boldsymbol{A}|=-2$,由此可知 $\boldsymbol{A}^*$ 和 $\boldsymbol{A}$ 都是可逆的,于是

$$\boldsymbol{A}^{-1}=\frac{1}{|\boldsymbol{A}|}\boldsymbol{A}^*\Rightarrow\boldsymbol{A}=|\boldsymbol{A}|(\boldsymbol{A}^*)^{-1}$$

由 $\boldsymbol{A}^*$ 的特征值为 1、-2、2、2 及 $|\boldsymbol{A}|=-2$ 可得 $\boldsymbol{A}$ 的特征值为 -2、1、-1、-1,则 $2\boldsymbol{A}^3-5\boldsymbol{A}+\boldsymbol{E}$的特征值为 -5、-2、4、4,所以 $|2\boldsymbol{A}^3-5\boldsymbol{A}+\boldsymbol{E}|=(-5)\cdot(-2)\cdot4\cdot4=160$.

7. (1) 二次型 f 的矩阵为 $\boldsymbol{A}=\begin{pmatrix}a & 0 & b\\ 0 & 2 & 0\\ b & 0 & -2\end{pmatrix}$,设 $\boldsymbol{A}$ 的特征值为 $\lambda_i(i=1,2,3)$. 由题意,有 $\lambda_1+\lambda_2+\lambda_3=a+2+(-2)=1$,$\lambda_1\lambda_2\lambda_3=|\boldsymbol{A}|=\begin{vmatrix}a & 0 & b\\ 0 & 2 & 0\\ b & 0 & -2\end{vmatrix}=-4a-2b^2=-12$,解得

$a=1$, $b=2$.

(2) 由矩阵 $\boldsymbol{A}$ 的特征多项式 $|\boldsymbol{A}-\lambda\boldsymbol{E}|=\begin{vmatrix}1-\lambda & 0 & 2\\ 0 & 2-\lambda & 0\\ 2 & 0 & -2-\lambda\end{vmatrix}=-(\lambda-2)^2(\lambda+3)$,得 $\boldsymbol{A}$ 的特征值为 $\lambda_1=\lambda_2=2,\lambda_3=-3$.

当 $\lambda_1=\lambda_2=2$ 时,解方程组 $(\boldsymbol{A}-2\boldsymbol{E})\boldsymbol{x}=\boldsymbol{0}$,得基础解系 $\boldsymbol{\xi}_1=(2,0,1)^{\mathrm{T}},\boldsymbol{\xi}_2=(0,1,0)^{\mathrm{T}}$.

当 $\lambda_3=-3$ 时,解方程组 $(\boldsymbol{A}+3\boldsymbol{E})\boldsymbol{x}=\boldsymbol{0}$,得基础解系 $\boldsymbol{\xi}_3=(1,0,-2)^{\mathrm{T}}$. 由于 $\boldsymbol{\xi}_1,\boldsymbol{\xi}_2,\boldsymbol{\xi}_3$ 已是正交向量组,只需将 $\boldsymbol{\xi}_1,\boldsymbol{\xi}_2,\boldsymbol{\xi}_3$ 单位化,由此得

$$\boldsymbol{p}_1=\frac{1}{\sqrt{5}}\boldsymbol{\xi}_1=\left(\frac{2}{\sqrt{5}},0,\frac{1}{\sqrt{5}}\right)^{\mathrm{T}},\boldsymbol{p}_2=\boldsymbol{\xi}_2=(0,1,0)^{\mathrm{T}},\boldsymbol{p}_3=\frac{1}{\sqrt{5}}\boldsymbol{\xi}_3=\left(\frac{1}{\sqrt{5}},0,-\frac{2}{\sqrt{5}}\right)^{\mathrm{T}}$$

令矩阵 $\boldsymbol{P}=(\boldsymbol{p}_1,\boldsymbol{p}_2,\boldsymbol{p}_3)=\begin{pmatrix}\frac{2}{\sqrt{5}} & 0 & \frac{1}{\sqrt{5}}\\ 0 & 1 & 0\\ \frac{1}{\sqrt{5}} & 0 & -\frac{2}{\sqrt{5}}\end{pmatrix}$,则 $\boldsymbol{P}$ 为正交矩阵. 在正交变换 $\boldsymbol{x}=\boldsymbol{P}\boldsymbol{y}$ 下,有

$\boldsymbol{P}^{-1}\boldsymbol{A}\boldsymbol{P}=\begin{pmatrix}2 & & \\ & 2 & \\ & & -3\end{pmatrix}$,且二次型的标准形为 $f=2y_1^2+2y_2^2-3y_3^2$.

8. (1) 由 $\boldsymbol{A}$ 为实对称矩阵知 $\boldsymbol{A}$ 必可对角化,由 $\boldsymbol{A}^2+2\boldsymbol{A}=\boldsymbol{A}(\boldsymbol{A}+2\boldsymbol{E})=\boldsymbol{0}$,知 $|\boldsymbol{A}|=0$ 或 $|\boldsymbol{A}+2\boldsymbol{E}|=0$,再由 $R(\boldsymbol{A})=2$ 知,0 是 $\boldsymbol{A}$ 的单特征值. 设 $\lambda=-2$ 为 $\boldsymbol{A}$ 的二重特征值,所以 $\boldsymbol{A}$ 的全部特征值为 $\lambda_1=\lambda_2=-2,\lambda_3=0$.

(2) 首先,$\boldsymbol{A}+k\boldsymbol{E}$ 仍为实对称矩阵,其次,由(1)知 $\boldsymbol{A}+k\boldsymbol{E}$ 的特征值为 $k-2,k-2,k$,所以当 $k>2$ 时,其特征值全大于0. 于是当 $k>2$ 时,$\boldsymbol{A}+k\boldsymbol{E}$ 为正定矩阵.

9. 由 $\boldsymbol{A}$ 的秩为2,知 $|\boldsymbol{A}|=-(a-1)(a-3)=0$,故 $a=1$ 或 $a=3$. 由于 $\lambda_1+\lambda_2+\lambda_3=a_{11}+a_{22}+a_{33}$,要使 $\boldsymbol{A}$ 的特征值之和最小,取 $a=1$,于是 $\boldsymbol{A}=\begin{pmatrix}1 & 1 & 1\\ 1 & 3 & 1\\ 1 & 1 & 1\end{pmatrix}$.

$\boldsymbol{A}$ 的特征多项式为 $|\boldsymbol{A}-\lambda\boldsymbol{E}|=\begin{vmatrix}1-\lambda & 1 & 1\\ 1 & 3-\lambda & 1\\ 1 & 1 & 1-\lambda\end{vmatrix}=\lambda(\lambda-1)(\lambda-4)$,故 $\boldsymbol{A}$ 的特征值为 $\lambda_1=0,\lambda_2=1,\lambda_3=4$.

当 $\lambda_1=0$ 时,解方程组 $\boldsymbol{A}\boldsymbol{x}=\boldsymbol{0}$,由 $\boldsymbol{A}=\begin{pmatrix}1 & 1 & 1\\ 1 & 3 & 1\\ 1 & 1 & 1\end{pmatrix}\xrightarrow{r}\begin{pmatrix}1 & 0 & 1\\ 0 & 1 & 0\\ 0 & 0 & 0\end{pmatrix}$,得特征向量 $\boldsymbol{\xi}_1=\begin{pmatrix}1\\ 0\\ -1\end{pmatrix}$,

单位化得 $\boldsymbol{p}_1=\frac{1}{\sqrt{2}}(1,0,-1)^{\mathrm{T}}$.

当 $\lambda_2=1$ 时,解方程组 $(\boldsymbol{A}-\boldsymbol{E})\boldsymbol{x}=\boldsymbol{0}$,由 $\boldsymbol{A}-\boldsymbol{E}=\begin{pmatrix}0&1&1\\1&2&1\\1&1&0\end{pmatrix}\xrightarrow{r}\begin{pmatrix}1&0&-1\\0&1&1\\0&0&0\end{pmatrix}$,得特征向量 $\boldsymbol{\xi}_2=(1,-1,1)^{\mathrm{T}}$,单位化得 $\boldsymbol{p}_2=\frac{1}{\sqrt{3}}(1,-1,1)^{\mathrm{T}}$.

当 $\lambda_3=4$ 时,解方程组 $(\boldsymbol{A}-4\boldsymbol{E})\boldsymbol{x}=\boldsymbol{0}$,由 $\boldsymbol{A}-4\boldsymbol{E}=\begin{pmatrix}-3&1&1\\1&-1&1\\1&1&-3\end{pmatrix}\xrightarrow{r}\begin{pmatrix}1&0&-1\\0&1&-2\\0&0&0\end{pmatrix}$,得特征向量 $\boldsymbol{\xi}_3=(1,2,1)^{\mathrm{T}}$,单位化得 $\boldsymbol{p}_3=\frac{1}{\sqrt{6}}(1,2,1)^{\mathrm{T}}$.

于是得正交矩阵 $\boldsymbol{P}=\begin{pmatrix}\frac{1}{\sqrt{2}}&\frac{1}{\sqrt{3}}&\frac{1}{\sqrt{6}}\\0&-\frac{1}{\sqrt{3}}&\frac{2}{\sqrt{6}}\\-\frac{1}{\sqrt{2}}&\frac{1}{\sqrt{3}}&\frac{1}{\sqrt{6}}\end{pmatrix}$,且有 $\boldsymbol{P}^{\mathrm{T}}\boldsymbol{A}\boldsymbol{P}=\boldsymbol{P}^{-1}\boldsymbol{A}\boldsymbol{P}=\begin{pmatrix}0&&\\&1&\\&&4\end{pmatrix}$.

10. 应该注意的是,此题 f 的表达式中虽然只有三个变量,但是却是四元二次型,即含 x_4 的项的系数均认为是零,故 f 的矩阵为 $\boldsymbol{A}=\begin{pmatrix}1&\frac{1}{2}&-1&0\\\frac{1}{2}&3&\frac{3}{2}&0\\-1&\frac{3}{2}&-1&0\\0&0&0&0\end{pmatrix}$.

11.
$$\begin{aligned}f(x_1,x_2,x_3)&=(x_1^2+4x_1x_2+2x_1x_3+4x_2^2+x_3^2+4x_2x_3)+x_2^2-2x_3^2-4x_2x_3\\&=(x_1+2x_2+x_3)^2+(x_2^2-4x_2x_3+4x_3^2)-6x_3^2\\&=(x_1+2x_2+x_3)^2+(x_2-2x_3)^2-6x_3^2\end{aligned}$$

令 $\begin{cases}y_1=x_1+2x_2+x_3\\y_2=x_2-2x_3\\y_3=x_3\end{cases}$,即作线性变换 $\begin{cases}x_1=y_1-2y_2-5y_3\\x_2=y_2+2y_3\\x_3=y_3\end{cases}$,可将二次型化为标准形 $f=y_1^2+y_2^2-6y_3^2$,二次型的秩为3,正惯性指数为2.

12. f 的矩阵为 $\boldsymbol{A}=\begin{pmatrix}2&1&0\\1&1&\frac{t}{2}\\0&\frac{t}{2}&1\end{pmatrix}$,$f$ 为正定的充要条件是:$2>0$,$\begin{vmatrix}2&1\\1&1\end{vmatrix}=1>0$,

$$\begin{vmatrix} 2 & 1 & 0 \\ 1 & 1 & \frac{t}{2} \\ 0 & \frac{t}{2} & 1 \end{vmatrix} = 1 - \frac{t^2}{2} > 0$$，由此得 t 的取值范围为 $(-\sqrt{2},\sqrt{2})$.

13. 必要性　设 A^TA 为正定矩阵，则 $|A^TA|>0$，即 A^TA 为可逆矩阵，从而秩 $R(A)\geqslant R(A^TA)=n$，但 $R(A)\leqslant\min\{m,n\}=n$. 故 $R(A)=n$.

充分性　设秩 $R(A)=n$，则对任意 n 维列向量 $x\neq 0$，有 $Ax\neq 0$，于是有

$$x^T(A^TA)x = (Ax)^T(Ax) > 0$$

按定义，A^TA 为正定矩阵.

第6章　线性空间与线性变换

6.1 内容概要

6.1.1　基本概念

1. 向量空间(或线性空间)

设 V 是一个非空集合,$\mathbf{R}$ 为实数域,如果对于任意两个元素 $\boldsymbol{\alpha},\boldsymbol{\beta}\in \boldsymbol{V}$,总有唯一的一个元素 $\boldsymbol{\gamma}\in V$ 与之对应,则称 $\boldsymbol{\gamma}$ 为 $\boldsymbol{\alpha}$ 与 $\boldsymbol{\beta}$ 的和,记为 $\boldsymbol{\gamma}=\boldsymbol{\alpha}+\boldsymbol{\beta}$;又对于任一数 $\lambda\in\mathbf{R}$ 与任一元素 $\boldsymbol{\alpha}\in V$,总有唯一的一个元素 $\boldsymbol{\delta}\in V$ 与之对应,称为 λ 与 $\boldsymbol{\alpha}$ 的积,记为 $\boldsymbol{\delta}=\lambda\boldsymbol{\alpha}$;并且这两种运算满足以下8条运算规律(设 $\boldsymbol{\alpha},\boldsymbol{\beta},\boldsymbol{\gamma}\in V;\lambda,\mu\in\mathbf{R}$):

(1) $\boldsymbol{\alpha}+\boldsymbol{\beta}=\boldsymbol{\beta}+\boldsymbol{\alpha}$.

(2) $(\boldsymbol{\alpha}+\boldsymbol{\beta})+\boldsymbol{\gamma}=\boldsymbol{\alpha}+(\boldsymbol{\beta}+\boldsymbol{\gamma})$.

(3) 在 $\boldsymbol{V}$ 中存在零元素0,对 $\forall\boldsymbol{\alpha}\in\boldsymbol{V}$,都有 $0+\boldsymbol{\alpha}=\boldsymbol{\alpha}$.

(4) 对 $\forall\boldsymbol{\alpha}\in V$,都有 $\boldsymbol{\alpha}$ 的负元素 $\boldsymbol{\beta}\in V$,使 $\boldsymbol{\alpha}+\boldsymbol{\beta}=0$.

(5) $1\cdot\boldsymbol{\alpha}=\boldsymbol{\alpha}$.

(6) $(\lambda\mu)\boldsymbol{\alpha}=\lambda(\mu\boldsymbol{\alpha})=\mu(\lambda\boldsymbol{\alpha})$.

(7) $(\lambda+\mu)\boldsymbol{\alpha}=\lambda\boldsymbol{\alpha}+\mu\boldsymbol{\alpha}$.

(8) $\lambda(\boldsymbol{\alpha}+\boldsymbol{\beta})=\lambda\boldsymbol{\alpha}+\lambda\boldsymbol{\beta}$.

那么,V 就称为(实数域 $\mathbf{R}$ 上的)向量空间(或线性空间),V 中的元素不论其本来的性质如何,统称为(实)向量.

简而言之,凡满足上述八条规律的加法及乘法运算,就称为线性运算;凡定义了线性运算的集合,就称向量空间.

2. n 维线性空间

在线性空间 V 中,如果存在 n 个元素 $\boldsymbol{\alpha}_1,\boldsymbol{\alpha}_2,\cdots,\boldsymbol{\alpha}_n$,满足:

(1) $\boldsymbol{\alpha}_1,\boldsymbol{\alpha}_2,\cdots,\boldsymbol{\alpha}_n$ 线性无关.

(2) V 中任一元素 $\boldsymbol{\alpha}$ 总可由 $\boldsymbol{\alpha}_1,\boldsymbol{\alpha}_2,\cdots,\boldsymbol{\alpha}_n$ 线性表示.

那么,$\boldsymbol{\alpha}_1,\boldsymbol{\alpha}_2,\cdots,\boldsymbol{\alpha}_n$ 就称为线性空间 V 的一个基,n 称为线性空间 V 的维数. 只含一个零元素的线性空间没有基,规定其维数为0.

维数为 n 的线性空间称为 n 维线性空间,记为 V_n.

3. 坐标

设 $\boldsymbol{\alpha}_1,\boldsymbol{\alpha}_2,\cdots,\boldsymbol{\alpha}_n$ 是线性空间 V_n 的一个基. 对于任一元素 $\boldsymbol{\alpha}\in V_n$,总有且仅有一组有序数 $x_1,x_2,\cdots,x_n$ 使 $\boldsymbol{\alpha}=x_1\boldsymbol{\alpha}_1+x_2\boldsymbol{\alpha}_2+\cdots+x_n\boldsymbol{\alpha}_n$. $x_1,x_2,\cdots,x_n$ 这组有序数就称为元素 $\boldsymbol{\alpha}$ 在 $\boldsymbol{\alpha}_1,\boldsymbol{\alpha}_2,\cdots,\boldsymbol{\alpha}_n$ 这个基下的坐标,并记为

$$\boldsymbol{\alpha}=(x_1,x_2,\cdots,x_n)^{\mathrm{T}}$$

4. 过渡矩阵

若 $\boldsymbol{\alpha}_1,\boldsymbol{\alpha}_2,\cdots,\boldsymbol{\alpha}_n$ 及 $\boldsymbol{\beta}_1,\boldsymbol{\beta}_2,\cdots,\boldsymbol{\beta}_n$ 是线性空间 $\boldsymbol{V}_n$ 中的两个基,且满足

$$\begin{pmatrix}\boldsymbol{\beta}_1\\ \boldsymbol{\beta}_2\\ \vdots\\ \boldsymbol{\beta}_n\end{pmatrix}=\begin{pmatrix}p_{11} & p_{21} & \cdots & p_{n1}\\ p_{12} & p_{22} & \cdots & p_{n2}\\ \vdots & \vdots & \ddots & \vdots\\ p_{1n} & p_{2n} & \cdots & p_{nn}\end{pmatrix}\begin{pmatrix}\boldsymbol{\alpha}_1\\ \boldsymbol{\alpha}_2\\ \vdots\\ \boldsymbol{\alpha}_n\end{pmatrix}=P^{\mathrm{T}}\begin{pmatrix}\boldsymbol{\alpha}_1\\ \boldsymbol{\alpha}_2\\ \vdots\\ \boldsymbol{\alpha}_n\end{pmatrix}$$

或

$$(\boldsymbol{\beta}_1,\boldsymbol{\beta}_2,\cdots,\boldsymbol{\beta}_n)=(\boldsymbol{\alpha}_1,\boldsymbol{\alpha}_2,\cdots,\boldsymbol{\alpha}_n)\boldsymbol{P}$$

则称上式为基变换公式,矩阵 P 称为由基 $\alpha_1,\alpha_2,\cdots,\alpha_n$ 到基 $\beta_1,\beta_2,\cdots,\beta_n$ 的过渡矩阵.

5. 线性变换

设 V_n、U_m 分别是 n 维和 m 维线性空间,T 是一个从 V_n 到 U_m 的映射,如果映射 T 满足:

(1) 任给 $\boldsymbol{\alpha}_1,\boldsymbol{\alpha}_2\in V_n$(从而 $\boldsymbol{\alpha}_1+\boldsymbol{\alpha}_2\in V_n$),有 $T(\boldsymbol{\alpha}_1+\boldsymbol{\alpha}_2)=T(\boldsymbol{\alpha}_1)+T(\boldsymbol{\alpha}_2)$.

(2) 任给 $\boldsymbol{\alpha}\in V_n,\lambda\in\mathbf{R}$(从而 $\lambda\boldsymbol{\alpha}\in V_n$),有 $T(\lambda\boldsymbol{\alpha})=\lambda T(\boldsymbol{\alpha})$.

那么,T 就称为从 V_n 到 U_m 的线性映射,或称为线性变换.

设 T 是线性空间 V_n 中的线性变换,在 V_n 中取定一个基 $\boldsymbol{\alpha}_1,\boldsymbol{\alpha}_2,\cdots,\boldsymbol{\alpha}_n$,如果这个基在变换 T 下的像为 $T(\boldsymbol{\alpha}_1,\boldsymbol{\alpha}_2,\cdots,\boldsymbol{\alpha}_n)=(\boldsymbol{\alpha}_1,\boldsymbol{\alpha}_2,\cdots,\boldsymbol{\alpha}_n)\boldsymbol{A}$,其中

$$\boldsymbol{A}=\begin{pmatrix}a_{11} & a_{21} & \cdots & a_{n1}\\ a_{12} & a_{22} & \cdots & a_{n2}\\ \vdots & \vdots & \ddots & \vdots\\ a_{1n} & a_{2n} & \cdots & a_{nn}\end{pmatrix}$$

那么,A 就称为线性变换 T 在基 $\boldsymbol{\alpha}_1,\boldsymbol{\alpha}_2,\cdots,\boldsymbol{\alpha}_n$ 下的矩阵.

6.1.2 基本理论

1. 线性空间性质

(1) 零元素是唯一的.

(2) 任意元素的负元素是唯一的, $\boldsymbol{\alpha}$ 的负元素记为 $-\boldsymbol{\alpha}$.

(3) $0\boldsymbol{\alpha}=0,(-1)\boldsymbol{\alpha}=-\boldsymbol{\alpha};\lambda 0=0$.

(4) 如果 $\lambda\boldsymbol{\alpha}=0$,则 $\lambda=0$ 或 $\boldsymbol{\alpha}=0$.

2. 坐标变换公式

设 V_n 中的元素 $\boldsymbol{\alpha}$ 在基 $\boldsymbol{\alpha}_1,\boldsymbol{\alpha}_2,\cdots,\boldsymbol{\alpha}_n$ 下的坐标为 $(x_1,x_2,\cdots,x_n)^{\mathrm{T}}$,在基 $\boldsymbol{\beta}_1,\boldsymbol{\beta}_2,\cdots,\boldsymbol{\beta}_n$ 下的坐标为 $(x'_1,x'_2,\cdots,x'_n)^{\mathrm{T}}$. 若两个基满足 $(\boldsymbol{\beta}_1,\boldsymbol{\beta}_2,\cdots,\boldsymbol{\beta}_n)=(\boldsymbol{\alpha}_1,\boldsymbol{\alpha}_2,\cdots,\boldsymbol{\alpha}_n)\boldsymbol{P}$,则有坐标变换公式 $\begin{pmatrix}x_1\\ x_2\\ \vdots\\ x_n\end{pmatrix}=\boldsymbol{P}\begin{pmatrix}x'_1\\ x'_2\\ \vdots\\ x'_n\end{pmatrix}$,或 $\begin{pmatrix}x'_1\\ x'_2\\ \vdots\\ x'_n\end{pmatrix}=\boldsymbol{P}^{-1}\begin{pmatrix}x_1\\ x_2\\ \vdots\\ x_n\end{pmatrix}$.

3. 线性变换的性质

(1) $T0=0,T(-\boldsymbol{\alpha})=-T\boldsymbol{\alpha}$.

(2) 若 $\boldsymbol{\beta}=k_1\boldsymbol{\alpha}_1+k_2\boldsymbol{\alpha}_2+\cdots+k_m\boldsymbol{\alpha}_m$,则 $T\boldsymbol{\beta}=k_1T\boldsymbol{\alpha}_1+k_2T\boldsymbol{\alpha}_2+\cdots+k_mT\boldsymbol{\alpha}_m$.

(3) 若 $\boldsymbol{\alpha}_1,\boldsymbol{\alpha}_2,\cdots,\boldsymbol{\alpha}_n$ 线性相关,则 $T\boldsymbol{\alpha}_1,T\boldsymbol{\alpha}_2,\cdots,T\boldsymbol{\alpha}_m$ 也线性相关.

(4) 线性变换 T 的像集 $T(V_n)$是一个线性空间,称为线性变换 T 的像空间.

(5) 使 $T\boldsymbol{\alpha}=0$ 的 $\boldsymbol{\alpha}$ 的全体 $S_T=\{\boldsymbol{\alpha}\,|\,\boldsymbol{\alpha}\in V_n,T\boldsymbol{\alpha}=0\}$,也是一个线性空间. S_T 称为线性变换 T 的核.

设线性空间 V_n 中取定两个基

$$\boldsymbol{\alpha}_1,\boldsymbol{\alpha}_2,\cdots,\boldsymbol{\alpha}_n$$
$$\boldsymbol{\beta}_1,\boldsymbol{\beta}_2,\cdots,\boldsymbol{\beta}_n$$

由基 $\boldsymbol{\alpha}_1,\boldsymbol{\alpha}_2,\cdots,\boldsymbol{\alpha}_n$ 到基 $\boldsymbol{\beta}_1,\boldsymbol{\beta}_2,\cdots,\boldsymbol{\beta}_n$ 的过渡矩阵为 $\boldsymbol{P}$,V_n 中的线性变换 T 在这两个基下的矩阵依次为 $\boldsymbol{A}$ 和 $\boldsymbol{B}$,那么 $\boldsymbol{B}=\boldsymbol{P}^{-1}\boldsymbol{A}\boldsymbol{P}$.

6.1.3 基本方法

(1) 线性空间的检验.

(2) 线性变换及其运算.

① 线性变换的检验;

② 线性变换的性质.

(3) 线性变换与矩阵.

① 过渡矩阵的求法;

② 线性变换在一组基下的矩阵的求法;

③ 线性变换的和、乘积及逆在某组基下矩阵的求法.

6.2 典型例题分析、解答与评注

6.2.1 线性空间的检验

例 6.1 判别下列集合,对于向量的加法和数乘,是否构成实数域 $\mathbf{R}$ 上的线性空间.

(1) $V_1=\{(x_1,x_2,\cdots,x_n)\,|\,x_1,x_2,\cdots,x_n\in\mathbf{R}$ 且 $x_1+x_2+\cdots+x_n=0\}$.

(2) $V_2=\{(x_1,x_2,\cdots,x_n)\,|\,x_1,x_2,\cdots,x_n\in\mathbf{R}$ 且 $x_1+x_2+\cdots+x_n=1\}$.

分析 判别集合是否构成线性空间的主要依据是:

(1) 是否对加法和数乘封闭.

(2) 是否满足 8 条运算规律.

解答 (1) 先证对向量的加法和数乘封闭.

因为 $\forall X,Y\in V_1$,$X=(x_1,x_2,\cdots,x_n)$,$Y=(y_1,y_2,\cdots,y_n)$,其中 $x_i,y_i\in\mathbf{R}(i=1,2,\cdots,n)$. $\sum\limits_{i=1}^{n}x_i=0$, $\sum\limits_{i=1}^{n}y_i=0$,则 $X+Y=(x_1+y_1,x_2+y_2,\cdots,x_n+y_n)$.

显然,$x_i+y_i\in\mathbf{R}(i=1,2,\cdots,n)$, $\sum\limits_{i=1}^{n}(x_i+y_i)=0$,所以 $X+Y\in V_1$.

又 $\lambda\in\mathbf{R}$,$X\in V_1$,$\lambda X=(\lambda x_1,\lambda x_2,\cdots,\lambda x_n)$,显然 $\lambda x_i\in\mathbf{R}(i=1,2,\cdots,n)$,则

$$\sum_{i=1}^{n}\lambda x_i=\lambda\sum_{i=1}^{n}x_i=\lambda 0=0,\lambda X\in V_1$$

再证满足 8 条算律：

因为 $V_1 \subseteq \mathbf{R}^n$，$\mathbf{R}^n$ 中任何向量均满足运算规律(1)、(2)、(5)、(6)、(7)、(8)，故 V_1 也满足.

又 $\mathbf{0}=(0,0,\cdots,0)$，$0\in\mathbf{R}^n$，且 $0+0+\cdots+0=0$，所以 $\mathbf{0}\in V_1$ 有零元，满足运算规律(3). 再 $\forall X\in V_1$，$X=(x_1,x_2,\cdots,x_n)$，$x_i\in\mathbf{R}(i=1,2,\cdots,n)$，$\sum\limits_{i=1}^{n}x_i=0$，$-X=(-x_1,-x_2,\cdots,-x_n)$，$-x_i\in\mathbf{R}(i=1,2,\cdots,n)$，$\sum\limits_{i=1}^{n}(-x_i)=-\sum\limits_{i=1}^{n}x_i=-0=0$，所以 $-X\in V_1$，有 $X+(-X)=0$，故 X 有负元，满足运算规律(4).

故 V_1 是数域 $\mathbf{R}$ 上的线性空间，且是 $\mathbf{R}^n$ 的子空间.

(2) $\forall X,Y\in V_2$，有

$$X=(x_1,x_2,\cdots,x_n),x_i\in\mathbf{R}(i=1,2,\cdots,n),\text{且}\sum_{i=1}^{n}x_i=1$$

$$Y=(y_1,y_2,\cdots,y_n),y_i\in\mathbf{R}(i=1,2,\cdots,n),\text{且}\sum_{i=1}^{n}y_i=1$$

$$X+Y=(x_1+y_1,x_2+y_2,\cdots,x_n+y_n),x_i+y_i\in(i=1,2,\cdots,n)$$

$$\sum_{i=1}^{n}(x_i+y_i)=\sum_{i=1}^{n}x_i+\sum_{i=1}^{n}y_i=1+1=2\neq1$$

所以 $X+Y\notin V_2$，加法不封闭，故 V_2 不是 $\mathbf{R}$ 上的线性空间.

评注 对于证明不构成线性空间的我们只要列举出反例即可.

6.2.2 线性变换及其运算

1. 线性变换的检验

例 6.2 判别下列变换中哪些是线性变换.

(1) 在 $\mathbf{R}^3$ 中，$T(a,b,c)=(a^2,a+b,c)$.

(2) 在由全体 n 阶矩阵构成的线性空间 $M_{m\times n}$ 中 $T(X)=\boldsymbol{BXC}$，这里 $\boldsymbol{B}$、$\boldsymbol{C}$ 是固定矩阵.

(3) 在由闭区间 $[a,b]$ 上全体连续函数构成的实线性空间中，$T[f(x)]=\int_a^x f(t)\,\mathrm{d}t$.

分析 判别变换是否为线性的主要依据有两点：是否满足可加性；是否满足齐次性.

解答 (1) 设 $\boldsymbol{\alpha}=(a,b,c)$，$\boldsymbol{\beta}=(x,y,z)$，$\boldsymbol{\alpha}+\boldsymbol{\beta}=(a+x,b+y,c+z)$，

按照定义

$$T\boldsymbol{\alpha}=T(a,b,c)=(a^2,a+b,c),T\boldsymbol{\beta}=T(x,y,z)=(x^2,x+y,z)$$

$$T(\boldsymbol{\alpha}+\boldsymbol{\beta})=T(a+x,b+y,c+z)=((a+x)^2,(a+b+x+y),(c+z))$$

而 $T\boldsymbol{\alpha}+T\boldsymbol{\beta}=((a^2+x^2),(a+b+x+y),(c+z))$，注意到 $a^2+x^2\neq(a+x)^2$，所以

$$T(\boldsymbol{\alpha}+\boldsymbol{\beta})\neq T\boldsymbol{\alpha}+T\boldsymbol{\beta}$$

因此，T 不是线性变换.

(2) 因为 $T(X+Y)=B(X+Y)C=BXC+BYC=T(X)+T(Y)$，$T(kX)=B(kX)C=k(BXC)=kT(X)$，所以是线性变换.

(3) 因为

$$
\begin{aligned}
T[f(x)+g(x)] &= \int_a^x [f(t)+g(x)]\mathrm{d}t \\
&= \int_a^x f(t)\mathrm{d}t + \int_a^x g(x)\mathrm{d}t \\
&= T[f(x)] + T[g(x)]
\end{aligned}
$$

$$
T[kf(x)] = \int_a^x kf(t)\mathrm{d}t = k\int_a^x f(t)\mathrm{d}t = kT[f(x)]
$$

所以,T 是线性变换.

评注 验证积分形式的线性变换时,要用到积分的可加性.

例 6.3 设 T_1、T_2 是 V 中的线性变换,试证:

(1) 线性变换之和 T_1+T_2 是线性变换.

(2) 线性变换之积 T_1T_2 也是线性变换.

分析 本题依旧是证明线性变换,仅仅是变换由一个增加到两个,证明仍然要从是否满足可加性和齐次性入手.

证明 (1) 因为

$$
\begin{aligned}
(T_1+T_2)(\boldsymbol{\alpha}+\boldsymbol{\beta}) &= T_1(\boldsymbol{\alpha}+\boldsymbol{\beta}) + T_2(\boldsymbol{\alpha}+\boldsymbol{\beta}) = T_1\boldsymbol{\alpha} + T_1\boldsymbol{\beta} + T_2\boldsymbol{\alpha} + T_2\boldsymbol{\beta} \\
&= (T_1\boldsymbol{\alpha} + T_2\boldsymbol{\alpha}) + (T_1\boldsymbol{\beta} + T_2\boldsymbol{\beta}) = (T_1+T_2)\boldsymbol{\alpha} + (T_1+T_2)\boldsymbol{\beta}
\end{aligned}
$$

$$
(T_1+T_2)k\boldsymbol{\alpha} = T_1(k\boldsymbol{\alpha}) + T_2(k\boldsymbol{\alpha}) = kT_1\boldsymbol{\alpha} + kT_2\boldsymbol{\alpha} = k(T_1+T_2)\boldsymbol{\alpha}
$$

所以 T_1+T_2 是线性变换.

(2) 因为

$$
T_1T_2(\boldsymbol{\alpha}+\boldsymbol{\beta}) = T_1[T_2(\boldsymbol{\alpha}+\boldsymbol{\beta})] = T_1(T_2\boldsymbol{\alpha}+T_2\boldsymbol{\beta}) = T_1T_2(\boldsymbol{\alpha}) + T_1T_2(\boldsymbol{\beta})
$$

$$
T_1T_2(k\boldsymbol{\alpha}) = T_1[T_2(k\boldsymbol{\alpha})] = T_1kT_2(\boldsymbol{\alpha}) = kT_1T_2(\boldsymbol{\alpha})
$$

所以 T_1T_2 也是线性变换.

评注 本题并非传统意义上的证明,应归属验证题.

例 6.4 在由所有实多项式构成的线性空间 $P[x]$ 中,$T_1[f(x)]=f'(x)$,$T_2[f(x)]=xf(x)$.

证明:$T_1T_2-T_2T_1=I$.

分析 本题中 I 是指将 $f(x)$ 变换为 $f(x)$ 本身的变换.

解答 任取 $f(x)\in P(x)$,则有

$$
\begin{aligned}
(T_1T_2-T_2T_1)(f(x)) &= T_1T_2(f(x)) - T_2T_1(f(x)) \\
&= T_1(xf(x)) - T_2(f'(x)) \\
&= f(x) + xf'(x) - xf'(x) = f(x)
\end{aligned}
$$

所以,$T_1T_2-T_2T_1=I$.

评注 线性变换的形式可以是多样的,但是证明的思路不变.

2. 线性变换的性质

例 6.5 设 T 是线性空间 V 中的一个线性变换,试证:若向量组 $\boldsymbol{\alpha}_1,\boldsymbol{\alpha}_2,\cdots,\boldsymbol{\alpha}_m$ 线性相关,则 $T\boldsymbol{\alpha}_1,T\boldsymbol{\alpha}_2,\cdots,T\boldsymbol{\alpha}_m$ 也线性相关.

分析 本题属于已知向量组的相关性,求由它生成的向量组的相关性.

证明 因为向量组 $\boldsymbol{\alpha}_1,\boldsymbol{\alpha}_2,\cdots,\boldsymbol{\alpha}_m$ 线性相关,所以,一定有一组不全为零的数 λ_1,$\lambda_2,\cdots,\lambda_m$,使得 $\lambda_1\boldsymbol{\alpha}_1+\lambda_2\boldsymbol{\alpha}_2+\cdots+\lambda_m\boldsymbol{\alpha}_m=0$,而 T 是 V 中的线性变换,根据线性变换的性质 $T(\lambda_1\boldsymbol{\alpha}_1+\lambda_2\boldsymbol{\alpha}_2+\cdots+\lambda_m\boldsymbol{\alpha}_m)=T0=0$,即 $T(\lambda_1\boldsymbol{\alpha}_1)+T(\lambda_2\boldsymbol{\alpha}_2)+\cdots+T(\lambda_m\boldsymbol{\alpha}_m)=0$.

$\lambda_1T(\boldsymbol{\alpha}_1)+\lambda_2T(\boldsymbol{\alpha}_2)+\cdots+\lambda_mT(\boldsymbol{\alpha}_m)=0$,而 $\lambda_1,\lambda_2,\cdots,\lambda_m$ 不全为0,故 $T\boldsymbol{\alpha}_1,T\boldsymbol{\alpha}_2,\cdots,T\boldsymbol{\alpha}_m$ 线性相关.

评注 相关性的证明实际上是考查方程组是否有非零解.

6.2.3 线性变换与矩阵

1. 过渡矩阵的求法

例 6.6 设 $\mathbf{R}^3$ 中两个基 $\boldsymbol{\alpha}_1,\boldsymbol{\alpha}_2,\boldsymbol{\alpha}_3$ 与 $\boldsymbol{\beta}_1,\boldsymbol{\beta}_2,\boldsymbol{\beta}_3$ 的关系为 $\boldsymbol{\beta}_1=\boldsymbol{\alpha}_1+\boldsymbol{\alpha}_2,\boldsymbol{\beta}_2=\boldsymbol{\alpha}_2+\boldsymbol{\alpha}_3$,$\boldsymbol{\beta}_3=\boldsymbol{\alpha}_3+\boldsymbol{\alpha}_1$.

(1) 求从基 $\boldsymbol{\alpha}_1,\boldsymbol{\alpha}_2,\boldsymbol{\alpha}_3$ 到基 $\boldsymbol{\beta}_1,\boldsymbol{\beta}_2,\boldsymbol{\beta}_3$ 的过渡矩阵.

(2) 求从基 $\boldsymbol{\beta}_1,\boldsymbol{\beta}_2,\boldsymbol{\beta}_3$ 到基 $\boldsymbol{\alpha}_1,\boldsymbol{\alpha}_2,\boldsymbol{\alpha}_3$ 的过渡矩阵.

分析 本题给出基 $\boldsymbol{\alpha}_1,\boldsymbol{\alpha}_2,\boldsymbol{\alpha}_3$ 与 $\boldsymbol{\beta}_1,\boldsymbol{\beta}_2,\boldsymbol{\beta}_3$ 的关系,所以可以使用过渡矩阵的定义来求.

解答 用过渡矩阵的定义求

(1) 因为 $\begin{cases}\boldsymbol{\beta}_1=\boldsymbol{\alpha}_1+\boldsymbol{\alpha}_2\\ \boldsymbol{\beta}_2=\boldsymbol{\alpha}_2+\boldsymbol{\alpha}_3\\ \boldsymbol{\beta}_3=\boldsymbol{\alpha}_1+\boldsymbol{\alpha}_3\end{cases}$,即 $[\boldsymbol{\beta}_1,\boldsymbol{\beta}_2,\boldsymbol{\beta}_3]=[\boldsymbol{\alpha}_1,\boldsymbol{\alpha}_2,\boldsymbol{\alpha}_3]\begin{bmatrix}1&0&1\\1&1&0\\0&1&1\end{bmatrix}$,所以,从基 $\boldsymbol{\alpha}_1,\boldsymbol{\alpha}_2,\boldsymbol{\alpha}_3$ 到基 $\boldsymbol{\beta}_1,\boldsymbol{\beta}_2,\boldsymbol{\beta}_3$ 的过渡矩阵为 $\boldsymbol{P}=\begin{bmatrix}1&0&1\\1&1&0\\0&1&1\end{bmatrix}$.

(2) 因为 $[\boldsymbol{\beta}_1,\boldsymbol{\beta}_2,\boldsymbol{\beta}_3]=[\boldsymbol{\alpha}_1,\boldsymbol{\alpha}_2,\boldsymbol{\alpha}_3]\boldsymbol{P}$,而过渡矩阵 $\boldsymbol{P}$ 是可逆的,所以 $[\boldsymbol{\alpha}_1,\boldsymbol{\alpha}_2,\boldsymbol{\alpha}_3]=[\boldsymbol{\beta}_1,\boldsymbol{\beta}_2,\boldsymbol{\beta}_3]\boldsymbol{P}^{-1}$,故从基 $\boldsymbol{\beta}_1,\boldsymbol{\beta}_2,\boldsymbol{\beta}_3$ 到基 $\boldsymbol{\alpha}_1,\boldsymbol{\alpha}_2,\boldsymbol{\alpha}_3$ 的过渡矩阵为

$$\boldsymbol{Q}=\boldsymbol{P}^{-1}=\begin{bmatrix}1&0&1\\1&1&0\\0&1&1\end{bmatrix}^{-1}=\frac{1}{2}\begin{bmatrix}1&1&-1\\-1&1&1\\1&-1&1\end{bmatrix}$$

评注 这种过渡矩阵的求法适合两组基的关系比较明确的题型.

例 6.7 设 $\boldsymbol{\alpha}_1,\boldsymbol{\alpha}_2,\boldsymbol{\alpha}_3$ 与 $\boldsymbol{\beta}_1,\boldsymbol{\beta}_2,\boldsymbol{\beta}_3$ 是线性空间 $\mathbf{R}^3$ 的两个基,试求从基 $\boldsymbol{\alpha}_1,\boldsymbol{\alpha}_2,\boldsymbol{\alpha}_3$ 到基 $\boldsymbol{\beta}_1,\boldsymbol{\beta}_2,\boldsymbol{\beta}_3$ 的过渡矩阵.

分析 在线性空间中选取一组常用基(或标准基),对求过渡矩阵是十分方便的,这种方法称为中介法.

解答 取标准基 $\boldsymbol{e}_1=\begin{pmatrix}1\\0\\0\end{pmatrix},\boldsymbol{e}_2=\begin{pmatrix}0\\1\\0\end{pmatrix},\boldsymbol{e}_3=\begin{pmatrix}0\\0\\1\end{pmatrix}$,因为 $[\boldsymbol{\alpha}_1,\boldsymbol{\alpha}_2,\boldsymbol{\alpha}_3]=[\boldsymbol{e}_1,\boldsymbol{e}_2,\boldsymbol{e}_3]\boldsymbol{A}$,$[\boldsymbol{\beta}_1,\boldsymbol{\beta}_2,\boldsymbol{\beta}_3]=[\boldsymbol{e}_1,\boldsymbol{e}_2,\boldsymbol{e}_3]\boldsymbol{B}$,其中 $\boldsymbol{A}=[\boldsymbol{\alpha}_1,\boldsymbol{\alpha}_2,\boldsymbol{\alpha}_3]$,$\boldsymbol{B}=[\boldsymbol{\beta}_1,\boldsymbol{\beta}_2,\boldsymbol{\beta}_3]$ 为3阶矩阵,且是可逆的,所以 $[\boldsymbol{e}_1,\boldsymbol{e}_2,\boldsymbol{e}_3]=[\boldsymbol{\alpha}_1,\boldsymbol{\alpha}_2,\boldsymbol{\alpha}_3]A^{-1}$,代入 $[\boldsymbol{\beta}_1,\boldsymbol{\beta}_2,\boldsymbol{\beta}_3]=[\boldsymbol{e}_1,\boldsymbol{e}_2,\boldsymbol{e}_3]\boldsymbol{B}$,得 $[\boldsymbol{\beta}_1,\boldsymbol{\beta}_2,\boldsymbol{\beta}_3]=[\boldsymbol{\alpha}_1,\boldsymbol{\alpha}_2,\boldsymbol{\alpha}_3]\boldsymbol{A}^{-1}\boldsymbol{B}$. 这表明:从基 $\boldsymbol{\alpha}_1,\boldsymbol{\alpha}_2,\boldsymbol{\alpha}_3$ 到基 $\boldsymbol{\beta}_1,\boldsymbol{\beta}_2,\boldsymbol{\beta}_3$ 的过渡矩阵为 $\boldsymbol{A}^{-1}\boldsymbol{B}$.

评注 在两组基的关系不明确的时候,可以使用中介法.

例 6.8 设在线性空间 $\mathbf{R}^4$ 中,有两组基 $\begin{cases}\boldsymbol{e}_1=[1,0,0,0]^{\mathrm{T}}\\ \boldsymbol{e}_2=[0,1,0,0]^{\mathrm{T}}\\ \boldsymbol{e}_3=[0,0,1,0]^{\mathrm{T}}\\ \boldsymbol{e}_4=[0,0,0,1]^{\mathrm{T}}\end{cases}$ 和 $\begin{cases}\boldsymbol{\eta}_1=[2,1,-1,2]^{\mathrm{T}}\\ \boldsymbol{\eta}_2=[0,3,1,0]^{\mathrm{T}}\\ \boldsymbol{\eta}_3=[5,3,2,1]^{\mathrm{T}}\\ \boldsymbol{\eta}_4=[6,6,1,3]^{\mathrm{T}}\end{cases}$,求从基 $\boldsymbol{e}_1,\boldsymbol{e}_2,\boldsymbol{e}_3,\boldsymbol{e}_4$ 到 $\boldsymbol{\eta}_1,\boldsymbol{\eta}_2,\boldsymbol{\eta}_3,\boldsymbol{\eta}_4$ 的过渡矩阵.

分析 本题虽然没有给基 $\boldsymbol{e}_1,\boldsymbol{e}_2,\boldsymbol{e}_3,\boldsymbol{e}_4$ 和 $\boldsymbol{\eta}_1,\boldsymbol{\eta}_2,\boldsymbol{\eta}_3,\boldsymbol{\eta}_4$ 的具体关系,但是 $\boldsymbol{e}_1,\boldsymbol{e}_2,\boldsymbol{e}_3,\boldsymbol{e}_4$ 是标准基,任何一个基都可以由它线性表示.

解答 因为 $\begin{cases}\boldsymbol{\eta}_1=2\boldsymbol{e}_1+\boldsymbol{e}_2-\boldsymbol{e}_3+2\boldsymbol{e}_4\\ \boldsymbol{\eta}_2=3\boldsymbol{e}_2+1\boldsymbol{e}_3\\ \boldsymbol{\eta}_3=5\boldsymbol{e}_1+3\boldsymbol{e}_2+2\boldsymbol{e}_3+1\boldsymbol{e}_4\\ \boldsymbol{\eta}_4=6\boldsymbol{e}_1+6\boldsymbol{e}_2+\boldsymbol{e}_3+3\boldsymbol{e}_4\end{cases}$,即 $[\boldsymbol{\eta}_1,\boldsymbol{\eta}_2,\boldsymbol{\eta}_3,\boldsymbol{\eta}_4]=[\boldsymbol{e}_1,\boldsymbol{e}_2,\boldsymbol{e}_3,\boldsymbol{e}_4]\begin{bmatrix}2&0&5&6\\1&3&3&6\\-1&1&2&1\\1&0&1&3\end{bmatrix}$,

故从基 $\boldsymbol{e}_1,\boldsymbol{e}_2,\boldsymbol{e}_3,\boldsymbol{e}_4$ 到 $\boldsymbol{\eta}_1,\boldsymbol{\eta}_2,\boldsymbol{\eta}_3,\boldsymbol{\eta}_4$ 的过渡矩阵为 $\boldsymbol{P}=\begin{bmatrix}2&0&5&6\\1&3&3&6\\-1&1&2&1\\1&0&1&3\end{bmatrix}$.

评注 求任何一组基在标准基下的矩阵是一种基本题型.

2. 线性变换在一组基下的矩阵的求法

例 6.9 设线性空间 V 中的线性变换 T 对基 $\boldsymbol{\alpha}_1,\boldsymbol{\alpha}_2,\cdots,\boldsymbol{\alpha}_n$ 及基 $\boldsymbol{\beta}_1,\boldsymbol{\beta}_2,\cdots,\boldsymbol{\beta}_n$ 的矩阵分别是 $\boldsymbol{A}$、$\boldsymbol{B}$,并且 $[\boldsymbol{\beta}_1,\boldsymbol{\beta}_2,\cdots,\boldsymbol{\beta}_n]=[\boldsymbol{\alpha}_1,\boldsymbol{\alpha}_2,\cdots,\boldsymbol{\alpha}_n]\boldsymbol{P}$,试证:$\boldsymbol{B}=\boldsymbol{P}^{-1}\boldsymbol{AP}$.

分析 本题的基是向量.

证明 根据题设,有

$$T[\boldsymbol{\alpha}_1,\boldsymbol{\alpha}_2,\cdots,\boldsymbol{\alpha}_n]=[\boldsymbol{\alpha}_1,\boldsymbol{\alpha}_2,\cdots,\boldsymbol{\alpha}_n]\boldsymbol{A} \tag{6.1}$$

$$T[\boldsymbol{\beta}_1,\boldsymbol{\beta}_2,\cdots,\boldsymbol{\beta}_n]=[\boldsymbol{\beta}_1,\boldsymbol{\beta}_2,\cdots,\boldsymbol{\beta}_n]\boldsymbol{B} \tag{6.2}$$

$$[\boldsymbol{\beta}_1,\boldsymbol{\beta}_2,\cdots,\boldsymbol{\beta}_n]=[\boldsymbol{\alpha}_1,\boldsymbol{\alpha}_2,\cdots,\boldsymbol{\alpha}_n]\boldsymbol{P} \tag{6.3}$$

将式(6.3)代入式(6.2),得到 $T[\boldsymbol{\beta}_1,\boldsymbol{\beta}_2,\cdots,\boldsymbol{\beta}_n]=[\boldsymbol{\alpha}_1,\boldsymbol{\alpha}_2,\cdots,\boldsymbol{\alpha}_n]\boldsymbol{PB}$,用线性变换 T 作用于式(6.3),并将式(6.1)代入,得 $T[\boldsymbol{\beta}_1,\boldsymbol{\beta}_2,\cdots,\boldsymbol{\beta}_n]=T[\boldsymbol{\alpha}_1,\boldsymbol{\alpha}_2,\cdots,\boldsymbol{\alpha}_n]P=[\boldsymbol{\alpha}_1,\boldsymbol{\alpha}_2,\cdots,\boldsymbol{\alpha}_n]\boldsymbol{AP}$,比较上两式,得 $[\boldsymbol{\alpha}_1,\boldsymbol{\alpha}_2,\cdots,\boldsymbol{\alpha}_n]\boldsymbol{PB}=[\boldsymbol{\alpha}_1,\boldsymbol{\alpha}_2,\cdots,\boldsymbol{\alpha}_n]\boldsymbol{AP}$,因为 $\boldsymbol{\alpha}_1,\boldsymbol{\alpha}_2,\cdots,\boldsymbol{\alpha}_n$ 线性无关,所以 $\boldsymbol{PB}=\boldsymbol{AP}$.

又过渡矩阵 $\boldsymbol{P}$ 是可逆矩阵,故 $\boldsymbol{B}=\boldsymbol{P}^{-1}\boldsymbol{AP}$.

评注 尽管线性空间的基不同(有的是向量,有的是矩阵,有的是函数),线性变换也不同,但是,求线性变换的矩阵方法都是相同的,即在已知线性空间的基和线性变换时,总是先求基 $\boldsymbol{\alpha}_i$ 的像 $T(\boldsymbol{\alpha}_i)(i=1,2,\cdots,n)$,再将像 $T(\boldsymbol{\alpha}_i)$ 用基 $\boldsymbol{\alpha}_i$ 线性表示,则表示式系数矩阵的转置即为所需求在基 $\boldsymbol{\alpha}_i(i=1,2,\cdots,n)$ 下的矩阵 $\boldsymbol{A}$.

例 6.10 设 $\mathbf{R}^3$ 中的线性变换 $T(x,y,z)=(2x-y,y+z,x)$,求 T 在基 $\boldsymbol{e}_1=[1,0,0]^{\mathrm{T}}$,$\boldsymbol{e}_2=[0,1,0]^{\mathrm{T}}$,$\boldsymbol{e}_3=[0,0,1]^{\mathrm{T}}$ 下的矩阵.

分析 本题同例 6.9,基是向量.

解答 先求 $T\boldsymbol{e}_1, T\boldsymbol{e}_2, T\boldsymbol{e}_3$,再将其用 $\boldsymbol{e}_1, \boldsymbol{e}_2, \boldsymbol{e}_3$ 线性表示,有

$$T\boldsymbol{e}_1 = 2\boldsymbol{e}_1 + 0\cdot\boldsymbol{e}_2 + \boldsymbol{e}_3, T\boldsymbol{e}_2 = -\boldsymbol{e}_1 + \boldsymbol{e}_2 + 0\cdot\boldsymbol{e}_3, T\boldsymbol{e}_3 = 0\cdot\boldsymbol{e}_1 + \boldsymbol{e}_2 + 0\cdot\boldsymbol{e}_3$$

故 T 在基 $\boldsymbol{e}_1, \boldsymbol{e}_2, \boldsymbol{e}_3$ 下的矩阵为

$$\boldsymbol{A} = \begin{bmatrix} 2 & -1 & 0 \\ 0 & 1 & 1 \\ 1 & 0 & 1 \end{bmatrix}$$

评注 本题类型适合直接用定义求.

例 6.11 设 T 是 $\mathbf{R}^3$ 的一个线性变换,T 在基 $\boldsymbol{\alpha}_1, \boldsymbol{\alpha}_2, \boldsymbol{\alpha}_3$ 下的矩阵为 $\boldsymbol{A} = \begin{bmatrix} 1 & 1 & 0 \\ 0 & 2 & 0 \\ 0 & 0 & 1 \end{bmatrix}$,求 T 在基 $\begin{cases} \boldsymbol{\beta}_1 = \boldsymbol{\alpha}_1 \\ \boldsymbol{\beta}_2 = 2\boldsymbol{\alpha}_1 + \boldsymbol{\alpha}_2 \\ \boldsymbol{\beta}_3 = \boldsymbol{\alpha}_1 + 2\boldsymbol{\alpha}_3 \end{cases}$ 下的矩阵.

分析 本题可以尝试使用多种方法解决.

解答

<方法一> 直接用定义求线性变换的矩阵.

已知 T 在基 $\boldsymbol{\alpha}_1, \boldsymbol{\alpha}_2, \boldsymbol{\alpha}_3$ 下的矩阵为 $\boldsymbol{A} = \begin{bmatrix} 1 & 1 & 0 \\ 0 & 2 & 0 \\ 0 & 0 & 1 \end{bmatrix}$,即已知像 $T\boldsymbol{\alpha}_1, T\boldsymbol{\alpha}_2, T\boldsymbol{\alpha}_3$ 的线性表示为 $T\boldsymbol{\alpha}_1 = \boldsymbol{\alpha}_1, T\boldsymbol{\alpha}_2 = \boldsymbol{\alpha}_1 + 2\boldsymbol{\alpha}_2, T\boldsymbol{\alpha}_3 = \boldsymbol{\alpha}_3$. 为了求 T 在基 $\boldsymbol{\beta}_1, \boldsymbol{\beta}_2, \boldsymbol{\beta}_3$ 下的矩阵,先求像 $T\boldsymbol{\beta}_1, T\boldsymbol{\beta}_2, T\boldsymbol{\beta}_3$ 的线性表示式:

$$\begin{aligned} T\boldsymbol{\beta}_1 &= T\boldsymbol{\alpha}_1 = \boldsymbol{\alpha}_1 = \boldsymbol{\beta}_1 \\ T\boldsymbol{\beta}_2 &= T(2\boldsymbol{\alpha}_1 + \boldsymbol{\alpha}_2) = 2T\boldsymbol{\alpha}_1 + T\boldsymbol{\alpha}_2 \\ &= 2\boldsymbol{\alpha}_1 + (\boldsymbol{\alpha}_1 + 2\boldsymbol{\alpha}_2) = -\boldsymbol{\alpha}_1 + 2(2\boldsymbol{\alpha}_1 + \boldsymbol{\alpha}_2) = -\boldsymbol{\beta}_1 + 2\boldsymbol{\beta}_2 \\ T\boldsymbol{\beta}_3 &= T(2\boldsymbol{\alpha}_3 + \boldsymbol{\alpha}_1) = 2T\boldsymbol{\alpha}_3 + T\boldsymbol{\alpha}_1 = 2\boldsymbol{\alpha}_3 + \boldsymbol{\alpha}_1 = \boldsymbol{\beta}_3 \end{aligned}$$

即 $T\boldsymbol{\beta}_1 = \boldsymbol{\beta}_1, T\boldsymbol{\beta}_2 = -\boldsymbol{\beta}_1 + 2\boldsymbol{\beta}_2, T\boldsymbol{\beta}_3 = \boldsymbol{\beta}_3$,故 T 在基 $\boldsymbol{\beta}_1, \boldsymbol{\beta}_2, \boldsymbol{\beta}_3$ 下的矩阵为

$$\boldsymbol{B} = \begin{bmatrix} 1 & -1 & 0 \\ 0 & 2 & 0 \\ 0 & 0 & 1 \end{bmatrix}$$

<方法二> 用相似关系求线性变换的矩阵.

已知两组基的线性变换关系为 $\boldsymbol{\beta}_1 = \boldsymbol{\alpha}_1, \boldsymbol{\beta}_2 = 2\boldsymbol{\alpha}_1 + \boldsymbol{\alpha}_2, \boldsymbol{\beta}_3 = \boldsymbol{\alpha}_1 + 2\boldsymbol{\alpha}_3$,所以 $[\boldsymbol{\beta}_1, \boldsymbol{\beta}_2, \boldsymbol{\beta}_3] = [\boldsymbol{\alpha}_1, \boldsymbol{\alpha}_2, \boldsymbol{\alpha}_3]\begin{bmatrix} 1 & 2 & 1 \\ 0 & 1 & 0 \\ 0 & 0 & 2 \end{bmatrix}$,其中 $\boldsymbol{P} = \begin{bmatrix} 1 & 2 & 1 \\ 0 & 1 & 0 \\ 0 & 0 & 2 \end{bmatrix}$ 为过渡矩阵.

根据题 6.9 结论可知,T 在基 $\boldsymbol{\beta}_1, \boldsymbol{\beta}_2, \boldsymbol{\beta}_3$ 下的矩阵为 $\boldsymbol{B} = \boldsymbol{P}^{-1}\boldsymbol{A}\boldsymbol{P}$,求得

$$P^{-1}=\begin{bmatrix}1 & -2 & \frac{-1}{2}\\ 0 & 1 & 0\\ 0 & 0 & \frac{1}{2}\end{bmatrix}$$

故

$$B=P^{-1}AP=\begin{bmatrix}1 & -2 & \frac{-1}{2}\\ 0 & 1 & 0\\ 0 & 0 & \frac{1}{2}\end{bmatrix}\begin{bmatrix}1 & 1 & 0\\ 0 & 2 & 0\\ 0 & 0 & 1\end{bmatrix}\begin{bmatrix}1 & 2 & 1\\ 0 & 1 & 0\\ 0 & 0 & 2\end{bmatrix}$$

$$=\begin{bmatrix}1 & -3 & \frac{-1}{2}\\ 0 & 2 & 0\\ 0 & 0 & \frac{1}{2}\end{bmatrix}\begin{bmatrix}1 & 2 & 1\\ 0 & 1 & 0\\ 0 & 0 & 2\end{bmatrix}=\begin{bmatrix}0 & 2 & 0\\ 0 & 0 & 1\\ 0 & 0 & 2\end{bmatrix}$$

两种方法求得的 T 在基 $\boldsymbol{\beta}_1,\boldsymbol{\beta}_2,\boldsymbol{\beta}_3$ 下的矩阵是相同的.

评注 两种方法都可以,使用定义求线性变换的矩阵这种方法,容易理解.

例 6.12 设在 $\mathbf{R}^3$ 中,线性变换 T 在基 $\boldsymbol{\alpha}_1,\boldsymbol{\alpha}_2,\boldsymbol{\alpha}_3$ 下的矩阵为 $A=\begin{bmatrix}1 & 2 & 3\\ 2 & 1 & 1\\ 3 & 3 & 2\end{bmatrix}$,求 T 在基 $\boldsymbol{\alpha}_3,\boldsymbol{\alpha}_2,\boldsymbol{\alpha}_1$ 下的矩阵.

分析 用相似关系求线性变换的矩阵.

解答 因为 $\boldsymbol{\alpha}_3,\boldsymbol{\alpha}_2,\boldsymbol{\alpha}_1=\boldsymbol{\alpha}_1,\boldsymbol{\alpha}_2,\boldsymbol{\alpha}_3\begin{bmatrix}0 & 0 & 1\\ 0 & 1 & 0\\ 1 & 0 & 0\end{bmatrix}$,所以过渡矩阵 $P=\begin{bmatrix}0 & 0 & 1\\ 0 & 1 & 0\\ 1 & 0 & 0\end{bmatrix}$,得 $P^{-1}=\begin{bmatrix}0 & 0 & 1\\ 0 & 1 & 0\\ 1 & 0 & 0\end{bmatrix}$.

因为 T 在 $\boldsymbol{\alpha}_1,\boldsymbol{\alpha}_2,\boldsymbol{\alpha}_3$ 下的矩阵为 $A=\begin{bmatrix}1 & 2 & 3\\ 2 & 1 & 1\\ 3 & 3 & 2\end{bmatrix}$,得 T 在基 $\boldsymbol{\alpha}_3,\boldsymbol{\alpha}_2,\boldsymbol{\alpha}_1$ 下的矩阵为

$$B=P^{-1}AP=\begin{bmatrix}0 & 0 & 1\\ 0 & 1 & 0\\ 1 & 0 & 0\end{bmatrix}\begin{bmatrix}1 & 2 & 3\\ 2 & 1 & 1\\ 3 & 3 & 2\end{bmatrix}\begin{bmatrix}0 & 0 & 1\\ 0 & 1 & 0\\ 1 & 0 & 0\end{bmatrix}$$

$$=\begin{bmatrix}3 & 3 & 2\\ 2 & 1 & 1\\ 1 & 2 & 3\end{bmatrix}\begin{bmatrix}0 & 0 & 1\\ 0 & 1 & 0\\ 1 & 0 & 0\end{bmatrix}=\begin{bmatrix}2 & 3 & 3\\ 1 & 1 & 2\\ 3 & 2 & 1\end{bmatrix}$$

评注 用相似关系求线性变换的矩阵时要使用结论 $B=p^{-1}AP$.

例 6.13 在多项式空间 $P[x]_3$ 中,规定线性变换 T 为 $\forall f(x) \in P[x]_3, T(f(x)) = \dfrac{\mathrm{d}f(x)}{\mathrm{d}x} + f(x)$. 试求:

(1) T 在基 $1, x, x^2$ 下的矩阵.

(2) T 在基 $1, 1+x, x+x^2$ 下的矩阵.

分析 线性变换的形式可以是多种多样的,但是,求法是相通的.

解答 (1) 由题设规定的线性变换 T,把像 $T(1)$、$T(x)$、$T(x^2)$ 用 $1, x, x^2$ 线性表示出来,有

$$T(1) = \frac{\mathrm{d}(1)}{\mathrm{d}x} + 1 = 0 + 1 = 1 = 1 + 0 \cdot x + 0 \cdot x^2$$

$$T(x) = \frac{\mathrm{d}(x)}{\mathrm{d}x} + x = 1 + x = 1 + x + 0 \cdot x^2$$

$$T(x^2) = \frac{\mathrm{d}(x^2)}{\mathrm{d}x} + x^2 = 2x + x^2 = 0 + 2x + x^2$$

由定义知,T 在基 $1, x, x^2$ 下的矩阵为 $\boldsymbol{A} = \begin{bmatrix} 1 & 1 & 0 \\ 0 & 1 & 2 \\ 0 & 0 & 1 \end{bmatrix}$.

(2) <方法一> 用定义求线性变换的矩阵

把像 $T(1)$、$T(x)$、$T(x^2)$ 用 $1, 1+x, x+x^2$ 线性表示出来,有

$$T(1) = \frac{\mathrm{d}(1)}{\mathrm{d}x} + 1 = 0 + 1 = 1 = 1 + 0 \cdot (1 + x) + 0 \cdot (x + x^2)$$

$$T(1 + x) = \frac{\mathrm{d}(1 + x)}{\mathrm{d}x} + 1 + x = 1 + 1 + x = 1 = 1 + 1 \cdot (1 + x) + 0 \cdot (x + x^2)$$

$$T(x + x^2) = \frac{\mathrm{d}(x + x^2)}{\mathrm{d}x} + x + x^2 = 1 + 2x + x + x^2 = -1 + 2(1 + x) + (x + x^2)$$

可知,T 在基 $1, 1+x, x+x^2$ 下的矩阵为 $\boldsymbol{B} = \begin{bmatrix} 1 & 1 & -1 \\ 0 & 1 & 2 \\ 0 & 0 & 1 \end{bmatrix}$

<方法二> 用相似关系求线性变换的矩阵.

因为 $[1, 1+x, x+x^2] = [1, x, x^2]\begin{bmatrix} 1 & 1 & 0 \\ 0 & 1 & 1 \\ 0 & 0 & 1 \end{bmatrix}$,所以,从基 $1, x, x^2$ 到基 $1, 1+x, x+x^2$ 的过渡矩阵为 $\boldsymbol{P} = \begin{bmatrix} 1 & 1 & 0 \\ 0 & 1 & 1 \\ 0 & 0 & 1 \end{bmatrix}$,易求得 $\boldsymbol{P}^{-1} = \begin{bmatrix} 1 & -1 & 1 \\ 0 & 1 & -1 \\ 0 & 0 & 1 \end{bmatrix}$. 故 T 在基 $1, 1+x, x+x^2$ 下的矩阵为

$$\boldsymbol{B} = \boldsymbol{P}^{-1}\boldsymbol{A}\boldsymbol{P} = \begin{bmatrix} 1 & -1 & 1 \\ 0 & 1 & -1 \\ 1 & 0 & 1 \end{bmatrix}\begin{bmatrix} 1 & 1 & 0 \\ 0 & 1 & 2 \\ 0 & 0 & 1 \end{bmatrix}\begin{bmatrix} 1 & 1 & 0 \\ 0 & 1 & 1 \\ 0 & 0 & 1 \end{bmatrix}$$

$$= \begin{bmatrix} 1 & 0 & -1 \\ 0 & 1 & 1 \\ 0 & 0 & 1 \end{bmatrix}\begin{bmatrix} 1 & 1 & 0 \\ 0 & 1 & 1 \\ 0 & 0 & 1 \end{bmatrix} = \begin{bmatrix} 1 & 1 & -1 \\ 0 & 1 & 2 \\ 0 & 0 & 1 \end{bmatrix}$$

评注 本题适合使用定义求线性变换的矩阵.

例 6.14 设 $M_{2\times2}$的一个基为

$\boldsymbol{I}_{11}=\begin{bmatrix}1&0\\0&0\end{bmatrix},\boldsymbol{I}_{12}=\begin{bmatrix}0&1\\0&0\end{bmatrix},\boldsymbol{I}_{21}=\begin{bmatrix}0&0\\1&0\end{bmatrix},\boldsymbol{I}_{22}=\begin{bmatrix}0&0\\0&1\end{bmatrix}$. 在 $M_{2\times2}$上定义线性变换 T: $\forall X\in M_{2\times2},T\boldsymbol{X}=\begin{bmatrix}1&1\\0&1\end{bmatrix}$,试求 T 在这个基下的矩阵 $\boldsymbol{A}$.

分析 用定义求线性变换矩阵.

解答 $T\boldsymbol{I}_{11}=\begin{bmatrix}1&1\\0&1\end{bmatrix}\begin{bmatrix}1&0\\0&0\end{bmatrix}=\begin{bmatrix}1&0\\0&0\end{bmatrix}=\boldsymbol{I}_{11},T\boldsymbol{I}_{12}=\begin{bmatrix}1&1\\0&1\end{bmatrix}\begin{bmatrix}0&1\\0&0\end{bmatrix}=\begin{bmatrix}0&1\\0&0\end{bmatrix}=\boldsymbol{I}_{12}$

$T\boldsymbol{I}_{21}=\begin{bmatrix}1&1\\0&1\end{bmatrix}\begin{bmatrix}0&0\\1&0\end{bmatrix}=\begin{bmatrix}1&0\\1&0\end{bmatrix}=\boldsymbol{I}_{11}+\boldsymbol{I}_{21},T\boldsymbol{I}_{22}=\begin{bmatrix}1&1\\0&1\end{bmatrix}\begin{bmatrix}0&0\\0&1\end{bmatrix}=\begin{bmatrix}0&1\\0&1\end{bmatrix}=\boldsymbol{I}_{12}+\boldsymbol{I}_{22}$

由定义知,T 在这个基下的矩阵 $\boldsymbol{A}=\begin{bmatrix}1&0&1&0\\0&1&0&1\\0&0&1&0\\0&0&0&1\end{bmatrix}$.

评注 利用定义求线性变换矩阵的方法是一种基本方法,也是最有效的一种方法.

3. 线性变换的和、乘积及逆在某组基下矩阵的求法

例 6.15 设线性变换 T_1 对基 $\boldsymbol{\alpha}_1=[1,2]^{\mathrm{T}},\boldsymbol{\alpha}_2=[2,3]^{\mathrm{T}}$ 的矩阵是$\begin{bmatrix}3&5\\4&3\end{bmatrix}$,线性变换 T_2 对基 $\boldsymbol{\beta}_1=[3,1]^{\mathrm{T}},\boldsymbol{\beta}_2=[4,2]^{\mathrm{T}}$ 的矩阵是$\begin{bmatrix}4&6\\6&9\end{bmatrix}$,求:

(1) 线性变换 $\boldsymbol{T}_1+\boldsymbol{T}_2$ 对 $\boldsymbol{\beta}_1=[3,1]^{\mathrm{T}},\boldsymbol{\beta}_2=[4,2]^{\mathrm{T}}$ 的矩阵.

(2) 线性变换 $\boldsymbol{T}_1\cdot\boldsymbol{T}_2$ 乘积对 $\boldsymbol{\alpha}_1=[1,2]^{\mathrm{T}},\boldsymbol{\alpha}_2=[2,3]^{\mathrm{T}}$ 的矩阵.

分析 本题是求和的线性变换在基下的矩阵.

解答 先取中介基 $\boldsymbol{e}_1=[1,0]^{\mathrm{T}},\boldsymbol{e}_2=[0,1]^{\mathrm{T}}$,有$[\boldsymbol{\alpha}_1,\boldsymbol{\alpha}_2]=[\boldsymbol{e}_1,\boldsymbol{e}_2]\begin{bmatrix}1&2\\2&3\end{bmatrix}$,$[\boldsymbol{\beta}_1,\boldsymbol{\beta}_2]=[\boldsymbol{e}_1,\boldsymbol{e}_2]\begin{bmatrix}3&4\\1&2\end{bmatrix}$,由$[\boldsymbol{\beta}_1,\boldsymbol{\beta}_2]=[\boldsymbol{e}_1,\boldsymbol{e}_2]\begin{bmatrix}3&4\\1&2\end{bmatrix}$,得$[\boldsymbol{e}_1,\boldsymbol{e}_2]=[\boldsymbol{\beta}_1,\boldsymbol{\beta}_2]\begin{bmatrix}3&4\\1&2\end{bmatrix}^{-1}$,将其代入$[\boldsymbol{\alpha}_1,\boldsymbol{\alpha}_2]=[\boldsymbol{e}_1,\boldsymbol{e}_2]\begin{bmatrix}1&2\\2&3\end{bmatrix}$,得

$$[\boldsymbol{\alpha}_1,\boldsymbol{\alpha}_2]=[\boldsymbol{\beta}_1,\boldsymbol{\beta}_2]\begin{bmatrix}3&4\\1&2\end{bmatrix}^{-1}\begin{bmatrix}1&2\\2&3\end{bmatrix}=[\boldsymbol{\beta}_1,\boldsymbol{\beta}_2]\begin{bmatrix}-3&-4\\\frac{5}{2}&\frac{7}{2}\end{bmatrix}$$

这里 $\boldsymbol{P}_2=\begin{bmatrix}-3&-4\\\frac{5}{2}&\frac{7}{2}\end{bmatrix}$是从基 $\boldsymbol{\beta}_1,\boldsymbol{\beta}_2$ 到基 $\boldsymbol{\alpha}_1,\boldsymbol{\alpha}_2$ 的过渡矩阵.

另一方面,有

$$[\boldsymbol{\beta}_1,\boldsymbol{\beta}_2]=[\boldsymbol{\alpha}_1,\boldsymbol{\alpha}_2]\begin{bmatrix}-3&-4\\\frac{5}{2}&\frac{7}{2}\end{bmatrix}^{-1}=[\boldsymbol{\alpha}_1,\boldsymbol{\alpha}_2]\begin{bmatrix}-7&-8\\5&6\end{bmatrix}$$

这里 $P_1=\begin{bmatrix}-7 & -8\\ 5 & 6\end{bmatrix}$ 是从基 α_1,α_2 到基 β_1,β_2 的过渡矩阵.

(1) 求 T_1+T_2 对基 β_1,β_2 的矩阵.

因为 T_2 的对基 β_1,β_2 的矩阵是已知的. $T_2(\beta_1,\beta_2)=[\beta_1,\beta_2]\begin{bmatrix}4 & 6\\ 6 & 9\end{bmatrix}=[\beta_1,\beta_2]B_2$，所以，只要求出 T_1 对 β_1,β_2 的矩阵即可，这里采用相似关系法. 因为

$$[\beta_1,\beta_2]=[\alpha_1,\alpha_2]\begin{bmatrix}-7 & -8\\ 5 & 6\end{bmatrix}$$

$$T_1(\alpha_1,\alpha_2)=[\alpha_1,\alpha_2]\begin{bmatrix}3 & 5\\ 4 & 3\end{bmatrix}=[\alpha_1,\alpha_2]A_1$$

从而，有

$$\begin{aligned}B_1&=P_1^{-1}AP_1=\begin{bmatrix}-7 & -8\\ 5 & 6\end{bmatrix}^{-1}\begin{bmatrix}3 & 5\\ 4 & 3\end{bmatrix}\begin{bmatrix}-7 & -8\\ 5 & 6\end{bmatrix}\\&=-\frac{1}{2}\begin{bmatrix}6 & 8\\ -5 & -7\end{bmatrix}\begin{bmatrix}3 & 5\\ 4 & 3\end{bmatrix}\begin{bmatrix}-7 & -8\\ 5 & 6\end{bmatrix}\\&=-\frac{1}{2}\begin{bmatrix}50 & 54\\ -43 & -46\end{bmatrix}\begin{bmatrix}-7 & -8\\ 5 & 6\end{bmatrix}=\begin{bmatrix}40 & 38\\ -\frac{71}{2} & -34\end{bmatrix}\end{aligned}$$

所以，T_1+T_2 对基 β_1,β_2 的矩阵为

$$B_1+B_2=\begin{bmatrix}40 & 38\\ -\frac{71}{2} & -34\end{bmatrix}+\begin{bmatrix}4 & 6\\ 6 & 9\end{bmatrix}=\begin{bmatrix}44 & 44\\ -\frac{59}{2} & -25\end{bmatrix}$$

(2) 求 T_1T_2 对基 α_1,α_2 的矩阵.

因为 T_1 对基 α_1,α_2 的矩阵是已知的，又

$$T_1(\alpha_1,\alpha_2)=[\alpha_1,\alpha_2]\begin{bmatrix}3 & 5\\ 4 & 3\end{bmatrix}=[\alpha_1,\alpha_2]A_1$$

所以，只要求出 T_2 对基 α_1,α_2 的矩阵即可，这里用相似关系法. 因为

$$[\alpha_1,\alpha_2]=[\beta_1,\beta_2]\begin{bmatrix}-3 & -4\\ \frac{5}{2} & \frac{7}{2}\end{bmatrix}$$

$$T_2(\beta_1,\beta_2)=[\beta_1,\beta_2]\begin{bmatrix}4 & 6\\ 6 & 9\end{bmatrix}=[\beta_1,\beta_2]B_2$$

设 $T_2(\alpha_1,\alpha_2)=[\alpha_1,\alpha_2]A_2$，故 T_2 对基 α_1,α_2 的矩阵为

$$\begin{aligned}A_2&=P_2^{-1}B_2P_2=\begin{bmatrix}-3 & -4\\ \frac{5}{2} & \frac{7}{2}\end{bmatrix}^{-1}\begin{bmatrix}4 & 6\\ 6 & 9\end{bmatrix}\begin{bmatrix}-3 & -4\\ \frac{5}{2} & \frac{7}{2}\end{bmatrix}\\&=\begin{bmatrix}-7 & -8\\ 5 & 6\end{bmatrix}\begin{bmatrix}4 & 6\\ 6 & 9\end{bmatrix}\begin{bmatrix}-3 & -4\\ \frac{5}{2} & \frac{7}{2}\end{bmatrix}\end{aligned}$$

$$= \begin{bmatrix} -76 & -114 \\ 56 & 84 \end{bmatrix} \begin{bmatrix} -3 & -4 \\ \frac{5}{2} & \frac{7}{2} \end{bmatrix} = \begin{bmatrix} -57 & -95 \\ 42 & 70 \end{bmatrix}$$

所以，T_1T_2 对基 $\boldsymbol{\alpha}_1,\boldsymbol{\alpha}_2$ 的矩阵为

$$\boldsymbol{A}_1\boldsymbol{A}_2 = \begin{bmatrix} 3 & 5 \\ 4 & 3 \end{bmatrix} \begin{bmatrix} -57 & -95 \\ 42 & 70 \end{bmatrix} = \begin{bmatrix} 39 & 65 \\ -102 & -170 \end{bmatrix}$$

评注 要求线性变换之和、乘积及逆变换在一组基下的矩阵，可以分别求出所给线性变换在一组基下的矩阵，然后，再求矩阵之和、乘积及逆矩阵即可.

例 6.16 设 $M_{2\times2}$的两个线性变换：

$$T\begin{bmatrix} a_1 & a_2 \\ b_1 & b_2 \end{bmatrix} = \begin{bmatrix} a_1 & a_2 \\ b_1 & b_2 \end{bmatrix} \begin{bmatrix} 1 & 1 \\ 1 & -1 \end{bmatrix}$$

$$S\begin{bmatrix} a_1 & a_2 \\ b_1 & b_2 \end{bmatrix} = \begin{bmatrix} r_1a_1 & 0 \\ 0 & R_2b_2 \end{bmatrix}$$

试求：$T+S$、TS、T^{-1}在基 $\boldsymbol{I}_{11}$、$\boldsymbol{I}_{12}$、$\boldsymbol{I}_{21}$、$\boldsymbol{I}_{22}$下的矩阵.

分析 本题是求和、乘积和逆的在基下的矩阵.

解答 先求 T、S 在基 $\boldsymbol{I}_{11},\boldsymbol{I}_{12},\boldsymbol{I}_{21},\boldsymbol{I}_{22}$下的矩阵，这里用定义求线性变换的矩阵.

$$T\boldsymbol{I}_{11} = T\begin{bmatrix} 1 & 0 \\ 0 & 0 \end{bmatrix} = \begin{bmatrix} 1 & 0 \\ 0 & 0 \end{bmatrix} \begin{bmatrix} 1 & 1 \\ 1 & -1 \end{bmatrix} = \begin{bmatrix} 1 & 1 \\ 0 & 0 \end{bmatrix} = \boldsymbol{I}_{11} + \boldsymbol{I}_{12},$$

$$T\boldsymbol{I}_{12} = T\begin{bmatrix} 0 & 1 \\ 0 & 0 \end{bmatrix} = \begin{bmatrix} 0 & 1 \\ 0 & 0 \end{bmatrix} \begin{bmatrix} 1 & 1 \\ 1 & -1 \end{bmatrix} = \begin{bmatrix} 1 & -1 \\ 0 & 0 \end{bmatrix} = \boldsymbol{I}_{11} - \boldsymbol{I}_{12}$$

$$T\boldsymbol{I}_{21} = T\begin{bmatrix} 0 & 0 \\ 1 & 0 \end{bmatrix} = \begin{bmatrix} 0 & 0 \\ 1 & 0 \end{bmatrix} \begin{bmatrix} 1 & 1 \\ 1 & -1 \end{bmatrix} = \begin{bmatrix} 0 & 0 \\ 1 & 1 \end{bmatrix} = \boldsymbol{I}_{21} + \boldsymbol{I}_{22}$$

$$T\boldsymbol{I}_{22} = T\begin{bmatrix} 0 & 0 \\ 0 & 1 \end{bmatrix} = \begin{bmatrix} 0 & 0 \\ 0 & 1 \end{bmatrix} \begin{bmatrix} 1 & 1 \\ 1 & -1 \end{bmatrix} = \begin{bmatrix} 0 & 0 \\ 1 & -1 \end{bmatrix} = \boldsymbol{I}_{21} - \boldsymbol{I}_{22}$$

所以，T 在 $\boldsymbol{I}_{11}$、$\boldsymbol{I}_{12}$、$\boldsymbol{I}_{21}$、$\boldsymbol{I}_{22}$下的矩阵为

$$\boldsymbol{A} = \begin{bmatrix} 1 & 1 & 0 & 0 \\ 1 & -1 & 0 & 0 \\ 0 & 0 & 1 & 1 \\ 0 & 0 & 1 & -1 \end{bmatrix}$$

又 $$S\boldsymbol{I}_{11} = S\begin{bmatrix} 1 & 0 \\ 0 & 0 \end{bmatrix} = \begin{bmatrix} r_1 & 0 \\ 0 & 0 \end{bmatrix} = r_1\boldsymbol{I}_{11},\ S\boldsymbol{I}_{12} = S\begin{bmatrix} 0 & 1 \\ 0 & 0 \end{bmatrix} = \begin{bmatrix} 0 & 0 \\ 0 & 0 \end{bmatrix} = 0$$

$$S\boldsymbol{I}_{21} = S\begin{bmatrix} 0 & 0 \\ 1 & 0 \end{bmatrix} = \begin{bmatrix} 0 & 0 \\ 0 & 0 \end{bmatrix} = 0,\ S\boldsymbol{I}_{22} = S\begin{bmatrix} 0 & 0 \\ 0 & 1 \end{bmatrix} = \begin{bmatrix} 0 & 0 \\ 0 & r_2 \end{bmatrix} = r_2\boldsymbol{I}_{22}$$

所以，S 在 $\boldsymbol{I}_{11}$、$\boldsymbol{I}_{12}$、$\boldsymbol{I}_{21}$、$\boldsymbol{I}_{22}$下的矩阵为

$$\boldsymbol{B} = \begin{bmatrix} r_1 & 0 & 0 & 0 \\ 0 & 0 & 0 & 0 \\ 0 & 0 & 0 & 0 \\ 0 & 0 & 0 & r_2 \end{bmatrix}$$

从而 $T+S$ 在基 $\boldsymbol{I}_{11}$、$\boldsymbol{I}_{12}$、$\boldsymbol{I}_{21}$、$\boldsymbol{I}_{22}$ 下的矩阵为

$$\boldsymbol{A}+\boldsymbol{B}=\begin{bmatrix}1&1&0&0\\1&-1&0&0\\0&0&1&1\\0&0&1&-1\end{bmatrix}+\begin{bmatrix}r_1&0&0&0\\0&0&0&0\\0&0&0&0\\0&0&0&r_2\end{bmatrix}=\begin{bmatrix}1+r_1&1&0&0\\1&-1&0&0\\0&0&1&1\\0&0&1&r_2-1\end{bmatrix}$$

TS 在基 $\boldsymbol{I}_{11}$、$\boldsymbol{I}_{12}$、$\boldsymbol{I}_{21}$、$\boldsymbol{I}_{22}$ 下的矩阵为

$$\boldsymbol{AB}=\begin{bmatrix}1&1&0&0\\1&-1&0&0\\0&0&1&1\\0&0&1&-1\end{bmatrix}\begin{bmatrix}r_1&0&0&0\\0&0&0&0\\0&0&0&0\\0&0&0&r_2\end{bmatrix}=\begin{bmatrix}r_1&0&0&0\\r_1&0&0&0\\0&0&0&r_2\\0&0&0&-r_2\end{bmatrix}$$

因为 $|\boldsymbol{A}|=\begin{vmatrix}1&1\\1&-1\end{vmatrix}\times\begin{vmatrix}1&1\\1&-1\end{vmatrix}=4\neq0$，所以线性变换 T 可逆，且 T^{-1} 在基 $\boldsymbol{I}_{11}$、$\boldsymbol{I}_{12}$、$\boldsymbol{I}_{21}$、$\boldsymbol{I}_{22}$ 下的矩阵为

$$\boldsymbol{A}^{-1}=\begin{bmatrix}\begin{bmatrix}1&1\\1&-1\end{bmatrix}^{-1}&0\\0&\begin{bmatrix}1&1\\1&-1\end{bmatrix}^{-1}\end{bmatrix}$$

评注 通常先求线性变换的和、乘积和逆，再求在基下的矩阵.

6.3 本章小结

向量空间又称为线性空间，是线性代数中一个最重要的基本概念. 本章把向量和向量空间的概念加以推广，使向量积向量空间的概念更具有一般性，当然，推广后的向量概念也就更抽象化了.

6.4 同步习题及解答

6.4.1 同步习题

1. 判断下列集合对于给定的运算是否构成实数域 $\mathbf{R}$ 上的线性空间. 如是线性空间，找出其一个基，并求出维数.

(1) 次数等于 $n(n\geqslant1)$ 的实系数多项式的集合，对于多项式的加法和数乘.

(2) 全体 n 阶实矩阵集合 $M_n(\mathbf{R})$，加法为 $\forall \boldsymbol{A},\boldsymbol{B}\in M_n(\mathbf{R})$，$\boldsymbol{A}\oplus\boldsymbol{B}=\boldsymbol{AB}-\boldsymbol{BA}$，数乘按通常定义的数乘.

(3) $S=\left\{\begin{pmatrix}0&b\\-b&a\end{pmatrix}\middle|\,a,b\in\mathbf{R}\right\}$，对于通常矩阵的加法与数乘.

(4) 实数域上所有三元二次型的集合，对于多项式的加法和数乘.

2. 求线性齐次方程

$$\begin{cases} 3x_1 + 2x_2 - 5x_3 + 4x_4 = 0 \\ 3x_1 - x_2 + 3x_3 - 3x_4 = 0 \\ 3x_1 + 5x_2 - 13x_3 + 11x_4 = 0 \end{cases}$$

的解空间 S 的一组基及维数,问 S 是否构成的 $\mathbf{R}^4$ 的子空间,什么样的齐次方程组的解空间等于 $\mathbf{R}^4$?

3. 下列集合对向量的加法和数乘哪些构成 $\mathbf{R}^3$ 的子空间?

(1) $A=\{(x,y,z)\mid x$ 为整数$,y,z\in\mathbf{R}\}$.

(2) $B=\{(x,y,z)\mid x-y=1,x,y,z\in\mathbf{R}\}$.

(3) $C=\{(x,y,z)\mid 3x-y=0,x,y,z\in\mathbf{R}\}$.

(4) $D=\{(1,y,0)\mid y\in\mathbf{R}\}$.

4. 求线性空间 $\mathbf{R}^4$ 的子空间 $M=\{(x_1,x_2,x_3,x_4)\mid x_2-2x_3=0,2x_2-3x_3+x_4=0\}$的一组基和维数.

5. 已知 $\mathbf{R}^3$ 中 3 个向量 $\boldsymbol{\alpha}_1=(-2,1,3)$,$\boldsymbol{\alpha}_2=(-1,0,1)$,$\alpha_3=(-2,-5,-1)$.

(1) 证明 $\boldsymbol{\alpha}_1,\boldsymbol{\alpha}_2,\boldsymbol{\alpha}_3$ 是 $\mathbf{R}^3$ 的一组基.

(2) 写出标准基 $e_1=(1,0,0)$,$e_2=(1,0,0)$,$e_3=(1,0,0)$到 $\boldsymbol{\alpha}_1,\boldsymbol{\alpha}_2,\boldsymbol{\alpha}_3$ 的过渡矩阵.

6. 设 $\mathbf{R}^3$ 中向量 $\boldsymbol{\alpha}$ 由基 $\boldsymbol{\alpha}_1,\boldsymbol{\alpha}_2,\boldsymbol{\alpha}_3$ 的线性表示为 $\boldsymbol{\alpha}=\boldsymbol{\alpha}_1-2\boldsymbol{\alpha}_2+4\boldsymbol{\alpha}_3$,新基 $\boldsymbol{\beta}_1,\boldsymbol{\beta}_2,\boldsymbol{\beta}_3$ 由 $\boldsymbol{\alpha}_1,\boldsymbol{\alpha}_2,\boldsymbol{\alpha}_3$ 的表示为

$$\boldsymbol{\beta}_1 = 2\boldsymbol{\alpha}_1 + \boldsymbol{\alpha}_2 - \boldsymbol{\alpha}_3,\boldsymbol{\beta}_2 = 2\boldsymbol{\alpha}_1 - \boldsymbol{\alpha}_2 + 2\boldsymbol{\alpha}_3,\boldsymbol{\beta}_3 = 3\boldsymbol{\alpha}_1 + \boldsymbol{\alpha}_3$$

求 $\boldsymbol{\alpha}$ 在新基 $\boldsymbol{\beta}_1,\boldsymbol{\beta}_2,\boldsymbol{\beta}_3$ 下的坐标.

7. 给定 $\mathbf{R}^3$ 中两组基:

(Ⅰ) $\boldsymbol{\alpha}_1=(0,1,0)$,$\boldsymbol{\alpha}_2=(-1,0,0)$,$\boldsymbol{\alpha}_3=(1,0,-1)$

(Ⅱ) $\boldsymbol{\beta}_1=(0,0,-1)$,$\boldsymbol{\beta}_2=(1,-1,0)$,$\boldsymbol{\beta}_3=(1,0,0)$

(1) 求Ⅰ到Ⅱ的基变换公式.

(2) 求 $\boldsymbol{\beta}=(1,-2,3)$在Ⅰ下的坐标.

(3) 求 $\mathbf{R}^3$ 中向量 $\boldsymbol{\alpha}$ 由Ⅰ到Ⅱ的坐标变换公式.

8. $\mathbf{R}^3$ 中下列变换是否为线性变换? $\forall\boldsymbol{\alpha}=(x,y,z)\in\mathbf{R}^3$.

(1) $T(\boldsymbol{\alpha})=(x+1,2y,z)$.

(2) $T(\boldsymbol{\alpha})=(x,y,y^2)$.

(3) $T(\boldsymbol{\alpha})=(2x-3y,-z,4y)$.

9. 在 $P^3[x]$($P^3(x)$为次数小于等于 3 的实数多项式集合对多项式的加法和数乘构成的线性空间)中的线性变换 T 为:$\forall f(x)\in P^3[x]$,$T[f(x)]=f'(x)$,$f'(x)=\dfrac{\mathrm{d}f(x)}{\mathrm{d}x}$. 求 T 在基 $\boldsymbol{\alpha}_1=1,\boldsymbol{\alpha}_2=x,\boldsymbol{\alpha}_3=x^2$ 下的矩阵.

10. 设 $\mathbf{R}^3$ 中线性变换在基 $\boldsymbol{\alpha}_1,\boldsymbol{\alpha}_2,\boldsymbol{\alpha}_3$ 下的矩阵为

$$\boldsymbol{A}=\begin{bmatrix} 1 & 2 & 3 \\ -1 & 0 & 3 \\ 2 & 1 & 5 \end{bmatrix}$$

求 $\mathbf{R}$ 在基 $\boldsymbol{\beta}_1=\boldsymbol{\alpha}_1,\boldsymbol{\beta}_2=\boldsymbol{\alpha}_1+\boldsymbol{\alpha}_2,\boldsymbol{\beta}_3=\boldsymbol{\alpha}_1+\boldsymbol{\alpha}_2+\boldsymbol{\alpha}_3$ 下的矩阵.

6.4.2 同步习题解答

1. (1) 次数等于 n 的实系数多项式的集合,对于多项式的加法和数乘不构成线性空间,因为加法不封闭(次数小于等于 n 的实系数多项式的集合对于多项式的加法和数乘构成线性空间).

(2) 不构成线性空间,因为 $A\oplus B\neq B\oplus A$.

(3) 构成线性空间. $E_1=\begin{bmatrix}0&1\\-1&0\end{bmatrix},E_2=\begin{bmatrix}0&0\\0&1\end{bmatrix}$是它的一个基,维数为 2.

(4) 构成线性空间. 可按多项式运算来证明加法、数乘封闭,并满足 8 条算律.

2. 线性齐次方程组的一个基础解系为$(-1,24,9,0)^{\mathrm{T}},(2,-21,0,9)^{\mathrm{T}}$,所以 $\dim S=2$ 是 $\mathbf{R}^4$ 的子空间. 当齐次方程组的基础解系含 4 个线性无关的解向量时,$n-r=4,n=4,r=R(\boldsymbol{A})=0$,所以,系数全为零的四元齐次线性方程组的解空间就是 $\mathbf{R}^4$.

3. (1) 不构成 $\mathbf{R}^3$ 的子空间,因为 k 不为整数时,$k\boldsymbol{\alpha}\notin A$.

(2) 不是 $\mathbf{R}^3$ 的子空间,因为加法不封闭.

(3) 是 $\mathbf{R}^3$ 的子空间,即为以 x、y、z 为未知量的一个方程的线性齐次方程组的解空间.

(4) 不是 $\mathbf{R}^3$ 的子空间,因为加法不封闭.

4. 所求问题相当于求四元方程组$\begin{cases}x_2-2x_3=0\\2x_2-3x_3+2x_4=0\end{cases}$的基础解系,即$(1,0,0,0)^{\mathrm{T}}$,$(0,-4,-2,1)^{\mathrm{T}}$,$\dim M=2$.

5. (1) 只需证明 $\boldsymbol{\alpha}_1,\boldsymbol{\alpha}_2,\boldsymbol{\alpha}_3$ 线性无关.

(2) 标准基到 $\boldsymbol{\alpha}_1,\boldsymbol{\alpha}_2,\boldsymbol{\alpha}_3$ 得过渡矩阵为 $\boldsymbol{P}=(\boldsymbol{\alpha}'_1,\boldsymbol{\alpha}'_2,\boldsymbol{\alpha}'_3)\begin{bmatrix}-2&-1&-2\\1&0&-5\\3&1&-1\end{bmatrix}$.

6. 令 $\boldsymbol{\alpha}=x_1\boldsymbol{\beta}_1+x_2\boldsymbol{\beta}_2+x_3\boldsymbol{\beta}_3$,再将 $\boldsymbol{\beta}_1,\boldsymbol{\beta}_2,\boldsymbol{\beta}_3$ 由 $\boldsymbol{\alpha}_1,\boldsymbol{\alpha}_2,\boldsymbol{\alpha}_3$ 得表示代入得到三元线性齐次方程组,解方程组得 $x_1=-3,x_2=-1,x_3=3$,所以 $\boldsymbol{\alpha}$ 在新基 $\boldsymbol{\beta}_1,\boldsymbol{\beta}_2,\boldsymbol{\beta}_3$ 下的坐标为$(-3,-1,3)$.

7. (1) 求Ⅰ到Ⅱ的过渡矩阵. 因为$(\boldsymbol{\beta}_1,\boldsymbol{\beta}_2,\boldsymbol{\beta}_3)=(\boldsymbol{\alpha}_1,\boldsymbol{\alpha}_2,\boldsymbol{\alpha}_3)P$,所以

$$\boldsymbol{\beta}_1,\boldsymbol{\beta}_2,\boldsymbol{\beta}_3=(\boldsymbol{\alpha}_1,\boldsymbol{\alpha}_2,\boldsymbol{\alpha}_3)P \qquad P=(\boldsymbol{\alpha}_1,\boldsymbol{\alpha}_2,\boldsymbol{\alpha}_3)^{-1}(\boldsymbol{\beta}_1,\boldsymbol{\beta}_2,\boldsymbol{\beta}_3)=\begin{bmatrix}0&-1&0\\1&-1&-1\\1&0&0\end{bmatrix}$$

故有基变换公式

$$(\boldsymbol{\beta}'_1,\boldsymbol{\beta}'_2,\boldsymbol{\beta}'_3)=(\boldsymbol{\alpha}'_1,\boldsymbol{\alpha}'_2,\boldsymbol{\alpha}'_3)\begin{bmatrix}0&-1&0\\1&-1&-1\\1&0&0\end{bmatrix}$$

(2) $\boldsymbol{\beta}$ 在Ⅰ下的坐标为

$$\begin{bmatrix} y_1 \\ y_2 \\ y_3 \end{bmatrix} = \boldsymbol{P}^{-1}\begin{bmatrix} 1 \\ -2 \\ 3 \end{bmatrix} = \begin{bmatrix} -2 \\ -4 \\ 3 \end{bmatrix}$$

(3) 对于 $\boldsymbol{\alpha} \in \mathbf{R}^3$，设 $\boldsymbol{\alpha}$ 在 Ⅰ 下的坐标为 $(x_1, x_2, x_3)^{\mathrm{T}}$，在 Ⅱ 下的坐标为 $(y_1, y_2, y_3)^{\mathrm{T}}$，则

$$\begin{bmatrix} x_1 \\ x_2 \\ x_3 \end{bmatrix} = \boldsymbol{P}\begin{bmatrix} y_1 \\ y_2 \\ y_3 \end{bmatrix}$$

即

$$\begin{bmatrix} y_1 \\ y_2 \\ y_3 \end{bmatrix} = \boldsymbol{P}^{-1}\begin{bmatrix} x_1 \\ x_2 \\ x_3 \end{bmatrix}$$

所以 $\begin{cases} y_1 = x_3 \\ y_2 = -x_2 \\ y_3 = x_1 - x_2 + x_3 \end{cases}$，为 $\boldsymbol{\alpha}$ 由 Ⅰ 到 Ⅱ 的坐标变换公式.

8. (1) 不是，因为 $T(\boldsymbol{A}+\boldsymbol{B}) \neq T(\boldsymbol{A}) + T(\boldsymbol{B})$.

(2) 不是，因为 $T(\boldsymbol{A}+\boldsymbol{B}) \neq T(\boldsymbol{A}) + T(\boldsymbol{B})$.

(3) 是，可以逐条证明，$T(\boldsymbol{A}+\boldsymbol{B}) = T(\boldsymbol{A}) + T(\boldsymbol{B})$，$T(\lambda\boldsymbol{\alpha}) \neq \lambda T(\boldsymbol{\alpha})$.

9. 因为 $T(\boldsymbol{\alpha}_1) = 1' = 0\boldsymbol{\alpha}_1 + 0\boldsymbol{\alpha}_2 + 0\boldsymbol{\alpha}_3$，$T(\boldsymbol{\alpha}_2) = x' = \boldsymbol{\alpha}_1 + 0\boldsymbol{\alpha}_2 + 0\boldsymbol{\alpha}_3$，$T(\boldsymbol{\alpha}_3) = (x^2)' = 0\boldsymbol{\alpha}_1 + 2\boldsymbol{\alpha}_2 + 0\boldsymbol{\alpha}_3$，所以 T 在 $\boldsymbol{\alpha}_1, \boldsymbol{\alpha}_2, \boldsymbol{\alpha}_3$ 下的矩阵为

$$\boldsymbol{A} = \begin{bmatrix} 0 & 1 & 0 \\ 0 & 0 & 2 \\ 0 & 0 & 0 \end{bmatrix}$$

10. 因为 $\boldsymbol{\alpha}_1, \boldsymbol{\alpha}_2, \boldsymbol{\alpha}_3$ 到 $\boldsymbol{\beta}_1, \boldsymbol{\beta}_2, \boldsymbol{\beta}_3$ 的过渡矩阵为 $\boldsymbol{P} = \begin{bmatrix} 1 & 1 & 1 \\ 0 & 1 & 1 \\ 0 & 0 & 1 \end{bmatrix}$，所以，$T$ 在 $\boldsymbol{\beta}_1, \boldsymbol{\beta}_2, \boldsymbol{\beta}_3$ 下的矩阵为 $\boldsymbol{B} = \boldsymbol{P}^{-1}\boldsymbol{A}\boldsymbol{P} = \begin{bmatrix} 2 & 4 & 4 \\ -3 & -4 & -6 \\ 2 & 3 & 8 \end{bmatrix}$.

第 7 章　自测试题及解答

7.1　自测试题及解答(上)

7.1.1　自测试题(上)

自测试题一

一、填空题(4 分 ×5 = 20 分)(09A)

1. 设一个 3 阶方阵 $\boldsymbol{A}$ 的特征值为 1、2、3,则 $\boldsymbol{A}^2$ 的特征多项式 $|\lambda\boldsymbol{E}-\boldsymbol{A}^2|=$__________.

2. 若 $\boldsymbol{P}^{-1}\begin{pmatrix}1&0\\0&2\end{pmatrix}\boldsymbol{P}=\begin{pmatrix}2&0\\0&1\end{pmatrix}$,则 $\boldsymbol{P}=$__________.

3. 设齐次线性方程组为 $x_1+x_2+\cdots+x_n=0$,则它的基础解系中所含解向量的个数为__________.

4. 已知 4 阶方阵 $\boldsymbol{A}=(\boldsymbol{\alpha}_1,\boldsymbol{\alpha}_2,\boldsymbol{\alpha}_3,\boldsymbol{\alpha}_4)$,且 $\boldsymbol{\beta}=\boldsymbol{\alpha}_1+\boldsymbol{\alpha}_2+\boldsymbol{\alpha}_3+\boldsymbol{\alpha}_4$,则方程组 $\boldsymbol{Ax}=\boldsymbol{\beta}$ 的一个解向量 $\boldsymbol{x}=$__________.

5. 若行列式 $\begin{vmatrix}a&b&b\\b&b&a\\c&c&c\end{vmatrix}=M$,则 $\begin{vmatrix}a&b-a&b\\b&0&a\\c&0&c\end{vmatrix}=$__________.

二、选择题(4 分 ×5 = 20 分)

1. $\boldsymbol{A}$、$\boldsymbol{B}$ 为 $n(n\geqslant2)$ 阶方阵,则必有(　　).

A. $|\boldsymbol{A}+\boldsymbol{B}|=|\boldsymbol{A}|+|\boldsymbol{B}|$　　　B. $|\boldsymbol{AB}|=|\boldsymbol{BA}|$

C. $||\boldsymbol{A}|\boldsymbol{B}|=||\boldsymbol{B}|\boldsymbol{A}|$　　　D. $|\boldsymbol{A}-\boldsymbol{B}|=|\boldsymbol{B}-\boldsymbol{A}|$

2. 行列式 A 非零的充分条件是(　　).

A. A 的所有元素非零　　　B. A 至少有 n 个元素非零

C. A 的任意两行元素之间不成比例　　　D. 以 A 为系数行列式的线性方程组有唯一解

3. 向量组 $\boldsymbol{\alpha}_1,\boldsymbol{\alpha}_2,\cdots,\boldsymbol{\alpha}_n$ 线性无关的充分条件是(　　).

A. $\boldsymbol{\alpha}_1,\boldsymbol{\alpha}_2,\cdots,\boldsymbol{\alpha}_n$ 均不为零向量

B. $\boldsymbol{\alpha}_1,\boldsymbol{\alpha}_2,\cdots,\boldsymbol{\alpha}_n$ 中任意两个向量的分量不成比例

C. $\boldsymbol{\alpha}_1,\boldsymbol{\alpha}_2,\cdots,\boldsymbol{\alpha}_n$ 中任意一个向量均不能由其余 $n-1$ 个向量线性表出

D. $\boldsymbol{\alpha}_1,\boldsymbol{\alpha}_2,\cdots,\boldsymbol{\alpha}_n$ 中有一部分向量线性无关

4. 若 $\boldsymbol{A}$ 经过初等行变换为 $\boldsymbol{B}$,则(　　).

A. $\boldsymbol{A}$ 的行向量组与 $\boldsymbol{B}$ 的行向量组等价

B. $\boldsymbol{A}$ 的列向量组与 $\boldsymbol{B}$ 的列向量组等价

C. $\boldsymbol{A}$ 的行向量组与 $\boldsymbol{B}$ 的列向量组等价

D. $\boldsymbol{A}$ 的列向量组与 $\boldsymbol{B}$ 的行向量组等价

5. 与 n 阶单位矩阵 $\boldsymbol{E}$ 相似的矩阵是(　　).

A. 数量矩阵 $k\boldsymbol{E}(k\neq 1)$　　B. 对角矩阵 $\boldsymbol{\Lambda}$(主对角线元素不为 1)

C. $\boldsymbol{E}$　　D. 任意 n 阶可逆矩阵

三、(6 分)计算行列式 $D=\begin{vmatrix} 2 & 2 & 2^2 & 2^3 \\ 2 & 3 & 3^2 & 3^3 \\ 2 & 4 & 4^2 & 4^3 \\ 2 & 5 & 5^2 & 5^3 \end{vmatrix}$.

四、(6 分)判别二次型 $f(x_1,x_2,x_3)=-2x_1^2-6x_2^2-4x_3^2+2x_1x_2+2x_1x_3$ 的正定性.

五、(6 分)已知 $\begin{pmatrix} 2 & 5 \\ 1 & 3 \end{pmatrix}\boldsymbol{X}=\begin{pmatrix} 4 & -6 \\ 2 & 1 \end{pmatrix}$,求 $\boldsymbol{X}$.

六、(6 分)求矩阵 $\boldsymbol{A}=\begin{pmatrix} 2 & 3 & -5 & 4 \\ 0 & -2 & 6 & -4 \\ -1 & 1 & -5 & 3 \\ 3 & -1 & 9 & -5 \end{pmatrix}$ 的秩及列向量组的一个最大无关组.

七、(6 分)计算 n 阶行列式 $D_n=\begin{vmatrix} x & y & 0 & 0 & 0 \\ 0 & x & y & 0 & 0 \\ \vdots & \vdots & \vdots & \vdots & \vdots \\ 0 & 0 & 0 & x & y \\ y & 0 & 0 & 0 & x \end{vmatrix}$.

八、(6 分)已知 $\boldsymbol{A}=\begin{pmatrix} 2 & 1 & -1 \\ 2 & 1 & 0 \\ 1 & -1 & 1 \end{pmatrix}$,求 $\boldsymbol{A}^{-1}$.

九、(6 分)设 $\boldsymbol{A}=\begin{pmatrix} 1 & -2 & 3k \\ -1 & 2k & -3 \\ k & -2 & 3 \end{pmatrix}$, 当 k 为何值时,$R(\boldsymbol{A})=1$.

十、(8 分)已知二次型 $f=x_1^2+x_2^2+x_3^2+2ax_1x_2+2x_1x_3+2bx_2x_3$ 经过正交变换化为标准形为 $f=y_2^2+2y_3^2$,求参数 a、b 及所用的正交变换矩阵.

十一、(6 分)已知 $\boldsymbol{P}=\begin{pmatrix} 2 & 0 & 0 \\ 0 & 1 & 2 \\ 0 & 0 & 1 \end{pmatrix}$,$\boldsymbol{A}=\begin{pmatrix} 1 & 0 & 0 \\ 0 & 2 & 0 \\ 0 & 0 & 2 \end{pmatrix}$,求$(\boldsymbol{P}^{-1}\boldsymbol{A}\boldsymbol{P})^{100}$.

十二、(4 分)设 $\boldsymbol{A}$ 是 n 阶正交矩阵,证明:若 $|\boldsymbol{A}|=-1$, 则 $\boldsymbol{A}$ 一定有特征值 -1.

自测试题二

一、填空(4 分×5=20 分)(08A)

1. 已知 $D=\begin{vmatrix} 1 & 1 & 1 & 1 \\ 1 & -1 & 1 & 1 \\ 1 & 1 & -1 & 1 \\ 1 & 1 & 1 & -1 \end{vmatrix}$,则 $A_{13}+A_{23}+A_{33}+A_{43}=$ ________.

2. 设 $\boldsymbol{A}$ 是 n 阶可逆矩阵($n\geqslant 2$),$\boldsymbol{A}^*$ 是 $\boldsymbol{A}$ 的伴随矩阵. 则$(\boldsymbol{A}^*)^{-1}=$__________.

3. 设 $\boldsymbol{A}$、$\boldsymbol{B}$ 是 3 阶方阵,$\boldsymbol{E}$ 是 3 阶单位阵,$|\boldsymbol{A}|=2$ 且 $\boldsymbol{A}^2+\boldsymbol{AB}+2\boldsymbol{E}=0$,则 $|\boldsymbol{A}+\boldsymbol{B}|=$__________.

4. 若 n 阶矩阵 $\boldsymbol{A}$ 的特征值为 $0,1,2,\cdots,n-1$,矩阵 $\boldsymbol{B}$ 与 $\boldsymbol{A}$ 相似,则 $|\boldsymbol{B}+\boldsymbol{E}|$__________.

5. 二次型 $f=x_1^2+5x_2^2+4x_3^2+4x_1x_2-2tx_2x_3$ 是正定的,则 t 的取值范围是__________.

二、选择(4 分 ×5 =20 分)

1. n 阶方阵 $\boldsymbol{A}$ 满足 $\boldsymbol{A}^2=0$,$\boldsymbol{E}$ 是 n 阶单位阵,则(　　).

A. $|\boldsymbol{E}-\boldsymbol{A}|\neq 0$,但 $|\boldsymbol{E}+\boldsymbol{A}|=0$　　B. $|\boldsymbol{E}-\boldsymbol{A}|=0$,但 $|\boldsymbol{E}+\boldsymbol{A}|\neq 0$

C. $|\boldsymbol{E}-\boldsymbol{A}|=0$,且 $|\boldsymbol{E}+\boldsymbol{A}|=0$　　D. $|\boldsymbol{E}-\boldsymbol{A}|\neq 0$,且 $|\boldsymbol{E}+\boldsymbol{A}|\neq 0$

2. 设 $\lambda\neq 0$ 是可逆方阵的一个特征值,则 $\dfrac{1}{\lambda}$ 是(　　)的一个特征值.

A. $-\boldsymbol{A}$　　B. $\boldsymbol{A}^{\mathrm{T}}$　　C. $\boldsymbol{A}^*$　　D. $\boldsymbol{A}^{-1}$

3. 设 $\boldsymbol{A}$、$\boldsymbol{B}$ 为 n 阶方阵,且 $\boldsymbol{B}$ 可逆,则下述结论一定成立的是(　　).

A. $R(\boldsymbol{A})=n$　　B. $R(\boldsymbol{AB})=R(\boldsymbol{A})$

C. $R(\boldsymbol{A})<n$　　D. $R(\boldsymbol{AB})=R(\boldsymbol{B})$

4. 若向量组 $\boldsymbol{\alpha},\boldsymbol{\beta},\boldsymbol{\gamma}$ 线性无关,向量组 $\boldsymbol{\alpha},\boldsymbol{\beta},\boldsymbol{\delta}$ 线性相关,则(　　).

A. $\boldsymbol{\alpha}$ 必可由 $\boldsymbol{\gamma},\boldsymbol{\beta},\boldsymbol{\delta}$ 线性表示　　B. $\boldsymbol{\beta}$ 必不可由 $\boldsymbol{\gamma},\boldsymbol{\alpha},\boldsymbol{\delta}$ 线性表示

C. $\boldsymbol{\delta}$ 必可由 $\boldsymbol{\alpha},\boldsymbol{\beta},\boldsymbol{\gamma}$ 线性表示　　D. $\boldsymbol{\delta}$ 必不可由 $\boldsymbol{\alpha},\boldsymbol{\beta},\boldsymbol{\gamma}$ 线性表示

5. 如果齐次线性方程组 $\boldsymbol{Ax}=0$ 有无穷多解,则对应的非齐次线性方程组 $\boldsymbol{Ax}=\boldsymbol{b}$(　　).

A. 必有无穷多解　　B. 可能有唯一解

C. 可能无解　　D. 必有唯一解

三、(6 分)计算行列式 $D=\begin{vmatrix} x-y & 0 & 0 & x+y \\ 0 & x-y & x+y & 0 \\ 0 & x+y & x-y & 0 \\ x+y & 0 & 0 & x-y \end{vmatrix}$.

四、(6 分)设向量组 $\boldsymbol{\alpha}_1,\boldsymbol{\alpha}_2,\cdots,\boldsymbol{\alpha}_s$ 线性无关($s\geqslant 2$),$\boldsymbol{\beta}_1=\boldsymbol{\alpha}_1+k_1\boldsymbol{\alpha}_s$,$\boldsymbol{\beta}_2=\boldsymbol{\alpha}_2+k_2\boldsymbol{\alpha}_s$,$\cdots$,$\boldsymbol{\beta}_{s-1}=\boldsymbol{\alpha}_{s-1}+k_{s-1}\boldsymbol{\alpha}_s$,其中 $k_i(i=1,2,\cdots,s-1)$是任意常数,证明:$\boldsymbol{\beta}_1,\boldsymbol{\beta}_2,\cdots,\boldsymbol{\beta}_{s-1}$ 也线性无关.

五、(6 分)已知线性方程组 $\begin{pmatrix} 1 & 1 & -1 \\ 2 & a+2 & -b-2 \\ 0 & -3a & a+2b \end{pmatrix}\begin{pmatrix} x_1 \\ x_2 \\ x_3 \end{pmatrix}=\begin{pmatrix} 1 \\ 3 \\ -3 \end{pmatrix}$. 问 a、b 取何值时线性方程组无解?

六、(6 分)求向量组

$\boldsymbol{a}_1=(1,3,-2,1)^{\mathrm{T}}$,$\boldsymbol{a}_2=(5,6,2,0)^{\mathrm{T}}$,$\boldsymbol{a}_3=(-2,3,1,-1)^{\mathrm{T}}$,$\boldsymbol{a}_4=(-5,3,-5,1)^{\mathrm{T}}$ 的秩和一个最大无关组,并把其余向量用这个最大无关组线性表出.

七、(6 分)计算 n 阶行列式 $D_n=\begin{vmatrix} 2 & 1 & 0 & 0 & \cdots & 0 & 0 & 0 \\ 1 & 2 & 1 & 0 & \cdots & 0 & 0 & 0 \\ 0 & 1 & 2 & 1 & \cdots & 0 & 0 & 0 \\ \vdots & \vdots & \vdots & \vdots & \ddots & \vdots & \vdots & \vdots \\ 0 & 0 & 0 & 0 & \cdots & 1 & 2 & 1 \\ 0 & 0 & 0 & 0 & \cdots & 0 & 1 & 2 \end{vmatrix}$.

八、(6分)已知$AX+E=A^2+X$,其中$A=\begin{pmatrix}1&0&1\\0&2&0\\1&0&1\end{pmatrix}$,求$X$.

九、(6分)设三阶方阵$A=\begin{pmatrix}\alpha\\\eta\\\beta\end{pmatrix}$,$B=\begin{pmatrix}\alpha\\\zeta\\\beta\end{pmatrix}$,其中$\alpha$、$\beta$、$\eta$、$\zeta$均为三维行向量,且$|A|=5$,$|B|=-2$,计算$|A+B|$.

十、(8分)用正交变换化二次型$f(x_1,x_2,x_3)=x_1^2+2x_2^2+2x_3^2+6x_2x_3$为标准形,给出所用的变换$x=Py$,并指出$f$是否为正定的.

十一、(6分)已知$AP=PA$,$P=\begin{bmatrix}-1&0\\1&1\end{bmatrix}$,$A=\begin{bmatrix}1&0\\0&-1\end{bmatrix}$,求$\varphi(A)=A^7-6A^5+2E$.

十二、(4分)设矩阵$A=(\alpha_1,\alpha_2,\alpha_3,\alpha_4)$,其中$\alpha_2,\alpha_3,\alpha_4$线性无关,$\alpha_1=2\alpha_2-\alpha_3$,$b=\alpha_1+\alpha_2+\alpha_3+\alpha_4$. 求线性方程组$Ax=b$的通解.

自测试题三

一、填空(4分×5=20分)(10A)

1. 若$A^{-1}=\begin{pmatrix}1&-1\\0&1\end{pmatrix}$,$B^{-1}=\begin{pmatrix}-1&2\\0&1\end{pmatrix}$,则$(AB)^{-1}=$__________.

2. 设行列式$D=\begin{vmatrix}3&0&4&0\\2&2&2&2\\0&-7&0&0\\1&-3&-2&2\end{vmatrix}$,则第4行各元素的余子式之和$M_{41}+M_{42}+M_{43}+M_{44}$的值等于__________.

3. 当$i=$__________,$j=$__________时排列$3i8691j45$为奇排列.

4. 设A、B均为n阶矩阵,且$AB=0$,则有$R(A)+R(B)\leqslant$__________.

5. 若4阶方阵A的特征值为1,2,3,−1,则$|A|=$__________,$|2A-3E|=$__________.

二、选择(4分×5=20分)

1. 设A为4×3矩阵,齐次线性方程组$Ax=0$的基础解系为α,则A的秩等于(　　).

A. 1　　B. 2　　C. 3　　D. 4

2. “零是矩阵A的特征值”是A不可逆的(　　).

A. 充分条件　　B. 必要条件　　C. 充要条件　　D. A、B、C都不对

3. $\alpha_1,\alpha_2,\cdots,\alpha_s(s\geqslant2)$线性无关的充要条件是(　　).

A. 都不是零向量

B. 任意两个向量的分量不成比例

C. 至少有一个向量不可由其余向量线性表示

D. 每一个向量均不可由其余向量线性表示

4. 设A、B均为n阶可逆矩阵,则AB的伴随矩阵$(AB)^*$是(　　).

A. A^*B^*　　B. $|AB|A^{-1}B^{-1}$　　C. $B^{-1}A^{-1}$　　D. B^*A^*

5. 设$\boldsymbol{A}$为3阶方阵，且$|\boldsymbol{A}|=\frac{1}{2}$，则$|(2\boldsymbol{A})^{-1}+\boldsymbol{A}^*|=$(　　).

A. 2　　B. $\frac{1}{2}$　　C. 8　　D. $\frac{1}{8}$

三、(6分)计算行列式$D=\begin{vmatrix} x-2 & x-1 & x-2 & x-3 \\ 2x-2 & 2x-1 & 2x-2 & 2x-3 \\ 3x-3 & 3x-2 & 4x-5 & 3x-5 \\ 4x & 4x-3 & 5x-7 & 4x-3 \end{vmatrix}$，当$x$等于多少时，$D=0$？

四、(6分)设$\boldsymbol{A}=\begin{pmatrix} 3 & 1 & 1 \\ 1 & 4 & 1 \\ 0 & 0 & 3 \end{pmatrix}$，且$\boldsymbol{AB}=\boldsymbol{A}+2\boldsymbol{B}$，求$\boldsymbol{B}$.

五、(10分)设非齐次线性方程组为$\begin{cases} x_1+2x_2-x_3-2x_4=0 \\ 2x_1-x_2-x_3+x_4=1 \\ 3x_1+x_2-2x_3-x_4=\lambda \end{cases}$，回答下列问题：

1. λ取何值时，该线性方程组无解？

2. λ取何值时，该线性方程组有解？并求其通解.

六、(10分)设向量组$\boldsymbol{\alpha}_1=(1,1,1,3)^{\mathrm{T}}$，$\boldsymbol{\alpha}_2=(-1,-3,5,1)^{\mathrm{T}}$，$\boldsymbol{\alpha}_3=(3,2,-1,p+2)^{\mathrm{T}}$，$\boldsymbol{\alpha}_4=(-2,-6,10,p)^{\mathrm{T}}$，$p$为何值时该向量组线性无关？并在此时将向量$\boldsymbol{\alpha}=(4,1,6,10)^{\mathrm{T}}$用$\boldsymbol{\alpha}_1$、$\boldsymbol{\alpha}_2$、$\boldsymbol{\alpha}_3$、$\boldsymbol{\alpha}_4$线性表出.

七、(6分)已知矩阵$\boldsymbol{A}=\begin{pmatrix} 1 & a & -1 & 2 \\ 1 & -1 & a & 2 \\ 1 & 0 & -1 & 2 \end{pmatrix}$的秩为2，求$a$的值.

八、(12分)求一个正交变换，将二次型$f(x_1,x_2,x_3)=2x_1^2+3x_2^2+3x_3^2+4x_2x_3$化为标准形，并指出$f(x_1,x_2,x_3)=1$表示何种二次曲面，并判断该二次型是否是正定的？

九、(4分)设矩阵$\boldsymbol{A}$满足$\boldsymbol{A}^2+\boldsymbol{A}-4\boldsymbol{E}=\boldsymbol{O}$，其中$\boldsymbol{E}$为单位矩阵，证明$\boldsymbol{A}$是可逆矩阵并求出$\boldsymbol{A}^{-1}$.

十、(6分)设n维向量$\boldsymbol{\alpha}_1,\boldsymbol{\alpha}_2,\cdots,\boldsymbol{\alpha}_r$是一组两两正交的非零向量，证明：$\boldsymbol{\alpha}_1,\boldsymbol{\alpha}_2,\cdots,\boldsymbol{\alpha}_r$线性无关.

自测试题四

一、填空(20分=4分×5)

1. 若$|\boldsymbol{A}|=2$，且$\boldsymbol{A}$为5阶方阵，则$|-2\boldsymbol{A}|=$__________.

2. 若$\boldsymbol{A}$为正交矩阵，则$\boldsymbol{A}$的行列式的值$|\boldsymbol{A}|=$__________.

3. 若矩阵$\begin{pmatrix} 1 & a & -1 & 2 \\ 1 & -1 & a & 2 \\ 1 & 0 & -1 & 2 \end{pmatrix}$的秩为2，则$a$的值为__________.

4. 从矩阵$\boldsymbol{A}$中划去一行得到矩阵$\boldsymbol{B}$，则$\boldsymbol{A}$、$\boldsymbol{B}$的秩的关系为__________.

5. 设实对称矩阵$\boldsymbol{A}=\begin{pmatrix} -2 & 2 \\ 2 & -3 \end{pmatrix}$，则$\boldsymbol{A}$是__________定的.

二、单项选择题(20 分 =4 分 ×5)

1. 齐次线性方程组恒有解,因而基础解系__________.

A. 必有　　B. 没有　　C. 不一定有　　D. 有唯一的

2. 设 $\boldsymbol{A}$ 为 n 阶方阵,下列结果成立的是__________.

A. $|\boldsymbol{A}+\boldsymbol{A}|=2|\boldsymbol{A}|$　　B. $|\boldsymbol{A}^{\mathrm{T}}-\boldsymbol{A}|=0$

C. $|\boldsymbol{A}^2|=|\boldsymbol{A}|^2$　　D. $|\boldsymbol{A}^2-\boldsymbol{A}|=|\boldsymbol{A}||\boldsymbol{A}-1|$

3. 两个相似矩阵的特征多项式__________.

A. 是相同的　　B. 有时是相同的

C. 是不相同的　　D. 的根都是实数

4. 设 $\boldsymbol{A}$ 为 3 阶方阵,$R(\boldsymbol{A})=1$,则下列正确的是__________.

A. $R(\boldsymbol{A}^*)=3$　　B. $R(\boldsymbol{A}^*)=2$　　C. $R(\boldsymbol{A}^*)=1$　　D. $R(\boldsymbol{A}^*)=0$

5. 设 $\boldsymbol{A}$、$\boldsymbol{B}$ 是两个 n 阶可逆矩阵,则分块矩阵 $\begin{pmatrix}0 & \boldsymbol{A}\\ \boldsymbol{B} & 0\end{pmatrix}$ 的逆矩阵为__________.

A. $\begin{pmatrix}0 & \boldsymbol{A}^{-1}\\ \boldsymbol{B}^{-1} & 0\end{pmatrix}$　　B. $\begin{pmatrix}0 & \boldsymbol{B}^{-1}\\ \boldsymbol{A}^{-1} & 0\end{pmatrix}$

C. $\begin{pmatrix}\boldsymbol{A}^{-1} & 0\\ 0 & \boldsymbol{B}^{-1}\end{pmatrix}$　　D. $\begin{pmatrix}\boldsymbol{B}^{-1} & 0\\ 0 & \boldsymbol{A}^{-1}\end{pmatrix}$

三、计算行列式(6 分 =3 分 ×2)

1. $\begin{vmatrix}22 & 25 & 21 & 32\\ 26 & 27 & 18 & 29\\ 32 & 16 & 19 & 33\\ 30 & 29 & 15 & 26\end{vmatrix}$　　2. $\begin{vmatrix}0 & 0 & \cdots & 0 & 1\\ 0 & 0 & \cdots & 2 & 0\\ \vdots & \vdots & \ddots & \vdots & \vdots\\ n & 0 & \cdots & 0 & 0\end{vmatrix}$

四、(6 分)设 $\boldsymbol{A}=\begin{pmatrix}3 & 1 & 1\\ 1 & 4 & 1\\ 0 & 0 & 3\end{pmatrix}$,$\boldsymbol{AB}=\boldsymbol{A}+2\boldsymbol{B}$,求 $\boldsymbol{B}=?$

五、(6 分)讨论集合 $V=\{x=(x_1,0,\cdots,0,x_n)^{\mathrm{T}}\mid x_1,x_n\in\mathbf{R}\}$是否为一个向量空间.

六、(6 分)已知 $\mathbf{R}^3$ 的两个基为 $\boldsymbol{a}_1=(1,1,1)^{\mathrm{T}}$,$\boldsymbol{a}_2=(1,0,-1)^{\mathrm{T}}$,$\boldsymbol{a}_3=(1,0,1)^{\mathrm{T}}$;$\boldsymbol{b}_1=(1,2,1)^{\mathrm{T}}$,$\boldsymbol{b}_2=(2,3,4)^{\mathrm{T}}$,$\boldsymbol{b}_3=(3,4,3)^{\mathrm{T}}$. 求由基 $\boldsymbol{a}_1,\boldsymbol{a}_2,\boldsymbol{a}_3$ 到 $\boldsymbol{b}_1,\boldsymbol{b}_2,\boldsymbol{b}_3$ 的过渡矩阵 $\boldsymbol{P}$.

七、(6 分)在实数集 $\mathbf{R}$ 中,定义 $a\circ b=a^2+b^2$,问这个运算是否满足结合律?是否满足交换律?为什么?

八、(6 分)线性方程组 $\begin{cases}ax_1+x_2+x_3=4\\ x_1+bx_2+x_3=3\\ x_1+2bx_2+x_3=4\end{cases}$,当 a、b 为何值时有唯一解?何时有无穷多解?何时无解?

九、(6 分)设四元非齐次线性方程组系数矩阵的秩为 3,已知 $\boldsymbol{\eta}_1$、$\boldsymbol{\eta}_2$、$\boldsymbol{\eta}_3$ 是它的三个解向量且 $\boldsymbol{\eta}_1=\begin{pmatrix}2\\3\\4\\5\end{pmatrix}$,$\boldsymbol{\eta}_2+\boldsymbol{\eta}_3=\begin{pmatrix}1\\2\\3\\4\end{pmatrix}$,求出该方程的通解.

十、(12 分)求正交变换 $x = Py$,化二次型 $f(x_1,x_2,x_3) = 2x_1^2 + 5x_2^2 + 5x_3^2 + 4x_1x_2 - 8x_2x_3 - 4x_1x_3$ 为标准形,判断该二次型的正定性,并回答 $f(x_1,x_2,x_3) = 1$ 的二次曲面类型.

十一、(6 分)设向量组 $\boldsymbol{\alpha}_1,\boldsymbol{\alpha}_2,\boldsymbol{\alpha}_3$ 线性无关,向量 $\boldsymbol{\beta}_1$ 可由 $\boldsymbol{\alpha}_1,\boldsymbol{\alpha}_2,\boldsymbol{\alpha}_3$ 线性表出,向量 $\boldsymbol{\beta}_2$ 不能由 $\boldsymbol{\alpha}_1,\boldsymbol{\alpha}_2,\boldsymbol{\alpha}_3$ 线性表出,证明:$\boldsymbol{\alpha}_1,\boldsymbol{\alpha}_2,\boldsymbol{\alpha}_3,k\boldsymbol{\beta}_1+\boldsymbol{\beta}_2$ 线性无关,其中 k 为任意常数.

自测试题五

一、填空(20 分 =4 分 ×5)

1. 若 $|\boldsymbol{A}| = 2$,且 $\boldsymbol{A}$ 为 4 阶方阵,则 $|3\boldsymbol{A}| =$ __________.

2. 若 $\boldsymbol{A}^*$ 是 $\boldsymbol{A}$ 的伴随矩阵,则 $\boldsymbol{AA}^*$ __________.

3. 矩阵$\begin{pmatrix} \cos\alpha & \sin\alpha \\ -\sin\alpha & \cos\alpha \end{pmatrix}$的秩为__________.

4. 当 $r > s$ 时,r 个 s 维向量一定线性__________.

5. $f = x^2 + 4xy + 4y^2 + 2xz + z^2 + 4yz$ 的标准形为__________.

二、单项选择题(20 分 =4 分 ×5)

1. 行列式 $|\boldsymbol{A}|$ 非零的充分条件是(　　).

A. $|\boldsymbol{A}|$ 所有的元素非零　　B. $|\boldsymbol{A}|$ 至少有 n 个元素非零

C. $|\boldsymbol{A}|$ 的任意两行元素之间不成比例　　D. $|\boldsymbol{A}|$ 为系数行列式的线性方程组有唯一解

2. 设 $\boldsymbol{A}$、$\boldsymbol{B}$ 均为 n 阶非零矩阵,且 $\boldsymbol{AB} = 0$,则 $R(\boldsymbol{A}),R(\boldsymbol{B})$(　　).

A. 必有一个等于 0　　B. 都小于 n

C. 一个小于 n,一个等于 n　　D. 都等于 n

3. 设 $\boldsymbol{A}$ 为 $m \times n$ 矩阵,方程组 $\boldsymbol{Ax} = 0$ 仅有零解的充分条件是(　　).

A. $\boldsymbol{A}$ 的列向量线性无关　　B. $\boldsymbol{A}$ 的列向量线性相关

C. $\boldsymbol{A}$ 的行向量线性无关　　D. $\boldsymbol{A}$ 的行向量线性相关

4. 设 $\boldsymbol{A}$ 为 n 阶方阵,$R(\boldsymbol{A}) = n - 2$,则 $\boldsymbol{Ax} = 0$ 基础解系所含向量个数是(　　).

A. 0 个　　B. 1 个

C. 2 个　　D. 3 个

5. n 阶矩阵 $\boldsymbol{A}$ 为正定的充分必要条件是(　　).

A. $|\boldsymbol{A}| > 0$　　B. 存在 n 阶矩阵 $\boldsymbol{C}$,使 $\boldsymbol{A} = \boldsymbol{C}^{\mathrm{T}}\boldsymbol{C}$

C. $\boldsymbol{A}$ 的特征值全大于零　　D. 存在 n 维列向量 $\boldsymbol{\alpha} \neq 0$,有 $\boldsymbol{\alpha}^{\mathrm{T}}\boldsymbol{A}\boldsymbol{\alpha} > 0$

三、计算行列式(6 分 =3 分 ×2)

1. $\begin{vmatrix} a & b & \cdots & b \\ b & a & \cdots & b \\ \vdots & \vdots & \ddots & \vdots \\ b & b & \cdots & a \end{vmatrix}$　　2. $\begin{vmatrix} 1+a_1 & 1 & \cdots & 1 & 1 \\ 1 & 1+a_2 & \cdots & 1 & 1 \\ \vdots & \vdots & \ddots & \vdots & \vdots \\ 1 & 1 & \cdots & 1 & 1+a_n \end{vmatrix}$(其中 $a_1a_2\cdots a_n \neq 0$).

四、(6 分)设 $\boldsymbol{A} = \begin{pmatrix} 3 & 1 & 1 \\ 1 & 4 & 1 \\ 0 & 0 & 3 \end{pmatrix}$,$\boldsymbol{AB} = \boldsymbol{A} + 2\boldsymbol{B}$,求 $\boldsymbol{B} = ?$

五、(6 分)讨论集合 $V = \{x = (x_1,x_2,\cdots,x_n)^{\mathrm{T}} \mid \sum_{i=1}^{n} x_i = 1, x_i \in \mathbf{R}\}$ 是否为向量空间.

六、(6 分)求齐次线性方程组$\begin{cases}x_1+x_2+x_5=0\\x_1+x_2-x_3=0\\x_3+x_4+x_5=0\end{cases}$的一个基础解系.

七、(6 分)在非负实数集上定义运算:$a\circ b=\max\{a,b\}$,这个运算是否满足结合律?是否满足交换率?为什么?

八、(6 分)线性方程组$\begin{cases}ax_1+x_2+x_3=4\\x_1+bx_2+x_3=3\\x_1+2bx_2+x_3=4\end{cases}$,当 a、b 为何值时有唯一解、无穷多解、无解?

九、(6 分)设四元非齐次线性方程组系数矩阵的秩为 3,已知 $\boldsymbol{\eta}_1$、$\boldsymbol{\eta}_2$、$\boldsymbol{\eta}_3$ 是它的 3 个解向量,且 $\boldsymbol{\eta}_1=\begin{pmatrix}2\\3\\4\\5\end{pmatrix}$,$\boldsymbol{\eta}_2+\boldsymbol{\eta}_3=\begin{pmatrix}1\\2\\3\\4\end{pmatrix}$,求出该方程的通解.

十、(12 分)求正交变换 $x=\boldsymbol{P}y$,化二次型 $f(x_1,x_2,x_3)=2x_1^2+5x_2^2+5x_3^2+4x_1x_2-8x_2x_3-4x_1x_3$ 为标准形,判断该二次型的正定性,并回答 $f(x_1,x_2,x_3)=1$ 的二次曲面类型.

十一、(6 分)设向量组 $\boldsymbol{\alpha}_1,\boldsymbol{\alpha}_2,\boldsymbol{\alpha}_3$ 线性无关,向量 $\boldsymbol{\beta}_1$ 可由 $\boldsymbol{\alpha}_1,\boldsymbol{\alpha}_2,\boldsymbol{\alpha}_3$ 线性表出,向量 $\boldsymbol{\beta}_2$ 不能由 $\boldsymbol{\alpha}_1,\boldsymbol{\alpha}_2,\boldsymbol{\alpha}_3$ 线性表出,证明:$\boldsymbol{\alpha}_1,\boldsymbol{\alpha}_2,\boldsymbol{\alpha}_3,k\boldsymbol{\beta}_1+\boldsymbol{\beta}_2$ 线性无关,其中 k 为任意常数.

自测试题六

一、填空(4 分×5=20 分)(09B)

1. 若二次型 $f=ax_1^2+2x_1x_2+ax_2^2$ 经过正交变换 $\boldsymbol{X}=\boldsymbol{PY}$ 化为 $f=2y_1^2$,则 $a=$__________.

2. 若向量组 $\boldsymbol{A}$ 可由向量组 $\boldsymbol{B}$ 线性表示,则 $R(\boldsymbol{A})$__________$R(\boldsymbol{B})$.

3. 设 $\boldsymbol{A}=\begin{pmatrix}1\\3\end{pmatrix}$,$\boldsymbol{B}=(1\quad 0\quad 2)$,则$(\boldsymbol{AB})^{\mathrm{T}}=$__________.

4. 设 3 阶方阵 $\boldsymbol{A}$ 有 3 个不同的特征值,且其中两个特征值分别为 -2、3,又已知 $|\boldsymbol{A}|=48$,则 $\boldsymbol{A}$ 的第 3 个特征值为__________.

5. $\begin{vmatrix}-1 & 1 & x^2\\1 & -1 & x\\1 & 1 & -1\end{vmatrix}$是 x 的多项式,则该多项式的常数项是__________.

二、选择(4 分×5=20 分)

1. 矩阵 $\boldsymbol{A}=\begin{pmatrix}1 & -2 & 3\\1 & 3 & -2\\2 & 1 & 1\end{pmatrix}$的秩为(　　).

A. 1　　B. 2　　C. 3　　D. 4

2. 设 $\boldsymbol{A}$ 为 n 阶方阵,且 $|\boldsymbol{A}|=2$,则 $|\boldsymbol{AA}^*|=$(　　).

A. 2　　B. 2^{n-1}　　C. 2^n　　D. 1

3. 设 $\boldsymbol{A}$ 是 n 阶方阵,且 $|\boldsymbol{A}|=0$,则 $\boldsymbol{A}$ 中(　　).

A. 必有两列元素对应成比例

B. 必有一列向量是其余列向量的线性组合

C. 必有一列元素全为零

D. 任一列向量是其余列向量的线性组合

4. $A_{i1},\cdots,A_{in}$ 为 n 阶行列式 D 中第 i 行元素 $a_{i1},\cdots,a_{in}$ 的代数余子式,下述正确的是(　　).

A. $a_{i1}A_{i1}+\cdots+a_{in}A_{in}=D$　　B. $a_{i1}A_{i1}+\cdots+a_{in}A_{in}=0$

C. $a_{i1}A_{i1}-a_{i2}A_{i2}+\cdots+(-1)^{n-1}a_{in}A_{in}=0$　D. $a_{i1}A_{i1}-a_{i2}A_{i2}+\cdots+(-1)^{n-1}a_{in}A_{in}=D$

5. 当满足下列(　　)条件时,矩阵 $\boldsymbol{A}$ 与 $\boldsymbol{B}$ 相似.

A. $|\boldsymbol{A}|=|\boldsymbol{B}|$

B. $R(\boldsymbol{A})=R(\boldsymbol{B})$

C. $\boldsymbol{A}$ 与 $\boldsymbol{B}$ 有相同的特征多项式

D. n 阶矩阵 $\boldsymbol{A}$ 与 $\boldsymbol{B}$ 有相同的特征值且 n 个特征值互不相同

三、(6 分)计算行列式 $D=\begin{vmatrix}3&1&1&1\\1&3&1&1\\1&1&3&1\\1&1&1&3\end{vmatrix}$.

四、(6 分)设 $\boldsymbol{A}=\begin{pmatrix}1&1&1\\1&1&-1\\1&-1&1\end{pmatrix}$,$\boldsymbol{B}=\begin{pmatrix}1&2&3\\-1&-2&4\\0&5&1\end{pmatrix}$,求 $3\boldsymbol{AB}-2\boldsymbol{A}$.

五、(6 分)求非齐次线性方程组 $\begin{cases}x_1+x_2+4x_3=3\\2x_1-3x_2+x_3=1\\4x_1-x_2+9x_3=7\end{cases}$ 的通解.

六、(6 分)求向量组 A:$\boldsymbol{\alpha}_1=(1,1,3,1)^{\mathrm{T}}$,$\boldsymbol{\alpha}_2=(-1,1,-1,3)^{\mathrm{T}}$,$\boldsymbol{\alpha}_3=(5,-2,8,-9)^{\mathrm{T}}$,$\boldsymbol{\alpha}_4=(-1,3,1,7)^{\mathrm{T}}$ 的秩,并求出它的一个最大无关组,再把其余向量用这个最大无关组线性表示.

七、(6 分)已知 n 阶行列式 $D_n=\begin{vmatrix}1&2&3&\cdots&n\\0&2&0&\cdots&0\\0&0&3&\cdots&0\\\vdots&\vdots&\vdots&\ddots&\vdots\\0&0&0&\cdots&n\end{vmatrix}$,计算 $A_{11}+A_{12}+\cdots+A_{1n}$.

八、(6 分)已知 3 阶矩阵 $\boldsymbol{A}$ 的逆矩阵为 $\boldsymbol{A}^{-1}=\begin{pmatrix}1&1&1\\1&2&1\\1&1&3\end{pmatrix}$,求 $\boldsymbol{A}$ 的伴随矩阵 $\boldsymbol{A}^*$ 的逆矩阵 $(\boldsymbol{A}^*)^{-1}$.

九、(6 分)求齐次线性方程组 $\begin{cases}2x_1+x_2-2x_3+3x_4=0\\3x_1+2x_2-x_3+2x_4=0\\x_1+x_2+x_3-x_4=0\end{cases}$ 的一个基础解系.

十、(8 分)求一个正交变换 $\boldsymbol{x}=\boldsymbol{Py}$,,把二次型 $f(x_1,x_2,x_3)=2x_1^2+5x_2^2+2x_3^2+2x_1x_3$ 化为标准形.

十一、(6 分)设线性方程组为$\begin{cases}(1+\lambda)x_1+x_2+x_3=0\\x_1+(1+\lambda)x_2+x_3=0\\x_1+x_2+(1+\lambda)x_3=\lambda\end{cases}$,问 λ 取何值时,此方程组:(1)有唯一解;(2)无解;(3)有无穷多解,并求出此种情况下的通解.

十二、(4 分)设 $\boldsymbol{a}_1,\boldsymbol{a}_2,\cdots,\boldsymbol{a}_s$ 是齐次线性方程组 $\boldsymbol{Ax}=\boldsymbol{0}$ 的一个基础解系,$\boldsymbol{b}$ 不是 $\boldsymbol{Ax}=\boldsymbol{0}$ 的解,即 $\boldsymbol{Ab}\neq\boldsymbol{0}$,证明 $\boldsymbol{b},\boldsymbol{a}_1+\boldsymbol{b},\boldsymbol{a}_2+\boldsymbol{b},\cdots,\boldsymbol{a}_s+\boldsymbol{b}$ 线性无关.

自测试题七

一、填空(4 分×5=20 分)(08B)

1. 已知 $D=\begin{vmatrix}1&1&2\\0&2&2\\4&1&3\end{vmatrix}$,则 $M_{13}-2M_{23}+M_{33}=$__________.

2. 设 $\boldsymbol{A}$ 是 n 阶可逆矩阵($n\geqslant 2$),$\boldsymbol{A}^*$ 是 $\boldsymbol{A}$ 的伴随矩阵. 则$(\boldsymbol{A}^*)^*=$__________.

3. 设矩阵 $\boldsymbol{A}=\begin{bmatrix}1&2\\x&-1\end{bmatrix}$,$\boldsymbol{B}=\begin{bmatrix}2&y\\1&0\end{bmatrix}$,且 $\boldsymbol{AB}=\boldsymbol{BA}$,则 $x=$__________,$y=$__________.

4. 设矩阵 $\boldsymbol{A}=\begin{bmatrix}\frac{1}{\sqrt{3}}&\frac{1}{\sqrt{3}}&\frac{1}{\sqrt{3}}\\\frac{1}{\sqrt{6}}&\frac{-2}{\sqrt{6}}&\frac{1}{\sqrt{6}}\\\frac{-1}{\sqrt{2}}&a&b\end{bmatrix}$为正交矩阵, 则 $a=$__________, $b=$__________.

5. 矩阵 $\boldsymbol{A}=\begin{pmatrix}1&0&4\\0&2&-1\\4&-1&3\end{pmatrix}$对应的二次型是__________.

二、选择(4 分×5=20 分)

1. 若 $\boldsymbol{A}$ 为非奇异上三角形矩阵,则下列不为上三角形矩阵的是(　　).

A. $2\boldsymbol{A}$　　B. $\boldsymbol{A}^2$　　C. $\boldsymbol{A}^{-1}$　　D. $\boldsymbol{A}^{\mathrm{T}}$

2. 设 $\boldsymbol{A}$、$\boldsymbol{P}$ 均为 n 阶可逆方阵,下列矩阵中(　　)必与矩阵 $\boldsymbol{A}$ 具有相同的特征值.

A. $\boldsymbol{A}+\boldsymbol{E}$　　B. $\boldsymbol{P}^{\mathrm{T}}\boldsymbol{AP}$　　C. $\boldsymbol{A}-\boldsymbol{E}$　　D. $\boldsymbol{P}^{-1}\boldsymbol{AP}$

3. 设 $\boldsymbol{A}$、$\boldsymbol{B}$ 都是 n 阶非零矩阵,且 $\boldsymbol{AB}=\boldsymbol{O}$,则 $\boldsymbol{A}$、$\boldsymbol{B}$ 的秩为(　　).

A. 必有一个为 0　　B. 都小于 n

C. 如果一个等于 n,则另一个小于 n　　D. 都等于 n

4. 若向量组 $\boldsymbol{\alpha},\boldsymbol{\beta},\boldsymbol{\gamma}$ 线性无关,向量组 $\boldsymbol{\alpha},\boldsymbol{\beta},\boldsymbol{\delta}$ 线性相关,则(　　).

A. $\boldsymbol{\alpha}$ 必可由 $\boldsymbol{\gamma},\boldsymbol{\beta},\boldsymbol{\delta}$ 线性表示　　B. $\boldsymbol{\beta}$ 必不可由 $\boldsymbol{\gamma},\boldsymbol{\alpha},\boldsymbol{\delta}$ 线性表示

C. $\boldsymbol{\delta}$ 必可由 $\boldsymbol{\alpha},\boldsymbol{\beta},\boldsymbol{\gamma}$ 线性表示　　D. $\boldsymbol{\delta}$ 必不可由 $\boldsymbol{\alpha},\boldsymbol{\beta},\boldsymbol{\gamma}$ 线性表示

5. 方程组 $\boldsymbol{AX}=\boldsymbol{O}$ 有非零解的充要条件是(　　).

A. $\boldsymbol{A}$ 的任意两列向量线性相关

B. $\boldsymbol{A}$ 的任意两列向量线性无关

C. $\boldsymbol{A}$ 中必有一列向量是其余列向量的线性组合

D. $\boldsymbol{A}$ 中任一列向量都是其余列向量的线性组合

三、(6 分)计算行列式$\begin{vmatrix}1 & 2 & 3\\2 & 3 & 1\\3 & 2 & 1\end{vmatrix}$.

四、(6 分)设 $\boldsymbol{\eta}_1,\boldsymbol{\eta}_2,\cdots,\boldsymbol{\eta}_t$ 是非齐次线性方程组 $\boldsymbol{Ax}=\boldsymbol{b}$ 的 t 个解,$k_1,k_2,\cdots,k_t$ 为实数,满足 $k_1+k_2+\cdots+k_t=1$,证明 $\boldsymbol{x}=k_1\boldsymbol{\eta}_1+k_2\boldsymbol{\eta}_2+\cdots+k_t\boldsymbol{\eta}_t$也是它的解.

五、(6 分)求非齐次线性方程组$\begin{cases}x_1+x_2+4x_3=3\\2x_1-3x_2+x_3=1\\4x_1-x_2+9x_3=7\end{cases}$的通解.

六、(6 分)求向量组 $\boldsymbol{\alpha}_1=(1,2,3)^{\mathrm{T}},\boldsymbol{\alpha}_2=(2,1,4)^{\mathrm{T}},\boldsymbol{\alpha}_3=(0,3,2)^{\mathrm{T}},\boldsymbol{\alpha}_4=(1,5,5)^{\mathrm{T}}$ 的秩和一个最大无关组.

七、(6 分)计算$(n+1)$阶行列式$\begin{vmatrix}-a_1 & a_1 & 0 & \cdots & 0 & 0\\0 & -a_2 & a_2 & \cdots & 0 & 0\\\vdots & \vdots & \vdots & \ddots & \vdots & \vdots\\0 & 0 & 0 & \cdots & -a_n & a_n\\1 & 1 & 1 & \cdots & 1 & 1\end{vmatrix}$.

八、(6 分)设方阵 $\boldsymbol{A}$ 满足 $\boldsymbol{A}^2-2\boldsymbol{A}+3\boldsymbol{E}=\boldsymbol{O}$,证明:$\boldsymbol{A}-3\boldsymbol{E}$ 可逆,并求$(\boldsymbol{A}-3\boldsymbol{E})^{-1}$.

九、(6 分)设 $\boldsymbol{A}$ 为 m 阶对称矩阵,$\boldsymbol{B}$ 为 $m\times n$ 矩阵,证明:$\boldsymbol{B}^{\mathrm{T}}\boldsymbol{AB}$ 为对称矩阵.

十、(8 分)用配方法化二次型$f(x_1,x_2,x_3)=x_1^2+2x_1x_2+2x_2^2+2x_2x_3$ 为标准形,并求出所用的可逆变换阵.

十一、(6 分)已知矩阵 $\boldsymbol{B}=\begin{pmatrix}1 & -3 & 0\\2 & 1 & 0\\0 & 0 & 2\end{pmatrix}$,用初等变换法求 $\boldsymbol{B}$ 的逆.

十二、(4 分)设向量 $\boldsymbol{\alpha}_1=(1,2,1)^{\mathrm{T}}$ 和 $\boldsymbol{\alpha}_2=(1,1,2)^{\mathrm{T}}$ 是方阵 $\boldsymbol{A}$ 的属于特征值 $\lambda=2$ 的特征向量,又向量 $\boldsymbol{\beta}=\boldsymbol{\alpha}_1+2\boldsymbol{\alpha}_2$,求 $\boldsymbol{A}^2\boldsymbol{\beta}$.

自测试题八

一、选择题(每小题 3 分,共 15 分)

1. 设 $\boldsymbol{A}$、$\boldsymbol{B}$ 是两个 n 阶可逆矩阵,则分块矩阵$\begin{pmatrix}0 & \boldsymbol{A}\\\boldsymbol{B} & 0\end{pmatrix}$的逆矩阵$\begin{pmatrix}0 & \boldsymbol{A}\\\boldsymbol{B} & 0\end{pmatrix}^{-1}$为(　　).

A. $\begin{pmatrix}0 & \boldsymbol{A}^{-1}\\\boldsymbol{B}^{-1} & 0\end{pmatrix}$　　B. $\begin{pmatrix}0 & \boldsymbol{B}^{-1}\\\boldsymbol{A}^{-1} & 0\end{pmatrix}$　　C. $\begin{pmatrix}\boldsymbol{A}^{-1} & 0\\0 & \boldsymbol{B}^{-1}\end{pmatrix}$　　D. $\begin{pmatrix}\boldsymbol{B}^{-1} & 0\\0 & \boldsymbol{A}^{-1}\end{pmatrix}$

2. 设 $\boldsymbol{A}$ 为 n 阶方阵,若$|\boldsymbol{A}|=0$,则 $\boldsymbol{A}$ 的特征值(　　).

A. 全为 0　　B. 全不为 0

C. 至少有一个为 0　　D. 可以是任意数

3. 齐次线性方程组恒有解,因而(　　)基础解系.

A. 必有　　B. 没有　　C. 不一定　　D. 有唯一的

4. 设 A 为 4 阶方阵,则 $|-3A|$ 为(　　).

A. $4^3|\boldsymbol{A}|$　　B. $3|\boldsymbol{A}|$　　C. $3^{12}|\boldsymbol{A}|$　　D. $3^4|\boldsymbol{A}|$

5. 已知 $\boldsymbol{\beta}_1$、$\boldsymbol{\beta}_2$ 是非齐次线性方程组 $\boldsymbol{Ax}=\boldsymbol{b}$ 的两个不同的解,$\boldsymbol{\alpha}_1$、$\boldsymbol{\alpha}_2$ 是对应齐次方程组 $\boldsymbol{Ax}=\boldsymbol{0}$ 的基础解系,k_1、k_2 为任意常数,则方程组 $\boldsymbol{Ax}=\boldsymbol{b}$ 的通解必是(　　).

A. $k_1\boldsymbol{\alpha}_1+k_2(\boldsymbol{\alpha}_1+\boldsymbol{\alpha}_2)+\dfrac{\boldsymbol{\beta}_1-\boldsymbol{\beta}_2}{2}$　　B. $k_1\boldsymbol{\alpha}_1+k_2(\boldsymbol{\alpha}_1-\boldsymbol{\alpha}_2)+\dfrac{\boldsymbol{\beta}_1+\boldsymbol{\beta}_2}{2}$

C. $k_1\boldsymbol{\alpha}_1+k_2(\boldsymbol{\beta}_1+\boldsymbol{\beta}_2)+\dfrac{\boldsymbol{\beta}_1-\boldsymbol{\beta}_2}{2}$　　D. $k_1\boldsymbol{\alpha}_1+k_2(\boldsymbol{\beta}_1-\boldsymbol{\beta}_2)+\dfrac{\boldsymbol{\beta}_1-\boldsymbol{\beta}_2}{2}$

二、填空题(每小题3分,共15分)

1. 设 $\boldsymbol{A}=\begin{pmatrix}1&2\\1&0\end{pmatrix}$,$\boldsymbol{B}=\begin{pmatrix}-1&1\\0&1\end{pmatrix}$,则 $|(\boldsymbol{AB})^{-1}|=$________.

2. 矩阵 $\begin{pmatrix}\cos\alpha&\sin\alpha\\-\sin\alpha&\cos\alpha\end{pmatrix}$ 的秩为________.

3. 设 $\lambda=2$ 是非奇异矩阵 $\boldsymbol{A}$ 的一个特征值,则矩阵 $\left(\dfrac{1}{3}\boldsymbol{A}^2\right)^{-1}$ 有一特征值等于________.

4. 设 $\boldsymbol{A}$、$\boldsymbol{B}$ 均为 n 阶正交矩阵,且 $|\boldsymbol{AB}|=-1$,则 $|\boldsymbol{A}^{\mathrm{T}}\boldsymbol{B}|=$________.

5. 若4阶方阵 $\boldsymbol{A}$ 的特征值为1,2,3,4,则 $|\boldsymbol{E}+2\boldsymbol{A}|=$________.

三、(8分) 计算 n 阶行列式 $\begin{vmatrix}a&b&b&\cdots&b\\b&a&b&\cdots&b\\b&b&a&\cdots&b\\\vdots&\vdots&\vdots&\ddots&\vdots\\b&b&b&\cdots&a\end{vmatrix}$.

四、(8分)设 $\boldsymbol{H}=\boldsymbol{E}-2\boldsymbol{xx}^{\mathrm{T}}$,$\boldsymbol{E}$ 为 n 阶单位矩阵,$\boldsymbol{x}$ 为 n 维列向量,又 $\boldsymbol{x}^{\mathrm{T}}\boldsymbol{x}=1$,求证:(1)$\boldsymbol{H}$ 是对称矩阵;(2)$\boldsymbol{H}$ 是正交矩阵.

五、(8分)已知 $\boldsymbol{AB}=\begin{pmatrix}1&1&0\\0&1&0\\0&0&1\end{pmatrix}$,且 $\boldsymbol{B}=\begin{pmatrix}1&0&3\\2&1&-1\\1&-2&1\end{pmatrix}$,求 $\boldsymbol{A}^{-1}$.

六、(8分)问 t 为何值时,二次型 $f=t(x_1^2+x_2^2+x_3^2)-2x_1x_2+2x_1x_3-2x_2x_3$ 是正定二次型?

七、(10分)问 λ 为何值时,线性方程组 $\begin{cases}x_1+2x_2-x_3-2x_4=0\\2x_1-x_2-x_3+x_4=1\\3x_1+x_2-2x_3-x_4=\lambda\end{cases}$ 无解、有解?并在有解时求其通解.

八、(12分)求一个正交变换 $x=Py$,把下列二次型化为标准形:

$$f=x_1^2+3x_2^2+x_3^2-2x_1x_3$$

九、(10分)求向量组 A:$\boldsymbol{\alpha}_1=(1,0,2,1)^{\mathrm{T}}$,$\boldsymbol{\alpha}_2=(1,2,0,1)^{\mathrm{T}}$,$\boldsymbol{\alpha}_3=(2,1,3,0)^{\mathrm{T}}$,

$\boldsymbol{\alpha}_4=(2,5,-1,4)^{\mathrm{T}}$的秩，并求它的一个最大无关组，再把其余向量用这个最大无关组线性表示.

十、(6分)设$\boldsymbol{A}$为n阶非零方阵，$\boldsymbol{A}^*$是$\boldsymbol{A}$的伴随矩阵，$\boldsymbol{A}^{\mathrm{T}}$是$\boldsymbol{A}$的转置矩阵，当$\boldsymbol{A}^*=\boldsymbol{A}^{\mathrm{T}}$时，证明$|\boldsymbol{A}|\neq 0$.

自测试题九

一、填空题(每小题4分，共20分)

1. 设$\boldsymbol{A}=\begin{pmatrix}1 & 2\\ 1 & 0\end{pmatrix}$，$\boldsymbol{B}=\begin{pmatrix}-1 & 1\\ 0 & 1\end{pmatrix}$，则$(\boldsymbol{AB})^{\mathrm{T}}=$__________，$|(\boldsymbol{AB})^{-1}|=$__________.

2. 矩阵$\begin{pmatrix}\cos\alpha & \sin\alpha\\ -\sin\alpha & \cos\alpha\end{pmatrix}$的秩为__________.

3. 向量组$\boldsymbol{\alpha}_1,\boldsymbol{\alpha}_2,\boldsymbol{\alpha}_3$线性无关的定义是__________.

4. 设$\boldsymbol{\lambda}_1$、$\boldsymbol{\lambda}_2$是实对称矩阵$\boldsymbol{A}$的两个特征值，$\boldsymbol{p}_1$、$\boldsymbol{p}_2$是对应的特征向量，当$\boldsymbol{\lambda}_1\neq\boldsymbol{\lambda}_2$时，$\boldsymbol{p}_1$与$\boldsymbol{p}_2$__________.

5. $f=x^2+4xy+4y^2+2xz+z^2+4yz$的标准形为__________.

二、选择题(每小题4分，共20分)

1. 设$\boldsymbol{\lambda}=2$是非奇异矩阵$\boldsymbol{A}$的一个特征值，则矩阵$\left(\frac{1}{3}\boldsymbol{A}^2\right)^{-1}$有一个特征值等于(　　).

A. $\frac{4}{3}$　　B. $\frac{3}{4}$　　C. $\frac{1}{2}$　　D. $\frac{1}{4}$

2. 齐次线性方程组恒有解，因而(　　)基础解系.

A. 必有　　B. 没有　　C. 不一定有　　D. 有唯一的

3. 设矩阵$\boldsymbol{A}$与$\boldsymbol{B}$等价，$\boldsymbol{A}$有一个k阶子式不等于0，则$R(\boldsymbol{B})$(　　)k.

A. $<$　　B. $=$　　C. $\geqslant$　　D. $\leqslant$

4. 当n元非齐次线性方程组$\boldsymbol{Ax}=\boldsymbol{b}$满足条件(　　)时，方程组恒有解.

A. $R(\overline{\boldsymbol{A}})\geqslant n$　　B. $R(\overline{\boldsymbol{A}})\leqslant R(\boldsymbol{A})$　　C. $R(\overline{\boldsymbol{A}})\leqslant n$　　D. $R(\overline{\boldsymbol{A}})\geqslant R(\boldsymbol{A})$

(其中$\overline{\boldsymbol{A}}$为方程组的增广矩阵)

5. 若n维向量$\boldsymbol{\alpha}$与$\boldsymbol{\beta}$正交，则(　　).

A. $\boldsymbol{\alpha}$与$\boldsymbol{\beta}$有一个是零向量　　B. $\boldsymbol{\alpha}$与$\boldsymbol{\beta}$线性相关

C. $\boldsymbol{\alpha}$与$\boldsymbol{\beta}$均是单位向量　　D. $\boldsymbol{\alpha}$与$\boldsymbol{\beta}$的内积为0

三、(10分)计算行列式

$$\begin{vmatrix}1 & 2 & 3 & 0 & 0\\ -1 & 1 & -6 & 0 & 0\\ 0 & 3 & 1 & 0 & 0\\ 18 & 29 & 131 & 6 & 5\\ 27 & 71 & 31 & 2 & 3\end{vmatrix}$$

四、(10分)解矩阵方程

$$\begin{pmatrix}1 & -1 & 0\\ 2 & 0 & 1\end{pmatrix}\boldsymbol{X}=\begin{pmatrix}2 & 5\\ 1 & 4\end{pmatrix}$$

五、(12 分)线性方程组 $\begin{cases} ax_1+x_2+x_3=4 \\ x_1+bx_2+x_3=3 \\ x_1+2bx_2+x_3=4 \end{cases}$,当 a、b 为何值时有解、何有唯一解、有无穷多解?

六、(10 分)设 n 阶方阵 $\boldsymbol{A}$ 满足 $\boldsymbol{A}^2+\boldsymbol{A}+\boldsymbol{E}=0$,试证明 $\boldsymbol{A}$ 可逆,并求 $\boldsymbol{A}^{-1}$.

七、(12 分)求一个正交变换,化二次型 $f(x_1,x_2,x_3)=x_1^2+x_2^2+x_3^2+4x_1x_2+4x_2x_3+4x_1x_3$ 为标准形.

八、(6 分)设矩阵 $\boldsymbol{A}$ 为 n 阶正定矩阵,则存在可逆的实对称矩阵 $\boldsymbol{B}$,使 $\boldsymbol{A}=\boldsymbol{B}^2$.

自测试题十

一、填空题(20 分 = 4 分×5)

1. $\begin{vmatrix} 0 & 0 & 0 & 4 \\ 0 & 0 & 3 & 4 \\ 0 & 2 & 3 & 4 \\ 1 & 2 & 3 & 4 \end{vmatrix}=$__________.

2. 3 阶方阵 $\boldsymbol{A}$ 的特征值为 1、-1　-2,且 $\boldsymbol{B}$ 与 $\boldsymbol{A}$ 相似,则 $|\boldsymbol{B}|=$__________.

3. 实对称矩阵 $\boldsymbol{A}=\begin{pmatrix} -2 & 2 \\ 2 & -3 \end{pmatrix}$,则 $\boldsymbol{A}$ 是__________定的.

4. 矩阵 $\begin{pmatrix} \cos\alpha & \sin\alpha \\ -\sin\alpha & \cos\alpha \end{pmatrix}$ 的秩为__________.

5. 设 $\boldsymbol{A}$、$\boldsymbol{B}$ 均为 n 阶正交方阵,且 $|\boldsymbol{AB}|=-1$,则 $|\boldsymbol{A}^{\mathrm{T}}\boldsymbol{B}|=$__________.

二、选择题(20 分 = 4 分×5)

1. $\boldsymbol{A}$ 为四阶方阵,则 $|3\boldsymbol{A}|$ 为(　　).

A. $4^3|\boldsymbol{A}|$　　B. $3|\boldsymbol{A}|$　　C. $4|\boldsymbol{A}|$　　D. $3^4|\boldsymbol{A}|$

2. 若矩阵 $\boldsymbol{A}$ 的秩为 r,则有(　　).

A. $\boldsymbol{A}$ 中所有 r 阶子式均不为零

B. $\boldsymbol{A}$ 中所有 $(r+1)$ 阶子式均等于零

C. $\boldsymbol{A}$ 中所有 $(r-1)$ 阶子式均不为零

D. $\boldsymbol{A}$ 中只有一个 r 阶子式不为零

3. 方程组 $\begin{cases} x_1-x_2+4x_3=1 \\ 2x_1-x_2+ax_3=2 \\ -x_1+2x_2-5x_3=b \end{cases}$ 没有解,则系数 a、b 取值为(　　).

A. $a\neq7,b\neq-1$　　B. $a\neq7,b=-1$　　C. $a=7,b\neq-1$　　D. $a=7,b=-1$

4. 设矩阵 $\boldsymbol{A}$ 与 $\boldsymbol{B}$ 等价,$\boldsymbol{A}$ 有一个 k 阶子式不为零,则 $R(\boldsymbol{B})$(　　)k.

A. $<$　　B. $=$　　C. $\geqslant$　　D. $\leqslant$

5. 已知 $\boldsymbol{\beta}_1,\boldsymbol{\beta}_2$ 是 $\boldsymbol{Ax}=\boldsymbol{b}$ 的两个不同的解,$\boldsymbol{\alpha}_1,\boldsymbol{\alpha}_2$ 是相应的齐次方程组 $\boldsymbol{Ax}=\boldsymbol{0}$ 的基础解系,k_1、k_2 是任意常数,则 $\boldsymbol{Ax}=\boldsymbol{b}$ 的通解是(　　).

A. $k_1\boldsymbol{\alpha}_1+k_2(\boldsymbol{\alpha}_1+\boldsymbol{\alpha}_2)+(\boldsymbol{\beta}_1-\boldsymbol{\beta}_2)/2$　　B. $k_1\boldsymbol{\alpha}_1+k_2(\boldsymbol{\alpha}_1-\boldsymbol{\alpha}_2)+(\boldsymbol{\beta}_1+\boldsymbol{\beta}_2)/2$

C. $k_1\boldsymbol{\alpha}_1+k_2(\boldsymbol{\beta}_1-\boldsymbol{\beta}_2)+(\boldsymbol{\beta}_1-\boldsymbol{\beta}_2)/2$　　　D. $k_1\boldsymbol{\alpha}_1+k_2(\boldsymbol{\beta}_1-\boldsymbol{\beta}_2)+(\boldsymbol{\beta}_1+\boldsymbol{\beta}_2)/2$

三、计算行列式(8 分 = 4 分 +4 分)

1. $\begin{vmatrix}2&3&1&2\\3&5&2&4\\1&2&1&2\\2&1&2&1\end{vmatrix}$

2. $\begin{vmatrix}a+1&1&1&1\\1&a+2&1&1\\1&1&a+3&1\\1&1&1&a+4\end{vmatrix}$(其中$(a+1)(a+2)(a+3)(a+4)\neq0$)

四、(6 分)设$\boldsymbol{A}+\boldsymbol{AB}=\boldsymbol{E}$, 其中$\boldsymbol{A}=\begin{pmatrix}1&2&3\\1&3&5\\1&4&6\end{pmatrix}$, 求矩阵$\boldsymbol{B}$.

五、(6 分)设向量$\boldsymbol{\alpha}_1,\boldsymbol{\alpha}_2,\boldsymbol{\alpha}_3$线性无关,讨论

$$\boldsymbol{\beta}_1=\boldsymbol{\alpha}_1-\boldsymbol{\alpha}_2,\ \boldsymbol{\beta}_2=\boldsymbol{\alpha}_2+2\boldsymbol{\alpha}_3,\ \boldsymbol{\beta}_3=\boldsymbol{\alpha}_3-3\boldsymbol{\alpha}_1$$

的线性相关性.

六、(8 分)验证$\boldsymbol{\alpha}_1=(1\ \ 2\ \ 1)^{\mathrm{T}}$, $\boldsymbol{\alpha}_2=(2\ \ 1\ \ 2)^{\mathrm{T}}$,$\boldsymbol{\alpha}_3=(1\ \ 2\ \ 3)^{\mathrm{T}}$是$\mathbf{R}^3$的一个基,并将$\boldsymbol{\beta}=(3\ \ 4\ \ 5)^{\mathrm{T}}$表为$\boldsymbol{\alpha}_2,\boldsymbol{\alpha}_2,\boldsymbol{\alpha}_3$的线性组合.

七、(8 分)求线性方程组$\begin{cases}2x_1+3x_2-4x_3+x_4=0\\x_1+3x_2-2x_3-x_4=0\\3x_1-x_2-2x_3+x_4=0\\6x_1+5x_2-8x_3+x_4=0\end{cases}$的一个基础解系.

八、(10 分)讨论线性方程组$\begin{cases}x_1+x_2+ax_3=1\\x_1+ax_2+x_3=a\\ax_1+x_2+x_3=a^2\end{cases}$,当$a$取何值时,此方程组有唯一解、无解、有无穷多解?

九、(10 分)求一个线性变换$\boldsymbol{X}=\boldsymbol{PY}$,将二次型

$$f=x_1^2+x_2^2+x_3^2-2x_1x_2-2x_1x_3-2x_2x_3$$

化成标准形.

十、(4 分)设$\boldsymbol{\alpha}_1,\boldsymbol{\alpha}_2,\cdots,\boldsymbol{\alpha}_r$是正交向量组,证明它们线性无关.

7.1.2　自测试题解答(上)

自测试题一答案

一、1. $(\lambda-1)(\lambda-4)(\lambda-9)$.　　2. $\begin{bmatrix}0&1\\1&0\end{bmatrix}$.　　3. $n-1$.

4. $\boldsymbol{x}=(1,1,1,1)^{\mathrm{T}}$.　　5. M.

二、1. B.　2. D.　3. C.　4. A.　5. C.

三、

$$D=\begin{vmatrix}2&2&2^2&2^3\\2&3&3^2&3^3\\2&4&4^2&4^3\\2&5&5^2&5^3\end{vmatrix}=2\times\begin{vmatrix}1&2&2^2&2^3\\1&3&3^2&3^3\\1&4&4^2&4^3\\1&5&5^2&5^3\end{vmatrix}=2(5-2)(5-3)(5-4)(4-2)(4-3)(3-2)$$

$=24$

四、二次型 $f(x_1,x_2,x_3)=-2x_1^2-6x_2^2-4x_3^2+2x_1x_2+2x_1x_3$ 矩阵为

$$\begin{pmatrix}-2&1&1\\1&-6&0\\1&0&-4\end{pmatrix}$$

$$a_{11}=-2<0,\ \begin{vmatrix}-2&1\\1&-6\end{vmatrix}=11>0,\ \begin{vmatrix}-2&1&1\\1&-6&0\\1&0&-4\end{vmatrix}=-38<0$$

二次型 $f(x_1,x_2,x_3)=-2x_1^2-6x_2^2-4x_3^2+2x_1x_2+2x_1x_3$ 为负定的.

五、$\boldsymbol{X}=\begin{pmatrix}2&5\\1&3\end{pmatrix}^{-1}\begin{pmatrix}4&-6\\2&1\end{pmatrix}=\begin{pmatrix}3&-5\\-1&2\end{pmatrix}\begin{pmatrix}4&-6\\2&1\end{pmatrix}=\begin{pmatrix}2&-23\\0&8\end{pmatrix}$

六、$\boldsymbol{A}=(\boldsymbol{\alpha}_1,\boldsymbol{\alpha}_2,\boldsymbol{\alpha}_3,\boldsymbol{\alpha}_4)=\begin{pmatrix}2&3&-5&4\\0&-2&6&-4\\-1&1&-5&3\\3&-1&9&-5\end{pmatrix}\sim\begin{pmatrix}-1&1&-5&3\\0&-2&6&-4\\2&3&-5&4\\3&-1&9&-5\end{pmatrix}\sim$

$$\begin{pmatrix}-1&1&-5&3\\0&-2&6&-4\\0&5&-15&10\\0&2&-6&4\end{pmatrix}\sim\begin{pmatrix}-1&1&-5&3\\0&-2&6&-4\\0&0&0&0\\0&0&0&0\end{pmatrix}$$

$R(\boldsymbol{A})=2$，且 $\boldsymbol{\alpha}_1,\boldsymbol{\alpha}_2$ 为矩阵 $\boldsymbol{A}$ 的列向量组的一个最大无关组.

七、$D_n=x\cdot(-1)^{1+1}\cdot\begin{vmatrix}x&y&&0\\&x&\ddots&\\&&\ddots&y\\0&&&x\end{vmatrix}+y\cdot(-1)^{n+1}\cdot\begin{vmatrix}y&&&0\\x&y&&\\&\ddots&\ddots&\\0&&x&y\end{vmatrix}$

$=x^n+(-1)^ny^n$

八、$(\boldsymbol{A}\,|\,\boldsymbol{E})=\left(\begin{array}{ccc|ccc}2&1&-1&1&0&0\\2&1&0&0&1&0\\1&-1&1&0&0&1\end{array}\right)\sim(\boldsymbol{E}\,|\,\boldsymbol{A}^{-1})=\left(\begin{array}{ccc|ccc}1&0&0&\frac{1}{3}&0&\frac{1}{3}\\0&1&0&-\frac{2}{3}&1&-\frac{2}{3}\\0&0&0&-1&1&0\end{array}\right)$

$$A^{-1}=\begin{pmatrix}\frac{1}{3}&0&\frac{1}{3}\\-\frac{2}{3}&1&-\frac{2}{3}\\-1&1&0\end{pmatrix}$$

九、$A=\begin{bmatrix}1&-2&3k\\-1&2k&-3\\k&-2&3\end{bmatrix}\sim\begin{bmatrix}1&-2&3k\\0&2(k-1)&3(k-1)\\k-1&0&3(1-k)\end{bmatrix}$，$k=1$ 时，$R(A)=1$.

十、变换前后二次型的矩阵分别为

$$A=\begin{bmatrix}1&a&1\\a&1&b\\1&b&1\end{bmatrix},\Lambda=\begin{bmatrix}0&0&0\\0&1&0\\0&0&2\end{bmatrix}$$

它们是(正交)相似的，于是 $\det(A-\lambda E)=\det(\Lambda-\lambda E)$，即

$$-\lambda^3+3\lambda^2+(a^2+b^2-2)\lambda-(a-b)^2=-\lambda^3+3\lambda^2-2\lambda$$

得 $a=b=0$，可求得 A 对应于 $\lambda_1=0,\lambda_2=1$ 和 $\lambda_3=2$ 的特征向量分别为 $P_1=\begin{bmatrix}-1\\0\\1\end{bmatrix},P_2=\begin{bmatrix}0\\1\\0\end{bmatrix}$，

$P_3=\begin{bmatrix}1\\0\\1\end{bmatrix}$，单位化后，得到所用的正交变换矩阵为

$$Q=\begin{bmatrix}-\frac{1}{\sqrt{2}}&0&\frac{1}{\sqrt{2}}\\0&1&0\\\frac{1}{\sqrt{2}}&0&\frac{1}{\sqrt{2}}\end{bmatrix}$$

十一、$(P^{-1}AP)^{100}=\underbrace{P^{-1}AP\cdot P^{-1}AP\cdot\cdots\cdot P^{-1}AP}_{\text{共100项}}=P^{-1}A^{100}P$

$$=\begin{pmatrix}2&0&0\\0&1&2\\0&0&1\end{pmatrix}^{-1}\begin{pmatrix}1&0&0\\0&2&0\\0&0&2\end{pmatrix}^{100}\begin{pmatrix}2&0&0\\0&1&2\\0&0&1\end{pmatrix}$$

$$=\begin{pmatrix}\frac{1}{2}&0&0\\0&1&-2\\0&0&1\end{pmatrix}\begin{pmatrix}1&0&0\\0&2^{100}&0\\0&0&2^{100}\end{pmatrix}\begin{pmatrix}2&0&0\\0&1&2\\0&0&1\end{pmatrix}=\begin{pmatrix}1&0&0\\0&2^{100}&0\\0&0&2^{100}\end{pmatrix}$$

十二、**证明** 设 $f(\lambda)=|A-\lambda E|$，则 $f(-1)=|A+E|$，故要证 A 有特征值 -1，只需证 $|A+E|=0$.

由已知，A 是正交矩阵，即 $AA^{\mathrm T}=E$，又已知 $|A|=-1$，故有

$$|A+E|=|A+A^{\mathrm T}A|=|E+A^{\mathrm T}||A|=-|E+A^{\mathrm T}|=-|A+E|$$

故 $f(-1)=|\boldsymbol{A}+\boldsymbol{E}|=0$，即 $\boldsymbol{A}$ 有特征值 -1.

自测试题二答案

一、1. 0.　　2. $\dfrac{\boldsymbol{A}}{|\boldsymbol{A}|}$.　　3. -4.　　4. $n!$.　　5. $-2<t<2$.

二、1. D.　　2. D.　　3. B.　　4. C.　　5. C.

三、原式 $=(x-y)^2\begin{vmatrix} x-y & x+y \\ x+y & x-y \end{vmatrix}=((x-y)^2-(x+y)^2)^2=16x^2y^2$

四、**证明**　设存在 $l_1,l_2,\cdots,l_{s-1}$ 满足 $l_1\boldsymbol{\beta}_1+l_2\boldsymbol{\beta}_2+\cdots+l_{s-1}\boldsymbol{\beta}_{s-1}=0$，则有

$$\begin{aligned} & l_1(\boldsymbol{\alpha}_1+k_1\boldsymbol{\alpha}_s)+l_2(\boldsymbol{\alpha}_2+k_2\boldsymbol{\alpha}_s)+\cdots+l_{s-1}(\boldsymbol{\alpha}_{s-1}+k_{s-1}\boldsymbol{\alpha}_s) \\ = & l_1\boldsymbol{\alpha}_1+l_2\boldsymbol{\alpha}_2+\cdots+l_{s-1}\boldsymbol{\alpha}_{s-1}+(l_1k_1+l_2k_2+\cdots+l_{s-1}k_{s-1})\boldsymbol{\alpha}_s=0 \end{aligned}$$

因为 $\boldsymbol{\alpha}_1,\boldsymbol{\alpha}_2,\cdots,\boldsymbol{\alpha}_s$ 无关，所以

$$l_1=l_2=\cdots=l_{s-1}=l_1k_1+l_2k_2+\cdots+l_{s-1}k_{s-1}=0$$

故 $\boldsymbol{\beta}_1,\boldsymbol{\beta}_2,\cdots,\boldsymbol{\beta}_{s-1}$ 无关.

五、

$$|\boldsymbol{A}|=\begin{vmatrix} 1 & 1 & -1 \\ 2 & a+2 & -b-2 \\ 0 & -3a & a+2b \end{vmatrix}\overset{r_2-2r_1}{=}\begin{vmatrix} 1 & 1 & -1 \\ 0 & a & -b \\ 0 & -3a & a+2b \end{vmatrix}\overset{r_3+3r_2}{=}\begin{vmatrix} 1 & 1 & -1 \\ 0 & a & -b \\ 0 & 0 & a-b \end{vmatrix}=a(a-b)$$

当 $a(a-b)=0$ 时，即 $a=0$ 或 $a=b$ 时，$R(\boldsymbol{A})<3$.

(1) 若 $a=b=0$，则

$$\overline{\boldsymbol{A}}\sim\begin{bmatrix} 1 & 1 & -1 & 1 \\ 0 & 0 & 0 & 1 \\ 0 & 0 & 0 & 0 \end{bmatrix}$$

$R(\boldsymbol{A})=1<R(\overline{\boldsymbol{A}})=2$，无解.

(2) 若 $a=0,b\neq0$，则

$$\overline{\boldsymbol{A}}=\begin{bmatrix} 1 & 1 & -1 & 1 \\ 2 & 2 & -b-2 & 3 \\ 0 & 0 & 2b & -3 \end{bmatrix}\overset{r_2-2r_1}{\sim}\begin{bmatrix} 1 & 1 & -1 & 1 \\ 0 & 0 & -b & 1 \\ 0 & 0 & 2b & -3 \end{bmatrix}\overset{r_3+2r_2}{\sim}$$

$$\begin{bmatrix} 1 & 1 & -1 & 1 \\ 0 & 0 & -b & 1 \\ 0 & 0 & 0 & -1 \end{bmatrix}$$

$R(\boldsymbol{A})=2<R(\overline{\boldsymbol{A}})=3$，无解.

六、$(\boldsymbol{a}_1,\boldsymbol{a}_2,\boldsymbol{a}_3,\boldsymbol{a}_4)=\begin{bmatrix} 1 & 5 & -2 & -5 \\ 3 & 6 & 3 & 3 \\ -2 & 2 & 1 & -5 \\ 1 & 0 & -1 & 1 \end{bmatrix}\sim\begin{bmatrix} 1 & 0 & 0 & 2 \\ 0 & 1 & 0 & -1 \\ 0 & 0 & 1 & 1 \\ 0 & 0 & 0 & 0 \end{bmatrix}$

秩为 3，$\boldsymbol{a}_1,\boldsymbol{a}_2,\boldsymbol{a}_3$ 为一个最大无关组，$\boldsymbol{a}_4=2\boldsymbol{a}_1-\boldsymbol{a}_2+\boldsymbol{a}_3$.

七、$D_n=2D_{n-1}-D_{n-2}$

$=2(2D_{n-2}-D_{n-3})-D_{n-2}=3D_{n-2}-2D_{n-3}$

$=3(2D_{n-3}-D_{n-4})-2D_{n-3}=4D_{n-3}-3D_{n-4}=\cdots=(n-1)D_2-(n-2)D_1$

$=(n-1)\begin{vmatrix}2&1\\1&2\end{vmatrix}-(n-2)|2|=(n-1)3-2(n-2)=n+1$

八、<方法一>由 $\boldsymbol{AX}+\boldsymbol{E}=\boldsymbol{A}^2+\boldsymbol{X}$,得$(\boldsymbol{A}-\boldsymbol{E})\boldsymbol{X}=\boldsymbol{A}^2-\boldsymbol{E}$.

由于

$$\boldsymbol{A}-\boldsymbol{E}=\begin{bmatrix}0&0&1\\0&1&0\\1&0&0\end{bmatrix},|\boldsymbol{A}-\boldsymbol{E}|\neq0$$

有

$$\boldsymbol{X}=\boldsymbol{A}+\boldsymbol{E}=\begin{bmatrix}2&0&1\\0&3&0\\1&0&2\end{bmatrix}$$

<方法二>由 $\boldsymbol{AX}+\boldsymbol{E}=\boldsymbol{A}^2+\boldsymbol{X}$,得$(\boldsymbol{A}-\boldsymbol{E})\boldsymbol{X}=\boldsymbol{A}^2-\boldsymbol{E}$,则

$$\boldsymbol{A}-\boldsymbol{E}=\begin{bmatrix}0&0&1\\0&1&0\\1&0&0\end{bmatrix},(\boldsymbol{A}-\boldsymbol{E})^{-1}=\begin{bmatrix}0&0&1\\0&1&0\\1&0&0\end{bmatrix}^{-1}=\begin{bmatrix}0&0&1\\0&1&0\\1&0&0\end{bmatrix}$$

$$\boldsymbol{X}=(\boldsymbol{A}-\boldsymbol{E})^{-1}(\boldsymbol{A}^2-\boldsymbol{E})$$

$$=\begin{bmatrix}0&0&1\\0&1&0\\1&0&0\end{bmatrix}\begin{bmatrix}1&0&2\\0&3&0\\2&0&1\end{bmatrix}=\begin{bmatrix}2&0&1\\0&3&0\\1&0&2\end{bmatrix}$$

九、$|\boldsymbol{A}+\boldsymbol{B}|=\begin{vmatrix}2\boldsymbol{\alpha}\\\boldsymbol{\eta}+\boldsymbol{\zeta}\\2\boldsymbol{\beta}\end{vmatrix}=\begin{vmatrix}2\boldsymbol{\alpha}\\\boldsymbol{\eta}\\2\boldsymbol{\beta}\end{vmatrix}+\begin{vmatrix}2\boldsymbol{\alpha}\\\boldsymbol{\zeta}\\2\boldsymbol{\beta}\end{vmatrix}$

$=4\begin{vmatrix}\boldsymbol{\alpha}\\\boldsymbol{\eta}\\\boldsymbol{\beta}\end{vmatrix}+4\begin{vmatrix}\boldsymbol{\alpha}\\\boldsymbol{\zeta}\\\boldsymbol{\beta}\end{vmatrix}=4|\boldsymbol{A}|+4|\boldsymbol{B}|$

$=4\times5+4\times(-2)=12.$

十、$\boldsymbol{A}=\begin{pmatrix}1&0&0\\0&2&3\\0&3&2\end{pmatrix}$, $|\lambda\boldsymbol{E}-\boldsymbol{A}|=(\lambda-5)(\lambda-1)(\lambda+1)$

$\lambda=5$ 时,特征向量为 $\boldsymbol{\xi}_1=\begin{pmatrix}0\\1\\1\end{pmatrix}$;

$\lambda=1$ 时,特征向量时 $\boldsymbol{\xi}_2=\begin{pmatrix}1\\0\\0\end{pmatrix}$;

$\lambda=-1$ 时,特征向量为 $\boldsymbol{\xi}_3=\begin{pmatrix}0\\1\\-1\end{pmatrix}$.

单位化，得

$$q_1=\beta_1=\frac{1}{\sqrt{2}}\begin{pmatrix}0\\1\\1\end{pmatrix},q_2=\beta_2=\xi_2,q_3=\beta_3=\xi_3=\frac{1}{\sqrt{2}}\begin{pmatrix}0\\1\\-1\end{pmatrix}$$

正交变换，得

$$X=\begin{pmatrix}0&1&0\\\frac{1}{\sqrt{2}}&0&\frac{1}{\sqrt{2}}\\\frac{1}{\sqrt{2}}&0&-\frac{1}{\sqrt{2}}\end{pmatrix}Y\ ,f=5y_1^2+y_2^2-y_3^2$$

由顺序主子式不全大于等于0或标准形中有负项，所以f不是正定的.

十一、由$\Lambda P=PA$，故$A=P^{-1}\Lambda P,A^k=P^{-1}\Lambda^kP$，所以

$$\varphi(A)=P^{-1}(\Lambda^7-6\Lambda^5+2E)P$$

又$P=\begin{bmatrix}-1&0\\1&1\end{bmatrix}$，所以$P^{-1}=\begin{bmatrix}-1&0\\1&1\end{bmatrix}$，则

$$\begin{aligned}\varphi(A)&=P^{-1}\left(\begin{bmatrix}1^7&0\\0&(-1)^7\end{bmatrix}-6\begin{bmatrix}1^5&0\\0&(-1)^5\end{bmatrix}+2\begin{bmatrix}1&0\\0&1\end{bmatrix}\right)P\\&=\begin{bmatrix}-1&0\\1&1\end{bmatrix}\begin{bmatrix}-3&0\\0&7\end{bmatrix}\begin{bmatrix}-1&0\\1&1\end{bmatrix}\\&=\begin{bmatrix}-3&0\\10&7\end{bmatrix}\end{aligned}$$

十二、由$b=\alpha_1+\alpha_2+\alpha_3+\alpha_4$得线性方程组$Ax=b$的特解$\eta=(1,1,1,1)^T$. 由$\alpha_2$，$\alpha_3,\alpha_4$线性无关，$\alpha_1=2\alpha_2-\alpha_3$知$R(A)=3$，线性方程组$Ax=0$的基础解系含有$4-3=1$个解向量. 而$\alpha_1=2\alpha_2-\alpha_3$，$Ax=0$的基础解系为$\eta_1=(1,-2,1,0)^T$. $Ax=b$的通解为$\eta=\eta^*+k\eta_1$.

自测试题三答案

一、1. $\begin{pmatrix}-1&3\\0&1\end{pmatrix}$.　　2. 20.　　3. $i=2,j=7$.　　4. n.　　5. $-6,15$.

二、1. B.　　2. A.　　3. D.　　4. D.　　5. A.

三、$D=\begin{vmatrix}x-2&1&0&-1\\2x-2&1&0&-1\\3x-3&1&x-2&-2\\4x&-3&x-7&-3\end{vmatrix}=\begin{vmatrix}x-2&1&0&-1\\x&0&0&0\\2x-1&0&x-2&-1\\7x-2&0&x-7&-6\end{vmatrix}=-\begin{vmatrix}x&0&0\\2x-1&x-2&-1\\7x-2&x-7&-6\end{vmatrix}$

$=-x\begin{vmatrix}x-2&-1\\x-7&-6\end{vmatrix}=5x(x-1)$，当$x=0$或$x=1$时$D=0$.

四、由题设有$(A-2E)B=A$，故$B=(A-2E)^{-1}A$，$A-2E=\begin{pmatrix}1&1&1\\1&2&1\\0&0&1\end{pmatrix}$，$(A-2E\ \vdots\ A)=$

$$\begin{pmatrix}1&1&1&3&1&1\\1&2&1&1&4&1\\0&0&1&0&0&3\end{pmatrix}\rightarrow\begin{pmatrix}1&0&0&5&-2&-2\\0&1&0&-2&3&0\\0&0&1&0&0&3\end{pmatrix},\text{故 }\boldsymbol{B}=\begin{pmatrix}5&-2&-2\\-2&3&0\\0&0&3\end{pmatrix}.$$

五、增广矩阵$\overline{\boldsymbol{A}}=\begin{pmatrix}1&2&-1&-2&0\\2&-1&-1&1&1\\3&1&-2&-1&\lambda\end{pmatrix}\rightarrow\begin{pmatrix}1&0&-\frac{3}{5}&0&\frac{2}{5}\\0&1&-\frac{1}{5}&-1&-\frac{1}{5}\\0&0&0&0&\lambda-1\end{pmatrix}$

1. 当 $\lambda\neq1$ 时,该线性方程组无解.

2. 当 $\lambda=1$ 时,该线性方程组有解,同解方程组为$\begin{cases}x_1=\frac{3}{5}x_3-\frac{2}{5}x_5\\x_2=\frac{1}{5}x_3+x_4+\frac{1}{5}x_5\end{cases}$,依次取$\begin{pmatrix}x_3\\x_4\\x_5\end{pmatrix}=$

$\begin{pmatrix}1\\0\\0\end{pmatrix},\begin{pmatrix}0\\1\\0\end{pmatrix},\begin{pmatrix}0\\0\\1\end{pmatrix}$得基础解系 $\boldsymbol{\xi}_1=\begin{pmatrix}\frac{3}{5}\\\frac{1}{5}\\1\\0\\0\end{pmatrix}$,$\boldsymbol{\xi}_2=\begin{pmatrix}0\\1\\0\\1\\0\end{pmatrix}$,$\boldsymbol{\xi}_3=\begin{pmatrix}-\frac{2}{5}\\\frac{1}{5}\\0\\0\\1\end{pmatrix}$,故线性方程组通解为 $\boldsymbol{x}=k_1\boldsymbol{\xi}_1+k_2\boldsymbol{\xi}_2+k_3\boldsymbol{\xi}_3$($k_1,k_2,k_3$ 为任意实数).

六、向量组 $\boldsymbol{\alpha}_1,\boldsymbol{\alpha}_2,\boldsymbol{\alpha}_3,\boldsymbol{\alpha}_4$ 线性无关,即齐次线性方程组$(\boldsymbol{\alpha}_1\boldsymbol{\alpha}_2\boldsymbol{\alpha}_3\boldsymbol{\alpha}_4)\begin{pmatrix}x_1\\x_2\\x_3\\x_4\end{pmatrix}=0$ 只有零解,从而行列式$\begin{vmatrix}1&-1&3&-2\\1&-3&2&-6\\1&5&-1&10\\3&1&p+2&p\end{vmatrix}\neq0$,即 $14(p-2)\neq0$,$p\neq2$ 时向量组 $\boldsymbol{\alpha}_1,\boldsymbol{\alpha}_2,\boldsymbol{\alpha}_3,\boldsymbol{\alpha}_4$ 线性无关,要将 $\boldsymbol{\alpha}$ 表示为 $\boldsymbol{\alpha}_1,\boldsymbol{\alpha}_2,\boldsymbol{\alpha}_3,\boldsymbol{\alpha}_4$ 的线性组合,即解方程

$$(\boldsymbol{\alpha}_1\boldsymbol{\alpha}_2\boldsymbol{\alpha}_3\boldsymbol{\alpha}_4)\begin{pmatrix}x_1\\x_2\\x_3\\x_4\end{pmatrix}=\boldsymbol{\alpha}$$

$$\begin{pmatrix}x_1\\x_2\\x_3\\x_4\end{pmatrix}=(\boldsymbol{\alpha}_1\boldsymbol{\alpha}_2\boldsymbol{\alpha}_3\boldsymbol{\alpha}_4)^{-1}\boldsymbol{\alpha}=\begin{pmatrix}2\\\frac{3p-4}{p-2}\\1\\\frac{1-p}{p-2}\end{pmatrix}$$

从而 $\boldsymbol{\alpha}=2\boldsymbol{\alpha}_1+\dfrac{3p-4}{p-2}\boldsymbol{\alpha}_2+\boldsymbol{\alpha}_3+\dfrac{1-p}{p-2}\boldsymbol{\alpha}_4$.

七、$\boldsymbol{A}=\begin{pmatrix}1&0&-1&2\\0&-1&a+1&0\\0&-a&0&0\end{pmatrix}$,因为 $\boldsymbol{A}$ 的秩为2,故有 $\begin{vmatrix}1&0&-1\\0&-1&a+1\\0&-a&0\end{vmatrix}=0$,即

$a(a+1)=0$,即 $a=0$ 或 $a=-1$.

八、略.

九、$(\boldsymbol{A}+\boldsymbol{E})\boldsymbol{A}=4\boldsymbol{E},\boldsymbol{A}^{-1}=\dfrac{1}{4}(\boldsymbol{A}+\boldsymbol{E})$

十、略.

自测试题四答案

一、1. -64.　2. ±1.　3. 0 或 -1.　4. $R(\boldsymbol{A})\geqslant R(\boldsymbol{B})$.　5. 负.

二、1. C.　2. C.　3. A.　4. D.　5. B.

三、1. $\begin{vmatrix}22&25&21&32\\26&27&18&29\\32&16&19&33\\30&29&15&26\end{vmatrix}\xlongequal{c_1+c_2+c_3+c_4}\begin{vmatrix}100&25&21&32\\100&27&18&29\\100&16&19&33\\100&29&15&26\end{vmatrix}\xlongequal[r_4-r_1]{r_2-r_1,\ r_3-r_1}\begin{vmatrix}100&25&21&32\\0&2&-3&-3\\0&-9&-3&-1\\0&4&-6&-6\end{vmatrix}$

$$=100\begin{vmatrix}2&-3&-3\\-9&-3&1\\4&-6&-6\end{vmatrix}=0$$

2. $\begin{vmatrix}0&0&\cdots&0&1\\0&0&\cdots&2&0\\\vdots&\vdots&\ddots&\vdots&\vdots\\n&0&\cdots&0&0\end{vmatrix}=(-1)^{\frac{n(n-1)}{2}}n!$

四、$\boldsymbol{B}=(\boldsymbol{A}-2\boldsymbol{E})^{-1}\boldsymbol{A}$

$$=\begin{pmatrix}2&-1&-1\\-1&1&0\\0&0&1\end{pmatrix}\begin{pmatrix}3&1&1\\1&4&1\\0&0&3\end{pmatrix}=\begin{pmatrix}5&-2&-2\\-2&3&0\\0&0&3\end{pmatrix}$$

五、是. 因为如果 $\boldsymbol{\alpha}=(a_1,0,\cdots,0,a_n)^{\mathrm{T}}\in V,\boldsymbol{\beta}=(b_1,0,\cdots,0,b_n)^{\mathrm{T}}\in V$,则 $\boldsymbol{\alpha}+\boldsymbol{\beta}=(a_1+b_1,0,\cdots,0,a_n+b_n)^{\mathrm{T}}\in V,\lambda\in\mathbf{R},\lambda\boldsymbol{\alpha}=(\lambda a_1,0,\cdots,0,\lambda a_n)^{\mathrm{T}}\in V$,所以 V 对数乘运算封闭,V 是量空间.

六、设 $(\boldsymbol{b}_1,\boldsymbol{b}_2,\boldsymbol{b}_3)=(\boldsymbol{a}_1,\boldsymbol{a}_2,\boldsymbol{a}_3)\boldsymbol{P}$,即 $\boldsymbol{B}=\boldsymbol{AP},\boldsymbol{P}=\boldsymbol{A}^{-1}\boldsymbol{B}$,其中

$$\boldsymbol{A}^{-1}=-\frac{1}{2}\begin{pmatrix}0&-2&0\\-1&0&1\\-1&2&-1\end{pmatrix}$$

$$\boldsymbol{P}=\boldsymbol{A}^{-1}\boldsymbol{B}=-\frac{1}{2}\begin{pmatrix}0&-2&0\\-1&0&1\\-1&2&-1\end{pmatrix}\begin{pmatrix}1&2&3\\2&3&4\\1&4&3\end{pmatrix}=\begin{pmatrix}2&3&4\\0&-1&0\\-1&0&-1\end{pmatrix}$$

七、不满足结合律，满足交换率. 因为

$$(a\circ b)\circ c=(a^2+b^2)\circ c=(a^2+b^2)^2+c^2$$

$$a\circ(b\circ c)=a\circ(b^2+c^2)=a^2+(b^2+c^2)^2$$

故 $a\circ(b\circ c)\neq(a\circ b)\circ c$ 不满足结合律，而 $a\circ b=a^2+b^2=b\circ a$ 满足交换率.

八、系数矩阵的行列式

$$D=\begin{vmatrix}a&1&1\\1&b&1\\1&2b&1\end{vmatrix}=\begin{vmatrix}0&1-ab&1-a\\1&b&1\\0&b&0\end{vmatrix}=(-1)^{2+1}\begin{vmatrix}1-ab&1-a\\b&0\end{vmatrix}=b(1-a)$$

故当 $a\neq1,b\neq0$ 时线性方程组有唯一解；当 $a=1,b=\frac{1}{2}$ 时有无穷多解；其他情况无解.

九、$(\boldsymbol{\eta}_1-\boldsymbol{\eta}_3)$ 和 $(\boldsymbol{\eta}_1-\boldsymbol{\eta}_2)$ 都是对应齐次方程的解，从而 $(\boldsymbol{\eta}_1-\boldsymbol{\eta}_3)+(\boldsymbol{\eta}_1-\boldsymbol{\eta}_2)=\begin{pmatrix}3\\4\\5\\6\end{pmatrix}$ 也是齐次方程的解. 由于基础解系只含有一个解向量，故它就是对应齐次方程基础解系，从而四元非齐次线性方程组的通解为

$$\begin{pmatrix}x_1\\x_2\\x_3\\x_4\end{pmatrix}=k\begin{pmatrix}3\\4\\5\\6\end{pmatrix}+\begin{pmatrix}2\\3\\4\\5\end{pmatrix}$$

十、二次型矩阵为

$$\boldsymbol{A}=\begin{pmatrix}2&2&-2\\2&5&-4\\-2&-4&5\end{pmatrix}$$

特征方程为

$$\begin{vmatrix}2-\lambda&2&-2\\2&5-\lambda&-4\\-2&-2&5-\lambda\end{vmatrix}=(\lambda-1)^2(10-\lambda)=0$$

特征根为 $\lambda_1=1,\lambda_2=10$.

$\lambda=1$ 时，求解齐次线性方程组 $(\boldsymbol{E}-\boldsymbol{A})\boldsymbol{X}=0$，得到两个线性无关特征向量为

$$\boldsymbol{\alpha}_1=\begin{pmatrix}-2\\1\\0\end{pmatrix},\boldsymbol{\alpha}_2=\begin{pmatrix}2\\0\\1\end{pmatrix}$$

先正交化，得

$$\boldsymbol{\beta}_1=\boldsymbol{\alpha}_1=(-2,1,0)^{\mathrm{T}}$$

$$\boldsymbol{\beta}_2=\boldsymbol{\alpha}_2-\frac{(\boldsymbol{\alpha}_2,\boldsymbol{\beta}_1)}{(\boldsymbol{\beta}_1,\boldsymbol{\beta}_1)}\boldsymbol{\beta}_1=(2,0,1)^{\mathrm{T}}+\frac{4}{5}(-2,1,0)^{\mathrm{T}}=\left(\frac{2}{5},\frac{4}{5},1\right)^{\mathrm{T}}$$

再单位化,得

$$\boldsymbol{\eta}_1=\frac{1}{|\boldsymbol{\beta}_1|}\boldsymbol{\beta}_1=\begin{pmatrix}-\frac{2}{\sqrt{5}}\\ \frac{1}{\sqrt{5}}\\ 0\end{pmatrix},\boldsymbol{\eta}_2=\frac{1}{|\boldsymbol{\beta}_2|}\boldsymbol{\beta}_2=\begin{pmatrix}\frac{2}{3\sqrt{5}}\\ \frac{4}{3\sqrt{5}}\\ \frac{5}{3\sqrt{5}}\end{pmatrix}$$

$\lambda=10$ 时,求解齐次线性方程组 $(10\boldsymbol{E}-\boldsymbol{A})\boldsymbol{X}=0$,得一个特征向量 $\boldsymbol{\alpha}_3=(1,2,-2)^{\mathrm{T}}$,单位化得 $\boldsymbol{\eta}_3=\frac{1}{|\alpha_3|}\alpha_3=\left(\frac{1}{3},\frac{2}{3},-\frac{2}{3}\right)^{\mathrm{T}}$,故

$$\boldsymbol{P}=\begin{pmatrix}-\frac{2}{\sqrt{5}}&\frac{2}{3\sqrt{5}}&\frac{1}{3}\\ \frac{1}{\sqrt{5}}&\frac{1}{3\sqrt{5}}&\frac{2}{3}\\ 0&\frac{5}{3\sqrt{5}}&-\frac{2}{3}\end{pmatrix},\begin{pmatrix}x_1\\x_2\\x_3\end{pmatrix}=\begin{pmatrix}-\frac{2}{\sqrt{5}}&\frac{2}{3\sqrt{5}}&\frac{1}{3}\\ \frac{1}{\sqrt{5}}&\frac{1}{3\sqrt{5}}&\frac{2}{3}\\ 0&\frac{5}{3\sqrt{5}}&-\frac{2}{3}\end{pmatrix}\begin{pmatrix}y_1\\y_2\\y_3\end{pmatrix}$$

$$f=y_1^2+y_2^2+10y_3^2$$

该二次型是正定性的,$f(x_1,x_2,x_3)=1$ 的二次曲面类型是椭球面.

十一、**证明** 令 $t_1\boldsymbol{\alpha}_1+t_2\boldsymbol{\alpha}_2+t_3\boldsymbol{\alpha}_3+t(k\boldsymbol{\beta}_1+\boldsymbol{\beta}_2)=0$

因为向量 $\boldsymbol{\beta}_1$ 可由 $\alpha_1,\alpha_2,\alpha_3$ 线性表出,所以存在一组常数 l_1,l_2,l_3,有 $\boldsymbol{\beta}_1=l_1\boldsymbol{\alpha}_1+l_2\boldsymbol{\alpha}_2+l_3\boldsymbol{\alpha}_3$. 从而

$$t_1\boldsymbol{\alpha}_1+t_2\boldsymbol{\alpha}_2+t_3\boldsymbol{\alpha}_3+t[k(l_1\boldsymbol{\alpha}_1+l_2\boldsymbol{\alpha}_2+l_3\boldsymbol{\alpha}_3)+\boldsymbol{\beta}_2]=0$$

整理,得

$$(t_1+tkl_1)\boldsymbol{\alpha}_1+(t_2+tkl_2)\boldsymbol{\alpha}_2+(t_3+tkl_3)\boldsymbol{\alpha}_3+t\boldsymbol{\beta}_2=0$$

因为 $\boldsymbol{\beta}_2$ 不能由 $\boldsymbol{\alpha}_1,\boldsymbol{\alpha}_2,\boldsymbol{\alpha}_3$ 线性表出,所以 $t=0$,代入 $t_1\boldsymbol{\alpha}_1+t_2\boldsymbol{\alpha}_2+t_3\boldsymbol{\alpha}_3+t(k\boldsymbol{\beta}_1+\boldsymbol{\beta}_2)=0$ 中得

$$t_1\boldsymbol{\alpha}_1+t_2\boldsymbol{\alpha}_2+t_3\boldsymbol{\alpha}_3=0$$

又因为向量组 $\boldsymbol{\alpha}_1,\boldsymbol{\alpha}_2,\boldsymbol{\alpha}_3$ 线性无关,所以 $t_1=t_2=t_3=0$. 所以对任意的常数 k 都有 $\boldsymbol{\alpha}_1,\boldsymbol{\alpha}_2,\boldsymbol{\alpha}_3,k\boldsymbol{\beta}_1+\boldsymbol{\beta}_2$ 线性无关.

自测试题五答案

一、1. 162 或 $3^4\cdot 2$.　　2. $|\boldsymbol{A}|\boldsymbol{E}$.　　3. 2.　　4. 相关.　　5. $f=y_1^2$.

二、1. D.　　2. B.　　3. A.　　4. C.　　5. C.

三、1. $\begin{vmatrix}a&b&\cdots&b\\b&a&\cdots&b\\\vdots&\vdots&\ddots&\vdots\\b&b&\cdots&a\end{vmatrix}=[a+(n-1)b](a-b)^{n-1}$

2. $\begin{vmatrix} 1+a_1 & 1 & \cdots & 1 & 1 \\ 1 & 1+a_2 & \cdots & 1 & 1 \\ \vdots & \vdots & \ddots & \vdots & \vdots \\ 1 & 1 & \cdots & 1 & 1+a_n \end{vmatrix} = a_1a_2\cdots a_n\left(1+\sum_{i=1}^{n}\frac{1}{a_i}\right)$

四、$\boldsymbol{B}=(\boldsymbol{A}-2\boldsymbol{E})^{-1}\boldsymbol{A}$

$$=\begin{pmatrix} 2 & -1 & -1 \\ -1 & 1 & 0 \\ 0 & 0 & 1 \end{pmatrix}\begin{pmatrix} 3 & 1 & 1 \\ 1 & 4 & 1 \\ 0 & 0 & 3 \end{pmatrix}$$

$$=\begin{pmatrix} 5 & -2 & -2 \\ -2 & 3 & 0 \\ 0 & 0 & 3 \end{pmatrix}$$

五、不是. 因为若 $\alpha=(x_1,x_2,\cdots,x_n)^{\mathrm{T}}\in V$,则 $\sum_{i=1}^{n}x_i=1$. 取 $\lambda=3$,

则
$$\lambda\alpha=(\lambda x_1,\lambda x_2,\cdots,\lambda x_n)^{\mathrm{T}}$$

而 $\sum_{i=1}^{n}\lambda x_i=\lambda\sum_{i=1}^{n}x_i=\lambda=3\neq 1$, 所以,$\lambda\alpha\notin V$,$V$不是向量空间.

六、对系数矩阵 $\boldsymbol{A}$ 施行初等行变换,有

$$\boldsymbol{A}=\begin{pmatrix} 1 & 1 & 0 & 0 & 1 \\ 1 & 1 & -1 & 0 & 0 \\ 0 & 0 & 1 & 1 & 1 \end{pmatrix}\sim\begin{pmatrix} 1 & 1 & 0 & 0 & 1 \\ 0 & 0 & 1 & 0 & 1 \\ 0 & 0 & 0 & 1 & 0 \end{pmatrix}$$

同解方程组为$\begin{cases} x_1=-x_2-x_5 \\ x_3=-x_5 \\ x_4=0 \end{cases}$,方程组的一个基础解系为

$$\boldsymbol{\xi}_1=\begin{pmatrix} -1 \\ 1 \\ 0 \\ 0 \\ 0 \end{pmatrix}\quad \boldsymbol{\xi}_2=\begin{pmatrix} -1 \\ 0 \\ -1 \\ 0 \\ 1 \end{pmatrix}$$

七、既满足结合律也满足交换律. 因为

$$a\circ(b\circ c)=a\circ(\max\{b,c\})=\max\{a,b,c\}=(\max\{a,b\})\circ c=(a\circ b)\circ c$$
$$a\circ b=\max\{a,b\}=\max\{b,a\}=b\circ a$$

八、系数矩阵的行列式

$$D=\begin{vmatrix} a & 1 & 1 \\ 1 & b & 1 \\ 1 & 2b & 1 \end{vmatrix}=\begin{vmatrix} 0 & 1-ab & 1-a \\ 1 & b & 1 \\ 0 & b & 0 \end{vmatrix}=(-1)^{2+1}\begin{vmatrix} 1-ab & 1-a \\ b & 0 \end{vmatrix}=b(1-a)$$

故当 $a\neq1,b\neq0$ 时线性方程组有唯一解;当 $a=1,b=\frac{1}{2}$时有无穷多解;其他情况无解.

九、$(\boldsymbol{\eta}_1-\boldsymbol{\eta}_3)$和$(\boldsymbol{\eta}_1-\boldsymbol{\eta}_2)$都是对应齐次方程的解,从而$(\boldsymbol{\eta}_1-\boldsymbol{\eta}_3)+(\boldsymbol{\eta}_1-\boldsymbol{\eta}_2)=\begin{pmatrix}3\\4\\5\\6\end{pmatrix}$也是齐次方程的解,由于基础解系只含有一个解向量,故它就是对应齐次方程基础解系,从而四元非齐次线性方程组的通解为

$$\begin{pmatrix}x_1\\x_2\\x_3\\x_4\end{pmatrix}=k\begin{pmatrix}3\\4\\5\\6\end{pmatrix}+\begin{pmatrix}2\\3\\4\\5\end{pmatrix}$$

十、二次型矩阵为

$$\boldsymbol{A}=\begin{pmatrix}2&2&-2\\2&5&-4\\-2&-4&5\end{pmatrix}$$

特征方程为

$$\begin{vmatrix}2-\lambda&2&-2\\2&5-\lambda&-4\\-2&-2&5-\lambda\end{vmatrix}=(\lambda-1)^2(10-\lambda)=0$$

特征根为$\lambda_1=1,\lambda_2=10$.

$\lambda=1$时,求解齐次线性方程组$(\boldsymbol{E}-\boldsymbol{A})\boldsymbol{X}=0$,得到两个线性无关特征向量为

$$\boldsymbol{\alpha}_1=\begin{pmatrix}-2\\1\\0\end{pmatrix},\boldsymbol{\alpha}_2=\begin{pmatrix}2\\0\\1\end{pmatrix}$$

先正交化,得

$$\boldsymbol{\beta}_1=\boldsymbol{\alpha}_1=(-2,1,0)^{\mathrm{T}}$$

$$\boldsymbol{\beta}_2=\boldsymbol{\alpha}_2-\frac{(\boldsymbol{\alpha}_2,\boldsymbol{\beta}_1)}{(\boldsymbol{\beta}_1,\boldsymbol{\beta}_1)}\boldsymbol{\beta}_1=(2,0,1)^{\mathrm{T}}+\frac{4}{5}(-2,1,0)^{\mathrm{T}}=\left(\frac{2}{5},\frac{4}{5},1\right)^{\mathrm{T}}$$

再单位化,得

$$\boldsymbol{\eta}_1=\frac{1}{|\boldsymbol{\beta}_1|}\boldsymbol{\beta}_1=\begin{pmatrix}-\frac{2}{\sqrt{5}}\\\frac{1}{\sqrt{5}}\\0\end{pmatrix},\boldsymbol{\eta}_2=\frac{1}{|\boldsymbol{\beta}_2|}\boldsymbol{\beta}_2=\begin{pmatrix}\frac{2}{3\sqrt{5}}\\\frac{4}{3\sqrt{5}}\\\frac{5}{3\sqrt{5}}\end{pmatrix}$$

$\lambda=10$时,求解齐次线性方程组$(10\boldsymbol{E}-\boldsymbol{A})\boldsymbol{X}=0$,得一个特征向量$\boldsymbol{\alpha}_3=(1,2,-2)^{\mathrm{T}}$,单位化,得$\eta_3=\frac{1}{|\boldsymbol{\alpha}_3|}\boldsymbol{\alpha}_3=(\frac{1}{3},\frac{2}{3},-\frac{2}{3})^{\mathrm{T}}$,故

$$P=\begin{pmatrix}-\frac{2}{\sqrt5} & \frac{2}{3\sqrt5} & \frac13\\ \frac{1}{\sqrt5} & \frac{1}{3\sqrt5} & \frac23\\ 0 & \frac{5}{3\sqrt5} & -\frac23\end{pmatrix},\begin{pmatrix}x_1\\x_2\\x_3\end{pmatrix}=\begin{pmatrix}-\frac{2}{\sqrt5} & \frac{2}{3\sqrt5} & \frac13\\ \frac{1}{\sqrt5} & \frac{1}{3\sqrt5} & \frac23\\ 0 & \frac{5}{3\sqrt5} & -\frac23\end{pmatrix}\begin{pmatrix}y_1\\y_2\\y_3\end{pmatrix}$$

$$f=y_1^2+y_2^2+10y_3^2$$

该二次型是正定性的，$f(x_1,x_2,x_3)=1$ 的二次曲面类型是椭球面.

十一、**证明** 令 $t_1\boldsymbol{\alpha}_1+t_2\boldsymbol{\alpha}_2+t_3\boldsymbol{\alpha}_3+t(k\boldsymbol{\beta}_1+\boldsymbol{\beta}_2)=0$

因为向量 $\boldsymbol{\beta}_1$ 可由 $\boldsymbol{\alpha}_1,\boldsymbol{\alpha}_2,\boldsymbol{\alpha}_3$ 线性表出，所以存在一组常数 l_1,l_2,l_3，有

$$\boldsymbol{\beta}_1=l_1\boldsymbol{\alpha}_1+l_2\boldsymbol{\alpha}_2+l_3\boldsymbol{\alpha}_3$$

从而 $$t_1\boldsymbol{\alpha}_1+t_2\boldsymbol{\alpha}_2+t_3\boldsymbol{\alpha}_3+t[k(l_1\boldsymbol{\alpha}_1+l_2\boldsymbol{\alpha}_2+l_3\boldsymbol{\alpha}_3)+\boldsymbol{\beta}_2]=0$$

整理，得

$$(t_1+tkl_1)\boldsymbol{\alpha}_1+(t_2+tkl_2)\boldsymbol{\alpha}_2+(t_3+tkl_3)\boldsymbol{\alpha}_3+t\boldsymbol{\beta}_2=0$$

因为 $\boldsymbol{\beta}_2$ 不能由 $\boldsymbol{\alpha}_1,\boldsymbol{\alpha}_2,\boldsymbol{\alpha}_3$ 线性表出，所以 $t=0$，代入 $t_1\boldsymbol{\alpha}_1+t_2\boldsymbol{\alpha}_2+t_3\boldsymbol{\alpha}_3+t(k\boldsymbol{\beta}_1+\boldsymbol{\beta}_2)=0$ 中，得

$$t_1\boldsymbol{\alpha}_1+t_2\boldsymbol{\alpha}_2+t_3\boldsymbol{\alpha}_3=0$$

又因为向量组 $\boldsymbol{\alpha}_1,\boldsymbol{\alpha}_2,\boldsymbol{\alpha}_3$ 线性无关，所以 $t_1=t_2=t_3=0$. 对任意的常数 k 都有 $\boldsymbol{\alpha}_1,\boldsymbol{\alpha}_2,\boldsymbol{\alpha}_3,k\boldsymbol{\beta}_1+\boldsymbol{\beta}_2$ 线性无关.

自测试题六答案

一、1. 1.　　2. $\leqslant$.　　3. $\begin{bmatrix}1&3\\0&0\\2&6\end{bmatrix}$.　　4. -8.　　5. 0.

二、1. B.　　2. C.　　3. B.　　4. A.　　5. D.

三、原式 $=6\begin{vmatrix}1&1&1&1\\1&3&1&1\\1&1&3&1\\1&1&1&3\end{vmatrix}=6\begin{vmatrix}1&1&1&1\\0&2&0&0\\0&0&2&0\\0&0&0&2\end{vmatrix}=48$

四、$3\boldsymbol{AB}-2\boldsymbol{A}=3\begin{bmatrix}1&1&1\\1&1&-1\\1&-1&1\end{bmatrix}\begin{bmatrix}1&2&3\\-1&-2&4\\0&5&1\end{bmatrix}-2\begin{bmatrix}1&1&1\\1&1&-1\\1&-1&1\end{bmatrix}$

$$=\begin{bmatrix}0&15&24\\0&-15&18\\6&27&0\end{bmatrix}-2\begin{bmatrix}1&1&1\\1&1&-1\\1&-1&1\end{bmatrix}=\begin{bmatrix}-2&13&22\\-2&-17&20\\4&29&-2\end{bmatrix}$$

五、方程组的增广矩阵 $\boldsymbol{B}=\begin{pmatrix}1&1&4&3\\2&-3&1&1\\4&-1&9&7\end{pmatrix}\to\begin{pmatrix}1&0&13/5&2\\0&1&7/5&1\\0&0&0&0\end{pmatrix}$.

方程组的通解为 $X=K\begin{pmatrix}-13\\-7\\5\end{pmatrix}+\begin{pmatrix}2\\1\\0\end{pmatrix}$ （K 为任意常数）.

六、$A=(\alpha_1,\alpha_2,\alpha_3,\alpha_4)=\begin{bmatrix}1&-1&5&-1\\1&1&-2&3\\3&-1&8&1\\1&3&-9&7\end{bmatrix}\sim\begin{bmatrix}1&-1&5&-1\\0&2&-7&4\\0&0&0&0\\0&0&0&0\end{bmatrix}\sim\begin{bmatrix}1&0&\frac{3}{2}&1\\0&1&-\frac{7}{2}&2\\0&0&0&0\\0&0&0&0\end{bmatrix}$

$R(A)=2$

α_1,α_2 为$(\alpha_1,\alpha_2,\alpha_3,\alpha_4)$的一个最大无关组，且

$$\alpha_3=\frac{3}{2}\alpha_1-\frac{7}{2}\alpha_2,\ \alpha_4=\alpha_1+2\alpha_2$$

七、$A_{11}+A_{12}+\cdots+A_{1n}$等于用$1,1,\cdots,1$ 代替 D_n 的第 1 行所得的行列式，即

$$A_{11}+A_{12}+\cdots+A_{1n}=\begin{vmatrix}1&1&1&\cdots&1\\0&2&0&\cdots&0\\0&0&3&\cdots&0\\\vdots&\vdots&\vdots&\ddots&\vdots\\0&0&0&\cdots&n\end{vmatrix}=n!$$

八、由 A 可逆知 A^* 可逆，且$(A^*)^{-1}=\frac{1}{|A|}A$，而

$$A=(A^{-1})^{-1}=\begin{pmatrix}1&1&1\\1&2&1\\1&1&3\end{pmatrix}^{-1}=\frac{1}{2}\begin{pmatrix}5&-2&-1\\-2&2&0\\-1&0&1\end{pmatrix},\frac{1}{|A|}=|A^{-1}|=2$$

故 $$(A^*)^{-1}=\frac{1}{|A|}A=2\times\frac{1}{2}\times\begin{pmatrix}5&-2&-1\\-2&2&0\\-1&0&1\end{pmatrix}=\begin{pmatrix}5&-2&-1\\-2&2&0\\-1&0&1\end{pmatrix}$$

九、对此方程组的系数矩阵作如下初等行变换：

$$A=\begin{pmatrix}2&1&-2&3\\3&2&-1&2\\1&1&1&-1\end{pmatrix}\sim\begin{pmatrix}1&0&-3&4\\0&1&4&-5\\0&0&0&0\end{pmatrix}$$

可知 $R(A)=2$，基础解系含有两个向量，且与原方程组同解的方程组为$\begin{cases}x_1=3x_3-4x_4\\x_2=-4x_3+5x_4\end{cases}$，

令自由未知元$\begin{pmatrix}x_3\\x_4\end{pmatrix}=\begin{pmatrix}1\\0\end{pmatrix},\begin{pmatrix}0\\1\end{pmatrix}$可得所求方程组的基础解系为 $\xi_1=(3,-4,1,0)^{\mathrm{T}}$，$\xi_2=(-4,5,0,1)^{\mathrm{T}}$.

十、二次型f的矩阵为$A=\begin{bmatrix}2&0&-1\\0&5&0\\-1&0&2\end{bmatrix}$，由$|A-\lambda E|=\begin{vmatrix}2-\lambda&0&-1\\0&5-\lambda&0\\-1&0&2-\lambda\end{vmatrix}=0$，得 A

的特征值为 $\lambda_1=5,\lambda_2=1,\lambda_3=3$.

当 $\lambda_1=5$ 时,解方程 $(\boldsymbol{A}-5\boldsymbol{E})\boldsymbol{x}=\boldsymbol{0}$,由

$$(\boldsymbol{A}-5\boldsymbol{E})=\begin{bmatrix}-3&0&-1\\0&0&0\\-1&0&-3\end{bmatrix}\to\begin{bmatrix}1&0&\frac{1}{3}\\0&0&1\\0&0&0\end{bmatrix}$$

得

$$\begin{cases}x_1=-\frac{1}{3}x_3\\x_3=0\end{cases},\ \boldsymbol{\xi}_1=\begin{pmatrix}0\\1\\0\end{pmatrix}$$

当 $\lambda_2=1$ 时,解方程 $(\boldsymbol{A}-\boldsymbol{E})\boldsymbol{x}=\boldsymbol{0}$,由

$$(\boldsymbol{A}-\boldsymbol{E})=\begin{bmatrix}1&0&-1\\0&4&0\\-1&0&1\end{bmatrix}\to\begin{bmatrix}1&0&-1\\0&1&0\\0&0&0\end{bmatrix}$$

得

$$\begin{cases}x_1=x_3\\x_2=0\end{cases},\ \boldsymbol{\xi}_2=\begin{pmatrix}\frac{1}{\sqrt{2}}\\0\\\frac{1}{\sqrt{2}}\end{pmatrix}$$

当 $\lambda_3=3$ 时,解方程 $(\boldsymbol{A}-3\boldsymbol{E})\boldsymbol{x}=\boldsymbol{0}$,由

$$(\boldsymbol{A}-3\boldsymbol{E})=\begin{bmatrix}-1&0&-1\\0&2&0\\-1&0&-1\end{bmatrix}\to\begin{bmatrix}1&0&1\\0&1&0\\0&0&0\end{bmatrix}$$

得

$$\boldsymbol{\xi}_3=\begin{pmatrix}\frac{1}{\sqrt{2}}\\0\\-\frac{1}{\sqrt{2}}\end{pmatrix}$$

取 $\boldsymbol{P}=(\boldsymbol{\xi}_1,\boldsymbol{\xi}_2,\boldsymbol{\xi}_3)$,则所求正交变换为

$$\begin{bmatrix}x_1\\x_2\\x_3\end{bmatrix}=\begin{bmatrix}0&\frac{1}{\sqrt{2}}&\frac{1}{\sqrt{2}}\\1&0&0\\0&\frac{1}{\sqrt{2}}&-\frac{1}{\sqrt{2}}\end{bmatrix}\begin{bmatrix}y_1\\y_2\\y_3\end{bmatrix}$$

在此变换下,f 的标准形为

$$f=5y_1^2+y_2^2+3y_3^2$$

十一、$\boldsymbol{B}=\begin{bmatrix}1+\lambda & 1 & 1 & 0\\ 1 & 1+\lambda & 1 & 0\\ 1 & 1 & 1+\lambda & \lambda\end{bmatrix}\to\begin{bmatrix}1 & 1 & 1+\lambda & \lambda\\ 0 & \lambda & -\lambda & -\lambda\\ 0 & 0 & -\lambda(\lambda+3) & -\lambda(\lambda+2)\end{bmatrix}$

(1) 当 $\lambda\neq 0,\lambda\neq -3$ 时，有唯一解.

(2) 当 $\lambda=-3$ 时,无解.

(3) 当 $\lambda=0$ 时,有无穷多解.

$$\boldsymbol{B}\sim\begin{bmatrix}1 & 1 & 1 & 0\\ 0 & 0 & 0 & 0\\ 0 & 0 & 0 & 0\end{bmatrix}$$

即 $$x_1=-x_2-x_3$$

令 $$x_2=c_1,x_3=c_2,x_1=-c_1-c_2$$

$$\boldsymbol{x}=c_1\begin{bmatrix}-1\\ 1\\ 0\end{bmatrix}+c_2\begin{bmatrix}-1\\ 0\\ 1\end{bmatrix}\quad(c_1,c_2\in\mathbf{R})$$

十二、**证明** 设有一组数 $k,k_1,k_2,\cdots,k_s$ 使

$$k\boldsymbol{b}+k_1(\boldsymbol{a}_1+\boldsymbol{b})+k_2(\boldsymbol{a}_2+\boldsymbol{b})+\cdots+k_s(\boldsymbol{a}_s+\boldsymbol{b})=\boldsymbol{0}$$

即 $$k_1\boldsymbol{a}_1+k_2\boldsymbol{a}_2+\cdots+k_s\boldsymbol{a}_s+(k+k_1+k_2+\cdots+k_s)\boldsymbol{b}=\boldsymbol{0}\tag{7.1}$$

在式(7.1)两边左乘矩阵 $\boldsymbol{A}$,得 $(k+k_1+k_2+\cdots+k_s)\boldsymbol{Ab}=\boldsymbol{0}$, 由于 $\boldsymbol{Ab}\neq\boldsymbol{0}$,所以

$$k+k_1+k_2+\cdots+k_s=0\tag{7.2}$$

所以由式(7.1)有 $k_1\boldsymbol{a}_1+k_2\boldsymbol{a}_2+\cdots+k_s\boldsymbol{a}_s=\boldsymbol{0}$,而 $\boldsymbol{a}_1,\boldsymbol{a}_2,\cdots,\boldsymbol{a}_s$ 线性无关,所以 $k_1=k_2=\cdots=k_s=0$,进而由式(7.2)有 $k=0$,故 $\boldsymbol{b},\boldsymbol{a}_1+\boldsymbol{b},\boldsymbol{a}_2+\boldsymbol{b},\cdots,\boldsymbol{a}_s+\boldsymbol{b}$ 线性无关.

自测试题七答案

一、1. 0.　2. $|A|^{n-2}A$.　3. $x=1,y=2$.　4. $0,\dfrac{1}{\sqrt{2}}$.

5. $f(x_1,x_2,x_3)=x_1^2+2x_2^2+3x_3^2+8x_1x_3-2x_2x_3$.

二、1. D.　2. D.　3. B.　4. C.　5. C.

三、原式 $=-12$

四、**证明** $Ax=A(k_1\eta_1+k_2\eta_2+\cdots+k_t\eta_t)$

$$=k_1A\eta_1+k_2a\eta_2+\cdots+k_tA\eta_t=k_1b_1+k_2b_2+\cdots+k_tb_t$$

$$=(k_1+k_2+\cdots+k_t)b=b$$

五、**解** 方程组的增广矩阵 $\boldsymbol{B}=\begin{pmatrix}1 & 1 & 4 & 3\\ 2 & -3 & 1 & 1\\ 4 & -1 & 9 & 7\end{pmatrix}\to\begin{pmatrix}1 & 0 & 13/5 & 2\\ 0 & 1 & 7/5 & 1\\ 0 & 0 & 0 & \end{pmatrix}$.

方程组的通解为 $\boldsymbol{X}=K\begin{pmatrix}-13\\ -7\\ 5\end{pmatrix}+\begin{pmatrix}2\\ 1\\ 0\end{pmatrix}$,$K$ 为任意常数.

六、秩为2,极大无关组为 $\boldsymbol{a}_1,\boldsymbol{a}_2$.

七、原式 $=\begin{vmatrix} 0 & a_1 & 0 & \cdots & 0 & 0 \\ 0 & 0 & a_2 & \cdots & 0 & 0 \\ \vdots & \vdots & \vdots & \ddots & \vdots & \vdots \\ 0 & 0 & 0 & \cdots & 0 & a_n \\ n+1 & n & n-1 & \cdots & 2 & 1 \end{vmatrix} = (-1)^n(n+1)\prod_{k=1}^{n} a_k$

八、**证明** 由 $\boldsymbol{O}=\boldsymbol{A}^2-2\boldsymbol{A}+3\boldsymbol{E}=(\boldsymbol{A}-3\boldsymbol{E})(\boldsymbol{A}+\boldsymbol{E})+6\boldsymbol{E}$，得 $(\boldsymbol{A}-3\boldsymbol{E})(\boldsymbol{A}+\boldsymbol{E})=-6\boldsymbol{E}$，从而 $(\boldsymbol{A}-3\boldsymbol{E})\left[-\frac{1}{6}(\boldsymbol{A}+\boldsymbol{E})\right]=\boldsymbol{E}$，所以 $(\boldsymbol{A}-3\boldsymbol{E})^{-}=-\frac{1}{6}(\boldsymbol{A}+\boldsymbol{E})$.

九、**证明** 因 $\boldsymbol{A}^{\mathrm{T}}=\boldsymbol{A}$，故 $(\boldsymbol{B}^{\mathrm{T}}\boldsymbol{A}\boldsymbol{B})^{\mathrm{T}}=\boldsymbol{B}^{\mathrm{T}}\boldsymbol{A}^{\mathrm{T}}(\boldsymbol{B}^{\mathrm{T}})^{\mathrm{T}}=\boldsymbol{B}^{\mathrm{T}}\boldsymbol{A}\boldsymbol{B}$，即 $\boldsymbol{B}^{\mathrm{T}}\boldsymbol{A}\boldsymbol{B}$ 为对称矩阵.

十、$f(x_1,x_2,x_3)=(x_1+x_2)^2+(x_2+x_3)-x_3^2$，令 $\begin{cases} x_1+x_2=y_1 \\ x_2+x_3=y_2 \\ x_3=y_3 \end{cases}$，即 $\boldsymbol{X}=\begin{bmatrix} 1 & -1 & 1 \\ 0 & 1 & 1 \\ 0 & 0 & 1 \end{bmatrix}\boldsymbol{Y}$,

$f=y_1^2+y_2^2-y_3^2$，所有非退化变换阵为 $\begin{bmatrix} 1 & -1 & 1 \\ 0 & 1 & -1 \\ 0 & 0 & 1 \end{bmatrix}$.

十一、$(\boldsymbol{B}\mid\boldsymbol{E})=\begin{pmatrix} 1 & -3 & 0 & 1 & 0 & 0 \\ 2 & 1 & 0 & 0 & 1 & 0 \\ 0 & 0 & 2 & 0 & 0 & 1 \end{pmatrix}\rightarrow\begin{pmatrix} 1 & 0 & 0 & 1/7 & 3/7 & 0 \\ 0 & 1 & 0 & -2/7 & 1/7 & 0 \\ 0 & 0 & 1 & 0 & 0 & 1/2 \end{pmatrix}$

则 $\boldsymbol{B}$ 的逆为

$$\boldsymbol{B}^{-1}=\begin{pmatrix} 1/7 & 3/7 & 0 \\ -2/7 & 1/7 & 0 \\ 0 & 0 & 1/2 \end{pmatrix}$$

十二、$\boldsymbol{A\beta}=\boldsymbol{A\alpha}_1+2\boldsymbol{A\alpha}_2=2\boldsymbol{\alpha}_1+4\boldsymbol{\alpha}_2=2\boldsymbol{\beta}$

$$\boldsymbol{A}^2\boldsymbol{\beta}=2\boldsymbol{A\beta}=4\boldsymbol{\beta}=4\left[\begin{pmatrix} 1 \\ 2 \\ 1 \end{pmatrix}+\begin{pmatrix} 2 \\ 2 \\ 4 \end{pmatrix}\right]=4\begin{pmatrix} 3 \\ 4 \\ 5 \end{pmatrix}$$

自测试题八答案

一、1. B.　　2. C.　　3. C.　　4. D.　　5. B.

二、1. $\frac{1}{2}$（写成 $-\frac{1}{2}$ 扣 2 分）.　　2. 2.　　3. $\frac{3}{4}$.　　4. -1（写成 1 扣 2 分）.

5. 945.

三、原式 $=\begin{vmatrix} a & b & b & \cdots & b \\ b & a & b & \cdots & b \\ b & b & a & \cdots & b \\ \vdots & \vdots & \vdots & \ddots & \vdots \\ b & b & b & \cdots & a \end{vmatrix}=[(n-1)b+a]\begin{vmatrix} 1 & b & b & \cdots & b \\ 1 & a & b & \cdots & b \\ 1 & b & a & \cdots & b \\ \vdots & \vdots & \vdots & \ddots & \vdots \\ 1 & b & b & b & a \end{vmatrix}$

$$=[(n-1)b+a]\begin{vmatrix}1 & b & b & \cdots & b\\0 & a-b & 0 & \cdots & 0\\0 & 0 & a-b & \cdots & 0\\\vdots & \vdots & \vdots & \ddots & \vdots\\0 & 0 & 0 & \cdots & a-b\end{vmatrix}=(a-b)^{n-1}[(n-1)b+a]$$

四、**证明** (1) 因为

$$\boldsymbol{H}^{\mathrm{T}}=(\boldsymbol{E}-2\boldsymbol{x}\boldsymbol{x}^{\mathrm{T}})^{\mathrm{T}}=\boldsymbol{E}-2\boldsymbol{x}(\boldsymbol{x}^{\mathrm{T}}\boldsymbol{x})\boldsymbol{x}^{\mathrm{T}}=\boldsymbol{E}-2\boldsymbol{x}\boldsymbol{x}^{\mathrm{T}}=\boldsymbol{H}$$

所以是对称矩阵.

(2) $\boldsymbol{H}^{\mathrm{T}}\boldsymbol{H}=(\boldsymbol{E}-2\boldsymbol{x}\boldsymbol{x}^{\mathrm{T}})^{\mathrm{T}}(\boldsymbol{E}-2\boldsymbol{x}\boldsymbol{x}^{\mathrm{T}})=\boldsymbol{E}$

故是正交矩阵.

五、因 $\boldsymbol{AB}=\begin{pmatrix}1 & 1 & 0\\0 & 1 & 0\\0 & 0 & 1\end{pmatrix}$,所以

$$\boldsymbol{B}^{-1}\boldsymbol{A}^{-1}=\begin{pmatrix}1 & 1 & 0\\0 & 1 & 0\\0 & 0 & 1\end{pmatrix}^{-1}$$

$$\boldsymbol{A}^{-1}=\boldsymbol{B}\begin{pmatrix}1 & 1 & 0\\0 & 1 & 0\\0 & 0 & 1\end{pmatrix}^{-1}$$

$$\begin{pmatrix}1 & 1 & 0 & 1 & 0 & 0\\0 & 1 & 0 & 0 & 1 & 0\\0 & 0 & 1 & 0 & 0 & 1\end{pmatrix}\sim\begin{pmatrix}1 & 0 & 0 & 1 & -1 & 0\\0 & 1 & 0 & 0 & 1 & 0\\0 & 0 & 1 & 0 & 0 & 1\end{pmatrix}$$

故
$$\boldsymbol{A}^{-1}=\begin{pmatrix}1 & 0 & 3\\2 & 1 & -1\\1 & -2 & 1\end{pmatrix}\begin{pmatrix}1 & -1 & 0\\0 & 1 & 0\\0 & 0 & 1\end{pmatrix}=\begin{pmatrix}1 & -1 & 3\\2 & -1 & -1\\1 & -3 & 1\end{pmatrix}$$

六、二次型 f 的矩阵为 $\boldsymbol{A}=\begin{pmatrix}t & -1 & 1\\-1 & t & -1\\1 & -1 & t\end{pmatrix}$,要使 f 正定,只需让 $\boldsymbol{A}$ 的各阶顺序主子式全大于零,即

$$\boldsymbol{a}_{11}=t>0,\ \begin{vmatrix}t & -1\\-1 & t\end{vmatrix}=t^2-1>0$$

$$\begin{vmatrix}t & -1 & 1\\-1 & t & -1\\1 & -1 & t\end{vmatrix}=\begin{vmatrix}t & -1 & 0\\-1 & t & t-1\\1 & -1 & t-1\end{vmatrix}=(t-1)\begin{vmatrix}t & -1 & 0\\-1 & t & 1\\1 & -1 & 1\end{vmatrix}$$

$$=(t-1)^2(t+2)>0$$

即
$$t>-2,t\neq 1$$

综合上述 得 $t>1$,故当 $t\in(1,\infty)$ 时,f 正定.

七、$(\boldsymbol{A}|\boldsymbol{b})=\begin{pmatrix}1&2&-1&-2&0\\2&-1&-1&1&1\\3&1&-2&-1&\lambda\end{pmatrix}\sim\begin{pmatrix}1&2&-1&-2&0\\0&-5&1&5&1\\0&-5&1&5&\lambda\end{pmatrix}\sim\begin{pmatrix}1&2&-1&-2&0\\0&-5&1&5&1\\0&0&0&0&\lambda-1\end{pmatrix}$

当 $\lambda\neq1$ 时,$2=R(\boldsymbol{A})<R(\boldsymbol{A}|\boldsymbol{b})=3$,方程组无解.

当 $\lambda=1$ 时,$R(\boldsymbol{A})=R(\boldsymbol{A}|\boldsymbol{b})=2<3$,方程组有无穷多解.

这时$(\boldsymbol{A}|\boldsymbol{b})\sim\begin{pmatrix}1&2&-1&-2&0\\0&-5&1&5&1\\0&0&0&0&0\end{pmatrix}\sim\begin{pmatrix}1&-3&0&3&1\\0&-5&1&5&1\\0&0&0&0&0\end{pmatrix}$

对应的方程组为

$$\begin{cases}x_1=3x_2-3x_4+1\\x_3=5x_2-5x_4+1\end{cases}$$

于是方程组的通解为

$$\boldsymbol{x}=k_1\begin{pmatrix}3\\1\\5\\0\end{pmatrix}+k_2\begin{pmatrix}-3\\0\\-5\\1\end{pmatrix}+\begin{pmatrix}1\\0\\1\\0\end{pmatrix},k_1,k_2\in\mathbf{R}$$

八、二次型 f 的矩阵为 $\boldsymbol{A}=\begin{pmatrix}1&0&-1\\0&3&0\\-1&0&1\end{pmatrix}$

$$|\boldsymbol{A}-\lambda\boldsymbol{E}|=\begin{vmatrix}1-\lambda&0&-1\\0&3-\lambda&0\\-1&0&1-\lambda\end{vmatrix}=(3-\lambda)(\lambda-2)\lambda$$

解得 $\boldsymbol{A}$ 的特征值为:$\lambda_1=0,\lambda_2=2,\lambda_3=3$.

(1) 当 $\lambda_1=0$ 时,解方程组$(\boldsymbol{A}-0\boldsymbol{E})\boldsymbol{x}=\boldsymbol{0}$,即

$$\boldsymbol{A}-0\boldsymbol{E}=\begin{pmatrix}1&0&-1\\0&3&0\\-1&0&1\end{pmatrix}\sim\begin{pmatrix}1&0&-1\\0&1&0\\0&0&0\end{pmatrix},\begin{cases}x_1=x_3\\x_2=0\end{cases}$$

得一个基础解系为 $\boldsymbol{\xi}_1=\begin{pmatrix}1\\0\\1\end{pmatrix}$,单位化,得 $\boldsymbol{p}\rightarrow_1=\frac{1}{\sqrt{2}}\begin{pmatrix}1\\0\\1\end{pmatrix}$.

(2) 当 $\lambda_2=2$ 时,解方程组$(\boldsymbol{A}-2\boldsymbol{E})\boldsymbol{x}=\boldsymbol{0}$,有

$$\boldsymbol{A}-2\boldsymbol{E}=\begin{pmatrix}-1&0&-1\\0&1&0\\-1&0&-1\end{pmatrix}\sim\begin{pmatrix}1&0&1\\0&1&0\\0&0&0\end{pmatrix},\begin{cases}x_1=-x_3\\x_2=0\end{cases}$$

得基础解系为 $\boldsymbol{\xi}_2=\begin{pmatrix}1\\0\\-1\end{pmatrix}$,单位化,得 $\boldsymbol{p}_2=\frac{1}{\sqrt{2}}\begin{pmatrix}1\\0\\-1\end{pmatrix}$.

(3) 当 $\lambda_3=3$ 时,解方程组 $(\boldsymbol{A}-3\boldsymbol{E})\boldsymbol{x}=\boldsymbol{0}$,

$$\boldsymbol{A}-3\boldsymbol{E}=\begin{pmatrix}-2&0&-1\\0&0&0\\-1&0&-2\end{pmatrix}=\begin{pmatrix}1&0&0\\0&0&1\\0&0&0\end{pmatrix},\begin{cases}x_1=0\\x_3=0\end{cases}$$

得基础解系为 $\boldsymbol{p}_3=\begin{pmatrix}0\\1\\0\end{pmatrix}$.

故所求正交变换为 $\begin{pmatrix}x_1\\x_2\\x_3\end{pmatrix}=\begin{pmatrix}\frac{1}{\sqrt{2}}&\frac{1}{\sqrt{2}}&0\\0&0&1\\\frac{1}{\sqrt{2}}&-\frac{1}{\sqrt{2}}&0\end{pmatrix}\begin{pmatrix}y_1\\y_2\\y_3\end{pmatrix}$,且二次型 f 的标准形为 $f=2y_2^2+3y_3^2$.

九、$\boldsymbol{A}=(\boldsymbol{\alpha}_1,\boldsymbol{\alpha}_2,\boldsymbol{\alpha}_3,\boldsymbol{\alpha}_4)=\begin{pmatrix}1&1&2&2\\0&2&1&5\\2&0&3&-1\\1&1&0&4\end{pmatrix}=\begin{pmatrix}1&0&0&1\\0&1&0&3\\0&0&1&-1\\0&0&0&0\end{pmatrix}$

故向量组 A 的秩为3,它的一个最大无关组为 $\boldsymbol{\alpha}_1,\boldsymbol{\alpha}_2,\boldsymbol{\alpha}_3$,且有

$$\boldsymbol{\alpha}_4=\boldsymbol{\alpha}_1+3\boldsymbol{\alpha}_2-\boldsymbol{\alpha}_3$$

十、**证明** 用反证法,设 $|\boldsymbol{A}|=\boldsymbol{0}$,则由公式 $\boldsymbol{A}\boldsymbol{A}^*=|\boldsymbol{A}|\boldsymbol{E}$ 得 $\boldsymbol{A}\boldsymbol{A}^{\mathrm{T}}=|\boldsymbol{A}|\boldsymbol{E}=\boldsymbol{O}$.
设 $\boldsymbol{A}$ 的行向量组为 $\boldsymbol{\alpha}_i(i=1,2,\cdots,n)$,则

$$\boldsymbol{\alpha}_i\boldsymbol{\alpha}_i^{\mathrm{T}}=\boldsymbol{0}(i=1,2,\cdots,n)\text{ 故 }\boldsymbol{\alpha}_i=0(i=1,2,\cdots,n)$$

于是 $\boldsymbol{A}=\boldsymbol{0}$. 这与 $\boldsymbol{A}$ 为非零矩阵矛盾,故 $|\boldsymbol{A}|\neq\boldsymbol{0}$.

自测试题九答案

一、1. $(\boldsymbol{AB})^{\mathrm{T}}=\begin{pmatrix}-1&-1\\3&1\end{pmatrix}$,$|(\boldsymbol{AB})^{-1}|=\frac{1}{2}$.

2. $r=2$.

3. 只有当常数 k_1、k_2、k_3 全为0时,才满足 $k\alpha_1+k\alpha_2+k\alpha_3=0$.

4. 正交.

5. $f=y_1^2$.

二、1. B. 2. C. 3. C. 4. B. 5. D.

三、原式 $=\begin{vmatrix}1&2&3\\-1&1&-6\\0&3&1\end{vmatrix}\begin{vmatrix}6&5\\2&3\end{vmatrix}=(18-10)\begin{vmatrix}1&2&3\\0&3&-3\\0&0&4\end{vmatrix}=8\times12=96$

四、设 $\boldsymbol{X}=\begin{pmatrix}a_1&b_1\\a_2&b_2\\a_3&b_3\end{pmatrix}$,则 $\begin{pmatrix}1&-1&0\\2&0&1\end{pmatrix}\begin{pmatrix}a_1&b_1\\a_2&b_2\\a_3&b_3\end{pmatrix}=\begin{pmatrix}2&5\\1&4\end{pmatrix}$,得

$$\begin{cases} a_1 - a_2 = 2 \\ b_1 - b_2 = 5 \\ 2a_1 + a_3 = 1 \\ 2b_1 + b_3 = 4 \end{cases},\quad \begin{cases} a_2 = a_1 - 2 \\ b_2 = b_1 - 5 \\ a_3 = -2a_1 + 1 \\ b_3 = -2b_1 + 4 \end{cases}$$

其中,a_1、b_1 可以任意取值. 所以,矩阵方程的解为

$$\boldsymbol{X} = \begin{pmatrix} a_1 & b_1 \\ a_1 - 2 & b_1 - 5 \\ -2a_1 + 1 & -2b_1 + 4 \end{pmatrix} \quad (a_1, b_1 \text{ 是任意常数})$$

五、当 $a \neq 1, b \neq 0$ 时,方程组有唯一解;当 $a = 1, b = \frac{1}{2}$时,有无穷多解;其他情况无解.

六、**证明** 因为$\boldsymbol{A}(\boldsymbol{A}+\boldsymbol{E}) = -\boldsymbol{E}$,所以$|\boldsymbol{A}||\boldsymbol{A}+\boldsymbol{E}| \neq 0$,从而$|\boldsymbol{A}| \neq 0$,且$\boldsymbol{A}^{-1} = -(\boldsymbol{A}+\boldsymbol{E})$.

七、二次型的矩阵为$\boldsymbol{A} = \begin{pmatrix} 1 & 2 & 2 \\ 2 & 1 & 2 \\ 2 & 2 & 1 \end{pmatrix}$,特征方程为

$$\begin{vmatrix} 1-\lambda & 2 & 2 \\ 2 & 1-\lambda & 2 \\ 2 & 2 & 1-\lambda \end{vmatrix} = (5-\lambda)\begin{vmatrix} 1 & 2 & 2 \\ 0 & -1-\lambda & 0 \\ 0 & 0 & -1-\lambda \end{vmatrix} = (5-\lambda)(1+\lambda)^2 = 0$$

特征根为:$\lambda_1 = 5, \lambda_2 = -1$.

$\lambda = -1$ 时,$\begin{pmatrix} 2 & 2 & 2 \\ 2 & 2 & 2 \\ 2 & 2 & 2 \end{pmatrix} \Rightarrow \begin{pmatrix} 1 & 1 & 1 \\ 0 & 0 & 0 \\ 0 & 0 & 0 \end{pmatrix}$,特征向量为$\begin{pmatrix} 0 \\ -1 \\ 1 \end{pmatrix}$和$\begin{pmatrix} -2 \\ 1 \\ 1 \end{pmatrix}$,单位化为$\begin{pmatrix} 0 \\ -\frac{1}{\sqrt{2}} \\ \frac{1}{\sqrt{2}} \end{pmatrix}, \begin{pmatrix} \frac{-2}{\sqrt{6}} \\ \frac{1}{\sqrt{6}} \\ \frac{1}{\sqrt{6}} \end{pmatrix}$;

$\lambda = 5$ 时,$\begin{pmatrix} -4 & 2 & 2 \\ 2 & -4 & 2 \\ 2 & 2 & -4 \end{pmatrix} \Rightarrow \begin{pmatrix} 1 & 0 & -1 \\ 0 & 1 & -1 \\ 0 & 0 & 0 \end{pmatrix}$,特征向量为$\begin{pmatrix} 1 \\ 1 \\ 1 \end{pmatrix}$,单位化为$\begin{pmatrix} \frac{1}{\sqrt{3}} \\ \frac{1}{\sqrt{3}} \\ \frac{1}{\sqrt{3}} \end{pmatrix}$.

故得

$$\boldsymbol{P} = \begin{pmatrix} \frac{1}{\sqrt{3}} & 0 & -\frac{2}{\sqrt{6}} \\ \frac{1}{\sqrt{3}} & -\frac{1}{\sqrt{2}} & \frac{1}{\sqrt{6}} \\ \frac{1}{\sqrt{3}} & \frac{1}{\sqrt{2}} & \frac{1}{\sqrt{6}} \end{pmatrix}, f = 5y_1^2 - y_2^2 - y_3^2, \begin{pmatrix} x_1 \\ x_2 \\ x_3 \end{pmatrix} = \begin{pmatrix} \frac{1}{\sqrt{3}} & 0 & -\frac{2}{\sqrt{6}} \\ \frac{1}{\sqrt{3}} & -\frac{1}{\sqrt{2}} & \frac{1}{\sqrt{6}} \\ \frac{1}{\sqrt{3}} & \frac{1}{\sqrt{2}} & \frac{1}{\sqrt{6}} \end{pmatrix}\begin{pmatrix} y_1 \\ y_2 \\ y_3 \end{pmatrix}$$

八、**证明** 设 $\lambda_1, \lambda_2, \cdots, \lambda_n$ 为 $\boldsymbol{A}$ 的特征值,则 $\lambda_i > 0, i = 1, \cdots, n$,存在正交矩阵 $\boldsymbol{P}$,使

$$A=P\begin{pmatrix}\lambda_1 & & \\ & \ddots & \\ & & \lambda_n\end{pmatrix}P^{-1}$$，取 $B=P\cdot\begin{pmatrix}\sqrt{\lambda_1} & & \\ & \ddots & \\ & & \sqrt{\lambda_n}\end{pmatrix}\cdot P^{-1}$ 为所求.

自测试题十答案

一、1. 24.　　2. 2.　　3. 负.　　4. 2.　　5. −1.

二、1. D.　　2. B.　　3. C.　　4. C.　　5. B.

三、1. $\begin{vmatrix}2&3&1&2\\3&5&2&4\\1&2&1&2\\2&1&2&1\end{vmatrix}\underline{\underline{r_3+r_1}}\begin{vmatrix}2&3&1&2\\3&5&2&4\\3&5&2&4\\2&1&2&1\end{vmatrix}=0$

2. $\begin{vmatrix}a+1&1&1&1\\1&a+2&1&1\\1&1&a+3&1\\1&1&1&a+4\end{vmatrix}$，$(a(a+1)(a+2)(a+3)(a+4)\neq 0)$

$$=\begin{vmatrix}a+1&1&1&1\\-a&a+1&0&0\\-a&0&a+2&0\\-a&0&0&a+3\end{vmatrix}$$

$$=\begin{vmatrix}a+1+\frac{a}{a+1}+\frac{a}{a+2}+\frac{a}{a+3}&1&1&1\\0&a+1&0&0\\0&0&a+2&0\\0&0&0&a+3\end{vmatrix}$$

$$=a(a+1)(a+2)(a+3)\left(1+\frac{1}{a}+\frac{1}{a+1}+\frac{1}{a+2}+\frac{1}{a+3}\right)$$

四、由 $|A|=-1$ 知 A 可逆，又 $A+AB=E$，得 $B=A^{-1}-E$.

$$A^{-1}=\begin{pmatrix}2&0&-1\\1&-3&2\\-1&2&-1\end{pmatrix}$$

$$B=A^{-1}-E=\begin{pmatrix}2&0&-1\\1&-3&2\\-1&2&-1\end{pmatrix}-\begin{pmatrix}1&0&0\\0&1&0\\0&0&1\end{pmatrix}=\begin{pmatrix}1&0&-1\\1&-4&2\\-1&2&-2\end{pmatrix}$$

五、令 $k_1\beta_1+k_2\beta_2+k_3\beta_3=0$，从而有

$$(k_1-3k_3)\alpha_1+(k_2-k_1)\alpha_2+(2k_2+k_3)\alpha_3=0$$

由于 $\alpha_1,\alpha_2,\alpha_3$ 线性无关，故得

$$\begin{cases}k_1-3k_3=0\\k_2-k_1=0\\2k_2+k_3=0\end{cases}$$

解出 $k_1=k_2=k_3=0$,故 $\boldsymbol{\beta}_1,\boldsymbol{\beta}_2,\boldsymbol{\beta}_3$ 线性无关.

六、因为 $|\boldsymbol{\alpha}_1\boldsymbol{\alpha}_2\boldsymbol{\alpha}_3|=\begin{vmatrix}1&2&1\\2&1&2\\1&2&3\end{vmatrix}=-6\neq 0$,所以 $\boldsymbol{\alpha}_2,\boldsymbol{\alpha}_2,\boldsymbol{\alpha}_3$ 线性无关,它可以是 $\mathbf{R}^3$ 的一个基.

令
$$\boldsymbol{\beta}=(\boldsymbol{\alpha}_1\quad\boldsymbol{\alpha}_2\quad\boldsymbol{\alpha}_3)\begin{pmatrix}k_1\\k_2\\k_3\end{pmatrix}$$

则
$$\begin{pmatrix}k_1\\k_2\\k_3\end{pmatrix}=(\boldsymbol{\alpha}_1\quad\boldsymbol{\alpha}_2\quad\boldsymbol{\alpha}_3)^{-1}\boldsymbol{\beta}=\begin{pmatrix}1&2&1\\2&1&2\\1&2&3\end{pmatrix}^{-1}\begin{pmatrix}3\\4\\5\end{pmatrix}$$

而
$$\begin{pmatrix}1&2&1\\2&1&2\\1&2&3\end{pmatrix}^{-1}=\frac{\boldsymbol{A}^*}{|\boldsymbol{A}|}=-\frac{1}{6}\begin{pmatrix}-1&-4&3\\-4&2&0\\3&0&-3\end{pmatrix}$$

从而
$$\begin{pmatrix}k_1\\k_2\\k_3\end{pmatrix}=(\boldsymbol{\alpha}_1\quad\boldsymbol{\alpha}_2\quad\boldsymbol{\alpha}_3)^{-1}\boldsymbol{\beta}=\begin{pmatrix}1&2&1\\2&1&2\\1&2&3\end{pmatrix}^{-1}\begin{pmatrix}3\\4\\5\end{pmatrix}=\begin{pmatrix}\frac{2}{3}\\\frac{2}{3}\\1\end{pmatrix}$$

七、
$$\boldsymbol{A}=\begin{pmatrix}2&3&-4&1\\1&3&-2&-1\\3&-1&-2&1\\6&5&-8&1\end{pmatrix}$$

$$\boldsymbol{A}\to\begin{pmatrix}1&3&-2&-1\\0&1&0&-1\\0&0&-2&3\\0&0&0&0\end{pmatrix}$$

写出等价方程组为

$$\begin{cases}x_1+3x_2-2x_3-x_4=0\\x_2-x_4=0\\-2x_3+3x_4=0\end{cases}$$

基础解系为

$$\begin{pmatrix}x_1\\x_2\\x_3\\x_4\end{pmatrix}=\begin{pmatrix}2\\2\\3\\2\end{pmatrix}$$

八、增广矩阵$(\boldsymbol{A} \vdots \boldsymbol{M})=\begin{pmatrix}1&1&a&1\\1&a&1&a\\a&1&1&a^2\end{pmatrix}$

$$(\boldsymbol{A} \vdots \boldsymbol{M})=\begin{pmatrix}1&1&a&1\\1&a&1&a\\a&1&1&a^2\end{pmatrix}\to\begin{pmatrix}1&1&a&1\\0&a-1&1-a&a-1\\0&0&2-a-a^2&a^2-1\end{pmatrix}$$

(1) 当$2-a-a^2\neq0, a\neq1, a\neq2$有唯一解;

(2) 当$a=2$无解;

(3) 当$a=1$有无穷多解.

九、二次型的矩阵为$\begin{pmatrix}1&2&2\\2&1&2\\2&2&1\end{pmatrix}$.

特征方程为$\begin{vmatrix}1-\lambda&2&2\\2&1-\lambda&2\\2&2&1-\lambda\end{vmatrix}=(5-\lambda)(1+\lambda)^2=0.$

特征根为$\lambda_1=5, \lambda_{2,3}=-1$.

$\lambda_{2,3}=-1$时,$\begin{pmatrix}2&2&2\\2&2&2\\2&2&2\end{pmatrix}\to\begin{pmatrix}1&1&1\\0&0&0\\0&0&0\end{pmatrix}$;特征向量为$\begin{pmatrix}0\\-1\\1\end{pmatrix},\begin{pmatrix}-2\\1\\1\end{pmatrix}$;单位化为$\begin{pmatrix}0\\\frac{-1}{\sqrt{2}}\\\frac{1}{\sqrt{2}}\end{pmatrix},\begin{pmatrix}\frac{-2}{\sqrt{6}}\\\frac{1}{\sqrt{6}}\\\frac{1}{\sqrt{6}}\end{pmatrix}$.

$\lambda_1=5$时,$\begin{pmatrix}-4&2&2\\2&-4&2\\2&2&-4\end{pmatrix}\to\begin{pmatrix}1&0&-1\\0&1&-1\\0&0&0\end{pmatrix}$;特征向量为$\begin{pmatrix}1\\1\\1\end{pmatrix}$;单位化为$\begin{pmatrix}\frac{1}{\sqrt{3}}\\\frac{1}{\sqrt{3}}\\\frac{1}{\sqrt{3}}\end{pmatrix}$.

故

$$\boldsymbol{P}=\begin{pmatrix}\frac{1}{\sqrt{3}}&0&-\frac{2}{\sqrt{6}}\\\frac{1}{\sqrt{3}}&-\frac{1}{\sqrt{2}}&\frac{1}{\sqrt{6}}\\\frac{1}{\sqrt{3}}&\frac{1}{\sqrt{2}}&\frac{1}{\sqrt{6}}\end{pmatrix}$$

$\boldsymbol{X}=\boldsymbol{PY}$时,$f=5y_1^2-y_2^2-y_3^2$.

十、**证明**　令 $k_1\boldsymbol{\alpha}_1+k_2\boldsymbol{\alpha}_2+\cdots+k_r\boldsymbol{\alpha}_r=0$,用 $\boldsymbol{\alpha}_i$ 与等式两边作数量积,得

$$k_i(\boldsymbol{\alpha}_i,\boldsymbol{\alpha}_i)=0\ (i=1,2,\cdots,r)$$

因为 $(\boldsymbol{\alpha}_i,\boldsymbol{\alpha}_i)\neq 0\ (i=1,2,\cdots,r)$,所以 $k_i=0\ (i=1,2,\cdots,r)$. 从而 $\boldsymbol{\alpha}_1,\boldsymbol{\alpha}_2,\cdots,\boldsymbol{\alpha}_r$ 线性无关.

7.2　自测试题及解答(下)

7.2.1　自测试题(下)

自测试题十一

一、选择题(每小题 2 分,共 20 分)

1. 设矩阵 $\boldsymbol{A}=(1,2)$,$\boldsymbol{B}=\begin{pmatrix}1&2\\3&4\end{pmatrix}$,$\boldsymbol{C}=\begin{pmatrix}1&2&3\\4&5&6\end{pmatrix}$,则下列矩阵运算中有意义的是(　　).

A. $\boldsymbol{ACB}$　　B. $\boldsymbol{ABC}$　　C. $\boldsymbol{BAC}$　　D. $\boldsymbol{CBA}$

2. 设 $\boldsymbol{A}$ 为 3 阶方阵,且 $|\boldsymbol{A}|=2$,则 $|2\boldsymbol{A}^{-1}|=$(　　).

A. -4　　B. -1　　C. 1　　D. 4

3. 矩阵 $\begin{pmatrix}3&3\\-1&0\end{pmatrix}$ 的逆矩阵是(　　).

A. $\begin{pmatrix}0&-1\\3&3\end{pmatrix}$　　B. $\begin{pmatrix}0&-3\\1&3\end{pmatrix}$　　C. $\begin{pmatrix}0&-1\\\frac{1}{3}&1\end{pmatrix}$　　D. $\begin{pmatrix}1&\frac{1}{3}\\-1&0\end{pmatrix}$

4. 设 2 阶矩阵 $\boldsymbol{A}=\begin{pmatrix}a&b\\c&d\end{pmatrix}$,则 $\boldsymbol{A}^*=$(　　).

A. $\begin{pmatrix}d&-b\\-c&a\end{pmatrix}$　　B. $\begin{pmatrix}-d&c\\b&-a\end{pmatrix}$

C. $\begin{pmatrix}-d&b\\c&-a\end{pmatrix}$　　D. $\begin{pmatrix}d&-c\\-b&a\end{pmatrix}$

5. 设矩阵 $\boldsymbol{A}=\begin{pmatrix}1&0&-1&0\\0&-2&3&4\\0&0&0&5\end{pmatrix}$,则 $\boldsymbol{A}$ 中(　　).

A. 所有 2 阶子式都不为零　　B. 所有 2 阶子式都为零

C. 所有 3 阶子式都不为零　　D. 存在一个 3 阶子式不为零

6. 设 $\boldsymbol{A}$ 为任意 n 阶矩阵,下列矩阵中为反对称矩阵的是(　　).

A. $\boldsymbol{A}+\boldsymbol{A}^{\mathrm{T}}$　　B. $\boldsymbol{A}-\boldsymbol{A}^{\mathrm{T}}$　　C. $\boldsymbol{AA}^{\mathrm{T}}$　　D. $\boldsymbol{A}^{\mathrm{T}}\boldsymbol{A}$

7. 设 $\boldsymbol{A}$ 为 $m\times n$ 矩阵,齐次线性方程组 $\boldsymbol{Ax}=\boldsymbol{0}$ 有非零解的充分必要条件是(　　).

A. $\boldsymbol{A}$ 的列向量组线性相关　　B. $\boldsymbol{A}$ 的列向量组线性无关

C. $\boldsymbol{A}$ 的行向量组线性相关　　D. $\boldsymbol{A}$ 的行向量组线性无关

8. 设三元非齐次线性方程组 $\boldsymbol{Ax}=\boldsymbol{b}$ 的两个解为 $\boldsymbol{\alpha}=(1,0,2)^{\mathrm{T}}$,$\boldsymbol{\beta}=(1,-1,3)^{\mathrm{T}}$,且系数矩阵 $\boldsymbol{A}$ 的秩 $R(\boldsymbol{A})=2$,则对于任意常数 k、k_1、k_2,方程组的通解可表为(　　).

A. $k_1(1,0,2)^{\mathrm{T}}+k_2(1,-1,3)^{\mathrm{T}}$　　B. $(1,0,2)^{\mathrm{T}}+k(1,-1,3)^{\mathrm{T}}$

C. $(1,0,2)^{\mathrm{T}}+k(0,1,-1)^{\mathrm{T}}$　　D. $(1,0,2)^{\mathrm{T}}+k(2,-1,5)^{\mathrm{T}}$

9. 矩阵 $\boldsymbol{A}=\begin{pmatrix}1&1&1\\1&1&1\\1&1&1\end{pmatrix}$ 的非零特征值为(　　).

A. 4　　B. 3　　C. 2　　D. 1

10. 矩阵 $\boldsymbol{A}=\begin{pmatrix}-1&&\\&2&\\&&-3\end{pmatrix}$ 合同于(　　).

A. $\begin{pmatrix}1&&\\&2&\\&&3\end{pmatrix}$　　B. $\begin{pmatrix}1&&\\&2&\\&&-3\end{pmatrix}$

C. $\begin{pmatrix}1&&\\&-2&\\&&-3\end{pmatrix}$　　D. $\begin{pmatrix}-1&&\\&-2&\\&&-3\end{pmatrix}$

二、填空题(共 10 小题,每小题 2 分,共 20 分)

1. 设矩阵 $\boldsymbol{A}=\begin{pmatrix}1&2\\3&4\end{pmatrix}$,则行列式 $|\boldsymbol{A}^{\mathrm{T}}\boldsymbol{A}|=$__________.

2. 若 $a_ib_i\neq0,i=1,2,3$,则行列式 $\begin{vmatrix}a_1b_1&a_1b_2&a_1b_3\\a_2b_1&a_2b_2&a_2b_3\\a_3b_1&a_3b_2&a_3b_3\end{vmatrix}=$__________.

3. 向量空间 $\boldsymbol{V}=\{x=(x_1,x_2,0)\,|\,x_1,x_2$ 为实数$\}$ 的维数为__________.

4. 若齐次线性方程组 $\begin{cases}a_{11}x_1+a_{12}x_2+a_{13}x_3=0\\a_{21}x_1+a_{22}x_2+a_{23}x_3=0\\a_{31}x_1+a_{32}x_2+a_{33}x_3=0\end{cases}$ 有非零解,则其系数行列式的值为__________.

5. 设矩阵 $\boldsymbol{A}=\begin{pmatrix}1&0&1\\0&2&0\\0&0&1\end{pmatrix}$,矩阵 $\boldsymbol{B}=\boldsymbol{A}-\boldsymbol{E}$,则矩阵 $\boldsymbol{B}$ 的秩 $R(\boldsymbol{B})=$__________.

6. 设向量 $\boldsymbol{\alpha}=(1,2,3)$,$\boldsymbol{\beta}=(3,2,1)$,则向量 $\boldsymbol{\alpha}$、$\boldsymbol{\beta}$ 的内积 $(\boldsymbol{\alpha},\boldsymbol{\beta})=$__________.

7. 设 $\boldsymbol{A}$ 是 4×3 矩阵,若齐次线性方程组 $\boldsymbol{Ax}=\boldsymbol{0}$ 只有零解,则矩阵 $\boldsymbol{A}$ 的秩 $R(\boldsymbol{A})=$__________.

8. 已知某个三元非齐次线性方程组 $\boldsymbol{Ax}=\boldsymbol{b}$ 的增广矩阵 $\overline{\boldsymbol{A}}$ 经初等行变换化为

$\boldsymbol{A}\to\begin{pmatrix}1&-2&3&-1\\0&2&-1&2\\0&0&a(a-1)&a-1\end{pmatrix}$,若方程组无解,则 a 的取值为__________.

9. 实二次型 $f(x_1,x_2,x_3)=3x_1^2-5x_2^2+x_3^2$ 的矩阵为__________.

10. 设矩阵 $A=\begin{pmatrix}1&1&0\\1&2+a&0\\0&0&1-a\end{pmatrix}$ 为正定矩阵,则 a 的取值范围是__________.

三、计算题(共6小题,每小题9分)

1. 计算3阶行列式 $\begin{vmatrix}123&23&3\\249&49&9\\367&67&7\end{vmatrix}$.

2. 设 $A=\begin{pmatrix}1&0&1\\2&1&0\\-3&2&-5\end{pmatrix}$,求 A^{-1}.

3. 求齐次线性方程组 $\begin{cases}x_1+x_2+x_5=0\\x_1+x_2-x_3=0\\x_3+x_4+x_5=0\end{cases}$ 的基础解系及通解.

4. 设向量 $\boldsymbol{\alpha}_1=(1,-1,2,1)^{\mathrm{T}},\boldsymbol{\alpha}_2=(2,-2,4,-2)^{\mathrm{T}},\boldsymbol{\alpha}_3=(3,0,6,-1)^{\mathrm{T}},\boldsymbol{\alpha}_4=(0,3,0,-4)^{\mathrm{T}}$.

(1) 求向量组的一个极大线性无关组;

(2) 将其余向量表为该极大线性无关组的线性组合.

5. 设2阶矩阵 A 的特征值为1与2,对应的特征向量分别为 $\boldsymbol{\alpha}_1=(1,-1)^{\mathrm{T}},\boldsymbol{\alpha}_2=(1,1)^{\mathrm{T}}$,求矩阵 A.

6. 已知二次型 $f(x_1,x_2,x_3)=2x_1^2+3x_2^2+3x_3^2+2ax_2x_3$,通过正交变换可化为标准形 $f=y_1^2+2y_2^2+y_3^2$,求 a.

四、证明题(6分)

证明:若向量组 $\boldsymbol{\alpha}_1=(a_{11},a_{21}),\boldsymbol{\alpha}_2=(a_{12},a_{22})$ 线性无关,则任一向量 $\boldsymbol{\beta}=(b_1,b_2)$ 必可由 $\boldsymbol{\alpha}_1$、$\boldsymbol{\alpha}_2$ 线性表出.

自测试题十二

一、选择题(共14小题,每小题2分,共28分)

1. 设行列式 $\begin{vmatrix}a_{11}&a_{12}\\a_{21}&a_{22}\end{vmatrix}=m,\begin{vmatrix}a_{13}&a_{11}\\a_{23}&a_{21}\end{vmatrix}=n$,则行列式 $\begin{vmatrix}a_{11}&a_{12}+a_{13}\\a_{21}&a_{22}+a_{23}\end{vmatrix}$ 等于(   ).

A. $m+n$　　B. $-(m+n)$　　C. $n-m$　　D. $m-n$

2. 设矩阵 $A=\begin{pmatrix}1&0&0\\0&2&0\\0&0&3\end{pmatrix}$,则 A^{-1} 等于(   ).

A. $\begin{pmatrix}\frac{1}{3}&0&0\\0&\frac{1}{2}&0\\0&0&1\end{pmatrix}$　　B. $\begin{pmatrix}1&0&0\\0&\frac{1}{2}&0\\0&0&\frac{1}{3}\end{pmatrix}$　　C. $\begin{pmatrix}\frac{1}{3}&0&0\\0&1&0\\0&0&\frac{1}{2}\end{pmatrix}$　　D. $\begin{pmatrix}\frac{1}{2}&0&0\\0&\frac{1}{3}&0\\0&0&1\end{pmatrix}$

3. 设矩阵 $A=\begin{pmatrix}3&-1&2\\1&0&-1\\-2&1&4\end{pmatrix}$,$A^*$ 是 A 的伴随矩阵,则 A^* 中位于(1,2)的元素是

(　　).

A. -6　　B. 6　　C. 2　　D. -2

4. 设$\boldsymbol{A}$是方阵,如有矩阵关系式$\boldsymbol{AB}=\boldsymbol{AC}$,则必有(　　).

A. $\boldsymbol{A}=\boldsymbol{0}$　　B. $\boldsymbol{B}\neq\boldsymbol{C}$时$\boldsymbol{A}=\boldsymbol{0}$

C. $\boldsymbol{A}\neq\boldsymbol{0}$时$\boldsymbol{B}=\boldsymbol{C}$　　D. $|\boldsymbol{A}|\neq 0$时$\boldsymbol{B}=\boldsymbol{C}$

5. 已知3×4矩阵$\boldsymbol{A}$的行向量组线性无关,则$R(\boldsymbol{A}^{\mathrm{T}})$等于(　　).

A. 1　　B. 2　　C. 3　　D. 4

6. 设两个向量组$\alpha_1,\alpha_2,\cdots,\alpha_s$和$\beta_1,\beta_2,\cdots,\beta_s$均线性相关,则(　　).

A. 有不全为0的数$\lambda_1,\lambda_2,\cdots,\lambda_s$使$\lambda_1\alpha_1+\lambda_2\alpha_2+\cdots+\lambda_s\alpha_s=0$和$\lambda_1\beta_1+\lambda_2\beta_2+\cdots+\lambda_s\beta_s=0$

B. 有不全为0的数$\lambda_1,\lambda_2,\cdots,\lambda_s$使$\lambda_1(\alpha_1+\beta_1)+\lambda_2(\alpha_2+\beta_2)+\cdots+\lambda_s(\alpha_s+\beta_s)=0$

C. 有不全为0的数$\lambda_1,\lambda_2,\cdots,\lambda_s$使$\lambda_1(\alpha_1-\beta_1)+\lambda_2(\alpha_2-\beta_2)+\cdots+\lambda_s(\alpha_s-\beta_s)=0$

D. 有不全为0的数$\lambda_1,\lambda_2,\cdots,\lambda_s$和不全为0的数$\mu_1,\mu_2,\cdots,\mu_s$使$\lambda_1\alpha_1+\lambda_2\alpha_2+\cdots+\lambda_s\alpha_s=0$和$\mu_1\beta_1+\mu_2\beta_2+\cdots+\mu_s\beta_s=0$

7. 设矩阵$\boldsymbol{A}$的秩为r,则$\boldsymbol{A}$中(　　).

A. 所有$r-1$阶子式都不为零　　B. 所有$r-1$阶子式全为零

C. 至少有一个r阶子式不等于零　　D. 所有r阶子式都不为零

8. 设$\boldsymbol{Ax}=\boldsymbol{b}$是一非齐次线性方程组,$\eta_1$、$\eta_2$是其任意2个解,则下列结论错误的是(　　).

A. $\eta_1+\eta_2$是$\boldsymbol{Ax}=\boldsymbol{0}$的一个解　　B. $\frac{1}{2}\eta_1+\frac{1}{2}\eta_2$是$\boldsymbol{Ax}=\boldsymbol{b}$的一个解

C. $\eta_1-\eta_2$是$\boldsymbol{Ax}=\boldsymbol{0}$的一个解　　D. $2\eta_1-\eta_2$是$\boldsymbol{Ax}=\boldsymbol{b}$的一个解

9. 设n阶方阵$\boldsymbol{A}$不可逆,则必有(　　).

A. $R(\boldsymbol{A})<n$　　B. $R(\boldsymbol{A})=n-1$

C. $\boldsymbol{A}=\boldsymbol{0}$　　D. 方程组$\boldsymbol{Ax}=\boldsymbol{0}$只有零解

10. 设$\boldsymbol{A}$是一个$n(\geqslant3)$阶方阵,下列陈述中正确的是(　　).

A. 如存在数λ和向量$\boldsymbol{\alpha}$使$\boldsymbol{A\alpha}=\lambda\boldsymbol{\alpha}$,则$\boldsymbol{\alpha}$是$\boldsymbol{A}$的属于特征值$\lambda$的特征向量

B. 如存在数λ和非零向量$\boldsymbol{\alpha}$,使$(\lambda\boldsymbol{E}-\boldsymbol{A})\boldsymbol{\alpha}=\boldsymbol{0}$,则$\lambda$是$\boldsymbol{A}$的特征值

C. $\boldsymbol{A}$的2个不同的特征值可以有同一个特征向量

D. 如$\lambda_1,\lambda_2,\lambda_3$是$\boldsymbol{A}$的3个互不相同的特征值,$\boldsymbol{\alpha}_1,\boldsymbol{\alpha}_2,\boldsymbol{\alpha}_3$依次是$\boldsymbol{A}$的属于$\lambda_1,\lambda_2,\lambda_3$的特征向量,则$\boldsymbol{\alpha}_1,\boldsymbol{\alpha}_2,\boldsymbol{\alpha}_3$有可能线性相关

11. 设λ_0是矩阵$\boldsymbol{A}$的特征方程的三重根,$\boldsymbol{A}$的属于λ_0的线性无关的特征向量的个数为k,则必有(　　).

A. $k\leqslant3$　　B. $k<3$　　C. $k=3$　　D. $k>3$

12. 设$\boldsymbol{A}$是正交矩阵,则下列结论错误的是(　　).

A. $|\boldsymbol{A}|^2$必为1　　B. $|\boldsymbol{A}|$必为1

C. $\boldsymbol{A}^{-1}=\boldsymbol{A}^{\mathrm{T}}$　　D. $\boldsymbol{A}$的行(列)向量组是正交单位向量组

13. 设$\boldsymbol{A}$是实对称矩阵,$\boldsymbol{C}$是实可逆矩阵,$\boldsymbol{B}=\boldsymbol{C}^{\mathrm{T}}\boldsymbol{AC}$,则(　　).

A. $\boldsymbol{A}$与$\boldsymbol{B}$相似　　B. $\boldsymbol{A}$与$\boldsymbol{B}$不等价

C. $\boldsymbol{A}$ 与 $\boldsymbol{B}$ 有相同的特征值　　　　D. $\boldsymbol{A}$ 与 $\boldsymbol{B}$ 合同

14. 下列矩阵中是正定矩阵的为(　　).

A. $\begin{pmatrix}2 & 3\\3 & 4\end{pmatrix}$　　B. $\begin{pmatrix}3 & 4\\2 & 6\end{pmatrix}$　　C. $\begin{pmatrix}1 & 0 & 0\\0 & 2 & -3\\0 & -3 & 5\end{pmatrix}$　　D. $\begin{pmatrix}1 & 1 & 1\\1 & 2 & 0\\1 & 0 & 2\end{pmatrix}$

二、填空题(共 10 小题,每小题 2 分,共 20 分)

1. $\begin{vmatrix}1 & 1 & 1\\3 & 5 & 6\\9 & 25 & 36\end{vmatrix}$ = ________.

2. 设 $\boldsymbol{A}=\begin{pmatrix}1 & -1 & 1\\1 & 1 & -1\end{pmatrix}$, $\boldsymbol{B}=\begin{pmatrix}1 & 2 & 3\\-1 & -2 & 4\end{pmatrix}$. 则 $\boldsymbol{A}+2\boldsymbol{B}=$ ________.

3. 设 $\boldsymbol{A}=(a_{ij})_{3\times 3}$, $|\boldsymbol{A}|=2$, A_{ij} 表示 $|\boldsymbol{A}|$ 中元素 a_{ij} 的代数余子式 $(i,j=1,2,3)$,则 $(a_{11}A_{21}+a_{12}A_{22}+a_{13}A_{23})^2+(a_{21}A_{21}+a_{22}A_{22}+a_{23}A_{23})^2+(a_{31}A_{21}+a_{32}A_{22}+a_{33}A_{23})^2=$ ________.

4. 设向量 $(2,-3,5)$ 与向量 $(-4,6,a)$ 线性相关,则 $a=$ ________.

5. 设 $\boldsymbol{A}$ 是 3×4 矩阵,其秩为 3,若 $\boldsymbol{\eta}_1$、$\boldsymbol{\eta}_2$ 为非齐次线性方程组 $\boldsymbol{Ax}=\boldsymbol{b}$ 的 2 个不同的解,则它的通解为________.

6. 设 $\boldsymbol{A}$ 是 $m\times n$ 矩阵,$\boldsymbol{A}$ 的秩为 $r(<n)$,则齐次线性方程组 $\boldsymbol{Ax}=\boldsymbol{0}$ 的一个基础解系中含有解的个数为________.

7. 设向量 $\boldsymbol{\alpha}$、$\boldsymbol{\beta}$ 的长度依次为 2 和 3,则向量 $\boldsymbol{\alpha}+\boldsymbol{\beta}$ 与 $\boldsymbol{\alpha}-\boldsymbol{\beta}$ 的内积 $(\boldsymbol{\alpha}+\boldsymbol{\beta},\boldsymbol{\alpha}-\boldsymbol{\beta})=$ ________.

8. 设 3 阶矩阵 $\boldsymbol{A}$ 的行列式 $|\boldsymbol{A}|=8$,已知 $\boldsymbol{A}$ 有 2 个特征值 -1 和 4,则另一特征值为________.

9. 设矩阵 $\boldsymbol{A}=\begin{pmatrix}0 & 10 & 6\\1 & -3 & -3\\-2 & 10 & 8\end{pmatrix}$,已知 $\boldsymbol{\alpha}=\begin{pmatrix}2\\-1\\2\end{pmatrix}$ 是它的一个特征向量,则 $\boldsymbol{\alpha}$ 所对应的特征值为________.

10. 设实二次型 $f(x_1,x_2,x_3,x_4,x_5)$ 的秩为 4,正惯性指数为 3,则其规范形为________.

三、计算题(共 7 小题,每小题 6 分)

1. 设 $\boldsymbol{A}=\begin{pmatrix}1 & 2 & 0\\3 & 4 & 0\\-1 & 2 & 1\end{pmatrix}$, $\boldsymbol{B}=\begin{pmatrix}2 & 3 & -1\\-2 & 4 & 0\end{pmatrix}$. 求:(1) $\boldsymbol{AB}^{\mathrm{T}}$;(2) $|4\boldsymbol{A}|$.

2. 试计算行列式 $\begin{vmatrix}3 & 1 & -1 & 2\\-5 & 1 & 3 & -4\\2 & 0 & 1 & -1\\1 & -5 & 3 & -3\end{vmatrix}$.

3. 设矩阵 $\boldsymbol{A}=\begin{pmatrix}4 & 2 & 3\\1 & 1 & 0\\-1 & 2 & 3\end{pmatrix}$,求矩阵 $\boldsymbol{B}$ 使其满足矩阵方程 $\boldsymbol{AB}=\boldsymbol{A}+2\boldsymbol{B}$.

4. 给定向量组 $\boldsymbol{\alpha}_1=\begin{pmatrix}-2\\1\\0\\3\end{pmatrix},\boldsymbol{\alpha}_2=\begin{pmatrix}1\\-3\\2\\4\end{pmatrix},\boldsymbol{\alpha}_3=\begin{pmatrix}3\\0\\2\\-1\end{pmatrix},\boldsymbol{\alpha}_4=\begin{pmatrix}0\\-1\\4\\9\end{pmatrix}$.

试判断 $\boldsymbol{\alpha}_4$ 是否为 $\boldsymbol{\alpha}_1,\boldsymbol{\alpha}_2,\boldsymbol{\alpha}_3$ 的线性组合;若是,则求出组合系数.

5. 设矩阵 $\boldsymbol{A}=\begin{pmatrix}1&-2&-1&0&2\\-2&4&2&6&-6\\2&-1&0&2&3\\3&3&3&3&4\end{pmatrix}$.

求:(1) $R(\boldsymbol{A})$;

(2) $\boldsymbol{A}$ 的列向量组的一个最大线性无关组.

6. 设矩阵 $\boldsymbol{A}=\begin{pmatrix}0&-2&2\\-2&-3&4\\2&4&-3\end{pmatrix}$的全部特征值为1、1和 -8. 求正交矩阵 $\boldsymbol{T}$ 和对角矩阵 $\boldsymbol{D}$,使 $\boldsymbol{T}^{-1}\boldsymbol{A}\boldsymbol{T}=\boldsymbol{D}$.

7. 试用配方法化下列二次型为标准形

$$f(x_1,x_2,x_3)=x_1^2+2x_2^2-3x_3^2+4x_1x_2-4x_1x_3-4x_2x_3$$

并写出所用的满秩线性变换.

四、证明题(共2小题,每小题5分)

1. 设方阵 $\boldsymbol{A}$ 满足 $\boldsymbol{A}^3=\boldsymbol{0}$,试证明 $\boldsymbol{E}-\boldsymbol{A}$ 可逆,且 $(\boldsymbol{E}-\boldsymbol{A})^{-1}=\boldsymbol{E}+\boldsymbol{A}+\boldsymbol{A}^2$.

2. 设 η_0 是非齐次线性方程组 $\boldsymbol{Ax}=\boldsymbol{b}$ 的一个特解,$\boldsymbol{\xi}_1$、$\boldsymbol{\xi}_2$ 是其导出组 $\boldsymbol{Ax}=\boldsymbol{0}$ 的一个基础解系. 试证明:

(1) $\boldsymbol{\eta}_1=\boldsymbol{\eta}_0+\boldsymbol{\xi}_1,\boldsymbol{\eta}_2=\boldsymbol{\eta}_0+\boldsymbol{\xi}_2$ 均是 $\boldsymbol{Ax}=\boldsymbol{b}$ 的解;

(2) $\boldsymbol{\eta}_0,\boldsymbol{\eta}_1,\boldsymbol{\eta}_2$ 线性无关.

自测试题十三

一、填空题(每小题2分,共10分)

1. 若 $\begin{vmatrix}1&-3&1\\0&5&x\\-1&2&-2\end{vmatrix}=0$,则 $x=$__________.

2. 若齐次线性方程组 $\begin{cases}\lambda x_1+x_2+x_3=0\\x_1+\lambda x_2+x_3=0\\x_1+x_2+x_3=0\end{cases}$ 只有零解,则 λ 应满足__________.

3. 已知矩阵 $\boldsymbol{A}$、$\boldsymbol{B}$、$\boldsymbol{C}=(c_{ij})_{s\times n}$,满足 $\boldsymbol{AC}=\boldsymbol{CB}$,则 $\boldsymbol{A}$ 与 $\boldsymbol{B}$ 分别是__________阶矩阵.

4. 矩阵 $\boldsymbol{A}=\begin{pmatrix}a_{11}&a_{12}\\a_{21}&a_{22}\\a_{31}&a_{32}\end{pmatrix}$的行向量组线性________.

5. n 阶方阵 $\boldsymbol{A}$ 满足 $\boldsymbol{A}^2-3\boldsymbol{A}-\boldsymbol{E}=\boldsymbol{0}$,则 $\boldsymbol{A}^{-1}=$ __________.

二、判断正误(正确的在括号内填"√",错误的在括号内填"×". 每小题2分,共10分)

1. 若行列式 D 中每个元素都大于零,则 $D>0$. (　　)

2. 零向量一定可以表示成任意一组向量的线性组合. (　　)

3. 向量组 $\boldsymbol{a}_1,\boldsymbol{a}_2,\cdots,\boldsymbol{a}_m$ 中,如果 $\boldsymbol{a}_1$ 与 $\boldsymbol{a}_m$ 对应的分量成比例,则向量组 $\boldsymbol{a}_1,\boldsymbol{a}_2,\cdots,\boldsymbol{a}_s$ 线性相关. (　　)

4. $\boldsymbol{A}=\begin{bmatrix}0&1&0&0\\1&0&0&0\\0&0&0&1\\0&0&1&0\end{bmatrix}$,则 $\boldsymbol{A}^{-1}=\boldsymbol{A}$. (　　)

5. 若 λ 为可逆矩阵 $\boldsymbol{A}$ 的特征值,则 $\boldsymbol{A}^{-1}$的特征值为 λ. (　　)

三、选择题(每小题2分,共10分)

1. 设 $\boldsymbol{A}$ 为 n 阶矩阵,且 $|\boldsymbol{A}|=2$,则 $||\boldsymbol{A}|\boldsymbol{A}^{\mathrm{T}}|=$ (　　).

A. 2^n　　B. 2^{n-1}　　C. 2^{n+1}　　D. 4

2. n 维向量组 $\boldsymbol{\alpha}_1,\boldsymbol{\alpha}_2,\cdots,\boldsymbol{\alpha}_s(3\leqslant s\leqslant n)$线性无关的充要条件是(　　).

A. $\boldsymbol{\alpha}_1,\boldsymbol{\alpha}_2,\cdots,\boldsymbol{\alpha}_s$ 中任意两个向量都线性无关

B. $\boldsymbol{\alpha}_1,\boldsymbol{\alpha}_2,\cdots,\boldsymbol{\alpha}_s$ 中存在一个向量不能用其余向量线性表示

C. $\boldsymbol{\alpha}_1,\boldsymbol{\alpha}_2,\cdots,\boldsymbol{\alpha}_s$ 中任一个向量都不能用其余向量线性表示

D. $\boldsymbol{\alpha}_1,\boldsymbol{\alpha}_2,\cdots,\boldsymbol{\alpha}_s$ 中不含零向量

3. 下列命题中正确的是(　　).

A. 任意 n 个 $n+1$ 维向量线性相关

B. 任意 n 个 $n+1$ 维向量线性无关

C. 任意 $n+1$ 个 n 维向量线性相关

D. 任意 $n+1$ 个 n 维向量线性无关

4. 设 $\boldsymbol{A}$、$\boldsymbol{B}$ 均为 n 阶方阵,下面结论正确的是(　　).

A. 若 $\boldsymbol{A}$、$\boldsymbol{B}$ 均可逆,则 $\boldsymbol{A}+\boldsymbol{B}$ 可逆　　B. 若 $\boldsymbol{A}$、$\boldsymbol{B}$ 均可逆,则 $\boldsymbol{AB}$ 可逆

C. 若 $\boldsymbol{A}+\boldsymbol{B}$ 可逆,则 $\boldsymbol{A}-\boldsymbol{B}$ 可逆　　D. 若 $\boldsymbol{A}+\boldsymbol{B}$ 可逆,则 $\boldsymbol{A}$、$\boldsymbol{B}$ 均可逆

5. 若 $\boldsymbol{\nu}_1,\boldsymbol{\nu}_2,\boldsymbol{\nu}_3,\boldsymbol{\nu}_4$ 是线性方程组 $\boldsymbol{Ax}=\boldsymbol{0}$ 的基础解系,则 $\boldsymbol{\nu}_1+\boldsymbol{\nu}_2+\boldsymbol{\nu}_3+\boldsymbol{\nu}_4$ 是 $\boldsymbol{Ax}=\boldsymbol{0}$ 的(　　).

A. 解向量　　B. 基础解系　　C. 通解　　D. $\boldsymbol{A}$ 的行向量

四、计算题(每小题9分)

1. 计算行列式 $\begin{vmatrix}x+a&b&c&d\\a&x+b&c&d\\a&b&x+c&d\\a&b&c&x+d\end{vmatrix}$.

2. 设 $\boldsymbol{AB}=\boldsymbol{A}+2\boldsymbol{B}$,且 $\boldsymbol{A}=\begin{pmatrix}3&0&1\\1&1&0\\0&1&4\end{pmatrix}$, 求 $\boldsymbol{B}$.

3. 设 $\boldsymbol{B}=\begin{pmatrix}1&-1&0&0\\0&1&-1&0\\0&0&1&-1\\0&0&0&1\end{pmatrix}$, $\boldsymbol{C}=\begin{pmatrix}2&1&3&4\\0&2&1&3\\0&0&2&1\\0&0&0&2\end{pmatrix}$且矩阵 $\boldsymbol{X}$ 满足关系式 $\boldsymbol{X}(\boldsymbol{C}-\boldsymbol{B})'=\boldsymbol{E}$, 求 $\boldsymbol{X}$.

4. 问 a 取何值时,下列向量组线性相关:$\boldsymbol{\alpha}_1=\begin{pmatrix}a\\-\frac{1}{2}\\-\frac{1}{2}\end{pmatrix}$,$\boldsymbol{\alpha}_2=\begin{pmatrix}-\frac{1}{2}\\a\\-\frac{1}{2}\end{pmatrix}$,$\boldsymbol{\alpha}_3=\begin{pmatrix}-\frac{1}{2}\\-\frac{1}{2}\\a\end{pmatrix}$.

5. λ 为何值时,线性方程组$\begin{cases}\lambda x_1+x_2+x_3=\lambda-3\\x_1+\lambda x_2+x_3=-2\\x_1+x_2+\lambda x_3=-2\end{cases}$有唯一解、无解和有无穷多解? 当方程组有无穷多解时求其通解.

6. 设 $\boldsymbol{\alpha}_1=\begin{pmatrix}1\\4\\1\\0\end{pmatrix}$,$\boldsymbol{\alpha}_2=\begin{pmatrix}2\\9\\-1\\-3\end{pmatrix}$,$\boldsymbol{\alpha}_3=\begin{pmatrix}1\\0\\-3\\-1\end{pmatrix}$,$\boldsymbol{\alpha}_4=\begin{pmatrix}3\\10\\-7\\-7\end{pmatrix}$. 求此向量组的秩和一个极大无关组,并将其余向量用该极大无关组线性表示.

7. 设 $\boldsymbol{A}=\begin{pmatrix}1&0&0\\0&1&0\\0&2&1\end{pmatrix}$,求 $\boldsymbol{A}$ 的特征值及对应的特征向量.

五、证明题 (7 分)

若 $\boldsymbol{A}$ 是 n 阶方阵,且 $\boldsymbol{A}\boldsymbol{A}^{\mathrm{T}}=\boldsymbol{I}$, $|\boldsymbol{A}|=-1$, 证明 $|\boldsymbol{A}+\boldsymbol{I}|=0$. 其中 $\boldsymbol{I}$ 为单位矩阵.

自测试题十四

一、选择题(每小题 4 分,)

1. 若 n 阶矩阵 $\boldsymbol{A}$ 的第 1 行的 3 倍加到第 2 行后得矩阵 $\boldsymbol{B}$, 则不正确的是(　　).

A. $\boldsymbol{A}$ 与 $\boldsymbol{B}$ 等价　　B. $\boldsymbol{A}$ 与 $\boldsymbol{B}$ 相似　　C. $|\boldsymbol{A}|=|\boldsymbol{B}|$　　D. $R(\boldsymbol{A})=R(\boldsymbol{B})$

2. $\boldsymbol{A}$ 和 $\boldsymbol{B}$ 均为 n 阶矩阵,且$(\boldsymbol{A}-\boldsymbol{B})^2=\boldsymbol{A}^2-2\boldsymbol{A}\boldsymbol{B}+\boldsymbol{B}^2$,则必有(　　).

A. $\boldsymbol{A}=\boldsymbol{E}$　　B. $\boldsymbol{B}=\boldsymbol{E}$　　C. $\boldsymbol{A}=\boldsymbol{B}$　　D. $\boldsymbol{A}\boldsymbol{B}=\boldsymbol{B}\boldsymbol{A}$

3. 设 $\boldsymbol{A}$ 为 n 阶非奇异矩阵($n>2$),$\boldsymbol{A}^*$ 为 $\boldsymbol{A}$ 的伴随矩阵,则(　　).

A. $(\boldsymbol{A}^{-1})^*=|\boldsymbol{A}|^{-1}\boldsymbol{A}$　　B. $(\boldsymbol{A}^{-1})^*=|\boldsymbol{A}|\boldsymbol{A}$

C. $(\boldsymbol{A}^{-1})^*=|\boldsymbol{A}|^{-1}\boldsymbol{A}^{-1}$　　D. $(\boldsymbol{A}^{-1})^*=|\boldsymbol{A}|\boldsymbol{A}^{-1}$

4. $\boldsymbol{A}$ 和 $\boldsymbol{B}$ 均为 n 阶矩阵且 $\boldsymbol{A}\boldsymbol{B}=0$,则必有(　　).

A. $\boldsymbol{A}=0$ 或 $\boldsymbol{B}=0$　　B. $\boldsymbol{B}\boldsymbol{A}=0$

C. $|\boldsymbol{A}|=0$ 或 $|\boldsymbol{B}|=0$　　D. $|\boldsymbol{A}|+|\boldsymbol{B}|=0$

二、填空题(本题共 4 小题,每题 4 分)

1. 设 $\boldsymbol{\alpha}$、$\boldsymbol{\beta}$、$\boldsymbol{\gamma}$、$\boldsymbol{\eta}$ 都是 3×1 矩阵, 分块矩阵 $\boldsymbol{A}=(\boldsymbol{\alpha}\ \ \boldsymbol{\beta}\ \ \boldsymbol{\gamma})$, $\boldsymbol{B}=(\boldsymbol{\eta}\ \ \boldsymbol{\beta}\ \ \boldsymbol{\gamma})$, 若$|\boldsymbol{A}|=2$,

$|\boldsymbol{B}|=3$，则 $|\boldsymbol{A}+\boldsymbol{B}|=$ ________.

2. 设矩阵 $\boldsymbol{A}=\begin{pmatrix}\frac{2}{3} & \frac{1}{\sqrt{2}} & \frac{1}{\sqrt{18}}\\ a & b & \frac{-4}{\sqrt{18}}\\ \frac{2}{3} & \frac{-1}{\sqrt{2}} & \frac{1}{\sqrt{18}}\end{pmatrix}$ 为正交矩阵，则 $a=$ ________，$b=$ ________.

3. 设 $\boldsymbol{A}=\begin{pmatrix}1 & 2 & -2\\ 2 & 1 & 2\\ 3 & 0 & 4\end{pmatrix}$，$\boldsymbol{\alpha}=\begin{pmatrix}a\\1\\1\end{pmatrix}$，若 $\boldsymbol{A\alpha}$ 与 $\boldsymbol{\alpha}$ 线性相关，则 $a=$ ________.

4. 向量 $\boldsymbol{\alpha}=(-1,0,3,-5)$，$\boldsymbol{\beta}=(4,-2,0,1)$，其内积为 ________.

三、计算题（每题 8 分，满分 16 分）

1. 计算 $D=\begin{vmatrix}a_1+x & a_2 & \cdots & a_n\\ a_1 & a_2+x & \cdots & a_n\\ \vdots & \vdots & \ddots & \vdots\\ a_1 & a_2 & \cdots & a_n+x\end{vmatrix}$.

2. 已知矩阵 $\boldsymbol{A}=\begin{bmatrix}1 & 1 & 0\\ 1 & 1 & 0\\ 0 & 0 & 3\end{bmatrix}$ 与 $\boldsymbol{B}=\begin{bmatrix}0 & 0 & 0\\ 0 & 3 & 0\\ 0 & 0 & x\end{bmatrix}$ 相似.

（1）求 x；

（2）求可逆矩阵 $\boldsymbol{P}$，使得 $\boldsymbol{P}^{-1}\boldsymbol{AP}=\boldsymbol{B}$.

四、证明题（每小题 8 分，满分 16 分）

1. 设向量组 $\boldsymbol{\alpha}_1,\boldsymbol{\alpha}_2,\cdots,\boldsymbol{\alpha}_r$ 线性无关，而 $\boldsymbol{\alpha}_1,\boldsymbol{\alpha}_2,\cdots,\boldsymbol{\alpha}_r,\boldsymbol{\beta},\boldsymbol{\gamma}$ 线性相关，但 $\boldsymbol{\beta}$ 不能由 $\boldsymbol{\alpha}_1,\boldsymbol{\alpha}_2,\cdots,\boldsymbol{\alpha}_r,\boldsymbol{\gamma}$ 线性表出，证明：$\boldsymbol{\gamma}$ 可以由 $\boldsymbol{\alpha}_1,\boldsymbol{\alpha}_2,\cdots,\boldsymbol{\alpha}_r$ 线性表出，且表示法唯一.

2. 如果 $\boldsymbol{A}^2=\boldsymbol{E}$，则称 $\boldsymbol{A}$ 是对合矩阵. 设 $\boldsymbol{A}$ 和 $\boldsymbol{B}$ 都为对合矩阵，则 $\boldsymbol{AB}$ 是对合矩阵的充分必要条件是 $\boldsymbol{AB}=\boldsymbol{BA}$.

五、解答题（每小题 12 分）

1. 设 $\boldsymbol{A}=\begin{pmatrix}3 & -2\\ -2 & 3\end{pmatrix}$，求 $\boldsymbol{A}^{10}-5\boldsymbol{A}^9$.

2. 讨论 λ 取什么值时下列线性方程组有解，并求解：

$$\begin{cases}\lambda x_1+x_2+x_3=1\\ x_1+\lambda x_2+x_3=1\\ x_1+x_2+\lambda x_3=1\end{cases}$$

3. 设二次型 $f(x_1,x_2,x_3)=5x_1^2+5x_2^2+ax_3^2-2x_1x_2+6x_1x_3-6x_2x_3$ 的秩为 2.

（1）求参数 a 以及此二次型对应矩阵的特征值；

（2）指出 $f(x_1,x_2,x_3)=1$ 表示何种曲面.

自测试题十五

一、选择题(每小题3分)

1. 如果 $\begin{vmatrix} a_1 & a_2 & a_3 \\ b_1 & b_2 & b_3 \\ c_1 & c_2 & c_3 \end{vmatrix} = m$,则 $\begin{vmatrix} a_1 & -a_2 & a_3 \\ 2b_1 & -2b_2 & 2b_3 \\ 3c_1 & -3c_2 & 3c_3 \end{vmatrix} = ($ $)$.

A. $6m$　　B. $-6m$　　C. $2^3 3^3 m$　　D. $-2^3 3^3 m$

2. 设 $\boldsymbol{A}$、$\boldsymbol{B}$ 是 $m\times n$ 矩阵,则(　　)成立.

A. $R(\boldsymbol{A}+\boldsymbol{B})\leqslant R(\boldsymbol{A})$　　B. $R(\boldsymbol{A}+\boldsymbol{B})\leqslant R(\boldsymbol{B})$

C. $R(\boldsymbol{A}+\boldsymbol{B})<R(\boldsymbol{A})+R(\boldsymbol{B})$　　D. $R(\boldsymbol{A}+\boldsymbol{B})\leqslant R(\boldsymbol{A})+R(\boldsymbol{B})$

3. 设 $\boldsymbol{A}$ 是 $s\times n$ 矩阵,则齐次线性方程组 $\boldsymbol{Ax}=\boldsymbol{0}$ 有非零解的充分必要条件是(　　).

A. $\boldsymbol{A}$ 的行向量组线性无关　　B. $\boldsymbol{A}$ 的列向量组线性无关

C. $\boldsymbol{A}$ 的行向量组线性相关　　D. $\boldsymbol{A}$ 的列向量组线性相关

4. 设 $\begin{pmatrix} a-b & 3 & 5 \\ -1 & a+b & 2 \end{pmatrix} = \begin{pmatrix} 2 & 3 & 5 \\ -1 & 4 & 2 \end{pmatrix}$,则 a、b 分别等于(　　).

A. 1,2　　B. 1,3　　C. 3,1　　D. 6,2

5. 若 $\boldsymbol{x}_1$ 是方程 $\boldsymbol{Ax}=\boldsymbol{B}$ 的解,$\boldsymbol{x}_2$ 是方程 $\boldsymbol{Ax}=\boldsymbol{O}$ 的解,则(　　)是方程 $\boldsymbol{Ax}=\boldsymbol{B}$ 的解(c 为任意常数).

A. x_1+cx_2　　B. cx_1+cx_2

C. cx_1-cx_2　　D. cx_1+x_2

二、填空题(每小题3分)

1. 设 $\boldsymbol{A}$、$\boldsymbol{B}$ 均为 n 阶方阵,且 $|\boldsymbol{A}|=a$,$|\boldsymbol{B}|=b$,则 $|(2\boldsymbol{A})\boldsymbol{B}^{\mathrm{T}}|=$________.

2. $\begin{pmatrix} 1 & 1 \\ 0 & 1 \end{pmatrix}^{-1}=$________.

3. 若对任意的三维列向量 $\boldsymbol{x}=(x_1,x_2,x_3)^{\mathrm{T}}$,$\boldsymbol{Ax}=\begin{pmatrix} x_1+x_2 \\ 2x_1-x_3 \end{pmatrix}$,则 $\boldsymbol{A}=$________.

4. 设 $a=\begin{pmatrix} 1 \\ 0 \\ -2 \end{pmatrix}$,$b=\begin{pmatrix} -4 \\ 2 \\ 3 \end{pmatrix}$,$c$ 与 a 正交,且 $b=\lambda a+c$ 则 $\lambda=$________,$c=$________.

5. 设向量组 $\boldsymbol{\alpha}_1=(1,0,0)^{\mathrm{T}}$,$\boldsymbol{\alpha}_2=(-1,3,0)^{\mathrm{T}}$,$\boldsymbol{\alpha}_3=(1,2,-1)^{\mathrm{T}}$ 线性________关.

三、计算行列式(10分)

$$\begin{vmatrix} 2 & 1 & 4 & 1 \\ 3 & -1 & 2 & 1 \\ 1 & 2 & 3 & 2 \\ 5 & 0 & 6 & 2 \end{vmatrix}$$

四、(10分)已知矩阵满足 $\boldsymbol{XA}=\boldsymbol{B}$,其中 $\boldsymbol{A}=\begin{pmatrix} 1 & 3 & 0 \\ 2 & 6 & 1 \\ 0 & 1 & 1 \end{pmatrix}$,$\boldsymbol{B}=\begin{pmatrix} 1 & 2 & 0 \\ 0 & 1 & 3 \end{pmatrix}$,求 $\boldsymbol{X}$.

五、(10 分)设 $\boldsymbol{a}_1=\begin{pmatrix}1\\1\\-1\\-2\end{pmatrix},\boldsymbol{a}_2=\begin{pmatrix}3\\4\\-1\\2\end{pmatrix},\boldsymbol{a}_3=\begin{pmatrix}4\\-1\\-2\\3\end{pmatrix},\boldsymbol{a}_4=\begin{pmatrix}5\\2\\-3\\1\end{pmatrix}$. 求向量组 $\boldsymbol{a}_1,\boldsymbol{a}_2,\boldsymbol{a}_3,\boldsymbol{a}_4$ 的秩和一个最大无关组.

六、(8 分)设方阵 $\boldsymbol{A}$ 满足 $\boldsymbol{A}^2-\boldsymbol{A}-2\boldsymbol{E}=\boldsymbol{0}$,证明 $\boldsymbol{A}$ 可逆,并求 $\boldsymbol{A}$ 的逆矩阵.

七、(8 分)已知向量组 $\boldsymbol{a}_1,\boldsymbol{a}_2,\boldsymbol{a}_3$ 线性无关,$\boldsymbol{b}_1=2\boldsymbol{a}_1+\boldsymbol{a}_2,\boldsymbol{b}_2=3\boldsymbol{a}_2+\boldsymbol{a}_3,\boldsymbol{b}_3=\boldsymbol{a}_1+4\boldsymbol{a}_3$,证明向量组 $\boldsymbol{b}_1,\boldsymbol{b}_2,\boldsymbol{b}_3$ 线性无关.

八、(12 分)求矩阵 $\boldsymbol{A}=\begin{pmatrix}-1&1&0\\-4&3&0\\1&0&2\end{pmatrix}$ 的特征值和对应于特征值的所有特征向量.

九、(12 分)λ 取何值时,非齐次线性方程组 $\begin{cases}-x_1+\lambda x_2+2x_3=1\\ x_1-x_2+\lambda x_3=2\\ -5x_1+5x_2+4x_3=-1\end{cases}$ 无解、有唯一解、有无穷多解？并在有无穷多解时写出通解.

自测试题十六

一、填空题(每小题 2 分)

1. 排列 7623451 的逆序数是__________.

2. 若 $\begin{vmatrix}a_{11}&a_{12}\\a_{21}&a_{22}\end{vmatrix}=1$,则 $\begin{vmatrix}a_{11}&3a_{12}&0\\a_{21}&3a_{22}&0\\0&6&1\end{vmatrix}=$__________.

3. 已知 n 阶矩阵 $\boldsymbol{A}$、$\boldsymbol{B}$ 和 $\boldsymbol{C}$ 满足 $\boldsymbol{ABC}=\boldsymbol{E}$,其中 $\boldsymbol{E}$ 为 n 阶单位矩阵,则 $\boldsymbol{B}^{-1}=$__________.

4. 若 $\boldsymbol{A}$ 为 $m\times n$ 矩阵,则非齐次线性方程组 $\boldsymbol{Ax}=\boldsymbol{b}$ 有唯一解的充分必要条件是__________.

5. 设 $\boldsymbol{A}$ 为 8×6 的矩阵,已知它的秩为 4,则以 $\boldsymbol{A}$ 为系数矩阵的齐次线性方程组的解空间维数为__________.

6. 设 $\boldsymbol{A}$ 为 3 阶可逆阵,$\boldsymbol{A}^{-1}=\begin{pmatrix}1&0&0\\2&1&0\\3&2&1\end{pmatrix}$,则 $\boldsymbol{A}^*=$__________.

7. 若 $\boldsymbol{A}$ 为 $m\times n$ 矩阵,则齐次线性方程组 $\boldsymbol{Ax}=\boldsymbol{0}$ 有非零解的充分必要条件是__________.

8. 已知 5 阶行列式 $D=\begin{vmatrix}1&2&3&4&5\\3&0&4&1&2\\1&1&1&1&1\\1&1&0&2&3\\5&4&3&2&1\end{vmatrix}$,则 $A_{41}+A_{42}+A_{43}+A_{44}+A_{45}=$__________.

9. 向量 $\boldsymbol{\alpha}=(-2,1,0,2)^{\mathrm{T}}$ 的模(范数)为__________.

10. 若$\boldsymbol{\alpha}=(1\quad k\quad 1)^{\mathrm{T}}$与$\boldsymbol{\beta}=(1\quad -2\quad 1)^{\mathrm{T}}$正交,则$k=$__________.

二、选择题(每小题2分)

1. 向量组$\boldsymbol{\alpha}_1,\boldsymbol{\alpha}_2,\cdots,\boldsymbol{\alpha}_r$线性相关且秩为$s$,则(　　).

A. $r=s$　　B. $r\leqslant s$　　C. $s\leqslant r$　　D. $s<r$

2. 若$\boldsymbol{A}$为三阶方阵,且$|\boldsymbol{A}+2\boldsymbol{E}|=0$,$|2\boldsymbol{A}+\boldsymbol{E}|=0$,$|3\boldsymbol{A}-4\boldsymbol{E}|=0$,则$|\boldsymbol{A}|=$(　　).

A. 8　　B. -8　　C. $\dfrac{4}{3}$　　D. $-\dfrac{4}{3}$

3. 设向量组$\boldsymbol{A}$能由向量组$\boldsymbol{B}$线性表示,则(　　).

A. $R(\boldsymbol{B})\leqslant R(\boldsymbol{A})$　　B. $R(\boldsymbol{B})<R(\boldsymbol{A})$

C. $R(\boldsymbol{B})=R(\boldsymbol{A})$　　D. $R(\boldsymbol{B})\geqslant R(\boldsymbol{A})$

4. 设n阶矩阵$\boldsymbol{A}$的行列式等于D,则$(k\boldsymbol{A})^*$等于(　　).

A. $k\boldsymbol{A}^*$　　B. $k^n\boldsymbol{A}^*$　　C. $k^{n-1}\boldsymbol{A}^*$　　D. $\boldsymbol{A}^*$

5. 设n阶矩阵$\boldsymbol{A}$、$\boldsymbol{B}$和$\boldsymbol{C}$,则下列说法正确的是(　　).

A. $\boldsymbol{AB}=\boldsymbol{AC}$则$\boldsymbol{B}=\boldsymbol{C}$　　B. $\boldsymbol{AB}=0$,则$|\boldsymbol{A}|=0$或$|\boldsymbol{B}|=0$

C. $(\boldsymbol{AB})^{\mathrm{T}}=\boldsymbol{A}^{\mathrm{T}}\boldsymbol{B}^{\mathrm{T}}$　　D. $(\boldsymbol{A}+\boldsymbol{B})(\boldsymbol{A}-\boldsymbol{B})=\boldsymbol{A}^2-\boldsymbol{B}^2$

三、计算题(1~3每小题8分,4~7每小题9分)

1. 计算n阶行列式$D=\begin{vmatrix}1&2&2&\cdots&2&2\\2&2&2&\cdots&2&2\\2&2&3&\cdots&2&2\\\vdots&\vdots&\vdots&\ddots&\vdots&\vdots\\2&2&2&\cdots&n-1&2\\2&2&2&\cdots&2&n\end{vmatrix}$.

2. 设$\boldsymbol{A}$为3阶矩阵,$\boldsymbol{A}^*$为$\boldsymbol{A}$的伴随矩阵,且$|\boldsymbol{A}|=\dfrac{1}{2}$,求$|(3\boldsymbol{A})^{-1}-2\boldsymbol{A}^*|$.

3. 求矩阵的逆:

$$\boldsymbol{A}=\begin{pmatrix}1&1&1\\2&-1&1\\1&2&0\end{pmatrix}$$

4. 讨论λ为何值时,非齐次线性方程组$\begin{cases}x_1+x_2+\lambda x_3=\lambda^2\\x_1+\lambda x_2+x_3=\lambda\\\lambda x_1+x_2+x_3=1\end{cases}$有唯一解、有无穷多解、无解.

5. 求下列非齐次线性方程组所对应的齐次线性方程组的基础解系和此方程组的通解.

$$\begin{cases}x_1+x_2+x_3+x_4=2\\2x_1+3x_2+x_3+x_4=1\\x_1+2x_3+2x_4=5\end{cases}$$

6. 已知向量组$\boldsymbol{\alpha}_1=(1\quad 0\quad 2\quad 3)^{\mathrm{T}}$、$\boldsymbol{\alpha}_2=(1\quad 1\quad 3\quad 5)^{\mathrm{T}}$、$\boldsymbol{\alpha}_3=(1\quad -1\quad 3\quad 1)^{\mathrm{T}}$、$\boldsymbol{\alpha}_4=(1\quad 2\quad 4\quad 9)^{\mathrm{T}}$、$\boldsymbol{\alpha}_5=(1\quad 1\quad 2\quad 5)^{\mathrm{T}}$,求此向量组的一个最大无关组,并把其余向量用该

最大无关组线性表示.

7. 求矩阵 $\boldsymbol{A}=\begin{pmatrix}-1&1&0\\-4&3&0\\1&0&2\end{pmatrix}$ 的特征值和特征向量.

四、证明题(本题总计 10 分)

设 $\boldsymbol{\eta}$ 为 $\boldsymbol{Ax}=\boldsymbol{b}(\boldsymbol{b}\neq\boldsymbol{0})$ 的一个解,$\boldsymbol{\zeta}_1,\boldsymbol{\zeta}_2,\cdots,\boldsymbol{\zeta}_{n-r}$ 为对应齐次线性方程组 $\boldsymbol{Ax}=\boldsymbol{0}$ 的基础解系,证明 $\boldsymbol{\zeta}_1,\boldsymbol{\zeta}_2,\cdots,\boldsymbol{\zeta}_{n-r},\boldsymbol{\eta}$ 线性无关.

自测试题十七

一、填空题(每小题 2 分)

1. 排列 6573412 的逆序数是__________.

2. 函数 $f(x)=\begin{vmatrix}2x&1&-1\\-x&-x&x\\1&2&x\end{vmatrix}$ 中 x^3 的系数是__________.

3. 设三阶方阵 $\boldsymbol{A}$ 的行列式 $|\boldsymbol{A}|=3$,则 $(\boldsymbol{A}^*)^{-1}=$__________.

4. n 元齐次线性方程组 $\boldsymbol{Ax}=\boldsymbol{0}$ 有非零解的充要条件是__________.

5. 设向量 $\boldsymbol{\alpha}=(1,-2,-1)^{\mathrm{T}}$,$\boldsymbol{\beta}=\begin{pmatrix}-2\\\lambda\\2\end{pmatrix}$ 正交,则 $\lambda=$__________.

6. 三阶方阵 $\boldsymbol{A}$ 的特征值为 1、-1、2,则 $|\boldsymbol{A}|=$__________.

7. 设 $\boldsymbol{A}^{-1}=\begin{pmatrix}1&2&-1\\0&2&-1\\0&0&3\end{pmatrix}$,则 $\boldsymbol{A}^*=$__________.

8. 设 $\boldsymbol{A}$ 为 8×6 的矩阵,已知它的秩为 4,则以 $\boldsymbol{A}$ 为系数矩阵的齐次线性方程组的解空间维数为__________.

9. 设 $\boldsymbol{A}$ 为 n 阶方阵,且 $|\boldsymbol{A}|=2$ 则 $\left|\left(-\frac{1}{3}\boldsymbol{A}\right)^{-1}+\boldsymbol{A}^*\right|=$__________.

10. 已知 $\boldsymbol{A}=\begin{pmatrix}-2&0&0\\2&x&2\\3&1&1\end{pmatrix}$ 相似于 $\boldsymbol{B}=\begin{pmatrix}-1&&\\&2&\\&&y\end{pmatrix}$,则 $x=$__________,$y=$__________.

二、选择题(本题总计 10 分,每小题 2 分)

1. 设 n 阶矩阵 $\boldsymbol{A}$ 的行列式等于 D,则 $|-5\boldsymbol{A}|$ 等于(　　).

A. $(-5)^nD$　　B. $-5D$　　C. $5D$　　D. $(-5)^{n-1}D$

2. n 阶方阵 $\boldsymbol{A}$ 与对角矩阵相似的充分必要条件是(　　).

A. 矩阵 $\boldsymbol{A}$ 有 n 个线性无关的特征向量

B. 矩阵 $\boldsymbol{A}$ 有 n 个特征值

C. 矩阵 $\boldsymbol{A}$ 的行列式 $|\boldsymbol{A}|\neq0$

D. 矩阵 $\boldsymbol{A}$ 的特征方程没有重根

3. $\boldsymbol{A}$ 为 $m\times n$ 矩阵,则非齐次线性方程组 $\boldsymbol{Ax}=\boldsymbol{b}$ 有唯一解的充要条件是(　　).

A. $R(\boldsymbol{A},\boldsymbol{b})<m$　　B. $R(\boldsymbol{A})<m$

C. $R(\boldsymbol{A})=R(\boldsymbol{A},\boldsymbol{b})=n$　　D. $R(\boldsymbol{A})=R(\boldsymbol{A},\boldsymbol{b})<n$

4. 设向量组 $\boldsymbol{A}$ 能由向量组 $\boldsymbol{B}$ 线性表示,则(　　).

A. $R(\boldsymbol{B})\leqslant R(\boldsymbol{A})$　　B. $R(\boldsymbol{B})<R(\boldsymbol{A})$

C. $R(\boldsymbol{B})=R(\boldsymbol{A})$　　D. $R(\boldsymbol{B})\geqslant R(\boldsymbol{A})$

5. 向量组 $\boldsymbol{\alpha}_1,\boldsymbol{\alpha}_2,\cdots,\boldsymbol{\alpha}_s$ 线性相关且秩为 r,则(　　).

A. $r=s$　　B. $r<s$　　C. $r>s$　　D. $s\leqslant r$

三、计算题(本题总计 60 分,每小题 10 分)

1. 计算 n 阶行列式:$D=\begin{vmatrix} 1 & 2 & 2 & \cdots & 2 & 2 \\ 2 & 2 & 2 & \cdots & 2 & 2 \\ 2 & 2 & 3 & \cdots & 2 & 2 \\ \vdots & \vdots & \vdots & \ddots & \vdots & \vdots \\ 2 & 2 & 2 & \cdots & n-1 & 2 \\ 2 & 2 & 2 & \cdots & 2 & n \end{vmatrix}$.

2. 已知矩阵方程 $\boldsymbol{AX}=\boldsymbol{A}+\boldsymbol{X}$,求矩阵 $\boldsymbol{X}$,其中 $\boldsymbol{A}=\begin{pmatrix} 2 & 2 & 0 \\ 2 & 1 & 3 \\ 0 & 1 & 0 \end{pmatrix}$.

3. 设 n 阶方阵 $\boldsymbol{A}$ 满足 $\boldsymbol{A}^2-2\boldsymbol{A}-4\boldsymbol{E}=0$,证明 $\boldsymbol{A}-3\boldsymbol{E}$ 可逆,并求$(\boldsymbol{A}-3\boldsymbol{E})^{-1}$.

4. 求下列非齐次线性方程组的通解及所对应的齐次线性方程组的基础解系:

$$\begin{cases} x_1+x_2+x_3+2x_4=3 \\ 2x_1-x_2+3x_3+8x_4=8 \\ -3x_1+2x_2-x_3-9x_4=-5 \\ x_2-2x_3-3x_4=-4 \end{cases}$$

5. 求下列向量组的秩和一个最大无关组,并将其余向量用最大无关组线性表示:

$$\boldsymbol{\alpha}_1=\begin{pmatrix} 2 \\ 4 \\ 2 \end{pmatrix},\boldsymbol{\alpha}_2=\begin{pmatrix} 1 \\ 1 \\ 0 \end{pmatrix},\boldsymbol{\alpha}_3=\begin{pmatrix} 2 \\ 3 \\ 1 \end{pmatrix},\boldsymbol{\alpha}_4=\begin{pmatrix} 3 \\ 5 \\ 2 \end{pmatrix}$$

6. 已知二次型:$f(x_1,x_2,x_3)=2x_1^2+5x_2^2+5x_3^2+4x_1x_2-4x_1x_3-8x_2x_3$. 用正交变换化 $f(x_1,x_2,x_3)$ 为标准形,并求出其正交变换矩阵 $\boldsymbol{Q}$.

四、证明题(本题总计 10 分)

设 $\boldsymbol{b}_1=\boldsymbol{a}_1$, $\boldsymbol{b}_2=\boldsymbol{a}_1+\boldsymbol{a}_2$, $\cdots$, $\boldsymbol{b}_r=\boldsymbol{a}_1+\boldsymbol{a}_2+\cdots+\boldsymbol{a}_r$, 且向量组 $\boldsymbol{a}_1,\boldsymbol{a}_2,\cdots,\boldsymbol{a}_r$ 线性无关,证明向量组 $\boldsymbol{b}_1,\boldsymbol{b}_2,\cdots,\boldsymbol{b}_r$ 线性无关.

自测试题十八

一、选择题(每小题 4 分)

1. 设 $\boldsymbol{A}$、$\boldsymbol{B}$ 为 n 阶方阵,满足等式 $\boldsymbol{AB}=0$,则必有(　　).

A. $\boldsymbol{A}=0$ 或 $\boldsymbol{B}=0$　　B. $\boldsymbol{A}+\boldsymbol{B}=0$　　C. $|\boldsymbol{A}|=0$ 或 $|\boldsymbol{B}|=0$　　D. $|\boldsymbol{A}+\boldsymbol{B}|=0$

2. $\boldsymbol{A}$ 和 $\boldsymbol{B}$ 均为 n 阶矩阵,且$(\boldsymbol{A}+\boldsymbol{B})^2=\boldsymbol{A}^2+2\boldsymbol{AB}+\boldsymbol{B}^2$,则必有(　　).

A. $A=E$　　B. $B=E$　　C. $A=B$　　D. $AB=BA$

3. 设 A 为 $m\times n$ 矩阵,齐次方程组 $Ax=0$ 仅有零解的充要条件是(　　).

A. A 的列向量线性无关　　B. A 的列向量线性相关

C. A 的行向量线性无关　　D. A 的行向量线性相关

4. n 阶矩阵 A 为奇异矩阵的充要条件是(　　).

A. A 的秩小于 n　　B. $|A|\neq 0$

C. A 的特征值都等于零　　D. A 的特征值都不等于零

二、填空题(本题共 4 小题,每题 4 分,满分 16 分)

1. 若 4 阶矩阵 A 的行列式 $|A|=-5$,A^* 是 A 的伴随矩阵,则 $|A^*|=$________.

2. A 为 $n\times n$ 阶矩阵,且 $A^2-A-2E=0$,则 $(A+2E)^{-1}=$________.

3. 已知方程组 $\begin{pmatrix}1&2&1\\2&3&a+2\\1&a&-2\end{pmatrix}\begin{pmatrix}x_1\\x_2\\x_3\end{pmatrix}=\begin{pmatrix}1\\3\\4\end{pmatrix}$ 无解,则 $a=$________.

4. 二次型 $f(x_1,x_2,x_3)=2x_1^2+3x_2^2+tx_3^2+2x_1x_2+2x_1x_3$ 是正定的,则 t 的取值范围是________.

三、计算题(本题共 2 小题,每题 8 分,满分 16 分)

1. 计算行列式

$$D=\begin{vmatrix}1+x&1&1&1\\1&1-x&1&1\\1&1&1+y&1\\1&1&1&1-y\end{vmatrix}$$

2. 计算 n 阶行列式

$$D_n=\begin{vmatrix}x_1+3&x_2&\cdots&x_n\\x_1&x_2+3&\cdots&x_n\\\vdots&\vdots&\ddots&\vdots\\x_1&x_2&\cdots&x_n+3\end{vmatrix}$$

四、证明题(本题共 2 小题,每小题 8 分,满分 16 分,写出证明过程)

1. 若向量组 $\boldsymbol{\alpha}_1,\boldsymbol{\alpha}_2,\boldsymbol{\alpha}_3$ 线性相关,向量组 $\boldsymbol{\alpha}_2,\boldsymbol{\alpha}_3,\boldsymbol{\alpha}_4$ 线性无关. 证明:

(1) $\boldsymbol{\alpha}_1$ 能由 $\boldsymbol{\alpha}_2,\boldsymbol{\alpha}_3$ 线性表出;

(2) $\boldsymbol{\alpha}_4$ 不能由 $\boldsymbol{\alpha}_1,\boldsymbol{\alpha}_2,\boldsymbol{\alpha}_3$ 线性表出.

2. 设 A 是 n 阶矩方阵,E 是 n 阶单位矩阵,$A+E$ 可逆,且 $f(A)=(E-A)(E+A)^{-1}$. 证明:

(1) $(E+f(A))(E+A)=2E$;

(2) $f(f(A))=A$.

五、解答题(本题共 3 小题,每小题 12 分,满分 32 分,解答应写出文字说明或演算步骤)

1. 设 $A=\begin{pmatrix}2&0&0\\0&3&2\\0&2&3\end{pmatrix}$,求一个正交矩阵 P 使得 $P^{-1}AP$ 为对角矩阵.

2. 设四元非齐次线性方程组的系数矩阵的秩为 3,已知 $\boldsymbol{\eta}_1$、$\boldsymbol{\eta}_2$、$\boldsymbol{\eta}_3$ 是它的 3 个解向量,且

$$\boldsymbol{\eta}_1=\begin{pmatrix}2\\3\\4\\5\end{pmatrix},\boldsymbol{\eta}_2+\boldsymbol{\eta}_3=\begin{pmatrix}1\\2\\3\\4\end{pmatrix}$$

求该方程组的通解.

3. 已知方程组

$$\begin{cases}x_1+x_2+x_3=0\\x_1+2x_2+ax_3=0\\x_1+4x_2+a^2x_3=0\end{cases}\tag{7.3}$$

与方程

$$x_1+2x_2+x_3=a-1\tag{7.4}$$

有公共解,求 a 的值.

自测试题十九

一、填空题(本题共 5 小题,每题 4 分,满分 20 分)(15A)

1. 设 $\boldsymbol{A}$ 为 2 阶方阵,且 $|\boldsymbol{A}|=2$,则 $||\boldsymbol{A}|\boldsymbol{A}^{\mathrm{T}}|=$______.

2. 若向量 $\boldsymbol{\alpha},\boldsymbol{\beta}$ 线性无关,而向量 $\boldsymbol{\alpha},\boldsymbol{\beta},\boldsymbol{\gamma}$ 线性相关,则 $\boldsymbol{\gamma}$ 可由 $\boldsymbol{\alpha},\boldsymbol{\beta}$ ______ 线性表示(填写唯一,不唯一).

3. 若 $\boldsymbol{A}=\begin{pmatrix}1&0&0\\0&-3&2\\0&-1&a\end{pmatrix}$ 与 $\boldsymbol{B}=\begin{pmatrix}1&0&0\\0&-1&0\\0&0&-2\end{pmatrix}$ 相似,则 $a=$______.

4. 设矩阵 $\boldsymbol{A}=(\boldsymbol{\alpha}_1,\boldsymbol{\alpha}_2,\cdots\boldsymbol{\alpha}_m)$,矩阵 $\boldsymbol{B}=(\boldsymbol{\alpha}_1,\boldsymbol{\alpha}_2,\cdots\boldsymbol{\alpha}_m,\boldsymbol{b})$,向量 $\boldsymbol{b}$ 能由向量组 $A:\boldsymbol{\alpha}_1,\boldsymbol{\alpha}_2,\cdots\boldsymbol{\alpha}_m$ 线性表示的充分必要条件是 $R(\boldsymbol{A})$______$R(\boldsymbol{B})$.

5. 已知 3 阶方阵 $\boldsymbol{A}$ 的特征值为 1,1,2,方阵 $\boldsymbol{B}=\boldsymbol{A}^2+\boldsymbol{A}-\boldsymbol{E}$,则 $|\boldsymbol{B}|=$______.

二、选择题(本题共 5 小题,每题 4 分,满分 20 分)

1. 设 $\boldsymbol{A},\boldsymbol{B}$ 均为 n 阶方阵,则必有(　　).

A. $|\boldsymbol{A}+\boldsymbol{B}|=|\boldsymbol{A}|+|\boldsymbol{B}|$　　B. $\boldsymbol{AB}=\boldsymbol{BA}$

C. $|\boldsymbol{AB}|=|\boldsymbol{BA}|$　　D. $(\boldsymbol{A}+\boldsymbol{B})^{-1}=\boldsymbol{A}^{-1}+\boldsymbol{B}^{-1}$

2. 设 $\boldsymbol{A}=\begin{pmatrix}1&0&0\\0&2&0\\0&0&3\end{pmatrix},\boldsymbol{B}=\begin{pmatrix}1&1&0\\1&2&2\\0&1&3\end{pmatrix},\boldsymbol{C}=\boldsymbol{AB}^{-1}$,则 $\boldsymbol{C}^{-1}$ 中第 3 行第 2 列元素是(　　).

A. 1/3　　B. 1/2　　C. 1　　D. 3/2

3. 行列式 $D_1=\begin{vmatrix}\lambda&0&0\\2&\lambda-1&0\\5&3&\lambda\end{vmatrix},D_2=\begin{vmatrix}3&1&1\\2&2&2\\2&3&3\end{vmatrix}$,若 $D_1=D_2$,则 λ 的取值为(　　).

A. 2, −1　　　　B. 1, −1　　　　C. 0,2　　　　D. 0,1

4. 已知 $\boldsymbol{\eta}$ 是四元非齐次线性方程组 $\boldsymbol{Ax}=\boldsymbol{b}$ 的一个解,$\boldsymbol{a}_1,\boldsymbol{a}_2$ 是对应齐次线性方程组 $\boldsymbol{Ax}=\boldsymbol{0}$ 的解,向量 $\boldsymbol{a}_1,\boldsymbol{a}_2$ 不成比例,若 $R(\boldsymbol{A})=2$,则 $\boldsymbol{Ax}=\boldsymbol{b}$ 的通解为(　　).

A. $k_1\boldsymbol{a}_1+\boldsymbol{\eta}$　　　　B. $k_2\boldsymbol{a}_2+\boldsymbol{\eta}$　　　　C. $k_1\boldsymbol{a}_1+k_2\boldsymbol{a}_2$　　　　D. $k_1\boldsymbol{a}_1+k_2\boldsymbol{a}_2+\boldsymbol{\eta}$

5. 设 $\boldsymbol{A}$ 是一个 3 阶实对称矩阵,$\Delta_1,\Delta_2,\Delta_3$ 分别是 $\boldsymbol{A}$ 的 1 阶,2 阶,3 阶顺序主子式,则 $\boldsymbol{A}$ 为正定矩阵的充要条件是(　　).

A. $\Delta_1<0,\Delta_2<0,\Delta_3<0$　　　　B. $\Delta_1>0,\Delta_2>0,\Delta_3>0$

C. $\Delta_1<0,\Delta_2>0,\Delta_3<0$　　　　D. $\Delta_1>0,\Delta_2<0,\Delta_3>0$

三、计算题(本题共 2 小题,每题 4 分,满分 8 分)

1. 计算行列式 $\begin{vmatrix}0&1&0&4\\2&1&0&2\\1&2&3&2\\0&2&0&1\end{vmatrix}$.

2. 计算 n 阶行列式 $\begin{vmatrix}1&1&1&1\\1&2&3&4\\1&2^2&3^2&4^2\\1&2^3&3^3&4^3\end{vmatrix}$.

四、(6 分)已知可逆矩阵 $\boldsymbol{A}=\begin{pmatrix}1&-1\\0&1\end{pmatrix}$,试求 $\boldsymbol{A}^{-1}$,$(\boldsymbol{A}^{-1})^{2015}$.

五、(10 分)求线性方程组 $\begin{cases}x_1+x_2-2x_3+3x_4=0\\2x_1+x_2-6x_3+4x_4=-1\\3x_1+2x_2-8x_3+7x_4=-1\\x_1-x_2-6x_3-x_4=-2\end{cases}$ 的通解.

六、(6 分)设方阵 $\boldsymbol{A}=\begin{pmatrix}0&1&0\\1&0&0\\0&0&1\end{pmatrix}$,$\boldsymbol{B}=\begin{pmatrix}1&-4&3\\2&0&-1\\1&-2&0\end{pmatrix}$,其中 $\boldsymbol{AX}=\boldsymbol{B}$,求 $\boldsymbol{X}$.

七、(10 分)设向量组 A:$\boldsymbol{\alpha}_1=\begin{pmatrix}1\\4\\1\\0\end{pmatrix}$,$\boldsymbol{\alpha}_2=\begin{pmatrix}2\\9\\-1\\-3\end{pmatrix}$,$\boldsymbol{\alpha}_3=\begin{pmatrix}1\\0\\-3\\-1\end{pmatrix}$,$\boldsymbol{\alpha}_4=\begin{pmatrix}3\\10\\-7\\-7\end{pmatrix}$.(1)求此向量组的秩;(2)求此向量组的一个最大线性无关组,并将其余向量用此最大线性无关组线性表示.

八、(10 分)已知二次型 $f(x_1,x_2,x_3)=x_1{}^2+x_2{}^2+x_3{}^2+2x_1x_3$,其一个正交矩阵 $\boldsymbol{P}$,使得二次型 $f(x_1,x_2,x_3)$ 通过正交变换 $\boldsymbol{x}=\boldsymbol{Py}$ 化为标准形.

九、(6 分)设 $\boldsymbol{a}=\begin{pmatrix}1\\0\\-2\end{pmatrix}$,$\boldsymbol{b}=\begin{pmatrix}-4\\2\\3\end{pmatrix}$,$\boldsymbol{c}$ 与 $\boldsymbol{a}$ 正交,且 $\boldsymbol{b}=\lambda\boldsymbol{a}+\boldsymbol{c}$,求:系数 λ 和向量 $\boldsymbol{c}$.

十、(4 分)设 $\boldsymbol{A}$ 为 n 阶正定矩阵,$\boldsymbol{\alpha}_1,\boldsymbol{\alpha}_2,\boldsymbol{\alpha}_3$ 均为 n 维非零列向量,并且对任意的 $i,j=1,2,3$,

当 $i\neq j$ 时 $\boldsymbol{\alpha}_i^{\mathrm{T}}\boldsymbol{A}\boldsymbol{\alpha}_j=\mathbf{0}$. 证明 $\boldsymbol{\alpha}_1,\boldsymbol{\alpha}_2,\boldsymbol{\alpha}_3$ 线性无关.

自测试题二十

一、填空题(本题共5小题,每题4分,满分20分)(14A)

1. 已知 $\boldsymbol{P}\begin{pmatrix}a_{11} & a_{12}\\ a_{21} & a_{22}\end{pmatrix}=\begin{pmatrix}a_{11} & a_{12}\\ a_{21}+2a_{11} & a_{22}+2a_{12}\end{pmatrix}$,则初等矩阵 $\boldsymbol{P}=$______.

2. 设 $\boldsymbol{A},\boldsymbol{B}$ 均是2阶方阵,且 $|\boldsymbol{A}|=2$, $|\boldsymbol{B}|=3$,则 $|2\boldsymbol{A}^*\boldsymbol{B}^{-1}|=$______.

3. 设 $\boldsymbol{\alpha}_1=(1,2,3)^{\mathrm{T}},\boldsymbol{\alpha}_2=(2,2,2)^{\mathrm{T}},\boldsymbol{\alpha}_3=(3,0,k)^{\mathrm{T}}$ 线性相关,则 $k=$______.

4. 设 $\boldsymbol{u}_1,\boldsymbol{u}_2$ 是非齐次方程 $\boldsymbol{Ax}=\boldsymbol{b}$ 的两个解,若 $\boldsymbol{c}_1\boldsymbol{u}_1+\boldsymbol{c}_2\boldsymbol{u}_2$ 也是方程组 $\boldsymbol{Ax}=\boldsymbol{b}$ 的解,则常数 $\boldsymbol{c}_1,\boldsymbol{c}_2$ 满足的条件是________.

5. 用正交变换将二次型 $f(x_1,x_2,x_3)=\boldsymbol{x}^{\mathrm{T}}\boldsymbol{Ax}$ 化为标准形 $f=y_1^2+5y_2^2-2y_3^2$,则矩阵 $\boldsymbol{A}$ 的最小特征值为________.

二、选择题(本题共5小题,每题4分,满分20分)

1. 设 $D_1=\begin{vmatrix}a_1 & b_1 & c_1\\ a_2 & b_2 & c_2\\ a_3 & b_3 & c_3\end{vmatrix}=d\neq0$,则 $D_2=\begin{vmatrix}a_3 & 2b_3-a_3 & 3c_3-2b_3\\ a_2 & 2b_2-a_2 & 3c_2-2b_2\\ a_1 & 2b_1-a_1 & 3c_1-2b_1\end{vmatrix}$ 的值为(　　).

A. $6d$　　B. $-6d$　　C. 0　　D. $12d$

2. 设 $\boldsymbol{A},\boldsymbol{B}$ 均为 n 阶可逆矩阵,则下列等式成立的是(　　).

A. $(\boldsymbol{AB})^{-1}=\boldsymbol{A}^{-1}\boldsymbol{B}^{-1}$　　B. $(\boldsymbol{A}+\boldsymbol{B})^{-1}=\boldsymbol{A}^{-1}+\boldsymbol{B}^{-1}$

C. $(\boldsymbol{AB})^{\mathrm{T}}=\boldsymbol{A}^{\mathrm{T}}\boldsymbol{B}^{\mathrm{T}}$　　D. $|(\boldsymbol{AB})^{-1}|=\dfrac{1}{|\boldsymbol{AB}|}$

3. 设向量组 $\boldsymbol{a}_1,\boldsymbol{a}_2,\cdots,\boldsymbol{a}_m$ 有两个最大无关组 $A:\boldsymbol{a}_{i1},\boldsymbol{a}_{i2},\cdots,\boldsymbol{a}_{ir}$ 和 $B:\boldsymbol{a}_{j1},\boldsymbol{a}_{j2},\cdots,\boldsymbol{a}_{js}$,则有(　　).

A. r 和 s 不一定相等　　B. A 与 B 等价　　C. $r+s=m$　　D. $r+s<m$

4. 设 $\boldsymbol{A}$ 为 n 阶实对称矩阵,且 $\boldsymbol{A}$ 正定,若矩阵 $\boldsymbol{B}$ 与 $\boldsymbol{A}$ 相似,则 $\boldsymbol{B}$ 必为(　　).

A. 实对称矩阵　　B. 正交矩阵

C. 可逆矩阵　　D. 以上答案都不对

5. 设 $\boldsymbol{A}$ 是3阶矩阵,有特征值 $1,-2,4$, $\boldsymbol{E}$ 为3阶单位矩阵,中下列矩阵中满秩的是(　　).

A. $\boldsymbol{E}-\boldsymbol{A}$　　B. $\boldsymbol{A}+2\boldsymbol{E}$　　C. $2\boldsymbol{E}-\boldsymbol{A}$　　D. $\boldsymbol{A}-4\boldsymbol{E}$

三、(4分)计算行列式 $D=\begin{vmatrix}1 & 1 & 1 & 1\\ 1 & 2 & 3 & 4\\ 1 & 3 & 6 & 10\\ 1 & 4 & 10 & 20\end{vmatrix}$ 的值.

四、(8分)设3阶矩阵 $\boldsymbol{A}$ 的特征值为 $\lambda_1=1,\lambda_2=0,\lambda_3=-1$,对应的特征向量依次为 $\boldsymbol{p}_1=\begin{pmatrix}1\\2\\2\end{pmatrix},\boldsymbol{p}_2=\begin{pmatrix}2\\-2\\1\end{pmatrix},\boldsymbol{p}_3=\begin{pmatrix}-2\\-1\\2\end{pmatrix}$,求矩阵 $\boldsymbol{A}$.

五、(10 分)已知非齐次线性方程组$\begin{cases} x_1+x_2+x_3+x_4+x_5=a \\ 3x_1+2x_2+x_3+x_4-3x_5=0 \\ x_2+2x_3+2x_4+6x_5=b \\ 5x_1+4x_2+3x_3+3x_4-x_5=2 \end{cases}$,问 a,b 为何值时方程组有解？方程组有解时,求出方程组的全部解.

六、(10 分)已知矩阵方程$\begin{pmatrix} 1 & 2 & 3 \\ 2 & 1 & 2 \\ 1 & 3 & 4 \end{pmatrix}\boldsymbol{X}=\begin{pmatrix} 1 & 1 \\ 0 & -1 \\ 1 & 0 \end{pmatrix}$,求 $\boldsymbol{X}$.

七、(10 分)设 $\boldsymbol{\alpha}_1=\begin{pmatrix} 2 \\ 4 \\ 2 \end{pmatrix},\boldsymbol{\alpha}_2=\begin{pmatrix} 1 \\ 1 \\ 0 \end{pmatrix},\boldsymbol{\alpha}_3=\begin{pmatrix} 2 \\ 3 \\ 1 \end{pmatrix},\boldsymbol{\alpha}_4=\begin{pmatrix} 3 \\ 5 \\ 2 \end{pmatrix}$,求向量组的一个最大无关组和秩,并将其余向量用此最大无关组线性表示.

八、(10 分)已知二次型 $f(x_1,x_2,x_3)=ax_1^2+2x_2^2-2x_3^2+2bx_1x_3\ (b>0)$,其中二次型的矩阵 $\boldsymbol{A}$ 的特征值之和为 1,特征值之积为 -12. (1)求参数 a,b 的值;(2)求一个正交变换,将二次型 f 化为标准形.

九、(4 分)设 $\boldsymbol{A}$ 为 n 阶方阵,且满足矩阵方程 $(\boldsymbol{A}+\boldsymbol{E})^2=0$,证明:$\boldsymbol{A}$ 可逆,并求 $\boldsymbol{A}^{-1}$.

十、(4 分)设 $\boldsymbol{A}=(a_{ij})_{3\times3}$ 是实正交矩阵,且 $a_{11}=1,b=(1,0,0)^{\mathrm{T}}$,求线性方程组 $\boldsymbol{Ax}=\boldsymbol{b}$ 的解.

自测试题二十一

一、填空题(本题共 5 小题,每题 4 分,满分 20 分)(13A)

1. 设 5 阶矩阵 $\boldsymbol{A}=\begin{pmatrix} 2\boldsymbol{A}_1 & 0 \\ \boldsymbol{A}_3 & 3\boldsymbol{A}_2 \end{pmatrix}$, $\boldsymbol{A}_2$ 是 3 阶方阵, $|\boldsymbol{A}_1|=2$, $|\boldsymbol{A}_2|=1$,则 $|\boldsymbol{A}|=$______.

2. 设 $\boldsymbol{A}$ 是 2 阶方阵,且 $|\boldsymbol{A}|=2$,则 $||\boldsymbol{A}|\boldsymbol{A}^{\mathrm{T}}|=$______ .

3. 设 $\boldsymbol{a}=(1,0,-2)^{\mathrm{T}},\boldsymbol{b}=(-4,2,0)^{\mathrm{T}}$,$\boldsymbol{c}$ 与 $\boldsymbol{b}$ 正交,且 $\boldsymbol{b}=\lambda\boldsymbol{a}-\boldsymbol{c}$,则系数 $\lambda=$______ .

4. 设矩阵 $\boldsymbol{A}=\begin{pmatrix} 2 & 0 & 0 \\ 0 & a & 2 \\ 0 & 2 & 3 \end{pmatrix},\boldsymbol{B}=\begin{pmatrix} 1 & 0 & 0 \\ 0 & 2 & 0 \\ 0 & 0 & 5 \end{pmatrix}$,若 $\boldsymbol{A}$ 与 $\boldsymbol{B}$ 相似,则 $a=$__________.

5. 若 3 阶方阵 $\boldsymbol{A}$ 的特征值为 $-1,2,-4$,则$\dfrac{1}{2}\boldsymbol{A}^*$ 的特征值为________ .

二、选择题(本题共 5 小题,每题 4 分,满分 20 分)

1. 若齐次线性方程组$\begin{cases} (\lambda-1)x_1+2x_2=0 \\ 3x_1+\lambda x_2=0 \end{cases}$有非零解,则 λ 的取值为(　　).

A. $\lambda=-3$　　　　B. $\lambda=3$ 或者 $\lambda=-2$

C. $\lambda=2$　　　　D. $\lambda=1$ 或者 $\lambda=2$

2. 满足条件(　　)的 n 阶方阵 $\boldsymbol{A}=(a_{ij})$必是单位矩阵 $\boldsymbol{E}$.

A. $\boldsymbol{A}^2=\boldsymbol{E}$　　　　B) $|\boldsymbol{A}|=1$

C. $a_{ij}=1$　　　　D. 对于任意的 n 阶方阵 $\boldsymbol{B}$,恒有 $\boldsymbol{AB}=\boldsymbol{BA}=\boldsymbol{B}$

3. 设 $m\times n$ 矩阵 $\boldsymbol{A}$ 的秩 $R(\boldsymbol{A})=n-1$,且 $\boldsymbol{\xi}_1,\boldsymbol{\xi}_2$ 是方程组 $\boldsymbol{Ax}=\boldsymbol{b}$ 的两个不同的解,则 $\boldsymbol{Ax}=\boldsymbol{0}$ 的通解为(　　).

A. $k\boldsymbol{\xi}_1, k \in \mathbf{R}$　　B. $k\boldsymbol{\xi}_2, k \in \mathbf{R}$

C. $k(\boldsymbol{\xi}_1 + \boldsymbol{\xi}_2), k \in \mathbf{R}$　　D. $k(\boldsymbol{\xi}_1 - \boldsymbol{\xi}_2), k \in \mathbf{R}$

4. 设 $\boldsymbol{A}$ 为 4×3 矩阵，$\boldsymbol{\alpha}$ 是齐次线性方程组 $\boldsymbol{Ax} = \mathbf{0}$ 的基础解系，则 $R(\boldsymbol{A}) = ($　　$)$.

A. 1　　B. 3　　C. 2　　D. 4

5. 已知二次型 $f(x_1, x_2, x_3) = -2x_1^2 - 2x_2^2 - x_3^2 + 2tx_1x_2 - 2x_2x_3$，则 t 满足(　　)时 f 是负定的.

A. $2 < t^2 < 4$　　B. $t^2 > 4$　　C. $|t| > 2$　　D. $|t| < 2$

三、(4 分)计算行列式 $D_4 = \begin{vmatrix} x & a & a & a \\ a & x & a & a \\ a & a & x & a \\ a & a & a & x \end{vmatrix}$ 的值.

四、(8 分)设矩阵 $\boldsymbol{A} = \begin{pmatrix} 1 & 2 & -2 \\ 4 & a & 3 \\ 3 & -1 & 1 \end{pmatrix}$，3 阶方阵 $\boldsymbol{B} \neq \boldsymbol{O}$，且 $\boldsymbol{AB} = \boldsymbol{O}$，求 a 的值.

五、(10 分)设方程组为 $\begin{cases} x_1 + 2x_2 - x_3 - 2x_4 = 0 \\ 2x_1 - x_2 - x_3 + x_4 = 1 \\ 3x_1 + x_2 - 2x_3 - x_4 = \lambda \end{cases}$，问 λ 为何值时此方程组无解、有解？在有解的情况下求其通解.

六、(10 分)设 $\boldsymbol{A} = \begin{pmatrix} 1 & 1 & -1 \\ 0 & 1 & 1 \\ 0 & 0 & -1 \end{pmatrix}$，$\boldsymbol{A}^2 - \boldsymbol{AB} = \boldsymbol{E}$，求 $\boldsymbol{B}$.

七、(10 分)设 $\boldsymbol{\alpha}_1 = \begin{pmatrix} 1 \\ 1 \\ 2 \\ 2 \end{pmatrix}$，$\boldsymbol{\alpha}_2 = \begin{pmatrix} 1 \\ 2 \\ 1 \\ 3 \end{pmatrix}$，$\boldsymbol{\alpha}_3 = \begin{pmatrix} 1 \\ -1 \\ 4 \\ 0 \end{pmatrix}$，$\alpha_4 = \begin{pmatrix} 1 \\ 0 \\ 3 \\ 1 \end{pmatrix}$，求向量组的一个最大无关组和秩，并将其余向量用此最大无关组线性表示.

八、(10 分)已知二次型 $f(x_1, x_2, x_3) = ax_1{}^2 + ax_2{}^2 + (a-1)x_3{}^2 + 2x_1x_3 - 2x_2x_3$ 的秩为 2. (1)求参数 a 的值；(2)取 $a = 2$，求出该二次型的特征值，问该二次型是否半正定？并写出它的标准形和规范形.

九、(4 分)设 $\boldsymbol{A}$ 为 n 阶对称矩阵，且满足矩阵方程 $\boldsymbol{A}^2 + 6\boldsymbol{A} + 8\boldsymbol{E} = \boldsymbol{O}$，证明：$\boldsymbol{A} + 3\boldsymbol{E}$ 可逆且是正交矩阵.

十、(4 分)设四元非齐次线性方程组 $\boldsymbol{Ax} = \boldsymbol{b}$ 的系数矩阵 $\boldsymbol{A}$ 的列向量为 $\boldsymbol{a}_1, \boldsymbol{a}_2, \boldsymbol{a}_3, \boldsymbol{a}_4$，其中 $\boldsymbol{a}_2, \boldsymbol{a}_3, \boldsymbol{a}_4$ 线性无关，$\boldsymbol{a}_1 = 2\boldsymbol{a}_2 - \boldsymbol{a}_3$，且 $\boldsymbol{a}_1 + 2\boldsymbol{a}_2 + 3\boldsymbol{a}_3 + 4\boldsymbol{a}_4 = \boldsymbol{b}$，证明：$R(\boldsymbol{A}) = 3$，并写出 $\boldsymbol{Ax} = \boldsymbol{b}$ 的通解.

自测试题二十二

一、填空题(本题共 5 小题，每题 4 分，满分 20 分)(12A)

1. 设 $\boldsymbol{A} = \begin{pmatrix} 4 & 0 & 0 \\ 0 & -2 & -1 \\ 0 & 3 & 1 \end{pmatrix}$，则 $\boldsymbol{A}^{-1} =$ ______.

2. 已知二次多项式$f(x)=ax^2+bx+c$,满足$f(1)=6,f(2)=11,f(3)=18$,则$a=$____,$b=$____,$c=$______.

3. 设行列式为$\begin{vmatrix}5&1&1&1\\1&5&1&1\\1&1&5&1\\1&1&1&5\end{vmatrix}$,则该行列式之值等于______.

4. 设n阶方阵$\boldsymbol{A}$及m阶方阵$\boldsymbol{B}$都可逆,则$\begin{pmatrix}\boldsymbol{O}&\boldsymbol{A}\\\boldsymbol{B}&\boldsymbol{O}\end{pmatrix}^{-1}=$____________.

5. 设多项式为$f(x)=x^2-x+1$,3阶矩阵$\boldsymbol{A}$的特征值为$2,-1,3$,则$f(\boldsymbol{A})$的特征值为______.

二、选择题(本题共5小题,每题4分,满分20分)

1. 已知向量组:$\boldsymbol{\alpha}_1=\begin{pmatrix}1\\2\\3\end{pmatrix},\boldsymbol{\alpha}_2=\begin{pmatrix}3\\-1\\2\end{pmatrix},\boldsymbol{\alpha}_3=\begin{pmatrix}2\\3\\c\end{pmatrix}$,当$c$为(　　)时,向量组线性相关.

A. 2　　B. 3　　C. 4　　D. 5

2. n阶矩阵$\boldsymbol{A}$奇异的充要条件是(　　).

A. $\boldsymbol{A}$的列向量组线性无关　　B. $\boldsymbol{A}$的行列式值等于零

C. 齐次线性方程组$\boldsymbol{Ax}=\boldsymbol{0}$只有零解　　D. $\boldsymbol{A}$的特征值全为零

3. 四元齐次线性方程组$\boldsymbol{Ax}=\boldsymbol{0}$的基础解系由2个向量组成,则$R(\boldsymbol{A})=($　　$)$.

A. 1　　B. 2　　C. 3　　D. 4

4. 设$\boldsymbol{\alpha}_1,\boldsymbol{\alpha}_2,\cdots,\boldsymbol{\alpha}_n\in\mathbf{R}^m$,若$\boldsymbol{\alpha}_1,\boldsymbol{\alpha}_2,\cdots,\boldsymbol{\alpha}_n$线性无关,则下列论断正确的是(　　).

A. 任一$\boldsymbol{\alpha}_i$不能被其余向量线性表示

B. 存在不全为零的n个数$k_1,k_2,\cdots,k_n\in\mathbf{R}$,使得$k_1\boldsymbol{\alpha}_1+k_2\boldsymbol{\alpha}_2+\cdots+k_n\boldsymbol{\alpha}_n=0$

C. 存在某个$\boldsymbol{\alpha}_i$能被其余向量线性表示

D. 其中$\boldsymbol{\alpha}_{i_1},\boldsymbol{\alpha}_{i_2},\cdots,\boldsymbol{\alpha}_{i_t}$线性相关,其中$i_1,i_2,\cdots,i_t$是$\{1,2,\cdots,n\}$中的$t$个不同的元素

5. 若向量组$A:\boldsymbol{a}_1,\boldsymbol{a}_2,\cdots,\boldsymbol{a}_t$与向量组$B:\boldsymbol{b}_1,\boldsymbol{b}_2,\cdots,\boldsymbol{b}_s$等价,则有结论(　　)成立.

A. $R(\boldsymbol{A})=R(\boldsymbol{B})=R(\boldsymbol{A},\boldsymbol{B})$　　B. $R(\boldsymbol{A})=R(\boldsymbol{A},\boldsymbol{B})$

C. $R(\boldsymbol{B})=R(\boldsymbol{A},\boldsymbol{B})$　　D. $R(\boldsymbol{A},\boldsymbol{B})=R(\boldsymbol{B},\boldsymbol{A})$

三、(8分)计算8阶行列式$D_8=\begin{vmatrix}2&1&0&0&0&0&0&0\\1&2&1&0&0&0&0&0\\0&1&2&1&0&0&0&0\\0&0&1&2&1&0&0&0\\0&0&0&1&2&1&0&0\\0&0&0&0&1&2&1&0\\0&0&0&0&0&1&2&1\\0&0&0&0&0&0&1&2\end{vmatrix}$的值.

四、(8分)问λ取何值,非齐次线性方程组$\begin{cases}-2x_1+x_2+x_3=-2\\x_1-2x_2+x_3=\lambda\\x_1+x_2-2x_3=\lambda^2\end{cases}$有解?并求出它的全

部解.

五、(8 分)求向量组: $\boldsymbol{\alpha}_1=\begin{pmatrix}1\\1\\2\\2\end{pmatrix},\boldsymbol{\alpha}_2=\begin{pmatrix}1\\2\\1\\3\end{pmatrix},\boldsymbol{\alpha}_3=\begin{pmatrix}1\\-1\\4\\0\end{pmatrix},\boldsymbol{\alpha}_4=\begin{pmatrix}1\\0\\3\\1\end{pmatrix}$的秩及其一个最大无关组.

六、(8 分)设矩阵 $\boldsymbol{A}=\begin{pmatrix}3&0&1\\1&1&0\\0&1&4\end{pmatrix}$满足矩阵方程 $\boldsymbol{AX}=\boldsymbol{A}+2\boldsymbol{X}$,求矩阵 $\boldsymbol{X}$.

七、(8 分)设 $\boldsymbol{a}=(1,0,-1)^{\mathrm{T}},\boldsymbol{b}=(-1,2,0)^{\mathrm{T}}$,$\boldsymbol{c}$ 与 $\boldsymbol{b}$ 正交,且 $\boldsymbol{b}=\lambda\boldsymbol{a}-\boldsymbol{c}$,求系数 λ 和向量 $\boldsymbol{c}$.

八、(8 分)设四元非齐次线性方程组 $\boldsymbol{Ax}=\boldsymbol{b}$ 的系数矩阵 $\boldsymbol{A}$ 的秩为 3,已知它的 3 个解向量为 $\boldsymbol{\eta}_1,\boldsymbol{\eta}_2,\boldsymbol{\eta}_3$,其中 $\boldsymbol{\eta}_1=\begin{pmatrix}3\\-4\\1\\2\end{pmatrix},\boldsymbol{\eta}_2+\boldsymbol{\eta}_3=\begin{pmatrix}4\\6\\8\\0\end{pmatrix}$,求该方程组的通解.

九、(8 分)设二次型为 $f(x_1,x_2,x_3)=2x_1{}^2+2x_2{}^2+ax_3{}^2+2x_1x_3-2x_2x_3$. (1)问 a 取何值时,该二次型是正定的;(2)取 $a=2$,求该二次型的全部特征值;(3)写出 $a=2$ 时该二次型的规范形.

十、(4 分)设 $\boldsymbol{A}$ 与 $\boldsymbol{B}$ 是阶数相同的正定矩阵,$\alpha>0,\beta>0$ 是任意实数. 证明:$\alpha\boldsymbol{A}+\beta\boldsymbol{B}$ 是正定矩阵.

自测试题二十三

一、填空题(本题共 5 小题,每题 4 分,满分 20 分)(11A)

1. 当 $i=$____,$j=$____ 时,5 阶行列式中,项 $a_{i2}a_{55}a_{14}a_{j1}a_{43}$ 的符号为正.

2. $\begin{vmatrix}1&-1&3\\4&0&x\\-5&2&0\end{vmatrix}$中元素 x 的代数余子式为________________.

3. 设行列式为 $D=\begin{vmatrix}3&1&0&0\\-1&2&0&0\\7&5&4&2\\1&3&-1&3\end{vmatrix}$,则该行列式之值等于______.

4. 设 3 阶矩阵 $\boldsymbol{A}$ 的特征值为 $-1,-2,1$,则 $\boldsymbol{A}^*+3\boldsymbol{A}-2\boldsymbol{E}$ 的特征值为____________.

5. 矩阵 $\boldsymbol{A}=\begin{pmatrix}1&2&3&4\\1&-2&4&5\\1&10&1&2\end{pmatrix}$的秩为________.

二、选择题(本题共 5 小题,每题 4 分,满分 20 分)

1. 设 $\boldsymbol{A}=\begin{pmatrix}1&2&-2\\4&t&-3\\3&-1&1\end{pmatrix}$,$\boldsymbol{A}$ 的列向量组线性相关,则 t 等于(　　).

A. 2　　　　B. 3　　　　C. 4　　　　D. 5

2. n 阶矩阵 $\boldsymbol{A}$ 可逆的充要条件是(　　).

A. $\boldsymbol{A}$ 的列向量组线性无关　　　　B. $\boldsymbol{A}$ 的行列式值等于零

C. 齐次线性方程组 $\boldsymbol{Ax}=\boldsymbol{0}$ 有非零解　　　　D. $\boldsymbol{Ax}=\boldsymbol{0}$ 没有非零解

3. 五元齐次线性方程组 $\boldsymbol{Ax}=\boldsymbol{0}$ 的基础解系由 3 个向量组成,则 $R(\boldsymbol{A})=$(　　).

A. 3　　　　B. 2　　　　C. 1　　　　D. 4

4. 设 $\boldsymbol{A}$ 与 $\boldsymbol{B}$ 均为 n 阶方阵,若 $\boldsymbol{A}$ 与 $\boldsymbol{B}$ 相似,则下列论断错误的是(　　).

A. 存在矩阵 $\boldsymbol{M}$,且 $|\boldsymbol{M}|\neq 0$,并有 $\boldsymbol{MB}=\boldsymbol{AM}$

B. $|\boldsymbol{A}-\lambda\boldsymbol{E}|=|\boldsymbol{B}-\lambda\boldsymbol{E}|$

C. $\boldsymbol{A}$ 与 $\boldsymbol{B}$ 有相同的特征值

D. $\boldsymbol{A}$ 与 $\boldsymbol{B}$ 均可对角化

5. 若 $R(\boldsymbol{\alpha}_1,\boldsymbol{\alpha}_2,\boldsymbol{\alpha}_3)=2, R(\boldsymbol{\alpha}_2,\boldsymbol{\alpha}_3,\boldsymbol{\alpha}_4)=3$,则有结论(　　)成立.

A. $\boldsymbol{\alpha}_1$ 不能由 $\boldsymbol{\alpha}_2,\boldsymbol{\alpha}_3$ 线性表示　　　　B. $\boldsymbol{\alpha}_1$ 不能由 $\boldsymbol{\alpha}_2,\boldsymbol{\alpha}_3,\boldsymbol{\alpha}_4$ 线性表示

C. $\boldsymbol{\alpha}_4$ 不能由 $\boldsymbol{\alpha}_1,\boldsymbol{\alpha}_2,\boldsymbol{\alpha}_3$ 线性表示　　　　D. $\boldsymbol{\alpha}_4$ 能由 $\boldsymbol{\alpha}_1,\boldsymbol{\alpha}_2,\boldsymbol{\alpha}_3$ 线性表示

三、(8 分)计算 n 阶行列式 $D_n=\begin{vmatrix} x_1+3 & x_2 & \cdots & x_n \\ x_1 & x_2+3 & \cdots & x_n \\ \vdots & \vdots & \ddots & \vdots \\ x_1 & x_2 & \cdots & x_n+3 \end{vmatrix}$ 的值.

四、(6 分)设 $\boldsymbol{P}^{-1}\boldsymbol{AP}=\boldsymbol{\Lambda}$,其中 $\boldsymbol{P}=\begin{pmatrix} -1 & -4 \\ 1 & 1 \end{pmatrix}, \boldsymbol{\Lambda}=\begin{pmatrix} -1 & 0 \\ 0 & 2 \end{pmatrix}$,求 $\boldsymbol{A}^{20}$.

五、(8 分)求向量组 $\boldsymbol{\alpha}_1=(1,0,2,1)^{\mathrm{T}}$, $\boldsymbol{\alpha}_2=(1,2,0,1)^{\mathrm{T}}$, $\boldsymbol{\alpha}_3=(2,1,3,0)^{\mathrm{T}}$, $\boldsymbol{\alpha}_4=(2,5,-1,4)^{\mathrm{T}}$ 的秩及其一个最大无关组,再把其余向量用这个最大无关组线性表示.

六、(6 分)设矩阵 $\boldsymbol{A}=\begin{pmatrix} 1 & 2 & 1 \\ 3 & 4 & 2 \\ 1 & 2 & 2 \end{pmatrix}$,求矩阵 $\boldsymbol{X}$,使得 $\boldsymbol{AX}+\boldsymbol{E}=\boldsymbol{A}^2+\boldsymbol{X}$.

七、(6 分)判定二次型 $f(x_1,x_2,x_3)=-5x_1^{\ 2}-6x_2^{\ 2}-4x_3^{\ 2}+4x_1x_2+4x_1x_3$ 的正定性.

八、(10 分)设非齐次线性方程组为 $\begin{cases} x_1+x_2+x_3+x_4=-1 \\ 4x_1+3x_2+5x_3-x_4=-1 \\ ax_1+x_2+3x_3+bx_4=1 \end{cases}$,其系数矩阵的秩为 2,求 a,b 的值及方程组的通解.

九、(12 分)已知二次型 $f(x_1,x_2,x_3)=x_1^{\ 2}+4x_2^{\ 2}+4x_3^{\ 2}-4x_1x_2+4x_1x_3-8x_2x_3$,求一个正交线性变换 $\boldsymbol{x}=\boldsymbol{Py}$,化二次型 $f(x_1,x_2,x_3)$ 为标准形,并指出方程 $f(x_1,x_2,x_3)=\boldsymbol{y}^{\mathrm{T}}\boldsymbol{P}^{\mathrm{T}}\boldsymbol{APy}=25$ 表示何种曲面.

十、(4 分)设矩阵 $\boldsymbol{A}$ 和 $\boldsymbol{B}$ 都可逆,证明分块矩阵 $\begin{pmatrix} \boldsymbol{A} & \boldsymbol{O} \\ \boldsymbol{C} & \boldsymbol{B} \end{pmatrix}^{-1}=\begin{pmatrix} \boldsymbol{A}^{-1} & \boldsymbol{O} \\ -\boldsymbol{B}^{-1}\boldsymbol{CA}^{-1} & \boldsymbol{B}^{-1} \end{pmatrix}$.

自测试题二十四

一、填空题(本题共 5 小题,每题 4 分,满分 20 分)(13B)

1. 设 4 阶矩阵 $\boldsymbol{A}=\begin{pmatrix}2\boldsymbol{A}_1 & 0\\ \boldsymbol{A}_3 & 3\boldsymbol{A}_2\end{pmatrix}$, $\boldsymbol{A}_2$ 是 1 阶方阵, $|\boldsymbol{A}_1|=3$, $|\boldsymbol{A}_2|=1$,则 $|\boldsymbol{A}|=$______.

2. 设 $\boldsymbol{A}$ 是 2 阶方阵,且 $|\boldsymbol{A}|=2$,则 $||\boldsymbol{A}|\boldsymbol{A}^*|=$______.

3. 设 $\boldsymbol{a}=(1,0,-2)^{\mathrm{T}}$, $\boldsymbol{b}=(-4,2,0)^{\mathrm{T}}$, $\boldsymbol{c}$ 与 $\boldsymbol{b}$ 正交,且 $\boldsymbol{b}=\lambda\boldsymbol{a}-\boldsymbol{c}$,则向量 $\boldsymbol{c}=$______.

4. 设矩阵 $\boldsymbol{A}=\begin{pmatrix}2&0&0\\0&5&2\\0&2&b\end{pmatrix}$, $\boldsymbol{B}=\begin{pmatrix}2&0&0\\0&2&0\\0&0&5\end{pmatrix}$,若 $\boldsymbol{A}$ 与 $\boldsymbol{B}$ 相似,则 $b=$______.

5. 若 3 阶方阵 $\boldsymbol{A}$ 的特征值为 3,1,−2,则 $\boldsymbol{A}^2$ 的特征值为______.

二、选择题(本题共 5 小题,每题 4 分,满分 20 分)

1. 当(　　)时,线性方程组 $\begin{cases}3x-y+\lambda z=0\\2x+\lambda y-2z=0\\x+z=0\end{cases}$ 仅有唯一零解.

A. $\lambda\neq-1$ 或 $\lambda\neq4$　　B. $\lambda=1$　　C. $\lambda\neq-1$　　D. $\lambda\neq4$

2. 满足条件(　　)的 n 阶方阵 $\boldsymbol{A}=(a_{ij})$ 不是可逆矩阵.

A. $\boldsymbol{A}$ 的特征值全大于零　　B. $|\boldsymbol{A}|=1$

C. $R(\boldsymbol{A})<n$　　D. 存在 n 阶方阵 $\boldsymbol{B}$,使得 $\boldsymbol{AB}=\boldsymbol{BA}=\boldsymbol{E}$

3. 设 $m\times n$ 矩阵 $\boldsymbol{A}$ 的秩 $R(\boldsymbol{A})=n-1$,且 $\boldsymbol{\xi}_1,\boldsymbol{\xi}_2$ 是方程组 $\boldsymbol{Ax}=\boldsymbol{b}$ 的两个不同的解,则 $\boldsymbol{Ax}=\boldsymbol{b}$ 的通解为(　　).

A. $k\boldsymbol{\xi}_1, k\in\mathbf{R}$　　B. $k\boldsymbol{\xi}_2, k\in\mathbf{R}$

C. $k(\boldsymbol{\xi}_1-\boldsymbol{\xi}_2), k\in\mathbf{R}$　　D. $k(\boldsymbol{\xi}_1-\boldsymbol{\xi}_2)+\boldsymbol{\xi}_1, k\in\mathbf{R}$

4. 设 $\boldsymbol{A}$ 为 3×4 矩阵, $\boldsymbol{\alpha}_1,\boldsymbol{\alpha}_2$ 是齐次线性方程组 $\boldsymbol{Ax}=\boldsymbol{0}$ 的基础解系,则 $R(\boldsymbol{A})=$(　　).

A. 1　　B. 3　　C. 2　　D. 4

5. 已知二次型 $f(x_1,x_2,x_3)=2x_1^{\ 2}+x_2^{\ 2}+x_3^{\ 2}-2tx_1x_2+2x_1x_3$,则 t 满足(　　)时 f 是负定的.

A. $|t|<1$　　B. $|t|>1$　　C. $|t|<\sqrt{2}$　　D. $|t|>\sqrt{2}$

三、(4 分)计算行列式 $D_4=\begin{vmatrix}a&0&0&b\\0&a&b&0\\0&b&a&0\\b&0&0&a\end{vmatrix}$ 的值.

四、(8 分)设矩阵 $\boldsymbol{A}=\begin{pmatrix}1&2&-2\\2&-1&\lambda\\3&1&-1\end{pmatrix}$, 3 阶方阵 $\boldsymbol{B}\neq\boldsymbol{O}$,且 $\boldsymbol{AB}=\boldsymbol{O}$,求 λ 的值.

五、(10 分)设方程组为 $\begin{cases}x_1+x_2-3x_3-x_4=1\\3x_1-x_2-3x_3+4x_4=4\\x_1+5x_2-9x_3-8x_4=0\end{cases}$,判断该方程组是否有解?若有解则求其

通解.

六、(10 分)设 $A=\begin{pmatrix}3&0&1\\1&1&0\\0&1&4\end{pmatrix}$,$AB=A+2B$,求 B.

七、(10 分)求向量组 $\alpha_1=\begin{pmatrix}2\\1\\3\\-1\end{pmatrix}$,$\alpha_2=\begin{pmatrix}3\\-1\\2\\0\end{pmatrix}$,$\alpha_3=\begin{pmatrix}1\\3\\4\\-2\end{pmatrix}$,$\alpha_4=\begin{pmatrix}4\\-3\\1\\1\end{pmatrix}$的秩及其一个最大无关组,并将其余向量用此最大无关组线性表示.

八、(10 分)已知二次型 $f(x_1,x_2,x_3)=x_1^2+x_2^2+5x_3^2-2tx_1x_2-2x_1x_3+4x_2x_3$ 的秩为 2. (1)求参数 t;(2)取 $t=0$,求出该二次型的特征值,问该二次型是否半正定? 并写出它的标准形和规范形.

九、(4 分)设 A 为 n 阶对称矩阵,且满足矩阵方程 $A^2-4A+3E=O$,证明:$A-2E$ 可逆且是正交矩阵.

十、(4 分)若 a_1,a_2,a_3 是方程组 $Ax=0$ 的一个基础解系,证明:a_1+a_2,a_2+a_3,a_3+a_1 也是此方程组的一个基础解系.

自测试题二十五

一、填空题(本题共 5 小题,每题 4 分,满分 20 分)(12B)

1. 设 $A=\begin{pmatrix}1&0&1\\0&2&0\\3&0&1\end{pmatrix}$, 则 $A^{-1}=$______.

2. 已知二次多项式 $f(x)=ax^2+bx+c$,满足 $f(1)=0,f(2)=0,f(3)=0$,则 $a=$____, $b=$____ ,$c=$______ .

3. 设行列式为 $\begin{vmatrix}3&1&0&0\\-1&2&-3&-4\\7&5&4&2\\1&-2&3&4\end{vmatrix}$,则该行列式之值等于______ .

4. 设 n 阶方阵 A 及 m 阶方阵 B 都可逆,则 $\begin{pmatrix}A&O\\O&B\end{pmatrix}^{-1}=$___________.

5. 设多项式为 $f(x)=x^2+3x-2$,3 阶矩阵 A 的特征值为 4,0,−2,则 $f(A)$的特征值为________.

二、选择题(本题共 5 小题,每题 4 分,满分 20 分)

1. 设有向量组 $\alpha_1=\begin{pmatrix}1\\1\\1\end{pmatrix}$,$\alpha_2=\begin{pmatrix}1\\2\\3\end{pmatrix}$,$\alpha_3=\begin{pmatrix}1\\3\\t\end{pmatrix}$,问 $t=($　　　)时,向量组 $\alpha_1,\alpha_2,\alpha_3$ 线性相关?

A. 2　　　B. 3　　　C. 4　　　D. 5

2. n 阶矩阵 A 非奇异的充要条件是(　　).

A. A 的行向量组线性相关　　B. 存在矩阵 B,使 $AB=E$,其中 E 是单位矩阵

C. $\boldsymbol{A}$ 的行列式等于零　　　　D. $\boldsymbol{Ax}=\boldsymbol{b}$ 的解不唯一,其中 $\boldsymbol{x}=(x_1,x_2,\cdots,x_n)^{\mathrm{T}}$

3. 六元齐次线性方程组 $\boldsymbol{Ax}=\boldsymbol{0}$ 的基础解系由 3 个向量组成,则 $R(\boldsymbol{A})=($　　$)$.

A. 3　　　　B. 2　　　　C. 1　　　　D. 4

4. n 维向量组 $\boldsymbol{\alpha}_1,\boldsymbol{\alpha}_2,\cdots,\boldsymbol{\alpha}_s(3\leqslant s\leqslant n)$ 线性无关的充要条件是(　　).

A. 存在一组不全为零数 $k_1,k_2,\cdots,k_s$,使得 $k_1\boldsymbol{\alpha}_1+k_2\boldsymbol{\alpha}_2+\cdots+k_s\boldsymbol{\alpha}_s=0$

B. $\boldsymbol{\alpha}_1,\boldsymbol{\alpha}_2,\cdots,\boldsymbol{\alpha}_s$ 中存在两个向量线性相关

C. $\boldsymbol{\alpha}_1,\boldsymbol{\alpha}_2,\cdots,\boldsymbol{\alpha}_s$ 中存在一个向量,它能由其余向量线性表示

D. $\boldsymbol{\alpha}_1,\boldsymbol{\alpha}_2,\cdots,\boldsymbol{\alpha}_s$ 中任意一个向量都不能由其余向量线性表示

5. 若向量 $\boldsymbol{y}$ 可由向量组 $\boldsymbol{x}_1,\boldsymbol{x}_2,\cdots,\boldsymbol{x}_s$ 线性表示,则下述正确的是(　　).

A. 存在一组不全为零数 $k_1,k_2,\cdots,k_s$,使得 $\boldsymbol{y}=k_1\boldsymbol{x}_1+k_2\boldsymbol{x}_2+\cdots+k_s\boldsymbol{x}_s$ 成立

B. 存在一组全为零数 $k_1,k_2,\cdots,k_s$,使得 $\boldsymbol{y}=k_1\boldsymbol{x}_1+k_2\boldsymbol{x}_2+\cdots+k_s\boldsymbol{x}_s$ 成立

C. 存在一组数 $k_1,k_2,\cdots,k_s$,使得 $\boldsymbol{y}=k_1\boldsymbol{x}_1+k_2\boldsymbol{x}_2+\cdots+k_s\boldsymbol{x}_s$ 成立

D. 对 y 的线性表达式唯一

三、(8 分)计算 4 阶行列式 $D_4=\begin{vmatrix}1&-3&0&-6\\0&1&-7&2\\0&2&-1&2\\1&4&7&6\end{vmatrix}$ 的值.

四、(8 分)设线性方程组 $\begin{cases}x_1+x_2-x_3=1\\2x_1+3x_2+ax_3=3\\x_1+ax_2+3x_3=2\end{cases}$,讨论当 a 取何值时方程组无解、有唯一解、有无穷多解? 并在方程组有解时求其解.

五、(8 分)求矩阵 $\boldsymbol{A}=\begin{pmatrix}2&3&-5&4\\0&-2&6&-4\\-1&1&-5&3\\3&-1&9&-5\end{pmatrix}$ 的秩及其列向量组的一个最大无关组.

六、(8 分)设矩阵 $\boldsymbol{A}=\begin{pmatrix}3&1&0\\1&2&0\\0&0&2\end{pmatrix}$,求矩阵 $\boldsymbol{X}$,使得 $\boldsymbol{AX}=\boldsymbol{A}+\boldsymbol{X}$.

七、(8 分)设 $\boldsymbol{a}=(1,0,-2)^{\mathrm{T}},\boldsymbol{b}=(-4,2,0)^{\mathrm{T}}$,$\boldsymbol{c}$ 与 $\boldsymbol{b}$ 正交,且 $\boldsymbol{b}=\lambda\boldsymbol{a}+\boldsymbol{c}$,求系数 λ 和向量 $\boldsymbol{c}$.

八、(8 分)设四元非齐次线性方程组的系数矩阵的秩为 3,已知 $\boldsymbol{\eta}_1,\boldsymbol{\eta}_2,\boldsymbol{\eta}_3$ 是它的 3 个解向量. 且 $\boldsymbol{\eta}_1=\begin{pmatrix}2\\3\\4\\5\end{pmatrix}$,$\boldsymbol{\eta}_2+\boldsymbol{\eta}_3=\begin{pmatrix}1\\2\\3\\4\end{pmatrix}$,求该方程组的通解.

九、(8 分)已知二次型为 $f(x_1,x_2,x_3)=4x_1^{\ 2}+3x_2^{\ 2}+bx_3^{\ 2}+4x_2x_3$. (1)问 b 取何值时,该二次型是正定的;(2)取 $b=3$,求该二次型的全部特征值;(3)写出 $b=3$ 时该二次型的规范形.

十、(4 分)证明:如果 n 阶矩阵 $\boldsymbol{A}$ 是正定矩阵,那么 $\boldsymbol{A}^{-1}$ 存在,并且 $\boldsymbol{A}^{-1}$ 也是正定的.

自测试题二十六

一、填空题(本题共 5 小题,每题 4 分,满分 20 分)(11B)

1. 当 $i=$____,$j=$____ 时,4 阶行列式中,项 $a_{i2}a_{14}a_{j1}a_{43}$ 的符号为负.

2. $\begin{vmatrix} 2 & -1 & 3 \\ 4 & x & -5 \\ -5 & 2 & 0 \end{vmatrix}$ 中元素 x 的代数余子式为________________.

3. 设行列式为 $D=\begin{vmatrix} 3 & 1 & 0 & 0 \\ -1 & 2 & -3 & -4 \\ 7 & 5 & 4 & 2 \\ 1 & -2 & 3 & 4 \end{vmatrix}$,则该行列式之值等于______.

4. 设 3 阶矩阵 $\boldsymbol{A}$ 的特征值为 $1,-2,3$,则 $\boldsymbol{A}^2+3\boldsymbol{A}-2\boldsymbol{E}$ 的特征值为____________.

5. 矩阵 $\boldsymbol{A}=\begin{pmatrix} 1 & 2 & 3 & 4 \\ 1 & -2 & 4 & 5 \\ 1 & 10 & 1 & 2 \end{pmatrix}$ 的行最大无关组的个数为________.

二、选择题(本题共 5 小题,每题 4 分,满分 20 分)

1. 设 $\boldsymbol{A}=\begin{pmatrix} 1 & 2 & -2 \\ 4 & t & -3 \\ 3 & -1 & 1 \end{pmatrix}$,$\boldsymbol{A}$ 的行列式等于零,则 t 等于(　　).

A. 2　　B. 3　　C. 4　　D. 5

2. n 阶矩阵 $\boldsymbol{A}$ 非奇异的充要条件是(　　).

A. $\boldsymbol{A}$ 的行向量组线性相关

B. 存在矩阵 $\boldsymbol{B}$,使 $\boldsymbol{AB}=\boldsymbol{E}$,其中 $\boldsymbol{E}$ 是单位矩阵

C. $\boldsymbol{A}$ 的行列式等于零

D. $\boldsymbol{Ax}=\boldsymbol{b}$ 的解不唯一,其中 $\boldsymbol{x}=(x_1,x_2,\cdots,x_n)^{\mathrm{T}}$

3. 六元齐次线性方程组 $\boldsymbol{Ax}=\boldsymbol{0}$ 的基础解系由 3 个向量组成,则 $R(\boldsymbol{A})=$(　　).

A. 3　　B. 2　　C. 1　　D. 4

4. 设 $\boldsymbol{A}$ 为 n 阶实对称矩阵且正定,若矩阵 $\boldsymbol{A}$ 与 $\boldsymbol{B}$ 相似,则不正确的为(　　).

A. 存在可逆矩阵 $\boldsymbol{P}$,使 $\boldsymbol{B}=\boldsymbol{P}^{-1}\boldsymbol{AP}$

B. $|\boldsymbol{A}-\lambda\boldsymbol{E}|=|\boldsymbol{B}-\lambda\boldsymbol{E}|$

C. $\boldsymbol{A}$ 与 $\boldsymbol{B}$ 有相同的特征值

D. $\boldsymbol{A}$ 与 $\boldsymbol{B}$ 均为正交矩阵

5. 设两个向量组(1)与(2)的秩相等,且(1)可由(2)线性表出,则(　　).

A. (2)可由(1)线性表出

B. (2)不一定能由(1)线性表出

C. (1)线性无关

D. (1)的向量个数多于(2)的向量个数

三、(8 分)计算 4 阶行列式 $D_4=\begin{vmatrix} 1 & -3 & 0 & -6 \\ 2 & 1 & -7 & 2 \\ 0 & 2 & -1 & 2 \\ 1 & 4 & 7 & 6 \end{vmatrix}$ 的值.

四、(6 分)设 $\boldsymbol{P}^{-1}\boldsymbol{AP}=\boldsymbol{\Lambda}$,其中 $\boldsymbol{P}=\begin{pmatrix} 1 & -1 \\ 1 & 1 \end{pmatrix}$,$\boldsymbol{\Lambda}=\begin{pmatrix} 2 & 0 \\ 0 & 4 \end{pmatrix}$,求 $\boldsymbol{A}^5$.

五、(8 分)求下列向量组的秩及其一个最大无关组,再把其余向量用这个最大无关组线性表示:$\boldsymbol{\alpha}_1=(1,2,3,-4)^{\mathrm{T}}$,$\boldsymbol{\alpha}_2=(2,3,-4,1)^{\mathrm{T}}$,$\boldsymbol{\alpha}_3=(2,-5,8,-3)^{\mathrm{T}}$,$\boldsymbol{\alpha}_4=(5,26,-9,-12)^{\mathrm{T}}$,

$\boldsymbol{\alpha}_5=(3,-4,1,2)^{\mathrm{T}}$.

六、(6 分)设矩阵 $\boldsymbol{A}=\begin{pmatrix}3&5&0\\1&2&0\\0&0&2\end{pmatrix}$,求矩阵 $\boldsymbol{X}$,使得 $\boldsymbol{AX}=\boldsymbol{A}+\boldsymbol{X}$.

七、(6 分)判定二次型 $f(x_1,x_2,x_3)=2x_1^{\ 2}+2x_2^{\ 2}+6x_3^{\ 2}+2x_1x_2+4x_1x_3+4x_2x_3$ 的正定性.

八、(10 分)对于线性方程组为 $\begin{cases}kx_1+x_2+x_3=k\\ x_1+x_2+x_3=k\\ x_1+x_2+kx_3=k\end{cases}$,讨论 k 取何值时,方程组有唯一解、无解、有无穷多解?在有无穷多解时求出其通解.

九、(12 分)已知二次型 $f=4x_1^{\ 2}+3x_2^{\ 2}+3x_3^{\ 2}+4x_2x_3$,用正交变换 $\boldsymbol{x}=\boldsymbol{Py}$ 化二次型为标准形,并指出方程 $f(x_1,x_2,x_3)=\boldsymbol{y}^{\mathrm{T}}\boldsymbol{P}^{\mathrm{T}}\boldsymbol{APy}=16$ 表示何种前面.

十、(4 分)设矩阵 $\boldsymbol{A}$ 和 $\boldsymbol{B}$ 都可逆,证明分块矩阵 $\begin{pmatrix}\boldsymbol{A}&\boldsymbol{C}\\ \boldsymbol{O}&\boldsymbol{B}\end{pmatrix}^{-1}=\begin{pmatrix}\boldsymbol{A}^{-1}&-\boldsymbol{A}^{-1}\boldsymbol{CB}^{-1}\\ \boldsymbol{O}&\boldsymbol{B}^{-1}\end{pmatrix}$.

7.2.2 自测试题解答(下)

自测试题十一答案

一、1. B. 2. D. 3. C. 4. A. 5. D. 6. B. 7. A. 8. C. 9. B. 10. C

二、1. 4. 2. 0. 3. 2. 4. 0. 5. 2. 6. 10. 7. 3. 8. 0.

9. $\begin{pmatrix}3&0&0\\0&-5&0\\0&0&1\end{pmatrix}$. 10. $-1<a<1$

三、1. 0. 2. $\begin{pmatrix}-\dfrac{5}{2}&1&-\dfrac{1}{2}\\5&-1&1\\ \dfrac{7}{2}&-1&\dfrac{1}{2}\end{pmatrix}$.

3. 基础解系为 $(-1\ \ 1\ \ 0\ \ 0\ \ 0)^{\mathrm{T}}$, $(-1\ \ 1\ \ 0\ \ 0\ \ 0)^{\mathrm{T}}$ $k_1(-1\ \ 1\ \ 0\ \ 0\ \ 0)^{\mathrm{T}}+k_2(-1\ \ 0\ \ -1\ \ 0\ \ 1)^{\mathrm{T}}$, $k,k_2\in\mathbf{R}$.

4. $(\boldsymbol{\alpha}_1\ \ \boldsymbol{\alpha}_2\ \ \boldsymbol{\alpha}_3\ \ \boldsymbol{\alpha}_4)=\begin{pmatrix}1&2&3&0\\-1&-2&0&3\\2&4&6&0\\1&-2&-1&-4\end{pmatrix}\to\begin{pmatrix}1&0&0&-3\\0&1&0&0\\0&0&1&1\\0&0&0&0\end{pmatrix}$,故 $\boldsymbol{\alpha}_1$、$\boldsymbol{\alpha}_2$、$\boldsymbol{\alpha}_3$ 是一个极大线性无关组.

5. $\begin{pmatrix}\dfrac{3}{2}&\dfrac{1}{2}\\ \dfrac{1}{2}&\dfrac{1}{3}\end{pmatrix}$. 6. $a=\pm2$.

四、略.

自测试题十二答案

一、1. D.　2. B.　3. B.　4. D.　5. C.　6. D.　7. C.　8. A.　9. A.　10. B.　11. A.　12. B.　13. D.　14. C.

二、1. 6.　2. $\begin{pmatrix} 3 & 3 & 7 \\ -1 & -3 & 7 \end{pmatrix}$.　3. 4.　4. -10.　5. $\eta_1 + c(\eta_2 - \eta_1)$（或 $\eta_2 + c(\eta_2 - \eta_1)$），$c$ 为任意常数.　6. $n-r$.　7. -5.　8. -2.　9. 1.　10. $z_1^2 + z_2^2 + z_3^2 - z_4^2$.

三、1. (1) $\boldsymbol{AB}^{\mathrm{T}} = \begin{pmatrix} 1 & 2 & 0 \\ 3 & 4 & 0 \\ -1 & 2 & 1 \end{pmatrix}\begin{pmatrix} 2 & -2 \\ 3 & 4 \\ -1 & 0 \end{pmatrix} = \begin{pmatrix} 8 & 6 \\ 18 & 10 \\ 3 & 10 \end{pmatrix}$

(2) $|4\boldsymbol{A}| = 4^3|\boldsymbol{A}| = 64|\boldsymbol{A}|$，而 $|\boldsymbol{A}| = \begin{vmatrix} 1 & 2 & 0 \\ 3 & 4 & 0 \\ -1 & 2 & 1 \end{vmatrix} = -2$. 所以 $|4\boldsymbol{A}| = 64\cdot(-2) = -128$.

2. $$\begin{vmatrix} 3 & 1 & -1 & 2 \\ -5 & 1 & 3 & -4 \\ 2 & 0 & 1 & -1 \\ 1 & -5 & 3 & -3 \end{vmatrix} = \begin{vmatrix} 5 & 1 & -1 & 1 \\ -11 & 1 & 3 & -1 \\ 0 & 0 & 1 & 0 \\ -5 & -5 & 3 & 0 \end{vmatrix} = \begin{vmatrix} 5 & 1 & 1 \\ -11 & 1 & -1 \\ -5 & -5 & 0 \end{vmatrix}$$

$$= \begin{vmatrix} 5 & 1 & 1 \\ -6 & 2 & 0 \\ -5 & -5 & 0 \end{vmatrix} = \begin{vmatrix} -6 & 2 \\ -5 & -5 \end{vmatrix} = 30 + 10 = 40$$

3. $\boldsymbol{AB} = \boldsymbol{A} + 2\boldsymbol{B}$，即 $(\boldsymbol{A} - 2\boldsymbol{E})\boldsymbol{B} = \boldsymbol{A}$，而

$$(\boldsymbol{A} - 2\boldsymbol{E})^{-1} = \begin{pmatrix} 2 & 2 & 3 \\ 1 & -1 & 0 \\ -1 & 2 & 1 \end{pmatrix}^{-1} = \begin{pmatrix} 1 & -4 & -3 \\ 1 & -5 & -3 \\ -1 & 6 & 4 \end{pmatrix}$$

所以　$$\boldsymbol{B} = (\boldsymbol{A} - 2\boldsymbol{E})^{-1}\boldsymbol{A} = \begin{pmatrix} 1 & -4 & -3 \\ 1 & -5 & -3 \\ -1 & 6 & 4 \end{pmatrix}\begin{pmatrix} 4 & 2 & 3 \\ 1 & 1 & 0 \\ -1 & 2 & 3 \end{pmatrix} = \begin{pmatrix} 3 & -8 & -6 \\ 2 & -9 & -6 \\ -2 & 12 & 9 \end{pmatrix}$$

4. <方法一>　$$\begin{pmatrix} -2 & 1 & 3 & 0 \\ 1 & -3 & 0 & -1 \\ 0 & 2 & 2 & 4 \\ 3 & 4 & -1 & 9 \end{pmatrix} \to \begin{pmatrix} 0 & -5 & 3 & -2 \\ 1 & -3 & 0 & -1 \\ 0 & 1 & 1 & 2 \\ 0 & 13 & -1 & 12 \end{pmatrix}$$

$$\to \begin{pmatrix} 1 & 0 & 3 & 5 \\ 0 & 1 & 1 & 2 \\ 0 & 0 & 8 & 8 \\ 0 & 0 & -14 & -14 \end{pmatrix} \to \begin{pmatrix} 1 & 0 & 3 & 5 \\ 0 & 1 & 1 & 2 \\ 0 & 0 & 1 & 1 \\ 0 & 0 & 0 & 0 \end{pmatrix} \to \begin{pmatrix} 1 & 0 & 0 & 2 \\ 0 & 1 & 0 & 1 \\ 0 & 0 & 1 & 1 \\ 0 & 0 & 0 & 0 \end{pmatrix}$$

所以 $\boldsymbol{\alpha}_4 = 2\boldsymbol{\alpha}_1 + \boldsymbol{\alpha}_2 + \boldsymbol{\alpha}_3$，组合系数为(2,1,1).

＜方法二＞　考虑 $\boldsymbol{\alpha}_4 = x_1\boldsymbol{\alpha}_1 + x_2\boldsymbol{\alpha}_2 + x_3\boldsymbol{\alpha}_3$，即

$$\begin{cases} -2x_1 + x_2 + 3x_3 = 0 \\ x_1 - 3x_2 = -1 \\ 2x_2 + 2x_3 = 4 \\ 3x_1 + 4x_2 - x_3 = 9 \end{cases}$$

方程组有唯一解 $(2,1,1)^{\mathrm{T}}$，组合系数为(2,1,1).

5. 对矩阵 $\boldsymbol{A}$ 施行初等行变换

$$\boldsymbol{A} \to \begin{pmatrix} 1 & -2 & -1 & 0 & 2 \\ 0 & 0 & 0 & 6 & -2 \\ 0 & 3 & 2 & 8 & -2 \\ 0 & 9 & 6 & 3 & -2 \end{pmatrix} \to \begin{pmatrix} 1 & -2 & -1 & 0 & 2 \\ 0 & 3 & 2 & 8 & -3 \\ 0 & 0 & 0 & 6 & -2 \\ 0 & 0 & 0 & -21 & 7 \end{pmatrix}$$

$$\to \begin{pmatrix} 1 & -2 & -1 & 0 & 2 \\ 0 & 3 & 2 & 8 & -3 \\ 0 & 0 & 0 & 3 & -1 \\ 0 & 0 & 0 & 0 & 0 \end{pmatrix} = \boldsymbol{B}$$

(1) $R(\boldsymbol{B}) = 3$，所以 $R(\boldsymbol{A}) = R(\boldsymbol{B}) = 3$.

(2) 由于 $\boldsymbol{A}$ 与 $\boldsymbol{B}$ 的列向量组有相同的线性关系，而 $\boldsymbol{B}$ 是阶梯形，$\boldsymbol{B}$ 的第 1、2、4 列是 $\boldsymbol{B}$ 的列向量组的一个最大线性无关组，故 $\boldsymbol{A}$ 的第 1、2、4 列是 $\boldsymbol{A}$ 的列向量组的一个最大线性无关组.

($\boldsymbol{A}$ 的第 1、2、5 列或 1、3、4 列，或 1、3、5 列也是)

6. $\boldsymbol{A}$ 的属于特征值 $\lambda = 1$ 的两个线性无关的特征向量为

$$\boldsymbol{\xi}_1 = (2,-1,0)^{\mathrm{T}}, \quad \boldsymbol{\xi}_2 = (2,0,1)^{\mathrm{T}}$$

经正交标准化，得 $\boldsymbol{\eta}_1 = \begin{pmatrix} 2\sqrt{5}/5 \\ -\sqrt{5}/5 \\ 0 \end{pmatrix}$，$\boldsymbol{\eta}_2 = \begin{pmatrix} 2\sqrt{5}/15 \\ 4\sqrt{5}/15 \\ \sqrt{5}/3 \end{pmatrix}$.

$\lambda = -8$ 的一个特征向量为 $\boldsymbol{\xi}_3 = \begin{pmatrix} 1 \\ 2 \\ -2 \end{pmatrix}$，经单位化，得 $\boldsymbol{\eta}_3 = \begin{pmatrix} 1/3 \\ 2/3 \\ -2/3 \end{pmatrix}$.

所求正交矩阵为 $\boldsymbol{T} = \begin{pmatrix} 2\sqrt{5}/5 & 2\sqrt{15}/15 & 1/3 \\ -\sqrt{5}/5 & 4\sqrt{5}/15 & 2/3 \\ 0 & \sqrt{5}/3 & -2/3 \end{pmatrix}$，对角矩阵为 $\boldsymbol{D} = \begin{pmatrix} 1 & 0 & 0 \\ 0 & 1 & 0 \\ 0 & 0 & -8 \end{pmatrix}$.

$\left(\text{也可取 } \boldsymbol{T} = \begin{pmatrix} 2\sqrt{5}/5 & 2\sqrt{15}/15 & 1/3 \\ 0 & -\sqrt{5}/3 & 2/3 \\ \sqrt{5}/5 & -4\sqrt{5}/15 & -2/3 \end{pmatrix} \right)$

7. $f(x_1,x_2,x_3)=(x_1+2x_2-2x_3)^2-2x_2{}^2+4x_2x_3-7x_3{}^2=(x_1+2x_2-2x_3)^2-2(x_2-x_3)^2-5x_3{}^2$.

设$\begin{cases}y_1=x_1+2x_2-2x_3\\y_2=x_2-x_3\\y_3=x_3\end{cases}$，即$\begin{cases}x_1=y_1-2y_2\\x_2=y_2+y_3\\x_3=y_3\end{cases}$，因其系数矩阵$\boldsymbol{C}=\begin{pmatrix}1&-2&0\\0&1&1\\0&0&1\end{pmatrix}$可逆，故此线性变换满秩. 经此变换即得$f(x_1,x_2,x_3)$的标准形为$y_1^2-2y_2^2-5y_3^2$.

四、1. **证明** 由于$(\boldsymbol{E}-\boldsymbol{A})(\boldsymbol{E}+\boldsymbol{A}+\boldsymbol{A}^2)=\boldsymbol{E}-\boldsymbol{A}^3=\boldsymbol{E}$，所以$\boldsymbol{E}-\boldsymbol{A}$可逆，且$(\boldsymbol{E}-\boldsymbol{A})^{-1}=\boldsymbol{E}+\boldsymbol{A}+\boldsymbol{A}^2$.

2. **证明** 由假设$\boldsymbol{A\eta}_0=\boldsymbol{b},\boldsymbol{A\xi}_1=0,\boldsymbol{A\xi}_2=0$.

(1) $\boldsymbol{A\eta}_1=\boldsymbol{A}(\boldsymbol{\eta}_0+\boldsymbol{\xi}_1)=\boldsymbol{A\eta}_0+\boldsymbol{A}\xi_1=\boldsymbol{b}$，同理$\boldsymbol{A\eta}_2=\boldsymbol{b}$，所以$\boldsymbol{\eta}_1$、$\boldsymbol{\eta}_2$是$\boldsymbol{Ax}=\boldsymbol{b}$的两个解.

(2) 考虑$l_0\boldsymbol{\eta}_0+l_1\boldsymbol{\eta}_1+l_2\boldsymbol{\eta}_2=0$，即

$$(l_0+l_1+l_2)\boldsymbol{\eta}_0+l_1\boldsymbol{\xi}_1+l_2\boldsymbol{\xi}_2=0$$

则$l_0+l_1+l_2=0$，否则$\boldsymbol{\eta}_0$将是$\boldsymbol{Ax}=0$的解，矛盾. 所以$l_1\boldsymbol{\xi}_1+l_2\boldsymbol{\xi}_2=0$.

又由假设，$\boldsymbol{\xi}_1,\boldsymbol{\xi}_2$线性无关，所以$l_1=0,l_2=0$，从而$l_0=0$.

所以$\boldsymbol{\eta}_0,\boldsymbol{\eta}_1,\boldsymbol{\eta}_2$线性无关.

自测试题十三答案

一、1. 5.　2. $\lambda\neq1$.　3. $s\times s$，$n\times n$.　4. 相关.　5. $A-3E$.

二、1. ×.　2. √.　3. √.　4. √.　5. ×.

三、1. C.　2. C.　3. C.　4. B.　5. A.

四、1. $\begin{vmatrix}x+a&b&c&d\\a&x+b&c&d\\a&b&x+c&d\\a&b&c&x+d\end{vmatrix}=\begin{vmatrix}x+a+b+c+d&b&c&d\\x+a+b+c+d&x+b&c&d\\x+a+b+c+d&b&x+c&d\\x+a+b+c+d&b&c&x+d\end{vmatrix}$

$$=(x+a+b+c+d)\begin{vmatrix}1&b&c&d\\1&x+b&c&d\\1&b&x+c&d\\1&b&c&x+d\end{vmatrix}=(x+a+b+c+d)\begin{vmatrix}1&b&c&d\\0&x&0&0\\0&0&x&0\\0&0&0&x\end{vmatrix}=(x+a+b+c+d)x^3$$

2. $(\boldsymbol{A}-2\boldsymbol{E})\boldsymbol{B}=\boldsymbol{A}$，$(\boldsymbol{A}-2\boldsymbol{E})^{-1}=\begin{bmatrix}2&-1&-1\\2&-2&-1\\-1&1&1\end{bmatrix}$

$$\boldsymbol{B}=(\boldsymbol{A}-2\boldsymbol{E})^{-1}\boldsymbol{A}=\begin{bmatrix}5&-2&-2\\4&-3&-2\\-2&2&3\end{bmatrix}$$

3. $\boldsymbol{C}-\boldsymbol{B}=\begin{bmatrix}1&2&3&4\\0&1&2&3\\0&0&1&2\\0&0&0&1\end{bmatrix}$，$(\boldsymbol{C}-\boldsymbol{B})'=\begin{bmatrix}1&0&0&0\\2&1&0&0\\3&2&1&0\\4&3&2&1\end{bmatrix}[(\boldsymbol{C}-\boldsymbol{B})']^{-1}$

$$=\begin{bmatrix}1&0&0&0\\-2&1&0&0\\1&-2&1&0\\0&1&-2&1\end{bmatrix},\boldsymbol{X}=\boldsymbol{E}[(\boldsymbol{C}-\boldsymbol{B})']^{-1}=\begin{bmatrix}1&0&0&0\\-2&1&0&0\\1&-2&1&0\\0&1&-2&1\end{bmatrix}$$

4. $|\boldsymbol{\alpha},\boldsymbol{\alpha}_2,\boldsymbol{\alpha}_3|=\begin{vmatrix}a&-\frac{1}{2}&-\frac{1}{2}\\-\frac{1}{2}&a&-\frac{1}{2}\\-\frac{1}{2}&-\frac{1}{2}&a\end{vmatrix}=\frac{1}{8}(2a+1)^2(2a-2)$ 当 $a=-\frac{1}{2}$ 或 $a=1$ 时，向量组 $\boldsymbol{\alpha}_1,\boldsymbol{\alpha}_2,\boldsymbol{\alpha}_3$ 线性相关.

5. ① 当 $\lambda\neq1$ 且 $\lambda\neq-2$ 时，方程组有唯一解；

② 当 $\lambda=-2$ 时方程组无解；

③ 当 $\lambda=1$ 时，有无穷多组解，通解为 $\boldsymbol{X}=\begin{bmatrix}-2\\0\\0\end{bmatrix}+c_1\begin{bmatrix}-1\\1\\0\end{bmatrix}+c_2\begin{bmatrix}-1\\0\\1\end{bmatrix}$

6. $(\boldsymbol{\alpha}_1,\boldsymbol{\alpha}_2,\boldsymbol{\alpha}_3,\boldsymbol{\alpha}_4)=\begin{bmatrix}1&2&1&3\\4&9&0&10\\1&-1&-3&-7\\0&-3&-1&-7\end{bmatrix}\rightarrow\begin{bmatrix}1&2&1&3\\0&1&-4&-2\\0&-3&-4&-10\\0&-3&-1&-7\end{bmatrix}\rightarrow\begin{bmatrix}1&2&1&3\\0&1&-4&-2\\0&0&-16&-16\\0&0&-13&-13\end{bmatrix}$

$$=\begin{bmatrix}1&0&0&-2\\0&1&0&2\\0&0&1&1\\0&0&0&0\end{bmatrix}$$

则 $R(\boldsymbol{\alpha}_1,\boldsymbol{\alpha}_2,\boldsymbol{\alpha}_3,\boldsymbol{\alpha}_4)=3$，其中 $\boldsymbol{\alpha}_1$， $\boldsymbol{\alpha}_2$， $\boldsymbol{\alpha}_3$ 构成极大无关组，$\boldsymbol{\alpha}_4=-2\boldsymbol{\alpha}_1+2\boldsymbol{\alpha}_2+\boldsymbol{\alpha}_3$.

7. $|\lambda\boldsymbol{E}-\boldsymbol{A}|=\begin{vmatrix}\lambda-1&0&0\\0&\lambda-1&0\\0&-2&\lambda-1\end{vmatrix}=(\lambda-1)^3=0$

特征值 $\lambda_1=\lambda_2=\lambda_3=1$，对于 $\lambda_1=1$，$\lambda_1\boldsymbol{E}-\boldsymbol{A}=\begin{bmatrix}0&0&0\\0&0&0\\0&-2&0\end{bmatrix}$，特征向量为 $k\begin{bmatrix}1\\0\\0\end{bmatrix}+l\begin{bmatrix}0\\0\\1\end{bmatrix}$.

五、**证明** 因 $|\boldsymbol{A}+\boldsymbol{I}|=|\boldsymbol{A}+\boldsymbol{A}\boldsymbol{A}'|=|\boldsymbol{A}||\boldsymbol{I}+\boldsymbol{A}'|=-|(\boldsymbol{I}+\boldsymbol{A})'|=-|(\boldsymbol{I}+\boldsymbol{A})'|$，$2|(\boldsymbol{I}+\boldsymbol{A})|=0$，$|(\boldsymbol{I}+\boldsymbol{A})|=0$.

自测试题十四答案

一、1. B.　　2. D.　　3. A.　　4. C.

二、1. 20.　　2. $a=\frac{1}{3}$，$b=0$.　　3. -1.　　4. -9.

三、1. 将所有列全加到第 1 列并提取公因子，得

$$D = \left(x + \sum_{i=1}^{n} a_i\right) \begin{vmatrix} 1 & a_2 & \cdots & a_n \\ 1 & a_2 + x & \cdots & a_n \\ \vdots & \vdots & \ddots & \vdots \\ 1 & a_2 & \cdots & a_n + x \end{vmatrix}$$

所有列减去第 1 列，得

$$D = \left(x + \sum_{i=1}^{n} a_i\right) \begin{vmatrix} 1 & a_2 & \cdots & a_n \\ 0 & x & \cdots & 0 \\ \vdots & \vdots & \ddots & \vdots \\ 0 & 0 & \cdots & x \end{vmatrix}$$

$$= \left(x + \sum_{i=1}^{n} a_i\right) x^{n-1} = x^n + \left(\sum_{i=1}^{n} a_i\right) x^{n-1}$$

2. (1) 由于 $\boldsymbol{A}$ 与 $\boldsymbol{B}$ 相似，则 $\mathrm{tr}(\boldsymbol{A}) = \mathrm{tr}(\boldsymbol{B})$. 因为 $\mathrm{tr}(\boldsymbol{A}) = 5$，$\mathrm{tr}(\boldsymbol{B}) = 3 + x$，则 $x = 2$.

(2) 因为 $\boldsymbol{B}$ 的特征值为 $\lambda_1 = 0, \lambda_2 = 3, \lambda_3 = 2$，所以 $\boldsymbol{A}$ 的特征值为 $\lambda_1 = 0, \lambda_2 = 3, \lambda_3 = 2$.

当 $\lambda_1 = 0$ 时，它对应的特征向量为 $\boldsymbol{\alpha}_1 = (1, -1, 0)^{\mathrm{T}}$；当 $\lambda_2 = 3$ 时，它对应的特征向量为 $\boldsymbol{\alpha}_2 = (0, 0, 1)^{\mathrm{T}}$；

当 $\lambda_3 = 2$ 时，它对应的特征向量为 $\boldsymbol{\alpha}_3 = (1, 1, 0)^{\mathrm{T}}$.

取 $\boldsymbol{P} = (\boldsymbol{\alpha}_1, \boldsymbol{\alpha}_2, \boldsymbol{\alpha}_3) = \begin{pmatrix} 1 & 0 & 1 \\ -1 & 0 & 1 \\ 0 & 1 & 0 \end{pmatrix}$，则 $\boldsymbol{P}^{-1}\boldsymbol{A}\boldsymbol{P} = \boldsymbol{B}$.

四、**证明** 1. (1) 先证 $\boldsymbol{\gamma}$ 可以由 $\boldsymbol{\alpha}_1, \boldsymbol{\alpha}_2, \cdots, \boldsymbol{\alpha}_r$ 线性表出.

因为 $\boldsymbol{\alpha}_1, \boldsymbol{\alpha}_2, \cdots, \boldsymbol{\alpha}_r, \boldsymbol{\beta}, \boldsymbol{\gamma}$ 线性相关，所以存在不全为零的数 $k_1, k_2, \cdots, k_{r+2}$，使得

$$k_1\boldsymbol{\alpha}_1 + k_2\boldsymbol{\alpha}_2 + \cdots + k_r\boldsymbol{\alpha}_r + k_{r+1}\boldsymbol{\beta} + k_{r+2}\boldsymbol{\gamma} = 0$$

由于 $\boldsymbol{\beta}$ 不能由 $\boldsymbol{\alpha}_1, \boldsymbol{\alpha}_2, \cdots, \boldsymbol{\alpha}_r, \boldsymbol{\gamma}$ 线性表出，故必有 $k_{r+1} = 0$，下证 $k_{r+2} \neq 0$. 用反证法：若 $k_{r+2} = 0$，则 $k_1\boldsymbol{\alpha}_1 + k_2\boldsymbol{\alpha}_2 + \cdots + k_r\boldsymbol{\alpha}_r = 0$，由于 $k_1, k_2, \cdots, k_{r+2}$ 不全为零，故 $k_1, k_2, \cdots, k_r$ 不全为零，与 $\boldsymbol{\alpha}_1, \boldsymbol{\alpha}_2, \cdots, \boldsymbol{\alpha}_r$ 线性无关的假设矛盾，于是 $k_{r+2} \neq 0$，得

$$\boldsymbol{\gamma} = -\frac{k_1}{k_{r+2}}\boldsymbol{\alpha}_1 - \frac{k_2}{k_{r+2}}\boldsymbol{\alpha}_2 - \cdots - \frac{k_r}{k_{r+2}}\boldsymbol{\alpha}_r$$

(2) 再证表示法唯一. 设 $\boldsymbol{\gamma} = c_1\boldsymbol{\alpha}_1 + c_2\boldsymbol{\alpha}_2 + \cdots + c_r\boldsymbol{\alpha}_r$，$\boldsymbol{\gamma} = l_1\boldsymbol{\alpha}_1 + l_2\boldsymbol{\alpha}_2 + \cdots + l_r\boldsymbol{\alpha}_r$，则

$$c_1\boldsymbol{\alpha}_1 + c_2\boldsymbol{\alpha}_2 + \cdots + c_r\boldsymbol{\alpha}_r = l_1\boldsymbol{\alpha}_1 + l_2\boldsymbol{\alpha}_2 + \cdots + l_r\boldsymbol{\alpha}_r$$

即

$$(c_1 - l_1)\boldsymbol{\alpha}_1 + (c_2 - l_2)\boldsymbol{\alpha}_2 + \cdots + (c_r - l_r)\boldsymbol{\alpha}_r = 0$$

由于 $\boldsymbol{\alpha}_1, \boldsymbol{\alpha}_2, \cdots, \boldsymbol{\alpha}_r$ 线性无关，故 $c_1 - l_1 = 0, c_2 - l_2 = 0, \cdots, c_r - l_r = 0$，即 $c_i = l_i (i = 1, 2, \cdots, r)$，于是表示法唯一.

2. $\boldsymbol{A}$ 和 $\boldsymbol{B}$ 都为对合矩阵，则 $\boldsymbol{A}^2 = \boldsymbol{E}, \boldsymbol{B}^2 = \boldsymbol{E}$.

(1) 若 $\boldsymbol{AB}$ 是对合矩阵，则

$$\boldsymbol{E} = (\boldsymbol{AB})^2 = \boldsymbol{A}(\boldsymbol{BA})\boldsymbol{B}$$

两边左乘 $\boldsymbol{A}$，右乘 $\boldsymbol{B}$，得

$$\boldsymbol{AB} = \boldsymbol{A}^2(\boldsymbol{BA})\boldsymbol{B}^2 = \boldsymbol{BA}$$

(2) 若 $\boldsymbol{AB}=\boldsymbol{BA}$,则$(\boldsymbol{AB})^2=\boldsymbol{A}(\boldsymbol{BA})\boldsymbol{B}=\boldsymbol{A}(\boldsymbol{AB})\boldsymbol{B}=\boldsymbol{A}^2\boldsymbol{B}^2=\boldsymbol{EE}=\boldsymbol{E}$,所以 $\boldsymbol{AB}$ 是对合矩阵.

五、1. 由 $|\lambda\boldsymbol{E}-\boldsymbol{A}|=0$,得 $\boldsymbol{A}$ 的特征值为 $\lambda_1=1,\lambda_2=5$.

$\lambda_1=1$ 时,对应的特征向量为 $\boldsymbol{\alpha}_1=\begin{pmatrix}1\\1\end{pmatrix}$;

$\lambda_2=5$ 时,对应的特征向量为 $\boldsymbol{\alpha}_2=\begin{pmatrix}-1\\1\end{pmatrix}$.

因为 $\lambda_1\neq\lambda_2$,则 $\boldsymbol{\alpha}_1$ 与 $\boldsymbol{\alpha}_2$ 正交. $\boldsymbol{\alpha}_1$ 与 $\boldsymbol{\alpha}_2$ 单位化,得

$$\boldsymbol{p}_1=\frac{1}{\sqrt{2}}\begin{pmatrix}1\\1\end{pmatrix},\boldsymbol{p}_2=\frac{1}{\sqrt{2}}\begin{pmatrix}-1\\1\end{pmatrix}$$

取 $\boldsymbol{P}=\begin{pmatrix}\frac{1}{\sqrt{2}}&-\frac{1}{\sqrt{2}}\\\frac{1}{\sqrt{2}}&\frac{1}{\sqrt{2}}\end{pmatrix}$,则 $\boldsymbol{P}$ 是正交矩阵,且 $\boldsymbol{P}^{-1}\boldsymbol{AP}=\begin{pmatrix}1&0\\0&5\end{pmatrix}$. 从而 $\boldsymbol{A}=\boldsymbol{P}\begin{pmatrix}1&0\\0&5\end{pmatrix}\boldsymbol{P}^{-1}$,故 $\boldsymbol{A}^k=\boldsymbol{P}\begin{pmatrix}1&0\\0&5^k\end{pmatrix}\boldsymbol{P}^{-1}$. 由此得

$$\boldsymbol{A}^{10}-5\boldsymbol{A}^9=\boldsymbol{P}\left[\begin{pmatrix}1&0\\0&5\end{pmatrix}^{10}-5\begin{pmatrix}1&0\\0&5\end{pmatrix}^9\right]\boldsymbol{P}^{-1}=-2\begin{pmatrix}1&1\\1&1\end{pmatrix}$$

2. 系数行列式为 $\begin{vmatrix}\lambda&1&1\\1&\lambda&1\\1&1&\lambda\end{vmatrix}=(\lambda+2)(\lambda-1)^2$.

(1) 当 $\lambda\neq1$ 且 $\lambda\neq-2$ 时,方程有唯一解. 对增广矩阵 $\begin{pmatrix}\lambda&1&1&1\\1&\lambda&1&1\\1&1&\lambda&1\end{pmatrix}$ 作初等行变换,得

$$\begin{pmatrix}\lambda&1&1&1\\1&\lambda&1&1\\1&1&\lambda&1\end{pmatrix}\to\begin{pmatrix}\lambda+2&\lambda+2&\lambda+2&3\\1&\lambda&1&1\\1&1&\lambda&1\end{pmatrix}\to\begin{pmatrix}1&1&1&\frac{3}{\lambda+2}\\1&\lambda&1&1\\1&1&\lambda&1\end{pmatrix}$$

$$\to\begin{pmatrix}1&1&1&\frac{3}{\lambda+2}\\0&\lambda-1&0&\frac{\lambda-1}{\lambda+2}\\0&0&\lambda-1&\frac{\lambda-1}{\lambda+2}\end{pmatrix}\to\begin{pmatrix}1&1&1&\frac{3}{\lambda+2}\\0&1&0&\frac{1}{\lambda+2}\\0&0&1&\frac{1}{\lambda+2}\end{pmatrix}\to\begin{pmatrix}1&0&0&\frac{1}{\lambda+2}\\0&1&0&\frac{1}{\lambda+2}\\0&0&1&\frac{1}{\lambda+2}\end{pmatrix}$$

故得唯一解为 $x_1=x_2=x_3=\frac{1}{\lambda+2}$.

(2) 当 $\lambda=-2$ 时,增广矩阵 $\begin{pmatrix}-2&1&1&1\\1&-2&1&1\\1&1&-2&1\end{pmatrix}\to\begin{pmatrix}-2&1&1&1\\1&-2&1&1\\0&0&0&3\end{pmatrix}$,此时方程组无解.

（3）当 $\lambda=1$ 时，增广矩阵 $\begin{pmatrix}1&1&1&1\\1&1&1&1\\1&1&1&1\end{pmatrix}\to\begin{pmatrix}1&1&1&1\\0&0&0&0\\0&0&0&0\end{pmatrix}$，有无穷多组解. 原方程组等价于 $x_1=1-x_2-x_3$，其中 x_2,x_3 为自由未知量.

通解为 $\boldsymbol{\xi}=\begin{pmatrix}1\\0\\0\end{pmatrix}+k_1\begin{pmatrix}-1\\1\\0\end{pmatrix}+k_2\begin{pmatrix}-1\\0\\1\end{pmatrix}$，$k_1,k_2$ 为任意数.

3. 设二次型 $f(x_1,x_2,x_3)=5x_1^2+5x_2^2+ax_3^2-2x_1x_2+6x_1x_3-6x_2x_3$ 的矩阵为

$\boldsymbol{A}=\begin{pmatrix}5&-1&3\\-1&5&-3\\3&-3&a\end{pmatrix}$，对 $\boldsymbol{A}$ 作初等行变换，得

$$\boldsymbol{A}=\begin{pmatrix}5&-1&3\\-1&5&-3\\3&-3&a\end{pmatrix}\to\begin{pmatrix}-1&5&-3\\0&2&-1\\0&0&a-3\end{pmatrix}$$

因为 f 的秩为 2，则 $\boldsymbol{A}$ 秩也为 2，从而 $a=3$.

（1）当 $a=3$ 时，容易计算 $|\lambda\boldsymbol{E}-\boldsymbol{A}|=-\lambda(\lambda-4)(\lambda-9)$，于是 $\boldsymbol{A}$ 的特征值为 $\lambda=0$，$\lambda=4$，$\lambda=9$.

（2）存在正交变换 $\begin{pmatrix}x_1\\x_2\\x_3\end{pmatrix}=\boldsymbol{P}\begin{pmatrix}y_1\\y_2\\y_3\end{pmatrix}$，其中，$\boldsymbol{P}$ 为正交矩阵，使得二次型在新的变量 y_1,y_2,y_2 下成为标准形 $4y_2^2+9y_3^2$. 于是曲面 $f(x_1,x_2,x_3)=1$ 等价于 $4y_2^2+9y_3^2=1$，它是一个椭圆柱面.

自测试题十五答案

一、1. B.　2. D.　3. D.　4. C.　5. A.

二、1. $2^n ab$.　2. $\begin{pmatrix}1&-1\\0&1\end{pmatrix}$.　3. $A=\begin{pmatrix}1&1&0\\2&0&-1\end{pmatrix}$.　4. $\lambda=-2$，$c=(-2,2,-1)^{\mathrm{T}}$.

5. 无关.

三、$\begin{vmatrix}2&1&4&1\\3&-1&2&1\\1&2&3&2\\5&0&6&2\end{vmatrix}\xlongequal{c_4-c_2}\begin{vmatrix}2&1&4&0\\3&-1&2&2\\1&2&3&0\\5&0&6&2\end{vmatrix}\xlongequal{r_4-r_2}\begin{vmatrix}2&1&4&0\\3&-1&2&2\\1&2&3&0\\2&1&4&0\end{vmatrix}$

$\xlongequal{r_4-r_1}\begin{vmatrix}2&1&4&0\\3&-1&2&2\\1&2&3&0\\0&0&0&0\end{vmatrix}=0$

四、$|\boldsymbol{A}|=-1\neq0$，所以 $\boldsymbol{A}$ 可逆，有 $\boldsymbol{X}=\boldsymbol{B}\boldsymbol{A}^{-1}$，其中

$$\boldsymbol{A}^{-1}=\begin{pmatrix}-5&3&-3\\2&-1&1\\-2&1&0\end{pmatrix}$$

$$X = BA^{-1} = \begin{pmatrix}1 & 2 & 0\\0 & 1 & 3\end{pmatrix}\begin{pmatrix}-5 & 3 & -3\\2 & -1 & 1\\-2 & 1 & 0\end{pmatrix} = \begin{pmatrix}-1 & 1 & -1\\-4 & 2 & 1\end{pmatrix}$$

五、$(\boldsymbol{\alpha}_1,\boldsymbol{\alpha}_2,\boldsymbol{\alpha}_3,\boldsymbol{\alpha}_4) = \begin{pmatrix}1 & 3 & 4 & 5\\1 & 4 & -1 & 2\\-1 & -1 & -2 & -3\\-2 & 2 & 3 & 1\end{pmatrix} \sim \begin{pmatrix}1 & 3 & 4 & 5\\0 & 1 & -5 & -3\\0 & 2 & 2 & 2\\0 & 8 & 11 & 11\end{pmatrix} \sim$

$$\begin{pmatrix}1 & 3 & 4 & 5\\0 & 1 & -5 & -3\\0 & 1 & 1 & 1\\0 & 8 & 11 & 11\end{pmatrix} \sim \begin{pmatrix}1 & 3 & 4 & 5\\0 & 1 & -5 & -3\\0 & 0 & 6 & 4\\0 & 0 & 3 & 3\end{pmatrix} \sim \begin{pmatrix}1 & 3 & 4 & 5\\0 & 1 & -5 & -3\\0 & 0 & 1 & 1\\0 & 0 & 0 & -2\end{pmatrix}$$

向量组的秩为 4，$\boldsymbol{\alpha}_1,\boldsymbol{\alpha}_2,\boldsymbol{\alpha}_3,\boldsymbol{\alpha}_4$ 为最大无关组.

六、**证明**　恒等变形

$$A^2 - A = 2E, A(A-E) = 2E, A\left[\frac{1}{2}(A-E)\right] = E$$

所以 A 可逆，且 $A^{-1} = \frac{1}{2}(A-E)$.

七、<证法一>　把已知的 3 个向量等式写成一个矩阵等式，即

$$(\boldsymbol{b}_1,\boldsymbol{b}_2,\boldsymbol{b}_3) = (\boldsymbol{a}_1,\boldsymbol{a}_2,\boldsymbol{a}_3)\begin{pmatrix}2 & 0 & 1\\1 & 3 & 0\\0 & 1 & 4\end{pmatrix}$$

记 $B = AK$，设 $BX = 0$，以 $B = AK$ 代入得 $A(Kx) = 0$，因为矩阵 A 的列向量组线性无关，根据向量组线性无关的定义知 $Kx = 0$，又因 $|K| = 25 \neq 0$，知方程 $Kx = 0$ 只有零解 $x = 0$.

所以矩阵 B 的列向量组 $\boldsymbol{b}_1,\boldsymbol{b}_2,\boldsymbol{b}_3$ 线性无关.

<证法二>　把已知条件合写成

$$(\boldsymbol{b}_1,\boldsymbol{b}_2,\boldsymbol{b}_3) = (\boldsymbol{a}_1,\boldsymbol{a}_2,\boldsymbol{a}_3)\begin{pmatrix}2 & 0 & 1\\1 & 3 & 0\\0 & 1 & 4\end{pmatrix}$$

记 $B = AK$，因 $|K| = 25 \neq 0$，知 K 可逆，由 $R(A) = R(B)$，而 $R(A) = 3$，从而 $R(B) = 3$，则矩阵 B 的 3 个列向量组 $\boldsymbol{b}_1,\boldsymbol{b}_2,\boldsymbol{b}_3$ 线性无关.

八、A 的特征多项式为 $|A - \lambda E| = \begin{vmatrix}-1-\lambda & 1 & 0\\-4 & 3-\lambda & 0\\1 & 0 & 2-\lambda\end{vmatrix} = (2-\lambda)(1-\lambda)^2$，所以 A 的特征值为 $\lambda_1 = 2, \lambda_2 = \lambda_3 = 1$.

当 $\lambda_1 = 2$ 时，解方程 $(A-2E)x = 0$. 由 $A - 2E = \begin{pmatrix}-3 & 1 & 0\\-4 & 1 & 0\\1 & 0 & 0\end{pmatrix} \sim \begin{bmatrix}1 & 0 & 0\\0 & 1 & 0\\0 & 0 & 0\end{bmatrix}$

得基础解系 $\boldsymbol{p}_1=\begin{pmatrix}0\\0\\1\end{pmatrix}$,所以 $k\boldsymbol{p}_1(k\neq0)$是对应于 $\lambda_1=2$ 的全部特征向量.

当 $\lambda_2=\lambda_3=1$ 时,解方程$(\boldsymbol{A}-1\cdot\boldsymbol{E})\boldsymbol{x}=0$. 由 $\boldsymbol{A}-\boldsymbol{E}=\begin{pmatrix}-2&1&0\\-4&2&0\\1&0&1\end{pmatrix}\sim\begin{pmatrix}1&0&1\\0&1&2\\0&0&0\end{pmatrix}$,得基础解系 $\boldsymbol{p}_2=\begin{pmatrix}-1\\-2\\1\end{pmatrix}$,所以 $k\boldsymbol{p}_2(k\neq0)$是对应于 $\lambda_2=\lambda_3=1$ 的全部特征向量.

九、$(\boldsymbol{Ab})=\begin{pmatrix}-1&\lambda&2&1\\1&-1&\lambda&2\\-5&5&4&-1\end{pmatrix}\xrightarrow[r_3-5r_1]{r_2+r_1}\begin{pmatrix}-1&\lambda&2&1\\0&\lambda-1&\lambda+2&3\\0&-5\lambda+5&-6&-6\end{pmatrix}$

$$\xrightarrow{r_3+5r_2}\begin{pmatrix}-1&\lambda&2&1\\0&\lambda-1&\lambda+2&3\\0&0&5\lambda+4&9\end{pmatrix}$$

(1) 当 $\lambda=-\dfrac{4}{5}$时,$R(\boldsymbol{A})=2,R(\boldsymbol{Ab})=3$,方程组无解.

(2) 当 $\lambda\neq-\dfrac{4}{5}$,且 $\lambda\neq1$ 时, $R(\boldsymbol{A})=R(\boldsymbol{Ab})=3=n$,方程组有唯一解.

(3) 当 $\lambda=1$ 时,$R(\boldsymbol{A})=R(\boldsymbol{Ab})=2<n=3$,方程组有无穷多个解.

原方程组同解于

$$\begin{cases}-x_1+x_2+2x_3=1\\ 3x_3=3\end{cases},\begin{cases}x_1=x_2+1\\ x_3=1\end{cases}$$

通解为$\begin{pmatrix}x_1\\x_2\\x_3\end{pmatrix}=c\begin{pmatrix}1\\1\\0\end{pmatrix}+\begin{pmatrix}1\\0\\1\end{pmatrix}(c\in\mathbf{R})$.

自测试题十六答案

一、1. 15.　　2. 3.　　3. $\boldsymbol{CA}$.　　4. $R(\boldsymbol{A})=R(\boldsymbol{Ab})=n$.　　5. 2.

6. $\begin{pmatrix}1&0&0\\2&1&0\\3&2&1\end{pmatrix}$.　　7. $R(\boldsymbol{A})<n$.　　8. 0.　　9. 3.　　10. 1.

二、1. D.　　2. A.　　3. D.　　4. C.　　5. B.

三、1.

$$D\xlongequal{r_i-r_2(i=2,3,\cdots,n)}\begin{vmatrix}1&2&2&\cdots&2&2\\2&2&2&\cdots&2&2\\0&0&1&\cdots&0&0\\\vdots&\vdots&\vdots&\ddots&\vdots&\vdots\\0&0&0&\cdots&n-3&0\\0&0&0&\cdots&0&n-2\end{vmatrix}\xlongequal{r_2-2r_1}\begin{vmatrix}1&2&2&\cdots&2&2\\0&-2&-2&\cdots&-2&-2\\0&0&1&\cdots&0&0\\\vdots&\vdots&\vdots&\ddots&\vdots&\vdots\\0&0&0&\cdots&n-3&0\\0&0&0&\cdots&0&n-2\end{vmatrix}$$

$=1\times(-2)\times1\times2\times\cdots\times(n-3)\times(n-2)=-2(n-2)!$

（此题的方法不唯一，可以酌情给分）

2. $|\boldsymbol{A}|\boldsymbol{E}=\frac{1}{2}\boldsymbol{E}$，故

$$|\boldsymbol{A}^*|=\left|\boldsymbol{A}^{n-1}=\frac{1}{4}\right|$$

$$|(3\boldsymbol{A})^{-1}-2\boldsymbol{A}^*|=\left|\frac{2}{3}\boldsymbol{A}^*-2\boldsymbol{A}^*\right|=\left|-\frac{4}{3}\boldsymbol{A}^*\right|=\left(-\frac{4}{3}\right)^3\frac{1}{4}=-\frac{16}{27}$$

3. $$(\boldsymbol{A},\boldsymbol{E})=\begin{pmatrix}1&1&1&1&0&0\\2&-1&1&0&1&0\\1&2&0&0&0&1\end{pmatrix}\to\begin{pmatrix}1&0&0&-\frac{1}{2}&\frac{1}{2}&\frac{1}{2}\\0&1&0&\frac{1}{4}&-\frac{1}{4}&\frac{1}{4}\\0&0&1&\frac{5}{4}&-\frac{1}{4}&-\frac{3}{4}\end{pmatrix}$$

故

$$\boldsymbol{A}^{-1}=\frac{1}{4}\begin{pmatrix}-2&2&2\\1&-1&1\\5&-1&-3\end{pmatrix}\quad\left(\text{利用}\boldsymbol{A}^{-1}=\frac{1}{|\boldsymbol{A}|}\boldsymbol{A}^*\text{公式求得结果也正确}\right)$$

4. $$(\boldsymbol{Ab})=\begin{pmatrix}\lambda&1&1&1\\1&\lambda&1&\lambda\\1&1&\lambda&\lambda^2\end{pmatrix}\xrightarrow[r_3-\lambda r_1]{\substack{r_1\leftrightarrow r_3\\ r_2-r_1}}\begin{pmatrix}1&1&\lambda&\lambda^2\\0&\lambda-1&1-\lambda&\lambda-\lambda^2\\0&1-\lambda&1-\lambda^2&1-\lambda^3\end{pmatrix}\xrightarrow{r_3+r_2}$$

$$\begin{pmatrix}1&1&\lambda&\lambda^2\\0&\lambda-1&1-\lambda&\lambda-\lambda^2\\0&0&(2+\lambda)(1-\lambda)&(1+\lambda)^2(1-\lambda)\end{pmatrix}$$

（1）唯一解：$R(\boldsymbol{A})=R(\boldsymbol{Ab})=3$，$\lambda\neq1$ 且 $\lambda\neq-2$.

（2）无穷多解：$R(\boldsymbol{A})=R(\boldsymbol{Ab})<3$，$\lambda=1$.

（3）无解：$R(\boldsymbol{A})\neq R(\boldsymbol{Ab})$ $\lambda=-2$（利用其他方法求得结果也正确）.

5. $$(\boldsymbol{Ab})=\begin{pmatrix}1&1&1&1&2\\2&3&1&1&1\\1&0&2&2&5\end{pmatrix}\xrightarrow{r}\begin{pmatrix}1&0&2&2&5\\0&1&-1&-1&-3\\0&0&0&0&0\end{pmatrix}$$

$\begin{cases}x_1+2x_3+2x_4=0\\x_2-x_3-x_4=0\end{cases}$，基础解系为 $\boldsymbol{\xi}_1=\begin{pmatrix}-2\\1\\1\\0\end{pmatrix},\boldsymbol{\xi}_2=\begin{pmatrix}-2\\1\\0\\1\end{pmatrix}$.

$\begin{cases}x_1+2x_3+2x_4=5\\x_2-x_3-x_4=-3\end{cases}$，令 $x_3=x_4=0$，得一特解 $\boldsymbol{\eta}=\begin{pmatrix}5\\-3\\0\\0\end{pmatrix}$，故原方程组的通解为

$$\boldsymbol{\eta}+k_1\boldsymbol{\xi}_1+k_2\boldsymbol{\xi}_2=\begin{pmatrix}5\\-3\\0\\0\end{pmatrix}+k_1\begin{pmatrix}-2\\1\\1\\0\end{pmatrix}+k_2\begin{pmatrix}-2\\1\\0\\1\end{pmatrix}$$

其中 $k_1,k_2\in\mathbf{R}$(此题结果表示不唯一,只要正确可以给分).

6. $(\boldsymbol{\alpha}_1\boldsymbol{\alpha}_2\boldsymbol{\alpha}_3\boldsymbol{\alpha}_4\boldsymbol{\alpha}_5)=\begin{pmatrix}1&1&1&1&1\\0&1&-1&2&1\\2&3&3&4&2\\3&5&1&9&5\end{pmatrix}\to\begin{pmatrix}1&0&0&0&1\\0&1&0&0&\frac{1}{2}\\0&0&1&0&-\frac{1}{2}\\0&0&0&1&0\end{pmatrix}$

故向量组的一个最大无关组为 $\boldsymbol{\alpha}_1,\boldsymbol{\alpha}_2,\boldsymbol{\alpha}_3,\boldsymbol{\alpha}_4$. 向量 $\boldsymbol{\alpha}_5=\boldsymbol{\alpha}_1+\frac{1}{2}\boldsymbol{\alpha}_2-\frac{1}{2}\boldsymbol{\alpha}_3+0\boldsymbol{\alpha}_4$

7. 特征方程 $|\boldsymbol{A}-\lambda\boldsymbol{E}|=\begin{vmatrix}-1-\lambda&1&0\\-4&3-\lambda&0\\1&0&2-\lambda\end{vmatrix}=(\lambda-2)(\lambda-1)^2$,从而 $\lambda_1=2,\lambda_2=\lambda_3=1$.

当 $\lambda_1=2$ 时,由 $(\boldsymbol{A}-2\boldsymbol{E})\boldsymbol{X}=0$ 得基础解系 $\boldsymbol{\zeta}_1=(0,0,1)^{\mathrm{T}}$,即对应于 $\lambda_1=2$ 的全部特征向量为 $k_1\boldsymbol{\zeta}_1(k_1\neq 0)$.

当 $\lambda_2=\lambda_3=1$ 时,由 $(\boldsymbol{A}-\boldsymbol{E})\boldsymbol{X}=0$ 得基础解系 $\boldsymbol{\zeta}_2=(-1,-2,1)^{\mathrm{T}}$,即对应于 $\lambda_2=\lambda_3=1$ 的全部特征向量为 $k_2\boldsymbol{\zeta}_2(k_2\neq 0)$.

四、**证明** 由 $\boldsymbol{\xi}_1,\boldsymbol{\xi}_2,\cdots,\boldsymbol{\xi}_{n-r}$ 为对应齐次线性方程组 $\boldsymbol{AX}=0$ 的基础解系,则 $\boldsymbol{\xi}_1,\boldsymbol{\xi}_2,\cdots,\boldsymbol{\xi}_{n-r}$ 线性无关.

反证法:设 $\boldsymbol{\xi}_1,\boldsymbol{\xi}_2,\cdots,\boldsymbol{\xi}_{n-r},\boldsymbol{\eta}$ 线性相关,则 $\boldsymbol{\eta}$ 可由 $\boldsymbol{\xi}_1,\boldsymbol{\xi}_2,\cdots,\boldsymbol{\xi}_{n-r}$ 线性表示,即 $\boldsymbol{\eta}=\lambda_1\boldsymbol{\xi}_1+\cdots+\lambda_r\boldsymbol{\xi}_r$.

因齐次线性方程组解的线性组合还是齐次线性方程组解,故 $\boldsymbol{\eta}$ 必是 $\boldsymbol{Ax}=\boldsymbol{0}$ 的解. 这与已知条件 $\boldsymbol{\eta}$ 为 $\boldsymbol{Ax}=\boldsymbol{b}(\boldsymbol{b}\neq 0)$ 的一个解相矛盾. 由上可知 $\boldsymbol{\xi}_1,\boldsymbol{\xi}_2,\cdots,\boldsymbol{\xi}_{n-r},\boldsymbol{\eta}$ 线性无关.

自测试题十七答案

一、1. 17.　2. -2.　3. $\frac{1}{3}A$.　4. $R(\boldsymbol{A})<n$.　5. $\lambda=-2$.　6. -2.

7. $\frac{1}{6}A^{-1}$ 或 $\frac{1}{6}\begin{bmatrix}1&2&-1\\0&2&-1\\0&0&3\end{bmatrix}$.　8. 2.　9. $\frac{(-1)^n}{2}$.　10. $x=0,y=-2$.

二、1. A.　2. A.　3. C.　4. D.　5. B.

三、1. D

$$\xlongequal{r_i-r_2(i=2,3,\cdots,n)}\begin{vmatrix}1&2&2&\cdots&2&2\\2&2&2&\cdots&2&2\\0&0&1&\cdots&0&0\\\vdots&\vdots&\vdots&\ddots&\vdots&\vdots\\0&0&0&\cdots&n-3&0\\0&0&0&\cdots&0&n-2\end{vmatrix}$$

$$\xlongequal{r_2-2r_1}\begin{vmatrix}1&2&2&\cdots&2&2\\0&-2&-2&\cdots&-2&-2\\0&0&1&\cdots&0&0\\\vdots&\vdots&\vdots&\ddots&\vdots&\vdots\\0&0&0&\cdots&n-3&0\\0&0&0&\cdots&0&n-2\end{vmatrix}$$

$=1\times(-2)\times1\times2\times\cdots\times(n-3)\times(n-2)=-2(n-2)!$

(此题的方法不唯一,可以酌情给分)

2. 由 $\boldsymbol{AX}=\boldsymbol{A}+\boldsymbol{X}$,得

$$\boldsymbol{X}=(\boldsymbol{A}-\boldsymbol{E})^{-1}\boldsymbol{A}$$

$$(\boldsymbol{A}-\boldsymbol{E},\boldsymbol{A})=\begin{pmatrix}1&2&0&2&2&0\\2&0&3&2&1&3\\0&1&-1&0&1&0\end{pmatrix}\overset{r}{\sim}\begin{pmatrix}1&0&0&-2&2&6\\0&1&0&2&0&-3\\0&0&1&2&-1&-3\end{pmatrix}$$

所以 $$\boldsymbol{X}=\begin{pmatrix}-2&2&6\\2&0&-3\\2&-1&-3\end{pmatrix}$$

3. 利用由 $\boldsymbol{A}^2-2\boldsymbol{A}-4\boldsymbol{E}=0$,得$(\boldsymbol{A}-3\boldsymbol{E})(\boldsymbol{A}+\boldsymbol{E})-\boldsymbol{E}=0$.

即 $(\boldsymbol{A}-3\boldsymbol{E})(\boldsymbol{A}+\boldsymbol{E})=\boldsymbol{E}$,故 $\boldsymbol{A}-3\boldsymbol{E}$ 可逆,且$(\boldsymbol{A}-3\boldsymbol{E})^{-1}=(\boldsymbol{A}+\boldsymbol{E})$.

4. $$(\boldsymbol{Ab})=\begin{pmatrix}1&1&1&2&3\\2&-1&3&8&8\\-3&2&-1&-9&-5\\0&1&-2&-3&-4\end{pmatrix}\overset{r}{\sim}\begin{pmatrix}1&1&1&2&3\\0&1&-2&-3&-4\\0&0&1&1&2\\0&0&0&0&0\end{pmatrix}$$

$$\overset{r}{\sim}\begin{pmatrix}1&0&0&2&1\\0&1&0&-1&0\\0&0&1&1&2\\0&0&0&0&0\end{pmatrix}$$

则 $$\begin{cases}x_1+2x_4=1\\x_2-x_4=0\\x_3+x_4=2\end{cases}$$

取 x_4 为自由未知量,令 $x_4=c$,则通解为

$$\begin{pmatrix}x_1\\x_2\\x_3\\x_4\end{pmatrix}=c\begin{pmatrix}-2\\1\\-1\\1\end{pmatrix}+\begin{pmatrix}1\\0\\2\\0\end{pmatrix}\quad(c\in\mathbf{R})$$

对应齐次线性方程组的基础解系为$\begin{pmatrix}-2\\1\\-1\\1\end{pmatrix}$.

5. $(\boldsymbol{\alpha}_1\boldsymbol{\alpha}_2\boldsymbol{\alpha}_3\boldsymbol{\alpha}_4)=\begin{pmatrix}2&1&2&3\\4&1&3&5\\2&0&1&2\end{pmatrix}\sim\begin{pmatrix}2&1&2&3\\0&-1&-1&-1\\0&-1&-1&-1\end{pmatrix}\sim\begin{pmatrix}2&1&2&3\\0&1&1&1\\0&0&0&0\end{pmatrix}$

$\sim\begin{pmatrix}1&0&\frac{1}{2}&1\\0&1&1&1\\0&0&0&0\end{pmatrix}$

$\boldsymbol{\alpha}_1,\boldsymbol{\alpha}_2$ 为一个极大无关组.

设 $\boldsymbol{\alpha}_3=x_1\boldsymbol{\alpha}_1+x_2\boldsymbol{\alpha}_2$, $\boldsymbol{\alpha}_4=y_1\boldsymbol{\alpha}_1+y_2\boldsymbol{\alpha}_2$

解得

$$\begin{cases}x_1=\dfrac{1}{2}\\x_2=1\end{cases},\ \begin{cases}y_1=1\\y_2=1\end{cases}$$

则有 $\boldsymbol{\alpha}_3=\dfrac{1}{2}\boldsymbol{\alpha}_1+\boldsymbol{\alpha}_2$, $\boldsymbol{\alpha}_4=\boldsymbol{\alpha}_1+\boldsymbol{\alpha}_2$.

6. f 的矩阵 $\boldsymbol{A}=\begin{bmatrix}2&2&-2\\2&5&-4\\-2&-4&5\end{bmatrix}$ $\boldsymbol{A}$ 的特征多项式为 $\varphi(\lambda)=-(\lambda-1)^2(\lambda-10)$.

$\lambda_1=\lambda_2=1$ 的两个正交的特征向量为 $\boldsymbol{p}_1=\begin{bmatrix}0\\1\\1\end{bmatrix}$, $\boldsymbol{p}_2=\begin{bmatrix}4\\-1\\1\end{bmatrix}$.

$\lambda_3=10$ 的特征向量为 $\boldsymbol{p}_3=\begin{bmatrix}1\\2\\-2\end{bmatrix}$.

正交矩阵为

$$\boldsymbol{Q}=\begin{bmatrix}0&\dfrac{4}{3\sqrt{2}}&\dfrac{1}{3}\\\dfrac{1}{\sqrt{2}}&\dfrac{-1}{3\sqrt{2}}&\dfrac{2}{3}\\\dfrac{1}{\sqrt{2}}&\dfrac{1}{3\sqrt{2}}&\dfrac{-2}{3}\end{bmatrix}$$

正交变换 $\boldsymbol{x}=\boldsymbol{Q}\boldsymbol{y}$,标准形为 $f=y_1^2+y_2^2+10y_3^2$.

四、**证明** 设存在 $\lambda_1,\lambda_2,\cdots,\lambda_r\in\mathbf{R}$,使得 $\lambda_1\boldsymbol{b}_1+\lambda_2\boldsymbol{b}_2+\cdots+\lambda_r\boldsymbol{b}_r=0$, 也即 $\lambda_1\boldsymbol{a}_1+\lambda_2(\boldsymbol{a}_1+\boldsymbol{a}_2)+\cdots+\lambda_r(\boldsymbol{a}_1+\boldsymbol{a}_2+\cdots+\boldsymbol{a}_r)=0$, 化简,得

$$(\lambda_1+\lambda_2+\cdots+\lambda_r)\boldsymbol{a}_1+(\lambda_2+\cdots+\lambda_r)\boldsymbol{a}_2+\cdots+\lambda_r\boldsymbol{a}_r=0$$

又因为 $\boldsymbol{a}_1,\boldsymbol{a}_2,\cdots,\boldsymbol{a}_r$ 线性无关,则 $\begin{cases}\lambda_1+\lambda_2+\cdots+\lambda_r=0\\\lambda_2+\cdots+\lambda_r=0\\\vdots\\\lambda_r=0\end{cases}$

解得　$\lambda_1=\lambda_2=\cdots=\lambda_r=0$.

所以,$\boldsymbol{b}_1,\boldsymbol{b}_2,\cdots,\boldsymbol{b}_r$ 线性无关.

自测试题十八答案

一、1. C.　　2. D.　　3. A.　　4. A.

二、1. -125.　　2. $\dfrac{\pi}{2}$.　　3. -1.　　4. $t>\dfrac{3}{5}$.

三、1. 第1行减第2行,第3行减第4行,得

$$D=\begin{vmatrix}x & x & 0 & 0\\1 & 1-x & 1 & 1\\0 & 0 & y & y\\1 & 1 & 1 & 1-y\end{vmatrix}$$

第2列减第1列,第4列减第3列,得

$$D=\begin{vmatrix}x & 0 & 0 & 0\\1 & -x & 1 & 0\\0 & 0 & y & 0\\1 & 0 & 1 & -y\end{vmatrix}$$

按第1行展开,得

$$D=x\begin{vmatrix}-x & 1 & 0\\0 & y & 0\\0 & 1 & -y\end{vmatrix}$$

按第3列展开,得

$$D=-xy\begin{vmatrix}-x & 0\\1 & y\end{vmatrix}=x^2y^2$$

2. 把各列加到第1列,然后提取第1列的公因子$\left(\sum\limits_{i=1}^{n}x_i+3\right)$,再通过行列式的变换化为上三角形行列式

$$D_n=\left(\sum_{i=1}^{n}x_i+3\right)\begin{vmatrix}1 & x_2 & \cdots & x_n\\1 & x_2+3 & \cdots & x_n\\\vdots & \vdots & \ddots & \vdots\\1 & x_2 & \cdots & x_n+3\end{vmatrix}$$

$$=\left(\sum_{i=1}^{n}x_i+3\right)\begin{vmatrix}1 & x_2 & \cdots & x_n\\0 & 3 & \cdots & 0\\\vdots & \vdots & \ddots & \vdots\\0 & 0 & \cdots & 3\end{vmatrix}$$

$$=3^{n-1}\left(\sum_{i=1}^{n}x_i+3\right)$$

四、1. **证明**　(1) 因为 $\boldsymbol{\alpha}_2,\boldsymbol{\alpha}_3,\boldsymbol{\alpha}_3$ 线性无关,所以 $\boldsymbol{\alpha}_2,\boldsymbol{\alpha}_3$ 线性无关,又 $\boldsymbol{\alpha}_1,\boldsymbol{\alpha}_2,\boldsymbol{\alpha}_3$ 线性相

关,故 $\boldsymbol{\alpha}_1$ 能由 $\boldsymbol{\alpha}_2,\boldsymbol{\alpha}_3$ 线性表出.

(2)(反正法)若不,则 $\boldsymbol{\alpha}_4$ 能由 $\boldsymbol{\alpha}_1,\boldsymbol{\alpha}_2,\boldsymbol{\alpha}_3$ 线性表出,不妨设 $\boldsymbol{\alpha}_4=k_1\boldsymbol{\alpha}_1+k_2\boldsymbol{\alpha}_2+k_3\boldsymbol{\alpha}_3$.

由(1)知,$\boldsymbol{\alpha}_1$ 能由 $\boldsymbol{\alpha}_2,\boldsymbol{\alpha}_3$ 线性表出,不妨设 $\boldsymbol{\alpha}_1=t_1\boldsymbol{\alpha}_2+t_2\boldsymbol{\alpha}_3$,所以 $\boldsymbol{\alpha}_4=k_1(t_1\boldsymbol{\alpha}_2+t_2\boldsymbol{\alpha}_3)+k_2\boldsymbol{\alpha}_2+k_3\boldsymbol{\alpha}_3$,这表明 $\boldsymbol{\alpha}_2,\boldsymbol{\alpha}_3,\boldsymbol{\alpha}_4$ 线性相关,矛盾.

2. **证明** (1) $(\boldsymbol{E}+f(\boldsymbol{A}))(\boldsymbol{E}+\boldsymbol{A})=[\boldsymbol{E}+(\boldsymbol{E}-\boldsymbol{A})(\boldsymbol{E}+\boldsymbol{A})^{-1}](\boldsymbol{E}+\boldsymbol{A})$

$=(\boldsymbol{E}+\boldsymbol{A})+(\boldsymbol{E}-\boldsymbol{A})(\boldsymbol{E}+\boldsymbol{A})^{-1}(\boldsymbol{E}+\boldsymbol{A})=(\boldsymbol{E}+\boldsymbol{A})+(\boldsymbol{E}-\boldsymbol{A})=2\boldsymbol{E}$

(2) $f(f(\boldsymbol{A}))=[\boldsymbol{E}-f(\boldsymbol{A})][\boldsymbol{E}+f(\boldsymbol{A})]^{-1}$

由(1)得 $[\boldsymbol{E}+f(\boldsymbol{A})]^{-1}=\frac{1}{2}(\boldsymbol{E}+\boldsymbol{A})$,代入上式,得

$$\begin{aligned}f(f(\boldsymbol{A}))&=[\boldsymbol{E}-(\boldsymbol{E}-\boldsymbol{A})(\boldsymbol{E}+\boldsymbol{A})^{-1}]\frac{1}{2}(\boldsymbol{E}+\boldsymbol{A})\\&=\frac{1}{2}(\boldsymbol{E}+\boldsymbol{A})-(\boldsymbol{E}-\boldsymbol{A})(\boldsymbol{E}+\boldsymbol{A})^{-1}\frac{1}{2}(\boldsymbol{E}+\boldsymbol{A})\\&=\frac{1}{2}(\boldsymbol{E}+\boldsymbol{A})-\frac{1}{2}(\boldsymbol{E}-\boldsymbol{A})=\boldsymbol{A}\end{aligned}$$

五、1. (1) 由 $|\lambda\boldsymbol{E}-\boldsymbol{A}|=0$ 得 $\boldsymbol{A}$ 的特征值为 $\lambda_1=1,\lambda_2=2,\lambda_3=5$.

(2) $\lambda_1=1$ 的特征向量为 $\boldsymbol{\xi}_1=\begin{pmatrix}0\\-1\\1\end{pmatrix}$;

$\lambda_2=2$ 的特征向量为 $\boldsymbol{\xi}_2=\begin{pmatrix}1\\0\\0\end{pmatrix}$;

$\lambda_3=5$ 的特征向量为 $\boldsymbol{\xi}_3=\begin{pmatrix}0\\1\\1\end{pmatrix}$.

(3) 因为特征值不相等,则 $\boldsymbol{\xi}_1,\boldsymbol{\xi}_2,\boldsymbol{\xi}_3$ 正交.

(4) 将 $\boldsymbol{\xi}_1,\boldsymbol{\xi}_2,\boldsymbol{\xi}_3$ 单位化,得 $\boldsymbol{p}_1=\frac{1}{\sqrt{2}}\begin{pmatrix}0\\-1\\1\end{pmatrix},\boldsymbol{p}_2=\begin{pmatrix}1\\0\\0\end{pmatrix},\boldsymbol{p}_3=\frac{1}{\sqrt{2}}\begin{pmatrix}0\\1\\1\end{pmatrix}$.

(5) 取 $\boldsymbol{P}=(\boldsymbol{p}_1,\boldsymbol{p}_2,\boldsymbol{p}_3)=\begin{pmatrix}0&1&0\\-\frac{1}{\sqrt{2}}&0&\frac{1}{\sqrt{2}}\\\frac{1}{\sqrt{2}}&0&\frac{1}{\sqrt{2}}\end{pmatrix}$.

(6) $\boldsymbol{P}^{-1}\boldsymbol{A}\boldsymbol{P}=\begin{pmatrix}1&0&0\\0&2&0\\0&0&5\end{pmatrix}$.

2. 该非齐次线性方程组 $\boldsymbol{A}\boldsymbol{x}=\boldsymbol{b}$ 对应的齐次方程组为

$$\boldsymbol{Ax}=\boldsymbol{0}$$

因 $R(\boldsymbol{A})=3$,则齐次线性方程组的基础解系有一个非零解构成,即任何一个非零解都是它的基础解系.

另一方面,记向量 $\boldsymbol{\xi}=2\boldsymbol{\eta}_1-(\boldsymbol{\eta}_2+\boldsymbol{\eta}_3)$,则

$$\boldsymbol{A\xi}=\boldsymbol{A}(2\boldsymbol{\eta}_1-\boldsymbol{\eta}_2-\boldsymbol{\eta}_3)=2\boldsymbol{A\eta}_1-\boldsymbol{A\eta}_2-\boldsymbol{A\eta}_3=2\boldsymbol{b}-\boldsymbol{b}-\boldsymbol{b}=0$$

直接计算得 $\boldsymbol{\xi}=(3,4,5,6)^{\mathrm{T}}\neq 0$,$\boldsymbol{\xi}$ 就是它的一个基础解系. 根据非齐次线性方程组解的结构知,原方程组的通解为

$$x=k\boldsymbol{\xi}+\boldsymbol{\eta}_1=k\begin{pmatrix}3\\4\\5\\6\end{pmatrix}+\begin{pmatrix}2\\3\\4\\5\end{pmatrix}\quad(k\in\mathbf{R})$$

3. 将方程组(7.3)与方程组(7.4)联立得非齐次线性方程组:

$$\begin{cases}x_1+x_2+x_3=0\\x_1+2x_2+ax_3=0\\x_1+4x_2+a^2x_3=0\\x_1+2x_2+x_3=a-1\end{cases}\tag{7.5}$$

若此非齐次线性方程组有解, 则方程组(7.3)与方程组(7.4)有公共解, 且方程组(7.5)的解即为所求全部公共解.

对方程组(7.5)的增广矩阵 $\bar{\boldsymbol{A}}$ 作初等行变换,得

$$\bar{\boldsymbol{A}}=\begin{pmatrix}1&1&1&0\\1&2&a&0\\1&4&a^2&0\\1&2&1&a-1\end{pmatrix}\to\begin{pmatrix}1&1&1&0\\0&1&a-1&0\\0&0&(a-2)(a-1)&0\\0&0&1-a&a-1\end{pmatrix}$$

(1) 当 $a=1$ 时,有 $R(\boldsymbol{A})=R(\boldsymbol{A})=2<3$,方程组(7.5)有解, 即方程组(7.3)与方程组(7.4)有公共解, 其全部公共解即为方程组(7.5)的通解,此时

$$\bar{\boldsymbol{A}}\to\begin{pmatrix}1&0&1&0\\0&1&0&0\\0&0&0&0\\0&0&0&0\end{pmatrix}$$

则方程组(7.5)为齐次线性方程组,其基础解系为 $\begin{pmatrix}-1\\0\\1\end{pmatrix}$. 所以方程组(7.3)与方程组(7.4)的全部公共解为 $k\begin{pmatrix}-1\\0\\1\end{pmatrix}$,$k$ 为任意常数.

(2) 当 $a=2$ 时,有 $R(\boldsymbol{A})=R(\overline{\boldsymbol{A}})=3$,方程组(7.5)有唯一解,此时

$$\overline{\boldsymbol{A}}\to\begin{pmatrix}1&0&0&0\\0&1&0&1\\0&0&1&-1\\0&0&0&0\end{pmatrix}$$

故方程组(7.5)的解为$\begin{pmatrix}0\\1\\-1\end{pmatrix}$,即方程组(7.3)与方程组(7.4)有唯一公共解 $\boldsymbol{x}=\begin{pmatrix}0\\1\\-1\end{pmatrix}$.

自测试题十九答案

一、1. 8.　　2. 唯一.　　3. 0.　　4. 等于.　　5. 5.

二、1. C.　　2. B.　　3. D.　　4. D.　　5. B.

三、1. 42.　　2. 12.

四、$\boldsymbol{A}^{-1}=\begin{pmatrix}1&1\\0&1\end{pmatrix}$;$(\boldsymbol{A}^{-1})^{2015}=\begin{pmatrix}1&2015\\0&1\end{pmatrix}$.

五、通解为$\begin{pmatrix}x_1\\x_2\\x_3\\x_4\end{pmatrix}=k_1\begin{pmatrix}4\\-2\\1\\0\end{pmatrix}+k_2\begin{pmatrix}-1\\-2\\0\\1\end{pmatrix}+\begin{pmatrix}-1\\1\\0\\0\end{pmatrix}$.

六、$\boldsymbol{X}=\begin{pmatrix}2&0&-1\\1&-4&3\\1&-2&0\end{pmatrix}$.

七、$R(\boldsymbol{A})=3$,$\boldsymbol{\alpha}_1,\boldsymbol{\alpha}_2,\boldsymbol{\alpha}_3$ 是向量组的一个最大无关组,$\boldsymbol{\alpha}_4=-2\boldsymbol{\alpha}_1+2\boldsymbol{\alpha}_2+\boldsymbol{\alpha}_3$.

八、$\boldsymbol{P}=\begin{pmatrix}-\frac{1}{\sqrt{2}}&0&\frac{1}{\sqrt{2}}\\0&1&0\\\frac{1}{\sqrt{2}}&0&\frac{1}{\sqrt{2}}\end{pmatrix}$,$\boldsymbol{x}=\boldsymbol{P}\boldsymbol{y}$,$f=y_2^2+2y_3^2$.

九、$\boldsymbol{c}=\begin{pmatrix}-2\\2\\-1\end{pmatrix}$,$\lambda=-2$.

十、**证明:**设 $k_1\boldsymbol{\alpha}_1+k_2\boldsymbol{\alpha}_2+k_3\boldsymbol{\alpha}_3=0$,在等式两边左乘 $\boldsymbol{A}$,得 $k_1\boldsymbol{A}\boldsymbol{\alpha}_1+k_2\boldsymbol{A}\boldsymbol{\alpha}_2+k_3\boldsymbol{A}\boldsymbol{\alpha}_3=0$,再在 $k_1\boldsymbol{A}\boldsymbol{\alpha}_1+k_2\boldsymbol{A}\boldsymbol{\alpha}_2+k_3\boldsymbol{A}\boldsymbol{\alpha}_3=0$ 两边左乘 $\boldsymbol{\alpha}_i^{\mathrm{T}}(i=1,2,3)$,得 $k_1\boldsymbol{\alpha}_i^{\mathrm{T}}\boldsymbol{A}\boldsymbol{\alpha}_1+k_2\boldsymbol{\alpha}_i^{\mathrm{T}}\boldsymbol{A}\boldsymbol{\alpha}_2+k_3\boldsymbol{\alpha}_i^{\mathrm{T}}\boldsymbol{A}\boldsymbol{\alpha}_3=0$,即 $\sum_{j=1}^{3}k_j\boldsymbol{\alpha}_i^{\mathrm{T}}\boldsymbol{A}\boldsymbol{\alpha}_j=0$,又 $i\neq j$ 时 $\boldsymbol{\alpha}_i^{\mathrm{T}}\boldsymbol{A}\boldsymbol{\alpha}_j=0$,所以 $k_1\boldsymbol{\alpha}_i^{\mathrm{T}}\boldsymbol{A}\boldsymbol{\alpha}_i=0(i=1,2,3)$,因为 $\boldsymbol{A}$ 正定,所以 $|\boldsymbol{A}|>0$,又因为 $\boldsymbol{\alpha}_i$ 均为非零向量,$\boldsymbol{\alpha}_i^{\mathrm{T}}\boldsymbol{\alpha}_j\neq0$,所以 $k_i=0(i=1,2,3)$,因此,$\boldsymbol{\alpha}_1,\boldsymbol{\alpha}_2,\boldsymbol{\alpha}_3$ 线性无关.

自测试题二十答案

一、1～3　略.　　4. $c_1+c_2=1$.　　5. -2.

二、1 ~ 4　略.　　5. C.

三、1.

四、提示：$\boldsymbol{P}^{-1}\boldsymbol{AP}=\begin{pmatrix}1&&\\&0&\\&&-1\end{pmatrix}$，故 $\boldsymbol{A}=\boldsymbol{P}\begin{pmatrix}1&&\\&0&\\&&-1\end{pmatrix}\boldsymbol{P}^{-1}$.

五 ~ 十　略.

自测试题二十一答案

一 ~ 九　略.

十、**证明**：因为矩阵 $\boldsymbol{A}$ 的行列式 $|\boldsymbol{A}|=|a_1a_2a_3a_4|=|a_1a_2a_1+a_3a_4|=|a_1a_22a_2a_4|=0$，所以 a_1,a_2,a_3,a_4 线性相关，又 a_2,a_3,a_4 线性无关，故 $R(A)=3$，$a_1=2a_2-a_3$ 可表示为 $(a_1a_2a_3a_4)\begin{pmatrix}1\\-2\\1\\0\end{pmatrix}=0$，即齐次线性方程组 $\boldsymbol{Ax}=\boldsymbol{0}$ 的一个基础解系为 $\boldsymbol{\xi}=\begin{pmatrix}1\\-2\\1\\0\end{pmatrix}$；$a_1+2a_2+3a_3+4a_4=b$ 可表示为 $(a_1a_2a_3a_4)\begin{pmatrix}1\\2\\3\\4\end{pmatrix}=b$，即四元非齐次线性方程组 $\boldsymbol{Ax}=\boldsymbol{b}$ 的一个特解为 $\boldsymbol{\eta}=\begin{pmatrix}1\\2\\3\\4\end{pmatrix}$. 故四元非齐次线性方程组 $\boldsymbol{Ax}=\boldsymbol{b}$ 的通解可表示为 $x=k\boldsymbol{\xi}+\boldsymbol{\eta},k\in\mathbf{R}$.

自测试题二十二答案

一 ~ 九　略.

十、**证明**：因为 $\boldsymbol{A}$ 与 $\boldsymbol{B}$ 是阶数相同的正定矩阵，故 $\boldsymbol{A}$ 与 $\boldsymbol{B}$ 都是对称矩阵，从而 $(\boldsymbol{\alpha A}+\boldsymbol{\beta B})^{\mathrm{T}}=\boldsymbol{\alpha A}^{\mathrm{T}}+\boldsymbol{\beta B}^{\mathrm{T}}=\boldsymbol{\alpha A}+\boldsymbol{\beta B}$，即 $(\boldsymbol{\alpha A}+\boldsymbol{\beta B})$ 也为对称矩阵. 因此二次型 $\boldsymbol{x}^{T}(\boldsymbol{\alpha A}+\boldsymbol{\beta B})\boldsymbol{x}=\boldsymbol{\alpha x}^{\mathrm{T}}\boldsymbol{Ax}+\boldsymbol{\beta x}^{\mathrm{T}}\boldsymbol{Bx}$，由于 $\boldsymbol{A}$ 与 $\boldsymbol{B}$ 为正定矩阵，$\boldsymbol{\alpha}>0,\boldsymbol{\beta}>0$，故 $\boldsymbol{\alpha x}^{\mathrm{T}}\boldsymbol{Ax}>0,\boldsymbol{\beta x}^{\mathrm{T}}\boldsymbol{Bx}>0$，因此 $\boldsymbol{x}^{\mathrm{T}}(\boldsymbol{\alpha A}+\boldsymbol{\beta B})\boldsymbol{x}>0$，所以 $(\boldsymbol{\alpha A}+\boldsymbol{\beta B})$ 是正定矩阵.

自测试题二十三答案

一、1. $i=2,j=3$.　　2. 3.　　3. 98.　　4. $-7,-9,3$.　　5. 2.

二、1. B.　　2. D.　　3. B.　　4. D.　　5. C.

三 ~ 十　略.

自测试题二十四

一 ~ 十　略.

九、**证明**：因为 $\boldsymbol{A}$ 为 n 阶对称矩阵，所以 $\boldsymbol{A}^{\mathrm{T}}=\boldsymbol{A}$. 又因为 $\boldsymbol{A}^2-4\boldsymbol{A}+3\boldsymbol{E}=\boldsymbol{O}$，所以 $\boldsymbol{A}^2-4\boldsymbol{A}+4\boldsymbol{E}=\boldsymbol{E}$，即 $(\boldsymbol{A}-2\boldsymbol{E})(\boldsymbol{A}-2\boldsymbol{E})=\boldsymbol{E}$，故 $(\boldsymbol{A}-2\boldsymbol{E})$ 可逆. 又 $\boldsymbol{A}^{\mathrm{T}}=\boldsymbol{A}$，从而 $(\boldsymbol{A}-2\boldsymbol{E})^{\mathrm{T}}=\boldsymbol{A}^{\mathrm{T}}-2\boldsymbol{E}^{\mathrm{T}}=\boldsymbol{A}-\boldsymbol{E}$，因此 $(\boldsymbol{A}-2\boldsymbol{E})$ 为对称矩阵，所以 $(\boldsymbol{A}-2\boldsymbol{E})(\boldsymbol{A}-2\boldsymbol{E})^{\mathrm{T}}=(\boldsymbol{A}-2\boldsymbol{E})(\boldsymbol{A}-2\boldsymbol{E})=\boldsymbol{E}$，从而 $(\boldsymbol{A}-2\boldsymbol{E})$ 为

正交矩阵.

自测试题二十五答案

一~九　略.

十、<证法一>:$\boldsymbol{A}$ 正定,所以 $|\boldsymbol{A}|>0$,故 $\boldsymbol{A}^{-1}$ 存在,因为 $(\boldsymbol{A}^{-1})^{\mathrm{T}}=(\boldsymbol{A}^{\mathrm{T}})^{-1}=(\boldsymbol{A})^{-1}$,所以 $\boldsymbol{A}^{-1}$ 是对称矩阵. 因为 $\boldsymbol{A}$ 正定,所以存在非奇异 n 阶矩阵 $\boldsymbol{C}$,使得 $\boldsymbol{C}^{\mathrm{T}}\boldsymbol{AC}=\boldsymbol{E}$,两边取逆矩阵,有 $\boldsymbol{C}^{-1}\boldsymbol{A}^{-1}(\boldsymbol{C}^{\mathrm{T}})^{-1}=\boldsymbol{E}$, 即 $\boldsymbol{A}^{-1}$ 的正惯性指数为 n,$\boldsymbol{A}^{-1}$ 是正定的.

<证法二>:因为 $\boldsymbol{A}$ 正定,所以 $\boldsymbol{A}$ 的特征值 $\lambda_i(i=1,2,\cdots,n)$ 全大于0,而 $\boldsymbol{A}^{-1}$ 的特征值 $\dfrac{1}{\lambda_i}$ $(i=1,2,\cdots,n)$ 也全大于0,故 $\boldsymbol{A}^{-1}$ 是正定的.

自测试题二十六答案

一~九　略.

十、**证明**:设分块矩阵 $\begin{pmatrix}\boldsymbol{A} & \boldsymbol{C}\\ \boldsymbol{O} & \boldsymbol{B}\end{pmatrix}^{-1}=\begin{pmatrix}\boldsymbol{A}_{11} & \boldsymbol{A}_{12}\\ \boldsymbol{A}_{21} & \boldsymbol{A}_{22}\end{pmatrix}$,则 $\begin{pmatrix}\boldsymbol{A} & \boldsymbol{C}\\ \boldsymbol{O} & \boldsymbol{B}\end{pmatrix}\begin{pmatrix}\boldsymbol{A}_{11} & \boldsymbol{A}_{12}\\ \boldsymbol{A}_{21} & \boldsymbol{A}_{22}\end{pmatrix}=\begin{pmatrix}\boldsymbol{E}_{11} & \boldsymbol{O}\\ \boldsymbol{O} & \boldsymbol{E}_{22}\end{pmatrix}$,从而 $\boldsymbol{AA}_{11}+\boldsymbol{CA}_{21}=\boldsymbol{E}_{11}$,$\boldsymbol{AA}_{12}+\boldsymbol{CA}_{22}=\boldsymbol{O}$,$\boldsymbol{BA}_{21}=\boldsymbol{O}$,$\boldsymbol{BA}_{22}=\boldsymbol{E}_{22}$,由 $\boldsymbol{A}$ 和 $\boldsymbol{B}$ 都可逆,解出 $\boldsymbol{A}_{11}=\boldsymbol{A}^{-1}$,$\boldsymbol{A}_{21}=\boldsymbol{O}$,$\boldsymbol{A}_{12}=-\boldsymbol{A}^{-1}\boldsymbol{CB}^{-1}$,$\boldsymbol{A}_{22}=\boldsymbol{B}^{-1}$. 所以 $\begin{pmatrix}\boldsymbol{A} & \boldsymbol{C}\\ \boldsymbol{O} & \boldsymbol{B}\end{pmatrix}^{-1}=\begin{pmatrix}\boldsymbol{A}^{-1} & -\boldsymbol{A}^{-1}\boldsymbol{CB}^{-1}\\ \boldsymbol{O} & \boldsymbol{B}^{-1}\end{pmatrix}$.

附录1　同济大学《线性代数》(第六版)课后习题全解

习题一

1. 利用对角线法则计算下列三阶行列式:

(1) $\begin{vmatrix} 2 & 0 & 1 \\ 1 & -4 & -1 \\ -1 & 8 & 3 \end{vmatrix}$;　(2) $\begin{vmatrix} a & b & c \\ b & c & a \\ c & a & b \end{vmatrix}$;

(3) $\begin{vmatrix} 1 & 1 & 1 \\ a & b & c \\ a^2 & b^2 & c^2 \end{vmatrix}$;　(4) $\begin{vmatrix} x & y & x+y \\ y & x+y & x \\ x+y & x & y \end{vmatrix}$.

解 (1)

$$\begin{vmatrix} 2 & 0 & 1 \\ 1 & -4 & -1 \\ -1 & 8 & 3 \end{vmatrix} = 2\times(-4)\times3+0\times(-1)\times(-1)+1\times1\times8-0\times1\times3-2\times(-1)\times8-1\times(-4)\times(-1)$$
$$= -24+8+16-4$$
$$= -4$$

(2)

$$\begin{vmatrix} a & b & c \\ b & c & a \\ c & a & b \end{vmatrix} = acb+bac+cba-bbb-aaa-ccc$$
$$=3abc-a^3-b^3-c^3$$

(3)

$$\begin{vmatrix} 1 & 1 & 1 \\ a & b & c \\ a^2 & b^2 & c^2 \end{vmatrix} = bc^2+ca^2+ab^2-ac^2-ba^2-cb^2$$
$$=(a-b)(b-c)(c-a)$$

(4)

$$\begin{vmatrix} x & y & x+y \\ y & x+y & x \\ x+y & x & y \end{vmatrix} = x(x+y)y+yx(x+y)+(x+y)yx-y^3-(x+y)^3-x^3$$
$$=3xy(x+y)-y^3-3x^2y-3y^2x-x^3-y^3-x^3$$
$$=-2(x^3+y^3)$$

2. 按自然数从小到大为标准次序,求下列各排列的逆序数:

(1) 1 2 3 4;　(2) 4 1 3 2;

(3) 3 4 2 1;　(4) 2 4 1 3;

(5) 1 3 … $(2n-1)$ 2 4 … $(2n)$;

(6) 1 3 ⋯ $(2n-1)$ $(2n)$ $(2n-2)$ ⋯ 2.

解 (1) 逆序数为0;

(2) 逆序数为4:4 1,4 3,4 2,3 2;

(3) 逆序数为5:3 2,3 1,4 2,4 1,2 1;

(4) 逆序数为3:2 1,4 1,4 3;

(5) 逆序数为$\frac{n(n-1)}{2}$:

3 2	1个
5 2,5 4	2个
7 2,7 4,7 6	3个
⋮	⋮
$(2n-1)$ 2,$(2n-1)$ 4,$(2n-1)$ 6,⋯,$(2n-1)$ $(2n-2)$	$(n-1)$个;

(6) 逆序数为$n(n-1)$:

3 2	1个
5 2,5 4	2个
⋮	⋮
$(2n-1)$ 2,$(2n-1)$ 4,$(2n-1)$ 6,⋯,$(2n-1)$ $(2n-2)$	$(n-1)$个
4 2	1个
6 2,6 4	2个
⋮	⋮
$(2n)$ 2,$(2n)$ 4,$(2n)$ 6,⋯,$(2n)$ $(2n-2)$	$(n-1)$个.

3. 写出4阶行列式中含有因子$a_{11}a_{23}$的项.

解 由定义知,4阶行列式的一般项为

$$(-1)^t a_{1p_1}a_{2p_2}a_{3p_3}a_{4p_4}$$

其中:t为$p_1p_2p_3p_4$的逆序数. 由于$p_1=1,p_2=3$已固定,$p_1p_2p_3p_4$只能形如13××,即1324或1342. 对应的t分别为

$$0+0+1+0=1 \text{或} 0+0+0+2=2$$

所以$-a_{11}a_{23}a_{32}a_{44}$和$a_{11}a_{23}a_{34}a_{42}$为所求.

4. 计算下列各行列式:

(1) $\begin{vmatrix} 4 & 1 & 2 & 4 \\ 1 & 2 & 0 & 2 \\ 10 & 5 & 2 & 0 \\ 0 & 1 & 1 & 7 \end{vmatrix}$; (2) $\begin{vmatrix} 2 & 1 & 4 & 1 \\ 3 & -1 & 2 & 1 \\ 1 & 2 & 3 & 2 \\ 5 & 0 & 6 & 2 \end{vmatrix}$;

(3) $\begin{vmatrix} -ab & ac & ae \\ bd & -cd & de \\ bf & cf & -ef \end{vmatrix}$; (4) $\begin{vmatrix} 1 & 1 & 1 \\ a & b & c \\ b+c & c+a & a+b \end{vmatrix}$;

(5) $\begin{vmatrix} a & 1 & 0 & 0 \\ -1 & b & 1 & 0 \\ 0 & -1 & c & 1 \\ 0 & 0 & -1 & d \end{vmatrix}$; (6) $\begin{vmatrix} 1 & 2 & 3 & 4 \\ 1 & 3 & 4 & 1 \\ 1 & 4 & 1 & 2 \\ 1 & 1 & 2 & 3 \end{vmatrix}$.

解 (1) $\begin{vmatrix} 4 & 1 & 2 & 4 \\ 1 & 2 & 0 & 2 \\ 10 & 5 & 2 & 0 \\ 0 & 1 & 1 & 7 \end{vmatrix} \xlongequal[c_4-7c_3]{c_2-c_3} \begin{vmatrix} 4 & -1 & 2 & -10 \\ 1 & 2 & 0 & 2 \\ 10 & 3 & 2 & -14 \\ 0 & 0 & 1 & 0 \end{vmatrix} = \begin{vmatrix} 4 & -1 & -10 \\ 1 & 2 & 2 \\ 10 & 3 & -14 \end{vmatrix} \times (-1)^{4+3}$

$$= \begin{vmatrix} 4 & -1 & 10 \\ 1 & 2 & -2 \\ 10 & 3 & 14 \end{vmatrix} \xlongequal[c_1+\frac{1}{2}c_3]{c_2+c_3} \begin{vmatrix} 9 & 9 & 10 \\ 0 & 0 & -2 \\ 17 & 17 & 14 \end{vmatrix} = 0$$

(2) $\begin{vmatrix} 2 & 1 & 4 & 1 \\ 3 & -1 & 2 & 1 \\ 1 & 2 & 3 & 2 \\ 5 & 0 & 6 & 2 \end{vmatrix} \xlongequal{r_2+r_1} \begin{vmatrix} 2 & 1 & 4 & 1 \\ 5 & 0 & 6 & 2 \\ 1 & 2 & 3 & 2 \\ 5 & 0 & 6 & 2 \end{vmatrix} = 0$

(3) $\begin{vmatrix} -ab & ac & ae \\ bd & -cd & de \\ bf & cf & -ef \end{vmatrix} = adf \begin{vmatrix} -b & c & e \\ b & -c & e \\ b & c & -e \end{vmatrix} = adfbce \begin{vmatrix} -1 & 1 & 1 \\ 1 & -1 & 1 \\ 1 & 1 & -1 \end{vmatrix} = 4abcdef$

(4) $\begin{vmatrix} 1 & 1 & 1 \\ a & b & c \\ b+c & c+a & a+b \end{vmatrix} \xlongequal{r_2+r_3} \begin{vmatrix} 1 & 1 & 1 \\ a+b+c & a+b+c & a+b+c \\ b+c & c+a & a+b \end{vmatrix}$

$$= (a+b+c) \begin{vmatrix} 1 & 1 & 1 \\ 1 & 1 & 1 \\ b+c & c+a & a+b \end{vmatrix} = 0$$

(5) $\begin{vmatrix} a & 1 & 0 & 0 \\ -1 & b & 1 & 0 \\ 0 & -1 & c & 1 \\ 0 & 0 & -1 & d \end{vmatrix} \xlongequal{r_1+ar_2} \begin{vmatrix} 0 & 1+ab & a & 0 \\ -1 & b & 1 & 0 \\ 0 & -1 & c & 1 \\ 0 & 0 & -1 & d \end{vmatrix}$

$$= (-1)(-1)^{2+1} \begin{vmatrix} 1+ab & a & 0 \\ -1 & c & 1 \\ 0 & -1 & d \end{vmatrix}$$

$$\xlongequal{c_3+dc_2} \begin{vmatrix} 1+ab & a & ad \\ -1 & c & 1+cd \\ 0 & -1 & 0 \end{vmatrix}$$

$$= (-1)(-1)^{3+2} \begin{vmatrix} 1+ab & ad \\ -1 & 1+cd \end{vmatrix} = abcd+ab+cd+ad+1$$

(6) $\begin{vmatrix} 1 & 2 & 3 & 4 \\ 1 & 3 & 4 & 1 \\ 1 & 4 & 1 & 2 \\ 1 & 1 & 2 & 3 \end{vmatrix} \xlongequal[r_4-r_1]{r_2-r_1,\ r_3-r_1} \begin{vmatrix} 1 & 2 & 3 & 4 \\ 0 & 1 & 1 & -3 \\ 0 & 2 & -2 & -2 \\ 0 & -1 & -1 & -1 \end{vmatrix} \xlongequal[r_3\div(-1)]{\text{按}c_1\text{展开}} -\begin{vmatrix} 1 & 1 & -3 \\ 2 & -2 & -2 \\ 1 & 1 & 1 \end{vmatrix}$

$$\xlongequal{c_2-c_1} -\begin{vmatrix} 1 & 0 & -3 \\ 2 & -4 & -2 \\ 1 & 0 & 1 \end{vmatrix} = 4\begin{vmatrix} 1 & -3 \\ 1 & 1 \end{vmatrix} = 16$$

5. 求解下列方程：

(1) $\begin{vmatrix} x+1 & 2 & -1 \\ 2 & x+1 & 1 \\ -1 & 1 & x+1 \end{vmatrix}=0$；(2) $\begin{vmatrix} 1 & 1 & 1 & 1 \\ x & a & b & c \\ x^2 & a^2 & b^2 & c^2 \\ x^3 & a^3 & b^3 & c^3 \end{vmatrix}=0$，其中：$a,b,c$ 互不相等.

解 (1)

$$\begin{vmatrix} x+1 & 2 & -1 \\ 2 & x+1 & 1 \\ -1 & 1 & x+1 \end{vmatrix} \xlongequal{r_1 \leftrightarrow r_3} -\begin{vmatrix} -1 & 1 & x+1 \\ 2 & x+1 & 1 \\ x+1 & 2 & -1 \end{vmatrix}$$

$$\xlongequal[r_3+(x+1)r_1]{r_2+2r_1} -\begin{vmatrix} -1 & 1 & x+1 \\ 0 & x+3 & 2x+3 \\ 0 & x+3 & x^2+2x \end{vmatrix}$$

$$\xlongequal[r_3+(-1)r_2]{r_1\div(-1)} \begin{vmatrix} 1 & -1 & -x-1 \\ 0 & x+3 & 2x+3 \\ 0 & 0 & x^2-3 \end{vmatrix}=0$$

即
$$(x+3)(x^2-3)=0$$
于是方程的解为 $x_1=-3, x_2=\sqrt{3}, x_3=-\sqrt{3}$；

(2) $\begin{vmatrix} 1 & 1 & 1 & 1 \\ x & a & b & c \\ x^2 & a^2 & b^2 & c^2 \\ x^3 & a^3 & b^3 & c^3 \end{vmatrix}=(a-x)(b-x)(c-x)(b-a)(c-a)(c-b)=0$

于是方程的解为 $x_1=a, x_2=b, x_3=c$.

6. 证明：(1) $\begin{vmatrix} a^2 & ab & b^2 \\ 2a & a+b & 2b \\ 1 & 1 & 1 \end{vmatrix}=(a-b)^3$；

(2) $\begin{vmatrix} ax+by & ay+bz & az+bx \\ ay+bz & az+bx & ax+by \\ az+bx & ax+by & ay+bz \end{vmatrix}=(a^3+b^3)\begin{vmatrix} x & y & z \\ y & z & x \\ z & x & y \end{vmatrix}$；

(3) $\begin{vmatrix} a^2 & (a+1)^2 & (a+2)^2 & (a+3)^2 \\ b^2 & (b+1)^2 & (b+2)^2 & (b+3)^2 \\ c^2 & (c+1)^2 & (c+2)^2 & (c+3)^2 \\ d^2 & (d+1)^2 & (d+2)^2 & (d+3)^2 \end{vmatrix}=0$；

(4) $\begin{vmatrix} 1 & 1 & 1 & 1 \\ a & b & c & d \\ a^2 & b^2 & c^2 & d^2 \\ a^4 & b^4 & c^4 & d^4 \end{vmatrix}=(a-b)(a-c)(a-d)(b-c)(a+b+c+d)$；

(5) $\begin{vmatrix} x & -1 & 0 & 0 \\ 0 & x & -1 & 0 \\ 0 & 0 & x & -1 \\ a_0 & a_1 & a_2 & a_3 \end{vmatrix}=a_3x^3+a_2x^2+a_1x+a_0$.

证明

（1）左边 $\xlongequal[c_3-c_1]{c_2-c_1}\begin{vmatrix} a^2 & ab-a^2 & b^2-a^2 \\ 2a & b-a & 2b-2a \\ 1 & 0 & 0 \end{vmatrix}=(-1)^{3+1}\begin{vmatrix} ab-a^2 & b^2-a^2 \\ b-a & 2b-2a \end{vmatrix}$

$=(b-a)(b-a)\begin{vmatrix} a & b+a \\ 1 & 2 \end{vmatrix}=(a-b)^3=$右边

（2）左边 $=a\begin{vmatrix} x & ay+bz & az+bx \\ y & az+bx & ax+by \\ z & ax+by & ay+bz \end{vmatrix}+b\begin{vmatrix} y & ay+bz & az+bx \\ z & az+bx & ax+by \\ x & ax+by & ay+bz \end{vmatrix}$

$=a^2\begin{vmatrix} x & ay+bz & z \\ y & az+bx & x \\ z & ax+by & y \end{vmatrix}+0+0+b^3\begin{vmatrix} y & z & az+bx \\ z & x & ax+by \\ x & y & ay+bz \end{vmatrix}$

$=a^3\begin{vmatrix} x & y & z \\ y & z & x \\ z & x & y \end{vmatrix}+b^3\begin{vmatrix} y & z & x \\ z & x & y \\ x & y & z \end{vmatrix}=a^3\begin{vmatrix} x & y & z \\ y & z & x \\ z & x & y \end{vmatrix}+b^3\begin{vmatrix} x & y & z \\ y & z & x \\ z & x & y \end{vmatrix}(-1)^2=$右边

（3）左边 $=\begin{vmatrix} a^2 & a^2+(2a+1) & (a+2)^2 & (a+3)^2 \\ b^2 & b^2+(2b+1) & (b+2)^2 & (b+3)^2 \\ c^2 & c^2+(2c+1) & (c+2)^2 & (c+3)^2 \\ d^2 & d^2+(2d+1) & (d+2)^2 & (d+3)^2 \end{vmatrix}$

$\xlongequal[\substack{c_3-c_1\\ c_4-c_1}]{c_2-c_1}\begin{vmatrix} a^2 & 2a+1 & 4a+4 & 6a+9 \\ b^2 & 2b+1 & 4b+4 & 6b+9 \\ c^2 & 2c+1 & 4c+4 & 6c+9 \\ d^2 & 2d+1 & 4d+4 & 6d+9 \end{vmatrix}$

$=2\begin{vmatrix} a^2 & a & 4a+4 & 6a+9 \\ b^2 & b & 4b+4 & 6b+9 \\ c^2 & c & 4c+4 & 6c+9 \\ d^2 & d & 4d+4 & 6d+9 \end{vmatrix}+\begin{vmatrix} a^2 & 1 & 4a+4 & 6a+9 \\ b^2 & 1 & 4b+4 & 6b+9 \\ c^2 & 1 & 4c+4 & 6c+9 \\ d^2 & 1 & 4d+4 & 6d+9 \end{vmatrix}$

$\xlongequal[\text{第 2 行列式}\substack{c_3-4c_2\\ c_4-9c_2}]{\text{第 1 行列式}\substack{c_3-4c_2\\ c_4-6c_2}}2\begin{vmatrix} a^2 & a & 4 & 9 \\ b^2 & b & 4 & 9 \\ c^2 & c & 4 & 9 \\ d^2 & d & 4 & 9 \end{vmatrix}+\begin{vmatrix} a^2 & 1 & 4a & 6a \\ b^2 & 1 & 4b & 6b \\ c^2 & 1 & 4c & 6c \\ d^2 & 1 & 4d & 6d \end{vmatrix}=0=$右边

（4）左边 $=\begin{vmatrix} 1 & 0 & 0 & 0 \\ a & b-a & c-a & d-a \\ a^2 & b^2-a^2 & c^2-a^2 & d^2-a^2 \\ a^4 & b^4-a^4 & c^4-a^4 & d^4-a^4 \end{vmatrix}$

$=\begin{vmatrix} b-a & c-a & d-a \\ b^2-a^2 & c^2-a^2 & d^2-a^2 \\ b^2(b^2-a^2) & c^2(c^2-a^2) & d^2(d^2-a^2) \end{vmatrix}$

$$=(b-a)(c-a)(d-a)\begin{vmatrix}1&1&1\\b+a&c+a&d+a\\b^2(b+a)&c^2(c+a)&d^2(d+a)\end{vmatrix}$$

$$=(b-a)(c-a)(d-a)$$

$$\times\begin{vmatrix}1&0&0\\b+a&c-b&d-b\\b^2(b+a)&c^2(c+a)-b^2(b+a)&d^2(d+a)-b^2(b+a)\end{vmatrix}$$

$$=(b-a)(c-a)(d-a)(c-b)(d-b)\times$$

$$\begin{vmatrix}1&1\\(c^2+bc+b^2)+a(c+b)&(d^2+bd+b^2)+a(d+b)\end{vmatrix}$$

$$=(a-b)(a-c)(a-d)(b-c)(b-d)(c-d)(a+b+c+d)=\text{右边}$$

(5) <方法一> 按第1列展开,得

$$D=x\begin{vmatrix}x&-1&0\\0&x&-1\\a_1&a_2&a_3\end{vmatrix}-a_0\begin{vmatrix}-1&0&0\\x&-1&0\\0&x&-1\end{vmatrix}$$

$$=x\left[x\begin{vmatrix}x&-1\\a_2&a_3\end{vmatrix}+\begin{vmatrix}x&-1\\a_2&a_3\end{vmatrix}\right]+a_0$$

$$=a_3x^3+a_2x^2+a_1x+a_0.$$

<方法二>

按最后一行展开得

$$D=-a_0\begin{vmatrix}-1&0&0\\x&-1&0\\0&x&-1\end{vmatrix}+a_1\begin{vmatrix}x&0&0\\0&-1&0\\0&x&-1\end{vmatrix}$$

$$=-a_2\begin{vmatrix}x&-1&0\\0&x&0\\0&0&-1\end{vmatrix}+a_3\begin{vmatrix}x&-1&0\\0&x&-1\\0&0&x\end{vmatrix}$$

$$=a_3x^3+a_2x^2+a_1x+a_0.$$

7. 设 n 阶行列式 $D=\det(a_{ij})$,把 D 上下翻转、或逆时针旋转 $90°$、或依副对角线翻转,依次得

$$D_1=\begin{vmatrix}a_{n1}&\cdots&a_{nn}\\\vdots&&\vdots\\a_{11}&\cdots&a_{1n}\end{vmatrix},\ D_2=\begin{vmatrix}a_{1n}&\cdots&a_{nn}\\\vdots&&\vdots\\a_{11}&\cdots&a_{n1}\end{vmatrix},D_3=\begin{vmatrix}a_{nn}&\cdots&a_{1n}\\\vdots&&\vdots\\a_{n1}&\cdots&a_{11}\end{vmatrix}.$$

证明 $D_1=D_2=(-1)^{\frac{n(n-1)}{2}}D,D_3=D$.

证明 因为 $D=\det(a_{ij})$

所以 $$D_1=\begin{vmatrix}a_{n1}&\cdots&a_{nn}\\\vdots&&\vdots\\a_{11}&\cdots&a_{1n}\end{vmatrix}=(-1)^{n-1}\begin{vmatrix}a_{11}&\cdots&a_{1n}\\a_{n1}&\cdots&a_{nn}\\\vdots&&\vdots\\a_{21}&\cdots&a_{2n}\end{vmatrix}$$

$$= (-1)^{n-1}(-1)^{n-2}\begin{vmatrix} a_{11} & \cdots & a_{1n} \\ a_{21} & \cdots & a_{2n} \\ a_{n1} & \cdots & a_{nn} \\ \vdots & & \vdots \\ a_{31} & \cdots & a_{3n} \end{vmatrix}$$

$$= \cdots = (-1)^{n-1}(-1)^{n-2}\cdots(-1)\begin{vmatrix} a_{11} & \cdots & a_{1n} \\ \vdots & & \vdots \\ a_{n1} & \cdots & a_{nn} \end{vmatrix}$$

$$= (-1)^{1+2+\cdots+(n-2)+(n-1)}D = (-1)^{\frac{n(n-1)}{2}}D$$

同理可证

$$D_2 = (-1)^{\frac{n(n-1)}{2}}\begin{vmatrix} a_{11} & \cdots & a_{n1} \\ \vdots & & \vdots \\ a_{1n} & \cdots & a_{nn} \end{vmatrix} = (-1)^{\frac{n(n-1)}{2}}D^{\mathrm{T}} = (-1)^{\frac{n(n-1)}{2}}D$$

$$D_3 = (-1)^{\frac{n(n-1)}{2}}D_2 = (-1)^{\frac{n(n-1)}{2}}(-1)^{\frac{n(n-1)}{2}}D = (-1)^{n(n-1)}D = D$$

8. 计算下列各行列式(D_k 为 k 阶行列式):

(1) $D_n = \begin{vmatrix} a & & 1 \\ & \ddots & \\ 1 & & a \end{vmatrix}$,其中对角线上元素都是 a,未写出的元素都是 0;

(2) $D_n = \begin{vmatrix} x & a & \cdots & a \\ a & x & \cdots & a \\ \vdots & \vdots & & \vdots \\ a & a & \cdots & x \end{vmatrix}$;

(3) $D_{n+1} = \begin{vmatrix} a^n & (a-1)^n & \cdots & (a-n)^n \\ a^{n-1} & (a-1)^{n-1} & \cdots & (a-n)^{n-1} \\ \vdots & \vdots & & \vdots \\ a & a-1 & \cdots & a-n \\ 1 & 1 & \cdots & 1 \end{vmatrix}$(提示:利用范德蒙德行列式的结果);

(4) $D_{2n} = \begin{vmatrix} a_n & & & & & b_n \\ & \ddots & & & \unicode{x22F0} & \\ & & a_1 & b_1 & & \\ & & c_1 & d_1 & & \\ & \unicode{x22F0} & & & \ddots & \\ c_n & & & & & d_n \end{vmatrix}$,其中未写出的元素都是 0.

(5) $D_n = \begin{vmatrix} 1+a_1 & a_1 & \cdots & a_1 \\ a_2 & 1+a_2 & \cdots & a_2 \\ \vdots & \vdots & & \vdots \\ a_n & a_n & \cdots & 1+a_n \end{vmatrix}$;

(6) $D_n=\det(a_{ij})$，其中 $a_{ij}=|i-j|$；

(7) $D_n=\begin{vmatrix}1+a_1 & 1 & \cdots & 1\\ 1 & 1+a_2 & \cdots & 1\\ \vdots & \vdots & & \vdots\\ 1 & 1 & \cdots & 1+a_n\end{vmatrix}$，其中 $a_1a_2\cdots a_n\neq 0$.

解 (1) $$D_n=\begin{vmatrix}a & 0 & 0 & \cdots & 0 & 1\\ 0 & a & 0 & \cdots & 0 & 0\\ 0 & 0 & a & \cdots & 0 & 0\\ \vdots & \vdots & \vdots & & \vdots & \vdots\\ 0 & 0 & 0 & \cdots & a & 0\\ 1 & 0 & 0 & \cdots & 0 & a\end{vmatrix}$$

$$=(-1)^{n+1}\begin{vmatrix}0 & 0 & 0 & \cdots & 0 & 1\\ a & 0 & 0 & \cdots & 0 & 0\\ 0 & a & 0 & \cdots & 0 & 0\\ \vdots & \vdots & \vdots & & \vdots & \vdots\\ 0 & 0 & 0 & \cdots & a & 0\end{vmatrix}_{(n-1)\times(n-1)}+$$

$$(-1)^{2n}\cdot a\begin{vmatrix}a & & \\ & \ddots & \\ & & a\end{vmatrix}_{(n-1)\times(n-1)}$$

$$=(-1)^{n+1}\cdot(-1)^{n}\begin{vmatrix}a & & \\ & \ddots & \\ & & a\end{vmatrix}_{(n-2)\times(n-2)}+a^n=a^n-a^{n-2}=a^{n-2}(a^2-1)$$

(2) 将第 1 行乘以 (-1) 分别加到其余各行，得

$$D_n=\begin{vmatrix}x & a & a & \cdots & a\\ a-x & x-a & 0 & \cdots & 0\\ a-x & 0 & x-a & \cdots & 0\\ \vdots & \vdots & \vdots & \ddots & \vdots\\ a-x & 0 & 0 & 0 & x-a\end{vmatrix}$$

再将各列都加到第 1 列上，得

$$D_n=\begin{vmatrix}x+(n-1)a & a & a & \cdots & a\\ 0 & x-a & 0 & \cdots & 0\\ 0 & 0 & x-a & \cdots & 0\\ \vdots & \vdots & \vdots & \ddots & \vdots\\ 0 & 0 & 0 & 0 & x-a\end{vmatrix}=[x+(n-1)a](x-a)^{n-1}$$

(3) 从第 $n+1$ 行开始，第 $n+1$ 行经过 n 次相邻对换，换到第 1 行，第 n 行经 $(n-1)$ 次对换换到第 2 行……，经 $n+(n-1)+\cdots+1=\dfrac{n(n+1)}{2}$ 次行交换，得

$$D_{n+1} = (-1)^{\frac{n(n+1)}{2}} \begin{vmatrix} 1 & 1 & \cdots & 1 \\ a & a-1 & \cdots & a-n \\ \vdots & \vdots & & \vdots \\ a^{n-1} & (a-1)^{n-1} & \cdots & (a-n)^{n-1} \\ a^n & (a-1)^n & \cdots & (a-n)^n \end{vmatrix}$$

此行列式为范德蒙行列式

$$D_{n+1} = (-1)^{\frac{n(n+1)}{2}} \prod_{n+1 \geqslant i > j \geqslant 1} [(a-i+1)-(a-j+1)]$$

$$= (-1)^{\frac{n(n+1)}{2}} \prod_{n+1 \geqslant i > j \geqslant 1} [-(i-j)] = (-1)^{\frac{n(n+1)}{2}} \cdot (-1)^{\frac{n+(n-1)+\cdots+1}{2}} \cdot \prod_{n+1 \geqslant i > j \geqslant 1} [(i-j)]$$

$$= \prod_{n+1 \geqslant i > j \geqslant 1} (i-j)$$

(4) $$D_{2n} = a_n \begin{vmatrix} a_{n-1} & & & & & b_{n-1} & 0 \\ & \ddots & & & \iddots & & \\ & & a_1 & b_1 & & & \\ & & c_1 & d_1 & & & \\ & \iddots & & & \ddots & & \\ c_{n-1} & & & & & d_{n-1} & 0 \\ 0 & & & & & 0 & d_n \end{vmatrix}$$

$$+(-1)^{2n+1} b_n \begin{vmatrix} 0 & a_{n-1} & & & & & b_{n-1} \\ & & \ddots & & & \iddots & \\ & & & a_1 & b_1 & & \\ & & & c_1 & d_1 & & \\ & & \iddots & & & \ddots & \\ 0 & c_{n-1} & & & & & d_{n-1} \\ c_n & 0 & & & & & 0 \end{vmatrix}$$

$$= a_n d_n D_{2n-2} - b_n c_n D_{2n-2}$$

由此得递推公式:

$$D_{2n} = (a_n d_n - b_n c_n) D_{2n-2}$$

即

$$D_{2n} = \prod_{i=2}^{n} (a_i d_i - b_i c_i) D_2$$

而

$$D_2 = \begin{vmatrix} a_1 & b_1 \\ c_1 & d_1 \end{vmatrix} = a_1 d_1 - b_1 c_1$$

得

$$D_{2n} = \prod_{i=1}^{n} (a_i d_i - b_i c_i)$$

(5) 将所有行(除第一行以外)都加到第一行,并提第一行的公因子,得

$$D_n = (1+a_1+a_2+\cdots+a_n) \begin{vmatrix} 1 & 1 & \cdots & 1 \\ a_2 & 1+a_2 & \cdots & a_2 \\ \vdots & \vdots & & \vdots \\ a_n & a_n & \cdots & 1+a_n \end{vmatrix}$$

$$\xlongequal[c_n - c_1]{c_2 - c_1 \\ \cdots}(1 + a_1 + a_2 + \cdots + a_n)\begin{vmatrix} 1 & 0 & \cdots & 0 \\ a_2 & 1 & \cdots & 0 \\ \vdots & \vdots & & \vdots \\ a_n & 0 & \cdots & 1 \end{vmatrix} = 1 + a_1 + a_2 + \cdots + a_n$$

(6) $a_{ij} = |i - j|$

$$D_n = \det(a_{ij}) = \begin{vmatrix} 0 & 1 & 2 & 3 & \cdots & n-1 \\ 1 & 0 & 1 & 2 & \cdots & n-2 \\ 2 & 1 & 0 & 1 & \cdots & n-3 \\ 3 & 2 & 1 & 0 & \cdots & n-4 \\ \vdots & \vdots & \vdots & \vdots & \ddots & \vdots \\ n-1 & n-2 & n-3 & n-4 & \cdots & 0 \end{vmatrix}$$

$$\xlongequal[r_2 - r_3, \cdots]{r_1 - r_2}\begin{vmatrix} -1 & 1 & 1 & 1 & \cdots & 1 \\ -1 & -1 & 1 & 1 & \cdots & 1 \\ -1 & -1 & -1 & 1 & \cdots & 1 \\ -1 & -1 & -1 & -1 & \cdots & 1 \\ \vdots & \vdots & \vdots & \vdots & \ddots & \vdots \\ n-1 & n-2 & n-3 & n-4 & \cdots & 0 \end{vmatrix}$$

$$\xlongequal[c_4 + c_1, \cdots]{c_2 + c_1, c_3 + c_1}\begin{vmatrix} -1 & 0 & 0 & 0 & \cdots & 0 \\ -1 & -2 & 0 & 0 & \cdots & 0 \\ -1 & -2 & -2 & 0 & \cdots & 0 \\ -1 & -2 & -2 & -2 & \cdots & 0 \\ \vdots & \vdots & \vdots & \vdots & \ddots & \vdots \\ n-1 & 2n-3 & 2n-4 & 2n-5 & \cdots & n-1 \end{vmatrix} = (-1)^{n-1}(n-1)2^{n-2}$$

(7) $$D_n = \begin{vmatrix} 1 + a_1 & 1 & \cdots & 1 \\ 1 & 1 + a_2 & \cdots & 1 \\ \vdots & \vdots & \ddots & \vdots \\ 1 & 1 & \cdots & 1 + a_n \end{vmatrix} \xlongequal[c_3 - c_4, \cdots]{c_1 - c_2, c_2 - c_3}$$

$$\begin{vmatrix} a_1 & 0 & 0 & \cdots & 0 & 0 & 1 \\ -a_2 & a_2 & 0 & \cdots & 0 & 0 & 1 \\ 0 & -a_3 & a_3 & \cdots & 0 & 0 & 1 \\ 0 & 0 & -a_4 & \cdots & 0 & 0 & 1 \\ \vdots & \vdots & \vdots & \ddots & \vdots & \vdots & \vdots \\ 0 & 0 & 0 & \cdots & -a_{n-1} & a_{n-1} & 1 \\ 0 & 0 & 0 & \cdots & 0 & -a_n & 1 + a_n \end{vmatrix}$$

$$
=(1+a_n)(a_1a_2\cdots a_{n-1})-\begin{vmatrix} a_1 & 0 & 0 & \cdots & 0 & 0 & 0 \\ -a_2 & a_2 & 0 & \cdots & 0 & 0 & 0 \\ 0 & -a_3 & a_3 & \cdots & 0 & 0 & 0 \\ 0 & 0 & -a_4 & \cdots & 0 & 0 & 0 \\ \vdots & \vdots & \vdots & \ddots & \vdots & \vdots & \vdots \\ 0 & 0 & 0 & \cdots & -a_{n-2} & a_{n-2} & 0 \\ 0 & 0 & 0 & \cdots & 0 & 0 & -a_n \end{vmatrix}+
$$

$$
\begin{vmatrix} a_1 & 0 & 0 & \cdots & 0 & 0 \\ -a_2 & a_2 & 0 & \cdots & 0 & 0 \\ 0 & -a_3 & a_3 & \cdots & 0 & 0 \\ \vdots & \vdots & \vdots & \ddots & \vdots & \vdots \\ 0 & 0 & 0 & \cdots & -a_{n-1} & a_{n-1} \\ 0 & 0 & 0 & \cdots & 0 & -a_n \end{vmatrix}+\cdots+
$$

$$
\begin{vmatrix} -a_2 & a_2 & 0 & \cdots & 0 & 0 \\ 0 & -a_3 & a_3 & \cdots & 0 & 0 \\ 0 & 0 & -a_4 & \cdots & 0 & 0 \\ \vdots & \vdots & \vdots & \ddots & \vdots & \vdots \\ 0 & 0 & 0 & \cdots & -a_{n-1} & a_{n-1} \\ 0 & 0 & 0 & \cdots & 0 & -a_n \end{vmatrix}
$$

$$
=(1+a_n)(a_1a_2\cdots a_{n-1})+a_1a_2\cdots a_{n-3}a_{n-2}a_n+\cdots+a_2a_3\cdots a_n
$$

$$
=(a_1a_2\cdots a_n)\left(1+\sum_{i=1}^{n}\frac{1}{a_i}\right)
$$

9\. 设

$$
D=\begin{vmatrix} 3 & 1 & -1 & 2 \\ -5 & 1 & 3 & -4 \\ 2 & 0 & 1 & -1 \\ 1 & -5 & 3 & -3 \end{vmatrix}
$$

D 的(i,j)元的代数余子式记为 A_{ij},求

$$
A_{31}+3A_{32}-2A_{33}+2A_{34}
$$

解
$$
A_{31}+3A_{32}-2A_{33}+2A_{34}=\begin{vmatrix} 3 & 1 & -1 & 2 \\ -5 & 1 & 3 & -4 \\ 1 & 3 & -2 & 2 \\ 1 & -5 & 3 & -3 \end{vmatrix}\xlongequal{c_4+c_3}\begin{vmatrix} 3 & 1 & -1 & 1 \\ -5 & 1 & 3 & -1 \\ 1 & 3 & -2 & 0 \\ 1 & -5 & 3 & 0 \end{vmatrix}
$$

$$
\xlongequal{r_2+r_1}\begin{vmatrix} 3 & 1 & -1 & 1 \\ -2 & 2 & 2 & 0 \\ 1 & 3 & -2 & 0 \\ 1 & -5 & 3 & 0 \end{vmatrix}=(-1)^{1+4}(-2)\begin{vmatrix} 1 & 0 & 0 \\ 1 & 4 & -1 \\ 1 & -4 & 4 \end{vmatrix}=24
$$

习 题 二

1. 计算下列乘积：

(1) $\begin{pmatrix}4&3&1\\1&-2&3\\5&7&0\end{pmatrix}\begin{pmatrix}7\\2\\1\end{pmatrix}$；(2) $(1,2,3)\begin{pmatrix}3\\2\\1\end{pmatrix}$；(3) $\begin{pmatrix}2\\1\\3\end{pmatrix}(-1,2)$；

(4) $\begin{pmatrix}2&1&4&0\\1&-1&3&4\end{pmatrix}\begin{pmatrix}1&3&1\\0&-1&2\\1&-3&1\\4&0&-2\end{pmatrix}$；(5) $(x_1,x_2,x_3)\begin{pmatrix}a_{11}&a_{12}&a_{13}\\a_{12}&a_{22}&a_{23}\\a_{13}&a_{23}&a_{33}\end{pmatrix}\begin{pmatrix}x_1\\x_2\\x_3\end{pmatrix}$.

解 (1) $\begin{pmatrix}4&3&1\\1&-2&3\\5&7&0\end{pmatrix}\begin{pmatrix}7\\2\\1\end{pmatrix}=\begin{pmatrix}4\times7+3\times2+1\times1\\1\times7+(-2)\times2+3\times1\\5\times7+7\times2+0\times1\end{pmatrix}=\begin{pmatrix}35\\6\\49\end{pmatrix}$

(2) $(1\quad 2\quad 3)\begin{pmatrix}3\\2\\1\end{pmatrix}=(1\times3+2\times2+3\times1)=(10)=10$

(3) $\begin{pmatrix}2\\1\\3\end{pmatrix}(-1\quad 2)=\begin{pmatrix}2\times(-1)&2\times2\\1\times(-1)&1\times2\\3\times(-1)&3\times2\end{pmatrix}=\begin{pmatrix}-2&4\\-1&2\\-3&6\end{pmatrix}$

(4) $\begin{pmatrix}2&1&4&0\\1&-1&3&4\end{pmatrix}\begin{pmatrix}1&3&1\\0&-1&2\\1&-3&1\\4&0&-2\end{pmatrix}=\begin{pmatrix}6&-7&8\\20&-5&-6\end{pmatrix}$.

(5) $(x_1\quad x_2\quad x_3)\begin{pmatrix}a_{11}&a_{12}&a_{13}\\a_{12}&a_{22}&a_{23}\\a_{13}&a_{23}&a_{33}\end{pmatrix}\begin{pmatrix}x_1\\x_2\\x_3\end{pmatrix}$

$=(a_{11}x_1+a_{12}x_2+a_{13}x_3\quad a_{12}x_1+a_{22}x_2+a_{23}x_3\quad a_{13}x_1+a_{23}x_2+a_{33}x_3)\begin{pmatrix}x_1\\x_2\\x_3\end{pmatrix}$

$=a_{11}x_1^2+a_{22}x_2^2+a_{33}x_3^2+2a_{12}x_1x_2+2a_{13}x_1x_3+2a_{23}x_2x_3$

2. 设 $\boldsymbol{A}=\begin{pmatrix}1&1&1\\1&1&-1\\1&-1&1\end{pmatrix}$，$\boldsymbol{B}=\begin{pmatrix}1&2&3\\-1&-2&4\\0&5&1\end{pmatrix}$，求 $3\boldsymbol{AB}-2\boldsymbol{A}$ 及 $\boldsymbol{A}^{\mathrm{T}}\boldsymbol{B}$.

解 $3\boldsymbol{AB}-2\boldsymbol{A}=3\begin{pmatrix}1&1&1\\1&1&-1\\1&-1&1\end{pmatrix}\begin{pmatrix}1&2&3\\-1&-2&4\\0&5&1\end{pmatrix}-2\begin{pmatrix}1&1&1\\1&1&-1\\1&-1&1\end{pmatrix}$

$$=3\begin{pmatrix}0&5&8\\0&-5&6\\2&9&0\end{pmatrix}-2\begin{pmatrix}1&1&1\\1&1&-1\\1&-1&1\end{pmatrix}=\begin{pmatrix}-2&13&22\\-2&-17&20\\4&29&-2\end{pmatrix}$$

$$\boldsymbol{A}^{\mathrm{T}}\boldsymbol{B}=\begin{pmatrix}1&1&1\\1&1&-1\\1&-1&1\end{pmatrix}\begin{pmatrix}1&2&3\\-1&-2&4\\0&5&1\end{pmatrix}=\begin{pmatrix}0&5&8\\0&-5&6\\2&9&0\end{pmatrix}$$

3. 已知两个线性变换

$$\begin{cases}x_1=2y_1+y_3\\x_2=-2y_1+3y_2+2y_3,\\x_3=4y_1+y_2+5y_3\end{cases}\begin{cases}y_1=-3z_1+z_2\\y_2=2z_1+z_3\\y_3=-z_2+3z_3\end{cases}$$

求从 z_1,z_2,z_3 到 x_1,x_2,x_3 的线性变换.

解 由已知

$$\begin{pmatrix}x_1\\x_2\\x_3\end{pmatrix}=\begin{pmatrix}2&0&1\\-2&3&2\\4&1&5\end{pmatrix}\begin{pmatrix}y_1\\y_2\\y_2\end{pmatrix}=\begin{pmatrix}2&0&1\\-2&3&2\\4&1&5\end{pmatrix}\begin{pmatrix}-3&1&0\\2&0&1\\0&-1&3\end{pmatrix}\begin{pmatrix}z_1\\z_2\\z_3\end{pmatrix}=\begin{pmatrix}-6&1&3\\12&-4&9\\-10&-1&16\end{pmatrix}\begin{pmatrix}z_1\\z_2\\z_3\end{pmatrix}$$

所以有 $\begin{cases}x_1=-6z_1+z_2+3z_3\\x_2=12z_1-4z_2+9z_3\\x_3=-10z_1-z_2+16z_3\end{cases}$

4. 设 $\boldsymbol{A}=\begin{pmatrix}1&2\\1&3\end{pmatrix}$, $\boldsymbol{B}=\begin{pmatrix}1&0\\1&2\end{pmatrix}$,问:

(1) $\boldsymbol{AB}=\boldsymbol{BA}$ 吗?

(2) $(\boldsymbol{A}+\boldsymbol{B})^2=\boldsymbol{A}^2+2\boldsymbol{AB}+\boldsymbol{B}^2$ 吗?

(3) $(\boldsymbol{A}+\boldsymbol{B})(\boldsymbol{A}-\boldsymbol{B})=\boldsymbol{A}^2-\boldsymbol{B}^2$ 吗?

解 (1) $\boldsymbol{A}=\begin{pmatrix}1&2\\1&3\end{pmatrix}$, $\boldsymbol{B}=\begin{pmatrix}1&0\\1&2\end{pmatrix}$,则 $\boldsymbol{AB}=\begin{pmatrix}3&4\\4&6\end{pmatrix}$,$\boldsymbol{BA}=\begin{pmatrix}1&2\\3&8\end{pmatrix}$,所以 $\boldsymbol{AB}\neq\boldsymbol{BA}$.

(2) $(\boldsymbol{A}+\boldsymbol{B})^2=\begin{pmatrix}2&2\\2&5\end{pmatrix}\begin{pmatrix}2&2\\2&5\end{pmatrix}=\begin{pmatrix}8&14\\14&29\end{pmatrix}$,但 $\boldsymbol{A}^2+2\boldsymbol{AB}+\boldsymbol{B}^2=\begin{pmatrix}3&8\\4&11\end{pmatrix}+\begin{pmatrix}6&8\\8&12\end{pmatrix}+\begin{pmatrix}1&0\\3&4\end{pmatrix}=\begin{pmatrix}10&16\\15&27\end{pmatrix}$,故$(\boldsymbol{A}+\boldsymbol{B})^2\neq\boldsymbol{A}^2+2\boldsymbol{AB}+\boldsymbol{B}^2$.

(3) $(\boldsymbol{A}+\boldsymbol{B})(\boldsymbol{A}-\boldsymbol{B})=\begin{pmatrix}2&2\\2&5\end{pmatrix}\begin{pmatrix}0&2\\0&1\end{pmatrix}=\begin{pmatrix}0&6\\0&9\end{pmatrix}$,而 $\boldsymbol{A}^2-\boldsymbol{B}^2=\begin{pmatrix}3&8\\4&11\end{pmatrix}-\begin{pmatrix}1&0\\3&4\end{pmatrix}=\begin{pmatrix}2&8\\1&7\end{pmatrix}$,故$(\boldsymbol{A}+\boldsymbol{B})(\boldsymbol{A}-\boldsymbol{B})\neq\boldsymbol{A}^2-\boldsymbol{B}^2$.

5. 举反列说明下列命题是错误的:

(1) 若 $\boldsymbol{A}^2=\boldsymbol{O}$,则 $\boldsymbol{A}=\boldsymbol{O}$;

(2) 若 $\boldsymbol{A}^2=\boldsymbol{A}$,则 $\boldsymbol{A}=\boldsymbol{O}$ 或 $\boldsymbol{A}=\boldsymbol{E}$;

(3) 若 $\boldsymbol{AX}=\boldsymbol{AY}$,且 $\boldsymbol{A}\neq\boldsymbol{O}$,则 $\boldsymbol{X}=\boldsymbol{Y}$.

解 (1) 取 $A=\begin{pmatrix}0&1\\0&0\end{pmatrix}$, $A^2=O$, 但 $A\neq O$.

(2) 取 $A=\begin{pmatrix}1&1\\0&0\end{pmatrix}$, $A^2=A$, 但 $A\neq O$ 且 $A\neq E$.

(3) 取 $A=\begin{pmatrix}1&0\\0&0\end{pmatrix}$, $X=\begin{pmatrix}1&1\\-1&1\end{pmatrix}$, $Y=\begin{pmatrix}1&1\\0&1\end{pmatrix}$, $AX=AY$ 且 $A\neq O$ 但 $X\neq Y$.

6. (1) 设 $A=\begin{pmatrix}1&0\\\lambda&1\end{pmatrix}$, 求 $A^2, A^3, \cdots, A^k$; (2) 设 $A=\begin{pmatrix}\lambda&1&0\\0&\lambda&1\\0&0&\lambda\end{pmatrix}$, 求 A^4.

解 (1) $A^2=\begin{pmatrix}1&0\\\lambda&1\end{pmatrix}\begin{pmatrix}1&0\\\lambda&1\end{pmatrix}=\begin{pmatrix}1&0\\2\lambda&1\end{pmatrix}$

$$A^3=A^2A=\begin{pmatrix}1&0\\2\lambda&1\end{pmatrix}\begin{pmatrix}1&0\\\lambda&1\end{pmatrix}=\begin{pmatrix}1&0\\3\lambda&1\end{pmatrix}$$

利用数学归纳法证明: $A^k=\begin{pmatrix}1&0\\k\lambda&1\end{pmatrix}$

当 $k=1$ 时, 显然成立, 假设 $k=n$ 时成立, 则当 $k=n+1$ 时,

$$A^{n+1}=A^nA=\begin{pmatrix}1&0\\n\lambda&1\end{pmatrix}\begin{pmatrix}1&0\\\lambda&1\end{pmatrix}=\begin{pmatrix}1&0\\(n+1)\lambda&1\end{pmatrix}.$$

由数学归纳法知 $A^k=\begin{pmatrix}1&0\\k\lambda&1\end{pmatrix}$ 成立.

(2) $A^2=\begin{pmatrix}\lambda&1&0\\0&\lambda&1\\0&0&\lambda\end{pmatrix}\begin{pmatrix}\lambda&1&0\\0&\lambda&1\\0&0&\lambda\end{pmatrix}=\begin{pmatrix}\lambda^2&2\lambda&1\\0&\lambda^2&2\lambda\\0&0&\lambda^2\end{pmatrix}$

$$A^4=A^2A^2=\begin{pmatrix}\lambda^2&2\lambda&1\\0&\lambda^2&2\lambda\\0&0&\lambda^2\end{pmatrix}\begin{pmatrix}\lambda^2&2\lambda&1\\0&\lambda^2&2\lambda\\0&0&\lambda^2\end{pmatrix}=\begin{pmatrix}\lambda^4&4\lambda^3&6\lambda^2\\0&\lambda^4&4\lambda^3\\0&0&\lambda^4\end{pmatrix}$$

7. (1) 设 $A=\begin{pmatrix}3&1\\1&-3\end{pmatrix}$, 求 A^{50} 和 A^{51}; (2) 设 $a=\begin{pmatrix}2\\1\\-3\end{pmatrix}$, $b=\begin{pmatrix}1\\2\\4\end{pmatrix}$, $A=ab^{\mathrm T}$, 求 A^{100}.

解 (1) $A^2=\begin{pmatrix}3&1\\1&-3\end{pmatrix}\begin{pmatrix}3&1\\1&-3\end{pmatrix}=\begin{pmatrix}10&10\\0&10\end{pmatrix}=10E$, 于是

$$A^{50}=(A^2)^{25}=(10E)^{25}=10^{25}E,$$

$$A^{51}=A^{50}A=10^{25}EA=10^{25}A=10^{25}\begin{pmatrix}3&1\\1&-3\end{pmatrix}$$

(2) $A^{100}=\underbrace{(ab^{\mathrm T})(ab^{\mathrm T})\cdots(ab^{\mathrm T})}_{100}=a\underbrace{(ab^{\mathrm T})(ab^{\mathrm T})\cdots(ab^{\mathrm T})b^{\mathrm T}}_{99}$, 因 $b^{\mathrm T}a=-8$, 故由上式知

$$A^{100}=(-8)^{99}ab^{\mathrm T}=-8^{99}\begin{pmatrix}2&4&8\\1&2&4\\-3&-6&-12\end{pmatrix}$$

8. (1) 设 $\boldsymbol{A},\boldsymbol{B}$ 为 n 阶矩阵,且 $\boldsymbol{A}$ 为对称矩阵,证明 $\boldsymbol{B}^{\mathrm{T}}\boldsymbol{A}\boldsymbol{B}$ 也是对称矩阵;

(2) 设 $\boldsymbol{A},\boldsymbol{B}$ 都是 n 阶对称矩阵,证明 $\boldsymbol{A}\boldsymbol{B}$ 是对称矩阵的充分必要条件是 $\boldsymbol{A}\boldsymbol{B}=\boldsymbol{B}\boldsymbol{A}$.

证明 (1) 已知 $\boldsymbol{A}^{\mathrm{T}}=\boldsymbol{A}$,则

$$(\boldsymbol{B}^{\mathrm{T}}\boldsymbol{A}\boldsymbol{B})^{\mathrm{T}}=\boldsymbol{B}^{\mathrm{T}}(\boldsymbol{B}^{\mathrm{T}}\boldsymbol{A})^{\mathrm{T}}=\boldsymbol{B}^{\mathrm{T}}\boldsymbol{A}^{\mathrm{T}}\boldsymbol{B}=\boldsymbol{B}^{\mathrm{T}}\boldsymbol{A}\boldsymbol{B}$$

从而知 $\boldsymbol{B}^{\mathrm{T}}\boldsymbol{A}\boldsymbol{B}$ 也是对称矩阵.

(2) 由已知 $\boldsymbol{A}^{\mathrm{T}}=\boldsymbol{A},\boldsymbol{B}^{\mathrm{T}}=\boldsymbol{B}$.

充分性:$\boldsymbol{A}\boldsymbol{B}=\boldsymbol{B}\boldsymbol{A}\Rightarrow\boldsymbol{A}\boldsymbol{B}=\boldsymbol{B}^{\mathrm{T}}\boldsymbol{A}^{\mathrm{T}}\Rightarrow\boldsymbol{A}\boldsymbol{B}=(\boldsymbol{A}\boldsymbol{B})^{\mathrm{T}}$,即 $\boldsymbol{A}\boldsymbol{B}$ 是对称矩阵.

必要性:$(\boldsymbol{A}\boldsymbol{B})^{\mathrm{T}}=\boldsymbol{A}\boldsymbol{B}\Rightarrow\boldsymbol{B}^{\mathrm{T}}\boldsymbol{A}^{\mathrm{T}}=\boldsymbol{A}\boldsymbol{B}\Rightarrow\boldsymbol{B}\boldsymbol{A}=\boldsymbol{A}\boldsymbol{B}$.

9. 求下列矩阵的逆矩阵:

(1) $\begin{pmatrix}1&2\\2&5\end{pmatrix}$; (2) $\begin{pmatrix}\cos\theta&-\sin\theta\\\sin\theta&\cos\theta\end{pmatrix}$; (3) $\begin{pmatrix}1&2&-1\\3&4&-2\\5&-4&1\end{pmatrix}$;

(4) $\begin{pmatrix}a_1&&&0\\&a_2&&\\&&\ddots&\\0&&&a_n\end{pmatrix}(a_1a_2\cdots a_n\neq0)$.

解 (1) $\boldsymbol{A}=\begin{pmatrix}1&2\\2&5\end{pmatrix}$, $|\boldsymbol{A}|=1$

$$\boldsymbol{A}_{11}=5,\boldsymbol{A}_{21}=2\times(-1),\boldsymbol{A}_{12}=2\times(-1),\boldsymbol{A}_{22}=1$$

从而
$$\boldsymbol{A}^{*}=\begin{pmatrix}\boldsymbol{A}_{11}&\boldsymbol{A}_{21}\\\boldsymbol{A}_{12}&\boldsymbol{A}_{22}\end{pmatrix}=\begin{pmatrix}5&-2\\-2&1\end{pmatrix}$$

又
$$\boldsymbol{A}^{-1}=\frac{1}{|\boldsymbol{A}|}\boldsymbol{A}^{*}$$

故
$$\boldsymbol{A}^{-1}=\begin{pmatrix}5&-2\\-2&1\end{pmatrix}$$

(2) $|\boldsymbol{A}|=1\neq0$,故 $\boldsymbol{A}^{-1}$ 存在.

$$\boldsymbol{A}_{11}=\cos\theta,\boldsymbol{A}_{21}=\sin\theta,\boldsymbol{A}_{12}=-\sin\theta,\boldsymbol{A}_{22}=\cos\theta$$

从而
$$\boldsymbol{A}^{-1}=\begin{pmatrix}\cos\theta&\sin\theta\\-\sin\theta&\cos\theta\end{pmatrix}$$

(3) $|\boldsymbol{A}|=2$,故 $\boldsymbol{A}^{-1}$ 存在.

而

$$\boldsymbol{A}_{11}=-4,\boldsymbol{A}_{21}=2,\boldsymbol{A}_{31}=0$$
$$\boldsymbol{A}_{12}=-13,\boldsymbol{A}_{22}=6,\boldsymbol{A}_{32}=-1$$
$$\boldsymbol{A}_{13}=-32,\boldsymbol{A}_{23}=14,\boldsymbol{A}_{33}=-2$$

故

$$A^{-1} = \frac{1}{|A|}A^* = \begin{pmatrix} -2 & 1 & 0 \\ -\frac{13}{2} & 3 & -\frac{1}{2} \\ -16 & 7 & -1 \end{pmatrix}$$

(4) 因为 $a_1a_2\cdots a_n \neq 0$ 故 $a_i \neq 0, i=1,2,\cdots,n.$

由对角矩阵的性质知 $A^{-1} = \text{diag}\left(\frac{1}{a_1},\frac{1}{a_2},\frac{1}{a_3},\frac{1}{a_4}\right)$

10. 已知线性变换：

$$\begin{cases} x_1 = 2y_1 + 2y_2 + y_3 \\ x_2 = 3y_1 + y_2 + 5y_3 \\ x_3 = 3y_1 + 2y_2 + 3y_3 \end{cases}$$

求从变量 x_1,x_2,x_3 到变量 y_1,y_2,y_3 的线性变换.

解 由已知,得

$$\begin{pmatrix} x_1 \\ x_2 \\ x_3 \end{pmatrix} = \begin{pmatrix} 2 & 2 & 1 \\ 3 & 1 & 5 \\ 3 & 2 & 3 \end{pmatrix}\begin{pmatrix} y_1 \\ y_2 \\ y_2 \end{pmatrix}$$

故
$$\begin{pmatrix} y_1 \\ y_2 \\ y_2 \end{pmatrix} = \begin{pmatrix} 2 & 2 & 1 \\ 3 & 1 & 5 \\ 3 & 2 & 3 \end{pmatrix}^{-1}\begin{pmatrix} x_1 \\ x_2 \\ x_3 \end{pmatrix} = \begin{pmatrix} -7 & -4 & 9 \\ 6 & 3 & -7 \\ 3 & 2 & -4 \end{pmatrix}\begin{pmatrix} x_1 \\ x_2 \\ x_3 \end{pmatrix}$$

从而
$$\begin{cases} y_1 = -7x_1 - 4x_2 + 9x_3 \\ y_2 = 6x_1 + 3x_2 - 7x_3 \\ y_3 = 3x_1 + 2x_2 - 4x_3 \end{cases}$$

11. 设 $\boldsymbol{J}$ 是元素全为 1 的 $\boldsymbol{n}(\geqslant 2)$ 阶方阵. 证明 $\boldsymbol{E}-\boldsymbol{J}$ 是可逆矩阵,且 $(\boldsymbol{E}-\boldsymbol{J})^{-1}=\boldsymbol{E}-\frac{1}{\boldsymbol{n}-1}\boldsymbol{J}$,这里 $\boldsymbol{E}$ 是与 $\boldsymbol{J}$ 同阶的单位矩阵.

证明 因为

$$\boldsymbol{J}^2 = \begin{pmatrix} 1 & \cdots & 1 \\ \vdots & \ddots & \vdots \\ 1 & \cdots & 1 \end{pmatrix}\begin{pmatrix} 1 & \cdots & 1 \\ \vdots & \ddots & \vdots \\ 1 & \cdots & 1 \end{pmatrix} = \begin{pmatrix} \boldsymbol{n} & \cdots & \boldsymbol{n} \\ \vdots & \ddots & \vdots \\ \boldsymbol{n} & \cdots & \boldsymbol{n} \end{pmatrix} = \boldsymbol{nJ}$$

于是

$$(\boldsymbol{E}-\boldsymbol{J})\left(\boldsymbol{E}-\frac{1}{\boldsymbol{n}-1}\boldsymbol{J}\right) = \boldsymbol{E}-\boldsymbol{J}-\frac{1}{\boldsymbol{n}+1}\boldsymbol{J}+\frac{1}{n+1}\boldsymbol{J}^2 = \boldsymbol{E}-\frac{\boldsymbol{n}}{\boldsymbol{n}-1}\boldsymbol{J}+\frac{\boldsymbol{n}}{\boldsymbol{n}-1}\boldsymbol{J}=\boldsymbol{E}$$

由定理 2 的推论,$\boldsymbol{E}-\boldsymbol{J}$ 是可逆矩阵,且 $(\boldsymbol{E}-\boldsymbol{J})^{-1}=\boldsymbol{E}-\frac{1}{\boldsymbol{n}-1}\boldsymbol{J}$.

12. 设 $\boldsymbol{A}^k=\boldsymbol{O}$($k$ 为正整数),证明 $\boldsymbol{E}-\boldsymbol{A}$ 可逆,并且其逆矩阵 $(\boldsymbol{E}-\boldsymbol{A})^{-1}=\boldsymbol{E}+\boldsymbol{A}+\boldsymbol{A}^2+\cdots+\boldsymbol{A}^{k-1}$.

证明 因$(\boldsymbol{E}-\boldsymbol{A})(\boldsymbol{E}+\boldsymbol{A}+\boldsymbol{A}^2+\cdots\boldsymbol{A}^{k-1})=\boldsymbol{E}+\boldsymbol{A}+\boldsymbol{A}^2+\cdots\boldsymbol{A}^{k-1}-\boldsymbol{A}-\boldsymbol{A}^2-\cdots-\boldsymbol{A}^k$

$$=\boldsymbol{E}-\boldsymbol{O}=\boldsymbol{E},$$

由定理2的推论知$\boldsymbol{E}-\boldsymbol{A}$可逆,且其逆矩阵$(\boldsymbol{E}-\boldsymbol{A})^{-1}=\boldsymbol{E}+\boldsymbol{A}+\boldsymbol{A}^2+\cdots\boldsymbol{A}^{k-1}$.

13. 设方阵$\boldsymbol{A}$满足$\boldsymbol{A}^2-\boldsymbol{A}-2\boldsymbol{E}=\boldsymbol{O}$,证明$\boldsymbol{A}$及$\boldsymbol{A}+2\boldsymbol{E}$都可逆,并求$\boldsymbol{A}^{-1}$及$(\boldsymbol{A}+2\boldsymbol{E})^{-1}$.

证明 由$\boldsymbol{A}^2-\boldsymbol{A}-2\boldsymbol{E}=\boldsymbol{O}$得$\boldsymbol{A}^2-\boldsymbol{A}=2\boldsymbol{E}$,

两端同时取行列式:$|\boldsymbol{A}^2-\boldsymbol{A}|=2$,

即 $|\boldsymbol{A}||\boldsymbol{A}-\boldsymbol{E}|=2$,故$|\boldsymbol{A}|\neq 0$.

所以$\boldsymbol{A}$可逆,而$\boldsymbol{A}+2\boldsymbol{E}=\boldsymbol{A}^2$.

$|\boldsymbol{A}+2\boldsymbol{E}|=|\boldsymbol{A}^2|=|\boldsymbol{A}|^2\neq 0$,故$\boldsymbol{A}+2\boldsymbol{E}$也可逆.

由 $$\boldsymbol{A}^2-\boldsymbol{A}-2\boldsymbol{E}=\boldsymbol{O}\Rightarrow\boldsymbol{A}(\boldsymbol{A}-\boldsymbol{E})=2\boldsymbol{E}$$

$$\Rightarrow\boldsymbol{A}^{-1}\boldsymbol{A}(\boldsymbol{A}-\boldsymbol{E})=2\boldsymbol{A}^{-1}\boldsymbol{E}\Rightarrow\boldsymbol{A}^{-1}=\frac{1}{2}(\boldsymbol{A}-\boldsymbol{E})$$

又由 $$\boldsymbol{A}^2-\boldsymbol{A}-2\boldsymbol{E}=\boldsymbol{O}\Rightarrow(\boldsymbol{A}+2\boldsymbol{E})\boldsymbol{A}-3(\boldsymbol{A}+2\boldsymbol{E})=-4\boldsymbol{E}$$

$$\Rightarrow(\boldsymbol{A}+2\boldsymbol{E})(\boldsymbol{A}-3\boldsymbol{E})=-4\boldsymbol{E}$$

所以 $$(\boldsymbol{A}+2\boldsymbol{E})^{-1}(\boldsymbol{A}+2\boldsymbol{E})(\boldsymbol{A}-3\boldsymbol{E})=-4(\boldsymbol{A}+2\boldsymbol{E})^{-1}$$

所以 $$(\boldsymbol{A}+2\boldsymbol{E})^{-1}=\frac{1}{4}(3\boldsymbol{E}-\boldsymbol{A})$$

14. 解下列矩阵方程:

(1) $\begin{pmatrix}2&5\\1&3\end{pmatrix}\boldsymbol{X}=\begin{pmatrix}4&-6\\2&1\end{pmatrix}$;

(2) $\boldsymbol{X}\begin{pmatrix}2&1&-1\\2&1&0\\1&-1&1\end{pmatrix}=\begin{pmatrix}1&-1&3\\4&3&2\end{pmatrix}$;

(3) $\begin{pmatrix}1&4\\-1&2\end{pmatrix}\boldsymbol{X}\begin{pmatrix}2&0\\-1&1\end{pmatrix}=\begin{pmatrix}3&1\\0&-1\end{pmatrix}$;

(4) $\boldsymbol{AXB}=\boldsymbol{C}$,其中$\boldsymbol{A}=\begin{pmatrix}2&1\\5&4\end{pmatrix}$,$\boldsymbol{B}=\begin{pmatrix}1&3&3\\1&4&3\\1&3&4\end{pmatrix}$,$\boldsymbol{C}=\begin{pmatrix}1&0&-1\\1&-2&0\end{pmatrix}$.

解 (1) $\boldsymbol{X}=\begin{pmatrix}2&5\\1&3\end{pmatrix}^{-1}\begin{pmatrix}4&-6\\2&1\end{pmatrix}=\begin{pmatrix}3&-5\\-1&2\end{pmatrix}\begin{pmatrix}4&-6\\2&1\end{pmatrix}=\begin{pmatrix}2&-23\\0&8\end{pmatrix}$

(2) $$\boldsymbol{X}=\begin{pmatrix}1&-1&3\\4&3&2\end{pmatrix}\begin{pmatrix}2&1&-1\\2&1&0\\1&-1&1\end{pmatrix}^{-1}$$

$$=\frac{1}{3}\begin{pmatrix}1&-1&3\\4&3&2\end{pmatrix}\begin{pmatrix}1&0&1\\-2&3&-2\\-3&3&0\end{pmatrix}=\begin{pmatrix}-2&2&1\\-\frac{8}{3}&5&-\frac{2}{3}\end{pmatrix}$$

(3) $\boldsymbol{X}=\begin{pmatrix}1&4\\-1&2\end{pmatrix}^{-1}\begin{pmatrix}3&1\\0&-1\end{pmatrix}\begin{pmatrix}2&0\\-1&1\end{pmatrix}^{-1}=\frac{1}{12}\begin{pmatrix}2&-4\\1&1\end{pmatrix}\begin{pmatrix}3&1\\0&-1\end{pmatrix}\begin{pmatrix}1&0\\1&2\end{pmatrix}$

$$=\frac{1}{12}\begin{pmatrix}6&6\\3&0\end{pmatrix}\begin{pmatrix}1&0\\1&2\end{pmatrix}=\begin{pmatrix}1&1\\\frac{1}{4}&0\end{pmatrix}$$

（4）因 $|\boldsymbol{A}|=3$，$|\boldsymbol{B}|=1$，故 $\boldsymbol{A},\boldsymbol{B}$ 均是可逆矩阵，且

$$\boldsymbol{A}^{-1}=\frac{1}{3}\begin{pmatrix}4&1\\-5&2\end{pmatrix},\quad \boldsymbol{B}^{-1}=\begin{pmatrix}7&-3&-3\\-1&1&0\\-1&0&1\end{pmatrix}$$

故 $\boldsymbol{X}=\boldsymbol{A}^{-1}\boldsymbol{C}\boldsymbol{B}^{-1}=\frac{1}{3}\begin{pmatrix}4&-1\\-5&2\end{pmatrix}\begin{pmatrix}1&0&-1\\1&-2&0\end{pmatrix}\begin{pmatrix}7&-3&-3\\-1&1&0\\-1&0&1\end{pmatrix}=\frac{1}{3}\begin{pmatrix}23&-7&-13\\-22&5&14\end{pmatrix}$.

15. 分别应用克拉默法则和逆矩阵解下列线性方程组：

（1）$\begin{cases}x_1+2x_2+3x_3=1\\2x_1+2x_2+5x_3=2\\3x_1+5x_2+x_3=3\end{cases}$；　　（2）$\begin{cases}x_1+x_2+x_3=2\\x_1+2x_2+4x_3=3\\x_1+3x_2+9x_3=5\end{cases}$.

（1）用克拉默法则　因系数矩阵的行列式 $|\boldsymbol{A}|=\begin{vmatrix}1&2&3\\2&2&5\\3&5&1\end{vmatrix}=15\neq0$，由克拉默法则，方程组有惟一解，且 $\boldsymbol{x}_1=\frac{1}{15}\begin{vmatrix}1&2&3\\2&2&5\\3&5&1\end{vmatrix}=1$，$\boldsymbol{x}_2=\frac{1}{15}\begin{vmatrix}1&1&3\\2&2&5\\3&3&1\end{vmatrix}=0$，$\boldsymbol{x}_3=\frac{1}{15}\begin{vmatrix}1&2&1\\2&2&2\\3&2&3\end{vmatrix}=0$

用逆矩阵方法　方程组可表示为

$$\begin{pmatrix}1&2&3\\2&2&5\\3&5&1\end{pmatrix}\begin{pmatrix}x_1\\x_2\\x_3\end{pmatrix}=\begin{pmatrix}1\\2\\3\end{pmatrix}$$

故

$$\begin{pmatrix}x_1\\x_2\\x_3\end{pmatrix}=\begin{pmatrix}1&2&3\\2&2&5\\3&5&1\end{pmatrix}^{-1}\begin{pmatrix}1\\2\\3\end{pmatrix}=\begin{pmatrix}1\\0\\0\end{pmatrix}$$

从而有

$$\begin{cases}x_1=1\\x_2=0\\x_3=0\end{cases}$$

（2）用克拉默法则　因系数矩阵的行列式 $|\boldsymbol{A}|=\begin{vmatrix}1&1&1\\1&2&4\\1&3&9\end{vmatrix}=2\neq0$，由克拉默法则，方程组有惟一解，且

$$x_1=\frac{1}{2}\begin{vmatrix}2&1&1\\3&2&4\\5&3&9\end{vmatrix}=2,\quad x_2=\frac{1}{2}\begin{vmatrix}1&2&1\\1&3&4\\1&5&9\end{vmatrix}=-\frac{1}{2},\quad x_3=\frac{1}{2}\begin{vmatrix}1&1&2\\1&2&3\\1&3&5\end{vmatrix}=\frac{1}{2}$$

用逆矩阵方法　方程组可表示为

$$\begin{pmatrix}1&1&1\\1&2&4\\1&3&9\end{pmatrix}\begin{pmatrix}x_1\\x_2\\x_3\end{pmatrix}=\begin{pmatrix}2\\3\\5\end{pmatrix}$$

故

$$\begin{pmatrix}x_1\\x_2\\x_3\end{pmatrix}=\begin{pmatrix}1&1&1\\1&2&4\\1&3&9\end{pmatrix}^{-1}\begin{pmatrix}2\\1\\0\end{pmatrix}=\begin{pmatrix}2\\-\frac{1}{2}\\\frac{1}{2}\end{pmatrix}$$

故有

$$\begin{cases}x_1=2\\x_2=-\frac{1}{2}\\x_3=\frac{1}{2}\end{cases}$$

16. 设$\boldsymbol{A}$为 3 阶矩阵，$|\boldsymbol{A}|=\frac{1}{2}$，求$|(2\boldsymbol{A})^{-1}-5\boldsymbol{A}^*|$.

解　因为$|\boldsymbol{A}|=\frac{1}{2}\neq0$，所以$\boldsymbol{A}^*=|\boldsymbol{A}|\boldsymbol{A}^{-1}$故

$$(2\boldsymbol{A})^{-1}-5\boldsymbol{A}^*=\frac{1}{2}\boldsymbol{A}^{-1}-5|\boldsymbol{A}|\boldsymbol{A}^{-1}=\left(\frac{1}{2}-5|\boldsymbol{A}|\right)\boldsymbol{A}^{-1}=-2\boldsymbol{A}^{-1}$$

所以
$$|(2\boldsymbol{A})^{-1}-5\boldsymbol{A}^*|=|-2\boldsymbol{A}^{-1}|=(-2)^3|\boldsymbol{A}|^{-1}=-16$$

17. 设$\boldsymbol{A}=\begin{pmatrix}0&3&3\\1&1&0\\-1&2&3\end{pmatrix}$，$\boldsymbol{AB}=\boldsymbol{A}+2\boldsymbol{B}$，求$\boldsymbol{B}$.

解　由$\boldsymbol{AB}=\boldsymbol{A}+2\boldsymbol{B}$可得$(\boldsymbol{A}-2\boldsymbol{E})\boldsymbol{B}=\boldsymbol{A}$，又因为$\det(\boldsymbol{A}-2\boldsymbol{E})=2\neq0$，故$\boldsymbol{A}-2\boldsymbol{E}$可逆. 故

$$\boldsymbol{B}=(\boldsymbol{A}-2\boldsymbol{E})^{-1}\boldsymbol{A}=\begin{pmatrix}-2&3&3\\1&-1&0\\-1&2&1\end{pmatrix}^{-1}\begin{pmatrix}0&3&3\\1&1&0\\-1&2&3\end{pmatrix}=\begin{pmatrix}0&3&3\\-1&2&3\\1&1&0\end{pmatrix}$$

18. 设$\boldsymbol{A}=\begin{pmatrix}1&0&1\\0&2&0\\1&0&1\end{pmatrix}$，且$\boldsymbol{AB}+\boldsymbol{E}=\boldsymbol{A}^2+\boldsymbol{B}$，求$\boldsymbol{B}$.

解 由方程 $AB+E=A^2+B$,可得 $(A-E)B=A^2-E=(A-E)(A+E)$. 又 $\det(A-E)=-1\neq0$,故 $A-E$ 可逆,从而可得

$$B=A+E=\begin{pmatrix}2&0&1\\0&3&0\\1&0&2\end{pmatrix}.$$

19. 设 $A=\mathrm{diag}(1,-2,1)$,$A^*BA=2BA-8E$,求 B.

解 用 A 左乘 $A^*BA=2BA-8E$,得

$$AA^*BA=2ABA-8A$$

又,$|A|=-2\neq0$,故 A 是可逆矩阵,用 A^{-1} 右乘上式两边,得

$$|A|B=2AB-8E\Rightarrow(2A+2E)B=8E\Rightarrow(A+E)B=4E$$

注意到 $A+E=\begin{pmatrix}2&0&0\\0&-1&0\\0&0&2\end{pmatrix}$ 是可逆矩阵,且

$$(A+E)^{-1}=\begin{pmatrix}\frac{1}{2}&0&0\\0&-1&0\\0&0&\frac{1}{2}\end{pmatrix}$$

所以
$$B=4(A+E)^{-1}=\begin{pmatrix}2&0&0\\0&-4&0\\0&0&2\end{pmatrix}$$

20. 已知矩阵 A 的伴随矩阵 $A^*=\mathrm{diag}(1,1,1,8)$,且 $ABA^{-1}=BA^{-1}+3E$,求 B.

解 先由 A^* 来确定 $|A|$. 由题意知 A^{-1} 存在,有 $A^*=|A|A^{-1}$,得 $|A^*|=|A|^4|A^{-1}|=|A|^3$,而 $|A^*|=8$,故 $|A|=2$. 再化简所给矩阵方程

$$\begin{aligned}ABA^{-1}&=BA^{-1}+3E\\&\Rightarrow(A-E)BA^{-1}=3E\\&\Rightarrow(A-E)B=3A\\&\Rightarrow(E-A^{-1})B=3E\end{aligned}$$

由 $|A|=2$,知 $A^{-1}=\dfrac{A^*}{|A|}=\dfrac{1}{2}\mathrm{diag}(1,1,1,8)=\mathrm{diag}\left(\dfrac{1}{2},\dfrac{1}{2},\dfrac{1}{2},4\right)$

$$E-A^{-1}=\mathrm{diag}\left(\frac{1}{2},\frac{1}{2},\frac{1}{2},-3\right)$$

得
$$(E-A^{-1})^{-1}=\mathrm{diag}\left(2,2,2,-\frac{1}{3}\right)$$

于是
$$B=3(E-A^{-1})^{-1}=3\mathrm{diag}\left(2,2,2,-\frac{1}{3}\right)=\mathrm{diag}(6,6,6,-1)$$

21. 设 $\boldsymbol{P}^{-1}\boldsymbol{A}\boldsymbol{P}=\boldsymbol{\Lambda}$,其中 $\boldsymbol{P}=\begin{pmatrix}-1 & -4\\ 1 & 1\end{pmatrix}$,$\boldsymbol{\Lambda}=\begin{pmatrix}-1 & 0\\ 0 & 2\end{pmatrix}$,求 $\boldsymbol{A}^{11}$.

解 $\boldsymbol{P}^{-1}\boldsymbol{A}\boldsymbol{P}=\boldsymbol{\Lambda}$,故 $\boldsymbol{A}=\boldsymbol{P}\boldsymbol{\Lambda}\boldsymbol{P}^{-1}$,所以 $\boldsymbol{A}^{11}=\boldsymbol{P}\boldsymbol{\Lambda}^{11}\boldsymbol{P}^{-1}$.

$$|\boldsymbol{P}|=3,\boldsymbol{P}^{*}=\begin{pmatrix}1 & 4\\ -1 & 1\end{pmatrix},\boldsymbol{P}^{-1}=\frac{1}{3}\begin{pmatrix}1 & 4\\ -1 & -1\end{pmatrix}$$

而
$$\boldsymbol{\Lambda}^{11}=\begin{pmatrix}-1 & 0\\ 0 & 2\end{pmatrix}^{11}=\begin{pmatrix}-1 & 0\\ 0 & 2^{11}\end{pmatrix}$$

故
$$\boldsymbol{A}^{11}=\begin{pmatrix}-1 & -4\\ 1 & 1\end{pmatrix}\begin{pmatrix}-1 & 0\\ 0 & 2^{11}\end{pmatrix}\begin{pmatrix}\frac{1}{3} & \frac{4}{3}\\ -\frac{1}{3} & -\frac{1}{3}\end{pmatrix}=\begin{pmatrix}2731 & 2732\\ -683 & -684\end{pmatrix}$$

22. 设 $\boldsymbol{A}\boldsymbol{P}=\boldsymbol{P}\boldsymbol{\Lambda}$,其中 $\boldsymbol{P}=\begin{pmatrix}1 & 1 & 1\\ 1 & 0 & -2\\ 1 & -1 & 1\end{pmatrix}$,$\boldsymbol{\Lambda}=\begin{pmatrix}-1 & & \\ & 1 & \\ & & 5\end{pmatrix}$,求 $\varphi(\boldsymbol{A})=\boldsymbol{A}^{8}(5\boldsymbol{E}-6\boldsymbol{A}+\boldsymbol{A}^{2})$.

解 由 $|\boldsymbol{P}|=\begin{vmatrix}1 & 1 & 1\\ 1 & 0 & -2\\ 1 & -1 & 1\end{vmatrix}=-6\neq 0$,故 $\boldsymbol{P}$ 是可逆矩阵. 于是,由 $\boldsymbol{A}\boldsymbol{P}=\boldsymbol{P}\boldsymbol{\Lambda}$ 可得 $\boldsymbol{A}=\boldsymbol{P}\boldsymbol{\Lambda}\boldsymbol{P}^{-1}$,并且记多项式 $\varphi(x)=x^{8}(5-6x+x^{2})$,有

$$\varphi(\boldsymbol{A})=\boldsymbol{P}\varphi(\boldsymbol{\Lambda})\boldsymbol{P}^{-1}$$

因 $\boldsymbol{\Lambda}$ 是3阶对角阵,故

$$\varphi(\boldsymbol{\Lambda})=\operatorname{diag}(\varphi(-1),\varphi(1),\varphi(5))=\operatorname{diag}(12,0,0)$$

于是
$$\begin{aligned}\varphi(\boldsymbol{A})&=\begin{pmatrix}1 & 1 & 1\\ 1 & 0 & -2\\ 1 & -1 & 1\end{pmatrix}\begin{pmatrix}12 & & \\ & 0 & \\ & & 0\end{pmatrix}\left(-\frac{1}{6}\boldsymbol{P}^{*}\right)\\ &=-2\begin{pmatrix}1 & 0 & 0\\ 1 & 0 & 0\\ 1 & 0 & 0\end{pmatrix}\begin{pmatrix}A_{11} & A_{21} & A_{31}\\ * & * & *\\ * & * & *\end{pmatrix}\\ &=-2\begin{pmatrix}1 & 0 & 0\\ 1 & 0 & 0\\ 1 & 0 & 0\end{pmatrix}\begin{pmatrix}-2 & -2 & -2\\ * & * & *\\ * & * & *\end{pmatrix}=4\begin{pmatrix}1 & 1 & 1\\ 1 & 1 & 1\\ 1 & 1 & 1\end{pmatrix}\end{aligned}$$

23. 设矩阵 $\boldsymbol{A}$ 可逆,证明其伴随矩阵 $\boldsymbol{A}^{*}$ 也可逆,且 $(\boldsymbol{A}^{*})^{-1}=(\boldsymbol{A}^{-1})^{*}$.

证明 因为 $\boldsymbol{A}\boldsymbol{A}^{*}=|\boldsymbol{A}|\boldsymbol{E}$ 及 $|\boldsymbol{A}|\neq 0$,由定理2的推论知 $\boldsymbol{A}^{*}$ 也可逆,且

$$(\boldsymbol{A}^{*})^{-1}=\frac{1}{|\boldsymbol{A}|}\boldsymbol{A}$$

另一方面,因 $\boldsymbol{A}^{-1}(\boldsymbol{A}^{-1})^{*}=|\boldsymbol{A}^{-1}|\boldsymbol{E}$.

用 $\boldsymbol{A}$ 左乘此式两边,得

$$(\boldsymbol{A}^{*})^{-1}=|\boldsymbol{A}^{-1}|\boldsymbol{A}=\frac{1}{|\boldsymbol{A}|}\boldsymbol{A}$$

比较上面两个公式,即知结论成立.

24. 设 n 阶矩阵 $\boldsymbol{A}$ 的伴随矩阵为 $\boldsymbol{A}^*$,证明:

(1) 若 $|\boldsymbol{A}|=0$,则 $|\boldsymbol{A}^*|=0$;

(2) $|\boldsymbol{A}^*|=|\boldsymbol{A}|^{n-1}$.

证明 (1) 用反证法证明. 假设 $|\boldsymbol{A}^*|\neq 0$ 则有 $\boldsymbol{A}^*(\boldsymbol{A}^*)^{-1}=\boldsymbol{E}$,
由此得 $\boldsymbol{A}=\boldsymbol{A}\boldsymbol{A}^*(\boldsymbol{A}^*)^{-1}=|\boldsymbol{A}|\boldsymbol{E}(\boldsymbol{A}^*)^{-1}=\boldsymbol{O}$,所以 $\boldsymbol{A}^*=\boldsymbol{O}$.
这与 $|\boldsymbol{A}^*|\neq 0$ 矛盾,故当 $|\boldsymbol{A}|=0$ 时,有 $|\boldsymbol{A}^*|=0$.

(2) 由于 $\boldsymbol{A}^{-1}=\dfrac{1}{|\boldsymbol{A}|}\boldsymbol{A}^*$, 则 $\boldsymbol{A}\boldsymbol{A}^*=|\boldsymbol{A}|\boldsymbol{E}$.
取行列式,得 $|\boldsymbol{A}||\boldsymbol{A}^*|=|\boldsymbol{A}|^n$.
若 $|\boldsymbol{A}|\neq 0$, 则 $|\boldsymbol{A}^*|=|\boldsymbol{A}|^{n-1}$;
若 $|\boldsymbol{A}|=0$,则由(1)知 $|\boldsymbol{A}^*|=0$,此时命题也成立.
故有 $|\boldsymbol{A}^*|=|\boldsymbol{A}|^{n-1}$.

25. 计算 $\begin{pmatrix}1&2&1&0\\0&1&0&1\\0&0&2&1\\0&0&0&3\end{pmatrix}\begin{pmatrix}1&0&3&1\\0&1&2&-1\\0&0&-2&3\\0&0&0&-3\end{pmatrix}$.

解 令 $\begin{pmatrix}1&2&1&0\\0&1&0&1\\0&0&2&1\\0&0&0&3\end{pmatrix}=\begin{pmatrix}\boldsymbol{A}_{11}&\boldsymbol{E}\\\boldsymbol{O}&\boldsymbol{A}_{22}\end{pmatrix}$,$\begin{pmatrix}1&0&3&1\\0&1&2&-1\\0&0&-2&3\\0&0&0&-3\end{pmatrix}=\begin{pmatrix}\boldsymbol{E}&\boldsymbol{B}_{12}\\\boldsymbol{O}&\boldsymbol{B}_{22}\end{pmatrix}$,

则
$$\begin{pmatrix}1&2&1&0\\0&1&0&1\\0&0&2&1\\0&0&0&3\end{pmatrix}\begin{pmatrix}1&0&3&1\\0&1&2&-1\\0&0&-2&3\\0&0&0&-3\end{pmatrix}=\begin{pmatrix}\boldsymbol{A}_{11}&\boldsymbol{A}_{11}\boldsymbol{B}_{12}+\boldsymbol{B}_{22}\\\boldsymbol{O}&\boldsymbol{A}_{22}\boldsymbol{B}_{22}\end{pmatrix}$$

而
$$\boldsymbol{A}_{11}\boldsymbol{B}_{12}+\boldsymbol{B}_{22}=\begin{pmatrix}5&2\\2&-4\end{pmatrix},\boldsymbol{A}_{22}\boldsymbol{B}_{22}=\begin{pmatrix}-4&3\\0&-9\end{pmatrix}$$

于是
$$\begin{pmatrix}1&2&1&0\\0&1&0&1\\0&0&2&1\\0&0&0&3\end{pmatrix}\begin{pmatrix}1&0&3&1\\0&1&2&-1\\0&0&-2&3\\0&0&0&-3\end{pmatrix}=\begin{pmatrix}1&2&5&2\\0&1&2&-4\\0&0&-4&3\\0&0&0&-9\end{pmatrix}$$

26. 设 $\boldsymbol{A}=\begin{pmatrix}3&4&&\\4&-3&&\boldsymbol{O}\\&&2&0\\\boldsymbol{O}&&2&2\end{pmatrix}$,求 $|\boldsymbol{A}^8|$ 及 $\boldsymbol{A}^4$.

解 $\boldsymbol{A}=\begin{pmatrix}3&4&&\\4&-3&&\boldsymbol{O}\\&&2&0\\\boldsymbol{O}&&2&2\end{pmatrix}$,令 $\boldsymbol{A}_1=\begin{pmatrix}3&4\\4&-3\end{pmatrix}$,$\boldsymbol{A}_2=\begin{pmatrix}2&0\\2&2\end{pmatrix}$

则
$$A=\begin{pmatrix}A_1 & O\\ O & A_2\end{pmatrix}$$

故
$$A^8=\begin{pmatrix}A_1 & O\\ O & A_2\end{pmatrix}^8=\begin{pmatrix}A_1^8 & O\\ O & A_2^8\end{pmatrix}$$
$$|A^8|=|A_1^8||A_2^8|=|A_1|^8|A_2|^8=10^{16}$$
$$A^4=\begin{pmatrix}A_1^4 & O\\ O & A_2^4\end{pmatrix}=\begin{pmatrix}5^4 & 0 & & \\ 0 & 5^4 & & O \\ & & 2^4 & 0\\ O & & 2^6 & 2^4\end{pmatrix}$$

27. 设 n 阶矩阵 A 及 s 阶矩阵 B 都可逆,求$\begin{pmatrix}O & A\\ B & O\end{pmatrix}^{-1}$.

解 将$\begin{pmatrix}O & A\\ B & O\end{pmatrix}^{-1}$分块为$\begin{pmatrix}C_1 & C_2\\ C_3 & C_4\end{pmatrix}$,其中,$C_1$ 为 $s\times n$ 矩阵, C_2 为 $s\times s$ 矩阵,C_3 为 $n\times n$ 矩阵, C_4 为 $n\times s$ 矩阵,则
$$\begin{pmatrix}O & A_{n\times n}\\ B_{s\times s} & O\end{pmatrix}\begin{pmatrix}C_1 & C_2\\ C_3 & C_4\end{pmatrix}=E=\begin{pmatrix}E_n & O\\ O & E_s\end{pmatrix}$$

由此得
$$\begin{cases}AC_3=E_n\Rightarrow C_3=A^{-1}\\ AC_4=O\Rightarrow C_4=O(A^{-1}\text{存在})\\ BC_1=O\Rightarrow C_1=O(B^{-1}\text{存在})\\ BC_2=E_s\Rightarrow C_2=B^{-1}\end{cases}$$

故
$$\begin{pmatrix}O & A\\ B & O\end{pmatrix}^{-1}=\begin{pmatrix}O & B^{-1}\\ A^{-1} & O\end{pmatrix}$$

28. 求下列矩阵的逆矩阵:

(1) $\begin{pmatrix}5 & 2 & 0 & 0\\ 2 & 1 & 0 & 0\\ 0 & 0 & 8 & 3\\ 0 & 0 & 5 & 2\end{pmatrix}$;　(2) $\begin{pmatrix}0 & 0 & \frac{1}{5}\\ 2 & 1 & 0\\ 4 & 3 & 0\end{pmatrix}$.

解 (1) 将矩阵$\begin{pmatrix}5 & 2 & 0 & 0\\ 2 & 1 & 0 & 0\\ 0 & 0 & 8 & 3\\ 0 & 0 & 5 & 2\end{pmatrix}$分块为$\begin{pmatrix}A & O\\ O & B\end{pmatrix}$. 其中 $A=\begin{pmatrix}5 & 2\\ 2 & 1\end{pmatrix}$,$B=\begin{pmatrix}8 & 3\\ 5 & 2\end{pmatrix}$,则
$$\begin{pmatrix}5 & 2 & 0 & 0\\ 2 & 1 & 0 & 0\\ 0 & 0 & 8 & 3\\ 0 & 0 & 5 & 2\end{pmatrix}^{-1}=\begin{pmatrix}A & O\\ O & B\end{pmatrix}^{-1}=\begin{pmatrix}A^{-1} & O\\ O & B^{-1}\end{pmatrix}$$

又
$$A^{-1}=\begin{pmatrix}1&-2\\-2&5\end{pmatrix},B^{-1}=\begin{pmatrix}2&-3\\-5&8\end{pmatrix}$$

从而
$$\begin{pmatrix}5&2&0&0\\2&1&0&0\\0&0&8&3\\0&0&5&2\end{pmatrix}^{-1}=\begin{pmatrix}1&-2&0&0\\-2&5&0&0\\0&0&2&-3\\0&0&-5&8\end{pmatrix}$$

（2）将$\begin{pmatrix}0&0&\frac{1}{5}\\2&1&0\\4&3&0\end{pmatrix}$分块为$\begin{pmatrix}O&A_1\\A_2&O\end{pmatrix}$. 其中,$A_1=\frac{1}{5}$,$A_2=\begin{pmatrix}2&1\\4&3\end{pmatrix}$,因 A_1,A_2 均可逆,由题27得

$$A^{-1}=\begin{pmatrix}O&A_2^{-1}\\A_1^{-1}&O\end{pmatrix}=\begin{pmatrix}0&\frac{3}{2}&-\frac{1}{2}\\0&-2&1\\5&0&0\end{pmatrix}=\frac{1}{2}\begin{pmatrix}0&3&-1\\0&-4&2\\10&0&0\end{pmatrix}.$$

习 题 三

1. 用初等行变换把下列矩阵化为行最简形矩阵:

（1）$\begin{pmatrix}1&0&2&-1\\2&0&3&1\\3&0&4&3\end{pmatrix}$;　　（2）$\begin{pmatrix}0&2&-3&1\\0&3&-4&3\\0&4&-7&-1\end{pmatrix}$;

（3）$\begin{pmatrix}1&-1&3&-4&3\\3&-3&5&-4&1\\2&-2&3&-2&0\\3&-3&4&-2&-1\end{pmatrix}$;　　（4）$\begin{pmatrix}2&3&1&-3&-7\\1&2&0&-2&-4\\3&-2&8&3&0\\2&-3&7&4&3\end{pmatrix}$.

解（1）
$$\begin{pmatrix}1&0&2&-1\\2&0&3&1\\3&0&4&3\end{pmatrix}\xrightarrow[r_3+(-3)r_1]{r_2+(-2)r_1}\begin{pmatrix}1&0&2&-1\\0&0&-1&3\\0&0&-2&6\end{pmatrix}\xrightarrow[r_3\div(-2)]{r_2\div(-1)}\begin{pmatrix}1&0&2&-1\\0&0&1&-3\\0&0&1&-3\end{pmatrix}$$
$$\xrightarrow{r_3-r_2}\begin{pmatrix}1&0&2&-1\\0&0&1&-3\\0&0&0&0\end{pmatrix}\xrightarrow{r_1+(-2)r_2}\begin{pmatrix}1&0&0&5\\0&0&1&-3\\0&0&0&0\end{pmatrix}$$

（2）
$$\begin{pmatrix}0&2&-3&1\\0&3&-4&3\\0&4&-7&-1\end{pmatrix}\xrightarrow[r_3+(-2)r_1]{r_2\times2+(-3)r_1}\begin{pmatrix}0&2&-3&1\\0&0&1&3\\0&0&-1&-3\end{pmatrix}$$
$$\xrightarrow[r_1+3r_2]{r_3+r_2}\begin{pmatrix}0&2&0&10\\0&0&1&3\\0&0&0&0\end{pmatrix}\xrightarrow{r_1\div2}\begin{pmatrix}0&1&0&5\\0&0&1&3\\0&0&0&0\end{pmatrix}$$

(3) $\begin{pmatrix}1 & -1 & 3 & -4 & 3\\3 & -3 & 5 & -4 & 1\\2 & -2 & 3 & -2 & 0\\3 & -3 & 4 & -2 & -1\end{pmatrix} \underset{\substack{r_3-2r_1\\r_4-3r_1}}{\overset{r_2-3r_1}{\sim}} \begin{pmatrix}1 & -1 & 3 & -4 & 3\\0 & 0 & -4 & 8 & -8\\0 & 0 & -3 & 6 & -6\\0 & 0 & -5 & 10 & -10\end{pmatrix}$

$\underset{\substack{r_3\div(-3)\\r_4\div(-5)}}{\overset{r_2\div(-4)}{\sim}} \begin{pmatrix}1 & -1 & 3 & -4 & 3\\0 & 0 & 1 & -2 & 2\\0 & 0 & 1 & -2 & 2\\0 & 0 & 1 & -2 & 2\end{pmatrix} \underset{\substack{r_3-r_2\\r_4-r_2}}{\overset{r_1-3r_2}{\sim}} \begin{pmatrix}1 & -1 & 0 & 2 & -3\\0 & 0 & 1 & -2 & 2\\0 & 0 & 0 & 0 & 0\\0 & 0 & 0 & 0 & 0\end{pmatrix}$

(4) $\begin{pmatrix}2 & 3 & 1 & -3 & -7\\1 & 2 & 0 & -2 & -4\\3 & -2 & 8 & 3 & 0\\2 & -3 & 7 & 4 & 3\end{pmatrix} \underset{\substack{r_3-3r_2\\r_4-2r_2}}{\overset{r_1-2r_2}{\sim}} \begin{pmatrix}0 & -1 & 1 & 1 & 1\\1 & 2 & 0 & -2 & -4\\0 & -8 & 8 & 9 & 12\\0 & -7 & 7 & 8 & 11\end{pmatrix}$

$\underset{\substack{r_3-8r_1\\r_4-7r_1}}{\overset{r_2+2r_1}{\sim}} \begin{pmatrix}0 & -1 & 1 & 1 & 1\\1 & 0 & 2 & 0 & -2\\0 & 0 & 0 & 1 & 4\\0 & 0 & 0 & 1 & 4\end{pmatrix} \underset{\substack{r_2\times(-1)\\r_4-r_3}}{\overset{r_1\leftrightarrow r_2}{\sim}} \begin{pmatrix}1 & 0 & 2 & 0 & -2\\0 & 1 & -1 & -1 & -1\\0 & 0 & 0 & 1 & 4\\0 & 0 & 0 & 0 & 0\end{pmatrix} \overset{r_2+r_3}{\sim}$

$\begin{pmatrix}1 & 0 & 2 & 0 & -2\\0 & 1 & -1 & 0 & 3\\0 & 0 & 0 & 1 & 4\\0 & 0 & 0 & 0 & 0\end{pmatrix}$

2. 设 $\boldsymbol{A}=\begin{pmatrix}1 & 2 & 3 & 4\\2 & 3 & 4 & 5\\5 & 4 & 3 & 2\end{pmatrix}$,求一个可逆矩阵 $\boldsymbol{P}$,使 $\boldsymbol{PA}$ 为行最简形.

解 $\begin{pmatrix}1 & 2 & 3 & 4 & 1 & 0 & 0\\2 & 3 & 4 & 5 & 0 & 1 & 0\\5 & 4 & 3 & 2 & 0 & 0 & 1\end{pmatrix} \underset{r_3-5r_1}{\overset{r_2-2r_1}{\sim}} \begin{pmatrix}1 & 2 & 3 & 4 & 1 & 0 & 0\\0 & -1 & -2 & -3 & -2 & 1 & 0\\0 & -6 & -12 & -18 & -5 & 0 & 1\end{pmatrix}$

$\underset{\substack{r_3-6r_2\\r_2\times(-1)}}{\overset{r_1+2r_2}{\sim}} \begin{pmatrix}1 & 0 & -1 & -2 & -3 & 2 & 0\\0 & 1 & 2 & 3 & 2 & -1 & 0\\0 & 0 & 0 & 0 & 7 & -6 & 1\end{pmatrix}$

令 $\boldsymbol{P}=\begin{pmatrix}-3 & 2 & 0\\2 & -1 & 0\\7 & -6 & 1\end{pmatrix}$

则 $$\boldsymbol{PA}=\begin{pmatrix}1 & 0 & -1 & -2\\0 & 1 & 2 & 3\\0 & 0 & 0 & 0\end{pmatrix}$$

为 $\boldsymbol{A}$ 的行最简形.

3. 设 $\boldsymbol{A}=\begin{pmatrix}-5 & 3 & 1\\2 & -1 & 1\end{pmatrix}$.

(1) 求可逆矩阵 $\boldsymbol{P}$,使 $\boldsymbol{PA}$ 为行最简形;

(2) 求一个可逆矩阵 $\boldsymbol{Q}$,使 $\boldsymbol{QA}^{\mathrm{T}}$ 为行最简形.

解 (1)
$$\begin{pmatrix}-5 & 3 & 1 & 1 & 0\\ 2 & -1 & 1 & 0 & 1\end{pmatrix}\overset{r_1\times\left(-\frac{1}{5}\right)}{\sim}\begin{pmatrix}1 & -\frac{3}{5} & -\frac{1}{5} & -\frac{1}{5} & 0\\ 2 & -1 & 1 & 0 & 1\end{pmatrix}$$
$$\overset{r_2+(-2)r_1}{\sim}\begin{pmatrix}1 & -\frac{3}{5} & -\frac{1}{5} & -\frac{1}{5} & 0\\ 0 & \frac{1}{5} & \frac{7}{5} & \frac{2}{5} & 1\end{pmatrix}$$
$$\overset{r_1+3r_2}{\sim}\begin{pmatrix}1 & 0 & 4 & 1 & 3\\ 0 & \frac{1}{5} & \frac{7}{5} & \frac{2}{5} & 1\end{pmatrix}\overset{r_2\times 5}{\sim}\begin{pmatrix}1 & 0 & 4 & 1 & 3\\ 0 & 1 & 7 & 2 & 5\end{pmatrix}$$

于是 $\boldsymbol{P}=\begin{pmatrix}1 & 3\\ 2 & 5\end{pmatrix}$,且 $\boldsymbol{PA}=\begin{pmatrix}1 & 0 & 4\\ 0 & 1 & 7\end{pmatrix}$为 $\boldsymbol{A}$ 行最简形.

(2)
$$\begin{pmatrix}-5 & 2 & 1 & 0 & 0\\ 3 & -1 & 0 & 1 & 0\\ 1 & 1 & 0 & 0 & 1\end{pmatrix}\overset{r_1+2r_2}{\sim}\begin{pmatrix}1 & 0 & 1 & 2 & 0\\ 3 & -1 & 0 & 1 & 0\\ 1 & 1 & 0 & 0 & 1\end{pmatrix}\underset{r_3-r_1}{\overset{r_2-3r_1}{\sim}}\begin{pmatrix}1 & 0 & 1 & 2 & 0\\ 0 & -1 & -3 & -5 & 0\\ 0 & 1 & -1 & -2 & 1\end{pmatrix}$$
$$\underset{r_3-r_2}{\overset{r_2\times(-1)}{\sim}}\begin{pmatrix}1 & 0 & 1 & 2 & 0\\ 0 & 1 & 3 & 5 & 0\\ 0 & 0 & -4 & -7 & 1\end{pmatrix}$$

于是 $\boldsymbol{Q}=\begin{pmatrix}1 & 2 & 0\\ 3 & 5 & 0\\ -4 & -7 & 1\end{pmatrix}$,并且 $\boldsymbol{QA}^{\mathrm{T}}=\begin{pmatrix}1 & 0\\ 0 & 1\\ 0 & 0\end{pmatrix}$为 $\boldsymbol{A}^{\mathrm{T}}$ 的行最简形.

4. 试利用矩阵的初等变换,求下列方阵的逆矩阵:

(1) $\begin{pmatrix}3 & 2 & 1\\ 3 & 1 & 5\\ 3 & 2 & 3\end{pmatrix}$; (2) $\begin{pmatrix}3 & -2 & 0 & -1\\ 0 & 2 & 2 & 1\\ 1 & -2 & -3 & -2\\ 0 & 1 & 2 & 1\end{pmatrix}$.

解 (1)
$$\begin{pmatrix}3 & 2 & 1 & 1 & 0 & 0\\ 3 & 1 & 5 & 0 & 1 & 0\\ 3 & 2 & 3 & 0 & 0 & 1\end{pmatrix}\sim\begin{pmatrix}3 & 2 & 1 & 1 & 0 & 0\\ 0 & -1 & 4 & -1 & 1 & 0\\ 0 & 0 & 2 & -1 & 0 & 1\end{pmatrix}$$
$$\sim\begin{pmatrix}3 & 2 & 0 & \frac{3}{2} & 0 & -\frac{1}{2}\\ 0 & -1 & 0 & 1 & 1 & -2\\ 0 & 0 & 2 & -1 & 0 & 1\end{pmatrix}\sim\begin{pmatrix}3 & 0 & 0 & \frac{7}{2} & 2 & -\frac{9}{2}\\ 0 & -1 & 0 & 1 & 1 & -2\\ 0 & 0 & 1 & -\frac{1}{2} & 0 & \frac{1}{2}\end{pmatrix}$$
$$\sim\begin{pmatrix}1 & 0 & 0 & \frac{7}{6} & \frac{2}{3} & -\frac{3}{2}\\ 0 & 1 & 0 & -1 & -1 & 2\\ 0 & 0 & 1 & -\frac{1}{2} & 0 & \frac{1}{2}\end{pmatrix}$$

故逆矩阵为

$$\begin{pmatrix} \frac{7}{6} & \frac{2}{3} & -\frac{3}{2} \\ -1 & -1 & 2 \\ -\frac{1}{2} & 0 & \frac{1}{2} \end{pmatrix}$$

（2）$$\begin{pmatrix} 3 & -2 & 0 & -1 & 1 & 0 & 0 & 0 \\ 0 & 2 & 2 & 1 & 0 & 1 & 0 & 0 \\ 1 & -2 & -3 & -2 & 0 & 0 & 1 & 0 \\ 0 & 1 & 2 & 1 & 0 & 0 & 0 & 1 \end{pmatrix} \sim \begin{pmatrix} 1 & -2 & -3 & -2 & 0 & 0 & 1 & 0 \\ 0 & 1 & 2 & 1 & 0 & 0 & 0 & 1 \\ 0 & 4 & 9 & 5 & 1 & 0 & -3 & 0 \\ 0 & 2 & 2 & 1 & 0 & 1 & 0 & 0 \end{pmatrix}$$

$$\sim \begin{pmatrix} 1 & -2 & -3 & -2 & 0 & 0 & 1 & 0 \\ 0 & 1 & 2 & 1 & 0 & 0 & 0 & 1 \\ 0 & 0 & 1 & 1 & 1 & 0 & -3 & -4 \\ 0 & 0 & -2 & -1 & 0 & 1 & 0 & -2 \end{pmatrix} \sim \begin{pmatrix} 1 & -2 & -3 & -2 & 0 & 0 & 1 & 0 \\ 0 & 1 & 2 & 1 & 0 & 0 & 0 & 1 \\ 0 & 0 & 1 & 1 & 1 & 0 & -3 & -4 \\ 0 & 0 & 0 & 1 & 2 & 1 & -6 & -10 \end{pmatrix}$$

$$\sim \begin{pmatrix} 1 & -2 & 0 & 0 & -1 & -1 & -2 & -2 \\ 0 & 1 & 0 & 0 & 0 & 1 & 0 & -1 \\ 0 & 0 & 1 & 0 & -1 & -1 & 3 & 6 \\ 0 & 0 & 0 & 1 & 2 & 1 & -6 & -10 \end{pmatrix} \sim \begin{pmatrix} 1 & 0 & 0 & 0 & 1 & 1 & -2 & -4 \\ 0 & 1 & 0 & 0 & 0 & 1 & 0 & -1 \\ 0 & 0 & 1 & 0 & -1 & -1 & 3 & 6 \\ 0 & 0 & 0 & 1 & 2 & 1 & -6 & -10 \end{pmatrix}$$

故逆矩阵为

$$\begin{pmatrix} 1 & 1 & -2 & -4 \\ 0 & 1 & 0 & -1 \\ -1 & -1 & 3 & 6 \\ 2 & 1 & -6 & -10 \end{pmatrix}$$

5. 试利用矩阵的初等行变换，求解习题二第 15 题之(2).

解 对此方程的增广矩阵作初等行变换得

$$\boldsymbol{B} \sim \begin{pmatrix} 1 & 1 & 1 & 2 \\ 1 & 2 & 4 & 3 \\ 1 & 3 & 9 & 5 \end{pmatrix} \underset{r_2 - r_1}{\overset{r_3 - r_2}{\sim}} \begin{pmatrix} 1 & 1 & 1 & 2 \\ 0 & 1 & 3 & 1 \\ 0 & 1 & 5 & 2 \end{pmatrix} \underset{r_3 \times \frac{1}{2}}{\overset{\substack{r_1 - r_2 \\ r_3 - r_2}}{\sim}} \begin{pmatrix} 1 & 0 & -2 & 1 \\ 0 & 1 & 3 & 1 \\ 0 & 0 & 1 & \frac{1}{2} \end{pmatrix} \underset{r_2 - 3r_3}{\overset{r_1 + 2r_3}{\sim}} \begin{pmatrix} 1 & 0 & 0 & 2 \\ 0 & 1 & 1 & -\frac{1}{2} \\ 0 & 0 & 1 & \frac{1}{2} \end{pmatrix}$$

由此得到解为 $\boldsymbol{x}_1 = 2, \boldsymbol{x}_2 = -\frac{1}{2}, \boldsymbol{x}_3 = \frac{1}{2}$.

6. (1) 设 $\boldsymbol{A} = \begin{pmatrix} 4 & 1 & -2 \\ 2 & 2 & 1 \\ 3 & 1 & -1 \end{pmatrix}, \boldsymbol{B} = \begin{pmatrix} 1 & -3 \\ 2 & 2 \\ 3 & -1 \end{pmatrix}$，求 $\boldsymbol{X}$ 使 $\boldsymbol{AX} = \boldsymbol{B}$；

(2) 设 $\boldsymbol{A} = \begin{pmatrix} 0 & 2 & 1 \\ 2 & -1 & 3 \\ -3 & 3 & -4 \end{pmatrix}, \boldsymbol{B} = \begin{pmatrix} 1 & 2 & 3 \\ 2 & -3 & 1 \end{pmatrix}$，求 $\boldsymbol{X}$ 使 $\boldsymbol{XA} = \boldsymbol{B}$.

(3) 设 $\boldsymbol{A}=\begin{pmatrix}1 & -1 & 0\\ 0 & 1 & -1\\ -1 & 0 & 1\end{pmatrix}$,$\boldsymbol{AX}=2\boldsymbol{X}+\boldsymbol{A}$,求 $\boldsymbol{X}$.

解 (1) $(\boldsymbol{A}|\boldsymbol{B})=\left(\begin{array}{ccc|cc}4 & 1 & -2 & 1 & -3\\ 2 & 2 & 1 & 2 & 2\\ 3 & 1 & -1 & 3 & -1\end{array}\right)\sim\left(\begin{array}{ccc|cc}1 & 0 & 0 & 10 & 2\\ 0 & 1 & 0 & -15 & -3\\ 0 & 0 & 1 & 12 & 4\end{array}\right)$

所以

$$\boldsymbol{X}=\boldsymbol{A}^{-1}\boldsymbol{B}=\begin{pmatrix}10 & 2\\ -15 & -3\\ 12 & 4\end{pmatrix}$$

(2) $\left(\dfrac{\boldsymbol{A}}{\boldsymbol{B}}\right)=\left(\begin{array}{ccc}0 & 2 & 1\\ 2 & -1 & 3\\ -3 & 3 & -4\\ \hline 1 & 2 & 3\\ 2 & -3 & 1\end{array}\right)\sim\left(\begin{array}{ccc}1 & 0 & 0\\ 0 & 1 & 0\\ 0 & 0 & 1\\ \hline 2 & -1 & -1\\ -4 & 7 & 4\end{array}\right)$

所以

$$\boldsymbol{X}=\boldsymbol{BA}^{-1}=\begin{pmatrix}2 & -1 & -1\\ -4 & 7 & 4\end{pmatrix}$$

(3) 由 $\boldsymbol{AX}=2\boldsymbol{X}+\boldsymbol{A}$ 得$(\boldsymbol{A}-2\boldsymbol{E})\boldsymbol{X}=\boldsymbol{A}$.

由$(\boldsymbol{A}-2\boldsymbol{E},\boldsymbol{A})=\begin{pmatrix}-1 & -1 & 0 & 1 & -1 & 0\\ 0 & -1 & -1 & 0 & 1 & -1\\ -1 & 0 & -1 & -1 & 0 & 1\end{pmatrix}\overset{r_1\times(-1)}{\underset{\substack{r_3+r_1\\ r_2\times(-1)}}{\sim}}\begin{pmatrix}1 & 1 & 0 & -1 & 1 & 0\\ 0 & 1 & 1 & 0 & -1 & 1\\ 0 & 1 & -1 & -2 & 1 & 1\end{pmatrix}$

$\overset{r_1-r_2}{\underset{r_3-r_2}{\sim}}\begin{pmatrix}1 & 1 & -1 & -1 & 2 & -1\\ 0 & 1 & 1 & 0 & -1 & 1\\ 0 & 0 & -2 & -2 & 2 & 0\end{pmatrix}\overset{r_1\div(-2)}{\underset{\substack{r_1+r_3\\ r_2-r_3}}{\sim}}\begin{pmatrix}1 & 0 & 0 & 0 & 1 & -1\\ 0 & 1 & 0 & -1 & 0 & 1\\ 0 & 0 & 1 & 1 & -1 & 0\end{pmatrix}$

上述结果表明 $\boldsymbol{A}-2\boldsymbol{E}\overset{r}{\sim}\boldsymbol{E}$,故 $\boldsymbol{A}-2\boldsymbol{E}$ 可逆,且

$$\boldsymbol{X}=(\boldsymbol{A}-2\boldsymbol{E})^{-1}\boldsymbol{A}=\begin{pmatrix}0 & 1 & -1\\ -1 & 0 & 1\\ 1 & -1 & 0\end{pmatrix}$$

7. 在秩是 r 的矩阵中,有没有等于0的 $r-1$ 阶子式?有没有等于0的 r 阶子式?

解 在秩是 r 的矩阵中,可能存在等于0的 $r-1$ 阶子式,也可能存在等于0的 r 阶子式.

例如,$\boldsymbol{\alpha}=\begin{pmatrix}1 & 0 & 0 & 0\\ 0 & 1 & 0 & 0\\ 0 & 0 & 1 & 0\\ 0 & 0 & 0 & 0\\ 0 & 0 & 0 & 0\end{pmatrix}$,$\mathrm{R}(\boldsymbol{\alpha})=3$ 同时存在等于0的3阶子式和2阶子式.

8. 从矩阵 $\boldsymbol{A}$ 中划去一行得到矩阵 $\boldsymbol{B}$,问 $\boldsymbol{A}$,$\boldsymbol{B}$ 的秩的关系怎样?

解 由矩阵秩的性质⑤,有 $R(\boldsymbol{A})-1\leqslant R(\boldsymbol{B})\leqslant R(\boldsymbol{A})$.

9. 求一个秩是4的方阵,它的两个行向量是(1,0,1,0,0),(1,-1,0,0,0).

解 设$\boldsymbol{\alpha}_1,\boldsymbol{\alpha}_2,\boldsymbol{\alpha}_3,\boldsymbol{\alpha}_4,\boldsymbol{\alpha}_5$为五维向量,且$\boldsymbol{\alpha}_1=(1,0,1,0,0)$,$\boldsymbol{\alpha}_2=(1,-1,0,0,0)$,则所求方阵可为$\boldsymbol{A}=\begin{pmatrix}\boldsymbol{\alpha}_1\\ \boldsymbol{\alpha}_2\\ \boldsymbol{\alpha}_3\\ \boldsymbol{\alpha}_4\\ \boldsymbol{\alpha}_5\end{pmatrix}$,秩为4.

不妨设

$$\begin{cases}\boldsymbol{\alpha}_3=(0,0,0,x_4,0)\\ \boldsymbol{\alpha}_4=(0,0,0,0,x_5)\\ \boldsymbol{\alpha}_5=(0,0,0,0,0)\end{cases}$$

取$x_4=x_5=1$,

故满足条件的一个方阵为$\begin{pmatrix}1&0&1&0&0\\1&-1&0&0&0\\0&0&0&1&0\\0&0&0&0&1\\0&0&0&0&0\end{pmatrix}$

10. 求下列矩阵的秩:

(1) $\begin{pmatrix}3&1&0&2\\1&-1&2&-1\\1&3&-4&4\end{pmatrix}$; (2) $\begin{pmatrix}3&2&-1&-3&-1\\2&-1&3&1&-3\\7&0&5&-1&-8\end{pmatrix}$;

(3) $\begin{pmatrix}2&1&8&3&7\\2&-3&0&7&-5\\3&-2&5&8&0\\1&0&3&2&0\end{pmatrix}$.

解 (1) $\begin{pmatrix}3&1&0&2\\1&-1&2&-1\\1&3&-4&4\end{pmatrix}\xrightarrow{r_1\leftrightarrow r_2}\begin{pmatrix}1&-1&2&-1\\3&1&0&2\\1&3&-4&4\end{pmatrix}$

$$\xrightarrow[r_3-r_1]{r_2-3r_1}\begin{pmatrix}1&-1&2&-1\\0&4&-6&5\\0&4&-6&5\end{pmatrix}\xrightarrow{r_3-r_2}\begin{pmatrix}1&-1&2&-1\\0&4&-6&5\\0&0&0&0\end{pmatrix}$$

秩为2.

(2) $\begin{pmatrix}3&2&-1&-3&-1\\2&-1&3&1&-3\\7&0&5&-1&-8\end{pmatrix}\xrightarrow[r_3-7r_1]{\substack{r_1-r_2\\ r_2-2r_1}}\begin{pmatrix}1&3&-4&-4&2\\0&-7&11&9&-7\\0&-21&33&27&-22\end{pmatrix}$

$$\underset{\sim}{r_3-3r_2}\begin{pmatrix}1&3&-4&-4&2\\0&-7&11&9&-7\\0&0&0&0&-1\end{pmatrix}$$

秩为3.

(3) $\begin{pmatrix}2&1&8&3&7\\2&-3&0&7&-5\\3&-2&5&8&0\\1&0&3&2&0\end{pmatrix}\underset{\substack{r_2-2r_4\\r_3-3r_4}}{\overset{r_1-2r_4}{\sim}}\begin{pmatrix}0&1&2&-1&7\\0&-3&-6&3&-5\\0&-2&-4&2&0\\1&0&3&2&0\end{pmatrix}$

$$\underset{r_3+2r_1}{\overset{r_2+3r_1}{\sim}}\begin{pmatrix}0&1&2&-1&7\\0&0&0&0&16\\0&0&0&0&14\\1&0&3&2&0\end{pmatrix}\underset{\substack{r_3\div 14\\r_4\div 16\\r_4-r_3}}{\overset{\substack{r_1\leftrightarrow r_2\\r_4\leftrightarrow r_1}}{\sim}}\begin{pmatrix}1&0&3&2&0\\0&1&2&-1&7\\0&0&0&0&1\\0&0&0&0&0\end{pmatrix}$$

秩为3.

11. 设$\boldsymbol{A},\boldsymbol{B}$都是$m\times n$矩阵,证明$\boldsymbol{A}\sim\boldsymbol{B}$的充分必要条件是$R(\boldsymbol{A})=R(\boldsymbol{B})$.

证明 必要性即定理2,故只需证明充分性. 设$R(\boldsymbol{A})=R(\boldsymbol{B})=r$,那么矩阵$\boldsymbol{A},\boldsymbol{B}$有相同的标准形

$$\boldsymbol{F}=\begin{pmatrix}\boldsymbol{E}_r&\boldsymbol{O}\\\boldsymbol{O}&\boldsymbol{O}\end{pmatrix}_{m\times n}$$

于是$\boldsymbol{A}\sim\boldsymbol{F},\boldsymbol{B}\sim\boldsymbol{F}$,从而由等价关系的对称性和传递性,知$\boldsymbol{A}\sim\boldsymbol{B}$.

12. 设$\boldsymbol{A}=\begin{pmatrix}1&-2&3k\\-1&2k&-3\\k&-2&3\end{pmatrix}$,问$k$为何值,可使

(1) $R(\boldsymbol{A})=1$;　　(2) $R(\boldsymbol{A})=2$;　　(3) $R(\boldsymbol{A})=3$.

解一 因$\boldsymbol{A}$为3阶方阵,故$R(\boldsymbol{A})=3\Leftrightarrow|\boldsymbol{A}|\neq0$. 因

$$|\boldsymbol{A}|=-6(k-1)^2(k+2)$$

所以当$k\neq1$且$k\neq-2$时,$R(\boldsymbol{A})=3$;

当$k=-2$时,$R(\boldsymbol{A})\leqslant2$,又$\boldsymbol{A}$的左上角二阶子式不为零,故$R(\boldsymbol{A})\geqslant2$,于是$R(\boldsymbol{A})=2$;

当$k=1$时,$\boldsymbol{A}=\begin{pmatrix}1&-2&3\\-1&2&-3\\1&-2&3\end{pmatrix}\sim\begin{pmatrix}1&-2&3\\0&0&0\\0&0&0\end{pmatrix}$.

知$R(\boldsymbol{A})=1$.

解二 对$\boldsymbol{A}$作初等行变换:

$$\boldsymbol{A}=\begin{pmatrix}1&-2&3k\\-1&2k&-3\\k&-2&3\end{pmatrix}\underset{r_3-kr_1}{\overset{r_2+r_1}{\sim}}\begin{pmatrix}1&-2&3k\\0&2(k-1)&3(k-1)\\0&2(k-1)&-3(k^2-1)\end{pmatrix}$$

$$\xrightarrow{r_3 - r_2} \begin{pmatrix} 1 & -2 & 3k \\ 0 & 2(k-1) & 3(k-1) \\ 0 & 0 & -3(k-1)(k+2) \end{pmatrix}$$

于是,当 $k=1$ 时,$R(\boldsymbol{A})=1$;当 $k=-2$ 时,$R(\boldsymbol{A})=2$;当 $k\neq1$ 且 $k\neq-2$ 时,$R(\boldsymbol{A})=3$.

13. 求解下列齐次线性方程组:

(1) $\begin{cases} x_1+x_2+2x_3-x_4=0 \\ 2x_1+x_2+x_3-x_4=0 \\ 2x_1+2x_2+x_3+2x_4=0 \end{cases}$;　(2) $\begin{cases} x_1+2x_2+x_3-x_4=0 \\ 3x_1+6x_2-x_3-3x_4=0 \\ 5x_1+10x_2+x_3-5x_4=0 \end{cases}$;

(3) $\begin{cases} 2x_1+3x_2-x_3-7x_4=0 \\ 3x_1+x_2+2x_3-7x_4=0 \\ 4x_1+x_2-3x_3+6x_4=0 \\ x_1-2x_2+5x_3-5x_4=0 \end{cases}$;　(4) $\begin{cases} 3x_1+4x_2-5x_3+7x_4=0 \\ 2x_1-3x_2+3x_3-2x_4=0 \\ 4x_1+11x_2-13x_3+16x_4=0 \\ 7x_1-2x_2+x_3+3x_4=0 \end{cases}$.

解 (1) 对系数矩阵实施行变换:

$$\begin{pmatrix} 1 & 1 & 2 & -1 \\ 2 & 1 & 1 & -1 \\ 2 & 2 & 1 & 2 \end{pmatrix} \sim \begin{pmatrix} 1 & 0 & -1 & 0 \\ 0 & 1 & 3 & -1 \\ 0 & 0 & 1 & -\frac{4}{3} \end{pmatrix}$$

即得

$$\begin{cases} x_1 = \frac{4}{3}x_4 \\ x_2 = -3x_4 \\ x_3 = \frac{4}{3}x_4 \\ x_4 = x_4 \end{cases}$$

故方程组的解为

$$\begin{pmatrix} x_1 \\ x_2 \\ x_3 \\ x_4 \end{pmatrix} = k \begin{pmatrix} \frac{4}{3} \\ -3 \\ \frac{4}{3} \\ 1 \end{pmatrix} (k \in \mathbf{R})$$

(2) 对系数矩阵实施行变换:

$$\begin{pmatrix} 1 & 2 & 1 & -1 \\ 3 & 6 & -1 & -3 \\ 5 & 10 & 1 & -5 \end{pmatrix} \sim \begin{pmatrix} 1 & 2 & 0 & -1 \\ 0 & 0 & 1 & 0 \\ 0 & 0 & 0 & 0 \end{pmatrix}$$

即得

$$\begin{cases} x_1 = -2x_2 + x_4 \\ x_2 = x_2 \\ x_3 = 0 \\ x_4 = x_4 \end{cases}$$

故方程组的解为

$$\begin{pmatrix} x_1 \\ x_2 \\ x_3 \\ x_4 \end{pmatrix} = k_1 \begin{pmatrix} -2 \\ 1 \\ 0 \\ 0 \end{pmatrix} + k_2 \begin{pmatrix} 1 \\ 0 \\ 0 \\ 1 \end{pmatrix} (k_1, k_2 \in \mathbf{R})$$

（3）对系数矩阵实施行变换：

$$\begin{pmatrix} 2 & 3 & -1 & -7 \\ 3 & 1 & 2 & -7 \\ 4 & 1 & -3 & 6 \\ 1 & -2 & 5 & -5 \end{pmatrix} \sim \begin{pmatrix} 1 & 0 & 0 & \frac{1}{2} \\ 0 & 1 & 0 & -\frac{7}{2} \\ 0 & 0 & 1 & -\frac{5}{2} \\ 0 & 0 & 0 & 0 \end{pmatrix}$$

即得

$$\begin{cases} x_1 = -\frac{1}{2}x_4 \\ x_2 = \frac{7}{2}x_4 \\ x_3 = \frac{5}{2}x_4 \\ x_4 = x_4 \end{cases}$$

故方程组的解为

$$\begin{pmatrix} x_1 \\ x_2 \\ x_3 \\ x_4 \end{pmatrix} = k \begin{pmatrix} -\frac{1}{2} \\ \frac{7}{2} \\ \frac{5}{2} \\ 1 \end{pmatrix} (k \in \mathbf{R})$$

（4）对系数矩阵实施行变换：

$$\begin{pmatrix} 3 & 4 & -5 & 7 \\ 2 & -3 & 3 & -2 \\ 4 & 11 & -13 & 16 \\ 7 & -2 & 1 & 3 \end{pmatrix} \sim \begin{pmatrix} 1 & 0 & -\frac{3}{17} & \frac{13}{17} \\ 0 & 1 & -\frac{19}{17} & \frac{20}{17} \\ 0 & 0 & 0 & 0 \\ 0 & 0 & 0 & 0 \end{pmatrix}$$

即得

$$\begin{cases} x_1 = \frac{3}{17}x_3 - \frac{13}{17}x_4 \\ x_2 = \frac{19}{17}x_3 - \frac{20}{17}x_4 \\ x_3 = x_3 \\ x_4 = x_4 \end{cases}$$

故方程组的解为 $\begin{pmatrix}x_1\\x_2\\x_3\\x_4\end{pmatrix}=k_1\begin{pmatrix}\frac{3}{17}\\\frac{19}{17}\\1\\0\end{pmatrix}+k_2\begin{pmatrix}-\frac{13}{17}\\-\frac{20}{17}\\0\\1\end{pmatrix}(k_1,k_2\in\mathbf{R})$

14. 求解下列非齐次线性方程组：

(1) $\begin{cases}4x_1+2x_2-x_3=2\\3x_1-x_2+2x_3=10\\11x_1+3x_2=8\end{cases}$；(2) $\begin{cases}2x+3y+z=4\\x-2y+4z=-5\\3x+8y-2z=13\\4x-y+9z=-6\end{cases}$；

(3) $\begin{cases}2x+y-z+w=1\\4x+2y-2z+w=2\\2x+y-z-w=1\end{cases}$；(4) $\begin{cases}2x+y-z+w=1\\3x-2y+z-3w=4\\x+4y-3z+5w=-2\end{cases}$.

解 (1) 对增广矩阵施行行变换，有

$$\begin{pmatrix}4&2&-1&2\\3&-1&2&10\\11&3&0&8\end{pmatrix}\sim\begin{pmatrix}1&3&-3&-8\\0&-10&11&34\\0&0&0&-6\end{pmatrix}$$

$R(\boldsymbol{A})=2$ 而 $R(\boldsymbol{B})=3$，故方程组无解.

(2) 对增广矩阵施行行变换：

$$\begin{pmatrix}2&3&1&4\\1&-2&4&-5\\3&8&-2&13\\4&-1&9&-6\end{pmatrix}\sim\begin{pmatrix}1&0&2&-1\\0&1&-1&2\\0&0&0&0\\0&0&0&0\end{pmatrix}$$

即得

$$\begin{cases}x=-2z-1\\y=z+2\\z=z\end{cases}$$

亦即

$$\begin{pmatrix}x\\y\\z\end{pmatrix}=k\begin{pmatrix}-2\\1\\1\end{pmatrix}+\begin{pmatrix}-1\\2\\0\end{pmatrix}(k\in\mathbf{R})$$

(3) 对增广矩阵施行行变换：

$$\begin{pmatrix}2&1&-1&1&1\\4&2&-2&1&2\\2&1&-1&-1&1\end{pmatrix}\sim\begin{pmatrix}2&1&-1&1&1\\0&0&0&1&0\\0&0&0&0&0\end{pmatrix}$$

即得

$$\begin{cases} x = -\frac{1}{2}y + \frac{1}{2}z + \frac{1}{2} \\ y = y \\ z = z \\ w = 0 \end{cases}$$

即

$$\begin{pmatrix} x \\ y \\ z \\ w \end{pmatrix} = k_1 \begin{pmatrix} -\frac{1}{2} \\ 1 \\ 0 \\ 0 \end{pmatrix} + k_2 \begin{pmatrix} \frac{1}{2} \\ 0 \\ 1 \\ 0 \end{pmatrix} + \begin{pmatrix} \frac{1}{2} \\ 0 \\ 0 \\ 0 \end{pmatrix} (k_1, k_2 \in \mathbf{R})$$

（4）对增广矩阵施行行变换：

$$\begin{pmatrix} 2 & 1 & -1 & 1 & 1 \\ 3 & -2 & 1 & -3 & 4 \\ 1 & 4 & -3 & 5 & -2 \end{pmatrix} \sim \begin{pmatrix} 1 & 4 & -3 & 5 & -2 \\ 0 & 1 & -\frac{5}{7} & \frac{9}{7} & -\frac{5}{7} \\ 0 & 0 & 0 & 0 & 0 \end{pmatrix} \sim \begin{pmatrix} 1 & 0 & -\frac{1}{7} & -\frac{1}{7} & \frac{6}{7} \\ 0 & 1 & -\frac{5}{7} & \frac{9}{7} & -\frac{5}{7} \\ 0 & 0 & 0 & 0 & 0 \end{pmatrix}$$

即得

$$\begin{cases} x = \frac{1}{7}z + \frac{1}{7}w + \frac{6}{7} \\ y = \frac{5}{7}z - \frac{9}{7}w - \frac{5}{7} \\ z = z \\ w = w \end{cases}$$

即

$$\begin{pmatrix} x \\ y \\ z \\ w \end{pmatrix} = k_1 \begin{pmatrix} \frac{1}{7} \\ \frac{5}{7} \\ 1 \\ 0 \end{pmatrix} + k_2 \begin{pmatrix} \frac{1}{7} \\ -\frac{9}{7} \\ 0 \\ 1 \end{pmatrix} + \begin{pmatrix} \frac{6}{7} \\ -\frac{5}{7} \\ 0 \\ 0 \end{pmatrix} (k_1, k_2 \in \mathbf{R})$$

15. 写出一个以

$$x = c_1 \begin{pmatrix} 2 \\ -3 \\ 1 \\ 0 \end{pmatrix} + c_2 \begin{pmatrix} -2 \\ 4 \\ 0 \\ 1 \end{pmatrix}$$

为通解的齐次线性方程组.

解 将 $x = c_1 \begin{pmatrix} 2 \\ -3 \\ 1 \\ 0 \end{pmatrix} + c_2 \begin{pmatrix} -2 \\ 4 \\ 0 \\ 1 \end{pmatrix}$ 改写为

$$\begin{pmatrix}x_1\\x_2\\x_3\\x_4\end{pmatrix}=\begin{pmatrix}2c_1-2c_2\\-3c_1+4c_2\\c_1\\c_2\end{pmatrix}=\begin{pmatrix}2x_3-2x_4\\-3x_3+4x_4\\x_3\\x_4\end{pmatrix}\quad (令\ c_1=x_3,c_2=x_4)$$

由此知所求方程组有 2 个自由未知数 x_3, x_4，且对应的方程组为

$$\begin{cases}x_1=2x_3-2x_4\\x_2=-3x_3+4x_4\end{cases}，即\begin{cases}x_1-2x_3+2x_4=0\\x_2+3x_3-4x_4=0\end{cases}$$

它以 $x=c_1\begin{pmatrix}2\\-3\\1\\0\end{pmatrix}+c_2\begin{pmatrix}-2\\4\\0\\1\end{pmatrix}$ 为通解.

16. 设有线性方程组

$$\begin{pmatrix}1&\lambda-1&-2\\0&\lambda-2&\lambda+1\\0&0&2\lambda+1\end{pmatrix}\begin{pmatrix}x_1\\x_2\\x_3\end{pmatrix}=\begin{pmatrix}1\\3\\5\end{pmatrix},$$

问 λ 取何值时(1)有惟一解；(2)无解；(3)有无限多个解？并在有无限多解时求其通解.

解 记此方程组为 $\boldsymbol{Ax}=\boldsymbol{b}$，那么当 $\lambda\neq2$ 且 $\lambda\neq-\frac{1}{2}$ 时 $R(\boldsymbol{A})=R(\boldsymbol{A},\boldsymbol{b})=3$，有惟一解；当 $\lambda=-\frac{1}{2}$ 时，$R(\boldsymbol{A})=2$，而 $R(\boldsymbol{A},\boldsymbol{b})=3$，故方程组无解；当 $\lambda=2$ 时

$$(\boldsymbol{A},\boldsymbol{b})=\begin{pmatrix}1&1&-2&1\\0&0&3&3\\0&0&5&5\end{pmatrix}\sim\begin{pmatrix}1&1&0&3\\0&0&1&1\\0&0&0&0\end{pmatrix},$$

$R(\boldsymbol{A})=R(\boldsymbol{A},\boldsymbol{b})=2<3$，故方程有无限多解，且同解方程组为

$$\begin{cases}x_1=-x_2+3,\\x_3=1,\end{cases}\quad 得通解\begin{pmatrix}x_1\\x_2\\x_3\end{pmatrix}=k\begin{pmatrix}-1\\1\\1\end{pmatrix}+\begin{pmatrix}3\\0\\1\end{pmatrix}.\ (k\in\mathbf{R})$$

17. λ 取何值时，非齐次线性方程组

$$\begin{cases}\lambda x_1+x_2+x_3=1\\x_1+\lambda x_2+x_3=\lambda\\x_1+x_2+\lambda x_3=\lambda^2\end{cases}$$

(1)有唯一解；(2)无解；(3)有无穷多个解？并在有限多解时求其通解.

解 (1) $\begin{vmatrix}\lambda&1&1\\1&\lambda&1\\1&1&\lambda\end{vmatrix}\neq0$，即 $\lambda\neq1,-2$ 时方程组有唯一解.

(2) $R(\boldsymbol{A})<R(\boldsymbol{B})$.

$$\boldsymbol{B}=\begin{pmatrix}\lambda&1&1&1\\1&\lambda&1&\lambda\\1&1&\lambda&\lambda^2\end{pmatrix}\sim\begin{pmatrix}1&1&\lambda&\lambda^2\\0&\lambda-1&1-\lambda&\lambda(1-\lambda)\\0&0&(1-\lambda)(2+\lambda)&(1-\lambda)(\lambda+1)^2\end{pmatrix}$$

由

$$(1-\lambda)(2+\lambda)=0,(1-\lambda)(1+\lambda)^2\neq 0$$

得 $\lambda=-2$ 时,方程组无解.

(3) $R(\boldsymbol{A})=R(\boldsymbol{B})<3$.

由

$$(1-\lambda)(2+\lambda)=(1-\lambda)(1+\lambda)^2=0$$

得 $\lambda=1$ 时,方程组有无穷多个解.

因同解方程为 $\boldsymbol{x}_1=-\boldsymbol{x}_2-\boldsymbol{x}_3+1$,故同解为 $\begin{pmatrix}x_1\\x_2\\x_3\end{pmatrix}=k_1\begin{pmatrix}-1\\1\\0\end{pmatrix}+k_2\begin{pmatrix}-1\\0\\1\end{pmatrix}+\begin{pmatrix}1\\0\\0\end{pmatrix}(k_1,k_2\in\mathbf{R})$.

18. 非齐次线性方程组

$$\begin{cases}-2x_1+x_2+x_3=-2\\x_1-2x_2+x_3=\lambda\\x_1+x_2-2x_3=\lambda^2\end{cases}$$

当 λ 取何值时有解? 并求出它的解.

解 $\boldsymbol{B}=\begin{pmatrix}-2&1&1&-2\\1&-2&1&\lambda\\1&1&-2&\lambda^2\end{pmatrix}\sim\begin{pmatrix}1&-2&1&\lambda\\0&1&-1&-\frac{2}{3}(\lambda-1)\\0&0&0&(\lambda-1)(\lambda+2)\end{pmatrix}$

方程组有解,须$(1-\lambda)(\lambda+2)=0$,得 $\lambda=1,\lambda=-2$.

当 $\lambda=1$ 时,方程组的解为

$$\begin{pmatrix}x_1\\x_2\\x_3\end{pmatrix}=k\begin{pmatrix}1\\1\\1\end{pmatrix}+\begin{pmatrix}1\\0\\0\end{pmatrix}\ (k\in\mathbf{R})$$

当 $\lambda=-2$ 时,方程组的解为

$$\begin{pmatrix}x_1\\x_2\\x_3\end{pmatrix}=k\begin{pmatrix}1\\1\\1\end{pmatrix}+\begin{pmatrix}2\\2\\0\end{pmatrix}(k\in\mathbf{R})$$

19. 设

$$\begin{cases}(2-\lambda)x_1+2x_2-2x_3=1\\2x_1+(5-\lambda)x_2-4x_3=2\\-2x_1-4x_2+(5-\lambda)x_3=-\lambda-1\end{cases}$$

问:λ 为何值时,此方程组有惟一解、无解或有无穷多解? 并在有无穷多解时求其通解.

解 $\begin{pmatrix}2-\lambda&2&-2&1\\2&5-\lambda&-4&2\\-2&-4&5-\lambda&-\lambda-1\end{pmatrix}\sim\begin{pmatrix}1&\frac{5-\lambda}{2}&-2&1\\0&1-\lambda&1-\lambda&1-\lambda\\0&0&\frac{(1-\lambda)(10-\lambda)}{2}&\frac{(1-\lambda)(4-\lambda)}{2}\end{pmatrix}$.

当$|A|\neq 0$,即$\dfrac{(1-\lambda)^2(10-\lambda)}{2}\neq 0$,所以$\lambda\neq 1$且$\lambda\neq 10$时,有惟一解.

当$\dfrac{(1-\lambda)(10-\lambda)}{2}=0$且$\dfrac{(1-\lambda)(4-\lambda)}{2}\neq 0$,即$\lambda=10$时,无解.

当$\dfrac{(1-\lambda)(10-\lambda)}{2}=0$且$\dfrac{(1-\lambda)(4-\lambda)}{2}=0$,即$\lambda=1$时,有无穷多解.

此时,增广矩阵为

$$\begin{pmatrix}1 & 2 & -2 & 1\\ 0 & 0 & 0 & 0\\ 0 & 0 & 0 & 0\end{pmatrix}$$

原方程组的解为$\begin{pmatrix}x_1\\ x_2\\ x_3\end{pmatrix}=k_1\begin{pmatrix}-2\\ 1\\ 0\end{pmatrix}+k_2\begin{pmatrix}2\\ 0\\ 1\end{pmatrix}+\begin{pmatrix}1\\ 0\\ 0\end{pmatrix}\ (k_1,k_2\in\mathbf{R})$.

20. 证明$R(\boldsymbol{A})=1$的充分必要条件是存在非零列向量$\boldsymbol{a}$及非零行向量$\boldsymbol{b}^{\mathrm{T}}$,使$\boldsymbol{A}=\boldsymbol{a}\boldsymbol{b}^{\mathrm{T}}$.

证明 先证充分性. 设$\boldsymbol{a}=(a_1,a_2,\cdots,a_m)^{\mathrm{T}}$,$\boldsymbol{b}=(b_1,b_2,\cdots,b_m)^{\mathrm{T}}$,并不妨设$a_1b_1\neq 0$. 按矩阵秩的性质⑦,由$\boldsymbol{A}=\boldsymbol{a}\boldsymbol{b}^{\mathrm{T}}$有$R(\boldsymbol{A})\leqslant R(\boldsymbol{a})=1$;另外,$\boldsymbol{A}$的$(1,1)$元$a_1b_1\neq 0$,知$1\leqslant R(\boldsymbol{A})$,故$R(\boldsymbol{A})=1$.

再证必要性. 设$\boldsymbol{A}=(a_{ij})_{m\times n}$,$R(\boldsymbol{A})=1$,并不妨设$a_{kl}\neq 0(1\leqslant k\leqslant m,1\leqslant l\leqslant n)$.

因$R(\boldsymbol{A})=1$,知$\boldsymbol{A}$的所有2阶子式均为零,故对$\boldsymbol{A}$的任一元$a_{kl}(i\neq k,j\neq l)$有

$$\begin{vmatrix}a_{ij} & a_{il}\\ a_{kj} & a_{kl}\end{vmatrix}=0,\text{即 } a_{kl}a_{ij}=a_{il}a_{kj}$$

上式当$i=k$或$j=l$时也显然成立. 于是

$$\begin{pmatrix}a_{1l}\\ a_{2l}\\ \vdots\\ a_{ml}\end{pmatrix}(a_{k1},a_{k2},\cdots,a_{kn})=(a_{il}a_{kj})_{m\times n}=(a_{kl}a_{ij})_{m\times n}=a_{kl}\boldsymbol{A}$$

令$\boldsymbol{a}=\dfrac{1}{a_{kl}}\begin{pmatrix}a_{1l}\\ a_{2l}\\ \vdots\\ a_{ml}\end{pmatrix}$,$\boldsymbol{b}^{\mathrm{T}}=(a_{k1},a_{k2},\cdots,a_{kn})$则因$a_{kl}\neq 0$,故$\boldsymbol{a},\boldsymbol{b}^{\mathrm{T}}$分别是非零列向量和非零行向量,且有$\boldsymbol{A}=\boldsymbol{a}\boldsymbol{b}^{\mathrm{T}}$.

21. 设$\boldsymbol{A}$为列满秩矩阵,$\boldsymbol{AB}=\boldsymbol{C}$,证明线性方程$\boldsymbol{Bx}=\boldsymbol{0}$与$\boldsymbol{Cx}=\boldsymbol{0}$同解.

证明 若x满足$\boldsymbol{Bx}=\boldsymbol{0}$,则$\boldsymbol{ABx}=\boldsymbol{0}$,即$\boldsymbol{Cx}=\boldsymbol{0}$.

若x满足$\boldsymbol{Cx}=\boldsymbol{0}$,即$\boldsymbol{ABx}=\boldsymbol{0}$,因$\boldsymbol{A}$为列满秩矩阵,由定理4知方程$\boldsymbol{Ay}=\boldsymbol{0}$只有零解,故$\boldsymbol{Bx}=\boldsymbol{0}$.

综上即知方程$\boldsymbol{Bx}=\boldsymbol{0}$与$\boldsymbol{Cx}=\boldsymbol{0}$同解.

22. 设$\boldsymbol{A}$为$m\times n$矩阵,证明方程$\boldsymbol{AX}=\boldsymbol{E}_m$有解的充分必要条件是$R(\boldsymbol{A})=m$.

证明 按定理6知,方程$\boldsymbol{AX}=\boldsymbol{E}_m$有解$\Leftrightarrow R(\boldsymbol{A})=R(\boldsymbol{A},\boldsymbol{E}_m)$,而$(\boldsymbol{A},\boldsymbol{E}_m)$含$m$行,有

$R(\boldsymbol{A},\boldsymbol{E}_m)\leqslant m$；又 $R(\boldsymbol{A},\boldsymbol{E}_m)\geqslant R(\boldsymbol{E}_m)=m$，因此 $R(\boldsymbol{A},\boldsymbol{E}_m)=m$. 所以方程 $\boldsymbol{AX}=\boldsymbol{E}_m$ 有解 $\Leftrightarrow R(\boldsymbol{A})=m$.

习题四

1. 已知向量组

$\boldsymbol{A}:\boldsymbol{a}_1=(0,1,2,3)^{\mathrm{T}},\boldsymbol{a}_2=(3,0,1,2)^{\mathrm{T}},\boldsymbol{a}_3=(2,3,0,1)^{\mathrm{T}}$

$\boldsymbol{B}:\boldsymbol{b}_1=(2,1,1,2)^{\mathrm{T}},\boldsymbol{b}_2=(0,-2,1,1)^{\mathrm{T}},\boldsymbol{b}_3=(4,4,1,3)^{\mathrm{T}}$

证明 $\boldsymbol{B}$ 组能由 $\boldsymbol{A}$ 组线性表示，但 $\boldsymbol{A}$ 组不能由 $\boldsymbol{B}$ 组线性表示.

证明 由

$$(\boldsymbol{A},\boldsymbol{B})=\begin{pmatrix}0&3&2&2&0&4\\1&0&3&1&-2&4\\2&1&0&1&1&1\\3&2&1&2&1&3\end{pmatrix}\overset{r}{\sim}\begin{pmatrix}1&0&3&1&-2&4\\0&3&2&2&0&4\\0&1&-6&-1&5&-7\\0&2&-8&-1&7&-9\end{pmatrix}$$

$$\overset{r}{\sim}\begin{pmatrix}1&0&3&1&-2&4\\0&1&-6&-1&5&-7\\0&0&20&5&-15&25\\0&0&4&1&-3&5\end{pmatrix}\overset{r}{\sim}\begin{pmatrix}1&0&3&1&-2&4\\0&1&-6&-1&5&-7\\0&0&4&1&-3&5\\0&0&0&0&0&0\end{pmatrix}$$

知 $R(\boldsymbol{A})=R(\boldsymbol{A},\boldsymbol{B})=3$，所以 $\boldsymbol{B}$ 组能由 $\boldsymbol{A}$ 组线性表示.

由

$$\boldsymbol{B}=\begin{pmatrix}2&0&4\\1&-2&4\\1&1&1\\2&1&3\end{pmatrix}\overset{r}{\sim}\begin{pmatrix}1&0&2\\0&-2&2\\0&1&-1\\0&1&-1\end{pmatrix}\overset{r}{\sim}\begin{pmatrix}1&0&2\\0&1&-1\\0&0&0\\0&0&0\end{pmatrix}$$

知 $R(\boldsymbol{B})=2$. 因为 $R(\boldsymbol{B})<R(\boldsymbol{B},\boldsymbol{A})$，所以 $\boldsymbol{A}$ 组不能由 $\boldsymbol{B}$ 组线性表示.

2. 已知向量组

$\boldsymbol{A}:\boldsymbol{a}_1=(0,1,1)^{\mathrm{T}},\boldsymbol{a}_2=(1,1,0)^{\mathrm{T}}$；

$\boldsymbol{B}:\boldsymbol{b}_1=(-1,0,1)^{\mathrm{T}},\boldsymbol{b}_2=(1,2,1)^{\mathrm{T}},\boldsymbol{b}_3=(3,2,-1)^{\mathrm{T}}$，

证明 $\boldsymbol{A}$ 组与 $\boldsymbol{B}$ 组等价.

证明 由

$$(\boldsymbol{B},\boldsymbol{A})=\begin{pmatrix}-1&1&3&0&1\\0&2&2&1&1\\1&1&-1&1&0\end{pmatrix}\overset{r}{\sim}\begin{pmatrix}-1&1&3&0&1\\0&2&2&1&1\\0&2&2&1&1\end{pmatrix}\overset{r}{\sim}\begin{pmatrix}-1&1&3&0&1\\0&2&2&1&1\\0&0&0&0&0\end{pmatrix},$$

知 $R(\boldsymbol{B})=R(\boldsymbol{B},\boldsymbol{A})=2$，显然在 $\boldsymbol{A}$ 中有 2 阶非零子式，故 $R(\boldsymbol{A})\geqslant 2$，又 $R(\boldsymbol{A})\leqslant R(\boldsymbol{B},\boldsymbol{A})=2$，所以 $R(\boldsymbol{A})=2$，从而 $R(\boldsymbol{A})=R(\boldsymbol{B})=R(\boldsymbol{A},\boldsymbol{B})$. 因此，$\boldsymbol{A}$ 组与 $\boldsymbol{B}$ 组等价.

3. 判定下列向量组是线性相关还是线性无关：

(1) $(-1,3,1)^{\mathrm{T}},(2,1,0)^{\mathrm{T}},(1,4,1)^{\mathrm{T}}$；

(2) $(2,3,0)^{\mathrm{T}},(-1,4,0)^{\mathrm{T}},(0,0,2)^{\mathrm{T}}$.

解 (1) 以所给向量为列向量的矩阵记为 $\boldsymbol{A}$. 因为

$$A=\begin{pmatrix}-1&2&1\\3&1&4\\1&0&1\end{pmatrix}\overset{r}{\sim}\begin{pmatrix}-1&2&1\\0&7&7\\0&2&2\end{pmatrix}\overset{r}{\sim}\begin{pmatrix}-1&2&1\\0&1&1\\0&0&0\end{pmatrix},$$

所以 $R(\boldsymbol{A})=2$ 小于向量的个数,从而所给向量组线性相关.

（2）以所给向量为列向量的矩阵记为 $\boldsymbol{B}$. 因为

$$|\boldsymbol{B}|=\begin{vmatrix}2&-1&0\\3&4&0\\0&0&2\end{vmatrix}=22\neq 0,$$

所以 $R(\boldsymbol{B})=3$ 等于向量的个数,从而所给向量组线性无关.

4. 问 a 取什么值时下列向量组线性相关? $\boldsymbol{a}_1=(a,1,1)^{\mathrm{T}}$, $\boldsymbol{a}_2=(1,a,-1)^{\mathrm{T}}$, $\boldsymbol{a}_3=(1,-1,a)^{\mathrm{T}}$.

解　以所给向量为列向量的矩阵记为 $\boldsymbol{A}$. 由

$$|\boldsymbol{A}|=\begin{vmatrix}a&1&1\\1&a&-1\\1&-1&a\end{vmatrix}=(a-2)(a+1)^2$$

知,当 $a=-1$、2 时, $R(\boldsymbol{A})<3$,此时向量组线性相关.

5. 设矩阵 $\boldsymbol{A}=\boldsymbol{a}\boldsymbol{a}^{\mathrm{T}}+\boldsymbol{b}\boldsymbol{b}^{\mathrm{T}}$,这里 $\boldsymbol{a},\boldsymbol{b}$ 为 n 维列向量. 证明:(1) $R(\boldsymbol{A})\leqslant 2$; (2) 当 $\boldsymbol{a},\boldsymbol{b}$ 线性相关时, $R(\boldsymbol{A})\leqslant 1$.

证明　(1) 由矩阵秩的性质知

$$R(\boldsymbol{A})=R(\boldsymbol{a}\boldsymbol{a}^{\mathrm{T}}+\boldsymbol{b}\boldsymbol{b}^{\mathrm{T}})\leqslant R(\boldsymbol{a}\boldsymbol{a}^{\mathrm{T}})+R(\boldsymbol{b}\boldsymbol{b}^{\mathrm{T}})\leqslant R(\boldsymbol{a})+R(\boldsymbol{b})\leqslant 1+1=2.$$

(2) 当 $\boldsymbol{a},\boldsymbol{b}$ 线性相关时,若 $\boldsymbol{a},\boldsymbol{b}$ 都为零向量,则 $\boldsymbol{A}=\boldsymbol{O}$,结论成立;若 $\boldsymbol{a},\boldsymbol{b}$ 不全为零向量,不妨设 $\boldsymbol{a}\neq\boldsymbol{0}$,因此时 $\boldsymbol{a}$ 与 $\boldsymbol{b}$ 成比例,有 $\boldsymbol{b}=\lambda\boldsymbol{a}$($\lambda$ 可能为0),于是 $\boldsymbol{a}\boldsymbol{a}^{\mathrm{T}}+\boldsymbol{b}\boldsymbol{b}^{\mathrm{T}}=(1+\lambda^2)\boldsymbol{a}\boldsymbol{a}^{\mathrm{T}}$,从而有

$$R(\boldsymbol{A})=R((1+\lambda^2)\boldsymbol{a}\boldsymbol{a}^{\mathrm{T}})=R(\boldsymbol{a}\boldsymbol{a}^{\mathrm{T}})\leqslant R(\boldsymbol{a})=1.$$

6. 设 $\boldsymbol{a}_1,\boldsymbol{a}_2$ 线性无关, $\boldsymbol{a}_1+\boldsymbol{b},\boldsymbol{a}_2+\boldsymbol{b}$ 线性相关,求向量 $\boldsymbol{b}$ 用 $\boldsymbol{a}_1,\boldsymbol{a}_2$ 线性表示的表示式.

解　因为 $\boldsymbol{a}_1+\boldsymbol{b},\boldsymbol{a}_2+\boldsymbol{b}$ 线性相关,故存在不全为零的数 λ_1,λ_2 使

$$\lambda_1(\boldsymbol{a}_1+\boldsymbol{b})+\lambda_2(\boldsymbol{a}_2+\boldsymbol{b})=\boldsymbol{0}.$$

又因 $\boldsymbol{a}_1,\boldsymbol{a}_2$ 线性无关,故 $\lambda_1+\lambda_2\neq 0$,由此得

$$\boldsymbol{b}=-\frac{\lambda_1}{\lambda_1+\lambda_2}\boldsymbol{a}_1-\frac{\lambda_2}{\lambda_1+\lambda_2}\boldsymbol{a}_2=-\frac{\lambda_1}{\lambda_1+\lambda_2}\boldsymbol{a}_1-\left(1-\frac{\lambda_1}{\lambda_1+\lambda_2}\right)\boldsymbol{a}_2.$$

设 $c=-\dfrac{\lambda_1}{\lambda_1+\lambda_2}$,则

$$\boldsymbol{b}=c\boldsymbol{a}_1-(1+c)\boldsymbol{a}_2, c\in\mathbf{R}.$$

7. 设 $\boldsymbol{a}_1,\boldsymbol{a}_2$ 线性相关, $\boldsymbol{b}_1,\boldsymbol{b}_2$ 也线性相关,问 $\boldsymbol{a}_1+\boldsymbol{b}_1,\boldsymbol{a}_2+\boldsymbol{b}_2$ 是否一定线性相关? 试举例说明之.

解　不一定.

例如,当 $\boldsymbol{a}_1=(1,2)^{\mathrm{T}},\boldsymbol{a}_2=(2,4)^{\mathrm{T}},\boldsymbol{b}_1=(-1,-1)^{\mathrm{T}},\boldsymbol{b}_2=(0,0)^{\mathrm{T}}$ 时,有

$$\boldsymbol{a}_1+\boldsymbol{b}_1=(1,2)^{\mathrm{T}}+(-1,-1)^{\mathrm{T}}=(0,1)^{\mathrm{T}},$$
$$\boldsymbol{a}_2+\boldsymbol{b}_2=(2,4)^{\mathrm{T}}+(0,0)^{\mathrm{T}}=(2,4)^{\mathrm{T}},$$

而 $\boldsymbol{a}_1+\boldsymbol{b}_1,\boldsymbol{a}_2+\boldsymbol{b}_2$ 的对应分量不成比例,所以 $\boldsymbol{a}_1+\boldsymbol{b}_1,\boldsymbol{a}_2+\boldsymbol{b}_2$ 是线性无关的.

8. 举例说明下列各命题是错误的:

(1) 若向量组 $\boldsymbol{a}_1,\boldsymbol{a}_2,\cdots,\boldsymbol{a}_m$ 是线性相关的,则 $\boldsymbol{a}_1$ 可由 $\boldsymbol{a}_2,\cdots,\boldsymbol{a}_m$ 线性表示.

(2) 若有不全为 0 的数 $\lambda_1,\lambda_2,\cdots,\lambda_m$,使

$$\lambda_1\boldsymbol{a}_1+\cdots+\lambda_m\boldsymbol{a}_m+\lambda_1\boldsymbol{b}_1+\cdots+\lambda_m\boldsymbol{b}_m=\boldsymbol{0}$$

成立,则 $\boldsymbol{a}_1,\boldsymbol{a}_2,\cdots,\boldsymbol{a}_m$ 线性相关,$\boldsymbol{b}_1,\boldsymbol{b}_2,\cdots,\boldsymbol{b}_m$ 亦线性相关.

(3) 若只有当 $\lambda_1,\lambda_2,\cdots,\lambda_m$,全为 0 时,等式

$$\lambda_1\boldsymbol{a}_1+\cdots+\lambda_m\boldsymbol{a}_m+\lambda_1\boldsymbol{b}_1+\cdots+\lambda_m\boldsymbol{b}_m=\boldsymbol{0}$$

才能成立,则 $\boldsymbol{a}_1,\boldsymbol{a}_2,\cdots,\boldsymbol{a}_m$ 线性无关,$\boldsymbol{b}_1,\boldsymbol{b}_2,\cdots,\boldsymbol{b}_m$ 亦线性无关.

(4) 若 $\boldsymbol{a}_1,\boldsymbol{a}_2,\cdots,\boldsymbol{a}_m$ 线性相关,$\boldsymbol{b}_1,\boldsymbol{b}_2,\cdots,\boldsymbol{b}_m$ 亦线性相关,则有不全为 0 的数 $\lambda_1,\lambda_2,\cdots,\lambda_m$,使

$$\lambda_1\boldsymbol{a}_1+\cdots+\lambda_m\boldsymbol{a}_m=\boldsymbol{0}$$
$$\lambda_1\boldsymbol{b}_1+\cdots+\lambda_m\boldsymbol{b}_m=\boldsymbol{0}$$

同时成立.

解 (1) 设 $\boldsymbol{a}_1=\boldsymbol{e}_1=(1,0,0,\cdots,0)$, $\boldsymbol{a}_2=\boldsymbol{a}_3=\cdots=\boldsymbol{a}_m=\boldsymbol{0}$,则 $\boldsymbol{a}_1,\boldsymbol{a}_2,\cdots,\boldsymbol{a}_m$ 线性相关,但 $\boldsymbol{a}_1$ 不能由 $\boldsymbol{a}_2,\cdots,\boldsymbol{a}_m$ 线性表示.

(2) 有不全为零的数 $\lambda_1,\lambda_2,\cdots,\lambda_m$,使

$$\lambda_1\boldsymbol{a}_1+\cdots+\lambda_m\boldsymbol{a}_m+\lambda_1\boldsymbol{b}_1+\cdots+\lambda_m\boldsymbol{b}_m=\boldsymbol{0},$$

原式可化为

$$\lambda_1(\boldsymbol{a}_1+\boldsymbol{b}_1)+\cdots+\lambda_m(\boldsymbol{a}_m+\boldsymbol{b}_m)=\boldsymbol{0}.$$

取 $\boldsymbol{a}_1=\boldsymbol{e}_1=-\boldsymbol{b}_1,\boldsymbol{a}_2=\boldsymbol{e}_2=-\boldsymbol{b}_2,\cdots,\boldsymbol{a}_m=\boldsymbol{e}_m=-\boldsymbol{b}_m$,其中 $\boldsymbol{e}_1,\boldsymbol{e}_2,\cdots,\boldsymbol{e}_m$ 为单位坐标向量,则上式成立,而 $\boldsymbol{a}_1,\boldsymbol{a}_2,\cdots,\boldsymbol{a}_m$ 和 $\boldsymbol{b}_1,\boldsymbol{b}_2,\cdots,\boldsymbol{b}_m$ 均线性无关.

(3) 由于只有当 $\lambda_1,\lambda_2,\cdots,\lambda_m$ 全为 0 时,等式

$$\lambda_1\boldsymbol{a}_1+\cdots+\lambda_m\boldsymbol{a}_m+\lambda_1\boldsymbol{b}_1+\cdots+\lambda_m\boldsymbol{b}_m=\boldsymbol{0}$$

成立,所以只有当 $\lambda_1,\lambda_2,\cdots,\lambda_m$ 全为 0 时,等式

$$\lambda_1(\boldsymbol{a}_1+\boldsymbol{b}_1)+\lambda_2(\boldsymbol{a}_2+\boldsymbol{b}_2)+\cdots+\lambda_m(\boldsymbol{a}_m+\boldsymbol{b}_m)=\boldsymbol{0}$$

成立. 因此 $\boldsymbol{a}_1+\boldsymbol{b}_1,\boldsymbol{a}_2+\boldsymbol{b}_2,\cdots,\boldsymbol{a}_m+\boldsymbol{b}_m$ 线性无关.

取 $\boldsymbol{a}_1=\boldsymbol{a}_2=\cdots=\boldsymbol{a}_m=\boldsymbol{0}$,取 $\boldsymbol{b}_1,\boldsymbol{b}_2,\cdots,\boldsymbol{b}_m$ 为线性无关组,则它们满足以上条件,但 $\boldsymbol{a}_1,\boldsymbol{a}_2,\cdots,\boldsymbol{a}_m$ 线性相关.

(4) 取 $\boldsymbol{a}_1=(1,0)^{\mathrm{T}},\boldsymbol{a}_2=(2,0)^{\mathrm{T}},\boldsymbol{b}_1=(0,3)^{\mathrm{T}},\boldsymbol{b}_2=(0,4)^{\mathrm{T}}$,则向量组 $\boldsymbol{a}_1,\boldsymbol{a}_2$ 与 $\boldsymbol{b}_1,\boldsymbol{b}_2$ 均线性相关,但对此两向量组不存在不全为零的数,使

$$\lambda_1\boldsymbol{a}_1+\lambda_2\boldsymbol{a}_2=\boldsymbol{0},\lambda_1\boldsymbol{b}_1+\lambda_2\boldsymbol{b}_2=\boldsymbol{0}.$$

若有

$$\lambda_1\boldsymbol{a}_1+\lambda_2\boldsymbol{a}_2=\boldsymbol{0}\Rightarrow\lambda_1=-2\lambda_2,$$
$$\lambda_1\boldsymbol{b}_1+\lambda_2\boldsymbol{b}_2=\boldsymbol{0}\Rightarrow\lambda_1=-\frac{4}{3}\lambda_2,$$

则只有 $\lambda_1=\lambda_2=0$ 时,上式成立,与题设矛盾.

9. 设 $\boldsymbol{b}_1=\boldsymbol{a}_1+\boldsymbol{a}_2,\boldsymbol{b}_2=\boldsymbol{a}_2+\boldsymbol{a}_3,\boldsymbol{b}_3=\boldsymbol{a}_3+\boldsymbol{a}_4,\boldsymbol{b}_4=\boldsymbol{a}_4+\boldsymbol{a}_1$,证明向量组 $\boldsymbol{b}_1,\boldsymbol{b}_2,\boldsymbol{b}_3,\boldsymbol{b}_4$ 线性相关.

证明 由已知条件,得

$$\boldsymbol{a}_1=\boldsymbol{b}_1-\boldsymbol{a}_2,\boldsymbol{a}_2=\boldsymbol{b}_2-\boldsymbol{a}_3,\boldsymbol{a}_3=\boldsymbol{b}_3-\boldsymbol{a}_4,\boldsymbol{a}_4=\boldsymbol{b}_4-\boldsymbol{a}_1,$$

于是

$$\boldsymbol{a}_1=\boldsymbol{b}_1-\boldsymbol{b}_2+\boldsymbol{a}_3=\boldsymbol{b}_1-\boldsymbol{b}_2+\boldsymbol{b}_3-\boldsymbol{a}_4=\boldsymbol{b}_1-\boldsymbol{b}_2+\boldsymbol{b}_3-\boldsymbol{b}_4+\boldsymbol{a}_1,$$

从而

$$\boldsymbol{b}_1-\boldsymbol{b}_2+\boldsymbol{b}_3-\boldsymbol{b}_4=\boldsymbol{0}.$$

这说明向量组 $\boldsymbol{b}_1,\boldsymbol{b}_2,\boldsymbol{b}_3,\boldsymbol{b}_4$ 线性相关.

10. 设 $\boldsymbol{b}_1=\boldsymbol{a}_1,\boldsymbol{b}_2=\boldsymbol{a}_1+\boldsymbol{a}_2,\cdots,\boldsymbol{b}_r=\boldsymbol{a}_1+\boldsymbol{a}_2+\cdots+\boldsymbol{a}_r$ 且向量组 $\boldsymbol{a}_1,\boldsymbol{a}_2,\cdots,\boldsymbol{a}_r$ 线性无关,证明向量组 $\boldsymbol{b}_1,\boldsymbol{b}_2,\cdots,\boldsymbol{b}_r$ 线性无关.

证明 已知的 r 个等式可以写成

$$(\boldsymbol{b}_1,\boldsymbol{b}_2,\cdots,\boldsymbol{b}_r)=(\boldsymbol{a}_1,\boldsymbol{a}_2,\cdots,\boldsymbol{a}_r)\begin{pmatrix}1&1&\cdots&1\\0&1&\cdots&1\\\vdots&\vdots&\ddots&\vdots\\0&0&\cdots&1\end{pmatrix},$$

上式记为 $\boldsymbol{B}=\boldsymbol{AK}$. 因为 $|\boldsymbol{K}|=1\neq0$,$\boldsymbol{K}$ 可逆,所以 $R(\boldsymbol{B})=R(\boldsymbol{A})=r$,从而向量组 $\boldsymbol{b}_1,\boldsymbol{b}_2,\cdots,\boldsymbol{b}_r$ 线性无关.

11. 设向量组 $\boldsymbol{a}_1,\boldsymbol{a}_2,\boldsymbol{a}_3$ 线性无关,判断向量组 $\boldsymbol{b}_1,\boldsymbol{b}_2,\boldsymbol{b}_3$ 的线性相关性:

(1) $\boldsymbol{b}_1=\boldsymbol{a}_1+\boldsymbol{a}_2,\ \boldsymbol{b}_2=2\boldsymbol{a}_2+3\boldsymbol{a}_3,\ \boldsymbol{b}_3=5\boldsymbol{a}_1+3\boldsymbol{a}_2$;

(2) $\boldsymbol{b}_1=\boldsymbol{a}_1+2\boldsymbol{a}_2+3\boldsymbol{a}_3,\ \boldsymbol{b}_2=2\boldsymbol{a}_1+2\boldsymbol{a}_2+4\boldsymbol{a}_3,\ \boldsymbol{b}_3=3\boldsymbol{a}_1+\boldsymbol{a}_2+3\boldsymbol{a}_3$;

(3) $\boldsymbol{b}_1=\boldsymbol{a}_1-\boldsymbol{a}_2,\ \boldsymbol{b}_2=2\boldsymbol{a}_2+\boldsymbol{a}_3,\ \boldsymbol{b}_3=\boldsymbol{a}_1+\boldsymbol{a}_2+\boldsymbol{a}_3$.

解 (1) $(\boldsymbol{b}_1,\boldsymbol{b}_2,\boldsymbol{b}_3)=(\boldsymbol{a}_1,\boldsymbol{a}_2,\boldsymbol{a}_3)\begin{pmatrix}1&0&5\\1&2&3\\0&3&0\end{pmatrix}$,而 $\begin{vmatrix}1&0&5\\1&2&3\\0&3&0\end{vmatrix}=6\neq0$, 于是 $R(\boldsymbol{b}_1,\boldsymbol{b}_2,\boldsymbol{b}_3)=R(\boldsymbol{a}_1,\boldsymbol{a}_2,\boldsymbol{a}_3)=3$,向量组 $\boldsymbol{b}_1,\boldsymbol{b}_2,\boldsymbol{b}_3$ 线性无关.

(2) $(\boldsymbol{b}_1,\boldsymbol{b}_2,\boldsymbol{b}_3)=(\boldsymbol{a}_1,\boldsymbol{a}_2,\boldsymbol{a}_3)\begin{pmatrix}1&2&3\\2&2&1\\3&4&3\end{pmatrix}$,而 $\begin{vmatrix}1&2&3\\2&2&1\\3&4&3\end{vmatrix}=2\neq0$, 于是 $R(\boldsymbol{b}_1,\boldsymbol{b}_2,\boldsymbol{b}_3)=R(\boldsymbol{a}_1,\boldsymbol{a}_2,\boldsymbol{a}_3)=3$,向量组 $\boldsymbol{b}_1,\boldsymbol{b}_2,\boldsymbol{b}_3$ 线性无关.

(3) $(\boldsymbol{b}_1,\boldsymbol{b}_2,\boldsymbol{b}_3)=(\boldsymbol{a}_1,\boldsymbol{a}_2,\boldsymbol{a}_3)\begin{pmatrix}1&0&1\\-1&2&1\\0&1&1\end{pmatrix}$,而 $\begin{vmatrix}1&0&1\\-1&2&1\\0&1&1\end{vmatrix}=0$, 于是 $R(\boldsymbol{b}_1,\boldsymbol{b}_2,\boldsymbol{b}_3)\leqslant2$,向量组 $\boldsymbol{b}_1,\boldsymbol{b}_2,\boldsymbol{b}_3$ 线性相关.

12. 设向量组 $\boldsymbol{B}:\boldsymbol{b}_1,\boldsymbol{b}_2,\cdots,\boldsymbol{b}_r$ 能由向量组 $\boldsymbol{A}:\boldsymbol{a}_1,\boldsymbol{a}_2,\cdots,\boldsymbol{a}_s$ 线性表示为

$$(\boldsymbol{b}_1,\cdots,\boldsymbol{b}_r)=(\boldsymbol{a}_1,\cdots,\boldsymbol{a}_s)\boldsymbol{K}$$

其中:$\boldsymbol{K}$ 为 $s\times r$ 矩阵,且 $\boldsymbol{A}$ 组线性无关. 证明 $\boldsymbol{B}$ 组线性无关的充分必要条件是矩阵 $\boldsymbol{K}$ 的秩 $R(\boldsymbol{K})=r$.

证明 令 $\boldsymbol{B}=(\boldsymbol{b}_1,\cdots,\boldsymbol{b}_r)$,$\boldsymbol{A}=(\boldsymbol{a}_1,\cdots,\boldsymbol{a}_s)$,则有 $\boldsymbol{B}=\boldsymbol{AK}$.

必要性:由向量组 $\boldsymbol{B}$ 线性无关及矩阵秩的性质,有

$$r=R\{\boldsymbol{B}\}=R\{\boldsymbol{AK}\}\leqslant\min\{R\{\boldsymbol{A}\},R\{\boldsymbol{K}\}\}\leqslant R\{\boldsymbol{K}\}$$

及 $R(\boldsymbol{K})\leqslant\min\{r,s\}\leqslant r$,因此 $R(\boldsymbol{K})=r$.

充分性:因为 $R(\boldsymbol{K})=r$,所以存在可逆矩阵 $\boldsymbol{C}$,使 $\boldsymbol{KC}=\begin{pmatrix}\boldsymbol{E}_r\\ \boldsymbol{O}\end{pmatrix}$为 $\boldsymbol{K}$ 的标准形. 于是有

$$(\boldsymbol{b}_1,\cdots,\boldsymbol{b}_r)\boldsymbol{C}=(\boldsymbol{a}_1,\cdots,\boldsymbol{a}_s)\boldsymbol{KC}=(\boldsymbol{a}_1,\cdots,\boldsymbol{a}_r).$$

因为 $\boldsymbol{C}$ 可逆,所以 $R(\boldsymbol{b}_1,\cdots,\boldsymbol{b}_r)=R(\boldsymbol{a}_1,\cdots,\boldsymbol{a}_r)=r$,从而 $\boldsymbol{b}_1,\boldsymbol{b}_2,\cdots,\boldsymbol{b}_r$ 线性无关.

13. 求下列向量组的秩,并求一个最大无关组:

(1) $\boldsymbol{a}_1=(1,2,-1,4)^{\mathrm{T}}$,$\boldsymbol{a}_2=(9,100,10,4)^{\mathrm{T}}$,$\boldsymbol{a}_3=(-2,-4,2,-8)^{\mathrm{T}}$;

(2) $\boldsymbol{a}_1=(1,2,1,3)^{\mathrm{T}}$,$\boldsymbol{a}_2=(4,-1,-5,-6)^{\mathrm{T}}$,$\boldsymbol{a}_3=(1,-3,-4,-7)^{\mathrm{T}}$.

解 (1) 由

$$(\boldsymbol{a}_1,\boldsymbol{a}_2,\boldsymbol{a}_3)=\begin{pmatrix}1&9&-2\\2&100&-4\\-1&10&2\\4&4&-8\end{pmatrix}\overset{r}{\sim}\begin{pmatrix}1&9&-2\\0&82&0\\0&19&0\\0&-32&0\end{pmatrix}\overset{r}{\sim}\begin{pmatrix}1&9&-2\\0&1&0\\0&0&0\\0&0&0\end{pmatrix},$$

知 $R(\boldsymbol{a}_1,\boldsymbol{a}_2,\boldsymbol{a}_3)=2$. 因为向量 $\boldsymbol{a}_1$ 与 $\boldsymbol{a}_2$ 的分量不成比例,故 $\boldsymbol{a}_1,\boldsymbol{a}_2$ 线性无关,所以 $\boldsymbol{a}_1,\boldsymbol{a}_2$ 是一个最大无关组.

(2) 由

$$(\boldsymbol{a}_1,\boldsymbol{a}_2,\boldsymbol{a}_3)=\begin{pmatrix}1&4&1\\2&-1&-3\\1&-5&-4\\3&-6&-7\end{pmatrix}\overset{r}{\sim}\begin{pmatrix}1&4&1\\0&-9&-5\\0&-9&-5\\0&-18&-10\end{pmatrix}\overset{r}{\sim}\begin{pmatrix}1&4&1\\0&-9&-5\\0&0&0\\0&0&0\end{pmatrix},$$

知 $R(\boldsymbol{a}_1,\boldsymbol{a}_2,\boldsymbol{a}_3)=2$. 因为向量 $\boldsymbol{a}_1$ 与 $\boldsymbol{a}_2$ 的分量不成比例,故 $\boldsymbol{a}_1,\boldsymbol{a}_2$ 线性无关,所以 $\boldsymbol{a}_1,\boldsymbol{a}_2$ 是一个最大无关组.

14. 利用初等行变换求下列矩阵的列向量组的一个最大无关组,并把其余列向量用最大无关组线性表示:

(1) $\begin{pmatrix}25&31&17&43\\75&94&53&132\\75&94&54&134\\25&32&20&48\end{pmatrix}$; (2) $\begin{pmatrix}1&1&2&2&1\\0&2&1&5&-1\\2&0&3&-1&3\\1&1&0&4&-1\end{pmatrix}$.

解 (1) 记 $\boldsymbol{A}=(\boldsymbol{a}_1,\boldsymbol{a}_2,\boldsymbol{a}_3,\boldsymbol{a}_4)$

$$\boldsymbol{A}=\begin{pmatrix}25&31&17&43\\75&94&53&132\\75&94&54&134\\25&32&20&48\end{pmatrix}\overset{r}{\sim}\begin{pmatrix}25&31&17&43\\0&1&2&3\\0&1&3&5\\0&1&3&5\end{pmatrix}$$

$$\overset{r}{\sim}\begin{pmatrix}25&31&17&43\\0&1&2&3\\0&0&1&2\\0&0&0&0\end{pmatrix}\overset{r}{\sim}\begin{pmatrix}1&0&0&\frac{8}{5}\\0&1&0&-1\\0&0&1&2\\0&0&0&0\end{pmatrix},$$

所以 $\boldsymbol{a}_1,\boldsymbol{a}_2,\boldsymbol{a}_3$ 是 $\boldsymbol{A}$ 的列向量组的一个最大无关组，$\boldsymbol{a}_4=\frac{8}{5}\boldsymbol{a}_1-\boldsymbol{a}_2+2\boldsymbol{a}_3$.

(2) 记 $\boldsymbol{A}=(\boldsymbol{a}_1,\boldsymbol{a}_2,\boldsymbol{a}_3,\boldsymbol{a}_4,\boldsymbol{a}_5)$

$$\boldsymbol{A}=\begin{pmatrix}1&1&2&2&1\\0&2&1&5&-1\\2&0&3&-1&3\\1&1&0&4&-1\end{pmatrix}\overset{r}{\sim}\begin{pmatrix}1&1&2&2&1\\0&2&1&5&-1\\0&-2&-1&-5&1\\0&0&-2&2&-2\end{pmatrix}$$

$$\overset{r}{\sim}\begin{pmatrix}1&1&2&2&1\\0&2&1&5&-1\\0&0&-2&2&-2\\0&0&0&0&0\end{pmatrix}\overset{r}{\sim}\begin{pmatrix}1&0&0&1&0\\0&1&0&3&-1\\0&0&1&-1&1\\0&0&0&0&0\end{pmatrix},$$

所以 $\boldsymbol{a}_1,\boldsymbol{a}_2,\boldsymbol{a}_3$ 是 $\boldsymbol{A}$ 的列向量组的一个最大无关组，$\boldsymbol{a}_4=\boldsymbol{a}_1+3\boldsymbol{a}_2-\boldsymbol{a}_3,\boldsymbol{a}_5=-\boldsymbol{a}_2+\boldsymbol{a}_3$.

15. 设向量组

$$\boldsymbol{a}_1=(a,3,1)^{\mathrm{T}},\boldsymbol{a}_2=(2,b,3)^{\mathrm{T}},\boldsymbol{a}_3=(1,2,1)^{\mathrm{T}},\boldsymbol{a}_4=(2,3,1)^{\mathrm{T}}$$

的秩为 2，求 a,b.

解 因为

$$(\boldsymbol{a}_3,\boldsymbol{a}_4,\boldsymbol{a}_1,\boldsymbol{a}_2)=\begin{pmatrix}1&2&a&2\\2&3&3&b\\1&1&1&3\end{pmatrix}\overset{r}{\sim}\begin{pmatrix}1&1&1&3\\0&1&a-1&-1\\0&1&1&b-6\end{pmatrix}\overset{r}{\sim}\begin{pmatrix}1&1&1&3\\0&1&a-1&-1\\0&0&2-a&b-5\end{pmatrix},$$

而 $R(\boldsymbol{a}_1,\boldsymbol{a}_2,\boldsymbol{a}_3,\boldsymbol{a}_4)=2$，所以 $a=2,b=5$.

16. 设向量组 $\boldsymbol{A}:\boldsymbol{a}_1,\boldsymbol{a}_2;B:\boldsymbol{a}_1,\boldsymbol{a}_2,\boldsymbol{a}_3;C:\boldsymbol{a}_1,\boldsymbol{a}_2,\boldsymbol{a}_4$ 的秩为 $R(\boldsymbol{A})=R(\boldsymbol{B})=2,R(\boldsymbol{C})=3$，求向量组 $\boldsymbol{D}:\boldsymbol{a}_1,\boldsymbol{a}_2,2\boldsymbol{a}_3-3\boldsymbol{a}_4$ 的秩.

解 因 $R(\boldsymbol{A})=2$，则 $\boldsymbol{a}_1,\boldsymbol{a}_2$ 线性无关，又因 $R(\boldsymbol{B})=2$，则 $\boldsymbol{a}_1,\boldsymbol{a}_2,\boldsymbol{a}_3$ 线性相关，所以 $\boldsymbol{a}_3$ 可以由 $\boldsymbol{a}_1,\boldsymbol{a}_2$ 线性表示为 $\boldsymbol{a}_3=k_1\boldsymbol{a}_1+k_2\boldsymbol{a}_2$；将此结果代入向量组 D，得

$$(\boldsymbol{a}_1,\boldsymbol{a}_2,2\boldsymbol{a}_3-3\boldsymbol{a}_4)=(\boldsymbol{a}_1,\boldsymbol{a}_2,2k_1\boldsymbol{a}_1+2k_2\boldsymbol{a}_2-3\boldsymbol{a}_4)=(\boldsymbol{a}_1,\boldsymbol{a}_2,\boldsymbol{a}_4)\begin{pmatrix}1&0&2k_1\\0&1&2k_2\\0&0&-3\end{pmatrix},$$

因 $\begin{vmatrix}1&0&2k_1\\0&1&2k_2\\0&0&-3\end{vmatrix}=-3\neq0$，故 $R(\boldsymbol{D})=R(\boldsymbol{C})=3$.

17. 设 $\boldsymbol{a}_1,\boldsymbol{a}_2,\cdots,\boldsymbol{a}_n$ 是一组 n 维向量，证明它们线性无关的充要条件是：任一 n 维向量都可由它线性表示.

证明 必要性：设 $\boldsymbol{a}$ 为任一 n 维向量. 因为 $\boldsymbol{a}_1,\boldsymbol{a}_2,\cdots,\boldsymbol{a}_n$ 线性无关，而 $\boldsymbol{a}_1,\boldsymbol{a}_2,\cdots,\boldsymbol{a}_n,\boldsymbol{a}$ 是 $n+1$ 个 n 维向量，是线性相关的，所以 $\boldsymbol{a}$ 能由 $\boldsymbol{a}_1,\boldsymbol{a}_2,\cdots,\boldsymbol{a}_n$ 线性表示，且表示式是唯一.

充分性：已知任一 n 维向量都可由 $\boldsymbol{a}_1,\boldsymbol{a}_2,\cdots,\boldsymbol{a}_n$ 线性表示，故单位坐标向量组 $\boldsymbol{e}_1,\boldsymbol{e}_2,\cdots,\boldsymbol{e}_n$ 能由 $\boldsymbol{a}_1,\boldsymbol{a}_2,\cdots,\boldsymbol{a}_n$ 线性表示，于是有

$$n = R(\boldsymbol{e}_1,\boldsymbol{e}_2,\cdots,\boldsymbol{e}_n) \leqslant R(\boldsymbol{a}_1,\boldsymbol{a}_2,\cdots,\boldsymbol{a}_n) \leqslant n,$$

即 $R(\boldsymbol{a}_1,\boldsymbol{a}_2,\cdots,\boldsymbol{a}_n)=n$，所以 $\boldsymbol{a}_1,\boldsymbol{a}_2,\cdots,\boldsymbol{a}_n$ 线性无关.

18. 设向量组 $\boldsymbol{a}_1,\boldsymbol{a}_2,\cdots,\boldsymbol{a}_m$ 线性相关，且 $\boldsymbol{a}_1\neq\boldsymbol{0}$，证明存在某个向量 $\boldsymbol{a}_k(2\leqslant k\leqslant m)$，使 $\boldsymbol{a}_k$ 能由 $\boldsymbol{a}_1,\boldsymbol{a}_2,\cdots,\boldsymbol{a}_{k-1}$ 线性表示.

证明 因为 $\boldsymbol{a}_1,\boldsymbol{a}_2,\cdots,\boldsymbol{a}_m$ 线性相关，所以存在不全为零的数 $\lambda_1,\lambda_2,\cdots,\lambda_m$，使

$$\lambda_1\boldsymbol{a}_1+\lambda_2\boldsymbol{a}_2+\cdots+\lambda_m\boldsymbol{a}_m=\boldsymbol{0},$$

按足标从大到小考察上式中系数 λ_i，设其中第一个不为零的数 λ_k，即 $\lambda_k\neq 0$，但

$$\lambda_{k+1}=\lambda_{k+2}=\cdots=\lambda_m=\boldsymbol{0},$$

此足标 $k\geqslant 2$. 否则，$\lambda_1\boldsymbol{a}_1=\boldsymbol{0}$，由 $\boldsymbol{a}_1\neq\boldsymbol{0}$ 知 $\lambda_1=0$，矛盾. 因此存在 $k(2\leqslant k\leqslant m)$，使

$$\lambda_1\boldsymbol{a}_1+\lambda_2\boldsymbol{a}_2+\cdots+\lambda_k\boldsymbol{a}_k=\boldsymbol{0},$$

即

$$\boldsymbol{a}_k=-\frac{1}{\lambda_k}(\lambda_1\boldsymbol{a}_1+\lambda_2\boldsymbol{a}_2+\cdots+\lambda_{k-1}\boldsymbol{a}_{k-1}),$$

因此，$\boldsymbol{a}_k$ 能由 $\boldsymbol{a}_1,\boldsymbol{a}_2,\cdots,\boldsymbol{a}_{k-1}$ 线性表示.

19. 设

$$\begin{cases}\boldsymbol{\beta}_1= & \boldsymbol{\alpha}_2+\boldsymbol{\alpha}_3+\cdots+\boldsymbol{\alpha}_n\\ \boldsymbol{\beta}_2=\boldsymbol{\alpha}_1 & +\boldsymbol{\alpha}_3+\cdots+\boldsymbol{\alpha}_n\\ \quad\vdots & \\ \boldsymbol{\beta}_n=\boldsymbol{\alpha}_1+\boldsymbol{\alpha}_2+\boldsymbol{\alpha}_3 & +\cdots+\boldsymbol{\alpha}_{n-1}\end{cases}$$

证明向量组 $\boldsymbol{\alpha}_1,\boldsymbol{\alpha}_2,\cdots,\boldsymbol{\alpha}_n$ 与向量组 $\boldsymbol{\beta}_1,\boldsymbol{\beta}_2,\cdots,\boldsymbol{\beta}_n$ 等价.

证明 将已知关系写成

$$(\boldsymbol{\beta}_1,\boldsymbol{\beta}_2,\cdots,\boldsymbol{\beta}_n)=(\boldsymbol{\alpha}_1,\boldsymbol{\alpha}_2,\cdots,\boldsymbol{\alpha}_n)\begin{pmatrix}0&1&1&\cdots&1\\1&0&1&\cdots&1\\1&1&0&\cdots&1\\\vdots&\vdots&\vdots&\ddots&\vdots\\1&1&1&\cdots&0\end{pmatrix},$$

将上式记为 $\boldsymbol{B}=\boldsymbol{A}\boldsymbol{K}$. 因为

$$|\boldsymbol{K}|=\begin{vmatrix}0&1&1&\cdots&1\\1&0&1&\cdots&1\\1&1&0&\cdots&1\\\vdots&\vdots&\vdots&\ddots&\vdots\\1&1&1&\cdots&0\end{vmatrix}=(-1)^{n-1}(n-1)\neq 0(n\geqslant 2),$$

所以 $\boldsymbol{K}$ 可逆，故有 $\boldsymbol{A}=\boldsymbol{B}\boldsymbol{K}^{-1}$. 由 $\boldsymbol{B}=\boldsymbol{A}\boldsymbol{K}$ 和 $\boldsymbol{A}=\boldsymbol{B}\boldsymbol{K}^{-1}$ 可知向量组 $\boldsymbol{\beta}_1,\boldsymbol{\beta}_2,\cdots,\boldsymbol{\beta}_n$ 与向量组 $\boldsymbol{\alpha}_1,\boldsymbol{\alpha}_2,\cdots,\boldsymbol{\alpha}_n$ 可相互线性表示. 因此向量组 $\boldsymbol{\alpha}_1,\boldsymbol{\alpha}_2,\cdots,\boldsymbol{\alpha}_n$ 与向量组 $\boldsymbol{\beta}_1,\boldsymbol{\beta}_2,\cdots,\boldsymbol{\beta}_n$ 等价.

20. 已知 3 阶矩阵 $\boldsymbol{A}$ 与三维列向量 $\boldsymbol{x}$ 满足 $\boldsymbol{A}^3\boldsymbol{x}=3\boldsymbol{A}\boldsymbol{x}-\boldsymbol{A}^2\boldsymbol{x}$，且向量组 $\boldsymbol{x},\boldsymbol{A}\boldsymbol{x},\boldsymbol{A}^2\boldsymbol{x}$ 线性无关.

(1) 记 $\boldsymbol{y}=\boldsymbol{A}\boldsymbol{x},\boldsymbol{z}=\boldsymbol{A}\boldsymbol{y},\boldsymbol{P}=(\boldsymbol{x},\boldsymbol{y},\boldsymbol{z})$，求 3 阶矩阵 $\boldsymbol{B}$，使 $\boldsymbol{A}\boldsymbol{P}=\boldsymbol{P}\boldsymbol{B}$；

(2) 求$|\boldsymbol{A}|$.

解　(1) 因为

$$\begin{aligned}\boldsymbol{AP} &= \boldsymbol{A}(\boldsymbol{x},\boldsymbol{Ax},\boldsymbol{A}^2\boldsymbol{x})\\ &= (\boldsymbol{Ax},\boldsymbol{A}^2\boldsymbol{x},\boldsymbol{A}^3\boldsymbol{x})\\ &= (\boldsymbol{Ax},\boldsymbol{A}^2\boldsymbol{x},3\boldsymbol{Ax}-\boldsymbol{A}^2\boldsymbol{x})\\ &= (\boldsymbol{x},\boldsymbol{Ax},\boldsymbol{A}^2\boldsymbol{x})\begin{pmatrix}0&0&0\\1&0&3\\0&1&-1\end{pmatrix}\\ &= \boldsymbol{P}\begin{pmatrix}0&0&0\\1&0&3\\0&1&-1\end{pmatrix}\end{aligned}$$

所以

$$\boldsymbol{B} = \begin{pmatrix}0&0&0\\1&0&3\\0&1&-1\end{pmatrix},$$

(2) 由 $\boldsymbol{A}^3\boldsymbol{x} = 3\boldsymbol{Ax} - \boldsymbol{A}^2\boldsymbol{x}$, 得 $\boldsymbol{A}(3\boldsymbol{x} - \boldsymbol{Ax} - \boldsymbol{A}^2\boldsymbol{x}) = \boldsymbol{0}$. 因为 $\boldsymbol{x},\boldsymbol{Ax},\boldsymbol{A}^2\boldsymbol{x}$ 线性无关, 故 $3\boldsymbol{x}-\boldsymbol{Ax}-\boldsymbol{A}^2\boldsymbol{x}\neq\boldsymbol{0}$, 即方程 $\boldsymbol{Ax}=\boldsymbol{0}$有非零解, 所以 $R(\boldsymbol{A})<3$, $|\boldsymbol{A}|=0$.

21. 求下列齐次线性方程组的基础解系:

(1) $\begin{cases}x_1-8x_2+10x_3+2x_4=0\\2x_1+4x_2+5x_3-x_4=0\\3x_1+8x_2+6x_3-2x_4=0\end{cases}$;　(2) $\begin{cases}2x_1-3x_2-2x_3+x_4=0\\3x_1+5x_2+4x_3-2x_4=0\\8x_1+7x_2+6x_3-3x_4=0\end{cases}$;

(3) $nx_1+(n-1)x_2+\cdots+2x_{n-1}+x_n=0$.

解　(1) 对系数矩阵进行初等行变换, 有

$$\boldsymbol{A} = \begin{pmatrix}1&-8&10&2\\2&4&5&-1\\3&8&6&-2\end{pmatrix}\overset{r}{\sim}\begin{pmatrix}1&0&4&0\\0&1&-\frac{3}{4}&-\frac{1}{4}\\0&0&0&0\end{pmatrix},$$

于是得

$$\begin{cases}x_1=-4x_3\\x_2=\frac{3}{4}x_3+\frac{1}{4}x_4\end{cases}.$$

取$(x_3,x_4)^{\mathrm{T}}=(4,0)^{\mathrm{T}}$, 得$(x_1,x_2)^{\mathrm{T}}=(-16,3)^{\mathrm{T}}$;

取$(x_3,x_4)^{\mathrm{T}}=(0,4)^{\mathrm{T}}$, 得$(x_1,x_2)^{\mathrm{T}}=(0,1)^{\mathrm{T}}$.

因此方程组的基础解系为

$$\boldsymbol{\xi}_1=(-16,3,4,0)^{\mathrm{T}}, \boldsymbol{\xi}_2=(0,1,0,4)^{\mathrm{T}}.$$

(2) 对系数矩阵进行初等行变换, 有

$$\boldsymbol{A} = \begin{pmatrix}2&-3&-2&1\\3&5&4&-2\\8&7&6&-3\end{pmatrix}\overset{r}{\sim}\begin{pmatrix}1&0&\frac{2}{19}&-\frac{1}{19}\\0&1&\frac{14}{19}&-\frac{7}{19}\\0&0&0&0\end{pmatrix},$$

于是得

$$\begin{cases} x_1 = -\dfrac{2}{19}x_3 + \dfrac{1}{19}x_4 \\ x_2 = -\dfrac{14}{19}x_3 + \dfrac{7}{19}x_4 \end{cases}.$$

取$(x_3,x_4)^{\mathrm{T}}=(19,0)^{\mathrm{T}}$,得$(x_1,x_2)^{\mathrm{T}}=(-2,-14)^{\mathrm{T}}$;

取$(x_3,x_4)^{\mathrm{T}}=(0,19)^{\mathrm{T}}$,得$(x_1,x_2)^{\mathrm{T}}=(1,7)^{\mathrm{T}}$.

因此方程组的基础解系为

$$\boldsymbol{\xi}_1=(-2,-14,19,0)^{\mathrm{T}},\boldsymbol{\xi}_2=(1,7,0,19)^{\mathrm{T}}.$$

(3) 原方程组即为

$$x_n=-nx_1-(n-1)x_2-\cdots-2x_{n-1},$$

取$x_1=1,x_2=x_3=\cdots=x_{n-1}=0$,得$x_n=-n$;

取$x_2=1,x_1=x_3=x_4=\cdots=x_{n-1}=0$,得$x_n=-(n-1)=-n+1$;

⋮

取$x_{n-1}=1,x_1=x_2=\cdots=x_{n-2}=0$,得$x_n=-2$.

因此方程组的基础解系为

$$\begin{aligned} \boldsymbol{\xi}_1 &= (1,0,0,\cdots,0,-n)^{\mathrm{T}}, \\ \boldsymbol{\xi}_2 &= (0,1,0,\cdots,0,-n+1)^{\mathrm{T}}, \\ &\vdots \\ \boldsymbol{\xi}_{n-1} &= (0,0,0,\cdots,1,-2)^{\mathrm{T}}. \end{aligned}$$

22. 设$\boldsymbol{A}=\begin{pmatrix}2 & -2 & 1 & 3\\ 9 & -5 & 2 & 8\end{pmatrix}$,求一个$4\times2$矩阵$\boldsymbol{B}$,使$\boldsymbol{AB}=\boldsymbol{0}$,且$R(\boldsymbol{B})=2$.

解 显然$\boldsymbol{B}$的两个列向量应是方程组$\boldsymbol{AB}=\boldsymbol{0}$的两个线性无关的解. 因为

$$\boldsymbol{A}=\begin{pmatrix}2 & -2 & 1 & 3\\ 9 & -5 & 2 & 8\end{pmatrix}\overset{r}{\sim}\begin{pmatrix}1 & 0 & -\dfrac{1}{8} & \dfrac{1}{8}\\ 0 & 1 & -\dfrac{5}{8} & -\dfrac{11}{8}\end{pmatrix},$$

所以与方程组$\boldsymbol{AB}=\boldsymbol{0}$同解方程组为

$$\begin{cases} x_1 = \dfrac{1}{8}x_3 - \dfrac{1}{8}x_4 \\ x_2 = \dfrac{5}{8}x_3 + \dfrac{11}{8}x_4 \end{cases}.$$

取$(x_3,x_4)^{\mathrm{T}}=(8,0)^{\mathrm{T}}$,得$(x_1,x_2)^{\mathrm{T}}=(1,5)^{\mathrm{T}}$;

取$(x_3,x_4)^{\mathrm{T}}=(0,8)^{\mathrm{T}}$,得$(x_1,x_2)^{\mathrm{T}}=(-1,11)^{\mathrm{T}}$.

方程组$\boldsymbol{AB}=\boldsymbol{0}$的基础解系为

$$\boldsymbol{\xi}_1=(1,5,8,0)^{\mathrm{T}},\boldsymbol{\xi}_2=(-1,11,0,8)^{\mathrm{T}},$$

因此,所求矩阵为 $\boldsymbol{B}=\begin{pmatrix}1 & -1\\5 & 11\\8 & 0\\0 & 8\end{pmatrix}$.

23. 求一个齐次线性方程组,使它的基础解系为

$$\boldsymbol{\xi}_1=(0,1,2,3)^{\mathrm{T}},\boldsymbol{\xi}_2=(3,2,1,0)^{\mathrm{T}}.$$

解 显然原方程组的通解为

$$\begin{pmatrix}x_1\\x_2\\x_3\\x_4\end{pmatrix}=k_1\begin{pmatrix}0\\1\\2\\3\end{pmatrix}+k_2\begin{pmatrix}3\\2\\1\\0\end{pmatrix},$$

即

$$\begin{cases}x_1=3k_2\\x_2=k_1+2k_2\\x_3=2k_1+k_2\\x_4=3k_1\end{cases}\qquad(k_1,k_2\in\mathbf{R}),$$

消去 k_1,k_2 得

$$\begin{cases}2x_1-3x_2+x_4=0\\x_1-3x_3+2x_4=0\end{cases},$$

此即所求的齐次线性方程组.

24. 设四元齐次线性方程组

$$\mathrm{I}:\begin{cases}x_1+x_2=0\\x_2-x_4=0\end{cases}\qquad \mathrm{II}:\begin{cases}x_1-x_2+x_3=0\\x_2-x_3+x_4=0\end{cases}$$

求:(1) 方程组Ⅰ与Ⅱ的基础解系;(2) Ⅰ与Ⅱ的公共解.

解 (1) 由方程组Ⅰ,得

$$\begin{cases}x_1=-x_4\\x_2=x_4\end{cases},$$

取 $(x_3,x_4)^{\mathrm{T}}=(1,0)^{\mathrm{T}}$,得 $(x_1,x_2)^{\mathrm{T}}=(0,0)^{\mathrm{T}}$;

取 $(x_3,x_4)^{\mathrm{T}}=(0,1)^{\mathrm{T}}$,得 $(x_1,x_2)^{\mathrm{T}}=(-1,1)^{\mathrm{T}}$.

因此方程组Ⅰ的基础解系为

$$\boldsymbol{\xi}_1=(0,0,1,0)^{\mathrm{T}},\boldsymbol{\xi}_2=(-1,1,0,1)^{\mathrm{T}}.$$

由方程组Ⅱ,得

$$\begin{cases}x_1=-x_4\\x_2=x_3-x_4\end{cases},$$

取 $(x_3,x_4)^{\mathrm{T}}=(1,0)^{\mathrm{T}}$,得 $(x_1,x_2)^{\mathrm{T}}=(0,1)^{\mathrm{T}}$;

取 $(x_3,x_4)^{\mathrm{T}}=(0,1)^{\mathrm{T}}$,得 $(x_1,x_2)^{\mathrm{T}}=(-1,-1)^{\mathrm{T}}$.

因此方程组Ⅱ的基础解系为

$$\boldsymbol{\xi}_1 = (0,1,1,0)^{\mathrm{T}}, \boldsymbol{\xi}_2 = (-1,-1,0,1)^{\mathrm{T}}.$$

（2）Ⅰ与Ⅲ的公共解就是方程

$$\text{Ⅲ}: \begin{cases} x_1 + x_2 = 0 \\ x_2 - x_4 = 0 \\ x_1 - x_2 + x_3 = 0 \\ x_2 - x_3 + x_4 = 0 \end{cases}$$

的解. 因为方程组Ⅲ的系数矩阵

$$\boldsymbol{A} = \begin{pmatrix} 1 & 1 & 0 & 0 \\ 0 & 1 & 0 & -1 \\ 1 & -1 & 1 & 0 \\ 0 & 1 & -1 & 1 \end{pmatrix} \overset{r}{\sim} \begin{pmatrix} 1 & 0 & 0 & 1 \\ 0 & 1 & 0 & -1 \\ 0 & 0 & 1 & -2 \\ 0 & 0 & 0 & 0 \end{pmatrix},$$

所以与方程组Ⅲ同解的方程组为

$$\begin{cases} x_1 = -x_4 \\ x_2 = x_4 \\ x_3 = 2x_4 \end{cases},$$

取 $x_4=1$，得 $(x_1,x_2,x_3)^{\mathrm{T}}=(-1,1,2)^{\mathrm{T}}$，方程组Ⅲ的基础解系为 $\boldsymbol{\xi}=(-1,1,2,1)^{\mathrm{T}}$. 因此Ⅰ与Ⅱ的公共解为 $\boldsymbol{x}=c(-1,1,2,1)^{\mathrm{T}}, c\in\mathbf{R}$.

25. 设 n 阶矩阵 $\boldsymbol{A}$ 满足 $\boldsymbol{A}^2=\boldsymbol{A}$，$\boldsymbol{E}$ 为 n 阶单位矩阵，证明 $R(\boldsymbol{A})+R(\boldsymbol{A}-\boldsymbol{E})=n$.

证明 因为 $\boldsymbol{A}(\boldsymbol{A}-\boldsymbol{E})=\boldsymbol{A}^2-\boldsymbol{A}=\boldsymbol{A}-\boldsymbol{A}=\boldsymbol{0}$，所以 $R(\boldsymbol{A})+R(\boldsymbol{A}-\boldsymbol{E})\leqslant n$.
又由 $R(\boldsymbol{A}-\boldsymbol{E})=R(\boldsymbol{E}-\boldsymbol{A})$，可知

$$R(\boldsymbol{A}) + R(\boldsymbol{A}-\boldsymbol{E}) = R(\boldsymbol{A}) + R(\boldsymbol{E}-\boldsymbol{A}) \geqslant R(\boldsymbol{A}+\boldsymbol{E}-\boldsymbol{A}) = R(\boldsymbol{E}) = n,$$

由此 $R(\boldsymbol{A})+R(\boldsymbol{A}-\boldsymbol{E})=n$.

26. 设 $\boldsymbol{A}$ 为 n 阶矩阵 $(n\geqslant 2)$，$\boldsymbol{A}^*$ 为 $\boldsymbol{A}$ 的伴随阵，证明

$$R(\boldsymbol{A}^*) = \begin{cases} n, & R(\boldsymbol{A}) = n \\ 1, & R(\boldsymbol{A}) = n-1 \\ 0, & R(\boldsymbol{A}) \leqslant n-2 \end{cases}.$$

证明 当 $R(\boldsymbol{A})=n$ 时，$|\boldsymbol{A}|\neq 0$，故有 $|\boldsymbol{A}\boldsymbol{A}^*| = ||\boldsymbol{A}|\boldsymbol{E}| = |\boldsymbol{A}|^n \neq 0$，即 $|\boldsymbol{A}^*|\neq 0$，所以 $R(\boldsymbol{A}^*)=n$.

当 $R(\boldsymbol{A})=n-1$ 时，$|\boldsymbol{A}|=0$，故有 $\boldsymbol{A}\boldsymbol{A}^*=|\boldsymbol{A}|\boldsymbol{E}=\boldsymbol{O}$，即 $\boldsymbol{A}^*$ 的列向量都是方程组 $\boldsymbol{A}\boldsymbol{x}=\boldsymbol{0}$ 的解. 因为 $R(\boldsymbol{A})=n-1$，所以方程组 $\boldsymbol{A}\boldsymbol{x}=\boldsymbol{0}$ 的基础解系中只含一个解向量，即基础解系的秩为 1，因此 $R(\boldsymbol{A}^*)=1$.

当 $R(\boldsymbol{A})\leqslant n-2$ 时，$\boldsymbol{A}$ 中每个元素的代数余子式都为 0，故 $\boldsymbol{A}^*=\boldsymbol{0}$，从而 $R(\boldsymbol{A}^*)=0$.

27. 求下列非齐次线性方程组的一个解及对应的齐次线性方程组的基础解系：

（1）$\begin{cases} x_1 + x_2 = 5 \\ 2x_1 + x_2 + x_3 + 2x_4 = 1 \\ 5x_1 + 3x_2 + 2x_3 + 2x_4 = 3 \end{cases}$；

（2）$\begin{cases} x_1 - 5x_2 + 2x_3 - 3x_4 = 11 \\ 5x_1 + 3x_2 + 6x_3 - x_4 = -1 \\ 2x_1 + 4x_2 + 2x_3 + x_4 = -6 \end{cases}$.

解 (1) 对增广矩阵进行初等行变换,有

$$B=\begin{pmatrix}1&1&0&0&5\\2&1&1&2&1\\5&3&2&2&3\end{pmatrix}\overset{r}{\sim}\begin{pmatrix}1&0&1&0&-8\\0&1&-1&0&13\\0&0&0&1&2\end{pmatrix},$$

与所给方程组同解的方程为

$$\begin{cases}x_1=-x_3-8\\x_2=x_3+13\\x_4=2\end{cases},$$

当 $x_3=0$ 时,得所给方程组的一个解 $\boldsymbol{\eta}=(-8,13,0,2)^{\mathrm{T}}$.
与对应的齐次方程组同解的方程为

$$\begin{cases}x_1=-x_3\\x_2=x_3\\x_4=0\end{cases},$$

当 $x_3=1$ 时,得对应的齐次方程组的基础解系 $\boldsymbol{\xi}=(-1,1,1,0)^{\mathrm{T}}$.

(2) 对增广矩阵进行初等行变换,有

$$B=\begin{pmatrix}1&-5&2&-3&11\\5&3&6&-1&-1\\2&4&2&1&-6\end{pmatrix}\overset{r}{\sim}\begin{pmatrix}1&0&\frac{9}{7}&-\frac{1}{2}&1\\0&1&-\frac{1}{7}&\frac{1}{2}&-2\\0&0&0&0&0\end{pmatrix},$$

与所给方程组同解的方程为

$$\begin{cases}x_1=-\frac{9}{7}x_3+\frac{1}{2}x_4+1\\x_2=\frac{1}{7}x_3-\frac{1}{2}x_4-2\end{cases},$$

当 $x_3=x_4=0$ 时,得所给方程组的一个解

$$\boldsymbol{\eta}=(1,-2,0,0)^{\mathrm{T}}.$$

与对应的齐次方程组同解的方程为

$$\begin{cases}x_1=-\frac{9}{7}x_3+\frac{1}{2}x_4\\x_2=\frac{1}{7}x_3-\frac{1}{2}x_4\end{cases},$$

分别取 $(x_3,x_4)^{\mathrm{T}}=(1,0)^{\mathrm{T}}$,取 $(x_3,x_4)^{\mathrm{T}}=(0,1)^{\mathrm{T}}$,得对应的齐次方程组的基础解系

$$\boldsymbol{\xi}_1=(-9,1,7,0)^{\mathrm{T}},\boldsymbol{\xi}_2=(1,-1,0,2)^{\mathrm{T}}.$$

28. 设四元非齐次线性方程组的系数矩阵的秩3,已知 $\boldsymbol{\eta}_1,\boldsymbol{\eta}_2,\boldsymbol{\eta}_3$ 是它的三个解向量. 且 $\boldsymbol{\eta}_1=(2,3,4,5)^{\mathrm{T}},\boldsymbol{\eta}_2+\boldsymbol{\eta}_3=(1,2,3,4)^{\mathrm{T}}$,求该方程组的通解.

解 由于方程组中未知数的个数是4,系数矩阵的秩为3,所以对应的齐次线性方程组的基础

解系含有一个解向量,且由于 $\boldsymbol{\eta}_1,\boldsymbol{\eta}_2,\boldsymbol{\eta}_3$ 均为方程组的解,由非齐次线性方程组解的结构性质得

$$2\boldsymbol{\eta}_1-(\boldsymbol{\eta}_2+\boldsymbol{\eta}_3)=(\boldsymbol{\eta}_1-\boldsymbol{\eta}_2)+(\boldsymbol{\eta}_1-\boldsymbol{\eta}_3)=(3,4,5,6)^{\mathrm{T}}$$

为其基础解系,故此方程组的通解为

$$\boldsymbol{x}=k(3,4,5,6)^{\mathrm{T}}+(2,3,4,5)^{\mathrm{T}},\ k\in\mathbf{R}.$$

29. 设有向量组 $\boldsymbol{A}:\boldsymbol{a}_1=(\alpha,2,10)^{\mathrm{T}},\boldsymbol{a}_2=(-2,1,5)^{\mathrm{T}},\boldsymbol{a}_3=(-1,1,4)^{\mathrm{T}}$,及 $\boldsymbol{b}=(1,\beta,-1)^{\mathrm{T}}$,问 α,β 为何值时:

(1) 向量 $\boldsymbol{b}$ 不能由向量组 $\boldsymbol{A}$ 线性表示;

(2) 向量 $\boldsymbol{b}$ 能由向量组 $\boldsymbol{A}$ 线性表示,且表示式唯一;

(3) 向量 $\boldsymbol{b}$ 能由向量组 $\boldsymbol{A}$ 线性表示,且表示式不唯一,并求一般表示式.

解

$$(\boldsymbol{a}_3,\boldsymbol{a}_2,\boldsymbol{a}_1,\boldsymbol{b})=\begin{pmatrix}-1&-2&\alpha&1\\1&1&2&\beta\\4&5&10&-1\end{pmatrix}\overset{r}{\sim}\begin{pmatrix}-1&-2&\alpha&1\\0&-1&2+\alpha&\beta+1\\0&0&4+\alpha&-3\beta\end{pmatrix}$$

(1) 当 $\alpha=-4,\beta\neq0$ 时,$R(\boldsymbol{A})\neq R(\boldsymbol{A},\boldsymbol{b})$,此时向量 $\boldsymbol{b}$ 不能由向量组 $\boldsymbol{A}$ 线性表示.

(2) 当 $\alpha\neq-4$ 时,$R(\boldsymbol{A})=R(\boldsymbol{A},\boldsymbol{b})=3$,此时向量组 $\boldsymbol{a}_1,\boldsymbol{a}_2,\boldsymbol{a}_3$ 线性无关,而向量组 $\boldsymbol{a}_1,\boldsymbol{a}_2,\boldsymbol{a}_3,\boldsymbol{b}$ 线性相关,故向 $\boldsymbol{b}$ 能由向量组 $\boldsymbol{A}$ 线性表示,且表示式唯一.

(3) 当 $\alpha=-4,\beta=0$ 时,$R(\boldsymbol{A})=R(\boldsymbol{A},\boldsymbol{b})=2$,此时向量 $\boldsymbol{b}$ 能由向量组 $\boldsymbol{A}$ 线性表示,且表示式不唯一.

当 $\alpha=-4,\beta=0$ 时,有

$$(\boldsymbol{a}_3,\boldsymbol{a}_2,\boldsymbol{a}_1,\boldsymbol{b})=\begin{pmatrix}-1&-2&-4&1\\1&1&2&0\\4&5&10&-1\end{pmatrix}\overset{r}{\sim}\begin{pmatrix}1&0&0&1\\0&1&2&-1\\0&0&0&0\end{pmatrix},$$

方程组 $(\boldsymbol{a}_3,\boldsymbol{a}_2,\boldsymbol{a}_1)\boldsymbol{x}=\boldsymbol{b}$ 的解为

$$\begin{pmatrix}x_1\\x_2\\x_3\end{pmatrix}=c\begin{pmatrix}0\\-2\\1\end{pmatrix}+\begin{pmatrix}1\\-1\\0\end{pmatrix}=\begin{pmatrix}1\\-2c-1\\c\end{pmatrix},\ c\in\mathbf{R}.$$

因此 $\boldsymbol{b}=\boldsymbol{a}_3+(-2c-1)\boldsymbol{a}_2+c\boldsymbol{a}_1$, 即 $\boldsymbol{b}=c\boldsymbol{a}_1+(-2c-1)\boldsymbol{a}_2+\boldsymbol{a}_3,c\in\mathbf{R}$.

30. 设 $\boldsymbol{a}=(a_1,a_2,a_3)^{\mathrm{T}},\boldsymbol{b}=(b_1,b_2,b_3)^{\mathrm{T}},\boldsymbol{c}=(c_1,c_2,c_3)^{\mathrm{T}}$,证明三直线

$$\begin{cases}l_1:a_1x+b_1y+c_1=0\\l_2:a_2x+b_2y+c_2=0\\l_3:a_3x+b_3y+c_3=0\end{cases}\qquad(a_i^2+b_i^2\neq0,i=1,2,3)$$

相交于一点的充分必要条件为:向量组 $\boldsymbol{a},\boldsymbol{b}$ 线性无关,且向量组 $\boldsymbol{a},\boldsymbol{b},\boldsymbol{c}$ 线性相关.

证明 三直线相交于一点的充分必要条件为方程组

$$\begin{cases}a_1x+b_1y+c_1=0\\a_2x+b_2y+c_2=0,\\a_3x+b_3y+c_3=0\end{cases}$$

即

$$\begin{cases} a_1x + b_1y = -c_1 \\ a_2x + b_2y = -c_2 \\ a_3x + b_3y = -c_3 \end{cases}$$

有唯一解. 上述方程组可写为 $\boldsymbol{a}x + \boldsymbol{b}y = \boldsymbol{c}$. 因此三直线相交于一点的充分必要条件为 $\boldsymbol{c}$ 能由 $\boldsymbol{a},\boldsymbol{b}$ 唯一线性表示,而 $\boldsymbol{c}$ 能由 $\boldsymbol{a},\boldsymbol{b}$ 唯一线性表示的充分必要条件为向量组 $\boldsymbol{a},\boldsymbol{b}$ 线性无关,且向量组 $\boldsymbol{a},\boldsymbol{b},\boldsymbol{c}$ 线性相关.

31. 设矩阵 $\boldsymbol{A} = (\boldsymbol{a}_1,\boldsymbol{a}_2,\boldsymbol{a}_3,\boldsymbol{a}_4)$,其中 $\boldsymbol{a}_2,\boldsymbol{a}_3,\boldsymbol{a}_4$ 线性无关,$\boldsymbol{a}_1 = 2\boldsymbol{a}_2 - \boldsymbol{a}_3$. 向量

$$\boldsymbol{b} = \boldsymbol{a}_1 + \boldsymbol{a}_2 + \boldsymbol{a}_3 + \boldsymbol{a}_4,$$

求方程 $\boldsymbol{Ax} = \boldsymbol{b}$ 的通解.

解 由 $\boldsymbol{b} = \boldsymbol{a}_1 + \boldsymbol{a}_2 + \boldsymbol{a}_3 + \boldsymbol{a}_4$ 知 $\boldsymbol{\eta} = (1,1,1,1)^{\mathrm{T}}$ 是方程 $\boldsymbol{Ax} = \boldsymbol{b}$ 的一个解.

由 $\boldsymbol{a}_1 = 2\boldsymbol{a}_2 - \boldsymbol{a}_3$ 得 $\boldsymbol{a}_1 - 2\boldsymbol{a}_2 + \boldsymbol{a}_3 = \boldsymbol{0}$,知 $\boldsymbol{\xi} = (1,-2,1,0)^{\mathrm{T}}$ 是 $\boldsymbol{Ax} = \boldsymbol{0}$ 的一个解.

由 $\boldsymbol{a}_2,\boldsymbol{a}_3,\boldsymbol{a}_4$ 线性无关知 $\mathrm{R}(\boldsymbol{A}) = 3$,故方程 $\boldsymbol{Ax} = \boldsymbol{b}$ 所对应的齐次方程 $\boldsymbol{Ax} = \boldsymbol{0}$ 的基础解系中含一个解向量. 因此 $\boldsymbol{\xi} = (1,-2,1,0)^{\mathrm{T}}$ 是方程 $\boldsymbol{Ax} = \boldsymbol{0}$ 的基础解系.

方程 $\boldsymbol{Ax} = \boldsymbol{b}$ 的通解为 $\boldsymbol{x} = c(1,-2,1,0)^{\mathrm{T}} + (1,1,1,1)^{\mathrm{T}}(c \in \mathbf{R})$.

32. 设 $\boldsymbol{\eta}^*$ 是非齐次线性方程组 $\boldsymbol{Ax} = \boldsymbol{b}$ 的一个解,$\xi_1,\xi_2,\cdots,\xi_{n-r}$,是对应的齐次线性方程组的一个基础解系,证明:

(1) $\boldsymbol{\eta}^*,\boldsymbol{\xi}_1,\boldsymbol{\xi}_2,\cdots,\boldsymbol{\xi}_{n-r}$线性无关;

(2) $\boldsymbol{\eta}^*,\boldsymbol{\eta}^* + \boldsymbol{\xi}_1\boldsymbol{\eta}^* + \boldsymbol{\xi}_2,\cdots,\boldsymbol{\eta}^* + \boldsymbol{\xi}_{n-r}$线性无关.

证明 (1) 设有关系式

$$k_0\boldsymbol{\eta}^* + k_1\boldsymbol{\xi}_1 + k_2\boldsymbol{\xi}_2 + \cdots + k_{n-r}\boldsymbol{\xi}_{n-r} = \boldsymbol{0},$$

用矩阵 $\boldsymbol{A}$ 左乘上式两边,并注意题设条件,得

$$\boldsymbol{A}(k_0\boldsymbol{\eta}^* + k_1\boldsymbol{\xi}_1 + k_2\boldsymbol{\xi}_2 + \cdots + k_{n-r}\boldsymbol{\xi}_{n-r}) = \boldsymbol{0},$$

即

$$\boldsymbol{0} = k_0\boldsymbol{A\eta}^* + k_1\boldsymbol{A\xi}_1 + k_2\boldsymbol{A\xi}_2 + \cdots + k_{n-r}\boldsymbol{A\xi}_{n-r} = k_0\boldsymbol{b}.$$

但 $\boldsymbol{b} \neq \boldsymbol{0}$,由上式知 $k_0 = 0$,于是,$k_1\boldsymbol{\xi}_1 + k_2\boldsymbol{\xi}_2 + \cdots + k_{n-r}\boldsymbol{\xi}_{n-r} = \boldsymbol{0}$. 因向量组 $\boldsymbol{\xi}_1,\boldsymbol{\xi}_2,\cdots,\boldsymbol{\xi}_{n-r}$,是对应的齐次线性方程组的一个基础解系,从而线性无关,于是 $k_1 = k_2 = \cdots = k_{n-r} = 0$,由定义知,$\boldsymbol{\eta}^*,\boldsymbol{\xi}_1,\boldsymbol{\xi}_2,\cdots,\boldsymbol{\xi}_{n-r}$线性无关.

(2) 设有关系式

$$k_0\boldsymbol{\eta}^* + k_1(\boldsymbol{\eta}^* + \boldsymbol{\xi}_1) + \cdots + k_{n-r}(\boldsymbol{\eta}^* + \boldsymbol{\xi}_{n-r}) = \boldsymbol{0},$$

即

$$(k_0 + k_1 + \cdots + k_{n-r})\boldsymbol{\eta}^* + k_1\boldsymbol{\xi}_1 + \cdots + k_{n-r}\boldsymbol{\xi}_{n-r} = \boldsymbol{0}.$$

由(1)知,向量组 $\boldsymbol{\eta}^*,\boldsymbol{\xi}_1,\boldsymbol{\xi}_2,\cdots,\boldsymbol{\xi}_{n-r}$线性无关,故 $k_1 = k_2 = \cdots = k_{n-r} = 0$ 且 $k_0 + k_1 + \cdots + k_{n-r} = 0$ 于是,$k_0 = 0$,由定义知,$\boldsymbol{\eta}^*,\boldsymbol{\eta}^* + \boldsymbol{\xi}_1\boldsymbol{\eta}^* + \boldsymbol{\xi}_2,\cdots,\boldsymbol{\eta}^* + \boldsymbol{\xi}_{n-r}$线性无关.

33. 设 $\boldsymbol{\eta}_1,\boldsymbol{\eta}_2,\cdots,\boldsymbol{\eta}_s$ 是非齐次线性方程组 $\boldsymbol{Ax} = \boldsymbol{b}$ 的 s 个解,$k_1,k_2,\cdots,k_s$ 为实数,满足 $k_1 + k_2 + \cdots + k_s = 1$. 证明

$$\boldsymbol{x} = k_1\boldsymbol{\eta}_1 + k_2\boldsymbol{\eta}_2 + \cdots + k_s\boldsymbol{\eta}_s$$

也是它的解.

证明 因为 $\boldsymbol{\eta}_1,\boldsymbol{\eta}_2,\cdots,\boldsymbol{\eta}_s$ 都是方程组 $\boldsymbol{Ax} = \boldsymbol{b}$ 的解,所以 $\boldsymbol{A\eta}_i = \boldsymbol{b}(i = 1,2,\cdots,s)$,从而

$$\boldsymbol{A}(k_1\boldsymbol{\eta}_1 + k_2\boldsymbol{\eta}_2 + \cdots + k_s\boldsymbol{\eta}_s) = k_1\boldsymbol{A\eta}_1 + k_2\boldsymbol{A\eta}_2 + \cdots + k_s\boldsymbol{A\eta}_s$$

$$= (k_1 + k_2 + \cdots + k_s)\boldsymbol{b} = \boldsymbol{b},$$

因此 $\boldsymbol{x} = k_1\boldsymbol{\eta}_1 + k_2\boldsymbol{\eta}_2 + \cdots + k_s\boldsymbol{\eta}_s$ 也是方程 $\boldsymbol{Ax} = \boldsymbol{b}$ 的解.

34. 设非齐次线性方程组 $\boldsymbol{Ax} = \boldsymbol{b}$ 的系数矩阵的秩为 r，向量 $\boldsymbol{\eta}_1, \boldsymbol{\eta}_2, \cdots, \boldsymbol{\eta}_{n-r+1}$ 是它的 $n-r+1$ 个线性无关的解. 试证它的任一解可表示为

$$\boldsymbol{x} = k_1\boldsymbol{\eta}_1 + k_2\boldsymbol{\eta}_2 + \cdots + k_{n-r+1}\boldsymbol{\eta}_{n-r+1} (\text{其中 } k_1 + k_2 + \cdots + k_{n-r+1} = 1).$$

证明 因为 $\boldsymbol{\eta}_1, \boldsymbol{\eta}_2, \cdots, \boldsymbol{\eta}_{n-r+1}$ 均为 $\boldsymbol{Ax} = \boldsymbol{b}$ 的解，所以

$$\boldsymbol{\xi}_1 = \boldsymbol{\eta}_2 - \boldsymbol{\eta}_1, \boldsymbol{\xi}_2 = \boldsymbol{\eta}_3 - \boldsymbol{\eta}_1, \cdots, \boldsymbol{\xi}_{n-r} = \boldsymbol{\eta}_{n-r+1} - \boldsymbol{\eta}_1$$

均为 $\boldsymbol{Ax} = \boldsymbol{0}$ 的解.

用反证法证：$\boldsymbol{\xi}_1, \boldsymbol{\xi}_2, \cdots, \boldsymbol{\xi}_{n-r}$ 线性无关.

设它们线性相关，则存在不全为零的数 $\lambda_1, \lambda_2, \cdots, \lambda_{n-r}$，使得

$$\lambda_1\boldsymbol{\xi}_1 + \lambda_2\boldsymbol{\xi}_2 + \cdots + \lambda_{n-r}\boldsymbol{\xi}_{n-r} = \boldsymbol{0},$$

即
$$\lambda_1(\boldsymbol{\eta}_2 - \boldsymbol{\eta}_1) + \lambda_2(\boldsymbol{\eta}_3 - \boldsymbol{\eta}_1) + \cdots + \lambda_{n-r}(\boldsymbol{\eta}_{n-r+1} - \boldsymbol{\eta}_1) = \boldsymbol{0},$$

亦即
$$-(\lambda_1 + \lambda_2 + \cdots + \lambda_{n-r})\boldsymbol{\eta}_1 + \lambda_1\boldsymbol{\eta}_2 + \lambda_2\boldsymbol{\eta}_3 + \cdots + \lambda_{n-r}\boldsymbol{\eta}_{n-r+1} = \boldsymbol{0},$$

由 $\boldsymbol{\eta}_1, \boldsymbol{\eta}_2, \cdots, \boldsymbol{\eta}_{n-r+1}$ 线性无关，知 $-(\lambda_1 + \lambda_2 + \cdots + \lambda_{n-r}) = \lambda_1 = \lambda_2 = \cdots = \lambda_{n-r} = 0$，与假设矛盾. 因此 $\boldsymbol{\xi}_1, \boldsymbol{\xi}_2, \cdots, \boldsymbol{\xi}_{n-r}$ 线性无关. $\boldsymbol{\xi}_1, \boldsymbol{\xi}_2, \cdots, \boldsymbol{\xi}_{n-r}$ 为 $\boldsymbol{Ax} = \boldsymbol{0}$ 的一个基础解系.

设 $\boldsymbol{x}$ 为 $\boldsymbol{Ax} = \boldsymbol{b}$ 的任意解，则 $\boldsymbol{x} - \boldsymbol{\eta}_1$ 为 $\boldsymbol{Ax} = \boldsymbol{0}$ 的解，故 $\boldsymbol{x} - \boldsymbol{\eta}_1$ 可由 $\boldsymbol{\xi}_1, \boldsymbol{\xi}_2, \cdots, \boldsymbol{\xi}_{n-r}$ 线性表出，设

$$\begin{aligned}\boldsymbol{x} - \boldsymbol{\eta}_1 &= k_2\boldsymbol{\xi}_1 + k_3\boldsymbol{\xi}_2 + \cdots + k_{n-r+1}\boldsymbol{\xi}_{n-r} \\ &= k_2(\boldsymbol{\eta}_2 - \boldsymbol{\eta}_1) + k_3(\boldsymbol{\eta}_3 - \boldsymbol{\eta}_1) + \cdots + k_{n-r+1}(\boldsymbol{\eta}_{n-r+1} - \boldsymbol{\eta}_1), \\ \boldsymbol{x} &= (1 - k_2 - k_3 - \cdots - k_{n-r+1})\boldsymbol{\eta}_1 + k_2\boldsymbol{\eta}_2 + \cdots + k_{n-r+1}\boldsymbol{\eta}_{n-r+1},\end{aligned}$$

令 $k_1 = 1 - k_2 - k_3 - \cdots - k_{n-r+1}$，则 $k_1 + k_2 + k_3 + \cdots + k_{n-r+1} = 1$，于是

$$\boldsymbol{x} = k_1\boldsymbol{\eta}_1 + k_2\boldsymbol{\eta}_2 + \cdots + k_{n-r+1}\boldsymbol{\eta}_{n-r+1}.$$

35. 设

$$\boldsymbol{V}_1 = \{\boldsymbol{x} = (\boldsymbol{x}_1, \boldsymbol{x}_2, \cdots, \boldsymbol{x}_n)^{\mathrm{T}} \mid \boldsymbol{x}_1, \cdots, \boldsymbol{x}_n \in \mathbf{R} \text{ 满足 } \boldsymbol{x}_1 + \boldsymbol{x}_2 + \cdots + \boldsymbol{x}_n = 0\}$$

$$\boldsymbol{V}_2 = \{\boldsymbol{x} = (\boldsymbol{x}_1, \boldsymbol{x}_2, \cdots, \boldsymbol{x}_n)^{\mathrm{T}} \mid \boldsymbol{x}_1, \cdots, \boldsymbol{x}_n \in \mathbf{R} \text{ 满足 } \boldsymbol{x}_1 + \boldsymbol{x}_2 + \cdots + \boldsymbol{x}_n = 1\}$$

问 $\boldsymbol{V}_1, \boldsymbol{V}_2$ 是不是向量空间？为什么？

解 $\boldsymbol{V}_1$ 是向量空间，因为任取

$$\boldsymbol{a} = (a_1, a_2, \cdots, a_n)^{\mathrm{T}} \in \boldsymbol{V}_1, \boldsymbol{b} = (b_1, b_2, \cdots, b_n)^{\mathrm{T}} \in \boldsymbol{V}_1, \lambda \in \mathbf{R},$$

有
$$a_1 + a_2 + \cdots + a_n = 0,\ b_1 + b_2 + \cdots + b_n = 0$$

从而

$$(a_1 + b_1) + (a_2 + b_2) + \cdots + (a_n + b_n) = (a_1 + a_2 + \cdots + a_n) + (b_1 + b_2 + \cdots + b_n) = 0$$

$$\lambda a_1 + \lambda a_2 + \cdots + \lambda a_n = \lambda(a_1 + a_2 + \cdots + a_n) = 0$$

所以 $\boldsymbol{a} + \boldsymbol{b} = (a_1 + b_1, a_2 + b_2, \cdots, a_n + b_n)^{\mathrm{T}} \in \boldsymbol{V}_1, \lambda\boldsymbol{a} = (\lambda a_1, \lambda a_2, \cdots, \lambda a_n)^{\mathrm{T}} \in \boldsymbol{V}_1$.

$\boldsymbol{V}_2$ 不是向量空间，因为任取

$$\boldsymbol{a} = (a_1, a_2, \cdots, a_n)^{\mathrm{T}} \in \boldsymbol{V}_1, \boldsymbol{b} = (b_1, b_2, \cdots, b_n)^{\mathrm{T}} \in \boldsymbol{V}_1,$$

有
$$a_1 + a_2 + \cdots + a_n = 1, b_1 + b_2 + \cdots + b_n = 1,$$

从而

$$(a_1+b_1)+(a_2+b_2)+\cdots+(a_n+b_n)=(a_1+a_2+\cdots+a_n)+(b_1+b_2+\cdots+b_n)=2$$

所以 $\boldsymbol{a}+\boldsymbol{b}=(a_1+b_1,a_2+b_2,\cdots,a_n+b_n)^{\mathrm{T}}\notin \boldsymbol{V}_1$.

36. 由 $\boldsymbol{a}_1=(1,1,0,0)^{\mathrm{T}},\boldsymbol{a}_2=(1,0,1,1)^{\mathrm{T}}$ 所生成的向量空间记为 $\boldsymbol{L}_1$，由 $\boldsymbol{b}_1=(2,-1,3,3)^{\mathrm{T}}$，$\boldsymbol{b}_2=(0,1,-1,-1)^{\mathrm{T}}$ 所生成的向量空间记为 $\boldsymbol{L}_2$，试证 $\boldsymbol{L}_1=\boldsymbol{L}_2$.

证明 设 $\boldsymbol{A}=(\boldsymbol{a}_1,\boldsymbol{a}_2)$，$\boldsymbol{B}=(\boldsymbol{b}_1,\boldsymbol{b}_2)$. 显然 $R(\boldsymbol{A})=R(\boldsymbol{B})=3$，又由

$$(\boldsymbol{A},\boldsymbol{B})=\begin{pmatrix}1&1&2&0\\1&0&-1&1\\0&1&3&-1\\0&1&3&-1\end{pmatrix}\overset{r}{\sim}\begin{pmatrix}1&1&2&0\\0&-1&-3&1\\0&0&0&0\\0&0&0&0\end{pmatrix}$$

知 $R(\boldsymbol{A},\boldsymbol{B})=2$，所以 $R(\boldsymbol{A})=R(\boldsymbol{B})=R(\boldsymbol{A},\boldsymbol{B})$，从而向量组 $\boldsymbol{a}_1,\boldsymbol{a}_2$，与向量组 $\boldsymbol{b}_1,\boldsymbol{b}_2$ 等价. 因为向量组 $\boldsymbol{a}_1,\boldsymbol{a}_2$ 与向量组 $\boldsymbol{b}_1,\boldsymbol{b}_2$ 等价，所以这两个向量组所生成的向量空间相同，即 $\boldsymbol{L}_1=\boldsymbol{L}_2$.

37. 验证 $\boldsymbol{a}_1=(1,-1,0)^{\mathrm{T}},\boldsymbol{a}_2=(2,1,3)^{\mathrm{T}},\boldsymbol{a}_3=(3,1,2)^{\mathrm{T}}$ 为 $\mathbf{R}^3$ 的一个基，并把 $\boldsymbol{v}_1=(5,0,7)^{\mathrm{T}}$，$\boldsymbol{v}_2=(-9,-8,-13)^{\mathrm{T}}$ 用这个基线性表示.

解 由

$$\boldsymbol{A}=(\boldsymbol{a}_1,\boldsymbol{a}_2,\boldsymbol{a}_3,\boldsymbol{v}_1,\boldsymbol{v}_2)=\begin{pmatrix}1&2&3&5&-9\\-1&1&1&0&-8\\0&3&2&7&-13\end{pmatrix}\overset{r}{\sim}\begin{pmatrix}1&0&0&2&3\\0&1&0&3&-3\\0&0&1&-1&-2\end{pmatrix},$$

知 $R(\boldsymbol{A})=3$，故 $\boldsymbol{a}_1,\boldsymbol{a}_2,\boldsymbol{a}_3$ 线性无关，所以 $\boldsymbol{a}_1,\boldsymbol{a}_2,\boldsymbol{a}_3$ 为 $\mathbf{R}^3$ 的一个基. $\boldsymbol{v}_1,\boldsymbol{v}_2$ 用此基线性表示式为 $\boldsymbol{v}_1=2\boldsymbol{a}_1+3\boldsymbol{a}_2-\boldsymbol{a}_3,\boldsymbol{v}_2=3\boldsymbol{a}_1-3\boldsymbol{a}_2-2\boldsymbol{a}_3$.

38. 已知 $\mathbf{R}^3$ 的两个基为

$\boldsymbol{a}_1=(1,1,1)^{\mathrm{T}},\boldsymbol{a}_2=(1,0,-1)^{\mathrm{T}},\boldsymbol{a}_3=(1,0,1)^{\mathrm{T}}$;

$\boldsymbol{b}_1=(1,2,1)^{\mathrm{T}},\boldsymbol{b}_2=(2,3,4)^{\mathrm{T}},\boldsymbol{b}_3=(3,4,3)^{\mathrm{T}}$,

求由基 $\boldsymbol{a}_1,\boldsymbol{a}_2,\boldsymbol{a}_3$ 到基 $\boldsymbol{b}_1,\boldsymbol{b}_2,\boldsymbol{b}_3$ 的过渡矩阵 $\boldsymbol{P}$.

解 设 $\boldsymbol{e}_1,\boldsymbol{e}_2,\boldsymbol{e}_3$ 是三维单位坐标向量组，则

$$(\boldsymbol{a}_1,\boldsymbol{a}_2,\boldsymbol{a}_3)=(\boldsymbol{e}_1,\boldsymbol{e}_2,\boldsymbol{e}_3)\begin{pmatrix}1&1&1\\1&0&0\\1&-1&1\end{pmatrix}$$

$$(\boldsymbol{e}_1,\boldsymbol{e}_2,\boldsymbol{e}_3)=(\boldsymbol{a}_1,\boldsymbol{a}_2,\boldsymbol{a}_3)\begin{pmatrix}1&1&1\\1&0&0\\1&-1&1\end{pmatrix}^{-1},$$

于是

$$(\boldsymbol{b}_1,\boldsymbol{b}_2,\boldsymbol{b}_3)=(\boldsymbol{e}_1,\boldsymbol{e}_2,\boldsymbol{e}_3)\begin{pmatrix}1&2&3\\2&3&4\\1&4&3\end{pmatrix}$$

$$= (\boldsymbol{a}_1,\boldsymbol{a}_2,\boldsymbol{a}_3)\begin{pmatrix}1&1&1\\1&0&0\\1&-1&1\end{pmatrix}^{-1}\begin{pmatrix}1&2&3\\2&3&4\\1&4&3\end{pmatrix}.$$

由基 $\boldsymbol{a}_1,\boldsymbol{a}_2,\boldsymbol{a}_3$ 到基 $\boldsymbol{b}_1,\boldsymbol{b}_2,\boldsymbol{b}_3$ 的过渡矩阵为

$$\boldsymbol{P} = \begin{pmatrix}1&1&1\\1&0&0\\1&-1&1\end{pmatrix}^{-1}\begin{pmatrix}1&2&3\\2&3&4\\1&4&3\end{pmatrix} = \begin{pmatrix}2&3&4\\0&-1&0\\-1&0&-1\end{pmatrix}.$$

习 题 五

1. 设 $\boldsymbol{a}=\begin{pmatrix}1\\0\\-2\end{pmatrix},\boldsymbol{b}=\begin{pmatrix}-4\\2\\3\end{pmatrix}$，$\boldsymbol{c}$ 与 $\boldsymbol{a}$ 正交，且 $\boldsymbol{b}=\lambda\boldsymbol{a}+\boldsymbol{c}$，求 λ 和 $\boldsymbol{c}$.

解 以 $\boldsymbol{a}^{\mathrm{T}}$ 左乘 $\boldsymbol{b}=\lambda\boldsymbol{a}+\boldsymbol{c}$，得

$$\boldsymbol{a}^{\mathrm{T}}\boldsymbol{b} = \lambda\boldsymbol{a}^{\mathrm{T}}\boldsymbol{a} + \boldsymbol{a}^{\mathrm{T}}\boldsymbol{c}.$$

因 $\boldsymbol{a}$ 与 $\boldsymbol{c}$ 正交，有 $\boldsymbol{a}^{\mathrm{T}}\boldsymbol{c}=0$；$\boldsymbol{a}\neq\boldsymbol{0}$，有 $\boldsymbol{a}^{\mathrm{T}}\boldsymbol{a}\neq 0$，故得

$$\lambda = \frac{\boldsymbol{a}^{\mathrm{T}}\boldsymbol{b}}{\boldsymbol{a}^{\mathrm{T}}\boldsymbol{c}} = \frac{-10}{5} = -2,$$

而

$$\boldsymbol{c} = \boldsymbol{b} - \lambda\boldsymbol{a} = \begin{pmatrix}-4\\2\\3\end{pmatrix}+2\begin{pmatrix}1\\0\\-2\end{pmatrix}=\begin{pmatrix}-2\\2\\-1\end{pmatrix}.$$

2. 试用施密特法把下列向量组正交化：

（1）$(\boldsymbol{a}_1,\boldsymbol{a}_2,\boldsymbol{a}_3)=\begin{pmatrix}1&1&1\\1&2&4\\1&3&9\end{pmatrix}$；

（2）$(\boldsymbol{a}_1,\boldsymbol{a}_2,\boldsymbol{a}_3)=\begin{pmatrix}1&1&-1\\0&-1&1\\-1&0&1\\1&1&0\end{pmatrix}$.

解 （1）根据施密特正交化方法，有

$$\boldsymbol{b}_1 = \boldsymbol{a}_1 = \begin{pmatrix}1\\1\\1\end{pmatrix},$$

$$\boldsymbol{b}_2 = \boldsymbol{a}_2 - \frac{[\boldsymbol{b}_1,\boldsymbol{a}_2]}{[\boldsymbol{b}_1,\boldsymbol{b}_1]}\boldsymbol{b}_1 = \begin{pmatrix}1\\2\\3\end{pmatrix}-\frac{6}{3}\begin{pmatrix}1\\1\\1\end{pmatrix}=\begin{pmatrix}1\\2\\3\end{pmatrix}-\begin{pmatrix}2\\2\\2\end{pmatrix}=\begin{pmatrix}-1\\0\\1\end{pmatrix},$$

$$\boldsymbol{b}_3 = \boldsymbol{a}_3 - \frac{[\boldsymbol{b}_1,\boldsymbol{a}_3]}{[\boldsymbol{b}_1,\boldsymbol{b}_1]}\boldsymbol{b}_1 - \frac{[\boldsymbol{b}_2,\boldsymbol{a}_3]}{[\boldsymbol{b}_2,\boldsymbol{b}_2]}\boldsymbol{b}_2 = \begin{pmatrix}1\\4\\9\end{pmatrix}-\frac{14}{3}\begin{pmatrix}1\\1\\1\end{pmatrix}-\frac{8}{2}\begin{pmatrix}-1\\0\\1\end{pmatrix}=\frac{1}{3}\begin{pmatrix}1\\-2\\1\end{pmatrix}.$$

（2）根据施密特正交化方法，有

$$b_1 = a_1 = \begin{pmatrix} 1 \\ 0 \\ -1 \\ 1 \end{pmatrix},$$

$$b_2 = a_2 - \frac{[b_1,a_2]}{[b_1,b_1]}b_1 = \begin{pmatrix} 1 \\ -1 \\ 0 \\ 1 \end{pmatrix} - \frac{2}{3}\begin{pmatrix} 1 \\ 0 \\ -1 \\ 1 \end{pmatrix} = \frac{1}{3}\begin{pmatrix} 1 \\ -3 \\ 2 \\ 1 \end{pmatrix},$$

$$b_3 = a_3 - \frac{[b_1,a_3]}{[b_1,b_1]}b_1 - \frac{[b_2,a_3]}{[b_2,b_2]}b_2 = \begin{pmatrix} -1 \\ 1 \\ 1 \\ 0 \end{pmatrix} + \frac{2}{3}\begin{pmatrix} 1 \\ 0 \\ -1 \\ 1 \end{pmatrix} + \frac{2}{15}\begin{pmatrix} 1 \\ -3 \\ 2 \\ 1 \end{pmatrix} = \frac{1}{5}\begin{pmatrix} -1 \\ 3 \\ 3 \\ 4 \end{pmatrix}.$$

3. 下列矩阵是不是正交阵？并说明理由：

（1）$\begin{pmatrix} 1 & -\frac{1}{2} & \frac{1}{3} \\ -\frac{1}{2} & 1 & \frac{1}{2} \\ \frac{1}{3} & \frac{1}{2} & -1 \end{pmatrix}$；（2）$\begin{pmatrix} \frac{1}{9} & -\frac{8}{9} & -\frac{4}{9} \\ -\frac{8}{9} & \frac{1}{9} & -\frac{4}{9} \\ -\frac{4}{9} & -\frac{4}{9} & \frac{7}{9} \end{pmatrix}$.

解　（1）不是,因为此矩阵的第一个列向量非单位向量，故不是正交阵.

（2）是,因为该方阵每一个行向量均是单位向量，且两两正交，故为正交阵.

4.（1）设 x 为 n 维列向量，$x^Tx=1$，令 $H=E-2xx^T$，证明 H 是对称的正交阵；（2）设 A,B 都是正交阵，证明 AB 也是正交阵.

证明　（1）因为

$$H^T=(E-2xx^T)^T=E-2(xx^T)^T=E-2(x^T)^Tx^T=E-2xx^T,$$

所以 H 是对称矩阵.

因为

$$\begin{aligned} H^TH = HH &= (E-2xx^T)(E-2xx^T) \\ &= E-4xx^T+(2xx^T)(2xx^T) \\ &= E-4xx^T+4x(x^Tx)x^T = E. \end{aligned}$$

所以 H 是正交矩阵.

（2）因为 A,B 是正交阵,故

$$A^{-1}=A^T, B^{-1}=B^T,$$
$$(AB)^T(AB)=B^TA^TAB=B^{-1}A^{-1}AB=E,$$

故 AB 也是正交阵.

5. 设 a_1,a_2,a_3 为两两正交的单位向量组,$b_1=-\frac{1}{3}a_1+\frac{2}{3}a_2+\frac{2}{3}a_3$,$b_2=\frac{2}{3}a_1+\frac{2}{3}a_2-\frac{1}{3}a_3$,$b_3=-\frac{2}{3}a_1+\frac{1}{3}a_2-\frac{2}{3}a_3$,证明 b_1,b_2,b_3 也是两两正交单位向量组.

证明　把题设条件写成矩阵形式

$$(\boldsymbol{b}_1,\boldsymbol{b}_2,\boldsymbol{b}_3)=(\boldsymbol{a}_1,\boldsymbol{a}_2,\boldsymbol{a}_3)\begin{pmatrix}-\frac{1}{3} & \frac{2}{3} & -\frac{2}{3}\\ \frac{2}{3} & \frac{2}{3} & \frac{1}{3}\\ \frac{2}{3} & -\frac{1}{3} & -\frac{2}{3}\end{pmatrix}.$$

上式记为 $\boldsymbol{B}=\boldsymbol{AK}$. 因为 $\boldsymbol{A}$ 的列向量组为两两正交单位向量组,故 $\boldsymbol{AA}^{\mathrm{T}}=\boldsymbol{E}_3$;因 $\boldsymbol{K}$ 为正交阵,故 $\boldsymbol{K}^{\mathrm{T}}\boldsymbol{K}=\boldsymbol{E}_3$. 于是,$\boldsymbol{B}^{\mathrm{T}}\boldsymbol{B}=(\boldsymbol{AK})^{\mathrm{T}}(\boldsymbol{AK})=\boldsymbol{K}^{\mathrm{T}}(\boldsymbol{A}^{\mathrm{T}}\boldsymbol{A})\boldsymbol{K}=\boldsymbol{K}^{\mathrm{T}}\boldsymbol{K}=\boldsymbol{E}_3$.

这表明 $\boldsymbol{B}$ 的列向量组,即 $\boldsymbol{b}_1,\boldsymbol{b}_2,\boldsymbol{b}_3$ 是两两正交单位向量组.

6. 求下列矩阵的特征值和特征向量:

(1) $\begin{pmatrix}2 & -1 & 2\\ 5 & -3 & 3\\ -1 & 0 & -2\end{pmatrix}$;　　(2) $\begin{pmatrix}1 & 2 & 3\\ 2 & 1 & 3\\ 3 & 3 & 6\end{pmatrix}$;　　(3) $\begin{pmatrix}0 & 0 & 0 & 1\\ 0 & 0 & 1 & 0\\ 0 & 1 & 0 & 0\\ 1 & 0 & 0 & 0\end{pmatrix}$.

解 (1) 由

$$|\boldsymbol{A}-\lambda\boldsymbol{E}|=\begin{vmatrix}2-\lambda & -1 & 2\\ 5 & -3-\lambda & 3\\ -1 & 0 & -2-\lambda\end{vmatrix}=-(\lambda+1)^3,$$

故 $\boldsymbol{A}$ 的特征值为 $\lambda_1=\lambda_2=\lambda_3=-1$.

对于特征值 $\lambda=-1$, 由

$$\boldsymbol{A}+\boldsymbol{E}=\begin{pmatrix}3 & -1 & 2\\ 5 & -2 & 3\\ -1 & 0 & -1\end{pmatrix}\overset{r}{\sim}\begin{pmatrix}1 & 0 & 1\\ 0 & 1 & 1\\ 0 & 0 & 0\end{pmatrix},$$

得方程$(\boldsymbol{A}+\boldsymbol{E})\boldsymbol{x}=\boldsymbol{0}$ 的基础解系 $\boldsymbol{p}=(-1,-1,1)^{\mathrm{T}}$,向量 $\boldsymbol{p}$ 就是对应于特征值 $\lambda=-1$ 的特征值向量.

(2) 由

$$|\boldsymbol{A}-\lambda\boldsymbol{E}|=\begin{vmatrix}1-\lambda & 2 & 3\\ 2 & 1-\lambda & 3\\ 3 & 3 & 6-\lambda\end{vmatrix}=-\lambda(\lambda+1)(\lambda-9),$$

故 $\boldsymbol{A}$ 的特征值为 $\lambda_1=0,\lambda_2=-1,\lambda_3=9$.

对于特征值 $\lambda_1=0$,由

$$\boldsymbol{A}=\begin{pmatrix}1 & 2 & 3\\ 2 & 1 & 3\\ 3 & 3 & 6\end{pmatrix}\overset{r}{\sim}\begin{pmatrix}1 & 2 & 3\\ 0 & 1 & 1\\ 0 & 0 & 0\end{pmatrix}\overset{r}{\sim}\begin{pmatrix}1 & 0 & 1\\ 0 & 1 & 1\\ 0 & 0 & 0\end{pmatrix},$$

得方程 $\boldsymbol{Ax}=\boldsymbol{0}$ 的基础解系 $\boldsymbol{p}_1=(-1,-1,1)^{\mathrm{T}}$,向量 $\boldsymbol{p}_1$ 是对应于特征值 $\lambda_1=0$ 的特征值向量.

对于特征值 $\lambda_2=-1$,由

$$\boldsymbol{A}+\boldsymbol{E}=\begin{pmatrix}2 & 2 & 3\\ 2 & 2 & 3\\ 3 & 3 & 7\end{pmatrix}\overset{r}{\sim}\begin{pmatrix}1 & 1 & 4\\ 0 & 0 & 1\\ 0 & 0 & 0\end{pmatrix}\overset{r}{\sim}\begin{pmatrix}1 & 1 & 0\\ 0 & 0 & 1\\ 0 & 0 & 0\end{pmatrix},$$

得方程$(\boldsymbol{A}+\boldsymbol{E})\boldsymbol{x}=\boldsymbol{0}$的基础解系$\boldsymbol{p}_2=(-1,1,0)^{\mathrm{T}}$,向量$\boldsymbol{p}_2$就是对应于特征值$\lambda_2=-1$的特征值向量.

对于特征值$\lambda_3=9$,由

$$\boldsymbol{A}-9\boldsymbol{E}=\begin{pmatrix}-8&2&3\\2&-8&3\\3&3&-3\end{pmatrix}\overset{r}{\sim}\begin{pmatrix}1&1&-1\\0&1&-\frac{1}{2}\\0&0&0\end{pmatrix}\overset{r}{\sim}\begin{pmatrix}1&0&-\frac{1}{2}\\0&1&-\frac{1}{2}\\0&0&0\end{pmatrix},$$

得方程$(\boldsymbol{A}-9\boldsymbol{E})\boldsymbol{x}=\boldsymbol{0}$的基础解系$\boldsymbol{p}_3=\left(\frac{1}{2},\frac{1}{2},1\right)^{\mathrm{T}}$,向量$\boldsymbol{p}_3$就是对应于特征值$\lambda_3=9$的特征值向量.

(3) 由

$$|\boldsymbol{A}-\lambda\boldsymbol{E}|=\begin{vmatrix}-\lambda&0&0&1\\0&-\lambda&1&0\\0&1&-\lambda&0\\1&0&0&-\lambda\end{vmatrix}=(\lambda-1)^2(\lambda+1)^2,$$

故$\boldsymbol{A}$的特征值为$\lambda_1=\lambda_2=-1,\lambda_3=\lambda_4=1$.

对于特征值$\lambda_1=\lambda_2=-1$, 由

$$\boldsymbol{A}+\boldsymbol{E}=\begin{pmatrix}1&0&0&1\\0&1&1&0\\0&1&1&0\\1&0&0&1\end{pmatrix}\overset{r}{\sim}\begin{pmatrix}1&0&0&1\\0&1&1&0\\0&0&0&0\\0&0&0&0\end{pmatrix},$$

得方程$(\boldsymbol{A}+\boldsymbol{E})\boldsymbol{x}=\boldsymbol{0}$的基础解系$\boldsymbol{p}_1=(0,-1,1,0,)^{\mathrm{T}},\boldsymbol{p}_2=(-1,0,0,1)^{\mathrm{T}}$. 向量$\boldsymbol{p}_1$和$\boldsymbol{p}_2$是对应于特征值$\lambda_1=\lambda_2=-1$的线性无关特征向量.

对于特征值$\lambda_3=\lambda_4=1$, 由

$$\boldsymbol{A}-\boldsymbol{E}=\begin{pmatrix}-1&0&0&1\\0&-1&1&0\\0&1&-1&0\\1&0&0&-1\end{pmatrix}\overset{r}{\sim}\begin{pmatrix}1&0&0&-1\\0&1&-1&0\\0&0&0&0\\0&0&0&0\end{pmatrix},$$

得方程$(\boldsymbol{A}-\boldsymbol{E})\boldsymbol{x}=\boldsymbol{0}$的基础解系$\boldsymbol{p}_3=(1,0,0,1)^{\mathrm{T}},\boldsymbol{p}_4=(0,1,1,0)^{\mathrm{T}}$,向量$\boldsymbol{p}_3$和$\boldsymbol{p}_4$是对应于特征值$\lambda_3=\lambda_4=1$的线性无关特征向量.

7. 设$\boldsymbol{A}$为n阶矩阵,证明$\boldsymbol{A}^{\mathrm{T}}$与$\boldsymbol{A}$的特征值相同.

证明 因为

$$|\boldsymbol{A}^{\mathrm{T}}-\lambda\boldsymbol{E}|=|(\boldsymbol{A}-\lambda\boldsymbol{E})^{\mathrm{T}}|=|\boldsymbol{A}-\lambda\boldsymbol{E}|,$$

所以$\boldsymbol{A}^{\mathrm{T}}$与$\boldsymbol{A}$的特征多项式相同,从而$\boldsymbol{A}^{\mathrm{T}}$与$\boldsymbol{A}$的特征值相同.

8. 设n阶矩阵$\boldsymbol{A},\boldsymbol{B}$满足$R(\boldsymbol{A})+R(\boldsymbol{B})<n$,证明$\boldsymbol{A}$与$\boldsymbol{B}$有公共的特征值,有公共的特征向量.

证明 设$R(\boldsymbol{A})=r,R(\boldsymbol{B})=t$,则$r+t<n$.

若 $\boldsymbol{a}_1,\boldsymbol{a}_2,\cdots,\boldsymbol{a}_{n-r}$是齐次方程组 $\boldsymbol{Ax}=\boldsymbol{0}$ 的基础解系,显然它们是 $\boldsymbol{A}$ 的对应于特征值 $\lambda=0$ 的线性无关的特征向量.

类似地,设 $\boldsymbol{b}_1,\boldsymbol{b}_2,\cdots,\boldsymbol{b}_{n-t}$是齐次方程组 $\boldsymbol{Bx}=\boldsymbol{0}$ 的基础解系,则它们是 $\boldsymbol{B}$ 的对应于特征值 $\lambda=0$ 的线性无关的特征向量.

由于$(n-r)+(n-t)=n+(n-r-t)>n$,故 $\boldsymbol{a}_1,\boldsymbol{a}_2,\cdots,\boldsymbol{a}_{n-r},\boldsymbol{b}_1,\boldsymbol{b}_2,\cdots,\boldsymbol{b}_{n-t}$必线性相关.于是有不全为 0 的数 $k_1,k_2,\cdots,k_{n-r},l_1,l_2,\cdots,l_{n-t}$,使

$$k_1\boldsymbol{a}_1+k_2\boldsymbol{a}_2+\cdots+k_{n-r}\boldsymbol{a}_{n-r}+l_1\boldsymbol{b}_1+l_2\boldsymbol{b}_2+\cdots+l_{n-r}\boldsymbol{b}_{n-r}=\boldsymbol{0}$$

记 $\boldsymbol{\gamma}=k_1\boldsymbol{a}_1+k_2\boldsymbol{a}_2+\cdots+k_{n-r}\boldsymbol{a}_{n-r}=-(l_1\boldsymbol{b}_1+l_2\boldsymbol{b}_2+\cdots+l_{n-r}\boldsymbol{b}_{n-r})$,则 $k_1,k_2,\cdots,k_{n-r}$不全为0, 否则 $l_1,l_2,\cdots,l_{n-t}$不全为0, 而

$$l_1\boldsymbol{b}_1+l_2\boldsymbol{b}_2+\cdots+l_{n-r}\boldsymbol{b}_{n-r}=\boldsymbol{0},$$

与 $\boldsymbol{b}_1,\boldsymbol{b}_2,\cdots,\boldsymbol{b}_{n-t}$线性无关相矛盾.

因此,$\boldsymbol{\gamma}\neq\boldsymbol{0}$,$\boldsymbol{\gamma}$ 是 $\boldsymbol{A}$ 的也是 $\boldsymbol{B}$ 的关于 $\lambda=0$ 的特征向量,所以 $\boldsymbol{A}$ 与 $\boldsymbol{B}$ 有公共的特征值, 有公共的特征向量.

9. 设 $\boldsymbol{A}^2-3\boldsymbol{A}+2\boldsymbol{E}=\boldsymbol{0}$,证明 $\boldsymbol{A}$ 的特征值只能取 1 或 2.

证明 设 λ 是 $\boldsymbol{A}$ 的任意一个特征值,$\boldsymbol{x}$ 是 $\boldsymbol{A}$ 的对应于 λ 的特征向量, 则

$$(\boldsymbol{A}^2-3\boldsymbol{A}+2\boldsymbol{E})\boldsymbol{x}=\lambda^2\boldsymbol{x}-3\lambda\boldsymbol{x}+2\boldsymbol{x}=(\lambda^2-3\lambda+2)\boldsymbol{x}=\boldsymbol{0}.$$

因为 $\boldsymbol{x}\neq\boldsymbol{0}$, 所以 $\lambda^2-3\lambda+2=0$,即 λ 是方程 $\lambda^2-3\lambda+2=0$ 的根,也就是说 $\lambda=1$ 或 $\lambda=2$.

10. 设 $\boldsymbol{A}$ 为正交阵,且$|\boldsymbol{A}|=-1$,证明 $\lambda=-1$ 是 $\boldsymbol{A}$ 的特征值.

证明 由特征方程的定义,$\lambda=-1$ 是 $\boldsymbol{A}$ 的特征值当且仅当 $|\boldsymbol{A}+\boldsymbol{E}|=0$. 因此,只需证 $|\boldsymbol{A}+\boldsymbol{E}|=0$. 而

$$|\boldsymbol{A}+\boldsymbol{E}|=|\boldsymbol{A}+\boldsymbol{A}^{\mathrm{T}}\boldsymbol{A}|=|(\boldsymbol{E}+\boldsymbol{A}^{\mathrm{T}})\boldsymbol{A}|=|\boldsymbol{A}+\boldsymbol{E}||\boldsymbol{A}|=-|\boldsymbol{A}+\boldsymbol{E}|,$$

则 $2|\boldsymbol{A}+\boldsymbol{E}|=0$,即 $|\boldsymbol{A}+\boldsymbol{E}|=0$. 因此,$\lambda=-1$ 是 $\boldsymbol{A}$ 的特征值.

11. 设 $\lambda\neq0$ 是 m 阶矩阵 $\boldsymbol{A}_{m\times n}\boldsymbol{B}_{m\times n}$的特征值,证明 λ 也是 n 阶矩阵 $\boldsymbol{BA}$ 的特征值.

证明 设 $\boldsymbol{x}$ 是 $\boldsymbol{AB}$ 的对应于 $\lambda\neq0$ 的特征向量,则有$(\boldsymbol{AB})\boldsymbol{x}=\lambda\boldsymbol{x}$,于是,$\boldsymbol{B}(\boldsymbol{AB})\boldsymbol{x}=\boldsymbol{B}(\lambda\boldsymbol{x})$,或$(\boldsymbol{BA})\boldsymbol{Bx}=\lambda(\boldsymbol{Bx})$,从而 λ 是 $\boldsymbol{BA}$ 的特征值,且 $\boldsymbol{Bx}$ 是 $\boldsymbol{BA}$ 的对应于 λ 的特征向量.

12. 已知 3 阶矩阵 $\boldsymbol{A}$ 的特征值为 1,2,3,求$|\boldsymbol{A}^3-5\boldsymbol{A}^2+7\boldsymbol{A}|$.

解 令 $\varphi(\lambda)=\lambda^3-5\lambda^2+7\lambda$,则 $\varphi(1)=3,\varphi(2)=2,\varphi(3)=3$ 是 $\varphi(\boldsymbol{A})$的特征值,故

$$|\boldsymbol{A}^3-5\boldsymbol{A}^2+7\boldsymbol{A}|=|\varphi(\boldsymbol{A})|=\varphi(1)\cdot\varphi(2)\cdot\varphi(3)=3\times2\times3=18.$$

13. 已知 3 阶矩阵 $\boldsymbol{A}$ 的特征值为 1,2,−3,求$|\boldsymbol{A}^*+3\boldsymbol{A}+2\boldsymbol{E}|$.

解 因为$|\boldsymbol{A}|=1\times2\times(-3)=-6\neq0$,所以 $\boldsymbol{A}$ 可逆,故

$$\boldsymbol{A}^*=|\boldsymbol{A}|\boldsymbol{A}^{-1}=-6\boldsymbol{A}^{-1},$$

$$\boldsymbol{A}^*+3\boldsymbol{A}+2\boldsymbol{E}=-6\boldsymbol{A}^{-1}+3\boldsymbol{A}+2\boldsymbol{E}.$$

令 $\varphi(\lambda)=-6\lambda^{-1}+3\lambda+2$,则 $\varphi(1)=-1,\varphi(2)=5,\varphi(-3)=-5$ 是 $\varphi(\boldsymbol{A})$的特征值,故

$$\begin{aligned}|\boldsymbol{A}^*+3\boldsymbol{A}+2\boldsymbol{E}|&=|-6\boldsymbol{A}^{-1}+3\boldsymbol{A}+2\boldsymbol{E}|\\&=|\varphi(\boldsymbol{A})|=\varphi(1)\cdot\varphi(2)\cdot\varphi(-3)=-1\times5\times(-5)=25.\end{aligned}$$

14. 设 $\boldsymbol{A},\boldsymbol{B}$ 都是 n 阶矩阵,且 $\boldsymbol{A}$ 可逆,证明 $\boldsymbol{AB}$ 与 $\boldsymbol{BA}$ 相似.

证明 取 $\boldsymbol{P}=\boldsymbol{A}$,则

$$P^{-1}ABP = A^{-1}ABA = BA,$$

即 AB 与 BA 相似.

15. 设矩阵 $A=\begin{pmatrix}2&0&1\\3&1&x\\4&0&5\end{pmatrix}$ 可相似对角化,求 x.

解 由

$$|A-\lambda E| = \begin{vmatrix}2-\lambda & 0 & 1\\ 3 & 1-\lambda & x\\ 4 & 0 & 5-\lambda\end{vmatrix} = -(\lambda-1)^2(\lambda-6),$$

得 A 的特征值为 $\lambda_1=6,\lambda_2=\lambda_3=1$.

因为 A 可相似对角化,所以对于 $\lambda_2=\lambda_3=1$,齐次线性方程组 $(A-E)x=0$ 有两个线性无关的解,因此 $R(A-E)=1$. 由

$$(A-E)=\begin{pmatrix}1&0&1\\3&0&x\\4&0&4\end{pmatrix}\overset{r}{\sim}\begin{pmatrix}1&0&1\\0&0&x-3\\0&0&0\end{pmatrix},$$

知当 $x=3$ 时 $R(A-E)=1$,即 $x=3$ 为所求.

16. 已知 $p=(1,1,-1)^{\mathrm{T}}$ 是矩阵 $A=\begin{pmatrix}2&-1&2\\5&a&3\\-1&b&-2\end{pmatrix}$ 的一个特征向量.

(1) 求参数 a,b 及特征向量 p 所对应的特征值;

(2) 问 A 能不能相似对角化? 并说明理由.

解 (1) 设 λ 是特征向量 p 所对应的特征值,则

$$(A-\lambda E)p=0,$$

即

$$\begin{pmatrix}2-\lambda & -1 & 2\\ 5 & a-\lambda & 3\\ -1 & b & -2-\lambda\end{pmatrix}\begin{pmatrix}1\\1\\-1\end{pmatrix}=\begin{pmatrix}0\\0\\0\end{pmatrix},$$

于是,得到线性方程组

$$\begin{cases}\lambda+1=0\\ a-\lambda+2=0,\\ b+\lambda+1=0\end{cases}$$

解得 $\lambda=-1,a=-3,b=0$.

(2) 由

$$|A-\lambda E| = \begin{vmatrix}2-\lambda & -1 & 2\\ 5 & -3-\lambda & 3\\ -1 & 0 & -2-\lambda\end{vmatrix} = -(\lambda+1)^3,$$

得 A 的特征值为 $\lambda_1=\lambda_2=\lambda_3=-1$.

由

$$A+E=\begin{pmatrix}3&-1&2\\5&-2&3\\-1&0&-1\end{pmatrix}\overset{r}{\sim}\begin{pmatrix}1&0&1\\0&1&1\\0&0&0\end{pmatrix},$$

知 $R(\boldsymbol{A}+\boldsymbol{E})=2$，所以齐次线性方程组 $(\boldsymbol{A}+\boldsymbol{E})\boldsymbol{x}=\boldsymbol{0}$ 的基础解系只有一个解向量. 因此 $\boldsymbol{A}$ 不能相似对角化.

17. 设 $\boldsymbol{A}=\begin{pmatrix}1&4&2\\0&-3&4\\0&4&3\end{pmatrix}$，求 $\boldsymbol{A}^{100}$.

解 由

$$|\boldsymbol{A}-\lambda\boldsymbol{E}|=\begin{vmatrix}1-\lambda&4&2\\0&-3-\lambda&4\\0&4&3-\lambda\end{vmatrix}=-(\lambda-1)(\lambda-5)(\lambda+5),$$

得 $\boldsymbol{A}$ 的特征值为 $\lambda_1=1,\lambda_2=5,\lambda_3=-5$.

对于 $\lambda_1=1$，解方程 $(\boldsymbol{A}-\boldsymbol{E})\boldsymbol{x}=\boldsymbol{0}$，由

$$\boldsymbol{A}-\boldsymbol{E}=\begin{pmatrix}0&4&2\\0&-4&4\\0&4&2\end{pmatrix}\overset{r}{\sim}\begin{pmatrix}0&1&0\\0&0&1\\0&0&0\end{pmatrix},$$

得特征向量 $\boldsymbol{p}_1=(1,0,0)^{\mathrm{T}}$.

对于 $\lambda_2=5$，解方程 $(\boldsymbol{A}-5\boldsymbol{E})\boldsymbol{x}=\boldsymbol{0}$，由

$$\boldsymbol{A}-5\boldsymbol{E}=\begin{pmatrix}-4&4&2\\0&-8&4\\0&4&-2\end{pmatrix}\overset{r}{\sim}\begin{pmatrix}1&-2&0\\0&-2&1\\0&0&0\end{pmatrix},$$

得特征向量 $\boldsymbol{p}_2=(2,1,2)^{\mathrm{T}}$.

对于 $\lambda_3=-5$，解方程 $(\boldsymbol{A}+5\boldsymbol{E})\boldsymbol{x}=\boldsymbol{0}$，由

$$\boldsymbol{A}+5\boldsymbol{E}=\begin{pmatrix}6&4&2\\0&2&4\\0&4&8\end{pmatrix}\overset{r}{\sim}\begin{pmatrix}1&0&-1\\0&1&2\\0&0&0\end{pmatrix},$$

得特征向量 $\boldsymbol{p}_3=(1,-2,1)^{\mathrm{T}}$.

令 $\boldsymbol{P}=(\boldsymbol{p}_1,\boldsymbol{p}_2,\boldsymbol{p}_3)$，则

$$\begin{aligned}\boldsymbol{P}^{-1}\boldsymbol{A}\boldsymbol{P}&=\mathrm{diag}(1,5,-5)=\boldsymbol{\Lambda},\\ \boldsymbol{A}&=\boldsymbol{P}\boldsymbol{\Lambda}\boldsymbol{P}^{-1},\\ \boldsymbol{A}^{100}&=\boldsymbol{P}\boldsymbol{\Lambda}^{100}\boldsymbol{P}^{-1},\end{aligned}$$

因为

$$\boldsymbol{\Lambda}^{100}=\mathrm{diag}(1,5^{100},5^{100}),$$

$$\boldsymbol{P}^{-1}=\begin{pmatrix}1&2&1\\0&1&-2\\0&2&1\end{pmatrix}^{-1}=\frac{1}{5}\begin{pmatrix}5&0&-5\\0&1&2\\0&-2&1\end{pmatrix},$$

所以

$$A^{100}=\frac{1}{5}\begin{pmatrix}1&2&1\\0&1&-2\\0&2&1\end{pmatrix}\begin{pmatrix}1&&\\&5^{100}&\\&&5^{100}\end{pmatrix}\begin{pmatrix}5&0&-5\\0&1&2\\0&-2&1\end{pmatrix}$$
$$=\begin{pmatrix}1&0&5^{100}-1\\0&5^{100}&0\\0&0&5^{100}\end{pmatrix}.$$

18. 在某国,每年有比例为 p 的农村居民移居城镇,有比例为 q 的城镇居民移居农村,假设该国总人口数不变,且上述人口迁移的规律也不变. 把 n 年后农村人口和城镇人口占总人口的比例依次记为 x_n 和 y_n, $(x_n+y_n)=1$.

(1) 求关系式 $\begin{pmatrix}x_{n+1}\\y_{n+1}\end{pmatrix}=A\begin{pmatrix}x_n\\y_n\end{pmatrix}$ 中的矩阵 A;

(2) 设目前农村人口与城镇人口相等,即 $\begin{pmatrix}x_0\\y_0\end{pmatrix}=\begin{pmatrix}0.5\\0.5\end{pmatrix}$,求 $\begin{pmatrix}x_n\\y_n\end{pmatrix}$.

解 (1) 由题意知

$$x_{n+1}=x_n+qy_n-px_n=(1-p)x_n+qy_n,$$
$$y_{n+1}=y_n+px_n-qy_n=px_n+(1-q)y_n,$$

可用矩阵表示为

$$\begin{pmatrix}x_{n+1}\\y_{n+1}\end{pmatrix}=\begin{pmatrix}1-p&q\\p&1-q\end{pmatrix}\begin{pmatrix}x_n\\y_n\end{pmatrix},$$

因此, $A=\begin{pmatrix}1-p&q\\p&1-q\end{pmatrix}$.

(2) 由 $\begin{pmatrix}x_{n+1}\\y_{n+1}\end{pmatrix}=A\begin{pmatrix}x_n\\y_n\end{pmatrix}$ 可知 $\begin{pmatrix}x_n\\y_n\end{pmatrix}=A^n\begin{pmatrix}x_0\\y_0\end{pmatrix}$. 由

$$|A-\lambda E|=\begin{vmatrix}1-p-\lambda&q\\p&1-q-\lambda\end{vmatrix}=(\lambda-1)(\lambda-1+p+q),$$

得 A 的特征值为 $\lambda_1=1,\lambda_2=r$,其中 $r=1-p-q$.

对于 $\lambda_1=1$,解方程 $(A-E)x=0$,得特征向量 $p_1=(q,p)^T$.

对于 $\lambda_2=r$,解方程 $(A-rE)x=0$,得特征向量 $p_2=(-1,1)^T$.

令 $P=(p_1,p_2)=\begin{pmatrix}q&-1\\p&1\end{pmatrix}$,则

$$P^{-1}AP=\operatorname{diag}(1,r)=\Lambda,$$
$$A=P\Lambda P^{-1},$$
$$A^n=P\Lambda^nP^{-1},$$

于是

$$A^n=\begin{pmatrix}q&-1\\p&1\end{pmatrix}\begin{pmatrix}1&0\\0&r\end{pmatrix}^n\begin{pmatrix}q&-1\\p&1\end{pmatrix}^{-1}$$

$$= \frac{1}{p+q}\begin{pmatrix} q & -1 \\ p & 1 \end{pmatrix}\begin{pmatrix} 1 & 0 \\ 0 & r^n \end{pmatrix}\begin{pmatrix} 1 & 1 \\ -p & q \end{pmatrix}$$

$$= \frac{1}{p+q}\begin{pmatrix} q+pr^n & q-qr^n \\ p-pr^n & p+qr^n \end{pmatrix},$$

则
$$\begin{pmatrix} x_n \\ y_n \end{pmatrix} = \frac{1}{p+q}\begin{pmatrix} q+pr^n & q-qr^n \\ p-pr^n & p+qr^n \end{pmatrix}\begin{pmatrix} 0.5 \\ 0.5 \end{pmatrix}$$

$$= \frac{1}{2(p+q)}\begin{pmatrix} 2q+(p-q)r^n \\ 2p+(q-p)r^n \end{pmatrix}, r = 1-p-q.$$

19. 试求一个正交的相似变换矩阵，将下列对称阵化为对角阵：

(1) $\begin{pmatrix} 2 & -2 & 0 \\ -2 & 1 & -2 \\ 0 & -2 & 0 \end{pmatrix}$；　　(2) $\begin{pmatrix} 2 & 2 & -2 \\ 2 & 5 & -4 \\ -2 & -4 & 5 \end{pmatrix}$.

解　(1) 将所给矩阵记为 $\boldsymbol{A}$，由

$$|\boldsymbol{A}-\lambda\boldsymbol{E}| = \begin{vmatrix} 2-\lambda & -2 & 0 \\ -2 & 1-\lambda & -2 \\ 0 & -2 & -\lambda \end{vmatrix} = (1-\lambda)(\lambda-4)(\lambda+2),$$

得矩阵 $\boldsymbol{A}$ 的特征值为 $\lambda_1=-2,\lambda_2=1,\lambda_3=4$.

对于 $\lambda_1=-2$，解方程 $(\boldsymbol{A}+2\boldsymbol{E})\boldsymbol{x}=\boldsymbol{0}$，即

$$\begin{pmatrix} 4 & -2 & 0 \\ -2 & 3 & -2 \\ 0 & -2 & 2 \end{pmatrix}\begin{pmatrix} x_1 \\ x_2 \\ x_3 \end{pmatrix} = \boldsymbol{0},$$

得特征向量 $(1,2,2)^{\mathrm{T}}$，单位化，得 $\boldsymbol{p}_1 = \left(\frac{1}{3},\frac{2}{3},\frac{2}{3}\right)^{\mathrm{T}}$.

对于 $\lambda_2=1$，解方程 $(\boldsymbol{A}-\boldsymbol{E})\boldsymbol{x}=\boldsymbol{0}$，即

$$\begin{pmatrix} 1 & -2 & 0 \\ -2 & 0 & -2 \\ 0 & -2 & -1 \end{pmatrix}\begin{pmatrix} x_1 \\ x_2 \\ x_3 \end{pmatrix} = \boldsymbol{0},$$

得特征向量 $(2,1,-2)^{\mathrm{T}}$，单位化，得 $\boldsymbol{p}_2 = \left(\frac{2}{3},\frac{1}{3},-\frac{2}{3}\right)^{\mathrm{T}}$.

对于 $\lambda_3=4$，解方程 $(\boldsymbol{A}-4\boldsymbol{E})\boldsymbol{x}=\boldsymbol{0}$，即

$$\begin{pmatrix} -2 & -2 & 0 \\ -2 & -3 & -2 \\ 0 & -2 & -4 \end{pmatrix}\begin{pmatrix} x_1 \\ x_2 \\ x_3 \end{pmatrix} = \boldsymbol{0},$$

得特征向量 $(2,-2,1)^{\mathrm{T}}$，单位化得 $\boldsymbol{p}_3 = \left(\frac{2}{3},-\frac{2}{3},\frac{1}{3}\right)^{\mathrm{T}}$.

于是有正交阵 $\boldsymbol{P}=(\boldsymbol{p}_1,\boldsymbol{p}_2,\boldsymbol{p}_3)$，使 $\boldsymbol{P}^{-1}\boldsymbol{A}\boldsymbol{P}=\mathrm{diag}(-2,1,4)$.

(2) 将所给矩阵记为 $\boldsymbol{A}$. 由

$$|\boldsymbol{A}-\lambda\boldsymbol{E}|=\begin{vmatrix}2-\lambda & 2 & -2\\ 2 & 5-\lambda & -4\\ -2 & -4 & 5-\lambda\end{vmatrix}=-(\lambda-1)^2(\lambda-10),$$

得矩阵 $\boldsymbol{A}$ 的特征值为 $\lambda_1=\lambda_2=1,\lambda_3=10$.

对于 $\lambda_1=\lambda_2=1$,解方程 $(\boldsymbol{A}-\boldsymbol{E})\boldsymbol{x}=\boldsymbol{0}$,即

$$\begin{pmatrix}1 & 2 & -2\\ 2 & 4 & -4\\ -2 & -4 & 4\end{pmatrix}\begin{pmatrix}x_1\\ x_2\\ x_3\end{pmatrix}=\begin{pmatrix}0\\ 0\\ 0\end{pmatrix},$$

得线性无关特征向量 $\boldsymbol{a}_1=(0,1,1)^{\mathrm{T}}$ 和 $\boldsymbol{a}_2=(2,0,1)^{\mathrm{T}}$,将它们正交化,得

$$\boldsymbol{b}_1=\boldsymbol{a}_1=(0,1,1)^{\mathrm{T}},$$

$$\boldsymbol{b}_2=\boldsymbol{a}_2-\frac{[\boldsymbol{b}_1,\boldsymbol{a}_2]}{[\boldsymbol{b}_1,\boldsymbol{b}_1]}\boldsymbol{b}_1=\frac{1}{2}(4,-1,1)^{\mathrm{T}},$$

再分别单位化,得 $\boldsymbol{p}_1=\dfrac{1}{\sqrt{2}}(0,1,1)^{\mathrm{T}},\boldsymbol{p}_2=\dfrac{1}{3\sqrt{2}}(4,-1,1)^{\mathrm{T}}$.

对于 $\lambda_3=10$,解方程 $(\boldsymbol{A}-10\boldsymbol{E})\boldsymbol{x}=\boldsymbol{0}$,即

$$\begin{pmatrix}-8 & 2 & -2\\ 2 & -5 & -4\\ -2 & -4 & -5\end{pmatrix}\begin{pmatrix}x_1\\ x_2\\ x_3\end{pmatrix}=\begin{pmatrix}0\\ 0\\ 0\end{pmatrix},$$

得特征向量 $(1,2,-2)^{\mathrm{T}}$,单位化,得 $\boldsymbol{p}_3=\dfrac{1}{3}(1,2,-2)^{\mathrm{T}}$.

于是有正交阵 $\boldsymbol{P}=(\boldsymbol{p}_1,\boldsymbol{p}_2,\boldsymbol{p}_3)$,使 $\boldsymbol{P}^{-1}\boldsymbol{AP}=\mathrm{diag}(1,1,10)$.

20. 设矩阵 $\boldsymbol{A}=\begin{pmatrix}1 & -2 & -4\\ -2 & x & -2\\ -4 & -2 & 1\end{pmatrix}$ 与 $\boldsymbol{\Lambda}=\begin{pmatrix}5 & & \\ & -4 & \\ & & y\end{pmatrix}$ 相似,求 x,y;并求一个正交阵 $\boldsymbol{P}$,使 $\boldsymbol{P}^{-1}\boldsymbol{AP}=\boldsymbol{\Lambda}$.

解 已知相似矩阵有相同的特征值,显然 $\lambda=5,\lambda=-4,\lambda=y$ 是 $\boldsymbol{\Lambda}$ 的特征值,故它们也是 $\boldsymbol{A}$ 的特征值. 因为 $\lambda=-4$ 是 $\boldsymbol{A}$ 的特征值,所以

$$|\boldsymbol{A}+4\boldsymbol{E}|=\begin{vmatrix}5 & -2 & -4\\ -2 & x+4 & -2\\ -4 & -2 & 5\end{vmatrix}=9(x-4)=0,$$

解得 $x=4$.

已知相似矩阵的行列式相同,因为

$$|\boldsymbol{A}|=\begin{vmatrix}1 & -2 & -4\\ -2 & -4 & -2\\ -4 & -2 & 1\end{vmatrix}=-100,\ |\boldsymbol{\Lambda}|=\begin{vmatrix}5 & & \\ & -4 & \\ & & y\end{vmatrix}=-20y,$$

所以 $x=4,-20y=-100,y=5$.

对于 $\lambda=5$,解方程 $(\boldsymbol{A}-5\boldsymbol{E})\boldsymbol{x}=\boldsymbol{0}$,得两个线性无关的特征向量 $(1,0,-1)^{\mathrm{T}},(1,-2,0)^{\mathrm{T}}$. 将它们正交化、单位化,得

$$\boldsymbol{p}_1=\frac{1}{\sqrt{2}}(1,0,-1)^{\mathrm{T}},\ \boldsymbol{p}_2=\frac{1}{3\sqrt{2}}(1,-4,1)^{\mathrm{T}}.$$

对于 $\lambda=-4$,解方程 $(\boldsymbol{A}+4\boldsymbol{E})\boldsymbol{x}=\boldsymbol{0}$,得特征向量 $(2,1,2)^{\mathrm{T}}$,单位化得 $\boldsymbol{p}_3=\frac{1}{3}(2,1,2)^{\mathrm{T}}$.

于是有正交矩阵 $\boldsymbol{P}=\begin{pmatrix}\frac{1}{\sqrt{2}} & \frac{2}{3} & \frac{1}{3\sqrt{2}}\\ 0 & \frac{1}{3} & -\frac{4}{3\sqrt{2}}\\ -\frac{1}{\sqrt{2}} & \frac{2}{3} & \frac{1}{3\sqrt{2}}\end{pmatrix}$,使 $\boldsymbol{P}^{-1}\boldsymbol{A}\boldsymbol{P}=\boldsymbol{\Lambda}$.

21. 设 3 阶方阵 $\boldsymbol{A}$ 的特征值为 $\lambda_1=2,\lambda_2=-2,\lambda_3=1$,对应的特征向量依次为 $\boldsymbol{p}_1=(0,1,1)^{\mathrm{T}}$,$\boldsymbol{p}_2=(1,1,1)^{\mathrm{T}},\boldsymbol{p}_3=(1,1,0)^{\mathrm{T}}$,求 $\boldsymbol{A}$.

解 令 $\boldsymbol{P}=(\boldsymbol{p}_1,\boldsymbol{p}_2,\boldsymbol{p}_3)$,则 $\boldsymbol{P}^{-1}\boldsymbol{A}\boldsymbol{P}=\mathrm{diag}(2,-2,1)=\boldsymbol{\Lambda},\boldsymbol{A}=\boldsymbol{P}\boldsymbol{\Lambda}\boldsymbol{P}^{-1}$.

因为

$$\boldsymbol{P}^{-1}=\begin{pmatrix}0 & 1 & 1\\ 1 & 1 & 1\\ 1 & 1 & 0\end{pmatrix}^{-1}=\begin{pmatrix}-1 & 1 & 0\\ 1 & -1 & 1\\ 0 & 1 & -1\end{pmatrix},$$

所以

$$\boldsymbol{A}=\boldsymbol{P}\boldsymbol{\Lambda}\boldsymbol{P}^{-1}=\begin{pmatrix}0 & 1 & 1\\ 1 & 1 & 1\\ 1 & 1 & 0\end{pmatrix}\begin{pmatrix}2 & 0 & 0\\ 0 & -2 & 0\\ 0 & 0 & 1\end{pmatrix}\begin{pmatrix}-1 & 1 & 0\\ 1 & -1 & 1\\ 0 & 1 & -1\end{pmatrix}=\begin{pmatrix}-2 & 3 & -3\\ -4 & 5 & -3\\ -4 & 4 & -2\end{pmatrix}.$$

22. 设 3 阶对称阵 $\boldsymbol{A}$ 的特征值为 $\lambda_1=1,\lambda_2=-1,\lambda_3=0$;对应 λ_1、λ_2 的特征向量依次为 $\boldsymbol{p}_1=(1,2,2)^{\mathrm{T}},\boldsymbol{p}_2=(2,1,-2)^{\mathrm{T}}$,求 $\boldsymbol{A}$.

解 设 $\boldsymbol{A}=\begin{pmatrix}x_1 & x_2 & x_3\\ x_2 & x_4 & x_5\\ x_3 & x_5 & x_6\end{pmatrix}$,则 $\boldsymbol{A}\boldsymbol{p}_1=\boldsymbol{p}_2,\boldsymbol{A}\boldsymbol{p}_2=-\boldsymbol{p}_2$,即

$$\begin{cases}x_1+2x_2+2x_3=1\\ x_2+2x_4+2x_5=2\\ x_3+2x_5+2x_6=2\end{cases},$$

和

$$\begin{cases}2x_1+x_2-2x_3=-2\\ 2x_2+x_4-2x_5=-1\\ 2x_3+x_5-2x_6=2\end{cases},$$

再由特征值的性质,有

$$x_1+x_4+x_6=\lambda_1+\lambda_2+\lambda_3=0,$$

解以上三个方程得

$$x_1=-\frac{1}{3}-\frac{1}{2}x_6,\ x_2=\frac{1}{2}x_6,\ x_3=\frac{2}{3}-\frac{1}{4}x_6,\ x_4=\frac{1}{3}-\frac{1}{2}x_6,\ x_5=\frac{2}{3}+\frac{1}{4}x_6.$$

令 $x_6=0$,得 $x_1=-\frac{1}{3}$,$x_2=0$,$x_3=\frac{2}{3}$,$x_4=\frac{1}{3}$,$x_5=\frac{2}{3}$. 因此

$$A=\frac{1}{3}\begin{pmatrix}-1&0&2\\0&1&2\\2&2&0\end{pmatrix}.$$

23. 设3阶对称矩阵 $\boldsymbol{A}$ 的特征值 $\lambda_1=6$,$\lambda_2=3$,$\lambda_3=3$ 与特征值 $\lambda_1=6$ 对应的特征向量为 $\boldsymbol{p}_1=(1,1,1)^{\mathrm{T}}$,求 $\boldsymbol{A}$.

解 设与 $\lambda_2=3$ 对应的特征向量 $\boldsymbol{p}=(x,y,z)^{\mathrm{T}}$,又已知 $\boldsymbol{A}$ 是对称阵,则 $\boldsymbol{p}_1$ 与 $\boldsymbol{p}$ 正交,即 $\boldsymbol{p}_1^{\mathrm{T}}\boldsymbol{p}=x+y+z=0$,解得该齐次方程组的基础解系 $\boldsymbol{\zeta}_1=(-1,1,0)^{\mathrm{T}}$,$\boldsymbol{\zeta}_2=(0,-1,1)^{\mathrm{T}}$.

因此,存在 $\boldsymbol{P}=\begin{pmatrix}1&-1&0\\1&1&-1\\1&0&1\end{pmatrix}$,使 $\boldsymbol{P}^{-1}\boldsymbol{AP}=\mathrm{diag}(6,3,3)$,所以 $\boldsymbol{A}=\boldsymbol{P\Lambda P}^{-1}=\begin{pmatrix}4&1&1\\1&4&1\\1&1&4\end{pmatrix}$.

24. 设 $\boldsymbol{a}=(a_1,a_2,\cdots,a_n)^{\mathrm{T}}$,$a_1\neq0$,$\boldsymbol{A}=\boldsymbol{aa}^{\mathrm{T}}$.

(1) 证明 $\lambda=0$ 是 $\boldsymbol{A}$ 的 $n-1$ 重特征值;

(2) 求 $\boldsymbol{A}$ 的非零特征值及 n 个线性无关的特征向量.

证明 (1) 设 λ 是 $\boldsymbol{A}$ 的任意一个特征值,$\boldsymbol{x}$ 是 $\boldsymbol{A}$ 的对应于 λ 的特征向量,则有 $\boldsymbol{Ax}=\lambda\boldsymbol{x}$,

$$\lambda^2\boldsymbol{x}=\boldsymbol{A}^2\boldsymbol{x}=\boldsymbol{aa}^{\mathrm{T}}\boldsymbol{aa}^{\mathrm{T}}\boldsymbol{x}=\boldsymbol{a}^{\mathrm{T}}\boldsymbol{aAx}=\lambda\boldsymbol{a}^{\mathrm{T}}\boldsymbol{ax},$$

于是可得 $\lambda^2=\lambda\boldsymbol{a}^{\mathrm{T}}\boldsymbol{a}$,从而 $\lambda=0$ 或 $\lambda=\boldsymbol{a}^{\mathrm{T}}\boldsymbol{a}$.

设 $\lambda_1,\lambda_2,\cdots,\lambda_n$ 是 $\boldsymbol{A}$ 的所有特征值,因为 $\boldsymbol{A}=\boldsymbol{aa}^{\mathrm{T}}$ 的主对角线性上的元素为 $a_1^2,a_2^2,\cdots,a_n^2$,所以

$$a_1^2+a_2^2+\cdots+a_n^2=\boldsymbol{a}^{\mathrm{T}}\boldsymbol{a}=\lambda_1+\lambda_2+\cdots+\lambda_n,$$

这说明在 $\lambda_1,\lambda_2,\cdots,\lambda_n$ 中有且只有一个等于 $\boldsymbol{a}^{\mathrm{T}}\boldsymbol{a}$,而其余$n-1$个全为0,即 $\lambda=0$ 是 $\boldsymbol{A}$ 的$n-1$重特征值.

解 (2) 设 $\lambda_1=\boldsymbol{a}^{\mathrm{T}}\boldsymbol{a}$,$\lambda_2=\cdots=\lambda_n=0$. 因为 $\boldsymbol{Aa}=\boldsymbol{aa}^{\mathrm{T}}\boldsymbol{a}=(\boldsymbol{a}^{\mathrm{T}}\boldsymbol{a})\boldsymbol{a}=\lambda_1\boldsymbol{a}$,所以 $\boldsymbol{p}_1=\boldsymbol{a}$ 是对应于 $\lambda_1=\boldsymbol{a}^{\mathrm{T}}\boldsymbol{a}$ 的特征向量.

对于 $\lambda_2=\cdots=\lambda_n=0$,解方程 $\boldsymbol{Ax}=\boldsymbol{0}$,即 $\boldsymbol{aa}^{\mathrm{T}}\boldsymbol{x}=\boldsymbol{0}$. 因为 $\boldsymbol{a}\neq\boldsymbol{0}$,所以 $\boldsymbol{a}^{\mathrm{T}}\boldsymbol{x}=\boldsymbol{0}$,即 $a_1x_1+a_2x_2+\cdots+a_nx_n=0$,其线性无关解为

$$\begin{aligned}\boldsymbol{p}_2&=(-a_2,a_1,0,\cdots,0)^{\mathrm{T}},\\\boldsymbol{p}_3&=(-a_3,0,a_1,\cdots,0)^{\mathrm{T}},\\&\vdots\\\boldsymbol{p}_n&=(-a_n,0,0,\cdots,a_1)^{\mathrm{T}},\end{aligned}$$

因此 n 个线性无关特征向量构成的矩阵为

$$(\boldsymbol{p}_1,\boldsymbol{p}_2,\cdots,\boldsymbol{p}_n)=\begin{pmatrix}a_1&-a_2&\cdots&-a_n\\a_2&a_1&\cdots&0\\\vdots&\vdots&\ddots&\vdots\\a_n&0&\cdots&a_1\end{pmatrix}.$$

25. （1）设 $\boldsymbol{A}=\begin{pmatrix}3 & -2\\ -2 & 3\end{pmatrix}$，求 $\varphi(\boldsymbol{A})=\boldsymbol{A}^{10}-5\boldsymbol{A}^{9}$；

（2）设 $\boldsymbol{A}=\begin{pmatrix}2 & 1 & 2\\ 1 & 2 & 2\\ 2 & 2 & 1\end{pmatrix}$，求 $\varphi(\boldsymbol{A})=\boldsymbol{A}^{10}-6\boldsymbol{A}^{9}+5\boldsymbol{A}^{8}$.

解 （1）由

$$|\boldsymbol{A}-\lambda\boldsymbol{E}|=\begin{vmatrix}3-\lambda & -2\\ -2 & 3-\lambda\end{vmatrix}=(\lambda-1)(\lambda-5),$$

得 $\boldsymbol{A}$ 的特征值为 $\lambda_1=1,\lambda_2=5$.

对于 $\lambda_1=1$，解方程 $(\boldsymbol{A}-\boldsymbol{E})\boldsymbol{x}=\boldsymbol{0}$，得单位特征向量 $\frac{1}{\sqrt{2}}(1,1)^{\mathrm{T}}$.

对于 $\lambda_2=5$，解方程 $(\boldsymbol{A}-5\boldsymbol{E})\boldsymbol{x}=\boldsymbol{0}$，得单位特征向量 $\frac{1}{\sqrt{2}}(-1,1)^{\mathrm{T}}$.

于是有正交矩阵 $\boldsymbol{P}=\frac{1}{\sqrt{2}}\begin{pmatrix}1 & -1\\ 1 & 1\end{pmatrix}$，使得 $\boldsymbol{P}^{-1}\boldsymbol{A}\boldsymbol{P}=\mathrm{diag}(1,5)=\boldsymbol{\Lambda}$，从而 $\boldsymbol{A}=\boldsymbol{P}\boldsymbol{\Lambda}\boldsymbol{P}^{-1}$，$\boldsymbol{A}^k=\boldsymbol{P}\boldsymbol{\Lambda}^k\boldsymbol{P}^{-1}$. 因此

$$\begin{aligned}\varphi(\boldsymbol{A})&=\boldsymbol{P}\varphi(\boldsymbol{\Lambda})\boldsymbol{P}^{-1}=\boldsymbol{P}(\boldsymbol{\Lambda}^{10}-5\boldsymbol{\Lambda}^{9})\boldsymbol{P}^{-1}\\&=\boldsymbol{P}[\mathrm{diag}(1,5^{10})-5\mathrm{diag}(1,5^{9})]\boldsymbol{P}^{-1}\\&=\boldsymbol{P}\mathrm{diag}(-4,0)\boldsymbol{P}^{-1}\\&=\frac{1}{\sqrt{2}}\begin{pmatrix}1 & -1\\ 1 & 1\end{pmatrix}\begin{pmatrix}-4 & 0\\ 0 & 0\end{pmatrix}\frac{1}{\sqrt{2}}\begin{pmatrix}1 & 1\\ -1 & 1\end{pmatrix}\\&=\begin{pmatrix}-2 & -2\\ -2 & -2\end{pmatrix}=-2\begin{pmatrix}1 & 1\\ 1 & 1\end{pmatrix}=\begin{pmatrix}-2 & -2\\ -2 & -2\end{pmatrix}=-2\begin{pmatrix}1 & 1\\ 1 & 1\end{pmatrix}.\end{aligned}$$

（2）利用与（1）求正交矩阵相同的方法，可求得正交矩阵为

$$\boldsymbol{P}=\frac{1}{\sqrt{6}}\begin{pmatrix}-1 & -\sqrt{3} & \sqrt{2}\\ -1 & \sqrt{3} & \sqrt{2}\\ 2 & 0 & \sqrt{2}\end{pmatrix},$$

使得. $\boldsymbol{P}^{-1}\boldsymbol{A}\boldsymbol{P}=\mathrm{diag}(-1,1,5)=\boldsymbol{\Lambda}$，$\boldsymbol{A}=\boldsymbol{P}\boldsymbol{\Lambda}\boldsymbol{P}^{-1}$，于是

$$\begin{aligned}\varphi(\boldsymbol{A})&=\boldsymbol{P}\varphi(\boldsymbol{\Lambda})\boldsymbol{P}^{-1}\\&=\boldsymbol{P}\varphi[\mathrm{diag}(-1,1,5)]\boldsymbol{P}^{-1}\\&=\boldsymbol{P}\mathrm{diag}(\varphi(-1),\varphi(1),\varphi(5))\boldsymbol{P}^{-1}\\&=\boldsymbol{P}\mathrm{diag}(12,0,0)\boldsymbol{P}^{-1}\\&=\frac{1}{6}\begin{pmatrix}-1 & -\sqrt{3} & \sqrt{2}\\ -1 & \sqrt{3} & \sqrt{2}\\ 2 & 0 & \sqrt{2}\end{pmatrix}\begin{pmatrix}12 & & \\ & 0 & \\ & & 0\end{pmatrix}\begin{pmatrix}-1 & -1 & 2\\ -\sqrt{3} & \sqrt{3} & 0\\ \sqrt{2} & \sqrt{2} & \sqrt{2}\end{pmatrix}\\&=2\begin{pmatrix}1 & 1 & -2\\ 1 & 1 & -2\\ -2 & -2 & 4\end{pmatrix}.\end{aligned}$$

26. 用矩阵记号表示下列二次型：

(1) $f=x^2+4xy+4y^2+2xz+z^2+4yz$;

(2) $f=x^2+y^2-7z^2-2xy-4xz-4yz$;

(3) $f=x_1^2+x_2^2+x_3^2-2x_1x_2+6x_1x_2$.

解 (1) $f=(x,y,z)\begin{pmatrix}1&2&1\\2&4&2\\1&2&1\end{pmatrix}\begin{pmatrix}x\\y\\z\end{pmatrix}$;

(2) $f=(x,y,z)\begin{pmatrix}1&-1&-2\\-1&1&-2\\-2&-2&-7\end{pmatrix}\begin{pmatrix}x\\y\\z\end{pmatrix}$;

(3) $f=(x_1,x_2,x_3)\begin{pmatrix}1&-1&0\\-1&1&3\\0&3&1\end{pmatrix}\begin{pmatrix}x_1\\x_2\\x_3\end{pmatrix}$.

27. 写出下列二次型的矩阵：

(1) $f(\boldsymbol{x})=\boldsymbol{x}^{\mathrm{T}}\begin{pmatrix}2&1\\3&1\end{pmatrix}\boldsymbol{x}$;　　　(2) $f(\boldsymbol{x})=\boldsymbol{x}^{\mathrm{T}}\begin{pmatrix}1&2&3\\4&5&6\\7&8&9\end{pmatrix}\boldsymbol{x}$.

解 (1) 记 $\boldsymbol{x}=\begin{pmatrix}x_1\\x_2\end{pmatrix}$，则

$$f(\boldsymbol{x})=(x_1,x_2)\begin{pmatrix}2&1\\3&1\end{pmatrix}\begin{pmatrix}x_1\\x_2\end{pmatrix}$$

$$=2x_1^2+x_2^2+4x_1x_2=(x_1,x_2)\begin{pmatrix}2&2\\2&1\end{pmatrix}\begin{pmatrix}x_1\\x_2\end{pmatrix},$$

故 f 的矩阵为 $\begin{pmatrix}2&2\\2&1\end{pmatrix}$.

(2) 解法与(1)类似的：

$$f(\boldsymbol{x})=(x_1,x_2,x_3)\begin{pmatrix}1&2&3\\4&5&6\\7&8&9\end{pmatrix}\begin{pmatrix}x_1\\x_2\\x_3\end{pmatrix}=(x_1,x_2,x_3)\begin{pmatrix}1&3&5\\3&5&7\\5&7&9\end{pmatrix}\begin{pmatrix}x_1\\x_2\\x_3\end{pmatrix},$$

故 f 的矩阵为 $\begin{pmatrix}1&3&5\\3&5&7\\5&7&9\end{pmatrix}$.

28. 求一个正交变换化下列二次型成标准形：

(1) $f=2x_1^2+3x_2^2+3x_3^2+4x_2x_3$;

(2) $f=x_1^2+x_3^2+2x_1x_2-2x_2x_3$.

解 (1) 二次型的矩阵为 $\boldsymbol{A}=\begin{pmatrix}2&0&0\\0&3&2\\0&2&3\end{pmatrix}$，由

$$|\boldsymbol{A}-\lambda\boldsymbol{E}|=\begin{vmatrix}2-\lambda & 0 & 0\\ 0 & 3-\lambda & 2\\ 0 & 2 & 3-\lambda\end{vmatrix}=(2-\lambda)(5-\lambda)(1-\lambda)$$

得 $\boldsymbol{A}$ 的特征值为 $\lambda_1=2,\lambda_2=5,\lambda_3=1$.

当 $\lambda_1=2$ 时,解方程 $(\boldsymbol{A}-2\boldsymbol{E})\boldsymbol{x}=\boldsymbol{0}$,由

$$\boldsymbol{A}-2\boldsymbol{E}=\begin{pmatrix}0&0&0\\0&1&2\\0&2&1\end{pmatrix}\overset{r}{\sim}\begin{pmatrix}0&1&2\\0&0&1\\0&0&0\end{pmatrix}$$

得特征向量 $(1,0,0)^{\mathrm{T}}$,取 $\boldsymbol{p}_1=(1,0,0)^{\mathrm{T}}$.

当 $\lambda_2=5$ 时,解方程 $(\boldsymbol{A}-5\boldsymbol{E})\boldsymbol{x}=\boldsymbol{0}$,由

$$\boldsymbol{A}-5\boldsymbol{E}=\begin{pmatrix}-3&0&0\\0&-2&2\\0&2&-2\end{pmatrix}\overset{r}{\sim}\begin{pmatrix}1&0&0\\0&1&-1\\0&0&0\end{pmatrix}$$

得特征向量 $(0,1,1)^{\mathrm{T}}$. 取 $\boldsymbol{p}_2=\left(0,\frac{1}{\sqrt{2}},\frac{1}{\sqrt{2}}\right)^{\mathrm{T}}$.

当 $\lambda_3=1$ 时,解方程 $(\boldsymbol{A}-2\boldsymbol{E})\boldsymbol{x}=\boldsymbol{0}$,由

$$\boldsymbol{A}-\boldsymbol{E}=\begin{pmatrix}1&0&0\\0&2&2\\0&2&2\end{pmatrix}\overset{r}{\sim}\begin{pmatrix}1&0&0\\0&1&1\\0&0&0\end{pmatrix}$$

得特征向量 $(0,-1,1)^{\mathrm{T}}$. 取 $\boldsymbol{p}_3=\left(0,-\frac{1}{\sqrt{2}},\frac{1}{\sqrt{2}}\right)^{\mathrm{T}}$.

于是有正交矩阵 $\boldsymbol{P}=(\boldsymbol{p}_1,\boldsymbol{p}_2,\boldsymbol{p}_3)$ 和正交变换 $\boldsymbol{x}=\boldsymbol{P}\boldsymbol{y}$,即

$$\begin{pmatrix}x_1\\x_2\\x_3\end{pmatrix}=\begin{pmatrix}0&1&0\\-\frac{1}{\sqrt{2}}&0&\frac{1}{\sqrt{2}}\\\frac{1}{\sqrt{2}}&0&\frac{1}{\sqrt{2}}\end{pmatrix}\begin{pmatrix}y_1\\y_2\\y_3\end{pmatrix},$$

则化 f 的标准形 $f=y_1^2+2y_2^2+5y_3^2$.

(2) 二次型的矩阵为 $\boldsymbol{A}=\begin{pmatrix}1&1&0\\1&0&-1\\0&-1&1\end{pmatrix}$. 由

$$|\boldsymbol{A}-\lambda\boldsymbol{E}|=\begin{vmatrix}1-\lambda&1&0\\1&-\lambda&-1\\0&-1&1-\lambda\end{vmatrix}=(2-\lambda)(\lambda+1)(\lambda-1)$$

得 $\boldsymbol{A}$ 的特征值为 $\lambda_1=2,\lambda_2=1,\lambda_3=-1$.

当 $\lambda_1=2$ 时,解方程 $(\boldsymbol{A}-2\boldsymbol{E})\boldsymbol{x}=\boldsymbol{0}$,由

$$\boldsymbol{A}-2\boldsymbol{E}=\begin{pmatrix}-1&1&0\\1&-2&-1\\0&-1&-1\end{pmatrix}\overset{r}{\sim}\begin{pmatrix}1&-1&0\\0&1&1\\0&0&0\end{pmatrix}$$

得单位特征向量 $\boldsymbol{p}_1=\frac{1}{\sqrt{3}}(1,1,-1)^{\mathrm{T}}$.

当 $\lambda_2=1$ 时,解方程 $(\boldsymbol{A}-\boldsymbol{E})\boldsymbol{x}=\boldsymbol{0}$,由

$$\boldsymbol{A}-\boldsymbol{E}=\begin{pmatrix}0&1&0\\1&-1&-1\\0&-1&0\end{pmatrix}\overset{r}{\sim}\begin{pmatrix}1&0&-1\\0&1&0\\0&0&0\end{pmatrix}$$

得单位特征向量 $\boldsymbol{p}_2=\frac{1}{\sqrt{2}}(1,0,1)^{\mathrm{T}}$.

当 $\lambda_3=-1$ 时,解方程 $(\boldsymbol{A}+\boldsymbol{E})\boldsymbol{x}=\boldsymbol{0}$,由

$$\boldsymbol{A}+\boldsymbol{E}=\begin{pmatrix}2&1&0\\1&1&-1\\0&-1&2\end{pmatrix}\overset{r}{\sim}\begin{pmatrix}1&0&1\\0&1&-2\\0&0&0\end{pmatrix}$$

得单位特征向量 $\boldsymbol{p}_3=\frac{1}{\sqrt{6}}(-1,2,1)^{\mathrm{T}}$.

于是有正交矩阵 $\boldsymbol{P}=(\boldsymbol{p}_1,\boldsymbol{p}_2,\boldsymbol{p}_3)$ 和正交变换 $\boldsymbol{x}=\boldsymbol{P}\boldsymbol{y}$,即

$$\begin{pmatrix}x_1\\x_2\\x_3\end{pmatrix}=\begin{pmatrix}\frac{1}{\sqrt{3}}&\frac{1}{\sqrt{2}}&\frac{-1}{\sqrt{6}}\\\frac{1}{\sqrt{3}}&0&\frac{2}{\sqrt{6}}\\\frac{-1}{\sqrt{3}}&\frac{1}{\sqrt{2}}&\frac{1}{\sqrt{6}}\end{pmatrix}\begin{pmatrix}y_1\\y_2\\y_3\end{pmatrix},$$

则化 f 的标准形 $f=2y_1^2+y_2^2-y_3^2$.

29. 求一个正交变换把二次曲面的方程

$$3x^2+5y^2+5z^2+4xy-4xz-10yz=1$$

化成标准方程.

解 二次型的矩阵为 $\boldsymbol{A}=\begin{pmatrix}3&2&-2\\2&5&-5\\-2&-5&5\end{pmatrix}$,由

$$|\boldsymbol{A}-\lambda\boldsymbol{E}|=\begin{vmatrix}3-\lambda&2&-2\\2&5-\lambda&-5\\-2&-5&5-\lambda\end{vmatrix}=-\lambda(\lambda-2)(\lambda-11)$$

得 $\boldsymbol{A}$ 的特征值为 $\lambda_1=2,\lambda_2=11,\lambda_3=0$.

对于 $\lambda_1=2$, 解方程 $(\boldsymbol{A}-2\boldsymbol{E})\boldsymbol{x}=\boldsymbol{0}$, 得特征向量 $(4,-1,1)^{\mathrm{T}}$, 单位化, 得 $\boldsymbol{p}_1=\left(\frac{4}{3\sqrt{2}},-\frac{1}{3\sqrt{2}},\frac{1}{3\sqrt{2}}\right)^{\mathrm{T}}$.

对于 $\lambda_2=11$, 解方程 $(\boldsymbol{A}-11\boldsymbol{E})\boldsymbol{x}=\boldsymbol{0}$, 得特征向量 $(1,2,-2)^{\mathrm{T}}$, 单位化, 得 $\boldsymbol{p}_2=\left(\frac{1}{3},\frac{2}{3},-\frac{2}{3}\right)^{\mathrm{T}}$.

对于 $\lambda_3=0$,解方程 $\boldsymbol{Ax}=\boldsymbol{0}$,得特征向量 $(0,1,1)^{\mathrm{T}}$,单位化,得 $\boldsymbol{p}_3=\left(0,\frac{1}{\sqrt{2}},\frac{1}{\sqrt{2}}\right)^{\mathrm{T}}$.

于是有正交矩阵 $\boldsymbol{P}=(\boldsymbol{p}_1,\boldsymbol{p}_2,\boldsymbol{p}_3)$,使 $\boldsymbol{P}^{-1}\boldsymbol{AP}=\mathrm{diag}(2,11,0)$,从而有正交变换

$$\begin{pmatrix}x\\y\\z\end{pmatrix}=\begin{pmatrix}\frac{4}{3\sqrt{2}} & \frac{1}{3} & 0\\ -\frac{1}{3\sqrt{2}} & \frac{2}{3} & \frac{1}{\sqrt{2}}\\ \frac{1}{3\sqrt{2}} & -\frac{2}{3} & \frac{1}{\sqrt{2}}\end{pmatrix}\begin{pmatrix}u\\v\\w\end{pmatrix}$$

使原二次方程变为标准方程 $2u^2+11v^2=1$.

30. 证明:二次型 $f=\boldsymbol{x}^{\mathrm{T}}\boldsymbol{Ax}$ 在 $\|\boldsymbol{x}\|=1$ 时的最大值为矩阵 $\boldsymbol{A}$ 的最大特征值.

证明 $\boldsymbol{A}$ 为实对称矩阵,则有一正交矩阵 $\boldsymbol{T}$,使得

$$\boldsymbol{TAT}^{-1}=\mathrm{diag}(\lambda_1,\lambda_2,\cdots,\lambda_n)=\boldsymbol{\Lambda}$$

成立,其中 $\lambda_1,\lambda_2,\cdots,\lambda_n$ 为 $\boldsymbol{A}$ 的特征值,不妨设 λ_1 最大.

作正交变换 $\boldsymbol{y}=\boldsymbol{Tx}$,即 $\boldsymbol{x}=\boldsymbol{T}^{\mathrm{T}}\boldsymbol{y}$,注意到 $\boldsymbol{T}^{-1}=\boldsymbol{T}^{\mathrm{T}}$,有

$$f=\boldsymbol{x}^{\mathrm{T}}\boldsymbol{Ax}=\boldsymbol{y}^{\mathrm{T}}\boldsymbol{TAT}^{\mathrm{T}}\boldsymbol{y}=\boldsymbol{y}^{\mathrm{T}}\boldsymbol{\Lambda y}=\lambda_1y_1^2+\lambda_2y_2^2+\cdots+\lambda_ny_n^2.$$

因为 $\boldsymbol{y}=\boldsymbol{Tx}$ 正交变换,所以当 $\|\boldsymbol{x}\|=1$ 时,有

$$\|\boldsymbol{y}\|=\|\boldsymbol{x}\|=1,$$

即 $y_1^2+y_2^2+\cdots+y_n^2=1$. 因此

$$f=\lambda_1y_1^2+\lambda_2y_2^2+\cdots+\lambda_ny_n^2\leqslant\lambda_1,$$

又当 $y_1=1,y_2=y_3=\cdots=y_n=0$ 时 $f_{\max}=\lambda_1$,所以 $f_{\max}=\lambda_1$.

31. 用配方法化下列二次型成规范形, 并写出所用变换的矩阵.

(1) $f(x_1,x_2,x_3)=x_1^2+3x_2^2+5x_3^2+2x_1x_2-4x_1x_3$;

(2) $f(x_1,x_2,x_3)=x_1^2+2x_3^2++x_1x_3+2x_2x_3$;

(3) $f(x_1,x_2,x_3)=2x_1^2+x_2^2+4x_3^2+2x_1x_2-2x_2x_3$.

解 (1)

$$\begin{aligned}f(x_1,x_2,x_3)&=x_1^2+3x_2^2+5x_3^2+2x_1x_2-4x_1x_3\\&=(x_1+x_2-2x_3)^2-x_2^2-4x_3^2+4x_2x_3+3x_2^2+5x_3^2\\&=(x_1+x_2-2x_3)^2+4x_2x_3+2x_2^2+x_3^2\\&=(x_1+x_2-2x_3)^2+2(x_3+x_3)^2-x_3^2,\end{aligned}$$

令

$$\begin{cases}y_1=x_1+x_2-2x_3\\y_2=\sqrt{2}(x_2+x_3)\\y_3=x_3\end{cases},$$

即

$$\begin{cases}x_1=y_1-\frac{1}{\sqrt{2}}y_2+3y_3\\x_2=\frac{1}{\sqrt{2}}y_2-y_3\\x_3=y_3\end{cases},$$

二次型化为规范形

$$f = y_1^2 + y_2^2 - y_3^2,$$

所用的变换矩阵为

$$\boldsymbol{C} = \begin{pmatrix} 1 & -\frac{1}{\sqrt{2}} & 3 \\ 0 & \frac{1}{\sqrt{2}} & -1 \\ 0 & 0 & 1 \end{pmatrix}.$$

(2) $$\begin{aligned} f(x_1, x_2, x_3) &= x_1^2 + 2x_3^2 + + x_1x_3 + 2x_2x_3 \\ &= (x_1 + x_3)^2 + x_3^2 + 2x_2x_3 \\ &= (x_1 + x_3)^2 - x_2^2 + (x_2 + x_3)^2, \end{aligned}$$

令

$$\begin{cases} y_1 = x_1 + x_3 \\ y_2 = x_2 \\ y_3 = x_2 + x_3 \end{cases},$$

即

$$\begin{cases} x_1 = y_1 + y_2 - y_3 \\ x_2 = y_2 \\ x_3 = -y_2 + y_3 \end{cases},$$

二次型化为规范形

$$f = y_1^2 - y_2^2 + y_3^2,$$

所用的变换矩阵为

$$\boldsymbol{C} = \begin{pmatrix} 1 & 1 & -1 \\ 0 & 1 & 0 \\ 0 & -1 & 1 \end{pmatrix}.$$

(3) $$\begin{aligned} f(x_1, x_2, x_3) &= 2x_1^2 + x_2^2 + 4x_3^2 + 2x_1x_2 - 2x_2x_3 \\ &= \left(\sqrt{2}x_1 + \frac{1}{\sqrt{2}}x_2\right)^2 + \frac{1}{2}x_2^2 + 2x_3^2 - 2x_2x_3 + 2x_3^2 \\ &= \left(\sqrt{2}x_1 + \frac{1}{\sqrt{2}}x_2\right)^2 + \left(\frac{1}{\sqrt{2}}x_2 - \sqrt{2}x_3\right)^2 + (\sqrt{2}x_3)^2, \end{aligned}$$

令

$$\begin{cases} y_1 = \sqrt{2}\left(x_1 + \frac{1}{2}x_2\right) \\ y_2 = \frac{1}{\sqrt{2}}(x_2 - 2x_3) \\ y_3 = \sqrt{2}x_3 \end{cases},$$

即

$$\begin{cases} x_1 = \frac{1}{\sqrt{2}}y_1 - \frac{1}{\sqrt{2}}y_2 - \frac{1}{\sqrt{2}}y_3 \\ x_2 = \sqrt{2}y_2 + \frac{2}{\sqrt{2}}y_3 \\ x_3 = \frac{1}{\sqrt{2}}y_3 \end{cases},$$

二次型化为规范形

$$f = y_1^2 + y_2^2 + y_3^2,$$

所用的变换矩阵为

$$C = \frac{1}{\sqrt{2}}\begin{pmatrix}1 & -1 & -1\\ 0 & 2 & 2\\ 0 & 0 & 1\end{pmatrix}$$

32. 设

$$f = x_1^2 + x_2^2 + 5x_3^2 + 2ax_1x_2 - 2x_1x_3 + 4x_2x_3$$

为正定二次型，求 a.

解 二次型的矩阵为 $A = \begin{pmatrix}1 & a & -1\\ a & 1 & 2\\ -1 & 2 & 5\end{pmatrix}$，其主子式为

$$a_{11} = 1,\ \begin{vmatrix}1 & a\\ a & 1\end{vmatrix} = 1 - a^2,\ \begin{vmatrix}1 & a & -1\\ a & 1 & 2\\ -1 & 2 & 5\end{vmatrix} = -a(5a+4)$$

因为 f 为正定二次型，所以必有 $1 - a^2 > 0$ 且 $-a(5a+4) > 0$，解得 $-\frac{4}{5} < a < 0$.

33. 判别下列二次型的正定性：

(1) $f = -2x_1^2 - 6x_2^2 - 4x_3^2 + 2x_1x_2 + 2x_1x_3$；

(2) $f = x_1^2 + 3x_2^2 + 9x_3^2 - 2x_1x_2 + 4x_1x_3$.

解 (1) 二次型的矩阵为 $A = \begin{pmatrix}-2 & 1 & 1\\ 1 & -6 & 0\\ 1 & 0 & -4\end{pmatrix}$.

因为

$$a_{11} = -2 < 0,\ \begin{vmatrix}-2 & 1\\ 1 & -6\end{vmatrix} = 2 > 0,\ |A| = -38 < 0$$

所以 f 为负定.

(2) 二次型的矩阵为 $A = \begin{pmatrix}1 & -1 & 2\\ -1 & 3 & 0\\ 2 & 0 & 9\end{pmatrix}$.

因为

$$a_{11} = 1 > 0,\ \begin{vmatrix}1 & -1\\ -1 & 3\end{vmatrix} = 2 > 0,\ |A| = 6 > 0$$

所以 f 为正定.

34. 证明对称阵 $\boldsymbol{A}$ 为正定的充分必要条件是：存在可逆矩阵 $\boldsymbol{U}$，使 $\boldsymbol{A} = \boldsymbol{U}^{\mathrm{T}}\boldsymbol{U}$，即 $\boldsymbol{A}$ 与单位阵 $\boldsymbol{E}$ 合同.

证明 充分性：若存在可逆阵 $\boldsymbol{U}$，使 $\boldsymbol{A} = \boldsymbol{U}^{\mathrm{T}}\boldsymbol{U}$，任取 $\boldsymbol{x} \in \mathbf{R}^n, \boldsymbol{x} \neq \boldsymbol{0}$，有 $\boldsymbol{Ux} \neq \boldsymbol{0}$，并且 $\boldsymbol{A}$ 的二次型在该处的值

$$f(\boldsymbol{x}) = \boldsymbol{x}^{\mathrm{T}}\boldsymbol{Ax} = \boldsymbol{x}^{\mathrm{T}}\boldsymbol{U}^{\mathrm{T}}\boldsymbol{Ux} = [\boldsymbol{Ux}, \boldsymbol{Ux}] = \|\boldsymbol{Ux}\|^2 > 0,$$

即矩阵 $\boldsymbol{A}$ 的二次型是正定的,从而由定义知,$\boldsymbol{A}$ 为正定的.

必要性:因为对称阵 $\boldsymbol{A}$ 为正定的,所以存在正交矩阵 $\boldsymbol{P}$ 使

$$\boldsymbol{P}^{\mathrm{T}}\boldsymbol{A}\boldsymbol{P} = \mathrm{diag}(\lambda_1,\lambda_2,\cdots,\lambda_n) = \boldsymbol{\Lambda},$$

式中:$\lambda_1,\lambda_2,\cdots,\lambda_n$ 均为正数.

令 $\boldsymbol{\Lambda}_1 = \mathrm{diag}(\sqrt{\lambda_1},\sqrt{\lambda_2},\cdots,\sqrt{\lambda_n})$,则 $\boldsymbol{\Lambda} = \boldsymbol{\Lambda}_1\boldsymbol{\Lambda}_1$,从而

$$\boldsymbol{A} = \boldsymbol{P}\boldsymbol{\Lambda}\boldsymbol{P}^{\mathrm{T}} = \boldsymbol{P}\boldsymbol{\Lambda}_1\boldsymbol{\Lambda}_1^{\mathrm{T}}\boldsymbol{P}^{\mathrm{T}} = (\boldsymbol{P}\boldsymbol{\Lambda}_1)(\boldsymbol{P}\boldsymbol{\Lambda}_1)^{\mathrm{T}},$$

再令 $\boldsymbol{U} = \boldsymbol{\Lambda}_1^{\mathrm{T}}\boldsymbol{P}^{\mathrm{T}}$,则 $\boldsymbol{U}$ 可逆,且 $\boldsymbol{A} = \boldsymbol{U}^{\mathrm{T}}\boldsymbol{U}$.

习 题 六

1. 验证:

(1) 2 阶矩阵的全体 $\boldsymbol{S}_1$;

(2) 主对角线上的元素之和等于 0 的 2 阶矩阵的全体 $\boldsymbol{S}_2$;

(3) 2 阶对称矩阵的全体 $\boldsymbol{S}_3$.

对于矩阵的加法和乘数运算构成线性空间,并写出各个空间的一个基.

解 (1) 显然 $\boldsymbol{S}_1$ 对于矩阵的加法和乘数是封闭的,并且满足线性运算的 8 条规律,由定义,设 $\boldsymbol{A},\boldsymbol{B}$ 分别为 2 阶矩阵,即 $\boldsymbol{A},\boldsymbol{B}\in\boldsymbol{S}_1$. 因为

$$(\boldsymbol{A}+\boldsymbol{B}) \in \boldsymbol{S}_1,\ k\boldsymbol{A} \in \boldsymbol{S}_1$$

所以 $\boldsymbol{S}_1$ 对于矩阵的加法和乘数运算构成线性空间.

$$\boldsymbol{\varepsilon}_1 = \begin{pmatrix}1&0\\0&0\end{pmatrix},\ \boldsymbol{\varepsilon}_2 = \begin{pmatrix}0&1\\0&0\end{pmatrix},\ \boldsymbol{\varepsilon}_3 = \begin{pmatrix}0&0\\1&0\end{pmatrix},\ \boldsymbol{\varepsilon}_4 = \begin{pmatrix}0&0\\0&1\end{pmatrix}$$

是 $\boldsymbol{S}_1$ 的一个基.

(2) 显然 $\boldsymbol{S}_2$ 对于矩阵的加法和乘数是封闭的,并且满足线性运算的 8 条规律,设

$$\boldsymbol{A} = \begin{pmatrix}-a&b\\c&a\end{pmatrix},\ \boldsymbol{B} = \begin{pmatrix}-d&e\\f&d\end{pmatrix},\ \boldsymbol{A},\boldsymbol{B} \in \boldsymbol{S}_2$$

因为

$$\boldsymbol{A}+\boldsymbol{B} = \begin{pmatrix}-(a+d)&b+e\\c+f&a+d\end{pmatrix} \in \boldsymbol{S}_2$$

$$k\boldsymbol{A} = \begin{pmatrix}-ka&kb\\kc&ka\end{pmatrix} \in \boldsymbol{S}_2$$

所以 $\boldsymbol{S}_2$ 对于矩阵的加法和乘数运算构成线性空间.

$$\boldsymbol{\varepsilon}_1 = \begin{pmatrix}1&0\\0&-1\end{pmatrix},\ \boldsymbol{\varepsilon}_2 = \begin{pmatrix}0&1\\0&0\end{pmatrix},\ \boldsymbol{\varepsilon}_3 = \begin{pmatrix}0&0\\1&0\end{pmatrix}$$

是 $\boldsymbol{S}_2$ 的一个基.

(3) 因为对称阵的和与乘数仍是对称阵,设 $\boldsymbol{A},\boldsymbol{B}\in\boldsymbol{S}_3$ 则 $\boldsymbol{A}^{\mathrm{T}}=\boldsymbol{A},\boldsymbol{B}^{\mathrm{T}}=\boldsymbol{B}$. 因为

$$(\boldsymbol{A}+\boldsymbol{B})^{\mathrm{T}} = \boldsymbol{A}^{\mathrm{T}}+\boldsymbol{B}^{\mathrm{T}} = \boldsymbol{A}+\boldsymbol{B},(\boldsymbol{A}+\boldsymbol{B}) \in \boldsymbol{S}_3$$

$$(k\boldsymbol{A})^{\mathrm{T}} = k\boldsymbol{A}^{\mathrm{T}} = k\boldsymbol{A},k\boldsymbol{A} \in \boldsymbol{S}_3$$

所以 $\boldsymbol{S}_3$ 对于加法和乘数运算构成线性空间.

$$\varepsilon_1=\begin{pmatrix}1&0\\0&0\end{pmatrix},\ \varepsilon_2=\begin{pmatrix}0&1\\1&0\end{pmatrix},\ \varepsilon_3=\begin{pmatrix}0&0\\0&1\end{pmatrix}$$

是 $\boldsymbol{S}_3$ 的一个基.

2. 验证:与向量$(0,0,1)^{\mathrm{T}}$不平行的全体3维数组向量,对于数组向量的加法和乘数运算不构成线性空间.

证明 设 $\boldsymbol{r}_1=(1,0,1)^{\mathrm{T}},\boldsymbol{r}_2=(-1,0,1)^{\mathrm{T}}$ 则 $\boldsymbol{r}_1,\boldsymbol{r}_2\in\boldsymbol{V}$,但 $\boldsymbol{r}_1+\boldsymbol{r}_2=(0,0,2)^{\mathrm{T}}\notin\boldsymbol{V}$,即 $\boldsymbol{V}$ 不是线性空间.

3. 在线性空间 $P[\boldsymbol{x}]_3$ 中,下列向量组是否为一个基?

(1) Ⅰ:$1+\boldsymbol{x},\boldsymbol{x}+\boldsymbol{x}^2,1+\boldsymbol{x}^3,2+2\boldsymbol{x}+\boldsymbol{x}^2+\boldsymbol{x}^3$;

(2) Ⅱ:$-1+\boldsymbol{x},1-\boldsymbol{x}^2,-2+2\boldsymbol{x}+\boldsymbol{x}^2,\boldsymbol{x}^3$.

解 (1) 设

$$k_1(1+\boldsymbol{x})+k_2(\boldsymbol{x}+\boldsymbol{x}^2)+k_3(1+\boldsymbol{x}^3)+k_4(2+2\boldsymbol{x}+\boldsymbol{x}^2+\boldsymbol{x}^3)=\boldsymbol{0},$$

得

$$(k_1+k_3+2k_4)+(k_1+k_2+2k_4)\boldsymbol{x}+(k_2+k_4)\boldsymbol{x}^2+(k_3+k_4)\boldsymbol{x}^3=\boldsymbol{0}.$$

因 $1,\boldsymbol{x},\boldsymbol{x}^2,\boldsymbol{x}^3$ 线性无关,故上式中它们的系数均为0,即有关于未知数 k_1,k_2,k_3,k_4 的齐次方程,其系数矩阵为

$$\begin{pmatrix}1&0&1&2\\1&1&0&2\\0&1&0&1\\0&0&1&1\end{pmatrix}\sim\begin{pmatrix}1&0&1&2\\0&1&-1&0\\0&0&1&1\\0&0&0&0\end{pmatrix},$$

知其秩为3,故齐次方程有非零解,从而向量组Ⅰ线性相关,不是基.

(2) 类似地,对于向量组Ⅱ,设

$$k_1(-1+\boldsymbol{x})+k_2(1-\boldsymbol{x}^2)+k_3(-2+2\boldsymbol{x}+\boldsymbol{x}^2)+k_4\boldsymbol{x}^3=\boldsymbol{0}$$

因 $1,\boldsymbol{x},\boldsymbol{x}^2,\boldsymbol{x}^3$ 线性无关,即有关于未知数 k_1,k_2,k_3,k_4 的齐次方程对应的系数矩阵为

$$\begin{pmatrix}-1&1&-2&0\\1&0&2&0\\0&-1&1&0\\0&0&0&1\end{pmatrix},$$

知其秩为4,故齐次方程只有零解,从而向量组Ⅱ线性无关,且含4个向量,故是 $P[\boldsymbol{x}]_3$ 的一个基.

4. 在 $\mathbf{R}^3$ 中求向量 $\boldsymbol{\alpha}=(7,3,1)^{\mathrm{T}}$ 在基 $\boldsymbol{\alpha}_1=(1,3,5)^{\mathrm{T}},\boldsymbol{\alpha}_2=(6,3,2)^{\mathrm{T}},\boldsymbol{\alpha}_3=(3,1,0)^{\mathrm{T}}$ 下的坐标.

解 由定义,向量 $\boldsymbol{\alpha}$ 在基 $\boldsymbol{\alpha}_1,\boldsymbol{\alpha}_2,\boldsymbol{\alpha}_3$ 下的坐标就是 $\boldsymbol{\alpha}$ 由向量组 $\boldsymbol{\alpha}_1,\boldsymbol{\alpha}_2,\boldsymbol{\alpha}_3$ 线性表示式中对应的系数,也就是方程$(\boldsymbol{\alpha}_1,\boldsymbol{\alpha}_2,\boldsymbol{\alpha}_3)\boldsymbol{x}=\boldsymbol{\alpha}$的解. 由

$$(\boldsymbol{\alpha}_1,\boldsymbol{\alpha}_2,\boldsymbol{\alpha}_3,\boldsymbol{\alpha})=\begin{pmatrix}1&6&3\\3&3&1\\5&2&0\end{pmatrix}\overset{r}{\sim}\begin{pmatrix}1&0&0&1\\0&1&0&-2\\0&0&1&6\end{pmatrix},$$

所以,向量 $\boldsymbol{\alpha}$ 在基 $\boldsymbol{\alpha}_1,\boldsymbol{\alpha}_2,\boldsymbol{\alpha}_3$ 下的坐标为$(1,-2,6)^{\mathrm{T}}$.

5. 在 $\mathbf{R}^3$ 中,取两个基:

$\boldsymbol{\alpha}_1=(1,2,1)^{\mathrm{T}},\boldsymbol{\alpha}_2=(2,3,3)^{\mathrm{T}},\boldsymbol{\alpha}_3=(3,7,-2)^{\mathrm{T}}$

$$\boldsymbol{\beta}_1=(3,1,4)^{\mathrm{T}},\ \boldsymbol{\beta}_2=(5,2,1)^{\mathrm{T}},\ \boldsymbol{\beta}_3=(1,1,-6)^{\mathrm{T}}$$

试求坐标变换公式.

解 设 $\boldsymbol{\varepsilon}_1,\boldsymbol{\varepsilon}_2,\boldsymbol{\varepsilon}_3$ 是 $\mathbf{R}^3$ 的自然基,则

$$(\boldsymbol{\beta}_1,\boldsymbol{\beta}_2,\boldsymbol{\beta}_3)=(\boldsymbol{\varepsilon}_1,\boldsymbol{\varepsilon}_2,\boldsymbol{\varepsilon}_3)\boldsymbol{B},$$
$$(\boldsymbol{\varepsilon}_1,\boldsymbol{\varepsilon}_2,\boldsymbol{\varepsilon}_3)=(\boldsymbol{\beta}_1,\boldsymbol{\beta}_2,\boldsymbol{\beta}_3)\boldsymbol{B}^{-1},$$
$$(\boldsymbol{\alpha}_1,\boldsymbol{\alpha}_2,\boldsymbol{\alpha}_3)=(\boldsymbol{\varepsilon}_1,\boldsymbol{\varepsilon}_2,\boldsymbol{\varepsilon}_3)\boldsymbol{A}=(\boldsymbol{\beta}_1,\boldsymbol{\beta}_2,\boldsymbol{\beta}_3)\boldsymbol{B}^{-1}\boldsymbol{A},$$

其中

$$\boldsymbol{A}=\begin{pmatrix}1&2&3\\2&3&7\\1&3&-2\end{pmatrix},\ \boldsymbol{B}=\begin{pmatrix}3&5&1\\1&2&1\\4&1&-6\end{pmatrix},$$

设任意向量 $\boldsymbol{\alpha}$ 在基 $\boldsymbol{\alpha}_1,\boldsymbol{\alpha}_2,\boldsymbol{\alpha}_3$ 下的坐标为 $(x_1,x_2,x_3)^{\mathrm{T}}$,则

$$\boldsymbol{\alpha}=(\boldsymbol{\alpha}_1,\boldsymbol{\alpha}_2,\boldsymbol{\alpha}_3)\begin{pmatrix}x_1\\x_2\\x_3\end{pmatrix}=(\boldsymbol{\beta}_1,\boldsymbol{\beta}_2,\boldsymbol{\beta}_3)\boldsymbol{B}^{-1}\boldsymbol{A}\begin{pmatrix}x_1\\x_2\\x_3\end{pmatrix},$$

故 $\boldsymbol{\alpha}$ 在基 $\boldsymbol{\beta}_1,\boldsymbol{\beta}_2,\boldsymbol{\beta}_3$ 下的坐标为

$$\begin{pmatrix}x'_1\\x'_2\\x'_3\end{pmatrix}=\boldsymbol{B}^{-1}\boldsymbol{A}\begin{pmatrix}x_1\\x_2\\x_3\end{pmatrix}=\begin{pmatrix}13&19&43\\-9&-13&-30\\7&10&24\end{pmatrix}\begin{pmatrix}x_1\\x_2\\x_3\end{pmatrix}.$$

6. 在 $\mathbf{R}^4$ 中取两个基

$$\begin{cases}\boldsymbol{e}_1=(1,0,0,0)^{\mathrm{T}}\\\boldsymbol{e}_2=(0,1,0,0)^{\mathrm{T}}\\\boldsymbol{e}_3=(0,0,1,0)^{\mathrm{T}}\\\boldsymbol{e}_4=(0,0,0,1)^{\mathrm{T}}\end{cases},\ \begin{cases}\boldsymbol{\alpha}_1=(2,1,-1,1)^{\mathrm{T}}\\\boldsymbol{\alpha}_2=(0,3,1,0)^{\mathrm{T}}\\\boldsymbol{\alpha}_3=(5,3,2,1)^{\mathrm{T}}\\\boldsymbol{\alpha}_4=(6,6,1,3)^{\mathrm{T}}\end{cases}$$

(1) 求由前一个基到后一个基的过渡矩阵;

(2) 求向量 $(x_1,x_2,x_3,x_4)^{\mathrm{T}}$ 在后一个基下的坐标;

(3) 求在两个基下有相同坐标的向量.

解 (1) 由题意知

$$(\boldsymbol{\alpha}_1,\boldsymbol{\alpha}_2,\boldsymbol{\alpha}_3,\boldsymbol{\alpha}_4)=(\boldsymbol{e}_1,\boldsymbol{e}_2,\boldsymbol{e}_3,\boldsymbol{e}_4)\begin{pmatrix}2&0&5&6\\1&3&3&6\\-1&1&2&1\\1&0&1&3\end{pmatrix},$$

从而由前一个基到后一个基的过渡矩阵为

$$\boldsymbol{A}=\begin{pmatrix}2&0&5&6\\1&3&3&6\\-1&1&2&1\\1&0&1&3\end{pmatrix}.$$

(2) 因为

$$\boldsymbol{\alpha} = (\boldsymbol{e}_1,\boldsymbol{e}_2,\boldsymbol{e}_3,\boldsymbol{e}_4)\begin{pmatrix}x_1\\x_2\\x_3\\x_4\end{pmatrix} = (\boldsymbol{\alpha}_1,\boldsymbol{\alpha}_2,\boldsymbol{\alpha}_3,\boldsymbol{\alpha}_4)\boldsymbol{A}^{-1}\begin{pmatrix}x_1\\x_2\\x_3\\x_4\end{pmatrix},$$

向量 $\boldsymbol{\alpha}$ 在后一个基下的坐标为

$$\begin{pmatrix}y_1\\y_2\\y_3\\y_4\end{pmatrix} = \begin{pmatrix}2&1&-1&1\\0&3&1&0\\5&3&2&1\\6&6&1&3\end{pmatrix}^{-1}\begin{pmatrix}x_1\\x_2\\x_3\\x_4\end{pmatrix} = \frac{1}{27}\begin{pmatrix}12&9&-27&-33\\1&12&-9&-23\\9&0&0&-18\\-7&-3&9&26\end{pmatrix}\begin{pmatrix}x_1\\x_2\\x_3\\x_4\end{pmatrix}.$$

(3) 设向量 $\boldsymbol{y}$ 在两个基下有相同坐标$(y_1,y_2,y_3,y_4)^{\mathrm{T}}$,由坐标变换公式,仍记坐标向量$(y_1,y_2,y_3,y_4)^{\mathrm{T}}$ 为 $\boldsymbol{y}$,则 $\boldsymbol{y}=\boldsymbol{P}^{-1}\boldsymbol{y}$,即$(\boldsymbol{P}-\boldsymbol{E})\boldsymbol{y}=\boldsymbol{0}$. 易得此齐次线性方程系数矩阵的秩 $\mathrm{R}(\boldsymbol{P}-\boldsymbol{E})=3$,从而解空间的维数等于1,且 $\boldsymbol{\xi}=k(1,1,1,-1)^{\mathrm{T}}$ 为它的一个基础解系. 故所求向量为$(x_1,x_2,x_3,x_4)^{\mathrm{T}}=k(1,1,1,-1)^{\mathrm{T}}$($k$ 为常数).

7. 设线性空间 S_1(习题六第1题(1))中向量

$$\boldsymbol{a}_1=\begin{pmatrix}1&2\\1&0\end{pmatrix},\boldsymbol{a}_2=\begin{pmatrix}-1&-1\\1&1\end{pmatrix},\boldsymbol{b}_1=\begin{pmatrix}1&3\\3&1\end{pmatrix},\boldsymbol{b}_2=\begin{pmatrix}2&-1\\4&1\end{pmatrix};$$

(1) 问 $\boldsymbol{b}_1$ 能否由 $\boldsymbol{a}_1,\boldsymbol{a}_2,\boldsymbol{b}_1$ 线性表示? $\boldsymbol{b}_2$ 能否由 $\boldsymbol{a}_1,\boldsymbol{a}_2$ 线性表示?

(2) 求由向量组 $\boldsymbol{a}_1,\boldsymbol{a}_2,\boldsymbol{b}_1,\boldsymbol{b}_2$ 所产生的向量空间 L 的维数和一个基.

解 写出在 $\boldsymbol{a}_1,\boldsymbol{a}_2,\boldsymbol{b}_1,\boldsymbol{b}_2$ 在基$\begin{pmatrix}1&0\\0&0\end{pmatrix},\begin{pmatrix}0&1\\0&0\end{pmatrix},\begin{pmatrix}0&0\\1&0\end{pmatrix},\begin{pmatrix}0&0\\0&1\end{pmatrix}$中的坐标所构成的矩阵,即

$$\begin{pmatrix}1&-1&1&2\\2&-1&3&-1\\1&1&3&4\\0&1&1&1\end{pmatrix}\overset{r}{\sim}\begin{pmatrix}1&0&2&-3\\0&1&1&-5\\0&0&0&1\\0&0&0&0\end{pmatrix}.$$

可见(1) $R(\boldsymbol{a}_1,\boldsymbol{a}_2,\boldsymbol{b}_1)=R(\boldsymbol{a}_1,\boldsymbol{b}_2)=2$,故 $\boldsymbol{b}_1$ 可由 $\boldsymbol{a}_1,\boldsymbol{a}_2$ 唯一的线性表示为 $\boldsymbol{b}_1=2\boldsymbol{a}_1+\boldsymbol{a}_2$; $R(\boldsymbol{a}_1,\boldsymbol{a}_2,\boldsymbol{b}_2)=3>R(\boldsymbol{a}_1,\boldsymbol{a}_2)=2$,故 $\boldsymbol{b}_2$ 不能由 $\boldsymbol{a}_1,\boldsymbol{a}_2$ 线性表示.

(2) 进一步 $R(\boldsymbol{a}_1,\boldsymbol{a}_2,\boldsymbol{b}_1,\boldsymbol{b}_2)=R(\boldsymbol{a}_1,\boldsymbol{a}_2,\boldsymbol{b}_1)=3$,于是 $\boldsymbol{a}_1,\boldsymbol{a}_2,\boldsymbol{b}_2$ 线性无关,且可作为由 $\boldsymbol{a}_1,\boldsymbol{a}_2,\boldsymbol{b}_1,\boldsymbol{b}_2$ 所生成空间的一个基 .

8. 说明 xOy 平面上变换 $T\begin{pmatrix}x\\y\end{pmatrix}=\boldsymbol{A}\begin{pmatrix}x\\y\end{pmatrix}$的几何意义, 其中

(1) $\boldsymbol{A}=\begin{pmatrix}-1&0\\0&1\end{pmatrix}$; (2) $\boldsymbol{A}=\begin{pmatrix}0&0\\0&1\end{pmatrix}$;

(3) $\boldsymbol{A}=\begin{pmatrix}0&1\\1&0\end{pmatrix}$; (4) $\boldsymbol{A}=\begin{pmatrix}0&1\\-1&0\end{pmatrix}$.

解 (1) 因为

$$T\begin{pmatrix}x\\y\end{pmatrix}=\begin{pmatrix}-1&0\\0&1\end{pmatrix}\begin{pmatrix}x\\y\end{pmatrix}=\begin{pmatrix}-x\\y\end{pmatrix},$$

所以在此变换下 T 把向量$\begin{pmatrix}x\\y\end{pmatrix}$关于 y 轴反射为$\begin{pmatrix}-x\\y\end{pmatrix}$.

(2) 因为

$$T\begin{pmatrix}x\\y\end{pmatrix}=\begin{pmatrix}0&0\\0&1\end{pmatrix}\begin{pmatrix}x\\y\end{pmatrix}=\begin{pmatrix}0\\y\end{pmatrix},$$

所以在此变换下 T 把向量$\begin{pmatrix}x\\y\end{pmatrix}$向 y 轴投影.

(3) 因为

$$T\begin{pmatrix}x\\y\end{pmatrix}=\begin{pmatrix}0&1\\1&0\end{pmatrix}\begin{pmatrix}x\\y\end{pmatrix}=\begin{pmatrix}y\\x\end{pmatrix},$$

所以在此变换下 T 把向量$\begin{pmatrix}x\\y\end{pmatrix}$关于直线 $y=x$ 反射.

(4) 因为

$$T\begin{pmatrix}x\\y\end{pmatrix}=\begin{pmatrix}0&1\\-1&0\end{pmatrix}\begin{pmatrix}x\\y\end{pmatrix}=\begin{pmatrix}y\\-x\end{pmatrix},$$

所以在此变换下 T 把向量$\begin{pmatrix}x\\y\end{pmatrix}$绕原点顺时针方向旋转$\dfrac{\pi}{2}$.

9. n 阶对称矩阵的全体 V 对于矩阵的线性运算构成一个$\dfrac{n(n+1)}{2}$维线性空间. 给出 n 阶可逆矩阵 $\boldsymbol{P}$,以 $\boldsymbol{A}$ 表示 $\boldsymbol{V}$ 中的任一元素,变换

$$T(\boldsymbol{A})=\boldsymbol{P}^{\mathrm{T}}\boldsymbol{A}\boldsymbol{P}$$

称为合同变换. 试证合同变换 T 是 $\boldsymbol{V}$ 中的线性变换.

证明 设 $\forall \boldsymbol{A},\boldsymbol{B}\in \boldsymbol{V}$, $\forall k\in\mathbf{R}$,由变换 T 的定义有

$$[T(\boldsymbol{A})]^{\mathrm{T}}=(\boldsymbol{P}^{\mathrm{T}}\boldsymbol{A}\boldsymbol{P})^{\mathrm{T}}=\boldsymbol{P}^{\mathrm{T}}\boldsymbol{A}^{\mathrm{T}}\boldsymbol{P}=\boldsymbol{P}^{\mathrm{T}}\boldsymbol{A}\boldsymbol{P}=T(\boldsymbol{A}),$$
$$T(\boldsymbol{A}+\boldsymbol{B})=\boldsymbol{P}^{\mathrm{T}}(\boldsymbol{A}+\boldsymbol{B})\boldsymbol{P}=\boldsymbol{P}^{\mathrm{T}}(\boldsymbol{A}+\boldsymbol{B})^{\mathrm{T}}\boldsymbol{P}=\boldsymbol{P}^{\mathrm{T}}\boldsymbol{A}\boldsymbol{P}+\boldsymbol{P}^{\mathrm{T}}\boldsymbol{B}\boldsymbol{P}=T(\boldsymbol{A})+T(\boldsymbol{B}),$$
$$T(k\boldsymbol{A})=\boldsymbol{P}^{\mathrm{T}}(k\boldsymbol{A})\boldsymbol{P}=k\boldsymbol{P}^{\mathrm{T}}\boldsymbol{A}\boldsymbol{P}=kT(\boldsymbol{A}),$$

从而,合同变换 T 是 $\boldsymbol{V}$ 中的线性变换.

10. 函数集合

$$\boldsymbol{V}_3=\{\boldsymbol{\alpha}=(a_2x^2+a_1x+a_0)\mathrm{e}^x \mid a_2,a_1,a_0\in\mathbf{R}\}$$

对于函数的线性运算构成三维线性空间,在 $\boldsymbol{V}_3$ 中取一个基

$$\boldsymbol{\alpha}_1=x^2\mathrm{e}^x,\boldsymbol{\alpha}_2=x\mathrm{e}^x,\boldsymbol{\alpha}_3=\mathrm{e}^x$$

求微分运算 $\mathbf{D}$ 在这个基下的矩阵.

解 根据微分运算的规则，易知 $\mathbf{D}$ 是 V_3 中的一个线性变化，直接计算基向量在 $\mathbf{D}$ 下的像，即求得 $\mathbf{D}$ 在上述基下的矩阵：

$$\mathbf{D}(\boldsymbol{\alpha}_1) = \mathbf{D}(x^2e^x) = x^2e^x + 2xe^x = (\boldsymbol{\alpha}_1,\boldsymbol{\alpha}_2,\boldsymbol{\alpha}_3)\begin{pmatrix}1\\2\\0\end{pmatrix},$$

$$\mathbf{D}(\boldsymbol{\alpha}_2) = \mathbf{D}(xe^x) = xe^x + e^x = (\boldsymbol{\alpha}_1,\boldsymbol{\alpha}_2,\boldsymbol{\alpha}_3)\begin{pmatrix}0\\1\\1\end{pmatrix},$$

$$\mathbf{D}(\boldsymbol{\alpha}_3) = \mathbf{D}(e^x) = e^x = (\boldsymbol{\alpha}_1,\boldsymbol{\alpha}_2,\boldsymbol{\alpha}_3)\begin{pmatrix}0\\0\\1\end{pmatrix},$$

于是，有

$$\mathbf{D}(\boldsymbol{\alpha}_1,\boldsymbol{\alpha}_2,\boldsymbol{\alpha}_3) = (\boldsymbol{\alpha}_1,\boldsymbol{\alpha}_2,\boldsymbol{\alpha}_3)\begin{pmatrix}1&0&0\\2&1&0\\0&1&1\end{pmatrix},$$

即 $\mathbf{D}$ 在基 $\boldsymbol{\alpha}_1,\boldsymbol{\alpha}_2,\boldsymbol{\alpha}_3$ 下的矩阵为 $\boldsymbol{P}=\begin{pmatrix}1&0&0\\2&1&0\\0&1&1\end{pmatrix}$.

11. 2 阶对称矩阵的全体

$$\boldsymbol{V}_3 = \left\{\boldsymbol{A} = \begin{pmatrix}x_1&x_2\\x_2&x_3\end{pmatrix} \mid x_1,x_2,x_3 \in \mathbf{R}\right\}$$

对于矩阵的线性运算构成三维线性空间. 在 $\boldsymbol{V}_3$ 中取一个基

$$\boldsymbol{A}_1 = \begin{pmatrix}1&0\\0&0\end{pmatrix},\ \boldsymbol{A}_2 = \begin{pmatrix}0&1\\1&0\end{pmatrix},\ \boldsymbol{A}_3 = \begin{pmatrix}0&0\\0&1\end{pmatrix}$$

在 $\boldsymbol{V}_3$ 中定义合同变换

$$T(\boldsymbol{A}) = \begin{pmatrix}1&0\\1&1\end{pmatrix}\boldsymbol{A}\begin{pmatrix}1&1\\0&1\end{pmatrix}$$

求 T 在基 $\boldsymbol{A}_1,\boldsymbol{A}_2,\boldsymbol{A}_3$ 下的矩阵.

解 因为

$$T(\boldsymbol{A}_1) = \begin{pmatrix}1&0\\1&1\end{pmatrix}\begin{pmatrix}1&0\\0&0\end{pmatrix}\begin{pmatrix}1&1\\0&1\end{pmatrix} = \begin{pmatrix}1&1\\1&1\end{pmatrix} = \boldsymbol{A}_1+\boldsymbol{A}_2+\boldsymbol{A}_3,$$

$$T(\boldsymbol{A}_2) = \begin{pmatrix}1&0\\1&1\end{pmatrix}\begin{pmatrix}0&1\\1&1\end{pmatrix}\begin{pmatrix}1&1\\0&1\end{pmatrix} = \begin{pmatrix}0&1\\1&2\end{pmatrix} = \boldsymbol{A}_2+2\boldsymbol{A}_3,$$

$$T(\boldsymbol{A}_3) = \begin{pmatrix}1&0\\1&1\end{pmatrix}\begin{pmatrix}0&0\\0&1\end{pmatrix}\begin{pmatrix}1&1\\0&1\end{pmatrix} = \begin{pmatrix}0&0\\0&1\end{pmatrix} = \boldsymbol{A}_3,$$

故

$$(T(\boldsymbol{A}_1),T(\boldsymbol{A}_2),T(\boldsymbol{A}_3)) = (\boldsymbol{A}_1,\boldsymbol{A}_2,\boldsymbol{A}_3)\begin{pmatrix}1&0&0\\1&1&0\\1&2&1\end{pmatrix}.$$

从而，T 在基 $\boldsymbol{A}_1,\boldsymbol{A}_2,\boldsymbol{A}_3$ 下的矩阵 $\boldsymbol{A}=\begin{pmatrix}1&0&0\\1&1&0\\1&2&1\end{pmatrix}$.

附录 2　同济大学《线性代数》(第六版) 课外习题详解

第一章　行列式

第一节　二阶与三阶行列式

1. 填空题

(1) $\begin{vmatrix} \cos\alpha & -\sin\alpha \\ \sin\alpha & \cos\alpha \end{vmatrix} =$ ________.

解　1.

$$\begin{vmatrix} \cos\alpha & -\sin\alpha \\ \sin\alpha & \cos\alpha \end{vmatrix} = \cos^2\alpha + \sin^2\alpha = 1.$$

(2) $\begin{vmatrix} a & ab \\ b & b^2 \end{vmatrix} =$ ________.

解　0.

$$\begin{vmatrix} a & ab \\ b & b^2 \end{vmatrix} = ab^2 - ab^2 = 0.$$

(3) $\begin{vmatrix} 2 & 0 & 1 \\ 1 & -4 & -1 \\ -1 & 8 & 3 \end{vmatrix} =$ ________.

解　-4.

$$\begin{vmatrix} 2 & 0 & 1 \\ 1 & -4 & -1 \\ -1 & 8 & 3 \end{vmatrix} = 2\times(-4)\times 3 + 1\times 1\times 8 + 0 - 1\times(-4)\times(-1) - 2\times(-1)\times 8 - 0 = -4.$$

(4) 三阶行列式 $\begin{vmatrix} x & 3 & 4 \\ -1 & x & 0 \\ 0 & x & 1 \end{vmatrix} = 0$，则 $x =$ ________.

解　1 或 3.

$$\begin{vmatrix} x & 3 & 4 \\ -1 & x & 0 \\ 0 & x & 1 \end{vmatrix} = x^2 - 4x + 0 - 0 - 0 + 3 = (x-1)(x-3) = 0，则 x = 1 或 x = 3.$$

2. 用计算行列式方法求解下列线性方程组

(1) $\begin{cases}4x+3y=5\\3x+4y=6\end{cases}$

解 $D\begin{vmatrix}4&3\\3&4\end{vmatrix}=7, D_1=\begin{vmatrix}5&3\\6&4\end{vmatrix}=2, D_2=\begin{vmatrix}4&5\\3&6\end{vmatrix}=9$,则 $x=\frac{D_1}{D}=\frac{2}{7}, y=\frac{D_2}{D}=\frac{9}{7}$.

(2) $\begin{cases}2x_1-3x_2+x_3=-1\\x_1+x_2+x_3=6\\3x_1+x_2-2x_3=-1\end{cases}$

解 $D\begin{vmatrix}2&-3&1\\1&1&1\\3&1&-2\end{vmatrix}=-23, D_1=\begin{vmatrix}-1&-3&1\\6&1&1\\-1&1&-2\end{vmatrix}=-23, D_2=\begin{vmatrix}2&-1&1\\1&6&1\\3&-1&-2\end{vmatrix}=-46$,

$D_3=\begin{vmatrix}2&-3&-1\\1&1&6\\3&1&-1\end{vmatrix}=-69$,则 $x_1=\frac{D_1}{D}=1, x_2=\frac{D_2}{D}=2, x_3=\frac{D_3}{D}=3$.

第二节 全排列及其逆序数

1. 选择

(1) 排列 134782695 的逆序数为__________.

A. 9　　B. 10　　C. 11　　D. 12

解 B $t(134782695)=0+0+0+0+0+4+2+0+4=10$

(2) 下列排列中__________是偶排列.

A. 4312　　B. 51432　　C. 45312　　D. 654321

解 C $t(4312)=0+1+2+2=5$　　$t(51432)=0+1+1+2+3=7$

$t(45312)=0+0+2+3+3=8$　　$t(654321)=0+1+2+3+4+5=15$

2. 确定 i 与 j 使:(1) $1245i6j97$ 为奇排列;(2) $3972i15j4$ 为偶排列.

解 (1) $i=3, j=8$ 或 $i=8, j=3$. 当 $i=3, j=8$ 时,$t(124536897)=4$;当 $i=8, j=3$ 时,$t(124586397)=7$;故 $i=8, j=3$.

(2) $i=6, j=8$ 或 $i=8, j=6$. 当 $i=6, j=8$ 时,$t(397261584)=20$;当 $i=8, j=6$ 时,$t(397281564)=21$. 故 $i=6, j=8$.

3. 求下列排列的逆序数:

(1) $13\cdots(2n-1)24\cdots(2n)$;

解 $t=(n-1)+(n-2)+\cdots+1=\frac{n(n-1)}{2}$.

(2) $13\cdots(2n-1)(2n)\cdots42$

解 $t=2+2+\cdots+2(n-1)=n(n-1)$.

第三节 n 阶行列式的定义

1. 下列各乘积中哪些是 4 阶行列式中的项?请在其后面的括号中填上该项所带的符号;哪些不是 4 阶行列式中的项,请在其后的括号中划×.

$a_{12}a_{21}a_{33}a_{44}$(　　);$a_{12}a_{22}a_{34}a_{43}$(　　);

$a_{22}a_{33}a_{41}a_{11}$(　　)；$a_{14}a_{23}a_{32}a_{41}$(　　).

解　(-),(×),(×),(+)

$a_{12}a_{21}a_{33}a_{44}$中的元素位于不同行、不同列,因此是4阶行列式中的项.

其系数为$(-1)^{t(2134)}=(-1)^{0+1+0+0}=-1$,故其符号为负.

$a_{12}a_{22}a_{34}a_{43}$中的元素$a_{12}a_{22}$位于同一列,因此不是4阶行列式中的项.

$a_{22}a_{33}a_{41}a_{11}$中的元素$a_{41}a_{11}$位于同一列,因此不是4阶行列式中的项.

$a_{14}a_{23}a_{32}a_{41}$中的元素位于不同行、不同列,因此是4阶行列式中的项.

其系数为$(-1)^{t(4321)}=(-1)^{0+1+2+3}=1$,故其符号为正.

评注　n阶行列式的每项都是位于不同行、不同列的n个元素的乘积;行列式的每一项的正负号由下标排列的逆序数决定.因此,判断是否是行列式中的项及确定其符号,一定要遵循以上两个原则.

2. 填空

(1) 如果n阶行列式D中等于零的元素个数大于n^2-n个,则$D=$__________.

解　0.

n阶行列式D中等于零的元素个数大于n^2-n个,则非零元素的个数小于n.

n阶行列式的每项都是位于不同行、不同列的n个元素的乘积,因此每一项的结果都是零,所有项的代数和为零,故行列式D等于零.

(2) n阶行列式共有__________项,共有__________个元素.

解　$n!,n^2$

(3) 设$D=\begin{vmatrix}2&8&11&-7\\5&4&x&1\\3&x&-5&6\\1&0&8&0\end{vmatrix}$,则$D$的展开式中$x^2$的系数为__________.

解　-7

含有x^2项的是$(-1)^t a_{11}a_{23}a_{32}a_{44}=0$和$(-1)^t a_{14}a_{23}a_{32}a_{41}=-7x^2$,故$x^2$的系数为-7.

3. 计算行列式

(1) $\begin{vmatrix}a&b&c\\b&c&a\\c&a&b\end{vmatrix}$

解　$\begin{vmatrix}a&b&c\\b&c&a\\c&a&b\end{vmatrix}=acb+cba+cba-c^3-a^3-b^3=3acb-c^3-a^3-b^3.$

(2) $\begin{vmatrix}1&1&1&0\\0&1&0&1\\0&1&1&1\\0&0&1&0\end{vmatrix}$

解　该行列式的非零项只有$a_{11}a_{22}a_{34}a_{43}$和$a_{11}a_{24}a_{32}a_{43}$,

$(-1)^{t(1243)}a_{11}a_{22}a_{34}a_{43}=-a_{11}a_{22}a_{34}a_{43}=-1,(-1)^{t(1423)}a_{11}a_{24}a_{32}a_{43}=a_{11}a_{24}a_{32}a_{43}=1,$

故 $\begin{vmatrix} 1 & 1 & 1 & 0 \\ 0 & 1 & 0 & 1 \\ 0 & 1 & 1 & 1 \\ 0 & 0 & 1 & 0 \end{vmatrix} = 0.$

(3) $D = \begin{vmatrix} 0 & 0 & 0 & a \\ 0 & 0 & b & 0 \\ 0 & c & 0 & 0 \\ d & 0 & 0 & 0 \end{vmatrix}$

解 由定义：$D = (-1)^t \quad a_{14}a_{23}a_{32}a_{41} = (-1)^{0+1+2+3}abcd = abcd$

(4) $\begin{vmatrix} 0 & 1 & 0 & \cdots & 0 \\ 0 & 0 & 2 & \cdots & 0 \\ \cdots & \cdots & \cdots & \cdots & \cdots \\ 0 & 0 & 0 & \cdots & n-1 \\ n & 0 & 0 & \cdots & 0 \end{vmatrix}.$

解 由定义：$D = (-1)^t \quad a_{12}a_{23}\cdots a_{n(n-1)}a_{n1} = (-1)^{n-1}n!$

第五节　行列式的性质

1. 填空

(1) 每列元素之和等于零的行列式的值 = ________.

解 0

(2) 如果 $\begin{vmatrix} a_{11} & a_{12} & a_{13} \\ a_{21} & a_{22} & a_{23} \\ a_{31} & a_{32} & a_{33} \end{vmatrix} = M$，则 $\begin{vmatrix} a_{11} & -a_{12} & a_{13} \\ 2a_{21} & -2a_{22} & 2a_{23} \\ 3a_{31} & -3a_{32} & 3a_{33} \end{vmatrix} =$ ________.

解 $\begin{vmatrix} a_{11} & -a_{12} & a_{13} \\ 2a_{21} & -2a_{22} & 2a_{23} \\ 3a_{31} & -3a_{32} & 3a_{33} \end{vmatrix} = -6\begin{vmatrix} a_{11} & a_{12} & a_{13} \\ a_{21} & a_{22} & a_{23} \\ a_{31} & a_{32} & a_{33} \end{vmatrix} = -6M$

(3) 3 阶 $D = \begin{vmatrix} 1+a_1 & 2k+5a_1 & 3+4a_1 \\ 1+a_2 & 2k+5a_2 & 3+4a_2 \\ 1+a_3 & 2k+5a_3 & 3+4a_3 \end{vmatrix} =$ ________.

解 $D = \begin{vmatrix} 1+a_1 & 2k+5a_1 & 3+4a_1 \\ 1+a_2 & 2k+5a_2 & 3+4a_2 \\ 1+a_3 & 2k+5a_3 & 3+4a_3 \end{vmatrix} = \begin{vmatrix} a_1 & 2k+5a_1 & 3+4a_1 \\ a_2 & 2k+5a_2 & 3+4a_2 \\ a_3 & 2k+5a_3 & 3+4a_3 \end{vmatrix} +$

$\begin{vmatrix} 1 & 2k+5a_1 & 3+4a_1 \\ 1 & 2k+5a_2 & 3+4a_2 \\ 1 & 2k+5a_3 & 3+4a_3 \end{vmatrix} = \begin{vmatrix} a_1 & 2k & 3 \\ a_2 & 2k & 3 \\ a_3 & 2k & 3 \end{vmatrix} + \begin{vmatrix} 1 & 5a_1 & 4a_1 \\ 1 & 5a_2 & 4a_2 \\ 1 & 5a_3 & 4a_3 \end{vmatrix} = 0+0=0$（因两列对应成比例）

(4) $\begin{vmatrix} 1 & 2 & 7 & -6 \\ 4 & 2 & 2 & 13 \\ 0 & 0 & 1 & 0 \\ 0 & 0 & 0 & -1 \end{vmatrix} =$ ________.

解 $\begin{vmatrix} 1 & 2 & 7 & -6 \\ 4 & 2 & 2 & 13 \\ 0 & 0 & 1 & 0 \\ 0 & 0 & 0 & -1 \end{vmatrix} = \begin{vmatrix} 1 & 2 \\ 4 & 2 \end{vmatrix} \cdot \begin{vmatrix} 1 & 0 \\ 0 & -1 \end{vmatrix} = -6\times(-1)=6$

2. 计算下列行列式

(1) $\begin{vmatrix} 2 & 1 & 4 & 1 \\ 3 & -1 & 2 & 1 \\ 1 & 2 & 3 & 2 \\ 5 & 0 & 6 & 2 \end{vmatrix}$

$$\begin{vmatrix} 2 & 1 & 4 & 1 \\ 3 & -1 & 2 & 1 \\ 1 & 2 & 3 & 2 \\ 5 & 0 & 6 & 2 \end{vmatrix} \xlongequal{r_4 - r_2} \begin{vmatrix} 2 & 1 & 4 & 1 \\ 3 & -1 & 2 & 1 \\ 1 & 2 & 3 & 2 \\ 2 & 1 & 4 & 1 \end{vmatrix} = 0 .$$

(2) $\begin{vmatrix} -ab & ac & ae \\ bd & -cd & de \\ bf & cf & ef \end{vmatrix}$

解 $\begin{vmatrix} -ab & ac & ae \\ bd & -cd & de \\ bf & cf & ef \end{vmatrix} = adf\begin{vmatrix} -b & c & e \\ b & -c & e \\ b & c & e \end{vmatrix} = adf\begin{vmatrix} -b & c & e \\ 0 & 0 & 2e \\ 0 & 2c & 2e \end{vmatrix} =$

$-adf\begin{vmatrix} -b & c & e \\ 0 & 2c & 2e \\ 0 & 0 & 2e \end{vmatrix}$

(3) $\begin{vmatrix} a_0 & 1 & 1 & \cdots & 1 \\ 1 & a_1 & 0 & \cdots & 0 \\ 1 & 0 & a_2 & \cdots & 0 \\ \vdots & \vdots & \vdots & \ddots & \vdots \\ 1 & 0 & 0 & \cdots & a_n \end{vmatrix}$（其中 $a_0 a_1 \cdots a_n \neq 0$）.

解 $\begin{vmatrix} a_0 & 1 & 1 & \cdots & 1 \\ 1 & a_1 & 0 & \cdots & 0 \\ 1 & 0 & a_2 & \cdots & 0 \\ \vdots & \vdots & \vdots & \ddots & \vdots \\ 1 & 0 & 0 & \cdots & a_n \end{vmatrix} \xlongequal{c_1 - \frac{1}{a_i}c_i (i=2\cdots n+1)} \begin{vmatrix} a_0 - \sum\limits_{i=1}^{n}\frac{1}{a_i} & 1 & 1 & \cdots & 1 \\ 0 & a_1 & 0 & \cdots & 0 \\ 0 & 0 & a_2 & \cdots & 0 \\ \vdots & \vdots & \vdots & \ddots & \vdots \\ 0 & 0 & 0 & \cdots & a_n \end{vmatrix}$

$= a_1 a_2 \cdots a_n \left(a_0 - \sum\limits_{i=1}^{n}\frac{1}{a_i} \right)$

(4) $D_n = \begin{vmatrix} a & b & b & \cdots & b \\ b & a & b & \cdots & b \\ b & b & a & \cdots & b \\ \vdots & \vdots & \vdots & \ddots & \vdots \\ b & b & b & \cdots & a \end{vmatrix}$.

解 $D_n = \begin{vmatrix} a+(n-1)b & b & b & \cdots & b \\ a+(n-1)b & a & b & \cdots & b \\ a+(n-1)b & b & a & \cdots & b \\ \vdots & \vdots & \vdots & \ddots & \vdots \\ a+(n-1)b & b & b & \cdots & a \end{vmatrix} = [a+(n-1)b] \begin{vmatrix} 1 & b & b & \cdots & b \\ 1 & a & b & \cdots & b \\ 1 & b & a & \cdots & b \\ \vdots & \vdots & \vdots & \ddots & \vdots \\ 1 & b & b & \cdots & a \end{vmatrix}$

$$= [a+(n-1)b] \begin{vmatrix} 1 & b & b & \cdots & b \\ 0 & a-b & 0 & \cdots & 0 \\ 0 & 0 & a-b & \cdots & 0 \\ \vdots & \vdots & \vdots & \ddots & \vdots \\ 0 & 0 & 0 & \cdots & a-b \end{vmatrix} [a+(n-1)b] \cdot (a-b)^{n-1}$$

(5) $\begin{vmatrix} a_1 & 0 & b_1 & 0 \\ 0 & c_1 & 0 & d_1 \\ a_2 & 0 & b_2 & 0 \\ 0 & c_2 & 0 & d_2 \end{vmatrix}$.

解 $\begin{vmatrix} a_1 & 0 & b_1 & 0 \\ 0 & c_1 & 0 & d_1 \\ a_2 & 0 & b_2 & 0 \\ 0 & c_2 & 0 & d_2 \end{vmatrix} \xlongequal{c_2 \longleftrightarrow c_3} - \begin{vmatrix} a_1 & b_1 & 0 & 0 \\ 0 & 0 & c_1 & d_1 \\ a_2 & b_2 & 0 & 0 \\ 0 & 0 & c_2 & d_2 \end{vmatrix} \xlongequal{r_2 \longleftrightarrow r_3} \begin{vmatrix} a_1 & b_1 & 0 & 0 \\ a_2 & b_2 & 0 & 0 \\ 0 & 0 & c_1 & d_1 \\ 0 & 0 & c_2 & d_2 \end{vmatrix}$

$$= \begin{vmatrix} a_1 & b_1 \\ a_2 & b_2 \end{vmatrix} \begin{vmatrix} c_1 & d_1 \\ c_2 & d_2 \end{vmatrix} = (a_1 b_2 - a_2 b_1)(c_1 d_2 - c_2 d_1)$$

3. 计算 $\begin{vmatrix} 1+a_1 & 1 & \cdots & 1 \\ 1 & 1+a_2 & \cdots & 1 \\ \vdots & \vdots & \ddots & \vdots \\ 1 & 1 & \cdots & 1+a_n \end{vmatrix}$（其中 $a_1 a_2 \cdots a_n \neq 0$）.

解 $\begin{vmatrix} 1+a_1 & 1 & \cdots & 1 \\ 1 & 1+a_2 & \cdots & 1 \\ \vdots & \vdots & \ddots & \vdots \\ 1 & 1 & \cdots & 1+a_n \end{vmatrix} \xlongequal{r_i - r_1 (i=2\cdots n)} \begin{vmatrix} 1+a_1 & 1 & \cdots & 1 \\ -a_1 & a_2 & \cdots & 0 \\ \vdots & \vdots & \ddots & \vdots \\ -a_1 & 0 & \cdots & a_n \end{vmatrix}$

$$\xlongequal{c_1 + \frac{a_1}{a_i} c_i (i=2\cdots n)} \begin{vmatrix} 1+a_1+\sum_{i=2}^{n} \frac{a_1}{a_i} & 1 & \cdots & 1 \\ 0 & a_2 & \cdots & 0 \\ \vdots & \vdots & \ddots & \vdots \\ 0 & 0 & \cdots & a_n \end{vmatrix} = (a_1 a_2 \cdots a_n)\left(1 + \sum_{i=2}^{n} \frac{1}{a_i}\right)$$

第六节　行列式按行(列)展开

1. 填空

(1) 设 $f(x) = \begin{vmatrix} 2x & 3 & 1 & 2 \\ x & x & 0 & 1 \\ 2 & 1 & x & 4 \\ x & 2 & 1 & 4x \end{vmatrix}$，则 x^3 的系数为________，x^4 的系数为________，常

数项为__________.

解 $f(x)=\begin{vmatrix}2x&3&1&2\\x&x&0&1\\2&1&x&4\\x&2&1&4x\end{vmatrix}\xlongequal{\text{按第2行展开}}-x\begin{vmatrix}3&1&2\\1&x&4\\2&1&4x\end{vmatrix}+x\begin{vmatrix}2x&1&2\\2&x&4\\x&1&4x\end{vmatrix}+\begin{vmatrix}2x&3&1\\2&1&x\\x&2&1\end{vmatrix}$

$=8x^4-14x^3-5x^2+7x-2$，x^3 的系数为 -14，x^4 的系数为 8，常数项为 -2.

（2）设 $D=\begin{vmatrix}3&0&4&0\\2&2&2&2\\0&-7&0&0\\5&3&-2&2\end{vmatrix}$，则第 4 行各元素余子式之和的值为__________，$D=$__________.

解 $M_{41}+M_{42}+M_{43}+M_{44}=-A_{41}+A_{42}-A_{43}+A_{44}=\begin{vmatrix}3&0&4&0\\2&2&2&2\\0&-7&0&0\\-1&1&-1&1\end{vmatrix}$

$=7\begin{vmatrix}3&4&0\\2&2&2\\-1&-1&1\end{vmatrix}=7\begin{vmatrix}3&4&0\\0&0&4\\-1&-1&1\end{vmatrix}=-28\begin{vmatrix}3&4\\-1&-1\end{vmatrix}=-28$，$D=7\begin{vmatrix}3&4&0\\2&2&2\\5&-2&2\end{vmatrix}=336$

（3）已知 $D=\begin{vmatrix}-1&0&x&1\\1&1&-1&-1\\1&-1&1&-1\\1&-1&-1&1\end{vmatrix}$，则 D 中 x 的一次项系数为__________.

解 x 的一次项系数为 D 中 x 代数余子式

$$A_{13}=(-1)^{1+3}\begin{vmatrix}1&1&-1\\1&-1&-1\\1&-1&1\end{vmatrix}=\begin{vmatrix}1&1&-1\\0&-2&0\\0&0&2\end{vmatrix}=-4$$

（4）多项式 $p(x)=\begin{vmatrix}1&1&1&1\\a&b&c&x\\a^2&b^2&c^2&x^2\\a^3&b^3&c^3&x^3\end{vmatrix}$（其中 a,b,c 是互不相同的数）的根是__________.

解 $p(x)=(b-a)(c-a)(x-a)(c-b)(x-b)(x-c)=0$，其中 a,b,c 是互不相同的数，故 $(x-a)(x-b)(x-c)=0$，得：$x=a$，或 $x=b$，或 $x=c$.

2. 计算 $2n$ 阶行列式 $D_{2n}=\begin{vmatrix}a&0&0&\cdots&0&b\\0&a&0&\cdots&b&0\\0&0&a&\cdots&0&0\\\vdots&\vdots&\vdots&\ddots&\vdots&\vdots\\0&b&0&\cdots&a&0\\b&0&0&\cdots&0&a\end{vmatrix}$.

解 $D_{2n}=\begin{vmatrix} a & 0 & 0 & \cdots & 0 & b \\ 0 & a & 0 & \cdots & b & 0 \\ 0 & 0 & a & \cdots & 0 & 0 \\ \vdots & \vdots & \vdots & \ddots & \vdots & \vdots \\ 0 & b & 0 & \cdots & a & 0 \\ b & 0 & 0 & \cdots & 0 & a \end{vmatrix} \xlongequal{\text{按第 1 行展开}} a\begin{vmatrix} a & 0 & 0 & \cdots & b & 0 \\ 0 & a & 0 & \cdots & 0 & 0 \\ 0 & 0 & a & \cdots & 0 & 0 \\ \vdots & \vdots & \vdots & \ddots & \vdots & \vdots \\ 0 & b & 0 & \cdots & a & 0 \\ b & 0 & 0 & \cdots & 0 & a \end{vmatrix}_{2n-1}$

$-b\begin{vmatrix} 0 & a & 0 & \cdots & 0 & b \\ 0 & 0 & a & \cdots & b & 0 \\ 0 & 0 & 0 & \cdots & 0 & 0 \\ \vdots & \vdots & \vdots & \ddots & \vdots & \vdots \\ 0 & b & 0 & \cdots & a & a \\ b & 0 & 0 & \cdots & 0 & 0 \end{vmatrix}_{2n-1} \xlongequal[\text{后按第 1 列展开 } a^2]{\text{前按第 } 2n-1 \text{ 列展开}} a^2\begin{vmatrix} a & 0 & 0 & \cdots & 0 & b \\ 0 & a & 0 & \cdots & b & 0 \\ 0 & 0 & a & \cdots & 0 & 0 \\ \vdots & \vdots & \vdots & \ddots & \vdots & \vdots \\ 0 & b & 0 & \cdots & a & 0 \\ b & 0 & 0 & \cdots & 0 & a \end{vmatrix}_{2n-2}$

$-b^2\begin{vmatrix} a & 0 & 0 & \cdots & 0 & b \\ 0 & a & 0 & \cdots & b & 0 \\ 0 & 0 & a & \cdots & 0 & 0 \\ \vdots & \vdots & \vdots & \ddots & \vdots & \vdots \\ 0 & b & 0 & \cdots & a & 0 \\ b & 0 & 0 & \cdots & 0 & a \end{vmatrix}_{2n-2} =(a^2-b^2)D_{2(n-1)}=\cdots=(a^2-b^2)^{n-1}D_2=(a^2-b^2)^n$

3. 已知 n 阶行列式 $\begin{vmatrix} 1 & 3 & 5 & \cdots & 2n-1 \\ 1 & 2 & 0 & \cdots & 0 \\ 1 & 0 & 3 & \cdots & 0 \\ \vdots & \vdots & \vdots & \ddots & \vdots \\ 1 & 0 & 0 & \cdots & n \end{vmatrix}$，求第 1 行代数余子式之和.

解 $A_{11}+A_{12}+\cdots+A_{1n}=\begin{vmatrix} 1 & 1 & 1 & \cdots & 1 \\ 1 & 2 & 0 & \cdots & 0 \\ 1 & 0 & 3 & \cdots & 0 \\ \vdots & \vdots & \vdots & \ddots & \vdots \\ 1 & 0 & 0 & \cdots & n \end{vmatrix}$

$\xlongequal{c_1-\frac{1}{i}c_i(i=2,\cdots,n)} \begin{vmatrix} 1-\frac{1}{2}-\frac{1}{3}\cdots\frac{1}{n} & 1 & 1 & \cdots & 1 \\ 0 & 2 & 0 & \cdots & 0 \\ 0 & 0 & 3 & \cdots & 0 \\ \vdots & \vdots & \vdots & \ddots & \vdots \\ 0 & 0 & 0 & \cdots & n \end{vmatrix} = n!\left(1-\sum_{i=2}^{n}\frac{1}{i}\right)$

第七节 克拉默法则

1. λ 取何值时，齐次线性方程组 $\begin{cases} x_1-2x_2+3x_3=0 \\ 2x_1+(\lambda-3)x_2+6x_3=0 \\ x_1+x_2+(\lambda-1)x_3=0 \end{cases}$ 有非零解？

解 $D=\begin{vmatrix} 1 & -2 & 3 \\ 2 & \lambda-3 & 6 \\ 1 & 1 & \lambda-1 \end{vmatrix}=(\lambda-4)(\lambda-1)$，齐次线性方程组有非零解，则 $D=0$，即：

$\lambda \neq -1$ 或 $\lambda \neq 4$ 时有非零解.

2. 用克拉默法则求解线性方程组 $\begin{cases} x_1 + 2x_2 + 3x_3 - 2x_4 = 6 \\ 3x_1 + x_2 + x_3 - 5x_4 = 14 \\ 3x_1 + 2x_2 - x_3 + 2x_4 = 4 \\ 2x_1 - 3x_2 + 2x_3 + x_4 = -8 \end{cases}$.

解 $D = \begin{vmatrix} 1 & 2 & 3 & -2 \\ 3 & 1 & 1 & -5 \\ 3 & 2 & -1 & 2 \\ 2 & -3 & 2 & 1 \end{vmatrix} = 324$, $D_1 = \begin{vmatrix} 6 & 2 & 3 & -2 \\ 14 & 1 & 1 & -5 \\ 4 & 2 & -1 & 2 \\ -8 & -3 & 2 & 1 \end{vmatrix} = 324$,

$D_2 = \begin{vmatrix} 1 & 6 & 3 & -2 \\ 3 & 14 & 1 & -5 \\ 3 & 4 & -1 & 2 \\ 2 & -8 & 2 & 1 \end{vmatrix} = 648$, $D_3 = \begin{vmatrix} 1 & 2 & 6 & -2 \\ 3 & 1 & 14 & -5 \\ 3 & 2 & 4 & 2 \\ 2 & -3 & -8 & 1 \end{vmatrix} = -324$,

$D_4 = \begin{vmatrix} 1 & 2 & 3 & 6 \\ 3 & 1 & 1 & 14 \\ 3 & 2 & -1 & 4 \\ 2 & -3 & 2 & -8 \end{vmatrix} = -648$,

则 $x_1 = \dfrac{D_1}{D} = 1$, $x_2 = \dfrac{D_2}{D} = 2$, $x_3 = \dfrac{D_3}{D} = -1$, $x_4 = \dfrac{D_4}{D} = -2$.

3. 已知 $\begin{vmatrix} 1 & x & y & z \\ x & 1 & 0 & 0 \\ y & 0 & 1 & 0 \\ z & 0 & 0 & 1 \end{vmatrix} = 1$,求 x,y,z.

解 $\begin{vmatrix} 1 & x & y & z \\ x & 1 & 0 & 0 \\ y & 0 & 1 & 0 \\ z & 0 & 0 & 1 \end{vmatrix} \xlongequal{\text{按第 1 行展开}} \begin{vmatrix} 1 & 0 & 0 \\ 0 & 1 & 0 \\ 0 & 0 & 1 \end{vmatrix} - x \begin{vmatrix} x & 0 & 0 \\ y & 1 & 0 \\ z & 0 & 1 \end{vmatrix} + y \begin{vmatrix} x & 1 & 0 \\ y & 0 & 0 \\ z & 0 & 1 \end{vmatrix} + z \begin{vmatrix} x & 1 & 0 \\ y & 0 & 1 \\ z & 0 & 0 \end{vmatrix}$

$= 1 - x^2 - y^2 - z^2 = 1$,即 $x^2 + y^2 + z^2 = 0$,得 $x = y = z = 0$.

第一章　总习题

一、填空

1. 若 $a_{1i}a_{23}a_{35}a_{4j}a_{54}$ 为 5 阶行列式中带正号的一项,则 $i =$ ＿＿＿＿＿,$j =$ ＿＿＿＿＿.

解 $i = 2, j = 1$ 或 $i = 1, j = 2$.

$t(23514) = 0 + 0 + 0 + 3 + 1 = 4$,故 $i = 2, j = 1$.

2. 设 $A_{ij}\ (i,j = 1,2)$ 为行列式 $D = \begin{vmatrix} 2 & 1 \\ 3 & 1 \end{vmatrix}$ 中元素 a_{ij} 的代数余子式,则 $\begin{vmatrix} A_{11} & A_{21} \\ A_{12} & A_{22} \end{vmatrix} =$

＿＿＿＿＿.

解 $\begin{vmatrix} A_{11} & A_{21} \\ A_{12} & A_{22} \end{vmatrix} = \begin{vmatrix} 1 & -1 \\ -3 & 2 \end{vmatrix} = -1$

3. 已知4阶行列式 D 中第一行元素分别是1,2,0,-4,第三行元素的代数余子式分别是6,x,9,12,则 $x=$ ____.

解 $1\times6+2\times x+0+(-4)\times12=0$,得 $x=21$.

4. 多项式 $f(x)=\begin{vmatrix}4x&1&3&3\\x&x&3&1\\2&3&3x&6\\x&2&6&x\end{vmatrix}$ 中 x^4 的系数为__________,x^3 的系数为__________,常数项为__________.

解 $f(x)=\begin{vmatrix}4x&1&3&3\\x&x&3&1\\2&3&3x&6\\x&2&6&x\end{vmatrix}=4x\begin{vmatrix}x&3&1\\3&3x&6\\2&6&x\end{vmatrix}-\begin{vmatrix}x&3&1\\2&3x&6\\x&6&x\end{vmatrix}+3\begin{vmatrix}x&x&1\\2&3&6\\x&2&x\end{vmatrix}-3\begin{vmatrix}x&x&3\\2&3&3x\\x&2&6\end{vmatrix}$

$=12x^4-12x^3-18x^2+42x-36$

x^4 的系数为12,x^3 的系数为-12,常数项为-36.

5. 如果 $\begin{vmatrix}a_{11}&a_{12}&a_{13}\\a_{21}&a_{22}&a_{23}\\a_{31}&a_{32}&a_{33}\end{vmatrix}=a$,则 $\begin{vmatrix}a_{31}&a_{32}&a_{33}\\2a_{21}-3a_{31}&2a_{22}-3a_{32}&2a_{23}-3a_{33}\\a_{11}&a_{12}&a_{13}\end{vmatrix}=$__________.

解 $\begin{vmatrix}a_{31}&a_{32}&a_{33}\\2a_{21}-3a_{31}&2a_{22}-3a_{32}&2a_{23}-3a_{33}\\a_{11}&a_{12}&a_{13}\end{vmatrix}=\begin{vmatrix}a_{31}&a_{32}&a_{33}\\2a_{21}&2a_{22}&2a_{23}\\a_{11}&a_{12}&a_{13}\end{vmatrix}-\begin{vmatrix}a_{31}&a_{32}&a_{33}\\3a_{31}&3a_{32}&3a_{33}\\a_{11}&a_{12}&a_{13}\end{vmatrix}$

$=-2\begin{vmatrix}a_{11}&a_{12}&a_{13}\\a_{21}&a_{22}&a_{23}\\a_{31}&a_{32}&a_{33}\end{vmatrix}+0=-2a$

二、选择

1. 行列式 D_n 为零的充分条件是__________.

A. 零元素的个数大于 n　　B. D_n 中各列元素之和为零

C. 主对角线上元素全为零　　D. 次对角线上元素全为零

解 B

2. 4阶行列式 $\begin{vmatrix}a_1&0&0&b_1\\0&a_2&b_2&0\\0&b_3&a_3&0\\b_4&0&0&a_4\end{vmatrix}=$__________.

A. $a_1a_2a_3a_4-b_1b_2b_3b_4$　　B. $a_1a_2a_3a_4+b_1b_2b_3b_4$

C. $(a_1a_2-b_1b_2)(a_3a_4-b_3b_4)$　　D. $(a_1a_4-b_1b_4)(a_2a_3-b_2b_3)$

解 D

$\begin{vmatrix}a_1&0&0&b_1\\0&a_2&b_2&0\\0&b_3&a_3&0\\b_4&0&0&a_4\end{vmatrix}=-\begin{vmatrix}a_1&b_1&0&0\\0&0&b_2&a_2\\0&0&a_3&b_3\\b_4&a_4&0&0\end{vmatrix}=\begin{vmatrix}a_1&b_1&0&0\\b_4&a_4&0&0\\0&0&a_3&b_3\\0&0&b_2&a_2\end{vmatrix}=\begin{vmatrix}a_1&b_1\\b_4&a_4\end{vmatrix}\begin{vmatrix}a_3&b_3\\b_2&a_2\end{vmatrix}$

$=(a_1a_4-b_1b_4)(a_2a_3-b_2b_3)$

3. 设$A_{i1},\cdots,A_{in}$为n阶行列式D中第i行元素,$a_{i1},\cdots,a_{in}$的代数余子式,则下述正确的是_________.

A. $a_{i1}A_{i1}+\cdots+a_{in}A_{in}=0$

B. $a_{i1}A_{i1}+\cdots+a_{in}A_{in}=D$

C. $a_{i1}A_{i1}-a_{i2}A_{i2}+\cdots+(-1)^{n-1}a_{in}A_{in}=0$

D. $a_{i1}A_{i1}-a_{i2}A_{i2}+\cdots+(-1)^{n-1}a_{in}A_{in}=D$

解 B

4. 当λ取_________时,线性方程组$\begin{cases}3x-y+\lambda z=0\\2x+\lambda y-2z=0\\x+z=0\end{cases}$仅有唯一解.

A. $\lambda\neq-1$或$\lambda\neq4$　　B. $\lambda\neq-1$且$\lambda\neq4$　　C. $\lambda\neq-1$　　D. $\lambda\neq4$

解 B. $D=\begin{vmatrix}3&-1&\lambda\\2&\lambda&-2\\1&0&1\end{vmatrix}=3\lambda+2-\lambda^2+2=-(\lambda-4)(\lambda+1)$,方程组有唯一解,$D\neq0$,

即:$\lambda\neq-1$且$\lambda\neq4$.

三、计算下列行列式

1. $\begin{vmatrix}x&y&z&1\\y&z&x&1\\z&x&y&1\\\dfrac{y+z}{2}&\dfrac{z+x}{2}&\dfrac{x+y}{2}&1\end{vmatrix}$

解 $\begin{vmatrix}x&y&z&1\\y&z&x&1\\z&x&y&1\\\dfrac{y+z}{2}&\dfrac{z+x}{2}&\dfrac{x+y}{2}&1\end{vmatrix}\xlongequal{r_3+r_2}\begin{vmatrix}x&y&z&1\\y&z&x&1\\y+z&z+x&x+y&2\\\dfrac{y+z}{2}&\dfrac{z+x}{2}&\dfrac{x+y}{2}&1\end{vmatrix}=0$

2. $\begin{vmatrix}1&2&3&\cdots&n-1&n\\1&-1&0&\cdots&0&0\\0&2&-2&\cdots&0&0\\\vdots&\vdots&\vdots&\ddots&\vdots&\vdots\\0&0&0&\cdots&2-n&0\\0&0&0&\cdots&n-1&1-n\end{vmatrix}$.

解 $D_n\xlongequal[\substack{\vdots\\c_2+c_3\\c_1+c_2}]{\substack{c_{n-1}+c_n\\c_{n-2}+c_{n-1}}}\begin{vmatrix}\dfrac{n(n+1)}{2}&\dfrac{(n-1)(n+2)}{2}&\cdots&n\\0&-1&\cdots&0\\\vdots&\vdots&\ddots&\vdots\\0&0&\cdots&-(n-1)\end{vmatrix}$

$$=(-1)^{n-1}(n-1)!\ \frac{n(n+1)}{2}=\frac{1}{2}(-1)^{n-1}\cdot(n+1)!$$

四、计算行列式 $D=\begin{vmatrix} 2 & 1 & 0 & 0 & \cdots & 0 & 0 & 0 \\ 1 & 2 & 1 & 0 & \cdots & 0 & 0 & 0 \\ 0 & 1 & 2 & 1 & \cdots & 0 & 0 & 0 \\ \vdots & \vdots & \vdots & \vdots & \ddots & \vdots & \vdots & \vdots \\ 0 & 0 & 0 & 0 & \cdots & 1 & 2 & 1 \\ 0 & 0 & 0 & 0 & \cdots & 0 & 1 & 2 \end{vmatrix}$

解 $D \xlongequal{\text{按第1行展开}}$

$$2\begin{vmatrix} 2 & 1 & 0 & \cdots & 0 & 0 & 0 \\ 1 & 2 & 1 & \cdots & 0 & 0 & 0 \\ \vdots & \vdots & \vdots & \ddots & \vdots & \vdots & \vdots \\ 0 & 0 & 0 & \cdots & 1 & 2 & 1 \\ 0 & 0 & 0 & \cdots & 0 & 1 & 2 \end{vmatrix}-\begin{vmatrix} 1 & 1 & 0 & \cdots & 0 & 0 & 0 \\ 1 & 2 & 1 & \cdots & 0 & 0 & 0 \\ \vdots & \vdots & \vdots & \ddots & \vdots & \vdots & \vdots \\ 0 & 0 & 0 & \cdots & 1 & 2 & 1 \\ 0 & 0 & 0 & \cdots & 0 & 1 & 2 \end{vmatrix}=2D_{n-1}-D_{n-2}$$

$D_n-D_{n-1}=D_{n-1}-D_{n-1}=D_2-D_1=3-2=1$

$D_n=D_1+(n-1)=2+n-1=n+1$

五、设 a_1,a_2,a_3,a_4 各不同,求证下列方程组有唯一解,并求出解.

$$\begin{cases} x_1+x_2+x_3+x_4=1 \\ a_1x_1+a_2x_2+a_3x_3+a_4x_4=b \\ a_1^2x_1+a_2^2x_2+a_3^2x_3+a_4^2x_4=b^2 \\ a_1^3x_1+a_2^3x_2+a_3^3x_3+a_4^3x_4=b^3 \end{cases}$$

解 $D=\begin{vmatrix} 1 & 1 & 1 & 1 \\ a_1 & a_2 & a_3 & a_4 \\ a_1^2 & a_2^2 & a_3^2 & a_4^2 \\ a_1^3 & a_2^3 & a_3^3 & a_4^3 \end{vmatrix}=(a_2-a_1)(a_3-a_1)(a_4-a_1)(a_3-a_2)(a_4-a_2)(a_4-a_3)$

$D_1=\begin{vmatrix} 1 & 1 & 1 & 1 \\ b & a_2 & a_3 & a_4 \\ b^2 & a_2^2 & a_3^2 & a_4^2 \\ b^3 & a_2^3 & a_3^3 & a_4^3 \end{vmatrix}=(a_2-b)(a_3-b)(a_4-b)(a_3-a_2)(a_4-a_2)(a_4-a_3)$

$D_2=\begin{vmatrix} 1 & 1 & 1 & 1 \\ a_1 & b & a_3 & a_4 \\ a_1^2 & b^2 & a_3^2 & a_4^2 \\ a_1^3 & b^3 & a_3^3 & a_4^3 \end{vmatrix}=(b-a_1)(a_3-a_1)(a_4-a_1)(a_3-b)(a_4-b)(a_4-a_3)$

$D_3=\begin{vmatrix} 1 & 1 & 1 & 1 \\ a_1 & a_2 & b & a_4 \\ a_1^2 & a_2^2 & b^2 & a_4^2 \\ a_1^3 & a_2^3 & b^3 & a_4^3 \end{vmatrix}=(a_2-a_1)(b-a_1)(a_4-a_1)(b-a_2)(a_4-a_2)(a_4-b)$

$D_4=\begin{vmatrix} 1 & 1 & 1 & 1 \\ a_1 & a_2 & a_3 & b \\ a_1^2 & a_2^2 & a_3^2 & b^2 \\ a_1^3 & a_2^3 & a_3^3 & b^3 \end{vmatrix}=(a_2-a_1)(a_3-a_1)(b-a_1)(a_3-a_2)(b-a_2)(b-a_3)$

因 a_1,a_2,a_3,a_4 各不相同,故 $D\neq0$,则方程有唯一解,为

$$x_1=\frac{D_1}{D}=\frac{(a_2-b)(a_3-b)(a_4-b)}{(a_2-a_1)(a_3-a_1)(a_4-a_1)}$$

$$x_2=\frac{D_2}{D}=\frac{(b-a_1)(a_3-b)(a_4-b)}{(a_2-a_1)(a_3-a_2)(a_4-a_2)}$$

$$x_3=\frac{D_3}{D}=\frac{(b-a_1)(b-a_2)(a_4-b)}{(a_3-a_1)(a_3-a_2)(a_4-a_3)}$$

$$x_4=\frac{D_4}{D}=\frac{(b-a_1)(b-a_2)(b-a_3)}{(a_4-a_1)(a_4-a_2)(a_4-a_3)}$$

六. 设函数 $f(x)=\begin{vmatrix}1 & x-1 & 2x-1\\ 1 & x^2-2 & 3x-2\\ 1 & x^3-3 & 4x-3\end{vmatrix}$，证明：存在 $\xi\in(0,1)$，使 $f'(\xi)=0$.

证明 $f(x)$ 在 $[0,1]$ 上连续，在 $(0,1)$ 上可导，

且 $f(0)=\begin{vmatrix}1 & -1 & -1\\ 1 & -2 & -2\\ 1 & -3 & -3\end{vmatrix}=0$，$f(1)=\begin{vmatrix}1 & 0 & 1\\ 1 & -1 & 1\\ 1 & -2 & 1\end{vmatrix}=0$，

由罗尔定理可得：至少存在一点 $\xi\in(0,1)$，使 $f'(\xi)=0$.

第二章 矩阵及其运算

第二节 矩阵的运算

1. 设 $\boldsymbol{A}=\begin{pmatrix}1 & 1 & 1\\ 1 & 1 & -1\\ 1 & -1 & 1\end{pmatrix}$，$\boldsymbol{B}=\begin{pmatrix}1 & 2 & 3\\ -1 & -2 & 4\\ 0 & 5 & 1\end{pmatrix}$，求 $3\boldsymbol{AB}-2\boldsymbol{A}$ 及 $\boldsymbol{A}^{\mathrm{T}}\boldsymbol{B}$.

解 $3\boldsymbol{AB}-2\boldsymbol{A}=\boldsymbol{A}(3\boldsymbol{B}-2\boldsymbol{E})=\begin{pmatrix}1 & 1 & 1\\ 1 & 1 & -1\\ 1 & -1 & 1\end{pmatrix}\begin{pmatrix}1 & 6 & 9\\ -3 & -8 & 12\\ 0 & 15 & 1\end{pmatrix}=\begin{pmatrix}-2 & 13 & 22\\ -2 & -17 & 20\\ 4 & 29 & -2\end{pmatrix}$

$\boldsymbol{A}^{\mathrm{T}}\boldsymbol{B}=\boldsymbol{AB}=\begin{pmatrix}0 & 5 & 8\\ 0 & -5 & 6\\ 2 & 9 & 0\end{pmatrix}$

2. 计算下列乘积：

(1) $(1\quad 2\quad 3)\begin{pmatrix}3\\ 2\\ 1\end{pmatrix}$.

解 $(1\quad 2\quad 3)\begin{pmatrix}3\\ 2\\ 1\end{pmatrix}=(1\times3+2\times2+3\times1)=(10)$

(2) $\begin{pmatrix}2\\ 1\\ 3\end{pmatrix}(-1\quad 2)$.

解 $\begin{pmatrix}2\\ 1\\ 3\end{pmatrix}(-1\quad 2)=\begin{pmatrix}2\times(-1) & 2\times2\\ 1\times(-1) & 1\times2\\ 3\times(-1) & 3\times2\end{pmatrix}=\begin{pmatrix}-2 & 4\\ -1 & 2\\ -3 & 6\end{pmatrix}$

(3) $\begin{pmatrix}2 & 1 & 4 & 0\\1 & -1 & 3 & 4\end{pmatrix}\begin{pmatrix}1 & 3 & 1\\0 & -1 & 2\\1 & -3 & 1\\4 & 0 & -2\end{pmatrix}$.

解 $\begin{pmatrix}2 & 1 & 4 & 0\\1 & -1 & 3 & 4\end{pmatrix}\begin{pmatrix}1 & 3 & 1\\0 & -1 & 2\\1 & -3 & 1\\4 & 0 & -2\end{pmatrix}=\begin{pmatrix}6 & -7 & 8\\20 & -5 & -6\end{pmatrix}$

3. 设$\boldsymbol{A}=\begin{pmatrix}1 & 0\\\lambda & 1\end{pmatrix}$,求$\boldsymbol{A}^k$.

解 $\boldsymbol{A}^2=\begin{pmatrix}1 & 0\\\lambda & 1\end{pmatrix}\begin{pmatrix}1 & 0\\\lambda & 1\end{pmatrix}=\begin{pmatrix}1 & 0\\2\lambda & 1\end{pmatrix}$

$\boldsymbol{A}^3=\boldsymbol{A}^2\boldsymbol{A}=\begin{pmatrix}1 & 0\\2\lambda & 1\end{pmatrix}\begin{pmatrix}1 & 0\\\lambda & 1\end{pmatrix}=\begin{pmatrix}1 & 0\\3\lambda & 1\end{pmatrix}$

利用数学归纳法证明:$\boldsymbol{A}^k=\begin{pmatrix}1 & 0\\k\lambda & 1\end{pmatrix}$

当$k=1$时,显然成立,假设k时成立,则$k+1$时,有

$$\boldsymbol{A}^k=\boldsymbol{A}^k\boldsymbol{A}=\begin{pmatrix}1 & 0\\k\lambda & 1\end{pmatrix}\begin{pmatrix}1 & 0\\\lambda & 1\end{pmatrix}=\begin{pmatrix}1 & 0\\(k+1)\lambda & 1\end{pmatrix}$$

由数学归纳法原理知

$$\boldsymbol{A}^k=\begin{pmatrix}1 & 0\\k\lambda & 1\end{pmatrix}$$

4. 设$\boldsymbol{A},\boldsymbol{B}$均为$n$阶方阵,且$\boldsymbol{A}^{-1}$为对称阵,证明:$\boldsymbol{B}^{\mathrm{T}}\boldsymbol{A}\boldsymbol{B}$也是对称阵.

证明 已知$\boldsymbol{A}^{\mathrm{T}}=\boldsymbol{A}$,则

$$(\boldsymbol{B}^{\mathrm{T}}\boldsymbol{A}\boldsymbol{B})^{\mathrm{T}}=\boldsymbol{B}^{\mathrm{T}}(\boldsymbol{B}^{\mathrm{T}}\boldsymbol{A})^{\mathrm{T}}=\boldsymbol{B}^{\mathrm{T}}\boldsymbol{A}^{\mathrm{T}}\boldsymbol{B}=\boldsymbol{B}^{\mathrm{T}}\boldsymbol{A}\boldsymbol{B}$$

从而$\boldsymbol{B}^{\mathrm{T}}\boldsymbol{A}\boldsymbol{B}$也是对称矩阵.

5. 设$\boldsymbol{A},\boldsymbol{B}$都是3阶阵,满足$\boldsymbol{A}^3-\boldsymbol{A}\boldsymbol{B}\boldsymbol{A}+2\boldsymbol{E}=0$,且$|\boldsymbol{A}-\boldsymbol{B}|=-2$,求$|\boldsymbol{A}|$.

解 $\boldsymbol{A}^3-\boldsymbol{A}\boldsymbol{B}\boldsymbol{A}=-2\boldsymbol{E}$,则$|\boldsymbol{A}^3-\boldsymbol{A}\boldsymbol{B}\boldsymbol{A}|=|-2\boldsymbol{E}|=-8$,而$|\boldsymbol{A}^3-\boldsymbol{A}\boldsymbol{B}\boldsymbol{A}|=|\boldsymbol{A}||\boldsymbol{A}-\boldsymbol{B}||\boldsymbol{A}|=-2|\boldsymbol{A}|^2$,得$|\boldsymbol{A}|^2=4$,$|\boldsymbol{A}|=\pm 2$.

6. 设n阶方阵$\boldsymbol{A}$满足$\boldsymbol{A}\boldsymbol{A}^{\mathrm{T}}=\boldsymbol{E}$,且$|\boldsymbol{A}|<0$,求$|\boldsymbol{A}+\boldsymbol{E}|$.

解 $|\boldsymbol{A}+\boldsymbol{E}|=|\boldsymbol{A}+\boldsymbol{A}\boldsymbol{A}^{\mathrm{T}}|=|\boldsymbol{A}||\boldsymbol{A}^{\mathrm{T}}+\boldsymbol{E}^{\mathrm{T}}|=|\boldsymbol{A}||(\boldsymbol{A}+\boldsymbol{E})^{\mathrm{T}}|=|\boldsymbol{A}||\boldsymbol{A}+\boldsymbol{E}|$,

$(1-|\boldsymbol{A}|)|\boldsymbol{A}+\boldsymbol{E}|=0$,且$|\boldsymbol{A}|<0$,于是有$|\boldsymbol{A}+\boldsymbol{E}|=0$

7. 设$\boldsymbol{A}=\begin{pmatrix}1 & 2\\1 & 3\end{pmatrix}$,$\boldsymbol{B}=\begin{pmatrix}1 & 0\\1 & 2\end{pmatrix}$,计算$(\boldsymbol{A}+\boldsymbol{B})^2$.

解 $(\boldsymbol{A}+\boldsymbol{B})^2=\begin{pmatrix}2 & 2\\2 & 5\end{pmatrix}\begin{pmatrix}2 & 2\\2 & 5\end{pmatrix}=\begin{pmatrix}8 & 14\\14 & 29\end{pmatrix}$

第三节　逆矩阵

1. 求下列矩阵的逆矩阵:

(1) $\begin{pmatrix}\cos\theta & \sin\theta\\\sin\theta & -\cos\theta\end{pmatrix}$.

解 $|\boldsymbol{A}| = -1 \neq 0$,故 $\boldsymbol{A}^{-1}$存在,则

$$A_{11} = -\cos\theta, A_{21} = -\sin\theta, A_{12} = -\sin\theta, A_{22} = \cos\theta$$

从而

$$\boldsymbol{A}^{-1} = \frac{1}{|\boldsymbol{A}|}\boldsymbol{A}^{*} = \begin{pmatrix} \cos\theta & \sin\theta \\ \sin\theta & -\cos\theta \end{pmatrix}$$

(2) $\begin{pmatrix} 1 & 2 & -1 \\ 3 & 4 & -2 \\ 5 & -4 & 1 \end{pmatrix}$.

解 $|\boldsymbol{A}| = 2$, 故 $\boldsymbol{A}^{-1}$存在,从而

$$A_{11} = -4, A_{21} = 2, A_{31} = 0, A_{12} = -13, A_{22} = 6, A_{32} = -1$$

$$A_{13} = -32, A_{23} = 14, A_{33} = -2$$

故

$$\boldsymbol{A}^{-1} = \frac{1}{|\boldsymbol{A}|}\boldsymbol{A}^{*} = \begin{pmatrix} -2 & 1 & 0 \\ -\frac{13}{2} & 3 & -\frac{1}{2} \\ -16 & 7 & -1 \end{pmatrix}$$

2. 设 $\boldsymbol{A} = \begin{pmatrix} 1 & 0 & 0 \\ 2 & 2 & 0 \\ 3 & 4 & 5 \end{pmatrix}$,$\boldsymbol{A}^{*}$是$\boldsymbol{A}$的伴随矩阵,求$(\boldsymbol{A}^{*})^{-1}$.

解 $|\boldsymbol{A}| = \begin{vmatrix} 1 & 0 & 0 \\ 2 & 2 & 0 \\ 3 & 4 & 5 \end{vmatrix} = 10$,$\boldsymbol{A}\boldsymbol{A}^{*} = |\boldsymbol{A}|\boldsymbol{E}$,则$\frac{\boldsymbol{A}}{|\boldsymbol{A}|}\boldsymbol{A}^{*} = \boldsymbol{E}$,即

$$(\boldsymbol{A}^{*})^{-1} = \frac{\boldsymbol{A}}{|\boldsymbol{A}|} = \frac{1}{10}\boldsymbol{A}$$

3. 利用逆矩阵解方程组$\begin{cases} x_1 + 2x_2 + 3x_3 = 1 \\ 2x_1 + 2x_2 + 5x_3 = 2 \\ 3x_1 + 5x_2 + x_3 = 3 \end{cases}$.

解 方程组可表示为

$$\begin{pmatrix} 1 & 2 & 3 \\ 2 & 2 & 5 \\ 3 & 5 & 1 \end{pmatrix}\begin{pmatrix} x_1 \\ x_2 \\ x_3 \end{pmatrix} = \begin{pmatrix} 1 \\ 2 \\ 3 \end{pmatrix}$$

故

$$\begin{pmatrix} x_1 \\ x_2 \\ x_3 \end{pmatrix} = \begin{pmatrix} 1 & 2 & 3 \\ 2 & 2 & 5 \\ 3 & 5 & 1 \end{pmatrix}^{-1}\begin{pmatrix} 1 \\ 2 \\ 3 \end{pmatrix} = \frac{1}{15}\begin{pmatrix} -23 & 13 & 4 \\ -13 & 8 & 1 \\ 4 & 1 & -2 \end{pmatrix}\begin{pmatrix} 1 \\ 2 \\ 3 \end{pmatrix} = \begin{pmatrix} 1 \\ 0 \\ 0 \end{pmatrix}$$

从而有

$$\begin{cases} x_1 = 1 \\ x_2 = 0 \\ x_3 = 0 \end{cases}$$

4. 解矩阵方程 $X\begin{pmatrix}2 & 1 & -1\\ 2 & 1 & 0\\ 1 & -1 & 1\end{pmatrix}=\begin{pmatrix}1 & -1 & 3\\ 4 & 3 & 2\end{pmatrix}$.

解 $X=\begin{pmatrix}1 & -1 & 3\\ 4 & 3 & 2\end{pmatrix}\begin{pmatrix}2 & 1 & -1\\ 2 & 1 & 0\\ 1 & -1 & 1\end{pmatrix}^{-1}=\frac{1}{3}\begin{pmatrix}1 & -1 & 3\\ 4 & 3 & 2\end{pmatrix}\begin{pmatrix}1 & 0 & 1\\ -2 & 3 & -2\\ -3 & 3 & 0\end{pmatrix}$

$=\begin{pmatrix}-2 & 2 & 1\\ -\frac{8}{3} & 5 & -\frac{2}{3}\end{pmatrix}$

5. 设矩阵 $A=\begin{pmatrix}1 & 1 & -1\\ 0 & 1 & 1\\ 0 & 0 & -1\end{pmatrix}$,且 $A^2-AB=E$,求 B.

解 $|A|=\begin{vmatrix}1 & 1 & -1\\ 0 & 1 & 1\\ 0 & 0 & -1\end{vmatrix}=-1$,故 A^{-1} 存在,从而

$A(A-B)=E, B=A-A^{-1}$

$A^*=\begin{pmatrix}-1 & 1 & 2\\ 0 & -1 & -1\\ 0 & 0 & 1\end{pmatrix}, A^{-1}=\frac{1}{|A|}A^*=\begin{pmatrix}1 & -1 & -2\\ 0 & 1 & 1\\ 0 & 0 & -1\end{pmatrix}$

$B=A-A^{-1}=\begin{pmatrix}1 & 1 & -1\\ 0 & 1 & 1\\ 0 & 0 & -1\end{pmatrix}-\begin{pmatrix}1 & -1 & -2\\ 0 & 1 & 1\\ 0 & 0 & -1\end{pmatrix}=\begin{pmatrix}0 & 2 & 1\\ 0 & 0 & 0\\ 0 & 0 & 0\end{pmatrix}$

6. 设 $P^{-1}AP=\Lambda$,其中 $P=\begin{pmatrix}-1 & -4\\ 1 & 1\end{pmatrix}, \Lambda=\begin{pmatrix}-1 & 0\\ 0 & 2\end{pmatrix}$,求 A^{11}.

解 $P^{-1}AP=\Lambda$,故 $A=P\Lambda P^{-1}$,所以 $A^{11}=P\Lambda^{11}P^{-1}$

$|P|=3 \quad P^*=\begin{pmatrix}1 & 4\\ -1 & 1\end{pmatrix} \quad P^{-1}=\frac{1}{3}\begin{pmatrix}1 & 4\\ -1 & -1\end{pmatrix}$

而 $\Lambda^{11}=\begin{pmatrix}-1 & 0\\ 0 & 2\end{pmatrix}^{11}=\begin{pmatrix}-1 & 0\\ 0 & 2^{11}\end{pmatrix}$

故 $A^{11}=\begin{pmatrix}-1 & -4\\ 1 & 1\end{pmatrix}\begin{pmatrix}-1 & 0\\ 0 & 2^{11}\end{pmatrix}\begin{pmatrix}\frac{1}{3} & \frac{4}{3}\\ -\frac{1}{3} & -\frac{1}{3}\end{pmatrix}=\begin{pmatrix}2731 & 2732\\ -683 & -684\end{pmatrix}$

第四节 矩阵分块

1. 已知 $A=\begin{pmatrix}5 & 2 & 0 & 0\\ 2 & 1 & 0 & 0\\ 0 & 0 & 8 & 3\\ 0 & 0 & 5 & 2\end{pmatrix}$,求 A^{-1}.

解 令 $\boldsymbol{A}_1=\begin{pmatrix}5&2\\2&1\end{pmatrix}$ $\boldsymbol{A}_2=\begin{pmatrix}8&3\\5&2\end{pmatrix}$,则

$$\boldsymbol{A}=\begin{pmatrix}\boldsymbol{A}_1&\boldsymbol{O}\\\boldsymbol{O}&\boldsymbol{A}_2\end{pmatrix}$$

$$\boldsymbol{A}_1^{-1}=\begin{pmatrix}1&-2\\-2&5\end{pmatrix},\boldsymbol{A}_2^{-1}=\begin{pmatrix}2&-3\\-5&8\end{pmatrix}$$

$$\boldsymbol{A}^{-1}=\begin{pmatrix}\boldsymbol{A}_1^{-1}&\boldsymbol{O}\\\boldsymbol{O}&\boldsymbol{A}_2^{-1}\end{pmatrix}=\begin{pmatrix}1&-2&&\\-2&5&&\mathbf{0}\\&&2&-3\\\mathbf{0}&&-5&8\end{pmatrix}$$

2. 设 $\boldsymbol{A}=\begin{pmatrix}3&4&&\\4&-3&&\mathbf{0}\\&&2&0\\\mathbf{0}&&2&2\end{pmatrix}$,求 $|\boldsymbol{A}^8|$ 及 $\boldsymbol{A}^4$.

解 令 $\boldsymbol{A}_1=\begin{pmatrix}3&4\\4&-3\end{pmatrix}$ $\boldsymbol{A}_2=\begin{pmatrix}2&0\\2&2\end{pmatrix}$,则

$$\boldsymbol{A}=\begin{pmatrix}\boldsymbol{A}_1&\boldsymbol{O}\\\boldsymbol{O}&\boldsymbol{A}_2\end{pmatrix}$$

故

$$\boldsymbol{A}^8=\begin{pmatrix}\boldsymbol{A}_1&\boldsymbol{O}\\\boldsymbol{O}&\boldsymbol{A}_2\end{pmatrix}^8=\begin{pmatrix}\boldsymbol{A}_1^8&\boldsymbol{O}\\\boldsymbol{O}&\boldsymbol{A}_2^8\end{pmatrix},|\boldsymbol{A}^8|=|\boldsymbol{A}_1^8||\boldsymbol{A}_2^8|=|\boldsymbol{A}_1|^8|\boldsymbol{A}_2|^8=10^{16}$$

$$\boldsymbol{A}^4=\begin{pmatrix}\boldsymbol{A}_1^4&\boldsymbol{O}\\\boldsymbol{O}&\boldsymbol{A}_2^4\end{pmatrix}=\begin{pmatrix}5^4&0&&\\0&5^4&&\boldsymbol{O}\\&&2^4&0\\\boldsymbol{O}&&2^6&2^4\end{pmatrix}$$

3. 设 n 阶方阵 $\boldsymbol{A}$ 及 s 阶方阵 $\boldsymbol{B}$ 都可逆,求 $\begin{pmatrix}\mathbf{0}&\boldsymbol{A}\\\boldsymbol{B}&\mathbf{0}\end{pmatrix}^{-1}$.

解 设 $\begin{pmatrix}\boldsymbol{O}&\boldsymbol{A}\\\boldsymbol{B}&\boldsymbol{O}\end{pmatrix}^{-1}=\begin{pmatrix}\boldsymbol{C}_1&\boldsymbol{C}_2\\\boldsymbol{C}_3&\boldsymbol{C}_4\end{pmatrix}$,其中:$\boldsymbol{C}_1$ 为 $s\times n$ 矩阵,$\boldsymbol{C}_2$ 为 $s\times s$ 矩阵,$\boldsymbol{C}_3$ 为 $n\times n$ 矩阵,$\boldsymbol{C}_4$ 为 $n\times s$ 矩阵,则

$$\begin{pmatrix}\boldsymbol{O}&\boldsymbol{A}_{n\times n}\\\boldsymbol{B}_{s\times s}&\boldsymbol{O}\end{pmatrix}\begin{pmatrix}\boldsymbol{C}_1&\boldsymbol{C}_2\\\boldsymbol{C}_3&\boldsymbol{C}_4\end{pmatrix}=\boldsymbol{E}=\begin{pmatrix}\boldsymbol{E}_n&\boldsymbol{O}\\\boldsymbol{O}&\boldsymbol{E}_s\end{pmatrix}$$

由此得

$$\begin{cases}\boldsymbol{AC}_3=\boldsymbol{E}_n\Rightarrow\boldsymbol{C}_3=\boldsymbol{A}^{-1}\\\boldsymbol{AC}_4=\boldsymbol{O}\Rightarrow\boldsymbol{C}_4=\boldsymbol{O}\ (\boldsymbol{A}^{-1}\text{存在})\\\boldsymbol{BC}_1=\boldsymbol{O}\Rightarrow\boldsymbol{C}_1=\boldsymbol{O}\ (\boldsymbol{B}^{-1}\text{存在})\\\boldsymbol{BC}_2=\boldsymbol{E}_s\Rightarrow\boldsymbol{C}_2=\boldsymbol{B}^{-1}\end{cases}$$

故
$$\begin{pmatrix} O & A \\ B & O \end{pmatrix}^{-1} = \begin{pmatrix} O & B^{-1} \\ A^{-1} & O \end{pmatrix}$$

4. 已知 $A = \begin{pmatrix} -2 & 0 & 1 & 0 \\ 0 & 0 & 0 & -3 \\ 3 & 0 & 4 & 0 \\ 0 & -1 & 0 & 2 \end{pmatrix}$,求 $|A|$.

解
$$|A| = \begin{vmatrix} -2 & 0 & 1 & 0 \\ 0 & 0 & 0 & -3 \\ 3 & 0 & 4 & 0 \\ 0 & -1 & 0 & 2 \end{vmatrix} \xlongequal{c_2 \leftrightarrow c_3} -\begin{vmatrix} -2 & 1 & 0 & 0 \\ 0 & 0 & 0 & -3 \\ 3 & 4 & 0 & 0 \\ 0 & 0 & -1 & 2 \end{vmatrix} \xlongequal{r_2 \leftrightarrow r_3} \begin{vmatrix} -2 & 1 & 0 & 0 \\ 3 & 4 & 0 & 0 \\ 0 & 0 & 0 & -3 \\ 0 & 0 & -1 & 2 \end{vmatrix}$$
$$= \begin{vmatrix} -2 & 1 \\ 3 & 4 \end{vmatrix} \begin{vmatrix} 0 & -3 \\ -1 & 2 \end{vmatrix} = -11 \times (-3) = 33.$$

第五节　矩阵的初等变换与初等矩阵

1. 填空题

(1) 矩阵的初等变换包括 ____.

解　两行对换,某行乘数 k,第 i 行乘 k 加到第 j 行

(2) 如果矩阵 A 经过有限次初等变换变成矩阵 B,则称矩阵 A 与 B __________,记为__________.

解　等价,$A \sim B$

2. 将下列矩阵化为行最简形矩阵.

(1) $\begin{pmatrix} 1 & 0 & 2 & -1 \\ 2 & 0 & 3 & 1 \\ 3 & 0 & 4 & 3 \end{pmatrix}$.

解
$$\begin{pmatrix} 1 & 0 & 2 & -1 \\ 2 & 0 & 3 & 1 \\ 3 & 0 & 4 & 3 \end{pmatrix} \underset{r_3 + (-3)r_1}{\overset{r_2 + (-2)r_1}{\sim}} \begin{pmatrix} 1 & 0 & 2 & -1 \\ 0 & 0 & -1 & 3 \\ 0 & 0 & -2 & 6 \end{pmatrix} \underset{r_2 \div (-1)}{\overset{r_3 - 2r_2}{\sim}} \begin{pmatrix} 1 & 0 & 2 & -1 \\ 0 & 0 & 1 & -3 \\ 0 & 0 & 0 & 0 \end{pmatrix}$$
$$\overset{r_1 - 2r_2}{\sim} \begin{pmatrix} 1 & 0 & 0 & 5 \\ 0 & 0 & 1 & -3 \\ 0 & 0 & 0 & 0 \end{pmatrix}$$

(2) $\begin{pmatrix} 2 & 2 & -3 & 1 \\ -2 & 3 & -4 & 3 \\ 3 & 4 & -7 & -1 \end{pmatrix}$.

解
$$\begin{pmatrix} 2 & 2 & -3 & 1 \\ -2 & 3 & -4 & 3 \\ 3 & 4 & -7 & -1 \end{pmatrix} \underset{\substack{r_1 - r_3 \\ r_3 + 3r_1}}{\overset{r_2 + r_1}{\sim}} \begin{pmatrix} -1 & -2 & 4 & 2 \\ 0 & 5 & -7 & 4 \\ 0 & -2 & 5 & 5 \end{pmatrix} \underset{\substack{r_2 + 2r_3 \\ r_3 + 2r_2}}{\overset{r_1 - r_3}{\sim}} \begin{pmatrix} -1 & 0 & -1 & -3 \\ 0 & 1 & 3 & 14 \\ 0 & 0 & 11 & 33 \end{pmatrix}$$

$$\xrightarrow[\substack{r_1+r_3\\ r_2-3r_3}]{r_3\div 11}\begin{pmatrix}-1&0&0&0\\0&1&0&5\\0&0&1&3\end{pmatrix}\xrightarrow{r_1\div(-1)}\begin{pmatrix}1&0&0&0\\0&1&0&5\\0&0&1&3\end{pmatrix}$$

3. 利用初等变换求矩阵的逆矩阵.

（1）$\boldsymbol{A}=\begin{pmatrix}1&2&-1\\3&4&-2\\5&-4&1\end{pmatrix}$

解 $\begin{pmatrix}1&2&-1&1&0&0\\3&4&-2&0&1&0\\5&-4&1&0&0&1\end{pmatrix}\xrightarrow[r_3-5r_1]{r_2-3r_1}\begin{pmatrix}1&2&-1&1&0&0\\0&-2&1&-3&1&0\\0&-14&6&-5&0&1\end{pmatrix}$

$$\xrightarrow[r_3-7r_2]{r_1+r_2}\begin{pmatrix}1&0&0&-2&1&0\\0&-2&1&-3&1&0\\0&0&-1&16&-7&1\end{pmatrix}\xrightarrow{r_3\div(-1)}\begin{pmatrix}1&0&0&-2&1&0\\0&1&0&\frac{13}{-2}&3&\frac{1}{-2}\\0&0&1&-16&7&-1\end{pmatrix}$$

故：$\boldsymbol{A}^{-1}=\begin{pmatrix}-2&1&0\\-\frac{13}{2}&3&-\frac{1}{2}\\-16&7&-1\end{pmatrix}$.

（2）$\boldsymbol{A}=\begin{pmatrix}3&2&1\\3&1&5\\3&2&3\end{pmatrix}$

解 $\begin{pmatrix}3&2&1&1&0&0\\3&1&5&0&1&0\\3&2&3&0&0&1\end{pmatrix}\sim\begin{pmatrix}3&2&1&1&0&0\\0&-1&4&-1&1&0\\0&0&2&-1&0&1\end{pmatrix}\sim\begin{pmatrix}3&0&9&-1&2&0\\0&-1&0&1&1&-2\\0&0&2&-1&0&1\end{pmatrix}$

$$\sim\begin{pmatrix}1&0&3&\frac{-1}{3}&\frac{2}{3}&0\\0&1&0&-1&-1&2\\0&0&1&\frac{-1}{2}&0&\frac{1}{2}\end{pmatrix}\sim\begin{pmatrix}1&0&3&\frac{7}{6}&\frac{2}{3}&\frac{-3}{2}\\0&1&0&-1&-1&2\\0&0&1&\frac{-1}{2}&0&\frac{1}{2}\end{pmatrix}$$

故：$\boldsymbol{A}^{-1}=\begin{pmatrix}\frac{7}{6}&\frac{2}{3}&-\frac{3}{2}\\-1&-1&2\\-\frac{1}{2}&0&\frac{1}{2}\end{pmatrix}$

4. 设矩阵 $\boldsymbol{X}$ 满足 $\boldsymbol{AX}+\boldsymbol{E}=\boldsymbol{A}^2+\boldsymbol{X}$，其中矩阵 $\boldsymbol{A}=\begin{pmatrix}1&0&1\\0&2&0\\1&0&1\end{pmatrix}$，求矩阵 $\boldsymbol{X}$.

解　$(A-E)X=(A-E)(A+E)$

$$|A-E|=\begin{vmatrix}0&0&1\\0&1&0\\1&0&0\end{vmatrix}=-1,$$故

$$X=A+E=\begin{pmatrix}2&0&1\\0&3&0\\1&0&2\end{pmatrix}$$

第六节　矩阵的秩

1. 填空

(1) 若$[A\vdots E]$经初等行变换成为$[E\vdots B]$，则$B=$ ________.

解　A^{-1}

(2) 设4阶方阵A的秩为2，则其伴随矩阵A^*的秩$R(A^*)=$ ________.

解　4阶方阵A的秩为2，A的3阶子式均为0，故$A^*=\mathbf{0}$，$R(A^*)=0$

2. 用初等变换求矩阵$\begin{pmatrix}1&2&3&4\\1&-2&4&5\\1&10&1&2\end{pmatrix}$的秩.

解　$$\begin{pmatrix}1&2&3&4\\1&-2&4&5\\1&10&1&2\end{pmatrix}\sim\begin{pmatrix}1&2&3&4\\0&-4&1&1\\0&8&-2&-2\end{pmatrix}\sim\begin{pmatrix}1&2&3&4\\0&-4&1&1\\0&0&0&0\end{pmatrix},R=2.$$

3. 求矩阵$\begin{pmatrix}3&1&0&2\\1&-1&2&-1\\1&3&-4&4\end{pmatrix}$的秩，并求一个最高阶非零子式.

解　$$\begin{pmatrix}3&1&0&2\\1&-1&2&-1\\1&3&-4&4\end{pmatrix}\overset{\substack{r_1\leftrightarrow r_2\\ r_2-3r_1\\ r_3-r_1}}{\sim}\begin{pmatrix}1&-1&2&-1\\0&4&-6&5\\0&4&-6&5\end{pmatrix}\overset{r_3-r_2}{\sim}\begin{pmatrix}1&-1&2&-1\\0&4&-6&5\\0&0&0&0\end{pmatrix},$$

秩为2，其中一个最高阶子式为$\begin{vmatrix}3&1\\1&-1\end{vmatrix}=-4$.

4. 设A是4×3阶矩阵，且$R(A)=2$，矩阵$B=\begin{pmatrix}1&0&2\\0&2&0\\-1&0&3\end{pmatrix}$，求$R(AB)$.

解　$$|B|=\begin{vmatrix}1&0&2\\0&2&0\\-1&0&3\end{vmatrix}=10\neq0,R(AB)=R(A)=2$$

第二章　总习题

一、选择

1. 设A^{-1}是n阶方阵A的逆矩阵，则$\left||A|^{-1}A\right|=$ ________.

A. 1　　B. $|A|^{1-n}$　　C. $(-1)^n$　　D. $|A|^{2n-1}$

解 B

$||\boldsymbol{A}|^{-1}\boldsymbol{A}| = |\boldsymbol{A}|^{-n}|\boldsymbol{A}| = |\boldsymbol{A}|^{1-n}$

2. 设 $\boldsymbol{A}$ 是 n 阶方阵，λ 为实数，下列各式成立的是__________.

A. $|\lambda \boldsymbol{A}| = \lambda|\boldsymbol{A}|$　　B. $|\lambda \boldsymbol{A}| = |\lambda||\boldsymbol{A}|$

C. $|\lambda \boldsymbol{A}| = \lambda^n|\boldsymbol{A}|$　　D. $|\lambda \boldsymbol{A}| = |\lambda^n||\boldsymbol{A}|$

解 C（由矩阵行列式的运算规律可得）

3. 设 $\boldsymbol{A}$ 是 n 阶方阵($n\geqslant2$)，则必有__________.

A. $|\boldsymbol{A}| = \sum\limits_{k=1}^{n} a_{ik}\boldsymbol{A}_{ik}$　　B. $|\boldsymbol{A}| = \sum\limits_{k=1}^{n} a_{ki}\boldsymbol{A}_{ik}$　　C. $|\boldsymbol{A}| = \sum\limits_{k=1}^{n} a_{ik}\boldsymbol{A}_{jk}$　　D. $|\boldsymbol{A}| = \boldsymbol{A}$

解 A（由行列式按行(列)展开定理可得）

4. 若 $\boldsymbol{A}$ 是 $m\times s$ 矩阵，$\boldsymbol{B}$ 是 $s\times n$ 矩阵，那么 $R(AB)$__________.

A. $\leqslant R(\boldsymbol{A})$　　B. $\leqslant R(\boldsymbol{B})$

C. $\leqslant \min(R(\boldsymbol{A}), R(\boldsymbol{B}))$　　D. 以上都不对

解 C

二、填空

1. 设 $\boldsymbol{A}$ 是 n 阶方阵，且 $|\boldsymbol{A}|=2$，则 $||\boldsymbol{A}|\boldsymbol{A}^{\mathrm{T}}| =$__________.

解 $||\boldsymbol{A}|\boldsymbol{A}^{\mathrm{T}}| = |\boldsymbol{A}|^n|\boldsymbol{A}^{\mathrm{T}}| = |\boldsymbol{A}|^{1+n} = 2^{n+1}$

2. 设 $\boldsymbol{A}$ 是 n 阶方阵，且 $|\boldsymbol{A}|=2$，则 $|\boldsymbol{A}\boldsymbol{A}^*| =$ __________.

解 $|\boldsymbol{A}\boldsymbol{A}^*| = ||\boldsymbol{A}|\boldsymbol{E}| = |\boldsymbol{A}|^n = 2^n$

3. 设 $\boldsymbol{A}$、$\boldsymbol{B}$ 均为 n 阶方阵，$|\boldsymbol{A}|=2$，$|\boldsymbol{B}|=-3$，则 $|2\boldsymbol{A}^*\boldsymbol{B}^{-1}| =$__________.

解 $|2\boldsymbol{A}^*\boldsymbol{B}^{-1}| = 2^n|\boldsymbol{A}^*||\boldsymbol{B}^{-1}| = \dfrac{2^n|\boldsymbol{A}|^{n-1}}{|\boldsymbol{B}|} = -\dfrac{2^{2n-1}}{3}$

4. $(\boldsymbol{E}-\boldsymbol{A})^{-1} - (\boldsymbol{E}-\boldsymbol{A})^{-1}\boldsymbol{A} =$__________.

解 $(\boldsymbol{E}-\boldsymbol{A})^{-1} - (\boldsymbol{E}-\boldsymbol{A})^{-1}\boldsymbol{A} = (\boldsymbol{E}-\boldsymbol{A})^{-1}(\boldsymbol{E}-\boldsymbol{A}) = \boldsymbol{E}$

5. 单位矩阵$\begin{pmatrix}1&0&0\\0&0&1\\0&1&0\end{pmatrix}$经过一次初等变换成为初等矩阵$\begin{pmatrix}0&0&1\\1&0&0\\0&1&0\end{pmatrix}$，用它左乘矩阵 $\boldsymbol{A}$，相当于对矩阵 $\boldsymbol{A}$ 施行的初等变换是__________

解 $r_2\leftrightarrow r_3$.

6. 若矩阵$\begin{pmatrix}1&a&-1&2\\1&-1&a&2\\1&0&-1&2\end{pmatrix}$的秩为 2，则 $a=$__________;

解 $a=0$ 或 -1.

$\begin{pmatrix}1&a&-1&2\\1&-1&a&2\\1&0&-1&2\end{pmatrix}\sim\begin{pmatrix}1&a&-1&2\\0&-1-a&a+1&0\\0&-a&0&0\end{pmatrix}$，且矩阵的秩为 2，则 $a=0$ 或 -1.

7. 在秩为 m 的矩阵中，一定有__________子式；

解 不为零的 m 阶.

三、设方阵 $\boldsymbol{A}$ 满足 $\boldsymbol{A}^2-\boldsymbol{A}-2\boldsymbol{E}=0$，证明：$\boldsymbol{A}$ 及 $\boldsymbol{A}+2\boldsymbol{E}$ 都可逆，并求 $\boldsymbol{A}^{-1}$ 及 $(\boldsymbol{A}+2\boldsymbol{E})^{-1}$.

证明 由 $\boldsymbol{A}^2-\boldsymbol{A}-2\boldsymbol{E}=0$ 得 $\boldsymbol{A}^2-\boldsymbol{A}=2\boldsymbol{E}$，$|\boldsymbol{A}^2-\boldsymbol{A}|=2^n$，即 $|\boldsymbol{A}||\boldsymbol{A}-\boldsymbol{E}|=2^n$，故 $|\boldsymbol{A}|\neq0$，

所以 A 可逆.

而 $A+2E=A^2$, $|A+2E|=|A^2|=|A|^2\neq 0$. 故 $A+2E$ 也可逆.

由 $A^2-A-2E=0$,得 $A(A-E)=2E$,$A\dfrac{(A-E)}{2}=E$,即 $A^{-1}=\dfrac{1}{2}(A-E)$.

又由 $A^2-A-2E=0$,得

$$(A+2E)A-3(A+2E)=-4E$$

$(A+2E)(A-3E)=-4E$,$(A+2E)\dfrac{(A-3E)}{-4}=E$

即

$$(A+2E)^{-1}=\frac{1}{4}(3E-A)$$

四、设 $A=\begin{pmatrix}4&2&3\\1&1&0\\-1&2&3\end{pmatrix}$,$AB=A+2B$,求 B.

解 由 $AB=A+2B$,得

$$(A-2E)B=A$$

$$|A-2E|=\begin{vmatrix}2&2&3\\1&-1&0\\-1&2&1\end{vmatrix}=-1\neq 0$$

故

$$B=(A-2E)^{-1}A=\begin{pmatrix}2&2&3\\1&-1&0\\-1&2&1\end{pmatrix}^{-1}\begin{pmatrix}4&2&3\\1&1&0\\-1&2&3\end{pmatrix}$$

$$=\begin{pmatrix}1&-4&-3\\1&-5&-3\\-1&6&4\end{pmatrix}\begin{pmatrix}4&2&3\\1&1&0\\-1&2&3\end{pmatrix}=\begin{pmatrix}3&-8&-6\\2&-9&-6\\-2&12&9\end{pmatrix}$$

五、设 A 是 n 阶方阵,A 的伴随矩阵为 A^*,证明:

(1) 若 $|A|=0$,则 $|A^*|=0$; (2) $|A^*|=|A|^{n-1}$.

证明 (1) 用反证法证明. 假设 $|A^*|\neq 0$,则有 $A^*(A^*)^{-1}=E$,由此得

$$A=AA^*(A^*)^{-1}=|A|E(A^*)^{-1}=0, A^*=0$$

这与 $|A^*|\neq 0$ 矛盾,故当 $|A|=0$ 时,有 $|A^*|=0$.

(2) 由于 $AA^*=|A|E$,取行列式,得

$$|A||A^*|=|A|^n$$

若 $|A|\neq 0$,则 $|A^*|=|A|^{n-1}$;

若 $|A|=0$,由(1)知 $|A^*|=0$,此时命题也成立.

故有 $|A^*|=|A|^{n-1}$.

六、设矩阵 $A=\begin{pmatrix}2&1&0\\1&2&0\\0&0&1\end{pmatrix}$,矩阵 B 满足 $ABA^*=2BA^*+E$,求 $|B|$.

解 $(A-2E)BA^*=E$, $|A-2E||B||A^*|=1$,

$$|A-2E|=\begin{vmatrix}0&1&0\\1&0&0\\0&0&-1\end{vmatrix}=1,\ |A^*|=|A|^{n-1}=\begin{vmatrix}2&1&0\\1&2&0\\0&0&1\end{vmatrix}^{3-1}=3^2=9,\ |B|=\frac{1}{9}.$$

七、设 $A^k=0$（k 为正整数），证明：$(E-A)^{-1}=E+A+A^2+\cdots+A^{k-1}$.

证明

$$
\begin{aligned}
(E-A)(E+A+A^2+\cdots+A^{k-1}) &= E+A+A^2+\cdots+A^{k-1}-(A+A^2+\cdots+A^k)\\
&= E-A^k=E.
\end{aligned}
$$

故 $(E-A)^{-1}=E+A+A^2+\cdots+A^{k-1}$.

八、试证矩阵 $\boldsymbol{A}$ 与 $\boldsymbol{B}$ 等价，其中 $\boldsymbol{A}=\begin{pmatrix}1&2&1\\2&0&1\\1&0&1\end{pmatrix}$，$\boldsymbol{B}=\begin{pmatrix}1&0&1\\1&1&0\\1&0&0\end{pmatrix}$.

证明 $\boldsymbol{A}=\begin{pmatrix}1&2&1\\2&0&1\\1&0&1\end{pmatrix}\sim\begin{pmatrix}0&2&0\\1&0&0\\1&0&1\end{pmatrix}\sim\begin{pmatrix}1&0&1\\0&1&0\\1&0&0\end{pmatrix}\sim\begin{pmatrix}1&0&1\\1&1&0\\1&0&0\end{pmatrix}=B.$

$R(\boldsymbol{A})=R(\boldsymbol{B})=3$ 故 $\boldsymbol{A}$ 与 $\boldsymbol{B}$ 等价.

第三章　向量组的线性相关性

第一节　n 维向量的概念

1. 设 $\boldsymbol{\alpha}_1=(1,1,1)^{\mathrm{T}}$，$\boldsymbol{\alpha}_2=(2,1,1)^{\mathrm{T}}$，$\boldsymbol{\alpha}_3=(0,2,4)^{\mathrm{T}}$，则线性组合 $(\boldsymbol{\alpha}_1,\boldsymbol{\alpha}_2,\boldsymbol{\alpha}_3)\begin{pmatrix}1\\-3\\1\end{pmatrix}=$ ________.

解　$(-5,0,2)^{\mathrm{T}}$.

$$(\boldsymbol{\alpha}_1,\boldsymbol{\alpha}_2,\boldsymbol{\alpha}_3)\begin{pmatrix}1\\-3\\1\end{pmatrix}=\boldsymbol{\alpha}_1-3\boldsymbol{\alpha}_2+\boldsymbol{\alpha}_3=\begin{pmatrix}-5\\0\\2\end{pmatrix}=(-5,0,2)^{\mathrm{T}}.$$

2. 设矩阵 $\boldsymbol{A}=\begin{pmatrix}1&3&7\\2&4&0\\1&1&5\end{pmatrix}$，设 $\boldsymbol{\beta}_i$ 为矩阵 $\boldsymbol{A}$ 的第 i 个列向量，则 $2\boldsymbol{\beta}_1+\boldsymbol{\beta}_2-\boldsymbol{\beta}_3=$ ________.

解　$(-2,8,-2)^{\mathrm{T}}$.

$$2\boldsymbol{\beta}_1+\boldsymbol{\beta}_2-\boldsymbol{\beta}_3=2\begin{pmatrix}1\\2\\1\end{pmatrix}+\begin{pmatrix}3\\4\\1\end{pmatrix}-\begin{pmatrix}7\\0\\5\end{pmatrix}=\begin{pmatrix}-2\\8\\-2\end{pmatrix}=(-2,8,-2)^{\mathrm{T}}.$$

第二节　向量组及其线性组合

1. 给定向量 $\boldsymbol{a}_1=(1,-1,0)^{\mathrm{T}}$，$\boldsymbol{a}_2=(2,1,3)^{\mathrm{T}}$，$\boldsymbol{a}_3=(3,1,2)^{\mathrm{T}}$，$\boldsymbol{b}=(5,0,7)^{\mathrm{T}}$，证明向量 $\boldsymbol{b}$ 能由向量组 $\boldsymbol{a}_1,\boldsymbol{a}_2,\boldsymbol{a}_3$ 线性表示，并求出表示式.

解　设 $\boldsymbol{A}=(\boldsymbol{a}_1,\boldsymbol{a}_2,\boldsymbol{a}_3)$，$(\boldsymbol{A},\boldsymbol{b})=(\boldsymbol{a}_1,\boldsymbol{a}_2,\boldsymbol{a}_3,\boldsymbol{b})$，由于

$$
\begin{aligned}
(\boldsymbol{A},\boldsymbol{b})&=\begin{pmatrix}1&2&3&5\\-1&1&1&0\\0&3&2&7\end{pmatrix}\sim\begin{pmatrix}1&2&3&5\\0&3&4&5\\0&3&2&7\end{pmatrix}\sim\begin{pmatrix}1&2&3&5\\0&3&4&5\\0&0&-2&2\end{pmatrix}\\
&\sim\begin{pmatrix}1&2&0&8\\0&1&0&3\\0&0&1&-1\end{pmatrix}\sim\begin{pmatrix}1&0&0&2\\0&1&0&3\\0&0&1&-1\end{pmatrix},
\end{aligned}
$$

所以，$R(\boldsymbol{A})=R(\boldsymbol{A},\boldsymbol{b})$，故 $\boldsymbol{b}$ 可以由 $\boldsymbol{a}_1,\boldsymbol{a}_2,\boldsymbol{a}_3$ 线性表示.

由上述行最简形矩阵,得

$b = 2a_1 + 3a_2 - a_3$.

2. 判断向量组 $A: \boldsymbol{\alpha}_1 = (2,0,-1,3)^T, \boldsymbol{\alpha}_2 = (3,-2,1,-1)^T$

与向量组 $B: \boldsymbol{\beta}_1 = (-5,6,-5,9)^T, \boldsymbol{\beta}_2 = (4,-4,3,-5)^T$ 是否等价?

解 $(\boldsymbol{\alpha}_1,\boldsymbol{\alpha}_2,\boldsymbol{\beta}_1,\boldsymbol{\beta}_2) = \begin{pmatrix} 2 & 3 & -5 & 4 \\ 0 & -2 & 6 & -4 \\ -1 & 1 & -5 & 3 \\ 3 & -1 & 9 & -5 \end{pmatrix} \sim \begin{pmatrix} -1 & 1 & -5 & 3 \\ 0 & 1 & -3 & 2 \\ 0 & 0 & 0 & 0 \\ 0 & 0 & 0 & 0 \end{pmatrix}$.

由于 $R(\boldsymbol{\alpha}_1,\boldsymbol{\alpha}_2) = R(\boldsymbol{\alpha}_1,\boldsymbol{\alpha}_2,\boldsymbol{\beta}_1,\boldsymbol{\beta}_2) = 2$,可知向量组 $\boldsymbol{\beta}_1,\boldsymbol{\beta}_2$ 可以由 $\boldsymbol{\alpha}_1,\boldsymbol{\alpha}_2$ 线性表示,且 $\boldsymbol{\beta}_1 = (-5,6,-5,9)^T, \boldsymbol{\beta}_2 = (4,-4,3,-5)^T$ 对应不成比例,故 $R(\boldsymbol{\beta}_1,\boldsymbol{\beta}_2) = 2$,可得向量组 A,B 等价.

第三节 向量组的线性相关性及其简单性质

1. 填空题

当 m ______ n 时,m 个 n 维向量一定线性相关.

解 >.

2. 选择题

n 维向量组 $a_1,a_2,\cdots,a_s(3 \leqslant s \leqslant n)$ 线性无关的充分必要条件是______.

A. 存在一组全为零的数 $k_1,k_2,\cdots,k_s$,使得 $k_1a_1 + k_2a_2 + \cdots + k_sa_s = \mathbf{0}$.

B. $a_1,a_2,\cdots,a_s$ 中任意两个向量都线性无关.

C. $a_1,a_2,\cdots,a_s$ 中存在一个向量,它不能由其余向量线性表示.

D. $a_1,a_2,\cdots,a_s$ 中任意一个向量都不能由其余向量线性表示.

解 D.

3. 判断题

(1) 如果向量组 $a_1,a_2,\cdots,a_m$ 线性相关,则 a_1 可由 $a_1,a_2,\cdots,a_m$ 线性表示. ( )

(2) 如果有不全为零的数 $k_1,k_2,\cdots,k_m$,使 $k_1a_1 + \cdots + k_ma_m + k_1b_1 + \cdots + k_mb_m = \mathbf{0}$ 成立,则 $a_1,a_2,\cdots,a_m$ 线性相关,$b_1,b_2,\cdots,b_m$ 也线性相关. ( )

(3) 如果只有当 $k_1,k_2,\cdots,k_m,k_{m+1},\cdots,k_{2m}$ 全为零时,等式 $k_1a_1 + k_2a_2 + \cdots + k_ma_m + k_{m+1}b_1 + k_{m+2}b_2 + \cdots + k_{2m}b_m = \mathbf{0}$ 才成立,则 $a_1,a_2,\cdots,a_m$ 线性无关,$b_1,b_2,\cdots,b_m$ 也线性无关. ( )

(4) 如果 $a_1,a_2,\cdots,a_m$ 线性相关,$b_1,b_2,\cdots,b_m$ 线性无关,则有不全为零的数 $k_1,k_2,\cdots,k_m,k_{m+1},\cdots,k_{2m}$,使得 $k_1a_1 + \cdots + k_ma_m + k_{m+1}b_1 + \cdots + k_{2m}b_m = \mathbf{0}$. ( )

解 (1) ×;(2) ×;(3) √;(4) √.

4. 设有向量组:$\boldsymbol{\alpha}_1 = \begin{pmatrix} 1 \\ 1 \\ 1 \end{pmatrix}, \boldsymbol{\alpha}_2 = \begin{pmatrix} 1 \\ 2 \\ 3 \end{pmatrix}, \boldsymbol{\alpha}_3 = \begin{pmatrix} 1 \\ 3 \\ t \end{pmatrix}$.

(1) 问 t 取何值时,向量组 $\boldsymbol{\alpha}_1,\boldsymbol{\alpha}_2,\boldsymbol{\alpha}_3$ 线性无关?

(2) 问 t 取何值时,向量组 $\boldsymbol{\alpha}_1,\boldsymbol{\alpha}_2,\boldsymbol{\alpha}_3$ 线性相关? 并用 $\boldsymbol{\alpha}_1,\boldsymbol{\alpha}_2$ 线性表示 $\boldsymbol{\alpha}_3$。

解 (1) 对矩阵 $\boldsymbol{A} = (\boldsymbol{\alpha}_1,\boldsymbol{\alpha}_2,\boldsymbol{\alpha}_3)$ 作初等行变换:

$$\boldsymbol{A} = \begin{pmatrix} 1 & 1 & 1 \\ 1 & 2 & 3 \\ 1 & 3 & t \end{pmatrix} \sim \begin{pmatrix} 1 & 1 & 1 \\ 0 & 1 & 2 \\ 0 & 2 & t-1 \end{pmatrix} \sim \begin{pmatrix} 1 & 0 & -1 \\ 0 & 1 & 2 \\ 0 & 0 & t-5 \end{pmatrix},$$

由此可知, 当 $t \neq 5$ 时,$R(\boldsymbol{A}) = 3$,此时向量组 $\boldsymbol{\alpha}_1,\boldsymbol{\alpha}_2,\boldsymbol{\alpha}_3$ 线性无关.

(2) 当 $t = 5$ 时,$R(\boldsymbol{A}) = 2 < 3$,此时向量组 $\boldsymbol{\alpha}_1,\boldsymbol{\alpha}_2,\boldsymbol{\alpha}_3$ 线性相关,将矩阵 $\boldsymbol{A}$ 进一步化成行最

简形：

$$A \sim \begin{pmatrix} 1 & 0 & -1 \\ 0 & 1 & 2 \\ 0 & 0 & 0 \end{pmatrix}$$

于是$\boldsymbol{\alpha}_3 = -\boldsymbol{\alpha}_1 + 2\boldsymbol{\alpha}_2$.

5. 设$\boldsymbol{\alpha}_1,\boldsymbol{\alpha}_2,\boldsymbol{\alpha}_3$线性无关，证明：(1)$\boldsymbol{\beta}_1=\boldsymbol{\alpha}_1+\boldsymbol{\alpha}_2,\boldsymbol{\beta}_2=2\boldsymbol{\alpha}_2+\boldsymbol{\alpha}_3,\boldsymbol{\beta}_3=3\boldsymbol{\alpha}_3+\boldsymbol{\alpha}_1$线性无关；(2)向量组$\boldsymbol{\beta}_1=2\boldsymbol{\alpha}_1+\boldsymbol{\alpha}_2+3\boldsymbol{\alpha}_3,\boldsymbol{\beta}_2=\boldsymbol{\alpha}_1+\boldsymbol{\alpha}_3,\boldsymbol{\beta}_3=\boldsymbol{\alpha}_2+\boldsymbol{\alpha}_3$线性相关.

证明 (1) 设存在k_1,k_2,k_3使$k_1\boldsymbol{\beta}_1+k_2\boldsymbol{\beta}_2+k_3\boldsymbol{\beta}_3=\mathbf{0}$成立，即有

$$k_1(\boldsymbol{\alpha}_1+\boldsymbol{\alpha}_2)+k_2(2\boldsymbol{\alpha}_2+\boldsymbol{\alpha}_3)+k_3(3\boldsymbol{\alpha}_3+\boldsymbol{\alpha}_1)=\mathbf{0},$$

整理，得

$$(k_1+k_3)\boldsymbol{\alpha}_1+(k_1+2k_2)\boldsymbol{\alpha}_2+(k_2+3k_3)\boldsymbol{\alpha}_3=\mathbf{0},$$

由题设知$\boldsymbol{\alpha}_1,\boldsymbol{\alpha}_2,\boldsymbol{\alpha}_3$线性无关，故有

$$\begin{cases} k_1+k_3=0 \\ k_1+2k_2=0, \\ k_2+3k_3=0 \end{cases}$$

因为系数行列式

$$D=\begin{vmatrix} 1 & 0 & 1 \\ 1 & 2 & 0 \\ 0 & 1 & 3 \end{vmatrix}=7\neq 0,$$

所以该齐次线性方程组只有零解$k_1=k_2=k_3=0$，故向量组$\boldsymbol{\beta}_1,\boldsymbol{\beta}_2,\boldsymbol{\beta}_3$也线性无关.

(2) 设有一组数k_1,k_2,k_3，使

$$k_1\boldsymbol{\beta}_1+k_2\boldsymbol{\beta}_2+k_3\boldsymbol{\beta}_3=k_1(2\boldsymbol{\alpha}_1+\boldsymbol{\alpha}_2+3\boldsymbol{\alpha}_3)+k_2(\boldsymbol{\alpha}_1+\boldsymbol{\alpha}_3)+k_3(\boldsymbol{\alpha}_2+\boldsymbol{\alpha}_3)=\mathbf{0},$$

即
$$(2k_1+k_2)\boldsymbol{\alpha}_1+(k_1+k_3)\boldsymbol{\alpha}_2+(3k_1+k_2+k_3)\boldsymbol{\alpha}_3=\mathbf{0}.$$

因为向量组$\boldsymbol{\alpha}_1,\boldsymbol{\alpha}_2,\boldsymbol{\alpha}_3$线性无关，所以

$$\begin{cases} 2k_1+k_2=0, \\ k_1+k_3=0, \\ 3k_1+k_2+k_3=0, \end{cases}$$

而方程组的系数行列式$\begin{vmatrix} 2 & 1 & 0 \\ 1 & 0 & 1 \\ 3 & 1 & 1 \end{vmatrix}=0$，故方程组有非零解，于是向量组$\boldsymbol{\beta}_1,\boldsymbol{\beta}_2,\boldsymbol{\beta}_3$线性相关.

6. 设向量组$\boldsymbol{\alpha}_1,\boldsymbol{\alpha}_2,\cdots,\boldsymbol{\alpha}_s,\boldsymbol{\alpha}_{s+1}(s\geqslant 1)$线性无关，向量组$\boldsymbol{\beta}_1,\boldsymbol{\beta}_2,\cdots,\boldsymbol{\beta}_s$可表示为$\boldsymbol{\beta}_i=\boldsymbol{\alpha}_i+t_i\boldsymbol{\alpha}_{s+1}(i=1,2,\cdots,s)$，$t_i$是实数，试证：$\boldsymbol{\beta}_1,\boldsymbol{\beta}_2,\cdots,\boldsymbol{\beta}_s$线性无关.

证明 设

$$\boldsymbol{B}=(\boldsymbol{\beta}_1,\boldsymbol{\beta}_2,\cdots,\boldsymbol{\beta}_s),\boldsymbol{A}=(\boldsymbol{\alpha}_1,\boldsymbol{\alpha}_2,\cdots,\boldsymbol{\alpha}_s,\boldsymbol{\alpha}_{s+1}),\boldsymbol{C}=\begin{pmatrix} 1 & 0 & \cdots & 0 \\ 0 & 1 & \cdots & 0 \\ \vdots & \vdots & \ddots & \vdots \\ 0 & 0 & \cdots & 1 \\ t_1 & t_2 & \cdots & t_s \end{pmatrix},$$

由已知可得

$$(\boldsymbol{\beta}_1,\boldsymbol{\beta}_2,\cdots,\boldsymbol{\beta}_s)=(\boldsymbol{\alpha}_1,\boldsymbol{\alpha}_2,\cdots,\boldsymbol{\alpha}_s,\boldsymbol{\alpha}_{s+1})\begin{pmatrix}1&0&\cdots&0\\0&1&\cdots&0\\\vdots&\vdots&\ddots&\vdots\\0&0&\cdots&1\\t_1&t_2&\cdots&t_s\end{pmatrix},$$

即 $\boldsymbol{B}=\boldsymbol{AC}$.

设存在 $x_1,x_2,\cdots,x_s$，使 $x_1\boldsymbol{\beta}_1+x_2\boldsymbol{\beta}_2+\cdots+x_s\boldsymbol{\beta}_s=\boldsymbol{0}$ 成立，

即 $\boldsymbol{0}=\boldsymbol{Bx}=(\boldsymbol{AC})\boldsymbol{x}=\boldsymbol{A}(\boldsymbol{Cx})$，其中 $\boldsymbol{x}=(x_1,x_2,\cdots,x_s)^{\mathrm{T}}$.

因 $\boldsymbol{\alpha}_1,\boldsymbol{\alpha}_2,\cdots,\boldsymbol{\alpha}_s,\boldsymbol{\alpha}_{s+1}(s\geqslant 1)$ 线性无关，$\boldsymbol{A}(\boldsymbol{Cx})=\boldsymbol{0}$ 只有零解，即 $\boldsymbol{Cx}=\boldsymbol{0}$. 而

$$C=\begin{pmatrix}1&0&\cdots&0\\0&1&\cdots&0\\\vdots&\vdots&\ddots&\vdots\\0&0&\cdots&1\\t_1&t_2&\cdots&t_s\end{pmatrix}\sim\begin{pmatrix}1&0&\cdots&0\\0&1&\cdots&0\\\vdots&\vdots&\ddots&\vdots\\0&0&\cdots&1\\0&0&\cdots&0\end{pmatrix},$$

即 $R(\boldsymbol{B})=s<s+1$，$\boldsymbol{Cx}=\boldsymbol{0}$ 有且仅有零解.

则只存在全为零的 $x_1,x_2,\cdots,x_s$，使 $x_1\boldsymbol{\beta}_1+x_2\boldsymbol{\beta}_2+\cdots+x_s\boldsymbol{\beta}_s=\boldsymbol{0}$ 成立，$\boldsymbol{\beta}_1,\boldsymbol{\beta}_2,\cdots,\boldsymbol{\beta}_s$ 线性无关.

第四节　向量组的秩和矩阵的秩的关系

1. 填空

(1) 若向量组 A 可由向量组 B 线性表示，且 $R(A)=R(B)$，则向量组 A 与 B ______.

解　等价.

(2) 已知向量组 $\boldsymbol{\alpha}_1=(3,2,0,1)^{\mathrm{T}}$，$\boldsymbol{\alpha}_2=(3,0,\lambda,0)^{\mathrm{T}}$，$\boldsymbol{\alpha}_3=(1,-2,4,-1)^{\mathrm{T}}$ 的秩为 2，则 $\lambda=$____.

解　$\lambda=3$.

$$(\boldsymbol{\alpha}_1,\boldsymbol{\alpha}_2,\boldsymbol{\alpha}_3)=\begin{pmatrix}3&3&1\\2&0&-2\\0&\lambda&4\\1&0&-1\end{pmatrix}\sim\begin{pmatrix}1&0&-1\\0&0&0\\0&\lambda&4\\0&3&4\end{pmatrix}\sim\begin{pmatrix}1&0&-1\\0&3&4\\0&\lambda-3&0\\0&0&0\end{pmatrix}.$$

向量组的秩为 2，$\lambda-3=0$，则 $\lambda=3$.

(3) 若向量组 $\boldsymbol{\alpha}_1,\boldsymbol{\alpha}_2,\cdots,\boldsymbol{\alpha}_n$ 的秩为 r，则其中任意 $r+1$ 个向量一定线性______.

解　相关.

2. 选择题

(1) 设向量组的秩为 r，则______.

A. 该向量组所含向量的个数必大于 r

B. 该向量组中任何 r 个向量必线性无关，任何 $r+1$ 个向量必线性相关

C. 该向量组中有 r 个向量线性无关，有 $r+1$ 个向量线性相关

D. 该向量组中有 r 个向量线性无关，任何 $r+1$ 个向量必线性相关

解　D.

（2）若 $R(\boldsymbol{a}_1,\boldsymbol{a}_2,\boldsymbol{a}_3)=2, R(\boldsymbol{a}_2,\boldsymbol{a}_3,\boldsymbol{a}_4)=3$，则______.

A. $\boldsymbol{a}_1$ 不能由$\boldsymbol{a}_2,\boldsymbol{a}_3$ 线性表示　　B. $\boldsymbol{a}_1$ 不能由$\boldsymbol{a}_2,\boldsymbol{a}_3,\boldsymbol{a}_4$ 线性表示

C. $\boldsymbol{a}_4$ 不能由$\boldsymbol{a}_1,\boldsymbol{a}_2,\boldsymbol{a}_3$ 线性表示　　D. $\boldsymbol{a}_4$ 能由$\boldsymbol{a}_1,\boldsymbol{a}_2,\boldsymbol{a}_3$ 线性表示

解　C.

3. 求向量组 $\boldsymbol{\alpha}_1=(1,9,-2)^{\mathrm{T}}, \boldsymbol{\alpha}_2=(2,100,-4)^{\mathrm{T}}, \boldsymbol{\alpha}_3=(-1,10,2)^{\mathrm{T}}, \boldsymbol{\alpha}_4=(4,4,-8)^{\mathrm{T}}$ 的秩及其一个最大无关组.

解　由

$$(\boldsymbol{\alpha}_1,\boldsymbol{\alpha}_2,\boldsymbol{\alpha}_3)=\begin{pmatrix}1&2&-1&4\\9&100&10&4\\-2&-4&2&-8\end{pmatrix}\sim\begin{pmatrix}1&2&-1&4\\0&82&19&-32\\0&0&0&0\end{pmatrix},$$

得秩为 2，一组最大线性无关组为 $\boldsymbol{a}_1,\boldsymbol{a}_2$.（注：最大无关组不唯一）

4. 判断向量组 $A:\boldsymbol{\alpha}_1=(1,0,2,1)^{\mathrm{T}}, \boldsymbol{\alpha}_2=(1,2,0,1)^{\mathrm{T}}, \boldsymbol{\alpha}_3=(2,1,3,0)^{\mathrm{T}}, \boldsymbol{\alpha}_4=(2,5,-1,4)^{\mathrm{T}}$ 的线性相关性，并求它的一个最大无关组，再把其余向量用这个最大无关组线性表示.

解　$$(\boldsymbol{\alpha}_1,\boldsymbol{\alpha}_2,\boldsymbol{\alpha}_3,\boldsymbol{\alpha}_4)=\begin{pmatrix}1&1&2&2\\0&2&1&5\\2&0&3&-1\\1&1&0&4\end{pmatrix}\sim\begin{pmatrix}1&1&0&4\\0&2&0&6\\0&0&1&-1\\0&0&0&0\end{pmatrix}\sim\begin{pmatrix}1&0&0&1\\0&1&0&3\\0&0&1&-1\\0&0&0&0\end{pmatrix},$$

$R(\boldsymbol{\alpha}_1,\boldsymbol{\alpha}_2,\boldsymbol{\alpha}_3,\boldsymbol{\alpha}_4)=3<4$，$\boldsymbol{\alpha}_1,\boldsymbol{\alpha}_2,\boldsymbol{\alpha}_3,\boldsymbol{\alpha}_4$ 线性相关，$\boldsymbol{\alpha}_1,\boldsymbol{\alpha}_2,\boldsymbol{\alpha}_3$ 为一个最大无关组，且 $\boldsymbol{\alpha}_4=\boldsymbol{\alpha}_1+3\boldsymbol{\alpha}_2-\boldsymbol{\alpha}_3$.

5. 求矩阵 $\boldsymbol{A}=\begin{pmatrix}2&3&-5&4\\0&-2&6&-4\\-1&1&-5&3\\3&-1&9&-5\end{pmatrix}$的秩及其列向量组的一个最大无关组.

解　$$\boldsymbol{A}=\begin{pmatrix}2&3&-5&4\\0&-2&6&-4\\-1&1&-5&3\\3&-1&9&-5\end{pmatrix}\sim\begin{pmatrix}1&0&-1&1\\0&1&-3&2\\0&0&0&0\\0&0&0&0\end{pmatrix}$$

$R(\boldsymbol{A})=2$，且 $\boldsymbol{\alpha}_1,\boldsymbol{\alpha}_2$ 为矩阵 $\boldsymbol{A}$ 的列向量组的一个最大无关组.

第五节　向量的内积、长度及正交性

1. 填空题

（1）设 $\boldsymbol{a}_1=(1,1,1)^{\mathrm{T}}, \boldsymbol{a}_2=(0,1,-1)^{\mathrm{T}}, \boldsymbol{a}_3=(t,1,1)^{\mathrm{T}}$ 是正交向量组，则 $t=$______.

解　-2.

$\boldsymbol{a}_1^{\mathrm{T}}\boldsymbol{a}_3=t+1+1=\mathbf{0}, t=-2$.

（2）已知 $\boldsymbol{\alpha}_1,\boldsymbol{\alpha}_2,\boldsymbol{\alpha}_3$ 为两两正交的单位向量组，则内积 $[\boldsymbol{\alpha}_1, k_1\boldsymbol{\alpha}_1+k_2\boldsymbol{\alpha}_2+k_3\boldsymbol{\alpha}_3]=$________.

解　k_1.

$[\boldsymbol{\alpha}_1, k_1\boldsymbol{\alpha}_1 + k_2\boldsymbol{\alpha}_2 + k_3\boldsymbol{\alpha}_3] = k_1\boldsymbol{\alpha}_1^{\mathrm{T}}\boldsymbol{\alpha}_1 + k_2\boldsymbol{\alpha}_1^{\mathrm{T}}\boldsymbol{\alpha}_2 + k_3\boldsymbol{\alpha}_1^{\mathrm{T}}\boldsymbol{\alpha}_3 = k_1 \|\boldsymbol{\alpha}_1\|^2 + 0 + 0 = k_1.$

2. 设 $\boldsymbol{a} = (1,0,-2)^{\mathrm{T}}, \boldsymbol{b} = (-4,2,3)^{\mathrm{T}}$，$\boldsymbol{c}$ 与 $\boldsymbol{a}$ 正交，且 $\boldsymbol{b} = \lambda\boldsymbol{a} + \boldsymbol{c}$，求 $\boldsymbol{\lambda}$ 和 $\boldsymbol{c}$.

解 $[\boldsymbol{a},\boldsymbol{b}] = \lambda[\boldsymbol{a},\boldsymbol{a}] + [\boldsymbol{a},\boldsymbol{c}]$，解得 $\lambda = -2, \boldsymbol{c} = (-2,2,-1)^{\mathrm{T}}$.

3. 利用施密特法把向量组 $\boldsymbol{a}_1 = (1,1,1)^{\mathrm{T}}, \boldsymbol{a}_2 = (1,2,3)^{\mathrm{T}}, \boldsymbol{a}_3 = (1,4,9)^{\mathrm{T}}$ 正交化.

解 令 $\boldsymbol{b}_1 = \boldsymbol{a}_1 = \begin{pmatrix}1\\1\\1\end{pmatrix}$，

$$\boldsymbol{b}_2 = \boldsymbol{a}_2 - \frac{[\boldsymbol{b}_1,\boldsymbol{a}_2]}{[\boldsymbol{b}_1,\boldsymbol{b}_1]}\boldsymbol{b}_1 = \begin{pmatrix}-1\\0\\1\end{pmatrix},$$

$$\boldsymbol{b}_3 = \boldsymbol{a}_3 - \frac{[\boldsymbol{b}_1,\boldsymbol{a}_3]}{[\boldsymbol{b}_1,\boldsymbol{b}_1]}\boldsymbol{b}_1 - \frac{[\boldsymbol{b}_2,\boldsymbol{a}_3]}{[\boldsymbol{b}_2,\boldsymbol{b}_2]}\boldsymbol{b}_2 = \frac{1}{3}\begin{pmatrix}1\\-2\\1\end{pmatrix}.$$

第六节　正交矩阵及其性质

1. 填空题

(1) 若方阵 $\boldsymbol{A}$ 满足______(即__________)，则称 $\boldsymbol{A}$ 为正交矩阵.

解 $\boldsymbol{A}^{\mathrm{T}}\boldsymbol{A} = \boldsymbol{E}, \boldsymbol{A}^{\mathrm{T}} = \boldsymbol{A}^{-1}$.

(2) 方阵 $\boldsymbol{A}$ 为正交矩阵的充分必要条件是 $\boldsymbol{A}$ 的列(或行)向量______________.

解 都是单位向量，且两两正交.

2. 判断下列矩阵是否为正交矩阵？为什么？

(1) $\begin{pmatrix}1 & -1/2 & 1/3\\ -1/2 & 1 & 1/2\\ 1/3 & 1/2 & -1\end{pmatrix}$，

解 列向量不是单位向量，且不两两正交，因此不是正交矩阵.

(2) $\begin{pmatrix}1/9 & -8/9 & -4/9\\ -8/9 & 1/9 & -4/9\\ -4/9 & -4/9 & 7/9\end{pmatrix}$.

解 列向量是单位向量，且两两正交，因此是正交矩阵.

3. 设 $\boldsymbol{H} = \boldsymbol{E} - 2\boldsymbol{x}\boldsymbol{x}^{\mathrm{T}}$，$\boldsymbol{E}$ 为 n 阶单位矩阵，$\boldsymbol{x}$ 为 n 维列向量，又 $\boldsymbol{x}^{\mathrm{T}}\boldsymbol{x} = 1$，求证：

(1) $\boldsymbol{H}$ 是对称矩阵；(2) $\boldsymbol{H}$ 是正交矩阵.

证明 (1) $\boldsymbol{H}^{\mathrm{T}} = (\boldsymbol{E} - 2\boldsymbol{x}\boldsymbol{x}^{\mathrm{T}})^{\mathrm{T}} = \boldsymbol{E}^{\mathrm{T}} - 2(\boldsymbol{x}^{\mathrm{T}})^{\mathrm{T}}\boldsymbol{x}^{\mathrm{T}} = \boldsymbol{E} - 2\boldsymbol{x}\boldsymbol{x}^{\mathrm{T}} = \boldsymbol{H}$,

所以，$\boldsymbol{H}$ 是对称矩阵.

(2) $\boldsymbol{H}^{\mathrm{T}}\boldsymbol{H} = (\boldsymbol{E} - 2\boldsymbol{x}\boldsymbol{x}^{\mathrm{T}})^2 = \boldsymbol{E} - 4\boldsymbol{x}\boldsymbol{x}^{\mathrm{T}} + 4(\boldsymbol{x}\boldsymbol{x}^{\mathrm{T}})(\boldsymbol{x}\boldsymbol{x}^{\mathrm{T}}) = \boldsymbol{E} - 4\boldsymbol{x}^{\mathrm{T}}\boldsymbol{x} + 4\boldsymbol{x}(\boldsymbol{x}^{\mathrm{T}}\boldsymbol{x})\boldsymbol{x}^{\mathrm{T}}$

$= \boldsymbol{E} - 4\boldsymbol{x}\boldsymbol{x}^{\mathrm{T}} + 4\boldsymbol{x}\boldsymbol{x}^{\mathrm{T}} = \boldsymbol{E}$,

所以，$\boldsymbol{H}$ 是正交矩阵.

第七节　向 量 空 间

1. 填空：

(1) 设 $\boldsymbol{\alpha}_i = (a_{i1}, a_{i2}, a_{i3}, a_{i4})^{\mathrm{T}}, (i = 1,2,3)$ 线性无关，由向量组 $\boldsymbol{\alpha}_1, \boldsymbol{\alpha}_2, \boldsymbol{\alpha}_3$ 生成的空间为

$V=\left\{\boldsymbol{x}=\sum_{i=1}^{3}k_i\boldsymbol{\alpha}_i \mid k_i\in\mathbf{R}\right\}$,则 V 是______维向量空间.

解 3.

(2) 已知3维向量空间的一个基为 $\boldsymbol{\alpha}_1=(1,1,0)^{\mathrm{T}},\boldsymbol{\alpha}_2=(1,0,1)^{\mathrm{T}},\boldsymbol{\alpha}_3=(0,1,1)^{\mathrm{T}}$,则向量 $\boldsymbol{\alpha}=(2,0,0)^{\mathrm{T}}$ 在这个基下的坐标是______.

解 $(1,1,-1)^{\mathrm{T}}$

(3) 已知 $V=\{\boldsymbol{x}\mid\boldsymbol{x}=(x_1,x_2,x_3)^{\mathrm{T}}\in\mathbf{R}^3$,且 $x_1+x_2=a\}$ 是向量空间,则常数 $a=$____.

解 0.

2. 设 $V_1=\{\boldsymbol{x}=(x_1,x_2,\cdots,x_n)^{\mathrm{T}}\mid x_1,x_2,\cdots,x_n\in\mathbf{R}$,且 $x_1+x_2+\cdots+x_n=0\}$,

$V_2=\{x=(x_1,x_2,\cdots,x_n)^{\mathrm{T}}\mid x_1,x_2,\cdots,x_n\in\mathbf{R}$,且 $x_1+x_2+\cdots+x_n=1\}$,

问 V_1,V_2 是不是向量空间?为什么?

解 设 $\boldsymbol{\alpha}=(\alpha_1,\alpha_2,\cdots,\alpha_n)^{\mathrm{T}},\alpha_1+\alpha_2+\cdots+\alpha_n=0,\boldsymbol{\alpha}\in V_1$,

$\boldsymbol{\beta}=(\beta_1,\beta_2,\cdots,\beta_n)^{\mathrm{T}},\beta_1+\beta_2+\cdots+\beta_n=0,\ \boldsymbol{\beta}\in V_1$,

则 $\boldsymbol{\alpha}+\boldsymbol{\beta}=(\alpha_1+\beta_1,\alpha_2+\beta_2,\cdots,\alpha_n+\beta_n)^{\mathrm{T}}$,

且 $(\alpha_1+\beta_1)+(\alpha_2+\beta_2)+\cdots+(\alpha_n+\beta_n)$

$=(\beta_1+\beta_2+\cdots+\beta_n)+(\alpha_1+\alpha_2+\cdots+\alpha_n)=0$,

故 $\boldsymbol{\alpha}+\boldsymbol{\beta}\in V_1$.

$\lambda\in\mathbf{R},\lambda\boldsymbol{\alpha}=(\lambda\alpha_1,\lambda\alpha_2,\cdots,\lambda\alpha_n)$,

$\lambda\alpha_1+\lambda\alpha_2+\cdots+\lambda\alpha_n=\lambda(\alpha_1+\alpha_2+\cdots+\alpha_n)=\lambda\cdot 0=0$,

故 $\lambda\boldsymbol{\alpha}\in V_1$,$V_1$ 是向量空间.

设 $\boldsymbol{\alpha}=(\alpha_1,\alpha_2,\cdots,\alpha_n)^{\mathrm{T}},\alpha_1+\alpha_2+\cdots+\alpha_n=1,\boldsymbol{\alpha}\in V_2$,

$\boldsymbol{\beta}=(\beta_1,\beta_2,\cdots,\beta_n)^{\mathrm{T}},\beta_1+\beta_2+\cdots+\beta_n=1,\boldsymbol{\beta}\in V_2$,

则 $\boldsymbol{\alpha}+\boldsymbol{\beta}=(\alpha_1+\beta_1,\alpha_2+\beta_2,\cdots,\alpha_n+\beta_n)^{\mathrm{T}}$,

且 $(\alpha_1+\beta_1)+(\alpha_2+\beta_2)+\cdots+(\alpha_n+\beta_n)$

$=(\beta_1+\beta_2+\cdots+\beta_n)+(\alpha_1+\alpha_2+\cdots+\alpha_n)=1+1=2$,

故 $\boldsymbol{\alpha}+\boldsymbol{\beta}\notin V_2$,$V_2$ 不是向量空间.

3. 在 $\boldsymbol{R}^3$ 中,设 S_1 是由 $\boldsymbol{\alpha}_1=(1,1,1)^{\mathrm{T}},\boldsymbol{\alpha}_2=(2,3,4)^{\mathrm{T}},\boldsymbol{\alpha}_3=(5,7,9)^{\mathrm{T}}$ 生成的子空间,S_2 是由 $\boldsymbol{\beta}_1=(3,4,5)^{\mathrm{T}},\boldsymbol{\beta}_2=(0,1,2)^{\mathrm{T}}$ 生成的子空间,证明 $S_1=S_2$ 并说出该空间的维数.

解 $$(\boldsymbol{\alpha}_1,\boldsymbol{\alpha}_2,\boldsymbol{\alpha}_3,\boldsymbol{\beta}_1,\boldsymbol{\beta}_2)=\begin{pmatrix}1&2&5&3&0\\1&3&7&4&1\\1&4&9&5&2\end{pmatrix}\sim\begin{pmatrix}1&2&5&3&0\\0&1&2&1&1\\0&2&4&2&2\end{pmatrix}\sim\begin{pmatrix}1&2&5&3&0\\0&1&2&1&1\\0&0&0&0&0\end{pmatrix}$$

$R(\boldsymbol{\alpha}_1,\boldsymbol{\alpha}_2,\boldsymbol{\alpha}_3)=R(\boldsymbol{\alpha}_1,\boldsymbol{\alpha}_2,\boldsymbol{\alpha}_3,\boldsymbol{\beta}_1,\boldsymbol{\beta}_2)=2$,$\boldsymbol{\beta}_1,\boldsymbol{\beta}_2$ 对应不成比例,$R(\boldsymbol{\beta}_1,\boldsymbol{\beta}_2)=2$.

因此 $\boldsymbol{\alpha}_1,\boldsymbol{\alpha}_2,\boldsymbol{\alpha}_3$ 生成的空间与 $\boldsymbol{\beta}_1,\boldsymbol{\beta}_2$ 生成的空间相等,即 $S_1=S_2$,且空间的维数是2.

4. 证明 $\boldsymbol{\alpha}_1=(1,-1,0)^{\mathrm{T}},\boldsymbol{\alpha}_2=(2,1,3)^{\mathrm{T}},\boldsymbol{\alpha}_3=(3,1,2)^{\mathrm{T}}$ 是 R^3 的一个基,并把 $\boldsymbol{\nu}_1=(5,0,7)^{\mathrm{T}},\boldsymbol{\nu}_2=(-9,-8,-13)^{\mathrm{T}}$ 用这个基线性表示.

证明 设 $\boldsymbol{A}=(\boldsymbol{\alpha}_1,\boldsymbol{\alpha}_2,\boldsymbol{\alpha}_3),\boldsymbol{B}=(\boldsymbol{\nu}_1,\boldsymbol{\nu}_2)$,对矩阵 $(\boldsymbol{A},\boldsymbol{B})$ 施行初等行变换:

$$(\boldsymbol{A},\boldsymbol{B})=\begin{pmatrix}1&2&3&5&-9\\-1&1&1&0&-8\\0&3&2&7&-13\end{pmatrix}\sim\begin{pmatrix}1&2&3&5&-9\\0&3&4&5&-17\\0&3&2&7&-13\end{pmatrix}\sim\begin{pmatrix}1&2&3&5&-9\\0&3&4&5&-17\\0&0&1&-1&-2\end{pmatrix}\sim$$

$$\begin{pmatrix}1&0&0&2&3\\0&1&0&3&-3\\0&0&1&-1&-2\end{pmatrix},$$

故有 $\boldsymbol{A}\sim\boldsymbol{E}$,故 $\alpha_1,\alpha_2,\alpha_3$ 为 $\mathbf{R}^3$ 的一个基,且

$$\boldsymbol{B}=(\boldsymbol{v}_1,\boldsymbol{v}_2)=(\alpha_1,\alpha_2,\alpha_3)\begin{pmatrix}2&3\\3&-3\\-1&-2\end{pmatrix}.$$

于是,$\boldsymbol{v}_1,\boldsymbol{v}_2$ 在基 $\alpha_1,\alpha_2,\alpha_3$ 中的坐标依次为 2,3,−1 和 3,−3,−2.

第三章　总习题

一、填空

1. 设 $3(\boldsymbol{a}_1-\boldsymbol{a})+2(\boldsymbol{a}_2+\boldsymbol{a})=5(\boldsymbol{a}_3+\boldsymbol{a})$,其中 $\boldsymbol{a}_1=(2,5,1,3)^{\mathrm{T}}$,$\boldsymbol{a}_2=(10,1,5,10)^{\mathrm{T}}$,$\boldsymbol{a}_3=(4,1,-1,1)^{\mathrm{T}}$,则 $\boldsymbol{a}=$______.

解　$\boldsymbol{a}=(1,2,3,4)^{\mathrm{T}}$.

2. 设 $\boldsymbol{\alpha}_1,\boldsymbol{\alpha}_2,\boldsymbol{\alpha}_3,\boldsymbol{\beta}_1,\boldsymbol{\beta}_2$ 都是 4 维列向量,且行列式 $|(\boldsymbol{\alpha}_1,\boldsymbol{\alpha}_2,\boldsymbol{\alpha}_3,\boldsymbol{\beta}_1)|=m$,$|(\boldsymbol{\alpha}_1,\boldsymbol{\alpha}_2,\boldsymbol{\beta}_2,\boldsymbol{\alpha}_3)|=n$,则行列式 $|(\boldsymbol{\alpha}_3,\boldsymbol{\alpha}_2,\boldsymbol{\alpha}_1,\boldsymbol{\beta}_1+\boldsymbol{\beta}_2)|=$______.

解　$n-m$.

$|(\boldsymbol{\alpha}_3,\boldsymbol{\alpha}_2,\boldsymbol{\alpha}_1,\boldsymbol{\beta}_1+\boldsymbol{\beta}_2)|=|(\boldsymbol{\alpha}_3,\boldsymbol{\alpha}_2,\boldsymbol{\alpha}_1,\boldsymbol{\beta}_1)|+|(\boldsymbol{\alpha}_3,\boldsymbol{\alpha}_2,\boldsymbol{\alpha}_1,\boldsymbol{\beta}_2)|=-|(\boldsymbol{\alpha}_1,\boldsymbol{\alpha}_2,\boldsymbol{\alpha}_3,\boldsymbol{\beta}_1)|+|(\boldsymbol{\alpha}_1,\boldsymbol{\alpha}_2,\boldsymbol{\beta}_2,\boldsymbol{\alpha}_3)|=n-m$.

3. 设矩阵 $\boldsymbol{A}=(\boldsymbol{a}_1,\boldsymbol{a}_2,\cdots,\boldsymbol{a}_m)$,矩阵 $\boldsymbol{B}=(\boldsymbol{a}_1,\boldsymbol{a}_2,\cdots,\boldsymbol{a}_m,\boldsymbol{b})$,向量 $\boldsymbol{b}$ 能由向量组 $\boldsymbol{a}_1,\boldsymbol{a}_2,\cdots,\boldsymbol{a}_m$ 线性表示的充分必要条件是 $R(\boldsymbol{A})$______$R(\boldsymbol{B})$.

解　=.

4. 设向量组 $B:\boldsymbol{b}_1,\boldsymbol{b}_2,\cdots,\boldsymbol{b}_l$ 能由向量组 $A:\boldsymbol{a}_1,\boldsymbol{a}_2,\cdots,\boldsymbol{a}_m$ 线性表示,则 $R(\boldsymbol{a}_1,\boldsymbol{a}_2,\cdots,\boldsymbol{a}_m)$______$R(\boldsymbol{b}_1,\boldsymbol{b}_2,\cdots,\boldsymbol{b}_l)$.

解　$\geqslant$.

5. 若 $R(\boldsymbol{\alpha}_1,\boldsymbol{\alpha}_2,\boldsymbol{\alpha}_3,\boldsymbol{\alpha}_4)=4$,则向量组 $\boldsymbol{\alpha}_2,\boldsymbol{\alpha}_1,\boldsymbol{\alpha}_4$ 是线性__________.

解　无关.

6. 设 $\boldsymbol{\alpha}_1,\boldsymbol{\alpha}_2,\boldsymbol{\alpha}_3$ 是 3 维向量空间 $\mathbf{R}^3$ 的一组基,则由基 $\boldsymbol{\alpha}_1,\frac{1}{2}\boldsymbol{\alpha}_2,\frac{1}{3}\boldsymbol{\alpha}_3$ 到 $\boldsymbol{\alpha}_1+\boldsymbol{\alpha}_2,\boldsymbol{\alpha}_2+\boldsymbol{\alpha}_3,\boldsymbol{\alpha}_3+\boldsymbol{\alpha}_1$ 的过渡矩阵为__________________.

解　$\begin{pmatrix}1&0&1\\2&2&0\\0&3&3\end{pmatrix}$.

$$\left(\boldsymbol{\alpha}_1,\frac{1}{2}\boldsymbol{\alpha}_2,\frac{1}{3}\boldsymbol{\alpha}_3\right)=(\boldsymbol{\alpha}_1,\boldsymbol{\alpha}_2,\boldsymbol{\alpha}_3)\begin{pmatrix}1&0&0\\0&\frac{1}{2}&0\\0&0&\frac{1}{3}\end{pmatrix},$$

$$(\boldsymbol{\alpha}_1+\boldsymbol{\alpha}_2,\boldsymbol{\alpha}_2+\boldsymbol{\alpha}_3,\boldsymbol{\alpha}_3+\boldsymbol{\alpha}_1)=(\boldsymbol{\alpha}_1,\boldsymbol{\alpha}_2,\boldsymbol{\alpha}_3)\begin{pmatrix}1&0&1\\1&1&0\\0&1&1\end{pmatrix},$$

$$(\boldsymbol{\alpha}_1+\boldsymbol{\alpha}_2,\boldsymbol{\alpha}_2+\boldsymbol{\alpha}_3,\boldsymbol{\alpha}_3+\boldsymbol{\alpha}_1)=\left(\boldsymbol{\alpha}_1,\frac{1}{2}\boldsymbol{\alpha}_2,\frac{1}{3}\boldsymbol{\alpha}_3\right)\begin{pmatrix}1&0&0\\0&\frac{1}{2}&0\\0&0&\frac{1}{3}\end{pmatrix}^{-1}\begin{pmatrix}1&0&1\\1&1&0\\0&1&1\end{pmatrix}$$

$$=\left(\boldsymbol{\alpha}_1,\frac{1}{2}\boldsymbol{\alpha}_2,\frac{1}{3}\boldsymbol{\alpha}_3\right)\begin{pmatrix}1&0&1\\2&2&0\\0&3&3\end{pmatrix}.$$

故过渡矩阵为$\begin{pmatrix}1&0&1\\2&2&0\\0&3&3\end{pmatrix}$.

二、选择

(1) 若向量 $\boldsymbol{y}$ 可由向量组 $\boldsymbol{x}_1,\boldsymbol{x}_2,\cdots,\boldsymbol{x}_s$ 线性表示，则下述正确的是______.

A. 存在一组不全为零的数 $k_1,k_2,\cdots,k_s$，使 $\boldsymbol{y}=k_1\boldsymbol{x}_1+k_2\boldsymbol{x}_2+\cdots+k_s\boldsymbol{x}_s$ 成立

B. 存在一组全为零的数 $k_1,k_2,\cdots,k_s$，使 $\boldsymbol{y}=k_1\boldsymbol{x}_1+k_2\boldsymbol{x}_2+\cdots+k_s\boldsymbol{x}_s$ 成立

C. 存在一组数 $k_1,k_2,\cdots,k_s$，使 $\boldsymbol{y}=k_1\boldsymbol{x}_1+k_2\boldsymbol{x}_2+\cdots+k_s\boldsymbol{x}_s$ 成立

D. 对 $\boldsymbol{y}$ 的线性表达式唯一

解　C，由线性表示的定义可得.

2. 设向量组 $\boldsymbol{\alpha}_1,\boldsymbol{\alpha}_2,\boldsymbol{\alpha}_3$ 三个线性无关，则下列向量组线性相关的是(　　).

A. $\boldsymbol{\alpha}_2-\boldsymbol{\alpha}_1,\boldsymbol{\alpha}_2-\boldsymbol{\alpha}_3,\boldsymbol{\alpha}_3-\boldsymbol{\alpha}_1$

B. $\boldsymbol{\alpha}_1+\boldsymbol{\alpha}_2,\boldsymbol{\alpha}_2+\boldsymbol{\alpha}_3,\boldsymbol{\alpha}_3+\boldsymbol{\alpha}_1$

C. $\boldsymbol{\alpha}_1-2,\boldsymbol{\alpha}_2,\boldsymbol{\alpha}_2-2\boldsymbol{\alpha}_3,\boldsymbol{\alpha}_3-2\boldsymbol{\alpha}_1$

D. $\boldsymbol{\alpha}_1+2\boldsymbol{\alpha}_2,\boldsymbol{\alpha}_2+2\boldsymbol{\alpha}_3,\boldsymbol{\alpha}_3+2\boldsymbol{\alpha}_1$

解　A.

$(\boldsymbol{\alpha}_2-\boldsymbol{\alpha}_1)+(\boldsymbol{\alpha}_2-\boldsymbol{\alpha}_3)+(\boldsymbol{\alpha}_3-\boldsymbol{\alpha}_1)=\boldsymbol{0}$，由定义可得 $\boldsymbol{\alpha}_2-\boldsymbol{\alpha}_1,\boldsymbol{\alpha}_2-\boldsymbol{\alpha}_3,\boldsymbol{\alpha}_3-\boldsymbol{\alpha}_1$ 线性相关.

3. 设两个向量组(Ⅰ)与(Ⅱ)的秩相等，且(Ⅰ)可由(Ⅱ)线性表出，则______.

A. (Ⅱ)可由(Ⅰ)线性表出

B. (Ⅱ)不一定能由(Ⅰ)线性表出

C. (Ⅰ)线性无关

D. (Ⅰ)的向量的个数多于(Ⅱ)的向量的个数

解 A.

4. 已知 $\boldsymbol{\alpha}_1=(1,-1,0)^{\mathrm{T}}$，$\boldsymbol{\alpha}_2=(2,1,3)^{\mathrm{T}}$，$\boldsymbol{\alpha}_3=(3,1,2)^{\mathrm{T}}$ 是 $\mathbf{R}^3$ 的一个基，则向量 $\boldsymbol{a}=(5,0,7)^{\mathrm{T}}$ 在这组基下的坐标为______.

A. $(2,3,-1)$　　B. $(-2,3,-1)$　　C. $(2,-3,-1)$　　D. $(-2,-3,1)$

解 A.

三、判断向量组 A 的线性相关性，并求它的一个最大无关组，再把其余向量用这个最大无关组线性表示，其中 A：

$\boldsymbol{\alpha}_1=(0,3,1,2)^{\mathrm{T}}$，$\boldsymbol{\alpha}_2=(3,0,7,14)^{\mathrm{T}}$，$\boldsymbol{\alpha}_3=(1,-1,2,4)^{\mathrm{T}}$，$\boldsymbol{\alpha}_4=(1,-1,2,0)^{\mathrm{T}}$，$\boldsymbol{\alpha}_5=(2,1,5,6)^{\mathrm{T}}$.

解 $$A=\begin{pmatrix}0&3&1&1&2\\3&0&-1&-1&1\\1&7&2&2&5\\2&14&4&0&6\end{pmatrix}\sim\begin{pmatrix}1&7&2&2&5\\0&3&1&1&2\\0&-21&-7&-7&-14\\0&0&0&-4&-4\end{pmatrix}\sim\begin{pmatrix}1&7&2&0&3\\0&3&1&0&1\\0&0&0&1&1\\0&0&0&0&0\end{pmatrix}$$

$$\sim\begin{pmatrix}1&0&-\frac{1}{3}&0&\frac{2}{3}\\0&1&\frac{1}{3}&0&\frac{1}{3}\\0&0&0&1&1\\0&0&0&0&0\end{pmatrix},R(A)=3<5,$$

向量组 A 线性相关，其中 $\boldsymbol{\alpha}_1,\boldsymbol{\alpha}_2,\boldsymbol{\alpha}_4$ 是此向量组的一个最大无关组，$\boldsymbol{\alpha}_3=-\frac{1}{3}\boldsymbol{\alpha}_1+\frac{1}{3}\boldsymbol{\alpha}_2$，$\boldsymbol{\alpha}_5=\frac{2}{3}\boldsymbol{\alpha}_1+\frac{1}{3}\boldsymbol{\alpha}_2+\boldsymbol{\alpha}_4$.

四、设 $\boldsymbol{b}_1=\boldsymbol{\alpha}_1+\boldsymbol{\alpha}_2$，$\boldsymbol{b}_2=\boldsymbol{\alpha}_2+\boldsymbol{\alpha}_3$，$\boldsymbol{b}_3=\boldsymbol{\alpha}_3+\boldsymbol{\alpha}_4$，$\boldsymbol{b}_4=\boldsymbol{\alpha}_4+\boldsymbol{\alpha}_1$，证明向量组 $\boldsymbol{b}_1$、$\boldsymbol{b}_2$、$\boldsymbol{b}_3$、$\boldsymbol{b}_4$ 线性相关.

证明 因为 $\boldsymbol{b}_1+\boldsymbol{b}_3-\boldsymbol{b}_2-\boldsymbol{b}_4=\boldsymbol{0}$，由定义向量组 $\boldsymbol{b}_1$、$\boldsymbol{b}_2$、$\boldsymbol{b}_3$、$\boldsymbol{b}_4$ 线性相关.

五、设 4 维向量组 $\boldsymbol{\alpha}_1=(1+c,1,1,1)^{\mathrm{T}}$，$\boldsymbol{\alpha}_2=(2,2+c,2,2)^{\mathrm{T}}$，$\boldsymbol{\alpha}_3=(3,3,3+c,3)^{\mathrm{T}}$，$\boldsymbol{\alpha}_4=(4,4,4,4+c)^{\mathrm{T}}$，问 c 为何值时 $\boldsymbol{\alpha}_1,\boldsymbol{\alpha}_2,\boldsymbol{\alpha}_3,\boldsymbol{\alpha}_4$ 线性相关？当 $\boldsymbol{\alpha}_1,\boldsymbol{\alpha}_2,\boldsymbol{\alpha}_3,\boldsymbol{\alpha}_4$ 线性相关时，求其一个最大无关组，并将其余向量用该最大无关组线性表示.

解 $$\boldsymbol{A}=\begin{pmatrix}1+c&2&3&4\\1&2+c&3&4\\1&2&3+c&4\\1&2&3&4+c\end{pmatrix}.$$

当 $c=\boldsymbol{0}$ 时，有

$$\boldsymbol{A}=\begin{pmatrix}1&2&3&4\\1&2&3&4\\1&2&3&4\\1&2&3&4\end{pmatrix}\sim\begin{pmatrix}1&2&3&4\\0&0&0&0\\0&0&0&0\\0&0&0&0\end{pmatrix},R(\boldsymbol{\alpha}_1,\boldsymbol{\alpha}_2,\boldsymbol{\alpha}_3,\boldsymbol{\alpha}_4)=1<4,$$

$\boldsymbol{\alpha}_1,\boldsymbol{\alpha}_2,\boldsymbol{\alpha}_3,\boldsymbol{\alpha}_4$ 线性相关.

此时 $\boldsymbol{\alpha}_1$ 是最大无关组，$\boldsymbol{\alpha}_2=2\boldsymbol{\alpha}_1,\boldsymbol{\alpha}_3=3\boldsymbol{\alpha}_1,\boldsymbol{\alpha}_4=4\boldsymbol{\alpha}_1$.

当 $c\neq 0$ 时，有

$$\boldsymbol{A}\sim\begin{pmatrix}1+c&2&3&4\\-c&c&0&0\\-c&0&c&0\\-c&0&0&c\end{pmatrix}\sim\begin{pmatrix}-1&0&0&1\\-1&0&1&0\\-1&1&0&0\\1+c&2&3&4\end{pmatrix}\sim\begin{pmatrix}-1&0&0&1\\-1&0&1&0\\-1&1&0&0\\10+c&0&0&0\end{pmatrix},$$

当 $10+c=0$，即 $c=-10$ 时，$R(\boldsymbol{\alpha}_1,\boldsymbol{\alpha}_2,\boldsymbol{\alpha}_3,\boldsymbol{\alpha}_4)=3<4$，$\boldsymbol{\alpha}_1,\boldsymbol{\alpha}_2,\boldsymbol{\alpha}_3,\boldsymbol{\alpha}_4$ 线性相关.

此时 $\boldsymbol{\alpha}_2,\boldsymbol{\alpha}_3,\boldsymbol{\alpha}_4$ 是最大无关组，$\boldsymbol{\alpha}_1=-\boldsymbol{\alpha}_2-\boldsymbol{\alpha}_3-\boldsymbol{\alpha}_4$.

六、判断集合 $V=\{(x_1,0,\cdots,0,x_n)^{\mathrm{T}}\mid x_1,x_n\in\mathbf{R}\}$（其中 $n\geqslant 2$）是否构成向量空间，如果构成向量空间求此空间的维数.

解 设 $\boldsymbol{\alpha}=(\alpha_1,0,\cdots,0,\alpha_n)^{\mathrm{T}},\alpha_1,\alpha_n\in\mathbf{R},\boldsymbol{\alpha}\in V$,

$\boldsymbol{\beta}=(\beta_1,0,\cdots,0,\beta_n)^{\mathrm{T}},\beta_1,\beta_n\in\mathbf{R},\boldsymbol{\beta}\in V$,

则 $\boldsymbol{\alpha}+\boldsymbol{\beta}=(\alpha_1+\beta_1,0,\cdots,0,\alpha_n+\beta_n)^{\mathrm{T}}$,

且 $(\alpha_1+\beta_1),(\alpha_n+\beta_n)\in\mathbf{R}$，故 $\boldsymbol{\alpha}+\boldsymbol{\beta}\in V_1$.

$\lambda\in\mathbf{R},\lambda\boldsymbol{\alpha}=(\lambda\alpha_1,0,\cdots,0,\lambda\alpha_n),\lambda\alpha_1,\lambda\alpha_n\in\mathbf{R}$，故 $\lambda\boldsymbol{\alpha}\in V$，$V$ 是向量空间；二维.

第四章　线性方程组

第一节　线性方程组的有解定理

1. 填空

(1) 设 $\boldsymbol{A}$ 为 $m\times n$ 矩阵，非齐次线性方程组 $\boldsymbol{Ax}=\boldsymbol{b}$ 的增广矩阵为 $\boldsymbol{B}=(\boldsymbol{A},\boldsymbol{b})$，则 $\boldsymbol{Ax}=\boldsymbol{b}$ 有解的充分必要条件是__________.

解 $R(\boldsymbol{A})=R(\boldsymbol{B})$.

(2) 设 $\boldsymbol{A}$ 为 $m\times n$ 矩阵，非齐次线性方程组 $\boldsymbol{Ax}=\boldsymbol{b}$ 有唯一解的充分必要条件是__________，n 为方程组的未知量的个数.

解 $R(\boldsymbol{A})=R(\boldsymbol{B})=n$.

(3) 设 $\boldsymbol{A}$ 为 $m\times n$ 矩阵，非齐次线性方程组 $\boldsymbol{Ax}=\boldsymbol{b}$ 有无穷多解的充分必要条件是__________，n 为方程组的未知量的个数.

解 $R(\boldsymbol{A})=R(\boldsymbol{B})<n$.

2. 判断方程组 $\begin{cases}x_1+x_2=1\\ax_1+bx_2=c\\a^2x_1+b^2x_2=c^2\end{cases}$ 是否有解？（其中 a,b,c 各不相同）

解 $$\boldsymbol{B}=(\boldsymbol{A},\boldsymbol{b})=\begin{pmatrix}1&1&1\\a&b&c\\a^2&b^2&c^2\end{pmatrix}\sim\begin{pmatrix}1&1&1\\0&b-a&c-a\\0&b^2-a^2&c^2-a^2\end{pmatrix}\sim\begin{pmatrix}1&1&1\\0&b-a&c-a\\0&0&(c-a)(c-b)\end{pmatrix},$$

a,b,c 各不相同，故 $R(\boldsymbol{A})<R(\boldsymbol{B})$，方程无解.

3. 设线性方程组$\begin{cases}x_1+x_2-x_3=1\\2x_1+3x_2+ax_3=3\\x_1+ax_2+3x_3=2\end{cases}$,讨论当$a$取何值时方程组无解、有唯一解、有无穷多解?并在方程组有无穷多解的情况下,求出全部解.

解 $$\boldsymbol{B}=\begin{pmatrix}1&1&-1&1\\2&3&a&3\\1&a&3&2\end{pmatrix}\sim\begin{pmatrix}1&1&-1&1\\0&1&a+2&1\\0&a-1&4&1\end{pmatrix}\sim\begin{pmatrix}1&0&-3-a&0\\0&1&a+2&1\\0&0&6-a-a^2&2-a\end{pmatrix}$$

$$\sim\begin{pmatrix}1&0&-3-a&0\\0&1&a+2&1\\0&0&(a+3)(a-2)&a-2\end{pmatrix}$$

当$a=-3$时,$R(\boldsymbol{A})<R(\boldsymbol{B})$时,方程组无解.

当$a\neq-3,a\neq2$时,$R(\boldsymbol{A})=R(\boldsymbol{B})=3$时,方程组有唯一解.

当$a=2$时,$R(\boldsymbol{A})=R(\boldsymbol{B})<3$时,方程组有无穷多解.

$$\boldsymbol{B}\sim\begin{pmatrix}1&0&-5&0\\0&1&4&1\\0&0&0&0\end{pmatrix},\begin{cases}x_1=5x_3\\x_2=-4x_3+1,\\x_3=x_3\end{cases}\begin{pmatrix}x_1\\x_2\\x_3\end{pmatrix}=\begin{pmatrix}5\\-4\\1\end{pmatrix}x_3+\begin{pmatrix}0\\1\\0\end{pmatrix}=c\begin{pmatrix}5\\-4\\1\end{pmatrix}+\begin{pmatrix}0\\1\\0\end{pmatrix},$$

其中c为任意常数.

第二节 齐次线性方程组的基础解系

1. 填空题

(1) n元齐次线性方程组$\boldsymbol{AX}=\boldsymbol{0}$有非零解的充分必要条件是________.

解 $R(\boldsymbol{A})<n$.

(2) 设$\boldsymbol{A}$为4阶方阵,$\boldsymbol{A}^*$为$\boldsymbol{A}$的伴随矩阵,且$R(\boldsymbol{A}^*)=1$,则方程组$\boldsymbol{AX}=\boldsymbol{0}$的系数矩阵的秩为______;$\boldsymbol{AX}=\boldsymbol{0}$的基础解系中含有解向量的个数为________.

解 3;1.

2. 选择题

(1) 设$m\times n$矩阵$\boldsymbol{A}$的秩$R(\boldsymbol{A})=n-1$,且$\boldsymbol{\xi}_1,\boldsymbol{\xi}_2$非齐次线性方程组$\boldsymbol{Ax}=\boldsymbol{b}$两个不同的解,则齐次线性方程组$\boldsymbol{Ax}=\boldsymbol{0}$的通解为______.

A. $k\boldsymbol{\xi}_1,k\in\mathbf{R}$ B. $k\boldsymbol{\xi}_2,k\in\mathbf{R}$ C. $k(\boldsymbol{\xi}_1+\boldsymbol{\xi}_2),k\in\mathbf{R}$ D. $k(\boldsymbol{\xi}_1-\boldsymbol{\xi}_2),k\in\mathbf{R}$

解 D.

(2) 若两向量$\boldsymbol{\xi}_1=(1,0,2)^{\mathrm{T}},\boldsymbol{\xi}_2=(0,1,-1)^{\mathrm{T}}$都是线性方程组$\boldsymbol{Ax}=\boldsymbol{0}$的解,则系数矩阵$\boldsymbol{A}$可能为______.

A. $(-2\ \ 1\ \ 1)$ B. $\begin{pmatrix}2&0&-1\\0&1&1\end{pmatrix}$ C. $\begin{pmatrix}-1&0&2\\0&1&-1\end{pmatrix}$ D. $\begin{pmatrix}0&1&-1\\4&2&2\\0&1&1\end{pmatrix}$

解 A.

(3) 齐次线性方程组$\begin{cases} kx_1+x_2+x_3=0 \\ x_1+kx_2-x_3=0 \\ 2x_1-x_2+x_3=0 \end{cases}$只有零解,则______.

A. $k=4$ 或 $k=-1$　B. $k=-4$ 或 $k=1$　C. $k\neq 4$ 或 $k\neq -1$　D. $k\neq 4$ 或 $k\neq 1$

解　C.

(4) 含有 5 个 4 元方程的齐次线性方程组 $\boldsymbol{Ax}=0$ 的系数矩阵的秩为 4,则其解空间的维数为______.

A. 1　B. 4　C. 5　D. 0

解　D.

3. 设 $\boldsymbol{\alpha}_1,\boldsymbol{\alpha}_2,\boldsymbol{\alpha}_3$ 是齐次线性方程组 $\boldsymbol{Ax}=\boldsymbol{0}$ 的一个基础解系,试证明 $\boldsymbol{\alpha}_1+\boldsymbol{\alpha}_2,\boldsymbol{\alpha}_2+\boldsymbol{\alpha}_3,\boldsymbol{\alpha}_3+\boldsymbol{\alpha}_1$ 也是该方程组的一个基础解系,而 $2\boldsymbol{\alpha}_2-\boldsymbol{\alpha}_1,\frac{1}{2}\boldsymbol{\alpha}_3-\boldsymbol{\alpha}_2,\boldsymbol{\alpha}_1-\boldsymbol{\alpha}_3$ 不能作为该方程组的基础解系.

证明　由齐次线性方程组解的性质,可知 $\boldsymbol{\alpha}_1+\boldsymbol{\alpha}_2,\boldsymbol{\alpha}_2+\boldsymbol{\alpha}_3,\boldsymbol{\alpha}_3+\boldsymbol{\alpha}_1$ 是齐次线性方程组的解.
设存在 k_1,k_2,k_3 使 $k_1(\boldsymbol{\alpha}_1+\boldsymbol{\alpha}_2)+k_2(\boldsymbol{\alpha}_2+\boldsymbol{\alpha}_3)+k_3(\boldsymbol{\alpha}_3+\boldsymbol{\alpha}_1)=\boldsymbol{0}$,成立,即有

$$(k_1+k_3)\boldsymbol{\alpha}_1+(k_1+k_2)\boldsymbol{\alpha}_2+(k_2+k_3)\boldsymbol{\alpha}_3=\boldsymbol{0},$$

由题设知$\boldsymbol{\alpha}_1,\boldsymbol{\alpha}_2,\boldsymbol{\alpha}_3$线性无关,故有

$$\begin{cases} k_1+k_3=0 \\ k_1+k_2=0, \\ k_2+k_3=0 \end{cases}$$

因为系数行列式

$$D=\begin{vmatrix} 1 & 0 & 1 \\ 1 & 1 & 0 \\ 0 & 1 & 1 \end{vmatrix}=2\neq 0,$$

所以该齐次线性方程组只有零解 $k_1=k_2=k_3=0$,得 $\boldsymbol{\alpha}_1+\boldsymbol{\alpha}_2,\boldsymbol{\alpha}_2+\boldsymbol{\alpha}_3,\boldsymbol{\alpha}_3+\boldsymbol{\alpha}_1$ 线性无关,且 $R_s=3$,故 $\boldsymbol{\alpha}_1+\boldsymbol{\alpha}_2,\boldsymbol{\alpha}_2+\boldsymbol{\alpha}_3,\boldsymbol{\alpha}_3+\boldsymbol{\alpha}_1$ 也是该方程组的一个基础解系.

而$(2\boldsymbol{\alpha}_2-\boldsymbol{\alpha}_1)+2\left(\frac{1}{2}\boldsymbol{\alpha}_3-\boldsymbol{\alpha}_2\right)+(\boldsymbol{\alpha}_1-\boldsymbol{\alpha}_3)=\boldsymbol{0}$,则 $2\boldsymbol{\alpha}_2-\boldsymbol{\alpha}_1,\frac{1}{2}\boldsymbol{\alpha}_3-\boldsymbol{\alpha}_2,\boldsymbol{\alpha}_1-\boldsymbol{\alpha}_3$ 线性相关,

故 $2\boldsymbol{\alpha}_2-\boldsymbol{\alpha}_1,\frac{1}{2}\boldsymbol{\alpha}_3-\boldsymbol{\alpha}_2,\boldsymbol{\alpha}_1-\boldsymbol{\alpha}_3$ 不能作为该方程组的基础解系.

4. 求齐次线性方程组$\begin{cases} x_1+x_2+2x_3-x_4=0 \\ 2x_1+x_2+x_3-x_4=0 \\ 2x_1+2x_2+x_3+2x_4=0 \end{cases}$的基础解系.

解　$\boldsymbol{A}=\begin{pmatrix} 1 & 1 & 2 & -1 \\ 2 & 1 & 1 & -1 \\ 2 & 2 & 1 & 2 \end{pmatrix}\sim\begin{pmatrix} 1 & 1 & 2 & -1 \\ 0 & -1 & -3 & 1 \\ 0 & 0 & 1 & -\frac{4}{3} \end{pmatrix}\sim\begin{pmatrix} 1 & 0 & 0 & -\frac{4}{3} \\ 0 & 1 & 0 & 3 \\ 0 & 0 & 1 & -\frac{4}{3} \end{pmatrix}$,

$$\begin{cases} x_1 = \dfrac{4}{3}x_4 \\ x_2 = -3x_4 \\ x_3 = \dfrac{4}{3}x_4 \end{cases}$$，令 $x_4 = 3$，$\begin{pmatrix} x_1 \\ x_2 \\ x_3 \end{pmatrix} = \begin{pmatrix} 4 \\ -9 \\ 4 \end{pmatrix}$，则基础解系 $\boldsymbol{\xi} = \begin{pmatrix} 4 \\ -9 \\ 4 \\ 3 \end{pmatrix}$.（注：答案不唯一）

5. 求齐次线性方程组 $\begin{cases} x_1 - 2x_2 + 3x_3 = 0 \\ x_1 + 3x_2 - 2x_3 = 0 \\ 2x_1 + x_2 + x_3 = 0 \end{cases}$ 的通解.

解 $\boldsymbol{A} = \begin{pmatrix} 1 & -2 & 3 \\ 1 & 3 & -2 \\ 2 & 1 & 1 \end{pmatrix} \sim \begin{pmatrix} 1 & -2 & 3 \\ 0 & 5 & -5 \\ 0 & 5 & -5 \end{pmatrix} \sim \begin{pmatrix} 1 & 0 & 1 \\ 0 & 1 & -1 \\ 0 & 0 & 0 \end{pmatrix}$，

即 $\begin{cases} x_1 = -x_3 \\ x_2 = x_3 \\ x_3 = x_3 \end{cases}$，$\begin{pmatrix} x_1 \\ x_2 \\ x_3 \end{pmatrix} = K\begin{pmatrix} -1 \\ 1 \\ 1 \end{pmatrix}$ $(K \in \mathbf{R})$.

6. $\boldsymbol{A} = \begin{pmatrix} 2 & -2 & 1 & 3 \\ 9 & -5 & 2 & 8 \end{pmatrix}$，求一个 4×2 矩阵，使 $\boldsymbol{AB} = \boldsymbol{0}$，且 $R(\boldsymbol{B}) = 2$.

解 设 $\boldsymbol{B} = [\boldsymbol{b}_1, \boldsymbol{b}_2]$，$R(\boldsymbol{B}) = 2$，则 $\boldsymbol{b}_1, \boldsymbol{b}_2$ 线性无关.

$\boldsymbol{AB} = \boldsymbol{0}$，且 $R(\boldsymbol{A}) = 2$，则 $\boldsymbol{b}_1, \boldsymbol{b}_2$ 是齐次线性方程组 $\boldsymbol{Ax} = \boldsymbol{0}$ 的一个基础解系，则

$$\boldsymbol{A} = \begin{pmatrix} 2 & -2 & 1 & 3 \\ 9 & -5 & 2 & 8 \end{pmatrix} \sim \begin{pmatrix} 1 & 0 & -\dfrac{1}{8} & \dfrac{1}{8} \\ 0 & 1 & -\dfrac{5}{8} & -\dfrac{11}{8} \end{pmatrix},$$

$$\begin{cases} \boldsymbol{x}_1 = \dfrac{1}{8}\boldsymbol{x}_3 - \dfrac{1}{8}\boldsymbol{x}_4 \\ \boldsymbol{x}_2 = \dfrac{5}{8}\boldsymbol{x}_3 + \dfrac{11}{8}\boldsymbol{x}_4, \\ \boldsymbol{x}_3 = \boldsymbol{x}_3 \\ \boldsymbol{x}_4 = \boldsymbol{x}_4 \end{cases}$$

$$\boldsymbol{b}_1 = \begin{pmatrix} 1 \\ 5 \\ 8 \\ 0 \end{pmatrix}, \boldsymbol{b}_2 = \begin{pmatrix} -1 \\ 11 \\ 0 \\ 8 \end{pmatrix},$$

故 $\boldsymbol{B} = \begin{pmatrix} 1 & -1 \\ 5 & 11 \\ 8 & 0 \\ 0 & 8 \end{pmatrix}$，答案不唯一.

7. 求齐次线性方程组$\begin{cases} \boldsymbol{x}_1 + 2\boldsymbol{x}_2 + \boldsymbol{x}_3 - 3\boldsymbol{x}_4 + 2\boldsymbol{x}_5 = 0 \\ 2\boldsymbol{x}_1 + \boldsymbol{x}_2 + \boldsymbol{x}_3 + \boldsymbol{x}_4 - 3\boldsymbol{x}_5 = 0 \\ \boldsymbol{x}_1 + \boldsymbol{x}_2 + 2\boldsymbol{x}_3 + 2\boldsymbol{x}_4 - 2\boldsymbol{x}_5 = 0 \\ 2\boldsymbol{x}_1 + 3\boldsymbol{x}_2 - 5\boldsymbol{x}_3 - 17\boldsymbol{x}_4 + 10\boldsymbol{x}_5 = 0 \end{cases}$的一个基础解系及通解.

解

$$\boldsymbol{A} = \begin{pmatrix} 1 & 2 & 1 & -3 & 2 \\ 2 & 1 & 1 & 1 & -3 \\ 1 & 1 & 2 & 2 & -2 \\ 2 & 3 & -5 & -17 & 10 \end{pmatrix} \sim \begin{pmatrix} 1 & 2 & 1 & -3 & 2 \\ 0 & -3 & -1 & 7 & -7 \\ 0 & -1 & 1 & 5 & -4 \\ 0 & -1 & -7 & -11 & 6 \end{pmatrix} \sim \begin{pmatrix} 1 & 0 & 3 & 7 & -6 \\ 0 & 1 & -1 & -5 & 4 \\ 0 & 0 & 1 & 2 & -\frac{5}{4} \\ 0 & 0 & 0 & 0 & 0 \end{pmatrix}$$

$$\sim \begin{pmatrix} 1 & 0 & 0 & 1 & -\frac{9}{4} \\ 0 & 1 & 0 & -3 & -\frac{11}{4} \\ 0 & 0 & 1 & 2 & -\frac{5}{4} \\ 0 & 0 & 0 & 0 & 0 \end{pmatrix}.$$

$$\begin{cases} x_1 = -x_4 + \frac{9}{4}x_5 \\ x_2 = 3x_4 + \frac{11}{4}x_5 \\ x_3 = -2x_4 + 5x_5 \\ x_4 = x_4 \\ x_5 = x_5 \end{cases},$$

基础解系为

$$\boldsymbol{\xi}_1 = \begin{pmatrix} -1 \\ 3 \\ -2 \\ 1 \\ 0 \end{pmatrix}, \boldsymbol{\xi}_2 = \begin{pmatrix} 9 \\ 11 \\ 20 \\ 0 \\ 4 \end{pmatrix}.$$

通解为

$$\begin{pmatrix} x_1 \\ x_2 \\ x_3 \\ x_4 \\ x_5 \end{pmatrix} = c_1 \begin{pmatrix} -1 \\ 3 \\ -2 \\ 1 \\ 0 \end{pmatrix} + c_2 \begin{pmatrix} 9 \\ 11 \\ 20 \\ 0 \\ 4 \end{pmatrix},$$

其中 c_1, c_2 为任意常数.

第三节　非齐次线性方程组解的结构及求解方法

1. 填空

(1) 设 $\boldsymbol{\eta}$ 是线性方程组 $\boldsymbol{Ax}=\boldsymbol{b}$ 的解，$\boldsymbol{\xi}$ 是 $\boldsymbol{Ax}=\boldsymbol{0}$ 的解，则 $\boldsymbol{\eta}-\boldsymbol{\xi}$ 是__________的解.

解　$\boldsymbol{Ax}=\boldsymbol{b}$.

(2) 设方程组 $\begin{pmatrix} a & 1 & 1 \\ 1 & a & 1 \\ 1 & 1 & a \end{pmatrix}\begin{pmatrix} x_1 \\ x_2 \\ x_3 \end{pmatrix}=\begin{pmatrix} 1 \\ 1 \\ -2 \end{pmatrix}$ 有无穷多个解，则 $a=$______.

解　$a=-2$.

2. 选择

(1) 设 $\boldsymbol{A}$ 为 4×3 矩阵，$\boldsymbol{\alpha}$ 是齐次线性方程组 $\boldsymbol{Ax}=\boldsymbol{0}$ 的基础解系，则 $R(\boldsymbol{A})=$______.

A. 1　　B. 3　　C. 2　　D. 4

解　C.

(2) 对于非齐次线性方程组 $\boldsymbol{Ax}=\boldsymbol{b}$ 和其对应的齐次线性方程组 $\boldsymbol{Ax}=\boldsymbol{0}$，下面结论正确的是________.

A. 若 $\boldsymbol{Ax}=\boldsymbol{0}$ 仅有零解，则 $\boldsymbol{Ax}=\boldsymbol{b}$ 无解

B. 若 $\boldsymbol{Ax}=\boldsymbol{0}$ 有非零解，则 $\boldsymbol{Ax}=\boldsymbol{b}$ 有无穷多解

C. 若 $\boldsymbol{Ax}=\boldsymbol{b}$ 有无穷多解，则 $\boldsymbol{Ax}=\boldsymbol{0}$ 有非零解

D. 若 $\boldsymbol{Ax}=\boldsymbol{b}$ 有唯一解，则 $\boldsymbol{Ax}=\boldsymbol{0}$ 有非零解

解　C.

(3) 设 $\boldsymbol{\beta}_1,\boldsymbol{\beta}_2$ 是非齐次线性方程组 $\boldsymbol{Ax}=\boldsymbol{b}$ 的两个不同的解，$\boldsymbol{\xi}_1=\dfrac{\boldsymbol{\beta}_1-\boldsymbol{\beta}_2}{2}$，$\boldsymbol{\xi}_2=\dfrac{\boldsymbol{\beta}_1+\boldsymbol{\beta}_2}{2}$，则______.

A. $\boldsymbol{\xi}_1$是线性方程组 $\boldsymbol{Ax}=\boldsymbol{b}$ 的解，$\boldsymbol{\xi}_2$是线性方程组 $\boldsymbol{Ax}=\boldsymbol{0}$ 的解

B. $\boldsymbol{\xi}_1$是线性方程组 $\boldsymbol{Ax}=\boldsymbol{b}$ 的解，$\boldsymbol{\xi}_2$是线性方程组 $\boldsymbol{Ax}=\boldsymbol{b}$ 的解

C. $\boldsymbol{\xi}_1$是线性方程组 $\boldsymbol{Ax}=\boldsymbol{0}$ 的解，$\boldsymbol{\xi}_2$是线性方程组 $\boldsymbol{Ax}=\boldsymbol{0}$ 的解

D. $\boldsymbol{\xi}_1$是线性方程组 $\boldsymbol{Ax}=\boldsymbol{0}$ 的解，$\boldsymbol{\xi}_2$是线性方程组 $\boldsymbol{Ax}=\boldsymbol{b}$ 的解

解　D.

3. 求线性方程组 $\begin{cases} x_1+x_2-3x_3-x_4=1 \\ 3x_1-x_2-3x_3+4x_4=4 \\ -x_1+3x_2-3x_3-6x_4=-2 \end{cases}$ 的通解.

解

$$\begin{pmatrix} 1 & 1 & -3 & -1 & 1 \\ 3 & -1 & -3 & 4 & 4 \\ -1 & 3 & -3 & -6 & -2 \end{pmatrix}\sim\begin{pmatrix} 1 & 1 & -3 & -1 & 1 \\ 0 & -4 & 6 & 7 & 1 \\ 0 & 4 & -6 & -7 & -1 \end{pmatrix}\sim\begin{pmatrix} 1 & 0 & \frac{-3}{2} & \frac{3}{4} & \frac{5}{4} \\ 0 & 1 & \frac{3}{2} & \frac{-7}{4} & \frac{-1}{4} \\ 0 & 0 & 0 & 0 & 0 \end{pmatrix}.$$

$$\begin{cases} x_1 = \frac{3}{2}x_3 - \frac{3}{4}x_4 + \frac{5}{4} \\ x_2 = \frac{3}{2}x_3 + \frac{7}{4}x_4 - \frac{1}{4}, \\ x_3 = x_3 \\ x_4 = x_4 \end{cases} \begin{pmatrix} x_1 \\ x_2 \\ x_3 \\ x_4 \end{pmatrix} = K_1 \begin{pmatrix} 3 \\ 3 \\ 2 \\ 0 \end{pmatrix} + K_2 \begin{pmatrix} -3 \\ 7 \\ 0 \\ 4 \end{pmatrix} + \begin{pmatrix} \frac{5}{4} \\ -\frac{1}{4} \\ 0 \\ 0 \end{pmatrix} \quad (K_1, K_2 \in \mathbf{R}).$$

4. 设方程组为$\begin{cases} x_1 + 2x_2 - x_3 - 2x_4 = 0 \\ 2x_1 - x_2 - x_3 + x_4 = 1 \\ 3x_1 + x_2 - 2x_3 - x_4 = \lambda \end{cases}$，问 λ 为何值时，此方程组无解、有解？在有解的情况下求其通解.

解

$$\boldsymbol{B} = \begin{pmatrix} 1 & 2 & -1 & -2 & 0 \\ 2 & -1 & -1 & 1 & 1 \\ 3 & 1 & -2 & -1 & \lambda \end{pmatrix} \sim \begin{pmatrix} 1 & 2 & -1 & -2 & 0 \\ 0 & -5 & 1 & 5 & 1 \\ 0 & -5 & 1 & 5 & \lambda \end{pmatrix} \sim \begin{pmatrix} 1 & 2 & -1 & -2 & 0 \\ 0 & -5 & 1 & 5 & 1 \\ 0 & 0 & 0 & 0 & \lambda - 1 \end{pmatrix}.$$

当 $\lambda \neq 1$ 时，无解；

当 $\lambda = 1$ 时，有无穷多解.

$$\boldsymbol{B} \sim \begin{pmatrix} 1 & 0 & \frac{-3}{5} & 0 & \frac{2}{5} \\ 0 & 1 & -\frac{1}{5} & -1 & -\frac{1}{5} \\ 0 & 0 & 0 & 0 & 0 \end{pmatrix},$$

即$\begin{cases} x_1 = \frac{3}{5}x_3 + \frac{2}{5} \\ x_2 = \frac{1}{5}x_3 + x_4 - \frac{1}{5}, \\ x_3 = x_3 \\ x_4 = x_4 \end{cases}$

$$\begin{pmatrix} x_1 \\ x_2 \\ x_3 \\ x_4 \end{pmatrix} = K_1 \begin{pmatrix} \frac{3}{5} \\ \frac{1}{5} \\ 1 \\ 0 \end{pmatrix} + K_2 \begin{pmatrix} 0 \\ 1 \\ 0 \\ 1 \end{pmatrix} + \begin{pmatrix} \frac{2}{5} \\ -\frac{1}{5} \\ 0 \\ 0 \end{pmatrix}, \quad (K_1, K_2 \in \mathbf{R}).$$

5. 设 4 元非齐次方程组的系数矩阵的秩为 3，已知 $\boldsymbol{\eta}_1, \boldsymbol{\eta}_2, \boldsymbol{\eta}_3$ 是它的三个解向量，且 $\boldsymbol{\eta}_1 = \begin{pmatrix} 2 \\ 3 \\ 4 \\ 5 \end{pmatrix}, \boldsymbol{\eta}_2 + \boldsymbol{\eta}_3 = \begin{pmatrix} 1 \\ 2 \\ 3 \\ 4 \end{pmatrix}$，求该方程组的通解.

解 由于矩阵的秩为 3，$n-r=4-3=1$. 故其对应的齐次线性方程组的基础解系含有一个向量，且由于 $\boldsymbol{\eta}_1,\boldsymbol{\eta}_2,\boldsymbol{\eta}_3$ 均为方程组的解，由非齐次线性方程组解的结构性质，得其基础解系向量为

$$2\boldsymbol{\eta}_1-(\boldsymbol{\eta}_2+\boldsymbol{\eta}_3)=(\boldsymbol{\eta}_1-\boldsymbol{\eta}_2)+(\boldsymbol{\eta}_1-\boldsymbol{\eta}_2)=\begin{pmatrix}3\\4\\5\\6\end{pmatrix},$$

故此方程组的通解为

$$\boldsymbol{x}=k\begin{pmatrix}3\\4\\5\\6\end{pmatrix}+\begin{pmatrix}2\\3\\4\\5\end{pmatrix}\quad(k\in\mathbf{R}).$$

6. 求解非齐次方程组$\begin{cases}2x+3y+z=4\\x-2y+4z=-5\\3x+8y-2z=13\\4x-y+9z=-6\end{cases}$.

解 $\begin{pmatrix}2&3&1&4\\1&-2&4&-5\\3&8&-2&13\\4&-1&9&-6\end{pmatrix}\sim\begin{pmatrix}1&-2&4&-5\\0&-7&7&14\\0&14&-14&28\\0&7&-7&-14\end{pmatrix}\sim\begin{pmatrix}1&0&2&-1\\0&1&-1&2\\0&0&0&0\\0&0&0&0\end{pmatrix}$.

$\begin{cases}x=-2z-1\\y=z+2\\z=z\end{cases}$，$\begin{pmatrix}x\\y\\z\end{pmatrix}=c\begin{pmatrix}-2\\1\\1\end{pmatrix}+\begin{pmatrix}-1\\2\\0\end{pmatrix}$，$c$ 为任意常数.

7. 设 $\boldsymbol{a}=\begin{pmatrix}a_1\\a_2\\a_3\end{pmatrix}$，$\boldsymbol{b}=\begin{pmatrix}b_1\\b_2\\b_3\end{pmatrix}$，$\boldsymbol{c}=\begin{pmatrix}c_1\\c_2\\c_3\end{pmatrix}$，证明三直线

$$\begin{cases}l_1:a_1x+b_1y+c_1=0\\l_2:a_2x+b_2y+c_2=0\\l_3:a_3x+b_3y+c_3=0\end{cases}\quad(a_i^2+b_i^2\neq0,\quad i=1,2,3)$$

相交于一点的充分必要条件是：向量组 $\boldsymbol{a},\boldsymbol{b}$ 线性无关，且向量组 $\boldsymbol{a},\boldsymbol{b},\boldsymbol{c}$ 线性相关.

证明 三直线$\begin{cases}l_1:a_1x+b_1y+c_1=0\\l_2:a_2x+b_2y+c_2=0\\l_3:a_3x+b_3y+c_3=0\end{cases}$相交于一点的相当于线性方程组

$$\begin{cases}l_1:a_1x+b_1y=-c_1,\\l_2:a_2x+b_2y=-c_2,\\l_3:a_3x+b_3y=-c_3\end{cases}$$

有唯一解，又相当于 $R(\boldsymbol{a},\boldsymbol{b})=R(\boldsymbol{a},\boldsymbol{b},-\boldsymbol{c})=2$，故三直线相交于一点的充分必要条件是向量组 $\boldsymbol{a},\boldsymbol{b}$ 线性无关，且向量组 $\boldsymbol{a},\boldsymbol{b},\boldsymbol{c}$ 线性相关.

第四章　总习题

一、填空题

1. 在齐次方程组 $\boldsymbol{A}_{m\times n}\boldsymbol{x}=\boldsymbol{0}$ 中，若 $R(\boldsymbol{A})=r$，且 $\boldsymbol{\xi}_1,\boldsymbol{\xi}_2,\cdots,\boldsymbol{\xi}_k$ 是它的一个基础解系，则 $k=$______，当 $r=$______时，此方程组只有零解.

解　$n-r,n$.

2. 已知方程组 $\begin{pmatrix}1&2&1\\2&3&a+2\\1&1&-2\end{pmatrix}\begin{pmatrix}x_1\\x_2\\x_3\end{pmatrix}=\begin{pmatrix}1\\3\\0\end{pmatrix}$ 无解，则 $a=$______.

解　$a=-1$.

3. 线性方程组 $\begin{cases}x_1-2x_2+2x_3=0\\2x_1-x_2+\lambda x_3=0\\x_1+2x_2-x_3=0\end{cases}$ 的系数矩阵为 $\boldsymbol{A}$，存在非零的三阶矩阵 $\boldsymbol{B}$，使得 $\boldsymbol{AB}=\boldsymbol{0}$，则 $\lambda=$______.

解　$\lambda=\dfrac{7}{4}$.

二、选择题

（1）已知 $\boldsymbol{\beta}_1,\boldsymbol{\beta}_2$ 是非齐次线性方程组 $\boldsymbol{Ax}=\boldsymbol{b}$ 的两个不同的解，$\boldsymbol{\alpha}_1,\boldsymbol{\alpha}_2$ 是对应齐次方程组 $\boldsymbol{Ax}=\boldsymbol{0}$ 的基础解系，k_1,k_2 为任意常数，则方程组 $\boldsymbol{Ax}=\boldsymbol{b}$ 的通解必是（　　）.

A. $k_1\boldsymbol{\alpha}_1+k_2(\boldsymbol{\alpha}_1+\boldsymbol{\alpha}_2)+\dfrac{\boldsymbol{\beta}_1-\boldsymbol{\beta}_2}{2}$

B. $k_1\boldsymbol{\alpha}_1+k_2(\boldsymbol{\alpha}_1-\boldsymbol{\alpha}_2)+\dfrac{\boldsymbol{\beta}_1+\boldsymbol{\beta}_2}{2}$

C. $k_1\boldsymbol{\alpha}_1+k_2(\boldsymbol{\beta}_1+\boldsymbol{\beta}_2)+\dfrac{\boldsymbol{\beta}_1-\boldsymbol{\beta}_2}{2}$

D. $k_1\boldsymbol{\alpha}_1+k_2(\boldsymbol{\beta}_1-\boldsymbol{\beta}_2)+\dfrac{\boldsymbol{\beta}_1-\boldsymbol{\beta}_2}{2}$

解　B.

（2）设矩阵 $\boldsymbol{A}=(a_{ij})_{m\times n}$，则 $\boldsymbol{Ax}=\boldsymbol{0}$ 仅有零解的充分必要条件是______.

A. $\boldsymbol{A}$ 的行向量组线性无关　　B. $\boldsymbol{A}$ 的行向量组线性相关

C. $\boldsymbol{A}$ 的列向量组线性无关　　D. $\boldsymbol{A}$ 的列向量组线性相关

解　C.

三、λ 取何值时，非齐次线性方程组 $\begin{cases}-2x_1+x_2+x_3=-2\\x_1-2x_2+x_3=\lambda\\x_1+x_2-2x_3=\lambda^2\end{cases}$ 有解？并求出它的全部解.

解　$B=\begin{pmatrix}-2&1&1&-2\\1&-2&1&\lambda\\1&1&-2&\lambda^2\end{pmatrix}\sim\begin{pmatrix}1&-2&1&\lambda\\0&1&-1&-\frac{2}{3}(\lambda-1)\\0&0&0&(\lambda-1)(\lambda+2)\end{pmatrix}$

当 $\lambda=-2$ 或 $\lambda=1$ 时有解.

当 $\lambda=1$ 时,有

$$B\sim\begin{pmatrix}1&-2&1&1\\0&1&-1&0\\0&0&0&0\end{pmatrix}\sim\begin{pmatrix}1&0&-1&1\\0&1&-1&0\\0&0&0&0\end{pmatrix},$$

即 $\begin{cases}x_1=x_3+1\\x_2=x_3\\x_3=x_3\end{cases}$, $\begin{pmatrix}x_1\\x_2\\x_3\end{pmatrix}=K\begin{pmatrix}1\\1\\1\end{pmatrix}+\begin{pmatrix}1\\0\\0\end{pmatrix}\quad(K\in\mathbf{R})$.

当 $\lambda=-2$ 时,有

$$B\sim\begin{pmatrix}1&-2&1&-2\\0&1&-1&2\\0&0&0&0\end{pmatrix}\sim\begin{pmatrix}1&0&-1&2\\0&1&-1&2\\0&0&0&0\end{pmatrix},$$

即 $\begin{cases}x_1=x_3+2\\x_2=x_3+2\\x_3=x_3\end{cases}$, $\begin{pmatrix}x_1\\x_2\\x_3\end{pmatrix}=K\begin{pmatrix}1\\1\\1\end{pmatrix}+\begin{pmatrix}2\\2\\0\end{pmatrix}\quad(K\in\mathbf{R})$.

四. 已知方阵 $A=\begin{pmatrix}1&2&-2\\2&-1&\lambda\\3&1&-1\end{pmatrix}$,三阶方阵 $B\neq O$ 且满足 $AB=O$. (1) 试求 λ 的值;(2) 试求 $R(B)$.

解　$B\neq O,R(B)\geqslant1,AB=O,R(A)+R(B)\leqslant3$,故 $R(A)\leqslant2$.

(1) $A=\begin{pmatrix}1&2&-2\\2&-1&\lambda\\3&1&-1\end{pmatrix}\sim\begin{pmatrix}1&2&-2\\0&-5&\lambda\\0&0&1-\lambda\end{pmatrix}$, $R(A)\leqslant2$,故 $1-\lambda=0,\lambda=1$;且 $R(A)=2$.

(2) $R(A)+R(B)\leqslant3,R(B)\leqslant1$,且 $R(B)\geqslant1$,故 $R(B)=1$.

五. 设 $A=\begin{pmatrix}1&2&1&2\\0&1&a&a\\1&a&0&1\end{pmatrix}$,方程组 $Ax=\mathbf{0}$ 的解空间的维数为 2,求 $Ax=\mathbf{0}$ 的通解.

解　(1) 对 A 作初等行变换,化为行阶梯矩阵

$$A\sim\begin{pmatrix}1&2&1&2\\0&1&a&a\\0&a-2&-1&-1\end{pmatrix}\sim\begin{pmatrix}1&2&1&2\\0&1&a&a\\0&0&(a-1)^2&(a-1)^2\end{pmatrix},$$

因此,当且仅当 $a=1$ 时 $R(A)=2$,故 $a=1$.

(2) 当 $a=1$ 时,将 A 进一步化为行最简形矩阵,有

$$A \sim \begin{pmatrix}1&2&1&2\\0&1&1&1\\0&0&0&0\end{pmatrix} \sim \begin{pmatrix}1&0&-1&0\\0&1&1&1\\0&0&0&0\end{pmatrix},$$

故

$$\begin{cases}x_1 = x_3\\x_2 = -x_3 - x_4\end{cases}.$$

令自由未知量 $\begin{pmatrix}x_3\\x_4\end{pmatrix} = \begin{pmatrix}1\\0\end{pmatrix}, \begin{pmatrix}0\\1\end{pmatrix}$，可得所求方程组的基础解系为 $\boldsymbol{\xi}_1 = (1,-1,1,0)^{\mathrm{T}}, \boldsymbol{\xi}_2 = (0,-1,0,1)^{\mathrm{T}}$，于是得 $\boldsymbol{Ax} = \mathbf{0}$ 的用基础解系表示的通解为

$$\boldsymbol{x} = c_1\boldsymbol{\xi}_1 + c_2\boldsymbol{\xi}_2 \, (c_1, c_2 \in \mathbf{R}).$$

六. 问 a,b 取何值时，线性方程组 $\begin{cases}x_1+x_2+x_3+x_4=0\\x_2+2x_3+2x_4=1\\-x_2+(a-3)x_3-2x_4=b\\3x_1+2x_2+x_3+ax_4=-1\end{cases}$ 有唯一解、无解、有无穷多解？并求出有无穷多解时的通解.

解

$$B \sim \begin{pmatrix}1&1&1&1&0\\0&1&2&2&1\\0&-1&a-3&-2&b\\3&2&1&a&-1\end{pmatrix} \sim \begin{pmatrix}1&1&1&1&0\\0&1&2&2&1\\0&0&a-1&0&b+1\\0&-1&-2&a-3&-1\end{pmatrix} \sim \begin{pmatrix}1&1&1&1&0\\0&1&2&2&1\\0&0&a-1&0&b+1\\0&0&0&a-1&0\end{pmatrix}.$$

当 $a \neq 1$ 时，有唯一解；

$a=1, b\neq -1$ 时无解；

当 $a=1, b=-1$ 时，有无穷解，此时

$$B \sim \begin{pmatrix}1&1&1&1&0\\0&1&2&2&1\\0&0&0&0&0\\0&0&0&0&0\end{pmatrix} \sim \begin{pmatrix}1&0&-1&-1&-1\\0&1&2&2&1\\0&0&0&0&0\\0&0&0&0&0\end{pmatrix},$$

即 $\begin{cases}x_1 = x_3 + x_4 - 1\\x_2 = -2x_3 - 2x_4 + 1\\x_3 = x_3\\x_4 = x_4\end{cases}$，$\begin{pmatrix}x_1\\x_2\\x_3\\x_4\end{pmatrix} = K_1\begin{pmatrix}1\\-2\\1\\0\end{pmatrix} + K_2\begin{pmatrix}1\\-2\\0\\1\end{pmatrix} + \begin{pmatrix}-1\\1\\0\\0\end{pmatrix} \quad (K_1, K_2 \in \mathbf{R})$.

七. 设 n 阶矩阵 $\boldsymbol{A}$ 的各行元素之和均为零，且 $R(\boldsymbol{A}) = n-1$，求线性方程组 $\boldsymbol{Ax} = \mathbf{0}$ 的通解.

解 因为 $R(\boldsymbol{A}) = n-1$，所以 $\boldsymbol{Ax} = \mathbf{0}$ 的基础解系含 1 个解向量，只要找出方程组的一个非零解，就可以写出通解.

由于矩阵 $\boldsymbol{A} = (\boldsymbol{\alpha}_1, \boldsymbol{\alpha}_2, \cdots, \boldsymbol{\alpha}_n)$ 各行的元素之和均为零，则有 $\boldsymbol{\alpha}_1 + \boldsymbol{\alpha}_2 + \cdots + \boldsymbol{\alpha}_n = \mathbf{0}$，即

$$(\boldsymbol{\alpha}_1,\boldsymbol{\alpha}_2,\cdots,\boldsymbol{\alpha}_n)\begin{pmatrix}1\\1\\\vdots\\1\end{pmatrix}=\mathbf{0},\boldsymbol{A}\begin{pmatrix}1\\1\\\vdots\\1\end{pmatrix}=\mathbf{0}.$$

所以$(1,1,\cdots,1)^{\mathrm{T}}$就是方程组的一个非零解，故通解为$c(1,1,\cdots,1)^{\mathrm{T}}(c\in\mathbf{R})$.

八、设$\boldsymbol{B}$是3阶非零矩阵，它的每个列向量都是方程组

$$\begin{cases}x_1+2x_2-2x_3=0\\2x_1-x_2+kx_3=0\\3x_1+x_2-x_3=0\end{cases}$$

的解. 求参数k和$|\boldsymbol{B}|$.

解 由于$\boldsymbol{B}$为非零矩阵，知齐次线性方程组$\boldsymbol{Ax}=\mathbf{0}$有非零解，

由克拉默法则知$|\boldsymbol{A}|=\mathbf{0}$. 因此$\begin{vmatrix}1&2&-2\\2&-1&k\\3&1&-1\end{vmatrix}=5k-5=0$，所以$k=1$.

由$\boldsymbol{A}=\begin{pmatrix}1&2&-2\\2&-1&1\\3&1&-1\end{pmatrix}\sim\begin{pmatrix}1&2&-2\\0&1&-1\\0&0&0\end{pmatrix}$，得$\mathrm{R}(\boldsymbol{A})=2$，故$\boldsymbol{B}$的3个列向量一定线性相关，所以$|\boldsymbol{B}|=0$.

九、设非齐次方程组的系数矩阵$\boldsymbol{A}$是5×3阶矩阵，且$\boldsymbol{A}$的秩为2，已知$\boldsymbol{\eta}_1,\boldsymbol{\eta}_2$是该方程组的两个解，有$\boldsymbol{\eta}_1+\boldsymbol{\eta}_2=\begin{pmatrix}1\\3\\0\end{pmatrix}$，$2\boldsymbol{\eta}_1+3\boldsymbol{\eta}_2=\begin{pmatrix}2\\5\\1\end{pmatrix}$，求该方程组的通解.

解 由于矩阵$\boldsymbol{A}$的秩为2，$n-r=3-2=1$. 故其对应的齐次线性方程组的基础解系含有一个向量，得

$$\boldsymbol{\eta}_2=(2\boldsymbol{\eta}_1+3\boldsymbol{\eta}_2)-2(\boldsymbol{\eta}_1+\boldsymbol{\eta}_2)=\begin{pmatrix}0\\-1\\1\end{pmatrix},\boldsymbol{\eta}_1=\begin{pmatrix}1\\4\\-1\end{pmatrix},\boldsymbol{\eta}_1-\boldsymbol{\eta}_2=\begin{pmatrix}1\\5\\-2\end{pmatrix}$$

是对应齐次方程的基础解系.

故此方程组的通解为

$$\begin{pmatrix}x_1\\x_2\\x_3\end{pmatrix}=k\begin{pmatrix}1\\5\\-2\end{pmatrix}+\begin{pmatrix}0\\-1\\1\end{pmatrix}\quad(k\in\mathrm{R}).$$

十、设线性方程组$\begin{cases}x_1+x_2+x_3=0\\x_1+2x_2+ax_3=0\\x_1+4x_2+a^2x_3=0\end{cases}$与方程$x_1+2x_2+x_3=a-1$有公共解，求$a$的值及其所有的公共解.

解 即为线性方程组$\begin{cases}x_1+x_2+x_3=0\\x_1+2x_2+ax_3=0\\x_1+4x_2+a^2x_3=0\\x_1+2x_2+x_3=a-1\end{cases}$有解的问题.

$$B=\begin{pmatrix}1&1&1&0\\1&2&a&0\\1&4&a^2&0\\1&2&1&a-1\end{pmatrix}\sim\begin{pmatrix}1&1&1&0\\0&1&a-1&0\\0&3&a^2-1&0\\0&1&0&a-1\end{pmatrix}\sim\begin{pmatrix}1&1&1&0\\0&1&a-1&0\\0&0&(a-1)(a-2)&0\\0&0&1-a&a-1\end{pmatrix},$$

方程有解,则 $R(A)=R(B)$,得 $a=1$,或 $a=2$.

则当 $a=1$ 时,有

$$B\sim\begin{pmatrix}1&0&1&0\\0&1&0&0\\0&0&0&0\\0&0&0&0\end{pmatrix},\begin{cases}x_1=-x\\x_2=0\\x_3=x_3\end{cases}\begin{pmatrix}x_1\\x_2\\x_3\end{pmatrix}=k\begin{pmatrix}-1\\0\\1\end{pmatrix}\quad(k\in\mathbf{R}).$$

则当 $a=2$ 时,有

$$B\sim\begin{pmatrix}1&0&0&0\\0&1&0&1\\0&0&1&-1\\0&0&0&0\end{pmatrix},\begin{cases}x_1=0\\x_2=1\\x_3=-1\end{cases}\begin{pmatrix}x_1\\x_2\\x_3\end{pmatrix}=\begin{pmatrix}0\\1\\-1\end{pmatrix}.$$

第五章 矩阵的相似及二次型化简

第一节 方阵的特征值与特征向量

1. 填空题

(1) n 阶单位矩阵的全部特征值为________,特征向量为________________.

解 1,任意 n 维非零向量.

(2) 设 n 阶方阵 A 可逆,k 为常数,m 为正整数,λ 是 A 的特征值,则 A^{-1} 的特征值为____,A^m 的特征值为____,A^* 的特征值为______,A^{T} 的特征值为______,kA 的特征值为____,矩阵 A 的多项式 $\varphi(A)=a_0E+a_1A+\cdots+a_mA^m$ 的特特征值为__________.

解 $\dfrac{1}{\lambda},\lambda^m,\dfrac{|A|}{\lambda},\lambda,k\lambda,\varphi(\lambda)=a_0+a_1\lambda+\cdots+a_m\lambda^m$.

(3) 设 3 阶方阵 A 有 3 个不同的特征值,且其中两个特征值分别为 $-2,3$,又已知 $|A|=48$,则 A 的第三个特征值为______,$|A+2E|=$____________.

解 $|A|=\lambda_1\lambda_2\lambda_3=(-2)3\lambda_3=48,\lambda_3=-8$;特征多项式 $|A-(-2)E|=|A+2E|=0$.

(4) 已知矩阵 $A=\begin{pmatrix}4&a\\2&6\end{pmatrix}$只有一个线性无关的特征向量,则 $a=$__________.

解 有一个线性无关的特征向量,故只有一个特征值,即两个相等的特征值. 且 $\lambda_1+\lambda_2=$

$4+6$,得 $\lambda=5$.

$$|A-\lambda E|=\begin{vmatrix}4-\lambda & a\\ 2 & 6-\lambda\end{vmatrix}=(4-\lambda)(6-\lambda)-2a=(5-\lambda)^2,24-2a=25,得\ a=-\frac{1}{2}.$$

2. 求下列矩阵的特征值和特征向量.

(1) $\boldsymbol{A}=\begin{pmatrix}1&2&3\\2&1&3\\3&3&6\end{pmatrix}$

解 $|\boldsymbol{A}-\lambda\boldsymbol{E}|=\begin{vmatrix}1-\lambda&2&3\\2&1-\lambda&3\\3&3&6-\lambda\end{vmatrix}=-\lambda(\lambda+1)(\lambda-9)$,

故 $\boldsymbol{A}$ 的特征值为 $\lambda_1=0,\lambda_2=-1,\lambda_3=9$.

当 $\lambda_1=0$ 时,解方程 $\boldsymbol{A}\boldsymbol{x}=\boldsymbol{0}$,由

$$\boldsymbol{A}=\begin{pmatrix}1&2&3\\2&1&3\\3&3&6\end{pmatrix}\sim\begin{pmatrix}1&2&3\\0&1&1\\0&0&0\end{pmatrix},$$

得基础解系 $\boldsymbol{P}_1=\begin{pmatrix}-1\\-1\\1\end{pmatrix}$,

故 $k_1\boldsymbol{P}_1(k_1\neq0)$是对应于 $\lambda_1=0$ 的全部特征值向量.

当 $\lambda_2=-1$ 时,解方程$(\boldsymbol{A}+\boldsymbol{E})\boldsymbol{x}=\boldsymbol{0}$,由

$$\boldsymbol{A}+\boldsymbol{E}=\begin{pmatrix}2&2&3\\2&2&3\\3&3&7\end{pmatrix}\sim\begin{pmatrix}2&2&3\\0&0&1\\0&0&0\end{pmatrix},$$

得基础解系 $\boldsymbol{P}_2=\begin{pmatrix}-1\\1\\0\end{pmatrix}$,

故 $k_2\boldsymbol{P}_2(k_2\neq0)$是对应于 $\lambda_2=-1$ 的全部特征值向量.

当 $\lambda_3=9$ 时,解方程$(\boldsymbol{A}-9\boldsymbol{E})\boldsymbol{x}=\boldsymbol{0}$,由

$$\boldsymbol{A}-9\boldsymbol{E}=\begin{pmatrix}-8&2&3\\2&-8&3\\3&3&-3\end{pmatrix}\sim\begin{pmatrix}1&1&-1\\0&1&-\frac{1}{2}\\0&0&0\end{pmatrix},$$

得基础解系 $\boldsymbol{P}_3=\begin{pmatrix}\frac{1}{2}\\\frac{1}{2}\\1\end{pmatrix}$,

故 $k_3\boldsymbol{P}_3(k_3\neq0)$是对应于 $\lambda_3=9$ 的全部特征值向量.

(2) $\boldsymbol{B}=\begin{pmatrix}0&0&1\\0&1&0\\1&0&0\end{pmatrix}$.

解 $|\boldsymbol{B}-\lambda\boldsymbol{E}|=\begin{vmatrix}-\lambda&0&1\\0&1-\lambda&0\\1&0&-\lambda\end{vmatrix}=-(1-\lambda)^2(\lambda+1)$,

故 $\boldsymbol{B}$ 的特征值为 $\lambda_1=\lambda_2=1,\lambda_3=-1$.

当 $\lambda_1=\lambda_2=1$ 时,解方程 $(\boldsymbol{B}-\boldsymbol{E})\boldsymbol{x}=\boldsymbol{0}$,由

$$\boldsymbol{B}-\boldsymbol{E}=\begin{pmatrix}-1&0&1\\0&0&0\\1&0&-1\end{pmatrix}\sim\begin{pmatrix}1&0&-1\\0&0&0\\0&0&0\end{pmatrix},$$

得基础解系 $\boldsymbol{P}_1=\begin{pmatrix}0\\1\\0\end{pmatrix},\boldsymbol{P}_2=\begin{pmatrix}1\\0\\1\end{pmatrix}$,

故 $k_1\boldsymbol{P}_1+k_2\boldsymbol{P}_2$ 是对应于 $\lambda_1=\lambda_2=1$ 的全部特征值向量.

当 $\lambda_2=-1$ 时,解方程 $(\boldsymbol{B}+\boldsymbol{E})\boldsymbol{x}=\boldsymbol{0}$,由

$$\boldsymbol{B}+\boldsymbol{E}=\begin{pmatrix}1&0&1\\0&2&0\\1&0&1\end{pmatrix}\sim\begin{pmatrix}1&0&1\\0&1&0\\0&0&0\end{pmatrix},$$

得基础解系 $\boldsymbol{P}_3=\begin{pmatrix}-1\\0\\1\end{pmatrix}$,

故 $k_3\boldsymbol{P}_3(k_3\neq0)$ 是对应于 $\lambda_3=9$ 的全部特征值向量.

3. 设 $\boldsymbol{A}^2=\boldsymbol{E}$,求证 $\boldsymbol{A}$ 的特征值只能是 ±1.

解 设 λ 是 $\boldsymbol{A}$ 的特征值,则 $\boldsymbol{Ax}=\lambda\boldsymbol{x},\boldsymbol{x}\neq\boldsymbol{0}$.

$\boldsymbol{AAx}=\lambda\boldsymbol{Ax}=\lambda^2\boldsymbol{x}$,即 $\boldsymbol{Ex}=\boldsymbol{x}=\lambda^2\boldsymbol{x}$,于是 $(1-\lambda^2)\boldsymbol{x}=\boldsymbol{0}$,而 $\boldsymbol{x}\neq\boldsymbol{0}$,则只有 $1-\lambda^2=0$,得 $\lambda=\pm1$.

4. 已知3阶对称矩阵 $\boldsymbol{A}$ 的一个特征值为 $\lambda=2$,对应的特征向量 $\boldsymbol{\alpha}=(1,2,-1)^{\mathrm{T}}$,且 $\boldsymbol{A}$ 的主对角线上的元素全为零,求 $\boldsymbol{A}$.

解 设 $\boldsymbol{A}=\begin{pmatrix}0&a_1&a_2\\a_1&0&a_3\\a_2&a_3&0\end{pmatrix},\boldsymbol{A\alpha}=2\boldsymbol{\alpha}$,

$$\begin{pmatrix}0&a_1&a_2\\a_1&0&a_3\\a_2&a_3&0\end{pmatrix}\begin{pmatrix}1\\2\\-1\end{pmatrix}=2\begin{pmatrix}1\\2\\-1\end{pmatrix},$$

得 $\begin{cases}2a_1-a_2=2\\a_1-a_3=4\\a_2+2a_3=-2\end{cases}$.

$$B=\begin{pmatrix}2&-1&0&2\\1&0&-1&4\\0&1&2&-2\end{pmatrix}\sim\begin{pmatrix}1&0&-1&4\\0&1&2&-2\\0&-1&2&-6\end{pmatrix}\sim\begin{pmatrix}1&0&0&2\\0&1&0&2\\0&0&1&-2\end{pmatrix},$$

得$\begin{cases}a_1=2\\a_2=2\\a_3=-2\end{cases}$.

于是$A=\begin{pmatrix}0&2&2\\2&0&-2\\2&-2&0\end{pmatrix}$.

第二节 相似矩阵

1. 填空题

(1) 方阵$A=\begin{pmatrix}2&3\\0&2\end{pmatrix}$能否对角化？______ 为什么？________________________.

解 不能;因为A没有两个线性无关的特征向量.

(2) 若n阶方阵A与B相似,则A与B的特征多项式______________,从而A与B的______________也相同,且$|A|$__________$|B|$.

解 相同,特征值,=.

(3) 若n阶方阵A的n个特征值互不相等,则A与对角矩阵______________.

解 相似.

(4) 若n阶方阵A与对角矩阵$\Lambda=\begin{pmatrix}\lambda_1&&&\\&\lambda_2&&\\&&\ddots&\\&&&\lambda_n\end{pmatrix}$相似,则$A$的特征值为______.

解 $\lambda_1,\lambda_2,\cdots,\lambda_n$.

2. 已知$\zeta=(1,1,-1)^{\mathrm T}$是矩阵$A=\begin{pmatrix}2&-1&2\\5&a&3\\-1&b&-2\end{pmatrix}$的一个特征向量.(1) 求参数$a,b$及特征向量$\zeta$所对应的特征值;(2) 问$A$能不能相似对角化？为什么？

解 (1) 由$A\xi=\lambda\xi$,得

$$\begin{pmatrix}2&-1&2\\5&a&3\\-1&b&-2\end{pmatrix}\begin{pmatrix}1\\1\\-1\end{pmatrix}=\lambda\begin{pmatrix}1\\1\\-1\end{pmatrix},$$

即$\begin{cases}2-1-2=\lambda\\5+a-3=\lambda\\-1+b+2=-\lambda\end{cases}$,

解得$\lambda=-1$,$a=-3$,$b=0$.

(2) 不能,因为没有三个线性无关的特征向量.

3. 设多项式 $f(x)=x^2+3x-2$,3 阶矩阵 $\boldsymbol{A}$ 的特征值为 4,0,-2,求 $f(\boldsymbol{A})$ 的特征值.

解 设矩阵 $\boldsymbol{A}$ 的特征值为 λ,则 $f(\boldsymbol{A})$ 的特征值为 $\lambda^2+3\lambda-2$,即 26,-2,-4.

第三节 对称矩阵的对角化

1. 填空题

(1) 如果 $\boldsymbol{A}$ 是实对称矩阵,则 $\boldsymbol{A}$ 所有的特征值必为______数,且 A 一定与____________相似.

解 实;对角矩阵.

(2) 设 3 阶方阵 $\boldsymbol{A}$ 是对称矩阵,它有 3 个不同的特征值,已知前两个特征值所对应的特征向量分别为 $\boldsymbol{p}_1=(1,1,-1)^{\mathrm{T}}$,$\boldsymbol{p}_2=(1,0,1)^{\mathrm{T}}$,则第三个特征值所对应的特征向量为 $\boldsymbol{p}_3=$______.

解 $k(-1,\ 2,\ 1)^{\mathrm{T}}, k\in\mathbf{R}$.

对称矩阵不同的特征值对应的特征向量线性无关且彼此正交.

$\boldsymbol{p}_3=(x_1,x_2,x_3)^{\mathrm{T}}$ 满足 $\boldsymbol{p}_3^{\mathrm{T}}\boldsymbol{p}_1=\boldsymbol{0}$,$\boldsymbol{p}_3^{\mathrm{T}}\boldsymbol{p}_2=\boldsymbol{0}$.

即 $\begin{cases}x_1+x_2-x_3=0\\x_1+x_3=0\end{cases}$,

解得 $\begin{pmatrix}x_1\\x_2\\x_3\end{pmatrix}=k\begin{pmatrix}-1\\2\\1\end{pmatrix}$,$\boldsymbol{p}_3=(x_1,x_2,x_3)^{\mathrm{T}}=k(-1,\ 2,\ 1)^{\mathrm{T}}, k\in\mathbf{R}$.

2. 求一个正交相似变换矩阵 $\boldsymbol{P}$,将矩阵 $\boldsymbol{A}=\begin{pmatrix}2&2&-2\\2&5&-4\\-2&-4&5\end{pmatrix}$ 化为对角阵.

解 $|\boldsymbol{A}-\lambda\boldsymbol{E}|=\begin{pmatrix}2-\lambda&2&-2\\2&5-\lambda&-4\\-2&-4&5-\lambda\end{pmatrix}=-(\lambda-1)^2(\lambda-10)$,

故得特征值为 $\lambda_1=\lambda_2=1$,$\lambda_3=10$.

当 $\lambda_1=\lambda_2=1$ 时,由

$$\begin{pmatrix}1&2&-2\\2&4&-4\\-2&-4&4\end{pmatrix}\begin{pmatrix}x_1\\x_2\\x_3\end{pmatrix}=\begin{pmatrix}0\\0\\0\end{pmatrix},$$

解得 $\begin{pmatrix}x_1\\x_2\\x_3\end{pmatrix}=k_1\begin{pmatrix}-2\\1\\0\end{pmatrix}+k_2\begin{pmatrix}2\\0\\1\end{pmatrix}$.

这两个向量正交,单位化后,得两个单位正交的特征向量为

$$P_1=\frac{1}{\sqrt5}\begin{pmatrix}-2\\1\\0\end{pmatrix},P_2^*=\begin{pmatrix}-2\\1\\0\end{pmatrix}-\frac{-4}{5}\begin{pmatrix}-2\\1\\0\end{pmatrix}=\begin{pmatrix}2/5\\4/5\\1\end{pmatrix},$$

单位化，得 $P_2=\frac{\sqrt5}{3}\begin{pmatrix}2/5\\4/5\\1\end{pmatrix}$.

当 $\lambda_3=10$ 时，由

$$\begin{pmatrix}-8&2&-2\\2&-5&-4\\-2&-4&-5\end{pmatrix}\begin{pmatrix}x_1\\x_2\\x_3\end{pmatrix}=\begin{pmatrix}0\\0\\0\end{pmatrix},$$

解得 $\begin{pmatrix}x_1\\x_2\\x_3\end{pmatrix}=k_3\begin{pmatrix}-1\\-2\\2\end{pmatrix}$,

单位化，得

$$P_3=\frac{1}{3}\begin{pmatrix}-1\\-2\\2\end{pmatrix},$$

于是得正交阵 $(P_1,P_2,P_3)=\begin{pmatrix}-\frac{2}{\sqrt5}&\frac{2\sqrt5}{15}&-\frac{1}{3}\\\frac{1}{\sqrt5}&\frac{4\sqrt5}{15}&-\frac{2}{3}\\0&\frac{\sqrt5}{3}&\frac{2}{3}\end{pmatrix}$,

使 $P^{-1}AP=\begin{pmatrix}1&0&0\\0&1&0\\0&0&10\end{pmatrix}$.

注：答案不唯一.

3. 设 3 阶方阵 A 的特征值为 $\lambda_1=1,\lambda_2=0,\lambda_3=-1$，对应的特征向量依次为

$$p_1=\begin{pmatrix}1\\2\\2\end{pmatrix},p_2=\begin{pmatrix}2\\-2\\1\end{pmatrix},p_3=\begin{pmatrix}-2\\-1\\2\end{pmatrix},\text{求 }A.$$

解 根据特征向量的性质知 (P_1,P_2,P_3) 可逆，得

$$(P_1,P_2,P_3)^{-1}A(P_1,P_2,P_3)=\begin{pmatrix}\lambda_1&&\\&\lambda_2&\\&&\lambda_3\end{pmatrix},$$

从而得

$$A=(P_1,P_2,P_3)\begin{pmatrix}\lambda_1&&\\&\lambda_2&\\&&\lambda_3\end{pmatrix}(P_1,P_2,P_3)^{-1}=\begin{pmatrix}1&2&-2\\2&-2&-1\\2&1&2\end{pmatrix}\begin{pmatrix}1&&\\&0&\\&&-1\end{pmatrix}\frac{1}{9}\begin{pmatrix}1&2&2\\2&-2&1\\-2&-1&2\end{pmatrix},$$

$$A=\frac{1}{3}\begin{pmatrix}-1&0&2\\0&1&2\\2&2&0\end{pmatrix}.$$

4. 设矩阵 $A=\begin{pmatrix}-2&0&0\\2&x&2\\3&1&1\end{pmatrix}$ 与 $B=\begin{pmatrix}-1&&\\&2&\\&&y\end{pmatrix}$ 相似.（1）求 x,y;（2）求可逆矩阵 P,使得 $P^{-1}AP=B$.

解　（1）方阵 A 与 B 相似,则 A 与 B 的特征值相同,即

$$|A-\lambda E|=\begin{vmatrix}-2-\lambda&0&0\\2&x-\lambda&2\\3&1&1-\lambda\end{vmatrix}=(-2-\lambda)\begin{vmatrix}x-\lambda&2\\1&1-\lambda\end{vmatrix}=0,$$

$\lambda=-2$,必是 B 的特征值,因此,$y=-2$,且 $-2+x+1=-1+2+y$,得 $x=0$.

（2）$\lambda_1=-1,\lambda_2=2,\lambda_3=-2$,

当 $\lambda_1=-1$ 时,解方程 $(A+E)x=0$,由

$$A+E=\begin{pmatrix}-1&0&0\\2&1&2\\3&1&2\end{pmatrix}\sim\begin{pmatrix}1&0&0\\0&1&2\\0&0&0\end{pmatrix},$$

得基础解系 $P_1=\begin{pmatrix}0\\-2\\1\end{pmatrix}$.

当 $\lambda_2=2$ 时,解方程 $(A-2E)x=0$,由

$$A-2E=\begin{pmatrix}-4&0&0\\2&-2&2\\3&1&-1\end{pmatrix}\sim\begin{pmatrix}1&0&0\\0&1&-1\\0&0&0\end{pmatrix},$$

得基础解系 $P_2=\begin{pmatrix}0\\1\\1\end{pmatrix}$.

当 $\lambda_3=-2$ 时,解方程 $(A+2E)x=0$,由

$$A+2E=\begin{pmatrix}0&0&0\\2&2&2\\3&1&3\end{pmatrix}\sim\begin{pmatrix}1&1&1\\0&1&0\\0&0&0\end{pmatrix},$$

得基础解系 $\boldsymbol{P}_3=\begin{pmatrix}-1\\0\\1\end{pmatrix}$.

可逆矩阵 $\boldsymbol{P}=\begin{pmatrix}0&0&1\\-2&1&0\\1&1&-1\end{pmatrix}$.

第四节　二次型及其标准形

1. 填空题

(1) 矩阵 $\boldsymbol{A}=\begin{pmatrix}1&2&4\\2&2&-1\\4&-1&3\end{pmatrix}$ 对应的二次型是__________.

解　$f(x_1,x_2,x_3)=x_1^2+2x_2^2+3x_3^2+4x_1x_2-2x_2x_3+8x_1x_3$.

(2) 二次型 $f(x_1,x_2,x_3,x_4)=x_1^2+2x_1x_2-x_2^2+4x_2x_3+2x_3x_4+3x_3^2+2x_4^2$ 对应的矩阵为__________,秩为________.

解　$\begin{pmatrix}1&1&0&0\\1&-1&2&0\\0&2&3&1\\0&0&1&2\end{pmatrix}$;4.

(3) 设 $\boldsymbol{A}$ 与 $\boldsymbol{B}$ 是 n 阶矩阵,若有可逆矩阵 $\boldsymbol{C}$,满足__________,则称矩阵 $\boldsymbol{A}$ 与 $\boldsymbol{B}$ 合同.

解　$\boldsymbol{B}=\boldsymbol{C}^{\mathrm{T}}\boldsymbol{A}\boldsymbol{C}$.

(4) 二次型 $f(x_1,x_2,x_3)=(1-a)x_1^2+(1-a)x_2^2+2x_3^2+2(1+a)x_1x_2$ 的秩是 2,则 a 的值为________.

解　0.

$$\boldsymbol{A}=\begin{pmatrix}1-a&1+a&0\\1+a&1-a&0\\0&0&2\end{pmatrix}\sim\begin{pmatrix}1-a&1+a&0\\1+a&1-a&0\\0&0&2\end{pmatrix},$$

秩是 2,则 $\dfrac{1-a}{1+a}=\dfrac{1+a}{1-a}$,得 $a=0$.

2. 已知矩阵 $\boldsymbol{A}=\begin{pmatrix}1&1&1&1\\1&1&1&1\\1&1&1&1\\1&1&1&1\end{pmatrix}$,$\boldsymbol{B}=\begin{pmatrix}4&0&0&0\\0&0&0&0\\0&0&0&0\\0&0&0&0\end{pmatrix}$,判断 $\boldsymbol{A}$ 与 $\boldsymbol{B}$ 是否相似.

解　$|\boldsymbol{A}-\lambda\boldsymbol{E}|=\begin{vmatrix}1-\lambda&1&1&1\\1&1-\lambda&1&1\\1&1&1-\lambda&1\\1&1&1&1-\lambda\end{vmatrix}=\begin{vmatrix}4-\lambda&1&1&1\\4-\lambda&1-\lambda&1&1\\4-\lambda&1&1-\lambda&1\\4-\lambda&1&1&1-\lambda\end{vmatrix}=(\lambda-4)\lambda^3$,

解得 $\lambda_1=4,\lambda_2=\lambda_3=\lambda_4=0$,故 $\boldsymbol{A}$ 与 $\boldsymbol{B}$ 相似.

第五节　正交相似变换化简二次型

1. 求一个正交变换,化二次型 $f(x_1,x_2,x_3)=4x_1^2+3x_2^2+3x_3^2+2x_2x_3$ 为标准形.

解　$\boldsymbol{A}=\begin{pmatrix}4&0&0\\0&3&1\\0&1&3\end{pmatrix}$.

$$|\boldsymbol{A}-\lambda\boldsymbol{E}|=\begin{vmatrix}4-\lambda&0&0\\0&3-\lambda&1\\0&1&3-\lambda\end{vmatrix}=(4-\lambda)[(3-\lambda)^2-1^2]=(4-\lambda)(4-\lambda)(2-\lambda),$$

$\lambda_1=2,\lambda_2=\lambda_3=4$.

当 $\lambda_1=2$ 时, 解方程$(\boldsymbol{A}-2\boldsymbol{E})\boldsymbol{x}=\boldsymbol{0}$,由

$$\boldsymbol{A}-2\boldsymbol{E}=\begin{pmatrix}2&0&0\\0&1&1\\0&1&1\end{pmatrix}\sim\begin{pmatrix}1&0&0\\0&1&1\\0&0&0\end{pmatrix},$$

得基础解系 $\boldsymbol{\xi}_1=\begin{pmatrix}0\\-1\\1\end{pmatrix}$.

单位化,得

$$\boldsymbol{P}_1=\begin{pmatrix}0\\-\frac{1}{\sqrt{2}}\\\frac{1}{\sqrt{2}}\end{pmatrix}.$$

当 $\lambda_2=\lambda_3=4$,时,解方程$(\boldsymbol{A}-4\boldsymbol{E})\boldsymbol{x}=\boldsymbol{0}$,由

$$\boldsymbol{A}-4\boldsymbol{E}=\begin{pmatrix}0&0&0\\0&-1&1\\0&1&-1\end{pmatrix}\sim\begin{pmatrix}0&0&0\\0&1&-1\\0&0&0\end{pmatrix},$$

得基础解系 $\boldsymbol{\xi}_2=\begin{pmatrix}1\\0\\0\end{pmatrix},\boldsymbol{\xi}_2=\begin{pmatrix}0\\1\\1\end{pmatrix}$,

二者正交,将其单位化,得

$$\boldsymbol{P}_2=\begin{pmatrix}1\\0\\0\end{pmatrix},\boldsymbol{P}_3=\begin{pmatrix}0\\1/\sqrt{2}\\1/\sqrt{2}\end{pmatrix},$$

于是正交变换为

$$\begin{pmatrix} x_1 \\ x_2 \\ x_3 \end{pmatrix} = \begin{pmatrix} 1 & 0 & 0 \\ 0 & 1/\sqrt{2} & 1/\sqrt{2} \\ 0 & 1/\sqrt{2} & -1/\sqrt{2} \end{pmatrix} \begin{pmatrix} y_1 \\ y_2 \\ y_3 \end{pmatrix},$$

使 $f = 4y_1^2 + 4y_2^2 + 2y_3^2$.

2. 已知二次型 $f(x_1, x_2, x_3) = 2x_1^2 + 3x_2^2 + 3x_3^2 + 2ax_2x_3 (a > 0)$ 通过正交变换化为二次型 $f = y_1^2 + 2y_2^2 + 5y_3^2$，求参数 a 及所用的正交变换矩阵.

解 二次型的矩阵为 $\boldsymbol{A} = \begin{pmatrix} 2 & 0 & 0 \\ 0 & 3 & a \\ a & 2 & 3 \end{pmatrix}$，且 $\boldsymbol{A}$ 的特征值为 $\lambda_1 = 2, \lambda_2 = 5, \lambda_3 = 1$.

$$|\boldsymbol{A} - \lambda \boldsymbol{E}| = \begin{vmatrix} 2-\lambda & 0 & 0 \\ 0 & 3-\lambda & a \\ 0 & a & 3-\lambda \end{vmatrix} = (2-\lambda)[(3-\lambda)^2 - a^2]$$

$$= (2-\lambda)(3-\lambda+a)(3-\lambda-a) = (2-\lambda)(5-\lambda)(1-\lambda),$$

得 $a = 2$.

当 $\lambda_1 = 2$ 时，解方程 $(\boldsymbol{A} - 2\boldsymbol{E})\boldsymbol{x} = \boldsymbol{0}$，由

$$\boldsymbol{A} - 2\boldsymbol{E} = \begin{pmatrix} 0 & 0 & 0 \\ 0 & 1 & 2 \\ 0 & 2 & 1 \end{pmatrix} \sim \begin{pmatrix} 0 & 1 & 2 \\ 0 & 0 & 1 \\ 0 & 0 & 0 \end{pmatrix},$$

得基础解系 $\boldsymbol{\xi}_1 = \begin{pmatrix} 1 \\ 0 \\ 0 \end{pmatrix}$.

取 $\boldsymbol{P}_1 = \begin{pmatrix} 1 \\ 0 \\ 0 \end{pmatrix}$.

当 $\lambda_2 = 5$ 时，解方程 $(\boldsymbol{A} - 5\boldsymbol{E})\boldsymbol{x} = \boldsymbol{0}$，由

$$\boldsymbol{A} - 5\boldsymbol{E} = \begin{pmatrix} -3 & 0 & 0 \\ 0 & -2 & 2 \\ 0 & 2 & -2 \end{pmatrix} \sim \begin{pmatrix} 1 & 0 & 0 \\ 0 & 1 & -1 \\ 0 & 0 & 0 \end{pmatrix},$$

得基础解系 $\boldsymbol{\xi}_2 = \begin{pmatrix} 0 \\ 1 \\ 1 \end{pmatrix}$，

取 $\boldsymbol{P}_2 = \begin{pmatrix} 0 \\ 1/\sqrt{2} \\ 1/\sqrt{2} \end{pmatrix}$.

当 $\lambda_3 = 1$ 时，解方程 $(\boldsymbol{A} - \boldsymbol{E})\boldsymbol{x} = \boldsymbol{0}$，由

$$\boldsymbol{A} - \boldsymbol{E} = \begin{pmatrix} 1 & 0 & 0 \\ 0 & 2 & 2 \\ 0 & 2 & 2 \end{pmatrix} \sim \begin{pmatrix} 1 & 0 & 0 \\ 0 & 1 & 1 \\ 0 & 0 & 0 \end{pmatrix},$$

得基础解系 $\boldsymbol{\xi}_3=\begin{pmatrix}0\\-1\\1\end{pmatrix}$,

取 $\boldsymbol{P}_3=\begin{pmatrix}0\\-1/\sqrt{2}\\1/\sqrt{2}\end{pmatrix}$,

于是正交变换为

$$\begin{pmatrix}x_1\\x_2\\x_3\end{pmatrix}=\begin{pmatrix}1&0&0\\0&1/\sqrt{2}&-1/\sqrt{2}\\0&1/\sqrt{2}&1/\sqrt{2}\end{pmatrix}\begin{pmatrix}y_1\\y_2\\y_3\end{pmatrix},$$

且有 $f=2y_1^2+5y_2^2+y_3^2$.

第六节 用配方法化二次型成标准形

1. 填空题

$f=x^2+4xy+4y^2+2xz+z^2+4yz$ 的标准形是________________________.

解 $f=(x+2y+z)^2=y_1^2$.

2. 用配方法化二次型 $f(x_1,x_2,x_3)=x_1^2+2x_2^2+2x_3^2-2x_1x_2-4x_2x_3$ 为标准形并求可逆变换矩阵.

解 $f(x_1,x_2,x_3)=x_1^2+2x_2^2+2x_3^2-2x_1x_2-4x_2x_3=(x_1-x_2)^2+(x_2-2x_3)^2-2x_3^2$.

令
$$\begin{cases}y_1=x_1-x_2\\y_2=x_2-2x_3,\\y_3=x_3\end{cases}$$

即
$$\begin{cases}x_1=y_1+y_2+2y_3\\x_2=y_2+2y_3\\x_3=y_3\end{cases},$$

可逆变换矩阵

$$\begin{pmatrix}1&1&2\\0&1&2\\0&0&1\end{pmatrix}$$

使 $f=y_1^2+y_2^2-2y_3^2$.

第七节 正定二次型与正定矩阵

1. 判别二次型 $f(x_1,x_2,x_3)=-2x_1^2-6x_2^2-4x_3^2+2x_1x_2+2x_1x_3$ 的正定性.

解 $\boldsymbol{A}=\begin{pmatrix}-2&1&1\\1&-6&0\\1&0&-4\end{pmatrix}$, $a_{11}=-2<0$, $\begin{vmatrix}-2&1\\1&-6\end{vmatrix}=11>0$, $\begin{vmatrix}-2&1&1\\1&-6&0\\1&0&-4\end{vmatrix}=-38<0$,

故f为负定.

2. 当t为何值时,二次型$f(x_1,x_2,x_3)=2x_1^2+x_2^2+x_3^2-2tx_1x_2+2x_1x_3$为正定的?

解 $A=\begin{pmatrix}2 & -t & 1\\ -t & 1 & 0\\ 1 & 0 & 1\end{pmatrix}$,二次型为正定,各阶主子式大于零.

$$2>0,\begin{vmatrix}2 & -t\\ -t & 1\end{vmatrix}=2-t^2>0,\begin{vmatrix}2 & -t & 1\\ -t & 1 & 0\\ 1 & 0 & 1\end{vmatrix}=1-t^2>0,\text{解得}-1<t<1.$$

3. 证明:如果A是正定矩阵,那么A^{-1}存在,并且A^{-1}也是正定的.

证明 A是正定矩阵,则$|A|>0$,故A^{-1}存在.

假设A的特征值为$\lambda_1,\lambda_2,\cdots,\lambda_n$,则$\lambda_1>0,\lambda_2>0,\cdots,\lambda_n>0$.

A^{-1}的特征值为$\dfrac{1}{\lambda_1}>0,\dfrac{1}{\lambda_2}>0,\cdots,\dfrac{1}{\lambda_n}>0$,因此$A^{-1}$也是正定的.

第五章 总习题

一、填空题

1. $\lim\limits_{n\to\infty}A^n=\lim\limits_{n\to\infty}\begin{pmatrix}1/3 & 2 & 0\\ 0 & 1/4 & -1\\ 0 & 0 & 1/5\end{pmatrix}^n=$________.

解 0.

$$|A-\lambda E|=\begin{vmatrix}\frac{1}{3}-\lambda & 2 & 0\\ 0 & \frac{1}{4}-\lambda & -1\\ 0 & 0 & \frac{1}{5}-\lambda\end{vmatrix}=\left(\frac{1}{3}-\lambda\right)\left(\frac{1}{4}-\lambda\right)\left(\frac{1}{5}-\lambda\right),\lambda_1=\frac{1}{3},\lambda_2=\frac{1}{4},\lambda_3=\frac{1}{5},$$

有3个线性无关的特征向量,可对角化,存在可逆矩阵P,使

$$P^{-1}AP=\begin{pmatrix}1/3 & & \\ & 1/4 & \\ & & 1/5\end{pmatrix},A=P\begin{pmatrix}1/3 & & \\ & 1/4 & \\ & & 1/5\end{pmatrix}P^{-1},$$

$$A^n=P\begin{pmatrix}(1/3)^n & & \\ & (1/4)^n & \\ & & (1/5)^n\end{pmatrix}P^{-1},\lim_{n\to\infty}A^n=\lim_{n\to\infty}P\begin{pmatrix}(1/3)^n & 0 & 0\\ 0 & (1/4)^n & -1\\ 0 & 0 & (1/5)^n\end{pmatrix}P=\mathbf{0}.$$

2. 当3阶方阵A的特征值为3,−1,2时,$|A|=$____,A^*的特征值为________,$|3A+E|=$________.

解 −6;−2,6,−3;−140.

$|A|=3\times(-1)\times2=-6.$

A^* 的特征值为 $\frac{|A|}{\lambda} = -2, 6, -3$.

$3A + E$ 的特征值为 $3\lambda + 1$，即 $10, -2, 7$，$|3A + E| = 10 \times (-2) \times 7 = -140$.

3. 设3阶矩阵 $A = \begin{pmatrix} 0 & 0 & 1 \\ x & 1 & 0 \\ 1 & 0 & 0 \end{pmatrix}$ 有3个线性无关的特征向量，则 $x =$ ________.

解 0.

$$|A - \lambda E| = \begin{vmatrix} -\lambda & 0 & 1 \\ x & 1-\lambda & 0 \\ 1 & 0 & -\lambda \end{vmatrix} = (\lambda^2 - 1)(1 - \lambda),$$

$\lambda_1 = -1, \lambda_2 = \lambda_3 = 1$，其中 $\lambda_2 = \lambda_3 = 1$ 对应两个线性无关特征向量.

$(A - E)x = 0$ 系数矩阵的秩为1，$A - E = \begin{pmatrix} -1 & 0 & 1 \\ x & 0 & 0 \\ 1 & 0 & -1 \end{pmatrix} \sim \begin{pmatrix} -1 & 0 & 1 \\ x & 0 & 0 \\ 0 & 0 & 0 \end{pmatrix}$，故 $x = 0$.

4. 如果二次型 $f(x_1, x_2, x_3) = 2x_1^2 + 4x_2^2 + ax_3^2 + 2bx_1x_3$ 经过正交变换后可化为 $f = 4y_1^2 + y_2^2 + 6y_3^2$，则其秩为________，且 $a =$ ________，$b =$ ________.

解 3; 5; ±2.

$$A = \begin{pmatrix} 2 & 0 & b \\ 0 & 4 & 0 \\ b & 0 & a \end{pmatrix},$$

且 $\lambda_1 = 4, \lambda_2 = 1, \lambda_3 = 6$，

故秩为3，$2 + 4 + a = 4 + 1 + 6$，得 $a = 5$，

$$|A - \lambda E| = \begin{vmatrix} 2-\lambda & 0 & b \\ 0 & 4-\lambda & 0 \\ b & 0 & 5-\lambda \end{vmatrix} = (4-\lambda)[(2-\lambda)(5-\lambda) - b^2] = (4-\lambda)(1-\lambda)(6-\lambda),$$

得 $b = \pm 2$.

5. 如果二次型 $f(x_1, x_2, x_3) = -x_1^2 - 2x_2^2 + mx_3^2 + 6x_2x_3 + 6x_1x_3$ 是负定二次型，则 m 的取值范围为______.

解 $m < -\frac{27}{2}$.

$$A = \begin{pmatrix} -1 & 0 & 3 \\ 0 & -2 & 3 \\ 3 & 3 & m \end{pmatrix},$$

二次型是负定的，且

$$-1 < 0, \begin{vmatrix} -1 & 0 \\ 0 & -2 \end{vmatrix} = 2 > 0, \begin{vmatrix} -1 & 0 & 3 \\ 0 & -2 & 3 \\ 3 & 3 & m \end{vmatrix} = \begin{vmatrix} -1 & 0 & 3 \\ 0 & -2 & 3 \\ 0 & 3 & m+9 \end{vmatrix} = 2m + 18 + 9 < 0,$$

$m < -\dfrac{27}{2}$.

二、选择题

1. 设 $\boldsymbol{A}$ 是 n 阶方阵，若 $|\boldsymbol{A}|=0$，则 $\boldsymbol{A}$ 的特征值为________.

A. 全为零　　B. 全不为零　　C. 至少有一个为零　D. 可以是任意数

解　C.

2. 设 $\boldsymbol{A}$ 与 $\boldsymbol{B}$ 均为 n 阶方阵，若 $\boldsymbol{A}$ 与 $\boldsymbol{B}$ 相似，则下述论断错误的是________.

A. 存在矩阵 $\boldsymbol{M}$，且 $|\boldsymbol{M}|\neq 0$，并有 $\boldsymbol{MB}=\boldsymbol{AM}$

B. $|\lambda\boldsymbol{E}-\boldsymbol{A}|=|\lambda\boldsymbol{E}-\boldsymbol{B}|$

C. $\boldsymbol{A}$ 与 $\boldsymbol{B}$ 有相同的特征值

D. $\boldsymbol{A}$ 与 $\boldsymbol{B}$ 均可对角化

解　D.

3. 设 $\lambda=2$ 是非奇异矩阵 $\boldsymbol{A}$ 的一个特征值，则矩阵 $\left(\dfrac{1}{3}\boldsymbol{A}^2\right)^{-1}$ 有一个特征值等于______.

A. $\dfrac{4}{3}$　　B. $\dfrac{3}{4}$　　C. $\dfrac{1}{2}$　　D. $\dfrac{1}{4}$

解　B.

$\left(\dfrac{1}{3}\boldsymbol{A}^2\right)^{-1}$ 的特征值为 $3\lambda^{-2}$，故对应 $\lambda=2$ 的特征值为 $\dfrac{3}{4}$.

4. 若矩阵 $\boldsymbol{A}=\begin{pmatrix}-2 & 0 & 0\\ 0 & t & 1\\ 0 & 1 & -t^2\end{pmatrix}$ 负定，则 t 应满足的条件是________.

A. $t<-1$　　B. $t>-1$　　C. $|t|<1$　　D. $|t|>1$

解　A.

矩阵负定，$-2<0$，$\begin{vmatrix}-2 & 0\\ 0 & t\end{vmatrix}=-2t>0$，则 $t<0$，且 $\begin{vmatrix}-2 & 0 & 0\\ 0 & t & 1\\ 0 & 1 & -t^2\end{vmatrix}=2(t^3+1)<0$，

得 $t^3<-1$，即 $t<-1$.

5. 设 $\boldsymbol{A}$ 为 n 阶实对称矩阵，且 $\boldsymbol{A}$ 正定，若矩阵 $\boldsymbol{B}$ 与 $\boldsymbol{A}$ 相似，则 $\boldsymbol{B}$ 必为__________.

A. 实对称矩阵　　B. 正交矩阵　　C. 可逆矩阵　　D. 以上答案都不对

解　C.

三、已知 $\boldsymbol{A}$ 是 4 阶方阵，其伴随矩阵 $\boldsymbol{A}^*$ 的特征值是 1,2,4,8，求 $\left(\dfrac{1}{3}\boldsymbol{A}\right)^{-1}$ 的特征值.

解　$\boldsymbol{A}^*$ 的特征值为 $\dfrac{|\boldsymbol{A}|}{\lambda}$，即 1,2,4,8，$|\boldsymbol{A}^*|=64=|\boldsymbol{A}|^3$，得 $|\boldsymbol{A}|=4$.

$\left(\dfrac{1}{3}\boldsymbol{A}\right)^{-1}=3\boldsymbol{A}^{-1}$ 的特征值 $\dfrac{3}{\lambda}=\dfrac{3}{4}\dfrac{|\boldsymbol{A}|}{\lambda}$，即 $\lambda_1=\dfrac{3}{4}$，$\lambda_2=\dfrac{3}{2}$，$\lambda_3=3$，$\lambda_4=6$.

四、设 3 阶对称矩阵 $\boldsymbol{A}$ 的特征值为 6,3,3，与特征值 6 对应的特征向量为 $\boldsymbol{p}_1=(1,1,1)^{\mathrm{T}}$，求 $\boldsymbol{A}$.

解 $\lambda_1=6,\lambda_2=\lambda_3=3,\lambda_1=6$ 与 $\lambda_2=\lambda_3=3$ 对应的特征向量正交.

$\boldsymbol{p}_1{}^{\mathrm{T}}\boldsymbol{p}_2=0,\boldsymbol{p}_1{}^{\mathrm{T}}\boldsymbol{p}_3=0$,因此 $\boldsymbol{p}_2,\boldsymbol{p}_3$ 是 $x_1+x_2+x_3=0$ 的解.

取 $\boldsymbol{p}_2,\boldsymbol{p}_3$ 为该方程的基础解系:

$$\boldsymbol{p}_2=\begin{pmatrix}-1\\1\\0\end{pmatrix},\boldsymbol{p}_3=\begin{pmatrix}-1\\0\\1\end{pmatrix},$$

于是有可逆矩阵

$$\boldsymbol{P}=(\boldsymbol{p}_1,\boldsymbol{p}_2,\boldsymbol{p}_3)=\begin{pmatrix}1&-1&-1\\1&1&0\\1&0&1\end{pmatrix},$$

使
$$\boldsymbol{P}^{-1}\boldsymbol{A}\boldsymbol{P}=\begin{pmatrix}6&0&0\\0&3&0\\0&0&3\end{pmatrix},$$

$$\boldsymbol{A}=\boldsymbol{P}\begin{pmatrix}6&0&0\\0&3&0\\0&0&3\end{pmatrix}\boldsymbol{P}^{-1}=\begin{pmatrix}1&-1&-1\\1&1&0\\1&0&1\end{pmatrix}\begin{pmatrix}6&0&0\\0&3&0\\0&0&3\end{pmatrix}\frac{1}{3}\begin{pmatrix}1&1&1\\-1&2&-1\\-1&-1&2\end{pmatrix}=\begin{pmatrix}4&1&1\\1&4&1\\1&1&4\end{pmatrix}.$$

五、求出矩阵 $\boldsymbol{A}=\begin{pmatrix}1&2&2\\2&1&2\\2&2&1\end{pmatrix}$ 的全部特征值和对应的特征向量,并判别 $\boldsymbol{A}$ 能否对角化? 若能,求可逆矩阵 $\boldsymbol{P}$,使 $\boldsymbol{P}^{-1}\boldsymbol{A}\boldsymbol{P}$ 成为对角阵,并求 $\boldsymbol{A}^{10}$.

解

$$|\boldsymbol{A}-\lambda\boldsymbol{E}|=\begin{vmatrix}1-\lambda&2&2\\2&1-\lambda&2\\2&2&1-\lambda\end{vmatrix}=(5-\lambda)\begin{vmatrix}1&2&2\\1&1-\lambda&2\\1&2&1-\lambda\end{vmatrix}=(5-\lambda)\begin{vmatrix}1&2&2\\0&-1-\lambda&2\\0&0&-1-\lambda\end{vmatrix}$$
$$=(5-\lambda)(\lambda+1)^2,$$

$\lambda_1=\lambda_2=-1,\lambda_3=5$,当 $\lambda_1=\lambda_2=-1$ 时,解方程$(\boldsymbol{A}+\boldsymbol{E})\boldsymbol{x}=\boldsymbol{0}$,由 $\boldsymbol{A}+\boldsymbol{E}=\begin{pmatrix}2&2&2\\2&2&2\\2&2&2\end{pmatrix}\sim\begin{pmatrix}1&1&1\\0&0&0\\0&0&0\end{pmatrix}$,

得
$$\boldsymbol{P}_1=\begin{pmatrix}-1\\1\\0\end{pmatrix},\boldsymbol{P}_2=\begin{pmatrix}-1\\0\\1\end{pmatrix}.$$

当 $\lambda_3=5$ 时，解方程 $(\boldsymbol{A}-5\boldsymbol{E})\boldsymbol{x}=\boldsymbol{0}$，由

$$\boldsymbol{A}-5\boldsymbol{E}=\begin{pmatrix}-4&2&2\\2&-4&2\\2&2&-4\end{pmatrix}\sim\begin{pmatrix}1&0&-1\\0&1&-1\\0&0&0\end{pmatrix},$$

得 $\boldsymbol{P}_3=\begin{pmatrix}1\\1\\1\end{pmatrix}$.

由于 $\boldsymbol{A}$ 为对称矩阵，故 $\boldsymbol{A}$ 能对角化. 可逆矩阵

$$\boldsymbol{P}=(\boldsymbol{P}_1,\boldsymbol{P}_2,\vec{P}_3)=\begin{pmatrix}-1&-1&1\\1&0&1\\0&1&1\end{pmatrix},$$

$$\boldsymbol{P}^{-1}\boldsymbol{A}\boldsymbol{P}=\begin{pmatrix}-1&&\\&-1&\\&&5\end{pmatrix},\boldsymbol{A}=\boldsymbol{P}\begin{pmatrix}-1&&\\&-1&\\&&5\end{pmatrix}\boldsymbol{P}^{-1},$$

$$\boldsymbol{A}^{10}=\boldsymbol{P}\begin{pmatrix}(-1)^{10}&&\\&(-1)^{10}&\\&&(5)^{10}\end{pmatrix}\boldsymbol{P}^{-1}=\frac{1}{3}\begin{pmatrix}5^{10}+2&5^{10}-1&5^{10}-1\\5^{10}-1&5^{10}+2&5^{10}-1\\5^{10}-1&5^{10}-1&5^{10}+2\end{pmatrix}.$$

六、求一个正交变换，化二次型 $f(x_1,x_2,x_3)=3x_1^2+5x_2^2+5x_3^2+4x_1x_2-4x_1x_3-10x_2x_3$ 为标准形.

解 $\boldsymbol{A}=\begin{pmatrix}3&2&-2\\2&5&-5\\-2&-5&5\end{pmatrix}$,

$$|\boldsymbol{A}-\lambda\boldsymbol{E}|=\begin{vmatrix}3-\lambda&2&-2\\2&5-\lambda&-5\\-2&-5&5-\lambda\end{vmatrix}=(-\lambda)(\lambda-2)(\lambda-11),$$

$\lambda_1=\boldsymbol{0},\lambda_2=11,\lambda_3=2$,

当 $\lambda_1=0$，时，解方程 $Ax=\boldsymbol{0}$，由

$$\boldsymbol{A}=\begin{pmatrix}3&2&-2\\2&5&-5\\-2&-5&5\end{pmatrix}\sim\begin{pmatrix}1&0&0\\0&1&-1\\0&0&0\end{pmatrix},$$

得 $\boldsymbol{\xi}_1=\begin{pmatrix}0\\1\\1\end{pmatrix}$,

单位化，得

$$\boldsymbol{P}_1=\frac{1}{\sqrt{2}}\begin{pmatrix}0\\1\\1\end{pmatrix}.$$

当 $\lambda_2=11$ 时，解方程$(\boldsymbol{A}-11\boldsymbol{E})\boldsymbol{x}=\boldsymbol{0}$,由

$$\boldsymbol{A}-11\boldsymbol{E}=\begin{pmatrix}-8&2&-2\\2&-6&-5\\-2&-5&-6\end{pmatrix}\sim\begin{pmatrix}1&0&\frac{1}{2}\\0&1&1\\0&0&0\end{pmatrix},$$

得 $\boldsymbol{\xi}_2=\begin{pmatrix}1\\2\\-2\end{pmatrix}$,

单位化,得

$$\boldsymbol{P}_2=\frac{1}{3}\begin{pmatrix}1\\2\\-2\end{pmatrix}.$$

当 $\lambda_3=2$ 时，解方程$(\boldsymbol{A}-2\boldsymbol{E})\boldsymbol{x}=\boldsymbol{0}$,由

$$\boldsymbol{A}-2\boldsymbol{E}=\begin{pmatrix}1&2&-2\\2&3&-5\\-2&-5&3\end{pmatrix}\sim\begin{pmatrix}1&0&-4\\0&1&1\\0&0&0\end{pmatrix},$$

得 $\boldsymbol{\xi}_3=\begin{pmatrix}4\\-1\\1\end{pmatrix}$,

单位化,得

$$\boldsymbol{P}_3=\frac{1}{3\sqrt{2}}\begin{pmatrix}4\\-1\\1\end{pmatrix}.$$

于是正交变换为

$$\begin{pmatrix}x_1\\x_2\\x_3\end{pmatrix}=\begin{pmatrix}0&1/3&4/3\sqrt{2}\\1/\sqrt{2}&2/3&-1/3\sqrt{2}\\1/\sqrt{2}&-2/3&1/3\sqrt{2}\end{pmatrix}\begin{pmatrix}y_1\\y_2\\y_3\end{pmatrix},$$

使 $f=11y_2^2+2y_3^2$.

七、证明题

(1) 已知 $\boldsymbol{A}^2+\boldsymbol{A}=\boldsymbol{O}$,证明 $\boldsymbol{A}$ 的特征值只能是 0 与 -1.

证明 设 λ 是 $\boldsymbol{A}$ 的特征值, $\lambda^2+\lambda$ 是 $A^2+\boldsymbol{A}$ 的特征值,而零矩阵的特征值为零,则只有 $\lambda^2+\lambda=0$,得 $\lambda=0,-1$.

(2) 设 $\boldsymbol{A}$、$\boldsymbol{B}$ 均为 n 阶可逆矩阵,证明若 $\boldsymbol{A}$ 与 $\boldsymbol{B}$ 相似,则 $\boldsymbol{A}^{-1}$与 $\boldsymbol{B}^{-1}$相似.

证明 $\boldsymbol{A}$ 与 $\boldsymbol{B}$ 相似,存在可逆矩阵 $\boldsymbol{P}$,使 $\boldsymbol{P}^{-1}\boldsymbol{A}\boldsymbol{P}=\boldsymbol{B}$,$\boldsymbol{B}^{-1}=(\boldsymbol{P}^{-1}\boldsymbol{A}\boldsymbol{P})^{-1}=\boldsymbol{P}^{-1}\boldsymbol{A}^{-1}\boldsymbol{P}$,所以 $\boldsymbol{A}^{-1}$与 $\boldsymbol{B}^{-1}$相似.

参考文献

[1] 李汉龙,缪淑贤.线性代数典型题解答指南.北京:国防工业出版社,2012.
[2] 史荣昌.线性代数历年真题详解与考点分析.北京:机械工业出版社,2002.
[3] 朱宝彦,刘玉柱,戚中.线性代数与概率统计学习指导.沈阳:辽宁大学出版社,2009.
[4] 钱志强.最新线性代数教与学参考.北京:中国致公出版社, 2002.
[5] 恩波. 线性代数复习指导.北京:学苑出版社,2007.
[6] 黄先开,曹显斌,简怀玉,等.2009 年考研数学经典讲义(理工类). 北京:中国人民大学出版社,2008.
[7] 同济大学应用数学系.工程数学 线性代数.5 版. 北京:高等教育出版社,2007.
[8] 同济大学数学系. 线性代数附册 学习辅导与习题全解. 北京:高等教育出版社,2007.
[9] 李启文,谢季坚. 线性代数理论与解题方法. 长沙:湖南大学出版社,2001.
[10] 杨源淑,李先科. 线性代数学习和解题指导. 北京:北京邮电大学出版社,1998.
[11] 世华,潘正义.2011 版考研数学十年真题全方位解码(数学一).北京:世界图书出版公司,2010.
[12] 樊恽,郑延履,刘合国.线性代数学习指导.北京:科学出版社,2003.
[13] 牛少彰,刘吉佑.线性代数学习指导与例题分析.北京:北京邮电大学出版社,2003.
[14] 苏志平.线性代数辅导.北京:中国建材工业出版社,2004.
[15] 卢刚.线性代数中的典型例题分析与习题.北京:高等教育出版社,2004.
[16] 李乃华,腾树军,王莉琴.线性代数名师导学.北京:中国人民大学出版社,2005.
[17] 陈仲堂.线性代数与概率统计学习指导.长春:吉林科学技术出版社,2002.
[18] 张学元.线性代数学习指导与习题解析.广州:中山大学出版社,2004.
[19] 张友贵.掌握线性代数.大连:大连理工大学出版社,2003.
[20] 上海交通大学数学系.线性代数. 北京:科学出版社,2007.
[21] 毛纲源.线性代数解题方法技巧归纳.2 版.武汉:华中科技大学出版社,2000.
[22] 恩波.线性代数专题剖析.北京:学苑出版社,2004.
[23] 陈文灯,陈启浩.考研数学 10 年真题点评.北京:北京理工大学出版社,2010.
[24] 王中良. 线性代数学习辅导与解题方法.北京:高等教育出版社,2003.
[25] 黄先开,曹显兵. 考研历届数学真题题型解析.北京:中国人民大学出版社,2010.
[26] 马菊侠,吴云天.线性代数:题型归类·方法点拨·考研辅导.2 版. 北京:国防工业出版社,2009.
[27] 邓泽清,等.线性代数习题与考研题解析.广州:中山大学出版社,2004.
[28] 魏战线.线性代数辅导与典型题解析.西安:西安交通大学出版社,2002.